Winkelmann
Vertriebskonzeption
und Vertriebssteuerung

Vertriebskonzeption und Vertriebssteuerung

Die Instrumente des integrierten Kundenmanagements (CRM)

von
Prof. Dr. Peter Winkelmann

3., vollständig überarbeitete und erweiterte Auflage

Verlag Franz Vahlen München

VERLAG
VAHLEN
MÜNCHEN
www.vahlen.de

ISBN 3-8006-3234-9

© 2005 Verlag Franz Vahlen GmbH
Wilhelmstraße 9, 80801 München
Satz: Fotosatz Buck
Zweikirchener Straße 7, 84036 Kumhausen
Druck und Bindung: Bercker Grafischer Betrieb GmbH
Hooge Weg 101, 47624 Kevelaer
Umschlaggestaltung: simmel-artwork, Offenbach
Gedruckt auf säurefreiem, alterungsbeständigem Papier
(hergestellt aus chlorfrei gebleichtem Zellstoff)

Vorwort zur 3. Auflage

Die 2. Auflage dieses Buches ist ausverkauft, eine Neuauflage steht an. Wieder haben sich 36 CRM-, GIS- und BI-Anbieter an dem Projekt beteiligt. Für die Unterstützung möchte ich mich sehr bedanken. Dankbar bin ich auch den Förderern, die nicht auf den Seiten VIII–X bei den Anbietern von CRM und Vertriebssoftware aufgezählt sind. Es sind dies: Herr Klaus Andreas von *Andreas PersonalConsult*, Herr Markus Bleichner, *iGrafx*, Herr Manfred Dietl, *Pöschl Tabak*, Herr Thorsten Frerk, *PTV*, Herr Thomas Friedenberger, *Staufenbiel Institut für Studien- und Berufsberatung*, Herr Martin Haep von der *Vergütungsberatung Kienbaum Management Consultants*, Herr Herrmann von der Firma *Würth*, Herr Frank Jiris, *BSH Bosch und Siemens Hausgeräte*, Herr Friedel Jonker, *Deutsche Leasing*, Frau Daniela Klos, *ServiceBarometer*, Herr Ralf Korb, *Hewson Group*, Frau Andrea Krause von *IBM Deutschland*, Herr Sieghard H. Marzian, *CEO*, Herr Frank Naujoks, *Naujoks&Collegen*, Herr Gregor Povh, *Cambridge Technology Partners*, Herr Michael Roehr, *Vaillant*, Frau Martina Schimmel-Schloo, *Schimmel Media*, Herr Oliver Schottek, vormals *CAS*, Frau Brigitte Schünemann, *STM-Strecker Telefon-Marketing + Büro Schünemann*, Herr Wolfgang Schwetz, *Schwetz Consulting*, Herr Wolfhart Smidt, *CEO*, Herr Alexander Weigmann von der *vocatus AG*, Herr Markus Winkler, *IBM Deutschland* und Herr Thomas Wolz, *itara*.

Letztlich noch ein Dankeschön an Herrn Hermann Schenk und Frau Annett Deuringer vom Verlag Vahlen. Wir würden uns freuen, wenn Ihnen dieses Standardbuch für den Vertrieb im Lichte von CRM bei Ihrer Arbeit hilft.

Peter Winkelmann
www.vertriebssteuerung.de
www.crm-scan.de

Vorwort zur 2. Auflage

In kaum einem anderen betriebswirtschaftlichen Bereich verändert sich die Szenerie derzeit so schnell wie in Marketing und Vertrieb. In den beiden Jahren seit Erscheinen der 1. Auflage dieses Buches ist der Wandel von CAS zu CRM vollzogen worden, nach dem Zusammenbruch des New Economy Hypes läuft die zweite Welle der eBusiness-Konzeptionen an, und Werkzeuge wie Business Intelligence oder Datamining haben sich stark weiterentwickelt.

Auch die 2. Auflage dieses Buch möchte Sie über die modernen Strömungen in der Kundenanalyse und -betreuung auf dem Laufenden halten. 33 namhafte CRM-, GIS- und BI-Anbieter sowie Forschungs- bzw. Beratungseinrichtungen aus der Marketing- und Vertriebswelt haben mitgeholfen, die Bandbreite des intelligenten Vertriebs abzubilden. Bei allen, die mitgemacht haben, möchte ich mich sehr bedanken. In diesen Dank schließe ich auch Partner ein, die nicht auf den Seiten VII–IX bei den Anbietern von Systemen und Komponenten für die Vertriebssteuerung aufgeführt sind: Herr Klaus Andreas von *Andreas PersonalConsult*, Herr Friedel Jonker, *Deutsche Leasing AG*, mein Kollege im CRM Expertenrat, Herr Prof. Dr. Manfred Krafft, mit Dank für die Unterlagen zum *VIP Vertriebs-Informationspanel*, Herr Prof. Dr. Karl Pinczolits, *MCD GmbH*, Herr Mark Rüger vom *Fraunhofer Institut IAO*, Herr Holger Scheepers von der *Vergü-*

tungsberatung Kienbaum Management Consultants GmbH, Herr Dr. Claudius Schikora von *Siemens Business Systems* und Herr Alexander Weigmann von der *vocatus AG*.

Ein Dankeschön auch an meinen Lektor vom Verlag Vahlen, Herrn Hermann Schenk, und an Annett Deuringer. Wir haben die Vision, ein Standardwerk für das integrierte Kundenmanagement im Licht von Customer Relationship Management zu schaffen.

Peter Winkelmann
www.vertriebssteuerung.de
www.crm-scan.de

Vorwort zur 1. Auflage

Die Markt- und Konsumforschung, die Lehre vom Markenartikel und die Theorie vom Marketing-Mix der Unternehmung haben als geschlossene Marketingwissenschaft die Betriebswirtschaftslehre bereichert. Speziell die Themengebiete Marketingstrategie und Marketingkonzeption brachten dem Marketing in Theorie und Praxis viel Anerkennung.

Der betrieblichen Grundfunktion des Verkaufens steht das Marketing jedoch reserviert gegenüber. Zu kurz kommen die Werkzeuge, Methoden und Systeme für die Führungskräfte, die den operativen Markterfolg für Produkte, Produktgruppen, Geschäftsfelder oder sogar Gesamtunternehmen zu verantworten haben. Diesen **marktorientierten Führungskräften** ist dieses Buch gewidmet; aber auch **Hochschulabsolventen**, die nach Abschluss ihres Studiums Markt- und Kundenerfolge mitgestalten wollen. Das Buch möchte dieser Leserschaft

1. die wichtigsten Problemstellungen einer Vertriebsleitung in einem Zusammenhang darstellen (**Praxis**),
2. die von der Marketingwissenschaft angebotenen Lösungsvorschläge aufzeigen (**Theorie**)
3. und diese theoretischen Lösungsansätze mit modernen Methoden der operativen Vertriebssteuerung (**Umsetzung, Anwendung**) verbinden.

Es ist an der Zeit, dem Vertrieb im Rahmen der marktorientierten Unternehmensführung mehr Aufmerksamkeit zu schenken. Gerade kleine und mittlere Unternehmen reduzieren Marketing gerne auf Werbung, Öffentlichkeitsarbeit und Marktforschung und geben dem Verkauf die Priorität. Nachweislich finden mehr Hochschulabsolventen ihre Anfangsstellung in kundenbetreuenden Abteilungen als in den Marketingstäben. Ein Generationswechsel in den deutschen Vertriebsorganisationen beschleunigt diese Entwicklung. Den Hochschulabgängern soll deshalb ein solider Überblick über die operativen Ansätze der Vertriebssteuerung vermittelt werden. Zu diesem Zweck gibt das Buch einen Einblick in die modernen Techniken der CRM/CAS-Systeme und des Internet-Vertriebs. Ganz herzlich möchte ich den 22 namhaften Software-Anbietern und Forschungsinstituten danken, die an dem Praxisteil mitgewirkt haben. Sie sind umseitig einzeln gewürdigt. Die ca. hundert Anbieter von Vertriebssteuerungssystemen, die in dieser Studie keine Berücksichtigung fanden, mögen dies nicht als Wertung verstehen.

Dieses Buch trägt die Fahne des Vertriebs. Es gilt jedoch das **Primat des Marketing**, d.h., die Vertriebskonzeption folgt einer übergeordneten Marktstrategie. Als eine Schrift aus der Praxis für die Hochschule und umgekehrt ist es Anliegen, **Marketingintelligenz** in den Vertrieb tragen. Das Selbstverständnis der von diesem Buch Angesprochenen könnte daher lauten: **Wir lassen uns vom Marketing beseelen.**

Ich möchte mich bei allen bedanken, die sich Zeit genommen und etwas Besonderes zu diesem Buch beigetragen haben; bei Frau Gall, Frau Offermann *(DaimlerChrysler)*, Frau Prof. Sauerbrey *(FH Hannover)*, Frau Schimmel-Schloo *(acquisa)*, Frau Schünemann *(Büro Schünemann)* und Frau Strohhammer *(AZ Bertelsmann)*, sowie den Herren Andreas *(AndreasPersonalConsult)*, Breitfeld, Kreisel und Zürn *(Würth)*, Daniel *(Daniel, Schlüns & Partner)*, Dietl *(Pöschl)*, Malek *(2gether)*, Neuhaus, Heimhardt und Roehr *(Vaillant)*, Smidt und Wille *(CEO)*, Dr. Scheepers *(Kienbaum)*, Schwetz *(Schwetz Unternehmensberatung)* sowie Dr. Strauß (vormals *update.com*). Ein besonderes Dankeschön geht an Herrn Hermann Schenk, Lektor des Verlags Vahlen; für seine sachkundige Betreuung und dafür, dass er das Konzept dieser Arbeit von Anfang an so unterstützt hat.

Peter Winkelmann
www.vertriebssteuerung.de

DIE ANBIETER VON SYSTEMEN UND SYSTEMKOMPONENTEN FÜR DIE VERTRIEBSSTEUERUNG		
Der Projektname CASablanca steht für Fallstudien und CRM/CAS-Beispiele in diesem Buch		

	ABI Informatic Brainware AG Kategorie: CRM / CAS / CTI Beispiele im Buch: Vbm	Dank an: Andreas Witzany *Kontakt: www.abi-informatic.ch*
	Ackerschott Unternehmensberatung GmbH Kategorie: CRM / CAS Beispiele im Buch: VASS	Dank an: Harald Ackerschott *Kontakt: www.ackerschott.com*
	ADITO Software GmbH Kategorie: CRM / CAS / Business Intelligence Beispiele im Buch: ADITO online, ADITO-columbus	Dank an: Andreas Schulz *Kontakt: www.adito.de*
	Amadee AG Kategorie: EAI, Business Process Management Beispiele im Buch: EENEX	Dank an: K. G. Schneider *Kontakt: www.amadee.com*
	Applix GmbH / Platinum GmbH Kategorie: Business Intelligence Beispiele im Buch: Integra, inSight	Dank an: Angelika Guec *Kontakt: www.applix.com*
	B&R DV-Informationssysteme GmbH Kategorie: CRM / CAS Beispiele im Buch: smartCRM	Dank an: Rolf Rastert *Kontakt: www.smartCRM.de*
	camos - Software und Beratung GmbH Kategorie: Produktkonfigurator Beispiele im Buch: camos.Configurator	Dank an: Stephan Hendgen *Kontakt: www.camos.de*
	CAS GmbH Kategorie: CRM / CAS Beispiel im Buch: CPWerkx	Dank an: Henning Fromme *Kontakt: www.cas.com*
	CAS Software AG Kategorie: CRM / CAS Beispiele im Buch: Genesis	Dank an: Martina Wöhr, Christian Horn *Kontakt: www.cas.de*
	CEO AG Kategorie: Customer Value and Equity Management Beispiele: Market-Ing.-System, eworks	Dank an: S. Marzian, W. Smidt *Kontakt: www.ceo-ag.de*
	cubeware GmbH Kategorie: Business Intelligence Beispiele im Buch: OLAP-Werkzeuge von cubeware	Dank an: Bob Taylor *Kontakt: www.cubeware.de*
	Dun & Bradstreet Deutschland GmbH Kategorie: Datenmanagement Beispiel im Buch: D.U.N.S. Schlüssel	Dank an: Susanne Hagemann *Kontakt: www.dnb.com*
	FLS GmbH / CAS-Consulting Schlangmann Kategorie: GIS + Tourenplanung Beispiele im Buch: Visitour	Dank an: D. J. Schlangmann; M. Walz *Kontakt: www.cas-consulting.de* *Kontakt: www.fls-online.de*
	Infoselect GmbH Kategorie: CRM Beispiel im Buch: isContact	Dank an: Thomas Cl. Seegers; M. Klümpen *Kontakt: www.infoselect.de*

DIE ANBIETER VON SYSTEMEN UND SYSTEMKOMPONENTEN FÜR DIE VERTRIEBSSTEUERUNG	
Der Projektname CASablanca steht für Fallstudien und CRM/CAS-Beispiele in diesem Buch	

Information Factory GmbH Kategorie: Online-Umfragen Beispiel im Buch: cont@xt	Dank an: Jürgen Mahler *Kontakt: www.information-factory.com*
GfK MACON AG Kategorie: GIS, Touren-, Routenplanung Beispiele im Buch: RegioGraph, District	Dank an: Christian Reppel *Kontakt: www.macon.de*
map&guide GmbH Kategorie: GIS, Routenplanung, mobile Navigation Beispiele im Buch: map&guide, map&guide 25h	Dank an: Stephan Ruppert *Kontakt: www.mapandguide.de*
Microsoft Business Solutions AG / Microsoft Kategorie: CRM Beispiele im Buch: MS CRM	Dank an: Eduard Dell *Kontakt: www.microsoft.com*
MicroStrategy GmbH Kategorie: Business Intelligence Beispiele im Buch: BI Plattform Microstrategy 7i	Dank an: Dominik Hertzog *Kontakt: www.microstrategy.de*
Orbis AG Kategorie: Add Ons zu mySAP CRM Beispiele im Buch: iControl	- *Kontakt: www.orbis.de*
PeopleSoft GmbH Kategorie: CRM, mCRM Beispiele im Buch: mobile CRM	Dank an: Dieter Roskoni *Kontakt: www.peoplesoft.com*
Pivotal GmbH Kategorie: CRM / CAS Beispiele im Buch: PartnerHub	*Kontakt: www.pivotal.com*
Prudential Systems Software GmbH Kategorie: Datamining Beispiele im Buch: Discoverer	Dank an: Dr. Andreas Ittner *Kontakt: www.prudsys.de*
PTV AG Kategorie: GIS, Touren-, Routenplanung Beispiele im Buch: map&market	Dank an: Kristina Stifter *Kontakt: www.ptv.de*
REGWARE GmbH Kategorie: CRM / CAS Beispiele im Buch: REGIND, REGSTAT, PIANO	Dank an: Klaus Droemer *Kontakt: www.regware.de*
Rödl IT-Consulting GmbH Kategorie: Beschwerdemanagement Beispiele im Buch: *Sorry!*	Dank an: Brigitte Macht *Kontakt: www.sorry.de*
S1 Corporation Kategorie: CRM / CTI Beispiele im Buch: S1 Enterprise Platform	Dank an: Andreas Rieger *Kontakt: www.S1.com*
SAP Deutschland AG & Co. KG Kategorie: CRM / CAS, BW, Business Intelligence Beispiele im Buch: mySAP com; mySAP CRM	Dank an: Anke Riebel *Kontakt: www.sap.de*
Saratoga Systems GmbH Kategorie: CRM / CAS, iCRM Beispiele im Buch: iAvenue, Intelligent Forecaster	Dank an: Jürgen Müller *Kontakt: www.saratogasystems.de*

DIE ANBIETER VON SYSTEMEN UND SYSTEMKOMPONENTEN FÜR DIE VERTRIEBSSTEUERUNG
Der Projektname CASablanca steht für Fallstudien und CRM/CAS-Beispiele in diesem Buch

SAS Institute GmbH Kategorie: BI, Business Intelligence Beispiele im Buch: SAS Balanced Scorecard	Dank an: Wolfgang Schwab *Kontakt: www.sas.de*	
Siebel Systems Deutschland GmbH Kategorie: CRM / Business Intelligence Beispiele im Buch: Siebel Enterprise Suite	Dank an: Stefan Sonntag *Kontakt: www.siebel.com*	
SMF KG Kategorie: CRM / CAS Beispiele im Buch: ProfitSystem	Dank an: Diethard Feuerstein *Kontakt: www.smf.de*	
Super Office GmbH Kategorie: CRM / CAS Beispiele im Buch: SuperOffice CRM	Dank an: Ralf Sattler *Kontakt: www.superoffice.de*	
Team Brendel Deutschland GmbH Kategorie: CRM / CAS Beispiele im Buch: WinCard CRM	Dank an: Hildegard Goy *Kontakt: www.team-brendel.com*	
tns infratest Kategorie: Kundenbindung, CRM Beispiele im Buch: TRI:M Kundenbindungsindex	Dank an: Dr. Peter Pirner *Kontakt: www.tns-infratest.com*	
update software AG Kategorie: CRM / CAS Beispiele im Buch: marketing.manager	Dank an: Markus Scheibenpflug *Kontakt: www.update.com*	

Inhaltsverzeichnis

Abkürzungsverzeichnis

Abb.	Abbildung
ASW	Zeitschrift Absatzwirtschaft
Aufl.	Auflage
BCG	Boston Consulting Group
BI	Business Intelligence
BPM	Business Process Management
BWL	Betriebswirtschaftslehre
CAS	Computer Aided Selling
CE	Customer Equity
CRM	Customer Relationship Marketing / Management
CV	Customer Value
CVE-M	Customer Value and Equity Management
DM	Direktmarketing
EAI	Enterprise Application Integration
ERP	Enterprise Resource(s) Planning (betriebswirtschaftliche Standardsoftware)
EUR	Währungseinheit Euro
F&E	Forschung und Entwicklung
HBM	Zeitschrift Harvard Business Manager
i.d.R.	in der Regel
IO	Zeitschrift IO Management
i.e.S. / i.w.S.	im engeren / weiteren Sinne
JoM	Zeitschrift Journal of Marketing
KAM	Key Account Management (Schlüsselkunden-Management)
Mio.	Millionen
MM	Zeitschrift Manager Magazin
o.a.	oben angegeben
o.ä.	oder ähnliches
OP	Operative Planung
o.V.	ohne Verfasser
PAF	Preis-Absatz-Funktion
PM	Produktmanagement
POS	Point of Sale (Ort des Verkaufsgeschehens)
s.	siehe
SI	Sales Intelligence
s.o.	siehe oben
Sp.	Spalte
SP	Strategische Planung
TEUR	tausend Euro
US-$	US-Dollar
usw.	und so weiter
vgl.	vergleiche
VKF	Verkaufsförderung
www	world wide web
ZFB	Zeitschrift für Betriebswirtschaft

ZfbF   Zeitschrift für betriebswirtschaftliche Forschung
z.B.   zum Beispiel

1. Der Vertrieb im Rahmen von Unternehmensführung und Marketing

1.1. Zur Einstimmung

1.1.1. Der Ursprung: Die betriebliche Leistungsverwertung

„Das Bild, das sich uns bietet, ist bunt: Der Vertrieb ist die ungezügelte Grenze der Geschäftswelt: unvorhersehbar, leidenschaftlich, theatralisch, voller exzentrischer Charaktere und gefährlich für Neulinge." (Siebel/Malone 1998, S. 10–11)

Dies ist ein Praxisbuch. Jedoch: Praxiserfolge stellen sich dauerhaft nicht ohne ein adäquates fachliches Fundament ein. Eine Motte, die in die Kerze fliegt, scheitert an der falschen Theorie. Deshalb werden im 1. Kapitel zunächst die fachlich-wissenschaftlichen Grundlagen des „Erkenntnisobjekts Vertrieb" aufgezeigt. Der Ursprung des Vertriebs bzw. Verkaufens liegt im Wirtschaften. *Wirtschaft ist der fortdauernde Prozess einer organisierten Bedürfniserfüllung.* Die Betriebswirtschaftslehre befasst sich als Realwissenschaft mit der **Beschreibung** (Deskription), **Erklärung** (Explikation) und **Gestaltung** (Praxeologie) wirtschaftlicher Prozesse der Realität (Empirie). Ihr Erkenntnisobjekt ist der Betrieb. Das idealtypische Modell eines Betriebes lässt sich durch die Prozessfolge von **Leistungserstellung** und **Leistungsverwertung** gut beschreiben – mit der kaufmännischen Verwaltung als verbindendem Glied (vgl. *Gutenberg* 1984, S. 1).

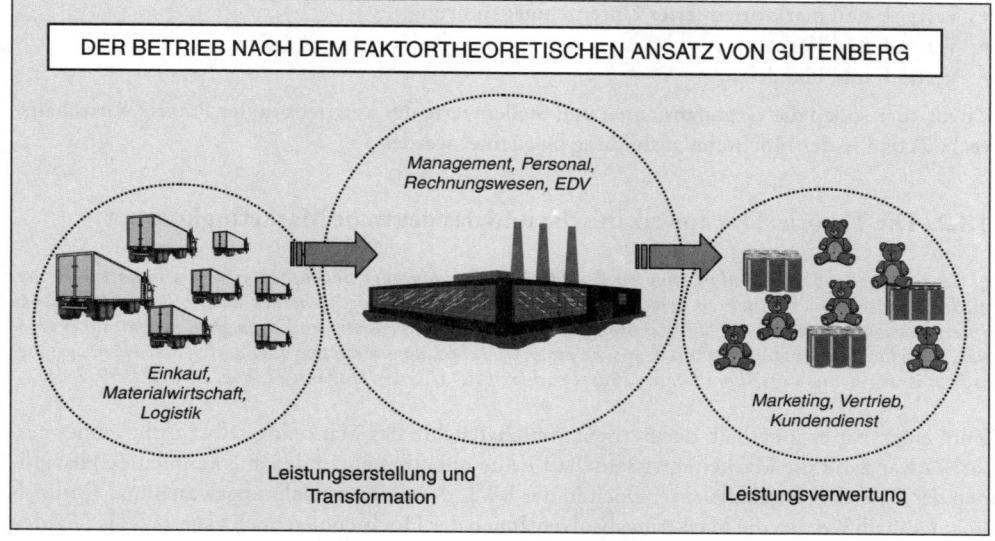

Abb. 1: Das Unternehmensmodell nach Gutenberg

In der Sprache von *Gutenberg* behandelt dieses Buch **Strukturen und Prozesse der betrieblichen Leistungsverwertung.** Anstatt Leistungsverwertung verwenden wir den in der Praxis gängigen Begriff **Vertrieb.** Folgende knappe Arbeitsdefinition für den Vertrieb soll die Einführung in dieses Buch erleichtern. Sie wird später erweitert.

> ➡ Der **Vertrieb** umfasst alle organisatorischen Funktionen und Tätigkeiten, Strukturen und Abläufe (Prozesse), Systeme und Methoden zur betrieblichen Leistungsverwertung.
> ➡ Hinreichendes Kennzeichen für eine Vertriebsfunktion ist eine Kunden(betreuungs)verantwortung.
> ➡ Hinreichendes Kennzeichen für eine Vertriebsführungsfunktion ist eine **Umsatzverantwortung.**

Witt bezeichnet den Vertrieb als *„die Speerspitze des Marketing"* (*Witt* 1996, S. 1). Danach treibt das Marketing den Vertrieb. Eine Gegenmeinung lautet: *Die Marketingkollegen sind die Pioniere des Vertriebs.* Wer treibt wen an? Das Bild ist unklar. Man weiß zu wenig über den Vertrieb. Denn das Tätigkeitsfeld Vertrieb/Verkauf mit über 5 Mio. deutschen Arbeitnehmern hat in der deutschen Betriebswirtschaftslehre und auch in der Marketingtheorie bislang keinen besonderen Stellenwert erhalten. Es gibt auch keine verbindliche Definition für den Vertrieb. Wenn man den Vertriebsbegriff verstehen will, dann sind wegen

(1) **fachlicher Richtungsdivergenzen** an den Hochschulen,
(2) **Begriffsabweichungen** zwischen sog. Theorie und sog. Praxis,
(3) **interkulturell bedingter Begriffsunterschiede** (unterschiedliche Auslegung des Marketingbegriffs in USA und Deutschland) und
(4) unterschiedlicher Begriffsauffassungen in der **Großkonzern- und Mittelstandspraxis**

einige grundlegende Begriffsabgrenzungen ratsam; und zwar vor allem zwischen

- Vertrieb und Distribution (Distributionspolitik),
- Vertrieb und Marketing,
- Vertrieb und marktorientierter Unternehmensführung,
- Vertrieb und Verkauf,
- Vertrieb und Handel.

Zuvor aber sollen die Grundansichten und Stellenwerte des Vertriebs in der Praxis (Wirtschaftsrealität) und in der Hochschulausbildung beleuchtet werden.

1.1.2. Die Theorie: Das amerikanische und das deutsche Marketingkonzept

„Dass sich das Studienfach Marketing an den Hochschulen so großer Beliebtheit erfreut und unter den speziellen Betriebswirtschaftslehren besonders häufig gewählt wird, hängt sicherlich auch mit der inhaltlichen Interpretation zusammen. Sie läßt das Stoffgebiet grundlegend, vielseitig und strategisch bedeutsam erscheinen. Die Hochschulabsolventen mit dem Schwerpunkt Marketing müssen sich aber darauf einstellen, dass diese Auffassung keineswegs überall in der Praxis vorherrscht." (*Köhler/Habann/Hahne, ASW 1/1999, S. 48*)

Zum einen hat es innerhalb der Betriebswirtschaftslehre das Marketing selbst nicht immer einfach. Zwar zählt die Marketingwissenschaft heute unbestritten zu den anerkannten Teildisziplinen der Betriebswirtschaftslehre. Doch in der BWL dominieren Rechnungswesen und Controlling. Deshalb werden die MarketingabsolventInnen der Hochschulen noch vielerorts als *„Exoten und Egg-heads"* angesehen, die sich in Public Relations und Werbung tummeln, bei Strategie und

Planung mitsprechen dürfen und nur beim Marken- und Produktmanagement und bei Marktforschung und Werbung das Sagen haben.

Gar stiefmütterlich wird zum anderen der Vertrieb im Rahmen des Marketing behandelt. Die seit den 60er Jahren von den Hochschulen verkündete Marketinglehre ist am Vertrieb weitgehend vorbeigegangen. Das belegt zum wiederholten Mal die Schrift: *100 Jahre Betriebswirtschaftslehre in Deutschland* mit dem Beitrag über die *Marketinggeschichte* (vgl. *Sabel* 1999, S. 169–180). Kein Wort über Vertrieb/Verkauf. Noch nicht einmal ein Hinweis im Stichwortverzeichnis. Auch das *Handwörterbuch der Betriebswirtschaft* widmet dem Vertrieb keine Rubrik (stattdessen: Distribution; *Wittmann* u.a. (Hrsg.) 1993). Im *Handwörterbuch des Marketing* werden zwar vertriebliche Einzelthemen behandelt, aber auch hier liegt der Schwerpunkt auf der warenverteilungslastigen Distributionspolitik (vgl. *Ahlert* 1995, Sp. 783–806). Einen Spagat macht das aktuellere *Marketing Lexikon* des *Gabler* Verlags. Der Vertrieb kommt immerhin auf 5 1/2 Seiten zu Geltung. Doch gleichzeitig werden von *„logistischen Warenverteilungprozessen separierbare Akquisitionsprozesse“* einem Tätigkeitskomplex **Distribution** (warum heißt das nicht Vertrieb?) zugeordnet (vgl. *Bruhn/Homburg* (Hrsg.) 2004, S. 864–869 bzw. S. 185).

In Marketinglehrbüchern werden dem Vertrieb also nur in homöopathischer Dosierung Seiten zur Verfügung gestellt (vgl. die Literaturauswertung bei *Pepels* 2002, S. 4). Wenn überhaupt, dann wird von Distributionspolitik gesprochen. Aus Sicht der Praxis stößt das auf Unverständnis. Das Credo der Führungskräfte in der Wirtschaft lautet nämlich unbeeindruckt von der Ignoranz der Wissenschaft: *„Wir leben vom Verkauf“*.

Auf einen einfachen Nenner gebracht stehen sich in Theorie und Praxis die zwei Konzeptionen der Abb. 2 gegenüber:

(1) Die Ausbildungskonzeption der deutschen Hochschulen, die vom amerikanisch geprägten, ganzheitlichen Marketing ausgeht (**Marketing = marktorientierte Unternehmensführung**; vgl. stellvertretend *Meffert* 1991, S. 31–49 sowie die Ausführungen bei *Becker* 2002, S. 1–5), die dem Marketing das Marketingmix-Instrument **Distributionspolitik** unterordnet und das Arbeitsgebiet Vertrieb/Verkauf nicht eindeutig zuzuordnen weiß,

(2) das Praxisverständnis deutscher Unternehmen, die üblicherweise eine **Aufgabentrennung** von **Marketing** und **Vertrieb/Verkauf** vornehmen (Separationsauffassung).

Im **amerikanischen Modell** gilt das **Primat des Marketing**. Im Sinne des Credos **Marketing = marktorientierte Unternehmensführung** haben sich alle Unternehmensbereiche

(1) der **Maxime** (Leitidee, Denkstil, Philosophie) **der Markt- und Kundenorientierung**,

(2) der **Wichtigkeit eines Marketinginstrumentariums** (Marketing-Mix), welches Märkte schaffen, beeinflussen und mittels dauerhafter Wettbewerbsvorteile sichern kann,

(3) der **Erfordernis zur Anwendung systematischer Marketingmethoden** (z.B. in der Marktforschung, im Produktmanagement oder in der Markenführung)

zu unterwerfen (vgl. *Meffert* 1998, S. 4). Definierte Marktbearbeitungsinstrumente werden zum Marketing-Mix gebündelt. Die Abb. 2 folgt diesbezüglich dem **Konzept der 4 P's** von *McCarthy* mit *Product* (Produktpolitik), *Price* (Preispolitik), *Place* (Distributionspolitik) und *Promotion* (Kommunikationspolitik) (vgl. *McCarthy* 1960). Der Vertrieb/Verkauf wird dann in der Literatur „irgendwo“ zwischen Distributions- und Kommunikationspolitik angesiedelt (vgl. die Übersicht über die unterschiedlichen Lehrmeinungen bei *Winkelmann* 2003, S. 274). Viel zu oft werden Bücher über Marketing-Management ohne Würdigung des Verkaufs in Gliederung und Stichwortverzeichnis geschrieben! Die Vertriebsthematik wird auf Absatzwegefragen beschränkt (vgl. z.B. bei *Meffert* 1994, S. 176). In der Theorie der Unternehmensführung steht das Marketing eindeutig im Vordergrund.

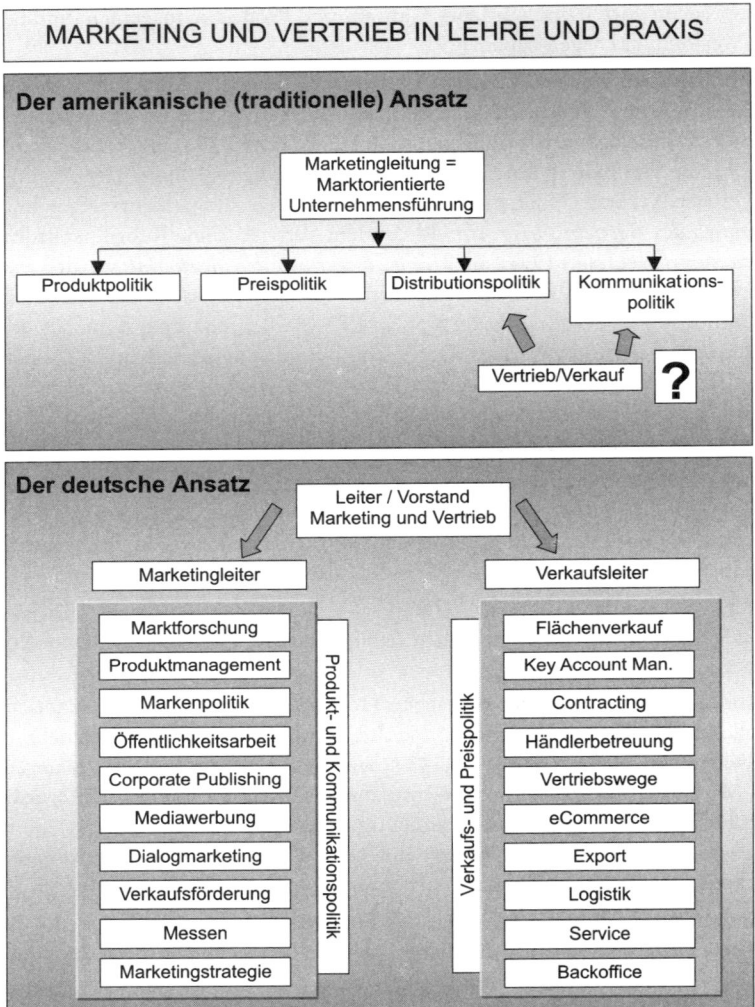

Abb. 2: Die amerikanische und die deutsche Marketingauffassung

Vereinzelt blitzen Zweifel auf, ob das tradierte Schema der 4 P's nicht vielleicht *„neu zu überdenken und anders zu gestalten"* ist *(Fließ/Jacob* 1996, S. 33). Auf den deutschen Chefetagen hält das Marketing nämlich keine dominierende Stellung inne. Die primäre Wertschöpfung erfolgt durch den Vertrieb. Eine **Separationsauffassung** trennt daher die in der Abb. 2 dargestellten **Spezialistenfunktionen** (Stabsfunktionen) **des Marketing** einerseits von **operativen Linienfunktionen des Vertriebs** andererseits. Marketing- und ein Verkaufsleiter stehen sich mit ganz spezifischen Aufgabenbereichen gegenüber.

Die unterschiedlichen Auffassungen in Lehre und Praxis führen zur Frage (1). Der Blick in die Marketingliteratur wirft Frage (2) auf:

(1) Wo liegt in der Praxis tatsächlich der Karriereweg für marktorientierte Führungskräfte; eher im Marketing oder eher im Vertrieb/Verkauf?

(2) Welche Bedeutung kommt dem Begriff der **Distributionspolitik** in der Praxis zu, der in der Marketingtheorie weit gebräuchlicher ist als der Begriff Vertrieb?

1.1.3. Die Praxis: „Wir leben vom Verkauf"

„Dieser Bereich (Vertrieb/Verkauf – Anm. des Verfassers) wird noch an den Universitäten sträflich verdrängt. Offenbar bestehen Berührungsängste von Professoren, die sich später auf die Studenten übertragen. Eine Karriere zum Top-Management verläuft aber selten über die Aufgaben des Marketing-Service in Unternehmungen und viel häufiger über den aktiven Verkauf oder Vertrieb." (Belz, 1996, S. 8)

Eine Auswertung von 314 (nach 383 im Vorjahr!) überregionalen Stellenanzeigen für Führungskräfte in der *Süddeutschen Zeitung* und in der *Frankfurter Allgemeinen Zeitung* im Dezember 2004 unterstreicht die größere Bedeutung des Vertriebs im Vergleich zum Marketing (vgl. *Winkelmann/Gepperth, Sales Business 1/2 2005, S. 28–30*). Abb. 3 erlaubt folgende **Kernaussagen**:

(1) Mit 215 von 295 zuordbaren Stellenangeboten (Verkaufsführung, Kundenbetreuer, Vertriebsingenieure) beherrschen eindeutig **Positionen mit Umsatzverantwortung** den Stellenmarkt. Das bedeutet: 73 % der Stellen für den Vertrieb, 27 % für das Marketing.

(2) Am stärksten gesucht werden qualifizierte **Verkaufsleiter** (62 Stellenangebote = 19,7 %).

(3) Marketing und Vertrieb leben in Arbeitsteilung. **Marketingleiter** und **Verkaufsleiter** operieren meist auf gleichem Level. Sie sind laut Stellenprofil zur Zusammenarbeit verpflichtet. Verkaufsleiter werden jedoch in weitaus stärkerem Maße gesucht als Marketingchefs. Sie belegen mit 10 Anzeigen nur Platz 9 der ausgeschriebenen Stellenangebote.

(4) Die Fahne des Marketing halten die **Produktmanager** hoch. (Mit 7,3 % auf Platz 4 der ausgeschriebenen Stellen).

(5) **Vertriebsingenieure** sind im Vertrieb hoch anerkannt, kompetent in kaufmännischen Fragen und gehaltlich gut dotiert. Mit 6,4 % der Stellenausschreibungen sind sie gegenüber dem Vorjahr um 2 Plätze vorgerückt; in diesem Jahr vor die Verkaufsprofis.

(6) Die Leiter **Marketing und Vertrieb** gehören zu 20 % (18 von 90 Stellenanzeigen) der Geschäftsführung an.

(7) Neue Berufsbezeichnungen wie **Customer Relationship Manager** oder **Leiter Multimedia** sind in den Stellenanzeigen nur als Einzelfälle aufgetaucht. Im Stellenmarkt der Printanzeigen für Führungskräfte dominieren konventionelle Positionen.

(8) Eine Funktionsbezeichnung oder ein Arbeitsgebiet **Distribution(spolitik)** ist nicht zu entdecken. Dieser Begriff der Marketingtheorie ist in der Praxis ohne Belang.

Die ausgewerteten Stellenanzeigen bezogen sich auf Führungskräfte, d.h. auf „gestandene Praktiker". Wie aber ist es speziell um die Einstiegschancen für Hochschulabgänger bestellt? Eine Auswertung der Berufs-Einstiegsbereiche für Hochschulabsolventen durch *Staufenbiel* belegt die große Bedeutung des Berufsfeldes Vertrieb/Verkauf (Abb. 4). Seit Jahren belegt der Vertrieb Platz 3 der Stellennachfrage, so *Th. Friedenberger* vom *Staufenbiel-Institut*, und zwar vor dem Marketing. Viele Berufsanfänger können sich während ihres Studiums kaum vorstellen, nach Abschluss des Examens ihren Berufseinstieg in kundennahen Bereichen zu finden. Wie viele von ihnen studieren im Hauptfach Marketing, befassen sich jedoch nie mit den strategischen und operativen Fragen des Verkaufens (vgl. *Wagner* 1998, S. 80–87)?

Deshalb greifen Wirtschaftsmagazine die Thematik der Karriereperspektiven immer wieder auf und betonen die Chancen junger Akademiker im Vertrieb: *„Plötzlich nimmt der vielgeschmähte*

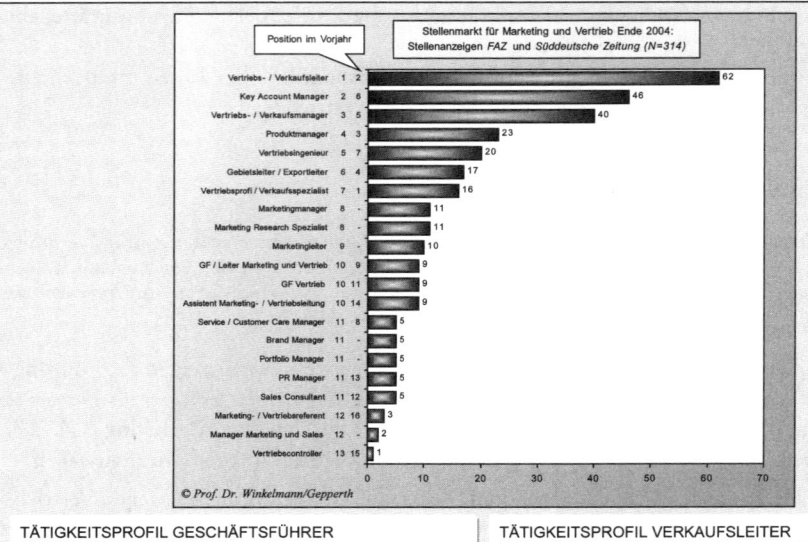

TÄTIGKEITSPROFIL GESCHÄFTSFÜHRER MARKETING UND VERTRIEB
⇨ Umsatz-, Marktanteils- und Profitverantwortung
⇨ Mitwirkung bei strategischen Unternehmensentscheidungen
⇨ Permanente Optimierung der Markt- und Geschäftsstrategie
⇨ Umsetzung der Vertriebsziele
⇨ Konsequente Nutzung vorhandener Marktpotenziale
⇨ Internationale Erschließung weiterer Geschäftsmöglichkeiten
⇨ Akquisition von Key Accounts
⇨ Führung von Außendienst und Innendienst im In- und Ausland
⇨ Steuerung von Produktmanagement, Werbung und PR
⇨ Entwicklung zukunftsorientierter Marketingkonzepte
⇨ permanente Verbesserung der Aufbau- und Ablauforganisation
⇨ Forcierung einer modernen Produktionsstrategie
⇨ Forecasting und Budgeting

TÄTIGKEITSPROFIL MARKETINGLEITER
⇨ Realisierung von Vermarktungsstrategien und -konzepten
⇨ Überwachung von Medieneinsatz und Marketingbudgets
⇨ Markt- und Wettbewerbsanalysen und Benchmarking
⇨ Entwicklung von Sortiments-, Angebots- und Preiskonzepten
⇨ Konsequente Nutzung vorhandener Marktpotenziale
⇨ Internationale Erschließung weiterer Geschäftsmöglichkeiten
⇨ Sammeln von Marktinformationen
⇨ Werbekosten-Controlling
⇨ Werbeplanung und kreative Durchführung der Werbung
⇨ Steuerung von Marktforschungsinstituten und Agenturen
⇨ Steuerung von Presse- und Öffentlichkeitsarbeit
⇨ Mitarbeit bei der Markenentwicklung
⇨ Bearbeitung wettbewerbsrechtlicher Probleme
⇨ Laufende Optimierung von Corporate Design und CI
⇨ Projektleitung in den Bereichen Call-Center, Internet-Auftritt
⇨ enge Zusammenarbeit mit GF zur Realisierung der Marketingstrategie
⇨ Konzeption und Betreuung der Herstellung von Verkaufs- und Marketing-Materialien
⇨ Pflege des Internet-Auftritts

TÄTIGKEITSPROFIL VERTRIEBSINGENIEURE
⇨ Technische und kaufmännische Beratung der Kunden
⇨ Erarbeiten kundenspezifischer Problemlösungen
⇨ Einführung neuer Produkte
⇨ Kommunikation mit Produktdesign-Centern
⇨ Erstellung von Markt- und Bedarfsanalysen
⇨ Information und Schulung von Außendienstmitarbeitern

TÄTIGKEITSPROFIL VERKAUFSLEITER
⇨ Akquisition von Neukunden, Betreuung Schlüsselkunden
⇨ Erreichen der Verkaufsziele
⇨ Absatz- und Budgetplanung
⇨ Führung und Koordination der Außendienstmitarbeiter
⇨ Erstellung von Vertriebspotenzialanalysen
⇨ Optimierung einer zeitgemäßen Mitarbeiterförderung
⇨ Sicherstellung einer kunden- und serviceorientierten Arbeitsweise
⇨ Mitarbeiterschulungen und Kundenveranstaltungen
⇨ Gestaltung der Vertriebssteuerung
⇨ Führung des Innendienstes / Customer Service
⇨ Rückmeldung von Kunden- und Wettbewerbsinformationen an das Marketing
⇨ Zusammenarbeit mit dem Marketing

TÄTIGKEITSPROFIL INNENDIENSTLEITUNG
⇨ Führung der Innendienstmitarbeiter
⇨ Unterstützung des Außendienstes
⇨ Umsetzung von Vertriebs- und Marketingmaßnahmen
⇨ Mitgestaltung des Verkaufsberichtswesens
⇨ Gestaltung unterschiedlicher Werbemittel
⇨ Zuarbeit an Verkaufsleitung / Marketingleitung

TÄTIGKEITSPROFIL KEY ACCOUNT MANAGER
⇨ Akquisition und Betreuung von Großkunden mit Umsatzverantwortung
⇨ Wahrnehmung des Relationship Management
⇨ Entwicklung und Umsetzung kundenspezifischer Vertriebsstrategien / Problemlösungen
⇨ Mitwirkung beim Aufbau neuer Vertriebswege
⇨ Erarbeitung von Markt- und Bedarfsanalysen
⇨ Mitwirkung bei Produkt- und Sortimentspolitik
⇨ enge Zusammenarbeit mit Produktmanagement
⇨ technischer und kaufmännischer Ansprechpartner auf allen Hierarchieebenen
⇨ Überregionale Koordination von Projekten in Abstimmung mit Vertriebsleitung

(Quelle: Schwerpunkt Marketing und Vertrieb, FH Landshut; Winkelmann/Funke, salesBusiness 3/2004, S. 48–50; und Winkelmann/Gepperth, salesBusiness 1/2 2005, S. 28–30)

Abb. 3: Nachfrage nach Führungskräften in Vertrieb und Marketing Ende 2004 – FAZ und Süddeutsche Zeitung

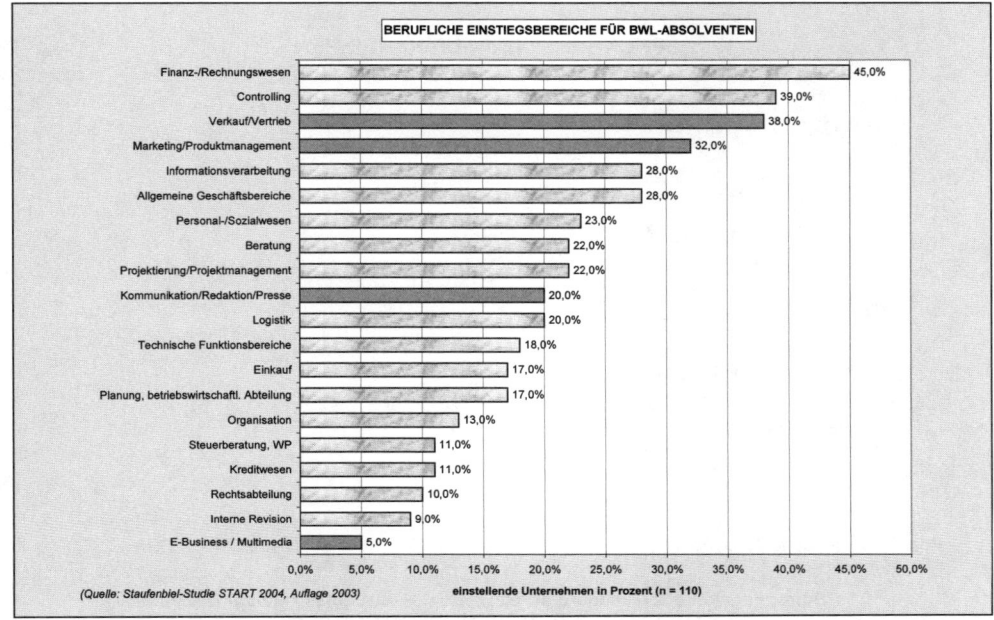

Abb. 4: Quelle: Staufenbiel, J.E.; Friedenberger, Th. (Hrsg.): Berufsplanung für den Management-Nachwuchs, 24. Aufl., START 2004, Köln 2003

Vertriebsjob mit dem Drückerimage die Züge des Traumjobs aller ehrgeizigen Jungmanager an" (*Gronwald/Rust/Schmalholz*, MM 8/1999, S. 150). Eine Studie der Personalberatung *Heidrick & Struggles/Mülder & Partner* belegt in der Abb. 5,

(1) dass 41 % der befragten Top-Manager ihre Karriere in Marketing und Vertrieb begannen,

(2) und dass der Anteil der Nichtakademiker mittlerweile auf 8 % gesunken ist (vgl. den Hinweis auf diese Studie im *Verkaufsleiter Service* Nr. 681 v. 20.11.1999, S. 1).

Warum werden Vertrieb und Verkauf an den Hochschulen so stiefmütterlich behandelt? Wir sehen vor allem fünf Ursachen, warum Vertrieb/Verkauf keinen gefestigten Platz im Rahmen der Hochschulausbildung gefunden haben:

(1) Viele Marketinggrundlagen wurden in den Zeiten der Verkäufermärkte gelegt, als die Güternachfrage noch das Angebot überstieg und die Marktbedingungen kaum Anlass für die Herausstellung einer „Verkaufskunst" boten (vgl. zu den Marketingphasen *Kotler/Bliemel* 2001, S. 29–48). Kurz: Für die Theorie war (und ist) der Verkauf schlichtweg uninteressant. Erst auf den zweiten Literaturblick kommt ein Erstaunen über die Fülle der Studien zum Käuferverhalten auf. Käuferverhalten und kein Verkäuferverhalten? Da ist doch eine Lücke in der Forschung?

(2) Das Marketing hat über Jahrzehnte vornehmlich die Konsumgütermärkte im Auge gehabt und die Verkaufsvorgänge hierbei auf den **Pull-Ansatz** (aus dem Handel an Endverbraucher herausverkaufen) reduziert. Nicht auf Verkaufsherausforderungen lag das Augenmerk der Forschung, sondern auf der Handelsdistribution und den Geschehnissen am Point of Sale (POS). Erst in den vergangenen zwanzig Jahren hat die Marketingwissenschaft der ersten Verkaufsstufe mehr Aufmerksamkeit gewidmet: dem **Key Account Verkauf** der Markenher-

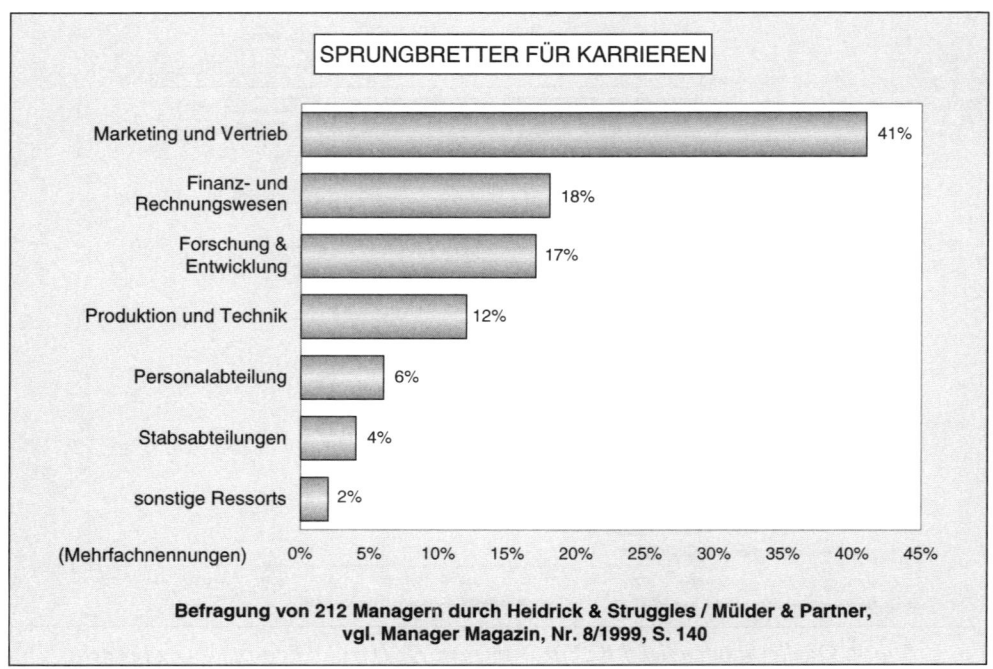

Abb. 5: Der Vertrieb als Karrieresprungbrett

steller in den Handel hinein (**Push-Ansatz**). Ein wenig Belebung kam in die Literatur, als dieser Ansatz dann auf die technischen Märkte übertragen wurde (z.B. durch *Goehrmann* 1984, *Miller/Heiman* 1992, *Bald* 1995, *Senn* 1997, *Kleinaltenkamp/Plinke* 1995, *Backhaus* 1997, *Bonart* 1999, *Godefroid* 2003).

(3) Marketingprofessoren verfügen nur in Ausnahmefällen über operative Verkaufserfahrungen. Und ein so bahnbrechendes Forschungsvorhaben wie das *Columbus-Projekt* vom *Kosiol/ Witte*-Kreis wurde leider nicht als Vertriebsuntersuchung aufgezogen, sondern untersuchte aus dem Blickwinkel der anderen Schreibtischseite das Entscheidungsverhalten von Einkäufern in Beschaffungsprozessen (*Hauschildt/Grün* 1993). Auch bei der auf dem kritischen Rationalismus (*Popper*) basierenden **empirischen Theorie der Unternehmung** blieb der Verkauf leider außen vor.

(4) In den Zeiten des Marketing-Booms (80er Jahre) füllten Hochschulabsolventen und ehemalige Assistenten die Marketing-Planstellen auf. So kamen auf die Hochschulprofessoren, die selbst nie in Verkaufsverantwortung standen, keine Anforderungen von ihren ehemaligen Studenten zu, sich mit der Verkaufsmaterie zu beschäftigen. Hier ist heute ein Wandel festzustellen.

(5) Wirtschaftsmagazine, die den HochschulabsolventInnen den Vertrieb schmackhaft machen wollen, skizzieren immer wieder einseitig nur Verkäuferkarrieren. Sie zeigen nicht die Anforderungen und Chancen auf, die mit Führungspositionen im Vertrieb verbunden sind. **Wir sollten jedoch an den Hochschulen keine Verkäufer ausbilden, sondern Manager, die eines Tages Verkäufer führen.**

Gegenwärtig befindet sich das Marketing noch immer in einer Konsolidierungsphase. Die Konjunkturschwäche hat Stellenabbau und Outsourcing forciert. Diese Aussage wird durch die zi-

HOCHSCHULABSOLVENTINNEN IM VERTRIEB

„Die Möglichkeit, im Vertrieb Gehälter zu erreichen, die sonst nur Leitenden Angestellten vorbehalten sind, zeigt, dass sich das Berufsbild vom „Klinkenputzer" stark gewandelt hat. Drastisch wie kaum woanders haben sich die Anforderungen geändert. Früher als rein abschlussorientierte Reisende, ausgestattet mit Prospekten und Preislisten, gesehen, werden sie heute immer mehr zur strategischen Schnittstelle zwischen Unternehmen und Kunden. In Zeiten, wo der Wettbewerbsvorsprung über Produktinnovationen immer kurzlebiger wird und Hersteller mit ihren Produkten und Leistungen austauschbar werden, versuchen die Unternehmen über System- bzw. Wertschöpfungspartnerschaften, Pre-Sales-Service und Added Values eine höhere Kundenbindung und dadurch stärkere Marktanteile und Erträge aufzubauen. Und wer wenn nicht die Mitarbeiter im Vertrieb sollen die neuen Konzepte im Markt durchsetzen?

Die Vertriebsorganisationen setzen dabei auf erfahrene und gut ausgebildete Vertriebsmitarbeiter und zunehmend auch auf Hochschulabsolventen. Insgesamt liegt der Akademikeranteil nach den Ergebnissen der aktuellen Kienbaum-Vergütungsstudie unter den Verkäufern bei 52 %, vor zehn Jahren waren es noch 29 %. Mitarbeiter mit technischen bzw. ingenieurwissenschaftlichen Abschlüssen spielen bei Produktionsunternehmen die Hauptrolle. Das deckt sich mit der Erfahrung, dass der Dialog mit dem Kunden in der Praxis weitgehend über den Produktnutzen geführt wird und auch in der Aus- und Weiterbildung technische Aspekte gegenüber kaufmännischen dominieren. In know-how-intensiven Technologiebranchen mit stark erklärungsbedürftigen Produkten finden sich deshalb häufig Ingenieure im Vertrieb, während BetriebswirtInnen von den Universitäten und FH's eher im weiten Feld der Medium- und Low-Tech-Märkte und natürlich im Konsumgütervertrieb zu finden sind."

Holger Scheepers, Vergütungsberatung Kienbaum Management Consultants GmbH (*holger. scheepers@kienbaum.de*)

Abb. 6: Statement von Kienbaum Management Consultants GmbH

tierten Personalberatungen belegt. Management-Karrieren starten überwiegend im Vertrieb, wie die Abb. 5 ergänzend belegt. Das Statement der Abb. 6 ist der *Kienbaum Vergütungsberatung* zu verdanken und soll zusammenfassend den jungen Studierenden eine Orientierung bieten. Dem Vertrieb wird sogar schon eine Renaissance vorausgesagt (vgl. *Winkelmann*, acquisa 6/2004, 82).

1.1.4. Weiterführende Begriffsklärungen

a.) Absatz

Im folgenden sollen die Begriffe **Absatz, Distribution, Marketing, Vertrieb, Verkauf** geklärt werden. Sie alle werden nicht einheitlich verwendet; weder in der Theorie noch in der Praxis (vgl. *Oehme* 1998, S. 132, mit verschiedenen Begriffsauslegungen). Zum Teil werden die Begriffe auch kombiniert, so dass wir uns über kreative Neuschöpfungen freuen dürfen. *Dannenberg* brachte den Begriff des **Vertriebsmarketing** ein (vgl. *Dannenberg* 1997). Ein Seminar des *Harvard Business Manager* kündigt neue Wege im **Absatzmarketing** an; und eine Stellenanzeige (*Referent für Marketing und Werbung gesucht*) veranlasste *Weeser-Krell* zu dem Stoßseufzer, dass *„in Terminologie und wissenschaftlicher Systematik weniger Bewanderte … Kraut und Rüben durcheinander werfen."* (*Weeser-Krell* in einem Leserbrief an die Absatzwirtschaft, 4/1998, S. 123).

Die deutsche Betriebswirtschaftslehre ist in ihren Anfängen etwa ab 1925 bis in die 50er Jahre gut mit dem Begriff **Absatz** zurecht gekommen (vgl. *Gutenberg* 1984, S. 123 ff.). Ende der 30er Jahre proklamierte die Literatur gar das **Primat vom Absatz** (vgl. auch die Quellen bei *Bubic* 1996, S. 108). Die Aspekte der Marktbearbeitung wurden wissenschaftlich hoffähig.

Den Begriff Absatz grenzte *Gutenberg* wie folgt ein:

(1) Zunächst zog *Gutenberg* den Absatzbegriff dem der Leistungsverwertung vor. Die Leistungsverwertung erschien ihm *„mit sprachlichen Mängeln behaftet"*, zu *„farblos"* und dem *„betrieblichen Sprachgebrauch zu fremd"* (*Gutenberg* 1984, S. 1).

(2) Im nächsten Schritt hat er den Absatzbegriff sehr weit gefasst. Die Absatzwirtschaft enthält *„nicht nur Verkaufsvorgänge, sondern auch Einkaufs-, und Beschaffungsakte, und zwar nicht nur von Produktions-, sondern auch von Handels- und sonstigen Dienstleistungsunternehmen."* (*Gutenberg* 1984, S. 2).

(3) Für seine weiteren Ausführungen engte *Gutenberg* den Absatzbegriff dann wieder ein. Aufgabe absatzwirtschaftlicher Maßnahmen ist es, *„in Übereinstimmung mit den jeweiligen Zielvorstellungen der Unternehmensleitung zu erreichen, dass das Absatzniveau des Unternehmens auf seinem gegenwärtigen Stand gehalten oder vor einem weiteren Absinken bewahrt oder erhöht wird ..."* (*Gutenberg* 1984, S. 7).

Damit bringt *Gutenberg* die betriebliche Absatzwirtschaft auf einen Wesenskern, der mit der Vertriebsdefinition dieses Buches in Einklang steht.

Für die Instrumente der Marktbearbeitung prägte *Gutenberg* den Begriff des **absatzwirtschaftlichen Instrumentariums** (vgl. *Gutenberg* 1984, S. 104). Mittlerweile ist der Absatzbegriff leider zu einer Größe degeneriert, die für Verkaufsmengen steht (Absatz = Absatzmenge). So haben sich auch die bedeutenden Wegbereiter der deutschen Marketinglehre, *Nieschlag, Dichtl* und *Hörschgen*, 1971 vom Titel ihres langjährigen Standardwerkes *Einführung in die Lehre der Absatzwirtschaft* gelöst und firmierten um in: *Marketing – Ein entscheidungstheoretischer Ansatz*. Dies kam einer fachlichen Wachablösung gleich. Ab dieser Zeit sind es vorrangig die Amerikaner, die uns die modernen Denkweisen und Instrumente zur Marktbearbeitung als Bausteine des Marketing anbieten. Um so erstaunlicher und auch erfreulicher ist es, dass die wohl führende Marktzeitschrift in Deutschland noch immer den Titel *Absatzwirtschaft* (*Zeitschrift für Marketing* im Untertitel!) trägt.

b.) Distribution

Die Amerikaner führten den **Distributionsbegriff** ein. Als die US-amerikanischen Farmer den im Zuge der Industrialisierung explodierenden Nahrungsbedarf der Städte nicht mehr befriedigen konnten, erwiesen sich Absatzmittler-Netzwerke als Rettung gegen Hungersnöte. Kunden- bzw. Verkaufsprobleme gab es damals nicht. Die Engpässe lagen in der **Warenverteilung**. Es entstand die Distributionssicht des Marketing (zur Distributionsorientierung vgl. *Kotler/Bliemel* 2001, S. 23): *„Distribution umfasst die einzelnen Maßnahmen des Unternehmens, um das Produkt für die Zielkunden leicht zugänglich und verfügbar zu machen"* (*Kotler/Bliemel* 2001, S. 151).

Das **P = place** im *McCarthy*-Schema verankerte diesen durch Verteilungsmentalität und Vertriebskanaleffizienz gekennzeichneten Distributionsbegriff im Konsumgütermarketing: *„Kennzeichnend für die so definierte Distributionspolitik ist die Zwecksetzung der Unternehmung, ihren Absatzgütern physische und kommunikative Präsenz im Absatzmarkt zu verschaffen, ihr „Regalplatz" im Sinne von Konfrontationsmöglichkeiten mit der Verbraucherzielgruppe zu sichern."* (*Ahlert* 1996, S. 21). *Seiler* definiert knapp und eindeutig: *„Als Distributionspolitik bezeichnet man alle Aktivitäten, die mit der Verteilung der Erzeugnisse zusammenhängen."* (*Seiler* 1992, S. 263). Auch *Specht* vertritt die eingrenzende Lehrmeinung:

„Im einzel- bzw. betriebswirtschaftlichen Sinne soll der Begriff Distribution spezielle Marketing-aktivitäten erfassen, und zwar solche, die die Güterübertragungswege betreffen." (*Specht* 1998, S. 4)

Nur sporadisch tauchen die Begriffe Vertrieb/Verkauf in den Definitionen auf. Dann geht es jedoch zumeist um einen Teilbereich der Distributionspolitik, der die Wahl der Vertriebskanäle (nach klassischer Lehre die **Absatzmethode**) berührt (vgl. z.B. bei *Poth* 1986, S. 8). Nach dieser Denkweise werden *„mal auf die Schnelle 1.000.000 Ritter Sport in den Markt geworfen"*, wird der Handel unter Verteilungsdruck gesetzt und **König Kunde** zum *„Distributionssubjekt"* (*Ahlert* 1996, S. 72) herabgewürdigt. Die Marktbearbeitung reduziert sich auf ein logistisches Spiel. Sie wird zur **kundenfreien Zone**. Doch der Vertrieb ist nicht der Distributionspolitik zuzuordnen (vgl. *Czech-Winkelmann* 2003, S. 8) – er umfasst viel mehr.

Erklärungsversuche für die **Distributionslastigkeit** der Marketinglehre und eine Darstellung der wenigen Ansätze, die dem Vertrieb/Verkauf einen festen Platz im Rahmen der Marketinginstrumente sichern, sind an anderer Stelle erfolgt (*Winkelmann* 2003, S. 274–277). Im folgenden wird aufgezeigt,

(1) dass die Warenverteilung durch die Absatzkanäle nur eine Facette des Vertriebs darstellt und dass

(2) mit einer Regalplatzmentalität und mit Kunden als Konfrontationsopfer heute keine Märkte mehr erobert werden können.

c.) Marketing

In den Zeiten der Verkäufermärkte war auch das Marketing von diesem Verteilungsdenken geprägt. Immer wieder gern zitiert wird eine logistische Begriffsfassung der *American Marketing Association* (AMA) aus dem Jahr 1948: *„Marketing ist die Erfüllung derjenigen Unternehmens-funktionen, die den Fluss von Gütern und Dienstleistungen vom Produzenten zum Verbraucher bzw. Verwender lenken."* (zit. in *Meffert* 1998, S. 9)

In der Definition der *AMA* im Jahr 1985 werden eher die instrumentellen Funktionen des Marketing und die Aufgabe der Bedürfnisbefriedigung betont: *„Marketing is the process of planning and executing the conception, pricing, promotion and distribution of ideas, goods, and services to create exchanges that satisfy individual and organizational objectives."* (*AMA* 1985)

Diese Begriffsfassungen bringen den zurückliegenden Wandel der Märkte von den Verkäufer- zu den Käufermärkten gut zum Ausdruck. Der Kunde mit seinen Bedürfnissen rückt in das Blickfeld des Marketing. Sehr viel mehr hat sich aber seither inhaltlich bei der Marketingdefinition nicht getan. *Meffert* hat in das **Handwörterbuch des Marketing,** das für Studenten die „Bibel" für das Lernen von Begriffen sein sollte, praktisch die strategische *AMA*-Definition übernommen. Marketing ist *„Planung, Koordination und Kontrolle aller auf aktuelle und potentielle Märkte ausgerichteten Unternehmensaktivitäten zur Verwirklichung der Unternehmensziele im gesamt-wirtschaftlichen Versorgungsprozess durch eine dauerhafte Befriedigung der Kundenbedürf-nisse."* (*Meffert* 1995, Sp. 1472)

Wer bringt das Marketing vom hohen Ross der Strategie herunter? Wer bringt die Kärrnerarbeit der Kundenbetreuung ins Spiel und die Verantwortung, die das Marketing dabei für die Wertschöpfung der Unternehmung hat? In diese Richtung klingt in einem Buch von *Kotler* an: *„Marketing ist die Wissenschaft und die Kunst, profitable Kunden zu gewinnen, an sich zu binden und aufzubauen."* (*Kotler* 1999, S. 156) Damit ist das Marketing wieder handfester im Sinne der Praxis definiert. **Wem aber würde auffallen, wenn in allen obigen Definitionen das Wort Marketing**

einfach durch Vertrieb ersetzt wird? Versuchen wir es einmal: *„Vertrieb ist die Verantwortung und die Kunst, profitable Kunden zu gewinnen, an sich zu binden und aufzubauen."*

Wir meinen: Jeder verantwortungsbewusste Vertriebschef sollte doch die obigen Marketinginhalte verinnerlicht haben, auch wenn er das Wort Marketing noch nie gehört hätte. Welcher Vertriebsmitarbeiter will denn nicht die Bedürfnisse seiner Kunden und gleichzeitig die Unternehmensziele erfüllen? Es bringt also nichts, Marketing einfach mit Fähigkeiten zu belegen, die speziell Aufgabe des Verkaufs sind. Das Marketing sollte schon eigenständige Kompetenzen entwickeln.

Die Frage aus Vertriebssicht lautet also: **Wo liegen die besonderen Kräfte und Fähigkeiten des Marketing, die speziell den Vertrieb unterstützen, seine Verkaufsschlagkraft im Markt über diejenigen Eigenschaften hinaus stärken, die schon immer das Verkaufen bestimmten?** Zur Beantwortung dieser Frage könnte man nun eine Flut von Begriffen sichten (s. auch die Zusammenstellung bei *Pepels* 1998, S. 11–17) und nach Besonderheiten und Zusatzkompetenzen des Marketing suchen. Findet man diese spezifischen Vorteilselemente des Marketing nicht, dann bleibt das Marketing für den „eingefleischten" Vertriebler nicht mehr als eine akademische Worthülse. Abb. 7 enthält Aspekte des Ringens von Vertrieb und Marketing um die Vorherrschaft bei der marktorientierten Unternehmensführung.

MARKETING ALS	Aufgaben des Marketing	Was sagt der Vertrieb
Absatzpolitik ⊠	• optimale Gestaltung des Leistungs-flusses vom Lieferanten zum Kunden • optimaler Einsatz absatzpolitischer Instrumente (Marketing-Mix) zur Schaffung und Sicherung von Märkten (Absatz, Umsatz, Ergebnis)	• ist seit jeher Grundaufgabe des Vertriebs • ist Aufgabe des Vertriebs, der den Markterfolg zu verantworten hat
Beziehungsmarketing ⊠	• Aufbau und Pflege von Beziehungen (Relationship Marketing) • Befriedigung der Bedürfnisse von Personen und Gruppen im Einklang mit Unternehmenszielen	• im Industrieverkauf ganz normal • für die Bedürfnisbefriedigung braucht der Vertrieb das Marketing nicht
Marktgestaltende (marktorientierte) Unternehmensführung ⊠	• Denkhaltung der marktorientierten Unternehmensführung in die anderen Unternehmensbereiche tragen (Marketingphilosophie) • Ausrichtung aller Unternehmens-aktivitäten auf Kundenerwartungen, -wünsche und Markttrends • Notwendigkeit zu kundenbegünsti-genden Entscheidungen	• ist „natürliches" Anliegen des Vertriebs • hier zeigt sich eine Kraft des Marketing: das Marketing erlöst den Vertrieb aus der Ressortbegrenzung • Kraft des Marketing: Durch die Marketingphilosophie erhält der Vertrieb mehr Durchsetzungskraft im Gesamtunternehmen
Gestaltung jeglicher Art sozialer Beziehungen und Austauschprozessen (generisches Marketing) ⊠	• nutzenorientierte Verbesserung jeglicher menschlicher Beziehungen • Marketing als Maxime für soziale und umweltbezogene Aufgaben • Marketing als Philosophie für gesellschaftliches Handeln	• hier geht Marketing in der Tat weit über die Aufgaben und Belange des Vertriebs hinaus • wird die Mitgliederwerbung (Kundengewinnung) von Parteien, Gewerkschaften, gemeinnützigen Organisationen auch als Vertrieb verstanden, würde sich der Vertrieb hier auch berührt fühlen
Das Schema setzt auf der Systematik der 4 Marketingdefinitionen von Pepels auf. Siehe dort auch die den Kategorien entsprechenden Autoren mit ihren Begriffsauslegungen sowie die Literaturquellen (Pepels 1998, S. 11–17)		

Abb. 7: Was bringt das Marketing Neues für den Vertrieb?

d.) Marktorientierte Unternehmensführung

„Marketing im Sinne einer marktorientierten Unternehmensführung kennzeichnet die Ausrichtung aller relevanten Unternehmensaktivitäten auf die Wünsche und Bedürfnisse der Anspruchsgruppen." (Prof. Esch zur Definition des Marketing in: Mission, Aktuelles Leitbild des Deutschen Marketing-Verbandes, 2002)

Das **Konzept der marktorientierten Unternehmensführung** beruht auf einer weiten Auslegung des Marketingbegriffs, wie die neuerliche **Mission des Deutschen Marketing-Verbandes** zeigt. Es ist unverändert der Anspruch des Marketing, eine wirklich dominierende Rolle bei der Gestaltung von Unternehmensstrategien zu spielen. Das Marketing versteht sich als *„… Führungsphilosophie … als die bewusste Führung des gesamten Unternehmens vom Absatzmarkt her, d.h. der Kunde und seine Nutzenansprüche sowie ihre konsequente Erfüllung stehen im Mittelpunkt des unternehmerischen Handelns, um so unter Käufermarkt-Bedingungen Erfolg und Existenz des Unternehmens dauerhaft zu sichern." (Becker 2002, S. 3)*

Wir möchten gerne dieser Vision folgen. Aber die Grenzen sind offenkundig. Das Marketing hat sich zwar über die Jahrzehnte zu einer anerkannten Wissenschaft entwickelt; der große Durchbruch auf Geschäftsführungsebene ist jedoch, wie bereits ausgeführt, bis auf Ausnahmen (z.B. *BMW*) nicht gelungen. Die tragische Rolle des Marketing kommt gut im Zusammenhang mit der Reorganisation des *Bayer Konzerns* zum Ausdruck: *„Der Turn-around hat auch Auswirkungen auf das Marketing. Werner Spinner, seit Jahren für Marketing verantwortlich, ist zwar in den fünfköpfigen Holding-Vorstand übernommen worden, die Funktion Marketing schaffte diesen Sprung allerdings nicht."* (vgl. die Meldung in ASW, 9/2002, S. 32) Nach dem Wertkettenmodell von *Porter* sind Marketing und Vertrieb primäre Unternehmensaktivitäten, die der unmittelbaren Wertschöpfung dienen. Doch das Marketing keine seine Wertschöpfungsbeiträge nicht immer deutlich machen (vgl. *Schütz*, ASW Sonderausgabe 2002, S. 46–47) und wird zunehmend in die operativen Geschäftsbereiche zurückverlagert. *„Der Vertrieb gewinnt"* (*Pracht*, acquisa 1/2005, S. 15).

Ohne Frage liefert aber der Denkansatz des ganzheitlichen Marketing dem Vertrieb entscheidende Impulse für die Kunden- und Marktbetreuung. Das Vertriebsmanagement profitiert vom Marketing auf dreifache Weise:

(1) Die Geschäftsführung (Vorstand) vertritt eine **kundenbezogene Strategie,** verkündet diese im Unternehmen und lebt diese auch vor. Die Kundenbetreuung erhält Rückendeckung durch das Top-Management.

(2) Die Vertriebsmitarbeiter erhalten konkrete Unterstützung bei ihrer Arbeit durch Kollegen, die Marktdaten analysieren, Produkte und Marken pflegen, Erfolgschancen für Strategien untersuchen, Interessenten durch Verkaufsförderung kaufgeneigt machen. Der Verkäufer weiß dann das Marketing zu schätzen, weil Marketing-Kollegen ihm **anerkannten Marketingservice** bieten.

(3) Der Vertrieb erhält eine vertretbare **Priorität bei konfliktären, innerbetrieblichen Entscheidungen,** wenn es um den Markterfolg geht.

Diese drei Sachverhalte kennzeichnen den **Triadenansatz der marktorientierten Unternehmensführung** (vgl. *Winkelmann* 2003, S. 34–35). Er ergänzt das **duale Konzept** von *Meffert* um die Bedingung eines geachteten Marketingservice (Punkt 2) und um eine Prioritätsnuance (Punkt 3). In dem Moment, in dem Marketing von allen Unternehmensbereichen als Kompass zur Ausrichtung und Konzentration auf Kundenwünsche (Markttrends) akzeptiert wird, gibt das Marketing dem Vertrieb frischen Schwung. Als Antreiber wirkt ein *„… Marketing als Ausdruck eines marktorientierten unternehmerischen Denkstils, der sich durch eine schöpferische, systematische und zuweilen auch aggressive Note auszeichnet …" (Nieschlag/Dichtl/Hörschgen 1985, S. 8)*

Das Marketing öffnet dem Vertrieb also durch eine Kundenzentrierung die technischen und verwaltenden Unternehmensressorts. Hinzu kommen spezielle **Kompetenzen** des Marketing, die den Vertrieb bei der Marktbearbeitung unterstützen und ihm besondere Verkaufskräfte verleihen:

- Die **Kunst des Marketing** liegt darin, systematisch **neue Bedürfnisse bei potenziellen Abnehmern zu schaffen, „schlafende" Bedürfnisse zu wecken oder bestehende Bedürfnisse zu beeinflussen.**

- Die **Kunst des Marketing** liegt darin, Angebotsleistungen gezielt durch **Zusatznutzen** (Added Values) anzureichern und/oder durch Kreation von intelligenten Dienstleistungen und Services Käuferpräferenzen zu schaffen. Anders gesagt: Das Marketing ebnet dem Vertrieb mit Hilfe der **Produktpositionierung** einen Weg in die Köpfe der Käufer (vgl. *Weinhold-Stünzi* 1996, S. 44–55).

- Die **Kunst des Marketing** kann sogar darin liegen, Unternehmens- oder Produktbotschaften so nachhaltig in den Erinnerungen und Präferenzen der Interessenten und Kunden zu verankern, dass zum Verkaufen keine persönlichen Kundenkontakte, Warenpräsentationen und Verkaufsverhandlungen notwendig sind. Die Kunst des Marketing kann u.U. Markterfolg ohne verkäuferische Akquisitionstätigkeit erreichen, ein überzeugendes Leistungsangebot und attraktive Preise vorausgesetzt.

Marketing ist nach der ganzheitlichen Begriffsauffassung also mehr als Vertrieb. Abb. 8 enthält noch weitere, den Vertrieb antreibende Impulse. Diese Überlegungen fließen abschließend in eine Definition für den so geheimnisvollen Marketingbegriff ein, der dem Vertrieb ausreichend Raum zur eigenen Entfaltung lässt:

> ➡ **Marketing** stellt für die **oberste Führung** ein (1) **Leitkonzept** (eine **Unternehmensphilosophie**) dar, das alle Unternehmensaktivitäten gemäß einer strategischen Zielsetzung auf den Kunden (den Markt) ausrichtet und (2) demzufolge bei marktbezogenen betrieblichen Entscheidungen dem Vertrieb eine Priorität lässt.
>
> ➡ Auf der **Ebene der Aufgaben und Funktionen** umfasst Marketing als **Marketing-Service** alle Maßnahmen, die (1) das Marktverhalten analysieren (Marktforschung) und neue Käuferbedürfnisse aufdecken, beeinflussen oder schaffen, um dadurch neue Produkte oder gar Innovationen anzustoßen, (2) außerhalb von Verkaufsgesprächen Botschaften und Bilder der Gesamtunternehmung und ihres Leistungsangebotes in den Markt transportieren (Öffentlichkeitsarbeit, klassische Werbung, Direktmarketing), (3) den Verkauf unterstützen (Verkaufsförderung) und (4) zur Gestaltung und Umsetzung der Marktstrategie beitragen (Markenführung, Produkt-Management).

e.) Vertrieb

Wie gelangt man vom Marketingbegriff zum Vertrieb? Der Vertriebsbegriff ist in der Literatur – wie eingangs erwähnt – keinesfalls gefestigt. *Belz* bezeichnet ihn gar als *„unglücklich"* (*Belz* 1999, S. 10). Ein Problem liegt der Marketinglehre der Hochschulen, die den Vertrieb für ihre Grundlagenforschung nie für würdig empfunden haben. Der Wirrwarr wissenschaftlicher Begriffsfindungen kommt z.B. in einer Befragung zum Ausdruck, in der Kundenmanagement, Vertrieb und Verkaufsaußendienst als getrennte Arbeitsgebiete abgefragt werden (vgl. *Köhler/Habann/Hahne* 1999, S. 51).

WAS BIETET MARKETING DEM VERTRIEB?

Marktorientierung aller Unternehmensbereiche

Techniken zur Bedürfnisbeeinflussung

Marktforschung durch Spezialisten

VERTRIEB PROFITIERT VON

Massenwerbung, CI, Imagepolitik

Marktmacht durch Marken

Ergänzende Verkaufsförderung

Abb. 8: Was bietet das Marketing dem Vertrieb?

Man könnte es sich einfach machen und dem Marketing die strategischen, dem Vertrieb die mehr operativ-taktischen Elemente der betrieblichen Leistungsverwertung zuordnen (vgl. *Becker* 2002, S. 860). Diese Lösung ist nicht ganz haltbar, denn:

(1) Auch das strategische Marketing hat operative und taktische Teilaufgaben zu erfüllen.

(2) Umgekehrt muss auch der Vertrieb marktstrategische Beiträge leisten. Nur sollte eine Vertriebsstrategie dann unter dem **Primat des Marketing** (Marketing als marktorientierte Unternehmensführung) stehen, selbst wenn zuweilen taktische Verkaufsentscheidungen dieser Marketingstrategie zuwiderlaufen.

In der Praxis wird dem Marketing dennoch die größere Kompetenz in den Bereichen Unternehmensstrategie und Marktanalyse zugesprochen. Unterhalb der Ebene der strategischen Unternehmensführung gibt es dann vielfältige Auslegungen des Vertriebsbegriffes gemäß Abb. 9.

ZEHN AUSLEGUNGSRICHTUNGEN FÜR DEN BEGRIFF VERTRIEB

(1) Vertrieb = Distributionspolitik als Instrumentalbereich des Marketing-Mix ohne persönlichen Verkauf (Absatzmethode)

(2) Vertrieb = Distributionspolitik als Instrumentalbereich des Marketing-Mix mit persönlichem Verkauf

(3) Vertrieb = Distributionspolitik nur in Investitionsgütermärkten (Distribution/Verkauf an Geschäftskunden)

(4) Vertrieb = Verkauf (direkter und indirekter Vertrieb)

(5) Vertrieb = nur Direktverkauf (BtoB und BtoC)

(6) Vertrieb = Organisation der Absatzwege (Vertriebskanalpolitik; z.B. Pressevertrieb, Pressegrosso)

(7) Vertrieb = nur Organisation des Verkaufs (Vertriebsabteilung)

(8) Vertrieb = nur Flächenverkauf (nicht individuelles Kunden-Management, wie Key Account Management)

(9) Vertrieb = nur physische Distribution (Lager, Expedition, Transport)

(10) Vertrieb = Marketing (Vertriebsmarketing)

Abb. 9: Die Auslegungen des Vertriebsbegriffs

Dieses Buch lehnt sich an die Begriffsfassung ② an:

> ➡ **Vertrieb/Verkauf im weiteren Sinne:** Der Vertrieb umfasst alle Funktionen und Tätigkeiten (Mitarbeiter und deren Aufgaben im Rahmen betrieblicher Stellen), Strukturen und Abläufe, Systeme und Methoden zur Leistungsverwertung (Absatzwirtschaft).
>
> ➡ Vertrieb kann mit **Distributionspolitik** gleichgesetzt werden, wenn Distribution nicht auf die physische Warenverteilung (Lager, Versand, Transport) beschränkt wird.
>
> ➡ Der Vertrieb ist ein gewichtiges **Instrument im Rahmen des Marketing-Mix**; neben der Leistungsprogramm- (Produkt-), der Konditionen- (Preis-) und der Kommunikationspolitik.
>
> ➡ Beim Vertriebsleiter liegt die **Verantwortung** für die marktbezogenen quantitativen Erfolgsgrößen Auftragseingang, Absatz, Umsatz, Vertriebsergebnis, Marktanteil sowie für qualitative Ziele wie z.B. Kundenzufriedenheit, Kundentreue etc. Eine Vertriebsverantwortung folgt aus einer Umsatzverantwortung.
>
> ➡ Die Hauptaufgaben des Vertriebs sind deshalb die systematische **Umsatzgenerierung** und **Umsatzsicherung**.
>
> ➡ Der Vertrieb umfasst hierzu (1) eine **akquisitorische** Komponente (Verkauf = Interaktion zwischen Anbieter und Nachfrager) und eine (2) **logistische** Komponente (physische Verteilung von Waren).
>
> ➡ Vertrieb ist auch als **Verkaufspolitik im weiteren Sinne** zu verstehen.

Der Vertrieb ist die Brücke zum Kunden und strebt nach der Eroberung und Sicherung von Märkten. Den Vertrieb lediglich als *„einheitliche Schnittstelle des Unternehmens zum Kunden"* zu begreifen *(Reichwald/Bastian/Lohse* 2000, S. 6) reicht heute nicht mehr aus. **Der Vertrieb wird zum Regulativ für die Kundenmacht.** Streng genommen geht die Kundensicht im Rahmen der CRM-Diskussion (Customer Relationship Management) sogar über den Vertrieb hinaus. CRM integriert nun auch die kundennahen Prozesse ausserhalb des Vertriebs, also primär die von Marketing und Kundendienst. Diese Aspekte werden in Kapitel 6 weiter vertieft. Wir wollen aber auch bei den späteren CRM-Abhandlungen in diesem Buch den Vertrieb im Fadenkreuz behalten.

f.) Verkauf – persönlicher Verkauf

„Die Erfahrungen zeigen, dass Absolventen von Hochschulen, trotz eines hohen Standards an fachlicher Ausbildung, Wissensdefizite haben in bezug auf den gesamten Komplex Verkauf." *(Wagner/Gerling-Konzern, 1998, S. 84)*

Der Vertrieb ist das Herz, das Verkaufen das Blut des Wirtschaftens (und Rechnungswesen und Bilanz bilden das Skelett). Dies belegt auch eine Befragung von *EMNID Burke* (Abb. 10): Der **persönliche Verkauf gilt in der Praxis als wichtigstes Marketing-Instrument**; mit deutlichem Abstand vor den verkaufsfördernden Messen (vgl. *o. V.,* ASW 8/1999, S. 102). Eine Studie am *Institut für Marketing und Handel an der Universität St. Gallen* hat erst kürzlich wieder ergeben, dass die Unternehmen ihre Budgets für den persönlichen Verkauf aufstocken; und zwar zu Lasten klassischer Marketing-Etats für Werbung und Sponsoring (vgl. Hinweis in ASW, 1/2004, S. 48).

Doch die konventionelle Marketinglehre an den Hochschulen weiß mit dem Verkauf, bis auf Ausnahmen (z.B. *Belz u.a., Czech-Winkelmann, Hofbauer, Homburg, Kleinaltenkamp, Krafft, Pepels, Plinke, Rösler, Sönke-Albers, Weis, Winkelmann, Witt),* nicht viel anzufangen. Beim Blick

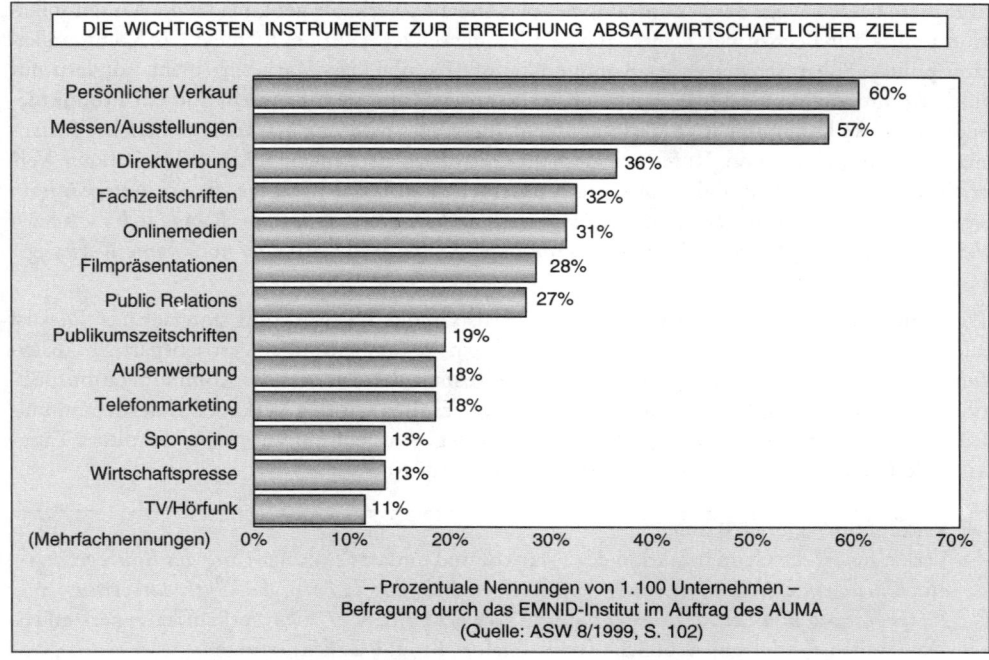

DIE WICHTIGSTEN INSTRUMENTE ZUR ERREICHUNG ABSATZWIRTSCHAFTLICHER ZIELE

Persönlicher Verkauf	60%
Messen/Ausstellungen	57%
Direktwerbung	36%
Fachzeitschriften	32%
Onlinemedien	31%
Filmpräsentationen	28%
Public Relations	27%
Publikumszeitschriften	19%
Außenwerbung	18%
Telefonmarketing	18%
Sponsoring	13%
Wirtschaftspresse	13%
TV/Hörfunk	11%

(Mehrfachnennungen) 0% 10% 20% 30% 40% 50% 60% 70%

– Prozentuale Nennungen von 1.100 Unternehmen –
Befragung durch das EMNID-Institut im Auftrag des AUMA
(Quelle: ASW 8/1999, S. 102)

Abb. 10: Ranking der Bedeutung der Marketinginstrumente

in die Gliederungen der Standardlehrbücher (s. Erläuterungen im Abschnitt 1.1.4.b.) könnte man vielleicht erwarten, den Verkauf im Rahmen der **Distributionspolitik** zu finden. Die Heimat des Verkaufs ist jedoch in der Theorie nicht klar. Namhafte Wissenschaftler wie *Meffert, Bruhn, Specht* oder z.T. auch *Weis* (über)betonen das kommunikative Element des Verkaufens und schlagen den persönlichen Verkauf der Kommunikationspolitik zu (vgl. die Kritik hierzu und die Quellen bei *Winkelmann* 2003, S. 275–277). Der persönliche Verkauf erscheint dann auf gleicher Ebene wie Kinowerbung, Verkaufsförderung oder Messewesen (*Vergossen* 2004, S. 141) oder er erhält den gleichen Stellenwert wie Kataloge und Imagebroschüren (vgl. *Hoppen* 1999, S. 240). Eine völlige Verkennung der Bedeutung des Verkaufs in der Praxis.

Wer sich gar nicht zu helfen weiß, nimmt eine Doppelzuordnung vor. Die daraus entstehende Heimatlosigkeit des Verkaufs kommt in einem Zitat von *Specht* (unter Bezug auf *Goehrmann*) gut zum Ausdruck: *„Das vielfach dem Kommunikations-Mix zugeordnete Verkaufsmanagement (vgl. Goehrmann) bzw. der persönliche Verkauf kann aus der Behandlung von Distributionsfragen nicht völlig ausgeklammert werden, denn der Aufbau einer eigenen Verkaufsaußendienstorganisation ersetzt nicht selten die Inanspruchnahme organisationsexterner Absatzmittler und -helfer."* (*Specht* 1998, S. 4) Verkäufer erscheinen im Rahmen der Distributionspolitik als seelenlose Verteilungshelfer, sobald sie aber den Kunden ansprechen (persönlicher Verkauf), mutieren sie zu Instrumenten der Kommunikationspolitik (vgl. *Vossebein* 2000, S. 139 und 152; *Pohl* 1986, S. 10; auch *Bonart* erklärt ausdrücklich die Doppelzugehörigkeit: vgl. *Bonart* 1999, S. 21). Dass in technischen Branchen der persönliche Verkauf überwiegt und in Konsummärkten die eigene Außendienstorganisation keineswegs die Absatzmittler ersetzt, sondern sie als (Handels)Kunden (s. die Praxisbeispiele *Pöschl* und *Vaillant*, Abb. 32 und 33) verkäuferisch zu betreuen hat, wird in der Theorie übersehen.

Wer diese beiden Wege der Einordnung des persönlichen Verkaufs geht, macht die Kommunikationspolitik zur Leerformel. Denn dann ist alles menschliche Wirken Element der Kommunikationspolitik. Sogar Schweigen ist Kommunikation. Es gibt kein Marketing mehr, sondern nur noch Kommunikationspolitik. Auch der Preis „spricht" mit dem Kunden; und ein Produktdesign hat starke kommunikative Wirkung. Nein, diese Verwässerung marketingpolitischer Instrumente macht keinen Sinn. Rufen wir deshalb *Gutenberg* als Zeugen auf, um den Verkauf/Vertrieb nicht in der Kommunikationspolitik untergehen zu lassen: *Solange die Schuhverkäuferin sich bemüht, „den Verkaufsvorgang dahingehend zu beeinflussen, dass der Kunde sich zum Kauf der Schuhe entschließt, versucht sie zu „verkaufen". Damit treibt sich aber noch keine Werbung."* *(Gutenberg 1984, S. 358)*

Die Bedeutung des persönlichen Verkaufs wird also in der Theorie völlig unterschätzt. Dies ist allenfalls verständlich für Branchen, die ohne eigenen Außendienst über Vertriebspartner „distribuieren" oder die über Anzeigen verkaufen. Die Realität aber ist, dass die Kommunikationspolitik dem Verkauf „dient"; ihn zumindest unterstützt. Halten wir den Verkauf aus der Kommunikationspolitik heraus! Zitieren wir den Verkauf besser in Anlehnung an *Ahlert*, der dieses Tätigkeitsfeld (wenigstens) eindeutig der Distributionspolitik zuordnet:

> ➡ **Verkauf (im engeren Sinne)**
> Verkaufen ist die **Grundfunktion des Vertriebs** und umfasst *„den Vorgang des Kaufvertragsabschlusses einschließlich der zuvor erfolgten Anbahnung in Form der Güterdarbietung, der Kaufberatung und der Kaufverhandlung."* (*Ahlert* 1996, S. 27) Der Verkauf kann **persönlich** (Außendienst) oder **unpersönlich** (durch Telefon, Brief, PC, Fax) erfolgen.
> **Verkaufen** impliziert im Gegensatz zum „verteilen", dass einem Nachfrager gleiche oder gleichartige Konkurrenzangebote vorliegen. Ein Verkäufer hat folglich eine wettbewerbsüberlegene Nutzenerfüllung durch die angebotene Leistung und durch seinen persönlichen Einsatz zu bieten. Ohne Wettbewerb, d.h. im Monopolfall, wird Verkaufen zum Verteilen.

Nach dieser Definition gehören Lieferservice, Transport und Lagerwesen (Logistik) der Ware nicht zum Verkaufsvorgang i.e.S, wohl aber zum Vertrieb. Genau an dieser Stelle wird der Vorteil des weiter gefassten Vertriebsbegriffes deutlich.

Das Phänomen Verkaufen kann durch die **Arbeitsschritte eines Verkaufsprozesses (SalesCycle)** näher konkretisiert werden. Es sind diese in einem **10-Stufen-Konzept**:

(1) **Kundensuche** (Lokalisierung potenzieller Kunden) inkl. **Vorqualifizierung**, d.h. Herausfiltern von Interessenten (Leads) aus Adressen, Empfehlungen und Kontakten,

(2) **Kontaktaufnahme** mit potenziellen Kunden (Kundenansprache),

(3) **Analyse der Kundenerwartungen und -wünsche** und **Abschätzen der Auftragschancen** (Beginn der Kundenqualifizierung),

(4) **bedürfnisgerechtes Zuschneiden (Individualisierung) des eigenen Angebotes** mit Nachweis der eigenen Produktvorteile im Vergleich zu Konkurrenzprodukten,

(5) **Preis- und Vertragsverhandlung (Contracting)**,

(6) **Kaufabschluss (Closing)**,

(7) **Auftragsbearbeitung, Auslieferung** und **Fakturierung (Processing)**,

(8) **Nachbetreuung** mit dem Ziel einer **verstärkten Kundenbindung**,

(9) **Weiterentwicklung des Kunden**, z.B. in Richtung Up- und Cross-Selling,

(10) **gegebenenfalls Kundenrückgewinnung**.

Im Transaktionsverkauf von Konsumgütern werden einige dieser Stufen übersprungen bzw. sind nur von untergeordneter Bedeutung (z.B. die Stufen (8) und (9)). Dieser zehnstufige Akquisitionsprozess enthält zahlreiche Einzelvorgänge des Handelns und Aushandelns.

g.) Handel

Deshalb verdient auch der Handelsbegriff eine Abgrenzung zum Begriff Vertrieb/Verkauf. Handeln ist immer auch Verkaufen; und *„Handel ist eigentlich seiner Natur nach immer Vertrieb"* (*Pepels* 1998, S. 131). Trotzdem sollten die Begriffe Vertrieb und Handel nicht synonym verwendet werden:

- Handel ist zum einen als institutioneller Begriff belegt. Im großen Marktspiel der Konsum- und Investitionsgüterindustrie übernimmt der Groß- und Einzelhandel für die Hersteller die **Rolle eines Vertriebspartners.** Der Vertrieb der Hersteller erstreckt sich über die gesamte Distributionskette (Absatzkanal). Der Handel wird nach dieser Sichtweise Element des Herstellervertriebs. Wenn es den Handel mit seinen Marktaufgaben nicht gäbe, müssten die Hersteller selbst die Endverbraucher bedienen.
- Im Rahmen des **Verkaufsvorgangs** wird – Standard-Konsumgüter und -Dienstleistungen mit fixierten Auszeichnungspreisen ausgenommen – i.d.R. verhandelt. Handeln ist ein iterativer Vorgang der Annäherung von Preisvorstellungen zwischen Anbieter und Nachfrager (s. zum Thema Verhandlungstaktik den Abschnitt 7.4.6.).
- Der Fachhandel bezeichnet seine **Aktivitäten am POS** (Point of Sale) weniger als Vertrieb sondern vielmehr als Verkauf. Anerkannte Ausführende dieser Verkaufsfunktion sind die **Verkäufer im stationären Einzelhandel.** Sie bleiben im Hintergrund beim Selbstbedienungshandel, wenn die Ware nur angedient wird. Sie übernehmen anspruchsvolle Beratungsaufgaben für erklärungsbedürftige Produkte im Facheinzelhandel, wo die grundlegenden Markterfolgsfaktoren **Kundennähe, Kundenzufriedenheit** und **Kundenbindung** unmittelbar zu beachten sind (s. Abschnitt 5.1.).
- Es gibt aber auch starke Händler oder Handelshäuser, die sich ebenso wie die Hersteller ihre eigenen Vertriebsorganisationen mit Außendienstmitarbeitern aufbauen. Der Begriff **Handelsvertrieb** ist dann angebracht. Die weiteren Ausführungen dieses Buches werden diese Vertriebsorganisationen mit einschließen.

Damit sind die Begriffe geklärt, die immer wieder mit dem Vertrieb in Verbindung gebracht und zuweilen sogar synonym verwendet werden. Die Aufgabenbereiche **Verkauf/Vertrieb** und **Marketing** können jetzt in einem Zusammenhang mit dem Wachstum einer Unternehmung dargestellt werden.

1.2. Expansionspfad des Marketing

Der Vertrieb braucht das Marketing zur Anreicherung und Veredelung seiner Arbeit. Wir vertreten die These:

➡ *Selbst wenn eine Unternehmung sich nicht ausdrücklich zum Marketing bekennt – mit wachsender Unternehmensgröße wird sie durch den Konkurrenzkampf zur Profilierung von Marketingfunktionen gedrängt.*

Das Marketing emanzipiert sich im Zuge eines Unternehmenswachstums. Dem Marketing fällt es bei wachsender Unternehmensgröße immer leichter, sich mit seinen Anforderungen und Be-

Abb. 11: Der Expansionspfad des Marketing

langen Gehör zu verschaffen. Am Ende eines Reife- und Wachstumsprozesses kann die Philosophie einer ressortumgreifenden, marktorientierten Unternehmensführung stehen. Abb. 11 veranschaulicht den Profilierungsprozess (vgl. *Winkelmann* 2003, S. 35).

Nach der **Idee des Expansionspfades**

- entwickelt sich bei kleineren Unternehmensgrößen zunächst der Verkauf, bevor die Notwendigkeit von Marketingfunktionen drängend wird (Der Fehler der dot.coms: Sie haben zwar Marketing betrieben, jedoch das Verkaufen vergessen.),
- sind bei mittleren Unternehmensgrößen Marketingfunktionen zwar unabdingbar, jedoch kommt es oft noch nicht zu einer Herauslösung einer Marketingabteilung aus dem Verkauf,
- stößt das Marketing in der Praxis im Zuge eines weiteren Unternehmenswachstums irgendwann auf kritische organisatorische und damit kompetenzbezogene Grenzen. Die Notwendigkeit einer Marketingphilosophie wird auf Geschäftsführungsebene zwar nicht geleugnet. Das Problem liegt aber in der Frage, in welchem Umfang dem Marketing eine Institutionalisierung erlaubt wird. Wann darf sich das Marketing aus dem Verkauf herauslösen und eine eigene Abteilung bilden? Was darf das Marketing mit eigener Visitenkarte, mit Budgets und mit fachlichen Weisungsrechten ausgestattet, andere Stellen anweisen? Das Dilemma zeigt sich beispielsweise beim Customer Relationship Management (CRM). Eigentlich sollte CRM primär eine Frage der Marktorientierung der Gesamtunternehmung und damit eine Frage des Marketing sein. Doch in den CRM-Projekten der Praxis spielt das Marketing i.d.R. hinter dem Vertrieb und hinter der IT-Abteilung nur eine nachrangige Rolle.
- Nach der Idee des Expansionspfades fällt es größeren Unternehmen leichter, eine **Marketingkompetenz** zum Ausdruck zu bringen als mittelständischen Betrieben, in denen das Marke-

ting oft im Verkauf *„untergeht"* (Aussage eines Mittelständlers: *„Marketing macht bei uns Frau xy nebenbei.")*.

Der **Funke des Marketing** solte bereits in der Verkaufsabteilung eines noch so kleinen Betriebes gezündet sein. Wie sonst könnte selbst ein Kleinbetrieb seine Kunden unter den derzeit harten Wettbewerbsbedingungen dauerhaft halten? Wächst der kleine Betrieb, dann kristallisieren sich zunehmend vertriebliche Unterstützungsfunktionen heraus (z.B. Marktforschung, Verkaufsförderung inkl. Kataloge, Webauftritt und Messeteilnahme, Produktmanagement, Public Relations, Werbung, Call-Center-Einsatz), treten selbstbewusst neben den Verkauf, bleiben aber noch im Vertrieb eingebunden. Wächst die Unternehmung weiter bzw. profilieren sich diese Funktionen mit Erfolg, dann kommt es zu den **Schicksalsentscheidungen für das Marketing:**

(1) Sollen diese Funktionen aus den Verkauf herausgelöst und in einer eigenständigen **Marketingabteilung** zusammengefasst werden?

(2) Wenn ja, soll die Marketingabteilung hierarchisch (a) an die Vertriebsleitung angegliedert, also dem Verkauf überstellt werden, (b) soll sie dem Verkauf gleichgestellt werden oder (c) soll sie als zentraler Marketingstab direkt der Geschäftsführung (dem Vorstand) unterstellt werden, wie das z.B. bei *BMW* der Fall ist. Antworten auf diese Fragen werden in Abschnitt 3.2.2.h. gegeben.

1.3. Über eine „Gegnerschaft" von Marketing und Vertrieb

Abschnitt 1.1.4.d. hat Kompetenzen aufgezeigt, durch die das Marketing die Vertriebskraft verstärken kann. Dagegen stehen Klagen über eine Gegnerschaft beider Organisationsbereiche, die doch beide dem Kunden gegenüber verpflichtet sind: *„Marketing und Vertrieb verfangen sich immer wieder in starkem Konkurrenzdenken. Beide Abteilungen reklamieren für sich die Kompetenz, am besten zu wissen, wie man ein Produkt zum Kunden bringt. Das führt zu Eifersüchteleien und zu einer Menge Schwierigkeiten." (Dannenberg 1997, S. 76)*

Dieser Grabenkampf dürfte besonders in akademisierten Unternehmen zu finden sein, in denen wissenschaftlich vorgeprägte Marketingspezialisten „hemdsärmeligen" Verkäufernaturen gegenübersitzen. Das Marketing betrachtet die Kunden aus strategischem Winkel als Gesamtheit. Der Vertrieb identifiziert sich mit jedem einzelnen Kunden und dessen ganz spezifischen Anforderungen und Eigenheiten (vgl. *Bauer* 2000, S. 43). Hinsichtlich der Barrieren zwischen den beiden Personengruppen werden die Unterschiede der Abb. 12 gesehen:

Dannenberg betont als weitere **Konfliktfelder** alt gegen jung, Erfahrung gegen Dynamik, Kontaktstärke gegen Analytik, Praxis gegen Hochschulausbildung, Umsatzverantwortung gegen Budgethoheit sowie Büroarbeit versus Reisetätigkeit (vgl. *Dannenberg* 1997, S. 66). Dem sind folgende Argumente entgegenzuhalten:

- Der Anteil der Praktiker mit „bodenständiger Berufsausbildung" nimmt tendenziell ab. Immer mehr Hochschulabsolventen suchen **Karrieremöglichkeiten** mit operativer Verantwortung und drängen folglich in den Vertrieb. Auf der anderen Seite akademisieren sich die Einkaufsstäbe anspruchsvoller Großkunden, und die Lieferanten müssen mit hochqualifizierten Kundenbetreuern dagegenhalten.

- Der Argumentation hinsichtlich Arbeitsgrundlagen ist überhaupt nicht zuzustimmen. Warum sollten den Marketingkollegen **Kontaktstärke** und persönliches Auftreten fremd sein?

- Andererseits kann den Vertriebsmitarbeitern nur dringend geraten werden, in den Marktanalysen fit zu sein. Und die Marketingarbeit bleibt ohne Kundenkontakte ebenfalls blutleer.

		Vertriebskollegen	Marketingkollegen
Ausbildung	①	Praktiker mit „bodenständiger" Berufsausbildung	Produktmanager, Marktforscher und Werbefachleute haben i.d.R. Hochschulabschluss und kaum Berufserfahrung in anderen Bereichen
Arbeitsgrundlagen	②	Kontaktstärke und sicheres persönliches Auftreten	Analytische und konzeptionelle Fähigkeiten
Informationsbasis	③	Viele Einzelkontakte mit Kunden	Marktstatistiken, Besuchsberichte, Brancheninformationen
Firmenzugehörigkeit	④	Oft über 10 Jahre, weniger Karriereperspektiven	Oft nur 2–3 Jahre Position dient als Karrieresprungbrett

(Quelle: o.V. PM Beratungsbrief, Nr. 468, 1998, S. 1)

Abb. 12: Oft vermutete Unterscheidungsmerkmale für Mitarbeiter in Marketing und Vertrieb

- Dass der Vertrieb weniger Karriereperspektiven bietet, ist durch Fakten widerlegt.
- CRM und Internet-Vertrieb fordern den Führungskräften im Vertrieb uneingeschränkt **strategische Fähigkeiten** ab.

Operieren in einer Unternehmung Marketing und Vertrieb in getrennten Abteilungen, dann erledigt jeder Bereich seine typischen Aufgaben, wie das in einer arbeitsteiligen Wirtschaft so üblich ist. Es hängt von Führungsstil, Zielvorgaben und Schnittstellen-Management ab, wie Marketing und Vertrieb miteinander harmonieren. Der richtungsweisende und in diesem Buch wiederholt geäußerte Ausweg: **Der Vertrieb sollte sich im Marketing gut auskennen und umgekehrt.**

Die MobilCom beispielsweise verzichtet ganz auf eine Marketingabteilung. Der Vertrieb ist nach Servicechannels organisiert mit jeweils einem Gesamtverantwortlichen für die Produkte. Die Marketingaufgaben sind integriert. „Dadurch haben wir bei MobilCom nicht diesen berühmten Kampf zwischen Marketing und Vertrieb." (Interview von Drosten mit dem Vorstandsvorsitzenden der MobilCom, ASW 8/1999, S. 21).

Der Hidden Champion Pöschl ist der Problematik schon seit Jahren dadurch ausgewichen, dass Marketing, Vertrieb und Logistik fest in der Hand eines Geschäftsleitungsmitgliedes liegen. Da dieser auch für Kundendienst und Logistik zuständig ist, wird bei Pöschl folglich schon über Jahre die CRM-Philosophie verfolgt.

Die Würth-Gruppe legt die Verantwortung für Marketingaktionen in die Hand der Regionalvertriebe. Diese müssen die eigenen Marketingmaßnahmen aus ihrem operativen Ergebnis finanzieren.

Folgende **Trends** beschleunigen das Verschwimmen der Grenzen zwischen den Bereichen Marketing und Vertrieb:

(1) Immer mehr Hochschulabsolventen finden ihre Anfangsstellung im Vertrieb (wie eingangs dargestellt) und bringen ihre Marketingmotivation und ihr Marketingwissen aus der Hochschulausbildung dort ein.

(2) Die Märkte sind zunehmend gesättigt. Kunden werden anspruchsvoller. Anspruchsvolle Kundenbetreuung ohne Verknüpfung von Marketing- und Verkaufsfertigkeiten ist wohl kaum noch vorstellbar.

(3) Die neuen computergestützten Systeme zur Marktbearbeitung integrieren alle kundenorientierten Prozesse und damit auch Marketing und Verkauf. Dies entspricht der CRM-Philosophie.

(4) Marketingabteilungen als zentrale Stäbe werden zunehmend aufgelöst und in die operativen Geschäftsbereiche verlagert.

(5) Letztlich stoßen die Arbeitsplätze in den Marketingstäben zunehmend an Grenzen, während in deutschen Vertriebsorganisationen infolge eines Generationswechsels in den nächsten Jahren noch ein erheblicher Personalbedarf zu erwarten ist.

Zukünftige Marketingmitarbeiter werden daher erst Traineeprogramme und Projektarbeiten im Verkauf durchleben und ein Gespür für Märkte und Kunden entwickeln müssen, bevor Stellen im Marketing für sie frei werden. Diese Zeiten der „Frontend-Erfahrungen" werden helfen, Verständnis für die Wünsche und Sorgen der Arbeitskollegen zu entwickeln, die täglich in Kundenkontakt und unter Umsatzdruck stehen.

Zusammenfassend handelt es sich bei dem vermeintlichen Graben zwischen Vertrieb und Marketing um einen Anachronismus, den sich Unternehmen nicht mehr leisten können. *„Marketing ist ohne Vertrieb nichts, und Vertrieb ist nichts ohne Marketing. Gemeinsam sind sie zum Erfolg verdonnert."* (*Patrick Palombo*, Fa. *Liesegang*, zit. in *Hermes*, ASW 6/2004, S. 114). Dabei ist das Zusammenspiel von Marketing und Vertrieb in den verschiedenen Wirtschaftsbereichen unterschiedlich ausgeprägt.

2. Vertrieb im Marktspiel unterschiedlicher Wirtschaftsbereiche

2.1. Vertrieb von technischen Gütern (an Firmenkunden)

Die Märkte für technische Sachgüter und Dienstleistungen sind i.d.R. stark fragmentiert. Immer weniger Anbieter stehen einer abnehmenden Zahl von Nachfragern mit spezialisierten Gütern gegenüber. Es fällt nicht leicht, die vielen Schattierungen des technischen Vertriebs auf einen Nenner zu bringen. Im technischen Vertrieb überwiegt das **Business-to-Business Marketing** (BtoB), d.h. der **Verkauf an Geschäftsleute** (Firmenkunden), die nicht für den privaten Verbrauch bzw. Nutzung kaufen sondern im Namen und für Rechnung ihres Arbeitsgebers. Ge- und verkauft werden

- Rohstoffe (Energie, Wasser, Metalle, Kohle etc.),
- Verbrauchsstoffe (Leim, Schmierstoffe, Farbe),
- Teile (Schalter, Schrauben, Dichtungen, Gelenke),
- Komponenten (Armaturenbretter, Schaltschränke, Hebezeuge),
- Maschinen (Schleifmaschine, CNC-Maschine),
- Systeme (EDV-Systeme, Automatisierungssysteme),
- Anlagen (Abfüllanlagen, Pressen, Raffinerien)
- Anlagen-Großprojekte (Staudämme, Flughäfen, Autobahnen),

zunehmend in Kombination mit Dienstleistungen. In der Literatur werden je nach Komplexität der Güter **Geschäftstypen** unterschieden (z.B. Teilegeschäft, Produktgeschäft, Systemgeschäft, Anlagengeschäft: vgl. *Backhaus* 1997, S. 295 ff.; vgl. auch *Godefroid* 2003, S. 30–32). **Hocherklärungsbedürftige Produkte** werden i.d.R. im **Direktvertrieb** über eigene Tochtergesellschaften, Niederlassungen und Außendienstmitarbeiter vermarktet. Weniger erklärungsbedürftige Komponenten, Standardprodukte und Ersatzteile (z.B. DIN-Teile) laufen über den **Technischen Handel**, dessen Rolle in den Wertschöpfungsketten nicht immer richtig gewürdigt wird.

In den Industriegütermärkten herrschen besondere Spielregeln, die sich aus den Felderbeziehungen der Abb. 13 ergeben (vgl. auch die Gegenüberstellung von **Spielregeln** bei *Winkelmann* 2003,

Es treffen aufeinander:	Geschäftliche Vorgaben für den Einkäufer	Persönliche Interessen des Einkäufers
Geschäftliche Vorgaben für den Verkäufer	Machtspiel, Ringen um Kompromiss	Einkäufer braucht persönlichen Erfolg
Persönliche Interessen des Verkäufers	Verkäufer möchte in jedem Fall Gesichtsverlust vermeiden	„Chemie", Sympathie beeinflussen die Zusammenarbeit

Abb. 13: Spannungsfelder zwischen Einkäufer und Verkäufer

S. 45–49). Viel stärker als im Konsumgütergeschäft prallen Verkaufs- und Einkaufsteams aufeinander (**Selling-Center trifft Buying-Center**; Abb. 247), müssen **persönliche und geschäftliche Interessen und Vorgaben** (Zwänge) in Einklang gebracht werden. Technischer Vertrieb ist Netzwerk-Management.

So „organisiert" Einkaufs-/Verkaufsprozesse auch erscheinen mögen – angesichts des hohen Risikos industrieller Güter kommt es im Endeffekt doch wieder auf Vertrauenswürdigkeit, Engagement und Kompetenz des Lieferanten und seiner Kundenbetreuer an. **Relationship-Marketing** und **Kundenintegration** sind die Konzepte, die später noch vertiefend behandelt werden. Der Konsument vertraut der Marke, der Industriekäufer der Spezifikation und der Vertrauenswürdigkeit seines Kundenbetreuers. Die vielbeschworene **Partnerschaft** von Lieferant und Kunde ist angesagt, von der ein Konsument als Verbraucher der Produkte von *Nestlé, Unilever* oder *Dr. Oetker* kaum etwas verspürt.

Das mehrfache Ein- und Verkaufen über verschiedene Wertschöpfungsstufen ist ein weiteres Kennzeichen für die Vermarktung technischer Güter. Der Rohstoff Aluminium, der in eine Turbinenverschalung in einem Airbus eingeht, wird über mehrere Wertschöpfungsstufen eingekauft und verkauft, bis die Flugreisenden durch ihre Nachfrage praktisch den Airbus generieren. Deshalb ist die Nachfrage nach Investitionsgütern als eine aus dem Konsumbedarf **abgeleitete Nachfrage** zu verstehen. Immer steht am Ende der Wertschöpfungskette ein Endverbraucher. Infolge der Koppelung der Einkaufs-/Verkaufsstufen ist das Investitionsgütervolumen lt. *Simon* ca. fünf mal so groß wie das Volumen des Endverbraucher-Verkaufs.

Für den Verkauf technischer Sachgüter und Dienstleistungen gibt es typische organisatorische Varianten. Die in der Praxis wichtigsten werden hier im Vorgriff auf Abschnitt 3.2.2.h. vorgestellt:

1. **Variante: Regionalvertrieb über Niederlassungen/Vertriebsgesellschaften**
   Maschinen, Anlagen und Komponenten mit starker Marktdurchdringung werden kundennah von Regionalteams oder von Vertriebsgesellschaften mit Area-Verantwortung vertrieben. Die Außendienstmitarbeiter, oft Vertriebsingenieure, beraten und verkaufen. Von großer Bedeutung sind angegliederte Serviceorganisationen (Kundendienst, Anwendungstechnik).
2. **Variante: Regionalvertrieb + Key Account Management**
   Besteht eine große Spannweite zwischen kleinen und großen Kunden und operieren Großkunden regionenübergreifend, dann tritt neben die Regionalvertriebsorganisation eine Schlüsselkundenbetreuung von Seiten der Zentrale. Diese Variante bietet sich auch an, wenn für Schlüsselkunden individuelle Problemlösungen (Customized Solutions) entwickelt werden. Aus diesen Projekten wird der Flächenvertrieb herausgehalten. Die Spezialisten im Stammhaus kooperieren eng mit F&E und Konstruktion. Bei größeren Unternehmen ist zusätzlich ein Produktmanagement eingeschaltet.
3. **Variante: Projektverkauf durch Key Account Management**
   Bei langlaufenden, diskontinuierlich auftretenden Großprojekten (Anlagenbau, Großmaschinen, Bauvorhaben) gibt es keinen Verkauf im klassischen Sinne. Der Fokus liegt auf Beratung bzw. Problemlösung. Die Vertriebsingenieure tragen enorme Umsatzverantwortung. Die Erstellung der Leistung (z.B. Bau eines neuen Automobilwerkes) verlängert den Akquisitionsprozess über viele Jahre. Auch die Nachbetreuungsvorgänge sind äußerst komplex und verlangen vom Vertrieb die Koordination unterschiedlicher Interessengruppen (Agenten, Serviceeinrichtungen, Baufirmen, Banken etc.).
4. **Variante: Standardgeschäfte über den technischen Handel/Handwerk**
   Im standardisierten Geschäft (Normteile, Ersatzteile) sind flächendeckend die Organisationen des technischen Handels (z.B. Sanitärhandel, KFZ-Ersatzteile) oder des Handwerks ein-

geschaltet. Der Direktvertrieb wird zum indirekten Vertrieb. Die Händler oder Fachhandwerker werden von Außendienstmitarbeitern des Lieferanten oder von Handelsvertretern betreut (Händlerbetreuung). Zusätzlich ist oft ein Key Account Management für den Verkauf an Großkunden, speziell an große OEM (Original Equipment Manufacturer) zuständig, die eine hautnahe Betreuung durch den Lieferanten verlangen. Hier spielen auch Kostengründe eine Rolle (kein Listenpreis- bzw. Rabattgeschäft wie an den Handel; Preise werden im Rahmen von Jahresverträgen ausgehandelt).

Diese Geschäftstypen sind in Ansätzen auch im Konsumgütergeschäft zu finden; nämlich dann, wenn die **Push-Ebene** (Listung und Verkauf in die großen Handelskonzerne hinein) betrachtet wird.

Interessant sind Hinweise auf die Hauptprobleme im technischen Vertrieb. Abb. 14 gibt hierzu eine Auswertung des *Vertriebsinformationspanels VIP der WHU-Koblenz* aus dem Jahr 1999 wieder (vgl. *Krah*, salesprofi 1/2000, S. 17).

EMPFEHLUNGEN ZUM ABBAU VON DEFIZITEN IM TECHNISCHEN VERTRIEB

⇒ Mehr Kundenorientierung statt reines Umsatzdenken

⇒ Konzentration auf potenzielle Neukunden, mehr Kundenbesuche

⇒ Verkaufen von Servicenutzen statt Konzentration auf Produktleistungen

⇒ Mehr Vertriebsteams im Außendienst, weniger Einzelkämpfer mit hoher administrativer Belastung

⇒ Einsatz von verbesserten Controlling-Methoden

⇒ Stärkere Berücksichtigung von Kundenwerten

⇒ Einsatz von Datenverarbeitung vor Ort beim Kunden (Produktkonfiguratoren, mobile Sales)

⇒ Markt- und Verkaufs-Know-how stärken

Abb. 14: Empfehlungen zum Abbau von Defiziten im technischen Vertrieb

2.2. Vertrieb von Konsumgütern (an private Endkunden)

Abb. 15 veranschaulicht das Marktmodell für die Konsumgüterindustrie, das hier nicht weiter erläutert wird (vgl. *Winkelmann* 2003, S. 45–47). Verkaufsvorgänge finden auf zwei Ebenen statt; gemäß der klassischen Arbeitsteilung der Markenartikelhersteller mit dem Handel. Deshalb ist die Bezeichnung BtoC (Business to Consumer) nicht angebracht. Man müsste von **BtoBtoC** sprechen. Der Handel übernimmt für die Hersteller am **Point of Sale** (POS) das Verkaufen an die Verbraucher. Die Hersteller müssen zuvor von den Handelszentralen (Inlets) gelistet werden, Distributionsstrategien vereinbaren und den **Pull-Effekt** seitens der Konsumenten durch effektives **Spacement** (Regaloptimierung), Sonderplatzierungen und weitere präferenzbildende Maßnahmen (z.B. Markenpräferenzen schaffende Media-Werbung) vorbereiten. Das Internet tritt als neuer Vertriebskanal in das Marktspiel hinzu und eröffnet allen Parteien schnelle Direktkontakte zu den Kunden.

Beim Konsumgütergeschäft für **Nahrungs- und Genussmittel sowie Konsum-Gebrauchsgüter** (Food und Nonfood) fällt eine zunehmende Konzentration auf Einkäuferseite auf:

• 80 Mio. Einwohner in 39 Mio. deutschen Haushalten

• werden durch ca. 75.000 Outlets versorgt,

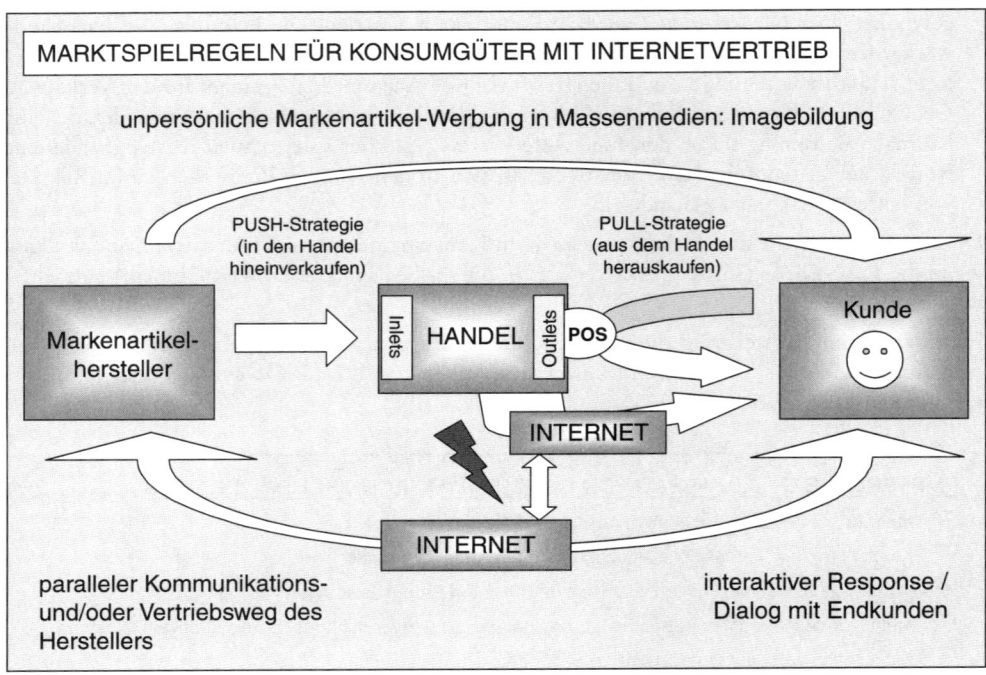

MARKTSPIELREGELN FÜR KONSUMGÜTER MIT INTERNETVERTRIEB

unpersönliche Markenartikel-Werbung in Massenmedien: Imagebildung

PUSH-Strategie
(in den Handel
hineinverkaufen)

PULL-Strategie
(aus dem Handel
herauskaufen)

Markenartikel-
hersteller

Inlets   HANDEL   Outlets   POS

Kunde

INTERNET

INTERNET

paralleler Kommunikations-
und/oder Vertriebsweg des
Herstellers

interaktiver Response /
Dialog mit Endkunden

Abb. 15: Marktspielregeln in der Konsumgüterindustrie

- über deren Beschickung auf oberster Ebene nur durch ca. 70 Key Accounts (die großen Handelskonzerne bzw. Verbundgruppen und Filialketten des Handels; 1977 waren es noch ca. 690: vgl. ebenso Abb. 314) entschieden wird.
- Von diesen wiederum tätigen inzwischen die 10 größten Key Accounts, mit *Metro, REWE, Edeka* und *Aldi* an der Spitze, knapp 80 % des Umsatzes.

Das bedeutet:

- **Komplizierte Verkaufsvorgänge** mit anspruchsvollen Großkunden auf Inlet-Ebene und
- komplizierte **Distributions-/Logistikvorgänge** auf der Ebene der Outlets.

Demzufolge haben sich folgende Varianten für den **Konsumgütervertrieb** herausgeschält, um die Verfügbarkeit der gelisteten Produkte in den Regalen des Handels sicherzustellen:

1. Variante: zweistufiger (oft auch als dreistufig bezeichnet) Vertrieb über den Großhandel
Lieferung großer Mengen, meist komplette LKW, zu günstigen Kosten an die **Zentrallager** kennzeichnen die **Grundform**. Die **Listung bei den Einkaufszentralen** bedeutet die Eintrittskarte. Die Zentrallager operieren als Großhandel. Sie beliefern die eigenen Filialen (z.B. die *EDEKA*-Filialen) wie auch die noch verbliebenen selbständigen Einzelhändler (bei *EDEKA* als Genossen: u.a. unter dem Outlet-Dach *EDEKA*-Aktiv). Die **Betreuung der Outlets** erfolgt durch **Markenartikelreisende** (Bezirksleiter), die an Gebietsverkaufsleiter berichten. Der Handel wird „gepflegt", denn die physische Verfügbarkeit eines Artikels am Zentrallager garantiert noch nicht, dass die Ware wirklich den Weg in die Regale der Outlets findet. Dies ist erst durch die Vereinbarung einer **Pflichtlistung** einer oder aller von dort aus belieferten **Vertriebslinien** (z.B. bei *EDEKA*: E-Center, Neukauf, EDEKA-Aktiv*) gegeben. Der Vertrieb kämpft um die Pflichtlistung und zu-

nehmend um **Vereinbarungen über Spacements**, also über Regelungen, Artikel auf bevorzugten Regalplätzen zu platzieren. Der Fall, dass Ware im Zentrallager verfügbar ist und besorgt werden kann, aber nicht im Regal liegen muss, wird als **Kann-Listung** bezeichnet. **Auch Merchandising-Aufgaben** können für den Vertrieb anfallen; bei schwächeren Marken, „wenn es sein muss", bzw. wenn dies der Handel verlangt. Andernfalls droht Auslistung. In diesem Tätigkeitsfeld sind auch unterschiedlich orientierte **Broker** aktiv, z.B. Broker für Tiefkühlkost, Gemüse-Obst und Molkereiprodukte. Die Hersteller versorgen dann warengruppenspezifisch die Broker-Zentrallager, und diese liefern die Ware kommissioniert gemäß Auftrag an die Outlets.

2. Variante: Direktbelieferung der Outlets durch den Hersteller oder Importeur
Hersteller versuchen oft, diese stärker **logistisch orientierte Variante** mit dem Handel zu vereinbaren, um den Zugriff auf das Regal nicht aus der Hand zu geben. Zusätzlich gewährleistet diese Distributionsform mit größerer Wahrscheinlichkeit die Vermeidung von „Out-of-Stock-Situationen".

(a) Je nach Produktrendite und Konditionenvereinbarung werden jedoch zumeist nur die größten Märkte wie SB-Warenhäuser, große Verbrauchermärkte und C&C-Betriebe auf diese Weise versorgt.

(b) Es sind jedoch auch Strategien zu beobachten, bei denen die Direktbelieferung bis hin zu kleinsten Einheiten wie Kioske und Tankstellen erfolgt. Typisch für diese Vorgehensweise sind die großen **Frischdienste** der Snack-, Eiscreme- und Brotproduzenten. Diese Vertriebskonzeption verlangt eine zuverlässige . Teilweise führt der Außendienstler die Ware zur Auslieferung gleich mit sich, teilweise (das ist mengenabhängig) wird sie durch **Spediteure** oder durch **eigenen Fuhrpark** 2–3 Tage nach dem Besuch angeliefert. Ein Trend: **Die Verkaufsarbeit wird insgesamt distributiver, aber auch wesentlich zeitaufwendiger und damit teurer.**

3. Variante: Trend zum „Mietreisenden"
Der Kostendruck in der Fläche führt zu neuen Vertriebsformen. Dienstleister wie *Combera*, *CPM* oder *TMS* bieten Reisende auf Leihbasis an. Im Trend nimmt die Anzahl der Bezirksvertreter ab, die Pflege am Regal zu. Es wird immer weniger aktiv verkauft, dafür aber mehr Dienstleistungen für die Präsentation der Ware am Regal erforderlich. Die Hersteller geben die verbleibenden Verkaufsaktivitäten in der Fläche in die Hände von Mietreisenden.

4. Variante: Konzentrierte Schlüsselkundenbetreuung durch die Hersteller auf Ebene der Handelszentralen
Diese Grundvarianten werden durch ein **Key Account Management der Hersteller** unterstützt. Bei (a) **horizontaler KAM-Organisation** kümmert sich ein Großkundenbetreuer um alle Inlets (Einkaufszentralen und Zentrallager) einer geografischen Region. Bei (b) **vertikaler KAM-Organisation** spezialisieren sich die Key Accounter auf bestimmte Handelsgruppen, z.B. auf *Tengelmann*, *Aldi*, *REWE* etc. Als Trend zeichnet sich ab (zumeist bei horizontaler Organisationsstruktur), dass die Key Account Manager als regionale Verkaufsleiter den Gebietsverkaufsleitern überstellt werden und auch für den Flächenvertrieb verantwortlich sind.

Daneben gibt es **vielfältige weitere Varianten**; z.B. das *Tchibo-System* mit Auftragseinholung über Call-Center in den eigenen Filialen einerseits und Auslieferung ab Zentrallager andererseits. Zentrallager werden auch zunehmend von **Full-Service-Speditionen** erstellt und betrieben. Nicht übersehen werden sollte auch der **Automatenhandel** oder der Vertrieb von Zeitungen und Zeitschriften (**Pressegrosso**); alles Vertriebssysteme, die eigenen Gesetzmäßigkeiten und Spielregeln folgen.

Bleibt die Frage, mit welchem verkäuferischen Aufwand die Markenartikelhersteller den Handel betreuen. Die Spannweite ist groß: mit 1–10 Key Account Managern und einer durchschnitt-

BESONDERE VERTRIEBLICHE HERAUSFORDERUNGEN IN BtoB UND BtoC	
Technischer Vertrieb an Firmenkunden	*Konsumgütervertrieb an Einkaufszentralen*
• Direktvertrieb typisch • Folge: Macht im Vertriebskanal spielt keine Rolle • Folge: Push-Strategien wichtig • Produktvorteile müssen bewiesen werden • Viele fragmentierte Märkte • Preisverhandlungen i.d.R. um jeden Auftrag • Keine "Eintrittsgebühr" (Listungsgebühr) • Lieferverträge für Modellreihen • Oft gemeinsame Produktentwicklung mit Kunden • Kundennähe entscheidend für Kundenbindung • Kaufrisiko für Einkäufer und Techniker • Qualität i.d.R. wichtiger als Marke	• Distribution über den Handel typisch (BtoBtoC) • Folge: Macht im Vertriebskanal entscheidendes Thema • Folge: Push- und Pull-Strategien notwendig • Starkes Markenimage muss gegeben sein • Eher Massenmärkte • Preisverhandlungen im Rahmen von Jahresverträgen • "Eintrittsgebühren" (Listungsgebühren) • Modellreihen kein Thema • Gefahr für Herstellermarken durch Handelsmarken • Kundenbindung wichtiger als Kundennähe • Abverkaufsrisiko beim Handel • Image (bei Endverbrauchern) wichtiger als Qualität
(zu weiteren Aspekten aus Sicht der Endkunden: vgl. Winkelmann 2003, S. 9)	

Abb. 16: Vertriebliche Herausforderungen in Industrie- und Konsumgütermärkten

lichen Bandbreite von 25–400 Außendienstmitarbeitern im Flächenvertrieb. Einer der ganz Großen und Wegbereiter für das Key Account Management, *Procter&Gamble*, vertreibt weltweit über 300 Markenartikel in den unterschiedlichsten Marktsegmenten (*Pampers, Always, Ariel, Meister Propper, Tempo, Bounty, Blend-a-Med, Oil of Olaz etc.*) mit eigenen Vertriebsorganisationen in rund 70 Ländern. Allein für Deutschland werden 9.000 Mitarbeiter und über 3,0 Mrd. Euro Umsatz gemeldet. Abb. 16 stellt noch einmal zentrale Unterschiede zwischen Industrie- und Konsumgütervertrieb gegenüber.

2.3. Verkauf von Dienstleistungen – hier speziell: Finanzdienstleistungen

„Wer sich derzeit bei Bankvorständen umhört, erfährt von den im Moment drei größten Herausforderungen der Banken und Sparkassen: erstens Vertrieb, zweitens Vertrieb und drittens Vertrieb. Das ist deshalb erstaunlich, als es den Instituten bekanntlich zunehmend schwerer fällt, aktiv auf die Kunden zuzugehen und Vertriebserfolge zu erzielen, weil andere Themen scheinbar wichtiger waren."
(Berhard Rudolf, Gabler Verlag, im Editorial zum Bankmagazin 9/2004, S. 1)

Es scheint, als übertrage sich der Marktdruck zu mehr aktiver Kundenbetreuung jetzt auch auf den ursprünglich eher gemütlichen Dienstleistungssektor. Noch immer tun sich die traditionsreichen Banken schwer, den Weg aus den „heiligen Schalterhallen" zum Kunden zu finden und **aktiv um Kunden zu kämpfen**. Zu lange sind ihre „Bankbeamten" von den Kunden verwöhnt worden:

- Bankkunden sind meist beeindruckt von der Macht der Banken. Sie sind es gewohnt, mit ihren finanziellen Anliegen beim Geldinstitut vorstellig zu werden und nicht umgekehrt.
- Geld- und Kreditgeschäfte sind für den normalen Bankkunden ein Buch mit sieben Siegeln. Der Bank„beamte" hat es relativ einfach mit Kunden, die sich mit Finanzdienstleistungen kaum auskennen.
- Wegen der fachlichen Unsicherheiten und aus Angst vor „Formularkrieg" zeigen Bankkunden eine hohe Kundenbindung. Es muss schon viel passieren, bis man seine Bankverbindung wechselt.

- Vor allem im Anlagengeschäft können es sich die Banken leisten, dem Kunden keine Erfolgsgarantie zu geben. Der Kapitalanleger ordert dennoch Aktien und Fonds und vertraut dem Marktüberblick seiner Bank.

Doch der zunehmende Wettbewerb unter den Banken zwingt diese, vertrieblich kreativer auf die Kunden zuzugehen: *„Die Zukunft gehört der vertriebsorientierten Bank mit Verkaufsprofis im Außendienst, die auch nach Feierabend gerne den Kunden zu Haus beraten."* (Kundenbrief der *Iltis GmbH*, Nr. 3, Juni 1998, S. 4). Hindernisse wurden Anfang 2002 noch von den Gewerkschaften in den Weg gestellt. Die Arbeitnehmervertreter wollten verhindern, dass die Bankangestellten im Zuge einer verstärkten Erfolgsorientierung Teile ihrer Festgehälter in Umsatzprovisionen wandeln müssen.

Auch in anderen Dienstleistungsbranchen, in denen früher mehr verwaltet als aktiv verkauft wurde, streben die Anbieter zunehmend nach Wettbewerbsdifferenzierung durch verstärkte persönliche Kundenkontakte. So arbeitet ein Großteil der Krankenkassen mit Kundenbetreuern, die potenzielle Mitglieder zu Hause oder am Arbeitsplatz aufsuchen (vgl. z.B. die Meldung zur Vertriebsstrategie der *AOK*, salesprofi 4/1999). Der persönliche Verkauf wird also als Erfolgsfaktor auch für den Vertrieb von Finanzdienstleistungen bestätigt.

Beispiel 1: Die Leonberger Bausparkasse expandiert im Vertrieb und suchte mehr als 100 neue Vertriebskräfte zur Neukundengewinnung und Kundenpflege. Diese sind als Handelsvertreter Selbständige und verkaufen auf Provisionsbasis. Deutschland ist in 85 Bezirksdirektionen eingeteilt. In jeder betreuen 10 bis 20 Handelsvertreter einen Kundenstamm mit 600 bis 1.000 Kunden. (Meldung in salesprofi 8/1999, S. 21)

Beispiel 2: Ein weiteres Beispiel kommt von der Allianz Versicherungsgruppe. Die Allianz verfügt mit insgesamt 5.500 Außendienstangestellten, 9.500 hauptberuflichen Vertretern und 30.000 Nebenberufsvertretern über eine der umfassendsten Vertriebsorganisationen Deutschlands. Die Versicherungsgruppe beabsichtigt, 15.000 Kundenbetreuer mit Hilfe eines Außendienstmitarbeiter-Informationssystems (Amis) über Handy und GPS-Ansteuerung (s. Abschnitt 7.4.5.) ohne Zeitverzug zum Interessenten zu dirigieren. Es entsteht eines der größten Intranets der Welt. Die traditionsreiche persönliche Betreuung im Versicherungsgeschäft und die modernen IT-Instrumente sollen sich optimal ergänzen. (Meldung in digits, dem Magazin der Deutschen Telekom, Nr. 3, 1999, S. 6).

Beispiel 3: Die Deutsche Bank setzte im Zuge des ersten New Economy Booms auf eine Ausweitung der Vertriebskanäle für das Massenkundengeschäft und gründete 1999 die Deutsche Bank24 (www.bank24.de). 1.400 Filialen, 250 Finanzzentren, 400 Finanzberater im Außendienst, 1.800 Kundenterminals in den Filialen, 6.000 Geldautomaten sowie 1.000 Call-Center-Mitarbeiter deuten die Wucht an, mit der man vorhatte, 6,8 Mio. Kunden unter Einbezug des Internet aus einer Hand zu bedienen (vgl. Meldung in ASW, 10/1999, S. 11). Knapp drei Jahre später gilt die Konzeption als gescheitert. Unter neuer Führung wird die Deutsche Bank das Mengengeschäft wieder in das Stammhaus zurückholen, um mehr Synergien in der Kundenbetreuung zu nutzen. Eines zeichnet sich ab: Weder das Internet, noch Call-Center, noch Direkt-Marketing können die persönlichen Kundenkontakte in Frage stellen.

Wie das Beispiel der *Deutsche Bank AG* zeigt, hat die Internet-Euphorie der sog. 1. Phase nach zwei Jahren einen großen Dämpfer erfahren. Das 9. Kapitel wird speziell darstellen, dass das eBusiness historisch gewachsene Marktbedingungen nicht (so schnell) kippen kann. Das Internet bietet vielmehr Kontakt- und Verkaufskanäle, die die etablierten Absatzwege – und hier insbesondere den persönlichen Verkauf – ergänzen. Das gilt zunehmend auch für sensible Marktbereiche, in denen Beratung und Vertrauensbildung unverändert die entscheidenden Faktoren für den Markterfolg sind.

Wir können also in den verschiedenen Marktbereichen unserer Wirtschaftswelt unterschiedliche Tuschierungen für die Art des Verkaufens und speziell für die Bedeutung des persönlichen Verkaufs diskutieren. Eines aber kann nicht in Frage gestellt werden: Die existenzielle Bedeutung des Vertriebs für den Fortbestand einer jeden Unternehmung.

3. Die Elemente der Vertriebspolitik

3.1. Überblick

Nach den Begriffs- und Branchenklärungen rückt jetzt das Vertriebsmanagement in den Mittelpunkt dieses Buches. Die Tätigkeiten des Vertriebs bilden in der Gesamtheit die **Vertriebspolitik**, die sich wiederum in eine übergeordnete Marketingstrategie einzupassen hat. Die **Teilbereiche der Vertriebspolitik** werden wie folgt definiert:

> ➡ Die **Vertriebspolitik** (Vertriebsmanagement) umfasst alle Maßnahmen zur unmittelbaren Gewinnung von Aufträgen (Umsatzgenerierung) und zur Warenbereitstellung,
> (1) durch eine geeignete Gestaltung des **Vertriebssystems**, bestehend aus **Vertriebsorganisation, Verkaufsform** und **Vertriebssteuerung**,
> (2) durch die Gewinnung, Pflege und Sicherung (Bindung) von Kunden (= **Verkaufspolitik** i.e.S. = die akquisitorische Komponente des Vertriebs)
> (3) und die Bereitstellung von Gütern und Dienstleistungen in der richtigen Menge am richtigen Ort zur richtigen Zeit (die logistische Komponente des Vertriebs = **Distributionslogistik, Vertriebslogistik** oder seltener **Marketing-Logistik**).
> (4) Mit der Vertriebspolitik ist in vielen Märkten die Aufgabe der Gewinnung und Führung von Vertriebspartnern und der Organisation der Absatzwege verbunden (**Vertriebskanalpolitik, Absatzwegepolitik, Vertriebspartnerpolitik**).
> ➡ Die Vertriebspolitik besteht somit aus den Bereichen **Vertriebssystempolitik, Verkaufspolitik, Vertriebslogistik** sowie der **Vertriebskanalpolitik** (**Absatzwegepolitik**). In der Praxis ist die Logistik (physische Distribution) meist nicht dem Vertrieb zugeordnet.

Das Schema der Abb. 17 geht auf eine anerkannte Gliederung von *Gutenberg* zurück (vgl. *Gutenberg* 1984, S. 104 ff.). Dieses Buch legt die Schwerpunkte auf die Bereiche **Vertriebssystem**, und hier insbes. auf die **Vertriebssteuerung**, sowie auf die **Verkaufspolitik** i.e.S. Die Vertriebskanalpolitik wird im 9. Kapitel im Lichte des **Multi-Channel-Marketing** behandelt. Die Vertriebslogistik (physische Distribution) bleibt ausgeklammert.

Zuweilen wird auch die **Gestaltung der Preise und der Lieferkonditionen** als Unterinstrument der Vertriebspolitik gesehen (vgl. *Ahlert* 1995, Sp. 804). Dieses Buch geht nicht so weit. Die Preispolitik bleibt eigenständiger Bereich des Marketing-Mix. Der Verkauf kann zwar in Verkaufsverhandlungen Preise und Liefermodalitäten verändern, doch wird er sich dabei in einem von Geschäftsführung sowie vom Finanz- und Rechnungswesen (Controlling) vorgegebenen Rahmen zu bewegen haben. Dieser Punkt kann durchaus kontrovers diskutiert werden; insbesondere dann, wenn der Vertrieb ergebnisverantwortlich ist, eventuell über ein eigenes Vertriebscontrolling verfügt und die Preispolitik wirklich in eigener Verantwortung festlegen darf.

Fundament der Vertriebspolitik ist das **Vertriebssystem**, das sowohl Struktur- wie auch Ablaufelemente enthält.

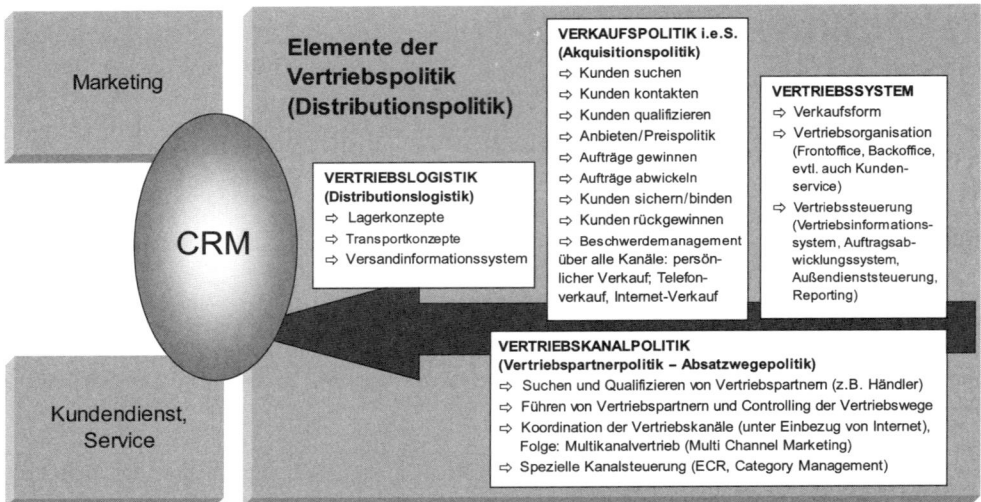

Abb. 17: Die Elemente der Vertriebspolitik

3.2. Vertriebssystem

3.2.1. Verkaufsformen / Kontaktformen

a.) Persönlicher Verkauf (Face to Face)

Viele Wege führen zum Kunden. Und manchmal sind sie weit. Abb. 18 liefert in Anlehnung an *Meffert* eine gängige Einteilung dieser Wege. Sie werden als **Verkaufsformen** bezeichnet (vgl. in ähnlicher Form: *Meffert* 1998, S. 820). Die Abschnitte 7.4. und 7.5. und 7.6. gehen später vertiefend auf die wichtigsten Varianten ein.

Der persönliche Besuchsverkauf mit seinen Spielarten erhält seine überragende Bedeutung für den Markterfolg durch Wahrnehmungen und Energien einer **körperlichen Nähe** zwischen Marktpartnern. Das verärgerte Schnauben eines Kunden vermag am Telefon noch zu vernehmen sein. Wenn der Kunde aber nichts sagt und die Stirn runzelt, dann kann man diese Regung nur von Angesicht zu Angesicht aufnehmen. „Chemie" kann man nicht erklären, man kann sie nur spüren. Der persönliche Verkauf bewährt sich insbesondere beim Vertrieb erklärungsbedürftiger Produkte und beim Verkauf von Dienstleistungen. In der Theorie werden üblicherweise folgende Spielarten des Verkaufs unterschieden:

(1) Beim **Besuchs- oder Außendienstverkauf** finden die Verkaufsgespräche in den Räumlichkeiten des Kunden statt (**Domizilprinzip**). Folglich kommt es darauf an, im Büro oder in der Privatsphäre des Kunden willkommen geheißen zu werden. Beim **Haustürverkauf** (Drückerverkauf) wird da auch schon einmal etwas nachgeholfen. Das Domizilprinzip ist vorherrschend für den Vertrieb technischer Güter, die nicht selten sogar in der Fabrikhalle des Kunden präsentiert werden.

(2) Der Begriff **stationärer Verkauf** fasst Ladenverkauf, Schauraumverkauf, Schalterhallenverkauf und Kioskverkauf zusammen. Für alle Unterformen gilt das **Residenzprinzip**. Der Point

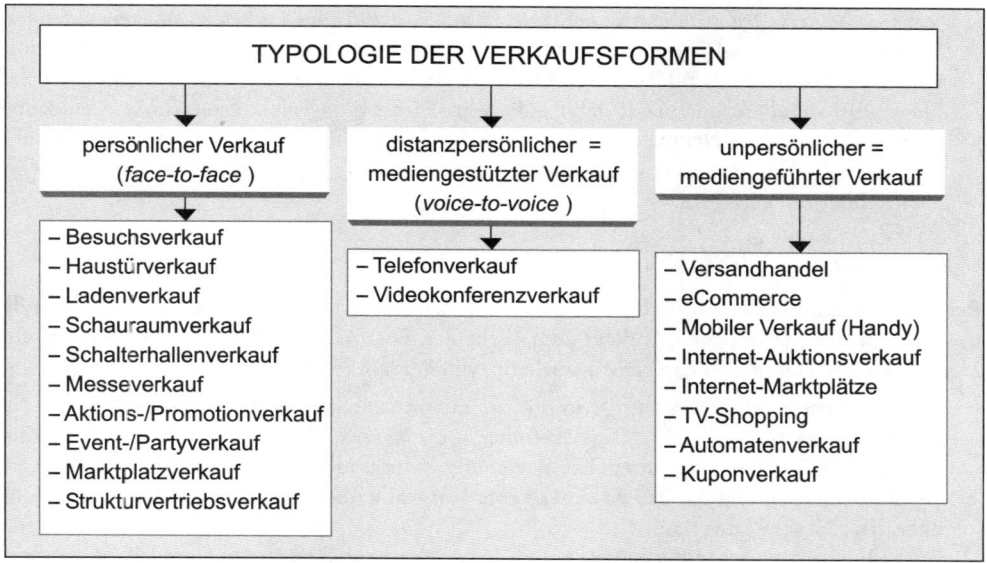

Abb. 18: Übersicht über die Verkaufsformen

of Sale (POS) befindet sich beim Verkäufer. Die Verkaufsräume müssen folglich ausreichend attraktiv sein, um den Kunden in das Ladengeschäft, in eine Bank oder in einen Auto-Schauraum „zu locken". Kommt der Kunde nicht in die Bank bzw. in die Ausstellung, dann muss der Kreditberater zum Kunden oder das Auto zur Probefahrt vor die heimische Haustür kommen (Weekend-Autoüberlassung für Probefahrten).

(3) Beim **Treffprinzip** finden Verkaufskontakte an wechselnden POS statt. Lieferant und Kunde führen die Verkaufsgespräche auf Messen, Promotions, Events, auf Partys (Verkaufsveranstaltungen) oder auf Märkten. Es macht den Reiz langjähriger Geschäftsbeziehungen aus, dass man sich auch in Hotels, Restaurants oder auf Kongressen austauscht.

Der persönliche Verkauf gilt heute trotz der neuen, mediengestützten Verkaufsformen noch immer als Karrierepfad. Ein Nachwuchsverkäufer kann sich seine persönlichen Kundenbeziehungen aufbauen.

b.) Distanzpersönlicher Verkauf (mediengestützt)

Der Besuchsverkauf ist mit Besuchskosten im dreistelligen Bereich die teuerste Kontaktart. Also kann der Weg beschritten werden, das **Face-to-the-Customer-Prinzip** in ein **Voice-to-the-Customer**-Prinzip zu wandeln; obwohl eine Videokonferenzschaltung auch eine Situation von Angesicht zu Angesicht schafft. Die körperliche Anwesenheit wird über eine räumliche Distanz mit Hilfe eines Mediums simuliert. Das Spiel der Stimmen und evtl. Bilder gestaltet den Dialog weiterhin interaktiv.

(1) Von herausragender Bedeutung ist der **Telefonverkauf**. Betriebsinterne oder -externe Call-Center entlasten Innen- und Außendienste. Manchmal ersetzen sie sie auch durch Outsourcing (vgl. *Wiencke/Koke* 1999). Das Direktmarketing hat diese Verkaufsform perfektioniert, um **Kaufinteressenten** ausfindig zu machen, **Potenziale** zu klären, **Besuchstermine** zu vereinbaren und **Folgebedarfe** in Aufträge zu überführen (s. Abschnitt 7.5.1.).

(2) Stark verbesserte technische Möglichkeiten fördern den Trend zu besuchskostensparenden **Videokonferenzen** (vgl. *Wolf,* acquisa 6/1998, S. 32–34). Es handelt sich um die Kombination von Telefonkontakt mit Bildkommunikation; in erster Linie über Computer. Die persönliche Nähe wird simuliert, doch lässt sich das Face-to-Face-Feeling nicht ersetzen. Großbildleinwände heben die Begrenzung der bisherigen PC-Systeme auf. Bei etablierten Geschäftsbeziehungen lassen sich Routinebesuche und allgemeine Beratungsgespräche teilweise gut auf Videokonferenzen verlagern.

c.) Unpersönlicher Verkauf (mediengeführt)

Beim unpersönlichen Verkauf fehlt das interaktive Element der persönlichen Nähe. Der Kunde hat i.d.R. keinen persönlichen Kontakt zum Verkäufer. Die Interaktion wird vollständig auf ein Medium übertragen (nach *Pepels* Distanzprinzip, vgl. *Pepels* 1998, S. 489).

(1) Von dominierender Bedeutung ist in diesem Zusammenhang der **Versandhandel** durch die Groß- und Spezialversender. Ein **Customer Care Service** (Innendienstverkauf) prägt die Qualität der Geschäftsbeziehung. Die Beziehung ist im traditionellen Ansatz passiv. Am Ort der Kaufentscheidung hat der Anbieter keine Kontrolle über das Kaufverhalten, auch nicht über den Zeitpunkt des Kaufs.

(2) Deshalb wird zunehmend versucht, mit Hilfe des **elektronischen Versandhandels** (**eCommerce**) einen zwar nicht persönlichen, aber doch interaktiven Dialog mit dem Kunden zu erreichen. Bei diesem Dialog spielen z.B. **Interactive Selling Routinen** eine zukunftsweisende Rolle. Der Computer analysiert das Kundenverhalten und gibt automatisiert Anstöße für eine Kundenansprache. Das System schneidet z.B. Sonderangebote individuell auf die analysierten Kundenbedürfnisse zu. Das System soll **Personalisierung** und **Individualisierung** so simulieren, dass der Kunde beim Verkaufsvorgang keine Nachteile gegenüber einem persönlichen Verkaufsgespräch verspürt.

(3) Das **Tele-Shopping** verbindet Fernsehen mit Telefon. Zukünftig ist das Fernsehen mit dem PC vernetzt. Kundenaufträge werden direkt über den digitalen Kabelkanal eingegeben. Ein neuer Begriff ist im Kommen: **T-CRM.**

(4) Für niedrigpreisige Produkte des täglichen Bedarfs ist auch ein Verkauf durch **Automaten** geeignet. Ohne verkäuferischen Personaleinsatz wird eine hohe Flächendistribution erreicht. Für den Verkauf von Zigaretten, Süßwaren, Getränken, Fahrkarten oder zuweilen auch Blumen kommen Innen- und Außenautomaten oder Automatenläden mit vollständiger Selbstbedienung zum Einsatz.

Welche Schwerpunkte setzt die Praxis? Der CRM-Marktführer *Siebel* unterscheidet für sein Geschäft vier Typen: (1) **Field Sales (Besuchsverkauf)**, (2) **Telesales (Telefonverkauf)**, (3) **Channel Sales (Verkauf via Vertriebspartner)** und (4) **Web Sales (eCommerce)**. Große Abweichungen zu der klassischen Marketingeinteilung bestehen somit nicht.

Die größten Umwälzungen sind unverändert durch das Vordringen des Internet-Vertriebs zu erwarten. Die zwischenzeitliche Konsolidierung der sog. New Economy verzögert die Trends etwas, hält sie aber nicht auf. Die Hersteller suchen zusammen mit dem Handel oder ohne den Handel neue, direkte Wege zum Verbraucher. Spezielle Backoffice-Serviceabteilungen übernehmen die verbleibenden Tätigkeiten der Beratung, der Überwachung und der Abwicklung. Verkäufer, die mit großer Routine jahrein, jahraus die gleichen Kunden besuchen, um sich dort Aufträge abzuholen, fürchten wegen des Web den Verlust ihrer Arbeitsplätze. Diese Fragestellungen sind von so großer Bedeutung, dass sie in Abschnitt 7.5.2. tiefergehend behandelt werden.

ZUSAMMENHANG ZWISCHEN PERSÖNLICHEM VERKAUF UND DIREKTVERTRIEB AUS DER SICHT DER HERSTELLER	Persönlicher Verkauf (face to face Verkauf)	Nicht-persönlicher Verkauf (distanzpersönlich und unpersönlich)
Direktvertrieb (als *Business-to-Consumer* oder *Business-to-Business*)	Hersteller bieten mit eigenem Außendienst ohne Zwischenschaltung von Vertriebspartnern an Endkunden an (Beispiele: *Zara, Hennes&Mauritz, Mango, Avon, Vorwerk* sowie die Medium- und High-Tech-Branchen)	Hersteller verkaufen über Telefon, Fax oder das Internet. Wichtiger Marktbereich: Versandhandel durch Hersteller: Beispiel *Dell*
Indirekt-Vertrieb (aus Sicht der Hersteller Business-to-Business-to-Consumer)	Hersteller verkaufen mit Hilfe von Vertriebspartnern an Endkunden. Der persönliche Verkauf spielt sich dann auf einer ersten Ebene zwischen dem Hersteller und dem Handelspartner ab und auf Endkundenebene in Form des Händlerverkaufs im Laden, im Schauraum, auf Messen und Ausstellungen etc.	Hersteller bieten ihren Vertriebspartnern, z.B. Fachhandwerk oder Fachhandel, ein Bestell- und Serviceportal im Internet für die Bestellungen der Endkunden. Hersteller verkauft über den klassischen Versandhandel.

Abb. 19: Zum Zusammenhang zwischen Verkaufsform und Vertriebskanal-Organisation

d.) Abgrenzungen auf Vertriebskanal-Ebene: Direkter / indirekter Vertrieb

Die Spielarten persönlicher/nicht-persönlicher Verkauf können mit den Formen des **direkten (BtoB oder BtoC) und indirekten Vertriebs (Verkauf über den Handel, das Handwerk oder andere Absatzmittler)** kombiniert werden. Durch die Kombinationen werden **Organisationsformen für Vertriebskanäle sichtbar**, d.h. Wege vom Hersteller zum Endabnehmer. Abb. 19 bietet eine entsprechende Systematik. Wegen der

(1) **historisch gewachsenen Bedeutung der Groß- und Einzelhandelsorganisationen** (des Warenhandels),

(2) der **geringeren Erklärungsbedürftigkeit von Konsumprodukten** im Vergleich zu Industrieprodukten,

(3) der **großen Konsumentenzahlen**, die die Konsumgüterhersteller davon abhalten, diese mit eigenen Verkaufsstellen und Mitarbeitern zu betreuen (Ausnahmen: Factory Outlet, Hersteller-Shops, Werksverkauf),

(4) der Erfordernis, das Güterangebot in Form **gebündelter Sortimente** anzubieten (Sortimentsfunktion des Handels)

bestehen in den Konsumgütermärkten besondere Arbeitsteilungen zwischen Herstellern und Handel. Traditionsgemäß dominiert der indirekte Vertrieb (vgl. noch einmal Abb. 15). Besondere Zielkonflikte in diesen Märkten drängen die Hersteller allerdings zum **vertikalen Marketing** (Einfluss- bzw. Regieübernahme im Vertriebskanal), die in extremer Form zum **Herstellervertrieb** (die „Vertikalen") führen. Diese Seite wird auch als **Business-to-Consumer-Vertrieb** bezeichnet.

Im Vertrieb technischer Güter dominiert der Direktverkauf an gewerbliche Verarbeiter oder an Hersteller kompletter Aggregate (OEM = Original Equipment Manufacturer). Man spricht vom **Business-to-Business-Marketing (BtoB oder auch B2B)** ohne Einschaltung von Fachhandelspartnern oder Fachhandwerk. Allerdings übernimmt ein technischer Handel oder das Fachhandwerk sehr oft Wartung und Ersatzteilservice.

Kleinaltenkamp weist auf die große Bedeutung des sog. **Produktionsverbindungshandels** für die technischen Märkte hin (vgl. *Kleinaltenkamp* 1995, S. 757–758). Der Produktionsverbindungs(groß)handel setzt Handelswaren an Produktions- und Handwerksbetriebes ab, die nach Auslieferung ihrerseits wieder in Produktions- und Handwerksleistungen ein- oder aufgeben. Auf das Praxisbeispiel *Vaillant* kann verwiesen werden (Abb. 33).

In der Wirtschaftspresse wird der **Direktvertrieb** oft nur auf spezielle Güter, die in Konkurrenz zum Handel verkauft werden, bezogen. Gemeint ist der (partnerunabhängige) Verkauf von Konsum- und Gebrauchsgütern wie auch von Dienstleistungen vom Hersteller direkt an private Endverbraucher. Im Vordergrund stehen Immobilien, Kapitalanlagen und Versicherungen. Ende 1999 wurden von den deutschen **Direktvertriebsunternehmen**, Finanzdienstleister eingeschlossen, ca. 200 Mrd. Euro umgesetzt. 1,2 Mio. Kundenbetreuer werden auf Voll- und Teilzeitbasis beschäftigt. Hinzu kommen 3 Mio. Sammelbesteller. Mittlerweile wird jedes vierte Elektrogerät, jeder zehnte PKW (immerhin 4,0 Mrd. Euro!) und jedes zehnte Kosmetikprodukt vom heimischen Wohnzimmer aus bestellt. Die Fachwelt beobachtet diese Zahlen und die Entwicklung so aufmerksam, weil diese Marktanteilsgewinne des Direktvertriebs weitgehend zu **Lasten des stationären Einzelhandels** gehen. Keinesfalls sollte der Begriff Direktvertrieb auf den **Strukturvertrieb** reduziert werden (vgl. *König*, acquisa 9/2004, S. 48–49).

Ein entscheidender **Schub in Richtung Direktvertrieb** geht ohne Frage vom **Internet** aus (vgl. *Hassmann*, salesprofi 6/1999, S. 24; s. Abschnitt 7.5.2.). *Michael Otto*, Inhaber des *Otto-Versands*, rechnet damit, dass allein der klassische Versandhandel dem stationären Handel im Zeitraum der nächsten fünf Jahre fünf Prozent Marktanteil durch eCommerce abnehmen wird (vgl. *Reitz*, Welt am Sonntag v. 26.3.2000, S. 55). Wahrscheinlich ist das eine vorsichtige Schätzung. Allerdings wird hier der Begriff Direktvertrieb nicht korrekt ausgelegt. Denn beim klassischen Versandhandel liegt die Form des indirekten Vertriebs vom Hersteller über den Versandhändler an den Endkunden vor. Im Grunde bedeutet klassischer Versandhandel nur Verzicht auf Verkaufsraum und Verkäufereinsatz. **Echter Direktvertrieb** trifft z.B. im Fall des Computerherstellers *Dell* zu, der über einen Kanal-Mix direkt an Endkunden vertreibt (s. Abb. 351).

Für die dargestellten Verkaufsformen sind geeignete Vertriebsorganisationen zu schaffen.

3.2.2. Vertriebsorganisation

a.) Aufgaben und Stellen im Vertrieb

Über 5 Mio. ArbeitnehmerInnen haben ihren Arbeitsplatz in Deutschland im Verkauf. Dabei sind noch längst nicht alle Mitarbeiter mitgezählt, die in Call-Centern, bei Versendern oder im Beratungs- und Dienstleistungsbereich z.T. in Teilzeit verkäuferisch wirken. Und im Grunde verkauft jeder von uns irgend etwas – zumindest seine eigene Arbeitskraft (*Robert Louis Stevenson, ein schottischer Autor (1850–94)*: *„Everybody lives by selling something"*, zit. in Kotler/Bliemel 2001, S. 1015). Die Abb. 20 beruht auf Schätzungen des Jahres 2000. Wir gehen davon aus, dass seither zahlreiche Arbeitsplätze im Verkauf weggefallen sind. Dieser Trend wird sich noch fortsetzen.

Die Organisation des Vertriebs hängt stark von der Verkaufsform ab. Im Fall des unpersönlichen Verkaufs werden z.B. keine Außendienstmitarbeiter benötigt. Beim **Aufbau einer Vertriebsorganisation** stellen sich erst einmal die Fragen:

(1) Welche Funktionen sollen vom Vertrieb erfüllt werden? Welche (Arbeits)Stellen sollen diese Funktionen übernehmen?

ARBEITNEHMER UND UNTERNEHMER IM VERKAUF 2000		
Verkäufer im Handel (mit Teilzeit)	2.800.000	*54,1%*
konventioneller Außendienst (Reisende)	450.000	*8,7%*
sonst. Finanzdienstleister (geschätzt)	200.000	*3,9%*
Außendienst Versicherungswirtschaft (mit Innendienst 340.000)	260.000	*5,0%*
Versicherungsvertreter (inkl. nebenberuflich)	400.000	*7,7%*
Handelsvertreter (inkl. Teilzeit)	240.000	*4,6%*
Direktverkauf, sonstiges	350.000	*6,8%*
KFZ-Verkauf	120.000	*2,3%*
Key Account Manager	35.000	*0,7%*
Verkauf 3. Führungsebene	120.000	*2,3%*
Verkauf 2. Führungsebene	50.000	*1,0%*
Verkauf 1. Führungsebene	5.000	*0,1%*
akquirierende Unternehmer, sonstige (ohne Beratungsgewerbe)	150.000	*2,9%*
	5.180.000	*100%*

ohne Tankstellen, Apotheken, Brennstoffhandel, Großhandel,
bei Verkäufern im Handel: ca. 1,4 Mio. Teilzeitbeschäftigte,
bei Handelsvertretern 96.000 Teilzeit (40%)

(diverse Quellen und Schätzungen – Marketing und Vertrieb FH Landshut)

Abb. 20: Arbeitnehmer und Unternehmer im Verkauf

(2) Wie sehen die Aufgaben, Verantwortungen und Kompetenzen, Über- und Unterstellungen dieser Stellen aus, schriftlich niederzulegen in **Stellenbeschreibungen** (vgl. *Bald* 1996)?

(3) Wie viele Stellen sollen jeweils für die verschiedenen Funktionen geschaffen werden?

(4) Wo und wie sollen die Mitarbeiter rekrutiert werden?

(5) Wie sind Arbeitsverträge, Vergütungen, Incentives etc. zu gestalten?

(6) Und hinsichtlich der Ablauforganisation: Mit welchen Arbeitsmitteln sind die Mitarbeiter optimal auszustatten?

Grundsätzlich können Vertriebsorganisationen aus Außen- und Innendienstmitarbeitern, Schlüsselkundenbetreuern (Key Account Managern), Verkaufsrepräsentanten und Kundenbetreuern zur technischen Unterstützung (Anwendungstechniker, Kundendienst) bestehen. Von fundamentaler Bedeutung ist eine **Verantwortungs- und Vorbildfunktion** der **Vertriebs-** oder **Verkaufsleiter.**

b.) Vertriebsleiter – Verkaufsleiter

Ein Vertriebsleiter ist im Durchschnitt 48 Jahre alt, seit ca. 12 Jahren im Unternehmen und seit 6–7 Jahren in seiner jetzigen Position tätig. Sein Einkommen p.a.: 75–150 T Euro (2. Führungsebene).
(Quelle: Studie der Kienbaum Personalberatung; zit. in PM-Beratungsbrief Nr. 491 v. 4.1.1999, S. 1)

Die Verantwortung für das Verkaufsteam übernehmen je nach Nomenklatur einer Unternehmung Vertriebs- oder Verkaufsleiter, die den Mitarbeitern von Außen- und Innendienst weisungsbefugt voranstehen. Das *VIP Vertriebs-Informations-Panel 2000* gibt Anhaltspunkte für die **Kontrollspannen:** 17 % aller Verkaufsleiter führen 1–3, 38 % 4–6, 17 % 7–9 und 28 % über 9 Außendienstmitarbeiter (vgl. *Krafft* u.a., VIP-2000, S. 32). Vielschichtig sind die Karriereetagen, die ambitionierte Führungskräfte im Vertrieb erklimmen können; z.B.:

(1) Gruppenleiter Verkauf (2–6 Mitarbeiter),
(2) Bezirksverkaufsleiter (meist auf sich gestellt),
(3) Regional-Verkaufsleiter (2–15 Mitarbeiter),
(4) Großkundenbetreuer (Key Account Manager),
(5) Produktgruppen-Verkaufsleiter (2–10 Mitarbeiter),
(6) Leiter einer Vertriebsniederlassung (4–50 Mitarbeiter),
(7) Geschäftsfeld-, Geschäftsbereichsleiter,
(8) nationaler Verkaufsleiter,
(9) Leiter Auslandsvertrieb, Exportleiter,
(10) Leiter Gesamtvertrieb,
(11) Leiter/Direktor Marketing und Vertrieb,
(12) Geschäftsführer Vertrieb (und Marketing),
(13) Vorstandsmitglied Vertrieb (und Marketing).

Diese Aufstellung ist keinesfalls erschöpfend. Vor allem deshalb, weil Geschäftsbereichs-, Sparten- oder Bereichsleiter oft Marktverantwortung tragen, ohne dass der Begriff Vertrieb auf ihrer Visitenkarte vermerkt ist. Die Bandbreite aller Vertriebspositionen kann auf wenige Größen zurückgeführt werden, die aus der Sicht der Personalberater (Headhunter) den **Marktwert einer Führungskraft** bestimmen:

(1) Niveau der **Führungsebene (Hierarchieebene),** und an wen wird berichtet?
(2) Umfang der **Führungsverantwortung** (Anzahl der disziplinarisch zugeordneten Mitarbeiter direkt und indirekt),
(3) Höhe der **Umsatzverantwortung,**
(4) **Ergebnisverantwortung** ja oder nein,
(5) **regionaler Wirkungsbereich** (Postleitzahlgebiet, Bundesland, Deutschland, Europa, Übersee, weltweite Verantwortung),
(6) **Komplexität** der **Kundenverantwortung** (verantwortlich für welche Zielkunden?),
(7) derzeitiges **Jahreseinkommen.**

Der Verkaufsleiter alten Stils war noch sein „eigener und bester Verkäufer". Oft hat er sich aus den eigenen Reihen hochgearbeitet. In dieser Funktion wird er heute kritisch gesehen. Es gibt sogar Hinweise auf eine *„völlig bedeutungslos gewordene Funktion des Verkaufsleiters":* „*Ich weiß gar nicht was der (der Verkaufsleiter) eigentlich macht, außer dass er mir jedes Jahr das Umsatzbudget erhöht. Im Markt kenne ich mich viel besser aus als er. Und wenn er mal mit zu Kunden fährt, nutzen die die Gelegenheit, Preisnachlässe zu fordern – und bekommen sie auch von ihm."* *(Stolz* 1997, S.198*).*

Auf Grund dieses Negativbildes des Außendienstmitarbeiters schlägt *Stolz* vor, Leitungsfunktion und Verantwortung jährlich unter den Verkäufern zu wechseln (die dann im Wechsel pro forma den Außendienst führen). Es bedarf keines Vertriebsleiters, der als strategisch-konzeptionelle Kraft wirkt (vgl. *Stolz* 1997). Doch pro forma wechselnde Außendienstmitarbeiter werden wohl kaum eine Verantwortung für die langfristige Ausrichtung einer Marktstrategie übernehmen.

Eine sachkundigere Kritik an die Adresse der herkömmlichen Verkaufsleiter richten *Siebel* und *Malone* (vgl. *Siebel/Malone* 1998, S.173–185). Nach Ansicht der Autoren führen die meisten Verkaufsleiter noch immer nach den Gesetzen des **Massenmarketing** (des nicht individualisierten Marketing). Nach diesem traditionellen Führungsmodell stellt der Vertriebsleiter kaum mehr dar als ein **verlängerter Arm der Geschäftsführung.** Er ist unablässig bemüht, die von oben kommenden Vorgaben an die Mannschaft verständlich und einigermaßen motivierend weiterzugeben.

Der Vertriebsleiter als Taktiker und als „Überlebenskünstler". So entwickelt er sich zwangsläufig und oft gegen seinen Willen zum

- **Cheerleader** und **Moralverstärker**, der auf jährlichen Vertriebsmeetings in Form einer inoffiziellen Zukunftsvision die Mitarbeiter ständig auf mehr Umsatz, Produktivität und Leistung trimmt,
- **Weihnachtsmann**, der Leistungsträger lobt und durch Prämien, Incentive-Reisen oder größere Dienstwagen auszeichnet,
- **Scharfrichter**, der die leistungsschwächeren und erfolglosen Mitarbeiter sanktioniert.

In den Zeiten von Vertriebsautomatisierung und Internet-Vertrieb sind Verkaufsleiter anderer Prägung gefragt. In der Welt des modernen Verkaufs *„sind Vertriebsleiter so lebensnotwendig wie nie zuvor."* (*Siebel/Malone* 1998, S. 173) Eine Praxisuntersuchung von 68 Unternehmen an der FH Landshut konnte eine konzeptionell orientierte Vorbildfunktion der Vertriebsleiter belegen (vgl. *Winkelmann* 1997). Die Alltagsarbeit bringt leider auch weniger beliebte, aber um so wichtigere Tätigkeiten mit sich; im Vertrieb z.B. Berichtswesen, Verkaufsplanung und -controlling. Diesbezüglich hängt es entscheidend von der Einstellung und vom Engagement des Vorgesetzten ab, ob überhaupt und mit welcher Qualität das Verkaufsteam die konzeptionellen Tätigkeiten annimmt. Gefragt ist also heute

(1) der **konzeptionelle Kopf** einer Verkaufsmannschaft,
(2) der **Marktstratege** und
(3) der **Förderer der Mitarbeiter** (Coach).

Mit diesen Verantwortungen ist ein Vertriebsleiter üblicherweise zur Einstellung und zur Entlassung von Mitarbeitern befugt. Er übt eine maßgebliche Unternehmensfunktion aus und ist hinsichtlich Vergütungsniveau wie die Leitungsebene dotiert. Diese Merkmale definieren ihn nach § 1 BetrVG zum leitenden („leidenden") Angestellten, der im Problemfall nicht mehr vom Kündigungsschutzgesetz profitiert. Die **Höherqualifizierung der Leitungsebene** im Vertrieb kommt in den Aufgaben gemäß Abb. 21 zum Ausdruck.

STELLENINHALTE VON VERTRIEBSLEITERN	
Verantwortungen/Unterstellungen	**Hauptaufgaben**
• Aufbau, Führung und Weiterentwicklung der Verkaufsorganisation • Erreichen der quantitativen und qualitativen Vertriebsziele • Evtl. Führung der Marketingabteilung	⇨ Führung, Anleitung und Förderung der Verkaufsmitarbeiter ⇨ Festlegung der Richtlinien zur Kundenbetreuung ⇨ Verantwortung oder Mitverantwortung für Preise und Konditionen ⇨ Bestimmung der Akquisitionsstrategie ⇨ Abstimmung von VKF-Maßnahmen mit Marketingservice (auch: Messen)
• berichtet als Vorstand oder Geschäftsführer an den Aufsichtsrat; sonst an die Geschäftsführung, bzw. an den Vorstand	⇨ Verhandlungen mit Top-Kunden ⇨ Suche nach und Führung von Vertriebspartnern ⇨ Erarbeitung der strategischen und operativen Verkaufsplanung ⇨ Evtl. Führung der Marketingabteilung; sonst Abstimmung ⇨ Desgl. Führung von oder Abstimmung mit Produktmanagement ⇨ Empfehlungen zur Ausgestaltung des CRM/CAS-Systems im Vertrieb

Abb. 21: Die Funktionen des Vertriebsleiters

Mit Blick auf die laufende Vertriebsautomatisierung formulieren *Siebel* und *Malone* eine neue Führungskonzeption des **virtuellen Vertriebs** (vgl. *Siebel/Malone* 1996, 1998). Das Attribut virtuell halten wir für nicht treffend (denn virtuell heißt: nur der Möglichkeit nach vorhanden, was man vom handfesten Verkauf wohl nicht sagen kann). Wir werden im folgenden die Wendung

VERTRIEBSLEITER ALS ORGANISATOR DES VERTRIEBSPERSONALS:
Die Vertriebsleitung organisiert die Unternehmensressourcen und trägt Sorge, dass die Verkäufer mit maximaler Produktivität verkaufen.

VERTRIEBSLEITER ALS FÜRSPRECHER:
Die Vertriebsleitung repräsentiert die Vertriebsmitarbeiter gegenüber dem Rest des Unternehmens und handelt als deren Fürsprecher.

VERTRIEBSLEITER ALS WERKZEUGMACHER:
Die Vertriebsleitung sorgt durch neue Werkzeuge und Prozesse dafür, dass die Vertriebsmitarbeiter vollständig für die Zielsetzung einer Total Sales Quality ausgerüstet sind.

Abb. 22: Die Funktionen des Vertriebsleiters nach dem Bild des „informierten Vertriebs"

vom **informierten Vertrieb** übernehmen (vgl. z.B. auch bei *Siebel/Malone* 1998, S. 177). Die Aufgaben des Vertriebsleiters werden sich hiernach entsprechend der Abb. 22 verändern.

In der Organisatorrolle und in der Rolle als Fürsprecher finden wir den zuvor genannten konzeptionellen Kopf und den Förderer der Mitarbeiter (Coach) wieder. Insofern sind die Typisierungen von *Siebel* und *Malone* gar nicht so neu. Ohne Frage aber ist die Aufgabe des Vertriebsleiters als spiritus rector für das Methodenarsenal im Verkauf neuartig. **Der Vertriebsleiter wird zum Gestalter des informierten Vertriebs.** Vertriebsautomatisierung ist Sache des Vertriebschefs und nicht die des Leiters der EDV-Abteilung (vgl. *Winkelmann*, salesprofi 11/1999, S. 32–34). Dies verlangt eine profunde Kenntnis über die Anwendung moderner Informationstechnologien im Verkauf. Der Vertriebschef bestimmt Grad, Ausrichtung und Qualität der computergestützten Vertriebssteuerung (s. Abschnitt 6.4).

c.) Außendienstmitarbeiter (Frontend)

„Ich kenne ungefähr 20 US-Firmen, wo in der Eingangshalle, in Messing eingraviert, die Namen der besten Verkäufer aus mehreren Jahrzehnten zu sehen sind. Kennen Sie eine einzige deutsche Firma, die das auch so macht?" (Berth, ASW 11/1997, S. 78)

Außendienstmitarbeiter sind die verlängerten Unternehmensarme im Markt. Sie sind für den Kundenerfolg zuständig. Traditionell werden sie als **Reisende** bezeichnet. **Bezirksreisender** ist ein gängiger Begriff im Konsumgütervertrieb. Oft heissen sie auch **Kundenberater** oder **Vertriebsbeauftragter** (VB). Wegen ihrer besonderen Rechte und Pflichten, im Namen des Arbeitgebers Geschäfte abzuschließen (Abschlussvollmacht) oder zumindest zu vermitteln (Vermittlungsvollmacht), steht ihnen nach den §§ 59 ff. HGB der Status von Handlungsgehilfen mit i.V. Unterschriftsberechtigung und ein Provisionsanspruch zu. Die Praxis behandelt sie als **Angestellte mit besonderem Status** (i.d.R. nichtleitende, außertarifliche Angestellte) mit interessanten Privilegien, wie Heimbüro-Ausstattung, Dienstwagen- und Spesenregelung, Versicherungsschutz oder zusätzlicher Altersversorgung im Rahmen der steuerlichen Vorschriften.

Schätzungsweise 45 Mio. Menschen sind weltweit im Außendienst tätig, davon allein 9 Mio. in den USA (vgl. *Siebel* 1998, S. 10). Für Deutschland dürfte die Armada der Außendienstverkäufer ca. 1,5 Mio. Mann+Frau stark sein (vgl. Abb. 20); einschließlich Autoverkäufer, Direktverkäufer und Finanzdienstleister. Noch immer ist der Generationswechsel im Vertrieb nicht ausgestanden. Das Durchschnittsalter der Kundenbetreuer liegt bei 42 Jahren. 75 Prozent sind älter als 35 Jahre (vgl. *Krafft* u.a., VIP-2000, S. 45). Die Verkaufstätigkeiten weisen in der Praxis viele Nuancen auf:

STELLENINHALTE VON AUSSENDIENSTMITARBEITERN	
Verantwortungen/Unterstellungen	Hauptaufgaben
• Pflege des vorhandenen Kundenstammes oder Betreuung von Vertragspartnern (Händlerbetreuung) • Suche nach Neukunden • Erreichen der Umsatzziele für eine definierte Region oder eine definierte Produkt- oder Kundengruppe	⇨ Suche nach Kaufinteressenten und Potenzialklärung ⇨ Kundenbesuche und Kundenqualifizierung ⇨ Neukundengewinnung ⇨ Stammkundensicherung, -pflege, bzw. Handelsbetreuung ⇨ Kundenberatung, Problemlösungsberatung ⇨ Verkaufsverhandlungen von Preisen und sonstigen Konditionen ⇨ Produktvorstellungen und Präsentationen
• berichtet an den Verkaufsleiter bzw. Leiter Marketing und Vertrieb	⇨ Marktbeobachtung, Wettbewerbsforschung beim Kunden ⇨ Abklärung von Warenverfügbarkeit und Lieferzeiten (mit Innendienst) ⇨ Abklärung von Beanstandungen, Reklamationen (mit Innendienst) ⇨ Austausch von Produkterfahrungen der Kunden mit Produktmanagement ⇨ Mitarbeit an Verkaufsförderungsaktionen, Messen und Ausstellungen ⇨ Mitarbeit an strategischer und operativer Planung

Abb. 23: Die Funktionen des Außendienstmitarbeiters

- Als **Besuchsverkäufer** suchen sie neue Kontakte, Verkaufsgespräche und Abschlüsse, indem sie sich zum Kunden begeben.
- In einer speziellen BtoC-Form, dem **Haustürverkäufer** (*Avon, Vorwerk*), stehen sie dabei unter einem speziellen Situationsdruck. Nur 1 Minute bleibt ihnen an der Haustür, um den Zugang zu erobern.
- Als **Auslieferungsverkäufer** übernehmen sie zusätzlich logistische Aufgaben. Die Auslieferungsverkäufer von *bofrost* oder *Eismann* sind selbständige Unternehmer. Die Frischdienstreisenden der Markenartikelhersteller sind reisende Angestellte.
- Als **Beratungsverkäufer** unterliegen sie (theoretisch) keiner direkt zurechenbaren Umsatzverantwortung. Nach außen hin steht nicht ihr Abschlusserfolg im Vordergrund, sondern ihre Kompetenz, den Kunden für komplizierte Bedarfe individuelle Problemlösungen anzubieten und sie im Wandel der Märkte langfristig zu betreuen. Zu nennen wären hier z.B. die **Pharmaberater** oder die **Finanzdienstleister**, die nach alter Ausrichtung allerdings vom **Abschlussdenken** (vom Deal based Selling) geprägt waren. Der Schritt zum Schlüsselkundenbetreuer (s.u. Key Account Manager) ist dann nicht weit.
- Eine neue Form des Beratungsverkäufers ist der **Konzeptionsverkäufer**. Dieser verkauft keine Sachgüter oder Dienstleistungen aus dem Angebotsprogramm und steht insofern nicht unter Umsatzdruck. Seine Aufgabe ist es vielmehr, Vertriebspartner (insbes. Fachhandel, Fachhandwerk) oder auch Großkunden für Zusammenarbeitskonzepte zu gewinnen; z.B. für eine Mitarbeit an einem Partnerportal oder an einer CRM-Lösung. Die Aufgabe, Partnerlösungen zu verkaufen, wird für den Vertrieb immer wichtiger.
- **Markenartikelreisende** betreuen die Outlets des Handels. Ist ein Handelskonzern nicht zentralgesteuert, besitzen sie auch gute Spielräume für zusätzliche Geschäfte. In zentralgesteuerten Systemen (z.B. *Metro*) können sie lediglich bei abgesprochener Sonderaktionen an die (größeren) Häuser verkaufen (im Rahmen eines sog. Talonverkaufs). Werden überwiegend Serviceleistungen am POS erbracht, wird weniger von Verkauf, sondern eher von **Merchandising** gesprochen. Fremdfirmen mit reiner Regalpflege bezeichnet man auch als **Rack Jobber**.

Um den letzten Punkt noch einmal aufzugreifen: Im Markenartikelvertrieb betreuen die Verkäufer der Hersteller den Handel. Die *Mast-Jägermeister AG* setzt hierzu z.B. 180 Außendienstmitarbeiter, aufgeteilt auf 17 regionale Verkaufsbüros, sowie 20 Handelsvertretungen ein (vgl. *Bunk,*

ASW 7/2000, S. 35). In BtoB-Märkten mit überwiegend erklärungsbedürftigen Produkten dominiert dagegen der Direktvertrieb.

Insbesondere für die Verkäufer von erklärungsbedürftigen Produkten dürfte die Zeit des „Klinkenputzens" endgültig vorbei sein. Folgende Anforderungen kommen auf die Kundenbetreuer neuen Stils zu (vgl. *Winkelmann* 2003, S. 286–287):

- **Involvement**, d.h. ein unbedingter Einsatzwille und Freude an größerer Verantwortung (**Empowerment**), die wiederum durch einen Trend zum **„informierten Verkäufer"** (s. Abschnitt 6.3.4.) gestärkt wird,
- **Commitment**, d.h. ein unübersehbares Zeichen, sich für Kunden bzw. für Kundenvorgänge verantwortlich zu fühlen,
- **betriebswirtschaftliche Grundqualifikationen**; u.a., um Umsatz- und Kostenziele mit den Kundenvorstellungen in eine Balance zu bringen,
- solides **technisches Grundwissen** (Produktkenntnisse) auch von Nicht-Technikern,
- **Präsentationstechnik**, um neue Produkte und Produktvorteile überzeugend an Kunden vermitteln zu können,
- **Fremdsprachenkenntnisse**, um der weiter fortschreitenden Globalisierung gewachsen zu sein,
- und damit im Zusammenhang **Mobilität** für ein Verkaufen im Ausland,
- **konzeptionelle Fähigkeiten**, insbesondere für die Mitarbeit an der operativen und strategischen Vertriebsplanung,
- sicheres Umgehen mit den neuen **IT-Bürokommunikationsmitteln** (Internet, Fax, PC, Laptop, Handy) und schließlich
- ein hohes Maß an **emotionaler** und **sozialer Kompetenz**.

Im Vertrieb gelten **neue, erhöhte Qualitätsstandards** (Quality Shift). Diese werden von den Kunden gefordert. Immer „intelligentere" Einkäufer erwarten von den Verkäufern neue Kompetenzen. **Neue Rollen für den Verkäufer** werden akzentuiert (vgl. *Esser/Steven*, ASW Sondernummer 10/1996, S. 200):

(1) Als **Problemlöser** (Business Consultant) hat der Kundenbetreuer nicht mehr primär die qualitativen Eigenschaften seiner Produkte im Auge, sondern vielmehr die Problemstellungen seines Interessenten oder Kunden in dessen Markt. Durch die Augen des Kunden schauen, so lautet die Devise.

(2) Als **Partner des Kunden** (Long term Ally) verzichtet er auch schon einmal auf eigene, kurzfristige Vorteile und sucht einvernehmliche **Win-Win-Lösungen** mit dem Kunden. Nach herrschender Meinung lassen sich nur so langfristig tragfähige Kundenbeziehungen aufbauen.

(3) Als **Koordinator** (Business Orchestrator) ist er der Ansprechpartner für seine Kunden und setzt sich im Stammhaus für deren Belange ein (z.B. Durchsetzen von Sonder-Lieferzeiten). Er verfügt auch über die erforderlichen Kompetenzen hierfür (Rückendeckung im Sinne der marktorientierten Unternehmensführung).

In Bezug auf die Komplexität der Verkaufsaufgaben unterscheidet ein großer Versicherungskonzern:

(1) den **Produktverkäufer** klassischer Prägung,

(2) den **Programmverkäufer**, der für eine ganze Palette von Leistungen zuständig ist und auch das Cross-Selling beherrscht und

(3) den **Analyseverkäufer**, der eher als Lebenszyklusberater fungiert und den Kunden ganzheitlich berät. Bei besonderen Bedarfen greift der Analyseverkäufer auf Produktspezialisten zurück. Seine Erfolg wird an der Kundenzufriedenheit und nicht am Umsatzerfolg gemessen.

Der Trend geht weg vom Produktverkäufer und hin zum „**intelligenten Vertriebler**". Das hat tiefgreifende Konsequenzen für den Verkauf (vgl. *Winkelmann*, acquisa 10/2004, S. 51):

(1) Zunächst ändert sich das Selbstverständnis im Außendienst. Aus Umsatzjägern werden **Marktmanager**. Gute Außendienstler dürfen, wollen und können an der Ausfeilung der Unternehmens- und Marktstrategie mitwirken.

(2) Der Verkäufer wird zum **Wissensmanager**, indem er erkennt, dass angesichts der laufenden Wissensexplosion sein eigenes Wissen immer weniger wert und immer schneller vergänglich ist.

(3) Der Verkäufer wird so zum **Team-Player**, indem er erkennt, dass sich in unserer arbeitsteiligen Gesellschaft nur derjenige weiterentwickelt, der sein Wissen mit anderen teilt. Eine Wissensteilung schafft Synergien in der Gesamtorganisation.

(4) Der Verkäufer wird zum **Kaufmann**, indem er erkennt, dass Fehler im Kostenmanagement heute sehr schnell in den Ruin führen. Kostenbewusstes Handeln + Qualität im Kundenkontakt, so lautet die Devise für den intelligenten Vertrieb.

(5) Der Verkäufer wird zum **CRM-ler**, indem er erkennt, dass genau in Punkt (4) die Zielsetzung von CRM liegt. Der Verkäufer ist nicht das Maß aller Dinge, sondern „nur" ein, wenngleich treibendes Element in den Prozessen in Richtung Kunde. Der Verkäufer hat die Aufgabe, seinen Beitrag für die Balance zwischen Kunden- und Kostenorientierung zu leisten.

(6) Der Außendienstler wird zum **Analytiker**, indem er erkennt, dass sehr schnell viel Geld in Aktionen verschleudert wird, wenn die falschen Kampagnen zur falschen Zeit auf falsche Kundengruppen gerichtet werden.

(7) Der Verkäufer wird zum **Wertemanager**, indem er erkennt, dass es nicht sinnvoll ist, für die Kundenbewertung einseitig nur die eigenen Vorteile zu sehen, die der Kunde bringt. Kundenbindung entsteht vielmehr durch Wertschöpfungspartnerschaften. Der Verkäufer sorgt gezielt dafür, dass der Kunde bei seinen Kundeskunden mehr Erfolg hat und seinen Geschäftswert steigern kann.

(8) Der Verkäufer wird zum **CRM-Profi**, indem er erkennt, dass er alle diese Aufgaben nicht mehr mit Karteikarten, Rechenschieber und den beliebten gelben Zetteln bewältigen kann. Es gehört zu seinen Pflichten, die vorhandenen Datenbanken und Vertriebssteuerungstools zu nutzen und an deren Weiterentwicklung mit zu arbeiten.

Damit der Außendienstmitarbeiter diese neuen Rollen und Aufgaben erfolgreich wahrnehmen kann, bietet ihm die Zentrale idealerweise:

(1) mit den Vorgesetzten vereinbarte **Aufgabenstellungen** und **Zielsetzungen**,

(2) eine sichere **Einbindung** in die **Vertriebsorganisation** (s. Abschnitt 4.4. zum Thema Schnittstellen),

(3) überschneidungsfreie **Kompetenzen**, um der Verantwortung auch gerecht werden zu können,

(4) eine moderne technische **Ausstattung** und angemessene **Budgets** für die technische Ausrüstung, für Reisespesen und Bewirtung,

(5) sowie **Trainings**- und **Weiterbildungsmöglichkeiten** auch in Richtung Persönlichkeitsentfaltung und Teamarbeit.

Abb. 24 zeigt die zeitgemäßen Rollen und organisatorischen Erfolgsvoraussetzungen für die Betreuung anspruchsvoller Kunden.

Zuweilen bedienen sich Unternehmen auch der Marketingfunktion des **Produktmanagement**, um den Kunden gegenüber zu signalisieren, dass es ihnen nicht vorrangig um Auftrags- und Umsatzjagd geht: Der *Freudenberg Konzern* setzt in der Sparte der Technischen Vliesstoffe (*Viledon*) ganz auf Beratung und kundenspezifische Produktentwicklungen. So scheut man sich

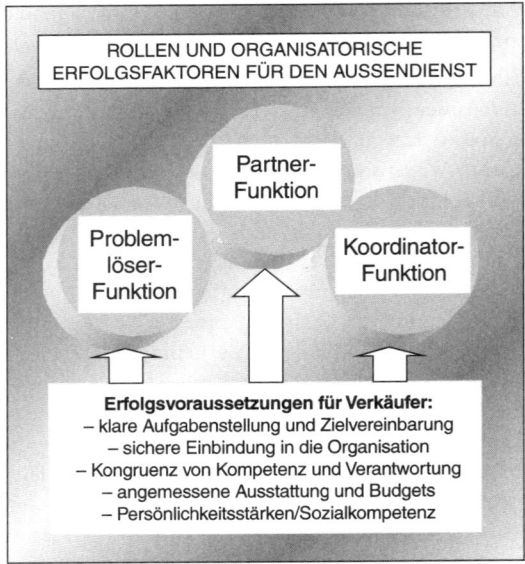

*Abb. 24: Die neuen Rollen des Außendienstmitarbeiters
(Quelle: Esser / Stevens, ASW Sondernummer 10/1996, S. 198–201)*

nicht, die Außendienstmitarbeiter mit Umsatzverantwortung als Produktmanager zu bezeichnen. Einen Verkauf „im alterhergebrachten Sinne" gibt es dann aus Sicht der Kunden nicht.

In ähnlicher Weise setzt auch *Procter&Gamble* den Verkaufsmitarbeitern gegenüber Zeichen. Nicht mehr von Kundenbetreuung ist die Rede, sondern von **Kundenentwicklung**. Abb. 25 beschreibt die **Customer Business Development** Konzeption von *Procter&Gamble*. Bleibt zu hoffen, dass Verkäufer in Deutschland eines Tages einen ähnlich angesehenen Status genießen, wie die **Sales Reps** (Sales Representatives) in den USA.

CUSTOMER BUSINESS DEVELOPMENT VON PROCTER&GAMBLE

*„Sales-Mitarbeiter, die Vermarktungskonzepte entwickeln und sich um die optimale Plazierung von hochwertigen Markenartikeln in den Regalen kümmern, oder Vertriebsingenieure, die ihren Kunden nicht nur komplexe Maschinen und Anlagen verkaufen, sondern sie auch bei deren Einführung beratend unterstützen, haben nichts mehr mit dem verstaubten Image des „Klinkenputzers" gemein. Der Verkäufer von heute ist in multifunktionelle Teams eingebunden und kann ohne die Unterstützung der Kollegen aus dem Marketing, der Finanzabteilung, der Logistik oder der EDV nicht erfolgreich arbeiten. ... Der „Vertrieb" als klassische Eins-zu-Eins-Beziehung zwischen dem Verkäufer und dem Einkäufer des Handels hat ausgedient. Bei Procter&Gamble firmiert der Salesbereich heute unter der Bezeichnung „Customer Business Development". Nur dieser neue Begriff ... werde den erhöhten Anforderungen an die Mitarbeiter und der zunehmenden Bedeutung der Interdisziplinarität im Verkauf gerecht."
(Quelle: Kommentar von Frank Specht in: Forum aktuell, März/April 1997, S. 13)*

Abb. 25: Das Customer Business Development Konzept von Procter&Gamble

d.) Key Account Manager

Key Account Manager verstehen sich als **Beratungs- und Problemlösungsverkäufer** für die mit höchster Priorität zu betreuenden Kunden (vgl. *Backhaus* 1997, S. 320; *Miller/Heiman* 1992, S. 27; *Belz* 1996, S. 115 ff.). In der Praxis sind diese oft die absatz-, umsatz- und ergebnismäßig größten Kunden. Key Account Manager sind für das gesamte Spektrum der Verkaufsaufgaben zuständig. Sie betreuen den Kunden „aus einer Hand". Der Unterschied zum Flächenvertrieb liegt in einigen Akzenten, die das Key Account Management so interessant und auch attraktiv für Hochschulabsolventen machen:

(1) Key Account Manager sind gefordert, **Marketingkonzeptionen** für oder mit ihren Großkunden zu erstellen, um einen gemeinsamen Markterfolg zu erreichen. Die Idee eines gemeinsamen Markterfolgs und gemeinsamer Wertsteigerungen in Geschäftsbeziehungen von Lieferant und Kunde ist beim Key Account Management wesentlich ausgeprägter als beim Flächenvertrieb.

(2) Sie leiten **Projektteams** oder arbeiten in Teams mit, die neue Produkte oder Produktverbesserungen kundenorientiert zu realisieren haben.

(3) Key Account Manager betreiben für oder mit den Schlüsselkunden **Prozessoptimierungen** (z.B. gemeinsame Auftragsabwicklung)

(4) und entwickeln **Kostensenkungsprogramme.**

Als Äquivalent zu den mächtigen Einkaufschefs von Großkunden sind sie i.d.R. AT-Angestellte im Abteilungsleiterrang. KAM-Organisationen sind heute gängig in der Markenartikelindustrie sowie beim Verkauf erklärungsbedürftiger, technischer Produkte. Im Grunde genommen wird sich jeder Flächenverkauf automatisch in Richtung Schlüsselkunden-Management bewegen, wenn die Zahl der Anbieter und Nachfrager infolge zunehmender Konzentration und Verflechtungen abnimmt. Der Charakter des langfristigen und partnerschaftlichen Verkaufens kommt auch gut zum Ausdruck, wenn man an die langfristigen Lieferverträge in der Automobilindustrie denkt. Hat sich der Schlüsselkundenbetreuer einen 80-Prozent-Lieferanteil für eine neue Modellreihe erkämpft, dann fallen während der Laufzeit der Modellgeneration Verkaufsakte (Transaktionen) klassischer Prägung nicht mehr an. Entscheidend ist die Qualifizierung für die nächste Modellgeneration. Betreuung und Weiterentwicklung sind angesagt. Weitere Aufgabenstellungen gehen aus Abb. 26 hervor.

Hinsichtlich der **organisatorischen Zuordnung** gibt es grundsätzlich zwei Formen:

(1) Die für eine Region zuständigen Außendienstmitarbeiter (Flächenvertrieb) betreuen die in ihrer Region ansässigen Zentralen der Key Accounts mit. Diese Regelung legitimiert zu besonderen Prioritäten und Betreuungsvorteilen für die Gruppe der ausgesuchten Top-Kun-

| STELLENINHALTE VON KEY ACCOUNT MANAGERN ||
Verantwortungen/Unterstellungen	Hauptaufgaben
• Pflege und Weiterentwicklung der Schlüsselkunden • Suche nach neuen Schlüsselkunden • Erreichen der Umsatzziele und Ergebnisziele für die Kundengruppe • Herausarbeiten und Absichern von Wettbewerbsvorteilen gegenüber der Konkurrenz	➪ Schlüsselkundenbetreuung und Sicherung ➪ Erreichung von Listungen, Sicherung von Listungen ➪ Kontraktmanagement, Jahres-, Modellgenerationsverträge ➪ Konditionenverhandlungen, Jahresgespräche ➪ Kundenorientierte Produktentwicklung (mit Technik u. Produkt-Man.) ➪ Prozessoptimierung zusammen mit dem Kunden ➪ Marktforschung zusammen mit dem Kunden
• berichtet an den Verkaufsleiter bzw. Leiter Marketing und Vertrieb; seltener an die Geschäftsleitung • Trend: auch verantwortlich für den Flächenvertrieb zwecks besserer Koordination und Ausschöpfen von Synergien	➪ Evtl. Verkaufsförderungsaktionen zusammen mit dem Kunden ➪ Abwicklung von Beanstandungen und Reklamationen ➪ Abstimmung mit Flächenvertrieb ➪ Mitarbeit an strategischer und operativer Planung ➪ Mitarbeit an Messen, Ausstellungen und Promotions ➪ Durchführung von Kundenforen mit Großkunden

Abb. 26: Die Funktionen des Key Account Managers

den. Der Begriff **Miliz-Prinzip** mutet hierfür wohl etwas seltsam an (vgl. z.B. *Belz/Senn* 1994, S. 166).

(2) Eher zutreffend ist der Begriff **Spezialisten-Prinzip**, wenn die Schlüsselkundenbetreuung in die Hände von hochkompetenten Fachleuten gelegt wird, die i.d.R. von der Zentrale aus operieren und dem Flächenvertrieb gleichgestellt sind. Besitzt beim Konzept (1) der Außendienstmitarbeiter einen umfassenden Einblick in den Markt seiner Region, so ist in diesem Fall (2) eine **enge Abstimmung** der Key Account Manager mit dem Flächenvertrieb notwendig. Das sog. Miliz-Prinzip erübrigt sich, wenn Entscheidungsträger eines Key Account auf mehrere Standorte verteilt sind (z.B. die relativ selbständig operierenden Einkäufer der Montagewerke von Maschinenbaukonzernen). Dann ist eine koordinierende Betreuung durch die Zentrale besonders ratsam.

Auf **zwei neuralgische Probleme der Key Account Manager** kann aufmerksam gemacht werden (vgl. *Niederdrenk*, BdW 15.4.96, S. 9):

(1) **Informationsdefizite** gefährden die Qualität der Schlüsselkundenbetreuung. Kurzum: Der Key Account Manager muss optimal mit den Top Priority Informationen über die Geschäfte mit Großkunden versorgt werden.

(2) **Fehlende Kompetenzen** schwächen die Autorität des Schlüsselkundenbetreuers bei den wichtigen Kunden. Die Folge ist eine unzureichende Umsetzung des Beziehungsmanagement.

Die Diskussion der Aufgaben des Key Account Managements wird in Abschnitt 8.5. vertieft.

e.) *Kundendienstmitarbeiter – Anwendungstechniker*

Anfrage eines Anwohners an einen Servicetechniker des früheren, regionalen Stromversorgers OBAG, der mit seinem Servicewagen auf der Straße stand: „Haben Sie vielleicht die neuesten Stromtarife bei sich?" Antwort: „Habe ich nicht. Ich bin doch nur der Techniker."

Servicetechniker sitzen oft zwischen den Stühlen; zwischen Kunde und Verkauf. Sie werden gerufen, wenn es brennt, kennen meist nur Eilaufträge und müssen sich mit unangenehmen Dingen beim Kunden „herumschlagen". Sie sollen optimale Dienstleistungen erbringen und andererseits ihre Kosten minimieren. In einer anderen Hinsicht werden sie von den Verkaufskollegen oft beneidet: Sie dürfen ohne Umsatzdruck und ohne Einbindung in die Vertriebssteuerung mit den damit verbundenen Berichts- und Planungspflichten arbeiten.

Zu unterscheiden sind:

(1) Der **Allgemeine Kundendienst (AKD)**, der attraktive, abschlussfördernde Zusatzleistungen zu erbringen hat, die den Kaufvorgang unterstützen, den Kaufentschluss fördern und nach dem Kauf Kundenzufriedenheit und -bindung absichern sollen (vgl. *Harms* 1999, S. 37; *Meffert/Bruhn* 1997). Dieser Bereich hat insbesondere bei Verbrauchsgütern eine überragende Bedeutung, kann man sich doch bei Sortimentsangebot und Preisen kaum noch von Wettbewerbern unterscheiden (vgl. *Harms* 1999, S. 39).

(2) Der **Technische Kundendienst (TKD)**, der spezielle **Services** (kostenlos) und **Dienstleistungen** (kostenpflichtig) bei Inbetriebnahme eines Gutes und in der Nachkaufphase übernimmt.

(3) Die **Anwendungstechnik (AT)**, die die Kunden permanent in der Maschinen- und Anlagennutzung berät. Die Vorkaufphase ist eingeschlossen.

(4) **Technische Backoffice Beratung**, beispielsweise ein Hotline-Dienst, der von der Zentrale aus arbeitet und und wegen der fehlenden persönlichen Kontakte beim Aufbau und der Pflege von Kundenbeziehungen eingeschränkt ist.

STELLENINHALTE VON KUNDENDIENSTMITARBEITERN	
Verantwortungen/Unterstellungen	Hauptaufgaben
• Technische Beratung und Betreuung des Kundenstamms • Spezielle Produktaufklärung und Beratung im Rahmen der Neukundengewinnung • Erfüllen der mit Wartungsaufträgen verbundenen Verpflichtungen	⇨ Allgemeine technische Beratung, auch präventiv ⇨ Prüfung von Einbau, Betriebs- und Installationsbedingungen ⇨ Koordinationsaufgaben rund um den Kauf ⇨ Angebot und Verkauf von Serviceverträgen ⇨ Aufstelldienst, Inbetriebnahme, Herstellungsbetreuung ⇨ Überprüfung von Spezifikationen ⇨ Ersatzteilservice ⇨ Garantiereparaturen
• berichten an den Verkaufsleiter bzw. Leiter Marketing und Vertrieb • oder an die Leitung eines technischen Ressorts • notwendig: enge Abstimmung mit Produktmanagement • notwendig: enge Abstimmung mit F&E	⇨ Geräteumtausch ⇨ Folgebedarfsfeststellung ⇨ Wettbewerbsbeobachtung ⇨ Vereinbarung von Außendienst-Besuchsterminen ⇨ Weiterleitung von Kundenanregungen und Beanstandungen ⇨ Mithilfe bei der Markteinführung von neuen Produkten

Abb. 27: Die Funktionen der Mitarbeiter im technischen Kundendienst

Die notwendige **Partnerschaft zwischen Verkauf und Kundendienst** muss organisiert werden. Dies gilt besonders dann, wenn die Kundendiensttechniker dem Vertrieb nicht fachlich unterstellt sind. Zur Vertriebsunterstützung erfüllt der Kundendienst folgende Funktionen:

(1) **Informationsfunktion:** Der Kundendienst hat die Bedeutung einer **Informationsdrehscheibe**. Oft kennt er in den Werkhallen der Kunden Ecken, in die der Außendienstkollege nie hingelassen wird. Diese Informationen über Ausstattung und Stand der technischen Anlagen und Werkzeuge beim Kunden haben hohe vertriebliche Relevanz. Dabei geht es vor allem um die Fragen, wann beim Kunden wieder **Folgebedarf** erwartet werden kann (s. **Folgebedarfs-Management** im Abschnitt 7.4.10.) und welche **Konkurrenzprodukte** gestern und heute im Einsatz sind. Verschafft sich ein Konkurrent Zugang zum Kunden, dann weiß dies der Kundendienst oft eher als die Kollegen vom Außendienst. Zur Wahrung der Informationsfunktion ist der Kundendienst folglich mit in die **Wettbewerbsbeobachtung** einzuschalten.

(2) **Problemlösungsfunktion:** Hinsichtlich Fähigkeiten, Wissensstand und Ausstattung muss der Kundendienst in der Lage und darauf ausgerichtet sein, technische und zuweilen auch kleinere kaufmännische Probleme beim Kunden zu lösen (z.B. Klärung von Kulanzfällen).

(3) **Akquisitionsfunktion:** Der Kundendienst sollte sich als Glied des Verkaufs begreifen und sich nicht zu schade für verkäuferisches Wirken sein. Da er die Stärken und Schwächen der eigenen Produkte kennt und die Folgebedarfschancen beim Kunden bestens abschätzen kann, sollte er unmittelbar vor Ort Angebote abgeben oder zumindest bei Außendienst oder Innendienst veranlassen dürfen. Eine spezielle Akquisitionsfunktion kommt ihm im Zusammenhang mit Wartungsverträgen zu.

(4) **Unterstützungsfunktion:** Der Kundendienst unterstützt alle Instrumente des Marketing-Mix. Sein Erscheinungsbild und Verhalten beim Kunden muss deshalb in Einklang mit der **Corporate-Identity-Strategie**, dem gewünschten Bild (Image) in der Öffentlichkeit, stehen. Was nützt eine Elite-Image in Hochglanzbroschüren, wenn sich die Techniker beim Kunden mit verrosteten Werkstattwagen und Alkoholdunst präsentieren.

(5) **Kundenbindungsfunktion:** Was immer wieder unterschätzt wird: Der Kundendienst leistet im Rahmen dieser Aufgaben einen wesentlichen Beitrag zur Kundenbindung. Allerdings haben es die Kundendiensttechniker auch oft leicht, weil ihre Kunden im Rahmen technischer

Systeme und Wartungsverträge ohnehin gebunden sind. Dann ist es gerade ihre Aufgabe und ihre große Chance, den Kunden die sog. harte Bindung angenehmer zu machen.

Zusammengefasst kommt es darauf an, die technischen Kollegen mit Kundenkontakt mit in die Vertriebssteuerung zu integrieren. *„Die Zeiten, wo Kundendienstmitarbeiter Schrauber und Blitzer waren, sind vorbei."* (*Lenfers* 1994, S. 117). Die CRM-Philosophie weist diesen Weg (s. Abschnitt 7.6.). Keine Frage auch, dass auf der anderen Seite die Außendienstmitarbeiter bis zu einem vertretbaren Rahmen (60 % der FAQ's, d.h. der Frequently Asked Questions) informierende und beratenden Kundendienstleistungen erbringen sollten. Umgekehrt erscheint es fast noch wichtiger, Kundendiensttechniker regelmäßig an den Verkaufstrainings teilhaben zu lassen. Ist der Kundendienst dem Vertrieb unterstellt, dann muss für freien Informationsfluss zur Forschungs- und Entwicklungsabteilung bzw. zur Konstruktion gesorgt werden.

f.) Innendienstmitarbeiter – Customer Service (Backoffice)

Oft fühlen sie sich als „Mädchen für alles", die Damen und Herren des Innen"dienstes". Leider ist im deutschsprachigen Raum noch kein besseres Wort als Dienst für die verkaufsunterstützenden und abwickelnden Funktionen gefunden worden. **Customer Service, Customer Care, Customer Support oder Backoffice Support** sind international gängige Bezeichnungen für eine Funktion, deren Bedeutung für den Markterfolg den Geschäftsführungen immer stärker bewusst wird. 2 Mio. Kundenanrufe, 1,2 Mio. Briefe und 360.000 eMails gingen z.B. im Jahr 2001 beim Stromversorger *Bewag AG* ein. Der Innendienst wird dadurch zum wichtigen Garanten für Kundennähe, -zufriedenheit und -bindung. Abb. 28 gibt einen Überblick über die wichtigsten Verantwortungen und Aufgaben im Backoffice.

Im Kundenservice hat in den vergangenen Jahrzehnten ein enormer Strukturwandel stattgefunden. Vor zwanzig Jahren gab es noch eine breitgefächerte Arbeitsteilung mit Lochkarten-Typistinnen, Angebots-Schreibdiensten, Fakturistinnen und ein Heer von Bürogehilfinnen für Hilfstätigkeiten wie Registratur, Postdienst etc. Heute werden die Tätigkeiten der Auftragserstellung und -abwicklung zunehmend auf CRM- oder ERP-Systeme sowie speziell auf eCommerce ver-

STELLENINHALTE VON INNENDIENSTMITARBEITERN (BACKOFFICE)	
Verantwortungen/Unterstellungen	Hauptaufgaben
• *Order Processing*, d.h. Abwicklung der laufenden Kundenvorgänge • Mitarbeit bei der Kundenbetreuung (aktives Marketing) • Unterstützung des Außendienstes	⇨ Unterstützung für den Außendienst bei Bedarfsklärungen ⇨ Folgebedarfsabklärungen ⇨ Eigenverantwortliche Kleinkundenbetreuung ⇨ allgemeine telefonische und schriftliche Vorgangsabwicklung ⇨ Angebotsbearbeitung und Auftragsabwicklung ⇨ Fakturierung ⇨ Nachhalten von Kundenbonitäten, Auskunftseinholungen ⇨ Beschwerdemanagement, Abwicklung von Reklamationen ⇨ Weiterverfolgen von Kundenanregungen
• Innendienst berichtet an den Verkaufsleiter bzw. Leiter Marketing und Vertrieb	⇨ Abstimmung mit Logistik; vor allem Lieferzeitenkontrolle ⇨ Unterstützung für den Handel und andere Vertriebspartner ⇨ Mitarbeit an Mailingaktionen, Telemarketing ⇨ allgemeine Beratung und Hotline-Service ⇨ Mitarbeit an Messen und Verkaufsförderungsaktionen ⇨ Kundenbetreuung bei Kundenbesuchen im Stammhaus ⇨ Überwachung des eCommerce-Geschäftes

Abb. 28: Die Funktionen der Mitarbeiter im Innendienst (Backoffice)

lagert. Die Mitarbeiter in der Sachbearbeitung können und müssen sich in Richtung höherqualifizierte Tätigkeiten weiterentwickeln. Aus Bürogehilfinnen werden Fachwirte für Bürokommunikation. Der Trend geht weg von den **abwickelnden** und hin zu den **eigenverantwortlich betreuenden** Serviceabteilungen. Dadurch wird der Innendienst bei schlechter Leitung zum Konkurrenten, bei guter Führung dagegen zum **Partner des Außendienstes.** Jedenfalls ist es Aufgabe der Vertriebsleitung, die Klischees vom *„wir hier drinnen – die da draußen"* gar nicht erst aufkommen zu lassen. Die Ausprägung der Abteilungskultur ist natürlich auch eine Frage der organisatorischen Verbindung von Außendienst und Innendienst. Diesbezüglich sind folgende **Varianten** zu beobachten:

- *Variante-1: Der klassische, zentrale Innendienst*
  Vor allem Effizienzgründe legen es nahe, den „Einzelkämpfern" im Außendienst eine zentrale Innendienstgruppe in der Zentrale unterstützend zur Seite zu stellen. Dabei sind keineswegs alle Innendienstkräfte gleichermaßen für alle Verkäufer da. Innerhalb des Innendienstes empfehlen sich Gruppenbildungen mit regionalen oder kundengruppenbezogenen Schwerpunkten. Die räumliche Nähe erleichtert dennoch den Ausgleich im Falle von Krankheits- oder Urlaubsfehlzeiten. Von Spezialisierungen ausgewählter Mitarbeiter (z.B. auf Exportgeschäfte) können alle KollegInnen im räumlichen Verbund profitieren.

- *Variante-2: Globale Innendienst-Organisationen*
  Die klassische Form lässt sich ausweiten, indem ganze Backoffice-Gesellschaften geschaffen werden. Großunternehmen gehen oft auf diese Weise vor, um zentrale Technik- oder Servicefunktionen in die Nähe von Angebotserstellung und Auftragsabwicklung zu bringen. *Für Oracle Deutschland stellt die Telesales Organisation in Dublin, Irland, den Innendienst im weiteren Sinne dar. Angebote werden zentral erstellt. Projekte bis zu einer bestimmten Größe werden allein durch die zentrale Backup-Organisation abgewickelt. Der Innendienst hat gleichzeitig Zugriff auf zahlreiche zentrale Entwicklungs- und Serviceressourcen. Hierarchisch steht die Innendienst-Organisation auf gleicher Ebene mit dem Direktvertrieb in den regionalen (nationalen) Niederlassungen. Dort helfen allerdings auch sog. Gruppenassistentinnen bei Angeboten, Verträgen und Verkaufsaktionen mit.*

- *Variante-3: Innendienstspaltung*
  Beide Varianten bergen die Gefahr, dass der Innendienst eine „Verwaltungsmentalität" entwickelt und sich unerwünschte Gräben zum Außendienst auftun. So kommen Unternehmen auf die Idee, den Innendienst aufzuspalten. Kollegen, die mehr mit administrativen Tätigkeiten betraut sind, stehen praktisch Innendienst-VerkäuferInnen gegenüber. Der Außendienst erfährt eine spürbare Entlastung bei der Kundenbetreuung (z.B. bei Kleinkundenbetreuung, Bedarfsabklärungen, Neukundensuche, Kundenqualifizierungen, Folgeauftrags-Generierung), doch kommt auf der anderen Seite die zusätzliche Gefahr einer Grüppchenbildung im Innendienst auf. Diese Organisationsform ist auf dem Rückzug, denn die Grenzen von administrativen und betreuenden Tätigkeiten verwischen sich zunehmend.

- *Variante-4: Team-Selling*
  Ein möglicher Ausweg aus dem Dilemma liegt in der gemeinsamen Betreuungs- und Erfolgsverantwortung von Außendienst und Innendienst in Form eines **Team-Selling** (vgl. *Bußmann/Rutschke* 1996, *Winkelmann* 1999, S. 49–53). Abschnitt 4.4.4. geht speziell auf diese kooperative Verbindung von Außendienst und Innendienst ein.

Folgende **Trends beeinflussen Bedeutung und Stelleninhalte der Serviceabteilungen** und werten diese Arbeitsbereiche auf:

(1) Die Innendienste sind schon lange umfassender computerisiert als der Außendienst. Jetzt kommen mit Call-Center- und eCommerce-Anbindungen weitere systemtechnische Herausforderungen auf die Innendienste zu.

(2) Weil die administrativen Vorgänge immer stärker EDV-mäßig unterstützt werden, rücken anspruchsvollere, betreuerische Tätigkeiten zunehmend in den Vordergrund. Hierauf sind z.B. weniger reisefreudig eingestellte HochschulabsolventInnen mit einer Marketingausbildung gut vorbereitet. In der Folge verdrängen sie SachbearbeiterInnen mit kaufmännischer Ausbildung und besonders Bürokauffrauen und Bürogehilfinnen. Man beachte, dass diese IHK-anerkannten Büro-Ausbildungsgänge bis vor kurzem noch Steno und Schreibmaschine, aber nur wenig EDV-Textverarbeitung und kein Multimedia im Curriculum hatten.

(3) **Der Trend geht zum Team-Selling.** Jedoch bestehen hinsichtlich der Erfolgs- und Misserfolgsbeteiligung oft noch organisatorische und tarifrechtliche Hürden für die nach Tarifen bezahlten MitarbeiterInnen.

(4) Trotz Team-Selling sorgen **Heimbüros und Cocooning** dafür, dass die räumliche Zusammenarbeit von Innen- und Außendienst zunehmend in Frage gestellt wird. Eine Tendenz geht zum **virtuellen Team-Selling!** Vielleicht ist die Vorstellung altmodisch, dass Teams nur bei räumlicher Nähe ihre synergetischen Vorteile entfalten können.

(5) Die zunehmende Internationalisierung des Vertriebs verlangt auch von den Innendienstkräften zunehmend **Fremdsprachenkenntnisse.**

Wenn sich heute die Innendienste weiterentwickeln, dann ist ebenso ein Umdenken bei den langgedienten Verkäufern im Außendienst angesagt. Sie müssen überzeugt werden, dass ihnen der Innendienst keine Kunden wegnimmt. **Die Sicherung von Kundenzufriedenheit wird zur gemeinsamen Aufgabe von Innen- und Außendienst.** Die Innendienste geraten immer stärker in eine Akquisitionsverantwortung. Oft sind die reinen Abwicklungsprozesse schon so weit standardisiert, dass es die Innendienst-„Sachbearbeiterin" vom alten Schlag nicht mehr gibt. Betritt man ein solches Verkaufsbüro, dann wird man von einer „Teamassistentin" begrüßt.

g.) Weboffice als neue Variante

Nicht immer profitieren die Innendienste von einer evolutionären Entwicklung, sprich Weiterentwicklung. Großunternehmen integrieren ihre Geschäfte zunehmend in Portale bzw. schließen sich Internet-Marktplätzen an. Die Folge: Sie migrieren die Backoffice-Abläufe vieler eigenständig operierender Geschäftsbereiche in ein zentrales Weboffice. Der eigentliche Kern der administrativen Tätigkeiten ändert sich nicht, wohl aber in gravierendem Maße die Arbeitsmethoden und -abläufe. Vor allem aber führen diese Bestrebungen zu einem Kahlschlag in den konventionellen Innendiensten mittelgroßer und großer Unternehmen. Die klassische InnendienstmitarbeiterIn wird das gleiche Schicksal erleiden wie LocherInnen oder FakturistInnen. Als Beispiel kann das *Business Service Center* der *BASF AG* genannt werden. Es bildet die zentrale Organisationsplattform für die eBusiness-Aktivitäten des *BASF*-Konzerns.

h.) Aufbauorganisation des Vertriebs

Bei einer Untersuchung von 69 Unternehmen der Investitionsgüterindustrie stellte die Unternehmensberatung Arthur D. Little bei den Firmen mit einer optimierten Vertriebsorganisation ein im Durchschnitt um 7 % besseres Ergebnis vor Steuern fest. (vgl. Drunk/Schulz, ASW 10/1999, S. 68)

Das Spektrum der Positionen im Vertrieb ist umrissen. Wie können jetzt die Mitarbeiter im Verkauf mit ihren Aufgabenspezialisierungen zu einem funktionierenden Ganzen zusammengefügt werden (**Strukturen und Abläufe**)? Im folgenden werden vorrangig Aspekte der Strukturorganisation behandelt. Bei der Gestaltung einer schlagkräftigen Vertriebsorganisation rücken immer wieder die folgenden Fragen in den Mittelpunkt:

(1) Die Geschäftsführung hat zunächst über die Existenz einer **Marketingabteilung** zu entscheiden (s. Abb. 11 zum Expansionspfad des Marketing). Wird das Marketing als Gruppe, Abteilung oder Bereich institutionalisiert und wenn ja, wird die Marketingabteilung dann auf Geschäftsführungsebene aufgehängt oder den operativen Verkaufsabteilungen zugeschlagen? Die Praxis zeigt oft Mischformen mit kundenbezogenen Marketingfunktionen beim Vertrieb und Öffentlichkeitsarbeit sowie Werbung auf Leitungsebene. Auf jeden Fall stellt sich nicht die Frage nach einer *„organisatorischen Verankerung des Vertriebs im Marketing"* (*Becker* 2002, S. 541). Die Herausforderung zielt vielmehr in die umgekehrte Richtung: **Wie bringen wir das Marketing in (an) den Vertrieb, um dort die wertschöpfenden Prozesse zu unterstützen?**

(2) Die nächste Frage betrifft die **Zuordnung** und die Kompetenzen der **Vertriebs-/Verkaufsabteilung** selbst. Je nach Bedeutung des Vertriebs aus Sicht des Managements sind unterschiedliche Ausprägungen möglich, vom Schattendasein eines an die Logistik angehängten Büros (dann oft noch mit Lagerverkauf) bis hin zu internationalen (Vertriebs)Geschäftsbereichen im Rahmen kundenorientierter Organisationsformen.

(3) Punkt (2) berührt auch gleich die Frage, wie die Vertriebsorganisation der zunehmenden Globalisierung Rechnung tragen kann. Soll die Vertriebsorganisation in einen **Inlands-** und einen **Auslandsvertrieb** (Export) aufgespalten werden? Die Globalisierung nimmt den Unternehmen die Dominanz des Inlandsvertriebs. Der Trend geht hin zur Länder- bzw. Ländergruppenorganisation. Deutschland ist (nur noch) ein Markt unter vielen, ein Element des europäischen Binnenmarktes.

(4) Die **zunehmende Bedeutung von eCommerce** wirft die Frage auf, in wessen Händen die Abwicklung des Internet-Handels liegen soll: bei einer ausgegliederten Online-Tochtergesellschaft, im Innendienst, in einem speziellen Innendienst (Web-Office) oder außerhalb der eigenen Vertriebsorganisation bei einem Dienstleister.

(5) Die wichtigste Frage betrifft aber die **Kunden- und damit Umsatzzuordnungen**. Auf der einen Seite stehen die Mitarbeiter, auf der anderen die Interessenten und Kunden mit ihren Ist-Umsätzen und ihren Potenzialen. Welche Alternativen tun sich auf, um die Betreuungsverhältnisse zu fixieren, und wie gestalten sich dann die Arbeitsteilungen von Innen- und Außendienst, von Key Account Management und technischem Service.

Die folgenden Ausführungen behandeln vor allem die Punkte (2) und (5). Punkt (1) ist an anderer Stelle beschrieben (vgl. *Winkelmann* 2003, S. 101–104). Punkt (4) ist eine unternehmenspolitische Frage und auch eine Frage des Geschäftsumfangs. Generell empfehlen wir, eCommerce bei einem vorhandenen Außendienst mit diesem zu verknüpfen und die Internet-Sachbearbeitung mit in die Verantwortung eines erweiterten Innendienstes zu geben.

Stellung des Vertriebs in der Unternehmensorganisation

Der Vertrieb ist das **Nadelöhr** für die Informations-, Güter- und Geldflüsse. Die Leistungsfähigkeit der Vertriebsorganisation bestimmt daher die Schnelligkeit des Markteintrittes, die Geschwindigkeit der Einführung neuer Produkte und Dienstleistungen, den Grad der Differenzierung zur Marktbetreuung der Konkurrenz etc. (vgl. *Belz/Reinhold* 1999, S. 54). Deshalb wäre es nur zu begrüßen, wenn Marketing und Vertrieb einen möglichst hohen Stellenwert in der Unternehmenshierarchie einnehmen würden.

Abb. 29 liefert ein Gerüst mit Organisationsalternativen für beide Ressorts. Folgende Trends sind feststellbar:

Abb. 29: Marketing und Vertrieb in der Aufbauorganisation der Unternehmung

(1) **Zunehmend differenzieren sich die Marketingfunktionen.** Einerseits nehmen die Geschäftsführungen gerne die Öffentlichkeitsarbeit und die imagebildenden Funktionen in ihre Obhut. Andererseits rückt das (operative) Marketing näher an den Verkauf. Die in Abb. 2 zum Ausdruck gebrachte Trennung von Marketing und Vertrieb wird aufgeweicht.

(2) Die **CRM-Orientierung** (s. Abschnitt 6.4.5.) wird entweder die Bedeutung des Vertriebs weiter aufwerten oder – im Gegenteil – Kundenverantwortungen (teilweise) in andere Bereiche verlagern. Eine neue Art von Prozessverantwortung (Customer Relationship Manager) könnte den Vertrieb dadurch schwächen. Wir nehmen aber nicht an, dass sich der Vertrieb durch CRM sozusagen auflösen wird.

(3) Ein Trend geht weiter **weg von klassischen, funktionalen Organisationsformen** und hin zur Profitcenter-, Geschäftsfeld-, Geschäftsbereichsorganisation. Einheiten, die ihre strategischen Ziele nicht erfüllen, werden dann an andere Unternehmen abgestoßen (z.B. **Best-Owner-Liste** zum Verkauf stehender Unternehmensteile bei *ThyssenKrupp*).

Zuordnung der Kunden zu den Verkaufsmitarbeitern

Gehen wir davon aus, dass eine Marktstrategie existiert und dass Produktprogramm, Länderstrategie und Zielgruppen für den Verkauf bestimmt sind. Drei Leitfragen entscheiden dann darüber, wie eindeutig, nachvollziehbar und „gerecht" die Umsatzvorgaben auf die Außendienstmitarbeiter verteilt werden können:

⮕ **Leitfrage-1**: Wer verkauft welche Leistungen an welche Kunden in welchen Regionen?

⮕ **Leitfrage-2**: Soll jeder Kunde nur von einem Außendienstmitarbeiter betreut werden oder sollen mehrere Betreuer für einen Kunden zuständig sein? Überlappungen (**Overlays**) führen in der Praxis über kurz oder lang zu Konflikten bei der Zurechnung von Kundenerfolgen und -misserfolgen (vgl. *Godefroid* 2000, S. 285).

⮕ **Leitfrage-3** (nur bei differenziertem Verkaufsprogramm): Soll ein Außendienstmitarbeiter generalistisch arbeiten, d.h. alle Produkte an alle in Frage kommenden Interessenten und Kunden verkaufen, oder soll er sich auf bestimmte Produkt- oder Kundengruppen spezialisieren?

Ohne Spezialisierung werden den Außendienstmitarbeitern üblicherweise Verkaufsgebiete mit allen dort ansässigen Interessenten und Kunden (d.h. Umsatzpotenziale, Ist-Umsätze) zugewiesen. Man spricht von einer **Regionalvertriebs-Organisation**. Bei höherwertigen und erklärungsbedürftigen Produkten und Dienstleistungen kann eine Spezialisierung der Verkäufer auf bestimmte Leistungen von Vorteil sein (**Produktgruppen-Organisation**). Oft sind speziell entwickelte Produkte nur für bestimmte Zielgruppen (Branchen, Kundengruppen) bestimmt. Im Prinzip bestünde dann kein Unterschied zur **Kundengruppen-Organisation** (zuweilen auch: **Branchenorganisation**). Anders formuliert: Wird eine Verkaufsmannschaft nach Kundengruppen organisiert, dann werden sich die Außendienstmitarbeiter letztlich auf die Produkte und Dienstleistungen spezialisieren, die die Bedarfsstruktur einer Kundengruppe bestimmen. Agiert eine Unternehmung nur in **einer Marktnische** (nur eine Produktgruppe), so erübrigt sich die Leitentscheidung. Die Kundenbetreuer fungieren dann automatisch als **Produkt- bzw. Branchenexperten**. Auch ist der Schritt von der Kundengruppen-Organisation zum **Key Account Management** nicht weit. Bei KAM überwiegt das Element einer prioritären Auswahl aus einer Kundengruppe. In Nischenmärkten kann es vorkommen, dass alle Kunden einer Zielgruppe Schlüsselkundenbedeutung besitzen. In diesem Fall deckt sich dann die Kundengruppen-Organisation mit dem Key Accounting.

Alles reduziert sich auf die Frage: **Generalisten oder Spezialisten im Verkauf?** Abb. 30 stellt die grundlegenden **Vor- und Nachteile** von Regionalvertrieb und spezialisierenden Organisationsformen gegenüber (vgl. *Weis* 2000, S. 322–331; *Godefroid* 2000, S. 279–286; *Belz* 1996, S. 71–87; *Kotler/Bliemel* 2001, S. 1089–1093 und 1111–1116; *Winkelmann* 2003, S. 292–294).

In der Praxis dominiert der **Regionalvertrieb** (z.B. bei 85 % aller befragten Unternehmen im *VIP-2000*, vgl. *Krafft* u.a., VIP-2000, S. 24). Beim Regionalvertrieb erkauft man sich die Vorteile einer intensiven Marktpräsenz (Kundenbetreuung vor Ort) und eines möglichen **Cross-Selling-Verkaufs** (d.h.: der zuständige Außendienstmitarbeiter deckt das gesamte Angebotsspektrum ab und ist für den Gesamtumsatz mit dem Kunden verantwortlich) durch erhöhte Vertriebskosten, verursacht durch ein multiples Vorhalten bestimmter Ressourcen. Jedes Regionalbüro verfügt über eine autarke Ausstattung. Personal- und Sachmittelausstattungen multiplizieren sich. Für die Vertriebsleitung wird es zur ständigen Führungsaufgabe, die Regionalteams mit ihren besonderen Interessen und regionalbezogenen **Emanzipationsbestrebungen** zu harmonisieren.

Die bereits mehrfach angesprochene Vertriebsführung „aus einem Guss" wird dagegen immer dann erleichtert, wenn **Spezialisten vom Stammhaus** aus aktuell informiert und bestens vorbereitet durch die direkte Nähe zur Vertriebsleitung und zu den fachlichen Stabsstellen in der Zentrale (vor allem zu F&E, Fertigung, Marketing) in den Markt gehen. Allerdings bringt eine Spezialisierung die **Gefahr einer Fokussierung auf niedergehende Produkte** mit sich. Spezialisierte Ver-

VOR- UND NACHTEILE DER GRUNDFORMEN VON VERKAUFSORGANISATIONEN

Generalisierung: Hauptvorteile des Regionalvertriebs	Spezialisierung: Hauptvorteile von Produktgruppen- und Kundengruppenvertrieb
• Kunden schätzen „*One face to the customer*" • Regionale Besonderheiten werden besser berücksichtigt • Hohe regionale Identifikation im Verkauf • Besseres Ausschöpfen von Cross-Selling-Potenzialen • Kurze Entscheidungswege innerhalb der Regionalteams • Mitarbeiter flexibel einsetzbar • Sportlicher Wettkampf der Teams untereinander	• Höhere Kompetenz durch Spezialisierung • Klare Konzentration auf Zielgruppen • Image des Branchenexperten bei Kunden • Evtl. höhere Kundenbindung, da besondere Vertrauensstellung bei den Fachleuten des Kunden • Leichtere Produktsteuerung • Gezielteres Produktmarketing möglich • Schnellere Reaktion auf veränderte Kundenwünsche • U.U. ist kein gesondertes Produktmanagement nötig • Evtl. hohe Motivation durch „Expertenstolz" • Stärkeres Technologiebewusstsein im Verkauf
Wesentliche Nachteile der Generalisierung	Wesentliche Nachteile der Spezialisierung
• Höhere Vertriebskosten durch Regionalteams • Grund: Mehrfachvorhalten von Funktionen notwendig • Höherer Ausbildungsaufwand • Höherer Koordinationsaufwand für die Zentrale • Einheitliche Vertriebsführung durch Zentrale erschwert • Gefahr von „Regional-Egoismen" • Konflikte an Gebietsgrenzen möglich • Verkäufer forcieren „Lieblingsprodukte"	• Weniger Synergieeffekte • Kundenbetreuer werden „einseitig" • Bei Produktspezialisierung Betreuungsüberschneidungen möglich (many faces to the customer) • Führungsprobleme durch „Elitedenken" • Höhere Kosten durch Mehrfachbesuche • Kompensation von Misserfolgen für Außendienstmitarbeiter schwieriger • Verkäufer „stirbt" u. U. mit seiner Technologie • Mitarbeiter schwerer austauschbar • Höhere Firmenabhängigkeit von Spezialisten

(vgl. Winkelmann 2003, S. 293)

Abb. 30: Vor- und Nachteile vertrieblicher Organisationskonzepte

käufer sind vom **Lebenszyklus** der Produkt- bzw. Kundengruppen abhängig. Stirbt eine Produkttechnologie, dann können Arbeitsplätze zur Disposition stehen. Den Verkäufern im Flächenvertrieb ist eher die Möglichkeit zu einem Angebotsmix und damit zu einem Ausgleich von Kundenverlusten gegeben. Auch kann ein **Produktgruppenvertrieb** dazu führen, dass ein Einkäufer von mehreren Außendienstlern des Lieferanten betreut wird. Die Gefahr, dass nicht mit einer Zunge gesprochen wird und dass ein unglückliches Taktieren eines Verkäufers den Ruf der anderen schädigt, liegt auf der Hand. Nicht zuletzt muss eine Unternehmung verhindern, dass sie von „Über-Spezialisten" abhängig wird. Allerdings führt auch eine Kündigung von Top-Verkäufern im Regionalvertrieb zu schmerzhaftem Know-how-Abfluss.

Die Organisationsformen schließen sich keineswegs aus. In der Praxis entstehen **Mischformen** (vgl. *Godefroid* 2000, S. 285–286). Je großflächiger die Distribution einerseits und die Leistungsprogramme andererseits ausfallen (im Extremfall weltweiter Vertrieb für einen hochdiversifizierten Konzern), desto stärker werden Mischformen aus den drei grundlegenden Organisationsprinzipien gebildet. Großkonzerne organisieren oft auf einer ersten Ebene nach **Geschäftsfeldern** (Produktgruppen-Organisation), dann nach **Ländern** (weltweiter Regionalvertrieb durch Tochtergesellschaften im Ausland) und dann auf lokaler Ebene wiederum in allen denkbaren Formen. Man stelle sich vor, die Firma *Heilü* aus der Abb. 31 wäre die deutsche Tochtergesellschaft eines amerikanischen Technikkonzerns, der Business Division Klimatechnik zugeordnet. Das deutsche Standardgeschäft wird von einem klassischen Regionalvertrieb mit kleinen Verkaufsteams verantwortet. Dieser übernimmt auch die Händlerkoordination für die deutschen Anrainerstaaten. Für die Speziallüfter sind industrielle Zielbranchen definiert. Die Kundengruppen werden

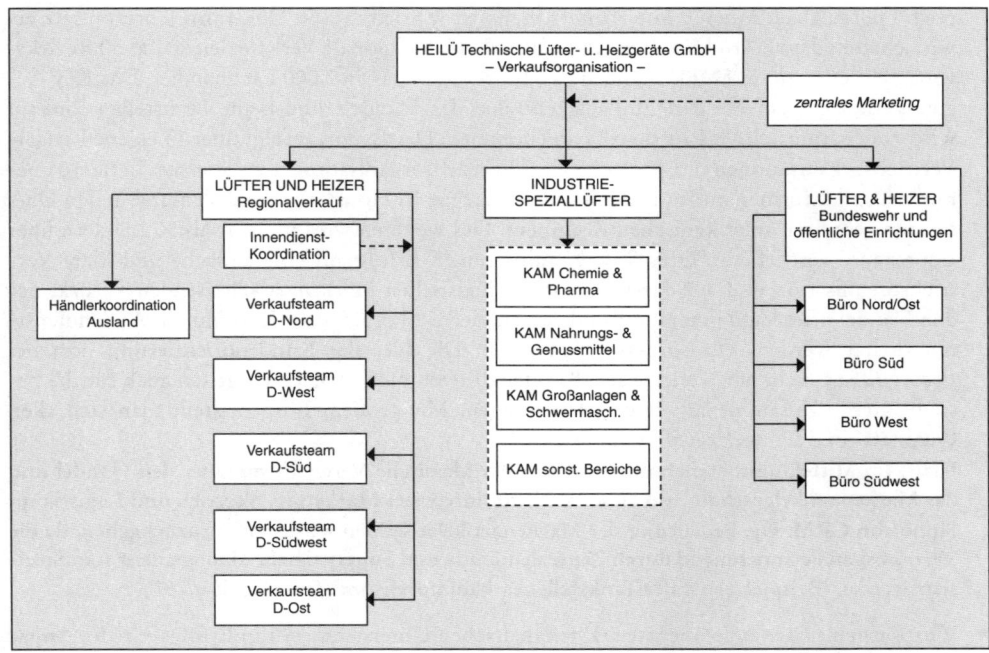

Abb. 31: Darstellung der verschiedenen Organisationsstrukturen im Vertrieb anhand eines Beispiels

intensiv von Key Account Managern betreut. Diese arbeiten ohne Verkaufsapparat von der Zentrale aus. Der Nachteil längerer Anfahrtswege zum Kunden wird bei weitem durch die Vorteile wettgemacht, die die Kundengruppenbetreuer durch die Nähe zu den F&E-Stellen in der Zentrale haben. In der Abb. 30 wurde dies als Vorteil einer leichteren Produktsteuerung vermerkt. Da für den technischen Einkauf von Bund, Ländern und Gemeinden sowie von den technischen staatlichen Einrichtungen besondere Spielregeln gelten, wurde für den öffentlichen Bereich eine spezielle Kundengruppen-Organisation gebildet. Betreut werden die Einkaufsstellen der öffentlichen Hand von kleinen Verkaufsbüros, die räumlich bei den Niederlassungen des Regionalvertriebs eingegliedert sind.

Typische Vertriebsorganisationen in der Praxis (Best Practice)
Die Praxis lehrt: Es gibt kaum zwei gleiche Aufbauorganisationen im Vertrieb. Organisationen sind buntschillernd wie die Menschen, aus denen sie bestehen. Um einen Eindruck von dieser Vielfalt zu erhalten, werden im Sinne von **Best-Practice-Lösungen** die Organisationsstrukturen von drei ausgewählten Unternehmen vorgestellt. Die ausgewählten Unternehmen zeichnen sich durch drei Gemeinsamkeiten aus:

(1) ausdrückliches **Commitment für Kundenorientierung und für den Vertrieb,**
(2) **außerordentlicher Markterfolg** und **Imagegewinn** in den letzten Jahren,
(3) **Ausdruck typischer Vertriebskanalsituationen.**

• Die *Pöschl Tabak GmbH & Co.KG* gilt als mittelständischer **Hidden Champion**. *Pöschl* ist Marktführer bei Schnupf- und Zigarettentabak sowie einer der drei größten Anbieter im Bereich Pfeifentabak. Mit 600 Mitarbeitern weltweit werden ca. 166 Mio. Euro Jahresumsatz erwirtschaftet; davon 116 Mio. Euro in Deutschland. 5 regionale Verkaufsleiter und 50 Bezirksvertreter betreuen ca. 12.000 Kunden per Tourenplan, davon 7.000 Fachhändler. Das Key Account Management bei den Einkaufszentralen des Handels und beim Tankstellen-Einkauf wird vom nationalen Verkaufsleiter vorgenommen. Der Export erfolgt über 14 eigene Länder-Vertriebsorganisationen in Europa sowie 2 Vertriebsorganisationen in Übersee. Letztere operieren als Plattformen im Sinne der Triadenstrategie: In Hongkong für Asien und in den USA für den gesamten amerikanischen Kontinent. Des weiteren wird in mehr als 50 Ländern über Importeure vertrieben. *Pöschl Tabak* führt seinen Erfolg auf eine einfache und klare Vertriebsorganisation und auf das Konzept des **klassischen Markenartikelreisenden** zurück, der den Handel pflegt und ihm gute Konditionen bietet. Man setzt auf Kontinuität. Außendienstmitarbeiter werden sehr sorgsam ausgewählt. Die **Idee der Kundenorientierung** hört bei *Pöschl Tabak* nicht am Werktor auf. Kunden-/Lieferantenverhältnisse gelten auch für die betriebsinterne Zusammenarbeit der Abteilungen. Mit großem Ehrgeiz stellt man sich allen Qualitäts- und Umweltzertifizierungen.

Fazit: Im Mittelpunkt stehen nach wie vor der klassische Vertriebsweg über den Handel und das Markenartikelgeschäft. Ein Geschäftsleiter integriert Marketing, Vertrieb und Logistik im Sinne von CRM. Die Bedeutung der Markenartikelreisenden wird weiter zurückgehen, da die Vertriebskanäle zunehmend durch Zentraleinkäufe und Supply Chain Management standardisiert werden (Beispiel: zentraler Tankstelleneinkauf durch *Aral/Dea* und *Shell/BP*).

- *Würth* ist eines der außendienststärksten deutschen Unternehmen. Ein Erfolgs-Credo: **Anpacken – Verkaufen – Learning by doing**. Der Aufbau der *Würth-Gruppe* ist das Lebenswerk von *Prof. Dr. h.c. Reinhold Würth* innerhalb von nur 50 Jahren. Würth ist heute einer der weltweit führenden Anbieter in der Montage- und Befestigungstechnik. Mit jährlich zweistelligen Wachstumsraten stieg der Umsatz allein im Zeitraum der 90er Jahre von ca. 1,4 (1990) auf über 5 Mrd. Euro (Ende 2003). 56.000 Produkte wurden Ende 2003 an 2,5 Mio. Kunden aus dem KFZ-Handwerk, dem Holz und Metall verarbeitenden Handwerk und Baubetrieben bis hin zu Industrieunternehmen im In- und Ausland abgesetzt. Die Vertriebsorganisation der *Würth-Gruppe* besteht aus über **24.800 Verkäufern**. Das sind über 50 Prozent aller Mitarbeiter (ca. 45.000 im Juni 2004). Der Verkauf läuft über 306 Gesellschaften in 80 Ländern. Davon sind 120 klassische *Würth*-Gesellschaften, 186 gelten als Allied Companies. In Deutschland führen zehn Regio-Verkaufsleiter ca. 30 Vertriebsleiter mit nachgeordnet ca. 200 Bezirksleitern. Hinzu kommt ein sog. Key Account Management mit strategischen und unterstützenden Aufgaben für die Divisionen. **250.000 Kundenkontakte** werden allein in Deutschland täglich von einer umfassenden Vertriebssteuerung erfasst (*ADIS* = Außendienstinformationssystem). Die regionalen Vertriebsorganisationen stehen in einem Wettbewerb mit dem *Würth Industrie* Bereich. Für den Verkauf von *Würth Industrie* sind die Sachgüter nur von nachgeordneter Bedeutung. Potente Kunden werden vielmehr Konzeptionen verkauft (C-Teile-Management, Kanban), die dann einen Verkaufsstrom von Gütern und Dienstleistungen aus dem Standardangebot von *Würth* nach sich ziehen. Abb. 32 stellt die vertrieblichen Erfolgsfaktoren von *Würth* heraus, obwohl der Spirit einer erfolgreichen Vertriebsmannschaft von diesem Ausmaß kaum sprachlich ausgedrückt werden kann.

Fazit: Viel Verkaufskraft aber auch viel Mut zum Risiko stecken im konsequenten Direktvertrieb. Der Verkauf fordert das Marketing. Zukunftsfrage: Welche Effizienz- und Rationalisierungsmöglichkeiten werden die neuen Werkzeuge des Internet zukünftig den kampfstarken Außendiensten bieten?

ERFOLGSFAKTOREN IM VERTRIEB VERKAUFSSTARKER UNTERNEHMEN

Pöschl Tabak GmbH & Co. KG
2 geschäftsführende Gesellschafter

| Geschäftsleitung Produktion, Einkauf, Technik | Geschäftsleitung Marketing, Vertrieb, Logistik | Geschäftsleitung Finanzwesen, Verwaltung |

| Verkauf national, Kundendienst | Verkauf international | Versand, Logistik, Zoll | Werbung, Kommunikation | Marketingservice |

ERFOLGSFAKTOREN DER PÖSCHL TABAK GmbH & Co. KG

◆ Direktvertrieb an tabakverkaufenden Fachhandel, an die Einkaufsgruppen des Handels und die Einkaufs-zentralen der Tankstellen (*Shell*/BP und Aral/DEA)
◆ Regionalvertrieb mit klassischen Markenartikelreisenden
◆ Verkaufsförderer für Tabak-Spezialsegmente
◆ Kontinuität in der Marktbearbeitung - speziell Pflege des Fachhandels
◆ gesicherte (gute) Konditionen für den Handel
◆ Vorteil der gebundenen Preise
◆ Key Account Management für die Handelsgruppen werden von Geschäftsleitung selbst wahrgenommen
◆ Marketing, Logistik und Kundendienst beim Vertrieb; dadurch Verwirklichung der CRM-Philosophie
◆ integrierte Kundenorientierung: betriebsinterne Zusammenarbeit nach NOAC-Prinzip = *next operation as customer*
◆ vorsichtige Personalpolitik

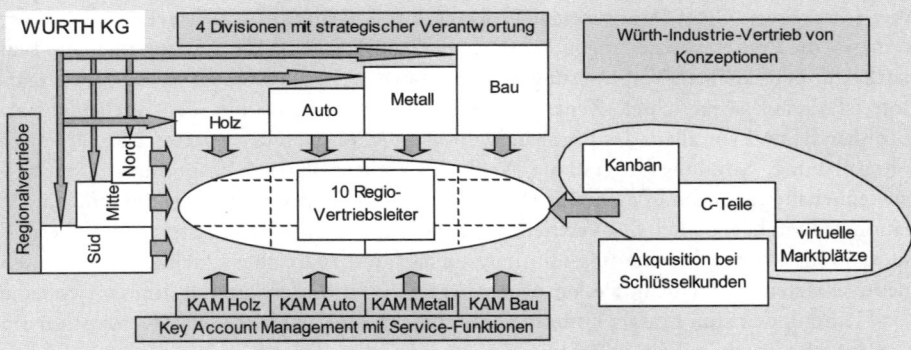

ERFOLGSFAKTOREN DER ADOLF WÜRTH GmbH & Co.KG

◆ Direktvertrieb an professionelle Endverbraucher über klassischen Regionalvertrieb
◆ 10 regionale Außendienstorganisationen mit tiefer, flächendeckende Distribution
◆ Hohe Serviceorientierung auch für Kleinkunden, 10.000 Scannersysteme für Selbstbestellung
◆ *All business is local* - keine Marketing-Stäbe, Marketing untersteht regionaler Verantwortung
◆ Key Account Manager für Schlüsselkunden in den Divisionen als Dienstleister, nicht umsatzverantwortlich
◆ keine Abhängigkeit von Großkunden erwünscht
◆ praktiziertes Value Marketing: Kundennutzen statt Mehrumsatz
◆ Tourenplanung und Außendienst-Informationssystem (ADIS) mit filigraner Erfassung von Beziehungsnetzen
◆ kein Multikanalvertrieb - Internet lediglich zur Vertriebsunterstützung, nicht als Vertriebskanal
◆ strategische Konkurrenzsituation durch Würth-Industrie (⇨ konstruktiver Konflikt)

Abb. 32: Erfolgsfaktoren im Vertrieb verkaufsstarker Unternehmen
(Beispiele Pöschl und Würth)

- Die *Joh. Vaillant GmbH* erregt als einer der Marktführer bei Umlaufwasserheizern, Kessel/Speichern sowie Elektro- und Warmwassertechnik seit einigen Jahren Aufsehen durch Qualitätsauszeichnungen (1999: Preis für die beste Fabrik; Ludwig Erhardt Preis, Weiterbildungspreis, EFQM Finalist). Nach der Übernahme von *Hepworth* ist die *Vaillant-Group* mit 1,85 Mrd. Euro Jahresumsatz und ca. 7.500 Mitarbeitern, davon 3.500 im Ausland, die Nr. 2 in Europa bei Gas-Wandgeräten und Kesseln. Die Fachpresse lobt das *Vaillant Exzellenz Programm* (vgl. den Hinweis in ASW user, Mai 1999, S. 28). Im Gegensatz zu Wettbewerbern wie *Buderus* und *Viessmann* (einstufiger Verkauf direkt an das Fachhandwerk) vermarktet *Vaillant* seine Kernprodukte zweistufig über den Großhandel und die Fachhandwerker an die Endabnehmer (*Vaillant* selbst spricht übrigens vom dreistufigen Verkauf). Ca. 750 Vertriebsmitarbeiter, davon 150 Außendienstmitarbeiter (weitgehend Regionalvertrieb), betreuen allein in Deutschland 2.700 Großhändler und ca. 47.000 Handwerkskunden. Ein deutscher Verkaufsberater kommt auf ca. 950 Besuche jährlich. Der rechnerische Pro-Kopf-Umsatz liegt bei 3,7 Mio Euro.

Stärker als bei *Würth* ist bei *Vaillant* das Marketing eine treibende Kraft. Denn das Festhalten am zwei- bzw. dreistufigen Vertrieb ist ein zweischneidiges Schwert. Auf der einen Seite sichern die gewachsenen Handelsstufen Marktführerschaften ab. Auf der anderen Seite jedoch erscheinen die Bewegungsspielräume des Verkaufs begrenzt, „in den Großhandel hineinzuverkaufen" bzw. das Fachhandwerk zum „Herausverkaufen" zu bewegen. Vertriebswege dieser Art sind wohl so lange in der Schlagkraft für ein „Power-Selling" begrenzt, solange sich Handel bzw. Handwerk selbst als Kunden betrachten und nicht Hersteller und Handel zusammen ehrgeizige Marktziele in Richtung Endabnehmer definieren. Das aber ist nur bei stark gebundenem und hoch-loyalem Fachhandwerk möglich. Folglich muss das Marketing für den Antrieb sorgen. *Vaillant* geht dazu (u.a.) den Weg, einen **intelligent strukturierten Vertriebsprozess** (**CRM Improvement Process**) in sog. **Center of Excellence** (**CoE**) zu verankern, die die Prozessabwicklungen, Werkzeuge (Tools), Spielregeln und vor allem die Benchmarks zur permanenten Verbesserung definieren und weiterentwickeln sollen. Die Organisation ist darauf ausgerichtet, Zentrale, Regionalvertriebsbüros mit den Verkaufsberatern, Großhandel und vor allem das Fachhandwerk zum Mitdrehen der Prozessräder zu bewegen. Jahresplanung, Schulungsprogramme, **Vaillant-Exzellenz-Partner-Programm**, jährliche Zufriedenheitsbefragungen in mehreren Wellen u.v.a.m.: Der Aufwand ist enorm, um eine internationale Durchgängigkeit der Vertriebsorganisation über die Vertriebsstufen zu sichern. Eine internationale Vertriebssteuerung hilft mit, die nach umfangreicher Qualifizierung in 10 Segmente eingeteilten Fachhandwerker prioritätsgerecht zu fördern und zu führen (wobei auch der TRI:M-Index zum Einsatz kommt; s. Abschnitt 5.2.6.). Für ihre CRM-Konzeption erhielt *Vaillant-Hepworth* im Jahr 2004 den *CRM-Best-Practice-Award*.

Fazit: Klassischer Gebrauchsgütervertrieb über Großhandel und Fachhandwerk. Zielsetzung: Aus Handwerks„kunden" Verkaufsverbündete machen. *Vaillant* arbeitet schon seit Jahren im Sinne von CRM (s. Abschnitt 6.4.), ohne den Begriff zu verwenden. Marketing „pusht" den Verkauf. Zukunftsfrage: Wie können Großhandel und Fachhandwerk (Fachhandel) in die CRM-Verkaufsprozesse integriert werden? Wie wird das Internet-Zeitalter Rolle und Funktionen des Großhandels verändern?

Elemente dieser in ihren Märkten erfolgreich operierenden Unternehmen werden im Laufe des Buches immer wieder auftauchen; wobei nicht immer auf die Firmennamen Bezug genommen wird.

Das Beispiel *Vaillant* zeigt, wie kompliziert die Fragestellungen von Vertriebskonzeption und Vertriebssteuerung werden, wenn Vertriebspartner (Absatzhelfer, Absatzmittler) in die eigene

ERFOLGSFAKTOREN IM VERTRIEB VERKAUFSSTARKER UNTERNEHMEN

ERFOLGSFAKTOREN DER JOH. VAILLANT GmbH

- ◆ Vaillant/Hepworth besteht aus 2 technischen Geschäftsbereichen sowie dem Finanzbereich. Der Vertrieb zeichnet sich durch eine tiefgegliederte, weltweite Vertriebsorganisation aus
- ◆ ausgewogene Verantwortungsstruktur in der Geschäftsführung: Jedes GF-Mitglied hält sowohl administrative, wie auch Produktbereichsverantwortung (einschl. Fertigung), wie auch Vertriebsverantwortung
- ◆ Bekenntnis zum dreistufigen Vertrieb über den Großhandel und das Fachhandwerk an den Endkunden
- ◆ Marketing und Vertrieb sind getrennt, Marketing hält wichtige Stabsfunktionen, strukturiert Verkaufsprozess
- ◆ im Verkauf überwiegt klassischer Regionalvertrieb. Hauptstoßrichtung: Das Fachhandwerk zum Abverkauf vom Großhandel zu bewegen. Der Großhandel hat Koordinierung- und Finanzierungsfunktion für das Fachhandwerk.
- ◆ Pointiert wird KAM für spezielle Kundengruppen eingesetzt; ohne Umsatzverantwortung
- ◆ technische Beratung (Kundendienst) beim Regionalvertrieb
- ◆ die Zentraleinheiten (zentrale Stäbe) beschreiben, implementieren, auditieren und verbessern in der Rolle von Exzellenz-Centern (CoE) wertschöpfende Prozesse
- ◆ externe und interne Kunden / Partner sind definiert
- ◆ alle internen und externen Stellen, Mitarbeiter, Handwerkspartner werden im Sinne der Prozesslandschaft und gemäß Maßnahmenplanung (Kursbücher) gebenchmarked. Grundlage: Das Vaillant Exzellenz Modell
- ◆ strenge Segmentierung (Qualifizierung) der Handwerkspartner entsprechend Portfolio-Methode und TRI:M-Bindungsindex
- ◆ ergänzend interessante "Charaktertypologie" für die Handwerkspartner: je nach Hauptstärke Technik, Dienstleistung, Preis, Beziehung und Berücksichtigung der Attraktivität
- ◆ Ergebnis aus Aktivitätsanalyse, Partnerbindungsanalyse und Partnertypologie: max. 2160 Segmente, die zu 10 Partner-Zielgruppen verdichtet werden
- ◆ der Jahresplan mit Zielen, Budgeteinsatzplan und Jahreskontaktplan auf Kundenebene richtet die Maßnahmenpakete dann segmentierungsgerecht (prioritätsgerecht) auf die Partner-Zielgruppen aus
- ◆ alle Vertriebsmitarbeiter sind durch das CRM-System vernetzt und haben Zugriff auf das Marktwissen
- ◆ 2004 erhielt Vaillant/Hepworth den CRM Best Practice Award auf der CRM-expo zugesprochen

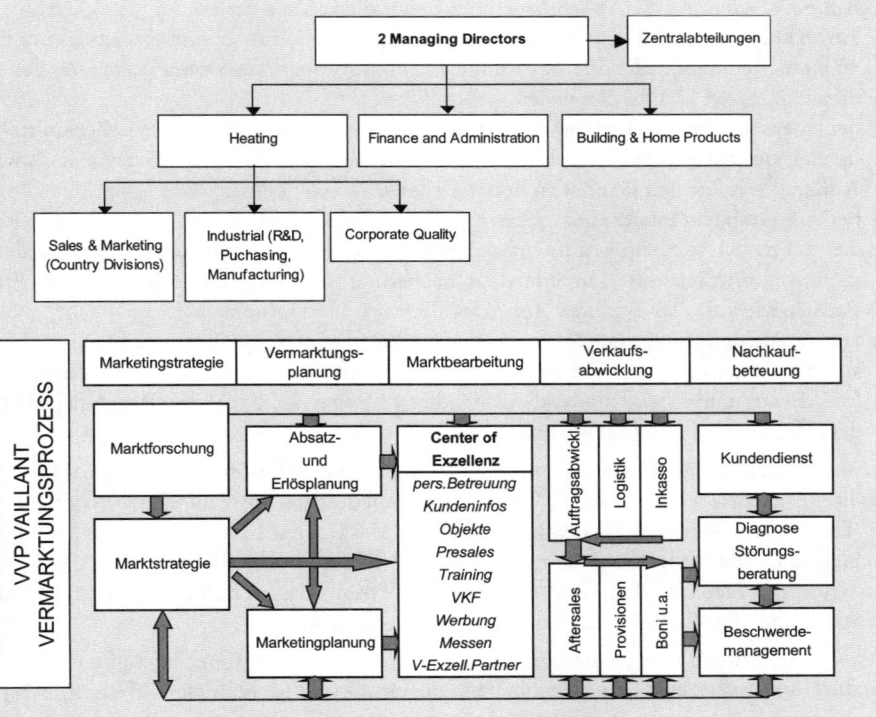

Abb. 33: Erfolgsfaktoren im Vertrieb verkaufsstarker Unternehmen
(Beispiel Vaillant)

Verkaufsorganisation eingebunden sind. In der Literatur wird gar nicht genug gewürdigt, welche Anstrengungen die Verkaufsorganisationen der Hersteller in vielen Branchen unternehmen, um ihre Vertriebspartner (Zwischenhändler) zu motivieren, zu unterstützen oder zu steuern. Der folgende Abschnitt geht auf die organisatorischen (institutionellen) Aspekte dieser Vertriebspartner näher ein.

i.) Vertriebspartner: Handelsvertretungen, Einzel- und Fachhandel, Distributoren und Fachhandwerk

Lediglich in hochspezialisierten BtoB-Märkten operieren die Unternehmen heute allein mit angestellten Mitarbeitern bzw. eigenen Niederlassungen oder Tochtergesellschaften – ausgenommen die Vertriebstätigkeit in „fernen oder exotischen" Ländern, in denen das Verkaufen nur unter Mithilfe inländischer Absatzmittler oder -helfer funktioniert. Der Blick auf eine Vertriebsorganisation muss also auch die externen Verkaufs- und Servicepartner erfassen, die zu suchen, zu führen und zu bewerten sind. Dieser Abschnitt behandelt zunächst die institutionellen Grundlagen. Der Frage der Führung unterschiedlicher Partner innerhalb von verschiedenartigen Vertriebskanälen wird im 9. Kapitel behandelt.

Die Einschaltung von Vertriebspartnern ist in vielen Märkten üblich bzw. eine bewährte Form zur Vertriebswegegestaltung

(1) zur **Unterstützung der eigenen Verkaufstätigkeit parallel** zu eigenen Außendienstmitarbeitern (z.B. durch Wiederverkäufer, die innerhalb von Außendienstbezirken Kleinabnehmer bedienen, während die Außendienstmitarbeiter die OEM's betreuen),

(2) zur **exklusiven Übertragung der Verkaufstätigkeit** an Händler mit Gebietsschutz in ausgewählten Regionen oder für bestimmte Produktgruppen, also ohne flankierenden Außendienst in diesen Handelsbereichen,

(3) bei einem totalen **Verzicht auf den Endverbraucher-Verkauf**, (Bsp.: der Lebensmittel-Einzelhandel, der für die Markenartikelhersteller die Verbraucher am POS bedient), so dass der Außendienst nur den Handel zu betreuen hat,

(4) bei **vollständigem Ersatz einer eigenen Außendienstorganisation**, z.B. Betreuung der Händler durch Handelsvertretungen in einer Umsatzgrößenordnung, die keine eigene Außendienstorganisation trägt; oder zur schnellen Eroberung internationaler Märkte durch Franchise-Partner wie z.B. *Der Teeladen, Ihr Platz, Eismann, Yves Rocher,*

(5) zur **Veredelung des eigenen Verkaufs** durch Übertragung von Wartung und Service sowie von anderen, ergänzenden Dienstleistungen an spezialisierte Vertriebspartner oder Absatzhelfer (z.B. Ersatzteilhandel, Kundendiensthändler). Hierzu kann auch die **Regalpflege** beim Handel (Merchandising) gezählt werden.

Mit den Formen **Handelsvertretung, Handelsagent, Kommissionär, Handelsmakler, Vertragshändler, Franchisenehmer** können Unternehmen theoretisch aus zahlreichen Alternativen wählen. Theoretisch deshalb, weil sich in bestimmten Märken nur bestimmte Vertriebswegekonzeptionen bewährt haben. Abb. 34 veranschaulicht ein sehr komplexes Beispiel: die MB-Vertriebsorganisation von *DaimlerChryler* aus dem Jahr 2001. Besser lassen sich die Herausforderungen einer Steuerung von Vertriebspartnernetzen kaum aufzeigen!

Die folgenden Ausführungen beschränken sich auf die am häufigsten eingesetzten Vertriebspartner, die **Handelsvertreter** (Absatzhelfer) und die **Groß- und Fachhändler** (Absatzmittler) (vgl. zu den weiteren Formen z.B. *Pepels* 1998, S. 533ff.). Aufgezeigt werden nur die wichtigsten konstitutiven Elemente.

DIE MB-VERTRIEBSORGANISATION VON DAIMLER/CHRYSLER				
AUSLAND / MB-VERTRIEBSORGANISATION (RETAIL)		**DEUTSCHLAND**	
Vertriebsgesellschaften (Market Performance Center)	23	Vertragswerkstätten / Betriebe	631
Produktionsgesellschaften mit Vertriebsfunktion	6	Vertreter mit Betrieben	442
Generalvertretungen / Vertretungen	170	Chrysler/Jeep Händlerstützpunkte	240
mit Aktivitäten in weltweiten Stützpunkten	**6.200**	Niederlassungen / Betriebe	105
Diese können in 25 Kernländern differenziert werden in:		Großvertreter / Standorte	26
eigene Niederlassungen (Haupt- und Zweigbetriebe)	230		**1.444**
Vertragshändler (Haupt- und Zweigbetriebe)	3.330		
Vertragswerkstätten (Haupt- und Zweigbetriebe)	1.550		

Allein in Deutschland arbeiten rund 16.000 MitarbeiterInnen bei den herstellereigenen MB-Niederlassungen und rund 44.000 MitarbeiterInnen bei den MB-Vertragspartnern.

(angefertigt mit frdl. Unterstützung der DaimlerChrysler AG, Presse und Öffentlichkeitsarbeit)

Abb. 34: Die Vertriebsorganisation von DaimlerChrysler (2001)

Handelsvertretungen

Einer der vielen technischen Marktbereiche, die in der Praxis von großer Bedeutung sind, ist der der Technischen Gase. Das Marktvolumen beträgt 8 Mrd. Euro. Die Linde AG ist die Nr. 2 mit einem Marktanteil von 13 %. Jeder der führenden Anbieter hat 100.000 Kunden. Die Anbieter operieren in drei Vertriebskanälen: Verkauf über eigene Vertriebsstellen, Handelsvertreter und Wiederverkäufer (Händler). Allein in einem Gebiet wie Tschechien arbeitet Linde mit über 200 Handelsvertretern, die sich wiederum um die Händler kümmern.

Laut § 84 Abs. 1 und 2 HGB gilt als Handelsvertreter, „*... wer als selbständiger Gewerbetreibender ständig damit betraut ist, für einen anderen Unternehmer (Unternehmen) Geschäfte zu vermitteln oder in dessen Namen abzuschließen. Selbständig ist, wer im wesentlichen frei seine Tätigkeit gestalten und seine Arbeitszeit bestimmen kann.*" Ist das nicht der Fall, so greift trotz einer ausdrücklichen „Befreiung" vom Gesetz zur Bekämpfung der sog. **Scheinselbständigkeit** (§ 7 Abs. 4 Satz 2 SGS IV) eben dieses Gesetz, wenn mindestens 3 der 5 folgenden Kriterien zutreffen:

(1) Der Unternehmer (in diesem Fall der Handelsvertreter) beschäftigt regelmäßig keine sozialversicherungspflichtigen Arbeitnehmer.

(2) Der Unternehmer ist auf Dauer und im Wesentlichen nur für einen Auftraggeber tätig.

(3) Der Auftraggeber oder ein vergleichbares Unternehmen lässt gleichartige Tätigkeiten regelmäßig durch von ihm beschäftigte Arbeitnehmer verrichten.

(4) Die Tätigkeit hat nicht die typischen Merkmale unternehmerischen Handelns (z.B. wenn der Unternehmer keine wirtschaftlichen Chancen oder Risiken trägt, kein Firmenschild, kein Logo oder keine Geschäftsräume besitzt).

(5) Die Tätigkeit des Unternehmers entspricht dem äußeren Erscheinungsbild nach der Tätigkeit, die er zuvor als Arbeitnehmer bei seinem Auftraggeber ausgeführt hat.

Dieses Gesetz bedrängt den Berufsstand des Einfirmenvertreters ohne familienfremde, sozialversicherungspflichtige Mitarbeiter.

Handelsvertreter sind somit selbständige „Verkaufsmanager" für die vertretenen Firmen. Sie handeln jedoch üblicherweise für fremde Rechnung und in fremdem Namen. Deshalb gelten sie wissenschaftlich als Absatzhelfer. Die *Centralvereinigung Deutscher Wirtschaftsverbände für Handelsvermittlung und Vertrieb (CDH)* nennt gemäß Umsatzsteuerstatistik eine Zahl von mehr als 60.000 Handelsvertretungen, die laut Geschäftsbericht 2004 ca. 178 Mrd. Euro Geschäfte vermitteln sowie 5 Mrd. Euro Eigenumsatz erzielen (vgl. *www.cdh.de*). Handelsvertretungen beschäftigen nach der *CDH-Statistik 2002* im Durchschnitt 2,4 Vollzeit- und 1,6 Teilzeitbeschäftigte. 23 Prozent der Handelsvertretungen werden als Einzelfirma betrieben. 9,6 Prozent beschäftigen mehr als 6 Personen. Durchschnittlich betreut jede Handelsvertretung 4,5 Unternehmungen und kommt auf einen Warenumsatz in Höhe von rund 98 T Euro. Handelsvertreter fahren dafür 67.000 km pro Jahr. Die Einfirmenvertreter bilden mit 23 Prozent die Minderheit (vgl. zu den Daten die *CDH-Geschäftsberichte, www.cdh.de*). Eine Zahl lässt aufhorchen: 30 Prozent des inländischen Warenkonsums erfolgen unter Einschaltung von Handelsvertretungen (die sog. **Einschaltquote**). Und dann so wenig Beachtung in der Fachpresse? Trotz dieser Erfolgszahlen: Der Trend der wirtschaftlichen Strukturveränderungen läuft gegen die Handelsvertreter. Nach einer **Marktstudie Außendienst der Handelsdienst GmbH** im Jahr 2002 wollte jede dritte betroffene Unternehmung in den nächsten 5 Jahren Handelsvertretungen abbauen und stattdessen den eigenen Außendienst verstärken (vgl. den Hinweis in salesBusiness 7/2002, S. 28). Möglicherweise gibt ein Gegentrend Hoffnung: In nicht so beratungsintensiven Branchen tendieren die Unternehmen dazu, eigene Außendienste abzubauen.

Handelsvertretungen wirken auf folgenden Vertriebsstufen (mit Überschneidungen):

(1) Zu 54 Prozent operieren Handelsvertreter auf Großhandelsstufe. Sie betreuen dann den Einzelhandel oder das Fachhandwerk.

(2) 52 Prozent der Handelsvertretungen vermitteln ferner zwischen Hersteller und Großhandel

(3) wie auch zwischen Industrieunternehmen.

(4) 7 Prozent der Handelsvertretungen betreuen die Gastronomie

(5) und 15 Prozent beraten und vermitteln Geschäfte an öffentliche Institutionen.

Die Hinwendung zu geschäftlichen Abnehmern (Firmenkunden) ist Aufnahmevoraussetzung für die *CDH*. Hier liegt der entscheidende Unterschied zum Einzelhandel, der Endkunden versorgt. **Handelsvertretungen verkaufen also i.d.R. nicht an Privatkunden.** Das Einschalten von Handelsvertretungen ist in vielen Märkten eine Folge von gewachsenen **Branchenspielregeln**. Es wird von **(Vertriebs)Kulturen** gesprochen, die die Arbeitsteilung zwischen Lieferanten und Handelsvertretungen prägen (vgl. *Albers/Krafft,* ASW 7/1999, S. 72).

Generalvertretungen können zur Bearbeitung ihrer Gebiete **Untervertreter** einschalten. **Bezirksvertreter** haben Provisionsanspruch aus allen Geschäften, die in ihrem Gebiet getätigt werden. Bei **Alleinvertretern** ist zusätzlich die Tätigkeit Dritter im Vertriebsgebiet ausgeschlossen. Nach einer weiteren Unterscheidung führen **Vermittlungsvertretungen** lediglich die Kaufverhandlungen und leiten den Kaufvertrag dann an die vertretene Firma weiter. **Abschlussvertreter** haben das Recht und die Aufgabe, im Namen der vertretenen Firma die Geschäfte abzuschließen.

Die Rechte und Pflichten einer Handelsvertretung sind in jedem Fall in einem **Handelsvertretervertrag** zu regeln (vgl. HGB §§ 84–92c). Die Pflichten bestehen in der Vermittlung oder dem Abschluss von Geschäften und aus einer Auskunftspflicht gegenüber dem vertretenen Unternehmen. Zu den Rechten gehören Ansprüche auf Ausbildung, Verkaufsunterlagen, Provision, bestimmte Kündigungsfristen (nach 5 Jahren 6 Monate zum Schluss eines Kalendermonats), Entschädigung im Falle eines Wettbewerbsverbotes für die Dauer von zwei Jahren nach Beendigung des Vertretungsverhältnisses (**Wettbewerbsabrede**) und einen **Ausgleichsanspruch** (angemessene Entschädigung) nach § 89 HGB nach Beendigung des Vertragsverhältnisses. Die Unternehmen kooperieren mit Handelsvertretungen aus folgenden Motiven bzw. mit folgenden Zielen:

(1) Am Anfang stehen zunächst **Kostenüberlegungen**. Bis zu einer berechenbaren Umsatzschwelle ist es günstiger, zu einem niedrigen Fixum und dafür zu vergleichsweise höheren

Provisionen Handelsvertreter einzuschalten als Außendienstmitarbeiter (Reisende), für die höhere Fixgehälter dafür aber niedrigere Provisionen zu zahlen sind. Wohl jeder Student kennt die in diesem Zusammenhang oft dargestellte (simple) Break-Even-Analyse (vgl. *Weis* 2000, S. 77). Damit ist der Handelsvertretungseinsatz zunächst für Neugründungen und kleinere Firmen im BtoB-Bereich interessant, sofern nicht an Endverbraucher verkauft wird. Ab einer bestimmten Umsatzschwelle werden eigene Außendienstmitarbeiter in Betracht gezogen, da deren Gesamtkosten dann unter die der Handelsvertreter fallen und da diese als Angestellte weisungsgebunden und deshalb stringenter geführt werden können. Außerdem fürchten die Unternehmen ohne Außendienst, auf Dauer immer stärker in die Abhängigkeit vom Markt-Know-how der Handelsvertretung zu geraten.

(2) Gerade am Anfang einer Geschäftstätigkeit schätzen die Auftraggeber die **Markt- und Kundenkenntnisse** der Handelsvertreter. Der „geborene" Handelsvertreter ist ein „Beziehungskünstler". Hält er seinen Wissensvorsprung, dann bleibt er für die Reisenden des Auftraggebers eine echte Konkurrenz.

(3) In Märkten mit **Verbundnachfrage** – wenn es nicht sinnvoll ist, das eigene Angebot isoliert zu vertreiben – ist die Betriebsgrößenfrage allerdings von untergeordneter Bedeutung. Hier spielen Handelsvertretungen als Mehrfirmenvertretungen durch Angebotsbündelung (komplementäre Kombination von Vertretungen) einen **Sortimentsvorteil** aus. Die Handelsvertretung bietet ihren Kunden Sortimentsergänzungen oder sogar ein komplettes Sortiment aus einer Hand.

(4) Eine weitere Stärke von Handelsvertretungen kann im Erbringen von **Zusatzleistungen** liegen. Abb. 35 zeigt eine Rangfolge der in einer empirischen Erhebung am häufigsten genannten Zusatzleistungen (vgl. *Blettner/Knopp/Schmidt*, 1998, S. 20).

Andere Notwendigkeiten entstehen, wenn Vertriebspartnerschaften für den **Verkauf an Endverbraucher** angestrebt werden. Dann bieten sich Handelsbetriebe zur Vertriebsunterstützung an.

Freie Händler – Fachhandel – Fachhandwerk

Der freie Handel als Partner der Hersteller besitzt eine lange Kaufmannstradition. Auch die Betriebswirtschaftslehre ist in wesentlichen Teilen aus einer Handelsbetriebslehre hervorgegangen (Handelshochschulen, Nürnberger Schule). Eine strenge Abgrenzung wird zwischen **Groß-** und **Einzelhandel** vorgenommen. **Einzelhandel** betreibt,

(1) wer Waren auf eigene Rechnung anschafft und sie unverändert oder nach üblicher Be- oder Verarbeitung im Publikumsverkehr (offene Verkaufsstellen) in konsumadäquaten Mengen an Endverbraucher anbietet,

(2) wer Muster oder Proben zeigt, um Bestellungen zu erhalten

(3) oder Waren versendet, die nach Katalog, Proben oder Mustern bestellt wurden (Versandhandel).

Der **Großhandel** übernimmt die Aufgabe einer Vordistribution zur Versorgung von Einzelhandelsunternehmen, Weiterverarbeitern, gewerblichen Verbrauchern oder von behördlichen Großverbrauchern. Die Mengen übersteigen das, was üblicherweise zum Konsumieren benötigt wird. Kennzeichnend für den Handel ist das Tätigwerden

(1) als **zentrales Element des indirekten Vertriebs** (vgl. *Specht* 1998, S. 41), d.h. als **Warenverteilungs- und Verkaufsdrehscheibe** zwischen Herstellern und Endverbrauchern,

(2) als **Absatzmittler**, d.h. auf eigene Rechnung und in eigenem Namen.

In diesen letzten Punkten liegen die **Unterschiede zur Handelsvertretung**, wobei zu beachten ist, dass sich Handelsvertreter und Händler in einem Vertriebskanal keinesfalls ausschließen. Es

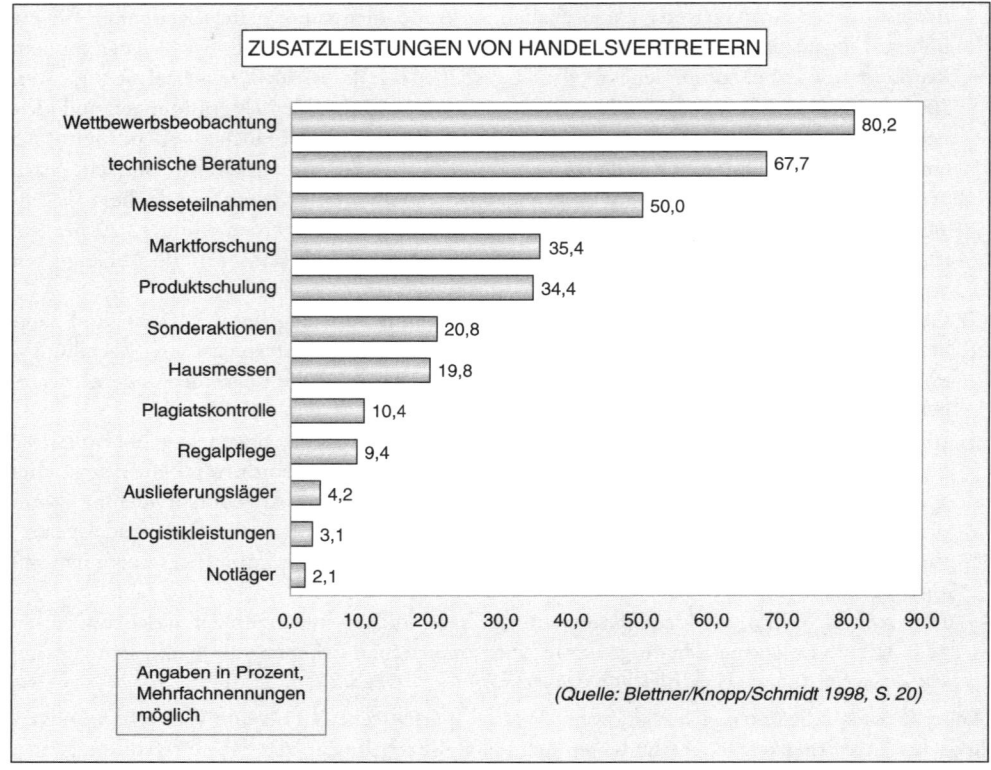

Abb. 35: Zusatzleistungen von Handelsvertretern

wurde bereits erwähnt, dass Handelsvertretungen in vielen Märkten im Auftrag der Hersteller den Fachhandel bedienen (z.B. im Textileinzelhandel).

Die Konsumgütermärkte werden von wenigen Handelskonzernen beherrscht. Auch im technischen Handel, vor allem als Service- und Reparaturspezialisten, hält der Handel eine starke Position. Zuweilen verschmelzen hier Handel und Handwerk. Die Institutionen und Tätigkeiten des Konsumgüterhandels werden in der klassischen Marketingliteratur im Rahmen der Distributionspolitik i.d.R. so umfassend behandelt, dass an dieser Stelle darauf verzichtet werden kann (vgl. z.B. *Oehme*, 1992; *Müller-Hagedorn* 1993 und 1998; *Haller* 1997). Es sollen jedoch noch einmal wichtige Funktionen betont werden, durch die der Handel die Hersteller bei der Marktbearbeitung unterstützt (in Anlehnung an *Oberparleiter* 1930):

- **Raumüberbrückungsfunktion**: Der Handel repräsentiert die Kompetenz und die Ware des Herstellers am POS. Der Standort des Herstellers stellt für seine Distributionskraft heute keine wesentliche Einflussgröße mehr dar. Zielgröße der Hersteller ist **Ubiquität** (Überall-Erhältlichkeit). Sie ist eine vertriebliche Voraussetzung zur Bildung von Markenkraft. Die **Transportfunktion** im Rahmen der Raumüberbrückung hat an Bedeutung verloren. Die Hersteller organisieren den Transport selbst oder bedienen sich logistischer oder leistungsergänzender Absatzhelfer (vgl. *Pepels* 1998, S. 536–538).
- **Zeitüberbrückungsfunktion**: Die Handelslager wirken wie Puffer für die Geld- und Warenströme der Hersteller. Die **Lagerhaltung** des Handels gleicht Nachfrageschwankungen aus

und ermöglicht dem Hersteller (theoretisch) eine **Verstetigung seiner Herstellungsprozesse.** Durch den vorgelagerten Verkauf in den Handel hinein bleibt das **Delkredererisiko** beim Handel.

- **Preisausgleichsfunktion:** Die Preispolitik des Handels harmonisiert die unterschiedlichen Image- und Qualitätslevel der Hersteller. Auf der einen Seite soll der Handel die Kontinuität der Preisniveaus sichern (sonst werden die Marken gefährdet), auf der anderen Seite sollen Aktionspreise den Abverkauf forcieren.
- **Quantitätsfunktion:** Im Zuge einer **Mengenumwandlungsfunktion** kauft der Handel in herstellergerechten Mengeneinheiten, um diese dann verbrauchergerecht aufzuteilen.
- **Qualitätsfunktion:** Durch die Qualitäts- oder auch Manipulationsfunktion sortiert, mischt, veredelt oder verpackt der Handel die Ware gemäß Kundenbedarf.
- **Sortimentsfunktion:** Aus der Vielfalt des Warenangebotes der Hersteller stellt der Handel endkundengerechte Sortimente zusammen.
- **Marketingfunktion:** Im Rahmen der Marketingfunktion sondiert der Handel die Kaufpotenziale, bereitet Markteinführungen vor, wirbt (für sich und) für die Herstellerprodukte in den regionalen Einzugsgebieten und informiert und berät die Verbraucher im Sinne der Hersteller.
- **Verkaufsfunktion:** Der Handel übernimmt für die Hersteller die Verkaufstätigkeiten am Point of Sale (POS).

Im Konsumgüterbereich liegt die Herausforderung für die Markenartikelhersteller darin, dass sie nicht nur in den Einkaufszentralen um das Listing und um die Rahmenverträge kämpfen müssen. Zusätzlich müssen sie dem Einzelhandel auch am Ort des Endverkaufs, also in deren Kompetenzbereich, umfangreiche Verkaufsunterstützungen und Serviceleistungen bieten. Und dies meist in einer Position, in der der Handel unter einem reichhaltigen Angebot ähnlicher Produkte wählen kann. So liegt für die Hersteller die Idee nahe, im Rahmen eines **vertikalen Marketing** selbst die Regie im Vertriebsweg zu übernehmen.

Exklusivhändler/Vertragshändler und Sonderformen

Der Hauptgrund für den Vertrieb über Distributoren beruht auf der Tatsache, dass es Texas Instruments nicht oder nur unter unverhältnismäßig großem Aufwand möglich wäre, sämtliche Kunden als Direktkunden zu betreuen. Es ließe sich zwar im Direktvertrieb ein höherer Preis für die Produkte erzielen, als dies im Vertrieb mit Distributoren möglich ist; gleichzeitig wäre jedoch ein großer Stamm an Vertriebspersonal notwendig, um diese Vielzahl von Direktkunden zu betreuen. Weiterhin benötigt man im Halbleiterverkauf die technische Unterstützung in Form von Trainings oder die Versorgung mit Datenmaterial. Auch diese Anforderung wiederum führt zu einem zu hohen Personalaufwand, denn jeder Kunde müsste einzeln unterstützt werden. (Internes Papier von Texas Instruments Deutschland GmbH)

Die Vertragshändler der Automobilhersteller (**Vertragshändlersysteme**), die Depots der Kaffeeröster oder Kosmetikhersteller (**Depothandel**), die Tankstellen der Mineralölgesellschaften oder die Agenturen von Versandhausunternehmen (**Agenturhandel**) kennzeichnen Systeme, in denen die Partner zwar rechtlich selbständig bleiben, durch ausgefeilte Verträge jedoch fest in die Vertriebsstrategie des Herstellers eingebunden sind (vgl. zu den Händlerbindungen *Bonart* 1999, S. 105–119).

Alleinvertriebssysteme (Händler kann an Wiederverkäufer weiterverkaufen) und **Vertragshändlersysteme** beruhen auf dem Konzept des **selektiven Vertriebs.** Ein Hersteller legt qualitative und quantitative Auswahlkriterien für mögliche Vertriebspartner fest und wählt die ihm am besten geeigneten aus. Er kann die Gewährung eines Händlervertrages an Verkaufs- und Leistungsauflagen knüpfen und gleich geeignete Kandidaten ausschließen und dadurch wettbewerbsmäßig benachteiligen. Diese wettbewerbsbeschränkende Vorgehensweise steht nicht im Einklang mit

Artikel 81 des EU-Vertrages, der jede Art von Wettbewerbsbeschränkung im Handel innerhalb der europäischen Gemeinschaft untersagt. Dazu gehören vor allem die von der Automobilindustrie praktizierten vertikalen Vertriebsbindungen. Durch **Gruppenfreistellungsverordnung** (GVO 123/85 und 1475/95 v. 28.6.95) wurde die Automobilindustrie bis zum Jahr 2002 von den Einschränkungen des Art. 81 freigestellt (vgl. *Dudenhöffer*, ASW Sondernummer 10/1997, S. 122–130). Diese Frist nutzten die Hersteller, um die Reorganisation ihrer Vertriebsnetze voranzutreiben. Dass eine Reorganisation im KFZ-Handel notwendig wird, belegt der folgende Sachverhalt:

In Deutschland setzen jährlich ca. 28.000 Händler 4 Mio. Fahrzeuge ab. In USA verkauften im Jahr 2000 ca. 20.000 Händler 15,3 Mio. Fahrzeuge (vgl. Wolters, Technischer Vertrieb 2/1999, S. 19). In Deutschland verkauft ein Autohaus jährlich ca. 135 Neuwagen. In England sind es 395 und in den USA 780.

Abb. 36 veranschaulicht die bisherigen vertrieblichen Bindungen der Vertragshändler auf vier Säulen, die unverändert im Interesse der Hersteller stehen. Diese langjährigen Machtoptionen der Hersteller sind allerdings durch eine **Neugestaltung der GVO** ab 1.10.2002 mit einer Übergangsfrist von einem Jahr und einer Laufzeit bis zum 31.5.2010 gelockert worden. Die Automobilhändler erhalten mehr Freiheiten gegenüber den Herstellern, und der Wettbewerb im Service- und Ersatzteilgeschäft wird härter. Im einzelnen ergeben sich für Hersteller und Vertragshandel folgende vertriebsrelevante Änderungen (vgl. *Dietz*, ASW 9/2002, S. 52–55):

(1) Wenn ein Hersteller einem Händler Gebietsschutz (Exklusivrecht) einräumt, dann kann er diesem den Verkauf an nichtautorisierte Wiederverkäufer nicht mehr verbieten. Die Macht der Exklusivhändler wird dadurch gestärkt.

(2) Die Alternative des selektiven Vertriebs bleibt. Danach kann der Hersteller einem Vertragshändler den Weiterverkauf zwar untersagen, er kann ihm aber nicht mehr verbieten, im europäischen Wirtschaftsraum eigene Verkaufsniederlassungen oder Auslieferungslager einzurichten. Der Wettbewerb über die Grenzen wird sich verschärfen. Preisunterschiede über die Landesgrenzen sollen sich dadurch zum Vorteil der Käufer ausgleichen.

(3) Seit Oktober 2003 dürfen Händler in ihren Verkaufsräumen mehrere Marken anbieten. Die Hersteller dürfen lediglich optische Separierungen im Schauraum verlangen, damit die spezifischen Markenauftritte gewahrt bleiben. Dennoch werden Markenidentitäten geschwächt.

Abb. 36: Die traditionellen 4 Säulen der Vertragshändlersysteme

(4) Herstellerunabhängige Leasinggesellschaften müssen in Bezug auf Rabattgewährung Endverbrauchern gleichgestellt werden. Wegen der im Vergleich zum Händlerdurchschnitt höheren Abnahmemengen sind höhere Rabatte als die gängigen Händlerrabatte möglich. Das Leasinggeschäft tritt in einen noch schärferen Wettbewerb zu den Vertragshändlern.

(5) Bislang konnte ein Hersteller einen Vertragshändler auch zum Servicegeschäft zwingen. Seit Oktober 2003 kann der Händler den Service an eine andere autorisierte Werkstatt delegieren.

(6) Umgekehrt kann eine Servicewerkstatt nicht mehr zum Neuwagenverkauf gezwungen werden.

(7) Eine Selektion von Werkstätten ist nicht mehr möglich. Jede Servicewerkstatt, die die Servicestandards erfüllt, muss als Vertragswerkstatt zugelassen werden.

(8) Das Monopol der Hersteller für den Vertrieb von Originalersatzteilen entfällt. Seit Oktober 2003 können auch Teilehersteller Ersatzteile mit Garantieanspruch vertreiben. Der Teilelieferant muss allerdings Lieferant im Erstausrüstergeschäft bei dem Hersteller sein, und die Ersatzteile müssen auf den gleichen Anlagen gefertigt werden wie die Erstausrüsterteile.

(9) Letztlich möchte die EU-Binnenmarktkommission auch den Designschutz der großen Automobilhersteller für sichtbare Autoteile zu Fall bringen. Derzeit erwirtschaften die Automobilkonzerne ca. 40 Prozent ihres Reingewinns mit Ersatzeilen; bei einem Marktvolumen von Ersatzteilen von 10 Mrd. Euro. Bei einer Liberalisierung der Autoteile werden Preisreduktionen zwischen 6 und 10 Prozent erwartet. Mit erheblichen vertrieblichen Auswirkungen ist zu rechnen.

Folgende Konsequenzen werden erwartet:

(1) Die im europäischen Wirtschaftsraum noch herrschenden Preisdifferenzen in einer Größenordnung von 20 bis 40 Prozent werden nivelliert.

(2) Nicht alle Effekte wirken sich zum Vorteil der Verbraucher aus. *Dietz* rechnet insgesamt mit Kostenerhöhungen pro Fahrzeug in einer Größenordnung von 350 Euro (vgl. *Dietz*, ASW 9/2002, S. 54).

(3) Die Händler werden zukünftig noch stärker nach Leistungsumfang und -qualität selektiert. Der Trend geht zum **großen Vertragshändler**.

(4) Die mehrstufigen Netze mit A- und B-Händlern werden auf **additive Netze** umgestellt. Auf der einen Seite stehen **Verkaufshändler**: das **Erlebnisautohaus** in verkehrsgünstiger Lage, mit Neu- und Gebrauchtwagenverkauf, Beratung und Finanzdienstleistungen. Auf der anderen Seite werden sich am Stadtrand **Servicehändler** installieren (nicht mehr die Werkstatt um die Ecke), die dann auch nicht mehr an eine Automarke gebunden sind. Neue Betriebsformen im Handel sind denkbar.

(5) Die Hersteller werden verstärkt Vorwärtsintegration betreiben und ihre Marktmacht durch werkseigene Niederlassungen (*BMW, DaimlerChrysler*) oder durch Agentursysteme (*DaimlerChrysler, VW* beim Vertrieb des *Phaeton*) zu sichern suchen.

(6) Die Konditionen werden von Universalmarge auf Leistungsmarge umgestellt. Zukünftig werden die Händler auch nach den Erfolgsfaktoren **Kundenzufriedenheit, Marktausschöpfung** und **Autohausprofil** (Image in Konformität mit dem Herstellerimage) bewertet. Umgekehrt werden die Hersteller Händlerzufriedenheiten bewerten, um fehlende Marktmacht durch eine stärkere Loyalität der Vertriebspartner wettmachen zu können.

(7) Der Autokauf wird sich auch stärker in Richtung **Internet** verlagern. Die Hersteller werden zumindest in der Phase der Verkaufsvorbereitung in Kontakt mit den Endkunden treten wollen. Unter *www.mercedes.de* hat man in wenigen Sekunden einen Überblick über sämtliche Gebrauchtwagenbestände von *DaimlerChrysler* in Deutschland. Hersteller und Handel müssen ihre **Webauftritte koordinieren (Händler integrieren sich in Hersteller-Portale).** Wer

als Händler im Spiel bleibt, gliedert sich in ein **Multi Channel Marketing** des Herstellers ein (s. 9. Kapitel).

In der Folge setzt sich die dramatische **Konsolidierung der Händlernetze** fort. Bereits 2001 verschwanden 1.100 Vertragsbetriebe. Und die Zahl der deutschen Vertragshändler wird weiter sinken, von ca. 17.000 auf voraussichtlich 8.000 im Jahr 2010 (vgl. *Dietz*, ASW 9/2002, S. 54). Vor dem Hintergrund der GVO-Neuregelung stehen erhebliche vertriebliche Umwälzungen an. Der *VW-Konzern* hatte z.B. allen 8.500 Vertragshändlern wegen der neuen EU-Vorgaben zum 30.9.2003 gekündigt, um freie Hand für eine neue Vertriebswegestrategie zu bekommen. Im Zusammenhang mit der VW-Absatzkrise Ende 2004 waren sicher weitere Schnitte notwendig.

Inhaltlich bewegen sich die Vertragshändlersysteme auch in Richtung **Franchising**. Deshalb gilt für eine Gegenüberstellung der Vor- und Nachteile von Vertragshändlersystemen in wesentlichen Punkten auch die Abb. 37.

Franchise-Systempartner

Beim Franchising wird die **Abhängigkeit des Franchise-Partners** vom Franchise-Geber so groß, dass sich fast schon das Selbstverständnis eigener Mitarbeiter einstellt. Franchising ist die **engste Form der Vertriebspartnerbindung** innerhalb des vertikalen Marketing.

> ➡ *„Franchising ist ein vertikal-kooperativ organisiertes Absatzsystem rechtlich selbständiger Unternehmen auf der Basis eines vertraglichen Dauerschuldverhältnisses. Diese System tritt am Markt einheitlich auf und wird geprägt durch das arbeitsteilige Leistungsprogramm der Systempartner, sowie durch ein Weisungs- und Kontrollsystem zur Sicherstellung eines systemkonformen Verhaltens.*
> ➡ *Das Leistungsprogramm des Franchise-Gebers ist das Franchise-Paket. Es besteht aus einem Beschaffungs-, Absatz-, und Organisationskonzept, dem Nutzungsrecht des Franchisegebers, den Franchisenehmer aktiv und laufend zu unterstützen und das Konzept ständig weiterzuentwickeln.*
> ➡ *Der Franchisenehmer ist im eigenen Namen und auf eigene Rechnung tätig; er hat das Recht und die Pflicht, das Franchise-Paket gegen Entgelt zu nutzen. Als Leistungsbeitrag liefert er Arbeit, Kapital und Informationen.“*
> Offizielle Definition des Begriffs „Franchising“ vom *Deutschen Franchise Verband* e.V. (DFV), München

Der Franchise-Nehmer „kauft“ das Recht (besser: die Pflicht) zu einer Beteiligung am Marktauftritt und einer Nutzung des Vertriebskonzeptes des Herstellers bzw. des Anbieters einer Dienstleistungskonzeption. Im 17. und 18. Jahrhundert verstand man unter Franchising die Einräumung von Privilegien an Dritte durch den Staat gegen Entgelt. Später wurde Franchising zur Vertriebsmethode mit bestimmten Merkmalen (vgl. *Skaupy* 1995, S. 2). 1863 entstand das erste Vertriebssystem für Nähmaschinen durch *Isaac Merrit Singer*. *Snap on tools*, *Coca Cola* oder *McDonald's* sind bekannte Namen, die folgten. Diese Verbindung einer Marketing- mit einer Vertriebskonzeption setzt sich in den Weltmärkten immer mehr durch. Knapp 25.000 *McDonald's* Restaurants existieren heute weltweit, davon über 900 in Deutschland, von denen über 500 nach dem Franchise-Modell betrieben werden (*www.mcdonalds.de*). 22 Mrd. Euro setzte die deutsche Franchise-Wirtschaft 1998 mit 1.115 Systemen, ca. 36.000 Franchise-Nehmern und rund 330.000 Mitarbeitern um (Quelle: *DVF* e.V.).

Auch für bestimmte Franchising-Verträge gelten nach GVO Nr. 4087/88 Freistellungen vom Wettbewerbsartikel 85, Abs. 3 des EWGV. Zukünftig wird wohl an die Stelle eigenständiger Gruppenfreistellungsverordnungen für Franchising, Alleinbezug und Alleinvertrieb nur noch eine Gruppenfreistellung für alle vertikalen Beschränkungen vom Wettbewerb treten. Keine Freistellungen sind bei schwachem Marktwettbewerb bzw. bei starker Marktmacht von Franchise-Gebern zu erwarten. Bezüglich der Vertriebsstrategie ist damit zu rechnen, dass es zukünftig wohl jedem Franchise-Nehmer erlaubt sein wird, auch außerhalb seines Vertragsgebietes zu verkaufen und aktives Marketing zu betreiben. Hinsichtlich weiterer Veränderungen kann auf *Dünisch* verwiesen werden (vgl. *Dünisch* 1999, S. 30–36).

Drei **Arten von Franchising** werden unterschieden. Nur bei einem steht allein der Vertrieb im Fokus (vgl. *Skaupy* 1995, S. 30 ff.):

(1) **Vertriebs-Franchising** kommt in fast allen Bereichen des Handels vor und kann sowohl von Großhändlern wie auch von Herstellern ausgehen. Mit dem Verkaufsrecht wird das Marketingkonzept übernommen. Bsp.: *Fielmann*.

(2) **Dienstleistungs-Franchising** bezieht sich auf die Ausgestaltung und den Verkauf von Diensten. Bsp: *Holidy Inn, Portas, Sunpoint*.

(3) **Produkt-Franchising:** Diese Form umfasst auch die Erzeugung oder Veredelung einer Ware. Bsp.: *Coca Cola*.

Aus der Sicht des Vertriebs ist es von wesentlichem Vorteil, dass die Franchise-Nehmer von vorne herein darauf eingestellt sind, sich der Marketing- und Verkaufskonzeption des Konzeptgebers anzuschließen. In der Zusammenarbeit zwischen Hersteller und Handel im klassischen indirekten Vertrieb enthält die Abgrenzung von Hersteller- und Handelsmarketing ja immer wieder Zündstoff. Franchise ist also für alle Betriebsformen ein geeigneter Ansatz, um sich aus der Abhängigkeit von fremden Absatzmitteln zu lösen. Franchise zwingt allerdings den Hersteller zu einer überzeugenden Geschäftskonzeption, bevor er um Franchise-Nehmer wirbt. Aber auch bei eigenem Vertrieb sollte wohl die Vermarktungskonzeption vor Markteinführung stimmen! Abb. 37 stellt die Vor- und Nachteile von Franchising gegenüber.

In Konsumgüter- und Dienstleistungsmärkten haben sich Franchise-Systeme gut bewährt, wenn die Zielsetzung lautet, **standardisierte Leistungsprogramme und Marktauftritte** international ohne eigenen Verkauf durchzusetzen (obwohl die Franchise-Hotelketten oder *McDonald's* zusätzlich auch eigene Häuser führen). Im technischen Geschäft und vor allem in BtoB-Märkten hat sich diese Art der Marketing- und Vertriebspartnerschaft noch nicht etablieren können.

Die Möglichkeiten und Grenzen, die externe Vertriebspartner den Herstellern heute bieten, sind eigentlich allseits bekannt. Neuartig sind allerdings Forderungen von Kundenseite, von unterschiedlichen Vertriebswegen und -partnern wie aus einer Hand bedient zu werden und selbst über die Form der Kontaktaufnahme zu den möglichen Lieferanten zu entscheiden. Dieser speziellen Problematik eines **Multikanalvertriebs** ist das 9. Kapitel dieses Buches gewidmet. Abb. 38 liefert abschließend einen Überblick über die Verteilung vertrieblicher Organisationsformen im internationalen Geschäft (vgl. *Hanser/Hartmann/Puhlmann*, ASW 10/1998, S. 58–61). Den Zahlen liegt eine Befragung von *Droege und Partner* zugrunde, die allerdings nicht nach Branchen unterscheidet. Auch sind Mehrfachnennungen zu beachten. Während in klassischen Marketinglehrbüchern üblicherweise die Händler als Distributionsorgane in den Vordergrund gestellt werden, zeigt sich hier die Realität der Industriepraxis: Es dominiert der Vertrieb mit eigenen Verkaufsorganisationen.

Nachdem über die Vertriebsorganisation und die Einschaltung von Vertriebspartnern entschieden ist, kann die Feinbestimmung der eigenen Außendienststärke vorgenommen werden.

VOR- UND NACHTEILE EINES FRANCHISE-SYSTEMS	
Vorteile für den Franchise-Geber im Vergleich zum eigenen Niederlassungsnetz	**Vorteile für den Franchise-Nehmer im Vergleich zum eigenen Handelsgeschäft**
• Schnellere Expansion bei dynamischen Partnern • Fixkostenaufbau auf Seiten der Franchise-Nehmer • Konkursrisiko auf Vertriebspartner verlagert • Keine Haftung für Fremdkapital der Partner • Umsatzabhängige Einnahmen	• Schnellerer Weg in die Selbstständigkeit • Geringeres Geschäftsrisiko • Profitieren vom Image des Franchise-Gebers • Übernahme einer bewährten Marketingkonzeption • Attraktivität bei Lieferanten • Unterstützung und Beratung • Laufende Schulung • Finanzierungshilfen • Franchisegebühren sind variable Kosten
Wesentliche Nachteile	**Wesentliche Nachteile**
• Geringe Durchgriffsrechte auf Verkaufspersonal • Aufwendigere Kontrolle des Gesamtsystems • Erfolg hängt von Partnerqualität ab • Schlechte Partner schaden dem eigenen Image • Häufig Mitbestimmung der Partner • Geringere Flexibilität • Eingeschränkte Bildung von Markt-Know-how	• Erfolg hängt stark vom Herstellerimage ab • Hohe Abhängigkeit vom Franchise-Geber • Weniger Freiheiten bei der Marktstrategie • Geringere Flexibilität • Zwang zur Standardisierung • Abhängigkeit vom Erfolg des Herstellers • Oft hohe Einstiegskosten/Gebühren
(Quelle: Winkelmann 2002, S. 384)	

Abb. 37: Vor- und Nachteile von Franchise-Systemen aus Hersteller- und Franchisenehmer-Sicht

ÜBERBLICK ÜBER INTERNATIONALE VERTRIEBSORGANISATIONEN											
	Westeuropa		Nordamerika		Osteuropa		Südamerika		Asien		GESAMT	
autarke Vertriebsgesellschaften	43	30,5%	24	36,4%	19	20,4%	13	21,7%	22	17,6%	121	24,9%
Verkaufsbüros / Regionalbüros	25	17,7%	10	15,2%	17	18,3%	8	13,3%	21	16,8%	81	16,7%
Direktvertrieb vom Stammhaus	20	14,2%	7	10,6%	12	12,9%	7	11,7%	16	12,8%	62	12,8%
Außendienst – Heimbüros	21	14,9%	6	9,1%	10	10,8%	5	8,3%	14	11,2%	56	11,5%
eigene Organisation	*109*	*77,3%*	*47*	*71,2%*	*58*	*62,4%*	*33*	*55,0%*	*73*	*58,4%*	*320*	*66,0%*
Vertriebs-Joint-Ventures	4	2,8%	6	9,1%	9	9,7%	5	8,3%	15	12,0%	39	8,0%
Handelsvertretungen	18	12,8%	7	10,6%	17	18,3%	14	23,3%	20	16,0%	76	15,7%
Fremdvertretungen	10	7,1%	6	9,1%	9	9,7%	8	13,3%	17	13,6%	50	10,3%
Nennungen gesamt	141		66		93		60		125		485	
(Quelle: asw/Droege & Comp. 1998, in: Hanser/Hartmann/Puhlmann, ASW 10/1998, S. 58)												

Abb. 38: Überblick über internationale Vertriebsorganisationen

j.) Bestimmung der Außendienststärke

„Die Außendienste sind häufig unterdimensioniert. Das ist deshalb ein großes Problem, weil gerade bei Investitionsgütern wichtige Kunden über die ganze Nation verstreut sind." (Krafft, salesprofi 1/2000, S. 19)

Nach der 2000er Auswertung des *VIP-Panels* an der *WHU Koblenz* betreuen 27,6 % der Außendienstmitarbeiter im Investitionsgüterbereich im Durchschnitt bis zu 30 Kunden. Diesen stehen 30,9 % mit mehr als 120 Kunden gegenüber (vgl. *Krafft* u.a., VIP-2000, S. 31). Wenn dann nicht scharfe Prioritäten durch eine konsequente Kundenqualifizierung gesetzt sind (s. Abschnitt 7.2.), wird die **Qualität der Kundenbeziehung** leiden. Noch dramatischer sieht die Betreuungsbelastung in der Flächendistribution der Konsum- und Gebrauchsgüterhersteller aus. Oft bleiben für einen Reisenden bei einem Supermarkt-Besuch inklusive Regalservice nur noch ca. 15 Minuten. In diesen Anmerkungen klingt eine zentrale Problematik durch:

> ➡ Die **optimale Stärke einer Außendienstmannschaft** (+ Innendienstunterstützung) ergibt sich aus einem **Kompromiss zwischen Kunden- und Kostenorientierung.** Dieser lässt sich nur erreichen, wenn im Rahmen einer Kundenqualifizierung Prioritäten für Kundengruppen und deren Betreuungsintensitäten (insbes. für die Anzahl der Kundenbesuche) gesetzt sind. Die optimale Außendienststärke liegt dann bei der geringstmöglichen Anzahl von Außendienstmitarbeitern, mit denen diese Betreuungsanforderungen gerade erfüllt werden.
>
> ➡ Das **Dilemma der Außendienstbestimmung** liegt darin, dass die Verkaufsregion, Anzahl der Kunden und Anzahl der Kundenbetreuer variable Größen sind (solange Region und Kundenzahl nicht fixiert sind) und Umsatz und Ergebnis wiederum Funktionen der Außendienststärke. Im theoretisch-betriebswirtschaftlichen Ansatz könnten also so lange zusätzliche Außendienstmitarbeiter eingestellt werden, solange diese zusätzliche, positive Gewinnbeiträge bringen.
>
> ➡ Eine **Außendienststärke** lässt sich nur im Verbund mit einer **Gebietsoptimierung** und einer **Tourenplanung** sinnvoll optimieren. Werden Gebiete und/oder Besuchstouren nicht optimiert, so sind Ineffizienzen mit erhöhten Vertriebskosten unausweichlich die Folge. Anders herum: Ist eine Außendienststärke fixiert, lassen sich Gebiete und Touren auf diese Nebenbedingung hin ausrichten. So können das betriebswirtschaftliche Maximum- und Minimumprinzip auf die Fragestellung der Außendienstoptimierung übertragen werden.

Derart detaillierte Optimierungsüberlegungen sind in der Praxis kaum anzutreffen. Für die Vertriebsleitung sind zunächst folgende **Ausgangsfragen** im Zusammenhang mit der Personalfrage typisch:

- **Regionale Ausweitung:** Der Verkauf soll in neue regionale Märkte eindringen (Markterweiterung im Sinne *Ansoffs*). In der Region gibt es Interessenten und evtl. auch schon Kunden. Zielpotenziale lassen sich abschätzen. Wie viele Außendienstmitarbeiter sind in dem neuen Markt einzusetzen?
- **Stärkere Marktdurchdringung:** Eine Vertriebsregion und/oder ein Verkaufsprogramm hatte bislang keine Priorität und wurde „nebenbei" bearbeitet. Jetzt will man diesen Markt verstärkt (aggressiv) durchdringen. In welchem Maße soll der Außendienst aufgestockt werden?
- **Kostenklemme:** Verkaufsgebiete und Kundenpotenziale sind fixiert, Außendienststrukturen historisch gewachsen. Vor dem Hintergrund weiter steigender Vertriebskosten, einem unaufhaltsamen Preisverfall bei den angebotenen Leistungen sowie neu aufkommender Verkaufsmethoden mit Rationalisierungspotenzial (Call-Center, eCommerce) wird über eine Reduzierung der Verkäuferzahl nachgedacht. Wie weit kann die Außendienststärke reduziert werden, ohne dass Großkunden und wichtige mittelgroße Kunden gefährdet werden, d.h. ohne Einbußen der Beziehungsqualitäten?
- **Firmenübernahme:** Nach Übernahme eines Wettbewerbers möchte der Aufkäufer in den Verkaufsgebieten (VKB) die parallel arbeitenden Außendienstorganisationen zusammenführen. Wie hoch ist der Rationalisierungseffekt?

Im folgenden sollen die ersten beiden Fälle betrachtet werden. Eine Verkaufsregion ist vergeben. Kunden und Interessenten lassen sich nach Anzahl und Potenzial sinnvoll abschätzen.

Potenzialverfahren

Das Potenzialverfahren beruht auf einem **Gleichartigkeitspostulat**: Verkaufsgebiete werden so eingeteilt, dass sie nach Ist-Umsatz, Potenzial, Anzahl der Kunden oder Flächengröße vergleichbar sind (vgl. *Albers/Skiera*, HBM 5/1998, S.17). Abb.39 zeigt die gängigen Ansätze. Am bekanntesten ist das **Umsatzpotenzialverfahren** (vgl. *Goehrmann* 1984, S.59–61; *Weis* 2000, S.341–344; *Winkelmann* 2000b, S.218–221) Den Ausgangspunkt bilden Erfahrungswerte (Daumenregeln) oder Zielvorgaben an die Außendienstmitarbeiter für die zu übernehmende Umsatzverantwortung. Man teilt einen gesamten Jahresumsatz von beispielsweise 60 Mio. Euro durch eine verkäuferische Zielvorgabe von 6 Mio. Euro. Im einfachsten Fall werden den 10 Außendienstmitarbeitern dann nach Landkarte gleich große Verkaufsgebiete zugeteilt, in der Hoffnung, dass die Verkaufsgebiete (VKB) umsatzmäßig die Zielvorgaben „hergeben". Außendienstmitarbeiter mit potenzialstärkeren Gebieten werden höhere Provisionen erreichen. Außendienstmitarbeiter in z.B. ländlichen Gebieten werden bestraft. Nach einer Studie der *Absatzwirtschaft* gingen 50 Prozent der befragten 107 Unternehmen nach dem Potenzialverfahren vor (vgl. *Krafft*, ASW 10/1996, S.44).

Wird es beim Stand der oben errechneten 10 Außendienstmitarbeiter bleiben, dann können erhebliche Strukturunterschiede für die Arbeit der Verkäufer in den Regionen die Folge sein (vgl. *Schimmel-Schloo* 1994, S.60). Diese entstehen durch:

- Strukturunterschiede bei der **Anzahl der Kunden** in den Regionen,
- Strukturunterschiede bei den **Potenzialen der Kunden** (im Extremfall erreicht ein Außen-

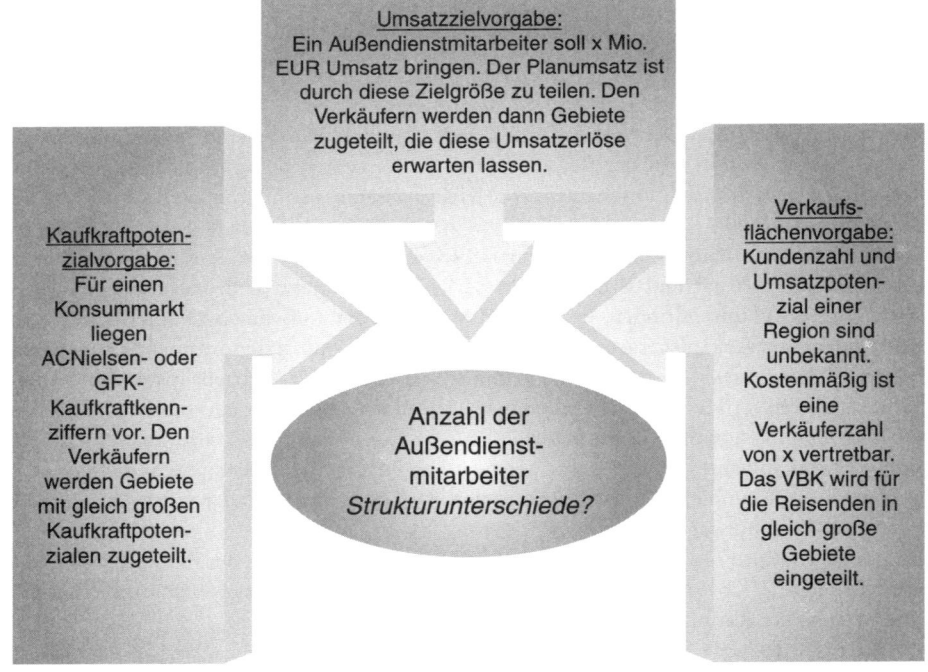

Abb. 39: Ansätze des Potenzialverfahrens

dienstmitarbeiter seine gesamte Umsatzvorgabe mit einem Großkunden, während der Kollege im Nachbarbezirk nur auf Kleinkunden stößt),

- Strukturunterschiede bei den **Anfahrten zu den Kunden** (im Extremfall erreicht ein Außendienstmitarbeiter alle Kunden seines Gebietes in einer Ballungsregion, während der Kollege im Nachbargebiet jeden noch so kleinen Ort anfahren muss).

Schwer wiegt auch die Gefahr, dass in einem VKB zwar ein ausreichendes Umsatzpotenzial vorhanden ist, die Kundenanzahl aber so hoch liegt, dass der Verkäufer keine Chance hat, alle Kunden kompetent und zufriedenstellend zu betreuen. Möglicherweise kann er sogar die vorgegebenen Besuchszahlen nicht erreichen. Unabhängig von den ungeliebten Rechtfertigungszwängen wird sich dieser Strukturnachteil auch in seiner Erfolgsprovision niederschlagen. Letztlich beruht das Umsatzpotenzialverfahren auf einem **fehlerhaften Umkehrschluss**: Die Größe des Außendienststabes beeinflusst entscheidend die Umsatzerlöse. Das Verfahren leitet jedoch umgekehrt die Anzahl der Mitarbeiter aus einer Umsatzgröße ab (vgl. *Goehrmann* 1984, S. 61).

Auf diese Schwachstellen sind die Verkaufsleiter in der Praxis hoch sensibilisiert. Im *VIP Vertriebs-Informations-Panel* 2000 führten z.B. 49 % aller befragten Führungskräfte die Umsatzdifferenzen der Verkäufer nicht auf deren Leistungsunterschiede, sondern auf differenzierte Gebietespotenziale zurück (vgl. *Krafft* u.a., VIP-2000, S. 56). Wegen dieser mit dem Verfahren verbundenen möglichen **Effizienz- und Motivationsprobleme darf die Außendienstoptimierung nicht beim Potenzialverfahren stehen bleiben.** Das Potenzialverfahren kann lediglich eine Ausgangsgröße für die Bestimmung der Anzahl der Kundenbetreuer bieten.

Besuchskontingentverfahren

Das Besuchskontingentverfahren versucht dieser Gefahr struktureller Ungleichheiten zu begegnen. Es setzt eine **Arbeitszeitanalyse** für den Außendienst (vgl. z.B. *Witt* 1996, S. 220) und eine **Kundensegmentierung mit Besuchsvorgaben für die Kundengruppen** (vgl. Abschnitt 7.2. zur Kundenqualifizierung) voraus. Dazu muss man natürlich seine aktuellen und potenziellen Kunden, die Außendienstpriorität erhalten sollen, gut kennen (vgl. *Albers/Skiera*, HBM 5/1998, S. 18). Die Methode geht in drei Schritten vor:

(1) Die Vertriebsleitung nimmt eine realistische **Anzahl von durchschnittlichen Kundenbesuchen pro Tag** an und stellt die dem Außendienstmitarbeiter zur Verfügung stehende **besuchsaktive Zeit** fest: Wieviele Kundenbesuche kann der Außendienstmitarbeiter dann pro Jahr ungefähr absolvieren (Besuchskontingente)?

(2) Die Kunden werden nach **Prioritätsgruppen** eingeteilt. Diesen Zielgruppen werden durchschnittliche **jährliche Besuchshäufigkeiten mit durchschnittlichen Besuchsdauern** vorgegeben. Es handelt sich bereits um den Rahmenplan für eine Besuchplanung. Wieviele Kundenbesuche sind für eine Verkaufsmannschaft notwendig, um den vorgegebenen Betreuungsrahmen zu erfüllen?

(3) Die Gesamtzahl der erforderlichen Außendienstmitarbeiter ergibt sich durch Division der Soll-Besuche für alle Kunden durch die Kann-Besuche eines einzelnen Verkäufers.

Abb. 40 und 41 beschreiben **Arbeitszeitanalysen mit integrierten Besuchskostenberechnungen.** Im oberen Tabellenteil sind zunächst die Vorgaben der Vertriebsleitung einzutragen, die als Rahmenziele zu verstehen sind. Die **Besuchsvorgaben** sollte die Vertriebsleitung tunlichst nur auf der Grundlage einer **Arbeitszeitanalyse im Verkauf** treffen. Eine Auswertung von 55 Unternehmen des technischen Vertriebs ergab z.B. folgende **Zeitaufteilung** für die Verkäufer: 18,7 % Besuchsvor- und Nachbereitung, 24,4 % Reisetätigkeit, 29,7 % aktive Verkaufszeit beim Kunden, 9,9 % Serviceaufgaben, 9,5 % Berichte und Analysen, 7,5 % sonstiges, z.B. Meetings im Stammhaus

Zwei Praxisbeispiele für die Berechnung von Besuchskosten für den Außendienst

ZEIT- UND KOSTENANALYSE FÜR DEN AUSSENDIENST

VORGABEN:

Besuchsvorgabe pro Tag	3,0 Besuche
Arbeitszeit pro Reisetag	10 Std.
Fahrleistung p.a.	40.000 km p.a.
Durchschnittsgeschwindigk.	60 km/h
KFZ-Kostensatz	0,50 €/km
Sozialkostensatz	42% Prozent

Tage	365
./. Wochenenden	-104
./. Urlaub und Feiertage	-38
./. Sonderurlaub, Krankheit	-3
./. Stammhaus	-6
./. Regionalbüro (40 x 0,5)	-20
./. Tagungen	-2
./. Sonstiges, Seminare etc.	-2
Besuchstage	**190**

Gesamtzahl Besuche gemäß Vorgabe **570**

Arbeitszeit p.a.	1900 Stunden
Reisezeit p.a.	-667 Stunden
./. Pausen, Staus, Ausfälle	-200 Stunden
verkaufsaktive Zeit p.a.	**1033 Stunden**

AD-Einkommen fix+variabel	75.000,00 €	*Kosten pro Reisetag:* 855,26 €
Sozialkosten	31.500,00 €	
KFZ-Kosten	20.000,00 €	*Kosten pro Besuch:* 285,09 €
Spesen, Kommunikation	12.000,00 €	
sonstiges	12.000,00 €	
Bruttokosten gesamt	**162.500,00 €**	*Kosten pro Besuchsstunde:* 157,26 €

ZEIT- UND KOSTENANALYSE FÜR DEN AUSSENDIENST

VORGABEN:

Besuchsvorgabe pro Tag	16,0 Besuche
Arbeitszeit pro Reisetag	10 Std.
Fahrleistung p.a.	33.200 km p.a.
Durchschnittsgeschwindigk.	60 km/h
KFZ-Kostensatz	0,47 €/km
Sozialkostensatz	42,4% Prozent

Tage	365
./. Wochenenden	-104
./. Urlaub und Feiertage	-38
./. Sonderurlaub, Krankheit	-1
./. Stammhaus	0
./. Regionalbüro (40 x 0,5)	0
./. Tagungen	-6
./. Sonstiges, Seminare etc.	0
Besuchstage	**216**

Gesamtzahl Besuche gemäß Vorgabe **3456**

Arbeitszeit p.a.	2160 Stunden
Reisezeit p.a.	-550 Stunden
./. Pausen, Staus, Ausfälle	-240 Stunden
verkaufsaktive Zeit p.a.	**1370 Stunden**

AD-Einkommen fix+variabel	46.000,00 €	*Kosten pro Reisetag:* 404,67 €
Sozialkosten	19.504,00 €	
KFZ-Kosten	15.604,00 €	*Kosten pro Besuch:* 25,29 €
Spesen, Kommunikation	6.300,00 €	
sonstiges	– €	
Bruttokosten gesamt	**87.408,00 €**	*Kosten pro Besuchsstunde:* 63,80 €

Abb. 40: Beispiel für den technischen Verkauf (nicht Key Accounter)   *Abb. 41: Beispiel für den Konsumgüterverkauf (Fa. Pöschl)*

(vgl. *Krafft* u.a., VIP-2000, S. 45). Die Berechnungen der Abb. 40 und 41 helfen bei einer sinnvollen strategischen Strukturierung der Gesamtorganisation. Keinesfalls stellen sie für den Außendienstmitarbeiter eine Dienstvorschrift dar. Der Ansatz von durchschnittlich 3 Besuchen pro Tag in der Abb. 40 steht für den Verkauf eines erklärungsbedürftigen Produktes. Die zurückzulegenden Fahrstrecken liegen im mittleren Bereich. 285 Euro Durchschnittskosten pro Besuch liegen im Schnitt. Der GIS-Spezialist *GFK MACON* beziffert die durchschnittlichen Besuchskosten auf ca. 150 bis 250 Euro. Müssen Kunden angeflogen werden, erreichen die Reisekosten leicht 800 Euro.

Im Konsumgüterverkauf, wo die Erklärungsbedürftigkeit nicht so stark ausgeprägt ist und die Locations des Handels entfernungsmäßig näher beieinander liegen, sind wesentlich höhere Besuchshäufigkeiten und wesentlich niedrigere Besuchsdauern üblich. Hinzu kommen deutlich niedrigere Durchschnittverdienste der Verkäufer im Vergleich zu den technischen Branchen. Dementsprechend günstiger liegen dann die Kosten pro Besuchsstunde bzw. pro Besuch. Laut *GFK Macon* liegen die Durchschnittskosten pro Besuch im Konsumgüterverkauf um den Faktor 10 niedriger als in den technischen Branchen (vgl. Macon News 11/2004, S. 2). Abb. 41 enthält hierzu Praxisdaten der Firma *Pöschl*.

Abb. 42 nimmt eine **Feinplanung der Soll-Besuche** für die gesamte Verkaufsregion vor. Nach dieser Berechnung wäre eine Außendienststärke von 10 bis 11 Mitarbeitern sinnvoll. Im Gegensatz zum Potenzialverfahren stimmt die Vertriebsleitung jetzt die Mitarbeiterzahl mit der gemäß Vorgaben erreichbaren **Intensität der Kundenbetreuung** ab.

Gegenüber dem einfachen Potenzialverfahren bietet das Besuchskontingentverfahren dadurch folgende Vorteile:

(1) Eine **Arbeitszeitanalyse** kann und soll **für jeden einzelnen Verkäufer** vorgenommen werden.
(2) Die Anzahl der Innendienst- und Weiterbildungstage und vor allem auch die Fahrkilometer können entsprechend den Bedingungen im Verkaufsgebiet modifiziert werden.
(3) Besuchshäufigkeiten und Besuchsdauern können angepasst werden.
(4) Die voraussichtliche Auslastung des gesamten Verkaufsteams wird transparent.

Durch die Berücksichtigung von Arbeitsbelastungen geht das Besuchskontingentverfahren in das Arbeitslastverfahren über.

BESUCHSPLANUNG FÜR AUSSENDIENSTMITARBEITER DEUTSCHLAND					
Kundengruppe	Anzahl	Besuchsfrequenz	Soll-Besuche	Besuchsdauer	Soll-Stunden
A-Kunden	97,0	15,0	1.455,0	2,5	3.637,5
B-Kunden	144,0	8,0	1.152,0	1,5	1.728,0
C-Kunden	486,0	3,0	1.458,0	0,8	1.093,5
D-Kunden	12,0	1,0	12,0	0,5	6,0
RMP-Kunden	50,0	4,0	200,0	0,5	100,0
Neukunden	37,0	12,0	444,0	1,3	555,0
Händler	16,0	12,0	192,0	2,0	384,0
	842,0		4.913,0		7.504,0
	Summe Kontakte		Summe Besuche		Summe Stunden
100% = 1 ADM	Arbeitslast nach Besuchsvorgaben:		**1091,8%**		
	Arbeitslast nach verkaufsaktiver Zeit:				**987,4%**

Abb. 42: Beispiel für eine Besuchsplanung nach Kundengruppen

Arbeitslastverfahren

Die Abb. 40 und 41 zeigen: Wenn sich der Umsatz nicht steigern lässt und wenn z.b. kostenmäßig nur 8 Verkäufer tragbar wären, dann müssten entweder die Soll-Besuchsvorgaben entsprechend angepasst werden oder das Management treibt den Außendienst bewusst in eine (riskante) Überlastsituation (im Verkauf als *Management by Aufschrei* bekannt) Das Arbeitslastverfahren analysiert detailliert die zu erwartenden Auslastungen der Verkäufer, um die drohenden **Strukturprobleme des Potenzialverfahrens zu vermeiden** (vgl. *Witt* 1996, S.135–142, *Weis* 2000, S.343; *Winkelmann* 1999, S.62–65). Das Verfahren läuft in folgenden Schritten ab:

(1) Das Ergebnis der Besuchskontingentanalyse wird übernommen und für die Anzahl der Außendienstmitarbeiter eine **Ausgangsstruktur für eine Gebietseinteilung** entwickelt.
(2) Dann wird das Verfahren der Besuchskontingentanalyse erneut durchgespielt, jetzt aber für **jeden einzelnen Außendienstmitarbeiter** mit den Kundenadressen, Kundenprioritäten und Fahrstrecken seiner Region. Das **Verhältnis Besuchszeiten/Reisezeiten** muss in der Arbeitszeitanalyse noch einmal individuell angepasst werden, soll das Arbeitslastverfahren zu einer fairen Lösung führen.
(3) Die Arbeitsbelastungen der Außendienstmitarbeiter werden miteinander verglichen. Ziel ist es, eine Gebietsabgrenzung zu finden (oder Besuchsvorgaben zu modifizieren), bei der alle Verkäufer ihre Soll-Besuchsvorgaben erfüllen können und **annähernd gleiche Arbeitsbelastungen** aufweisen. Die Arbeitslast ist also gleichmäßig auf alle Kundenbetreuer zu verteilen (vgl. *Weis* 2000, S.343).

In diesem Fall werden zwar belastungsbezogene Ungerechtigkeiten beseitigt, das Verfahren kann aber nicht sicherstellen, dass allen Außendienstmitarbeitern gleich große Umsatzpotenziale zugeteilt werden. Also müssen die Gebietseinteilungen iterativ immer wieder verändert werden, bis ein vertretbarer **Kompromiss zwischen Arbeitsbelastung und Umsatzpotenzial** erreicht ist.

Wir halten es nicht für sinnvoll, Potenzial- und Arbeitslastverfahren als sich ausschließende Alternativen zu betrachten, wie es die Literatur tut. Um eine Ausgangsvorstellung über eine sinnvolle Außendienststärke zu bekommen (Starthypothese) bietet sich die Potenzialbetrachtung an. Probleme hinsichtlich Außendienstmotivation, Betreuungsqualität und Verprovisionierung sind jedoch zu erwarten, wenn auf die Potenzialrechnung keine Arbeitslastanalyse folgt. Denn es sollte bei den **Zielsetzungen** bleiben:

(1) dass alle Außendienstmitarbeiter in etwa gleiche Provisionschancen haben,
(2) dass alle Außendienstmitarbeiter in etwa gleich (fair) ausgelastet sind,
(3) dass alle Verkaufsgebiete in etwa gleiche Strukturvor- und -nachteile bieten.

Außendienstplanung und -vergütung sollten den strukturellen Bedingungen in den Verkaufsgebieten Rechnung tragen. Insofern hängen die Bemessung der Außendienststärke und die Gebietsoptimierung eng zusammen. Hierauf wird Abschnitt 7.4.2. weiterführend eingehen.

4. Problemfelder der Mitarbeiterführung im Vertrieb

4.1. Rekrutierung von Führungskräften für den Vertrieb

4.1.1. Leitungsebenen im Vertrieb

Führungskräfte im Vertrieb tragen eine große Verantwortung. Zusätzlich zu ihrer Bedeutung als Verantwortliche für Umsatz und Ergebnis prägen sie das Image ihrer Arbeitgeber im Markt. Ein geschädigtes Image wieder zurechtzurücken, bedarf langjähriger und hoher Betreuungsbemühungen bei den Kunden. Um so mehr verwundert es, wie wenig effektive Zeit die Besetzung einer Führungsposition oftmals in Anspruch nimmt.

Führungspositionen sind Funktionen mit besonderen fachlichen und disziplinarischen Anweisungsrechten für zugeordnete Mitarbeiter. Personalberater, die auf die Suche von Führungskräften spezialisiert sind, definieren diese oft mit Hilfe einer Einkommensgrenze im Bereich ab 50–60.000 Euro Brutto-Jahreseinkommen. Führungskräfte werden gemeinhin auch als **Manager** bezeichnet. Bei ihnen treten die ausführenden Tätigkeiten gegenüber dem konzeptionellen Wirken bei **Zielfindung, Planung, Organisation, Mitarbeiterführung** und **Kontrolle** in den Hintergrund (vgl. *Winkelmann* 2003, S. 50–51).

Der innerbetriebliche Status eines Mitarbeiters als Führungskraft darf nicht unabhängig von den **arbeits- und tarifrechtlichen Bestimmungen** gesehen werden:

(1) Auf den unteren Hierarchieebenen finden sich die **Tarifangestellten**, die unter die Bestimmungen des **Tarifvertrages** fallen. § 3 Abs. 1 Tarifvertragsgesetz (TVG) definiert den Begriff der Tarifnormen und besagt, dass sie bindend für die Mitglieder der Tarifvertragsparteien (Mitglieder der Gewerkschaften) und für die Arbeitgeber sind, letztere als Gegenpartei des Tarifvertrags (Mitglieder der Arbeitgeberverbände). Nach § 1 Abs. 1 und § 4 Abs. 1 TVG wirken die Bestimmungen eines Tarifvertrages auf das Arbeitsverhältnis wie arbeitsrechtliche Gesetze. Eines der Hauptprobleme des Tarifrechts für den Vertrieb ist, **dass starre Arbeitszeitregelungen der Kundenorientierung absolut entgegenstehen.** Deshalb muss gerade dem Vertrieb an einer Flexibilisierung der Arbeitszeit gelegen sein.

(2) Liegt der Aufgaben- und Verantwortungsbereich des Angestellten über der höchsten tariflichen Gehaltsgruppe oder übt der Angestellte eine Tätigkeit aus, die keiner Tarifgruppe zugeordnet werden kann und ist die Wertigkeit dieser Tätigkeit mit keiner Gehaltsgruppe vergleichbar, so gehört der Arbeitnehmer zur Gruppe der **nichtleitenden außertariflichen Angestellten**. Auf nichtleitende AT-Angestellte sind die Tarifnormen des Tarifvertrags nicht anwendbar. Der Arbeitsvertrag fällt unter die §§ 611 ff. BGB. Arbeitgeber und Arbeitnehmer regeln ihre Beziehungen auf der Grundlage der allgemeinen Handlungsfreiheit (Art. 2 GG) und der Berufs- und Arbeitsplatzfreiheit (Art. 12 GG) durch privatrechtliche Verträge autonom und selbstbestimmt, wobei aktuell die Einflüsse der Allgemeinen Geschäftsbedingungen auf dem Prüfstand stehen. Zu beachten sind zudem eine Reihe von Schutzbestimmungen, z.B. das Kündigungsschutzgesetz, Entgeltzahlung an Feiertagen und im Krankheitsfall, Mut-

terschutzgesetz, Arbeitszeitgesetz, Gleichberechtigung von Mann und Frau. Das gesetzlich vorgesehene Vertretungsorgan ist noch immer der Betriebsrat, wenngleich sich dieser erfahrungsgemäß für Tarifmitarbeiter stärker einsetzt.

(3) Die Chefebenen in Marketing und Vertrieb sind üblicherweise mit **leitenden AT-Angestellten** besetzt. Nach § 5 Abs. (3) BetrVG sind dies Führungskräfte, die zur selbständigen Einstellung und Entlassung von Arbeitnehmern befugt sind oder nicht unbedeutende Vollmachten (Generalvollmacht, Prokura) besitzen. Sie nehmen weitgehend weisungsfrei Aufgaben wahr, die für die Entwicklung der Unternehmung von großer Bedeutung sind, so dass auch besondere Erfahrungen und Kenntnisse vorliegen sollten. § 5 Absatz (4) geht weiterführend auf Zweifelsfälle ein. Bei der Zuordnung eines Arbeitnehmers zu der Gruppe der leitenden Angestellten spielt es auch eine Rolle, ob dieser sich auf einer überwiegend von leitenden Angestellten besetzten Organisationsebene befindet und nach den Maßstäben dieser Ebene bezahlt wird. Das gesetzliche Vertreterorgan ist der Sprecherausschuss. Seine im Vergleich zum Betriebsrat allerdings sehr begrenzten rechtlichen Einflussmöglichkeiten sind im Sprecherausschussgesetz geregelt.

(4) Die Vorstandsmitglieder und Geschäftsführer in der Unternehmensspitze sind üblicherweise **Arbeitgeber** oder **Organmitglieder**.

Vertriebsführungskräfte wirken in der Praxis auf folgenden Hierarchieebenen:

- **Gruppenleiter** Innendienst oder Außendienst (oft noch Tarifangestellter mit außertariflichen Zulagen),
- **Key Account Manager** (wegen des besonderen Verantwortungsrahmens i.d.R. als nichtleitende AT-Führungskraft eingestuft, selbst wenn die Stelle nicht mit Personalführung verbunden ist),
- **Abteilungsleiter Innendienst** (Innendienstleiter, Leiter Backoffice, Customer Service; zunehmend AT-Angestellter) oder
- **Regional-Vertriebsleiter** (i.d.R. AT-Angestellter, unteres Middle-Management),
- **Verkaufsleiter national und/oder international (Exportleiter)** (AT-Angestellter, mittleres bis oberes Middle-Management; nicht immer leitender Angestellter),
- **Gesamtvertriebsleiter**, evtl. auch für die Marketing-Abteilung zuständig (i.d.R. leitender Angestellter, oberes Middle-Management),
- **Direktor (Marketing und) Vertrieb** (leitender Angestellter, oberes Middle-Management oder oberes Management),
- **Geschäftsführer (Marketing und) Vertrieb** (als Unternehmensorgan nicht im klassischen Angestelltenverhältnis; geschäftsführende Gesellschafter mit beherrschendem Einfluss sind sozialversicherungsrechtlich Selbständige).

Wegen der großen Bedeutung des Verkaufs für die Unternehmenssicherung gehören Vertriebschefs in ca. 70 Prozent der Unternehmen der Geschäftsführung an, so das Ergebnis einer **BBE-Trendstudie** (vgl. *Stubert/Hassmann*, salesBusiness 3/2001, S. 24–28). Im einzelnen ergaben sich folgende **Hierarchiebesetzungen**: 30 Prozent Geschäftsführung, 40 Prozent Geschäftsleitung/Prokurist, 20 Prozent erste Führungsebene und 10 Prozent mittleres Management. Ein vollständiges Bild der Karrieresituation von Vertriebsführungskräften ist jedoch kaum zu gewinnen, weil mit dem Einzug in das obere Management oft die Bezeichnung Vertrieb auf der Visitenkarte verloren geht. Die Führungskraft hat dann nach wie vor eine Marktverantwortung für Umsatz und Ergebnis, obwohl sie in der höheren hierarchischen Positionen den direkten Kontakt zum Kunden verliert. Sie nennt sich nach dem Karrieresprung Vorstand, Geschäftsführer, Geschäftsbereichsleiter oder Spartenleiter und führt nun selbst Verkaufsleiter.

4.1.2. Rekrutierungswege

Verständlicherweise betreiben die Unternehmen einen erheblichen Aufwand für die sensible Suche nach Führungskräften und wenden dabei unterschiedliche Methoden gemäß Abb. 43 an. Der Anteil der Direktansprache erscheint hier deutlich zu niedrig. Nach Erfahrung der *Andreas PersonalConsult (APC)* sind die in den Printmedien ausgeschriebenen Stellen nur die Spitze eines Eisbergs. Rund 2/3 aller Management-Stellenbesetzungen fallen unter den **Executive Search Bereich** und werden nicht veröffentlicht. Zudem fehlen

- die **innerbetriebliche Ausschreibung** von Führungspositionen bzw. die gezielte Entwicklung von Führungsnachwuchs (**Management Development**: ca. ein Drittel der deutschen Manager steigt im Rahmen einer „Hauskarriere" auf, insbesondere im Vertriebsbereich (vgl. *Hartmann* 1996, S. 71)),
- die **Suche über die ZAV** (spielt für Verkäufer bislang nur eine geringere Rolle),
- die **Suche über das Internet** (auch für Führungskräfte von zunehmender Bedeutung),
- die **Eigenbewerbung** (via Treuhänder mit abflauender Tendenz, als Direktinitiative stark zunehmend),
- **Manager auf Zeit** (immer mehr anzutreffen, meist in Verbindung mit Beratungsaufträgen; z.B. als Trouble Shooter),
- **Mitarbeiterleasing** (für Führungskräfte im Vertriebsbereich noch immer von eingeschränkter Bedeutung).

Abb. 44 stellt Vor- und Nachteile der gängigen Rekrutierungsmethoden gegenüber.

Die **Executive Search** stand lange Zeit im Zwielicht, wurde aber unlängst durch das für die Branche positive „Telefonurteil" abgesichert. Die Öffentlichkeit stellt sich geheime Treffen an Hotelbars und agentenfilmähnliche Personennachstellungen vor. Mittlerweile hat sich das Bild gewandelt. Gerade für die Besetzung hochkarätiger Vertriebsmanager in Trendbranchen kommt eine Unternehmung ohne das Insiderwissen und die Aktivitäten der Personalberater kaum mehr aus.

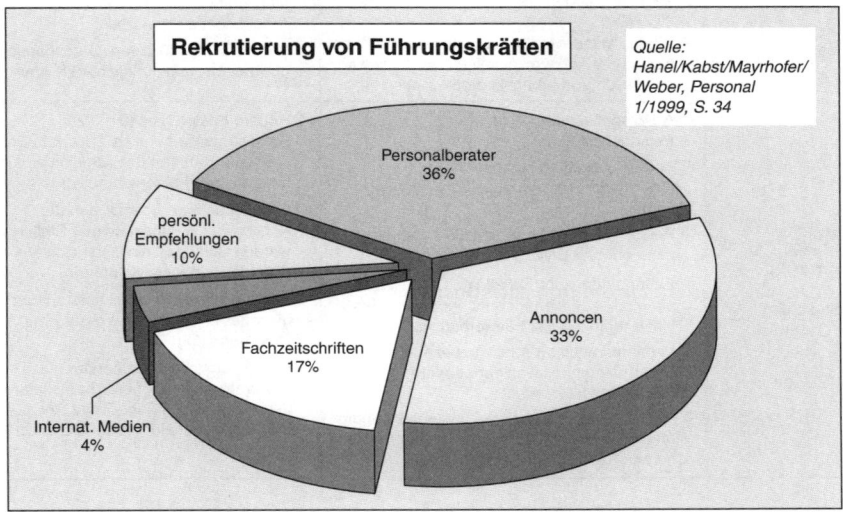

Abb. 43: Methoden der Führungskräfterekrutierung

	GRUNDSÄTZLICHE VORTEILE	GRUNDSÄTZLICHE NACHTEILE
Förderung des eigenen Führungs-nachwuchs, innerbetriebliche Ausschreibung (ISA)	⇨ Schnelle Verfügbarkeit, keine Kündigungsfrist ⇨ Potenziale der eigenen Mitarbeiter können relativ gut beurteilt werden, dadurch gezielte Förderung der geeigneten Kandidaten ⇨ Hohe Motivation der eigenen Mitarbeiter, die Aufstiegschancen sehen ⇨ Niedrige Rekrutierungskosten; z.B. entfallen i.d.R. keine Umzugskosten ⇨ Oft moderate Gehaltsvorstellungen der eigenen Mitarbeiter (Erfahrungsregel: Wer höhere Gehaltssteigerungen wünscht, wechselt häufig den Arbeitgeber)	⇨ Spezialwissen fehlt teilweise ⇨ Keine unternehmens- und branchenübergreifende Erfahrungen; d.h. auch Gefahr von Betriebsblindheit ⇨ Gefragte Mitarbeiter scheinen manchmal auf ihren angestammten Positionen unverzichtbar zu sein ⇨ Oft werden frühere Kollegen von den Nicht-Beförderten weniger respektiert. Deshalb sind Beförderungen zum Vorgesetzten von ehemaligen Kollegen teilweise kritisch zu beurteilen ⇨ Ein Problem wird nur verschoben. Der Wechsel schafft eine neue Vakanz ⇨ Profit Center lassen gute Mitarbeiter oft nicht (freiwillig) gehen. Das Betriebsklima kann Schaden nehmen
Offene Stellenanzeigen und/oder Stellen-ausschreibung (auch via Internet)	⇨ Rekrutierungsvorgang bleibt unter eigener Kontrolle ⇨ Aufdeckung von Firmennamen kann bei gutem Image Spitzenkandidaten „anlocken". Ausschreibungsverfahren ist deshalb für Führungsnachwuchs besonders interessant ⇨ Relativ kostengünstig ⇨ Falls Fachkräfte im Markt vorhanden sind, ist eine Besetzung relativ schnell möglich, da sich vor allem wechselbereite Kandidaten melden werden ⇨ Zusätzlicher Werbeeffekt für die suchende Unternehmung	⇨ Mögliche Irritationen bei den eigenen Mitarbeitern, Angst vor Veränderungen ⇨ Quereinsteiger stoßen oft auf Ablehnung ⇨ Konkurrenten erhalten u.U. Hinweise auf Unternehmensstrategien ⇨ Spezialisten der Konkurrenz in ungekündigter Stellung werden i.d.R. nicht angezogen ⇨ Hohe Streuverluste: Es melden sich ungeeignete Bewerber ⇨ Stellenanzeige muss auch gelesen werden: Wechselpassive Führungskräfte verfolgen Stellenanzeiger weniger ⇨ Erfolg der Anzeige hängt von der Verbreitung des Mediums ab
Chiffre-Anzeige, anonyme Aus-schreibung, Job-Börsen	⇨ Falls Fachkräfte verfügbar sind, ist Besetzung relativ schnell möglich, da sich vor allem wechselbereite Kandidaten melden werden ⇨ Eigene Mitarbeiter und Konkurrenten können wegen der Anonymität keine Rückschlüsse auf die Unternehmensstrategie ziehen	⇨ Chiffre-Anzeigen machen Führungskräfte zu häufig misstrauisch ⇨ Man läuft Gefahr, sich beim eigenen Arbeitgeber zu bewerben ⇨ Spezialisten befürchten „Datenhandel" (speziell bei unpersönlicher TK-Abwicklung)
Media Search/ Stellenanzeige bei Rekrutierung durch Personalberatung (passive Suche)	⇨ Arbeitsentlastung für die eigene Personalabteilung ⇨ Personalberatung nutzt spezielle Rekrutierungserfahrungen zum Klienten-vorteil ⇨ Personalberatung beurteilt die Kandidaten mit „neutraler Brille" ⇨ Es reagieren auch Kandidaten, die sich auf ein offenes Stellenangebot der suchenden Unternehmung nicht bewerben würden ⇨ Verfahren auch für relativ unbekannte Unternehmen mit weniger attraktiven Standorten interessant ⇨ Relativ schnelle Besetzung bei ungünstigem Markt möglich, da sich vor allem wechsel-bereite Kandidaten melden werden	⇨ Höhere Kosten (zusätzlich zur Stellenanzeige noch ca. 20% vom Brutto-Jahreseinkommen des Kandidaten für den beauftragten Personalberater) ⇨ Fest gebundene Spezialisten der Konkurrenz in ungekündigter Stellung werden sich i.d.R. nicht von sich aus melden (Nachteil von Passivverfahren) ⇨ Personalberatung erhält tieferen Einblick in die inneren Verhältnisse der suchenden Unternehmung ⇨ Gefahr, dass Personalberater aus Honorargründen „teuere" Kandidaten bevorzugen (allerdings Trend bzw. Möglichkeit zur Honorarpauschalisierung)

Media Search/ Stellenanzeige bei Rekrutierung durch Personalberatung (passive Suche)	⇨ Personalberater schützen die Mitarbeiter, die sich auf die Stelle bewerben und nicht erkennen, dass ggfs. ihre eigene Firma hinter der Ausschreibung steht ⇨ Eigene Mitarbeiter und Konkurrenten können wegen der Anonymität keine Rückschlüsse auf die Unternehmensstrategie ziehen ⇨ Personalberatung berät auch hinsichtlich Stelleninhalten und Qualifikationen	
Direktansprache, Executive Search (aktive Suche)	⇨ Der „Königs"Weg der Personalsuche, wenn Kandidaten mit speziellem Know-how gesucht werden oder ⇨ oder wenn der Personalmarkt so eng ist, dass der neue Mitarbeiter aus einem bestehenden Arbeitsverhältnis herausgelöst werden muss (reicht teilweise bis in den Facharbeiterbereich!) ⇨ Gerade Top-Kräfte erwarten die Direktansprache. Sie sehen sich dann nicht als Bittsteller sondern als „gefragte Persönlichkeiten" ⇨ Personalberater sind oft auf Branchen und/oder Funktionen spezialisiert und beraten dann auch hinsichtlich der personalpolitischen Trends	⇨ Erscheint relativ teuer (ca. 30–50 % vom Brutto-Jahreseinkommen des Kandidaten; inkl. Sachbezüge) ⇨ Die stellensuchende Unternehmung bekommt nur teilweise einen Überblick über alle Kandidaten (Schutzfunktion) ⇨ Besetzung u.U. relativ langwierig wegen der Kündigungsfristen von Kandidaten (gilt im Fall bestehender Arbeitsverhältnisse auch für Stellenanzeige) ⇨ Der Personalberater erhält einen intimen Einblick in die Personalsituation und in das Betriebsklima seines Klienten. Es ist deshalb eine Frage von vertraglichen Vereinbarungen, dass der Berater nicht vor einem gewissen Zeitraum Mitarbeiter seines Klienten anspricht (i.d.R. ein Jahr Mandantenschutz) ⇨ Theoretisch besteht die Gefahr, dass der Berater aus Honorargründen das Risiko eingeht, auch weniger geeignete Kandidaten zu forcieren
Referenzsuche, Suche über Empfehlungen	⇨ Auf Top-Management-Ebene nicht selten. Persönliche Beziehungen können genutzt werden ⇨ Die stellensuchende Unternehmung erhält vom Empfehlenden Insider-Wissen über das Leistungsprofil des Kandidaten ⇨ Querverbindungen in Aufsichts- oder Beiräten kann Rechnung getragen werden	⇨ Der Referenzgeber sieht sich in einer Erfolgsverantwortung. Bei einem Scheitern des Kandidaten verliert er an Renommee ⇨ Es wird oft nur eine Auswahl aus wenigen Alternativen vorgenommen; manchmal sogar ohne jede weitere Alternative ⇨ Gefahr, dass ein Kandidat vom Empfehlenden weggelobt wird
(Unter freundlicher Mitarbeit von APC, Andreas PersonalConsult, Nürnberg)		

Abb. 44: Vor- und Nachteile der gängigen Rekrutierungsverfahren für Führungskräfte

Der Anstieg der weltweiten Beraterhonorare von ca. 3 Mrd. US-$ Anfang der 90er Jahre auf rund 10 Mrd. im Jahr 2000 legt auch Zeugnis ab für die professionelle Arbeitsweise der sog. Headhunter (vgl. *Hoffmann/Linden*, MM 5/1999, S.244). Executive Search läuft i.d.R. nach bewährten Arbeitsschritten ab (vgl. *Böhler*, Personalwirtschaft 5/1995). Abb. 45 zeigt beispielhaft ein Rekrutierungsprogramm. Hinsichtlich weiterer Aspekte der Personalwirtschaft wird auf die Literatur verwiesen (vgl. z.B. *Bröckermann*, 1999, S.589–609; allerdings ohne speziellen Bezug zum Vertrieb).

4.1.3. Führungskräfte-Eigenschaften im Vertrieb

Fachbücher enthalten regelmäßig Angaben, wie das ideale Eignungsprofil einer Führungskraft aussehen sollte. Von überdurchschnittlichem fachlichem Wissen und von gehobenen Fertigkeiten

TYPISCHE ARBEITSSCHRITTE BEI EXECUTIVE SEARCH (DIREKTANSPRACHE)		
Phase	Aktivitäten	Inhalte
❶ Briefing	• Datenerhebung, Mandantenberatung	⇨ Branche, Unternehmen, interne Organisations- und Führungsstruktur ⇨ Funktionsbild: Zielsetzungen, Hauptaufgaben ⇨ Anforderungen, Qualifikationsprofil ⇨ Konditionsrahmen: Dotierung, Nebenleistungen
	• Redaktionelle Aufbereitung	⇨ Entwurf „Positionsprofil" (mit obigen Schwerpunkten)
	• Autorisierung	⇨ Verbindliche Verabschiedung des „Positionsprofils" durch den Mandanten
❷ Research	• Grobdefinition	⇨ Zielgruppe: Branchen und Firmen, die geeignete Kandidaten vermuten lassen
	• Recherche	⇨ Ergänzung relevanter Marktdaten
	• Feinselektion	⇨ Zielgruppen/Firmenabgrenzung (> 30 Firmen)
	• Mandantenabstimmung	⇨ Detail-definierte Zielliste zur Vermeidung ungewollter Ansprachen bzw. zur Ergänzung zusätzlicher Mandantenwünsche
	• Organisationsanalyse	⇨ Erfassung der spezifischen Organisationsstruktur bei Zielfirmen
	• Targetliste	⇨ Identifizierung der Zielpersonen
❸ Ansprache	• Erstkontakt	⇨ Sondierungstelefonat, Eruierung von Veränderungsoffenheit
	• Zweitkontakt	⇨ Zuleitung „Positionsprofil"
	• Vertiefungskontakt	⇨ Nachfasstelefonat, Erfassen persönlicher und fachlicher Schlüsseldaten
	• Vertraulicher Report I	⇨ Vorläufiges Kandidaten-Kurzprofil: Klassifikation der Individualdaten durch schriftliche Grobdarstellung
❹ (Vor)Auswahl	• Persönliches Kennenlernen	⇨ Führen von Erstinterviews zwecks Vergleich von Ist- und Sollqualifikation sowie Persönlichkeitseinschätzung
	• Datenergänzung	⇨ Einholen von Zusatzinformationen und schriftlichen Unterlagen
	• Analysevertiefung	⇨ Aussagefähiger Qualifikationsvergleich
	• Profilergänzung	⇨ Erstellen eines umfassenden Kandidatenprofils
	• Vertraulicher Report II	⇨ Verfassen von komplettem Mandantenbericht mit Vorgehensempfehlung
❺ Präsentation	• Vorgehensabstimmung	⇨ Festlegung des A-Kandidatenkreises und Einladungen (max. 2 – 4)
	• Mandanteninterviews	⇨ Moderation (auf Wunsch) ⇨ Feedback / Auswertungskoordination
❻ Referenzen	• Informationsergänzungen	⇨ Vertrauliche Einholung und Dokumentation von Auskünften
❼ Vertrag / Einstellung	• Beratung, Mitwirkung bei	⇨ Einstellungsentscheidung ⇨ Entwurf Vertragsangebot (ohne Rechtsberatung) ⇨ Konsensvermittlung zwischen Mandant und Wunschkandidat
❽ Integration	• Startberatung	⇨ Mentale Vorbereitung auf die „ersten 100 Tage"
	• Begleitung der Einarbeitung	⇨ Betreuungskontakte während der Probezeit zur Vorbeugung / Reduzierung von Fluktuationsrisiken
(Quelle: Leistungsbrevier APC – Andreas PersonalConsult, Nürnberg 2004)		

Abb. 45: Typische Arbeitsschritte bei Executive Search (Direktansprache)

sollte man wohl ausgehen können. Mit Blick auf die gestiegenen Anforderungen im Vertrieb können folgende Persönlichkeitsmerkmale (**Soft Skills**) für karrieregeneigte Mitarbeiter betont werden:

(1) **Commitment:** Die freiwillige Übernahme einer persönlichen Verantwortung (*Hallo, ich bin zuständig*).

(2) **Involvement:** eine spürbare Einsatzfreude des Mitarbeiters, etwas „anzupacken". Der Vertrieb sucht keine „Mitläufer" sondern „denkende Macher"

(3) **Stehvermögen: Verkaufen beginnt, wenn der Kunde nein sagt!**

(4) **Selbständigkeit:** Insbesondere Außendienstmitarbeiter sind beim Kunden meist auf sich gestellt.

(5) **Integrität:** Der Kunde kauft nur, wenn er Vertrauen hat.

(6) **Kreativität:** Die Grundlage zum Erfolg sind Leistungen, die sich deutlich positiv von Mitbewerbern abheben.

(7) **Selbstorganisation:** Ein „Chaot" verliert angesichts der Menge der Kundenvorgänge schnell die Übersicht.

(8) **Konzeptionelle Fähigkeiten:** Verkäufer müssen immer selbständiger arbeiten und entscheiden. Gerade größere Kunden schätzen strategisch denkende Verkaufsberater (Key Accounting Gedanke).

(9) **Erfahrungen mit EDV-Anwendungen:** Praktische Tätigkeiten ohne Einsatz von Datenbanken, Software und Internet sind kaum noch vorstellbar. Ein Kundenbetreuer muss jederzeit überall in der Welt für seine Kunden erreichbar sein.

(10) **Kenntnisse in und Freude an Projektarbeit:** Kundenkontakte wie auch die unterstützenden Arbeiten in der Zentrale erfordern immer stärker die Zusammenarbeit mit Spezialisten in Teams; auch zusammen mit Kunden.

(11) **Interesse an permanenter Weiterbildung:** Gerade für den Vertrieb gilt wegen der schnellen Weiterentwicklung der Produkttechnologien: *Born to be trained* (vgl. den Hinweis in ASW, 9/1998, S. 119).

Wurden früher Außendienstmitarbeiter als Einzelkämpfer akzeptiert, so wird heute in hohem Maße **emotionale (interpersonale, soziale) Intelligenz** gefordert (vgl. *Faix* 1991; *Goleman* 1999; und speziell auch die Zusammenstellung bei *Winkelmann* 2003, S. 105). Da dieser Faktor im Umgang mit Kunden und Lieferanten und in der Interessenauseinandersetzung des Vertriebs mit den betrieblichen Kollegialbereichen so wichtig geworden ist, soll hier aus der Schrift von *Goleman* wörtlich zitiert werden:

„Und das ist das Problem: Mit akademischer Intelligenz ist man auf das Durcheinander – und die Chancen –, die die Wechselfälle des Lebens mit sich bringen, praktisch überhaupt nicht vorbereitet. Doch obwohl ein hoher IQ keine Garantie für Wohlstand, Ansehen oder Glück im Leben ist, fixieren sich unsere Schulen und unsere Kultur auf akademische Fähigkeiten und ignorieren die emotionale Intelligenz, einen Merkmalskomplex – manche werden vielleicht von „Charakter" sprechen, der für unser persönliches Schicksal ebenfalls von überragender Bedeutung ist … Die emotionale Intelligenz ist eine Metafähigkeit, von der es abhängt, wie gut wir unsere sonstigen Fähigkeiten, darunter auch den reinen Intellekt, zu nutzen verstehen."

Weiter zitiert Golemann Gardner, der innerhalb der emotionalen Intelligenz eine interpersonale und eine intrapersonale Intelligenz unterscheidet: „Interpersonale Intelligenz ist die Fähigkeit, andere Menschen zu verstehen: was sie motiviert, wie sie arbeiten, wie man kooperativ mit ihnen zusammenarbeiten kann. Wer als Verkäufer, Politiker, Lehrer, Kliniker und Religionsführer erfolgreich ist, besitzt wahrscheinlich ein hohes Maß an interpersonaler Intelligenz … Intrapersonelle Intelligenz … ist die entsprechende, nach innen gerichtete Fähigkeit. Sie besteht darin, ein zutreffendes, wahrheitsgemäßes Modell von sich selbst zu bilden und mit Hilfe dieses Modells erfolgreich im Leben aufzutreten." (Goleman 1999, S. 56 sowie S. 60–61; zit. nach Gardner, H.: Multiple Intelligences: The Theory in Practice, New York 1993, S. 9)

So muss auch dieses Fachbuch eine Gratwanderung wagen: Fähigkeiten und Fachwissen, Methoden und Systeme, die aufgezeigt werden, bieten keine Garantie für persönliche Karriere und unternehmerischen Markterfolg. Sie sind eine notwendige, keinesfalls aber hinreichende Bedingung hierfür. Erst die „Soft Skills" ermöglichen gedeihliche Anwendung und Umsetzung fachlicher Fähigkeiten im Dialog mit Kunden und Kollegen. Insofern ist auch jeder Kollege ein Kunde. Vertrieb erfordert, „Kopf und Bauch" in bestmöglicher Weise zu verbinden. Die rechtliche und materielle Basis für das praktische Handeln muss allerdings stimmen, z.B. Arbeitsverträge und Vergütung.

4.2. Vertragsgestaltung für Vertriebsführungskräfte

Es sollen hier nur **Führungskräftepositionen im AT-Bereich** (typisches Middle-Management) betrachtet werden. Während bei Tarifangestellten die wesentlichen Punkte ihrer Arbeitsverträge tarifvertraglich geregelt sind und sie auch den vollständigen tarifgesetzlichen Schutz genießen, gelten die Vertragsreglungen für AT-Angestellte grundsätzlich als frei gestaltbar; abgesehen von den in der Einführung erwähnten Schutzbestimmungen. Dennoch halten sich die Unternehmen üblicherweise an standardisierte Formen, die relativ eng an die Gliederung der Tarifverträge angelehnt sind. Als wichtige Punkte in Arbeitsverträgen sind unter Beachtung neuer und engerer gesetzlicher Regularien festzulegen:

(1) **Bezeichnung der Stelle,**
(2) **Einordnung in die Organisation, Zuordnungen nach oben und nach unten** (wer berichtet an wen),
(3) **Ziele und Aufgabenrahmen der Stelle,**
(4) **Kompetenzen und Verantwortungen,**
(5) **Arbeitszeitregelung mit hohem Flexibilisierungsgrad:** Der AT-Angestellte stellt i.d.R. seine Arbeitszeit für ein bestimmtes Aufgabengebiet zur Verfügung, ohne dabei an starre Arbeitszeiten gebunden zu sein. Hinsichtlich Mehrarbeit (z.B. über die 40-Stunden-Woche hinaus) gilt praktisch für alle Führungskräfte: „*Mehrarbeit ist durch die vertraglich vereinbarte Vergütung abgegolten.*"
(6) **Grundvergütung und Zusatzvergütungen:** Fixgehalt, erfolgsabhängige Vergütungskomponenten mit sehr stark steigender Tendenz,
(7) **Urlaubsanspruch:** max. 30 Tage (sinkender Trend). Die Urlaubsdauer weicht inzwischen häufiger vom tariflichen Anspruch ab. Sonderregelungen gelten für die Übertragbarkeit auf das nächste Urlaubsjahr.
(8) **Entgeltfortzahlung im Krankheitsfall:** Für Verkaufsleiter nicht selten 3 bis 6 Monate,
(9) **Sozialleistungen** und **Betriebliche Altersversorgung:** Trend zur Einschränkung bei den Sozialleistungen, betriebliche Altersversorgung dagegen wieder von zunehmender Bedeutung,
(10) **Dienstwagen** und **sonstige Vergünstigungen (Incentives):** Die steuerlichen Vorschriften sind zu beachten. Sonst sind Incentives vom Arbeitnehmer wie zusätzliches Einkommen zu versteuern. Die Abgabelast wird aber häufig durch den Arbeitgeber via Pauschalierung übernommen.
(11) **Arbeitsantritt** und ggfs. **Probezeit:** i.d.R. gilt im mittleren Management das erste halbe Jahr als Probezeit.
(12) **Kündigungsfristen** und **-klauseln:** Sehr häufig 3 oder 6 Monate zum Quartalsende. Gegenüber den gesetzlichen Regelungen dürfen nur längere, aber keine kürzeren Kündigungsfristen vereinbart werden.

Alois Pöschl	**Stellenbeschreibung**	Seite: 2 von 2
Tabakfabriken		Ausg.: 26.04.2000/2

Verantwortung
Verantwortung der gemeinsam mit Geschäftsführung und nationaler Verkaufsleitung festgelegten Umsatz- u. Absatzziele in allen Artikeln u. Warengruppen

Beobachtung des regionalen Marktes sowie aus den darauf aufbauenden Analysen abgeleitet die Ausarbeitung von Vorschlägen für den Markt
Verhandlung mit Großkunden und ständige Kontaktpflege zu dieser Kundengruppe
Der Stelleninhaber repräsentiert das Unternehmen auf Ausstellungen und Messen
unterstellten Außendienstmitarbeiter

Führungsaufgaben

Führung und Motivation des Außendienstes in der Region
Einflußnahme durch Lob und Kritik auf die Leistungen der Leistungsbereitschaft der
Die möglichst erfolgreiche Führung und Steuerung der regionalen Außendienstgruppe, auch durch kontinuierliche persönliche Zusammenarbeit
Überwachung der Stellenbesetzung, der Kundenbetreuungszuordnung und der Arbeitstechnik sowie Arbeitsweise des Außendienstes
Wahrnehmung von Anleitungs-, Durchsetzungs- und Kontrolldirektiven an den Außendienst der Region
Vorbereitung und Leitung von Regionaltagungen und Regionalmeetings unter Einbeziehung evtl. von VLNAT als verbindlich vorgegebenen Themen
Ausarbeitungen zur führungsgerechten Ergebnisauswertung
Erstellung eines ergebnisgerechten Protokolls
Verantwortliche Mitwirkung bei Einstellungen und Entlassungen von Mitarbeitern im VL-Gebiet
Schriftliche Beurteilung der Außendienstmitarbeiter innerhalb des vorgegebenen Terminrahmens, nach den in der Schulung erlernten Prinzipien

Controllaufgaben

Einhaltung des Kostenbudgets
Auswertung sämtlicher Steuerungsinstrumente, Statistiken
Überwachung der monatlichen Ergebnisse und Umsatz/Absatzzahlen in allen Mitarbeiterstufen, aufbauend auf den von der DV dafür zur Verfügung gestellten Daten

Rechenschaftspflicht

Der Stelleninhaber hat Rechenschaftspflicht bzgl. der Ergebnisse im Rahmen der Absatz und Aktionsjahresplanung, der Ergebnisse befristeter Vorgaben wie Aktionen, Neueinführungen, Plazierungen und Promotionen, sowie der Personalsituation und der Wirkung der mittel- und langfristigen Verkaufsstrategie

Kundenbetreuung

Der Stelleninhaber unterstützt die Außendienstmitarbeiter bei Verhandlungen mit Problemkunden
Selbständige Besuche bedeutender Kunden im Großhandelsbereich mit dem Ziel, Abschlüsse zu tätigen, Grundsatz-, Sortiments- und Jahresgespräche zu führen sowie sonstige Probleme zu lösen

---

PWF luffodekumenta\bescHVWk.1a.doc | Version: Org. PW, je 1 Foto: GL, Abteilungsleiter, Stelleninhaber

Alois Pöschl	**Stellenbeschreibung**	Seite: 1 von 2
Tabakfabriken		Ausg.: 26.04.2000/2

1. Stellenbezeichnung:
Verkaufsleiter/in Nord,West,Ost,Mitte,Süd

2. Rangstufe:
Abteilungsleiter Außendienst regional

3. Ziel der Stelle bzw. Kurzbeschreibung des Aufgabengebietes:
Verantwortung für Umsatz- und Absatzziele
Führung der regionalen Außendienstgruppe und Verantwortung der Leistungsziele
Beobachtung des Gesamtmarktes; Verhandlung mit Großkunden; Repräsentation des Unternehmens auf Ausstellungen und Messen

4. Stellenbezeichnung des direkten Vorgesetzten:
Verkaufsleiter National Mitglied der GL

5. Der Stelleninhaber erhält zusätzlich fachliche Weisungen von (Stellenbezeichnung, Art und Umfang):
AL-MA
AL-WE
AL-VE
AL-DV

6. Stellenbezeichnungen und Anzahl der direkt unterstellten Mitarbeiter
Über Anzahl der Mitarbeiter informiert das Organigramm Abteilung Verkauf

7. Der Stelleninhaber gibt zusätzlich fachliche Weisungen an (Stellenbezeichnung, Art und Umfang):
Bezirksvertreter BV
Verkaufsförderer VF

8. Der Stelleninhaber vertritt:
Verkaufsleiter/in in anderen Regionen

9. Der Stelleninhaber wird vertreten von:
VLNAT oder VL einer anderen Region

10 a. Spezielle Vollmachten und Berechtigungen, die nicht in einer allgemeinen Regelung festgehalten sind:
Prokura
Auswahl und Entscheidung für Einstellung von AD-Mitarbeitern unter Mitwirkung des VLNAT
Konditionszusagen aktionell und grundsätzlich bei Kundengesprächen unter Berücksichtigung der von der GF freigegebenen Konditionen
Zusage von WKZ-Leistungen gegenüber Kunden für Aktionen, Neueröffnungen, Messen

10 b. Innerbetriebliche Kompetenzen

11. Beschreibung der Tätigkeiten, die der Stelleninhaber selbständig durchzuführen hat:

Datum:	Datum:	Datum:	Datum:
Unterschrift Stelleninhaber	Unterschrift unmittelbarer Vorgesetzter	Unterschrift nächsthöherer Vorgesetzter	Unterschrift Stelle einführende

Abb. 46: Beispiel einer Stellenbeschreibung für einen regionalen Vertriebsleiter

(13) **Wettbewerbsklausel:** Max. 2 Jahre gegen Karenzentschädigung. Zu empfehlen sind eher längere Kündigungsfristen unter Verzicht auf diese schwer handhabbare bzw. rechtlich oft schwierig durchsetzbare Klausel.

Ein häufig vernachlässigtes Element des arbeitsvertraglichen Regelungsspektrums liegt in der Interessendiskrepanz zwischen

(1) der betrieblich erwünschten Flexibilität einerseits und der
(2) von Mitarbeitern grundsätzlich angestrebten „Besitzstandssicherheit" andererseits.

Diesbezüglich wird in den nächsten Jahren von den Vertragspartnern mehr Mut und gestaltende Phantasie gefordert (insbesondere hinsichtlich innovativer Vergütungsformen). Ebenso wichtig sind aber zusätzliche, rechtlich verankerte Gestaltungsfreiräume für den Mitarbeiter. Im Bezug auf erweiterte Kompetenzen spricht man von **Empowerment.** „*Unternehmen und Vorgesetzte müssen den Mitarbeiter zu Fähigkeiten verhelfen, Aufgaben selbständig und eigenverantwortlich zu erfüllen.*" (*Homburg/Werner* 1998, S. 209).

Die Eckpunkte des Arbeitsvertrages sollten sich in der **Stellenbeschreibung bzw. Stellendokumentation** der Führungskraft widerspiegeln. Vor allem sind die Aufgabeninhalte und grundsätzlichen Zielsetzungen einer Funktion in der Stellenbeschreibung vertiefend festzuhalten. Abb. 46 enthält eine umfassende Stellenbeschreibung für einen regionalen Verkaufsleiter mit Abteilungsleiterrang.

Eigentlich sollte sich eine Unternehmung Klarheit über die effektiven Stelleninhalte sowie deren Nahtstellen zu den Kollegialfunktionen verschaffen, bevor sie eine Führungskraft rekrutiert. War der Arbeitsplatz schon durch einen Vorgänger besetzt, wird das auch häufig der Fall sein. Bei neu geschaffenen Funktionen im Vertrieb werden Stellenbeschreibungen oft später bzw. gemeinsam mit der neuen Führungskraft erstellt. Viele Führungskräfte leisten auch ohne Stellenbeschreibung effiziente Arbeit. Dies gilt insbesondere für kleine und mittleren Unternehmen, in denen mehr auf Zuruf gearbeitet wird. Grundsätzlich aber sollten Stellenbeschreibungen den ordnenden Rahmen für die Inhalte und Zuständigkeiten der Funktion schaffen. Zusätzlich zu dieser **Dokumentationsfunktion** erfüllt die Stellenbeschreibung auch eine **Motivationsfunktion,** regelt sie doch auch Befugnisse und Freiräume, die nicht Gegenstand des Arbeitsvertrages sind.

Da der Begriff Stellenbeschreibung häufig statisch verstanden wird, empfiehlt und praktiziert *APC* ein **dynamisches Positionsprofil,** in dem alle relevanten Eckwerte festgehalten und dauerhaft gepflegt bzw. modifiziert werden. Das Profil ist regelmäßig geänderten Bedingungen anzupassen. In jedem Fall bietet eine Stellendokumentation bzw. ein Positionsprofil eine korrekte Grundlage für Zielvereinbarungen und damit für die Leistungsplanung mit der bzw. für die Führungskraft.

4.3. Leistungsplanung und Vergütung

4.3.1. Zielvereinbarungen für Vertriebsführungskräfte

Jack Welch, ein berühmter ehemaliger CEO von General Electric führte, „indem er Ziele vorgibt – und sie mit geradezu missionarischem Eifer verfolgt. Alle Manager werden ständig kontrolliert, nach ihren Qualitäten bewertet. Die Schwächsten feuert Welch. Aus Prinzip." (*Heute Erinnerung an eine Legende: Fehr, MM 11/1999, S. 279*)

„Ziele sind normative Aussagen von Entscheidungsträgern, die einen gewünschten, von ihnen und anderen anzustrebenden, zukünftigen Zustand der Realität beschreiben." (*Hauschildt* 1997, S. 269). Ziele versorgen das handelnde Individuum mit Energie. Keine Ziele oder falsche Zielvorgaben lenken Aufmerksamkeiten und Handlungen von Mitarbeitern in falsche Richtungen. Auf Dauer werden die Gesamtziele einer Organisation verfehlt. Wenn Ziele verschwimmen, sind Konflikte an der Tagesordnung. Von Vertriebsmitarbeitern, die auf Umsatzzielerreichung getrimmt und verprovisioniert werden, kann das Management nicht verlangen, dass sie aus freiem Antrieb auch noch Ergebnisziele verfolgen. Tun sie es trotzdem, ist das Ausdruck eines besonderen betriebswirtschaftlichen Verantwortungsdenkens.

Eine Zielproblematik wird im Vertrieb in dreifacher Weise deutlich; bei der **Zielvorgabe** durch die vorgesetzte Instanz, bei der **Akzeptanz** des Zieles durch den Ausführungsverantwortlichen und beim **horizontalen Abgleich** des Zieles auf gleicher hierarchischer Ebene:

(1) Das Management hat, soweit möglich, Ziele so vorzugeben, dass sich für die Mitarbeiter keine Dissonanzen (innere Zielkonflikte) ergeben. Die Theorie fordert zudem **Erreichbarkeit, Vollständigkeit, Eindeutigkeit, Überprüfbarkeit, motivierende Kraft** und **Fairness** bei den Zielvorgaben (vgl. *Hauschildt* 1997, S. 286–292; *Godefroid*, 2003, S. 287–288). Für die Mitarbeiter müssen strategische und operativ-taktische Ziele erkennbar sein (vgl. *Koreimann* 1999, S. 138), ebenso die Zusammenhänge um Ziel-/Mittelbeziehungen (vgl. *Goehrmann* 1984, S. 35 unter Bezug auf *Meffert*). Kundenbetreuung ist kein mechanistisches Arbeiten. Deshalb ist für den Vertrieb noch eine besondere **Zielflexibilität** zu fordern (z.B. Abweichen von ergebnisbezogenen Rabattvorgaben, um einen Großkunden an einem Lieferantenwechsel zu hindern). Bei visionär-realistischer Führung entwickeln sich angemessene Zielsetzungen aus der Team-Organisation heraus quasi von selbst.

(2) Passt eine unternehmerische Vision dagegen nicht zur Lage der Unternehmung und zur Firmenkultur, dann bleibt der Sinn von Zielsetzungen unklar, und sie wirken ggfs. kontraproduktiv. Übt eine Geschäftsführung z.B. stereotyp Kostensenkungsdruck aus, dann werden die Verkaufsmitarbeiter kaum Kundenzufriedenheits-Visionen verinnerlichen. Der Mitarbeiter muss sich mit den Zielen identifizieren und sich auf die fremdbestimmten Vorgaben motivieren können (**Aspekt der Loyalität**). Es gibt kaum Zielsetzungen, bei denen ein Mitarbeiter nicht firmenbezogene Ziele mit seinen persönlichen Interessen und Gefühlen in Einklang zu bringen hat.

(3) Auf hierarchisch-horizontaler Ebene geht es um die harmonische Verzahnung von Zielen zwischen den handelnden Personen und Funktionen der verschiedenen Unternehmensressorts. Hier prallen Bereichs-, Kunden- und Mitarbeiterinteressen aufeinander. Diesem Aspekt wird unter 4.4. ein gesonderter Abschnitt gewidmet.

Die theoretischen Grundlagen für Zielsetzungen und die Frage, welche Ziele überhaupt mit welchen Möglichkeiten und Grenzen für Vertriebsmitarbeiter sinnvoll sind, sollen hier nicht weiter vertieft werden (vgl. *Becker* 2002, S. 15–27, 107–134). Vielmehr wird direkt auf die Frage eingegangen, wie eine **konkrete Leistungsplanung** für einen Kundenbetreuer, z.B. im Regionalvertrieb, aussehen kann. Abb. 47 gibt ein Beispiel.

Schablonenhafte Führungsstile sind in der Praxis gescheitert. Über die vielen **Management by-**Konzepte redet heute kaum jemand mehr. Wenn schon, dann passt zur Erfolgsorientierung im Vertrieb am ehesten die Führungskultur des **Management by Objectives**, d.h. die **Führung durch Zielvereinbarung** (zur Diskussion weiterer Führungsstile und deren teilweiser Praxisferne (vgl. *Winkelmann* 2003, S. 106–108; vgl. *Volkmer/Reiter/Andreas*, Orthopädie-Technik 9/1999, S. 712–719). Im Rahmen der Jahresplanung werden mit dem Vertriebsmitarbeiter Ziele abge-

Jahresplanung für Ulrich Müller / Verkaufsgebiet VKB 1	
VKB-Marktanteil: Ziel	70%
entspricht Umsatz	6.370.000 €
Deckungsbeitrag	1.528.800 €
entspricht Durchschnittsrabatt	max. 8 %
Soll-Besuche	443 (450–500)
Umsatz Neuprodukte	800.000 €
VKB-Durchdringung (Anteil Kunden)	66%
d.h. Neukundenbestand steigern	von 65 auf 73
Aktives Bewerten und Beeinflussen der Kundenzufriedenheiten (Kundenzufriedenheitsindex > 5)	
Aktive Mitarbeit an Vertriebsplanung	
Beteiligung an Wettbewerbsbeobachtung	
Einhalten des Vertriebskostenbudgets für VKB-1	
Standleitung Hannover Messe 2003	

Abb. 47: Beispiel für Vereinbarungen im Rahmen einer Leistungsplanung mit einem Außendienstmitarbeiter (Planung 2003)

stimmt, die eben nicht nur Umsatz- und Besuchsvorgaben beinhalten. Auch das persönliche Engagement des Mitarbeiters an wichtigen strategischen und konzeptionellen Arbeitsvorgängen kann einbezogen werden; ebenso qualitative Faktoren wie **Kundenzufriedenheit** oder das **Weiterverfolgen von Kundenanregungen.**

Zeitgemäß ist der Weg, die Mitarbeiter-Leistungsplanung computergestützt durchzuführen. Die Ist-Daten liegen ja im EDV-System stets aktuell abrufbar vor. Das CRM-Programm *smartCRM* von *B&R* bietet der Vertriebsleitung und den Mitarbeitern jederzeit einen Überblick über den Stand der **persönlichen Zielerreichungen** (zu CRM s. Abschnitt 6.4.). Im Beispiel der Abb. 48 sind mit den Außendienstmitarbeitern Ziele für Kundenbesuche, für neue Kunden und Projekte sowie für Deckungsbeitrag und Umsatz vereinbart. Das *Soll* ist dabei auf die Jahresplanung ausgelegt. *Soll zeitnah* berechnet den unterjährigen Stand. Die Kreise am linken Rand leuchten rot oder grün, je nach positiver oder negativer Abweichung. Wenn eine Kundenmaske, wie die der Abb. 154, auch operationalisierte Kundenzufriedenheiten enthält, dann kann eine **computergestützte Leistungsplanung** selbstverständlich auch qualitative Zielgrößen für die MitarbeiterInnen in Vergütungsgrößen transformieren. Eine wertvolle Zusatzhilfe ist die **Minus- und Plusliste** im unteren Maskenbereich. Ein Klick und der Verkauf hat sogleich alle Kunden greifbar, bei denen Umsatz-, Ergebnis- oder Projektziele unter- bzw. übererfüllt sind. Das Maskenkonzept von *B&R* kann vom einzelnen Mitarbeiter losgelöst in ein absatzsegmentspezifisches **Benchmarking** überführt werden. Auf Abb. 417 in Abschnitt 10.9.5.c. wird verwiesen.

Der entscheidende Punkt ist, dass die Leistungsplanung im Vertrieb nicht im Zeichen der Effizienz stehen sollte, sondern im Zeichen von Mitarbeitermotivation und -förderung. Laut *Gallup* sind 85 % aller deutschen Arbeitnehmer unmotiviert bei der Arbeit, was der deutschen Wirtschaft zwischen 247 und 260 Mio. Euro im Jahr kostet (vgl. Hinweis in IT-Director 4/2004, S. 32).

Nichts motiviert mehr als ein Mitarbeitergespräch und das Gefühl, vom Vorgesetzten und von der Gruppe ernst genommen zu werden. Mindestens einmal im Quartal sollte deshalb mit dem Außendienstmitarbeiter wegen der Erfüllung seiner Leistungsplanung Rücksprache gehalten

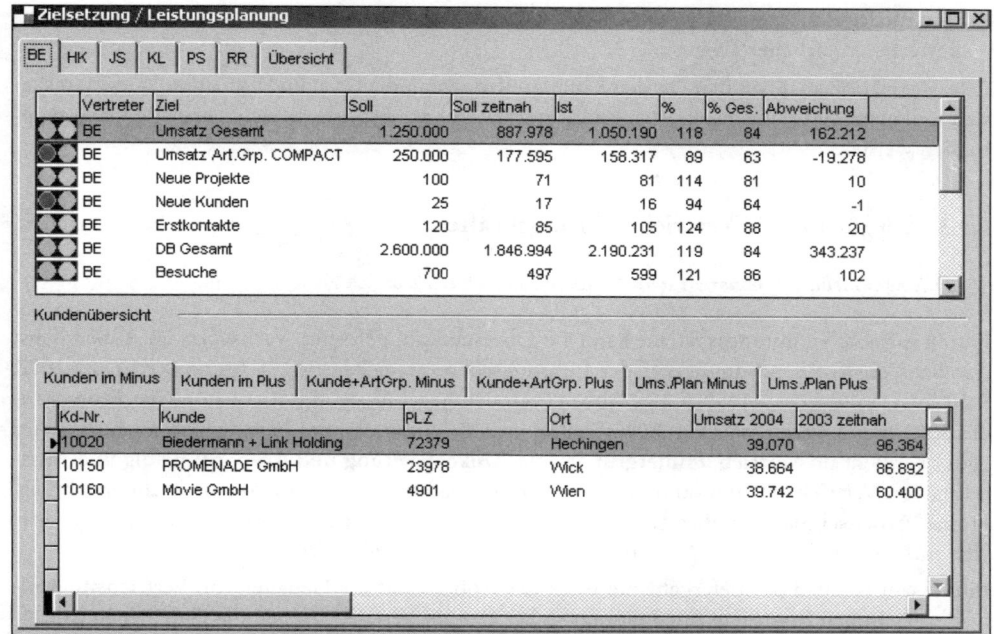

Abb. 48: Beispiel für eine Leistungsplanung im Rahmen von CRM/CAS-Systemen / smartCRM von B&R GmbH

werden. Doch erst das Gesamtbild aller Zielerreichungen wird am Jahresende zeigen, in welchem Umfang dem Mitarbeiter die bei der Planung ins Auge gefassten Sonderzahlungen (Leistungs- und Qualitätsprämien, Gratifikationen für Neukundengewinnung oder Erreichen von Produkt-mix-Vorgaben) zustehen. Dabei sind aus Motivationsgründen (zumindest auf den unteren Hierarchieebenen) auch unterjährige Zahlungen zu überlegen.

4.3.2. Anreizsysteme für Vertriebsführungskräfte

Anreizsysteme dienen zur Leistungsabgeltung und zur Motivation, also zum Leistungsansporn. Grundsätzlich werden unterschieden (vgl. im folgenden *Czech-Winkelmann* 2003, S.133–153; insbes. S.133):

Materielles Anreizsystem:

- **Obligatorische, direkt monetäre Entgeltsysteme**: Gehalt, gesetzliche und tarifliche Sozialleistungen, Zulagen und Zuschläge, gesetzliche und tariflich geregelte weitere Leistungen,
- **fakultative, direkt monetäre Entgeltsysteme**: Pensionszusagen, Abfindungsmodalitäten, Erfolgsbeteiligungen, Kapitalbeteiligungen (Stock Options), varable leistungsbezogene Vergütungen,
- **indirekt monetäre Entgeltsysteme**: Sachprämien, Sonderurlaub, PKW-Nutzung, Aus- und Weiterbildung,

Immaterielles Anreizsystem:

- Auszeichnungen, Belobigungen, Titel/Stellenbezeichnungen, Verantwortungen, Arbeitszeitgestaltung, Work-Life-Balance-Programm, Cafeteriasystem, Mitspracherechte, Kommunikation, Beurteilungsgespräche, Arbeitsplatzausstattung, Aus- und Weiterbildung, Verkaufswettbewerbe, Mitarbeiter-Events.

Alle Motivationsmaßnahmen werden kaum greifen, wenn die fixen und variablen Vergütungsbestandteile von den Führungskräften und Mitarbeitern im Vertrieb als nicht (markt)gerecht empfunden werden.

4.3.3. Vergütung für Vertriebsführungskräfte

„Letztlich geschieht, was honoriert wird." (Homburg/Werner 1998, S. 200)

Durch variable Vergütungssysteme kann das Jahreseinkommen eines Verkäufers im Außendienst durchaus die Größenordnung auf der Führungsebene erreichen (vgl. *Scheepers*, FAZ 1.7.2002, S. 19 sowie salesprofi 9/1999, S. 18). Abb. 49 mit den Ergebnissen der **Kienbaum-Vergütungsstudie 2004** (ausgewertet wurden 3.086 Stellen in 207 Unternehmen) belegt dann auch: Es wird „gut" verdient im Vertrieb. Hintergründe sind **Risikoabgeltung und Ansporn**: Erfolg und Misserfolg von Vertriebsführungskräften und Außendienstmitarbeitern sind relativ leicht ersichtlich. Hoher Arbeitseinsatz – hohes Risiko – nachweisbarer Erfolg: diese Wirkungskette begründet eine entsprechend attraktive Abgeltung von Arbeitsleistungen im Verkauf.

Interessant ist auch der tiefergehende Blick der Abb. 50 auf die Gehälter von Vertriebsfunktionen in wichtigen Branchen. Für Leitungsfunktionen im Vertrieb reichen die Gehälter in Einzelfällen bis über 260 TEUR. 17 Prozent der Führungskräfte verdienen mehr als 110 TEUR. Bei

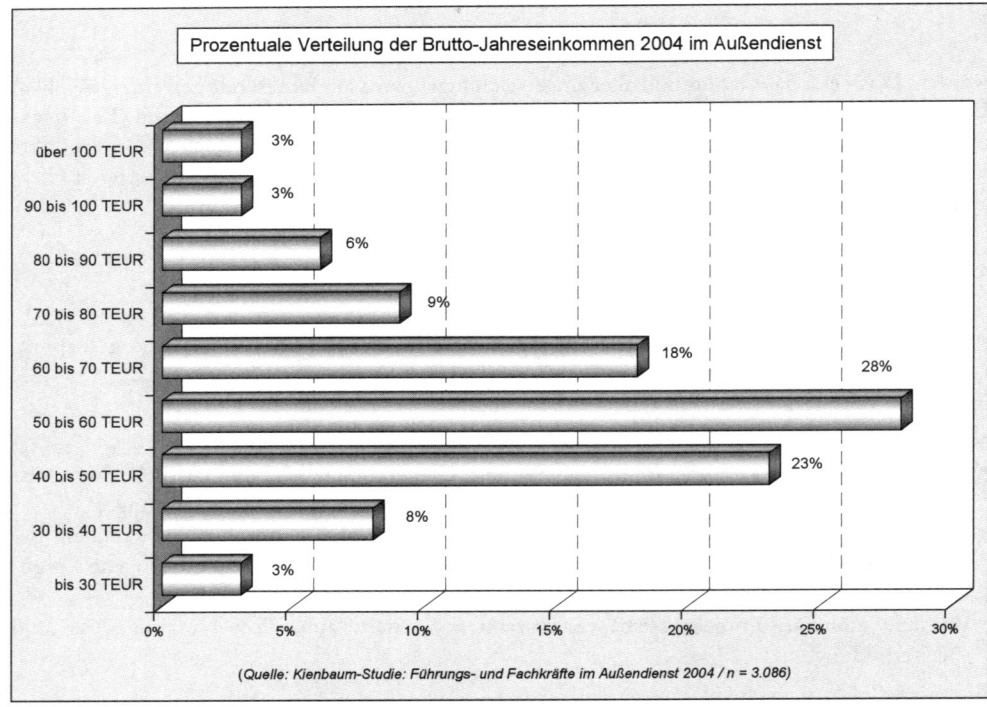

Abb. 49: Ergebnisse der Kienbaum-Vergütungsstudie 2004

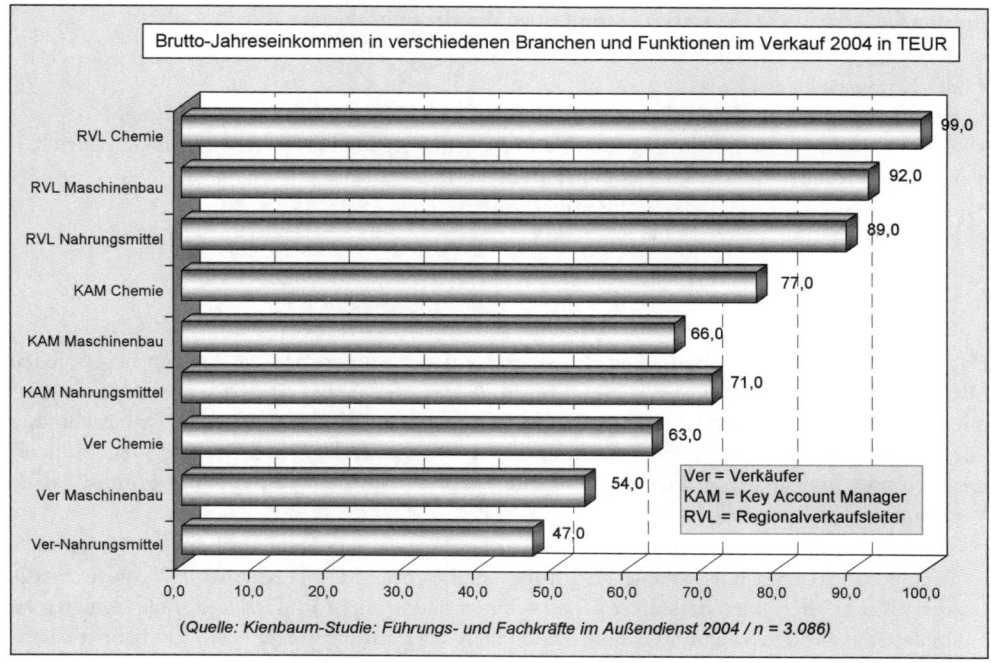

Abb. 50: Ergebnisse der Kienbaum-Vergütungsstudie 2004

den Nicht-Führungskräften sind die Key Account Manager vergleichsweise hoch dotiert (im Durchschnitt 72 TEUR). Fachkräfte im Außendienst in Investitionsgüter- oder Technologiebranchen (wie z.B. der Elektrotechnik oder IT/Telekommunikation) werden trotz diverser Firmenzusammenbrüche z.T. deutlich höher vergütet als ihre Kollegen in konsumnäheren oder tendenziell weniger Know-how-intensiven Branchen wie z.B. der Textil- oder der Nahrungsmittelindustrie.

Eine absolut objektive und gerechte Entlohnung bleibt Illusion. Es gibt hierzu keine verbindlichen Maßstäbe. Mit den Zielen einer **möglichst fairen Bezahlung** und einer **Verhinderung von Fluktuation** erstellen die Unternehmen **Vergütungssysteme**. Der Mitarbeiter soll den Rahmen kennen, in den er und seine Kollegen eingefügt sind und wie sie sich weiterentwickeln können. Sonst werden Gehälter leicht nach Gutdünken des Chefs „verteilt". Generell sollte ein **Vergütungssystem** (vgl. *Weis* 2000, S. 300):

- integrierter Bestandteil eines Marketingkonzeptes sein,
- sich als Steuerungs- und Lenkungssystem eignen und somit
- den Verkäufer veranlassen, auf die Erfüllung der Absatz-, Umsatz- und Ertragsziele hin zu arbeiten,
- ihm das Gefühl einer Entgeltgerechtigkeit vermitteln (faire Bezahlung),
- ihm ein Gefühl von Sicherheit geben,
- seine Leistung und seinen Marktwert widerspiegeln,
- übersichtlich, transparent und flexibel sein,
- in der Abwicklung einfach und kostengünstig sein und
- zur Zukunftssicherung der Unternehmung beitragen.

Im einzelnen hängt die **Gesamtvergütung eines Vertriebsmitarbeiters** ab von

- dem vergleichbaren Gehaltsniveau der Branche,
- der Ertragslage der Firma,
- dem Umfang seiner Verantwortung für Umsatz, Ergebnis und Mitarbeiterführung,
- der Komplexität von Leistungsangebot und Aufgabenstellung im internen Firmenvergleich,
- seinen Leistungen und Zielerreichungen in der Vergangenheit,
- der persönlichen Akzeptanz seitens seiner Vorgesetzten,
- seiner Reputation im Markt bei den Kunden,
- den Jahren seiner Betriebszugehörigkeit,
- und u.U. auch – wenn er „gefragt" ist – von Angeboten der Konkurrenz
- und seiner Durchsetzungskraft sowie seiner Risikofreude bei Gehaltsverhandlungen.

Das **Dilemma bei Gehaltsgesprächen**: Einerseits will der Vorgesetzte die Leistung eines jeden Mitarbeiters individuell honorieren und fördern. Andererseits muss aus Kostengründen ein normierender Rahmen angestrebt werden. Hinzu kommen Restriktionen, die einer Unternehmung kurz- und mittelfristig durch Konjunktur und Ertragslage auferlegt sind. Auf der Suche nach einer gerechten und tragbaren Leistungsabgeltung haben sich in der Praxis einige grundsätzliche Vergütungsansätze herauskristallisiert:

(1) **Festgehaltssystem**: Von den Verkäufern werden heute – wie bereits schon vor 10 Jahren – knapp 20 Prozent ohne variable Vergütungsanteile entlohnt. Die *Kienbaum*-Vergütungsstudie erkennt allerdings, dass diese Unternehmen häufig nicht in der Lage sind, Gehälter zu bieten, die mit den Salären und Bonuszahlungen der Leistungsträger im Markt Schritt halten können. Denn hier tragen die Unternehmen allein das Risiko hoher (Fix-)Gehälter, während die Bonuszahlungen im Sinne von variablen Kosten mit den Leistungen der Mitarbeiter „atmen" können. Das Festgehaltssystem beruht auf folgendem **Denkansatz**: Um die Planzahlen zu erreichen, erbringt der Vertriebsmitarbeiter eine 100prozentige Leistung und erhält dafür ein fixes, marktgerechtes Gehalt. Das Motto: 100 Prozent Gehalt für 100 Prozent Leistung. Festgehälter bieten sich an, wenn im Rahmen der Kundenbetreuung die **Beratungstätigkeit** überwiegt, Verkaufsprozesse über lange Zeiträume laufen, sich Verkaufsleistungen nur schwer den einzelnen Mitarbeitern zuordnen lassen und wenn starke zeitliche Absatzschwankungen bestehen (bei Saisonartikeln). Probleme treten bei (dauerhafter) Planunterschreitung auf, weil dann die Nachteile einseitig zu Lasten der Firma gehen. Beim Einsatz von Festgehaltssystemen unterliegen Verkaufsleiter immer wieder der Verlockung, durch die Einführung von Umsatzprovisionen bei den Verkäufern (kurzfristige) **Motivationsschübe** auszulösen.

(2) **Umsatz- und deckungsbeitragsbezogene Provisionssysteme** enthalten zusätzlich zur Sicherung des Festgehaltes einen impliziten **Anreiz- und Bestrafungsmechanismus**. Der Mitarbeiter kann ein (tendenziell niedrig) bemessenes Fixum durch das Überschreiten bestimmter Zielgrößen steigern. Im Vordergrund stehen Provisionen in **Prozent vom Umsatz** (die Regel bei Handelsvertreter-Vergütungen). Abb. 51 stellt die üblicherweise vorgebrachten Vor- und Nachteile von (Umsatz)Provisionssystemen gegenüber. Um „übersteigertes Umsatzbolzen" zu verhindern, sollten Provisionssätze degressiv gegen eine Höchstgrenze wachsen. Damit die Verkäufer nicht nur die problemlosen Umsatzrenner forcieren, sollten Provisionssätze nach Produktgruppen gesplittet werden; mit besonders **attraktiven Sätzen für Neuprodukte**. Unter der Zielsetzung einer **Produktsteuerung** können Provisionen auch auf **Produktdeckungsbeiträge** hin ausgerichtet werden. Um der Gefahr nicht vollkostendeckender Preise vorzubeugen, sollten **Mindestverkaufspreise** fixiert sein. In der Praxis scheitert eine deckungsbeitragsbezogene Vergütung oft daran, dass die Unternehmen Erträge und Aufwän-

VOR- UND NACHTEILE EINER VERPROVISIONIERUNG NACH UMSATZ	
Vorteile	**Nachteile**
• einfach zu berechnen • für die Mitarbeiter leicht nachvollziehbar • Umsatz ist finanzwirtschaftlich relevanter Erfolgs-maßstab • Provisionen haben Charakter von variablen Kosten • relativ einfache Anpassung an veränderte Marktbe-dingungen • Sicherung von Besitzbeständen • wenig Risiko der Weitergabe von Betriebsgeheimnis-sen an Wettbewerber (z.B. Verkäuferwechsel) • deshalb gut geeignet zur Abgeltung von Leistungen von Handelsvertretern • bei der Einführung von Umsatzprovisionen ist (kurz-fristig) Motivationsschub zu erwarten	• Umsatz ist nur ein Erfolgskriterium unter mehreren • z.B. wird Ergebnisseite vernachlässigt • Verkauf forciert Produkt-Umsatzrenner und problemlose Produkte • Verkauf vernachlässigt Beratung und Marketing • Verkauf forciert eingeführte Produkte und vernach-lässigt Neuprodukte • Verkauf vernachlässigt Neukundenakquise • keine Produktsteuerung möglich (Ausnahme: diffe-renzierte Provisionssätze) • Benachteiligung von Außendienstmitarbeitern in strukturschwächeren Regionen • Provisionen sind stark konjunkturabhängig • Unzufriedenheit im Backoffice, das sich für den Umsatz mit verantwortlich fühlt

Abb. 51: Vor- und Nachteile der Umsatzverprovisionierung

Abrechnung März *Herr Gerz* Vertreter Bayern	Cimat-303		Climat-2000	
	Umsatz	**245.630,00 €**	**Umsatz**	**87.500,00 €**
	Neukunden	10.200,00 €	Neukunden	4.250,00 €
	Mittelwert Ist-Rabatt	8,3%	Mittelwert Ist-Rabatt	11,5%
Basisprovision bis 2%	1,0%	-	1,0%	-
wenn MW Ist-Rabatt 2–10%	0,5%	1.228,15 €	0,8%	
wenn MW Ist-Rabatt 11–20%	0,3%	-	0,5%	262,50 €
Neukundenprovision	1,5%	153,00 €	2,0%	85,00 €
Provisionen Produktgruppen		*1.381,15 €*		*347,50 €*
Gesamtprovision	1.728,65 €			
Festgehalt	4.000,00 €			
Gesamtgehalt	**5.728,65 €**	*(MW Ist-Rabatt = Mittelwert der eingeräumten Rabatte)*		

Abb. 52: Beispiel für eine Provisionsabrechnung

dungen nicht einzelnen Außendienstmitarbeitern zurechnen können (vgl. *Weiss* 2000, S. 303) und dass die Unternehmensleitung die Verkäufer hinsichtlich der Gewinne im Unklaren lassen will. Abb. 52 bietet ein Beispiel für eine Provisionsabrechnung, bei der der **Umfang der vom Außendienstmitarbeiter gewährten Preisnachlässe** und sein **Erfolg bei der Einführung neuer Produkte** mit honoriert werden. Nach *Kienbaum* sind 29 Prozent aller Außendienstler in Provisionssysteme einbezogen.

(3) **Prämiensysteme** bieten den Verkaufsmitarbeitern für besondere, definierte Leistungen (vor allem für besondere Zielerreichungen) zusätzliche Gehaltsbestandteile zum Festgehalt. Abb. 47 hat bereits gezeigt, wie Leistungskriterien in die Zielvereinbarungen mit dem Mitarbeiter aufgenommen werden können. 2004 bezogen ca. dreißig Prozent aller Außendienstmitarbeiter Prämien. Ihr Anteil an den Gesamtbezügen bleibt jedoch mit nur 12 bis 16 Prozent deutlich hinter den Provisionen zurück (vgl. *Scheepers*, FAZ 1.7.2002, S. 19). Die Tendenz ist steigend. Die Modalitäten für die Prämiengewährung werden zwischen Vorgesetzten und Mitarbeitern im Rahmen der **jährlichen Leistungsplanungen** im voraus ausgehandelt. Neben **Festbetragsregelungen** (als Einzel- oder Teamprämien) kommen **Punktbewertungs-**

verfahren zum Einsatz. Prozentuale Leistungserfüllungsgrade bewirken dann variable Endprämien. **Verkaufswettbewerbe** mit dem Ziel von Gehaltsaufbesserungen werden nur von 17 Prozent der Unternehmen durchgeführt. Die Incentive-Zahlungen sind als Prämien zu verstehen. Abb. 53 listet gängige Prämienformen auf. Die klassischen Beurteilungsmaßstäbe für Vertriebsmitarbeiter kommen immer stärker auf den Prüfstand. Erweiterte Bemessungsgrundlagen werden vorgeschlagen, z.B. (vgl. *Bastian* 2000, S. 310–313):

- Leistungsdimension **Kooperation** (Teamprämien, Poolprovisionen),
- Leistungsdimension **Weiterentwicklung und Lernen**,
- Leistungsdimension **Kundenzufriedenheit und -bindung**,
- Leistungsdimension **unternehmerisches Denken und Handeln**.

(4) Team-Selling liegt im Trend. Demzufolge gehen immer mehr Unternehmen dazu über, die Motivation von Innen- und Außendienstgruppen durch Sonderzahlungen zusätzlich zum Festgehalt zu steigern. Bereits 38 Prozent der Unternehmen gehen so vor.

Formen und Ziele von Prämiengewährungen	
Art der Prämie	gewährt bei
• Kontaktprämie • Auftragsprämie • Verkaufsquoten-Prämie • Neukundenprämie • Produkteinführungsprämie • Aktionsprämie • Aktivitätsprämie • Einarbeitungsprämie	⇨ Erreichen einer bestimmten Zahl von Kontakten, Kundenbesuchen ⇨ Erreichen einer bestimmten Zahl von Aufträgen ⇨ Erreichen einer bestimmten Zahl von Abschlüssen für bestimmte Produkte ⇨ Gewinnung einer bestimmten Zahl von Neukunden oder von bestimmten Neukunden ⇨ Erreichen eines bestimmten Absatzes oder Umsatzes für neue Produkte ⇨ Erreichen bestimmter Ziele im Zusammenhang mit Marketingintegration ⇨ Mitarbeit an bestimmten Aktionen, Übernahme besonderer Aufgaben ⇨ Mehrarbeit für die Einarbeitung eines neuen Mitarbeiters
(in Anlehnung an Witt 1996, S. 23)	

Abb. 53: Beispiele für Formen und Ziele von Prämiengewährungen

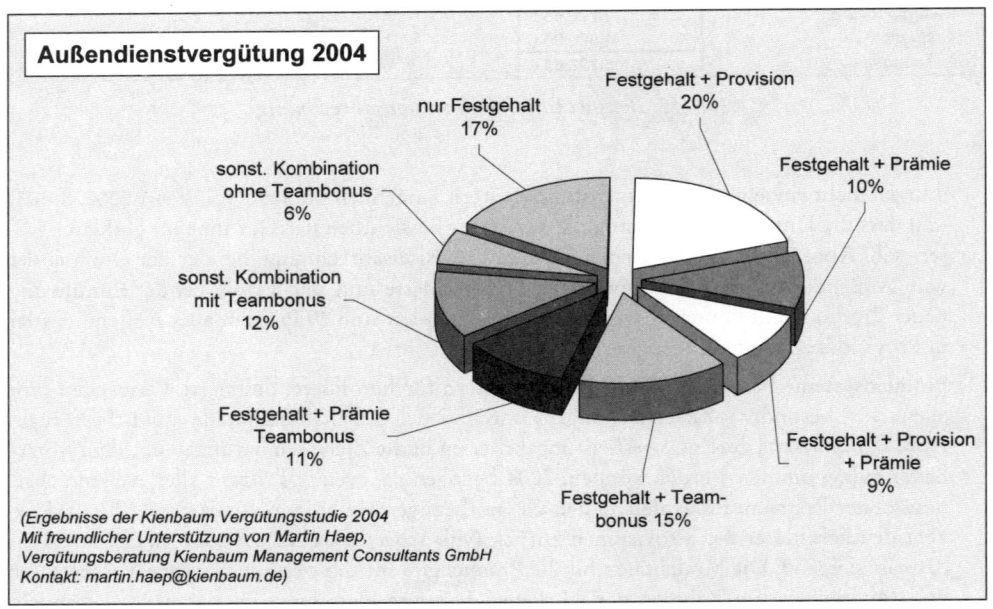

Abb. 54: Ergebnisse der Kienbaum-Vergütungsstudie 2004

Abb. 54 zeigt die Spielarten von Außendienstvergütungen nach der *Kienbaum-Vergütungsstudie* noch einmal im Überblick. In der Praxis dominieren mit 83 Prozent Mischformen mit variablen Vergütungsregelungen; basierend auf kaufmännischen Bemessungsgrundlagen. Dominierten früher klassische Provisionsregelungen, so liegt jetzt der Teambonus im Trend.

Die **variablen Gehaltsbestandteile** (die **Tantiemen**) der Vertriebs- bzw. Verkaufsleiter liegen heute in einer Bandbreite zwischen 15 und 40 % vom Jahreseinkommen (vgl. *Krah,* salesprofi 10/1998, S. 30). Der Anteil ist steigend. Aus der *Towers Perrin Datenbank* werden aktuelle Zahlen zur Verfügung gestellt, wobei auch Durchschnittsvergütungen in der Abb. 55 angegeben sind (vgl. *Ewert,* ASW 5/2004, S. 33–34; *Minten,* salesBusiness 10/2004, S. 14):

VERGÜTUNG UND NEBENLEISTUNGEN IM VERTRIEB							
	Einsteiger	*Kompetenter Verkäufer*	*Erfahrener Verkäufer*	*Senior-Verkäufer*	*Top-Verkäufer*	*Gebiets- / Produkt-verkaufsleiter*	*Regional- / Sparten-verkaufsleiter*
Grundvergütung	35.400 €	45.100 €	57.900 €	70.000 €	85.400 €	90.900 €	105.000 €
Gesamtvergütung	53.200 €	72.200 €	94.100 €	114.400 €	134.000 €	126.800 €	154.400 €
Variabler Anteil	34%	38%	39%	39%	36%	29%	32%

Abb. 55: Vergütungen und Nebenleistungen im Vertrieb (Quelle: ASW 5/2004, S. 33)

Nach einer Umfrage des Bad Homburger Beratungsunternehmens *MC Personalmanagement GmbH* bei 500 Führungskräften orientiert sich das variable Gehalt eines Vertriebsleiters zu 25,7 % am Umsatz, 66,1 % am Ergebnis, und 8,2 % orientieren sich an qualitativen Erfolgsgrößen wie z.B. Kundenzufriedenheit. 40,3 %, 35 % und 23,7 % lauten die entsprechenden Anteile für Marketingleiter, deren variable Gehaltsbestandteile allerdings deutlich unter denen der Führungskräfte im Vertrieb liegen (vgl. den Hinweis in *VLS-Verkaufsleiterservice* v. 3.11.2001, S. 1).

70 % der Vertriebsmitarbeiter und 78 % der Vertriebsführungskräfte kommen in den Genuss einer betrieblichen Altersversorgung. Dabei dominieren die **Direktversicherung** bei 55 % der Vertriebsmitarbeiter und die **Pensionszusage** bei 65 % der Vertriebsleiter (vgl. *Minten,* salesBusiness 10/2004, S. 14).

Wie denken die Manager selbst über ihre Vergütungssituation? Eine Untersuchung von 157 Führungskräften im Jahr 1997 deckte Wünsche auf, die bestimmt unverändert aktuell sind (vgl. *Becker/Kramarsch,* Personalwirtschaft 4/1998, S. 49):

(1) Führungskräfte fordern höhere variable Vergütungen.
(2) Führungskräfte fordern neben dem Erfolgsbezug auch eine Belohnung ihrer individuellen Leistungen (Wunsch nach qualitativen Bewertungsmaßstäben).
(3) Führungskräfte fordern individuelle, selbst beeinflussbare Erfolgsgrößen.

Der letzte Punkt ist Ausdruck eines Dilemmas. Die konventionellen Führungskräftebeurteilungen richten sich unverändert an Umsatz und Ergebnis aus. **Es ist aber nicht (immer) so, dass sich die Leistung der Führungskräfte und Kundenbetreuer unmittelbar im Umsatz niederschlägt.** Deshalb geraten die konventionellen Vergütungsmethoden in die Kritik:

(1) Nach *Sprenger* führen Provisionssysteme zu einer „*Geröllhalde des Misstrauens*". Mit der Unterstellung, dass die Mitarbeiter ohne Provision keine 100prozentige Leistung erbringen, wird die Unternehmung bei der Planung tendenziell hoch- und der Mitarbeiter tendenziell tiefstapeln (pokern) (vgl. *Sprenger* 1992, S. 38, S. 166). Verkaufsleiter nehmen Pufferfunktionen zwischen den Verkäufern und der Geschäftsleitung wahr, um das „Mauern" zu verhin-

dern. Bei zunehmend gesättigten Märkten stoßen **Provisionssysteme daher immer mehr auf Ablehnung.** Damit die Unternehmensplanung insgesamt erfüllt wird, müssen alle Kundenbetreuer ihre Vorgaben erreichen. 100prozentige Zielerreichung genügt. Und dafür wird dem Mitarbeiter ein Marktwert vergütet. Ein Trend geht zu einem Mix von marktgerechten Festgehältern mit variablen Gratifikationen in Abhängigkeit vom Unternehmensgewinn. Darüber hinaus werden **Leistungsprämien** gezahlt, wenn der Mitarbeiter in der jährlichen Leistungsplanung vereinbarte Zusatzziele erfüllt. Man will den Mitarbeiter an einem zusätzlich erreichten (oft fiktiven) Deckungsbeitrag beteiligen. Alle Überlegungen gehen dahin, aus dem Teufelskreis der umsatzabhängigen Provisionen herauszukommen.

(2) *Homburg* fordert, die Kundenzufriedenheit in die Verkäufervergütungen einzubeziehen und zitiert Unternehmen wie z.B. die *Bank of Boston, Xerox, Hallmark* (vgl. *Homburg/Werner* 1998, S. 200–208). In einer empirischen Befragung hat er festgestellt, dass nur 2 von 100 Großunternehmen die **Kundenzufriedenheit** bei der Bemessung der variablen Gratifikationen berücksichtigen. *„Kundenorientierung als leistungsbezogener Vergütungsfaktor ist in den Vertriebsetagen deutscher Unternehmen noch rar gesät. Vielen Führungskräften fehlt deshalb oft die Motivation für kundenorientiertes Verhalten."* (*Homburg*, zit. in *Krah*, salesprofi 10/1998, S. 28) Als Gründe für diese **strategische Schwachstelle** werden u.a. angeführt: falsche Einstellungen der Top-Manager, die schwere Messbarkeit der Kundenzufriedenheit, das Konfliktpotenzial gegenüber dem Betriebsrat. Beispielsweise geht *Nestlé* den Weg, Zielvereinbarungen und Prämien für die Kundenorientierung bei den leitenden Key Account Managern einzuführen.

Daraus ergeben sich drei kritische Fragen:

(1) Wie verhält sich ein zufriedener Kunde? Er bleibt im Normalfall seinem Lieferanten treu. Er dokumentiert dies durch Bestellungen (Es sei denn, er ist hart gebunden. Dann ordert er auch im Falle von Unzufriedenheiten mit der Lieferantenleistung). Sind nicht die nachweisbaren Erfolgszahlen einer Geschäftsbeziehung der beste Beweis für zufriedene Kunden?

(2) Liegt denn die Kundenzufriedenheit allein in der Hand des Betreuers? Ist die Kundenzufriedenheit nicht ein Konglomerat aus der Zufriedenheit des Käufers mit dem Produkt, mit dem Image und der Performance des Lieferanten sowie der persönlichen Betreuungsqualität als eine Größe unter mehreren? Kann man erwarten, dass ein Kunde sich (auch bei bester Betreuung) zufrieden zeigt, wenn Beanstandungen und andauernde Lieferverzögerungen seinen Einkäuferalltag trüben? Soll der Außendienstmitarbeiter dann für derartige Unzulänglichkeiten doppelt bestraft werden, denn er hat ja wohl ohnehin Umsatz- und damit Provisionseinbußen zu befürchten?

(3) Wie könnten sich Kundenbetreuer eventuell verhalten, um die Zufriedenheit ihrer Kunden „über das Knie zu brechen", wenn es um ihre Einkommen geht? Kann es passieren, dass sie Entscheidungen zu Gunsten der Zufriedenheit ihrer Kunden und zu Lasten ihrer Arbeitgeber treffen – im Stillen, im Kleinen, unterhalb der Aufmerksamkeitsschwelle des Controlling? *„Immer wenn Bonuszahlungen von Zufriedenheitsmessungen ohne Verbindung mit Wiederkaufloyalität und Gewinnen abhängen, ist das Ergebnis unproduktives Verhalten."* (*Reichheld* 1997, S. 280)

Folglich sind **an ein kundenorientiertes Vergütungssystem hohe Anforderungen** zu stellen; z.B. Zurechenbarkeit der Kundenurteile zu der Betreuungsleistung, Flexibilität und Akzeptanz (vgl. *Homburg/Werner* 1998, S. 201). Außerdem möchten wir auf Grund jahrelanger Erfahrungen im Geschäftskundenvertrieb feststellen, dass nicht nur die Kundenbetreuer, sondern in starkem Maße auch das Management und die Unternehmensorganisation die Kundenzufriedenheit beeinflussen. **Kundenbetreuer biegen gerade, was die Zentrale krümmt.** Und werden oft noch bestraft, wenn der Kunde Unmut äußert. Deshalb führen progressive Unternehmen zunehmend in der Gesamtbelegschaft vernetzte (variable) Vergütungskomponenten ein, die sich an den Ergebnissen der Kundenzufriedenheitsmessungen orientieren; so eine Erfahrung der Personalberatung *APC*.

Nicht selten behindern **betriebliche Schnittstellenprobleme** die Zielerreichung des einzelnen Kundenbetreuers.

4.4. Vertriebsrelevante Spannungsfelder und Schnittstellen

4.4.1. Aufdecken von Schnittstellen und Ursachensuche

„Was die Sache noch schlimmer machte, war, dass es praktisch keinen Kontakt zwischen den beiden Bereichen (Vertrieb und Herstellung) gab. Die Leute von der Fertigung bauten Autos, ohne je Rücksprache mit den Leuten vom Vertrieb zu halten. Sie bauten sie einfach, stellten sie dann auf eine Halde und hofften, dass jemand sie dort abholen würde. Das Ergebnis war ein riesiger Lagerbestand und ein finanzieller Alptraum.“ (Iacocca/Novak 1987, S. 198)

Beim Aufbau und im Laufe des Wachstums einer Organisation wird Arbeitsteilung unausweichlich. Viele Unternehmen sind in Lähmung erstarrt, weil der Chef glaubt, alles allein machen zu können. Mit zunehmender Menge und Komplexität der Abläufe werden

(1) gleichartige Vorgänge (Verantwortungen) auf mehrere Personen in einer Abteilung (im gleichen Funktionsbereich) aufgeteilt,
(2) unterschiedliche, spezialisierte Ressorts (Verantwortungsbereiche) gebildet und die durch die Unternehmung laufenden Prozesse durch diese Ressorts geleitet,
(3) Führungsinstanzen (Vorgesetztenstellen) für die Ressorts geschaffen, die für eine harmonisierende Abstimmung, Planung und Kontrolle innerhalb ihrer Bereiche zu sorgen haben.

Daraus können sich **Zielkonflikte** und **Abstimmungsprobleme** und als Konsequenz **Zeit- und Ressourcenverluste** (Verschwendungen) ergeben, wenn

(1) Vorgänge in gleichen Verantwortungsbereichen von Mitarbeitern mit unterschiedlichen Qualitäten und mit unterschiedlichen Geschwindigkeiten erledigt werden,
(2) Zielkonflikte bei der Übergabe von Vorgängen von einem Ressort an ein anderes auftreten (Bsp.: Ziel des Vertriebs sind technische Sonderlösungen zum Vorteil des Kunden, Ziel der Fertigung sind homogene und problemlose Produkte für möglichst große Losgrößen) und wenn
(3) unterschiedliche Mentalitäten und Führungsstile auf Vorgesetztenebenen aufeinandertreffen.

Diese Spannungsfelder erschweren den Vertriebsalltag. In Punkt (2) ist noch ein besonderes Problem verborgen: die **Schnittstellenproblematik** (vgl. *Schütz* mit seinem **Haus der Bruchstellen**, 2003, S. 23; *Schütz*, Sonderausgabe ASW 2002, S. 32 ff.; *Becker* 2002, S. 845; *Kotler/Bliemel* 2001, S. 1254–1262; *Meffert* 1998, S. 25). Der Begriff Schnittstelle stammt aus der Systemtheorie und bezeichnet die Übergangspunkte zwischen Teilsystemen bzw. Systemkomponenten. Aus Sicht des Vertriebsressorts sind grundsätzlich zu unterscheiden (Abb. 56):

- **Intraabteilungs-Schnittstellen:** Schnittstellenkonflikte zwischen einzelnen Regionalbüros oder zwischen Inlands- und Auslandsvertrieb bei international operierenden Kunden, typische Konflikte im Zusammenspiel zwischen Key Account Management (Großkundenbetreuern) und Flächenvertrieb speziell bei Großkunden, die sowohl von der Zentrale aus wie auch

Abb. 56: Die Schnittstellenfelder des Vertriebs

in der Fläche betreut werden müssen, Schnittstellenkonflikte zwischen Außendienst und Innendienst, zwischen Stammhausverkauf und Vertriebspartnern wie auch zwischen Verkauf und Servicetechnikern,

- **Intraressort-Schnittstellen** zwischen Marketing und Vertrieb: Schnittstellenkonflikte zwischen Verkauf und Produktmanagement, Verkauf und Verkaufsförderung, Verkauf und Werbung,
- **Extraressort-Schnittstellen**: Schnittstellenkonflikte zwischen Marketing/Vertrieb gegen die Interessen von F&E, Beschaffung, Fertigung, evtl. Qualitätssicherung und Logistik (Lager, Versand, Transport) und letztlich
- **Hierarchie-Schnittstellen**: vertikale Schnittstellenkonflikte zwischen Verkaufsleiter (falls er nicht Mitglied der Geschäftsführung ist) und Geschäftsführung/Vorstand.

Nach einer Studie von *Bußmann* und *Rutschke* sind nur 12 Prozent aller Konflikte abteilungsbedingt. 25 Prozent gehen auf die Zusammenarbeit mit dem direkten Vorgesetzten zurück, und immerhin 63 Prozent erweisen sich als Schnittstellenprobleme zwischen verschiedenen Organisationseinheiten (*Bußmann/Rutschke* 1996, S. 20).

Abb. 57 skizziert weiterführend typische Schnittstellen und Konfliktfelder (zu typischen Fragen an wichtigen koordinativen Schnittstellen s. auch *Becker* 2002, S. 849). Was können die Ursachen für die Reibungsverluste an Schnittstellen sein? Und **warum bekommen Kundenvorgänge in vielen Unternehmen auf Grund interner Querelen oft so wenig Unterstützung?**

Ursachenbereich-1: divergierende Zielsetzungen

❶ *Die Geschäftsleitung fordert 15 % Umsatzsteigerung über 3 Jahre. Mehr Personal wird dem Vertrieb aber nicht gebilligt. Das Kostenbudget muss gehalten werden*: So ein aktueller Praxisfall in einer Telekommunikationsfirma. Oder, wie *Belz* und *Reinhold* feststellen: „*Oft wird der Vertrieb weniger als Effizienzfaktor, sondern mehr als Kostenfaktor empfunden und steht unter zunehmendem Druck der obersten Leitung.*" (*Belz/Reinhold* 1999, S. 54). Der Konflikt zwischen dem nach marktorientierter Unternehmensverantwortung drängenden Verkaufsleiter auf der 2. Ebene und dem Aufsichtsrat, Banken und Bilanzen verantwortlichen Geschäfts-

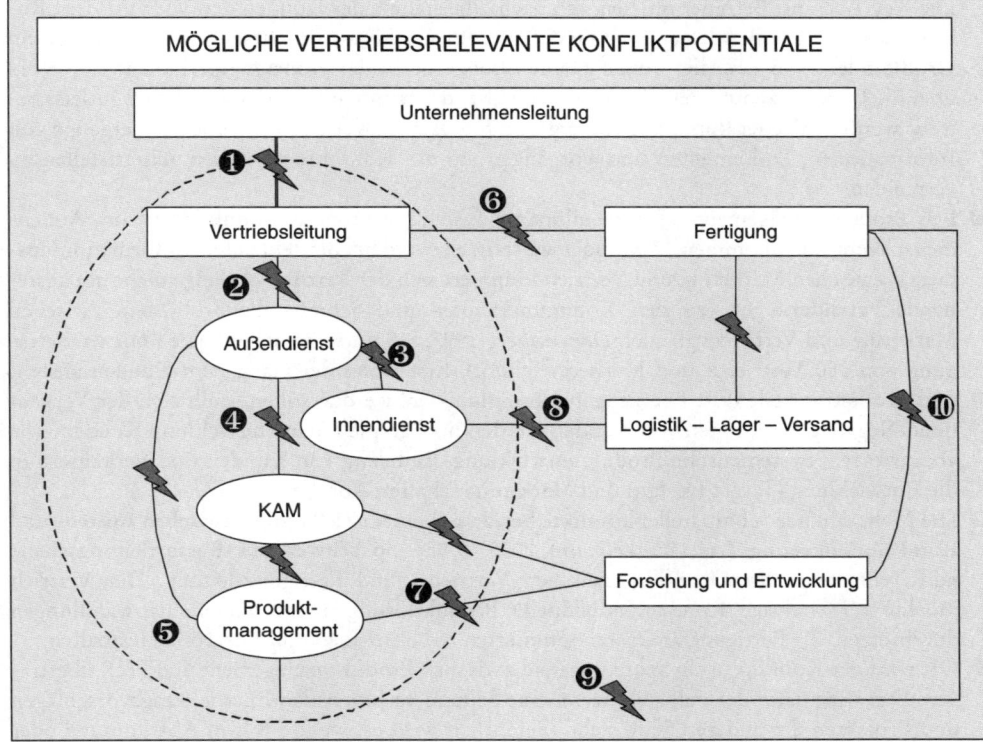

Abb. 57: Zehn vertriebsrelevante Konfliktfelder

führer, nicht selten Techniker oder Controller, tritt zutage. Da haben es schon die Vertriebsorganisationen leichter, deren Chef zum Top-Management gehört. Der **Ausweg aus dem Dilemma**: Ein planvoller Vertrieb, der seine Marktinvestitionen begründen und sich als Garant für eine gesunde Finanz- und Bilanzlage beweisen kann.

❷ Eine typische Spannungssituation, die in gleicher Weise negative Konsequenzen für die Zusammenarbeit der Geschäftsführung mit der Vertriebsleitung hat, ergibt sich durch die Vorgabe an den Außendienst, im Markt gleichzeitig Umsatz- und Preiserhöhungen zu erreichen. Theoretisch kann die Vorgabe nur im unelastischen Bereich einer Preis-Absatzfunktion greifen, wenn die prozentuale Preiserhöhung den prozentualen Mengenrückgang übersteigt. Die Preisreaktionen werden in der Praxis aber, wenn überhaupt, nur gefühlsmäßig abgeschätzt. Und selbst wenn der Außendienst erfolgreich operiert und den Umsatz steigert, die Mengen-, sprich Kundenverluste müssen in Kauf genommen werden. Folglich wird sich der Außendienst wegen der Kundenverluste rechtfertigen müssen. Zieldivergenzen dieser Art sind ohne Kenntnis der betriebswirtschaftlichen Zusammenhänge nicht lösbar.

❸ Zwischen Außen- und Innendienst gärt oft Neid: *„Ihr da draußen – wir hier drinnen"*, und: *„Wir sind doch nicht die Sekretärinnen der Verkaufsfürsten"*. Diese Klischees sind in der Tat dort anzutreffen, wo schwache Vertriebsleiter vorstehen und wo das Konzept einer gemeinsamen Kunden- und Erfolgsverantwortung (**Team-Selling** s. Abschnitt 4.4.4.) nicht realisiert ist.

❹ Ressentiments und Schnittstellenfragen spielen auch zwischen Flächenvertrieb und Key Account Management eine große Rolle. Oft hat der Flächenvertrieb einen Kunden aufgebaut.

Die Key Account Betreuer müssen sich nach Übernahme des Kunden den Vorwurf des „Rosinenpickens" gefallen lassen. Schnittstellenprobleme können in Erscheinung treten, wenn Großkunden, wie z.B. die großen Handelskonzerne in der Konsumgüterindustrie, sowohl über die Einkaufszentralen (Inlets) wie auch über die stationären Verkaufsstellen (Outlets) betreut werden. Wieder kommt es auf abgestimmte Arbeitsweisen und saubere Übergänge von Informationen, Dokumenten und Vorgängen an, um Konflikte an diesen Schnittstellen zu vermeiden.

❺ Das Produktmanagement gerät in ein Spannungsfeld, wenn gute Produktideen vom Außendienst nicht aufgenommen bzw. nicht verstanden werden. Bei fehlendem Informationsaustausch zwischen Marketing und Vertrieb kümmert sich der Vertrieb oft lange nicht um anstehende Veränderungen (zu den Kommunikations- und Schnittstellenproblemen zwischen Marketing und Vertrieb vgl. auch *Dannenberg* 1997, S. 9 unter Bezug auf eine *Mercuri*-Befragung von 180 Vertriebs- und Marketingleitern). Erst wenn der Gang zum Kunden ansteht und Produktvorteile dort überzeugend kommuniziert werden sollen, stellt sich der Verkauf quer. Negative Reaktionen von Kunden werden hochgespielt, der Entwicklung Kundenferne vorgeworfen. Systematische Produktentwicklung, Einbezug von Kunden und Verkäufern in die Entwicklung (Target Design) und Markttests schaffen Abhilfe.

❻ Die Mehrzahl der Schnittstellenkonflikte beruht auf einem **Zielkonflikt zwischen Kosten- und Kundenorientierung** (vgl. *Winkelmann* 2003, S. 93). So schwelt auf Ressortleitungsebene i.d.R. ein dauerhafter Konflikt zwischen Vertriebs- und Fertigungsleitung. Der Vertrieb möchte für wichtige Kunden individuelle Produktlösungen und Lieferzeitabwandlungen durchsetzen, die Fertigung an kostenoptimierten Arbeitsplänen und Losgrößen festhalten.

❼ Oft wird der Konflikt in ein Spannungsfeld zwischen Produktmanagement und F&E übertragen. Das wird dann der Fall sein, wenn eine Seite nicht hinter den Entwicklungsvorschlägen und Projekten der anderen Seite steht. Gefährlich wird es, wenn F&E in Abstimmung oder sogar auf Drängen der Fertigung Produktänderungen vornimmt und dabei Produktmanagement und Verkauf umgehen. Unvorbereitet fühlen sich die Verkäufer beim Kunden im Stich gelassen. Dieser Schnittstellenbereich sollte sich durch ein **Total Quality Management-System** (TQM) beherrschen lassen (vgl. *Oess* 1994, S. 89; *Kortus-Schultes* 1998, S. 46–52).

❽ Auf Ausführungsebene ist die Schnittstelle zwischen Innendienst und Lager/Versand besonders kritisch; hängt doch von ihrem Funktionieren die „tägliche" Zufriedenheit der Kunden ab. Der Innendienst versteht sich als **Sprachrohr des Kunden**. Der logistische Bereich stellt die technokratischen Interessen von Fertigung und Materialwirtschaft dagegen.

❾ Wenn kein Qualitätsmanagement installiert ist, hat die Fertigung gewisse Freiheiten zur Abänderung von Materialien und Prozessen. Fehlen Abstimmungen mit F&E, Marketing und Vertrieb, können wiederum die unter ❼ genannten Marktprobleme auftreten. Der Außendienst ist ferner von der unter ❻ dargestellten Problematik betroffen.

❿ Auf Schnittstellenprobleme zwischen F&E und Fertigung, die zu Lasten des Vertriebs gehen, wird hier nicht eingegangen. Wohl aber kann hier noch ein technischer Service angesiedelt sein, dessen Herz auf beiden Seiten schlägt: für Verkauf/Produktmanagement wie auch für die Fertigung. Damit sind die Servicetechniker dann auch von allen letztgenannten Spannungsfeldern gleichzeitig betroffen.

Ursachenbereich-2: Divergenz Funktions- versus Prozessprinzip

Allen Rufen nach einer Prozessorientierung betrieblicher Organisationen zum Trotz: Es ist der Wirtschaft offenbar noch nicht gelungen, sich vom Prinzip der funktionalen Arbeitsteilung zu lösen. Eine Prozessorganisation würde zwar auf Kundenseite Vorteile bringen; verwirklicht ist

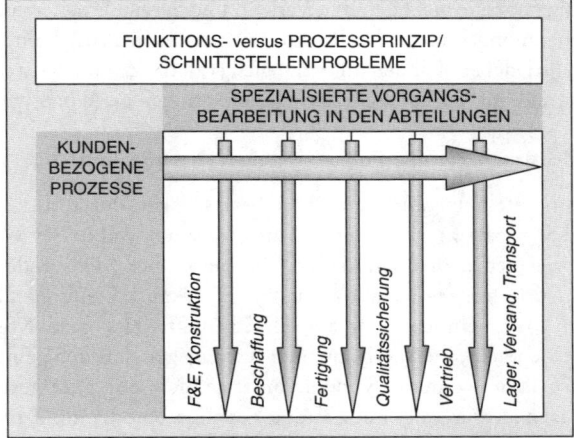

Abb. 58: Funktionsprinzip versus Prozessprinzip

sie aber meist nur in Form von Sonderprojekten, sog. Prozessbeauftragten oder Prozessteams, die ergänzend neben die etablierte Strukturorganisation treten. Die Betriebswirte begründen ein Scheitern von Prozessorganisationen vor allem durch einen drohenden, überproportionalen Anstieg von Koordinationskosten. So bleibt es bei den Schnittstellenkonflikten, die in Abb. 58 durch die Überschneidungen von vertikalen mit horizontalen Bearbeitungsrichtungen zum Ausdruck kommen.

Ursachenbereich-3: Ausbildungskulturen und Mentalitäten

Immer wieder wird beklagt, dass Techniker, Betriebswirte und Verkäufer *„von verschiedenen Sternen kommen"*. Wo sie aufeinanderprallen, treten Unterschiede der Wissenschafts- und Erfahrungsgebäude zutage, in der sie ihre Lern- und Lehrjahre genossen haben. Insbesondere die Ingenieure und Techniker aus Fertigung und Konstruktion machen ihren Kollegen aus Marketing und Vertriebs das Leben schwer, wenn sie

- nicht gelernt haben, die Welt durch die **Augen des Kunden** zu betrachten (Vorwurf: Zu wenig Marktorientierung in der ingenieurwissenschaftlichen Ausbildung),
- sich an technischen Lösungen verspielen, die der Kunde gar nicht haben möchte (Vorwurf des *„happy engineering"*: vgl. *Backhaus*, MM 8/1999, S. 130–133),
- in einer **Welt der Optimallösungen** leben, so dass ihnen die Vabanque-Spiele und die oft pragmatischen Improvisationen der Verkäufer suspekt sind,
- in ihrer Ausbildung **zu viel Kopf- und zu wenig Bauchwissen** vermittelt bekommen, d.h. Defizite in der **sozialen Kompetenz** (Soft Skills) aufweisen, die in der Kundenarbeit regelmäßig entscheidend sind.

Die Techniker aus F&E und Fertigung können mit ihren Denkweisen wenigstens auf angestammtem Terrain agieren. Bei den Ingenieuren im Vertrieb dagegen haben die aufgezeigten Verhaltens-Voreinstellungen allzu oft dazu geführt, dass ihnen Kaufleute überstellt sind, die in puncto Produktwissen keinesfalls deren Kompetenz aufweisen.

Wenn eine Unternehmung – im gegenteiligen Fall – von einem technischen Geschäftsführer dominiert wird, dann gehen die Klagen in andere Richtung: Die Erfolgschancen im Markt werden durch eine fehlende Marketingstrategie nicht genutzt. Verkauf und Service erhalten nicht genug Unterstützung. Für die Unternehmung besteht das Risiko, mit perfekten Produkten, die der Markt nicht wünscht, und mit unzufriedenen Kunden unterzugehen (vgl. die Zusammenstellung der vielen technisch hervorragenden, aber im Markt gescheiterten Innovationen bei *Winkelmann* 2003, S. 507).

Ursachenbereich-4: Zeitdruck, Hektik, Folgen der Lean Organization

Letztlich werden Schnittstellenprobleme durch Überlastungen durch die Alltagsarbeit begründet. Für Verkauf und Service gibt es zu wenig Unterstützung, weil in den vor- und nachgelagerten Abteilungen zu viel liegen bleibt und der Überblick über Sachstände und Termine fehlt. Gleichklingende Vorwürfe werden auch innerhalb der Verkaufsabteilungen laut. So hat die Verschlankung in vielen Unternehmen zwar auf der Produktivitäts- und Kostenseite kurzfristig deutliche Fortschritte gebracht, die Servicequalität hat dagegen deutlich gelitten. Diese Probleme bestehen insbesondere dann, wenn die Kundenvorgänge nicht computergestützt vernetzt ablaufen, d.h. wenn noch nach alter Manier mit Zetteln, Formularen oder auf Zuruf gearbeitet wird.

4.4.2. Interdisziplinäre Lösungsansätze

- Das Problem unterschiedlicher **Ausbildungskulturen** von Technikern, Controllern, Marketiers und Verkäufern wird nur langfristig und im Rahmen interdisziplinärer Ausbildungsgänge zu lösen sein. Der VDI hat die Problematik erkannt und gibt der Marketing(zusatz)ausbildung junger Ingenieure eine besondere Priorität. Das Berufsbild des **Vertriebsingenieurs** wurde kreiert, denn: *„Dem Ingenieur im Vertrieb kommt ... eine ständig wachsende, ja sogar zentrale Bedeutung in der Industrie und in anderen Sektoren zu ..."* (*VDI*, Anforderungen 1994, S. 1). Auch die Hochschulen sind bemüht, den Ingenieuren betriebswirtschaftliche Kenntnisse und insbesondere Wissen und Fertigkeiten im Vertrieb nahe zu bringen (z.B. durch den integrierten Studiengang **Product Engineering** der *FH Furtwangen* mit der Vertiefungsrichtung Technischer Vertrieb und den Landshuter MBA für Industriemarketing und Technischen Vertrieb).
- Das Problem **divergierender Zielsetzungen** unterschiedlicher Ressorts und Hierarchieebenen ist systemimmanent; darüber sollte man sich keine Illusionen machen. Eine **integrierte Marketingstrategie** nach dem Leitbild der Marktorientierten Unternehmensführung kann aber der Schlüssel sein, um Konfliktfelder aufzubrechen, Verständnis in allen Unternehmensbereichen für die Belange des Kunden zu wecken, alle wesentlichen Prozesse kundenorientiert auszurichten und hierfür **Benchmark-Parameter** (zum Benchmarking s. Abschnitt 10.9.5.) in den durch Schnittstellen zum Vertrieb geprägten Abteilungen durchzusetzen. Schnittstellenprobleme können sich auch allein dadurch auflösen, dass die Servicebereiche (hier vor allem Kundendienst, Anwendungstechnik, oft auch die Logistik) fachlich und disziplinarisch dem Vertrieb zugeordnet werden. Bei der Zuordnung der technischen Vertriebsunterstützung sind in vielen Unternehmen noch Halbheiten anzutreffen. Ähnlich zielbezogene Schnittstellendivergenzen sind auch zwischen Messewesen, Verkaufsförderung und Verkauf zu befürchten, wenn der Marketingservice bei der Geschäftsführung angesiedelt ist. Der Konflikt ist vorprogrammiert, wenn die organisatorische Unterstellung direkt unter die Geschäftsführung allein aus Kostengründen erfolgt (Eine Praxisbegründung: *„Der Vertrieb kann ja doch nicht mit Kosten umgehen."*).
- Bezüglich einer **stärkeren Prozessorientierung** sind Systeme und Methoden geschaffen worden, die den Kunden sozusagen die Werkhallen öffnen. Die Konzepte **Total Quality Manage-**

ment (TQM), **Qualitätsplanung, QFD, KAIZEN, KABAN** oder **fraktale Fabrik** stehen für die großen Entwürfe in diese Richtung (vgl. das 8. Kapitel bei Winkelmann 2003, S. 507 ff.). Werden Konzeptionen, wie z.B. die **QM-Systemaudits der Automobilindustrie** ernst genommen, dann dürften die Ursachen für weiterhin auftretende Schnittstellenprobleme eher im menschlichen Verhalten und in Hierarchieeinflüssen liegen. Das Marketing empfiehlt **Customer Integration** als Lösungsmöglichkeit (s. Abschnitt 5.4.). Wenn es gelingt, den Kunden in die eigene Wertschöpfungskette zu integrieren (Großkunden integrieren oft umgekehrt ihre Lieferanten), dann erhält die Kundenstimme im Betrieb automatisch ein hohes Gewicht.

- **Zeitdruck, Hektik, Komplexität** und die Flutwelle unüberschaubarer Alltagsvorgänge können durch eine **Vertriebsführung mit System** (CRM, CAS, CIS) bzw. noch weitergehend durch eine **vertikal integrierte ERP-Unternehmenssteuerung** (z.B. *SAP/R3*) eingedämmt werden. Da diesem Thema das 6. Kapitel dieser Schrift gewidmet ist, wird auf die Begriffe und Möglichkeiten dieser Systeme hier nicht weiter eingegangen. Diese Vertriebssteuerungssysteme übernehmen bereichsübergreifend die Aufgaben- und Terminsteuerung der kundenbezogenen Prozesse und entlasten so in wesentlichem Maße die Köpfe und Schreibtische der Mitarbeiter. Konkret geht es um Workflow-Module, die den Weg eines Servicevorgangs (z.B. eine Produktänderung für einen guten Kunden) mit Aufgaben und Terminen für alle betroffenen Abteilungen im voraus aufzeichnen, im Vollzug dokumentieren und jederzeit aktuell den Sachstand wiedergeben können. (vgl. *Koopmann*, Client/Server 9/1999, S. 16–21; S. 48–50). Das impliziert eine wesentliche Verhaltensänderung der Mitarbeiter: **Die Informationsbeschaffung wird jetzt zur Holschuld.** Eine Abteilung kann sich nicht mehr in der Weise entlasten, dass man auf die ja bekannten Schnittstellenprobleme mit der Nachbarabteilung hinweist: *„ Wir haben bislang noch keine Nachricht von Abteilung X und über etwaige Verzögerungen. Und bei telefonischer Nachfrage haben wir bislang niemanden erreicht."*

Es wird wohl kaum gelingen, und es sollte vielleicht auch nicht gelingen, Mitarbeiter und Abteilungen auf die Präzision elektronischer Systeme zu trimmen. In jeder Unternehmung wird sich eine besondere Abstimmungs- und Servicekultur heranbilden – oft nach der Erfahrungsregel: *Wie's der Herre, so's Gescherre!* Die Führungskräfte tragen die Verantwortung für die Unterstützungs- und Servicestandards in ihrer Unternehmung. Es wäre aber schon viel getan, wenn sich die **Idee des internen Marketing** implementieren ließe (vgl. *Bruhn* 1999, S. 233–264; *Meffert* 1998, S. 25). An den betrieblichen Schnittstellen betrachtet jede Abteilung die nächstfolgende wie einen Kunden und stellt sich auf deren Wünsche und Anforderungen in bester Weise ein. Es gilt das **NOAC-Prinzip**: *Next operation as customer!* (vgl. *Töpfer/Mehdorn* 1995, S. 22–42). Dieses Erfolgsprinzip praktiziert die in Abschnitt 3.2.2.h. vorgestellte Firma *Pöschl. Moll* hat die Elemente eines ganzheitlichen, innerbetrieblichen Marketing-Bewusstseins zusammengefasst (Abb. 59). Die im letzten Punkt angesprochene Thematik der **Teambildung im Verkauf** verdient weitergehende Erläuterungen.

4.4.3. Lösungsansätze des Bruchstellenmanagements

Schütz hat in einer empirischen Befragung von 240 Führungskräften und 100 Experteninterviews unterschiedlicher Hierarchiestufen eine **Hitliste der Instrumente des Bruchstellenmanagements** erarbeitet (vgl. *Schütz* 2003, S. 116–117):

(1) Die wichtigste Maßnahme zur Überwindung des Bereichsdenkens liegt im Vorgeben einheitlicher Ziele. Es ist auch unsere Praxiserfahrung, dass in der Mehrzahl der Fälle das Management für Zielkonflikte verantwortlich ist, indem Mitarbeiter in konkurrierende Zielsetzungen getrieben werden.

EMPFEHLUNGEN FÜR EIN GANZHEITLICHES MARKETING-BEWUSSTSEIN

⇨ **Ressortübergreifende Kundenorientierung:**
Verkaufen und Kundenzufriedenheit dominieren als Unternehmensziel gegenüber allen Abteilungsinteressen – ohne Kompromisse

⇨ **Praktizierte Dienstleistungsbereitschaft in allen Bereichen:**
Lieferantenpräsenz ist oberstes Ziel trotz sinkender Arbeitszeit. Das bedeutet flexible Arbeitszeitmodelle in allen Unternehmensressorts – auch für Vertriebsinnendienst und Servicemitarbeiter.

⇨ **Marketing-Denken vermitteln:**
Nicht Marketing-Spezialisten ausbilden, sondern die Marketing-Philosophie an alle weitergeben.

⇨ **Interne und externe Kundenbeziehungsprozesse analysieren:**
Jeder Mitarbeiter soll mit den Augen des Kunden sehen und erleben dürfen, wie entscheidend jede vermeintliche Kleinigkeit beim Kundenkontakt sein kann.

⇨ **Verkaufsprozesse für alle sichtbar machen:**
Alle nachvollziehbaren Kosten je Kundenkontakt und Kennzahlen für Verkaufserfolge schaffen Einsicht und bringen Vorschläge, diesen Prozess schlanker – sprich leistungsfähiger und ökonomischer – zu gestalten.

⇨ **Horizontale und vertikale Hierarchien abbauen:**
Interne Fürsten und Könige sind endgültig out – Allein der Kunde ist König.

⇨ **Kundenzufriedenheit messen und Leistung belohnen:**
Die Beurteilung der eigenen Leistung durch Kunden ist regelmäßig, für jeden sichtbar und durch Maßnahmen erlebbar, durchzuführen.

⇨ **Verkaufsteams bilden und mit Verantwortung ausstatten:**
Jeder Mitarbeiter ist verantwortlich für die Qualität seines Beitrages zur Kundenzufriedenheit.

(Quelle: Moll, creditreform 10/1999, S. 12–13)

Abb. 59: Empfehlungen für ein ganzheitliches Marketing-Bewusstsein

---

(2) Platz 2 der Top-Maßnahmen belegt eine offene Informationspolitik durch das Management
(3) gefolgt von einer guten Informationsversorgung durch Kollegen.
(4) Klare Arbeitsabläufe rangieren auf Platz 4. Nach *Schütz* verhindert das Prozessdenken den Rückzug in die Abteilungskästchen (vgl. *Schütz* 2003, S. 117).
(5) Bereichsübergreifende Meetings stärken das gegenseitige Verständnis.
(6) Auch flache Hierarchien beugen konfliktreichen Abteilungsegoismen vor.
(7) Bereichsinterne Meetings säubern zumindest erst einmal den eigenen Bereich von Ineffizienzen an Schnittstellen.
(8) Eindeutige Stellenbeschreibungen sind nur dann geeignete Mittel, wenn sie in Hinblick auf aus ihnen erwachsene, gefährliche Stellenegoismen „abgeklopft" sind.
(9) Der Einfluss von Projektteams wird von den Praktikern nicht so hoch bewertet,
(10) desgleichen der Wissenstransfer durch Internetlösungen.
(11) Abgeschlagen in den Wertungen liegt der Einsatz von Beratern als Mittel zur Problemlösung.

In einem Punkt ist sich die Praxis einig: *„Die gute interne Information kann Bereichswelten verbinden."* (*Schütz* 2003, S. 118). Am besten erreicht man eine kollegialitätsfördernde Kultur, wenn man Menschen zusammenarbeiten lässt.

4.4.4. Ein spezieller Lösungsansatz im Vertrieb: Team-Selling

TEAM = **T**oll, **E**in **A**nderer **M**acht's

„Wir glauben, dass Teams – und zwar wirkliche Teams, und nicht nur Gruppen, die Teams genannt werden – die Basiseinheit der Prozesse in den meisten Organisationen, unabhängig von deren Größe, sein sollten. In je-

der Situation, die eine Kombination von verschiedenen Fähigkeiten, Erfahrungen und Ansichten erfordert, bringt ein Team unausweichlich bessere Ergebnisse als eine Anzahl von Individuen, die in ihren festgelegten Stellen und Verantwortlichkeiten arbeiten." John R. Katzenbach und Douglas K. Smith – McKinsey & Company (zit. in Rentzsch 1995, S. 111)

Die Schlussaussage des vorangegangenen Abschnitts kann richtungsweisend sein, um den immerwährenden Konflikt zwischen Backoffice und Frontend einzudämmen. In diesem Kontext wird von Experten das Team-Selling als Bruchstellenfilter proklamiert.

> ➡ **Team-Selling** ist eine Organisationsform im Verkauf, bei der Außendienst und Innendienst in Arbeitsgruppen operieren, die für bestimmte Kunden oder Kundengruppen und/oder Regionen in einer gemeinsamen Erfolgs- und auch Misserfolgsverantwortung zuständig sind (Account Management Team).
>
> ➡ Ziel der Team-Organisation ist vor allem die **Beseitigung von Schnittstellen** zwischen Außen- und Innendienst; oft auch unter Einbezug der Service-Abteilung (d.h. Zuordnung von Kundendiensttechnikern zu den Teams).
>
> ➡ Die Herausforderung liegt zum einen darin, die Teamvergütungen „gerecht", entsprechend den Leistungsbeiträgen der Mitglieder, zu verteilen. Zum anderen liegt die Herausforderung darin, *„ein Anreizsystem zu finden, das sowohl den Teamgeist fördert als auch individuelle Höchstleistungen belohnt."* (*Krafft/Frenzen/Jeck*, ASW 9/2002, S. 41).

Die Form der dauerhaften Teambildung von i.d.R. 3–12 Personen ist bei regionalen Verkaufsorganisationen gut eingeführt.

Bsp.: Acht Außendienstmitarbeiter einer Fensterfirma werden im Verkaufsgebiet Bayern durch drei Innendienstbetreuerinnen in der Vertriebsniederlassung München unterstützt … Bei jedem Monatsbericht stellt das Team die spannende Frage: Liegen wir beim Abschluss besser als die Kollegen in Baden-Württemberg?

Die zunehmende **Internationalisierung der Geschäfte** fördert die Teambildung. In Großunternehmen werden konzernübergreifende Verkaufsteams (Betreuungsteams) geformt, wenn mehrere Konzerngesellschaften internationale Kunden von verschiedenen Ressorts und Standorten aus akquirieren. *ABB* bildet hierzu sog. **Capture-Teams** (vgl. *Hassmann*, salesprofi 10/1998, S. 16). Man kann insofern von Verkaufsteams sprechen, weil es Zielsetzung dieser Projektgruppen ist, Großprojekte konzentriert zu verhandeln und letztlich für *ABB* zu gewinnen; selbst, wenn das Projekt danach in die Verantwortung des operativen Geschäftsbereiches zurückgeht. Die *Dresdner Bank* arbeitet mit **virtuellen Teams**, die von Relationship Managern koordiniert werden. Es ist Aufgabe der kasuistisch zusammengestellten Teams, die weltweiten Bankaktivitäten global operierender Kunden zu orchestrieren (vgl. *Plesser/Schönhals*, ASW 4/2002, S. 34). Beiden Teamformen fehlt damit die Dauerhaftigkeit, die ein echtes, institutionalisiertes Team-Selling auszeichen sollte.

Auch im Mittelstand bewähren sich Team-Organisationen, wie das Beispiel eines Ulmer Textilmaschinenherstellers zeigt (vgl. *Stanke/Ulbricht*, ASW 5/1996, S. 58–62). Der spezielle Begriff **Area-Team** steht für erweiterte Aufgabenfelder der Mitarbeiter.

Für die **Bildung fester Verkaufsteams** gelten als Empfehlungen:

(1) Der Innendienst ist in die **Kundenzuordnung** mit einzubeziehen. Für jeden Kunden sind ein Innen- und Außendienstkollege gemeinsam zuständig. Ein CRM/CAS-System sollte diese Verantwortlichkeit kenntlich machen. Umsatzzielvorgaben gelten verbindlich für beide Teammitglieder bzw. für das gesamte Verkaufsteam.

(2) Bestehen Regionalteams, dann bilden der regionale Außen- und Innendienst eine organisatorische Einheit. Beide berichten an den gleichen Vorgesetzten (Regionalvertriebsleiter).

(3) Das gesamte Team sollte an der **Verkaufsplanung** und am **Vertriebscontrolling** teilnehmen und über Kosten und Erfolgszahlen informiert sein. Die InnendienstkollegInnen arbeiten am Berichtswesen mit.

(4) Der Außendienst sollte ein Verständnis dafür entwickeln, dass ihm die TeamkollegInnen keine Kunden „wegnehmen". Vielmehr sollte sich das Team eine **eigene Arbeitsordnung** geben. Der Innendienst unterstützt den Außendienst durch qualifizierte Zuarbeit bei der Kundenbetreuung und durch eigene Initiativen, z.B. im Rahmen von Telefonmarketing.

(5) Eine Team-Organisation sollte ohnehin zu einer Aufweichung von Abteilungsgrenzen zwischen Marketing und Verkauf führen. Der Team-Innendienst übernimmt verstärkt **Marketingfunktionen**, mit denen sich dann die Außendienstmitarbeiter identifizieren können. Hierzu ist verstärkt Schulung notwendig.

(6) Im Einvernehmen mit dem Betriebsrat kann es gelingen, die tarifgebundenen InnendienstkollegInnen an den **Erfolgsprämien** des Außendienstes zu beteiligen. (vgl. *Zahn/Pawlowitz, acquisa* 5/1998, S. 12; *Koinecke/Koinecke* 1996, S. 646–647).

(7) Zentrale Innendienste bieten gute Möglichkeiten einer gegenseitigen Aushilfe bei Krankheit, Urlaubsvertretung und bei Schulungen. Deshalb sollten beim Team-Selling **Patenschaften** zwischen den Teams abgesprochen werden (Alternative: Einsatz von sog. Springern).

(8) Trotz der Teambildung wird die Zentrale eine **Innendienstkoordination** sichern müssen.

Diese Punkte präzisieren den oft als Schlagwort strapazierten Teambegriff. *Mercuri Goldmann* weisen auf weitere Aspekte für das Team-Selling hin (Abb. 60).

Die Kunden schätzen Team-Selling als Indiz für eine verstärkte Marketingorientierung des Lieferanten. Der Kunde kann sich jetzt mit „seinem" Betreuungsteam besser identifizieren und individueller betreut werden als durch ein zentrales und oftmals anonymes Abwicklungsbüro in der Zentrale. Ferner schätzen Interessenten und Kunden Teamstrukturen auch aus Effizienzgründen. Sie können den Arbeitsgruppen auf Anbieterseite ihre eigenen technischen und kaufmännischen Teams gegenüberstellen. Gerade im Geschäft mit erklärungsbedürftigen Produkten bieten **Selling-Team** und **Buying-Team** Ansatzpunkte für eine Schaffung gemeinsamer Wertsteigerungen in der Geschäftsbeziehung (vgl. *Rentzsch*, 1995, S. 110), wie Abb. 261 darstellt.

Nach Abwägung aller Vor- und Nachteile bleibt festzuhalten:

• Die Verkaufsgruppenbildung ist zwar eine relativ kostspielig anmutende Lösung (erschwerter Personalaustausch, Funktionen müssen mehrfach vorgehalten werden, erhöhter Ausbildungsaufwand).

ASPEKTE FÜR EIN TEAM-SELLING	
Gründe für Team-Selling	Wünsche der Team-Mitglieder
• Komplexere und individuellere Kundenanforderungen • Notwendigkeit für eine stärkere Kundenorientierung • Zunehmende Kooperation zwischen Hersteller und Abnehmern • Notwendigkeit zu schnelleren Marktreaktionen • Steigender Kostendruck	⇨ Enge Kooperation und Austausch mit Außendienst ⇨ Gemeinsame, hohe Leistungsziele ⇨ Gemeinsame Verantwortung der Team-Mitglieder ⇨ Team-Entlohnungssysteme ⇨ Eigene Arbeitsmethoden und Gestaltungsspielräume ⇨ Einflussnahme auf Aufgabeninhalte und Aufgabenverteilungen
(Quelle: Mercuri Goldmann (o. Datum), S. 5)	

Abb. 60: Aspekte für ein Team-Selling

- Die Wettkampfstimmung zwischen den Teams kann jedoch förderlich für den Erfolg sein.
- Diese Wettkampfsituation kann den Innendienst hoch motivieren.
- Negativen Konsequenzen durch Egoismen und Blockaden zwischen den Teams muss allerdings von Seiten der Führung vorgebeugt werden.
- Der Innendienst wird in stärkerer Weise bei der Kundenbetreuung gefordert. Dies erhöht die Mitarbeiterqualifikation.
- Dem Außendienst hilft die klare Zuordnung von Kollegen mit Unterstützungsfunktionen, die bei zentralen Innendiensten fehlt bzw. dort in einen Kampf um die Gunst der besten InnendienstmitarbeiterInnen ausartet.

Große Fortschritte hat der Teamgedanke in den letzten Jahren nicht gemacht. Viel wird über Teamarbeit geredet. Die organisatorischen Umsetzungen in der Praxis halten damit nicht Schritt. Abb. 61 bringt typische Missstände in der Praxis zum Ausdruck.

Ein Change-Management zum Abfedern menschlicher Probleme und Widerstände wird vernachlässigt. Viele Unternehmen glauben eher daran, Einzelkämpfer durch computerisierte Vertriebsprozesse bändigen zu können. **Workflows** im Rahmen von CRM-Systemen sollen Teamprozesse erzwingen. Diese bergen jedoch die Gefahr, dass labile Teamstrukturen entstehen. Vordergründig scheint es, als schweiße das System die KollegInnen zu einer Einheit zusammen. In Wahrheit aber bleiben die menschlichen Konflikte hinter den Kulissen ungelöst. Es fehlt den Pseudo-Teams etwas, was wahre Teams ausmacht: die Freude am gemeinsamen Ziel und am gemeinsamen Erfolg.

Die kommenden Jahre werden auch zeigen, in welchem Maße Verkaufsteams ihre Kreativität und ihre Arbeitsfreude aus der räumlichen Nähe der Kollegen schöpfen. Im klassischen Modell operieren Innen- und Außendienst von einem gemeinsamen Regionalbüro heraus, selbst wenn der Außendienst einen Großteil seiner Zeit auf Kundenbesuch weilt. Derzeit deuten sich durch das Vordringen von **Heimbüros** und durch **virtuelle Vernetzung** eher trennende Tendenzen an. Was wird aus den Teams, wenn sowohl Außendienst- wie auch InnendienstkollegInnen von zu Hause aus tätig sind? Stirbt der Teamgedanke, wenn die Mitarbeiter vereinsamen, selbst wenn sie

---

EMPIRISCHE ERKENNTNISSE ZUM TEAM-SELLING (n = 216 Befragte)

⇨ Vertriebsteams bestehen im Durchschnitt aus 10 Mitarbeitern. Die Teamgröße schwankt zwischen 3 und 10.

⇨ Die Teams sind meist keine selbststeuernden Einheiten. Nur bei wenigen zentralen Aufgaben dürfen sie autonom entscheiden.

⇨ In 83 Prozent der Fälle gibt es einen formalen Teamleiter.

⇨ Mehr als ein Viertel der Unternehmen kann kein IT-Vertriebssystem nutzen.

⇨ Nur in jedem zweiten Team profitieren alle Team-Mitglieder von einer Team-Vergütung.

⇨ Die eigenverantwortliche Aufteilung der Team-Anreize wird selten praktiziert.

⇨ Die Teamvergütung kommt vor allem den verkaufsaktiven Außendienstmitarbeitern zu Gute. Verkäufer erhalten im Durchschnitt 5,4% ihrer Vergütungsanteile als Team-Anreize. Key-Accounter liegen bei 4,8%, und die Mitarbeiter des Innendienstes kommen gar nur auf durchschnittlich 2,9%.

⇨ Noch immer ist die Leistung des Einzelnen maßgebliches Kriterium für seine Team-Incentives.

⇨ Und noch immer dominieren mit weitem Abstand die klassischen „harten" Vergütungsbemessungsgrößen Umsatz und Gewinn.

(Quelle: Krafft/Frenzen, Studie der WHU Koblenz 2001; zusammengefasst in ASW 2/2002, S. 46; sowie Krafft/Frenzen/Jeck, ASW 9/2002, S. 40–44)

Abb. 61: Empirische Erkenntnisse zum Team-Selling in der Praxis

datentechnisch vollständig in die Arbeitsprozesse eingespannt sind? Innendienst-Teams drohen auch zu zerfallen, wenn eCommerce von der beratenden Sachbearbeitung weg auf eine anonyme Web-Instanz verlagert wird. Man überprüfe einmal selbst die Vielzahl der Web-Sites selbst bekannter Firmen, in denen keine Kontaktpersonen nebst Telefonnummern angegeben sind. Das UWG will diesem Ärgernis im übrigen einen Riegel vorschieben.

5. Die Marketinggrundlagen für den Vertrieb

5.1. Bausteine der Marktorientierung

„Der Vertrieb ist Kernkompetenz eines jeden Unternehmens ... ".
(Belz/Reinhold, ASW 8/1999, S. 54 und 1999, S. 17).

Schön wär's jedenfalls, werden die Unternehmen sagen, für die der Weg zu mehr Kunden und mehr Kundenbindung noch weit ist. Jedenfalls muss die Kernkompetenz Vertrieb hart erarbeitet werden, und *„Schonräume"* gibt es hierfür nicht mehr (*Belz/Reinhold* 1999, S. 19). Der Aufbau einer schlagkräftigen Organisation wurde bereits in Abschnitt 3.3. behandelt. Aber selbst eine „optimale" Organisation ist keinesfalls ein hinreichender Faktor für Markterfolg. Entscheidend ist vielmehr die **Beseelung des Vertriebs durch Bausteine der Marketingphilosophie**, die den Kunden in das Zentrum aller wirtschaftlichen Überlegungen stellen. Das Marketing prägte den Begriff vom **kundenzentrierten Unternehmen**. Dieses fünfte Kapitel soll die wesentlichen Marketing-Denkansätze und -Theorien aufzeigen, die die Vertriebstätigkeit antreiben und veredeln. Es geht beim Kundenmanagement um mehr als um umsatzgenerierende Transaktionen: nämlich um dauerhafte und profitable (wertsteigernde) Geschäftsbeziehungen. Durch fünf **marktorientierte Denkrichtungen** möchte das Marketing den Vertrieb inspirieren (vgl. *Baur*, Handelsblatt v. 9./10.4.1999):

(1) **Geschäftsdenken:** Marktorientierung erfordert unternehmerisches Denken. Jede noch so überzeugend wirkende Produktlösung bedarf einer nüchternen, kaufmännischen Überprüfung.

(2) **Internationales Denken:** Märkte lassen sich heute nur noch im globalen Maßstab begreifen. Die regionalen Grenzen sind offen. Vertriebsarbeit, die nicht die grenzüberschreitenden Produktentwicklungen und Aktivitäten von Wettbewerbern beachtet, ist gefährlich.

(3) **Kundennutzen-Denken:** *„Wir schaffen Hochleistungsprodukte, die keiner will"* und *„Der Ingenieur muss lernen, dass es nicht um das technisch bessere Produkt, sondern um das mit dem größten Nutzenvorteil geht."* (*Backhaus*, MM 8/1999, S. 130 und 133). So lauten die Klagen über Defizite deutscher Forschungs- und Entwicklungsabteilungen. Marktorientierung verlangt also, dem Kunden in Art und Umfang gerade die Produktlösung und den Service anzubieten, den er für eine Bedürfniserfüllung wünscht und den er auch preislich abzugelten bereit ist.

(4) **Funktionsübergreifendes (interdisziplinäres) Denken:** Um diese Vorstellung zu realisieren, sind abteilungsübergreifend Arbeitsgruppen (Task-Forces) und Prozess-Organisationen zu bilden. Diese können die traditionellen Gräben zwischen Technikern, Marketingkollegen und Verkäufern überwinden.

(5) **Differenzierungs-Denken:** Diese Denkweise zielt auf Unterscheidbarkeit gegenüber dem Wettbewerb. Anzustreben sind Produkte mit nachweisbaren Vorteilen gegenüber Konkurrenzangeboten. Dazu sollten die Techniker bereit sein, nüchtern die Mehrwerte und auch die Grenzen ihrer Produkt- und Prozesslösungen zu erkennen. Die eigenen Produkte sind gegen Konkurrenzangebote zu benchmarken.

Überlegungen in Richtung zu mehr Marktorientierung sind in das **Anforderungsprofil für Vertriebsingenieure** des VDI eingeflossen (vgl. *VDI-Anforderungsprofil* 1994). Die Ausbildung deutscher Ingenieure, die über lange Zeit einen großen Bogen um Verkauf und Marketing gemacht hat, soll Marktanforderungen besser gerecht werden (vgl. *Winkelmann* 2003, S. 508–509 mit weiteren Hinweisen zur Vertriebsausbildung für Ingenieure an deutschen Hochschulen).

Das marktorientierte Denken führt zum **Leitbild der *Market driven Company*.** Folgende Orientierungen kennzeichnen die marktorientierte Unternehmung:

- **Technologieorientierung:** *Was bieten wir heute und in 5 Jahren an? Wohin gehen die Trends im Markt bei Werkstoffen, Produkten und Fertigungsverfahren? Wo droht zukünftig Gefahr durch Substitutionswettbewerb?*
- **Wettbewerbsorientierung:** *Wie verhalten sich unsere Wettbewerber heute und voraussichtlich im Zeitraum der strategischen Planung? Wo liegen unsere Stärken und Schwächen im Vergleich zum Wettbewerb? Wo liegen unsere Kernkompetenzen? Wohin geht der Trend bei Unternehmenszusammenschlüssen von Wettbewerbern?*
- **Vertriebspartnerorientierung:** *Mit welchen Vertriebspartnern bearbeiten wir derzeit welche Vertriebswege? Wie sehen die Vertriebswege in der Zukunft aus? Welche Arten von Vertriebspartnern passen zu diesen Vertriebskanälen?*
- **Betriebswirtschaftliche Gewinnorientierung:** *Wie sind die Marketing- und Vertriebsaktivitäten betriebswirtschaftlich zu beurteilen hinsichtlich Umsatz, Ergebnis, Renditen und Cashflows? Wie hoch sind die Vertriebskosten? Wo liegen die Kosten- und Ergebnisvor- und -nachteile der Konkurrenten?*
- **Kundenorientierung:** Die Kunden- oder Beziehungsorientierung ist das Herzstück der Marktorientierung. Die *Market driven Company* kann nur als *Customer driven Company* verstanden werden. Im Mittelpunkt stehen kundennutzenorientierte Angebote und Aktionen. Das eigene Leistungsangebot erstrahlt durch **Value-Marketing** in besonderem Glanz, denn es macht das Angebot an den Kunden wertvoller (s. Abschnitt 7.2.4.c.).

Ein provokanter Praxisspruch lautet: *Ein Verkäufer denkt zuerst an seine Provision – der Marketer an den Kundennutzen.* Eine kundenorientierte Unternehmung wird dem Leitgedanken von der gezielten Steigerung des Kundennutzens folgen. Alle Marktaktionen eines Anbieters sind unter dem Aspekt einer **Verbesserung des Kundennutzens** zu bewerten (vgl. die Diskussion und die Quellenangaben bei *Backhaus* 1997, S. 26–30):

(1) Paradigma der **reaktiven Positionierung: Kurzfristig** sind gegebene und bekannte Kundenwünsche zu erfüllen (im Sinne einer vom Käufer subjektiv empfundenen Bedürfniserfüllung).

(2) Paradigma der **aktiven Positionierung: Langfristig** kann mit Hilfe von Marketingtechniken Einfluss auf Kundenwünsche und Nutzenempfindungen genommen werden.

Gündling sieht **vier wichtige Schritte für den Weg zu einer „maximalen" Kundenorientierung** (vgl. *Gündling* 1997, S. 50):

(1) Die individuellen Bedürfnisse der Kunden müssen wahrgenommen werden (Markt-, Käuferforschung).

(2) Zu ihrer Erfüllung sind Kompetenzen für individuelle Problemlösungen zu definieren (Konzentration der eigenen Kräfte).

(3) Die Problemlösungen (Produkte und Service) müssen auch tatsächlich realisiert werden, d.h. bei Interessenten bekannt gemacht und verkauft werden.

(4) Es ist abzuklären und sicherzustellen, dass bei der Realisierung auch individuelle Kundenbedürfnisse erfüllt wurden (Sicherstellen der Kundenzufriedenheit).

Abb. 62: Die Bausteine der Kundenorientierung im Rahmen der Marktorientierung

Eine Kundenbetreuung lässt sich nach *Gündling* optimieren, wenn jede dieser vier Grundanforderungen mit Hilfe eines speziellen Prüf- und Verbesserungsprogramms für sich geplant und gesteuert wird. (vgl. *Gündling* 1997, S. 48–49). Im Grunde erfordert dies die Abfolge von **Marktforschung, Organisation, Umsetzung und Feedback-Schleife**. Gängig ist die Vorgehensweise, **Kundenorientierung** durch die Bausteine **Kundenähe, Kundenzufriedenheit** und **Kundenbindung** (darin enthalten **Kundenloyalität**) zu steuern, wie in Abb. 62 dargestellt. (vgl. in ähnlicher Form *Homburg/Faßnacht* 1998, S. 408 ff.). Die **Kundenbegeisterung**, als Zeichen herausragender Verkaufsanstrengungen, stellt ein zusätzliches, verstärkendes Phänomen dar. Da es zur langfristigen Umsatzsicherung immer einer **Kundenbindung** bedarf (Kundenzufriedenheit ist nicht genug!), spricht die Literatur bei der Verknüpfung der Faktoren auch von einer **Wirkungskette der Kundenbindung** (vgl. *Homburg/Bruhn* 1999, S. 9–10). Ebenso treffend ist es, die drei Faktoren als *„Erfolgsfaktoren des Beziehungsprozesses"* zu bezeichnen (*Smidt/Marzian* 2001, S. 36) oder als *„Beziehungsgefüge zwischen den Kundenkonstrukten"*, die die ökonomischen Werte von Kundenbeziehungen begründen (*Krafft* 2002, S. 45). Diese Wirkungskette sollte Kompass für die operative Vertriebsführung sein. Für jede Stufe ist dazu ein Analyse- und Maßnahmenkonzept zu erarbeiten. *Krafft* weist allerdings warnend darauf hin, dass gesetzmäßige Zusammenhänge in der *„Kausalkette aller drei Kundenkonstrukte"* noch nicht signifikant nachgewiesen werden konnten (*Krafft*, DBW 4/1999, S. 524–525). Hypothesen zu den Zusammenhängen zwischen den Bausteinen werden in Abschnitt 5.2.7. behandelt.

Zwischen Kundenzufriedenheit und Kundenbindung wird oft noch eine **Kundenloyalität** mit den Bestandteilen **Akzeptanz, Vertrauen** und **positive Einstellung zum Kaufobjekt** angesiedelt (vgl. *Homburg/Giering*, ASW 1–2/2000, S. 82–91): *„Ein Kunde ist loyal, wenn er die Produkte eines bestimmten Anbieters wieder kauft und dabei eine positive Einstellung gegenüber dem An-*

bieter hat." (*Homburg/Giering*, ASW 1–2/2000, S. 83). Auf diese Weise erhält die Form der freiwilligen Kundenbindung eine besondere Bedeutung. Zufriedene und loyale Kunden werden von *Homburg/Giering* als *„wirklich gebundene Kunden"* bezeichnet, was nichts anderes besagt, als dass Loyalität lediglich eine Unterform der Kundenbindung darstellt. **Loyalität** ist als **freiwillige Bindung an an ein Produkt, eine Marke, einen Verkäufer (Person), einen Lieferanten (Firma) oder an eine Einkaufsstätte** zu verstehen. Von einem **Kundenbindungs-„Ruhekissen"** darf aber nicht gesprochen werden, weil Kundenzufriedenheit und Kundentreue nachgewiesenermaßen sehr instabile Erfolgsfaktoren für eine Kundenbeziehung sind. Wie später noch zu zeigen ist, kann nur bei technologischen oder vertraglichen Bindungen (harte Bindungen) von einer (kurz- bis mittelfristig) sicheren Kundenbindung gesprochen werden. Andere Autoren bezeichnen übrigens als Loyalität (nur) eine Verhaltensabsicht, während die Kundenbindung von einem tatsächlichen Wiederkauf oder einer tatsächlichen Kaufempfehlung ausgeht (*Smidt/Marzian* 2001, S. 35). Allerdings: Loyalität erweist sich erst im Tun.

Waren die 90er Jahre von Reengineering in der Fertigung, betrieblicher Prozessoptimierung und einem Druck zur Kostensenkung geprägt (Lopez-Ära), so kann seit dem Aufkommen von CRM eine **Renaissance der Kundenorientierung** beobachtet werden (vgl. *Pörner* 1999, S. 527). Für das Marketing sollte Kundenorientierung eigentlich ein alter Hut sein. Die Rückbesinnung auf den Kunden erhält aber eine besondere Note, weil es um den Aufbau und die Sicherstellung **dauerhafter und wertsteigernder Kundenzufriedenheiten** und -bindungen geht – wenn nötig auch zu Lasten einer (kurzfristigen) Gewinnmaximierung auf Lieferantenseite. Markt- und Kundenorientierung stellen sich dadurch scheinbar gegen das Grundparadigma der Betriebswirtschaftslehre, die Gewinnmaximierung eines rational denkenden Entscheiders. Wir sagen scheinbar, denn es ist davon auszugehen, dass Markt- und Kundenorientierung trotz eventuell kurzfristiger Gewinneinbußen **die langfristige Gewinnmaximierung begünstigen**. Die Untersuchungsergebnisse im erfolgreichen Buch von *Peters* und *Waterman* gehen eindeutig in diese Richtung (vgl. *Peters/Waterman* 1986, S. 35–39).

Die **Elemente der Kundenorientierung** werden nun aus Sicht des Vertriebs behandelt. Sie sind die Kompassnadeln für die Verkaufsarbeit.

5.2. Im Zentrum die Kundenorientierung

5.2.1. Kundennähe als Grundbaustein

„… Spitzenunternehmen sind ihren Kunden wirklich nahe. Das ist alles."
(*Peters/Watermann 1986, S. 189*)

Menschliche Beziehungen beruhen auf Nähe, so auch Geschäftsbeziehungen. Alles beginnt mit **Kundennähe.** Durch die Habilitation von *Homburg* hat der Begriff Kundennähe neue, richtungsweisende Impulse erfahren (vgl. *Homburg* 1995). Auf den zweiten Blick aber beschäftigt sich *Homburg* eher mit Kundenzufriedenheit. Kundennähe ergibt sich zum einen recht anschaulich aus einer *„Distanz zwischen Anbieter und Kunde im Raum Markt"* (*Weinhold-Stünzi* 1994, S. 34) bzw. aus einer *„physischen und psychischen Distanz zum Abnehmer"* (*Stauss/Seidel* 1996, S. 16). Sicherlich spielen auch **Umfang und Intensität einer fachlichen und menschlichen Übereinstimmung** zwischen beiden Seiten eine große Rolle für das Näheempfinden (vgl. *Beltz* 1998, S. 35). Wie sonst können sich Paare über große Distanzen treu bleiben? Aus der Sicht des Vertriebs wird definiert:

> ➡ **Kundennähe** gibt dem Kunden das subjektive Gefühl, dass sich der Lieferant um ihn kümmert, seine Belange und Probleme ernst nimmt und den Kontakt und eine dauerhafte Beziehung zu ihm sucht. Kundennähe ist ein dauerhafter Platz (ein Dauerabonnement) im Denken des Kunden.
>
> ➡ Das **Management von Kundenähe** umfasst alle Aktivitäten, um dieses Gefühl der Nähe in systematischer Weise aufzubauen und zu sichern. Bei dieser Aufgabenstellung ist insbesondere ein ausgewogener Mix zwischen kostspieligen persönlichen Kontakten und unpersönlichen Marketingkontakten (z.B. über ein Call-Center) zu erreichen. Wie schafft man bei einer neuen Beziehung erst einmal Nähe: *Man überreicht seine Visitenkarte, nennt Telefonnummer, schickt eMail-Adresse und verschenkt sein Foto.*
>
> ➡ Die persönliche Kundennähe kann nur durch eine **überragende Produkt- und Servicequalität** (teilweise) ersetzt werden. Es werden dann Markenpräferenzen im Kopf (in der Erinnerung) des Kunden aufgebaut. Marken schaffen Nähe. Aber keine Marke kann so unverwechselbar sein, wie ein Kundenbetreuer, der sich für seinen Kunden einsetzt.

Es ist Kerngedanke der Kundennähe, dem Kunden so nahe zu sein, dass dieser weder Zeit noch Lust verspürt, sich mit Wettbewerbsprodukten zu befassen. Kundennähe versperrt also Wettbewerbern den Weg und erhöht dadurch die Chancen auf Kundenbindung. Ohne Kundennähe wird es kaum möglich sein, das Maß der **Kundenzufriedenheit** realistisch zu beurteilen und mit diesem Kundenwissen die **Kundenbindung** zu steuern. Kundennähe ist zu beeinflussen (Abb. 63):

(1) Durch die **persönliche Nähe** von Kundenbetreuern und Vertriebsleitung, durch Beratung vor Ort durch Anwendungstechniker und durch regelmäßige telefonische Innendienstkontakte. Call-Center-Kontakte schaffen auch Nähe; insbesondere, wenn eine starke Identifikation des Telefonierenden mit dem Auftraggeber über die Leitung durchklingt.

(2) Durch permanente **Kundenansprache im Wege des Dialogmarketing** (Brief, Mail, Fax, SMS, Newsletter, Kundenzeitung) bzw. durch **individualisierte Verkaufsförderung** (wie im Beispiel des Autoverkäufers *Joe Girard* bei *Peters/Waterman* 1986, S. 191). Ein Nachteil der marketinggestützten Kundennähe ist die Unregelmäßigkeit der Kontakte. Auf der anderen Seite

MARKETING- UND VERTRIEBSMASSNAHMEN ZUR ERREICHUNG VON KUNDENNÄHE			
Nähe durch Direktkontakte	*Nähe durch Promotion*	*Nähe durch gemeinsame Aufgaben*	*Nähe durch Verflechtungen*
⇨ Außendienstkontakte ⇨ Chefbesuche ⇨ Innendienstbesuche ⇨ Regelmäßige Kontakte durch Techniker ⇨ Gemeinsame Abendessen ⇨ Geburtstagsgrüße ⇨ Geschenke für Ehepartner ⇨ Periodische Übersendung von interessanten Informationen ⇨ Regelmäßige Zufriedenheitsbefragungen	⇨ Messeeinladungen ⇨ Event beim Kunden ⇨ Tag der offenen Tür ⇨ Kundenzeitung ⇨ Werbegeschenke ⇨ Spezialkatalog für den Kunden ⇨ Banner auf Homepage des Kunden bzw. Link zum eigenen Internet-Auftritt ⇨ Kundenschulung ⇨ Musterüberlassung ⇨ Probefahrten ⇨ Preisausschreiben	⇨ Integrierte Auftragsbearbeitung ⇨ Musterüberlassung ⇨ Produkttests durch Kunden ⇨ Gemeinsame Produktentwicklung ⇨ Gemeinsame Wertanalyse ⇨ Gemeinsame Marktforschung ⇨ Gemeinsamer Messeauftritt ⇨ Co-Branding bzw. Ingredient Branding	⇨ Gemeinsame Patente ⇨ Gemeinsame Tochtergesellschaften ⇨ Joint Ventures ⇨ Kapitalverflechtung ⇨ Integration in Internet-Portale

Abb. 63: Die Instrumente der Kundennähe im Rahmen der Marktorientierung

können die Kontakte dadurch aber den Charakter einzigartiger und damit besonders wertvoller Ereignisse bekommen. Unvergessliche Events schaffen auch Nähe.

(3) Durch **gemeinsame Interessen, Aufgaben, Erfolge** und manchmal auch Misserfolge.

(4) Auf unternehmenspolitischer Ebene durch **Kapitalverflechtungen, Joint-Ventures, Allianzen, Unternehmenszusammenschlüsse.**

Ausgewogenen, d.h. auf den Kunden individuell abgestimmten Maßnahmen zur Erzeugung von Kundennähe, ist in der Literatur bislang wenig Raum gegeben worden. Abb. 63 zeigt Instrumente zur systematischen Beeinflussung von Kundennähe.

Der Verkauf eines Automobils erfordert auf der Kommunikationsebene im Durchschnitt 100 Kundenkontakte (vgl. *Hessler,* ASW 11/1999, S. 60). Großunternehmen investieren deshalb in umfangreiche Programme, um die Kundennähe zu stärken und dadurch Bindungseffekte zu erreichen:

Der Weinheimer Mischkonzern Freudenberg ist Weltmarktführer bei Einlagevliesstoffen (Vliseline). Um Kundennähe und Kundenbindung zu stärken, werden an den europäischen und amerikanischen Designer-Hochburgen und an allen Produktionsstandorten Servicestationen errichtet. Die bereits eingeführten über 100 Beratungsstützpunkte sind durch Internet verbunden. (vgl. Meldung in ASW, 9/1999, S. 14)

Was in den Konsummärkten für die Hersteller ein ersehnter Traum ist, kann in den BtoB-Märkten für den Anbieter zu einer strategischen Gefahr werden: Eine zu große Nähe zum Kunden wird zum Bumerang. *Engelhardt* und *Freiling* skizzieren die sechs Gefahren gemäß Abb. 64 (vgl. *Engelhardt/Freiling,* ASW Sondernummer 10/1996, S. 148):

Die **In-Sourcing-Gefahr** ist für die Software-Branche typisch. Der Kunde spürt die zunehmende Know-how-Abhängigkeit vom Lieferanten und wirbt diesem die besten Mitarbeiter ab. Die **Lock-in Gefahr** ist typisch für Automobilzulieferanten. Das **schwarze Loch** bedeutet Kundennähe in Märkten mit vielen Unbekannten: Hohe Vorinvestitionen und doch keine Klarheit für den Anbieter über seine langfristigen Chancen und die Zuverlässigkeit des Kunden. Das **Run-away-Risiko** steht für die Gefahr, dass Kundennähe nicht zu Zufriedenheit und Bindung führt, so dass sich die Partner am Ende doch wieder trennen. Der **Glashauseffekt** und das **Outsider-Problem** sind selbsterklärend.

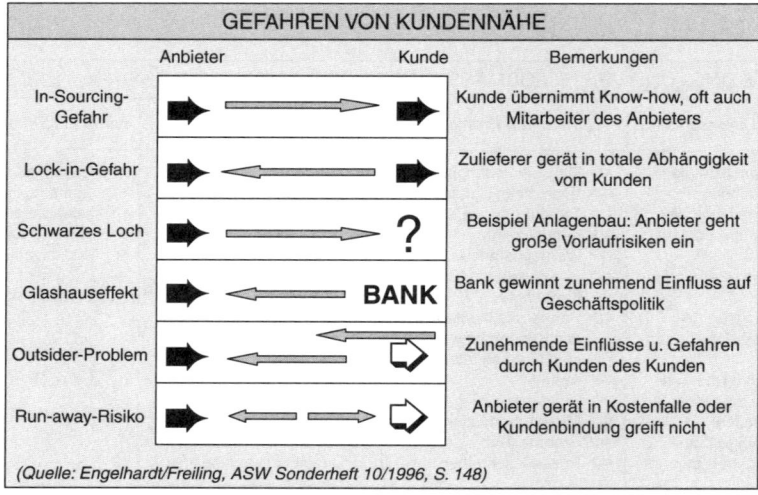

Abb. 64: Gefahrenquellen einer zu starken Nähe zum Kunden

Weiterhin ergeben sich im Verkaufsalltag Herausforderungen, wenn der Kunde die Nähe ablehnt. Kunden im Ladengeschäft wollen nicht immer angesprochen und bedient werden. Dann wird die Gestaltung der Kundennähe zur Kunst. Ausweichen sollte man dieser Herausforderung nicht. Denn trotz aller Einwände halten wir Kundennähe für das wirksamste Marketingkonstrukt. Nichts honorieren Menschen mehr als das Gefühl, von jemandem umsorgt zu werden. **Sich um den Kunden bemühen – ihn ernst nehmen – ihm ein Problem lösen – ihn fachlich wie menschlich begleiten,** das sind die wichtigsten Erfolgselemente im Kundenmanagement. Wir verstehen z.B. Kundenkarten weniger als Bindungsinstrumente, als vielmehr als Werkzeuge zur Verstärkung von Kundennähe. Auch die *Vertriebsstudie 2005* von *Mercuri International* stellt Kundennähe als wichtigste Verkäufereigenschaft heraus (vgl. *o.V.*, salesprofi 2/2000, S.9). Im Schrifttum jedoch stößt Kundennähe gegenwärtig eher auf abnehmendes Interesse (vgl. *Krafft*, DBW 4/1999, S.516). Dabei ist Kundennähe doch die wesentliche Vorbedingung für Kundenzufriedenheit.

5.2.2. Kundenzufriedenheit als Markterfolgsfaktor

„Es ist offenbar auch für Wissenschaftler schwer zu verstehen, dass das Streben nach langfristiger Kundenzufriedenheit nur das Instrument zum Gewinn ist." (Sabel 1999, S. 176)

„Kundenorientierung heißt nicht, Wünsche zu erfüllen, sondern Zahlungsbereitschaften abzugreifen." (Backhaus, MM 6/1998, S. 141)

> ➡ **Kundenzufriedenheit** ist das Resultat eines komplexen psychischen Vergleichsprozesses, bei dem der Käufer eines Sachgutes oder einer Dienstleistung Übereinstimmung zwischen seiner Erfahrung mit einem (1) gekauften Gut oder mit einer (2) Geschäftsbeziehung (letztere als Summe zahlreicher Betreuungs- und Kaufakte) und seinen Erwartungen bzw. mit einem Vergleichsstandard verspürt.
> ➡ Im Fall eines einzelnen Kaufaktes kann von **transaktionaler Zufriedenheit,** im zweiten Fall der Bewertung einer Geschäftsbeziehung von einer **dynamischen Zufriedenheit** gesprochen werden.
> ➡ Kundenzufriedenheit gilt als *„Schlüsselfaktor der Kundenbindung"* (*Faßnacht* 1999, S.314).
> ➡ **Aus der Sicht des Anbieters ist Kundenzufriedenheit jedoch Kalkül.** Die Vorstellung einer *„bedingungslosen und vollständigen Zufriedenheit"* der Kunden (zit. *Barnevik* in *Große-Oetringhaus* 1994, S.61) ist naiv und gefährlich, denn sie kann den Lieferanten ruinieren. Es gilt, unter Berücksichtigung kaufmännischer Kriterien eine Kundenzufriedenheit nur auf dem Niveau einzustellen, auf dem der Kunde eine **freiwillige Kundenbindung** (Kundenloyalität) eingeht.

Die üblichen Definitionen zur Kundenzufriedenheit sind konsumorientiert und betonen den **transaktionalen Zufriedenheitsbegriff** (vgl. stellvertretend *Homburg/Faßnacht/Werner* 1999, S.392). Es wird viel definiert, aber kaum das Geheimnis gelüftet, was Zufriedenheit wirklich bedeutet. Vielleicht das Gefühl einer Sicherheit, ein Erfolgs- oder ein Freudegefühl? Lediglich die **Konsequenzen des Verhaltens oder Absichtsbekundungen eines zufriedenen Kunden** sind erfassbar (valide messbar) und rechtfertigen Rückschlüsse auf seine Zufriedenheit:

(1) Der zufriedene Kunde legt sich bereits bei seiner Kaufentscheidung auf **Wiederkauf** und **Weiterempfehlung** fest.

(2) In Bezug auf zukünftiges Kaufverhalten äußert er **Wiederkaufabsicht, Zusatzkaufabsicht** und **Weiterempfehlungsabsicht** (vgl. *Homburg/Faßnacht* 1998, S. 415).

Es gibt eine Fülle von Unklarheiten und eine noch immer unzureichende theoretische Basis (vgl. *Krafft*, DBW 4/1999, S. 526–527). Drei Kernprobleme ragen heraus:

(1) Die **Eichung des Zufriedenheitsbegriffs.** Jeder versteht unter „seiner Zufriedenheit" etwas anderes; u.a. als Folge seines Anspruchsniveaus (s. hierzu auch die Abb. 74).

(2) Die **Instabilität (Verletzlichkeit) eines Zufriedenheitsgefühls,** die später noch erläutert wird.

(3) Die **Graduierung einer Zufriedenheit.** Jedes Individuum verspürt eine persönliche Skala zwischen *gerade so zufrieden* und *hoch begeistert.*

Hinsichtlich der Graduierung der Kundenzufriedenheit unterscheiden *Stauss* und *Neuhaus* in einem **qualitativen Zufriedenheitsmodell (QZM)** fünf Kundentypen (vgl. *Stauss/Neuhaus* 2002, S. 83–45; *Bruhn* 2001, S. 71–72). Diese sind in einer Untersuchung (n=295) in folgenden Anteilen aufgetreten:

(1) Der **fordernd Zufriedene** (34,2 %) gibt sich nie richtig zufrieden sondern fordert immer mehr (*Tue immer mehr, als man von Dir erwartet, und man wird immer mehr von Dir erwarten*).

(2) Der **stabil Zufriedene** (45,8 %) weist dagegen ein eher passives Anspruchsverhalten auf.

(3) Der **resignativ Zufriedene** (8,8 %) zeigt Gleichgültigkeit, dabei aber durchaus Bindungsbereitschaft.

(4) Der **stabil Unzufriedene** (7,1 %) ist der typische Reklamations-Stammkunde, dem nichts gut genug ist.

(5) Der **fordernd Unzufriedene** (4,1 %) setzt den Anbieter massiv unter Druck.

Trotz der Begriffsunsicherheiten ist Kundenzufriedenheit neben Kundenbindung der meist zitierte Wirtschaftsbegriff der letzten Jahre. Vom Kunden als **wahren Arbeitgeber,** vom **König Kunde** oder vom Lieferanten als **Diener des Kunden** ist die Rede. *Faßnacht* fordert, nach Kundenzufriedenheit mit einer „*perfektionistischen Einstellung*" zu streben (*Faßnacht* 1999, S. 315). *Gündling* proklamiert gar ein Konzept für eine „*maximale Kundenorientierung*" (vgl. *Gündling* 1997). *Seine Kunden lieben,* so lautet die Devise.

Warum? In empirischen Langzeituntersuchungen werden die positiven Auswirkungen einer Kundenzufriedenheit auf den unternehmerischen Erfolg (Gewinn) immer wieder nachgewiesen (vgl. *Meyer/Dornach* 1997, S. 170). Hierzu gibt es allerdings Gegenmeinungen, die anmerken, dass wissenschaftliche Studien noch keinen direkten und signifikanten Zusammenhang nachgewiesen haben. Vielmehr beeinflusst die Kundenzufriedenheit die Profitabilität auf indirekte Weise mittels des Konstruktes der Kundenbindung (vgl. *Krafft* 2002, S. 47). Neben den betriebswirtschaftlichen messbaren Folgen sind allerdings zahlreiche qualitative Vorteile durch zufriedene Kunden zu betonen. Abb. 65 veranschaulicht den Sachverhalt (vgl. auch die umfassenden Literaturhinweise von *Homburg/Giering/Hentschel* 1999, S. 86–89).

Untermauert wird die Bedeutung der Kundenzufriedenheit durch empirische Erkenntnisse:

(1) Zufriedene Kunden scheuen den Aufwand der Suche nach alternativen Lieferantenquellen. Zufriedene Kunden werden träge (wirklich?), schätzen zumindest den Vorteil einer bewährten Lieferantenquelle. Denn auch ein Lieferantenwechsel kommt teuer und birgt unbekannte Risiken.

(2) Zufriedene Kunden sind widerstandsfähiger gegen Wettbewerbsangebote. Kundenzufriedenheit schafft Wechselbarrieren.

(3) Zufriedene Kunden sind daher auch bereit, für eine bewährte Bezugsquelle bis zu einer vertretbaren Grenze höhere Preise zu zahlen.

Abb. 65: Die Auswirkung von Kundenzufriedenheit auf den Geschäftserfolg

(4) Es ist (sei) 5 bis 10 mal so kostspielig, einen Neukunden zu gewinnen als einen zufriedenen Stammkunden zu sichern (s. z.B. Hinweis von *Holland*, media&marketing 7/2004, S.15).

(5) Zufriedene Kunden geben ihre positiven Erfahrungen an durchschnittlich 3 Personen weiter und unterstützen (auf Anfrage) den Lieferanten gerne mit Referenzen. Ein unzufriedener Kunde dagegen gibt seinen Unmut an bis zu 11 Personen weiter (vgl. *Meister/Meister* 1998, S.14). Zu diesen Sachverhalten liegen allerdings unterschiedliche Zahlen vor.

(6) Zufriedene Kunden sind eher bereit, Angebotspreise von Wettbewerbern preiszugeben.

(7) Zufriedene Kunden unterstützen den Lieferanten bei der Marktbeobachtung.

(8) Zufriedene Einkäufer sind bereit, einem Lieferanten ein Entree bei der Technik zu verschaffen, so dass dieser Hinweise über neue Projekte bzw. Produkte erhält.

(9) Zufriedene Kunden sind bereit zum Referenzmarketing, d.h. sie werben bei Interessenten für ihren Lieferanten.

(10) Zufriedene Kunden sind darüber hinaus zum Co-Branding, d.h. zu gemeinschaftlicher Markenwerbung, bereit.

(11) Zufriedene Kunden nehmen Messeeinladungen gerne an und kommen auch gerne zu Kundenveranstaltungen. Es entsteht eine *Eigendynamik der Beziehungsstärkung*.

(12) Zufriedene Kunden unterliegen einer *kognitiven Dissonanz*: Sie spielen (vereinzelte) negative Erfahrungen herunter. Unzufriedene Kunden ereifern sich dagegen über die *„Fliege an der Wand"*.

Aufgrund dieser Gesichtspunkte sollten wohl alle Unternehmen danach streben, ihre Kunden maximal zufrieden zu stellen. Welche Unternehmung hat es sich nicht auf die Fahne geschrieben, seine Kunden rundum zufrieden zu stellen?

• Jedoch gibt es die Redensart: *„Jedermanns Freund ist Keinermanns Freund."* Wer die Wünsche aller Kunden gleichermaßen erfüllen will, auch die derjenigen, die sich zufällig an die eigene Firma richten, der behandelt alle Kunden wie Passanten. Der Begriff **Passanten-Marketing** klingt zutreffend (vgl. *Belz* u.a. 1998, S.50).

• Außerdem wird davor gewarnt, dass zufriedene Kunden einer Unternehmung teuer zu stehen kommen können, wie unten weiter erläutert wird (vgl. *Betz* 1998, S.76).

Anzustreben ist folglich eine Kundenzufriedenheit, die sich rechnet! Ein **Management von Kundenzufriedenheit** erfordert dazu:

(1) die Erfolgsfaktoren zu bestimmen, die branchen-, produkt- und situationsbezogen den Grad der Kundenzufriedenheit beeinflussen (die **Key Performance Drivers** bzw. – umgesetzt in Kennziffern – die **Key Performance Indicators**, mit deren Hilfe sich die Erfolgsfaktoren messen lassen),

(2) die wichtigsten Zufriedenheitskräfte, die Vorkauf-Erwartungen und Nachkauf-Erfahrungen bei den Kunden (regelmäßig) abzufragen,

(3) zum Kontrollvergleich die Kundenzufriedenheiten bei Wettbewerbsprodukten zu eruieren,

(4) abzufragen, welche Kundenzufriedenheiten die eigenen Mitarbeiter erwarten würden und dieses **Selbstbild** gegen das **Fremdbild** im Markt zu spiegeln. Hierzu hat *Homburg* die Erfahrung gemacht, dass Mitarbeiter die eigenen Leistungen regelmäßig schlechter einschätzen als ihre Kunden (vgl. *Homburg* 1996, S. 9),

(5) Maßnahmen festzulegen, mit denen die Stellschrauben der Kundenzufriedenheit dauerhaft beeinflusst werden können (s. auch Punkt (1)),

(6) die Kosten dieser zufriedenheitssteigernden Maßnahmen mit dem erreichbaren Nutzen in ein Verhältnis zu bringen und

(7) alle Überlegungen in einem langfristigen Kundenzufriedenheitsprogramm zu verankern (aktuell stehen in der Praxis Kundenbindungsprogramme im Vordergrund).

Sogleich stellt sich die Frage, welche Leistungsfaktoren die Kundenzufriedenheit beeinflussen und wie die Zufriedenheit der Kunden gemessen werden kann. Die Literatur greift dabei gerne auf ein Schema von *Andreasen* zurück (vgl. *Andreasen* 1982, S. 184; vgl. zu weiteren Messansätzen *Kortus-Schultes* 1998, S. 128–135). In Anlehnung an eine praxisadäquatere Systematik von *Homburg* und *Werner* können unterschieden werden (vgl. *Homburg/Werner*, ASW 11/1996, S. 92–100):

(1) **Objektive Verfahren:** Sie beruhen nicht auf Zufriedenheitseinschätzungen von Personen sondern auf nachvollziehbaren Ereignissen (Critical Incidents) und nachweisbaren Geschäftsdaten (Geschäftserfolgen). Beleuchtet werden nur ausgewählte, mit Kundenzufriedenheit offenbar in hoher Korrelation stehende Fakten (z.B. Anzahl von Reklamationen) oder Ereignisse (Critical Incident-Methode). Explizit wird keine Zufriedenheitsbefragung durchgeführt, weil man den Unschärfen persönlicher Urteile ausweichen möchte. Man will von Faktoren auf Zufriedenheiten schließen.

(2) **Subjektive Verfahren:** Diese sind ausdrücklich urteilsgestützt. Zufriedenheit lässt sich dabei **direkt** („*Wie zufrieden sind Sie mit …*") (vgl. auch *Scharnbacher/Kiefer* 1998, S. 18–26; *Homburg/Werner*, ASW 11/1996, S. 94, *Pörner* 1999, S. 539) oder **indirekt** (implizit) über Rückschlüsse zufriedenheitsbeeinflussender Indikatoren („*Würden Sie uns weiterempfehlen?*") abfragen. Die direkte Form birgt eine Manipulationsgefahr, beim indirekten Verfahren geht man das Risiko ein, nicht wirklich den Aspekt der Kundenzufriedenheit zu treffen.

Abb. 66 stellt gängige Messverfahren zusammen. Im folgenden werden in der Praxis häufig eingesetzte, urteilsgestützte Verfahren der Zufriedenheitsmessung beschrieben.

5.2.3. Kundenzufriedenheit mit einer Kaufentscheidung (transaktionale Kundenzufriedenheit)

Zunächst geht es um die Zufriedenheit eines Kunden mit einer einzelnen Kaufentscheidung (mit einer singulären Transaktion); und (noch) nicht um die Zufriedenheit im Verlauf einer längerfris-

OBJEKTIVIERBARE VERFAHREN (ergebnis- oder ereignisgestützt = Datenquelle Fakten)	SUBJEKTIVE VERFAHREN (urteilsgestützt = Datenquelle Befragungen)	
Rückschluss auf Zufriedenheit durch (a) kritische Ereignisse, z.B. Kundenbeschwerden, Warenrücksendungen oder (b) durch den Erfolg (Historie) von Geschäftsentwicklungen (z.B. Kundenbestandsentwicklungen, Churn-Rates) Messgrößen: Kundenentwicklung, Wiederkaufraten, Umfang und Qualität der Kundenkontakte, Beanstandungen, Reklamationen, Umsatz-, Ergebnis-, Lieferanteilsentwicklung, mit Kunden gemeinsam entwickelte Produkte	☒ Indirekte (implizite) Erhebung; d.h. Abfrage von Leistungsparametern, die Rückschlüsse auf Zufriedenheit erlauben	• Messung der Erfüllungsgrade von Kundenerwartungen ohne explizites Ansprechen von Zufriedenheiten (z.B. Bereitschaft, Referenzen auszusprechen) • Rückschlüsse aus Lieferantenbewertungen • Rückfragen bei Verbänden über das Urteil des Marktes über die eigene Leistungsfähigkeit
	☒ Direkte (explizite) Erfragung von Zufriedenheiten anhand definierter Schlüsselfragen	• Eigenbild: Zufriedenheitsabschätzungen durch eigenen Außendienst oder interne Experten • Fremdbild: Kundenbefragung mit Zufriedenheitsskalen • Differenzierte Auswertungsform: Kundenzufriedenheits-Portfolios • Integrierte Auswertungsformen: Kundenzufriedenheits-Barometer, Kundenzufriedenheits-Index (Customer Satisfaction Index) • Übergreifende Auswertungsformen: Zufriedenheits-Benchmarks

Abb. 66: Übersicht über die Verfahren zur Kundenzufriedenheitsmessung

tigen Geschäftsbeziehung (viele Transaktionen). Wie sieht es aus, wenn ein Kunde ein Sachgut oder eine Dienstleistung kauft und dann um sein Zufriedenheitsvotum gebeten wird? In diesem Fall wird der Kunde seine Erwartungen mit den Produkterfahrungen abgleichen. Kundenzufriedenheit ist somit unmittelbar das Ergebnis des bereits erwähnten **subjektiven, psychischen Vergleichsprozesses** durch den Käufer. Die Fachwelt beschreibt ein **Confirmation/Disconfirmation-Paradigma** (vgl. *Bailom/Tschemernjak/Matzler/Hinterhuber*, HBM 1/1998, S. 48). Eine negative Diskonfirmation ist eine Abweichung zwischen Leistungserwartungen und einer wahrgenommenen Leistung; verursacht durch mangelhafte Leistungen oder aber durch überzogene Käufererwartungen (vgl. *Mairamhof/Thelen/Botschen/Etzel* 1999, S. 240). *Meyer* und *Dornach* stellen gemäß Abb. 67 wichtige Einflussgrößen dieses Erwartungs-/Erfahrungsvergleiches gegenüber (vgl. *Meyer/Dornach* 1997, S. 166).

Zu den Fragen, **welche Angebotsleistungen** ein Käufer erwartet und in welche Richtung diese seine Kaufzufriedenheit beeinflussen, hat *Kano* ein viel zitiertes Modell entwickelt (vgl. *Kano* 1984, S. 39–48; *Bailom/Tschemernjak/Matzler/Hinterhuber*, HBM 1/1998, S. 47–49). *Kano* unterscheidet **Grund-, Leistungs- und Begeisterungsanforderungen**. Folgende Hypothesen liegen dem Ansatz zugrunde:

(1) **Die Hypothese der Basisanforderungen (Basisfaktoren = Muss-Anforderungen):**
   ⇨ Nichterfüllung führt zu deutlicher Unzufriedenheit.
   ⇨ Übererfüllung kann die Zufriedenheit nicht weiter steigern.
   ⇨ Die Grundanforderungen werden also für selbstverständlich gehalten: Bsp.: *Pünktlichkeit der Züge der Deutschen Bahn AG, Airbags in Autos.*

(2) **Die Hypothese der Leistungsanforderungen (Leistungsfaktoren = Soll-Anforderungen):**
   ⇨ Nichterfüllung bewirkt Unzufriedenheit.
   ⇨ Erfüllung wird von den Kunden i.d.R. ausdrücklich gefordert und führt zu einer moderaten Zufriedenheit.

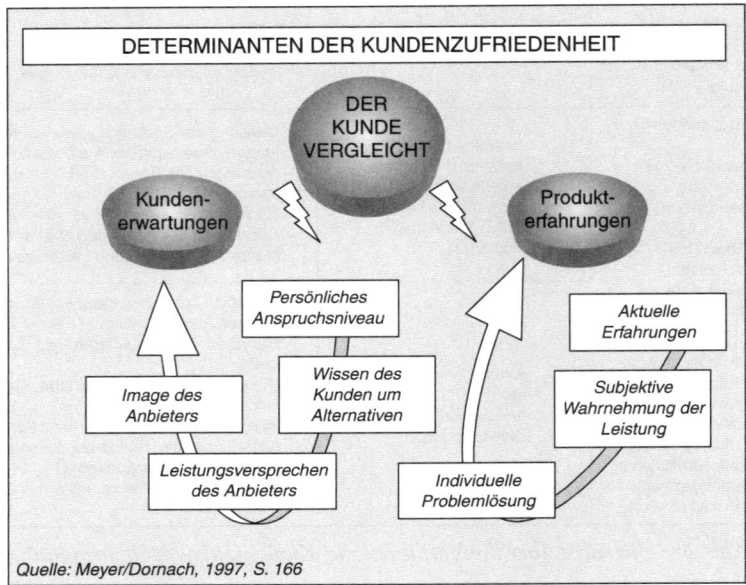

Abb. 67: Kundenzufriedenheit bei einem Konsumgüterkauf

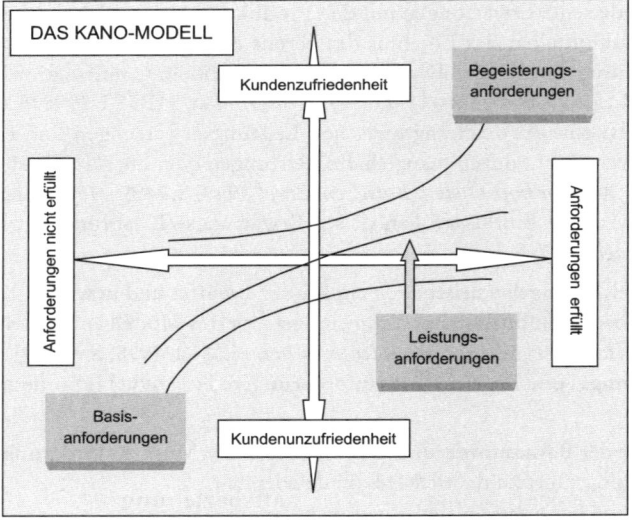

Abb. 68: Die drei Zufriedenheitsfunktionen von Kano

⇨ Übererfüllung steigert die Zufriedenheit weiter bis zu einer Sättigungsgrenze. Bsp.: *Menüerwartungen in einem Restaurant.*

(3) **Die Hypothese der Begeisterungsanforderungen (Begeisterungsfaktoren = Kann-Anforderungen):**

➪ Die Produkt- und Serviceleistungen werden vom Kunden weder erwartet noch gefordert. Eine Nichterfüllung mindert die Zufriedenheit nicht.

➪ Werden sie angeboten, macht dies die Leistung für den Käufer wertvoller und steigert seine Zufriedenheit in Richtung Begeisterung.

➪ Ein mögliches Problem liegt im Gewöhnungseffekt. Werden Begeisterungseigenschaften dauerhaft erbracht, können sie zu Grundanforderungen degenerieren. Bsp.: *Kostenloser Kofferservice von Reiseveranstaltern, fertig installierte Software bei PC-Kauf.*

Abb. 68 skizziert die Wirkungsweisen der drei Anforderungsarten (vgl. *Homburg/Werner* 1998, S. 92; *Bruhn* 2001, S. 208–209).

Das *Kano*-Modell ist gut geeignet, um neue Produkteigenschaften oder Leistungsprogramme zu kreieren. Dabei bedient sich die *Kano*-Methode ausgefeilter Fragebögen. Der Ansatz wird speziell dem Konsumgüterkauf gerecht, wo i.d.R. nicht die Zufriedenheit des Kunden im Zeitablauf einer Geschäftsbeziehung, sondern vielmehr die Zufriedenheit mit einer einzelnen Kaufentscheidung zählt. Für den Anbieter führt der Zufriedenheitsansatz zu folgenden Konsequenzen:

- Der Anbieter muss die durch Produktpositionierung und Werbestrategie abgegebenen Leistungsversprechen sorgfältig planen. Denn er weckt nach dem **Confirmation/Disconfirmation-Paradigma** vor dem Kauf Erwartungen, nach denen er nach dem Kauf gemessen wird. Nach dem neuen Gewährleistungsrechtes hat ein Kunde sogar Regressrechte, wenn der Hersteller in Werbeaussagen nachweislich falsche Erwartungen weckt.

- Der Hersteller sollte im Rahmen von Expertenbefragungen und Außendienstkontakten die Anspruchsniveaus (Wünsche, Erwartungshaltungen) der Interessenten und Käufer eruieren.

- Der Hersteller sollte eine Vorstellung über sein Image (Bild) in den Köpfen der Interessenten und Konsumenten gewinnen.

- Der Hersteller sollte Informationen über alternative Bezugsquellen von Interessenten und Kunden und über deren Stärken und Schwächen sammeln.

- Mit Hilfe von stichprobenartigen Käufer-Zufriedenheitsbefragungen sollte sich der Hersteller darüber informieren, in welchem Maße sich sein Produkt bei den Kunden in konkreten Anwendungen und unter Belastungen bewährt.

So lassen sich Risiken durch überzogene Marketingversprechen aufdecken, damit Produktleistungen nicht dauerhaft hinter den angeschürten Kundenerwartungen zurückbleiben. Die Kundenzufriedenheit lässt sich über die Kommunikation von Erwartungsniveaus beeinflussen. In technischen Märkten, wo **dauerhafte Geschäftsbeziehungen** typisch sind, wird das nicht möglich sein. Eine spezifikationsgerechte Qualität sollte Selbstverständlichkeit sein. Sie gilt als Mindestanforderung seitens Einkaufsabteilung und Technik. Über die Zufriedenheit, und daraus folgend über Einkaufsquoten, entscheiden dann Fakten, wie ein Kunde seinen Lieferanten im Vergleich zu anderen Bezugsquellen bewertet.

5.2.4. Kundenzufriedenheit mit einer Geschäftsbeziehung (dynamische Kundenzufriedenheit)

a.) Messung im Rahmen von Lieferantenbewertungen

Eine kostengünstige Lösung liegt darin, die Zufriedenheitsanalyse in die Hände des Kunden zu legen und sich im Rahmen einer „offiziellen" Lieferantenbewertung evaluieren zu lassen. Der Lieferant kann dann davon ausgehen, einem dauerhaften Bewertungsschema unterworfen zu werden, das auch für andere Wettbewerber gilt (vgl. die Verfahrensdarstellungen bei *Backhaus*

1997, S. 665–672). Bei mächtigen Kunden bleibt dem Lieferanten i.d.R. keine andere Wahl als sich in eine Lieferantenbewertung einzubringen. Wie weit dann noch eine zusätzliche Zufriedenheitsbefragung sinnvoll ist, steht in Frage.

In diese Kategorie fallen auch die Audits, wie sie z.B. die Automobilindustrie ihren Systemlieferanten abverlangt (vgl. z.B. die TQM-Systemaudits des *Verbandes der Automobilindustrie e.V.*). Zertifizierungen nach DIN ISO müssen i.d.R. im 3-Jahresrhythmus wiederholt bzw. bestätigt werden. Diese Evaluierungen beziehen sich auf

(1) **Systemaudit**: die Elemente des Qualitätssicherungssystems und ihre strikte Einhaltung,
(2) **Verfahrensaudit**: die innerbetrieblichen Verfahren und Abläufe des Lieferanten,
(3) **Produktaudit**: Überprüfung von Produkten auf Übereinstimmung mit den Spezifikationen.

Für diesen Gliederungsabschnitt ist nun interessant, dass die Begriffe **Kundenzufriedenheit** und auch **Mitarbeiterzufriedenheit** ausdrücklich Eingang in die Lieferantenbewertungen gefunden haben. Bewertet wird eine Zufriedenheit i.d.R. mittels Ratingskalen. Beim europäischen EFQM-Preis der *European Foundation of Quality Management* gehen z.B. **Kundenzufriedenheit** und **Mensch im Betrieb** mit zusammen 38 Prozent in die Lieferantenbewertung ein (vgl. die Hinweise in *Günter/Kuhl* 1995, S. 399–464).

Neben den Zertifizierungsnormen aus dem Qualitäts-Management beachten Kunden auch gerne ihre Lieferanten-Evaluierungen aus der operativen Beschaffungstätigkeit. Aus Leistungsparametern, wie z.B.

(1) Grad der **Pünktlichkeit** der Anlieferungen (z.B. 100 Prozentpunkte nur bei erreichter taggenauer Just-in-time-Anlieferung),
(2) Grad der **Über- oder Unterlieferungen** (z.B. bei Batterien: max. 1 Batterie auf 1.000.000 = 1 gpm/Garbage per Million),
(3) **Retouren** (z.B. Lieferanten-Scoring: 100 Performancepunkte nur bei null Retouren)

werden **Liefertreue-Indices** gebildet und den Zulieferanten gegenüber offengelegt. Für alle Arten von Lieferantenbewertungen gilt aus Verkäufersicht die **Annahme**:

• Wenn der Lieferant nach Qualitätsnormen (TQM, ISO) zertifiziert ist
• und dabei neben den technischen auch qualitative Zufriedenheitsanforderungen erfüllt
• und im Rahmen der operativen Beschaffungsvorgänge festgelegte Absprachen in vollem Umfang einhält
• und schließlich vom Kunden im Vergleich zu anderen Wettbewerbern hoch bewertet (gerankt) wird,

dann ist davon auszugehen, dass der Kunde zufrieden ist, selbst wenn seine Zufriedenheit nicht direkt erfragt wurde. Diese Vorgehensweise wird auch als **Kundenzufriedenheitsmessung durch Rückschluss** bezeichnet.

Der große Vorteil dieser Lieferantenanalysen liegt darin, dass man dem Kunden nicht selbst Zufriedenheitsurteile entlocken muss. Der Lieferant kann selbst von dem Wettbewerbsvergleich profitieren. Die Kosten des Verfahrens trägt der Kunde. Nur große Unternehmen können es sich leisten, ihre Kunden selbst oder mit Hilfe neutraler Institute auf derart intensive Weise in Bezug auf ihre Leistungs- und Betreuungsqualitäten zu befragen.

b.) Messung durch Außendienst-Einschätzungen

Wie können mittelständische Betriebe mit kleinem Budget mehr über die Zufriedenheit ihrer Kunden in Erfahrung bringen? Eine pragmatische Lösung liegt darin, die Kundenzufriedenheiten regelmäßig durch Außendienstmitarbeiter schätzen zu lassen. Nach dem *VIP-2000* werden

Kundenzufriedenheiten immerhin bei 26 % aller Unternehmen durch die Auswertung von Verkaufsgesprächen festgestellt (vgl. *Krafft* u.a., VIP-2000, S. 50). Die Zufriedenheitsurteile bzw. -werte können in den Besuchsberichten vermerkt werden. Das Verfahren verlangt keine „Verifikationen". Der Sinn dieser Vorgehensweise liegt vielmehr darin, Stimmungsbilder im Markt zu erheben und Tendenzen im Zeitablauf festzustellen. Wenn ein Außendienstmitarbeiter die Zufriedenheit eines Kunden einmal mit 9 (auf einer 10er Skala) beurteilt hat und dann nach jedem Kundenkontakt sein Votum schrittweise auf 8, 7, 6 und schließlich 5 zurücknimmt, dann klingelt bei der Vertriebsleitung der Alarm. Unter Tausenden von Kunden würden derartige Einzelfälle vermutlich kaum auffallen. Im Rahmen eines computergestützten Berichtswesens sind **Frühwarnungen** für derartige Vorgänge kein Problem (s. Abschnitt 10.9.5.) In Praxisprojekten hat sich die 10er Skala gemäß Abb. 69 für die Außendiensturteile bewährt.

Zufriedenheitsskala für Selbsteinschätzungen des Außendienstes
FRAGE: „*Wie hoch schätzen Sie die Zufriedenheit Ihres Kunden ein?*"
1 = indiskutabel
2 = sehr schlecht
3 = schlecht
4 = mit Mängeln
5 = ausreichend
6 = befriedigend
7 = gut
8 = gut bis sehr gut
9 = sehr gut
10 = hervorragend
(Quelle: Winkelmann 1999, S. 116)

Abb. 69: Eine Kundenzufriedenheitsskala für den Außendienst

c.) Messung mit Hilfe der Loyalitätstreppe

Der Außendienst kann auch einen Schritt weitergehen und Kunden nach Zufriedenheitskategorien einteilen. *Ackerschott* schlägt hierzu leicht verständliche und vertrieblich sinnvolle **Zufriedenheitsklassen** vor. Abb. 70 zeigt das Schema (vgl. *Ackerschott* 2000, S. 225). Zieht der Außendienst mit, so entsteht in Verbindung mit einer computergestützten Vertriebssteuerung eine starke Waffe zur Marktbearbeitung. Die Verkäufer wissen eigentlich recht gut, welche Kunden verärgert oder desinteressiert sind und können Betreuungsaktionen anstoßen, ohne dass die Kunden durch Befragung gezwungen sind, die ohnehin bekannten unbefriedigenden Lieferantenleistungen noch einmal zu betonen und sich dadurch verstärkt vor Augen zu führen. Das Klassifizierungsschema ist von *Ackerschott* zu einem alltagstauglichen, vierdimensionalen System ausge-

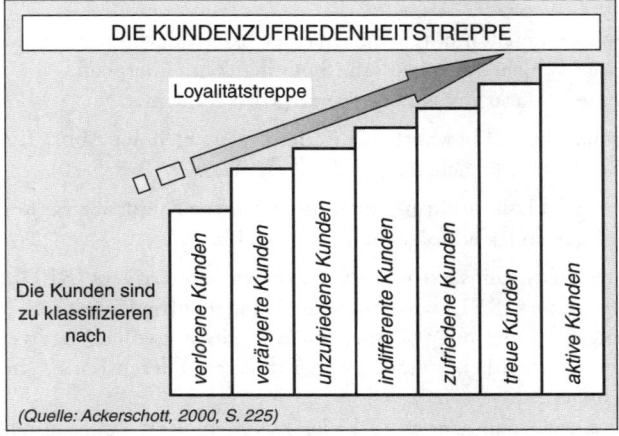

Abb. 70: Die Zufriedenheitsklassen nach Ackerschott (vgl. Ackerschott 2000, S. 225)

baut worden. Abschnitt 7.2.3.h. wird den **Klassifizierungswürfel** nach *Ackerschott* beschreiben. Bei den Kundenbetreuern können diese Selbst-Einschätzungsverfahren viel bewegen; allein schon durch den vorgegebenen Druck zur systematischen Kundenbeobachtung. Voraussetzung ist allerdings eine eingehende Schulung, um die Markteinschätzungen des Außendienstes befriedigend zu eichen. Im Endeffekt fehlt diesen Ansätzen jedoch die entscheidende Größe: das **Urteil des Kunden**, der ja zufriedengestellt werden soll.

d.) Messung durch pragmatische Kundenbefragungen

Die Citibank führt seit 1988 regelmäßig Kundenzufriedenheitsbefragungen durch. 1997 haben 46.000 Kunden teilgenommen; ca. 150 je Zweigstelleneinzugsgebiet. Der einseitige Fragebogen enthält ca. 19 einfach gehaltene Fragen, die meisten zum Ankreuzen. Allerdings sind bei den Zufriedenheitsantworten nur die Kategorien sehr zufrieden, teils zufrieden und unzufrieden vorgesehen. (vgl. Köther 1998, S. 60).

Im *VIP Vertriebs-Informations-Panel 2000* befragten 23,1 Prozent der Unternehmen ihre Kunden regelmäßig nach den Zufriedenheiten, 53,8 Prozent allerdings nur sporadisch (vgl. *Krafft* u.a., VIP-2000, S. 48). Die Praxis geht bei Zufriedenheitsbefragungen oft recht pragmatisch vor. Der Chef, die Marketingabteilung oder ein Verkäuferteam stellen die vermuteten Zufriedenheitsfaktoren in Arbeitstreffen zusammen und bringen diese in eine Frageform. Eine einfache Antwortmöglichkeit ist schnell skizziert (man will den Kunden ja nicht überfordern), und fertig ist ein einfach gestrickter Fragebogen. Wer kennt sie nicht, die Fragebögen von Hotels oder Möbelhäusern.

Pragmatische Kundenbefragungen dieser Art

- konzentrieren sich i.d.R. nur auf wenige Zufriedenheitsfaktoren,
- die oft vom Management nach Gutdünken vorgegeben sind,
- transformieren diese in wenige und einfach gestellte Fragen,
- die nicht auf Interkorrelation untereinander überprüft worden sind.
- Die Befragtenauswahl erfolgt nicht nach dem Zufallsprinzip sondern die Befragten werden willkürlich ausgewählt,
- Antwortskalen werden „nach Gefühl" gestaltet,
- berechnet werden Häufigkeiten und Mittelwerte auch bei einer nur sehr geringen Zahl von Einzelantworten,
- die Ergebnisse werden nicht mit den Werten einer Kontrollgruppe abgeglichen
- und demzufolge auch nicht auf statistische Signifikanz hin überprüft,
- auf die Mitarbeit von Marktforschungsexperten wird verzichtet.

Konzeptionell durchdacht und bewährt ist z.B. der Fragebogen der Abb. 71, mit dem *Homburg* und *Werner* gute Erfahrungen machen (vgl. *Homburg/Werner* 1998, S. 70).

Bei der Vorbereitung und Durchführung einer **qualifizierten Kundenbefragung**, die valide Befragungsergebnisse bringen soll, sind folgende Punkte zu klären:

(1) Welche Qualitäts-/Leistungsfaktoren (**Key Performance Drivers** (KPD), Messgrößen: **Key Performance Indicators** (KPI)) bestimmen die Kundenzufriedenheit?

(2) Welche Leistungsfaktoren sollen/können in der Praxis sinnvoll erfragt werden?

(3) Soll die Befragung schriftlich, mündlich oder in einer anderen Form, „händisch" oder systemgestützt erfolgen?

(4) Wie sollen die Antworten gemessen (skaliert) werden (zum Skalenaufbau und zu weiteren Aspekten einer Marktbefragung vgl. Winkelmann 2003, S. 138–145)?

**FORMULIERUNGEN
ZUR ERFRAGUNG VON KUNDENZUFRIEDENHEIT UND KUNDENBINDUNG**

① **Kundenzufriedenheit**   (zur Berechnung eines **Kundenzufriedenheits-Index**)

    ⇨ *Wie zufrieden sind Sie insgesamt mit der Firma XY?*

    ⇨ *Welchen Vorteil hat die Geschäftsbeziehung mit der Firma XY für Sie?*

    ⇨ *Wie gut erfüllt die Firma XY insgesamt Ihre Erwartungen?*

② **Kundenbindung**   (zur Berechnung eines **Kundenloyalitäts-Index**)

    ⇨ *Würden Sie die Firma XY weiterempfehlen?*

    ⇨ *Würden Sie Freunden und Bekannten zum Kauf bei der Firma XY raten?*

    ⇨ *Werden Sie langfristig einen gleichbleibenden oder steigenden Anteil Ihres Bedarfs bei Firma XY decken?*

    ⇨ *Wenn Sie das betrachtete Produkt / die betrachtete Dienstleistung das nächste Mal kaufen, wird es wieder bei der Firma XY sein?*

    ⇨ *Wollen Sie langfristig Kunde der Firma XY bleiben?*

    ⇨ *Werden Sie auch beim Kauf anderer Produkte die Firma XY in Erwägung ziehen?*

(Quelle: Homburg/Werner 1998, S. 70)

Abb. 71: Formulierungen zur Erfragung von Kundenzufriedenheit und Kundenbindung

(5) Soll die Befragung durch eine neutrale externe Instanz oder durch eigene Mitarbeiter (Marketingabteilung, Produktmanagement) durchgeführt werden? Außendienstbefragungen sind nicht ratsam, da sich Verkäufer durch Kundenurteile unmittelbar berührt fühlen. Nach unserer Erfahrung sind durch eigene Erhebungen kaum valide Ergebnisse zu erwarten. Kunden sind zudem nicht sehr geneigt, ihren Lieferanten die Wahrheit zu sagen. Welcher Einkäufer gibt schon gerne zu, dass er mit seinem Lieferanten zufrieden ist. Auf der anderen Seite wollen Einkäufer ihre Kundenbetreuer trotz harten Geschäftsgebarens nicht in Schwierigkeiten bringen. Die Tendenz zu neutralen (unentschiedenen) Urteilen ist die Folge.

(6) Sind Wettbewerbsbefragungen möglich, um die eigenen Zufriedenheitswerte durch einen Vergleichsmaßstab zu relativieren? Wie man auch in kleinen Marktsegmenten schon zu guten Marktbefunden kommt, zeigen *Werner* und *Sailer* bei einer Zufriedenheitsbefragung von siebzehn Automobilzulieferern (vgl. *Werner/Sailer,* Technischer Vertrieb 2/1999, S.25).

(7) Welche Person(en) im Buying-Center des Kunden (s. Abb. 162) soll(en) befragt werden? Wenn möglich sollten immer mehrere Meinungsführer bei einem Kunden befragt werden.

(8) Soll neben der **Zufriedenheit** auch die **Wichtigkeit** eines jeden Leistungsparameters bei den Kunden erfragt werden? Was bringen Investitionen in eine Serviceleistung, die für den Kunden nur von untergeordneter Bedeutung ist und die der Kunde deshalb auch nicht honorieren wird (vgl. *Homburg/Werner* 1998, S.91–99)?

(9) Wie regelmäßig soll die Zufriedenheit erfragt werden? In welchem Zeitraum sollen Veränderungen feststellbar sein? Sog. One-shot-Befragungen sind nur von kurzfristigem Wert.

(10) Soll der Kunde über das Ergebnis der Zufriedenheitsurteile informiert werden? Manche Kunden bestehen darauf!

e.) Systemgestützte Zufriedenheitsbefragungen

Wenn große Zielgruppen zu betreuen sind oder umfangreiche Kundenbefragungen anstehen, dann sind die Fragebogenerhebungen der klassischen Marktforschung zeitaufwändig und nicht billig. Systemgestützte Befragungen bewirken signifikante Einsparungen. Abb. 72 veranschaulicht eine computergestützte Zufriedenheitsabfrage, die bei den *Service-Centern* einer KFZ-Versicherung im Einsatz ist. Die Versicherungskunden werden nach ihrer Zufriedenheit mit der Ab-

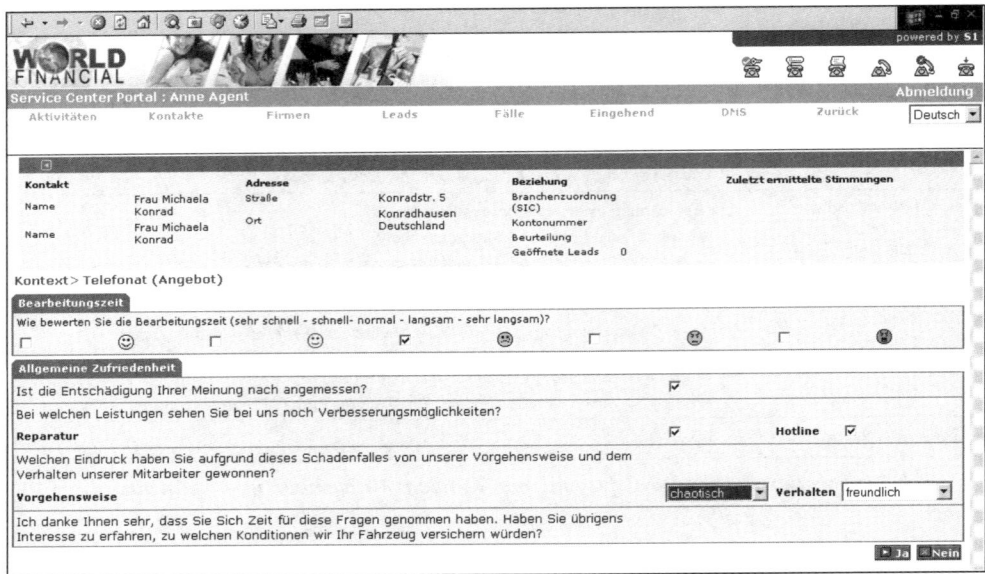

Abb. 72: Die Befragung von Kundenzufriedenheiten im Rahmen standardisierter Interviews / System Enterprise CRM von S1

wicklung von Schadensfällen befragt. Grundlage ist die *S1 Enterprise CRM-Lösung*. Die Fragebögen, mit denen die Agenten arbeiten, können von den verantwortlichen Managern mit Hilfe des *Questionnaire Wizard* selbst erstellt werden. Die Auswertung erfolgt automatisch. IT-technisch handelt es sich um ein **CATI-Verfahren** (Computer assisted Telephone Interview). Das System bietet bequeme Auswertungsmöglichkeiten nach Vertragsgruppen, Kundengruppen, regionalen Schwerpunkten, Agenturen etc. Zu empfehlen sind Call-Center-Befragungen insbesondere bei der Lead-Qualifizierung, der Vereinbarung von Außendienstterminen, bei Kundenzufriedenheitsbefragungen bei Neukunden oder Produkteinführung oder bei der Nachbetreuung von Reklamationsfällen. Im Bankenumfeld dienen standardisierte Befragungen zunehmend der Bestimmung der Anlegerprofile von Kunden. Hieraus leiten die CRM-Systeme dann individualisierte Produktangebote ab, die gemäß Multi-Channel-Marketing an die Kunden herangetragen werden.

Ebenso einfach funktionieren internetgestützte Befragungen. Befragung und Auswertung lassen sich in Echtzeit durchführen, die Responsedaten direkt in die Database einspeisen. Die *Information Factory GmbH* aus Nürnberg bietet das Server-Client System *Cont@xt* für Marktbefragungen in Echtzeit an. Das Marktforschungs-Tool lässt sich flexibel in ein übergeordnetes CRM-System einbinden oder auch als Stand-alone-Lösung einsetzen. Hier zeigen sich die Vorteile des Internet: Die richtigen Zielgruppen werden schnell, flexibel und kostengünstig erreicht. *Cont@xt* bietet **vollständige Prozessunterstützung**: Fragebögen entwerfen, versenden und auswerten. Das Programm ist mehrsprachig und unterstützt unterschiedlich strukturierte Fragestellungen und Fragetypen: Multiple Choice, Ja/Nein, Zahleneingaben, Popup Menus und Freitext sind frei kombinierbar und ohne technische Kenntnisse anpassbar. Der Adressat erhält ein persönliches eMail mit einem Link zu einem Fragebogen. *Cont@xt* sammelt die Antworten und wertet sie automatisch aus. Die Ergebnisse der Befragungen werden grafisch dargestellt (Monitoring Link)

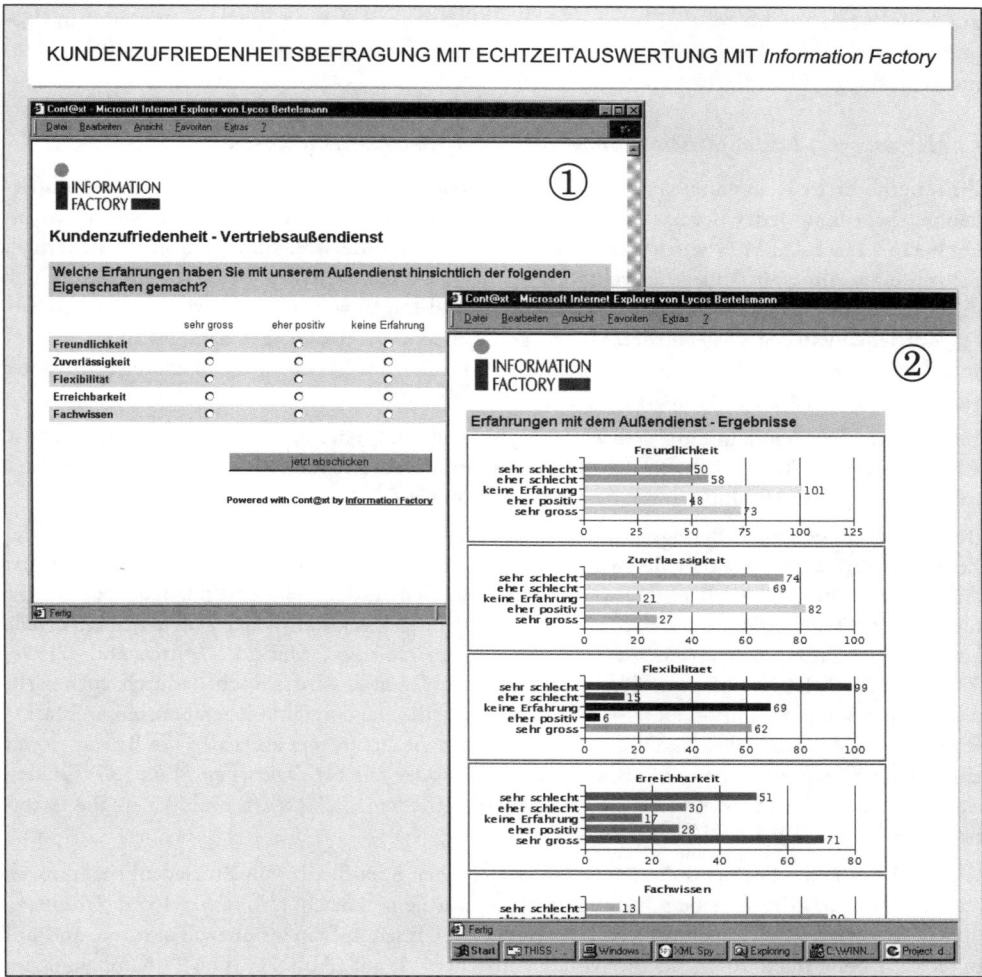

Abb. 73: Kundenzufriedenheitsbefragung im Internet / Information Factory GmbH

und können per Knopfdruck in die Datenbank integriert werden. Abb. 73 liefert ein Beispiel für eine Messung von Kundenzufriedenheiten betreffend Außendienstleistungen. Die Ergebnisse für die einzelnen Verkäufer oder die Verkaufsregionen können mit einer Ampelfunktion hinterlegt werden. Kritische Meldungen sind dann sofort sichtbar. Was bei konventionellen Befragungen so viel Mühe macht, wird durch das Internet elegant gelöst: Die Befragten erhalten automatisiert ein qualifiziertes Feedback. Dieses Feedback wiederum soll einen Dialog mit den Kunden, besonders mit den unzufriedenen, anstoßen. Weicht man dem oft kritischen Dialog aus, sind die Kunden kaum bereit, sich mehrfach dem Befragungsritual zu unterwerfen. Sie verlieren das Interesse, stumpfen ab und geben zukünftig keine oder keine sinnvollen Antworten meh. Typisch: Alle Antworten liegen dann im neutralen Bereich.

Durch die neuen technischen Standards (XML und Java) sind Zukunftsfähigkeit, einfache Systemintegration und systemunabhängige Weiterverwertbarkeit der Daten gesichert. Das Befragungstool kann zur Miete, als Lizenz oder als Full Service Leistung bezogen werden. Ein Programm wie *Cont@xt* ist natürlich auch für vielfältige andere Internetbefragungen, z.B. im Rahmen von **Business Intelligence,** einsetzbar.

f.) Messung mit Hilfe statistisch überprüfter Zufriedenheitsfaktoren

Eine methodische Kritik an den aufgezeigten Zufriedenheitsbefragungen setzt bereits am **Zufriedenheitsbegriff** an. Jeder Befragte interpretiert Zufriedenheit aus seinem persönlichen Blickwinkel heraus. Die in Abb. 74 wiedergegebene Untersuchung unterstreicht die Begriffsunsicherheit, die mit einer direkten Abfrage (direkte Frage) von Zufriedenheitsurteilen verbunden ist. Doch die **Gültigkeit** (Validität) von direkten Zufriedenheitsabfragen wird nicht nur durch den unscharfen Zufriedenheitsbegriff gefährdet. Die Fragebögen sind oft als Ganzes handgestrickt. Sie entsprechen in Umfang, Inhalt und Form nicht den Anforderungen der Marktforschung (zur Kritik vgl. auch *Meister/Meister* 1998 S. 63–72).

Ein weiteres Problem kann mit dem Aufbau (der Skalierung) der **Antwortskala** verbunden sein. Abb. 75 zeigt die Ratingskala für den **Kundenmonitor Deutschland** (früher: **Deutsches Kundenbarometer,** s. auch Abschnitt g. mit dem Beispiel von *OBI*).

Bekanntermaßen neigen Befragte zu neutralen Urteilen im mittleren Skalenbereich (Fehler der Zentraltendenz). So offenbart der **Kundenmonitor** möglicherweise Heerscharen nur scheinbar zufriedener Kunden. Auch nach *Faßnacht* machen sich mittelmäßige Kundenzufriedenheiten nicht bezahlt (vgl. *Faßnacht* 1999, S. 315). Ebenso hat der Rückschluss der Zufriedenheitsurteile auf Kundenbindungswerte (wie zu sehen bei: *Meyer/Dornach,* Markt & Mittelstand 4/1998, S. 147) lediglich hypothetischen Charakter. Die Problematik wird jedoch dadurch entschärft, dass es dem Kundenmonitor eher um die relativen Positionen der zahlreichen beurteilten Marktsegmente im Vergleich zueinander geht und nicht um die Frage, wie zufrieden die Befragten mit einem einzelnen Marktsegment (z.B. mit Apotheken oder mit der *Deutschen Bahn AG*) für sich isoliert gesehen sind. So stellt sich die Frage nach Zufriedenheitsfaktoren und Skalen, die in statistischen Tests auf Validität überprüft worden sind.

Um die **Lösung des Problems der fehlenden statistischen Signifikanz von Zufriedenheitsfaktoren** hat sich *Homburg* durch seine Forschungsarbeiten verdient gemacht (*Homburg* 1995). *Homburg* deckte in einem varianzanalytischen Ansatz die drei Ebenen **Dimensionen, Faktoren** und auf unterster Ebene **Indikatoren** für die Kundenzufriedenheit auf (Abb. 76). Die 25 Kundenzufriedenheits-Indikatoren auf unterster Stufe sind in Fragen zu kleiden und dem Kunden zur Leistungsbeurteilung vorzulegen. Auswertungen können nach dem gewichteten Punktsummenverfahren erfolgen.

SEMANTISCHER RAUM FÜR „ZUFRIEDENHEIT" (n = 337 Befragte)					
FRAGE : Was bedeutet für Sie das Wort „zufrieden"?					
eher positive Assoziationen		eher neutrale Assoziationen		eher negative Assoziationen	
gut	60	unproblematisch	38	zumutbar	20
erfreut	38	zufriedenstellend	36	ausreichend	12
lobenswert	26	passabel	32	erträglich	10
tadellos	16	annehmbar	25		
		befriedigend	24		
(41,5%)	140	*(46,0%)*	155	*(12,5%)*	42

Abb. 74: Die Dimensionen des Zufriedenheitsbegriffs
(Quelle: o. V., Markt & Mittelstand 1/1997, S. 38)

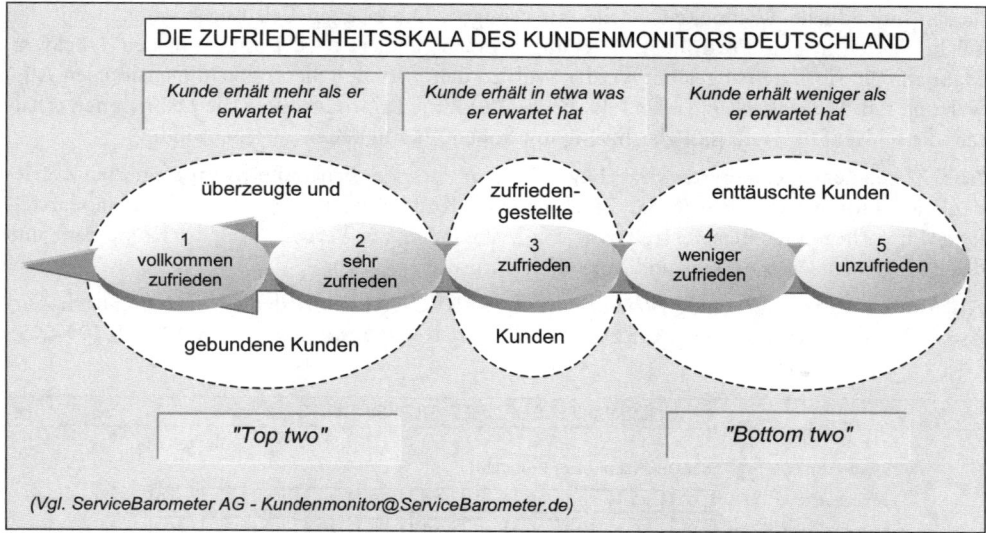

Abb. 75: Die Skala des Kundenmonitors Deutschland / ServiceBarometer AG

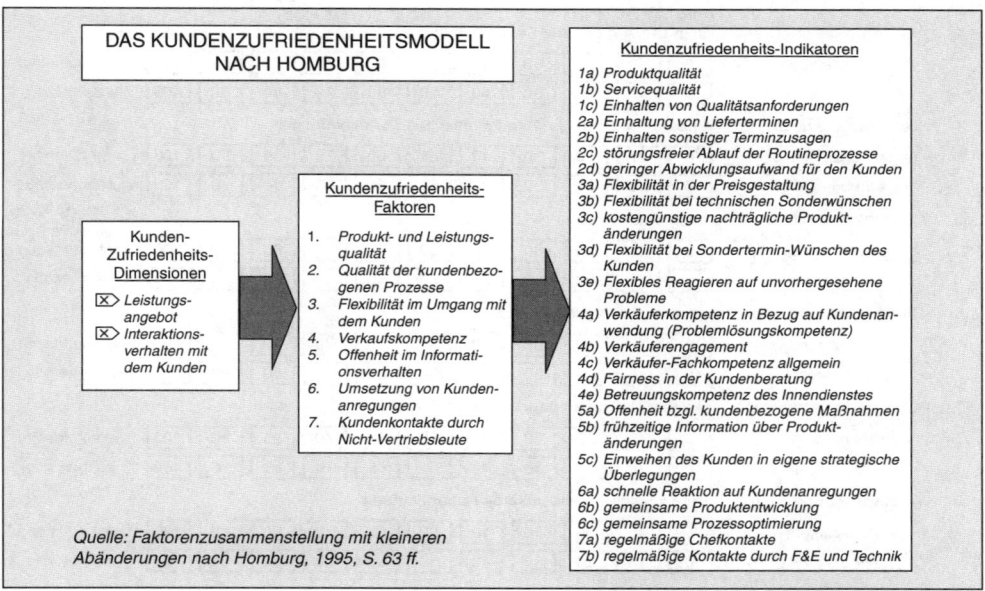

Abb. 76: Das System der Kundenzufriedenheits-Faktoren von Homburg

Wem eine derartige Zufriedenheitsbefragung zu umfangreich erscheint, der kann pragmatisch vorgehen und die Kunden auf der höheren Ebene der aggregierten **Kundenzufriedenheits-Faktoren** befragen. Die aggregierte Befragung ist zwar wesentlich gröber (bei strikter Einhaltung des *Homburg*-Schemas nur 7 statt 25 Fragen). Es lassen sich aber, ohne den Kunden zu überfordern, dessen individuelle Wichtigkeitsurteile mit erfragen. Die eigenen Leistungen können mit den Wichtigkeiten in eine Portfolio-Darstellung gebracht und, je nach Position in den 4 Feldern, Maßnahmenprioritäten abgeleitet werden (vgl. zu den Vorteilen dieser zweidimensionalen Auswertung z.B. *Scharnbacher/Kiefer* 1998, S. 78–106). Eine Priorität sollten die Maßnahmen erhalten, die schlecht beurteilt und gleichzeitig mit hohen Wichtigkeiten versehen sind.

Abb. 77 zeigt einen erweiterten Fragebogen für eine derartige Erhebung von aggregierten Zufriedenheitsfaktoren und Abb. 78 das Ergebnis einer Kundenbefragung in einer Portfoliodarstellung. Im vorliegenden Beispiel sollten gezielt Maßnahmen zur Verbesserung der Kompetenz und des Engagements von Außen- und Innendienst ergriffen werden.

Als Alternative zum *Homburg*-Schema wird die **SERVQUAL-Zufriedenheitsmessung** nach *Zeithaml, Parasuraman* und *Berry* oft zitiert (vgl. *Zeithaml/Parasuraman/Berry* 1992, S. 199–205).

KUNDENZUFRIEDENHEITSBEFRAGUNG

1. Wie zufrieden sind Sie mit der Qualität unserer Produkte

| sehr unzufrieden | 0 | 10 | 20 | 30 | 40 | 50 | 60 | 70 | 80 | 90 | 100 | sehr zufrieden |
| sehr unwichtig | 0 | 10 | 20 | 30 | 40 | 50 | 60 | 70 | 80 | 90 | 100 | sehr wichtig |

2. Wie zufrieden sind Sie mit der Qualität unserer Serviceleistungen

| sehr unzufrieden | 0 | 10 | 20 | 30 | 40 | 50 | 60 | 70 | 80 | 90 | 100 | sehr zufrieden |
| sehr unwichtig | 0 | 10 | 20 | 30 | 40 | 50 | 60 | 70 | 80 | 90 | 100 | sehr wichtig |

3. Wie zufrieden sind Sie mit dem Umfang unserer Serviceleistungen

| sehr unzufrieden | 0 | 10 | 20 | 30 | 40 | 50 | 60 | 70 | 80 | 90 | 100 | sehr zufrieden |
| sehr unwichtig | 0 | 10 | 20 | 30 | 40 | 50 | 60 | 70 | 80 | 90 | 100 | sehr wichtig |

4. Wie zufrieden sind Sie mit unserer Reaktion auf Ihre technischen Sonderwünsche

| sehr unzufrieden | 0 | 10 | 20 | 30 | 40 | 50 | 60 | 70 | 80 | 90 | 100 | sehr zufrieden |
| sehr unwichtig | 0 | 10 | 20 | 30 | 40 | 50 | 60 | 70 | 80 | 90 | 100 | sehr wichtig |

5. Wie zufrieden sind Sie mit unserer Liefertreue

| sehr unzufrieden | 0 | 10 | 20 | 30 | 40 | 50 | 60 | 70 | 80 | 90 | 100 | sehr zufrieden |
| sehr unwichtig | 0 | 10 | 20 | 30 | 40 | 50 | 60 | 70 | 80 | 90 | 100 | sehr wichtig |

6. Wie zufrieden sind Sie mit unserer Auftragsabwicklung

| sehr unzufrieden | 0 | 10 | 20 | 30 | 40 | 50 | 60 | 70 | 80 | 90 | 100 | sehr zufrieden |
| sehr unwichtig | 0 | 10 | 20 | 30 | 40 | 50 | 60 | 70 | 80 | 90 | 100 | sehr wichtig |

7. Wie zufrieden sind Sie mit der Freundlichkeit unseres Innendienstes

| sehr unzufrieden | 0 | 10 | 20 | 30 | 40 | 50 | 60 | 70 | 80 | 90 | 100 | sehr zufrieden |
| sehr unwichtig | 0 | 10 | 20 | 30 | 40 | 50 | 60 | 70 | 80 | 90 | 100 | sehr wichtig |

8. Wie zufrieden sind Sie mit der Fachkompetenz unseres Außendienstes

| sehr unzufrieden | 0 | 10 | 20 | 30 | 40 | 50 | 60 | 70 | 80 | 90 | 100 | sehr zufrieden |
| sehr unwichtig | 0 | 10 | 20 | 30 | 40 | 50 | 60 | 70 | 80 | 90 | 100 | sehr wichtig |

9. Wie zufrieden sind Sie mit dem Engagement unseres Außendienstes

| sehr unzufrieden | 0 | 10 | 20 | 30 | 40 | 50 | 60 | 70 | 80 | 90 | 100 | sehr zufrieden |
| sehr unwichtig | 0 | 10 | 20 | 30 | 40 | 50 | 60 | 70 | 80 | 90 | 100 | sehr wichtig |

10. Wie zufrieden sind Sie mit Informationsaustausch mit unserem Haus generell

| sehr unzufrieden | 0 | 10 | 20 | 30 | 40 | 50 | 60 | 70 | 80 | 90 | 100 | sehr zufrieden |
| sehr unwichtig | 0 | 10 | 20 | 30 | 40 | 50 | 60 | 70 | 80 | 90 | 100 | sehr wichtig |

Abb. 77: Befragung von Kundenzufriedenheits-Faktoren

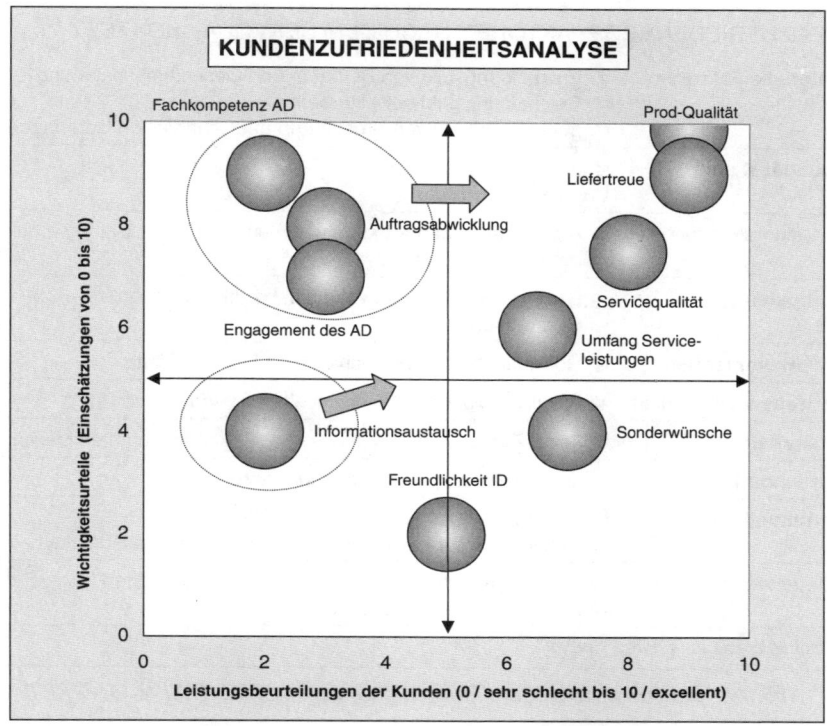

Abb. 78: Darstellung der Kundenzufriedenheitsfaktoren im Zufriedenheits-Portfolio

Sie ist speziell auf die **Performance-Messung von Dienstleistungen** ausgerichtet und kann daher gut im Einzelhandel zum Einsatz kommen. Ursprünglich 97 Items wurden auf 22 vom Kunden zu bewertende Zufriedenheitsaussagen (Erwartungsaussagen) reduziert (vgl. *Zeithaml/Parasuraman/Berry* 1992, S. 202–204). Auch diese Variablen gelten als statistisch gesichert. Sie lassen sich in die **10 Erfolgskriterien für Servicequalität** der Abb. 79 zusammenfassen:

Die Zufriedenheitsfaktoren **Kompetenz, Zuvorkommenheit, Vertrauenswürdigkeit** und **Sicherheit** können noch weiter zur **SERVQUAL-Dimension Souveränität,** und **Erreichbarkeit, Kommunikation** und Kundenverständnis zu einer **SERVQUAL-Dimension Einfühlung** verdichtet worden. Verschiedene Studien haben gezeigt, dass **Zuverlässigkeit** der wichtigste und **Materielles** der **unwichtigste Zufriedenheitsparameter** ist. *Scharnbacher* und *Kiefer* haben das SERVQUAL-Konzept aufgegriffen und gute Erfahrungen in der Praxis gemacht (vgl. *Scharnbacher/Kiefer* 1998, S. 75–100). Nach Kriterien des Konzeptes können auch die Leistungen von Verkaufsmitarbeitern beurteilt werden.

Als weiterer Ansatz ist das **KAMQUAL-Konzept** von *Diller* zu erwähnen. Es ist speziell in der Lage, **Beziehungsqualitäten im Großkundenbereich** aufzudecken (vgl. *Diller*, ASW Sondernummer Oktober 1996, S. 174–187).

g.) *Messung durch Kundenzufriedenheits-Indices (Customer Satisfaction Index (CSI))*

Wie können die Zufriedenheitsurteile vieler Kunden zu einer Kennziffer zusammengefasst werden? Wie ist dann das Verhältnis zwischen zufriedenen und unzufriedenen Kunden? Wie bewer-

---

KUNDENZUFRIEDENHEITSFAKTOREN NACH DEM SERVQUAL-KONZEPT

① **Materielle Faktoren**	⇨ Erscheinungsbild von Betriebs- und Geschäftsausstattung ⇨ Erscheinungsbild der Mitarbeiter ⇨ gute Gestaltung von Broschüren und schriftlichen Unterlagen	
② **Zuverlässigkeit**	⇨ pünktliche Erledigung ⇨ präzise Ausführung	
③ **Entgegenkommen**	⇨ Auskünfte an den Kunden, wann und wie eine Leistung erfüllt wird ⇨ prompte Bedienung	
④ **Kompetenz**	⇨ Beherrschung des notwendigen beruflichen Könnens ⇨ Fachwissen	
⑤ **Zuvorkommenheit**	⇨ Höflichkeit und Freundlichkeit des Fachpersonals	
⑥ **Vertrauenswürdigkeit**	⇨ Glaubwürdigkeit und Ehrlichkeit beweisen	
⑦ **Sicherheit**	⇨ keine Zweifel oder Eindrücke von Risiken aufkommen lassen	
⑧ **Erreichbarkeit**	⇨ leichter Zugang zu Ansprechpartnern	
⑨ **Kommunikation**	⇨ dem Kunden zuhören ⇨ sich in einer für Laien verständlichen Sprache ausdrücken können	
⑩ **Kundenverständnis**	⇨ aufrichtiges Interesse an Kundenproblemen zeigen ⇨ Kundenbedürfnisse eruieren	

(vgl. Zeithaml/Parasuraman/Berry 1992, 34–37)

Abb. 79: Kundenzufriedenheitsfaktoren nach dem SERVQUAL-KONZEPT

ten die Abnehmer eines Marktsegmentes die Leistungen eines Lieferanten im Vergleich zu anderen Anbietern?

Es bieten sich **Scoring-Modelle** an. Sie bringen alle Einzelurteile eines Kunden auf einen Nenner, indem sie sie zu einem **Customer-Satisfaction-Index** (CSI) zusammenführen (vgl. *Kortus-Schultes* 1998, S. 131–135; *Homburg* 2001, S. 197–206; *Smidt/Marzian* 2001, S. 39). Der Auswertungsbogen für die Antworten eines Kunden im Beispiel der Abb. 80 beruht auf dem *Homburg-Schema*. Die abzufragenden Zufriedenheitsmerkmale werden auf den Ebenen der **Faktoren und Indikatoren** in ihrer Bedeutung relativ zueinander gewichtet. Auf jeder Ebene erreichen die Gewichtungen jeweils 100 % (100 Punkte). Der befragte Kunde kennt diese Gewichtungen nicht. Er bewertet seine Zufriedenheit mit den 26 Zufriedenheitsindikatoren auf einer Skala zwischen 0 und 10. Dazu wird ihm eine **gesonderte Fragenaufstellung** (Fragebogen) vorgelegt – keinesfalls der Auswertungsbogen der Abbildung. Maximal sind 260 Zufriedenheitspunkte erreichbar. In Abb. 81 erreichen die Einzelbewertungen des einen befragten Kunden **einen gewichteten CS-Indexwert** von 73 %. Ungewichtet erreicht der Anbieter bei dem befragten Kunden 177 von 260 möglichen Zufriedenheitspunkten (68 %). Dieses Gesamturteil ist dann

(1) im **Vergleich zu anderen befragten Kunden** zu relativieren (*Deckt sich das vorliegende Kundenurteil mit dem Meinungsbild der gesamten Kundschaft?*),

(2) bei korrekter Vorgehensweise mit den **Kundenurteilen über Konkurrenten** zu vergleichen (eine Befragung, die der Anbieter nicht selbst durchführen sollte),

(3) bei idealer Vorgehensweise noch gegen **Wichtigkeits-Indices** in einer Zufriedenheits-/Wichtigkeitsmatrix zu positionieren – wenn möglich zusammen mit den Wettbewerbs-Indices,

ZUFRIEDENHEITSURTEILE EINES GROSSKUNDEN (BEWERTUNGSSCHEMA IN ANLEHNUNG AN HOMBURG)

Dimensionen	Faktoren (Faktorgewichte)	Indikatoren	Indikatorgewichte	Gesamtgewicht	KUNDEN-URTEILE VON 1–10	gewichtete Bewertungen (auf 100%)
DIMENSION LEISTUNGS-ANGEBOT (Qualität)	1. Produkt- und Dienstleistungsqualität (30)	1) Kundenurteil Produktqualität	30	9,0	8	7,2
		2) Kundenurteil Servicequalität	20	6,0	6	3,6
		3) Einhalten von Qualitätsanforderungen (Spezifikationen)	30	9,0	9	8,1
		4) "Wenigkeit" von Beanstandungen / Reklamationen	20	6,0	7	4,2
			100	30,0	30	23,1
	2. Qualität der kunden-bezogenen Prozesse (20)	5) Einhalten von Lieferterminen	30	6,0	6	3,6
		6) Einhalten sonstiger Terminzusagen (z.B. Projekte)	30	6,0	6	3,6
		7) störungsfreier Ablauf von Routineprozessen	20	4,0	7	2,8
		8) geringer Kundenaufwand bei Routinevorgängen	20	4,0	9	3,6
			100	20,0	28	13,6
(Flexibilität)	3. Flexibilität im Umgang mit den Kunden (15)	9) Flexibilität in der Preisgestaltung	10	1,5	2	0,3
		10) Flexibilität bei technischen Sonderwünschen	50	7,5	7	5,3
		11) nachträgliche Produktänd. für Kunden kostengünstig	20	3,0	5	1,5
		12) Flexibilität bei Sonder-Terminwünschen des Kunden	10	1,5	7	1,1
		13) Flexibilität bei Auftreten unvorhergesehener Probleme	10	1,5	7	1,1
			100	15,0	28	9,2
DIMENSION INTER-AKTIONSVERHALTEN	4. Qualität der Verkaufsarbeit (20)	14) Verkäuferkompetenz in Bezug auf Kundenanwendung	20	4,0	10	4,0
		15) Verkäuferengagement für Kundenprobleme	20	4,0	10	4,0
		16) fachliche Qualität der Kundenberatung (Wissenstransfer)	30	6,0	9	5,4
		17) Fairness in der Kundenberatung	20	4,0	9	3,6
		18) Betreuungskompetenz des Innendienstes	10	2,0	9	1,8
			100	20,0	47	18,8
	5. Offenheit im Informationsverhalten (5)	19) Informationen über kundenbezogene Maßnahmen	30	1,5	10	1,5
		20) frühzeitige Informationen über Produktänderungen	60	3,0	7	2,1
		21) Einweihen des Kunden in strategische Überlegungen	10	0,5	4	0,2
			100	5,0	21	3,8
	6. Offenheit für Anregungen, Zusammenarbeit mit Kunden (5)	22) schnelle Reaktion auf Kundenanregungen	40	2,0	6	1,2
		23) gemeinsame Produktentwicklung	30	1,5	3	0,5
		24) gemeinsame Prozessoptimierung / Kostensenkung	30	1,5	1	0,2
			100	5,0	10	1,8
	7. Kundenkontakte durch Nichtvertriebsleute (5)	25) regelmäßiger Kundenkontakt durch Management	30	1,5	9	1,4
		26) regelmäßiger Kundenkontakt durch F&E / Technik	70	3,5	4	1,4
			100	5,0	13	2,8
	Su. Gewichtungspunkte **100**				**177 / 68%**	**73,0% gewichtet**

Kundenzufriedenheit: erreichte Punkte ↑
Kundenzufriedenheits-Index, ungewichtet (% von Max. 260) ↑

Abb. 80: Beispiel für die Berechnung eines Kundenzufriedenheits-Index (Homburg-Schema)

(4) bei perfekter Vorgehensweise abschließend **gegen die erwarteten Ergebnisse der eigenen Verkaufsmannschaft** zu spiegeln.

Das untersuchende Unternehmen (der Lieferant) verfügt dadurch über **ein zusammenfassendes Markturteil**; i.d.R. ein Mittelwert der Indices aller befragten Kunden. Gemäß Anmerkung (2) wird dieses Zufriedenheitsurteil des Marktes nur dann aussagefähig sein, wenn vergleichende Kundenurteile über Wettbewerbsleistungen vorliegen. Was würde sonst der Marktindex für die Zufriedenheit von 73 % aussagen, wenn alle anderen Konkurrenten deutlich über 90 % der Idealerfüllung bewertet werden? Würde man dann die eigenen Kunden noch als zufrieden einschätzen? An diesem Manko krankt das Gros der vorliegenden Zufriedenheitsuntersuchungen. Und: So komplex derartige Gewichtungsverfahren auch aufgebaut sein mögen: Im Grunde stützt man sich (nur) auf eine **Momentaufnahme des Kundenurteils**. Dennoch ist die **Signalkraft** derartiger „statischer" Zufriedenheitsanalysen wohl unstrittig – solange sie bewirkt, dass ein Anbieter sich gezielt um die Beseitigung seiner Schwachstellen bemüht.

h.) Messung im Rahmen von Kundenzufriedenheits-Programmen

„Customer Focus trägt zur Wettbewerbsfähigkeit der deutschen ABB bei und sichert unsere Arbeitsplätze."
(Zitat des ABB-Management zum Customer Focus Programm – Blickpunkt Kunde – FAZ, 13.1.1995, S. 10)

Wie fest kann eine Unternehmung auf die Zufriedenheitswerte ihrer Kunden bauen, wenn plötzlich technische Pannen auftreten, Produkt-Rückrufaktionen die Abnehmer aufschrecken oder Wettbewerber in die Serviceoffensive gehen? Wegen dieser Unwägbarkeiten sollten die Lieferanten folglich daran interessiert sein,

*   Kunden **dauerhaft** in Zufriedenheitsanalysen einzubinden (auch mit dem Ziel einer Kundenbindung),
*   dabei auch Kunden der **Konkurrenz** zu erfassen,
*   die Vorteile unterschiedlicher **empirischer Erhebungsmethoden** zu nutzen,
*   möglichst **viele Abteilungen**, d.h. eigene Mitarbeiter mit in das Projekt einzuspannen, um eine hohe Identifikation der Mitarbeiter sicherzustellen.

OBI-Kundenbarometer

Derartige Programme müssen nicht kompliziert sein. Die *OBI-Bau- und Heimwerkerkette* verfolgt seit 1995 ein **mehrstufiges Kundenzufriedenheits- und Kundenbindungsprogramm**. Zum einen analysiert *OBI* aufmerksam den **branchenübergreifenden deutschen Kundenmonitor**, in dem die Bau- und Heimwerkermärkte mit einem Mittelwert von 2,6 auf einer Skala zwischen 1 (+) und 5 (–) nur einen Mittelplatz im Zufriedenheitsurteil des Verbrauchers erreichen (vgl. *Meyer/Dornach* 1997, S. 163–184). *OBI* übernahm von diesem Ansatz die kritischen Items und die Zufriedenheitsskala und befragt alljährlich ca. 65.000 Kunden in allen Baumärkten. Das sog. *OBI*-Kundenbarometer enthält konkret Fragen nach der **Globalzufriedenheit, Auffinden eines Ansprechpartners, Produktangebot, Freundlichkeit des Personals, Qualität der Fachberatung.** Die Zufriedenheits-Fragebögen werden von den Kassiererinnen am Ende eines *OBI*-Besuches ausgegeben. Von 1995 auf 1996 konnte die Kundenzufriedenheit durch eine Reihe von Verbesserungsmaßnahmen von 2,31 auf 2,13 gesteigert werden. Beide Werte liegen besser als die der Konkurrenz (vgl. *Creusen* 1999, S. 611–614). Im Sinne der vorgenannten Anforderungen an Zufriedenheitsbefragungen analysiert *OBI* folglich **regelmäßig, großzahlig** und unter Bezug auf einen **Vergleichswert für die Branche.**

Roche Diagnostics

Roche Diagnostics ist hier als Beispiel für ein BtoB-Unternehmen ausgewählt. Das Unternehmen verkauft Labortechnik an ca. 3.000 Kliniklabors, Laborärzte und Laborgemeinschaften. In Deutschland ist *Roche* Markführer (vgl. *Steindorf/Riehle/Franke* 1999, S. 675–688). *Roche Diagnostics* wird hier vorgestellt, weil

- ausdrücklich auf die **Vertriebskonsequenzen** des „**Management der Kundenzufriedenheit**" hingewiesen wird und
- weil die **Mitarbeiter** eindeutig als eine von vier Säulen in das Zufriedenheitsprogramm einbezogen sind.

① Den Ausgangspunkt bildet eine **intern durchgeführte, schriftliche Befragung aller Kunden** anhand eines zweiseitigen Fragebogens mit 5er-Ratingskalen. Die Erhebung wurde 1999 bereits zum fünften Mal durchgeführt. Die Fragen beziehen sich auf die Zufriedenheit der Kunden mit

- den diagnostischen Systemen,
- der Auftragsbearbeitung,
- der Logistik,
- dem Außendienst,
- dem Service,
- den Schulungsmaßnahmen und
- dem Umweltengagement.

Hauptschlagrichtungen sind **Schwachstellen-Analysen** und **Trend-Frühwarnungen**. Mit ausgewählten Kunden werden vertiefende Interviews geführt. Aus dem Blickwinkel dieses Buches ist der Hinweis interessant, dass die Kundenzufriedenheitswerte in das Kennzahlensystem des **Vertriebscontrolling** und sogar teilweise in das **Führungs- und Vergütungssystem** (MbO) von leitenden Vertriebsmitarbeitern integriert werden.

② Seit 1996 läuft ein **Monitoring von Geräteinstallationen** anhand eines zweiseitigen Fragebogens mit 14 standardisierten Fragen. Bewertet werden

- die Planungsaktivitäten im Vorfeld der Geräteinstallation,
- die zeitliche Abstimmung der verschiedenen Einführungsschritte,
- die Qualität der Einarbeitung am System,
- der Umgang mit Problemen bei der Installation,
- die Qualität der zentralen Hotline,
- die Beurteilung des Installationsablaufs insgesamt und
- die Qualität der logistischen Leistungen.

Da die Fragebogenversendung vier Wochen nach einer Installation automatisch erfolgt, bewahrt das Verfahren eine starke Nähe zum Verkaufsvorgang. Aus Sicht des Vertriebs ist der Vorgang gleichsam ein **Kunden-Monitoring**.

Seit Mitte 1996 tritt eine anonyme **Wettbewerbsbefragung** hinzu, die sinnvollerweise durch ein neutrales Institut durchgeführt wird. Für die Befragung wird eine Stichprobe aus Anwendern gebildet. Die Fragen beziehen sich auf die Qualität des Außendienstes, des Kundendienstes, der Schulung, auf die Überlegenheit des eingesetzten Analysesystems und auch auf das Image des betreffenden Geräteherstellers. Die Marktstudie ist Grundlage für ein **Benchmarking**.

„Zufriedene Mitarbeiter sind eine wesentliche Voraussetzung für zufriedene Kunden." (*Steindorf/Riehle/Franke* 1999, S. 687). Nach diesem Motto flankieren **Mitarbeiterbefragungen** das Zufriedenheitsprogramm. Im Mittelpunkt der Fragen stehen die klassischen Schnittstellen zwischen Außendienst und Innendienst und zwischen den einzelnen Innendienstabteilungen.

Der Aufwand erscheint enorm. Der Vertrieb steht unter ständigem Evaluierungsdruck. Aber nur durch die Methodenpluralität können die Vorteile unterschiedlicher Erhebungsverfahren genutzt und eine führende Marktstellung abgesichert werden.

TRI*M-Index

Eine hohe Bekanntheit hat der **TRI*M-Index** von *TNS Infratest* erlangt. Da bei dem **TRI*M-Index** die Zufriedenheitsanalyse jedoch in eine **Messung der Kundenbindung** übergeht, soll das Verfahren in Abschnitt 5.2.6. erläutert werden.

Vocatus

Abschließend wird das Ergebnis einer Praxisbefragung der *vocatus AG* dargestellt. Die *Vocatus AG* wurde durch eine Internet-Beschwerdeplattform bekannt und konzentriert sich nunmehr auf Call-Center- und Zufriedenheitsanalysen. Abb. 81 zeigt Zufriedenheits- und Unzufriedenheitstreiber von BtoB-Unternehmen auf. Der Befund der Studie unterstreicht die hohe Bedeutung von Abschnitt 7.4.8. für das Angebotsmanagement.

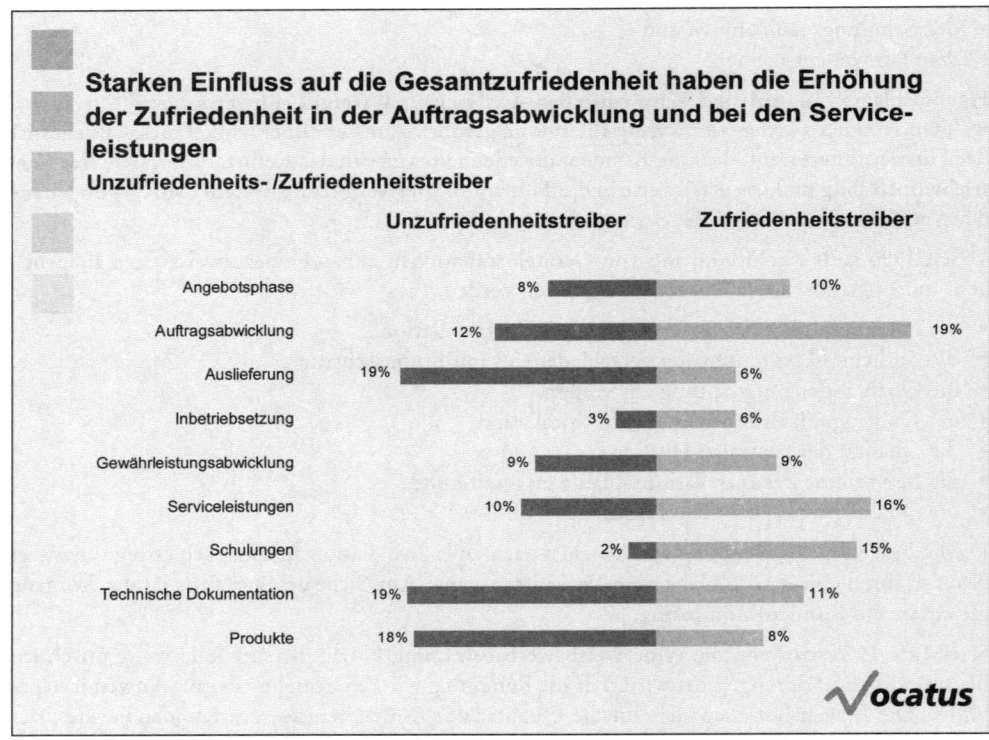

Abb. 81: Zufriedenheits- und Unzufriedenheitstreiber in technischen Unternehmen
(Quelle: vocatus AG)

i.) Die „Optimierung" der Kundenzufriedenheit (Return on Customer Satisfaction)

Kennt man den Zusammenhang zwischen Kundenzufriedenheit und Unternehmenserfolg, dann lässt sich die Kundenzufriedenheit betriebswirtschaftlich optimieren. Eine maximale Kundenzufriedenheit kann nicht das Ziel sein, denn das wäre für jede Unternehmung der Weg in den Ruin. *Fischer/Herrmann/Huber* haben 1999 40.000 Autokäufer im Hinblick auf ihre Zufriedenheit mit der Leistung von PKW-Herstellern und PKW-Händlern befragt (vgl. *Fischer/Herrmann/Huber*, ASW 10/2000, S. 88–91). Außerdem wurden die Kosten der Händlermaßnahmen zur Steigerung der Kundenzufriedenheit erfasst. Datengrundlage waren die Kundenhistorien. Aus der Summe aller abdiskontierten Gewinne aus den Kundenbeziehungen im Zeitablauf ergibt sich ein Bruttokundenwert pro Händler (ohne die Kosten zur Steigerung der Kundenzufriedenheiten). Werden von diesem noch die Investitionen in Kundenzufriedenheit abgezogen, dann errechnet sich der (Netto)Kundenwert. Dieser kann mit den abgefragten Händlerzufriedenheitsniveaus in ein Verhältnis gesetzt werden. So kommen die Autoren zur entscheidenden Zielgröße: zum **Return on Customer Satisfaction** (ROCS) (vgl. *Fischer/Herrmann/Huber*, ASW 10/2000, S. 89). Es handelt sich um Kundenrenditen in Abhängigkeit von Kundenzufriedenheiten. Diese nichtlineare Funktion lässt sich optimieren. Frage: **Bei welchem Händlerzufriedenheitsniveau** (d.h. bei welchem Budget für Maßnahmen zur Steigerung der Kundenzufriedenheit) **erreicht der gesamte Kundenwert eines Händlers das Maximum?** *Fischer/Herrmann/Huber* kommen in ihrer Studie zu folgenden Ergebnissen:

(1) Die Kundenzufriedenheit tendiert nicht in Richtung unendlich, sondern erreicht ein maximales Sättigungsniveau.

(2) Die Kosten der Zufriedenheitssteigerung nehmen überproportional zu.

(3) Der Kundenwert als Summe aller abdiskontierten Gewinne aus einer Kundenbeziehung steigt positiv korreliert mit der Zufriedenheit bis zu einem optimalen Niveau.

(4) Bei weiteren Investitionen in die Kundenzufriedenheit tritt ein erheblicher Gewinnrückgang auf.

(5) Ein Händler wird nach diesen Ergebnissen die Investitionen in die Kundenzufriedenheit auf einem Niveau halten, bei dem sein gesamter Kundenwert optimal ist.

(6) Das Gewinnoptimum eines Händlers hängt vom effizienten Einsatz seiner zufriedenheitssteigernden Maßnahmen ab.

(7) Für jeden PKW-Händler existiert folglich ein Kundenzufriedenheitsniveau, das seinen Gewinn maximiert.

(8) Insgesamt ist kein linearer Zusammenhang zwischen Kundenzufriedenheit und Unternehmenserfolg zu bemerken.

Leider ist die **Kundenzufriedenheitseuphorie** etwas abgekühlt:

(1) Das Thema verliert an Brisanz. Die Kunden reagieren zunehmend zurückhaltend, eigene Ressourcen in einen Lieferanten zu investieren, der dieses Wissen und die Verbesserungen dann auch zum Nutzen von Wettbewerbern des Kunden nutzen wird.

(2) *Horstmann* legt den aufschreckenden Befund vor, dass Kundenzufriedenheit eigentlich auf zwei unterschiedliche Kundengruppen bezogen werden sollte: auf Kunden ohne Probleme in der Vergangenheit und auf Kunden, bei denen schon einmal eine Reklamation (ein Problemfall) aufgetreten ist (vgl. *Horstmann*, ASW 9/1998, S. 90–94). **Kundenzufriedenheit ist also instabil**, hängt im Zeitablauf von kritischen Ereignissen ab. Was über Jahre an Vertrauen aufgebaut worden ist, kann durch eine Panne, eine aufgetretene Verletzung des Kunden oder durch ein aufkommendes Misstrauen schnell zunichte gemacht werden. Wir nennen diese Gefahr auch **„Seitensprungphänomen"**. So sollte die Kundenbewertung berücksichtigen, ob

bei dem Kunden schon einmal ein Serviceproblem aufgetreten ist oder nicht. Spielen beim Kundenurteil neben der generell wichtigen Problemlösungskompetenz des Anbieters vorrangig Preis-/Nutzenrelationen eine wichtige Rolle, so verschieben sich die Zufriedenheitsfaktoren nach einem Problemfall in Richtung qualitative Bewertungsgrößen. Vor allem erwartet der Kunde dann in ganz besonderer Weise **Zuverlässigkeit und Vertrauenswürdigkeit** des Kundenbetreuers und natürlich eine **erfolgreiche und schnelle Problembeseitigung** (vgl. *Horstmann*, ASW 9/1998, S. 92).

(3) Aber auch wenn der Kunde nie ein Problem mit dem Produkt bzw. seinem Lieferanten hatte und zufrieden ist, so gibt es keine Garantie dafür, dass der Kunde auch seinen Folgebedarf beim Stammlieferanten decken wird (vgl. *Stauss/Neuhaus* 2002, S. 84–85), *Meister/Meister* 1998, S. 8). Für den Geschäftserfolg sind das Steuern und die Messung der Kundenbindung von größerer Bedeutung (vgl. *Scharioth/Pirner* 1999, S. 324–326).

Auch *Blanchard* und *Bowles* meinen, dass Kundenzufriedenheit nicht genug ist. Sie gehen noch einen Schritt weiter und fordern die Anbieter auf, ihre Kunden zu begeistern (vgl. *Blanchard/Bowles* 1997).

5.2.5. Kundenbegeisterung als Verstärkungsfaktor

„Besonders gelangweilte Stammkunden stellen ein sehr großes Wechselpotenzial dar."
(Petersen 1996, S. 30)

Zur gezielten Herbeiführung von Kundenbegeisterung schlagen die Autoren eine dreistufige Vorgehensweise entsprechend Abb. 82 vor. Drei wörtliche Zitate sollen die Vorgehensweise aufzeigen (*Blanchard/Bowles* 1997, S. 42, S. 63 und S. 90):

- Die **Vision:** *„Wenn Sie sich entschieden haben, was Sie erreichen wollen, dann müssen Sie sich eine Vision von Perfektion schaffen, die sich auf den Kunden konzentriert."*
- Die **Analyse:** *„Die meisten Kunden legen auf einen Aspekt des Produktes besonderen Wert. Das müssen Sie herausfinden und dann erfahren, welche Vorstellungen der Kunde auf diesem Gebiet hat."*
- Die **Zielsetzung:** *„Sie sollten sich genau überlegen, wo Sie etwas anders machen wollen und auch zuverlässig können. Es hat keinen Sinn, zuviel auf einmal zu versuchen, sondern es ist besser, Sie führen nur eine oder zwei Neuerungen ein und erledigen die perfekt."*

Seine Kunden stets begeistern zu wollen, ist sicher ein hehrer Anspruch. Sporadisch ist das auch ohne weiteres möglich, wie z.B. das Eheleben zeigt. Der **Anspruch einer permanenten Begeiste-**

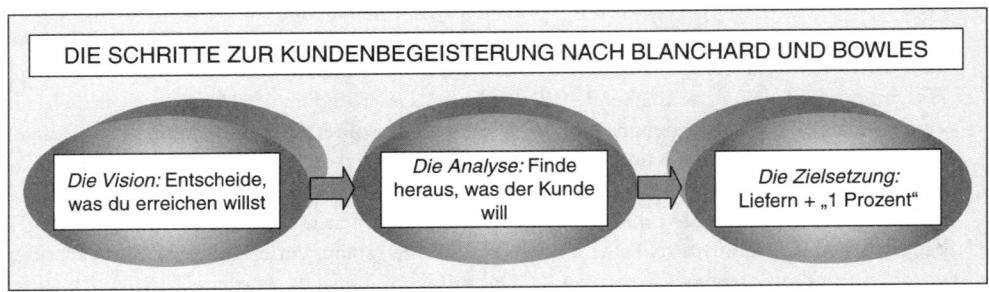

Abb. 82: Die drei Schritte zur Kundenbegeisterung nach Blanchard und Bowles

rung ist jedoch mit hohem Kräfteverzehr verbunden und erfordert dauerhafte Antriebskräfte. Das Menetekel einer **Zufriedenheitsfalle** kommt auf: *„ Wenn eine ganze Branche sich auf die Fahnen schreibt, die zufriedensten Kunden haben zu wollen, wird es immer schwieriger und teurer, die Zufriedenheitswerte zu steigern.“* (ein Statement von *Krafft* in ASW, 6/1999, S. 105). Es ist ein **Dilemma der Kundenzufriedenheit**, dass mit zunehmendem Leistungsniveau auch die Kundenerwartungen steigen (vgl. *Bullinger/Stanke* 1999, S. 5).

Manchmal sind es gerade **unauffällige Aktionen**, die den Kunden besonders erfreuen:

Auf der Bahnfahrt von München nach Basel vergaß ein Manager beim Umsteigen in Stuttgart in Richtung Karlsruhe seinen Laptop mit allen Kalkulationsdaten im Zug. Die Deutsche Bahn AG hat dann die weitere Fahrt dieses ICE über Mannheim sowie eines IC von Hamburg kommend so abgepasst, dass man dem Zuggast bei dem kurzen Aufenthalt in Karlsruhe den Laptop wieder übergeben konnte. Aussage der Deutschen Bahn AG: „Alle Menschen haben zusammengespielt“.

Für Top-Kunden werden bei Lieferantenbesuchen ausgeschilderte Parkplätze reserviert.

Im Hotel Diplomat, Prag, legt das Zimmermädchen dem Gast zur Begrüßung eine Visitenkarte auf das Bett.

Bei der süddeutschen DaimlerChrysler-Händlerkette Schreiner&Wöllenstein liegt nach einem Kundendienst eine Karte des Werkstattmitarbeiters bei – mit Name, Foto und persönlicher Zusicherung einer ordnungsgemäßen Wartung oder Reparatur.

Es gibt sie also noch, begeisternde Serviceleistungen, die nichts oder wenig kosten. Das Niveau der Begeisterungsbemühungen sollte aber wettbewerbsorientiert ausgerichtet werden. Eine hohe Kundenbegeisterung bei schwachen Konkurrenten anzustreben, kann des Guten zuviel sein. Es kommt vor allem darauf an, dauerhaft spürbar (d.h. deutlich über einer **Schwelle der Fühlbarkeit**) besser zu sein als die Konkurrenz. Die „+ 1 Prozent“-Forderung kann also auch wie folgt ausgelegt werden:

➪ *„Seien Sie bei den kaufentscheidenden Erfolgsfaktoren stets 1 % besser als Ihre Wettbewerber.“*

Es sind auch nicht alle Kunden gleich begeisterungsfähig. Durch einen geschickten taktischen Einsatz von Marketinginstrumenten bleiben sie „wenigstens“ treu. Das reicht. Werden bei derartigen Kunden die Zufriedenheits- bzw. Begeisterungsbemühungen noch weiter gesteigert, dann tappen Marketing und Vertrieb in die erwähnte **Zufriedenheitsfalle**: Die Kundenzufriedenheit wird nicht mehr in Relation zum Aufwand stehen.

5.2.6. Kundenbindung/Kundenloyalität als Zielgrößen

Eine Untersuchung in der Automobilindustrie belegt: Zwar gaben 90 % der befragten Käufer an, zufrieden mit ihrem Produkt zu sein, die Markentreue lag aber nur bei ca. 40 % (vgl. PM-Beratungsbrief v. 23.11.98, S. 5).
Auch ein führendes Kundenkartenunternehmen, die HSI Servicecard GmbH, hat festgestellt: 85 % der Kunden, die den Anbieter wechseln, geben zu, trotzdem zufrieden zu sein. 2/3 können noch nicht einmal den Grund für den Wechsel nennen (vgl. Hassmann, salesprofi 7/99, S. 51).

Die Bedeutung der Kundenzufriedenheit wird oft überschätzt (vgl. auch die Gewinn- und Verlustmatrix der Automobilhersteller bei *Reichheld* 1997, S. 278). Kundenzufriedenheit kann eigentlich nur eine (an sich selbstverständliche) Minimalanforderung an die eigene Leistungsfähigkeit sein, *„… um langfristige Kundenloyalität zu sichern, muss man mehr bieten.“* (*Schmengler* 1999, S. 549). **Kundenzufriedenheit ist demnach eine notwendige, aber keinesfalls hinreichende Voraussetzung für dauerhafte Geschäftsbeziehungen**. Hinreichende Voraussetzungen sind z.B. gesetzliche oder vertragliche Zwänge, wie wir sie vom Bezirksschornsteinfeger, von Kabelgesellschaften, Post (Briefzustellung) oder Bahn kennen – oder ganz simpel Wartungsverträge. Gefährlich ist dabei die zwangsweise Bindung unzufriedener Kunden. Dann schlummert im Markt eine Zeitbombe. Denn Kundenbindung ist immer ein psychischer Druck, dem der Kunde ausgesetzt ist. Kundenbindung ist also nur dann eine angenehme Sache, wenn sie vom Licht einer Kundenzufriedenheit durchstrahlt wird. Dann wird das eigentliche Ziel einer marktorientierten Unternehmensführung erreicht: Kundentreue (Kundenloyalität). **Man kann stolz sein auf treue Kunden, die freiwillig immer wieder kaufen.**

➡ **Kundenbindung** umfasst alle Maßnahmen, die die Wahlmöglichkeiten eines Interessenten oder Kunden einengen, (Folge)Käufe bei Wettbewerbern zu tätigen. Kundenbindung drückt sich aus in (1) **psychologischen (moralischen)**, (2) **präferenzmäßigen**, (3) **technischen (d.h. systembedingten)**, (4) **vertraglich-rechtlichen** und (5) **ökonomischen Abwanderungs-/Wechselbarrieren.**

➡ **Kundenloyalität (Kundentreue)** ist die spezielle Form einer „**weichen Bindung**", bei der sich der Kunde freiwillig an (1) **ein Produkt/eine Marke**, (2) einen **Verkäufer**, (3) einen **Lieferanten** oder an (4) eine **Einkaufsstätte** bindet. In diesem Sinne werden **Markentreue, Verkäufertreue, Lieferantentreue und Einkaufsstättentreue** unterschieden.

Nach *Holland* werden heute im Schnitt 65 Prozent des Umsatzes mit Stammkunden generiert (vgl. den Hinweis in *Allgayer*, media&marketing 7/2004, S.15). Im Namen der Kundenbindung tätigen Unternehmen deshalb hohe Marketingausgaben. Sie versprechen sich davon folgende Vorteile:

(1) geringere Notwendigkeit zu einer oft mühsamen Neukundensuche,

(2) Kostenvorteile, denn angeblich stehen die Kosten der Stammkundenpflege (Geschäftsbeziehung > 8 Jahre) zu den Kosten der Neukundengewinnung (Geschäftsbeziehung < 2 Jahre) in einem Verhältnis wie 1 zu 8 bis 1 zu 10 (vgl. den Hinweis von *Gündling* 1999, S.108; m.E. ohne Anspruch auf Allgemeingültigkeit),

(3) Folgeaufträge seitens Stammkunden,

(4) Möglichkeit zur Steigerung der Profitabilität einer Kundenbeziehung im Zeitablauf durch Gewohnheitseffekte auf Seiten der Kunden, Lerneffekte in der eigenen Organisation, Synergieeffekte auf beiden Seiten und manchmal auch durch Machteffekte, wenn sich der Kunde immer stärker systemtechnisch auf den Zulieferer einstellt,

(5) besseres Ausschöpfen von Cross-Selling-Potenzialen durch intensivere Kundenkenntnis, bzw. durch größere Bereitschaft der Kunden, aus einer Hand zu kaufen,

(6) zufriedene und gebundene Kunden wirken als Image-Verstärker im Markt,

(7) zufriedene und gebundene Kunden werben neue Kunden (Referenz-Marketing),

(8) mehr Marktwissen durch eine höhere Auskunftsbereitschaft von Seiten gebundener Kunden,

(9) mehr Bereitschaft, bei Zukunftsprojekten mit dem Lieferanten zusammen zu arbeiten (Customer Integration),

(10) und letztlich repräsentieren viele gebundene Kunden ein hohes Maß an Marktmacht, durch die der Lieferant leichter Standards und Trends in der Branche beeinflussen oder gar bestimmen kann (*Microsoft*).

Oft sind im Einklang mit (2) Thesen der folgenden Art zu hören: „*Es kostet fünf- bis zehn mal mehr, einen Kunden zu gewinnen als einen Kunden zu halten*" (*Schaffry* 2003, S.24). Ganz davon abgesehen, dass es zu dieser Behauptung keine Beweise gibt, ist diese Aussage zumindest gefährlich, wenn nicht gar falsch.

(1) Was ist hier mit Kosten gemeint? Wenn man die Kosten der Neukundenakquise mit Kosten der Stammkundenpflege in ein Verhältnis setzt, dann vergleicht man die Kosten für die Anschaffung eines Taxis mit dem Gehalt des Taxifahrers.

(2) Denn auch der Stammkunde wurde ja früher einmal akquiriert und hat dafür Vertriebskosten verursacht. Wo bleiben diese Kosten in dem Vergleich?

(3) Wegen der o.a. These keine Neukunden mehr zu akquirieren, wäre der sichere Weg in den Ruin. Denn schon allein wegen einer natürlichen Kundenfluktuation kann kein Unternehmen auf eine regelmäßige Neukundenakquise zum Befüllen des Verkaufstrichters verzichten. Neukundengewinnung und Stammkundenpflege müssen in eine sinnvolle Balance gebracht werden.

Dennoch sind die ökonomischen Vorteile durch Kundenbindung unbestritten. Vor allem die Kundentreue gilt als *„Schutzschild, um den Preiswettbewerb abzuschirmen (Meister/Meister* 1998, S. 10). Die Philosophie der Kundenbindung beruht auf zwei zentralen Hypothesen (vgl. die Aussage von *Homburg* in *Krah*, salesprofi 7/1999, S. 16, *Reichheld*, HBM 2/1997, S. 58, *Reichheld* 1999, S. 58–59):

> ➡ **Zentrale Hypothese der Kundenbindung-1**: Die Kundenbindung nimmt mit der Dauer einer Geschäftsbeziehung zu.
>
> ➡ **Zentrale Hypothese der Kundenbindung-2**: Der Kundendeckungsbeitrag (Kundengewinn) steigt mit der Dauer der Geschäftsbeziehung als positiver Effekt der stärkeren Kundenbindung.

Zu dieser Hypothese liegen empirische Untersuchungen vor. Einen guten Überblick liefern *Reichheld* und *Sasser* (vgl. *Reichheld/Sasser* 1999, S. 138–144 unter Bezug auf US-Studien betreffend Kreditkartenorganisationen, KFZ-Versicherungen, Lebensversicherungen, Industriewäschereien, Großhandel und Autokundendienst; *Reichheld* 1997, S. 53, 54, 68, 74; *Reichheld* 1999, S. 56 ff.). Wissenschaftlich sind die Studien z.T. angreifbar. Insgesamt aber ist ein mit zunehmender Kundenbindung degressiv steigender ökonomischer Erfolg *„betriebswirtschaftlich sinnvoll und empirisch gerechtfertigt"* (*Krafft* 2002, S. 46). Beispiele:

Der vorhersehbare Gewinn eines Kunden für einen Autokundendienst verdreifacht sich innerhalb von 5 Jahren von 45 über 99, 121, 144 auf 168 US-$.

„So bedeutet z.B. eine Bindungsrate von 90% eine durchschnittliche Dauer der Kundenbeziehung von zehn Jahren, und durch eine Erhöhung um nur fünf Prozentpunkte auf 95% Bindung verdoppelt sich die durchschnittliche Dauer einer Kundenbeziehung auf 20 Jahre." (Reichheld 1997, S. 69)

Ein Signal für eine stärkere Kundenbindung ist ein Abnehmen der Kundenfluktuation. Ein Mobilfunkhersteller konnte feststellen, dass eine Senkung der Kundenfluktuation von 10 auf 5 Prozent eine Profitabilitätssteigerung von 16 Prozent bewirkt (vgl. Gündling 1999, S. 107).

Oft wird auf höhere Gewinnspannen bei Neukunden gegenüber preisdrückenden langjährigen Großkunden hingewiesen. Zu unterscheiden sind in diesem Zusammenhang jedoch prozentuale Gewinnraten und nominale Gewinnbeiträge. Es leuchtet ein, dass eine langfristige Kundenbeziehung dem Lieferanten im Laufe der Jahre auch bei einer schlechteren Preisstellung nominal mehr Deckungsbeiträge bringen kann als eine kurzfristige Beziehung mit höheren Listenpreisen. Aber auch prozentual geringe Kunden-Umsatzrenditen mit Großkunden können im Zeitablauf ansteigen:

(1) durch erhöhte Kauffrequenzen,

(2) durch Erteilung von Rahmenaufträgen mit der Folge geringerer Fertigungskosten durch bessere Einplanungsmöglichkeiten,

(3) aufgrund von Einsparungen bei Betreuungskosten (weniger Kosten für Kampagnen),

(4) durch Weiterempfehlungen und zukünftige Deckungsbeiträge geworbener Kunden,

(5) durch Eindringen in weitere Produktanwendungen des Kunden (besseres Ausschöpfen von Cross-Selling-Potenzialen),

(6) durch gemeinsame Wertanalyse- und Kostensenkungsprojekte mit den Kunden (Kostensenkung oft auch auf Druck des Großkunden),

(7) durch zusätzliches Know-how, das im Zuge einer vertieften Zusammenarbeit dem Lieferanten zufließt.

Auch regelmäßige Preiszuschläge sind im Zeitablauf möglich, wenn gebundene Kunden aus „Trägheit" ein Nachverhandeln unterlassen. Dies trifft aber kaum auf Verdrängungsmärkte zu (vgl. *Reichheld/Sasser* 1999, S. 141). Man könnte auf der Grundlage der ökonomischen Vorteile Kapitalwerte von Kundenbeziehungen abschätzen (vgl. *Ackerschott* 2000, S. 56; *Homburg/Werner* 1998, S. 140–141). Diese Überlegungen führen zur Frage des Kunden-Lebenszyklus (s. Abschnitt 7.2.3.a.).

Bei der Beschreibung von **Kundenbindungsmaßnahmen** wird in der Literatur oft das gesamte Spektrum bekannter Marketinginstrumente aufgeführt; also z.B. Mailings für Produkte, Angebote, Kundenzeitungen etc. (vgl. *Aries* 1998, S. 54; *Homburg/Bruhn* 1999, S. 21 unter Bezug auf *Diller, Homburg/Faßnacht 1998*). Wer aber fühlt sich schon durch eine Kundenzeitschrift oder einen Mailingbrief gebunden, der zigfach im Papierkorb landet. Inwieweit Business-as-usual-Aktivitäten also den Kunden in seiner Lieferantenwahl einengen, ist sehr zweifelhaft (vgl. *Scharioth* 1997, S. 7). Um nachhaltige Bindungen zu erreichen, müssen die Bindungsmaßnahmen dem Kunden **in das Herz und an die Hand** (d.h. an die Geldbörse) gehen. Wir unterscheiden (vgl. *Winkelmann* 2003, S. 347):

(1) **Sehr weiche, psychologische Bindungen**: zumeist **Moralappellbindungen** des Individuums durch **frühe Kindheitsprogrammierungen**. Es gelingt, dem Interessenten ein schlechtes Gewissen zu machen, wenn er nicht zu dem besagten Produkt greift. In diese Richtung zielt z.B. die Werbung vieler Öko-Produkte (*Der Leser will doch auch nicht die Umwelt verschmutzen, oder …?*). Bekannte Kinderlieder und Märchen schaffen schon in frühen Lebensjahren die Grundlage für die Wirksamkeit von Moralappellbindungen (durch die Kraft eines schlechten Gewissens):

> **Als wir klein waren, hieß es** *im Lied Hänschen klein* „… *aber Mutter weinet sehr, hat ja nun kein Hänschen mehr, da besinnt, sich das Kind, kommt nach Haus geschwind.* "
> **Die moderne Version für Erwachsene lautet:** *Weil mir die Gesundheit meiner Kinder am Herzen liegt: Sanostol.*

(2) **Weiche Bindungen: Präferenzbindungen/Loyalitätsbindungen**, die durch überzeugende Marketingmaßnahmen ausgelöst werden. Sie fixieren den Kunden auf einen Anbieter oder Verkäufer, (a) weil dieser ihn in nachhaltiger Weise anspricht (**Identifikations-Tatbestand**), (b) das Produkt oder die Marke die Kundenerwartungen in bester Weise erfüllt (**Leistungs-Tatbestand**) oder (c) Service und Betreuung die Anstrengungen der Konkurrenz in den Schatten stellen (**Differenzierungs-Tatbestand**). Die Gestaltung von Präferenzbindungen ist heute erklärte Zielsetzung des Marketing. Hier ist auch der Begriff **Kundenloyalität** angebracht – als Ausdruck **bewusst akzeptierter, freiwilliger Bindungen** an den Lieferanten (vgl. *Homburg/Giering*, ASW 1/2000, S. 83). Produktmanagement (durch eine optimale Abstimmung der Kundenwünsche mit den eigenen technischen und kostenmäßigen Möglichkeiten), Kundenberatung und lebensstil-orientierte Werbung sind wirkungsvolle Instrumente, um diese Art der freiwilligen Kundenbindung dauerhaft zu sichern. Im Rahmen des **Permission Marketing** erklärt sich ein Interessent oder Kunde ausdrücklich mit Werbeansprachen und Angeboten

einverstanden. Permission Marketing liefert somit Bindungsbestätigungen. Präferenzbindungen verlieren jedoch rasch an Wirkung, wenn beim Anbieter die Leistung nicht mehr stimmt oder sich Kundenvorstellungen verschieben. Dann können nur harte, mit technischen oder finanziellen Nachteilen verbundene Bindungen den Kunden bei der Stange halten.

(3) **Harte Bindungen (faktische Bindungen): technologische/systemtechnische, vertragliche, ökonomische** (z.B. *Bonusprogramme mit signifikanten Wertevorteilen*) oder **institutionelle Sachverhalte**, die den Kunden im Falle eines Nicht-Kaufes oder Lieferantenwechsels sanktionieren. Eine Flucht aus der Bindung muss einem Kunden etwas kosten. Die finanziellen Nachteile müssen für den Kunden spürbar und nachhaltig sein. Bezüglich der harten Bindungen kann auch auf eine Zusammenstellung von *Godefroid* verwiesen werden (vgl. *Godefroid* 2003, S. 107). Die Herausforderung für Marketing und Vertrieb liegt deshalb darin, **harte Bindungen weich zu verpacken**. D.h., ein Kunde sollte so zufrieden sein und sich von seinem Lieferanten so gut betreut fühlen, dass er sich freiwillig durch Verträge oder Systeme an seinen Stammlieferanten bindet, zumindest aber die Bindung akzeptiert. Harte Bindungen sind also durch Loyalitätszustände abzufedern. Ein Idealzustand wird erreicht, wenn zusätzlich nachweisbare, ökonomische Vorteile (Nutzen) die harte Bindung für den Kunden attraktiv machen. Zum Beispiel binden sich starke Systemlieferanten (*Bosch*, *Krupp Thyssen Automotive*) an die Automobilkonzerne (z.B. mit 60–90 % Lieferanteil). Sie gehen diese harten Bindungen in der Erwartung strategischer und kostenmäßiger Vorteile kalkuliert ein. Denn im technischen Geschäft bringt ein Lieferantenwechsel für den Kunden auf jeden Fall Nachteile. Der Kunde reagiert und koppelt seine Kundenbindung mit einer Lieferantenbindung.

Wenn also auch harte Bindungen für den Lieferanten kein sicheres Ruhekissen darstellen, sollten Marketing und Vertrieb gezielt daran arbeiten, beim Kunden Präferenz- bzw. Loyalitätsbindungen auszuprägen. Dazu sind die **drei Schichten der Kundenloyalität** zu beachten (vgl. *Stahl* 2002, S. 100–101):

(1) Man stelle sich eine Zwiebel mit drei Schichten vor. Die äußere Schicht ist die sog. **trügerische Kundenloyalität**. Bei dieser verlässt man sich auf kundenseitig geäußerte Wiederkaufabsichten.

(2) Diese wird von der **bedingten Kundenloyalität** umrahmt. Man erfüllt offen oder stillschweigend Gegenleistungen, die dem Kunden seine Loyalität schmackhaft machen (abgelten).

(3) Den Kern bildet die **belastbare Loyalität**, das sog. **Kunden-Commitment**. Der Kunde wird zum Anhänger oder Fan.

Abb. 83 zeigt eine Vielzahl konkreter Bindungsmaßnahmen auf. Moralappellbindungen und besonders die Präferenzbindungen sind instabile Konstrukte. Die härtesten Bindungskräfte stecken in vertraglichen Festlegungen (Pönale) und technologischen Abhängigkeiten. Wie heißt es sarkastisch: *„Ausstiegskosten schaffen Kundentreue."* (*Martin*, acquisa 4/2000, S. 78). Andererseits gilt: **Erzwungene Kundentreue vernichtet Kundenwerte**. Weiche Bindungen bauen dagegen Kundenwerte auf (*Rapp* auf der DIMA 2000). Ähnliche Bindungstypologien unterscheiden vertragliche, technisch-funktionale und ökonomische Gebundenheiten (vgl. *Bruhn* 2001, S. 74) oder psychologische, institutionelle, vertragliche und technologische Bindungen (vgl. *Preß* 1997, S. 79). Kundenloyalität bzw. Kundenbindung sind aber nicht nur das Ergebnis von anbieterseitigen Bindungsmaßnahmen. Kunden neigen auch von sich aus zu gewissen freiwilligen Bindungen; den sog. **Bindungsprädispositionen** (vgl. *Reichheld* 1997, S. 81):

• Manche Kunden sind generell zuverlässiger und treuer als andere, weil sie selbst stabile, langfristige Beziehungen schätzen.

MARKETING- UND VERTRIEBSMASSNAHMEN ZUR ERREICHUNG VON KUNDENBINDUNG		
Moralappellbindungen *(meist durch Außendienstmitarbeiter* *transponiert)*	*Präferenzbindungen* *– bewirken Kundenloyalität –* *(meist durch Marketing transponiert)*	*Bindungen durch Sanktionsoptionen* *– harte Bindungen –* *(meist durch Geschäftsführung* *transponiert)*
⇨ Allgemeine Bitte um Fortsetzung des Geschäftskontaktes ⇨ Hinweise auf gravierende wirtschaftliche Schäden durch Kundenabsprung ⇨ Hinweis auf Gefährdung von Arbeitsplätzen bei Auftragsverlust ⇨ Bzw. Hinweise auf Personaleinstellungen im Falle einer Auftragsvergabe ⇨ Hinweis auf schon erbrachte Vorleistungen für den Auftrag, auch Zeichnungserstellung ⇨ Hinweis auf Standort Deutschland (*Trigema Werbung*) ⇨ Hinweis auf Umweltvorteile durch Kauf des Produktes ⇨ bzw. Hinweis auf umweltgerechte Herstellung ⇨ Hinweis auf Teilbetrag des Kaufpreises zu Gunsten einer wohltätigen Institution ⇨ Geburtstagseinladungen ⇨ Kontakte zur Familie des Kunden ⇨ persönlich aufgemachte Geschenke, auch wertvolle Werbegeschenke	⇨ hervorragende Produkteigenschaften ⇨ hervorragende Serviceleistungen ⇨ hervorragende Kundenbetreuung ⇨ Persönliche Messeeinladung ⇨ Event beim Kunden ⇨ Kundenschulung ⇨ Kundeneinladung zur Betriebsbesichtigung ⇨ Musterüberlassung ⇨ Gemeinsamer Katalog mit dem Kunden ⇨ Kundenzeitung, individualisierter Newsletter ⇨ Links oder Banner-Werbung auf Internet-Seite ⇨ Ingredient Branding ⇨ Co-Branding ⇨ Einkaufsvorteile: „Butterfahrt" ⇨ Auszeichnungen: „Orden & Ehrenzeichen" ⇨ Kunden-Vorteilsclubs ⇨ Mehrwertdienstprogramme ⇨ Bonusprogramme ⇨ Kundenkarten ⇨ Kundenforen (Communities) ⇨ Gemeinsame Veröffentlichungen mit Kunden in Fachzeitschriften ⇨ Beschwerdemanagement ⇨ Servicenummern	⇨ Kapitalbeteiligungen ⇨ Gemeinsame Tochtergesellschaften und Joint Ventures ⇨ Mandate in Aufsichtsgremien und Beiräten *Institutionelle Bindungen* ⇨ Technologische Alleinstellungen ⇨ Systembindungen ⇨ Gemeinsame Technologien ⇨ CIS-Systeme: Just-in-Time, EDIS, EDI, integrierte Beschaffung *Technologische Bindungen* ⇨ Monopolbindungen (TüV, Bahn, Telefonortstarife) ⇨ Langfristige Lieferverträge ⇨ Anzahlungen ⇨ Exklusivverträge ⇨ F&E-Kooperationen ⇨ Lizenz- und Know-how Verträge ⇨ Wartungsverträge ⇨ Umtauschgarantien ⇨ Kredite an Kunden (Absatzkredite) ⇨ Rabatt- und Bonuszusagen *Vertragliche Bindungen*

Abb. 83: Ausgewählte Kundenbindungsmaßnahmen

- Manche Kunden binden sich freiwillig, weil sie schlichtweg träge sind bzw. weil sie die Mühen und Risiken eines Marken- bzw. Lieferantenwechsels scheuen.
- Manche Kunden sind profitabler als andere, weil sie ihre Rechnungen pünktlich begleichen und vergleichsweise wenig Serviceleistungen fordern.
- Manche Kunden bewerten das Angebot eines Anbieters einfach höher als das von anderen (ein Indiz für Präferenzbindung).

Es kann nur empfohlen werden, diese (weichen) Bindungsbereitschaften der Kunden bei der Festlegung der strategischen Kundenprioritäten zu berücksichtigen. Was ist kostbarer als Kunden mit der besagten belastbaren Loyalität, die immer wieder kaufen, auch wenn sie schlecht behandelt werden. Andere Kunden dagegen sträuben sich mit Händen und Füßen gegen eine Einschränkung ihrer Wahlalternativen. Für sie gilt die Devise: *Marketing beginnt, wenn der Kunde keine Bindung wünscht* (**Smart Shopper Thematik**).

Wer Fakten dazu bekommen möchte, wie stark er seine Kunden an sich binden kann, sollte auf jeden Fall eine **jährliche Bestandskundenanalyse** durchführen. Der Anbieter weiß dann zwar nicht, wie zufrieden und in welchem Maße loyal seine Kunden sind, doch kann er aus der Kundenentwicklung einen Rückschluss auf seine Bindungskräfte und die Kundentreue ziehen. Man erkennt hier übrigens gut, wie kritisch doch der wissenschaftliche Begriff des objektiven, merkmalsbezogenen Verfahrens zur Bindungsmessung zu beurteilen ist. Dennoch ist die faktische (objektive) **Churn-Rate** ein sinnvolles Maß, um die Attraktivität des eigenen Angebotes und die der Betreuungsmaßnahmen zu beurteilen (vgl. *Krafft* 2002, S. 52–55). Wenn im vorliegenden Beispiel der Abb. 84 der prozentuale Anteil der vom Jahresanfangsbestand abgewanderten Kunden immer weiter ansteigt, dann stimmt etwas nicht mit Angebot und/oder Performance. Abb. 84 enthält im Grafikteil auch gleich eine **Trendfunktion**, die den Anstieg der **Abwanderungsrate** visualisiert.

Zur faktischen Bindungsmessung werden üblicherweise zahlreiche **Kundenstrukturkennzahlen** herangezogen, die den hypothetischen Rückschluss auf Bindungsgrade und Bindungsbereitschaften erlauben. Abb. 85 liefert hierzu Beispiele.

Oft zitiert wird die **Loyalitätsrate** (eigentlich: Wiederholungskaufrate). Für *Ford*-Kunden wurden in einer Studie eine **Markenloyalität** (Markentreue) von 68 % und eine **Händlerloyalität** (Händlertreue) von 40 % festgestellt (vgl. *Gündling* 1999, S. 106). Wer den Verkaufstrichter nicht mit Neukunden füllen kann, dem bleiben bei einer Loyalitätsrate von 68 % nach 5 Jahren theoretisch nur noch 14,5 % der Kunden. Der Verkaufstrichter sollte unabhängig von der leidigen Diskussion, ob nun eine Neukundengewinnung x mal teurer ist als die Sicherung eines Bestandskunden, permanent mit neuen Leads gefüllt werden.

ENTWICKLUNG DES KUNDENSTAMMS UND CHURN-RATE							
	2004	2005	2006	2007	2008	2009	2010
2004	40	39	38	36	25	21	19
2005		62	60	52	46	38	30
2006			123	118	112	94	80
2007				99	92	83	71
2008					105	101	91
2009						142	123
2010							157
Bestandskunden	40	101	221	305	380	479	571
historisches Kundenpotenzial	40	102	225	324	429	571	728
Gesamtverlust an Kunden	0	1	4	19	49	92	157
Churn-Rate Kundenbestand		2,5%	3,9%	8,4%	15,1%	21,4%	27,5%
verlorene Kunden geg. Vorjahr		1	3	15	30	43	65
jährliche Churn-Rate		2,5%	3,0%	6,8%	9,8%	11,3%	13,6%

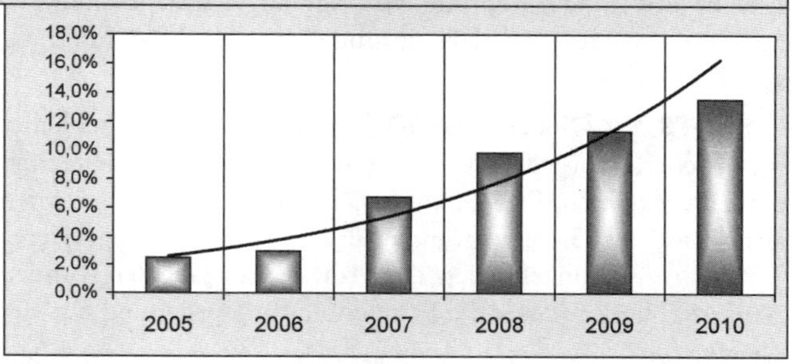

Abb. 84: Bestandskundenanalyse im Zeitablauf mit Berechnung der Churn-Rate

---

KONVENTIONELLE KENNZIFFERN ZUR MESSUNG DER KUNDENBINDUNG

⇨ **Kundenbindungsquotient:**
   Anteil der Kunden, die über einen definierten Zeitraum Bestandskunden sind

⇨ **Nettokunden-Veränderungsrate:**
   (Neukunden – verlorene Kunden) : Bestandskunden

⇨ **Kundenabwanderungsrate:**
   Verlorene Kunden : Kundenbestand am Anfang der Periode

⇨ **Bruttokunden-Zuwachsrate:**
   Neukunden : Kundenbestand am Anfang der Periode

⇨ **Neukundenrate:**
   Neukunden : Kundenbestand am Ende der Periode

⇨ **Loyalitätsrate:**
   Anzahl kaufende Kunden aus Vorperiode : Gesamtkunden Vorperiode

(vgl. Ramme 2002, S. 446; letzte Kennziffer Gündling 1999, S. 106–108)

Abb. 85: Kennziffern zur Messung der Kundenbindung

Tiefer kann man in das Knäuel weicher Bindungsgesetzmäßigkeiten nur eindringen, wenn Käufer und Nichtkäufer persönlich und direkt befragt werden. Die Messung eines (psychologischen) **Kundenbindungsfaktors geht dann über die Kennziffernbetrachtung hinaus.** Persönliche Bindungsbefragungen sind aber nicht zuletzt deshalb in der Praxis schwer umsetzbar, weil ein Anbieter seinen Kunden nicht direkt auf dessen Bindung (Bindungsbereitschaft) hin ansprechen sollte und kann. Erforderlich werden also, wie bei der Zufriedenheitsbefragung, indirekte Fragestellungen und die geschickte Kombination von Erhebungsbausteinen. Ein bewährtes Beispiel hierfür ist der **TRI:M-Index.**

Der TRI*M-Kundenbindungsindex

Zur **Messung der Kundenbindung** bietet *TNS Infratest* mit der **TRI*M-Methodik** das in der Praxis weltweit wohl erfolgreichste Analyseinstrument an (vgl. auch im folgenden *Scharioth* 1996, S. 41–52; *Scharioth* 1997, *Scharioth/Pirner* 1999, S. 323–347). Im Zeitraum 2000 bis 2004 wurden in über 90 Ländern mehr als 3.000 Kundenbindungsstudien auf Grundlage von insgesamt 3,2 Millionen Interviews durchgeführt. Allein im deutschen Finanzmarkt hat sich der Erhebungsansatz in mehr als 170 Kundenbindungsstudien seit 1995 bewährt. Dabei greift TNS Infratest nicht auf Sekundärstatistiken zurück, sondern befragt jährlich 25.000 Kunden zu ihrem Finanzverhalten. In dieser Verknüpfung von echten Marktforschungsdaten (Primärmarktforschung) mit Mikropotenzialen und der zugrundeliegenden Modellbildung (Schätzmodelle) liegt eine Stärke von *TNS Infratest*.

① **Der TRI*M-Globalindex:** *TNS Infratest* äußert erhebliche methodische Bedenken gegen die beschriebene Vorgehensweise, „einfache" Einzelurteile rechnerisch zu einem summierenden Index zu verdichten. Das Gesamturteil eines Kunden über einen Lieferanten kann nämlich durchaus positiv ausfallen, während er in Einzelleistungen gravierende Mängel beklagt. Deshalb stellt *TNS Infratest* zunächst den **TRI*M Index** als **globalen Kundenbindungsindex** an den Anfang der Analyse. Hierzu startet die Kundenbindungserhebung mit **vier Kernfragen:**

(1) Wie hoch ist die Gesamtzufriedenheit des Kunden mit dem Lieferanten?
(2) Wie stark ist die Bereitschaft, Empfehlungen auszusprechen?

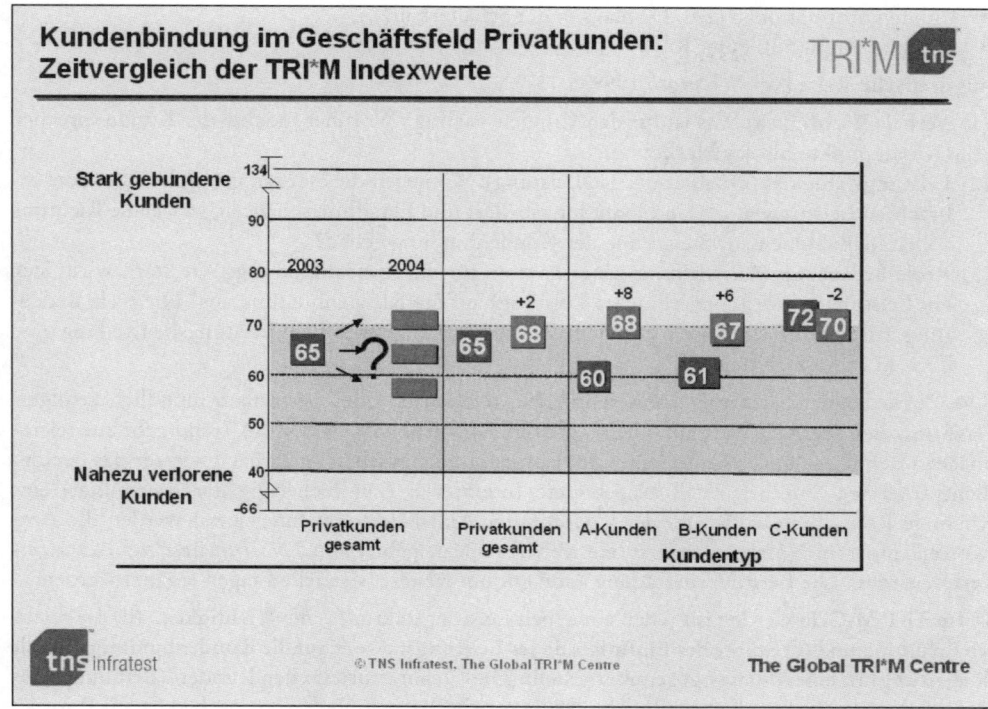

Abb. 86: Messung der Kundenbindung im Zeitvergleich mit dem TRI*M-Index / TNS Infratest

(3) Wie fest ist die Absicht des Kunden, die Geschäftsbeziehung fortzuführen?

(4) Wie groß ist der spezifische Vorteil, den der Kunde bei seinem Lieferanten im Vergleich zu Wettbewerbern sieht?

Mit Hilfe der Scoring-Methode (gewichtetes Punktsummenverfahren) werden diese vier Teildimensionen zum sog. **TRI*M-Globalindex** aggregiert. Abb. 86 zeigt, wie der Bindungsindex zur Analyse von Kundengruppen genutzt werden kann. Wie hat sich die Kundenbindung der strategischen Kundengruppen im Zeitvergleich verändert?

② Unter **Moments of Truth** versteht man die Berührungspunkte zwischen Kunden und Unternehmen, die die Zufriedenheitsurteile prägen (vgl. *Wieder* 2002, S. 442 mit Bezug auf *Stauss* 1995). Im CRM-Kontext wird auch von **Customer Touchpoints** gesprochen. Allerdings geht es nicht generell um Berührungspunkte und Kontaktereignisse, sondern vielmehr um die entscheidenden Erfolgs- oder Leistungsfaktoren (**Key Performance Drivers**). So kehrt das Verfahren an dieser Stelle zum Konzept einer Zufriedenheitsbefragung zurück. Die Befragten, im Beispiel Privatkunden eines Kreditinstituts, beurteilen die unterschiedlichen Anforderungen, die ein Kunde an seine Bank stellen kann, z.B.

- Bankleistung und Preispolitik,
- Zweigstelle (z.B. örtliche Nähe, Gesamteindruck),
- Organisation der Zweigstelle (z.B. telefonische Erreichbarkeit, Diskretion),
- Kundenbetreuung (z.B. persönlicher Kundenbetreuer, Freundlichkeit),
- Behandlung von Beschwerden (z.B. Erreichbarkeit der zuständigen Person),
- Beratung (z.B. fachliche Kompetenz),

- Kundeninformationen (z.B. Displays in der Schalterhalle),
- Imagefaktoren (z.B. guter Ruf),

auf **dreifache Weise** (vgl. *Scharioth* 1999, S. 157):

(1) **Verbale Wichtigkeit:** Was ist für den Kunden wichtig? Worüber möchte der Kunde sprechen (Ansatzpunkte für das Marketing)?

(2) **Leistungsfähigkeit** (Qualität der Ist-Leistung): Wo liegen die Stärken und Schwächen der erbrachten Leistungen, wo sind Handlungsbedarf und Handlungschancen, in welche Richtung sollen Maßnahmen zur Steigerung der Kundenbindung gehen?

(3) **Reale Bedeutung (Auswirkung) eines Faktors für die Kundenbindung:** Wie stark wirkt sich ein Leistungsfaktor (eine erbrachte Leistung) auf die Kundenbindung aus? Die reale Bedeutung wird dabei statistisch aus dem Zusammenhang zwischen Leistungsbeurteilung und TRI*M Index ermittelt.

Die Zufriedenheitsbefragung kann schriftlich, telefonisch oder persönlich-mündlich erfolgen. *TNS Infratest* legt viel Wert auf eine sorgfältige Stichprobenauswahl. Ein Trend geht zur telefonischen Befragung durch Call-Center. Im Firmenkundengeschäft spielt nach wie vor das persönliche Interview durch speziell ausgebildete Interviewer (zur Sicherung der Reliabilität) eine wichtige Rolle. Bei **CAPI-Interviews** (Computer Aided Personal Interviews) werden die Antworten sofort im Notebook erfasst (ein weiteres Spezialgebiet von *TNS Infratest*; vgl. *www.tns-infratest.com*). Die Leistungsbefragung kann gut um weitere, spezielle Fragen ergänzt werden.

③ Im **TRI*M-Grid** werden für jeden einzelnen Leistungsfaktor (a) die **Wichtigkeit,** (b) die relative Erfüllung und (c) **Stärke des Einflusses dieses Leistungsfaktors auf die Kundenbindung (= reale Bedeutung)** in einer Matrix gegenübergestellt. Die Qualitätsurteile der Kunden (Erfüllungsgrade) werden als Zeichen dargestellt. Abb. 87 liefert ein Beispiel. Verbesserungsbedarf mit Priorität zeigt sich beim Leistungsfaktor A6 (Diskretion im Kundengespräch).

Die Matrixfelder weisen den Key Performance Drivern Prioritäten zu:

- **Motivatoren:** Diesen Erfolgsfaktoren gebührt die höchste Aufmerksamkeit. Sie besitzen eine hohe Bedeutung für die Kundenbindung, und den Kunden ist dies auch bewusst (im Beispiel der Abb. 87: *Diskretion im Kundengespräch*). Die gut beurteilten Betreuungsleistungen in diesem Feld sind abzusichern. Diese eigenen Stärken mit hoher Bindungskraft sind an die Zielgruppen werbend zu kommunizieren.Der Abbau von Schwächen in diesem Bereich muss höchste Priorität erhalten.

- Die **versteckten Chancen** werden dagegen von den Befragten nicht als besonders wichtig empfunden. Sie besitzen jedoch einen hohen Einfluss auf die Kundenbindung. Positive Leistungsbewertungen in diesem Feld sollten als Chance genutzt und mit den Kunden besser kommuniziert werden. Dies ist eine Marketingaufgabe. Schwächen sollten mit hoher Priorität abgestellt werden, um diese Leisungselemente zu positiven Motivatoren zu entwickeln.

- **Hygienefaktoren** werden zwar von den Kunden geschätzt, können die Kundenbindung jedoch nicht steigern. Ein typischer Hygienefaktor ist sprichwörtlich die Kundentoilette im Warenhaus. Fehlt die Leistung, stellt sich schnell Unzufriedenheit ein (Hygienefaktor nach *Herzberg*). Wird die Leistung besonders gut erbracht, bringt das kaum zusätzliche Bindungsvorteile (im Beispiel der Abb. 87: *Solidität*). Eventuell können diese Leistungsqualitäten auf ein kostengünstigeres Niveau zurückgenommen werden.

- Als **Fragezeichen/Einsparmöglichkeiten** gekennzeichnete Leistungen werden von den Kunden als unwichtig eingeschätzt und bewirken gleichzeitig keine besonderen Bindungseffekte. Sie in Frage zu stellen und evtl. aufzugeben dürfte die Kundenbindung nicht negativ beeinträchtigen. Allerdings können sich hier auch Leistungsfaktoren mit zukünftig wachsender Bedeutung verbergen.

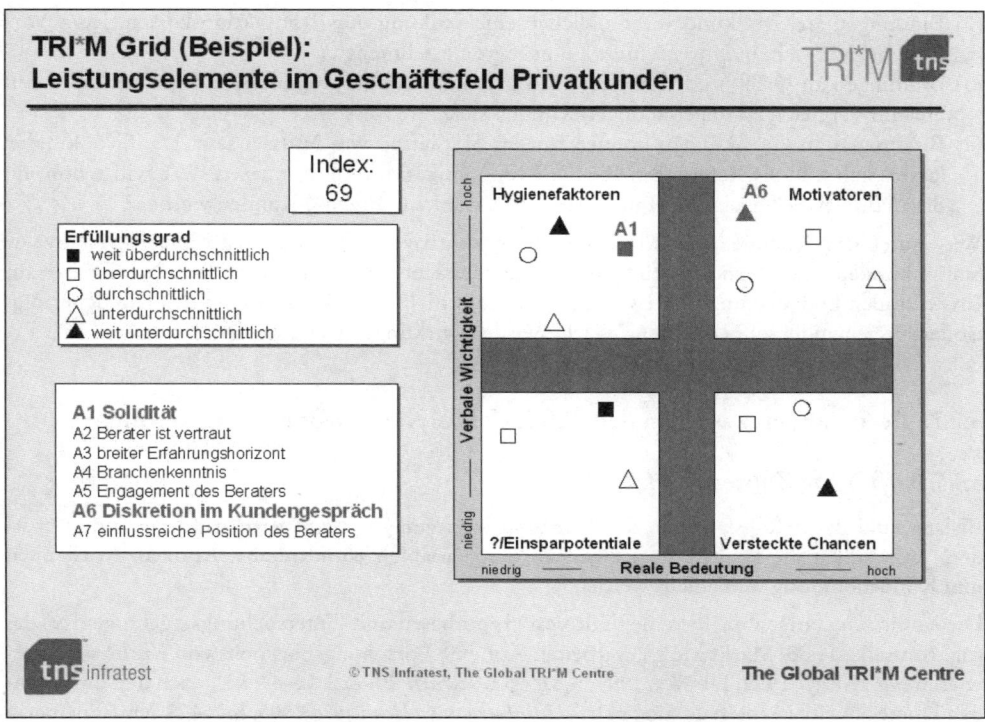

Abb. 87: Beispiel für einen TRI*M-Grid/TNS Infratest

Dies zur Darstellung der Messkonzeption für ein so komplexes Phänomen wie die Kundenbindung. Konkrete Praxisprogramme von Unternehmen zur Stärkung der Kundenbindung werden im Abschnitt 8.9. aufgezeigt.

Zur Forderung nach hohen Investitionen in die Kundenbindung gibt es jedoch auch warnende Stimmen. Kundenbindung *„kann teuer zu stehen kommen."* (*Stahl*, IO 9/1997, S. 32; vgl. auch *Betz*, acquisa 3/1998, S. 76). Diese Warnung widerspricht der zentralen Hypothese der mit wachsender Kundenbindung zunehmenden Gewinne. Nachteile für Image und Kostenstruktur können z.B. entstehen, wenn gebundene Kunden, die gemäß Kundenqualifizierung (s. Abschnitt 7.2.) nicht zum Portfolio passen und mit großen Kraftanstrengungen gegen die kaufmännische Strategie gehalten werden. Oder wenn in kundenbindende Leistungsfaktoren investiert wird, die dem Kunden unwichtig sind. Auch dann entpuppt sich Kundenbindung als Bumerang. Ein Lieferant sollte es sich also durchaus leisten können, auch einmal einen Kunden ziehen zu lassen oder gar ein Geschäftsfeld bzw. ein Kundensegment aufzugeben. Eine spezielle Problematik kommt auf, wenn sich Großkunden ihrer Macht bewusst sind und Zulieferfirmen in Abhängigkeitspositionen geraten. Dann dreht sich das Bindungsverhältnis um. Aus der Automobilindustrie sind Fälle bekannt, dass Automobilhersteller ihren Zulieferanten Preise, Kostenstrukturen und damit auch Profite diktieren. Die Vorteile der Kundenloyalität liegen hier in anderen Aspekten:

(1) Bindungen an Großkunden sind oft **Garanten für die Kapazitätsauslastung** und damit für die Fixkostendegression.

(2) Bindungen an Großkunden ermöglichen eine **Senkung von Transaktionskosten**. Jeder Vorgang bezieht sich im Durchschnitt auf größere Bestellmengen.

(3) Bindungen an Großkunden erlauben **Absatz- und Umsatzprognosen** (Forecasts) und damit eine im Vergleich zu ungebundenen Kunden sicherere Ressourcenplanung.

(4) Bindungen an Großkunden können **für das Marketing von Nutzen** sein. Die Großkunden lassen sich z.b. als Referenzen für die Kommunikationspolitik nutzen. Wer will schon mit dem Hinweis auf einen ungebundenen (und „wankelmütigen") Kunden werben?

Wie lautet das Resümee der Kundenbindungskontroverse? Ohne Frage bilden die loyalen Stammkunden eine Grundlage für die unternehmerische Tätigkeit. Sie stellen feste Größen für Investitionen und Planung dar. Es reicht allerdings nicht aus, die Variablen des Kundenerfolgs isoliert voneinander zu betrachten. Welche Wechselwirkungen sind bekannt?

5.2.7. Beziehungen zwischen den Erfolgsfaktoren der Kundenorientierung

a.) Schafft Nähe Zufriedenheit?

Bislang sind die Erfolgsfaktoren der Kundenorientierung getrennt voneinander erläutert worden. Jetzt sollen die **Beziehungen zwischen** den Variablen **Kundennähe, Kundenzufriedenheit** und **Kundenbindung** untersucht werden.

Die empirische Forschung hat eine Fülle von Hypothesen und Untersuchungsergebnissen zu der sog. **Kausalkette des Markterfolgs** erarbeitet. Auf eine Forschungsübersicht von *Krafft* wird verwiesen (vgl. *Krafft* 1999, DBW 4/1999, S. 511–530; *Krafft* 2002, S. 42–44; vgl. auch den umfassenden Überblick über Untersuchungen bei *Homburg*: vgl. *Homburg* 1995, S. 7–12). *Krafft* bemerkt allerdings einschränkend, dass die Wirkungszusammenhänge im wissenschaftlichen Sinne noch nicht tiefgehend genug überprüft worden sind. Vor allem fehlt eine integrierte Analyse der Konstruktkette (vgl. *Krafft*, DBW 4/1999, S. 526). Auch sind die Untersuchungen BtoC-lastig. Der Konsument ist vorrangiges Objekt der Marketingwissenschaft.

Auch im Folgenden wird (lediglich) sequenziell vorgegangen. Zunächst ist das Konstrukt Kundennähe zu betrachten. Inhaltlich wurde das **Phänomen Kundennähe** (die subjektiv vom Kunden empfundene Nähe, Umsorgung, Betreuung des Lieferanten) bereits in Abschnitt 5.2.1. aufbereitet. Auf pragmatische Weise lässt sich Kundennähe einfach als **Summe der erfolgten Berührungen** (persönliche und unpersönliche Kundenkontakte) operationalisieren. Wie „nahe" dann ein Anbieter vom Käufer wirklich empfunden wird (rational und gefühlsmäßig) und wie „gut" die Qualität der Kontakte verinnerlicht wird, bleibt der Marketingforschung (glücklicherweise) noch verschlossen. Die Bedeutung von Kundennähe hängt letztlich von der Frage ab, ob und in welchem Maße Kundennähe (bzw. welche Art von Nähe) die Kundenzufriedenheit beeinflusst.

Abb. 88 veranschaulicht plakativ dichotome Kombinationen zwischen Nähe und Zufriedenheit. Zuviel Nähe kann Probleme verursachen. Der Kundenbetreuer wird dem Kunden irgendwann lästig. Insofern ist eine Geschäftsbeziehung im **Feld rechts oben** hinsichtlich der Dosierung der Kontakte zu überprüfen. Wann ist die Schwelle zu einer optimalen, gerade noch nicht als Bedrängung empfundenen Betreuungsnähe erreicht? So steht der Verkauf immer wieder vor der Frage: Wie viele Kundenkontakte (im Feld rechts oben) können zu Gunsten von Neukundensuche und der Entwicklung von B-Kunden von den Top-Kunden abgezogen werden, ohne dass deren Zufriedenheit dabei Schaden nimmt. Eine Situation im **Feld rechts unten** wirft die Frage auf, ob das Leistungsangebot trotz aller Verkaufsbemühungen den Kunden nicht überzeugen kann oder ob in der Beziehung die „Chemie" nicht stimmt. Eine Geschäftsbeziehung im **Feld links un-**

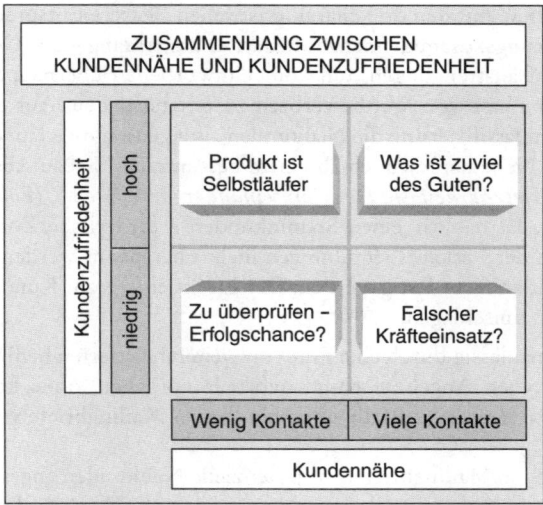

Abb. 88: Dichotome Kombinationen von Kundennähe und Kundenzufriedenheit

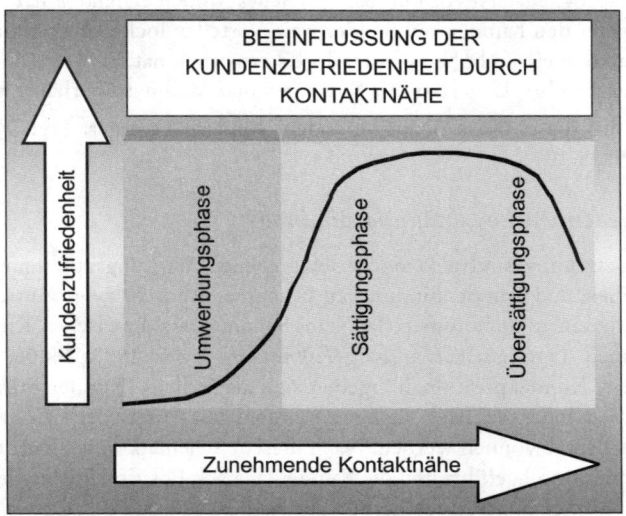

Abb. 89: Der Zusammenhang zwischen Kundennähe und Kundenzufriedenheit

ten regt zu einer Chancenüberprüfung an. Welchen Einfluss hat eine fehlende Nähe auf die Unzufriedenheit? Ist es der Kunde wert, dass sich der Außendienst stärker um ihn bemüht? Sind höhere Betreuungskosten zu rechtfertigen? Beim **Feld links oben** bleibt zu fragen, ob dieser Zustand einer geschenkten Kundenzufriedenheit von Dauer sein kann. Zuweilen kann er es, solange die Produktleistung aktuell bleibt.

Abb. 88 beschränkte sich auf dichotome hoch/niedrig-Relationen. Sie kann nichts darüber aussagen, wie sich eine Zufriedenheit dynamisch, mit zunehmender Intensität der Nähe entwickelt. Das Schrifttum hält einen s-förmigen Zusammenhang zwischen den Variablen für plausibel (vgl. als Befürworter *Homburg* 1998, S.154; *Krafft* 2002, S.45). Abb. 89 symbolisiert die logistische

Verlaufsformenhypothese mit den drei charakteristischen Phasen. Entsprechend der Vermutung eines s-förmigen Wirkungszusammenhanges bedarf es am Anfang einer Geschäftsbeziehung relativ stärkerer Verkaufsanstrengungen, um vom Umworbenen überhaupt bemerkt zu werden und um sich in dieser Phase von Wettbewerbern zu unterscheiden. Aus diesem Grund wollen wir in unserer **Kundenklassifizierung** die **Neukunden** als eigenständige Kundengruppe behandeln (s. Abb. 209). Zu viel Nähe kann jedoch ab einem bestimmten Niveau **Abschleifeffekte** verursachen: *„Nähe und Verletzbarkeit sind eng miteinander verwoben."* (*Fournier/Dobscha/Mick*, HBM 3/1998, S.106). Ist das für einen Stammkunden erforderliche Zufriedenheitsniveau erreicht, darf der Bogen der Verkaufsbemühungen nicht überspannt werden. Marketing und Vertrieb dürfen dem Kunden nicht lästig werden. Der Effekt einer vom Kunden positiv empfundenen Kundennähe kann umschlagen,

- wenn die Käufer unablässig durch eine Flut von weiteren Offerten bedrängt werden,
- wenn diese stereotypen Angebote Kundenvorteile vorgeben, ohne konkrete Bedingungen und Konditionen zu nennen (z.B. die unverbindlichen Mailingbriefe von Banken und Versicherungen),
- wenn Stammkunden in Mailingbriefen als potenzielle Neukunden angesprochen werden,
- wenn Kunden immer wieder mit falschem Namen angeschrieben werden,
- wenn Produkt-Neueinführungen bei einem Mailing-Adressaten heiß beworben werden, obwohl der Angesprochene erst vor kurzem sein neues Modell erstanden hat,
- wenn der Anbieter den Kunden mit Sonderpreis-Vorteilen lockt, obwohl dieser erst vor kurzem sein Produkt zu einem hohen Einstandspreis erworben hat,
- wenn Interessenten ohne Unterlass mit Katalogen und Mailings überhäuft werden.

Kunden werden auf diese Weise nicht gebunden, sondern verärgert (vgl. *Fournier/Dobscha/ Mick*, HBM 3/1998, S.101).

b.) Schafft Zufriedenheit Loyalität und Bindung?

Bei der Kundenbetreuung sind also noch tiefergehende Wirkungszusammenhänge zwischen Kundenzufriedenheit und Kundenbindung zu beachten. Abb. 90 zeigt zunächst eine typische Kundentypologie in einem dichotomen (Ja/Nein) Spannungsfeld zwischen Kundenloyalität und Kundenzufriedenheit (vgl. auch *Homburg/Faßnacht/Werner* 1999, S.406; *Homburg* 2001, S.205). Die exakten Kundenpositionen ergeben sich als Indices (Kundenzufriedenheitsindex = CSI; Kundenloyalitätsindex = CLI; s. auch noch einmal den Ansatz der *CEO AG*), die mit Hilfe von Scoring-Modellen gewonnen werden. Nach diesem Schema können Zufriedenheitsuntersuchungen in der Praxis durchgeführt und die Kunden, je nach Position im 4er-Feld, gezielt betreut werden (vgl. z.B. *Werner/Sailer*, Technischer Vertrieb 2/1999, S.24). Vergleichbar mit den sog. Normstrategien der klassischen Portfolioplanung ergeben sich in Abhängigkeit vom Grad der Kundenbindung typische **taktische Stoßrichtungen für die Kundenansprache und -betreuung**

(1) **Echte Kundenbindung:** Zufriedene und gebundene Kunden sind mit Priorität zu sichern; z.B. im Rahmen von **Kundenkontaktprogrammen** (s. Abschnitt 8.9.).

(2) **Kundenbindungspotenzial:** Zufriedene, jedoch wenig gebundene Kunden (wechselbereite Kunden) können im Rahmen von **Kundenbindungsprogrammen** bearbeitet werden, wobei Zusatzleistungen (Added Values) eine große Rolle spielen (s. ebenfalls Abschnitt 8.9.).

(3) **Unzufriedene Kunden ohne Bindungsbereitschaft:** Unzufriedene und ungebundene Kunden (wechselwillige Kunden) sind zu überprüfen und gegebenenfalls opportunistisch zu betreuen.

(4) **Gefährdete Kundenbindung:** Auf unzufriedene, aber stark gebundene Kunden (gefährliches Potenzial) sollten **Verbesserungs- und Zufriedenheitsprogramme** ausgerichtet werden. Psychischer Druck durch Wechselbarrieren ist abzubauen.

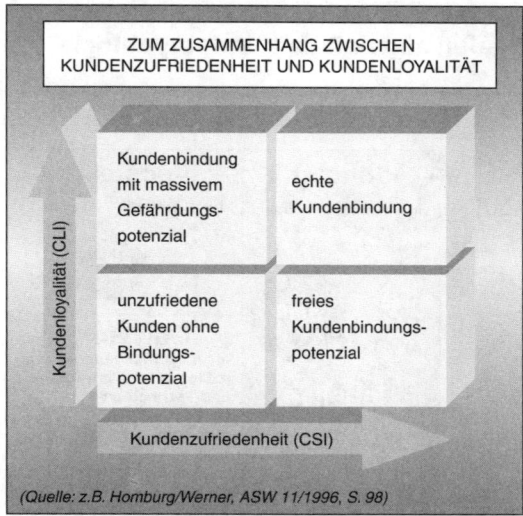

Abb. 90: Zusammenhang zwischen Kundenzufriedenheit und Kundenbindung

Die Kundenpositionen in den vier Feldern erhalten im Schrifttum unterschiedliche Bedeutungen. Diese drücken sich in oftmals **plakativen Feldbezeichnungen** aus. Die Feldbezeichnungen sind wohlüberlegt zu handhaben, denn die Feldinterpretationen haben letztlich Einfluss darauf, welche und wie Vertriebsmaßnahmen auf die entsprechenden Kunden der vier Felder ausgerichtet werden. *Herrmann/Huber/Braunstein* sprechen z.B. unter Rückgriff auf einen Ansatz von *Jones* und *Sasser* aus dem Jahr 1995 von (Reihenfolge links oben bis links unten): **Sklaven – Fans – Verräter – Miesmacher** (vgl. *Herrmann/Huber/Braunstein,* HBM 1/2000, S. 47). Die Begriff sind z.T. missverständlich. Ein Kunde, der mit seinem Fahrzeugfabrikat unzufrieden ist und den Hersteller wechselt, möchte sich vermutlich nicht als **Miesmacher** verstanden wissen.

Treffender erscheint der Begriff **Rebell**, wie es in der bekannten Klassifikation von *TNS Infratest* heißt. Auch sie lehnt sich im Prinzip an *Jones/Sasser* an (vgl. *Scharioth/Pirner* 1999). Abb. 91 zeigt diese bewährte Kundentypologie nach dem *TRI*M-Konzept* von *TNS Infratest* mit der Unterscheidung (1) **Söldner,** (2) **Apostel,** (3) **Geiseln** und (4) **Rebellen.**

Die Theorie nimmt heute an, dass zwischen dem Einsatz zufriedenheitsstärkender Aktionen und einer wachsenden Bindung (Loyalität) keine lineare Beziehung besteht (vgl. *Gündling* 1999, S. 108). Im allgemeinen wird von einem s-förmigen Wirkungszusammenhang ausgegangen (vgl. *Krafft* 2002, S. 47). Von Anfang an steigt die Bindung mit wachsender Zufriedenheit progressiv, ehe sie nach einem Wendepunkt degressiv bis zu einem Sättigungsniveau abflacht. Der Nachteil dieser Verhaltenshypothese: Lassen vor dem Wendepunkt die zufriedenheitssteigernden Maßnahmen nach, dann bröckelt die Kundentreue zum Vorteil des Anbieters nur unterproportional ab. Gerade am Anfang einer Geschäftsbeziehung wenden sich jedoch Kunden vom neuen Lieferanten schnell ab, wenn ihre Erwartungen nicht erfüllt werden. Die **Zusammenhangsvermutung** (Verlaufsformenhypothese) der Abb. 92 geht deshalb von einem praktisch umgekehrten Wirkungsverlauf mit zwei Sockeln (**Zufriedenheitsplateau** und **Sättigungsplateau**) aus (vgl. *Herrmann/Huber/Braunstein,* HBM 1/2000, S. 48).

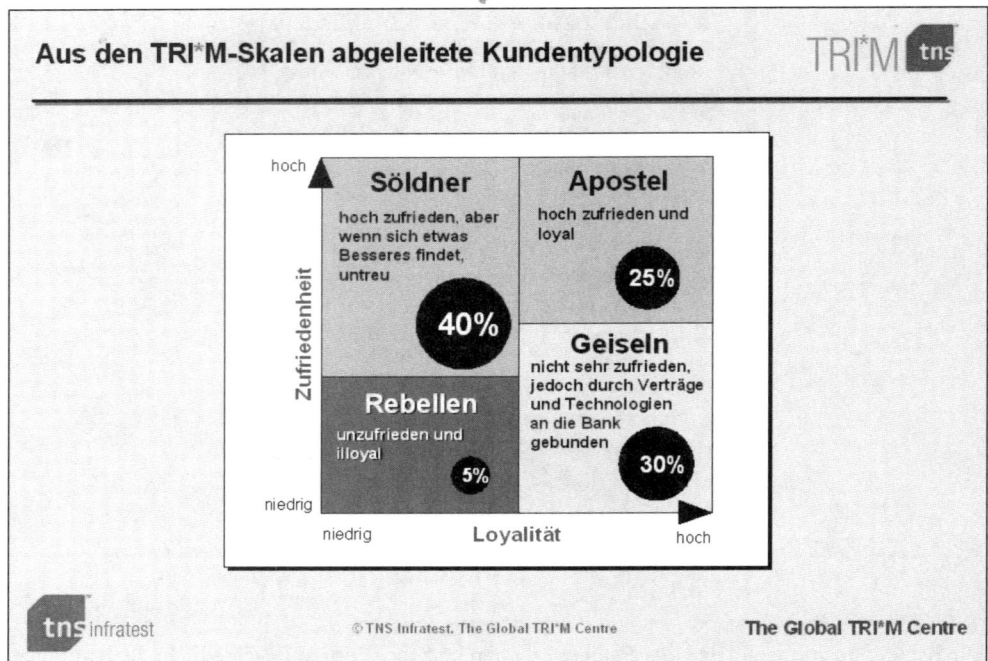

Abb. 91: Die aus den TRI*M-Skalen abgeleiteten Kundentpyen / TNS Infratest

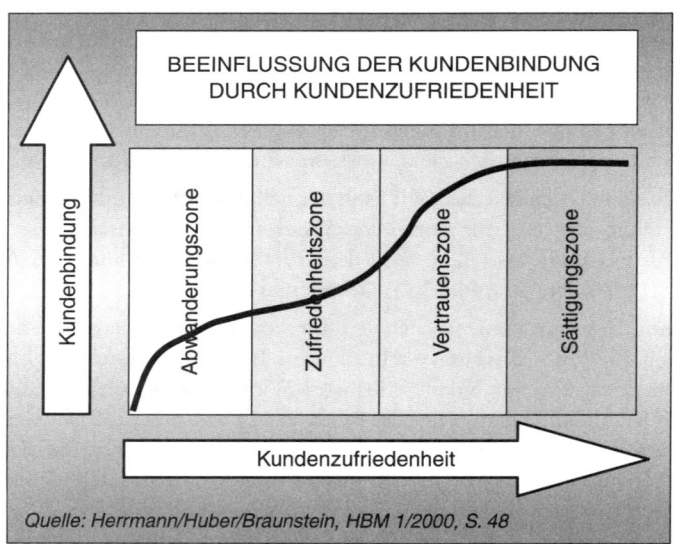

Abb. 92: Zum Zusammenhang zwischen Kundenzufriedenheit und Kundenbindung

Nachdem es zunächst nur einer merklichen Grundanstrengung bedarf, um einen Kunden über die Abwanderungszone zu hieven und ein absicherndes Bindungsniveau zu erreichen, müssen die Verkaufsanstrengungen weiterführend deutlich gesteigert werden, um den Kunden in die Zone eines **Vertrauensaufbaus** zu begleiten. Jenseits eines bestimmten **Sättigungsniveaus** kann die Kundenbindung aber – wie beim s-förmigen Verlauf – trotz weiterer zufriedenheitssteigernder Bemühungen nicht mehr verstärkt werden.

Durch ähnliche Portfolios oder Verlaufsformen lassen sich weitere Hypothesen zum Phänomen Kundenbindung gewinnen. Sie alle kranken an einem undifferenzierten Bindungsbegriff. Es wird z.B. nicht zwischen weicher und harter Bindung unterschieden. Was die **weichen Bindungen** (insbesondere die Präferenz-/Loyalitätsbindungen) betrifft, so hat *Horstmann* auf deren **hohe Instabilität** hingewiesen (vgl. *Horstmann*, ASW 9/1998, S. 94). Ein einziges kritisches Ereignis (Großreklamation, Vertrauensverletzung, Nicht-Ernst-Nehmen des Kunden) kann eine über Jahre aufgebaute Zufriedenheit nachhaltig zerstören und dadurch der Kundentreue den Nährboden entziehen. Das „**Seitensprungphänomen**" gilt insbesondere in BtoB-Märkten, wo die beruflichen Risiken der Entscheidungsträger im Buying-Center mit persönlichen Schicksalen verknüpft sind, wenn der Lieferant Fehler macht. Zum Glück sind Kunden nicht immer nachtragend. Zumindest gilt das **Phänomen der zweiten Chance**. Nach diesem Phänomen kann eine perfekte Beschwerdeabwicklung durchaus die Kundenbindung erhöhen und zu neuen Verkaufschancen führen. Aber einen nochmaligen Fehler verzeiht der Kunden kaum.

Diese Probleme hat ein Lieferant offenbar nicht bei harten Bindungen, die vorrangig nicht auf Zufriedenheiten sondern auf technischen und/oder vertraglichen Regelungen basieren. Man sollte jedoch hart gebundenen Kunden das **Sklavengefühl** nehmen. D.h., man sollte sie so zufrieden stellen und ihnen in dem Maße Erfolgserlebnisse im Rahmen der Geschäftsbeziehung vermitteln, dass sie sich freiwillig binden. **Loyale Kunden trotz harter Bindung: Das ist das Ideal einer Kundenbindungspolitik.**

Diese Überlegungen führen zu einer Abkehr vom Denken in stetigen Zusammenhängen (je zufriedener, desto bindungsbereiter) und von der Vorstellung, Kundenzufriedenheit und -bindung wie am Reißbrett, mittels schablonenhafter Bindungsmaßnahmen, maximieren zu können. Wie *Faßnacht* bemerkt, kann Kundenzufriedenheit ohnehin nicht perfektionistisch maximiert werden. Sinnvoll ist vielmehr das Erreichen notwendiger Zufriedenheitsschwellen (vgl. *Faßnacht* 1999, S. 315). Feinsteuerung zur Beobachtung und Beeinflussung von Zufriedenheitsniveaus unterschiedlich sensitiver Kundensegmente und damit der Graduierung der Bindung ist angesagt. Anderenfalls wird Kundenzufriedenheit leicht **zum Fass ohne Boden**. Das Marketing maximiert dann lediglich die Zufriedenheit der Kunden, die ohnehin nur „Leckerbissen" kaufen, also die Produkte mit den günstigsten Preisen (vgl. *Marzian*, acquisa 7/1997, S. 53).

Möglicherweise wird der Zusammenhang zwischen *mehr Bindung durch mehr Beziehungsmarketing* und daraus folgend *mehr Profitabilität* auch überstrapaziert. Nach diesem Zusammenhang wären sog. **transaktionale Kunden**, die einem Beziehungsmarketing und einer Bindung ausweichen, zu meiden. *Krafft* kommt in seiner empirischen Studie zu den warnenden Befunden und Empfehlungen (vgl. *Krafft* 2002, S. 163–164):

- Es gibt hochprofitable Segmente, die sich sowohl aus loyalen wie auch aus transaktionalen (ungebundene, beziehungsunwillige Kunden, Preiskäufer) Käufern zusammensetzen.
- Es ist nicht ratsam, sich von Kunden, die sich der Wirkungskette Nähe – Zufriedenheit – Bindung entziehen, zu lösen. Vielmehr muss der richtige Zeitpunkt bestimmt werden, ab dem transaktionale Kunden nur noch reduziert betreut werden. Hier greift wieder die Forderung nach Kundenqualifizierung.
- Im Gegensatz zu einer der Grundhypothesen der Theorie existieren Beziehungskunden, die mit der Zeit steigende Kosten und niedrigere Erlöse verursachen. Nach unserer Erfahrung ist es zuweilen kostengünstiger, einen unzufriedenen Wettbewerbskunden zu gewinnen, als einen unzufriedenen Stammkunden zu halten.

- Bei Neukunden sollte frühzeitig festgestellt werden, ob sie eher als Beziehungskunden oder eher als transaktionale Kunden zu klassifizieren sind.

Kundenbindung kann nicht allein vom grünen Tisch aus, in den Denkstuben des Marketing, konstruiert werden. Kundenbindung ist eine gemeinsame Aufgabe von Marketing und Vertrieb. So gerät der Verkauf mit all seinen günstigen Voraussetzungen, aus der Nähe des Kundengesprächs heraus Zufriedenheit und Bindung zu beeinflussen, wieder in das Rampenlicht. Vom Transaktions- zum Beziehungskunden bedarf es oft nur eines Händedrucks. Der Aufbau und die Pflege dauerhafter, persönlicher Geschäftsbeziehungen in **Beziehungsnetzwerken** wird immer wichtiger. Denn im Grunde sehnen wir uns alle nach guten Beziehungen – nur nicht mit jedem!

5.3. Relationship-Marketing

5.3.1. Grundlagen des Relationship-Marketing

Verkaufen ist „nicht das Reagieren auf Kundenwünsche, sondern das Gestalten von Kundenbeziehungen."
(Ackerschott 2000, S. 237)

Relationship-Marketing umfasst alle Aktivitäten, *„die das Ziel verfolgen, eine Beziehung zu Kunden und Kooperationspartnern sowie unter Mitarbeitern aufzubauen, zu halten und zu entwickeln."* (*Harnischfeger*, ASW Sondernummer Oktober 1996, S. 14). Das nach dieser Begriffsbestimmung zu beachtende **Geflecht von Beziehungen, Netzwerken und Interaktionen** (vgl. *Gummesson* 1997, S. 20) steht im Widerspruch zum Paradigma des kopflastigen betriebswirtschaftlichen „Entscheidungsträgers" (des sog. **homo oeconomicus**), der bei seinen Entscheidungen emotionslos eine Zielfunktion optimiert.

Das vor allem auf *Berry* (1983) zurückgehende Relationship-Konzept nimmt die Priorität für Neukundengewinnung und kurzfristige Umsatzzielerreichung zurück (das gilt eigentlich nur für die sog. historische Phase der **Verkaufsorientierung**, vgl. *Kotler/Bliemel* 2001, S. 32–34.). Die Ära des **Beziehungsmarketing** löst das auf Sammeln von Verkaufsabschlüssen ausgerichtete und von den Erfolgsgrößen Preis, Lieferzeit und Provisionseinnahmen beherrschte **Vorteilsmarketing** (vgl. *Weis* 2000, S. 461) oder **Transaktionsmarketing** (vgl. *Tomczak* 1994, S. 195) ab, bei dem nur der aktuelle Verkaufsvorgang (ein Deal; deshalb im Finanzwesen auch **deal-based** Marketing genannt) im Vordergrund des Verkäuferinteresses steht. Ein gutes Bild für **Transaktionsmarketing** ist der Zeitungskauf eines anonymen Reisenden am Bahnhofskiosk. Er verkörpert die Laufkundschaft. Oder drastischer gesagt: *den Kunden anhauen, umhauen, abhauen* (**Hit-and-run-Philosophie**). *Wehrli* und *Wirtz* vergleichen die Besonderheiten von Transaktions- und Beziehungsmarketing in der Abb. 93 (vgl. *Wehrli/Wirtz*, ASW Sondernummer 10/1996, S. 26).

Die Definitionen des Beziehungsmarketing sind facettenreich:

➡ *„Relationship Marketing is attracting, maintaining and enhancing customers relationship."* (*Berry* 1983, S. 25ff.)
➡ *„Relationship marketing is marketing seen as relationships, networks and interaction."* (*Gummesson* 1996)
➡ *„Relationship Marketing umfasst sämtliche Maßnahmen der Analyse, Planung, Durchführung und Kontrolle, die der Initiierung, Stabilisierung, Intensivierung und Wiederaufnahme von Geschäftsbeziehungen zu den Anspruchsgruppen – insbesondere zu den Kunden – des Unternehmens mit dem Ziel des gegenseitigen Nutzens dienen."* (*Bruhn* 2001, S. 9)

	Transaktioniertes Marketing	Relationship-Marketing
Ziel	• Verkaufsabschluss, Umsatzgenerierung als Ziel • Kauf- und Verkaufswerte durch einzelne Transaktion bestimmt	• Etablierung langfristiger Geschäftsbeziehungen als Ziel • Langfristige Wertgenerierung durch Kundenintegration
Paradigma	• Mass Production, Economies of Scale sind auszuschöpfen • Standardisierter Leistungsaustausch ist anzustreben	• Customized Production, Economies of Scope wichtig • Individualisierte Leistungsgenerierung ist anzustreben
Kunden-verständnis	• Leitbild vom anonymen Kunden • Verkäufer ist vom Käufer relativ unabhängig (Bild der Laufkundschaft)	• Leitbild des einzigartigen Kunden, der individuell zu bedienen ist • Verkäufer und Käufer stehen in wechselseitiger Abhängigkeit
Marktsicht	• Geschäfte erhalten ihre Wertigkeit durch Absatzmengen und Profite • Priorität für Neukundengewinnung	• Geschäfte erhalten ihre Wertigkeit durch Problemlösungskompetenz • Priorität für Wertsteigerungen in bestehenden Beziehungen
Marketing-verständnis	• Produkte im Mittelpunkt • Kundenkontakt als Episode • Standardisierte Verkaufsargumentationen	• Service im Mittelpunkt • Kundenkontakt als kontinuierlicher Prozess • Individualisierter Kundendialog

Abb. 93: Transaktionsmarketing versus Relationship-Marketing im Sinne von Wehrli und Wirtz

Die zahlreichen Definitionen zu einem Phänomen, das für das Marketing doch eigentlich gar nicht so neu sein sollte, gehen in die gleichen Richtungen (vgl. die Zusammenstellung bei *Bruhn* 2001, S. 10). Deutlich werden (1) das Abrücken von der Instrumentaldominanz im Marketing, (2) die Hypothese, dass der Geschäftserfolg auf durchgängig guten Beziehungen zu **allen** Kontaktgruppen (Anspruchsgruppen) einer Unternehmung (Stakeholder) beruht und (3) das Bekenntnis, Gewinnmaximierung über den Umweg gegenseitiger Mehrwertschaffung (Win-Win) anzupeilen.

Es bringt jedoch wenig, wenn plötzlich jedwedes beziehungsorientiertes Handeln mit dem Begriff Relationship-Marketing belegt wird. Ein gestandener Außendienstler würde sich kaum angesprochen fühlen. Dann wird diese zentrale Maxime des Marketing leider zur Leerformel. **Relationship-Marketing darf also keinesfalls als Business as usual verstanden werden.** Beziehungs„management" von den Mitarbeitern nur schlagwortartig zu fordern (herbeizupredigen), ohne auf Geschäftsführungsebene dafür Opfer zu bringen, kann nicht erfolgreich sein.

Das Management muss folglich **in Geschäftsbeziehungen investieren.**

➡ **Relationship-Marketing** liegt vor, wenn den Mitarbeitern mit Kundenkontakt nachweisbare Zeitressourcen und Budgets zur Verfügung eingeräumt werden, um langfristige, wertsteigernde Geschäftsbeziehungen aufzubauen. Relationship-Marketing geht davon aus, dass der Aufbau und die Pflege von Geschäftsbeziehungen zumindest bis zu einem gewissen Grade optimierbar sind. Relationship-Marketing ist erfolgreich, wenn beide Seiten (Kunde und Lieferant) bereit sind, in einem vertretbaren Rahmen auch einmal kaufmännische Nachteile zu Gunsten ihrer persönlichen Geschäftsbeziehung in Kauf zu nehmen.

➡ Relationship Marketing sollte sich aber nicht nur auf Kunden beziehen. Eine beziehungsstarke Unternehmung verbindet **Kunden-Beziehungsmanagement** (CRM = Customer Relationship Management) mit **Mitarbeiter-** (ERM = Employee Relationship Management) und **Partner-Beziehungsmanagement** (PRM = Partner Relationship Management). *Wessling* prägt hierfür den Begriff **Network Relationship Management** (NRM) (vgl. *Wessling* 2002, S. 9).

➡ Die **Qualität einer Beziehung** wird vor allem durch die Faktoren **Sympathie, Anerkennung, Vertrauen, Gegenseitigkeit** (u.a. gemeinsame Interessen, Kooperation), **Intensität der Kontakte** und **Kompetenz** bestimmt (nach *Belz* 1996, S. 150–151).

Wird Kundenorientierung ernst genommen, dann sollte eine Unternehmung Leitlinien für Kundenbeziehungen formulieren. Abb. 94 zeigt die Leitlinien der *go relate* Philosophie der *udate software AG*. So wird ein **Beziehungs-Mission-Statement** zum Baustein der Unternehmensstrategie und zum Element einer Firmenkultur.

Was dann gutes Beziehungsmarketing ausmacht, beweist sich in Krisensituationen:

Im Zuge einer Softwareumstellung geriet die mit elektronischen Systemkomponenten und technischer Raumausstattung tätige Knürr AG 1998 in eine tiefe Lieferkrise. Im Geschäftsbericht heißt es: „Im zweiten Halbjahr 1998 erwiesen sich die in der Vergangenheit aufgebauten vertrauensvollen Beziehungen unserer Repräsentanten zu unseren Geschäftsfreunden als festes Fundament für die Handhabung dieser äußerst ungewohnten Erschwernisse." (Geschäftsbericht Knürr AG 1998, S. 25)

---

go relate™   **Update**

Auf die Beziehung, fertig, los! Klingt gut. Tut gut. Gut so. Denn Beziehungen bestimmen unser Leben. Und unser Handeln. Egal ob im Beruf oder Alltag. Alles dreht sich um sie. Wir auch. Beziehungen leben. »*go*relate«

Beziehung 1
Wenn wir unseren Kunden »*go*relate« versprechen, halten wir es damit so: Wir hören genau zu. Wir vollziehen ihre Ziele nach und denken scharf voraus. Für Lösungen, die einfach und besser sind. Und deshalb langfristig funktionieren. Aber auch bei neuen Herausforderungen sind wir sofort da - kundennah, ohne lange zu fragen.

»*go*relate«
sich in den Kunden und damit Berge versetzen

Beziehung 2
»*go*relate« ist, wenn unser Kunde bei seinem Kunden seine Versprechen einhält. Weil er ihn rundum begeistert. Weil sein Beziehungsmanagement nicht von der Stange kommt, sondern so gut wie von Herzen. Weil er alle verfügbaren Informationen so in Beziehung stellt, dass sein Kunde jedes Mal aufs Neue überrascht ist.

»*go*relate«
wenn aus Daten echte Berührungspunkte werden

Beziehung 3
Für unsere MitarbeiterInnen und Partner heißt »*go*relate«: engagiert und offen aufeinander zugehen. Wertschätzen, was jeder Einzelne in unsere Beziehung einbringt. Daraus gemeinsame Ziele verfolgen und erreichen. Aktiver Austausch für motivierenden Antrieb.

»*go*relate«
als treibende Kraft für gegenseitige Vorteile

Können wir es uns wirklich so einfach machen? Wir sind überzeugt: Ja! Weil es gar nicht mehr anders geht. Denn: Die Quantität unserer täglichen Kontakte steigt und die Qualität muss Schritt halten. Ohne komplizierte Systeme. Sondern mit Lösungen, die gute Beziehungen vereinfachen – und vervielfachen. Nah am Menschen. Ganz simpel. Beziehungen leben. »*go*relate«.

Abb. 94: Die Leitlinien der go relate Philosophie der update software AG

5.3.2. Networking: Aufbau und Gestaltung von Beziehungen

„Vertrieb ist People Business." *(Panhans, acquisa 6/2004, S. 56)*

Wie kommen wir jetzt vom „altbewährten" **Relationship-Marketing** zum **Relationship-Management?** Mutet es nicht technokratisch an, wenn statt Beziehungsaufbau und -pflege von Management gesprochen wird? Jedenfalls könnte durch den Management-Bezug die falsche Vorstellung aufkommen, gute Beziehungen könne man im Sinne einer rationalen, optimierenden Konzeption „steuern". *Wippermann* bezeichnet die Wortkombination des *„professionell organisierten Beziehungs-Management"* sogar als *„Perversion des Denkens".* Und weiter führt er aus: *„Will man eine Beziehung mänätschen, so ist sie schon kaputt."* *(Wippermann,* ASW Sondernummer 10/1996, S. 88). Etwas verschrobene Wege zum Relationship-Management zeigt z.B. *Vogt* am Fall *IBM* auf. Die Leitlinien der Abb. 95 können den drohenden Zeigefinger der Geschäftsleitung kaum leugnen. CRM in die Richtung zu predigen, dass der Kundenbetreuer seinem Kunden zuhören soll, bedeutet Eulen nach Athen zu tragen. Und doch: Zunächst sind es in der Tat recht einfach erscheinende Schritte, durch die ein Kundenbetreuer Beziehungen im Rahmen eines Beziehungslebenszyklus aufbauen kann (vgl. *Petersen* 1996, S. 33):

(1) Kontakte schaffen,
(2) Kontakte intensivieren,
(3) Wahlbeziehungen entstehen lassen,
(4) Verbundenheit schaffen durch gemeinsame Erlebnisse,
(5) Sympathie-Beziehungen weiterentwickeln zu
(6) echten Partnerschaften, Beziehungsfreundschaften.

„Beziehungskünstler" tun dies konsequent im geschäftlichen und privaten Freundeskreis und im Rahmen von Netzwerken. *Kippes* macht unter Bezug auf *Friedrich* plakativ deutlich, dass jeder von uns bis zu 1 Mio. Menschen erreichen kann, wenn man 500 bis 1000 soziale Kontakte mit wiederum 500 bis 1000 Freunden und Bekannten hält (vgl. *Kippes* 2001, S. 210–223). Nach dem **„Do-ut-des-Prinzip"** stärken sich Beziehungsnetzwerke gegenseitig, wenn Informationen zum beiderseitigen Vorteil ausgetauscht, Kontakte gezielt weiterempfohlen oder Leistungen bevorzugt im Rahmen der Netzwerke ausgetauscht werden. Es kommt auf Wechselseitigkeit, Gemeinsamkeit und Wunsch nach Dauerhaftigkeit an. *„Nur wer bereit ist zu geben, kann auch hoffen, etwas zu erhalten."* *(Kippes* 2001, S. 219)

CUSTOMER RELATIONSHIP LEITLINIEN (CRM) BEI IBM

⇨ Abgegebene Versprechen dem Kunden gegenüber sind zu halten.

⇨ Geschäftsabläufe sind den Bedürfnissen des Kunden anzupassen.

⇨ Das Ausgangsangebot ist bereits das Bestpreis-Angebot.

⇨ Der Lieferant legt von sich aus kostengünstigere Alternativangebote vor.

⇨ Der Kundenbetreuer bemüht sich ausdrücklich darum, den Kunden und seine Branche zu verstehen.

⇨ Der Kunde steht von Anfang an mit dem zuständigen Ansprechpartner des Lieferanten in Kontakt und wird von diesem mit klaren Informationen über alle Vorgänge auf dem Laufenden gehalten.

⇨ Der Kundenbetreuer hört zu, sagt, was der Kunde wissen muss, ist stets ehrlich und höflich.

⇨ Der Kundenbetreuer verfügt über die nötigen Ressourcen und Kompetenzen, um die Probleme des Kunden zu lösen.

Abb. 95: Die Leitlinien des Beziehungsmarketing bei IBM

Dabei sollte ein Kundenbetreuer sich grundsätzlicher Einflussfaktoren bewusst sein, die die **Qualität einer Beziehung** bestimmen (vgl. *Belz* 2000, S. 250; *Bruhn* 2001, S. 59 ff.). Beziehungsqualitäten hängen nach *Belz* vor allem von sechs Faktoren ab (vgl. *Belz* 2000, S. 250):

(1) **Sympathie**: Affinität, persönliche Nähe, Freundlichkeit, übereinstimmende „Chemie" der Partner, Individualität der Beziehung,
(2) **Anerkennung**: persönliche Akzeptanz des Partners, Bestätigung für seine Leistung,
(3) **Vertrauen**: Kontinuität und Verlässlichkeit, Stimmigkeit, Fairness und Sicherheit, Transparenz, Offenheit und Ehrlichkeit (Vertrauen = Sympathie + Kompetenz),
(4) **Gegenseitigkeit**: gemeinsame Interessen, Kooperation, „Absichtslosigkeit" und Gewicht des Partnerinteresses, Engagement beider Partner, Dialog und Lebendigkeit, Flexibilität, Großzügigkeit, Abhängigkeit und Unabhängigkeit (in einzelnen Beziehungen und Beziehungen zu Gruppen), „Geben und Nehmen",
(5) **Intensität**: Interaktionshäufigkeit und Kontinuität,
(6) **Kompetenz**: sachliche Stützung, Realitätsbezug, Erfahrungen und herausragende Ereignisse und frühere Sonderleistungen, positive und negative „Critical Events" in Beziehungen.

Georgi verdichtet das komplexe Phänomen einer Beziehungsqualität auf nur zwei Dimensionen (vgl. *Georgi* 2000, S. 104):

(1) **Vertrauen**: mit den Indikatoren Akzeptanz, Ausgeglichenheit und Einfachheit,
(2) **Vertrautheit**: mit den Indikatoren persönliches Kennen, persönliches Verständnis und fachliches Kennen.

Für *Gündling* ist in seinem **magischen Dreieck der Kundenzufriedenheit** schließlich Vertrauen die entscheidende Größe für gute Beziehungen (vgl. *Gündling* 1999, S. 138):

(1) Die entscheidende Basisgröße ist Vertrauen.
(2) Vertrauensfestigung bedarf eines dauerhaften Dialogs.
(3) Starke Festigungsfaktoren sind Garantien für den Kunden für Leistung, Erreichbarkeit, Fürsorge etc.

Gute Beziehungen gedeihen erst im Zeitablauf. Bewusste und unbewusste Eigenschaften und Ereignisse wirken zusammen. Es gilt, Geduld zu entwickeln für einen emotionalen Prozess, der nicht zu erzwingen ist und bei dem jeder für sich entscheiden muss, wo die Grenze zwischen geschäftlichen und privaten Beziehungsqualitäten liegt. Die Fachwelt erkennt für die **dynamische Beziehungsbildung** eine Sequenz der folgenden Art: indirekte Beziehung über Dritte – erste Bekanntschaft – frühere Bekanntschaft – sporadische Beziehung – regelmäßige Beziehung – Freundschaft – persönliche (gegenseitige) Abhängigkeit (vgl. *Belz* 2000, S. 251).

Sofort stellt sich die Frage nach einer richtigen Dosierung der Menge und der Intensität von Kontakten. Auf der einen Seite darf man sich nicht aus den Augen verlieren. Auf der anderen Seite darf man hoffen: „*Gute Beziehungen vergessen sich nie.*" Auf der einen Seite darf man dem Geschäftsfreund nicht lästig fallen. Auf der anderen Seite lautet eine Redensart: „*Bei guten Freunden gibt es nie ein zuviel.*" Da wir hier tiefer in die Sphäre der persönlichen Ansichten und Erfahrungen eintauchen, wird auf die Problematik der Dosierung des Beziehungsmanagement nicht weiter eingegangen. Die Thematik wird im Kapitel 7.4.3. bei der Planung von Kundenbesuchen wieder aufgegriffen.

Geschäftsbeziehungen wachsen im Zuge von vielen Kontakten, Gesprächen und Verhandlungen. Heute wird von der **Kunst des Networking** gesprochen. Bei der Beziehungsarbeit mit einem Geschäftspartner darf dessen Bezug zur Kundenorganisation, speziell zum Buying Center, nicht aus den Augen gelassen werden. Jeder Einzelkontakt kann dem Kundenbetreuer Türen in die Beziehungsnetze des Partners öffnen. *Panhans* formuliert Vorschläge für ein erfolgreiches **Networking** (vgl. *Panhans*, acquisa 6/2004, S. 58):

EMPFEHLUNGEN FÜR EIN NETWORKING	
Zu empfehlen	*Zu vermeiden*
• Initiative ergreifen • Interesse zeigen, aufmerksam zuhören und Gemeinsamkeiten suchen • Durch zielgerichtete Recherchen ein Gespräch vorbereiten • Andere um Rat fragen • Die 72-Stunden-Regel nach der ersten Kontaktpflege beachten (Folgekontakt-Regel) • Aktive und kontinuierliche Kontaktpflege • Nicht nur bekannte (warme) Kontakte pflegen • Danke sagen – auch für Bemühungen eines Netzwerkpartners, die nicht unmittelbar von Erfolg gekrönt waren	• Wahllos zahlreiche Bekanntschaften machen • Sich nicht mit dem eigenen Wert und den eigenen Zielen beschäftigen • Nur Kontakte suchen, von denen man sich selbst Vorteile verspricht • Versprechungen machen, die man nicht halten kann • Kontakte ohne Einverständnis des anderen weitergeben • Vertrauliche Informationen weitergeben • Nur Nutznießer sein, ohne den Netzwerkpartnern auch etwas zu bieten, was sie weiterbringt
(Quelle: Panhans, acquisa 6/2004, S. 58)	

Abb. 96: Empfehlungen für ein Networking

Beim Networking sollte der Kundenbetreuer die Kultur seiner zwischenmenschlichen Kontakte mit feinen Antennen unablässig überwachen. **Sieben idealtypische Beziehungsformen** sind zu unterscheiden (vgl. *Schultze* 2002, S. 142–146 sowie die dort angegebene Literatur):

(1) **Ich-Du-Beziehung:** Sie entsteht aus der frühen Bindung von Mutter und Kind und ist die Voraussetzung dafür, dass sich Partner überhaupt aufeinander einlassen können.

(2) **Ich-und-Du-Beziehung:** Sie ist die ideale Beziehungsgrundlage für eine Geschäftsfreundschaft und ermöglicht Win-Win-Situationen.

(3) **Ich-Es-Du-Beziehung:** Ein enger persönlicher Kontakt zwischen den Partnern kommt zwar nicht zustande, doch verständigt man sich auf einen gemeinsamen sachlichen Aspekt (im Dienste einer Sache).

(4) **Pseudo-Beziehung:** Eine Partnerschaftlichkeit ist nur gespielt und wirkt aufgesetzt. Einem oder beiden Partnern fehlt die Authentizität.

(5) **Ich-ich-Beziehung:** Ein Vertriebsmitarbeiter spiegelt nur sich selbst. Er findet keinen Zugang zum Geschäftspartner.

(6) **Nicht-Beziehung:** Diese kennzeichnet das Verhalten von nicht teamtauglichen Einzelkämpfern. Man stelle sich einen Verkäufer vor, der sich im Ladengeschäft gelangweilt von seinen Kunden abwendet.

(7) **Ich-oder-Du-Beziehung:** Auch diese Form von Beziehungsqualitäten wird sich ein Kundenbetreuer kaum leisten können. Eher noch ist ein derartiges Verhalten auf Einkäuferseite zu finden, wenn es darum geht, einen Verkäufer bei den Verhandlungspunkten mit Druck zu übervorteilen. Jetzt entstehen sogar ablehnende Haltungen zwischen den Gesprächspartnern.

Abb. 97 enthält weitere allgemeine Empfehlungen für ein gutes Beziehungsmanagement. Die Zusammenstellung geht in einigen Punkten schon über die Beziehungsarbeit des einzelnen Kundenbetreuers hinaus und betrifft die **Kundenphilosophie der Gesamtorganisation.** Grundsätzlich sind vom Management Leitlinien für das Beziehungsmanagement der Vertriebsorganisation aufzustellen. Diese sollten zur Unternehmens- und Organisationskultur und und zur Firmenhistorie passen. Im Lichte einer Firmenkultur bilden sich wie von selbst Prinzipien (ungeschriebene Gesetze) heraus, die von den Mitarbeitern im Umgang mit Geschäftspartnern verinnerlicht werden.

EMPFEHLUNGEN FÜR EIN ERFOLGREICHES BEZIEHUNGSMANAGEMENT

⇨ *"Begegne Dir selbst und anderen respektvoll! Lebe die Beziehung aus der Position, dass ihr beide, Du selbst und der andere, in Ordnung seid.*

⇨ *Achte auf das mögliche Besetzungen von Rollen im sog. Drama-Dreieck! Verfolgendes, rettendes und/oder sich opferndes Verhalten führt schnell in dysfunktionale, unproduktive Beziehungsformen.*

⇨ *Vermeide es, Spiele zu initiieren und/oder auf Spielangebote anderer einzugehen! Steige aus Spielverläufen aus, ohne die Situation zu eskalieren.*

⇨ *Beachte die Wichtigkeit der emotionalen Komponente Deines Geschäftes! Die Gruppenetikette sollte Gefühle nicht nur erlauben, sondern den bewussten Umgang und die Auseinandersetzung mit Gefühlsäußerungen rund um die vielen verschiedenen Aufgabenstellungen des Vertriebsmitarbeiters im Beziehungsgeflecht proaktiv fördern.*

⇨ *Gestalte die Gruppenetikette offen und zukunftsgerichtet! Prüfe, was an Werten und Normen in der Unternehmung und in der Abteilung zum heute nicht mehr angemessenen Rest aus alten Tagen gehört! Positiv gestaltete Beziehungen in der Unternehmung sind eine wichtige Basis für positive und lang andauernde Beziehungen zum Kunden."*

(Quelle: *Schulze* 2002, S. 151-154)

Abb. 97: Empfehlungen für ein erfolgreiches Beziehungsmanagement

Zunächst geht es um ein gemeinsames Verständnis in der Vertriebsorganisation über den Partnerschaftsgrad in wünschenswerten Kundenbeziehungen (vgl. in Anlehnung an *Kotler/Bliemel* 2001, S. 89):

(1) **Einfache (transaktionsorientierte) Kundenbeziehungen**: Die Mitarbeiter sollen verkaufen. Weitere Kundenkontakte sind jedem selbst, nach freiem Gutdünken überlassen.

(2) **Reaktive (reagierende) Kundenbeziehungen**: Die Kunden werden angeleitet (auch mit Hilfe von CRM-Systemen), Produkterfahrungen zu melden, weitere Dienste in Anspruch zu nehmen, Beschwerden vorzubringen.

(3) **Verantwortungsbewusste Kundenbeziehungen**: Der Vertrieb betreut die Kunden in Vorkauf- und Nachkaufphase intensiv. Der Kunde wird auf das Produkt (z.B. ein Heilmittel) behutsam vorbereitet.

(4) **Proaktive Kundenbeziehungen**: Geht in der Intensität über (3) hinaus. Hier wird Marketing (ein Bedürfnis wecken) geschickt mit Beziehungspflege verbunden (z.B. Konzept des Strukturvertriebs).

(5) **Partnerschaftliche Kundenbeziehungen**: Der Vertrieb arbeitet eng mit dem Kunden zusammen, um diesem Wertsteigerungen oder Einsparungen zu ermöglichen. Diese Beziehungsausrichtung führt zum Customer Integration.

Speziell in Richtung BtoB-Kunden sind **vier Prinzipien für den Aufbau guter Beziehungen** zu beachten (vgl. *Tomczak* 1994, S. 200–205):

(1) Nach dem **Integrationsprinzip** sind dem Kunden geschlossene Problemlösungen von strategischem Wert zu bieten. Der **Wert eines Angebotes** *„als Summe der in Geldgrößen ausgedrückten technischen, wirtschaftlichen, servicebezogenen und sozialen Vorteile, die eine Kundenfirma als Gegenleistung für den Preis erhält"* muss aus dem Blickwinkel des Kunden durchdacht und optimiert werden (*Anderson/Narus*, HBM 4/1999, S. 98). Dies ist die Idee des **Value-Marketing** (s. Abschnitt 7.2.4.c.). Auch die Kundenbetreuung aus einer Hand entspricht dem Integrationsprinzip.

(2) Nach dem **Führungsprinzip** ist ein vertrauensvolles Klima in der Weise zu schaffen, dass der Anbieter (der schwächere Teil einer Lieferanten-Kundenbeziehung) auch bei einer langfristigen Geschäftsbeziehung noch in der Initiative bleibt.

(3) Das **Verrechnungsprinzip** verlangt eine leistungsorientierte, gerechte Verrechnung aller Teilleistungen. Ist dieses **Win-Win-Prinzip** gestört, werden sich auf Dauer keine guten Geschäftsbeziehungen aufrecht erhalten lassen.

(4) Das **Adaptionsprinzip** fordert eine permanente Überprüfung und Anpassung des Leistungsprogramms. Beziehungen werden gefährdet, wenn sie stagnieren (verkrusten). Dabei ist eine angemessene Balance zwischen evolutionärer und revolutionärer Anpassung zu finden. Das Adaptionsprinzip impliziert einen permanenten Dialog zwischen Kunde und Anbieter.

Um das Networking-Engagement des einzelnen Kundenbetreuers so zu stärken, dass die Ziele für das Beziehungsmanagement der Gesamtorganisation erreicht werden, sind fördernde Rahmenbedingungen zu schaffen. So muss auch innerhalb der eigenen Vertriebsorganisation die Devise gelten: **Netzwerkdenken statt Konkurrenzdenken.** *Wessling* fordert neun organisatorische Rahmenbedingungen für ein erfolgreiches Beziehungsmanagement (vgl. *Wessling* 2002, S. 57–64):

- Die Vertriebsorganisation sollte **stabile Werte** wie Treue, Dienen, Loyalität und Vertrauen vertreten.
- Die Menschen müssen an eine **Vision** glauben können.
- Die Organisation sollte sich ausdrücklich auf **Vertrauen** und **Vertrauensbildung** ausrichten.
- Unabdingbar ist eine **offene Kommunikation.**
- Mitarbeiter, Vertriebspartner und auch Kunden in Not sollten gezielt **gefördert** werden.
- Ehrlich gemeinte **Freundlichkeit** entspringt aus Achtung, Respekt und Wertschätzung gegenüber Menschen.
- Die Organisation muss Raum für ein **Miteinander von Innovatoren** (Eroberer) **und Adaptoren** (Verwalter) schaffen.
- **Erfolge** sind mit Mitarbeitern zu **teilen.** Die Mitarbeiter vertreten keine Beziehungswerte, wenn die Unternehmung ausschließlich Eigentümerinteressen dient.
- Eine werteorientierte Organisation entwickelt „**Familiensinn**".

Nun ist das ganze menschliche Leben ein Beziehungsthema. Was aber kann speziell Beziehungen im Geschäftsleben belasten? Fünf besondere Sachverhalte sind abschließend zu betonen, die die Kundenarbeit des einzelnen Verkäufers so herausfordernd machen:

(1) Geschäftsbeziehungen sind i.d.R. befohlene Beziehungen. Nicht selten müssen Menschen zusammen arbeiten, bei denen die „Chemie" von Anfang an nicht stimmt und bei denen dann alle gut gemeinten Ratschläge für ein Beziehungs „management" versagen. Es muss deshalb scharf zwischen Beziehungen zwischen Menschen und Beziehungen zwischen Institutionen unterschieden werden.

(2) Dies auch deshalb, weil Einkäufer immer stärker einem Rotationsprinzip unterliegen. Die Fluktuation in unserer Arbeitswelt nimmt zu. Es bringt also wenig, Beziehungen zu einzelnen Personen „über"zustrapazieren, wenn man keine Beziehungsanker in die Organisation (im Netzwerk) des Kunden wirft. In BtoB-Märkten gilt deshalb der Satz: *Wahre Kundenbindung zeigt sich, wenn der Einkäufer (Kontaktpartner) geht.* Erst multilaterale Beziehungen aller Geschäftspartner zusammen formen das, worum es eigentlich geht: um **Bindungsnetze zwischen Unternehmen.**

(3) Immer wieder entstehen ethische Konflikte, wenn geschäftliche Zielvorgaben einen Verkäufer zu einer Handlung drängen, die er aufgrund seiner Beziehung zu dem Einkäufer oder Techniker des Kunden persönlich nicht verantworten möchte. Hier muss jeder Einzelne seine ehtischen Grenzen kennen.

(4) Beziehungspflege im Internet: Gcht das? Kostendruck und Verkehrsmisere sorgen dafür, dass Besuchskontakte zunehmend auf Telefon und Internet verlagert werden. Ein Kundenbetreu-

er tut also gut daran, seinen persönlichen Stil und seine Zuverlässigkeit in die Mailkontakte zu übertragen. Es ist eine der größten Lästigkeiten diese Web-Zeitalters, dass generell zuverlässige Geschäftspartner es nicht mehr für nötig halten oder überfordert sind, auf Mail-Anfragen angemessen schnell zu antworten. Wer keine Web-Kontaktethik entwickelt bleibt zukünftig auf der Beziehungsstrecke!

(5) Moderne Beziehungsarbeit zieht im Zuge der Globalisierung immer weitere Kreise. Längst gibt es in BtoB keinen Deutschlandverkauf mehr. Deutschland ist nur noch ein Markt im weltweiten Wettbewerbskonzert. So ist in der Beziehungsarbeit des Verkaufs zunehmend eine interkulturelle Kompetenz gefragt. Wer früher seine Kunden in Freising und Augsburg besuchte, löst heute Tickets nach China und Hongkong.

Wenn sich mehrere Mitarbeiter im Sinne des Networking um die gleichen Kunden bemühen, dann ist eine Systemunterstützung sehr zu empfehlen, um eine abgestimmte Kontaktpflege sicher zu stellen. So stellt sich die Frage, wie Beziehungen in Systemen zur Vertriebssteuerung abgebildet werden können.

5.3.3. Relationship-Marketing im Rahmen von CRM-Systemen

Wie können die oben erwähnten vielen privaten und geschäftlichen Kontakte sinnvoll beschrieben, beurteilt und effizient ausgebaut werden? Zu den Basisfunktionalitäten gängiger CRM-Systeme (s. 6. Kapitel) gehört es, private und geschäftliche Kontakte in vielen harten und weichen Facetten zu erfassen. Speziell sollten im System mit Hilfe von Parameter oder Freitext erfasst werden (vgl. *Kippes* in Anlehnung an *Misner*, 2001, S. 218):

(1) persönliche und geschäftliche Ziele eines Kontaktes,
(2) Erfolge des Geschäftspartners und andere private Dinge, auf die er persönlich Wert legt,
(3) seine besondere Fähigkeiten, Stärken und Schwächen,
(4) seine Neigungen, Interessen und Hobbies,
(5) das Beziehungsnetz des Geschäftsfreundes, seine Engagements.

Die Speicherung derartiger personenbezogener Daten ist nicht unkritisch, insbesondere, wenn diese Daten im Rahmen eines Data-Warehouse anderen Abteilungen oder KollegInnen zugänglich sind. In der Praxis werden derart sensible Informationen oft in verschlüsselten Teildateien gehalten, getrennt nach Stamm- und Qualifizierungsdaten. Nur in Kenntnis des Schlüssels kann man beide Datensätze zusammenführen. Auf jeden Fall ist eine Abstimmung mit dem Datenschutzbeauftragten ratsam.

Gerade im technischen Geschäft kommt es nun darauf an, über das Wissen über einen Geschäftspartner hinauszugehen und dessen Stellung und dessen Beziehungen im Rahmen seines Netzwerkes (Vorgesetzte, Einkauf, Technik) zu erfassen und zu bewerten.

Bei früheren Recherchen ist der Autor auf den *RelationViewer* des österreichischen CRM-Anbieters *Fabasoft GmbH* gestoßen. Der *RelationViewer* bildet Beziehungsnetzwerke grafisch ab. Das erklärte Ziel lautet: **Wissensbasiertes Beziehungsmanagement**. *RelationWare* als übergeordnete Gesamtlösung sammelt und strukturiert das relevante Wissen über den Kunden und visualisiert zudem die Partnerbeziehungen zu Kooperationen, Netzwerken, Lieferverbänden etc. Der Beziehungsgraph der Abb. 98 deckt z.B. die internen Beziehungsstrukturen einer Fa. *Berger* auf. Der *Relations Viewer* wird durch weitere Masken ergänzt, die in üblicher Form die Detailinformationen enthalten und eine Aktionssteuerung ermöglichen. Der *RelationViewer* ist in dieser Form heute nicht mehr verfügbar. Aus fachlichem Interesse erschien es dennoch interessant, die-

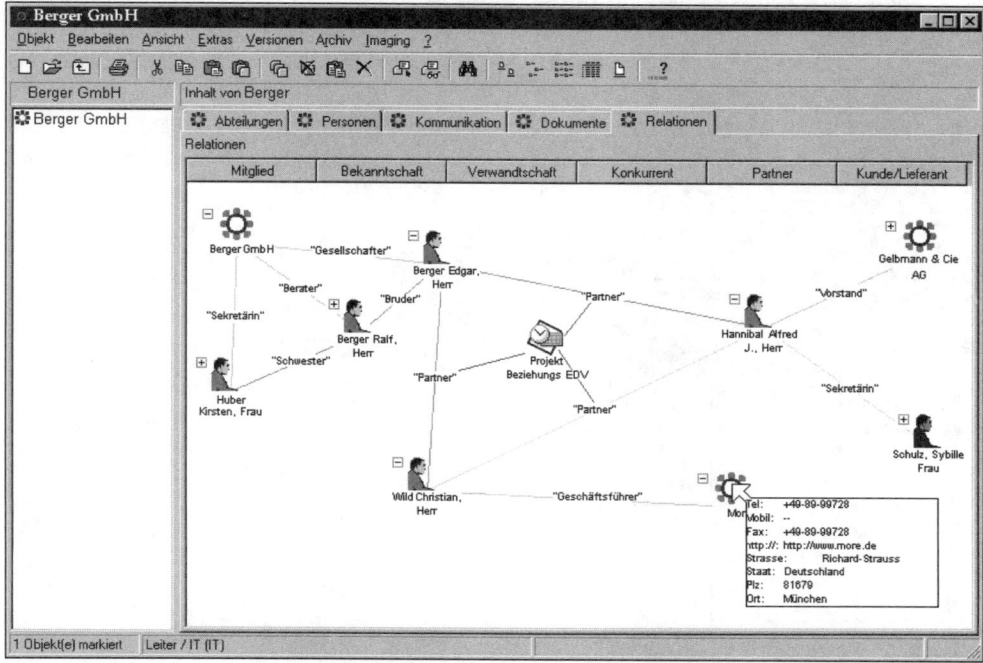

Abb. 98: Darstellung von Beziehungsnetzen mit dem RelationViewer / Fabasoft GmbH
(Programm nicht mehr verfügbar)

sen Ansatz mit dem *Fabasoft*-Motto **Wissen schafft Bilder** vorzustellen (Kontakt: *www.faba-soft.com*).

Saratoga Systems GmbH geht mit iAvenue einen ähnlichen Weg. *iAvenue Visual Advisor* umfasst ein Modul *Opportunity Analyst*, das eine einfach zu erstellende hierarchische Darstellung der Beziehungsstruktur von Ansprechpartnern liefert. Dies geschieht in Form eines Organigramms, verbunden mit Icons in unterschiedlichen Farben und Formen. Diese beschreiben Einflussnahmen (z.B. als Champion, Sponsor, Neutral, Feind), Beziehungsgefahren und Betreuungsnotwendigkeiten aller Ansprechpartner des Kunden und bringen die Informationen mit den aktuellen Projekten und Angeboten in einen direkten Bezug. Zudem können Kontaktinformationen wie z.B. Anruf, Besuch, Training etc. oder Umsätze und Cross-Selling-Opportunities jedes Kontaktes visualisiert werden. Anwender können per „drill down" in kürzester Zeit konkrete Informationen über Meetings, Gespräche, Kontakte, Änderungen und Vorgänge erhalten, die den Kunden- oder Vertriebszyklus beeinflussen könnten.

Komplexe Strukturen lassen sich auch mit dem **Kundenbrowser** der *Regware GmbH* abbilden. Abb. 100 veranschaulicht als Beispiel die Organisations- und Beziehungsstruktur der *Uniklinik der Stadt Düsseldorf*. Es werden Über- und Unterordnungsbäume für Abteilungen und Personen gestaltet. In diesem Fall wird das Profil von *Frau Dr. Dellbrück* abgerufen. In hier nicht ersichtlichen Datenfeldern sind weitere Qualifizierungseigenschaften hinterlegt. In BtoB-Märkten und speziell im Projektgeschäft sind Wissensspeicher über Organisationen und Personen nicht mehr wegzudenken.

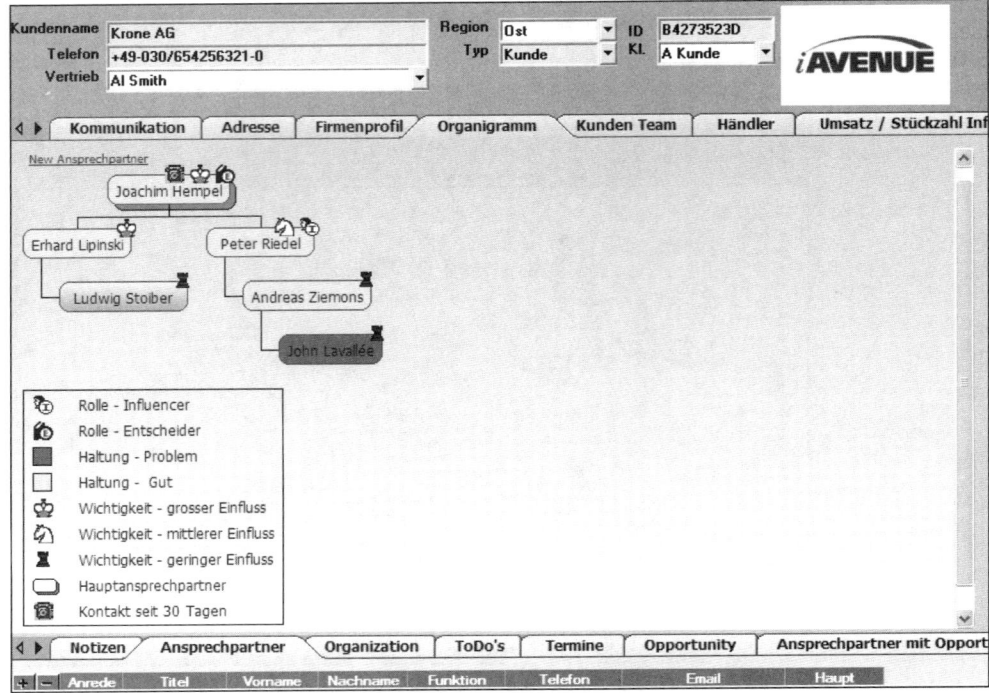

Abb. 99: Der Beziehungsbaum von iAvenue / Saratoga Systems GmbH

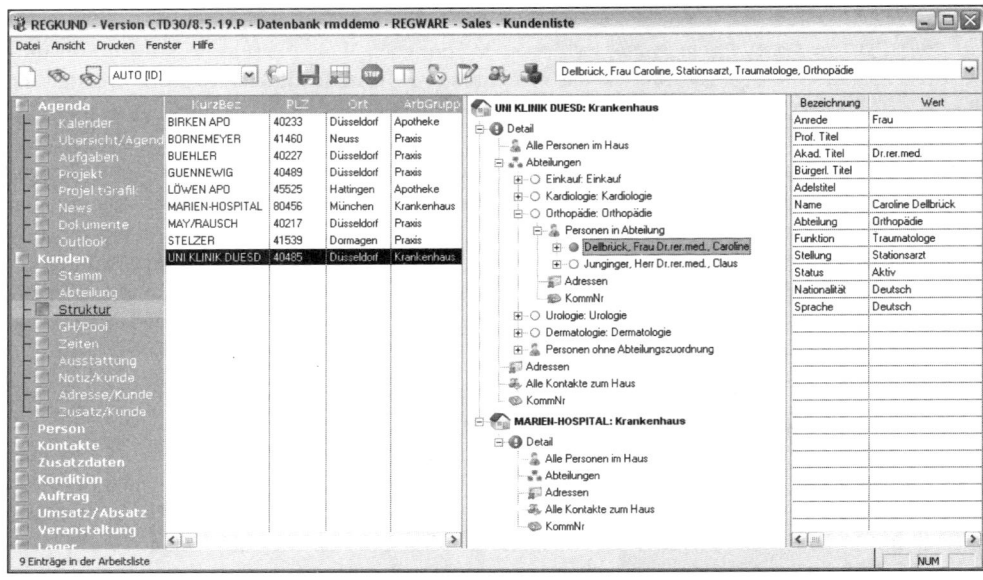

Abb. 100: Der Kundenbrowser der Regware GmbH

So können CRM-Systeme auch sehr komplexe Beziehungsnetzwerke systematisch durchdringen und Abhängigkeiten visualisieren. Dies ist in Zeiten lernender Organisationen überlebensnotwendig, damit das Beziehungswissen nicht in den Köpfen und den Karteikarten weniger Mitarbeiter versickert. Wenn eine gute langjährige Geschäftsbeziehung zwischen Lieferant A und Automobilhersteller B allein auf der freundschaftlichen Verbundenheit von Verkäufer C und Einkäufer D beruht und beide ihren Arbeitsplatz wechseln, dann fangen beide Organisationen mit dem Vertrauensaufbau wieder von vorne an. Wie viele gute Beziehungen und Freundschaften sind wohl dem Trend zu Frühpensionierungen zum Opfer gefallen (vgl. *Winkelmann*, acquisa 11/2002, S. 90)?

Das **Beziehungsmarketing** schafft auch eine gedankliche Grundlage für das **Key Account Management,** bei dem die Kundenbetreuer ausdrücklich qualifiziert, befugt und mit Budgets ausgestattet sind, um Schlüsselkunden mit Priorität zu betreuen (s. Abschnitt 8.5.). Nicht allzu weit ist dann der letzte Schritt von den guten, vertrauensvollen Beziehungen zu einer integrierten Zusammenarbeit innerhalb einer Wertschöpfungskette. Die Grenze zwischen Lieferant und Kunde verschwimmt.

5.4. Kundenintegration (Customer Integration Marketing und Supply Chain Management)

Customer Integration gilt als Meisterstück der Kundenorientierung: *„denn der Kunde bzw. ‚seine' Produktionsfaktoren werden zu einem Teil des eigenen Wertschöpfungsprozesses"* (*Kleinaltenkamp* 1996, S. 16). Die Grenze zwischen Kunde und Lieferant verschwimmt.

➡ **Customer Integration** bedeutet, *„das Problem des Kunden zusammen mit dem Kunden zu lösen."* (*Kleinaltenkamp* 1996, S. 23) Die **Intensität der Zusammenarbeit** und die **Ausrichtung der eigenen Marktleistung auf den Kunden** gehen so weit, dass es trotz Bewahrung der rechtlichen und wirtschaftlichen Selbständigkeit beider Partner zu einer **Integration der Wertschöpfungskette** kommt.

➡ Customer Integration liegt vor, wenn die Wertschöpfungsketten von Kunden und Lieferanten zumindest teilweise verschmelzen.

➡ Das **Clienting-Konzept** geht noch weiter und vertritt die Vision, *„den Kunden als Verkäufer in die eigenen Lösungen zu integrieren."* (*Geffroy* 1995, S. 21).

➡ **Customer Integration** wird sich zukünftig im Rahmen von webgestützten **Supply Chain Management-Konzeptionen** (eSCM) vollziehen, wenn Kunden ihre Bestellungen via Internet direkt in die ERP-Systeme der Vorlieferanten eingeben. **Web-EDI** bietet hierzu ein flexibles Datenformat.

Die Vision des **1to1-Marketing** entspricht in BtoB-Märkten einer individualisierten, hocharbeitsteiligen Kunden-/Lieferantenbeziehung. Diese stellt sich durch eine Verschmelzung von Arbeitsvorgängen und Waren- und Geldströmen ein. Abb. 99 zeigt verschiedene **Spielarten der Kundenintegration.** *Gruner* und *Homburg* haben die Erfolgswirksamkeit der Einbindung unterschiedlicher Kundentypen untersucht (*Gruner/Homburg* 1996, *Gruner* 1997). Sie gingen der Frage nach, in welchem Maße (in Prozent) ein in eine Entwicklung eingebundener Kunde den Innovationserfolg nimmt. Nach Kundentypen differenziert ergibt sich folgendes Ergebnis (erfolgsfördernd in Prozent):

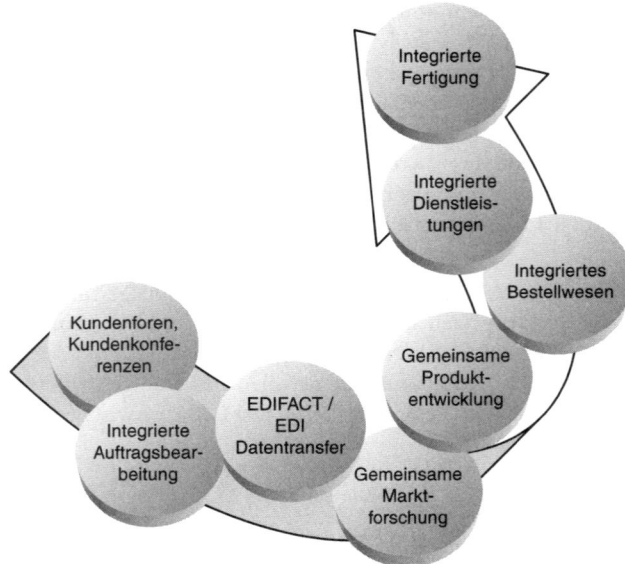

Abb. 101: Die Spielarten von Customer Integration

(1) der wirtschaftlich attraktive Kunde (100 %),

(2) der Lead User (96,3 %),

(3) der „alte Bekannte" (87 %),

(4) der technisch attraktive Kunde (–48,1 %. D.h. dieser Kundentyp verhindert ein noch besseres Ergebnis.).

Das Ergebnis zeigt auch eine Gefahr der Integration. Je mächtiger und kompetenter ein Kunde ist, desto größer ist die Gefahr zu bewerten, dass ursprünglich die vom Lieferanten ins Auge gefassten Ziele nicht erreicht werden. Im Fall der zitierten Befragung haben einige Unternehmen versucht, fehlendes eigenes technisches Know-how durch eine geschickte Partnerwahl zu kompensieren – was dann offensichtlich auch nicht zum optimal möglichen Erfolg führt.

Die Zusammenarbeit von Kunde und Lieferant muss also struktur- und ablauforganisatorisch durch eine fördernde Infrastruktur unterstützt werden. In der Praxis wird es dann zur Machtfrage, wer wen integriert. Wenn Zulieferunternehmen für die Automobilindustrie Armaturenbretter als Systemkomponenten direkt am Band abladen und dort nach Vorgaben des Hersteller montieren, dann fügen sie sich in die Wertschöpfungskette des Herstellers ein. Sicherlich opfern sie ein Stück operative Entscheidungsfreiheit. Maßgeblich ist jedoch der Geist einer partnerschaftlichen Zusammenarbeit und dass beide Seiten die Vorteile einer **Win-Win-Situation** nachvollziehen können.

Aktuelle **eBusiness-Konzeptionen** vor allem in BtoB-Märkten deuten an, wohin der Trend geht (vgl. im folgenden *Winkelmann/Heck* 2002, S. 3–28). Am Ende der Entwicklung stehen internetbasierte Integrationsplattformen, entweder als **Private Exchanges** in der Hand einer einzelnen Unternehmung (Bsp. *VW GroupSupply*) oder als **integrierte virtuelle Transaktionsplattformen und Marktplätze** mehrerer Anbieter und/oder Nachfrager (Bsp. *ELEMICA*). **Prozessintegration zwischen Kunden und Lieferanten ist die Strategie der Zukunft.** Dann geht es nicht mehr vorrangig um die akquisitorische Seite des Vertriebs. Processing und Logistik könnten die Kundenorientierung in den Hintergrund drängen. Die waren- und finanzwirtschaftlichen Systeme (ERP) drücken den Kundenvorgängen ihren Stempel auf. Eine Kulturrevolution in Einkauf und Verkauf droht:

- Einkaufsabteilungen werden nicht mehr einkaufen, sondern nur noch konzeptionelle Aufgaben übernehmen und die eigentlichen Einkaufsprozesse in die Fachabteilungen zurückverlagern.
- Verkaufsabteilungen verkaufen nicht mehr. Kunden klinken sich in die ERP-Systeme ihrer Lieferanten ein und disponieren selbst.

Zu befürchten sind personelle Kahlschläge auf Sachbearbeitungsebene. Beispielsweise zentralisiert die *Bayer AG* bereits die Verkaufsinnendienste der Geschäftsbereiche in einem *Business Service Center*. Dieses bietet dem *Bayer Konzern* eine Organisationsplattform für alle eBusiness-Aktivitäten. Die Abwicklungsarbeiten übernehmen zukünftig die zusammengekoppelten Systeme. Ist das der **Preis von Customer Integration**? Es gibt auch positive Zeichen. Mut macht z.B. die Zielsetzung der *Bayer AG*:

„*Bayer wird die Internettechnologie konsequent nutzen und sich noch stärker kundenzentriert ausrichten. Dazu wird das Unternehmen globale Netzwerke aufbauen und kundengerichtete Prozesse integrieren.*" *(Aussage der Bayer AG – Business Service Center)*

Folglich sollte das internetgestützte Supply Chain Management einerseits hocheffiziente Marktprozesse sicherstellen, den Kunden dabei aber gleichzeitig nicht aus den Augen verlieren. Abschnitt 7.5.2.b. wird diesen Gedanken wieder aufgreifen.

6. Die Vertriebskonzeptionen

6.1. Der Evolutionspfad des Vertriebs

Verkaufen ist Ehrensache. Dem Kunden dienen und zugleich profitabel arbeiten. Nach diesen Zielsetzungen entwickeln sich die Verkaufsmannschaften heute in Richtung intelligenter Vertrieb oder besser: in Richtung **intelligentes Kundenmanagement.** Im Einklang mit den steigenden Ausbildungs- und Wissensniveaus auf Käufer- und Verkäuferseite ist ein **Evolutionspfad für Vertriebskonzeptionen** sichtbar. Beim „hemdsärmeligen" Power-Selling geht es nur um den schnellen Umsatzerfolg. Erst das Verkaufen mit Methode macht aus Verkäufern Marktmanager. Bei CRM richtet sich dann der Blick auf den Kunden über die Verkaufsabteilung hinaus. Prozessorientierung ist das Schlagwort. Kundenorientierte Prozesse sollen durch Datenbanken und Software in optimaler Weise unterstützt werden. Abb. 102 zeigt den Weg. Die Stufen dieses Entwicklungspfades werden in diesem 6. Kapitel beschrieben.

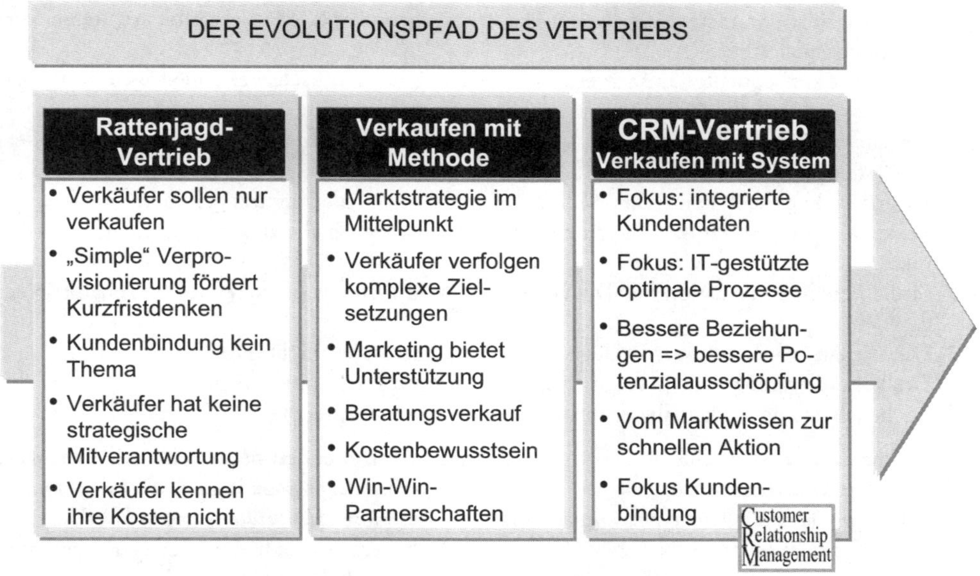

DER EVOLUTIONSPFAD DES VERTRIEBS

Rattenjagd-Vertrieb	Verkaufen mit Methode	CRM-Vertrieb Verkaufen mit System
• Verkäufer sollen nur verkaufen	• Marktstrategie im Mittelpunkt	• Fokus: integrierte Kundendaten
• „Simple" Verprovisionierung fördert Kurzfristdenken	• Verkäufer verfolgen komplexe Zielsetzungen	• Fokus: IT-gestützte optimale Prozesse
• Kundenbindung kein Thema	• Marketing bietet Unterstützung	• Bessere Beziehungen => bessere Potenzialausschöpfung
• Verkäufer hat keine strategische Mitverantwortung	• Beratungsverkauf	• Vom Marktwissen zur schnellen Aktion
• Verkäufer kennen ihre Kosten nicht	• Kostenbewusstsein	• Fokus Kundenbindung
	• Win-Win-Partnerschaften	

Customer Relationship Management

Abb. 102: Der Evolutionspfad des Vertriebs

6.2. Die Konzeption des Abschlussjagd-Vertriebs (Rat Race Selling)

Verkäufer sollen verkaufen – und sonst nichts (Aussage eines Chefcontrollers eines Großkonzerns)

Einfache, aber konsequent erfolgsorientierte Spielregeln gelten für den **Abschlussjagd-Vertrieb**, auch **Rattenjagd-Vertrieb** oder **Power-Selling** genannt. So lautet eine Devise für die Verkaufsberater von *Vorwerk* z.B.: *„Überall klingeln, wo eine Klingel ist!"*. Diese Konzeption steht sicher etwas plakativ für das Drückergeschäft an der Haustür, für den „schnellen Euro" bei Gebrauchtwagen und Aktionsware und für das aggressive Verkaufen der Strukturvertriebe. Einprägsam ist auch der Begriff *Hochdruckverkauf* von *Bonart* (*Bonart* 1999, S. 95). Folgende Kriterien kennzeichnen den auf schnellen Verkaufsabschluss zielenden Rattenjagd-Vertrieb:

(1) Priorität haben Hier-und-jetzt-Transaktion und der kurzfristig erzielbare Umsatz (**Transaktionsmarketing**).

(2) Die Entwicklung einer Geschäftsbeziehung und Kundenbindung ist von nachrangiger Bedeutung. Der Kunde ist nicht Partner. Folgebedarfsüberlegungen spielen beim Verkaufsvorgang keine Rolle.

(3) Verkaufsgesprächstraining (Hard Selling) ist wichtiger als Produktschulung.

(4) Neukundensuche ist wichtiger als Stammkundenpflege.

(5) Es gelten hohe Besuchsvorgaben von z.B. 8 bis 20 Kontakte pro Tag.

(6) Es gibt kaum Verkaufsvorbereitung. Die Kauf-Nachbetreuung wird ggfs. von anderer Stelle übernommen.

(7) Alle Angebotsparameter sind dem Verkauf vorgegeben, d.h. der Verkäufer hat kaum Verhandlungsspielräume.

(8) Es erfolgt konsequente Umsatzverprovisionierung bei vergleichsweise niedrigen Festgehältern.

(9) Verkäuferkonkurrenz wird durch Verkäuferwettbewerbe und Incentives für die besonders Erfolgreichen „angeheizt".

(10) Deshalb gibt es auch kein Team-Selling. Innendienste werden zentral gesteuert.

(11) Verkäufer, die ihre Umsatzziele nicht erreichen, werden nicht aufgebaut sondern sanktioniert.

(12) Hohe Personalfluktuation bei den Verkäufern wird nicht als gravierendes Personalproblem gesehen.

(13) Die Verkäufer werden über strategische Unternehmensziele nicht informiert.

(14) Die Verkäufer kennen die Kostenstruktur des Leistungsangebotes nicht.

(15) Nicht selten sind Verkaufsleiter ihre eigenen besten Verkäufer.

Diese Umsatzjäger-Mentalität hat zu dem vielerorts anzutreffenden negativen Verkäuferimage geführt. *„Mit der Arbeit im Außendienst verbindet man häufig Assoziationen wie Vagabundieren, über den Tisch ziehen, Überrumpelungstaktik, unseriöse Aktivitäten, wackelige Existenz, Klinkenputzer, Bittsteller etc."* (*Wagner* 1998, S. 80). Dabei erbringen die Umsatzjäger permanent Höchstleistungen bei vollem Einsatz. Sie verdienen Respekt. Jeder Hard Seller hat so seine eigene Verkaufsmethode. Verkaufserfolge beruhen auf persönlichen Erfolgsrezepten. Für Misserfolge gibt es kein behütendes Band der Kollegen. Ein erfolgloser Verkäufer geht mit seiner Methode unter. Intern regiert eine Hackordnung. Nach außen wirken derartige Vertriebsorganisationen meist chaotisch. Der Rattenjagd-Vertrieb ist nicht Anliegen dieses Buches. Dass aber diese Verkaufsform noch immer existiert, mag ein Beleg dafür sein, dass bestimmte Marktsegmente mit nicht-erklärungsbedürftigen Produkten noch immer an der Produktions- und Verteilungsmentalität der Nachkriegsjahre festhalten. Auch ist dieser Verkaufsstil in bestimmten Branchen sinnvoll, wenn kein Folgebedarf zu erwarten ist. Was der Abschlussjagd-Vertrieb dann aber für das Image eines Anbieters oder einer Branche bedeutet, ist eine andere Frage.

Wir wollen einer Führungsmannschaft im Rattenjagd-Vertrieb weder Intelligenz noch Qualität absprechen. Dennoch ist das gesamte intellektuelle Potenzial einer derartigen Vertriebsorganisation sicherlich niedriger anzusetzen, als wenn langfristige Partnerschaften mit einer anspruchsvollen Klientel strategisch aufzubauen und zu sichern sind. Dann entscheiden nicht mehr (nur) die besseren Verkaufsprofis, sondern es entscheidet im Marktspiel die schlagkräftigere Organisation mit der besseren Verkaufsmethodik. Ein Beispiel hierfür ist die Zeltorganisation.

6.3. Die Konzeption der Zeltorganisation im Vertrieb

Rattenjagd-Vertriebe können in der Praxis durchaus schlagkräftig sein, doch strategisch geht ihnen, insbesondere in Zeiten abnehmenden Wachstums, schnell die Luft aus. In einem Gegensatz zum hemdsärmeligen Druckverkauf steht die über Jahrzehnte gewachsene vertriebliche *„Palastorganisation"* (*Pinczolits* 2003, S. 35). Mutet der Rattenjagd-Vertrieb chaotisch an, so wird im anderen Extrem der Vertriebspalast von Bürokratie beherrscht. *Pinczolits* beklagt, dass den traditionell ausgerichteten Vertriebsorganisationen etwas *„Protziges, Prunkhaftes, Einzementiertes und auch Starres"* anhafte. *„Das Hauptkriterium für einen Palast ist aber, dass es schwer ist, ihn von einem Platz auf den anderen zu bewegen."* (*Pinczolits* 2003, S. 35) Irgendwo zwischen Chaos und Starrheit muss der richtige Weg liegen. *Pinczolits* kreiert aus diesem Grund den beweglichen Vertrieb in der Form einer *„Zeltorganisation"*, dessen Grundzüge in Abb. 103 aufgezeigt sind. Ohne weiter in die Einzelheiten zu gehen: Die Zeltorganisation schafft einen organisatorischen Unterbau für den methodengestützten Vertrieb.

6.4. Die Konzeption des methodengestützten Vertriebs

6.4.1. Kriterien des methodengestützten Vertriebs

„Vertrieb, guter Vertrieb, ist Handwerk oder besser – Kopfwerk … Guter Vertrieb hat immer mit Fleiß und der regelrechten Anwendung einer handwerklich fundierten Methode zu tun. Diese Methode muss produkt- und marktunabhängig funktionieren. Nur dann kann ihre regelgerechte Anwendung produkt- und marktunabhängig evaluiert werden. Und das muss sie. Wie sonst will man Vertriebe, die sich in dynamischen, täglich neu formierenden Märkten bewegen, messen, beurteilen und verbessern."
(Sven Rickes und Julian von Hassell – Rickes Consulting, Frankfurt/Bonn; zit. in salesBusiness 7/8 2004, S. 17)

Der methodische Vertrieb geht über das Power-Selling hinaus. Die Kundenbetreuung hat sich an dem roten Faden einer Verkaufsmethodik und an wettbewerbsüberlegenen Arbeitsabläufen (Prozessen) zu orientieren. Ohne ein methodisches Konzept können im Konsumgüterbereich die Einkaufszentralen des Handels und in technischen Märkten OEM's nicht qualifiziert bedient werden. *„Früher kannten meine Leute nur Preis und Lieferzeit, heute können sie mehr als nur verkaufen"*, so der Geschäftsführer eines mittelständischen Druckereibetriebes. Das Vertriebsmanagement strebt nach geordneten Strukturen, transparenten Abläufen und nach langfristigen und wertsteigernden Geschäftsbeziehungen. Durch Nachvollziehbarkeit werden systematische Verbesserungen möglich. Getragen durch die klassischen Managementfunktionen **Zielsetzung,**

SCHLÜSSELELEMENTE DER ZELTORGANISATION IM VERTRIEB

⇨ Ineffizienzen kennzeichnen nach wie vor unsere Unternehmenswelt. Es ist eine Illusion zu glauben, dass sich dies jemals verändern wird. Es wird immer Ineffizienzen geben, und es wird immer neue Wege geben, diesen zu begegnen.

⇨ Nahezu alle Unternehmen haben Vertriebsunterkapazitäten. Sie können immer mehr produzieren als sie zu verkaufen imstande sind. Die Kernfrage lautet: Welche Organisation bringt mich häufiger näher und dichter zum Kunden?

⇨ Wer nachhaltiger und intelligenter über die Zukunft des Vertriebs nachdenken will, muss Barrieren überwinden, die den Vertrieb in seiner weiteren Entwicklung behindern.

⇨ Der Kunde geht immer öfter fremd und wendet sich vom Unternehmen ab. Stammkundentreue und Loyalitäten sinken und Unternehmen müssen gewaltige Anstrengungen auf sich nehmen, um den Ertragsausfall auszugleichen

⇨ Duale und multiple Organisationsformen sind einer „one size fits all" Organisationsform weit überlegen.

⇨ Die Voraussetzungen für neue Organisationsformen lauten: Unternehmerischen Ballast abwerfen, um sich auf die Kunden konzentrieren zu können. Spezialisten am Point of Sale dirigieren; einfache, schlanke und finale Prozesse schaffen.

⇨ Technologie soll nur dann eingesetzt werden, wenn sie Sinn macht (also Produktivitäten erhöht).

⇨ Verkäufer verbringen zu wenig Zeit bei ihren Kunden, ihr Tagesablauf gleicht derzeit mehr dem eines Marketingassistenten als dem eines Verkäufers.

⇨ Reaktive Marktbearbeitung ist keine Antwort auf die neuen Herausforderungen des Marktes. Neue Organisationen müssen sicher stellen, dass Märkte aktiv bearbeitet werden.

⇨ Treibergrößen zeigen die Notwendigkeit zur Umorganisation an. In der Regel sind es sinkende Produktivitäten bei Mitarbeitern, Vertriebswegen und Produkten.

⇨ Umorganisieren bedeutet, den Organisationsgrad zu verändern oder den Vertriebsweg zu wechseln. Der Wechsel eines Vertriebweges ist ein tiefer Eingriff in die Struktur eines Vertriebs und sollte nur nach eingehender Analyse vorgenommen werden.

⇨ Organigramme sind durch Rankings zu ersetzen. Dadurch wird offenkundig: Die Hierarchie ist bestimmt durch die „Values", die jeder Mitarbeiter für die Kunden und für das Unternehmen schafft.

⇨ Jeder, der Werte fürs Unternehmen schafft, ist Verkäufer. Jeder Verkäufer managed einen Prozess. Er erhält Ziele und reportet regelmäßig (egal ob Generaldirektor oder junger Call Center Mitarbeiter).

⇨ Eine umfassende und aussagekräftige Datenbasis dient als Grundlage für die Vertriebssteuerung.

⇨ Der Verkauf ist von administrativen, zeitaufwendigen Tätigkeiten zu entlasten; diese sind zu automatisieren oder auf den Innendienst zu übertragen.

⇨ Der Vertrieb ist mit Verantwortung auszustatten. In kurzen Abständen ist zu überprüfen, ob die Ziele erreicht werden.

⇨ Es sollten alle Technologien genutzt werden, die zur Verfügung stehen, um die Verkäufer zu entlasten.

⇨ Es sollte nur dann umorganisiert werden, wenn durch die Umorganisation die Prozesse optimiert werden und eine Verbesserung der Quantität oder Qualität der Kundenbeziehungen oder beides erreicht wird. Organisieren Sie geplant um (und nicht nur dann, wenn Sie müssen).

⇨ Erfolgsbruchstellen zeigen genau, wann und wo umzuorganisieren ist. Erfolgsbruchstellen sind in der Regel sinkende Produktivitäten im Vertrieb.

⇨ Grenzenloses Verkaufen bedeutet vor allem Freiheit. Die Freiheit, Kundengebiete nach Chancen zu verteilen; die Freiheit, viele Managementebenen im Markt aufzubauen; die Freiheit der Verkäufer, viel von ihrer Arbeitszeit in den Dienst des Kunden zu stellen. Ohne diese Freiheiten ist der Wandel nicht durchführbar.

⇨ Neue Wege zum Kunden schaffen neue Kunden und damit neues nachhaltiges Wachstum. Die Quellen des Wachstums sind häufig bereits vergessene Kunden und Märkte, die mit den bisherigen Strukturen nicht mehr betreut werden können.

(Quelle: Pinczolits 2003, S. 197–199 (wörtlich übernommene Kernpunkte))

Abb. 103: Grundzüge der Zeltorganisation im Vertrieb

Planung, Organisation, Führung und **Controlling** werden **soviel Ordnung wie nötig und soviel Flexibilität wie möglich** angestrebt. Folgende Kriterien beschreiben den **methodischen**, sprich **intelligenten Vertrieb:**

(1) Der Vertrieb operiert im Rahmen einer Verkaufsmethodik und definierter Arbeitsabläufe/ Verkaufsprozesse (SalesCycle).

(2) Die Verkaufsmitarbeiter kennen die Kapazitätsbedarfe und Kosten ihrer Produkte.

(3) Sie sind in eine strategische Unternehmensplanung eingebunden und kennen ihre Erfolgsbeiträge zum strategischen Plan.

(4) Die Verkäufer können auf der Grundlage einer Erfolgs-Mitverantwortung Preisverhandlungen in signifikanten Kompetenzspielräumen führen.

(5) Neben den Umsatzzielen werden zahlreiche andere Ziele verfolgt (komplexes Zielssystem).

(6) Der Kunde ist Bestandteil der Unternehmensstrategie und erhält eine dementsprechende Anerkennung (Kundenzentrierung, Win-Win-Beziehungen).

(7) Die Mitarbeiter im Verkauf (auch Hochschulabsolventen) sind gut ausgebildet; in vielen Branchen mit dem Ziel eines Beratungs- oder sogar Mehrwerteverkaufs.

(8) Im Vertrieb gibt es neben den Verkäufern weitere, sehr geachtete Funktionen (z.B. Vertriebs-Controlling, Customer Service).

(9) Flache Hierarchie, idealerweise Zeltorganisation (s.o.).

(10) Das bedingt Team-Selling statt Einzelkämpfertum.

(11) Die Vertriebsleitung fordert und fördert kontroverse fachliche Diskussionen in marktbezogenen Fragen.

(12) Es werden signifikante Aufwendungen für die Weiterbildung der Mitarbeiter getätigt.

(13) Die Mitarbeiter veröffentlichen in Fachzeitschriften und besuchen Fachkonferenzen und Seminare, um Branchenstandards zu erfahren. Sie kennen daher die Branchen-Benchmarks.

(14) Es fällt viel Projektarbeit an; erforderlichenfalls in Zusammenarbeit mit Kunden (Customer Integration).

(15) Die Vertriebsvorgänge und die Wissensversorgung laufen computergestützt ab (das führt dann zur Vertriebsführung mit System).

Für eine Vertriebsführung mit Methode gilt die bewährte kaufmännische Maxime:

> ⇨ **Erst planen, dann handeln!**

Im Abschnitt 10.9. dieses Buches werden drei Praxisbeispiele für eine umfassende methodische Vertriebssteuerung beschrieben: (1) das **Schlagzahl-Management**, (2) **Kundenmanagement im Sinne des Customer Value und Equity Managements** und (3) das **eworks-Konzept** der *CEO AG*.

Der methodische Vertrieb visiert ein **magisches Fünfeck des Vertriebsmanagements** an (vgl. *Winkelmann* 2004, S. 14):

(1) Das Fundament bilden **Transparenz und Wissen** über alle Kunden- und Marktdaten und Arbeitsabläufe.

(2) Darauf aufbauend kann **echte Steuerung** betrieben werden; d.h., es wird im Markt vorausschauend agiert und weniger reagiert.

(3) Dabei gilt es, **Arbeitserleichterungen in den Abläufen und mehr Effizienz** (Schnelligkeit, Kostenreduzierung) zu realisieren.

(4) Speziell soll der Vertrieb gezielt **Mehrwerte für den Kunden** schaffen, vor allem durch eine proaktive Verbesserung von Produkten oder Prozessen bei Kunden und Kundenkunden sowie durch Mehrwert-Services für die Kunden.

(5) Dabei wird der methodische Vertrieb durch **analytische Verfahren** (Business Intelligence, Sales Intelligence) unterstützt, um die Krönung des intelligenten Vertriebs zu erreichen: die **Optimierung von internen und externen Aktivitäten** im Vergleich zur Performance der Konkurrenz (z.B. durch Gebietsoptimierung, Arbeitslastoptimierung im Verkauf, Besuchsoptimierung, Rabattoptimierung, Bildung optimaler Kundensegmente).

Arbeitsbereiche wie **Vertriebsplanung, Kundenqualifizierung, systematische Neukundengewin-nung, Wettbewerbsbeobachtung, Kundenzufriedenheitsanalysen, Key Account Management, Projektmanagement, Beschwerdemanagement** u.v.a.m. stehen im Mittelpunkt methodischer An-sätze und Modelle im Vertrieb. In CRM-Systemen werden die Methoden als Funktionalitäten sichtbar. Man versucht, moderne Vertriebsmethoden durch IT-Bausteine abzusichern, um da-durch Qualitätsstandards zu setzen. Auf die Frage, wie wichtig Führungskräften in der Praxis bestimmte Vertriebsaufgaben sind, hat sich in einer Erhebung in Kundenforen in den Jahren 2002 bis 2004 genau die obige Reihenfolge ergeben, wie Abb. 104 zeigt (*Urteile: 1 = extrem un-wichtig, 6 = extrem wichtig*). Bei dem Befragungsumfang kann die Untersuchung sicher keine Repräsentanz beanspruchen (80 Unternehmen). Dennoch ergibt sich ein bemerkenswertes Bild, wenn zusätzlich ausgewertet wird, wie gut diese Vertriebsfunktionen in den befragten Unterneh-men ausgeführt werden und wenn beide Bewertungen in einem Portfolio gegenübergestellt sind (Abb. 105). Die Praxis lässt bei allen Vertriebsaufgaben mehr oder weniger leichte methodische Mängel erkennen. Keine Vertriebsaufgabe erreichte bei den befragten Unternehmen im Durch-schnitt eine Qualitätsbenotung im oberen Bereich der Bewertungsskala; d.h. zwischen *4,0* bis maximal *6,0*. Am besten schneiden noch die Bereiche **Vertriebsplanung/Strategie** und **Kunden-qualifizierung** ab. Als größte Schwachstellen in der Praxis erweisen sich die **kostenoptimale Kleinkundenbetreuung**, das **Vertriebs-Benchmarking** und **Aktionserfolgsanalysen**. Die Befunde sollten für einen Vertriebsleiter Anlaß genug sein, ganz bestimmte Methoden (Funktionalitäten) für diese Arbeitsprozesse vorzuschreiben.

Ein Methodenschwerpunkt sollte dorthin gelegt werden, wo die größten **Effizienzreserven im Vertrieb** liegen. Der Lehrstuhl für angewandte BWL der Universität Bochum befragte zusam-men mit der Mühlheimer Unternehmensberatung *Q:marketing* 127 Vertriebsleiter nach fünf-zehn effizienzsteigernden Maßnahmen. Nur vier Maßnahmen erwiesen sich als herausragend wirksam (vgl. *www.Qmarketing.de* und Hinweis in ASW 12/2004, S. 62):

(1) Optimierung der Vertriebsprozesse,
(2) Optimale Anpassung der Anzahl der Außendienstmitarbeiter,
(3) Implementierung und Nutzung moderner Informationstechnologien im Vertrieb,
(4) Entwicklung von Marketing-Konzepten, die auf einzelne Kundensegmente zugeschnitten sind.

Die Maßnahmen (1) bis (3) stehen auch im Vordergrund dieses Buches. Der Ausgangspunkt für den methodischen Vertrieb bilden daher die Arbeitsabläufe in Richtung Kunde und vom Kun-den.

6.4.2. Die Prozessorientierung

a.) Der SalesCycle: Die Kernprozesse zur Neukundengewinnung

„Der Gewinn liegt in effizient organisierten Prozessen."
(Fa. Gerhard D. Wempe KG, Silber-Gewinner des CRM-Awards in der Kategorie Mittelstand 2003)

Von welchen Abläufen hängt der Markterfolg wirklich ab? Jede Unternehmung hat spezifische, oft branchentypische Kernprozesse im Verkauf (*Dehr/Donath* 1999, S. 87). Es gilt, diese zu be-stimmen und mit dem Ziel einer Balance von Kunden- und Kostenorientierung optimal zu ge-stalten (vgl. *Hoppen* 1999, S. 28). Nach der Erfahrung des CRM-Marktführers *Siebel* beginnt die Kundenorientierung mit der Prozessgestaltung. 2003 befragten *Blue Martini* und *KRC Research* 213 Marketing- und Vertriebsleiter von internationalen Produktionsunternehmen zu ihren Ver-

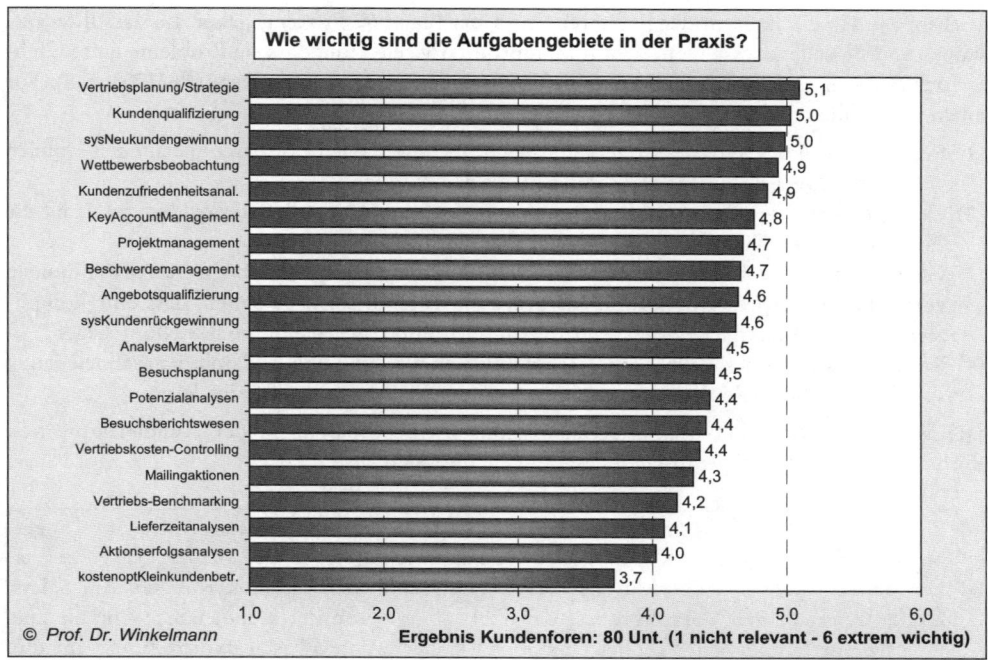

Abb. 104: Rangfolge der Wichtigkeiten von Aufgabenbereichen im Vertrieb

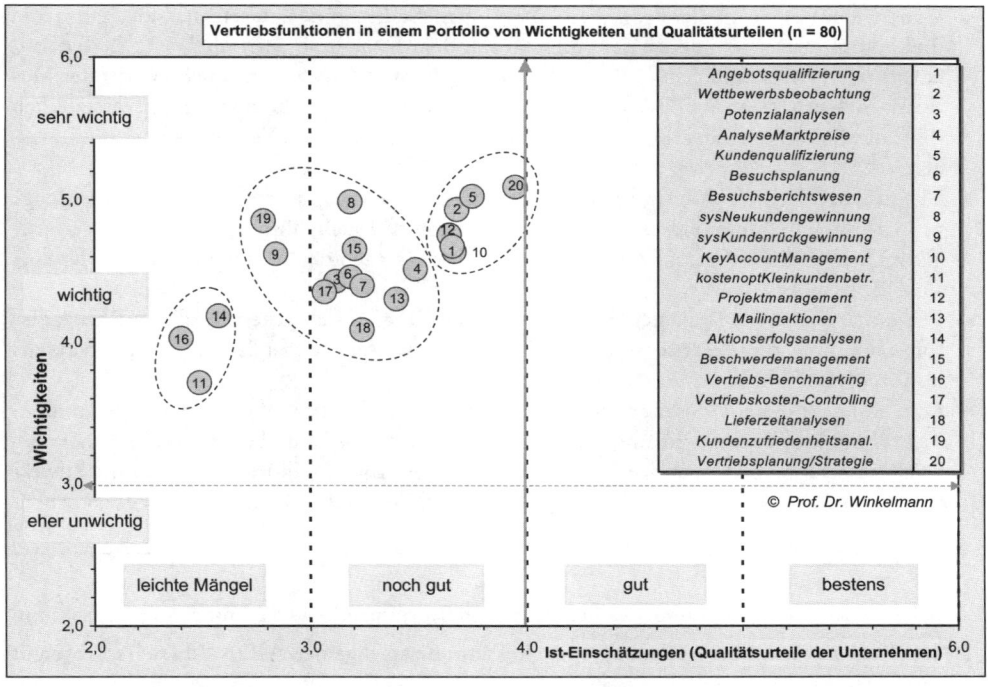

Abb. 105: Wichtigkeits- / Qualitätsportfolio für ausgewählte Aufgabenbereiche im Vertrieb

triebsprozessen. 57 Prozent der Befragten (in Deutschland 60 Prozent) gaben an, dass ihre Verkaufs- und Bestellprozesse ineffizient und unproduktiv seien und dass sie Probleme hätten, fehlerfreie Preisangaben und Angebote zu liefern (vgl. den Hinweis in is-Report 6/2003, S. 8). Vor allem vier Schlüsselfaktoren sind zu beachten (vgl. *Siebel* 2003, S. 2):

(1) **Keine Datensilos.** Denn die isoliert und nach uneinheitlichen Formaten gehaltenen Dateien verhindern eine geschlossene Gesamtsicht auf den Kunden.

(2) Geschäftsprozesse müssen auf **Best Practices** beruhen, d.h. sie sollten branchentypisch auf die Bedürfnisse und Wünsche der Kunden ausgerichtet sein.

(3) Geschäftsprozesse müssen so implementiert sein, dass sie nahtlos mehrere Anwendungen verbinden (**Enterprise Application Integration**). Es kann sonst passieren, dass eine komplizierte Bestellaufnahme hervorragend abläuft. Doch im Lager bleibt die Bestellung liegen.

(4) Prozesse müssen duch **Echtzeitanalysen** überwacht werden können, damit man schnell genug auf Veränderungen des Kundenverhaltens und der Markttrends reagieren kann.

Die Vertriebsführung mit Methode schafft zunächst Transparenz in der Kundenakquisition durch eine oder mehrere geordnete Phasenfolgen, die **SalesCycle.**

➡ *„Ein Geschäftsprozess* ist eine strukturierte Abfolge von dokumentierten Aktivitäten, angeordnet zur Erreichung eines spezifischen Geschäftsziels" (*Siebel* 2003, S. 3).

➡ Der SalesCycle (Verkaufszyklus) ist das **Organigramm des Verkaufsprozesses.** Ein SalesCycle unterteilt den Gesamtprozess des Verkaufens – von der Kundenansprache bis zur Umsatzgenerierung und Nachbetreuung – in kaufrelevante Phasen und bestimmt für die Phasen Tätigkeiten und organisatorische Zuständigkeiten. Zuweilen wird auch vom **CRM-Cycle** gesprochen.

➡ Ganz wichtig ist es, in den Prozessen (Vorgängen) die Ereignisse zu erfassen, zu analysieren und zu optimieren, bei denen der Anbieter mit dem Kunden in persönlichen (z.B. Telefonanruf) oder unpersönlichen (z.B. Brief) Kontakt kommt (**Customer Touchpoints** oder **Moments of Truth**). Dabei sind Vorkaufs- und die Nachbetreuungskontakte selbstverständlich mit zum **SalesCycle** zu zählen. Jede Kundenberührung ist eine Verkaufs- und Bindungschance.

➡ Blickt man durch die Augen der Interessenten und Kunden, dann wird das Anbieterimage primär durch Qualität und Quantität dieser **Customer Touchpoints** geprägt. Diese verfestigen sich über den Prozesszeitraum zu einem „roten Faden der Kundenkontakte", der sog. **Line of Visibility.**

➡ Für unterschiedliche Branchen und Anwendungen bieten sich unterschiedliche Tätigkeitsfolgen an. Eine **Best Practice** ist eine erprobte und erwiesene Methode, um ein Geschäftsziel konsistent und effektiv zu erreichen.

➡ Man sollte in diesem Zusammenhang nicht nur an Verkaufstätigkeiten denken. Kundendienst bzw. Service werden immer wichtiger. Der SalesCycle ist deshalb durch einen **Service-Cycle** zu ergänzen. Der ServiceCycle bringt sämtliche kundenbindende Betreuungsaktivitäten in einen Prozesszusammenhang. SalesCycle und ServiceCycle sind parallel zu synchronisieren.

Ein SalesCycle als **Organigramm des Verkaufs- und Serviceprozesses** darf nicht verwechselt mit

(1) dem **Phasenablauf eines Verkaufsgespräches** zum Beispiel gemäß AIDA-Ablauf (s. Abschnitt 7.4.6.e.) und

(2) mit dem **Kundenentwicklungsprozess gemäß Kundenstatus,** nach dem ein Kunde eine Entwicklung vom Interessenten bis zum regelmäßig kaufenden Stammkunden durchläuft (s. Abschnitt 7.2.4.e.).

In einer einfachen Form besteht der SalesCycle aus vier Stufen. Diese Stufung wird z.B. von *SAP* praktiziert (*mySAP CRM*):

(1) **Engage:** Identifikation neuer Kunden, Bewertung der Kunden, Hinführen zum Erstkauf,

(2) **Transact:** Konfiguration von (individualisierten) Angeboten, Vertragsabschluss,

(3) **Fulfill:** Erbringung der Leistung, Lieferung und Rechnungserstellung,

(4) **Service:** Erbringung von Dienstleistungen nach Kauf über alle Kommunikationskanäle.

Eng ausgelegt wird ein SalesCycle also nur auf die Arbeitsschritte zur Gewinnung und Abwicklung eines <u>einzelnen</u> Auftrags bezogen; d.h. ohne Kundensuche, -bewertung, Kundenbindungsaktivitäten, Cross-Selling. Im Baugeschäft wird z.B. ein einzelnes Projekt nach folgenden Objektphasen geplant: *Diskussionsphase, Vorplanungsphase, Genehmigungsphase, Ausführungsphase, Ausschreibung, Angebotsphase, Submission, Vergabe, Detailplanung, Baubeginn, Bausausführung* und *Bauende/Abnahme.*

Schumacher und *Meyer* sprechen vom **Phasenmodell des CRM** (mit den Phasen *Information, Angebot, Erwerb* und *After Sales*), und der *St. Gallener Kreis* prägt den Begriff des **Customer Buying Cycle** (mit den Phasen *Anregung, Evaluation, Kauf* und *After Sales*) (vgl. *Schumacher/Meyer* 2004, S. 38–39).

Abb. 106 skizziert ein darüber hinausgehendes, achtstufiges Grundmodell für den Verkaufszyklus, den **CRM-SalesCycle.** Potenzielle Kunden (aussichtsreiche Interessenten) müssen zunächst lokalisiert werden. Nach einer Vorbeurteilung (**Lead-Qualifizierung**) aller möglichen *Kontakte* sind die aussichtsreichen Interessenten über den angemessenen Vertriebskanal zu kontakten. Die Kundenbewertung i.e.S. kann erst in der Phase der Verständnisbildung (d.h. auf der Stufe 3) be-

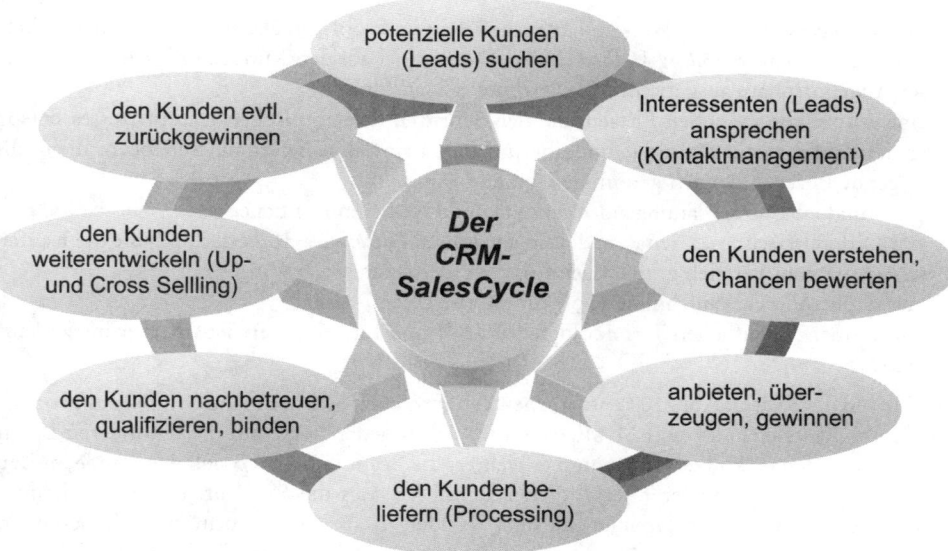

Abb. 106: Die acht Grundaktivitäten des SalesCycle

ginnen und wird im Laufe der Geschäftsbeziehung zur dauerhaften Aufgabe. Sog. **Leads** oder **Prospects** (verfolgswürdige Kontakte) werden nun systematisch, von Stufe zu Stufe, zu loyalen Stammkunden weiterentwickelt. Die Marketing- und Vertriebsaktivitäten auf den einzelnen Stufen werden in den weiteren Kapiteln dieses Buches beschrieben. Dieser **typische SalesCycle** steht im Zeichen der Neukundengewinnung. Aber auch alle anderen Arten von kundenbezogenen Prozessen, wie z.B. die Stammkundenpflege oder die Beschwerdebereinigung, können als Stufen des SalesCycle profiliert werden.

Das umfassendste Modell für einen Verkaufszyklus legen *Hofbauer* und *Hellwig* vor (vgl. *Hofbauer/Hellwig* 2005, S. 53). Die Autoren unterscheiden 11 Phasen: (1) *Organisation*, (2) *Marktplanung*, (3) *Kundenplanung*, (4) *Geschäftsanbahnung*, (5) *Anfragenprüfung*, (6) *Angebotserstellung*, (7) *Vorklärung*, (8) *Verhandlung*, (9) *Auftragsmanagement*, (10) *After-Sales-Betreuung*, (11) *Vertriebscontrolling*. Was den Ansatz besonders wertvoll macht: Die Autoren betten ihren Selling Cycle zwischen die *Unternehmensstrategie* als Input und eine *Wertschaffung für den Kunden* als Output (*Hofbauer/Hellwig* 2005, S. 53).

Der Vertrieb geht Risiken ein, wenn der Verkaufszyklus nicht korrekt über alle definierte Stufen abgearbeitet werden. *Ackerschott* weist z.B. auf die Gefahr eines **Fahrstuhleffektes** hin, der bei Nichtbeachtung viele Verkaufsanstrengungen zunichte macht (vgl. *Ackerschott* 2000, S. 14–16). Steigt ein Anbieter zu spät in die Angebotsphase ein, dann gerät er unter Zeitdruck (*Nennen Sie mir bitte sofort Preis und Lieferzeit …*). Der Nachfrager, seine Wünsche, die Konkurrenzsituation werden nicht genau analysiert. Der Bearbeitungs„fahrstuhl" fährt an diesen Teilprozessen vorbei. Das Angebot trifft nicht die Kundenerwartungen. Preislich hat man keine Chance. Man wird zum Drücken von Konkurrenzpreisen benutzt.

In einer weitaus günstigeren Position sind dagegen die Kundenbetreuer, denen im Vorfeld der Akquisition eine **Kundenqualifizierung** und eine **Bewertung der Auftragschancen** in Kenntnis etwaiger Konkurrenzangebote gelingt. Sie können ihr Angebot bis zum Abschluss der Entscheidungsphase gegen Konkurrenten **verteidigen**. Deshalb sind Verkaufsprozesse soweit sinnvoll zu standardisieren. Der SalesCycle ist ein Instrument zur Qualitätssicherung im Vertrieb.

Ein Praxisbeispiel für einen konsequent ausgefeilten und tool-gestützten Verkaufsprozess liefert *IBM* mit der **Signature Selling Method** (SSM). Die *SSM* ist auf den Kunden und seine Bedürfnisse in der Angebotsphase ausgerichtet. Sie zeichnet sich aus durch:

- eine Aufteilung in sieben Phasen, die den Schritten eines typischen Kaufprozesses entsprechen und die jeweils definierte und überprüfbare Ergebnisse liefern müssen, bevor die nächstfolgende Phase in Angriff genommen werden kann,
- eine kundenbasierte Planung auf Account- und Opportunity Ebene,
- vier Differenzierungsaktivitäten, den so genannten *Difference Makers*, durch die die Kaufentscheidung vom Vertrieb gezielt beeinflusst werden kann,
- unterstützende Verkaufshilfen/Tools für die einzelnen Phasen,
- sowie einer einheitlichen Terminologie für *IBM* und für seine Vertriebspartner im Verkaufsprozess.

Die Phasen der *SSM* in Abb. 107 entsprechen den typischen Schritten eines BtoB-Kaufprozesses. Die Methodik erleichtert es IBM-Mitarbeitern, sich in jeder Phase auf die besonderen Bedürfnisse des Kunden zu konzentrieren und erleichtert die Bestimmung, wo sich der Kunde im Kaufprozess befindet. Ein weiterer wesentlicher Punkt ist, dass die *SSM* für jede Phase definierte Ergebnisse verlangt, die zusammen mit dem Kunden in geeigneter Form zu verifizieren sind. Kunde und *IBM* bestätigen sich so gegenseitig, dass sie Sachverhalte gleich einzuschätzen. Die Geschäftspartner können nachvollziehbar bekunden, dass sie weiter gemeinsam an den identifizierten Themen arbeiten wollen.

Abb. 107: Überblick über die Phasen des Verkaufsprozesses der Signature Sales Method (SSM) von IBM Deutschland

Sog. **Differenzierungsaktivitäten** spielen in dem Konzept eine wichtige Rolle. Die *SSM* geht davon aus, dass der Kunde in den Phasen (2) *Identifying* bis (5) *Conditionally Agreeing* vier so genannte **inkrementale Kaufvorentscheidungen** trifft, von denen seine endgültige Kaufentscheidung maßgeblich abhängt. Diese Vorentscheidungen gilt es für den Vertrieb durch Differenzierungsaktivitäten aktiv zu beeinflussen. Zwei dieser Aktivitäten sind beispielsweise die *Ermittlung des zwingenden Handlungsgrundes des Kunden* sowie die *Darstellung des Nutzens für den Kunden* während jeder Phase.

IBM hat für die *SSM* zahlreiche Werkzeuge entwickelt, die die Aktivitäten während der einzelnen Phasen bzw. der Differenzierungsaktivitäten unterstützen. Sie umfassen u.a. Templates für *Account-Planning, Business Position Models, Decision Support Plans* bis hin zu einem *Solution Framework*, als der dem Kunden anzubietende Lösung. Alle Tools sind zusammen mit Fallbeispielen für alle Mitarbeiter im Intranet verfügbar. Die Methode führt bei den Anwendern nachweislich zu einer erhöhten Auftragsquote sowie zu verkürzten Verkaufszyklen und geringeren Vertriebskosten.

Die verkaufstechnischen Aspekte stellen jedoch nur eine Seite des SalesCycle dar. Viele Überlegungen sind notwendig, um für die Phasen des Verkaufsprozesses die Abteilungszuständigkeiten nebst **Kompetenzen** und **Verantwortungen** zu vereinbaren. Werden Marketing, Vertrieb und Service im Sinne von CRM neu ausgerichtet und dabei gewohnte Abläufe verändert, dann wirbelt dies nicht selten die Organisation kräftig durcheinander. Organisationsvorschläge zur Abteilungszuordnung von Verkaufsprozessen findet man in den Prospekten zahlreicher CRM/CAS-Anbieter. Abb. 108 liefert einen entsprechenden allgemeinen Vorschlag von *Siebel*.

Dem Vertriebsmanagement ist zu empfehlen, die Verkaufsprozesse mit ihren branchen- und produkttypischen Arbeitsschritten zu strukturieren und in einem Organigramm analog Abb. 109 festzuschreiben. Die Aufgabenübersicht der Abbildung beschränkt sich auf 6 Phasen. Das Schema führt SalesCycle und CRM-Integrationsphilosophie zusammen. Denn jetzt ist es unausweichlich, die Abteilungszuständigkeiten der angrenzenden Ressorts Marketing und Kundendienst zu koordinieren. Der finale Schritt zum **Multikanalvertrieb** wird getan, wenn als weitere Dimension auch die unterschiedlichen Kontaktmedien (Besuch, Telefon, Brief, Mail, SMS, Newsletter, Hotline etc.) eingebracht werden. Um einen Prozess zu integrieren, sind also alle Kontaktmedien über alle Kontakt- und Verkaufskanäle aufeinander abzustimmen.

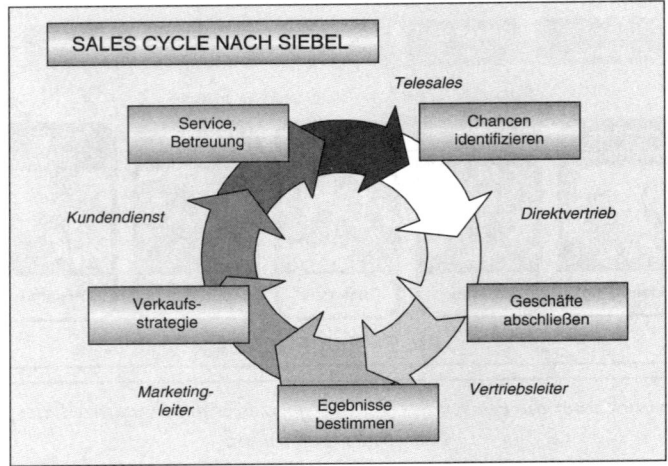

Abb. 108: Der SalesCycle nach Siebel

DIE ORGANISATION DES SALESCYCLE (VERKAUFSPROZESS)			
Funktionen ⇨	MARKETING	VERKAUF	SERVICE
Kunden-identifizierung	Marktanalyse, Call-Center, Internet	Neukundengewinnungspro-gramm, Referenzmarketing	Opportunity-Management im Rahmen von Reparatur und Service
Kunden-qualifizierung	Kundenbefragung, Käuferprofile	Qualifizierungs-Workshop	
Kunden-gewinnung	Direktmarketing-Aktionen, Internet-Ansprache	Besuchsstrategie	Vertriebsunterstützung durch Promotion
Order Processing		Innendienst, eCommerce	Evtl. Mithilfe bei Wartungsaufträgen
Kunden-nachbetreuung	Telemarketing, Call-Center, Hotline, After-Sales Kundenkontakt-programme	Kundensicherungsbesuche, gemäß Kundenqualifizierung	Wartung und Service, technische Hotline
Spezielle Kun-denbindungen	Kundenzeitung, Kundeneinladungen zu Messen und Events	Aufbau persönlicher Beziehungen, Betriebsbesichtigungen	Wartungsverträge, Umset-zung von Kundenanregungen

Phasen des Verkaufsprozesses

Abb. 109: Die organisatorische Umsetzung des SalesCycle

Ein System wie *iGrafx* ermöglicht eine IT-gestützte Visualisierung, Simulation und Verwaltung von Geschäftsprozessen. Abb. 110 liefert ein Beispiel für eine Auftragsabwicklung einer Bank. Das Programm bietet vielfältige Auswertungsmöglichkeiten durch simulierte Prozessänderungen. Die Auswirkungen geänderter Arbeitsschritte, Arbeitszeiten und -kosten, andere Zuständigkeiten und Ressourcenzuteilungen etc., können analysiert und optimiert werden.

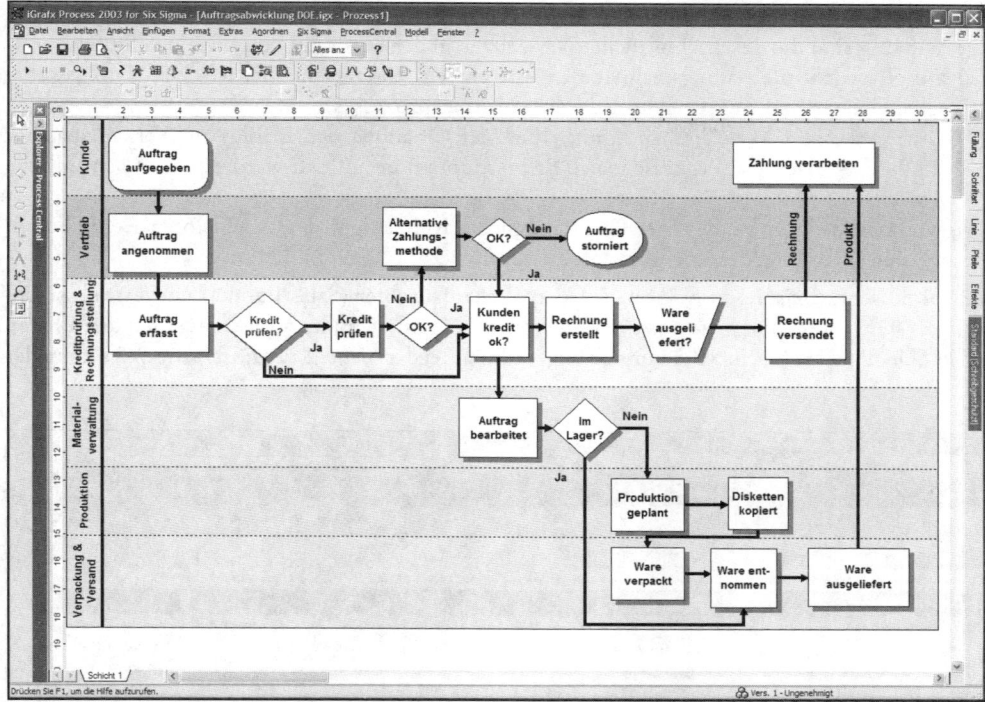

Abb. 110: Die Darstellung und Optimierung einer Auftragsabwicklung einer Bank mit iGrafx / Corel Deutschland GmbH

Aus den Prozess-Charts ergeben sich arbeitsfähige **Workflows** zur Steuerung der effektiv anfallenden Arbeitsabläufe (s. Abschnitt 6.4.3.). Viele Systeme leisten das automatisch. Workflows sind computergestützte Arbeitspläne für abgegrenzte Aufgaben, die durch ein Ereignis ausgelöst werden (**Event-Triggering**: z.B. Eingehen auf eine Kundenbeschwerde). Sie weisen den Mitarbeitern die im konkreten Fall notwendigen Arbeitsschritte zu, sorgen für den ergebnisorientierten Datenfluss und generieren und überwachen Termine. **Workflows machen Informations-Bringschulden zu -Holschulden.**

Prozessoptimierung hilft, das **Risikophänomen der verlorenen Chancen beim Kunden** zu mildern (vgl. *Meyer/Schurz,* acquisa 5/2001, S. 41). Kunden verlieren ihr Interesse an einer Unternehmensleistung, wenn sie auf einer Akquisitionsstufe nicht eng und nicht gut genug bedient werden. In jeder Phase des Akquisitionsprozesses kumulieren sich negative Erfahrungen. Aufaddierte verlorene Kontaktchancen führen letztlich zur 100 %-Wahrscheinlichkeit eines Kundenverlustes. Je filigraner der Vertrieb kontrollierbare Stufengrenzen setzt – ähnlich den **Milestones** im Projektmanagement – desto frühzeitiger und gezielter kann den verlorenen Chancen entgegengewirkt werden.

In der Unternehmenspraxis sind für alle Interessenten und Kunden zusammen in jeder Phase Hunderte, in BtoC-Märkten sogar Tausende von Einzelvorgängen zu bearbeiten. Die erforderliche **Erfolgssteuerung der Verkaufsprozesse** sollte differenziert auf alle Akquisitionsphasen ausgerichtet sein. Wichtige Fragen stehen am Anfang:

(1) Wie viele Interessenten befinden sich in den einzelnen Phasen des sog. **Verkaufstrichters**?
(2) Wie lang sind die durchschnittlichen Verweilzeiten der Leads auf den einzelnen Stufen?
(3) Durch welche Betreuungsmaßnahmen erreicht ein Interessent mit welchen Erfolgswahrscheinlichkeiten die nächste Stufe des Akquisitionsprozesses?
(4) Durch welchen Mitteleinsatz können die Stellschrauben des Erfolgs im Verkaufstrichter (Füllen des Trichters, Prozessdauern, Erfolgsquoten) beeinflusst werden? Wie hoch sind die Kosten?
(5) Wie kann jede Phase des SalesCycle möglichst frühzeitig von aussichtslosen Leads befreit werden (Befreiung des Trichters von Kostentreibern)?

Als praktisches Beispiel zeigt Abb. 111 den Verkaufstrichter (Sales Funnel) im Vertriebssteuerungssystem *Sales Enterprise Suite* der *Siebel GmbH*. Alle Kundenprojekte werden den Phasen einer **Sales Pipeline** (auch: **Sales Funnel**) zugeordnet. Bei der *Siebel Sales Enterprise Suite* kann der

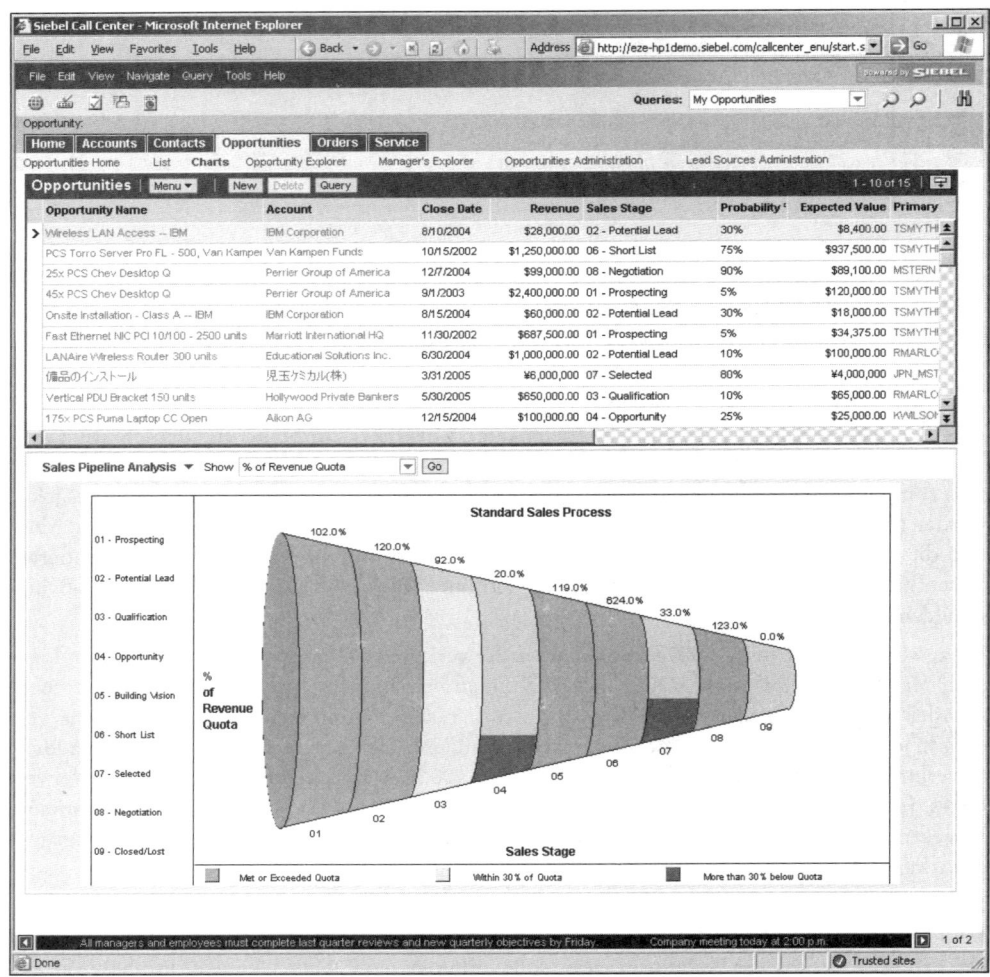

Abb. 111: Der Sales Funnel im System Siebel Enterprise Suite / Siebel GmbH

Anwender die Stufen seines Verkaufsprozesses flexibel an die Marktbedingungen anpassen. Ist der Vertrieb in verschiedenen Marktsegmenten tätig, dann kann und sollte er mehrere SalesCycle definieren. Im Beispiel hat ein Anbieter folgende **Phasen für seinen Verkaufsprozess definiert:** (01) *aussichtsreiche Gelegenheit/Projekt (Prospecting),* (02) *potenzieller Kontakt* (Lead), (03) *Angebot in der Evaluierung beim Interessenten,* (04) *Projekt mit Realisierungschance,* (05) *Problemlösungsalternative mit Interessenten* abgeklärt, (06) *Angebot in der engeren Auswahl,* (07) *Angebot in der Endauswahl,* (08) *Abschlussverhandlung* und (09) *Akquisition abgeschlossen,* d.h. *Auftrag gewonnen* oder *verloren.*

Für jede Phase des SalesCycle können als Ziele Umsatzvorgaben und eine Anzahl von Projekten vorgegeben werden (*Dehr/Donath* 1999, S. 87). Für jede der neun Stufen gelten Umsatzvorgaben so, dass auf Stufe (09) letztendlich der Planumsatz erreicht wird. Für jedes Projekt auf jeder Stufe werden Erfolgswahrscheinlichkeiten geschätzt (Probabilities), so dass diese die Umsatzvorgabe einer jeden Stufe beeinflussen. Für jede Phase des Verkaufsprozesses errechnet das System **Über- oder Untererfüllungen der Umsatzquoten.** Beispielsweise ist in Phase (01), d.h. bei den Projekten im Interessenten-Status, 102 % der Umsatzvorgabe für diese Prozessstufe erreicht. Im Stadium der engeren Auswahl (07) befindet sich mit 33 % noch viel zu wenig Prognoseumsatz. Die *Siebel Enterprise Suite* erlaubt feinere Untergliederungen des Verkaufsprozesses nach einzelnen Außendienstmitarbeitern oder nach Regionen. Auch Marketingkampagnen können mit Hilfe der **Sales Pipeline** gesteuert werden.

b.) Die Ausbauprozesse

„Der Kunde ist der nächste Prozess."
(K. Ishikawa in Masaaki, I. Kaizen – Der Schlüssel zum Erfolg der Japaner im Wettbewerb, München 1002, S.77)

Der SalesCycle bringt Ordnung in die Abfolge der Aktivitäten von der Kundengewinnung bis zur Kundenbindung und ggfs. -rückgewinnung. Nicht immer aber ist die Neukundengewinnung vorrangiges Ziel des Vertriebs. Nicht zu vernachlässigen sind erfolgs- oder kostentreibende Abläufe, die der eigentlichen Auftragsgewinnung vor- oder nachgelagert sind. *Huckemann, Bußmann, Dannenberg* und *Hundgeburth* haben ein spezielles Buch zum Thema Verkaufsprozess-Management vorgelegt. *„In der Produktion ist es selbstverständlich, in Input-Output-Relationen zu denken: Die Prozesse, die ablaufen, werden im Blick auf klare Zielvorgaben analysiert und optimiert. Der Vertrieb hingegen tut sich mit solcher Prozessanalyse schwer, obwohl bekannt ist, dass die Vertriebskosten zu hoch sind.",* so ihre Ausgangsthese (*Huckemann/Bußmann/Dannenberg/Hundgeburth* 2000, S. XXIV). Die folgenden Prozessarten orientieren sich an Marktzielen, nachdem Kundenbeziehungen etabliert sind (Ausnahme: Ausbau-Verkaufsprozess (5)) (vgl. *Huckemann/Bußmann/Dannenberg/Hundgeburth* 2000, S. 11–12):

(1) **Basis-Verkaufsprozesse:** Kunden mit hoher Potenzialausschöpfung sind vorrangig zu sichern.

(2) **Ausbau-Verkaufsprozesse mit Ziel Erhöhung des Lieferanteils:** Kunden mit noch nicht ausreichend ausgeschöpften Potenzialen sollen ihren Lieferanteil beim Anbieter (**Share of Wallet**) erhöhen, was in der Regel auf ein Abwerben von Konkurrenten hinausläuft.

(3) **Ausbau-Verkaufsprozesse mit Ziel Cross-Selling:** Kunden mit entsprechenden Potenzialen sollen zusätzliche Produkte kaufen, die sie bislang noch nicht verwenden.

(4) **Ausbau-Verkaufsprozesse mit dem Ziel einer Erhöhung von Verwendungshäufigkeiten:** Auf der Grundlage dieser Abläufe sollen Kunden zum Mehrverbrauch angeregt werden (nicht in allen Märkten möglich).

(5) **Ausbau-Verkaufsprozesse mit Ziel Neukundengewinnung:** Vor allem sollen Kunden mit hohem Potenzial oder Image gewonnen werden.

Eine andere Quelle nennt als **Ausbauprozesse** die (1) *Neuprodukteinführung*, (2) *Cross-Selling* und (3) *Potenzialausschöpfung* (vgl. *Becker/Huckemann*, acquisa 5/2001, S. 93). *Schumacher* und *Meyer* unterscheiden **CRM-Primärprozesse** (direkte Kundenkontakte) und **CRM-Sekundärprozesse** (indirekte Kundenkontakte) (vgl. *Schumacher/Meyer* 2004, S. 50ff.). Diese Schemata bieten gute Ansatzpunkte für strategische Vertriebsentscheidungen. Die Alltagsarbeit der Kundenbetreuer erfordert es jedoch, Leads durch die Bearbeitungsstufen der Abb. 106 zu begleiten. So kommt man zu einer zweidimensionalen Struktur, indem man die obigen fünf Prozessarten mit den typischen SalesCycle-Stufen (1) *Zielkunden identifizieren*, (2) *Kontakte herstellen* und (3) *Kunden überzeugen* zu einer Matrix kombiniert (vgl. *Huckemann/Bußmann/Dannenberg/Hundgeburth 2000, S. 45–52*).

Aus eigenen Praxisprojekten ist folgendes Schema hervorgegangen:

(1) **Basis-Verkaufsprozess:** Neukundengewinnung Standardkunde,

(2) **Basis-Verkaufsprozess:** Neukundengewinnung Schlüsselkunde (Key Account Akquisition),

(3) **Basis-Verkaufsprozess:** Stammkundenpflege bei Top-Kunden mit den Ziel einer Maximierung von Lieferanteil und Kundenbindung (Retention-Prozess),

(4) **Basis-Verkaufsprozess:** Entwicklung von mittelgroßen Kunden mit hohem Potenzial (B1-Kunden) in Richtung Top-Kunden,

(5) **Basis-Verkaufsprozess:** effiziente Kleinkundenbetreuung,

(6) **Ausbauprozess:** workflow-gestützte Beschwerde-/Reklamationsbearbeitung,

(7) **Ausbauprozess:** Cross-Selling-Prozess zur Stärkung der Kundenbindung durch Verkäufe von arrondierenden Leistungen,

(8) **Ausbauprozess:** Service-/Kundendienstprozesse (vorbeugende Wartung, Reparatur, Anlagenoptimierung),

(9) **Ausbauprozess:** Gewinnung und Pflege von Vertriebspartnern (Fachhandel, Fachhandwerk, Handelsvertreter, Distributoren),

(10) **Ausbauprozess:** Einführung eines neuen Produktes.

In einfach klingenden Abläufen liegen nicht selten große Herausforderungen. Man stelle sich z.B. einen Automobilzulieferer vor, der weltweit einkauft und produziert und an die verschiedenen Werke eines PKW-Herstellers liefert. Der Prozess **automatische Rechnungserstellung im Konzern** ist von höchster strategischer Bedeutung und erfordert hochkomplexe Integrationsarbeiten.

Somit hängt der Markterfolg in der Praxis von einer Vielzahl von Prozessen ab. Laut *Marzian* und *Smidt* sollten im Vertrieb aber sinnvollerweise nur zehn bis fünfzehn unterschiedliche Prozesse identifiziert und standardisiert werden; mit einer Grundsatzunterscheidung in **Transaktions-** und **Beziehungsprozesse** (*Marzian/Smidt*, 2002, S. 103). Die CRM-Konzeption *eworks* der *CEO AG* stellt den Anwendern hierfür einen „Shop" zur Verfügung (s. Abschnitt 10.9.3.). Aus diesem können sie je nach Aufgabenstellung mit Hilfe eines Auswahlmenüs Arbeitsabläufe für die gewünschten Prozesse abrufen und sich dann mit Hilfe von Workflows führen lassen. Prozesse können z.B. sein:

• Erzeugung von Kundennähe beim Erstkunden,

• Kundenbesuch mit Preisverhandlung und Abschluss,

• Folgebesuch mit Produktpräsentation,

• Abwicklung eines Beschwerdevorganges,

• Händlerbesuch zur Aushandlung eines neuen Jahresvertrages.

c.) Die wertegenerierenden Prozesse

Reichheld und *Sasser* haben in Studien festgestellt, dass **im Zeitablauf einer Geschäftsbeziehung die Kundenbindung zunimmt und daraus folgend die Deckungsbeiträge.** Im Sinne einer Hypothese sind **Kundenbindung und Kundenwert positiv korreliert** (vgl. *Reichheld* 1999, S. 57–59). Abb. 112 zeigt das Grundmodell mit den verschiedenen **Spielarten der Kundenwertsteigerung.** Eine auf Wertegenerierung zielende Vertriebsstrategie unterscheidet sieben Grundprozesse mit spezifischen **Kundenbindungs-Vorteilseffekten:**

(1) Die Basis: Prozess zur Kundengewinnung mit dem Grundwert eines Kunden,

(2) Prozesse, um Umsätze auch in angrenzenden Produktsegmenten zu generieren (Bsp.: einen Autokäufer auch für die KFZ-Versicherung zu gewinnen),

(3) Prozesse, um Kunden zu Käufen von höherwertigen Produkten zu bewegen (z.B. „Aufstieg" eines *DaimlerChrysler*-Kunden von der C- in die E-Klasse),

(4) Prozesse, um die Kundentreue im Verlauf eines Kunden-Lebenszyklus (KLZ) zu erhalten (z.B. Angebot einer Ausbildungsversicherung an eine junge Familie),

(5) Prozesse zur Steigerung der Wiederkaufrate des Kunden (z.B. Anreize zur Steigerung der durchschnittlichen Kinobesuche pro Woche oder Angebote für Kurzreisen eines Reiseveranstalters),

(6) Prozesse, um Transaktionskosten des Kunden zu senken (z.B. Aushandeln größerer Mindestbestellmengen)

(7) und letztlich auf Strategieebene Prozesse zur Umschichtung im Kundenportfolio (z.B. Prozesse zur Abwehr von Verzichtskunden oder zur Gewinnung preislich attraktiver Neukunden).

Im Rahmen des **Kundenwert-Managements** schlagen wir ein weiteres Raster vor, das speziell die Wertegenerierung beim Kunden (Value to the Customer) im Auge hat. Es wird in den Abschnitten 7.2.4.c. und 7.4.6.f. dargestellt.

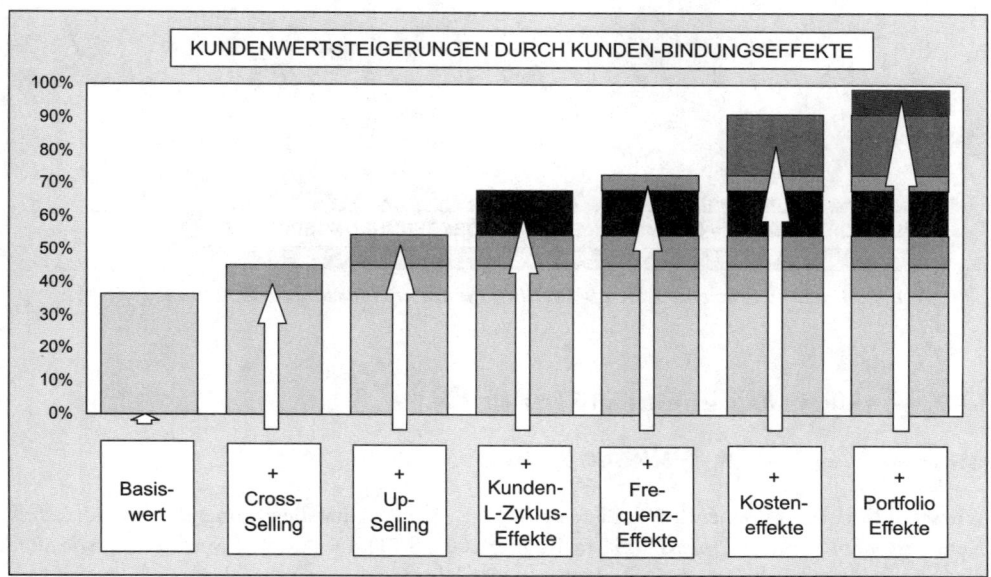

Abb. 112: Kundenwertsteigerungen durch Kunden-Bindungseffekte nach Reichheld

Kernprozesse werden oft ohne eine Systematik, einfach nach Wichtigkeit, bestimmt. Der *VW-Konzern* definiert im Rahmen seines CRM-Systems *Kuba* z.B. die Prozesse VW *Phaeton-Selbstabholung Dresden* oder die *Audi-Kundenbetreuung*. Egal, welche Kundenprozesse letztlich in das Visier der Vertriebssteuerung gerückt werden, für den Erfolg zählen im Prozessablauf die Kundenkontakte in angemessener Dosierung und mit konkurrenzübertreffender Attraktivität. Die wahre Herausforderung von Marketing, Vertrieb und Service liegt in der kundenfreundlichen Gestaltung der Kundenberührungspunkte (der **Customer-Touchpoints, Moments of Truth**), die sich aus der Erlebenssicht des Kunden zu einer **Line of Visibility** verfestigen müssen. Abb. 113 liefert hierzu ein Beispiel für die Neukundengewinnung einer Versicherung. Auf jeder Kontaktstufe muss dem Kunden etwas Besonderes widerfahren, müssen Qualitätsstandards für die Kundenbetreuung so gesetzt sein, dass man die der Wettbewerber übertrifft. Man unternehme eine **Customer Journey** und erlebe einmal selbst, wie Bestell- oder Reklamationsabwicklungen in der eigenen Firma ablaufen.

Abb. 113 skizziert nur die groben Arbeitsvorgänge. In der Praxis kommen bei der Prozessgestaltung komplexe Netzpläne, Organigramme und systemtechnisch **Workflow-Generatoren** zum Einsatz. Diese visualisieren Arbeitsschritte nebst Verantwortlichkeiten und messen die Performance der Prozessabläufe. Der Trend geht in Richtung systemüberschreitende Modellierung von Marketing- und Vertriebsprozessen mit Hilfe von **Business Process Management.**

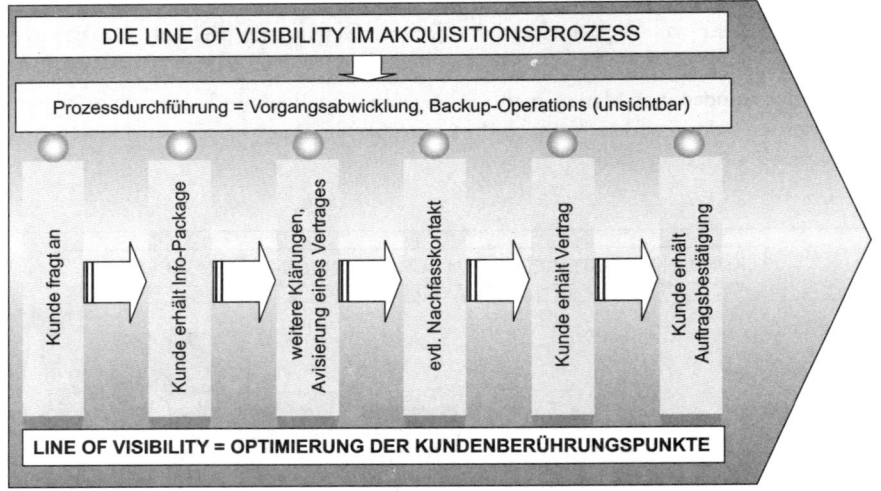

Abb. 113: Beispiel für eine Line of Visibility für einen Neukunden-Gewinnungsprozess

6.4.3. Workflow-Management im Vertrieb

Wer den Workflow beherrscht, der beherrscht den Markt.

Wie sagte *Ishikawa K.*, einer der Pioniere der japanischen Qualitätsbewegung, so treffend: „*Mein Kunde ist mein nächster Prozess*" (zit. in *Wagner* 2002, S. 71). Der externe Markterfolg wie auch die betriebsinterne Effizienz der Kundenbetreuung hängen von einer intelligenten Prozessgestaltung ab. Aber noch immer halten Unternehmen mit Hilfe „*unzähliger Organisationsanweisun-*

gen und Richtlinien" an den Inseln der schnittstellenreichen Abteilungsorganisation fest. Ein Instrument zur Überwindung der Arbeitsplatz- und Abteilungsgrenzen bei Abläufen ist der Workflow.

> ➡ Ein **Workflow** ist ein durch **Business Process Reengineering** gestalteter Arbeitsablauf.
>
> ➡ Workflows optimieren softwaregesteuert strukturierte, sich regelmäßig wiederholende Prozesse im Unternehmen.
>
> ➡ Aus CRM/CAS- und ERP-Sicht sind Workflows **Zusatzmodule**, die abteilungsübergreifend alle Bearbeitungsschritte von definierten Vorgängen (Prozessen) und Projekten abbilden und bei Verzögerungen, sonstigen kritischen Ereignissen, Situationsänderungen etc. automatisiert die Prozessbeteiligten informieren und steuern.

Eine moderne Vertriebssteuerung ist ohne Workflow-Unterstützung nicht vorstellbar. Das erklärt auch den Trend, dass *Microsoft (Exchange), Lotus Notes* (via *Domino Workflow*) oder *IBM* (*HR Access*) eigene Workflow-Lösungen anbieten und ihre Office-Pakete zunehmend mit Workflow-Funktionalitäten versehen. Der Zeitbedarf von Routinetätigkeiten im Vertrieb, die im Rahmen der Vertriebssoftware ablaufen, kann um 40 bis 60 Prozent gesenkt werden (vgl. *Ludewig*, salesprofi 11/1999, S. 29).

Um unternehmensübergreifend die Kontrolle über einen Prozess zu behalten und um das Zusammenspiel der verschiedenen Ressorts zu unterstützen, bieten sich eigenständige Workflow-Module an (vgl. *Daniel* 1998, S. 134). Für kleinere und mittlere Unternehmen sind relativ einfach zu handhabende Tools verfügbar, die auf *MS Visio* beruhen. Hier kann z.B. *WiFlow* von der *ViCon GmbH* genannt werden (*www.vicon.biz*). Für komplexe Abläufe hat sich *ARIS* bewährt. *ARIS Toolset* ist mit weltweit über 30.000 verkauften Lizenzen das marktführende Softwarewerkzeug für die Gestaltung und Optimierung von Geschäftsprozessen sowie für die Einführung betriebswirtschaftlicher Anwendungssysteme. Die methodische Basis bildet eine von *Scheer* entwickelte **A**rchitektur **i**ntegrierter **I**nformations**s**ysteme (vgl. *Scheer/Jost* 2002).

Auf 270 Mio. US-$ wird der Umsatz der Spezialanbieter von Workflow-Software allein in Europa geschätzt (*Gartner/AIIM*); allerdings zunehmend bedrängt durch die erweiterten CRM- und ERP-Systeme, für die Workflow-Routinen mehr und mehr zum Standard gehören. Der Workflow verliert seinen eigenständigen Produktcharakter (vgl. *Koopmann*, Client/Server 9/1999, S. 20; vgl. dort auch die Übersicht von Workflow-Anbietern und -Programmen auf S. 48).

Das **Workflow-Management** gilt als eine der Stärken von *Microsoft CRM*. Abb. 114 bietet ein Beispiel. Die Maske 1 enthält eine Übersicht der Regeln und Vertriebsprozesse, die zuvor in *Microsoft CRM* eingerichtet worden sind. Maske 2 zeigt einen spezifischen *Vertriebsprozess für Projekte über 100 TEUR* mit den dafür definierten Aktivitäten des Workflow-Managers. Die Masken 3 und 4 zeigen unterschiedliche Verkaufschancen, denen abhängig von bestimmten Kriterien jeweils ein anderer Vertriebsprozess zugeordnet wurde. Die Aktivitäten, die sich aus der ersten Phase des jeweiligen Vertriebsprozesses automatisch ergeben, werden hier dargestellt. Im linken Bild wird beschrieben, wie bei einer 100.000 Euro-Chance die Begrüßung als Geschäftspartner zu erfolgen hat.

Microsoft CRM bietet dem Anwender dadurch die folgenden Vorteile:

- Der Mitarbeiter wird von zeitintensiven Routineaufgaben befreit und im seinem Tagesgeschäft entlastet. Tätigkeiten, wie Lead-Zuordnung, Weiterleitung und Benachrichtigung werden mit Hilfe von Workflow-Regeln automatisiert.

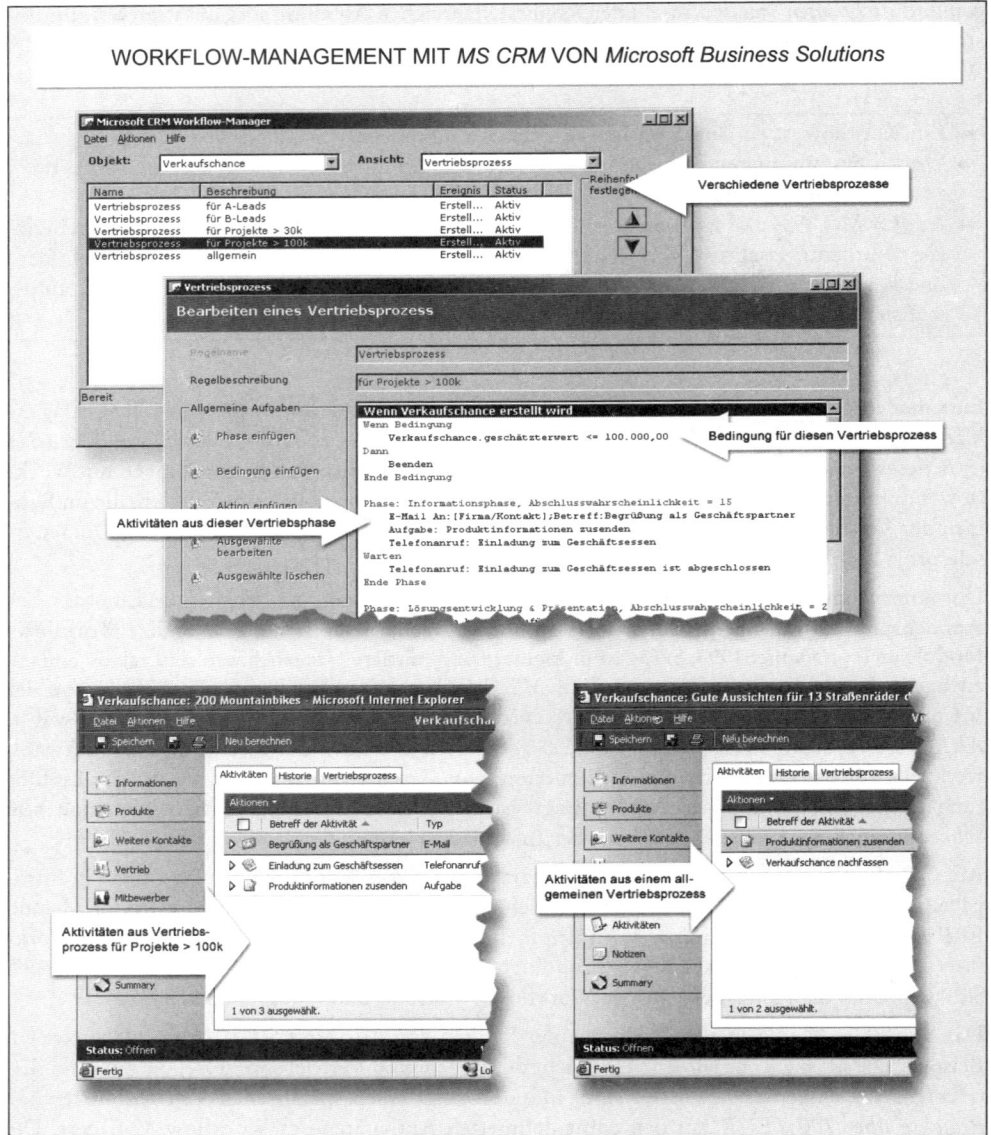

Abb. 114: Workflow-Management mit Microsoft CRM / Microsoft Business Solutions

- Mit Hilfe von Workflow-Regeln wird eine Verkaufschance durch den gesamten Vertriebsprozess gesteuert und damit konsistent und effizient zum Verkaufserfolg geführt.
- Mit Hilfe eines integrierten Workflow-Managers können nach anpassbaren Vorlagen Regeln und Vertriebsprozesse eingerichtet werden. Damit wird der Anwender bei der Sicherstellung konsistenter Geschäftsprozesse für Vertrieb und Service unterstützt (Optimierung und Qualitätssicherung im Vertrieb).

- Externe Anwendungen und Partner können direkt aus dem Workflow über Webservices eingebunden werden. Somit lassen sich kanalübergreifende Prozesse modellieren.

So bieten Workflow-Manager Roadmaps für den Kundenerfolg.

Küchen-Quelle arbeitet seit 1994 mit einer Workflow-Lösung auf Basis Lotus-Notes. Nur am Anfang des Prozesses existiert ein Papier, wenn der Kunde bei einem Küchenberater einen Auftrag erteilt. Die Auftragsbestätigung wird in einem Küchen-Servicebüro eingescannt und in das zentrale Auftragsabwicklungssystem eingelesen. Die Vorbereitung (Kommissionierung) und Anlieferung der Küche, das Aufstellen durch eine Montagefirma, die Abrechnung wie auch die After-Sales-Aktivitäten werden in der Folge durch das Workflow-System ressourcenmäßig und terminlich gesteuert. Auch Ersatzteilservice und Kundenzufriedenheitsbefragung sind integriert. 500 Anwender arbeiten täglich mit dem System, bei Küchen-Quelle in Nürnberg, in den Küchenservicebüros, in stationären Vertriebsstellen, bei den Herstellern und den Montagefirmen. Im Branchendurchschnitt werden nur 20 bis 30 Prozent aller Küchen zum ersten Termin fertig. Durch den Einsatz von Workflows konnte dieser Wert auf Anhieb auf über 50 Prozent gesteigert werden. (vgl. Ludewig, salesprofi 11/1999, S. 30)

6.4.4. Business Process Management (BPM) im Vertrieb

Workflows herkömmlicher Art optimieren Vorgänge im Rahmen definierter Abteilungen und IT-Systemgrenzen. Frage z.B.: *Wie kann eine Anfrage schnellstmöglich vom Innendienst mit Hilfe von SAP R3 bearbeitet werden?* Workflows sind darüber hinaus auf die ganzheitliche Wertschöpfung eines Unternehmens auszurichten. Nur so können Ursache- und Wirkungszusammenhänge bei den Erfolgsfaktoren (**Key Performance Drivers**) erkannt und Abläufe abteilungs- und systemübergreifend neu gestaltet werden. Für dieses aufkommende Gebiet der systemübergreifenden Prozessgestaltung und -steuerung wird der Begriff **Business Process Management (BPM)** verwendet.

> ➡ *„Business process management is the ability to have end-to-end visibility and control over all parts of al long-lived, multistep information request or transaction that spans multiple applications and people in one or more companies.*
>
> ➡ *Business process management means harnessing and enhancing the value of business processes however large or small, wherever they reside within the extended enterprise, and whomever they involve.*
>
> ➡ *A BPM solution is a graphical productivity tool for modelling, integrating, monitoring, and optimising process flows of all sizes, crossing any application, company boundary, or human interaction." (Hurwitz Group, 2001, S. 1).*

Zur Erfüllung dieser Aufgaben bieten Softwarehäuser und Unternehmensberatungen vorkonfigurierte, branchenbewährte Geschäftsprozesse an, die sich in bestehende ERP-, CRM- oder SCM-Lösungen einfügen (die Systembegriffe schon im Vorgriff auf das Kapitel 6.4.5.). Unter dem Begriff *Universal Application Network (UAN)* vermarktet *Siebel* ab 2003 in der *Web Services Flow Language (WSFL)* formulierte Geschäftsprozesse und -objekte, die auf Integrationsservern (z.B *IBM, Vitria, Tibco*) laufen (vgl. *o.V.,* Computerwoche 30/2002, S. 9). *SAP* entwickelt *Xapps* (Cross Applications), in Java geschriebene Anwendungen, die Geschäftsvorfälle über Applikations- und Unternehmensgrenzen hinweg in einer übergreifenden Anwendung bereitstellen. Auch die IT-Systemintegratoren befassen sich verstärkt mit der Modellierung der kundenorientierten Abläufe. *Vitria Technology* offeriert z.B. sog. *VCAs.* Es handelt sich ebenfalls um anpassungsfähige, erweiterbare und skalierbare Lösungen für unternehmerische Probleme. Jedes

VCA beinhaltet vorgefertigte Geschäftsprozesse, Regeln für die Transformation von Dokumenten und als Kern eine System-Integrationsplattform.

Mit Hilfe von BPM wird der **Schritt von der herkömmlichen funktionalen Organisation zur Prozessorganisation** möglich. Eine Erfolgszielsetzung steht im Mittelpunkt der Prozessorganisation: Ohne Zeitverzug ankommende Daten analysieren und sofort in Marktaktionen umsetzen (Im CRM-Jargon: der sog. Closed-Loop). Die Tür zur Echtzeitunternehmung tut sich auf.

6.4.5. Realtime Enterprise (RTE)

„Realtime-Business heißt für uns, unsere Kundeninformationen überall da verfügbar zu haben, wo wir die Kunden ansprechen." (Christoph Ganswindt, CIO bei Lufthasa Passage; zit. in Computerwoche 41/2003, S. 42).

Kundenprozesse sollten wie von einer modernen Heizungsanlage geregelt ablaufen. Eine Heizungsanlage regelt sich in Abhängigkeit von Wetter, Temperaturvorgaben und sonstigen Einflüssen selbständig, selbst wenn der Hauseigentümer nicht zu Hause ist (vgl. zu diesem Bild *Wagner* 2002, S. 71). Anhand von Messfühlern und Ablesegeräten lässt sich die Performance der Heizung jederzeit nachvollziehen. Die Idee, betriebliche und vertriebliche Kernprozesse bis hin zu einem **Echtzeitunternehmen** (RTE) zu beschleunigen, wird seit 2002 von der *GartnerGroup* proklamiert (vgl. *o. V.* Computerwoche 46/2002, S. 12). Durch RTE sollen IT- und Business-Interessen wieder vereint werden. Ein aktuelles Praxisbeispiel stellt *UPS* dar. Die Geschäftskunden können den Versandstatus ihrer Sendungen im Internet in Echtzeit verfolgen. Natürlich ist die Frage berechtigt, ob ein **Echtzeit-Monitoring** den Kunden in allen Branchen wirklich Vorteile bringt. Wir denken, dass dies für Logistik- und Verkehrsunternehmen, für Reiseveranstalter, für das Hotelgewerbe und den Versandhandel (*eBay!*) und für Finanzdienstleister in der Tat der Fall ist. Und auch aus Controllingsicht ist festzuhalten, dass versteckte Effizienzreserven oft nur noch durch verkürzte Durchlaufzeiten aufgedeckt und genutzt werden können. BPM schafft die Voraussetzungen für die dazu nötige Transparenz und die Selbstregelung. Die im 10. Kapitel aufgezeigten Cockpits bieten sich als Messgeräte an. Der Echtzeit-Vertrieb erhält Züge eines Krankenhaus-Operationssaals mit seinen vielen Monitoren.

Die Realtime-Steuerung verlangt neue Metriken der Erfolgsmessung, die von den Business Intelligence Systemen (s. 10. Kapitel) zur Verfügung gestellt werden (vgl. *Auer*, Computerwoche 9/2004, S. 35):

(1) **Data Latency**: Der Zeitraum zwischen dem Auftreten eines Kundenereignisses und der Einspeicherung in die Datenbank.

(2) **Analysis Latency**: Der Zeitraum zwischen Datenanalyse und Bereitstellung der Information bei einem Entscheidungsträger.

(3) **Decision Latency**: Der Zeitraum zwischen dem Verstehen einer Information und dem Auslösen einer Maßnahme.

Kommt ein Bankkunde an den Schalter und kündigt (als Ereignis) an, dass er Ende des Jahres eine große Erbschaft machen wird, so sind die Vertriebssteuerungen der Banken i.d.R. nicht darauf eingestellt, derartige weiche Daten als Opportunities systemgestützt zu verarbeiten. Das Ereignis wird also überhaupt nicht datenmäßig erfasst und wenn ja (z.B. über eine Lotus-Notes Lösung), dann liegt dies im Ermessen der Mitarbeiter. Insofern sind viele Banken noch weit vom Realtime-Management ihrer Kundenbeziehungen entfernt.

Eine der umfassendsten RTE-Konzeptionen in Deutschland ist die Vertriebssteuerung der *Deutschen Lufthansa AG*. 10 Mio. Datensätze werden verwaltet, 500 Transaktionen in der Minute abgewickelt. Das Browser-basierte CRM-Sysstem von *PeopleSoft* vereint bei der *Lufthansa* alle Kundendaten unter einer Oberfläche und wird nach und nach an allen Kontaktpunkten, vom Call-Center bis zum check-in-Terminal, verfügbar gemacht (vgl. *Karg*, Computerwoche 41/2003, S. 42–43). Mit Hilfe der RTE-Ausrichtung kann auch ein großer Dampfer schnell auf Kundenwünsche reagieren.

Kundenbetreuer sollen sich sicher in den Prozessabläufen bewegen können. Dazu gehört es, dass die Mitarbeiter mit Kundenkontakt über Kunden und Vorgänge stets bestens informiert sind.

6.4.6. Der „informierte Verkäufer" – Der Kundenbetreuer im intelligenten Vertrieb

Prozesse sind Motoren des Geschehens, Informationen liefern den Treibstoff für die Abläufe. Eine erfolgreiche Vertriebsarbeit bedingt daher eine permanente Informationssammlung und -auswertung. Insofern fordert und fördert die methodische Vertriebsführung ein gut informiertes Verkaufsteam. *Siebel/Malone* erkennen gar einen Trend zum *„informierten Verkäufer"* (*Siebel/Malone* 1998, S. 109). Der informierte Verkäufer ist in Zukunft der erfolgreichere Kundenbetreuer, wenn er dank seines Kundenwissens auch die entsprechenden betrieblichen Entscheidungen treffen kann, darf und will. So entwickelt er sich **vom Abschlussjäger zum Markt- und Beziehungsmanager**. Der informierte Verkäufer

(1) verfügt über gründliche Kenntnisse der angebotenen Produkte und Dienstleistungen, einschließlich Kalkulation,
(2) kann dem Kunden Markttrends und -perspektiven aufzeigen,
(3) versteht tiefgehend die Kundenwünsche und weiß, wie sie sich im Zeitablauf verändern,
(4) besitzt ausreichende Kenntnisse über Konkurrenzangebote und kann, falls erforderlich, beim Kunden aktuelle Wettbewerbsvergleiche durchführen,
(5) hat unbeschränkten Zugang zu allen Produktinformationen der Zentrale (Data-Warehouse-Ansatz),
(6) ist über Geschäftsentwicklungen bei Kunden, über Branchenstudien, unabhängige Produktbewertungen in Fachzeitschriften etc. bestens informiert,
(7) besitzt die Fertigkeit und die Befugnis zum Navigieren von Aufträgen und Projekten in der Zentrale, um pünktliche Lieferungen und ausgezeichneten Kundenservice sicherzustellen.

Diese Anforderungen sind mit einer herkömmlichen Vertriebsführung auf Zuruf nicht zu bewerkstelligen. Wie kann ein Außendienstmitarbeiter 10.000 Artikel für 1.000 Kunden nebst Hunderten von Marktinformationen präsent haben? Die aktuellen Strömungen in Marketing und Vertrieb zeigen: Eine **neue Methodik im Vertrieb** kann ohne IuK-Technologien (Informations- und Kommunikationstechnologien) nicht verwirklicht werden. **So entsteht die Notwendigkeit zu einer Vertriebsführung mit System.**

6.5. Die Konzeption des systemgestützten, integrierten Vertriebsmanagements

6.5.1. Leitidee: Das Ende des Prediger-Approaches

Die Marketing-Theorie bietet viele schöne Ideen zur Kundengewinnung und -bindung. Doch die Ideen können in den Massenprozessen des Vertriebsalltags nicht umgesetzt werden, weil eine entsprechende Systemunterstützung fehlt. Denn nicht selten kommen auf einen Verkäufer 1.000 Kunden. Die Manager bürden den Mitarbeitern Anforderungen auf, die diese kräftemäßig nicht erfüllen können. *Plinke* hat den **Prediger-Approach** im Marketing entlarvt (vgl. *Plinke* 1996, S. 41–56). Das **Herbeipredigen von Kundenorientierung** funktioniert regelmäßig nach folgendem Schema:

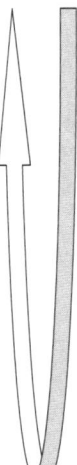

(1) Am Anfang wird ein sakrosanktes Gesetz verkündet: *„Ab jetzt ist der Kunde König!"*

(2) Kundenorientierung wird dann als Verhaltenseinstellung betrachtet, kundenorientiertes Verhalten vom Mitarbeiter erwartet: Es bedarf doch nur ein wenig guten Willens!

(3) Was passiert? Das Management sieht seine Erwartungen nicht erfüllt und vermutet die Ursache in falschen Einstellungen.

(4) Man versucht, Mitarbeiter über die Verhaltens-Wirkungskette **Wissen-Wollen-Handeln-Ergebnis** zu beeinflussen (offene Briefe der Geschäftsführung, Appelle, evtl. Drohungen der Vertriebsleitung, Rundschreiben, Incentives, Vorträge von Marketing-Gurus, Verkäufer des Monats etc.).

(5) Damit sich abzeichnende Verbesserungen im Serviceverhalten der Mitarbeiter von Dauer sind, bedarf es ständiger Wiederholungen (tibetanische Gebetsmühlen). Die Folge: *„Keiner hört mehr richtig hin."* (*Plinke* 1996, S. 47).

(6) Fazit: Die Maßnahme scheitert. Es besteht Handlungsbedarf. Der Vorgang beginnt von vorn.

> ➡ **Vertriebsführung mit System** verlangt eine **methoden- und computergestützte Vertriebssteuerung. Die Vision ist ein integriertes Kundenmanagement.** Die Computerunterstützung zielt jedoch weniger auf einen Arbeitsmengen- als vielmehr auf einen Qualitätseffekt: **Mit Hilfe von Datenbanken und Software soll die Qualität der Abwicklung von kundenbezogenen Prozessen abgesichert und verbessert werden.** Deshalb wäre auch der Begriff Vertriebsautomatisierung zu eng gefasst. Das kundennutzenorientierte Denken der Mitarbeiter bildet zwar nach wie vor die motivationale Grundlage der Kundenorientierung. Diese muss aber durch Methoden und Systeme unterstützt werden.
>
> ➡ Vertriebssteuerung/Kundenmanagement mit System bedeutet, Verkaufsprozesse **so weit wie nötig zu standarisieren**, auf der anderen Seite aber **so viel Flexibilität wie möglich** für die individuelle Kundenansprache und Betreuung zu bewahren.

Die Vertriebsautomatisierung bedeutet für viele erfolgreiche Verkäufer einen tiefen Einschnitt in sein gewohntes Arbeitsleben. Jedoch: *„Ohne moderne Computertechnik gibt es keinen systematischen Verkaufserfolg."* (*Schwetz* 2000, S. 86) Die besten Strategien und Verkaufsmethoden bleiben Theorie, wenn sie nicht in Massenprozessen umgesetzt werden können. Ohne Datenbanken und CRM-Funktionalitäten erstarrt das Marketing in Schönheit.

6.5.2. Kriterien für den systemgestützten Vertrieb

Bei der Vertriebsführung mit System

(1) sind alle Mitarbeiter durch EDV vernetzt und greifen auf eine gemeinsame Kundendatenbank zu,

(2) bearbeiten die Mitarbeiter Kundenvorgänge abteilungsübergreifend mittels Workflows,

(3) sind die Verkaufsmitarbeiter im Sinne des Team-Selling organisiert,

(4) wird die Informationsgewinnung zur Holschuld (Data-Warehouse),

(5) verwaltet das System nicht Kunden und Vorgänge, sondern es optimiert Aktionen und Prozesse,

(6) kann das System jederzeit feststellen, ob der Vertriebserfolg noch in der Spur einer strategischen Marktplanung läuft,

(7) akzeptieren alle Mitarbeiter die Devise des lebenslangen Lernens,

(8) hat Weiterbildung im Bereich Neue Medien und sonstiger IT-Technologien deshalb eine hohe Priorität,

(9) ist es wesentliche Aufgabe des Vertriebsleiters, neue „Werkzeuge" für die Kunden- und Marktbearbeitung zu kreieren und deren Einführung durchzusetzen (Weiterentwicklung der Methodenkompetenz),

(10) werden die Fragen der Vertriebssteuerung vom Vertriebsleiter nicht an die EDV-Abteilung delegiert sondern von ihm selbst vertreten (vgl. *Winkelmann*, salesprofi 11/1999, S. 32–34).

Das bedeutet: Der methodische Vertrieb erhält eine IT-Infrastruktur, um komplizierte Massenprozesse zu steuern und um aus „Verkaufskünstlern" (Bienen) ein vernetztes Selling-Center (Bienenschwarm) zu formen.

6.5.3. Das Total Sales Quality Konzept

Dabei geht es nicht einfach „nur" um die IT-Unterstützung. *Siebel* und *Malone* entwickeln die methodische Vertriebsführung in Richtung **Total Sales Quality** weiter. Wichtige Eckpfeiler eines methoden- und systemgestützten Vertriebs sind bereits oben in Zitaten skizziert worden.

> ➡ **Total Sales Quality I:** „*Die Vision der Total Sales Quality sieht vor, dass jede Verkaufspräsentation ganz auf die Kundenbedürfnisse zugeschnitten ist. Jedes Verkaufsangebot wird genau so gestaltet sein, dass es die Kundenanforderungen erfüllt. Jeder Vertriebsmitarbeiter wird in vollem Umfang über das nötige Wissen und die Vollmacht verfügen, um die Produktgestaltung genau entsprechend den speziellen Anforderungen des Kunden zu veranlassen ... Das Ziel von Total Sales Quality ist 100 Prozent Erfolg (für alle qualifizierten Kontakte – Zusatz des Autors).*" (Siebel/Malone 1998, S. 44–45)

Ein Aspekt ist richtungsweisend: Die Idee des **Zero Defect Management** in der Produktion (von Anfang an null Fehler) wird auf den Vertrieb übertragen. Was den Ansatz von *Siebel/Malone* also bedeutsam macht, ist eine **Marketingphilosophie**, die durch Computerunterstützung überhaupt erst ermöglicht wird. Der Rattenjagd-Vertrieb kann nur nach der **überholten Idee des Massenmarketing** funktionieren. Doch Massenmarketing hat kaum noch Zukunft: „*Mass Marketing doesn't really work*" (Siebel/Malone 1996, S. 55). Denn Massenmarketing beruht auf dem **Trugschluss eines unendlichen Marktes mit unendlich hochrechenbaren Auftragserfolgschancen.**

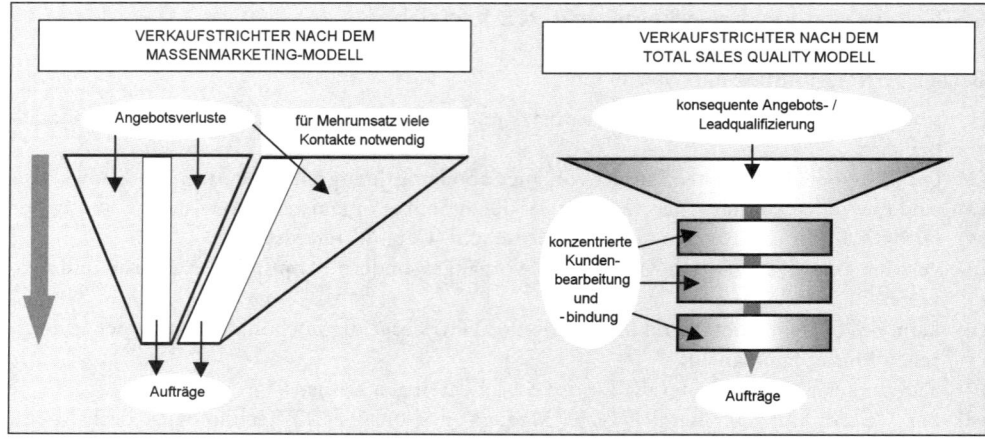

Abb. 115: Die Verengung des Verkaufstrichters nach dem Total Sales Quality Konzept

Abb. 115 veranschaulicht das Problem anhand des **Verkaufstrichters**. Beim Rattenjagd-Trichter auf der linken Seite müssen die Verkäufer den Trichter mit möglichst vielen Kontakten füllen (z.B. 100), um am Ende wenige Aufträge zu gewinnen (z.B. 5). 95 Kontakte gehen verloren. Was passiert mit diesen? Welche Konkurrenten profitieren von den verlorenen Aufträgen? Die eigene Ressourcenverschwendung berührt den Verkäufer nicht, solange alle akzeptieren, dass z.B. 1.000 Kunden besucht werden müssen, damit am Ende des Jahres 50 neue Aufträge mit einem erfahrungsgemäßen Durchschnittsumsatz das Umsatzziel erfüllen. Die gegenwärtigen Marktbedingungen zeigen jedoch:

- **Begrenzter Marktumfang:** Technische Märkte sind weitgehend Nischenmärkte. Auch Konsummärkte sind zunehmend fragmentierter, so dass das Kunden-Zielpotenzial nicht einfach mathematisch hochgerechnet werden kann. Die Kunden sind in der Anzahl einfach nicht mehr da!

- **Degradierung der Kontakte:** Es ist ein Trugschluss, Auftragserfolgschancen linear hochzurechnen. Zunächst lassen sich die hochmotivierten Interessenten recht schnell als Kunden gewinnen. Danach nimmt die Qualität der Kontakte (der Leads) ab. Am Ende bleiben die Interessenten über, die *„schwer zu bedienen, nicht loyal oder verbittert sind."* (*Siebel/Malone* 1998, S. 54). Fazit: Mit zunehmender Menge von Kundenbesuchen werden die Erfolgschancen prozentual sinken.

- **Progressive Akquisitionskosten:** Es zählen nicht nur Kundenzahl und Umsatzerlöse. Letztlich wird ein Vertrieb nur erfolgreich sein, wenn auch ergebnismäßig genug unter dem Strich übrig bleibt. Führt eine Massenakquisition aufgrund progressiv zunehmender Außendienstkosten in negative Deckungsbeiträge, wird die gesamte, auf Massenmarketing beruhende Verkaufskonzeption nicht mehr haltbar sein. Die Worte *„Aber wir haben doch so viel verkauft"* sind dann vermutlich die letzten des Vertriebsleiters.

Es macht folglich wenig Sinn, die Vertriebsautomatisierung lediglich deshalb voranzutreiben, um die Methodik des Massenmarketing-Verkaufs fortzuschreiben; oder, wie *Schwetz* es ausdrückt, zu *„elektrifizieren"* (*Schwetz* 2000, S. 158–160). Diese Vorgehensweise würde die Kräfteverschwendung multiplizieren. Der rechte Trichter der Abb. 115 zeigt den sinnvollen Weg von Qualifizierung und Kräftekonzentration im Sinne der **Total Sales Quality**, wenn Marketing, Verkauf und Service durch eine computergestützte Vertriebssteuerung online vernetzt sind. So ergibt sich für **Total Sales Quality** eine erweiterte Definition:

> ➡ **Total Sales Quality II:** Es wird zur **speziellen Aufgabe von Marketing und Vertrieb,** durch konsequente und umfassende **Kundenqualifizierung** einen **engen, konzentrierten Verkaufstrichter** zu schaffen und nur eine streng gefilterte Menge von Verkaufsvorgängen (nicht, wie früher, ein weites Netz) in die Akquisition zu übernehmen. Aufgabe des „informierten Verkäufers" ist es dann, mit Hilfe eines Vertriebssteuerungssystems Streuverluste im Akquisitionsprozess zu vermeiden und im Sinne der TSQ-Vision alle Verkaufschancen (Leads) zum Auftragserfolg zu führen (Keine Verkaufsbemühungen mehr in Sackgassen).

TSQ bedingt ein reibungsloses Zusammenspiel von Marketing und Vertrieb. **Vertriebssteuerung mit Methode** und **Vertriebssteuerung mit System** finden sich zu einer auf Markteffektivität zielenden Symbiose zusammen. Abb. 116 veranschaulicht die Zusammenhänge.

Die späteren Ausführungen dieses Buches werden ausgewählte Funktionalitäten zur Vertriebssteuerung beschreiben. System-, d.h. Computerlösungen werden beispielhaft vorgestellt. Vorerst gilt es, die Stufen einer Vertriebsentwicklung hin zu den Systemansätzen genauer zu beschreiben.

VERTRIEBS-FÜHRUNG	*ohne System*	*mit System*
mit Methode (mit Strategie)	technokratischer Vertrieb	**Total Sales Quality**
ohne Methode (ohne Strategie)	Chaos, Zettelwirtschaft auf Zuruf	Spielerei

Abb. 116: Die Verbindung von Methode und System in der Vertriebssteuerung

6.5.4. Die 11 Niveaus der Vertriebssteuerung

„In Zukunft wird es zwei Arten von Unternehmen geben: solche, die den Computer als ein Verkaufs- und Marketing-Werkzeug nutzen, und andere, die vor dem Bankrott stehen."
(Prof. McFarland – Harvard Business School; zit. aus Rentzsch, 1995, S. 107)

Abb. 117 zeigt die unterschiedlichen Spielarten der Vertriebssteuerung, von der Zettelwirtschaft bis hin zur integrierten Gesamtsteuerung der Unternehmung:

(1) Am Anfang steht der **Vertrieb auf Zuruf, die Zettelwirtschaft und Improvisation.** Nur ein „Vertriebskünstler" erträgt diesen Zustand. Nicht selten starten Existenzgründer auf diese Weise. Bereits bei einer Handvoll Kunden und Verkaufsartikeln ist diese Form der Organisation von Verkaufsalltag und Kundenbetreuung nicht mehr tragbar.

(2) Formulare sollen Ordnung schaffen. Die Vertriebsführung mit Hilfe eines ausgefeilten **Formularwesens** ordnet Strukturen, ermöglicht manuelle Auswertungen und beweist das Interesse der Vertriebsleitung an Transparenz. Dennoch: Falschdaten, doppelte Datenhaltung, fehlende Eintragungen und 20–40 % arbeitstägliches Suchen bestimmen den Büroalltag. Vor allem lässt sich die Fülle der Abwicklungsvorgänge mit Formularen allein kaum bewerkstelligen.

DIE 11 NIVEAUS DER VERTRIEBSSTEUERUNG		
	Systemausprägung	*Bemerkungen*
11	ERP-Systeme	*Vertriebssteuerung im Rahmen der Gesamt-Unternehmenssteuerung*
10	CRM-Systeme (auch: ERM)	*Integration aller kundenbezogenen Prozesse, auch Kundendienst*
9	Integrierte CAS-Systeme	*Verknüpfung von CAS mit Rechnungswesen u. Controlling*
8	Angepasste CAS-Systeme	*echte Steuerung; Anpassung an Branche und eigene Stärken*
7	Standard CAS-Systeme	*starre Steuerung aller Verkaufsvorgänge; CAS von der Stange*
6	Database-Systeme	*Erweiterung der Kundenanalyse für ein Dialogmarketing*
5	Adressen-/Kontaktsoftware	*Systematisierung von Kundeninformationen und Außendiensttätigkeit*
4	Erweiterte Abwicklungssysteme	*Basisform eines geregelten Berichtswesens, starre Auswertungen*
3	Starre Abwicklungssysteme	*Vertriebsinformationen aus der Warenwirtschaft*
2	Formularwesen	*händische Analysen, sehr arbeitsaufwendig*
1	Zettelwirtschaft, Zuruf	*ohne Kommentar*

Abb. 117: Vertriebssteuerung – Von der Zettelwirtschaft bis zu CRM und ERP

(3) Auf der dritten Stufe wird versucht, das Kundenmanagement im Rahmen der **Auftragsab-wicklung** zu betreiben. Auftragswesen, Lagerdisposition und Fakturierung sind die Basis-systeme, mit denen Verkaufsmitarbeiter mindestens umgehen müssen. Jedoch ist die Ver-triebssteuerung auf diesem Niveau starr. Daten sind nicht aktuell abrufbar und Führungsin-formationen stehen kaum zur Verfügung.

(4) Deshalb wird das Abwicklungs- und Abrechnungssystem des Verkaufs in einer weiteren Ausbaustufe um **Sonderauswertungen** ergänzt. Anzuführen sind hier z.B. Mahnlisten, Ren-ner-/Pennerlisten für Verkaufsartikel, A/B/C-Aufstellungen nach Umsatz für alle Kunden, Passivlisten (Kunden ohne Bestellung bis dato), Umsätze für Verkaufsgebiete etc. Diese Lis-ten werden von der IT auf Anfrage des Controlling programmiert und kommen dann regel-mäßig, z.B. monatlich, in Form von Papierausdrucken. Sie werden oft nicht gelesen, da die Kundendaten bei Erscheinen bereits überholt sind. Ohne Programmiereingriffe sind keine Veränderungen der Auswertungsroutinen möglich. Vor allem aber lassen diese Programme die Kundenbetreuung außen vor, wenn die Controller die Analyseschwerpunkte bestimmen und den Vertrieb majorisieren.

(5) Der erste Schritt in Richtung Beziehungsmanagement und Vertriebssteuerung sind **Adress-programme**, die strukturiert die wichtigsten Kundendaten festhalten und die Historie der Kundenkontakte dokumentieren. Sie werden i.d.R. als preiswerte Standardsoftware zuge-kauft oder auf Basis einfacher Access-Datenbanken, *MS-Outlook* oder *Lotus-Organizer* selbst angelegt. Datenumfang und Auswertungsmöglichkeiten indes sind noch beschränkt.

(6) **Database-Marketing** bedeutet Adressemanagement auf hohem Niveau (vgl. zum Database-Marketing z.B. *Link/Hildebrand* 1997). Zwar ermöglichen Database-Programme keine inte-grierte Außendienststeuerung, doch perfektionieren sie Kundenerfassung, Kundenanalyse und individuelle Kontaktansprache. Das Herzstück der Database-Programme bilden rela-tionale Datenbanken auf Basis *Oracle, SQL-Windows, Interbase, Sybase* o.ä. Sie erlauben schnelles und flexibles **Suchen bei Bedarf**, auch nach nicht vordefinierten Begriffen (sog. String- oder Matchcode-Suche) und in großen und mehrdimensional verknüpften Datenbe-ständen. Database-Programme versuchen in Verbindung mit Datamining die **Vision vom gläsernen Kunden** zu verwirklichen. Privatdaten, Hobbies, Neigungen, bisher nachvollzieh-bares Kaufverhalten, alle Arten von persönlichen Daten finden Zugang in die Datenbanken. Angestrebt werden **individuelle Marketingstrategien** auf der Basis von Individualdaten. Da-tabase-Marketing schafft die Grundlage für ein **1to1-Marketing**.

(7) Kommen Außendienste ins Spiel, dann reicht Database-Marketing nicht aus. Unternehmen mit persönlichem Verkauf sind gehalten, Verkaufschancen bei Kundenbesuchen aufzuspüren, Umsatzchancen zu bewerten und Marktinformationen für Verkaufsaktionen zu nutzen. Ihnen kommt es verstärkt darauf an, alle Arbeitsbaläufe der Markt- und Kundenbetreuung von Außendienst und Innendienst **vernetzt** und **online** soweit sinnvoll zu automatisieren. Dabei bewährt sich die Computerunterstützung heute variantenreich: mit Hilfe der Client-/ Server-Technologie, mittels PC-Stations, Laptops, Palmtops, Organizer, Telefax-Geräten etc. (die technischen Hintergründe sollen hier nicht erläutert werden. Vgl. hierzu z.B. *Mülder/Weis* 1996). Auf dieser Stufe beginnt die Sphäre des **Computer Aided Selling (CAS)** oder, wie die Amerikaner es nennen, der **Sales Force Automation (SFA)**. In einfacher Form werden die Adressenprogramme um die Funktionalitäten Kundenhistorie, Besuchsplanung, Besuchsberichte, Reiseabrechnungen und die Steuerung von Mailingaktionen (Dokumenten-Management) erweitert. Sie erlauben eine systematische Steuerung des Vertriebsteams. Auf dieser Stufe fehlt der Vertriebssteuerung allerdings der Zugriff auf die Daten der Warenwirtschaft und des zentralen Rechnungswesens. Und sie können oftmals den begrenzten Horizont eines Programms „von der Stange" nicht überwinden.

(8) Deshalb folgen auf nächsthöherer Stufe CAS-Systeme, die auf Standards (Basisfunktionalitäten) aufbauend an Branchen- und Firmenbedingungen angepasst sind. **Angepasste Systeme** lassen in Bezug auf die Außendienststeuerung kaum noch Wünsche offen. Ihre Aufgabe ist die Unterstützung sämtlicher Verkaufsprozesse. Das sog. **Customizing** erfolgt, indem auf die (a) **Basisfunktionalitäten** des Softwareherstellers (auf die der Kunde keinen Einfluss hat) (b) teilstandardisierte **Branchenkomponenten** und (c) kundenspezifische Programmieranpassungen (**Customizing**) aufgesetzt werden (vgl. den Kommentar von *Winkelmann*, acquisa 6/1998, S.45). Auch den in der Praxis noch sehr oft anzutreffenden Begriff der **Vertriebsinformationssysteme** (VIS) wollen wir dieser Stufe zuordnen.

(9) Werden angepasste Systeme über Schnittstellen mit den zentralen Mainframe-Daten der Buchhaltung, Kalkulation, Finanz- und Warenwirtschaft wie auch Unternehmensplanung verbunden, so entstehen **integrierte CAS-Systeme**. Sie ermöglichen jetzt Absatz- und Umsatzplanung, Forecasts und Vertriebscontrolling. Vom Anspruch her gehören sie auch zu den **Planungs- und Kontrollsystemen**. Zu den Merkmalen der angepassten Systeme zählt selbstverständlich auch die Anbindung an das Internet (**eBusiness, eCommerce**). Der Begriff **des web-gesteuerten Außendienstes** passt gut in diesen Zusammenhang.

(10) Ist die Außendienststeuerung darüber hinaus mit den Kundenvorgängen in Marketing, Call-Center und Service (Kundendienst) zu einer Einheit vernetzt, dann spricht man von **Customer Relationship Marketing (oder Management)-Systemen (CRM)**. **CRM bedeutet integriertes Kundenmanagement.**

(11) Auf Management-Ebene sind die computergestützten Unternehmens-Gesamtsteuerungen angesiedelt. Es handelt sich um die Familie der **ERP-Systeme** (Enterprise Resource(s) Planning). Man spricht auch von **vertikaler Unternehmensintegration** oder von **betriebswirtschaftlicher Standardsoftware**. Ihre Aufgabe ist **die Erfassung und Steuerung aller Waren- und Werteströme der Unternehmung**. Bekannte Anbieter sind z.B. *SAP, Oracle, PeopleSoft/J.D.Edwards, FSA/Baan, I2-Technologies, Microsoft/Navision/Apertum/Axapta, Sage KHK, Brain Industries, GODEsys, IFS, Infor Business Solutions, SoftM* u.v.a.m. Sie enthalten mehr oder weniger stark ausgebaute Module zur Vertriebssteuerung. So perfekt sie auch in der vertikalen Integration aller Wertschöpfungsstufen sein mögen, die Gefahr ist, dass sie (aufgrund ihres Ganzheitsanspruches und wegen ihres Ursprungs in der Warenwirtschaft) nicht auf die spezifischen Bedürfnisse der Kundenbetreuung eingehen. Mit diesem Argu-

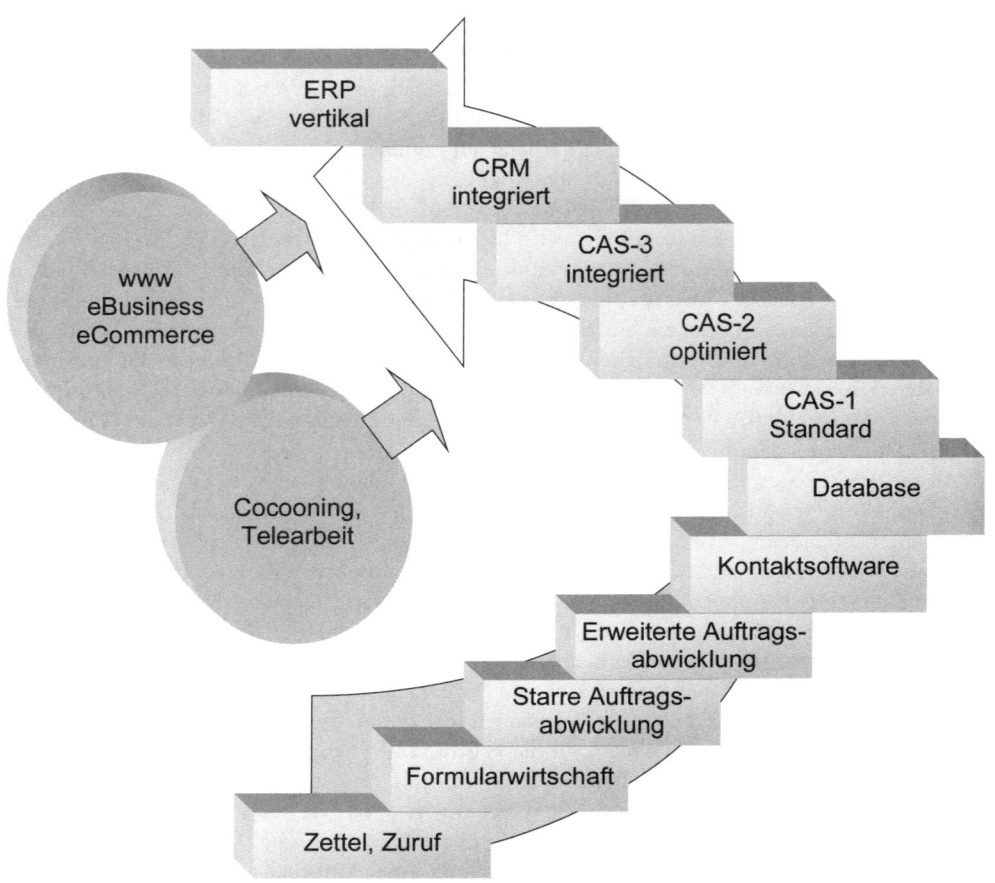

Abb. 118: Die 11 (Evolutions)Niveaus der Vertriebssteuerung

ment bieten sich die spezialisierten CRM/CAS-Systeme als Problemlösungen an. Sie klinken sich mittels Schnittstellen horizontal in die vertikalen ERP-Systeme ein. Somit bricht der Übergang von (10) auf (11) die Kette der Steuerungs„evolution". Aus Sicht von Marketing und Vertrieb bestehen zwischen (10) und (11) brisante Konflikte. Zunehmend forcieren die großen ERP-Anbieter eigene, integrierte ERP/CRM-Komplettlösungen (vgl. *o.V.*, acquisa 3/2002, S. 62–64).

Abb. 118 stellt die 11 Niveaus der Vertriebssteuerung noch einmal im Zusammenhang dar und setzt zusätzlich Internet und Telearbeit ins Bild, die die Verkaufsarbeit in den nächsten Jahren wesentlich verändern werden. Der Pfeil endet bei CRM. Zwischen CRM und ERP besteht sozusagen eine Evalutions-Bruchstelle. Der Konflikt zwischen ERP und CRM wird im Abschnitt 6.4.5.r. behandelt. Das Thema Customer Relationship Management, bzw. **integriertes Kundenmanagement,** dominiert unverändert die großen Messen und Kongresse wie *ceBIT, Systems, CRM-expo, CRM World* u.a. Hinter den Kulissen treiben größere wie mittlere Unternehmen konsequent die CRM-Idee voran. Was aber verbirgt sich hinter dem leider noch zuweilen missverstandenen CRM-Begriff?

6.5.5. Das integrierte Kundenmanagement
Computer Aided Selling (CAS) und Customer Relationship Management (CRM)

a.) Begriffsklärungen und Zielsetzungen

Der Trend wird auch in den kommenden Jahren in Richtung integriertes und computergestütztes Kundenmanagement gehen. In der Vertriebswelt (und auch im Marketing) beherrschen die Begriffe **CRM** und **CAS** (SFA) die Szenerie. Diese ursprünglich von Software-Anbietern forcierten Begriffe wurden oben vorgestellt und werden jetzt weiter präzisiert:

➡ **Computer Aided Selling** (CAS) kann „*... als informationstechnologische Unterstützung von Planungs- und Abwicklungsaufgaben im Rahmen von Verkaufsprozessen – von der pre sales-Phase über die sales-Phase bis zur after sales-Phase – verstanden werden. CAS-Funktionen sind damit nicht allein auf den mobilen Einsatz von Computern (für den Außendienst, Anm. des Autors) begrenzt, sondern bilden eine Gesamtheit an zentraler und dezentraler Computerunterstützung* für alle am Verkaufsprozess direkt oder indirekt Beteiligten.“ (*Link/Hildebrand* 1993, S. 95). In den USA ist an Stelle von CAS der Begriff **Sales Force Automation (SFA)** gebräuchlicher.

➡ **Customer Relationship Management** (CRM) ...
„*... ist ein ganzheitlicher Ansatz zur Unternehmensführung. Er integriert und optimiert auf der Grundlage einer Datenbank und Software zur Marktbearbeitung sowie definierter Verkaufsprozesse abteilungsübergreifend alle kundenbezogenen Prozesse in Marketing, Vertrieb, Kundendienst, F&E, u.a. Zielsetzung von CRM ist die gemeinsame Schaffung von Mehrwerten auf Kunden- und Lieferantenseite über die Lebenszyklen von Geschäftsbeziehungen. Das setzt voraus, dass CRM-Konzepte Vorkehrungen zur permanenten Verbesserung der Kundenprozesse und für ein berufslebenslanges Lernen der Mitarbeiter enthalten.*“ (offizielle Definition, erarbeitet im CRM-Forum des DDV im Juni 2000)

➡ **Customer Relationship Management/Marketing** (CRM) geht nach dieser Definition über die reine Unterstützung der Verkaufsprozesse hinaus und fordert, das im Marketing seit vielen Jahren bekannte **Konzept des Relationship Marketing** computergestützt auf alle kundenbezogenen Prozesse der Unternehmung auszudehnen. CRM umfasst als **ganzheitliche Lösung**

(1) die Philosophie einer **konsequenten Kundenorientierung** aller betrieblichen Bereiche,

(2) die **Integration aller Kundenvorgänge** mit Prozessoptimierung über den Vertrieb hinaus (Marketing, Verkauf, Kundendienst, Entwicklung)

(3) und dies aufbauend auf **definierten SalesCycles** sowie **ServiceCycles** (Standard-Verkaufs- und Serviceprozesse),

(4) wobei neben die Prozessintegration als weiteres entscheidendes Element von CRM noch die **Kontakt- und Verkaufskanalintegration** (Multi Channel Marketing) tritt (Verknüpfung von persönlichem Verkauf, Call-Center, Backoffice, Kundendienstkontakt, Internet),

(5) mit Hilfe der dafür notwendigen **Datenbanken** und **CRM-Software**,

(6) mit dem Ziel **nachweisbarer Wertsteigerungen** in Kunden-/Lieferantenbeziehungen zum beiderseitigen Vorteil (Fixierung von Win-Win-Situationen),

(7) mit der weiteren, speziellen Aufgabe, **tiefgehendes Wissen über Kundenwünsche und Kundenverhalten** zu generieren,

> (8) wobei die Systeme den Menschen und Organisationen ein **lebenslanges Lernen** bzw. kontinuierliche Verbesserungsprozesse (KVP) ermöglichen (**Closed-Loop**, Feedback-Schleifen, Benchmarking).
>
> ➡ Wir können CRM auch als **integriertes Kundenmanagement** bezeichnen. Der tiefe Blick in die Materie zeigt allerdings, dass CRM diesem Anspruch nach derzeitigem Stand noch nicht gerecht wird. Die meisten Anwender praktizieren lediglich ein **integriertes Verkaufsmanagement**, da wichtige Bereiche des Marketing, vor allem das Response-Marketing (Kundendialog) und das Corporate Publishing (Kundenzeitungen, Newsletter), noch außen vor stehen. Anders gesagt: Der Schulterschluss zwischen **Customer Relationship Sales (CRS)** und **Customer Relationship Communication (CRC)** ist noch nicht vollzogen. Die Kundenformel lautet: CRM = CRS + CRC (vgl. *Winkelmann*, acquisa 12/2001, S. 8).
>
> ➡ **Konsumgüterhersteller** suchen unter der CRM-Flagge nach Wegen, um parallel zum Handel mehr Wissen über die Käufer zu gewinnen, eigene Kundenbeziehungen aufzubauen und um dadurch Marktmacht zu gewinnen. Mit Hilfe von CRM betreiben sie teilweise erstmalig ein BtoC-Marketing, das die BtoBtoC-Kanäle des indirekten Vertriebs über den Handel flankiert. Die zentralen Zielsetzungen lauten: (1) **Mehr Kundenbindung im Endkundengeschäft durch CRM** und (2) **von der marken- zur kundengetriebenen Unternehmung**. Der Groß- und Einzelhandel soll sich an **kooperativen CRM-Konzepten** beteiligen.
>
> ➡ Im **technischen Geschäft** bzw. in den **BtoB-Märkten** werden die Akzente eher in Richtung einer computergestützten, hochkompetenten Betreuung von Key Accounts und in einer Integration technischer Abteilungen in das Vertriebsinformationssystem gesetzt (vgl. *Winkelmann*, salesprofi 5/2000, S. 36–37). Es geht hier u.a. um Wissensmanagement, Opportunity-Management und um die gemeinsame Projektsteuerung von Anbieter und Lieferant.

In der Literatur sind vier ideelle Stoßrichtungen von CRM zu unterscheiden (vgl. *Sexauer*, WiSt 4/2002, S. 221):

(1) **Relationship Marketing** zum Auf- und Ausbau langfristiger und werthaltiger Kundenbeziehungen,

(2) **Business Process Management** zur Optimierung der kundenbezogenen Abläufe in der Weise, dass Kunden- und Kostenorientierung in eine Balance gebracht werden,

(3) **Knowledge Management** zur systematischen Generierung von Kundenwissen, das der Gesamtorganisation für individualisierte Aktionen zur Verfügung steht,

(4) **CRM-Technologie,** um zur Erfüllung der Punkte (1) bis (3) die erforderlichen Datenbanken sowie die Steuerungssoftware als Werkzeuge bereit zu stellen.

CRM und CAS stehen für die **Vertriebssteuerung mit System.** In Abb. 117 setzt diese ab Stufe 7 ein. Die Praxis spricht von computergestützter Vertriebssteuerung. Neben CRM und CAS gibt es weitere Begriffe für mehr oder weniger unterschiedliche Automatisierungsrichtungen im Vertrieb. Abb. 119 möchte Ordnung in die Begriffsvielfalt bringen und **vier grundlegende Stoßrichtungen für die Systeme** unterscheiden, in denen CAS und CRM ihren Platz einnehmen.

b.) Von CAS zu CRM (eher Nuancen als große Schritte)

Bislang wurde undifferenziert von CRM/CAS-Systemen gesprochen. Die spezielle Funktion von CRM, über CAS hinausgehend **alle kundenbezogenen Abläufe und Kontaktformen computergestützt zu integrieren, um eine Balance zwischen Kunden und Kostenorientierung zu erreichen** (Neue Definition des *CRM-Expertenrates* im Jahresgutachten 2004), bringt Abb. 120 zum

GRUNDRICHTUNGEN DER VERTRIEBSFÜHRUNG MIT SYSTEM		
Stoßrichtungen	Gängige Begriffe	Bemerkungen
Systematisches Erfassen und Verteilen von Informationen mit Hilfe von Datenbanken	1. KIS = Kundeninformationssystem 2. MAIS = Marktinformationssystem 3. VIS = Vertriebsinformationssystem 4. MIS = Management-Informationssystem 5. Data-Warehouse	⇨ Einfachste Spielart, Insellösung ⇨ Geht über Kundeninformationen hinaus ⇨ Geht praktisch in SFA/CAS über ⇨ Geht über das Vertriebsressort hinaus ⇨ Die Unternehmung als offenes Info-System nach der Devise: *Informationen sind Holschuld*
Steuerung des Verkaufs (Außen- und Innendienst)	1. Kundenkontakt-Management (KKM) 2. Sales Force Automation (SFA) 3. Computer Aided Selling (CAS)	⇨ Adressenmanagement, Kundenhistorie ⇨ Außendienststeuerung, Begriff in USA ⇨ Dto., deutscher Begriff
Integration der Kunden bzw. aller kundenbezogenen Prozesse	1. Customer Relationship Marketing (CRM) 2. Enterprise Relationship Management (ERM) 3. Electronic CRM (eCRM) 4. eCommerce 5. eBusiness 6. Customer Integration Systems (CIS) 7. Interactive Selling Systems	⇨ s. Erläuterungen im Text ⇨ Alternativ statt CRM im Sprachgebrauch ⇨ Web-Steuerung der Kundenprozesse ⇨ Elektronischer Versandhandel ⇨ Unternehmensprozesse im Internet ⇨ Prozessintegration Lieferant/Kunde ⇨ Internetgestützte Response-Systeme
Steuerung der Mengen- und Werteströme der Gesamtunternehmung	1. Produktionsplanungssysteme (PPS) 2. Warenwirtschaftssysteme 3. Betriebswirtschaftliche Standardsoftware (ERP = Enterprise Ressource(s) Planning) 4. Wertschöpfungskettenmanagement (Supply Chain Management) 5. Enterprise (Corporate) Performance Management/Business Process Management (BPM)	⇨ Optimierung der Fertigung ⇨ Material-, Warenwirtschaft ⇨ Erfassung, Steuerung aller Güter- u. Geldströme über die Wertschöpfungsstufen ⇨ Integration von Vorlieferanten und auch Großkunden ⇨ Ressortübergreifende Realtime Prozessoptimierung

Abb. 119: Die Stoßrichtungen der Vertriebssteuerung und deren Systemfamilien

Ausdruck. Zu CRM kommen wir also durch Evolution der Vertriebssteuerung und nicht durch einen Unternehmens-Kulturschock. Viele kleine computergestützte Leistungspakete arbeiten harmonisch im Verbund, um

- alle Abteilungen mit Kundenkontakt (auch die Technik) zusammenzubinden
- und um dabei die jeweiligen Kunden-Kontaktformen zu optimieren.

Weiterhin verlangt CRM eine ausdrückliche Anbindung von Marketingfunktionen an den Verkauf, wie Telemarketing, Call-Center, Hotlines, CAPI-Befragungen, Help-Desk-Systeme. Diese, z.T. auf externe Marketingpartner verlagerten Aufgaben, verstärken die in Abb. 115 aufgezeigte Strategie, den Verkaufstrichter zur effizienteren Wahrnehmung von Auftragschancen frühzeitig zu verengen. Ferner dringen Internet-Anwendungen in alle Ebenen von CRM ein.

Das Fazit: Viel konsequenter als CAS führt CRM zu einem **Multi-Verkaufsformen-Management**. An sich sind alle Zusatzfunktionen von CRM schon durch CAS bekannt. Wir vertreten sogar die Meinung, dass sich CAS bei erfolgreichem Einsatz in einer Unternehmung automatisch in Rich-

KOMPONENTEN INTEGRIERTER KUNDENMANAGEMENTSYSTEME Customer Relationship Management (CRM)			
Funktionen ⇨	MARKETING	VERKAUF	SERVICE
Strategische Funktionen	Marketing Management Automation / Interactive Selling Systems, Marktforschung	Gebietsoptimierungen, Außendienststeuerung, Frühwarnungen, Benchmarking	Service Management Automation
Operative Funktionen — Besuchs-kontakte	Field Marketing Automation, CAPI-Befragungen	Sales Force Automation (SFA) oder Computer Aided Selling (CAS), Touren- u. Routensysteme (GIS)	Field Service Automation, Touren- und Routensysteme für Kundendienst-Einsatz
Telefon-kontakte	Telemarketing, Call-Center, Hotlines	Telefonbetreuung, Telesales Automation, Beschwerde-management	Teleservice Automation, Hotlines, Helpdesk-Systeme
Internet-Kontakte	Web based Marketing	eCommerce = Web based Sales Automation	Web based Service Automation, Internet-Hotlines, FAQ-Systeme
(vgl. nach Enders/Fromme, CAS-Report 1999, S. 25)			

Abb. 120: Die Integration aller Prozesse im CRM-Systemansatz

tung CRM weiter entwickelt (vgl. *Winkelmann,* salesprofi 5/2000, S. 36). Insofern hat die *META Group* vielleicht gar nicht so unrecht, wenn sie im Zusammenhang mit CRM von „*altem Wein in neuen Schläuchen*" spricht (o.V., M@rketplus 1/2000, S. 23). Für die Softwareanbieter stellt es nämlich kein Problem dar, das Arsenal der Vertriebssteuerungs-Funktionalitäten um den Marke-ting- und Kundendienstbereich oder um ein Call-Center zu erweitern. Die Herausforderung liegt dann eher in einer **Verlagerung von Verantwortung.** Lag CAS noch unbestritten in den Händen eines Außen- und Innendienstes, so verlangt CRM jetzt ressortübergreifende Kunden-verantwortungen (Prozessverantwortungen) bzw. eine Aufwertung des Vertriebs. Gleiches gilt, wenn eine Kunde von mehreren, jeweils als Profit-Center operierenden Geschäftsbereichen be-treut wird. Dieser ganzheitliche Blick auf den Kunden (**Client Facing**) ist wohl auch nötig. Denn Praxisbeispiele zeigen, dass nur in jedem zweiten Untenehmen die Bereiche außerhalb des Ver-triebs (z.B. die Entwicklung) ausreichend über die Kunden informiert sind (vgl. *Bullinger/Stan-ke* 1999, S. 16). Der Ruf wird laut nach sog. ressortumspannenden **CRM-Managern,** und *Martin* vom CRM-Expertenrat regt die Position eines **Chief Customer Officers (CCO)** an. Das *CRM-Forum* des *DDV* versucht dahingehend ein neues Berufsbild zu proklamieren:

„*Vom Prinzip her ist der CRM-Manager ein Quereinsteiger; ein Berufsbild gibt es nicht. Er braucht eine gleichermaßen starke Affinität zu Marketing, Vertrieb und IT. Darüber hinaus soll er mit seinen Mitarbeitern Strategien und Visionen entwickeln, wie die Kundenbeziehungen kontinuierlich verbessert werden können.*" *(Müller, Computerwoche 26/2002, S. 40).*

Sofort fragt man sich, ob ein Vertriebschef mit einem Jahreseinkommen zwischen 100 T und 250 T Euro nicht seinen Beruf verfehlt hat, wenn ihm ein Stabskollege im Nacken sitzt, der für die besagten Strategien zur Verbesserung der Kundenbeziehungen zuständig ist. Das Konzept des CRM-Managers wird nicht funktionieren, solange Umsatz- und Ergebnisverantwortung für

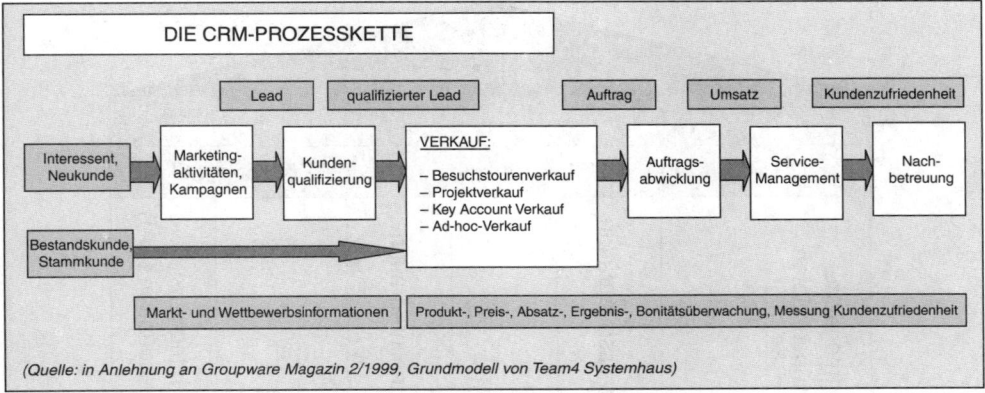

Abb. 121: Die CRM-Prozesskette

Kunden und Märkte in der operativen Verkaufsorganisation liegen. Ein Kunden-Guru, der für seine Strategien und Aktionen nicht verantwortlich ist, wird von den Linienfürsten ausgehungert.

Es ist ratsam, die CRM-Erweiterung auch im SalesCycle zu dokumentieren. Abb. 121 zeigt dahingehend eine **CRM-Prozesskette** in Anlehnung an ein Schema der *Team4 GmbH*, die sich auf Beratung und Integration von CRM/CAS- und Web-Lösungen spezialisiert hat. Im Sinne von CRM finden Marketing, Akquisition, Auftragsabwicklung, Service und Kundendienst sowie Nachbetreuung ihren Platz in der Prozesskette.

c.) Die 10 Erfolgsbausteine von CRM – Das CRM-Haus des Expertenrates

Der *CRM-Expertenrat* hat in seinem Jahresgutachten 2004 **zehn Erfolgsbausteine** von CRM zu einem **House of CRM** gemäß Abb. 122 zusammengefügt (vgl. Jahresgutachten 2004 des *CRM-Expertenrates*, S. 13ff.). Die Bausteine von CRM entsprechen im wesentlichen den Elementen der in diesem Kapitel gegebenen CRM-Definition.

(1) CRM ist als **ganzheitlicher Ansatz zur Unternehmensführung** zu verstehen. CRM ist keinesfalls allein Sache des Vertriebs oder schlimmer noch, der IT. Ausgehend von einem auf Geschäftsführungsebene gelebten Kundenleitbild sind alle Ressorts und Mitarbeiter in eine kundenorientierte Marktstrategie einzubinden.

(2) CRM muss für die Kunden **Mehrwerte im Sinne von WIN-WIN-Beziehungen** bringen. CRM ist mehr als Software und Beziehungs-Worthülsen. Es geht darum, durch bedürfnisgerechte Dienstleistungen und eine überlegene Kundenberatung Wettbewerbsvorteile zu erarbeiten, die sich für die Kunden rechnen. Nur so wird sich nachhaltige Kundenbindung einstellen. Wertschöpfungspartnerschaften statt Abverkauf!

(3) Wichtig ist eine **CRM-getriebene Unternehmenskultur und Mitarbeiterführung**. Das funktioniert nur, wenn sich Vorstände nicht auf der Geschäftsführeretage verschanzen. Auch sie sollten sich als Diener ihrer Kunden und Nicht-Kunden verstehen und Kundenorientierung vorleben. Unternehmensleitbilder, von Agenturen am Reißbrett entworfen und einzig nach Gefallen des Vorstands abgesegnet, entfalten keine Energien. Sie bleiben hohl – austauschbar. Führungskräfte und Vertriebsmitarbeiter sollten gemeinsam Mission-Statements und Unternehmensleitbilder entwerfen. Dann wird sich eine Kundenkultur entwickeln, die zu den Kundenbetreuern passt und die Kunden wirklich überzeugt.

Abb. 122: Die 10 Erfolgsbausteine von CRM – Das CRM-Haus des CRM-Expertenrates

(4) Es sind **integrierte Kommunikations- und Absatzkanäle** zu schaffen. Der *Allianz-Konzern* wird oft zitiert: Der Trend geht zum Multi-Channel-Marketing. Alle Kontaktwege zu den Kunden sind aufeinander abzustimmen, alle modernen Kommunikationsinstrumente einzubeziehen. Egal auf welchem Weg der Kunde Kontakt zu seinem Dienstleister sucht – immer fühlt er sich aus einem Guss angesprochen und behandelt. Integrierte Kanäle: Das bedeutet ein Leben mit nur einer Pin-Nummer.

(5) **Integrierte Prozesse in Richtung Kunde**: Solange, wie Papier von einer Abteilung in die andere wandert, solange man bei Kollegen wegen des Sachstands eines Vorgangs nachfragen muss, solange sind Prozesse nicht integriert – und Schnittstellen werden zu Kostentreibern.

(6) **Integrierte Kundendaten** sind die Grundvoraussetzung für CRM. Eine deutsche Großbank hat festgestellt: Die Namen in den Privatkunden- und Geschäftskunden-Files sind oft die gleichen. Warum nicht die Kundendaten zusammenführen, abgleichen, anreichern. Die *Bayerische Landesbank* unterstützt ihr Private Banking sein fünf Jahren mit CRM. Integrierte Kundendaten führen laut *BayernLB* zu einer *„homogenen Kompetenz an verschiedensten Arbeitsplätzen"*. Die Kundendaten sind der wichtigste Schatz eines Unternehmens. In ihnen steckt das Wissen über die Kunden. Es gilt, dieses zu sichern; auch für den Fall, dass der Verkäufer die Firma wechselt und seinen persönlichen Karteikasten mitnimmt.

(7) Erforderlich ist eine **CRM-orientierte Integration der betriebswirtschaftlichen Anwendungen. Enterprise Application Integration** – lassen wir dieses Thema bei der IT. Ein Bankkundenbetreuer braucht nicht zu wissen, wie das Wissen über eine Sparvorgang des Kunden über eine Decision Rule in der Wertpapierabteilung ankommt.

(8) Die Kundenbeziehungen sind ertragsorientiert über **Lebens- bzw. Geschäftszyklen** zu steuern. Beispielsweise ist es im Finanzdienstleistungsbereich entscheidend, zu wissen, in welcher Berufs- und Lebensphase sich ein Kunde befindet. Der Verkaufserfolg liegt darin, ei-

nem Kunden oder Interessenten nur die Information, nur das Angebot zu geben, das er aktuell braucht. In der Steuerung der Kontakte über diese Zyklen, darin liegt die Kunst des Marketing – auf der Grundlage intakter Datenbanken.

(9) **Integrierte Aktionssteuerung mit Feedback-Schleifen (Closed-Loop):** Modernes Life Cycle Management ist aber nur dann möglich, wenn die Anonymität des Kunden aufgebrochen wird, wenn ihm ständig Anreize geboten werden, sich zu melden, seine Wünsche zu äußern, sich zu engagieren und vor allem seine Erlaubnis (Permission) für eine zukünftige Ansprache und für gezielte Angebote zu geben. Eine Kundenzeitung ohne dezidierte Dialog-/Response-Anlässe bleibt wertlos. Nette Unterhaltung zwar, aber keine Waffe im Kampf um die Kunden. Folglich ist es Aufgabe von CRM, möglichst raffiniert die Kunden zu Reaktionen zu bewegen und Kundendaten schnell wieder für eine gezielte Ansprache und für individualisierte Angebote zu nutzen. Wie sagte ein Manager einer Versicherung kürzlich: *Eine tolle Kampagne hatten wir letztes Jahr gehabt. 15.000 Kunden haben reagiert. Leider hatten wir nicht genug Leute, um den Anfragen nachzugehen.* Was hat hier gefehlt: Der Closed-Loop im Sinne von CRM.

(10) **Integrierte Effizienzmessung** (Business Intelligence, Business Performance Management): **Erst denken, dann verkaufen!** Das Sammeln von Kundendaten sollte also kein Selbstzweck sein. Immer geht es darum, mehr über die Kunden und Nicht-Kunden zu erfahren, in den Nebel ihres Kaufverhaltens einzudringen. So erklärt sich der derzeitige Siegeszug der analytischen Verfahren (Business Intelligence) und der permanenten Prozessoptimierung. Was früher dem Controlling vorbehalten war und sich in oft unüberschaubaren Monatslisten niederschlug, die den Verkauf nicht wirklich interessiert haben, wird heute zur anspruchsvollen Aufgabe der operativen Geschäftsbereiche. Sie generieren ihre Analysen und Reports selbst – auf der Basis von Daten-Warenhäusern.

d.) Das CRM-Haus von Brendel

„Sie werden erstaunt sein, wie viele Ähnlichkeiten ein CRM-Projekt mit dem Bau eines Hauses aufweist. … Ist das Fundament solide erstellt, lässt sich Etage für Etage und Zimmer für Zimmer auf- und ausbauen und sofort nutzen …" (Brendel 2002, S. 17–18)

Brendel fügt die CRM-Funktionalitäten in ähnlicher Form wie der *CRM-Expertenrat* zu einem **CRM-Haus** zusammen (*Brendel* 2002, S. 19). Im Gegensatz zur Abb. 122 stehen in Abb. 123 die CRM-Funktionalitäten auf dem Fundament der *MS-Office*-Familie. Nach unserem Ansatz bildet eher die betriebswirtschaftliche Standardsoftware (ERP) den Sockel, auf den die spezialisierten Marketing-, Verkaufs- und Servicefunktionalitäten aufsetzen. Ansonsten gibt es viele Übereinstimmungen. Eines ist wichtig: Mit Hilfe von CRM gestaltet sich der Vertrieb sein eigenes Haus, in dem sich Kunden wie Mitarbeiter wohlfühlen sollen.

Das CRM-Haus des Expertenrates besteht vorrangig aus strategischen Bausteinen. Das Haus von *Brendel* gestaltet sich operativer. Letztlich bestehen die Bausteine aber immer aus Tätigkeitsfeldern von Vertrieb, Marketing und Kundenservice.

e.) Operatives, analytisches und kooperatives CRM

Die Tätigkeitsfelder von Marketing und Vertrieb bestehen aus **drei zentrale CRM-Kompetenzbereichen**. Die Dreiteilung der Abb. 124 besitzt heute für die Praxis eine große Bedeutung.

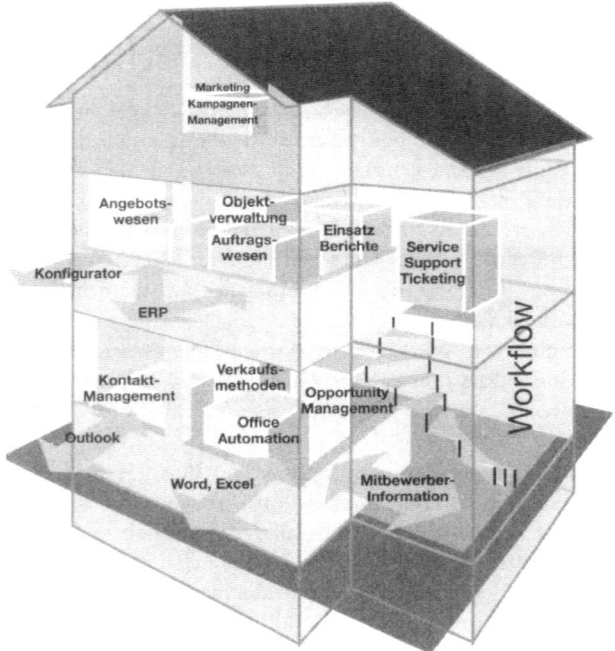

Abb. 123: Das CRM-Haus von Brendel

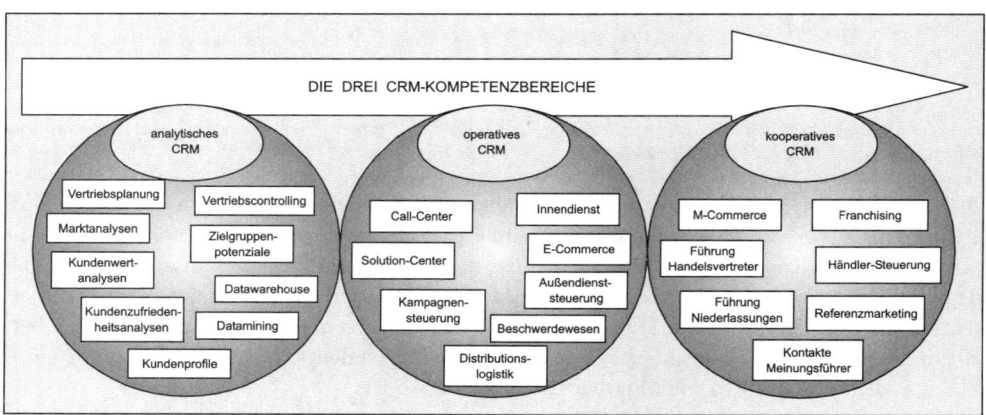

Abb. 124: Die drei Kompetenzbereiche von CRM

➡ *Das* **operative CRM** *umfasst alle Anwendungen, die in direktem Kontakt mit dem Kunden stehen (Frontoffice). Lösungen zur Marketing-, Sales- und Service-Automation unterstützen den Dialog zwischen Kunden und Unternehmen sowie die dazu erforderlichen Geschäftsprozesse."* (Hettich/Hippner/Wilde, WISU 10/2000, S.1346–1366). Im Grunde handelt es sich hier um die klassische Vertriebssteuerung gemäß CAS/SFA unter Einbezug des Internet und weiterer, innovativer Verkaufskanäle.

➡ Das **analytische CRM verwandelt Kundendaten in Kundenwissen.** Die Funktion ist meist im Marketing (Marktforschung) oder im Controlling (Vertriebscontrolling) angesiedelt und umfasst alle Anwendungen zur Analyse des Kundenverhaltens und zur Ableitung von Kaufprofilen und Zielgruppen (Zielkunden). Im Mittelpunkt stehen **Data-Warehouse** und **Datamining** (s. Abschnitt 7.3.6.). Die Erkenntnisse des analytischen CRM sind wieder an die Frontoffice-Abteilungen zurückzuspielen, um dort auf der Basis des gewonnenen Kundenwissens gezielte Aktionen zu ermöglichen (**Closed-Loop**). Ziel des analytischen CRM ist insofern die **Individualisierung von Kundenansprache und Angeboten** im Backoffice und im Rahmen von Marketingkampagnen (da der Außendienst die Kunden ohnehin individuell anspricht).

➡ Das **kooperative CRM** (in der Literatur oft **kollaboratives** oder auch **kommunikatives CRM** genannt) umfasst alle Anwendungen zur Steuerung und Abstimmung der Vertriebskanäle und damit zur Harmonisierung der Zusammenarbeit mit Vertriebspartnern. Im Einklang mit dieser vertriebspolitischen Note finden zunehmend die Begriffe **Relationware** oder **Partner Relationship Marketing (PRM)** Verwendung. Auf keinen Fall möchten wir diesen Bereich auf den Einsatz und das Zusammenspiel der Kommunikationsgeräte reduzieren, wie das bei vielen Definitionen für das **collaborative CRM** zum Ausdruck kommt (Bsp.: Katalog von *Oracle*).

Im letzten Punkt weichen wir von einigen Autoren ab. Wenn z.B. *Beschnidt* und *Spies* anmerken, dass das **kollaborative CRM** den persönlichen Kontakt per Internet, Brief, eMail, Fax, Telefon und Call-Center, SMS, WAP oder UMTS beinhalte (vgl. *Beschnidt/Spies,* Computerwoche 11/2002, S. 74), dann fragt sich, auf welche Weise im operativen CRM kommuniziert wird. U.E. gehört die Aufgabe, Briefe, Telefonate, eMails, SMS, Faxe in digitalisierter Form zu verarbeiten und zu integrieren, sowohl zu der operativen Arbeit von Frontoffice und Backoffice wie auch zu der Zusammenarbeit mit den Partnern in den Kanälen. Es gibt jedoch Gründe für ein Festhalten an einem technisch verstandenen kollaborativen CRM. Software- und Beratungshäuser sichern sich gerne dieses Feld für spezielle Produkte und für die technische Netzwerkberatung. Beispiel: *Oracle* bietet eine **Collaboration Suite** an, d.h. eine datenbankbasierte Plattform, die Funktionen wie eMail, Echtzeitkonferenzen, Voice-Mail und Workflow-Komponenten enthält. Das kooperative CRM beinhaltet jedoch vornehmlich eine politische Dimension, die in der CRM-Diskussion vernachlässigt wird. Wir reden immer wieder vom Kunden (**Customer** RM), müssen uns aber in der Zusammenarbeit mit Fachhandel oder Fachhandwerk fragen, wer denn nun eigentlich der Kunde ist: der Handel (Vertriebspartner) oder der Endabnehmer. Beim kooperativen CRM geht es also darum, die *„verschiedenen Kundeninteraktionskanäle in einem zentralen Prozessmanagement"* zu bündeln. *„Die Integration und Vernetzung der verschiedenen Kommunikations- und Interaktionswege ist der Schlüssel zur durchgängigen Betreuung der Kunden."* (*Bruck,* acquisa 3/2002, S. 32 und 33). Dadurch kann das eigentliche Ziel des kooperativen CRM erreicht werden: Zusammen mit Vertriebspartnern Endkunden zu gewinnen und zu sichern.

f.) *Grundbausteine (Funktionalitäten) einer CRM/CAS-Vertriebssteuerung*

Die **CRM-Leistungsbausteine (Funktionalitäten)** innerhalb der drei Gruppen der Abb. 124 lassen sich im Zusammenhang darstellen. Die Güte einer Vertriebssteuerung wird durch Anzahl und Qualität der Funktionalitäten des CRM/CAS-Systems bestimmt. Es gibt zahlreiche Übersichten, was Vertriebssteuerungssysteme leisten können und sollen (vgl. z.B. *Link/Hildebrand* 1993, S. 95–141; *Schimmel-Schloo* 1994; *Krumb* 1999, S. 14; *Enders/Fastabend,* CAS-Report 1998/99,

S. 15; *Schwetz,* CAS-Report 1998/99, S. 8; *Schwetz* 2000; *Wilde/Hippner* 2000). In der Abb. 125 wird eine Struktur vorgestellt.

Im Zentrum bilden **Auftragsbearbeitung** (Warenwirtschaft) und **Fakturierung** sowie die **Firmenadressen** mit **Ansprechpartnern** und **Kundenhistorie** die **Herzklappen** des Vertriebs. Sinnvoll sind die Angliederungen eines **Beschwerdemanagements** und einer **Angebotsverfolgung** mit **Opportunity-Management** (s. Abschnitt 8.1.) sowie die Erfassung von **Folgebedarf** (Ersatzbedarf) (s. Ab-

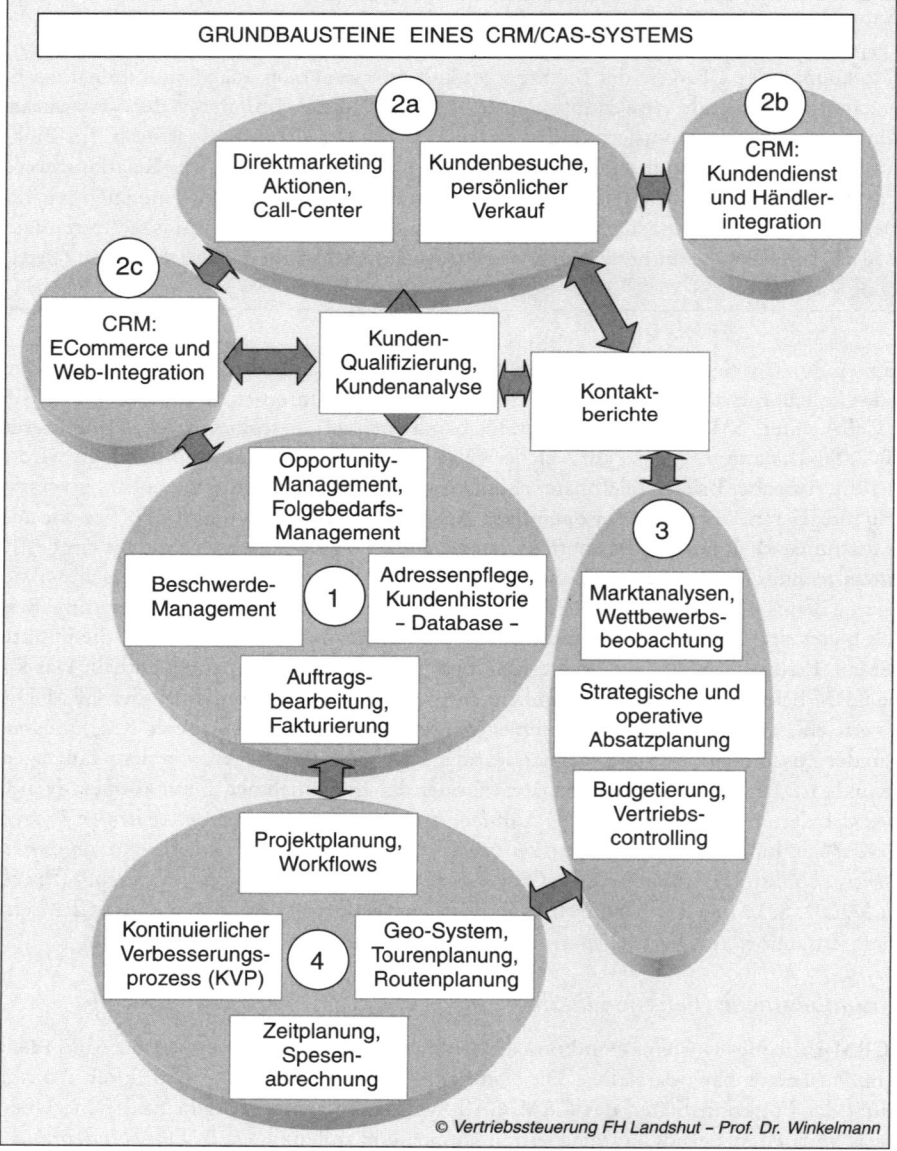

Abb. 125: Die Grundfunktionalitäten eines CRM/CAS-Systems

schnitt 7.4.10). Letztere Tätigkeitsbereiche bilden die Brücke zur **Aktionssteuerung**, wobei eine **Kundenqualifizierung** als Filter zwischengeschaltet ist. Die Besuchstätigkeit des Außendienstes ist mit den vertriebsunterstützenden Direktmarketing-Maßnahmen zu koordinieren. Im Sinne von CRM sind auch der Kundendienst und die kundenbetreuenden Vertriebspartner an das Aktionsmodul anzuschließen. Gleiches gilt für den **Internet-Vertrieb** (eCommerce), allerdings stärker in Richtung Backoffice gelagert. Die **Kontaktberichte** (Besuchsberichtswesen) von Außen-, Innendienst und Service werden zur Informations- und Ideenquelle für das **Planungs- und Analysemodul**. **Marktforschung, Wettbewerbsanalysen**, die **lang- und kurzfristige Vertriebsplanung** und ein auf dem CRM-System unmittelbar aufbauendes **Vertriebscontrolling** sind hier angesiedelt. Zukünftig werden für diese Analysebereiche die Begriffe analytisches CRM, Business Intelligence (BI) oder auch Sales Intelligence stärker aufkommen. Die Analyse des Kundenverhaltens (Kundenprofile) ist durch den Begriff **Datamining** belegt. Letztlich unterstützt CRM/CAS die Kundenbetreuer durch eine Reihe **praktischer Werkzeuge** zur computergestützten Planung und Abwicklung von Projekten, durch **Workflow-Generatoren**. **GIS-Gebietsanalyse** und **Produktkonfiguratoren** sowie durch nützliche Arbeitshilfen wie **Kalenderfunktionen, Touren- und Routenplanung, Reisekostenabrechnung**. Auch ein **kontinuierlicher Verbesserungsprozess** sollte in diesem nachgelagerten Informations- und Steuerungsbereich (Vertriebs-Backup) eingerichtet sein. Viele CRM-Programme greifen bei der Zeitplanung standardmäßig auf *MS-Outlook* zu. Ein CRM/CAS-System der Luxusklasse sollte natürlich alle in Abb. 125 aufgeführten Vertriebsaufgaben erledigen können.

Es sind einfache Fragen, die einen Vertriebsleiter veranlassen sollten, sich mit den aufgezeigten CRM/CAS-Funktionalitäten zu befassen und sie ganz oder teilweise in seine Vertriebssteuerung einzuführen:

(1) Wie viele B-Kunden haben seit 8 Wochen nicht bestellt?

(2) Wie viele Reklamationen im Wert von über 1.000 Euro sind derzeit offen?

(3) Wie groß ist der Anteil der Besuche der Außendienstmitarbeiter im laufenden Monat, die nur auf Beziehungspflege ausgerichtet sind?

(4) Welche Kunden haben sich in Ihrer Umsatz-Rangfolgeliste gegenüber Vorjahr um mehr als 10 Plätze verschlechtert?

(5) Wie viele gute Anregungen und Produktideen sind dokumentiert – wie viele sind anhängig?

(6) Wie viele Kundenaufträge sind mit einem Deckungsbeitrag unter 10 Prozent in der Kalkulation?

Jede nicht sofort beantwortbare Frage mag den Leser veranlassen, sich über die entsprechenden CRM/CAS-Funktionalitäten zu informieren.

g.) Mindestanforderungen an eine Vertriebskonzeption – Sales Force Management

Die aufgezeigten Softwarebausteine sollten im Rahmen einer geschlossenen **Vertriebskonzeption** zum Einsatz kommen. Abb. 126 stellt die elementaren Bausteine einer Vertriebskonzeption zusammen – unabhängig von einer speziellen Kundenorientierung wie CRM. Deutlich wird die Aufgabe des Managements, Rahmenbedingungen und Ziele zu definieren. Die konzeptionellen Vertriebsbausteine ranken sich dann um Verkaufsprozesse für operative Zielgruppen. Die einzelnen Grundelemente einer Vertriebskonzeption werden in den entsprechenden Abschnitten dieses Buches erläutert.

Bei der **Vertriebssteuerung** stehen Funktionalitäten im Vordergrund. Es stellt sich die Frage nach einem Standard für die Software-Funktionalitäten, mit dem Mitarbeiter ihre Verkaufsziele mit Computerunterstützung erfüllen können. Es geht um Prioritäten aus der Abb. 125:

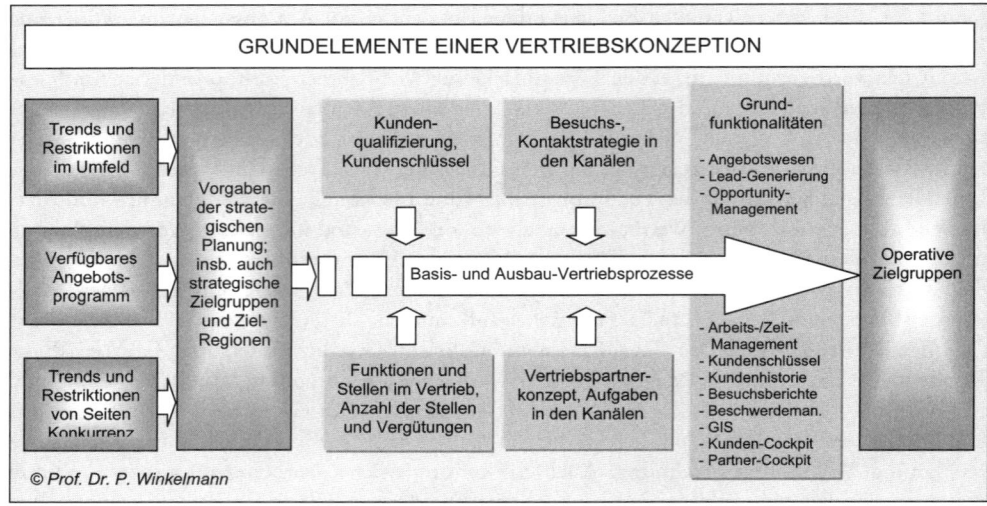

Abb. 126: Die Elemente einer Vertriebskonzeption

(1) Die Grundlage bildet die Software zur **Angebots- und Auftragserfassung** sowie zur **Auftragsverfolgung**. Die Daten werden den Außendienstlern i.d.R. aus der ERP, d.h. aus den waren- und finanzwirtschaftlichen Systemen zur Verfügung gestellt.

(2) Darauf aufbauend sollten Vertriebssteuerungsfunktionalitäten existieren, mit deren Hilfe der Außendienst seine besonders wichtigen Auftragschancen erfassen und über die Angebotserstellung bis zum Auftrag und zur Nachbetreuung verfolgen kann. Im Rahmen von CRM sprechen wir von **Lead-Generierung** und **Opportunity-Management**. Wer glaubt, dies im Rahmen des warenwirtschaftlichen Systems tun zu können und sich dabei nur auf Stamm- und Transaktionsdaten verlässt, kann nicht gezielt steuern.

(3) Seine vielfältigen Tätigkeiten kann ein Außendienstler heute nur mit Hilfe eines sorgfältigen **Aufgaben- und Zeit-Managements** erledigen. Man frage seine Verkäufer, wie zufrieden sie sind mit ihrer derzeitigen Office- und Outlook-Integration und dem Überblick über ihre **Aufgaben und Aktivitäten** im Zeitablauf. Zu diesem Gesichtspunkt zählt auch die Kommunikation via Fax und eMail.

(4) Neunzig Prozent der Außendiensttätigkeiten sollten unmittelbar an Wertigkeiten von Interessenten und Kunden ansetzen. Also brauchen die Kundenbetreuer einen **Kundenschlüssel** für die Kundenbewertung und Ableitung von Kontaktkampagnen.

(5) **Kundenhistorie und Besuchsberichte** sind weitere unverzichtbare Bausteine einer Vertriebssteuerung.

(6) Ein krönender Bereich bleibt der Analyse vorbehalten, die zumindest auf drei Säulen ruhen sollte. Säule (1) sind **Geografische Informationssysteme (GIS)**. 80 Prozent aller Kundendaten haben einen räumlichen Bezug. GIS-Systeme bringen Transparenz in die geografische Kunden- und Besuchsverteilung (**Gebietsanalyse**). Bei Regionalvertrieben ermöglichen sie der Außendienstleitung eine **Gebietsoptimierung**. Beim Besuchsverkauf erhält der Außendienstler eine leistungsfähige **Touren- und Routenplanung**. Die Säulen (2) und (3) sind das **Kunden**- und (falls für die Vertriebsorganisation relevant) das **Vertriebspartner-Cockpit**. So bekommt der Außendienst Fakten zur Geschäftslage und -entwicklung, d.h. die wichtigen Soll-/Ist-Vergleiche der Verkaufsplanung sowie Auftragseingangs- und Umsatzvorhersagen.

(7) Möchte man das Marketing mit einbeziehen, dann ist auch an ein Software-Modul für das **Beschwerdewesen** zu denken.

h.) Differenzierung in BtoC- und BtoB-CRM

NUANCIERUNGEN VON CRM IN BtoC UND BtoB	
Direktverkauf an private Endkunden	*Direktverkauf an Firmenkunden*
• Viele Kunden und Interessenten	• Oft enge Nischenmärkte
• Interessenten oft unbekannt	• Potenzielle Kunden gut bekannt
• Kundenqualifizierung wichtiges Thema	• Kundenqualifizierung speziell kaufmännisch wichtig
• Kunde entscheidet oft allein	• Einkäufer entscheidet im Rahmen von Netzwerken
• Kundenprofil erstellen ist wichtiges Thema	• Buying-Center zu analysieren ist wichtiges Thema
• Datamining wichtiges Instrument	• Datamining eher unbedeutend
• Wiederkaufraten sind durch Marketing beeinflussbar	• Wiederkaufraten sind meist technisch bedingt
• Viele Spontankäufe	• Kaum Spontankäufe, Nachfrage rational begründet
• Viele Kundenkontakte täglich	• I.d.R. wenige Kundenkontakte täglich
• GIS und Routenplanung wichtig	• GIS und Routenplanung weniger wichtig
• Besuchsberichte wichtiger als Projektberichte	• Projektberichte wichtiger als Besuchsberichte
• Anbieter bestimmen über Angebot	• Kunden gestalten Angebot oft mit
• Kaum Preisverhandlungen bei Konsumgütern	• Preisverhandlungen bei technischen Gütern typisch
• Service wichtig zur Wettbewerbsdifferenzierung	• Service wird vom Kunden oft vorgeschrieben
• Vertragsmanagement (Contracting) weniger wichtig	• Vertragsmanagement (Contracting) sehr wichtig
• Zunehmend Verkaufsaufgaben im Internet	• Zunehmend Serviceaufgaben im Internet
• CRM hat vor allem Kundenbindungsaufgabe	• CRM hat vor allem Effizienzsteigerungsaufgabe
(ähnliche Punkte sind zu finden bei Reith, acquisa 3/2001, S. 32-34)	

Abb. 127: Unterschiede von CRM in BtoC- und BtoB-Märkten

Es ist ein Fehler, CRM-Aspekte von BtoC und BtoB in einen Topf zu werfen. Abb. 127 arbeitet Unterschiede zwischen endkunden- und firmenkundenorientiertem CRM heraus. Die Unterschiede sind in Markt- und Machtkulturen begründet. Auch *Simon* weist darauf hin, dass es bei einer derartigen Nuancierung weniger um die Kunden geht, als vielmehr um Produkte (vgl. *Simon*, MM 9/2001, S. 100). So ist die Fa. *Würth* Weltmarktführer beim Verkauf von technischen Verbindungselementen an gewerbliche Verarbeiter. Somit in BtoB operierend, herrschen doch ähnliche Marktbedingungen wie in den BtoC-Massenmärkten. Dagegen gibt es softwaremäßig deutlich unterschiedliche Anforderungen. Während z.B. im BtoB-CRM die Funktionalitäten Opportunity-Management, Contracting, Folgebedarfsmanagement und kaufmännisches Projekt- und Kostenmanagement im Vordergrund stehen, plagen sich die BtoC-ler mit Marketingautomatisierung, Datamining und vor allem mit Kampagnenmanagement herum. Aus diesem Grund stellen die CRM-Anbieter immer stärker ihre Kompetenzen in verschiedenen Branchen heraus und offerieren Best-Practice Modelle.

i.) Differenzierung in Mittelstands- und Großbetriebs-CRM

Bei Großunternehmen setzt sich die CRM-Idee immer mehr durch. *TNS Emnid* untersuchte im Auftrag von *Celerant Consulting* 40 Großunternehmen mit mehr als 1 Mrd. Euro Umsatz und 60 Unternehmen mit mehr als 100 Mio. Euro Umsatz. Benchmarking (50 % der Nennungen) und CRM (39 % der Nennungen) führen die Bedeutungsskala an, vor Lean Management und Business Process Reengineering; Bereiche mit ebenfalls hoher vertrieblicher Relevanz (vgl. Hinweis in ASW 4/2004, S. 39–40).

Zunächst ist der Mittelstand größenmäßig abzugrenzen. Die Mittelstandsdefinition des *Instituts für Mittelstandsforschung (IfM)* ging von Kleinunternehmen (bis 9 Beschäftigte, unter 1 Mio. Euro Jahresumsatz), mittleren Unternehmen (10–499/1–50 Mio.) und von Großunternehmen aus. Nach einer ab 1.1.2005 gültigen EU-Leitlinie spricht man von Kleinstbetrieben von bis zu 9 Beschäftigten und bis 2 Mio. Euro Jahresumsatz, von Kleinbetrieben bei 10 bis 49 Beschäftigten und bis 10 Mio. Euro Umsatz und von mittleren Unternehmen bei einer Mitarbeiterzahl zwischen 50 und 249 und bis 50 Mio. Euro Umsatz. Die Skala der größeren Mittelstandsunternehmen reicht dann bis zu Schwellenwerten von 250 bis 499 Mitarbeitern und 100 Mio. Euro Jahresumsatz. Darüber liegen die Großbetriebe. Für CRM können das nur Hilfsgrößen zur Abgrenzung sein. *Microsoft* definiert CRM-Arbeitsplätze zur Betriebsgrößenabgrenzung und unterscheidet (1) den kleinen Mittelstand (1 bis 24 Arbeitsplätze), (2) den klassischen Mittelstand (25 bis 500 Arbeitsplätze) und die (3) Großunternehmen mit mehr als 500 Arbeitsplätzen (vgl. *Longerich* (Interview mit *J. Baier, Microsoft*), IT-Director 11/2003, S. 25–30). Egal, wie man die Grenzwerte zieht: In das Visier der CRM-Anbieter und Berater geraten immer mehr der mittlere und auch der kleine Mittelstand.

Hinsichtlich der Aufgaben eines modernen Vertriebsmanagements unter schwierigen Marktverhältnissen und insbesondere der Erfolgsfaktoren des CRM-Hauses sehen wir kaum Unterschiede zwischen großen und mittleren Unternehmen. Wohl gibt es für die Vertriebsführung mittelständischer Unternehmen spezielle Bedingungen und Herausforderungen:

- i.d.R. inhabergeführt, mit starker Firmentradition, Reserviertheit gegenüber größeren Strukturveränderungen,
- oft „techniklastig",
- geringere Personalreserven, die Arbeit lastet auf den Schultern weniger Leistungsträger,
- beschränkter Zugang zum Kapitalmarkt, Investitionszurückhaltung wegen Unsicherheiten betreffend Basel II,
- Mitarbeiter haben oft wenig Erfahrung in der Anwendung moderner Managementmethoden, insbes. im Projektmanagement.

Demgegenüber gibt es auch Vorteile für das mittelständische Vertriebsmanagement:
- hohe Identifikation der Mitarbeiter mit dem Unternehmen,
- treuer Mitarbeiter- und Kundenstamm,
- Konzentration der Kräfte auf Marktnischen,
- flache Hierarchien, deshalb Chancen auf schnelle und unbürokratische Entscheidungen.

Abb. 128 zeigt Besonderheiten und Vorteile von CRM für Großunternehmen und für den Mittelstand. Wir möchten hier nur von unterschiedlichen Nuancierungen zwischen großen und kleineren Unternehmen sprechen. Die Grundherausforderungen und Aufgabenstellungen sind gleich. Ein Kunde nimmt keine Rücksicht auf die Betriebsgröße des Anbieters.

Zusammenfassend wird mittelständischen Unternehmen geraten, ihr Hauptaugenmerk auf folgende CRM-Elemente zu legen:

(1) Auch wenn Mittelstandsunternehmen nicht so tief in Geschäftsbereiche gestaffelt sind, so ist es gemäß CRM-Denkhaltung wichtig, die kundenbezogenen Vorgänge von Außendienst, Innendienst und technischem Kundendienst aufeinander abzustimmen. Auf keinen Fall sollten veränderungsunfreudige Mittelstandsunternehmen dabei ihre bestehenden Abläufe (Prozesse) auf eine Software übertragen und dadurch einbetonieren. **Missmanagement plus Software = noch mehr Missmanagement.** Eine **integrierte Kundendatenbank** sollte die notwendige Transparenz für eine schnelle und kostengünstige Kundenbetreuung sichern.

CRM FÜR GROSSE UND FÜR MITTELSTÄNDISCHE UNTERNEHMEN	
Bei CRM in Großunternehmen zu beachten	*Bei CRM im Mittelstand zu beachten*
• Große Komplexität der IT-Architektur. Viele Datenbanken und Anwendungen zu integrieren • Daher viele Schnittstellen • CRM oft Vorstands- oder IT-Sache • Oft hohe Qualifikation, um CRM selbst einzuführen • Hochqualifizierte Stabsabteilungen – Gefahr von Ressortegoismen! • Oft zu viele Daten / Information Overload • Viele „selbstgestrickte" Privat- bzw. Abteilungsdateien, von Excel bis Oracle • Mehr Effizienz ist ein Kernziel • Integrationsproblem Tochtergesellschaften (Ausland) • Bereichsübergreifende Analyse ist wichtiges Thema • Marketing vorhanden, aber in CRM oft zu wenig eingebunden • Verkaufsprozesse i.d.R. definiert • Anwendungstechnik operiert oft selbständig als eigenes Ressort. Integrationsproblematik! • CRM-Systeme i.d.R. in eigener Hand	• KMU oft stark warenwirtschaftsorientiert. Wenig Verständnis für „weiche Daten" • Überschaubare Anzahl von Schnittstellen • CRM-Verantwortung liegt nicht selten im Innendienst • Beratereinsatz unbedingt zu empfehlen • Kaum Stabsabteilungen. Bei mittelständischer Führungskultur weniger Ressortegoismen • Datenmenge überschaubar • Meist keine Ordnung in Dateistrukturen. Das Wissen liegt in den Köpfen der Mitarbeiter • Mehr Transparenz ist ein Kernziel • Integrationsproblem Vertriebspartner wichtig • Transparenz in Kundendaten ist wichtiges Thema • Oft kein Marketing vorhanden und daher auch keine Marketingunterstützung möglich • I.d.R. noch keine Prozesse im Verkauf definiert • Anwendungstechnik arbeitet i.d.R. schon sehr vertriebsnah • CRM on Demand und ASP sind interessante Alternativen für den Mittelstand
Vorteile von CRM speziell für Großunternehmen	*Vorteile von CRM speziell für KMU*
• Qualitätssicherung für den Vertrieb • Internationale Standardisierung von Prozessen • Hohe Analysekraft durch Datamining • Bessere Koordination von Marketing und Vertrieb • Integration der Anwendungstechnik in den Vertrieb • Steuerung von Vertriebspartnern	• Kontaktmanagement schnell und papierlos • Mehr Verkaufsmöglichkeiten durch mehr Marktwissen • Kundenbewertung – auch mit weichen Daten • Kundenschlüssel für Kampagnen • Verkaufsanalysen auf Knopfdruck • Mehr Vertriebskanäle zum Kunden
© *Prof. Dr. Peter Winkelmann – Vertriebssteuerung FH Landshut*	

Abb. 128: CRM für große und mittelständische Unternehmen –
betriebsgrößenrelevante Unterschiede

(2) Mittelständische Betrieben sollten ihr Marketing verstärken. Diese Funktion können auch externe Dienstleister übernehmen. Von dieser Seite sollten im Sinne von CRM mehr Impulse in Richtung Kundenklassifizierung und Direktmarketing-Kampagnen kommen. Die Aktionen sind mit dem Verkauf abzustimmen. Sie haben die Verkaufsarbeit zu unterstützen.

(3) Gleichzeitig fordert CRM, auch die **Kontakt- und Verkaufskanäle zu harmonisieren**. Hierbei besteht für viele Mittelständler eine besondere Vertriebswegeproblematik. Einerseits fungieren viele Mittelständler als bewährte Zulieferer für Großunternehmen, was ihnen (theoretisch) wenig Raum für eigene CRM-Konzeptionen lässt. Hier sollte geprüft werden, in welchem Maße es sinnvoll ist, wenn sich der mittelständische Zulieferer in die CRM-Konzeption seines Großkunden einbringt (Idee der Kundenportale). Andererseits verfügen viele Mittelständler nicht über (starke) eigene Außendienste, sondern operieren mit Handelsvertretern. Dann stellt sich die „politische" Frage, in welchem Maße die Vertriebspartner bereit sind, an der CRM-Konzeption des mittelständischen Lieferanten mitzuwirken. In jedem Fall muss verhindert werden, dass ein Mittelstandsunternehmen innerhalb einer Wertschöpfungskette zwischen großen Zulieferern und großen Abnehmern ohnmächtig verharrt.

(4) Mittelständler sollten die erreichbare Datenmacht von CRM nutzen, um mehr über ihre Kunden und deren Verhalten zu erfahren und um so durch ein tiefergehendes Marktwissen

Interessenten und Kunden gezielter (individualisierter) anzugehen. Das gilt insbesondere für die im Dienstleistungsgeschäft und für die in BtoC-Märkten operierenden Mittelstandsunternehmen.

(5) Technisch orientierte kleine und mittlere Unternehmen sollten unbedingt ihre Kundenleitlinien und Unternehmensbotschaften durchforsten. Wie lautet der Tenor des Verkaufs: *„Wir bieten technische Höchstleistungen"* oder *„Sie erreichen mit unserem Produkt ..."*? **Vom Produktverkauf zum Nutzenverkauf**, so sollte auch für Mittelständler die CRM-geprägte Verkaufsphilosophie lauten.

(6) CRM-Systeme steigern Führungsqualitäten durch ihre **Analysemöglichkeiten auf Knopfdruck**. Vorteile ergeben sich in zwei Richtungen: Zum einen können im Sinne des Closed-Loop die aktuellen Marktkenntnisse sofort wieder in Kundenaktionen umgegossen werden (von der Information zur schnellen Aktion). Zum anderen gleiten die Mitarbeiter automatisch in einen permanenten Lernprozess über. *Born to be trained* – auch hierin steckt eine große Chance durch CRM für den Mittelstand.

Leider gibt es nicht viele Bücher, die sich intensiv mit CRM im Mittelstand beschäftigen. Auf eine umfassende Schrift der *CAS Software AG* kann verwiesen werden (vgl. *Horn/Kölmel/Ried* 2003).

j.) Marktsituation und Anbieterüberblick für CRM/CAS-Systeme

„In wettbewerbsintensiven Branchen werden Unternehmen nicht auf Customer Relationship Management verzichten können, um am Markt weiterhin bestehen zu können." (META Group zit. in o.V., M@rketplus 1/2000, S. 22).

Schlagen sich die beschriebenen Vorteile des integrierten Kundenmanagements in der Marktdurchdringung der CRM-Systeme nieder? Anfang der 90er Jahre sagten *Link* und *Hildebrand* bis Ende des Jahrzehnts eine **Marktdurchdringung durch die computergestützte Vertriebssteuerung** von 80 % voraus (vgl. *Link/Hildebrand*, ASW 12/1994, S. 78). Über ein Jahrzehnt ist die Entwicklung dann doch nicht so rasch in Gang gekommen, wie das die Autoren vorausgesagt hatten. **Technische Unzulänglichkeiten** (u.a. kein 32Bit-Betriebssystem, zu kleine RAM-Speicher, Mängel in Peripheriebereichen), Akzeptanzprobleme und Prioritäten für Reengineering und Lean Selling waren die Hauptgründe (vgl. *Winkelmann*, ASW 3/1998, S. 70–73). Die Lage hat sich seit CRM geändert. Große Marktforschungsinstitute wie *GartnerGroup* oder *META Group* bezeichnen CRM als den *„dynamischsten Markt der IT-Branche"* (o.V., M@rketplus 1/2000, S. 23); trotz der Abschwächungen in 2001/2002. Schätzungen zufolge hat das Umsatzvolumen für CRM/CAS-Software im Jahr 2003 sogar das der ERP-Programme übertroffen (vgl. *Kulzer*, ASW user 5/1999, S. 10).

Abb. 129 liefert eine Prognose von *Frost&Sullivan* für den Weltmarkt (vgl. *o. V.*, Computerwoche 29/2002, S. 29). Marktführer ist *Siebel* mit ca. 18 % Marktanteil. Nach dem Einbruch im Jahr 2001 und Konsolidierung in 2002 sind wieder zweistellige Wachstumsraten zu erwarten. Die Prognose enthält jedoch nur die Kosten für die Software. In gleicher Größenordnung kommen Aufwendungen für Hardware und Customizing/Service hinzu. Ferner dürfen die Kosten für die eingeschalteten Unternehmensberatungen und Integratoren nicht verschwiegen werden. Immer wieder werden die **Verbundkosten** bei den Projekten unterschätzt. Die Daten sind nicht gesichert. Von verschiedenen Instituten liegen widersprüchliche Daten vor. Die *International Data Group (IDC)* ermittelte z.B. für das Jahr 2000 Umsätze mit CRM-Software in Höhe von 6,2 Mrd. US-$. Diese sollen bis 2005 auf 14 Mrd. US-$ steigen, also deutlich weniger als in der *Frost&Sullivan*-Prognose (vgl. den Hinweis in salesBusiness, 10/2001, S. 36) – aber angesichts der aktuellen Lage im Jahr 2005 immer noch viel zu optimistisch.

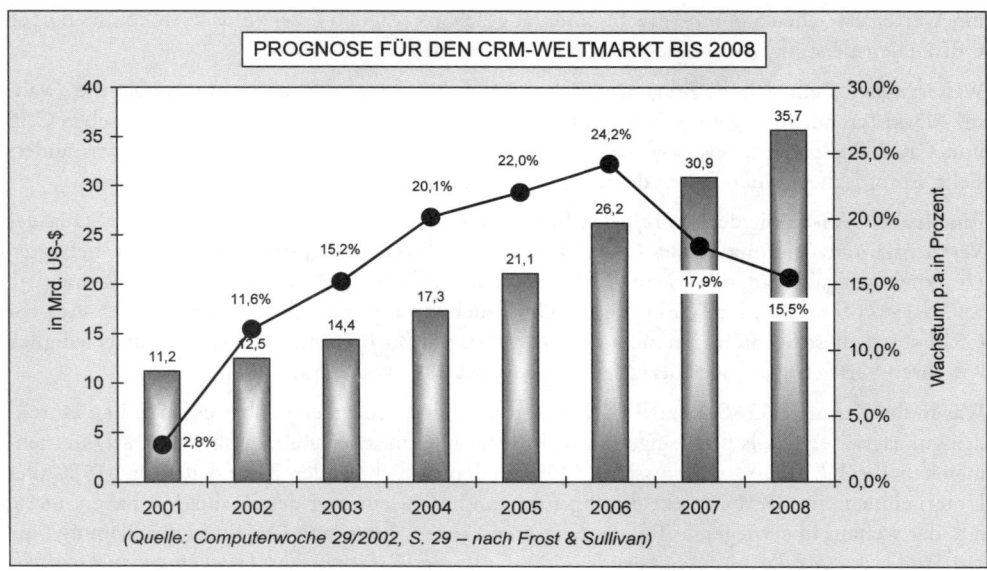

Abb. 129: Investitionen und Wachstumsraten im CRM-Weltmarkt bis 2008

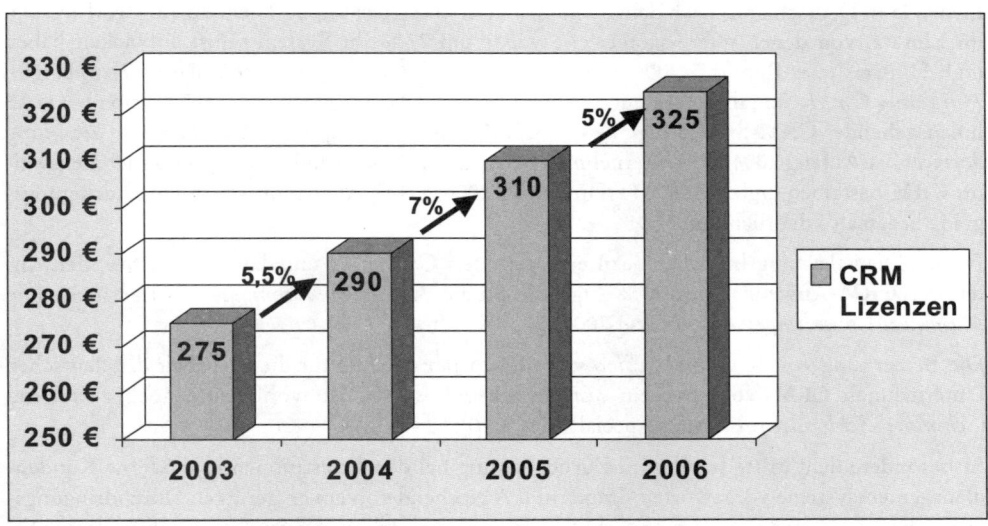

Abb. 130: Der CRM-Markt in Deutschland 2003–2006 – Softwarelizenzen
(Quelle: Hewson Group 2003)

Das gilt auch für die Europa-Prognose von *Frost&Sullivan*. Die Analysten erwarten für Europa im Zeitraum 1998 bis 2005 einen Umsatzanstieg für CRM-Software von 0,75 auf 6,5 Mrd. US-$ (*o.V.,* M@rketplus 1/1999, S. 9).

In Deutschland wies der Markt für CRM-Lizenzen im Jahr 2003 erst ein Volumen von 275 Mio. Euro auf. Die Wachstumsraten werden von den Analysten der *Hewson Group* (*Korb*; *Naujoks*) mit Werten zwischen 5 und 7 % recht moderat geschätzt. Zu den Lizenzumsätzen kommen noch CRM-Dienstleistungen in Höhe von rund 200 Mio. bis zum Jahr 2006.

Weitergehend stellt sich die Frage nach CRM-Marktanteilen. Im Grunde gibt es über die „wahre" Marktdurchdringung von CRM keine sicheren Marktdaten – weil die Grenze zwischen CAS und CRM fließend ist, und weil nahezu jede Unternehmung den CRM-Begriff etwas anders sieht. Empirische Studien liefern dennoch hilfreiche Signalmarken.

Eine frühe CAS-Studie der *Frankfurter Dataforce GmbH* bei über 1.400 Firmen zum Stand der Vertriebsautomatisierung (nicht CRM) führte zu folgendem Ergebnis: 41,4 % der befragten Unternehmen gaben an, bereits ein CAS-System einzusetzen. 8,6 % planen eine Einführung (vgl. *o.V.*, salesprofi 8/1999, S. 32). Eine eigene Untersuchung aus dem Jahr 1997 in der CAS-Ära vor CRM stützt diese Schätzungen nicht. Von 68 befragten BtoB-Firmen steuerten damals lediglich 8 % ihren Vertrieb systemgestützt (vgl. *Winkelmann* 1997 und 1998).

Was in der Zeit nach CAS speziell CRM betrifft, so sind Schlagzeilen über einen hohen Durchdringungsgrad ebenfalls nicht angebracht. In einer telefonischen Befragung von 738 Unternehmen kam die *META Group Deutschland* 1999 zu dem ernüchternden Befund, dass erst 18 % aller Unternehmen ein CRM-Projekt durchgeführt und 16 % eines in der Evaluation haben. 66 %, d.h. der weitaus überwiegende Teil der befragten Firmen, hatte kein Projekt in der Planung (vgl. zur Studie der *META Group „Agenda 2000: Customer Relationship Management in Deutschland"; o.V.*, M@rketplus 1/2000, S. 22–23; *Schimmel-Schloo*, acquisa-Messespecial 1999, S. 20). Im Jahr 2000 befragte das Brüsseler Marktforschungsinstitut *ITC* europaweit 2000 Unternehmen (295 in Deutschland) nach dem Stand der Vertriebssteuerung. 27 % hatten ein CRM-System im Einsatz, von denen interessanterweise wiederum 27 % ihr System selbst entwickelt haben (vgl. Hinweis in is-Report 5/2004, S. 6). Nach einer Untersuchung der *NetWorks Technologie-Marketing GmbH* im Jahre 2002 nutzten nur 123 von 718 befragten Firmen (17 %) ein über CAS hinausgehendes CRM-System (vgl. *Köster*, CRMprofi 2+3/2002, S. 6). *IBM Business Consulting Services* hat Anfang 2004 373 Unternehmen befragt, von denen rund 25 % ein unternehmensweites CRM betreiben (vgl. *Schuler*, IT-Director 5/2004, S. 48). Alle empirischen Durchdringungsgrade liegen also deutlich unter 50 %.

Für die Dienstleistungsbranchen beziffern *Mummert Consulting* und das *F.A.Z.Institut* den Anteil der CRM-Anwender mit 30 % (vgl. die Studie *Managementkompass Vertriebssteuerung*, *Mummert Consulting/F.A.Z.-Intitut* 2004).

Die Bemerkung von *Schimmel-Schloo* vor einigen Jahren, dass für die Mehrheit der deutschen Unternehmen **CRM wohl nur ein *„Lippenbekenntnis"*** sei, ist wohl heute noch zutreffend (*Schimmel-Schloo*, acquisa-Messespecial 1999, S. 20).

Insbesondere dem Mittelstand wird Zurückhaltung bei den Investitionen in moderne Kundenmanagementsysteme vorgeworfen. Immerhin: Ausgehend von einem geringen Durchdringungsgrad sehen Analysten der *Hewson Group* in den nächsten Jahren zweistellige Wachsumsraten bei den CRM-Software-Lizenzen (s. Abb. 131). Die größten Wachstumsimpulse gibt es seitens der mittelgroßen Unternehmen mit 100 bis 999 Beschäftigten. Der Eigen-Programmieranteil wird mit 30 % relativ hoch beziffert.

Auch *Schwetz* zeichnet nach einer Mittelstandsbefragung von 573 Firmen im Jahr 2003 ein durchaus positives Bild (vgl. *Schwetz*, salesBusiness 9/2003, S. 25). Danach haben 37 % der KMU CRM bereits im Einsatz. Jedoch melden 53 % der Mittelbetriebe keine Ambitionen in Sachen CRM-Projekte. Wir fürchten aber, dass die Zahl 37 % zu optimistisch ist. Vielleicht vermag Abb. 132 anzudeuten, wie weit die Praxis auf dem evolutionären 11-Stufen-Weg zu CRM bislang

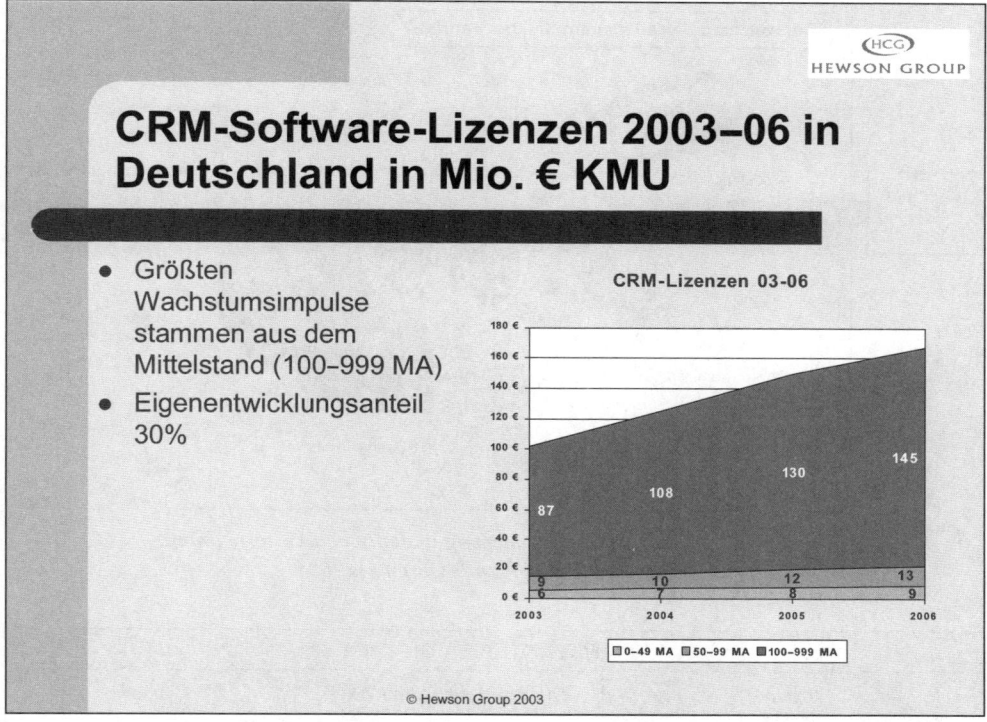

Abb. 131: CRM-Software-Lizenzen 2003–2006 für den Mittelstand in Deutschland (Quelle: Hewson Group 2003)

wirklich gekommen ist. Nach dieser Erhebung praktizieren nur 8,8 % der 80 mittelständischen Unternehmen, die an CRM-Kundenforen teilgenommen haben, ein wirklich integriertes Kundenmanagement. Ein Großteil der Unternehmen befindet sich noch auf CAS-Niveau. Sie praktizieren noch kein wirklich integriertes Kundenmanagement. Beleg hierfür mag sein, dass das Kundenmanagement im Mittelstand zu mehr als 90 % im Vertriebsinnendienst und bei der Vertriebsleitung angesiedelt ist und dass Service- und Call-Center-Funktionen nur in wenigen Fällen angeschlossen sind. Auch *Microsoft* weist darauf hin, dass nach keiner Marktstudie mehr als 20 Prozent der Mittelständler CRM im Einsatz haben (vgl. *Longerich*, IT-Director 11/2003, S. 29).

Zusammenfassend liegt im Jahr 2004 erstmalig eine betriebsgrößen- und -branchendifferenzierende Untersuchung vor. Die Studie *Customer Relationship Management im Jahr 2004+* von der *META Group* bestätigt die Spannweite der bisher genannten CRM-Marktanteile gemäß Abbildung 133.

Es soll hier ruhig wiederholt werden: Wir halten diese Durchdringungsgrade für zu optimistisch. Die Banken beispielsweise haben sicher starke Transaktionssysteme. Aber sie praktizieren nach unserer Markterfahrung nur in Ausnahmefällen echtes CRM. Wir meinen:

- **Der Anteil der mittelständischen Firmen, die wirklich integriertes CRM praktizieren, liegt erst bei 5 bis maximal 10 Prozent.**
- **Bei Großunternehmen gehen wir von einem Anteil von 25 bis maximal 33 Prozent aus** (Stand Ende 2004). Wir machen unser Urteil über den Marktanteil von CRM an einer Frage fest, die

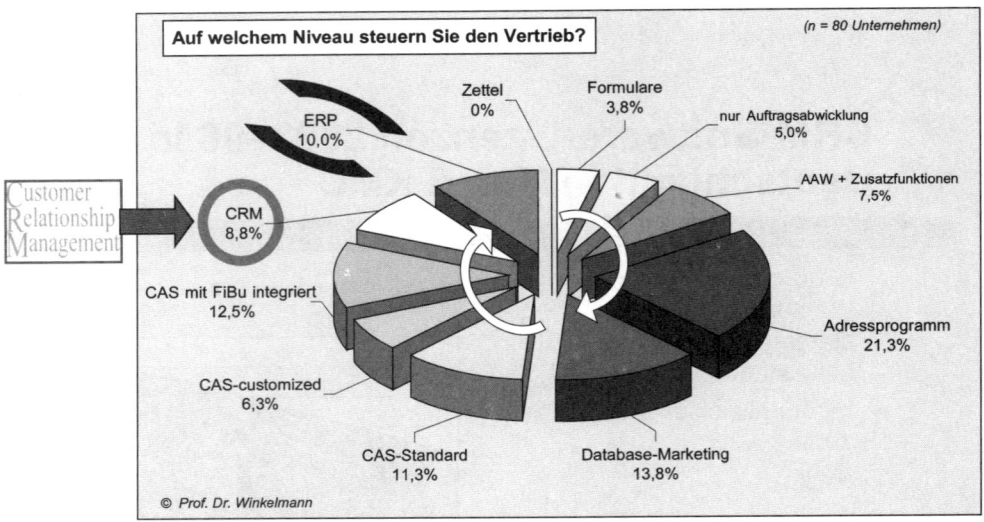

Abb. 132: Stand der Vertriebssteuerung in deutschen Unternehmen –
Auswertung von Kundenforen bis 2004

MARKTANTEILE VON CRM		
Gruppe	*Durchdringungsgrad 2004*	*Dynamik*
KMU 100 bis 499 Mitarbeiter	28%	++
Großunternehmen ab 500 Mitarbeiter	25%	++
Diskrete Fertigung	32%	+++
Prozessorientierte Fertigung	35%	+
Telekommunikation	26%	+++
Handel	28%	+++
Banken & Finanzdienstleister	44%	+++
Dienstleistungen allgemein	20%	+++
Öffentliche Hand / Non-Profit	18%	++
(Quelle: Customer Relationship Management 2004+; www.metagroup.de)		

Abb. 133: Marktanteile von CRM nach META Group (www.metagroup.de)

vor allem für BtoB gilt: *Lieber CRM-Anwender, haben Sie wirklich schon den technischen Kundendienst und die Anwendungstechniker integriert?* Wetten, dass sich die meisten Befragten abdrehen.

Bei allen Marktstudien ist erschwerend zu berücksichtigen, dass die Grundgesamtheit der Unternehmen nicht definiert ist, die für eine computergestützte Vertriebssteuerung in Frage kommen. Für Deutschland wurde vor einigen Jahren ein **Marktpotenzial** von 400.000–450.000 ausrüstbaren Vertriebsorganisationen angenommen (vgl. *Schwetz*, salesprofi 10/1998, S. 46). Dieses Potenzial ist möglicherweise zu hoch geschätzt. Bei nur 5.000 Großunternehmen in Deutschland mit

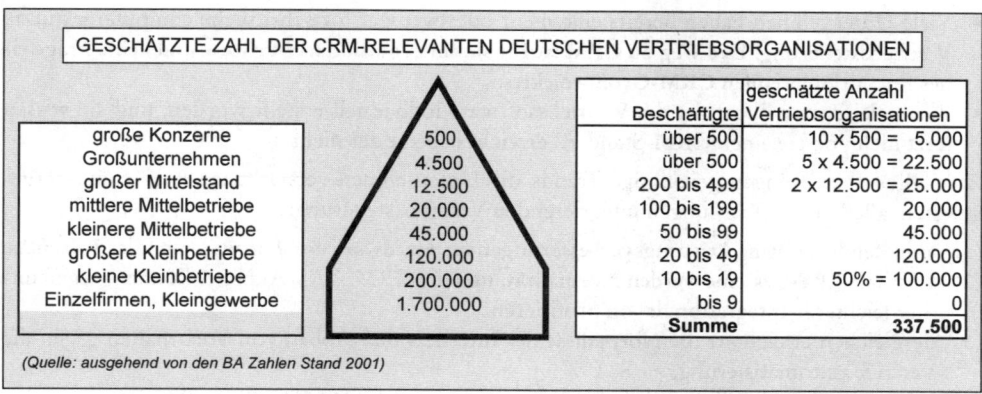

GESCHÄTZTE ZAHL DER CRM-RELEVANTEN DEUTSCHEN VERTRIEBSORGANISATIONEN				
		Beschäftigte	geschätzte Anzahl Vertriebsorganisationen	
große Konzerne	500	über 500	10 x 500 =	5.000
Großunternehmen	4.500	über 500	5 x 4.500 =	22.500
großer Mittelstand	12.500	200 bis 499	2 x 12.500 =	25.000
mittlere Mittelbetriebe	20.000	100 bis 199		20.000
kleinere Mittelbetriebe	45.000	50 bis 99		45.000
größere Kleinbetriebe	120.000	20 bis 49		120.000
kleine Kleinbetriebe	200.000	10 bis 19	50% =	100.000
Einzelfirmen, Kleingewerbe	1.700.000	bis 9		0
		Summe		**337.500**

(Quelle: ausgehend von den BA Zahlen Stand 2001)

Abb. 134: Anzahl der CRM-relevanten Vertriebsorganisationen in Deutschland

mehr als 500 Beschäftigten und 32.500 größeren Mittelständlern mit 100 bis 499 Beschäftigten würde diese Zahl ein tiefes Eindringen der Vertriebssteuerung in den Bereich der Kleinbetriebe bedingen. Doch nur 50.000–55.000 Unternehmen in Deutschland verzeichnen mehr als 5 Mio. Euro Jahresumsatz. Ausgehend von der Schätzung der Abb. 134 möchten wir einen weiten Rahmen spannen und eine Zahl zwischen 250.000 und 350.000 Vertriebsabteilungen (Vertriebsorganisationen) nennen, die für eine professionelle Vertriebssteuerung in Betracht kommen.

Das *Institut für Mittelstandsforschung* (*IfM*) identifiziert 707.000 mittelständische Betriebe und bezeichnet 249.000 von ihnen (35,2 %) als marketingrelevant. Diese KMU erstellen Marketing- und Planungskonzepte. Auch über diesen Denkansatz gerät eine Zahl von 250.000 in den Bereich des Denkbaren (vgl. Hinweis in ASW 5/2004, S. 22; *www.impulse.de/mind*).

Angesichts der unklaren Grundgesamtheit und der abweichenden Ergebnisse der CRM-Studien ist anzumerken (vgl. *Winkelmann*, salesprofi 5/2000, S. 36–37):

- Ein so brisantes Thema wie den Marktanteil von CRM in Ad-hoc-Studien, z.B. am Telefon, zu befragen, ist kritisch. Nicht auszuschließen, dass sich die befragten Mitarbeiter der Unternehmen spontan überfordert fühlen.

- **Vielen Unternehmen sind die Vorteile einer CRM-Vertriebssteuerung für ihr Unternehmen noch immer nicht klar.** Auch Begriffsverwirrungen in der Praxis spielen hier hinein. Viele vertriebssteuernden Unternehmen bleiben beim etablierten Begriff **Vertriebsinformationssystem**.

- Auf der anderen Seite tun wohl auch die CRM-Anbieter nicht genug, um den Nutzen ihrer Systeme überzeugend an potenzielle Anwender zu kommunizieren. CRM wird zu stark mit Software in Verbindung gebracht und in die Zuständigkeit der IT-Abteilung gelegt.

- Die Unternehmen haben Schwierigkeiten, sich in dem verwirrenden Markt der 100 bis 200 CRM-Anbieter zurechtzufinden und die für ihre Anforderungen geeigneten Systemanbieter für Angebotserstellung und Präsentation auszuwählen. Diesbezüglich gibt es erst mehr Markttransparenz durch die virtuelle Messe *acquisa-crm-expo.de* und die etablierte Kölner Messe *CRM-expo*.

- Die Unternehmen sind in Wartehaltung, weil sie sich mit der Einführung eines umfassenden ERP-Systems beschäftigen oder gerade eine ERP-Umstellung überstanden haben. Fast alle ERP-Anbieter versprechen, dass man mit ihrer betriebswirtschaftlichen Standardsoftware auch den Vertrieb im Sinne von CRM steuern könne.

- Viele Unternehmen haben bereits eine mehr oder weniger fortschrittliche computergestützte Vertriebssteuerung. **Der Weg zu CRM ist für sie ein evolutionärer Prozess und keine Frage eines revolutionierenden CRM-Großprojektes.**
- Für viele Unternehmen ist die Vertriebssoftware individuell erstellt worden, und sie wissen jetzt nicht, ob sie einen CRM-Standard erreicht haben oder nicht.

Zweifellos aber drängen gewichtige Trends die Unternehmen verstärkt zu einer computergestützten, alle Kundenabteilungen integrierenden Vertriebssteuerung:

(1) anhaltende, enorme **Leistungsverbesserungen bei Hardware und Software** und des **Internets,**
(2) vertikale **ERP-Systeme werden Normalität**, und die CRM/CAS-Anbieter können wegen immer leichterer Integration davon profitieren,
(3) desgleichen erleichtert die **Normalität des Internets** den Abbau von Vorbehalten gegen die Vertriebsautomatisierung,
(4) wachsende Notwendigkeit, im internationalen Maßstab Geschäftsfelder, Ressorts, Produktgruppen und Mitarbeiter (online) zu vernetzen,
(5) wachsende Notwendigkeit, immer mehr Vorgänge mit immer weniger Mitarbeitern abzuwickeln,
(6) **problemlose Schnittstellen** zu Warenwirtschafts- und Finanzbuchhaltungssystemen,
(7) nach den Jahren von Reengineering, Wertanalyse und TQM erhält der Vertrieb die **Zielvorgabe**, schneller, kostengünstiger und kundenorientierter zu agieren,
(8) **zunehmende Prozessorientierung** sowohl auf Lieferanten- wie auch auf Kundenseite,
(9) ein **laufender Generationswechsel** in den Vertriebsorganisationen bringt zunehmend jüngere Mitarbeiter in den Verkauf, die mit moderner Informationstechnologie umzugehen wissen (auch jüngere Chefs),
(10) *Microsoft* hat ab 2003 die eigene CRM-Software *MS CRM* für den Mittelstand eingeführt und rührt zum Vorteil der Branche kräftig die Werbetrommel.

So ist zu erwarten, dass der Boom der Vertriebsautomatisierung noch mindestens bis Ende des laufenden Jahrzehnts anhalten wird, so wie dies auch die *META Group* voraussagt.

k.) Hauptvorteile von CRM/CAS

Die Hilti AG stellte schon vor Jahren als Vorteile einer CAS-Einführung heraus:
- *7 % Verkaufssteigerung nach 9 Monaten,*
- *neue Verkäufer sehr viel schneller eingeführt,*
- *sichere Verkaufsprozesse,*
- *Motivationsschub für die Kundenbetreuer,*
- *zufriedene Kunden, höhere Kundenbindung.*
Die Ergebnisse sind insofern bemerkenswert, als Hilti bereits 3 Anläufe zur Einführung eines CAS-Systems hinter sich hat.
(vgl. Mühlberger, salesprofi 10/1998, S. 55)

Link und *Hildebrand* haben in ihrer richtungsweisenden Arbeit schon vor zehn Jahren die **Vorteile einer computergestützten Vertriebssteuerung** auf den Punkte gebracht (in Erweiterung von *Link/Hildebrand* 1993, S. 141–147):

- CRM/CAS ermöglicht eine schnelle und vor allem papierlose Verarbeitung von Massendaten und Massenvorgängen (**Rationalisierungsvorteil**),
- CRM/CAS hält alle wichtigen Daten aktuell abrufbar, online vor (**Informations- und Schnelligkeitsvorteil**),
- vernetzt alle Mitarbeiter mit Kundenkontakt und ermöglicht so eine Vertriebsführung „aus einem Guss" (**Koordinationsvorteil**),

- Verkaufsprozesse werden signifikant schneller, Chancen werden früher erkannt und genutzt (**Schnelligkeitsvorteil**),
- CRM/CAS analysiert die Bedarfsstrukturen und das Bestellverhalten der Kunden. Neuer Bedarf wird automatisch aufgespürt, der Kunde zum richtigen Zeitpunkt akquiriert (ebenfalls **Schnelligkeitsvorteil**),
- CRM/CAS ermöglicht eine tiefgehende Analyse der Kundenwünsche und eine individuelle Ausrichtung von Kundenansprache und Leistungsangebot (**Individualisierungvorteil**),
- CRM/CAS spürt Verkaufschancen produktprogramm-übergreifend auf (Vorteil der Erfassung und des Ausschöpfens von **Cross-Selling-Potenzialen**),
- CRM/CAS unterstützt eine permanente Höherqualifizierung der Mitarbeiter und dadurch auch eine ständige Verbesserung der Kundenbearbeitung (**Lernvorteil**),
- CRM/CAS bietet erhebliche Möglichkeiten zur Senkung der Kundenbetreuungs- und Vertriebsverwaltungskosten (**Rationalisierungsvorteil**). Speziell die **Vorteile durch Verkaufsgebietsoptimierung** sind hier zu betonen. CRM/CAS ermöglicht auch ein internes **Benchmarking** für die Verkaufsarbeit (vgl. *Winkelmann*, salesprofi 6/1999, S. 40–44; s. Abschnitt 10.9.5.).
- CRM/CAS ermöglicht Marktanalysen auf Knopfdruck (**Strategievorteil**).

Eine Verdichtung auf **vier strategische Erfolgsfaktoren** stammt von *Wehrmeister* (vgl. *Wehrmeister* 2001, S. 17):

(1) **Erfolgreichere Neukundengewinnung:** zu erreichen durch abteilungsübergreifendes Generieren von Kundenwissen mit der Folge zielgerichteter Marketingaktionen,
(2) **mehr Kundenbindung:** durch ein gezielteres Erfüllen von Kundenwünschen,
(3) **Imageverbesserung:** durch mehr Kundenorientierung des Gesamtunternehmens mit der Folge von mehr Kundenzufriedenheit,
(4) **Effizienzsteigerung:** u.a. infolge einer besseren Beherrschung von Kundenschnittstellen mit einer schnelleren und korrekteren Beantwortung von Kundenfragen.

Ergänzende Vorteile aus Praxisprojekten werden im folgenden Abschnitt beschrieben.

l.) Nutzen-/Kostenanalysen und der ROI von CRM/CAS-Projekten

„In der Vergangenheit haben die verschiedenen Softwareanbieter und Unternehmensberatungen für Customer Relationship Management mit zu pauschalen Berechnungsmodellen für einen Return on Investment ihrer Produkte aufgewartet. Doch der Versuch, sich mit markigen Aussagen über die Wirtschaftlichkeit eines auf einer Software basierenden CRM-Projekts ein Alleinstellungsmerkmal zu erarbeiten, ist gescheitert."
(Brendel, acquisa 5/2002, S. 44)

Begründet wird das stetige Wachstum des Marktes für Vertriebssteuerungssysteme durch zu erwartende Vorteile und eine schnelle Amortisation der Systeminvestitionen. Dagegen stehen allerdings hohe Kosten und Risiken einer fehlgeschlagenen CRM-Einführung. Die von *Link* und *Hildebrand* aufgezeigten und in Abschnitt 6.4.5.k. bereits erwähnten Hauptvorteile einer Vertriebssteuerung müssen sich daher nach Meinung von Geschäftsführung und Controlling in messbaren Erfolgsgrößen niederschlagen. CRM-Anbieter und Anwender sind gemeinsam gefordert, die zu erwartenden monetären und nichtmonetären Vorteile von CRM in den folgenden Bereichen zu belegen:

(1) Senkung von Vertriebsgemeinkosten,
(2) Abbau von Mitarbeitern im Verkauf (als Zielgröße sehr kritisch!),
(3) Beschleunigung von Abwicklungsvorgängen,
(4) Verbesserung von Präzision bzw. Qualität der Vorgangsbearbeitung,

(5) dadurch motiviertere Verkäufer,

(6) die durch ein professionelleres Auftreten im Markt das Firmenimage stärken,

(7) Verbesserungen im Produkt- und Kundenmix (werthaltigere Produkte bzw. Kunden),

(8) präzisere und vor allem auch schnellere Lead-Qualifizierung,

(9) dadurch höhere Kaufwahrscheinlichkeiten (Hit-rates),

(10) ein beschleunigtes Umwandeln von Interessenten in Käufer (Beschleunigung des SalesCycle),

(11) eine geringere Fluktuation im Kundenbestand (d.h. höhere Kundenbindung),

(12) nachweisbar gesteigerte Kundenzufriedenheits-Kennziffern,

(13) dadurch bessere Potenzialausschöpfungen (auch systematisches Cross-Selling),

(14) schnelleres Ansprechen neuer Zielgruppen (ein Grund: feinere Kundenqualifizierung),

(15) Gewinnung neuer Stammkunden, Aufstocken des Kundenstamms,

(16) höhere Standardisierung in der internationalen Vertriebssteuerung,

(17) alles in allem mehr Kunden, mehr Umsatz, mehr Marktanteil

(18) und vor allem Rationalisierungsvorteile durch eine papierlose Bearbeitung von Vorgängen,

(19) Setzen von Qualitätsstandards für die Marktbearbeitung,

(20) Erleichterung einer globalisierten (weltweiten) Marktbearbeitung.

Fachzeitschriften und Wirtschaftspresse veröffentlichten in der Anfangszeit von CRM zahlreiche **Erfolgsbeispiele** für CRM-Einführungen. Die vielen positiven Unternehmensmeldungen stimmen optimistisch (vgl. hier nur eine Auswahl: für *Hilti: Mühlberger*, salesprofi 10/1998, S. 54–57; für *Schenck: Potreck* 1997, S. 739–757; für *Becks Bier, Ingersoll-Rand, Serono Pharma, Hartmann & Braun, LBS Münster:* vgl. o.V., acquisa 3/1999, S. 54–60; für *Kölln-Flocken:* vgl. *Enders/Fromme/Roffka*, acquisa-Messespecial 1999, S. 22–24; für *Bayer Vital* (100.000 Kunden!): o.V. ASW user, 1/2000, S. 14–15; für *Bayer/Hoechst: o.V.*, Client/Server 10/1999, S. 88–89; für *Elf Oil, Mettler Toledo, Bahlsen, Infineon:* vgl. die Hinweise in ASW user, 5/1999, S. 18–26; für *JTI/Reynolds:* vgl. *Hassmann*, salesprofi 2000, S. 44–46).

Schwetz erwähnt folgende erfolgreiche CRM-Projekte: *Tyrolit, LBS, Philips, Sony, Warsteiner, Herlitz, Miele, Dorma, HEW, Byk Gulden* (vgl. *Schwetz*, CRM-Report 2002, S. 7). Hervorzuheben sind auch die erfolgreichen CRM-Projekte *EAGLE* der *Deutsche Leasing AG, Take 5* der *Paul Hartmann AG*, Customer Improvement Management von *Vaillant* oder das Internet-gestützte Konzept von *Hommel Unverzagt (ThyssenKrupp* Maschinenhandel). Die *Ricosta Schuhe GmbH*, der Hauptwettbewerber von *Elefanten* im Kinderschuhbereich, zeigt auf, wie ein Mittelständler aus eigener Kraft erfolgreich Marktführer wird. Und der Werkzeugmaschinenhersteller *Trumpf* betrachtet sein erfolgreiches CRM als ein *Kundenbeziehungsmanagement in jeder Lebenslage*. Die CRM-Software hat nach Aussage des Vorstands die in sie gesetzten Erwartungen vollständig erfüllt. (vgl. den Hinweis in ASW 11/2003, S. 30).

Noch im Jahr 2003 stand CRM grundsätzlich auf dem Prüfstand. Im Jahr 2004 haben sich um den *CRM-Award 2004* fast 40 Unternehmen aus allen Branchen und Betriebsgrößen beworben. Mehr und mehr bekennen sich also Unternehmen zu ihren CRM-Erfolgen und veröffentlichen ihre Erfolgsrezepte auf Messen und Kongressen und in Fachzeitschriften. Wer will, kann sich heute problemlos anhand der einschlägigen Fachzeitschriften (*acquisa, salesBusiness, is-Report*) über laufende CRM-Praxisprojekte informieren.

Es ist also müßig, die Liste von CRM-Erfolgsmeldungen einigermaßen vollständig fortzusetzen. Heute geht es nicht mehr um das *Ja* oder *Nein* zu CRM. Die Unternehmen bewegt vielmehr das *Wie* und die Frage eines Erfolgsnachweises von CRM. Für CRM-Einführungen werden, oft mit dem Anspruch von Gesetzmäßigkeiten, folgende betriebswirtschaftliche Vorteilseffekte nachgewiesen bzw. vorausgesagt:

- **Umsatzsteigerungen** in Industrieunternehmen ca. +10 %, im Konsumgüterbereich +5 % und im Dienstleistungssektor ca. +20 % (vgl. *Schwetz*, acquisa 3/1997, S. 58–63),
- **Kostensenkungen** im Verkauf zwischen +5 % und +25 % (vgl. *Schwetz*, acquisa 3/1997, S. 58), in Einzelfällen sogar +30 % (vgl. *Link/Hildebrand* 1993, S. 147),
- **Zeitgewinn** bei täglichen Routinearbeiten im Verkauf mindestens zwischen +10 % und +20 % (eigene Erfahrungen),
- „*Siebel-Werbung*": Umsatzwachstum +15 %, Zuwachs bei der Kundenzufriedenheit +21 %, Steigerung der Mitarbeiterproduktivität +20 % (Werbeunterlagen *Siebel*),
- „*Siebel-Chefmeinung*": Umsatzwachstum +8 %, Zuwachs bei der Kundenzufriedenheit +23 %, Steigerung der Kundenbindung +13 %, Steigerung der Mitarbeiterproduktivität +23 % und Amortisation innerhalb von 12 Monaten (vgl. *Tom Siebel*, in: *Ottomeier*, Computerwoche 48/2002, S. 12),
- Basisdaten von *Glen S. Petersen:* Umsatz +10 %, Margen unverändert bei 30 %, Vertriebskosten ebenfalls konstant bei +7 % vom Umsatz, Zunahme der Marketingkosten um ca. +8 %, andererseits aber Steigerung der Profitabilität um ca. +12 % jährlich (zit. in *Brendel* 2002, S. 130),
- Prognose von *B. Goldenberg, ISM*: Kundenzufriedenheit +3 %, Umsatz pro Verkäufer +10 %, Erlösspanne +1 %, Verbesserung der Abschlussraten + 5 %, Marketing- und Vertriebskosten −10 % (Verkaufsprospekt *evosoft*).
- *SAP*-Fallstudie zu *Tyrolit*: Gewinnsteigerung +25 % durch geringere Transaktionskosten beim Kundenkontakt, Personalkosten −80 %, ROI bezogen auf das Investment von 1,98 Mio Euro +83 % (vgl. *Hill/Holliday*: The ROI-Report, Juni 2002).
- Überragende Erfolgswerte bei einer Befragung von 30 CRM-Anwendern in Europa und USA durch die *International Data Corp (IDC)*: 19 % der Unternehmen melden einen ROI für die CRM-Einführung von bis zu 50 %, knapp 50 % melden ROI zwischen 51 und 500 %, 30 % der Befragten nennen noch höhere ROI-Werte. Amortisation bei 58 % der Unternehmen unter 1 Jahr, bei 35 % der Unternehmen zwischen 1 und 3 Jahren, bei 8 % der CRM-Anwender 3 Jahre und länger (vgl. *o. V*, Computerwoche 9/2004, S. 29). Die gesamten durchschnittlichen Investitionskosten für die CRM-Anwendungen betrugen 426.000 USD, die budgetierten Gesamtkosten über 5 Jahre 1,2 Mio. USD.

Große Vorsicht ist bei einer Pauschalierung derartiger Angaben angebracht. Diese Erfolgszahlen als Gesetzmäßigkeiten zu begreifen, ist gefährlich. Wir halten es schlichtweg für unmöglich, die Auswirkungen umfassender CRM-Lösungen in allgemeingültige Aussagen oder gar Fakten zu fassen. Die Praxis zeigt, dass es zumeist eigene Zielwerte der Unternehmen sind, mit denen die Projekte angeschoben werden. Und zu unterschiedlich sind die Ausgangsbedingungen der Unternehmen. Vor allem hängen alle Erfolgsdaten von der Akzeptanz der Mitarbeiter ab und davon, wie effizient sie das neues System nutzen. **Es gibt folglich keinen pauschalen Wirtschaftlichkeitseffekt** (vgl. auch die Diskussion bei *Brendel* 2002, S. 131–134).

Günstiger stellt sich die Situation dar, wenn über organisatorisch abgrenzbare Projekte in einem überschaubaren Planungszeitraum mit sinnvoll abschätzbaren Ein- und Ausgaben zu entscheiden ist. Dann lässt sich eine CRM-Investition in etwa mit einer Maschineninvestition vergleichen. Und dann sind auch astronomische Erfolgszahlen möglich, wie sie z.B. die zur *Vorwerk-Gruppe* gehörige *Hectas Gebäudedienste GmbH* verkündete: Eine 300prozentige Steigerung der Kundenkontakte bewirkte eine Umsatzsteigerung in Höhe von 33 Prozent (vgl. *Haug-Grimm*, acquisa 6/2002, S. 42–43).

Wegen der geschilderten Unwägbarkeiten gibt es bis dato noch keinen anerkannten Standard für die Erfassung und Berechnung der Vorteile einer Vertriebsautomatisierung. Aus kaufmännischer

Verantwortung heraus suchen Unternehmensführung und Controlling nach allen Möglichkeiten, um den Erfolg des Einsatzes einer modernen Vertriebssteuerung a priori oder a posteriori durch Fakten zu belegen. In grober Form lassen sich folgende Denkansätze für Nutzen- bzw. Kosten-/Nutzenanalysen unterscheiden:

(1) **CRM als Hygienefaktor:** Im Sinne von *Herzberg* machen sich **Hygienefaktoren** nur dann bemerkbar – und dann negativ – wenn sie nicht vorhanden sind (Toilettenpapier-Effekt). Nach diesem Rechtfertigungsansatz würde eine Unternehmung davon ausgehen, dass sie im Markt langfristig signifikante Nachteile erleidet, wenn sie nicht zu einer integrierten Vertriebssteuerung übergeht. Man will nicht Vorteile nachweisen, sondern Schäden vermeiden. Die Unternehmung nimmt an, dass sie sich richtig entscheidet, wenn sie mit einem erfahrenen Softwarehaus ein System plant und einführt. Hinsichtlich der Investitionskosten orientiert man sich am Standard und investiert in den Standard, ohne die Investitionssumme in besonderer Weise zu begründen. Wenn eine neue Handy-Generation im Markt aufkommt, wird auch niemand die Rendite berechnen. *Die Fragen betreffen vielmehr das Wann und das Wie.*

(2) Aus der Werbebudget-Bestimmung ist der *All-we-can-afford*-Ansatz bekannt (vgl. *Weis* 1997, S. 378). Hiernach denkt die Unternehmung wie bei (1), gibt allerdings als Nebenbedingung ein Budget vor. Beispielsweise wird ein Marketingbudget von 0,8 Mio. Euro über 2 Jahre um jeweils 10 % gekürzt und von diesem Betrag „ein Maximum an CRM-Software" investiert.

(3) *Trailer* unternimmt einen Versuch, die Nutzenvorteile von CRM in einem **Faktor für die Vertriebsleistung** zu visualisieren. Das Konzept wird unten aufgezeigt.

(4) Bei einem **Benchmarking-Ansatz** geht die Geschäftsführung davon aus, dass ausgewählte Zielvorgaben mit einer gegenwärtig überlasteten, „im Papier wühlenden" und sich in Suchprozessen (der Zeitverlust durch tägliches Suchen kann gut gemessen werden!) aufreibenden Vertriebsorganisation nicht zu erreichen sind. Der Vertrieb erhält eine moderne Vertriebssteuerung unter der Maßgabe, mit Hilfe des Systems bestimmte Zielmarken zu erreichen. Das Softwarehaus als Systemanbieter einerseits und der Vertriebschef andererseits übernehmen die Erfolgsverantwortung. Werden die Ziele erreicht, gilt das System als amortisiert. Auf eine ganzheitliche ROI-Berechnung wird also verzichtet.

(5) **Nutzenanalysen** sollen die Vorteilseffekte von CRM/CAS umfassender als bei (4) quantifizieren. Hält das Management die zu erwartenden Vorteile für erstrebenswert, wird ein angemessenes Anschaffungs- und Einführungsbudget für ein CRM-System bereit gestellt. Ein Beispiel wird im folgenden aufgezeigt. Die Kostenanalyse tritt gegenüber der Erfassung von Nutzeneffekten in den Hintergrund.

(6) Auf der controlling-gestützten Berechnungsstufe versucht man **Kosten und quantifizierbare Nutzenbeiträge von CRM in ein Verhältnis zu setzen.** Sofern die CRM-Auswirkungen in dieser Richtung messbar sind, können die klassischen Investitionskalküle Return on Investment (ROI), Amortisationsdauer (Pay Off) und Kapitalwert (i.d.R. Discounted Cash Flow) angewendet werden. Generell halten wir Amortisationszeiten für aussagekräftiger als Renditen.

(7) **Kosten der Unterlassung:** Letztlich unternimmt die *Insight Technology Group* einen originellen Versuch, die Nachteile aufzuzeigen, wenn mit der Vertriebsautomatisierung gar nicht, zu spät oder halbherzig begonnen wird (*The cost of not doing it*).

Ausgewählte Vorgehensweisen werden jetzt näher erläutert.

Berechnung der Vertriebsleistung nach der Formel von *Trailer*

Nach *Trailer* hängt die Leistungsfähigkeit eines Vertriebs entscheidend von der Qualität und der Schnelligkeit der Marktbearbeitung ab. Diese Erfolgsfaktoren gehen in seine Gleichung zur Messung der Vertriebsleistung (VL) ein:

$$VL = \frac{\text{Anzahl standardisierter Vorgänge} \times \text{Qualitätsindex}}{\text{durchschnittliche Vorgangsdauer}}$$

- Die Vertriebsleistung sollte für alle Vertriebsbereiche berechnet werden.
- Die Bearbeitungsqualitäten sollten durch neutrale Experten beurteilt werden.

(vgl. Siebel/Malone 1998, S. 42 – Originalquelle / Vortrag nicht erhältlich)

Der **Leistungsindex für die Vertriebskraft** (VL) kann wie folgt berechnet werden:

(1) Zunächst sind die relevanten Vertriebsprozesse zu definieren. Man geht heute davon aus, dass sich alle Unternehmensvorgänge auf 20 Hauptgeschäftsprozesse reduzieren lassen (vgl. *Howells,* Client/Server 1–2/2000, S. 50). Ein Teil davon betrifft den Vertrieb (mit den Sub-Prozessen Produktabklärung, Lieferzeitklärung, Sonderkalkulation, Angebotserstellung, Auftragseingabe, Auftragsbestätigung, Lead-Call, Kundenbesuch etc.).

(2) Ein Qualitätsindex wäre mit Hilfe von Ratingskalen zu schätzen. Branchenexperten, z.B. vom Fachverband, müssten hierfür gewonnen werden. Eine Bewertungsgröße von 1,0 entspricht entweder einem **Benchmark** (Frontoffice- und Backoffice-Performance des Branchenführers oder des Branchendurchschnitts) oder kann einfach als Fixpunkt für die Ist-Situation gesetzt werden.

(3) Die durchschnittliche Vorgangsdauer ergibt sich, wenn die zuvor definierten Vorgänge (Prozesse) im Vertrieb mit ihren durchschnittlichen Vorgangsdauern gewichtet gemittelt werden (Bildung eines gewichteten Durchschnitts).

(4) Es bietet sich an, diesen Leistungsindex (z.B. 2000 Vorgänge x 1,0/10 Minuten = 200) durch eben diesen Ausgangswert von 200 zu dividieren. Die Rechnung ergibt dann einen auf die Ausgangssituation genormten Index von 1,0.

Dieser Index ist als abstrakte Größe zu verstehen. Die Basis der Zahl hat keine betriebswirtschaftliche Bedeutung. Im Rahmen von CRM gesteuerte externe Aktivitäten (z.B. externe Call-Center) müssten mit in die Formel einbezogen werden. Der Leistungsindex steigt dann mit zunehmender Anzahl von Vertriebsvorgängen (hierbei sollten insbesondere aktive Kundenkontakte gemessen werden), einer verbesserten Qualität der Abwicklung und mit abnehmender Durchschnittsdauer der Vorgänge.

Benchmarking

Der Erfolg einer CRM-Einführung kann auch mit Hilfe von Benchmarking durch Vorgabe und Kontrolle ausgewählter Zielwerte angepeilt werden. Auf der Grundlage von eigenen Erfahrungen, Branchenstandards oder Erfolgswerten der Marktführer werden für kritische Vertriebsaufgaben Kennziffern festgelegt, deren weitere Entwicklung während der Einführung der neuen Vertriebssteuerung überwacht wird. Typische Schlüsselgrößen sind z.B. Zeitaufwand für Suchvorgänge, die Durchlaufzeit von Verkaufszyklen, die Anzahl der Kundenbesuche, der Anteil der aktiven Besuchszeit der Verkäufer, Prozentanteil von Neukunden oder Abschlusswahrscheinlichkeiten. Der folgende Abschnitt über Nutzenanalysen enthält Beispiele. Der Vorteil des Benchmarking: Es sind keine vollständigen und rechnerisch aufwändigen Kosten-/Nutzenanalysen bzw. ROI-Berechnungen notwendig. Geschäfts- und Vertriebsleitung sollten sich aber zuvor einig sein, dass ohne ein CRM-System die gesetzten Ziele nicht zu erreichen wären. Benchmarks können für alle am Anfang genannten 20 Zielrichtungen gesetzt werden. Abschnitt 10.9.5. dieses Buches wird aufzeigen, wie ein Benchmarking zur Überwachung der Zielsetzungen im System verankert werden kann.

Nutzenberechnungen

Ein führendes internationales Marktforschungs-Institut (Goldman Sachs) hat Siebel-Kunden die Frage vorgelegt: „Wie hat sich der Einsatz von Siebel Frontoffice-Lösungen auf Ihre Unternehmensziele ausgewirkt?".
Das Ergebnis: durchschnittliches Umsatzwachstum + 15 %; Kundenzufriedenheit + 21 %; Mitarbeiterproduktivität + 20 %. Siebel nennt schließlich eine durchschnittliche Amortisationszeit von 10 Monaten für seine CRM-Lösungen (vgl. Siebel, CRM-Führer 2000, S. 3).

Wie können die Vorteile einer IT-gestützten Vertriebssteuerung rechnerisch erfasst werden? Viele Rechnungen beschränken sich auf die Einsparung von Arbeitszeit. Schwetz weist in einer Befragung von VerkaufsmitarbeiterInnen anschaulich nach, dass diese 68 Prozent ihrer Zeit mit verkaufsfremden Tätigkeiten der Informationsbeschaffung und der Administration verschwenden (vgl. *Schwetz* 2000, S. 47). Nehmen wir an, in einer kleinen Firma mit einem Verkaufsstab von 12 MitarbeiterInnen im Verkauf könnten so von ca. 12.000 „vergeudeten" Stunden durch ein CRM-System 30 Prozent eingespart werden (was sicher nicht überzogen ist). Es ergeben sich 3.600 Stunden à schätzungsweise 40 Euro Arbeitskosten, sprich 144 T Euro. Man könnte nun lapidar sagen, dass diese Personalkosten durch eine Vertriebssteuerung frei werden oder von „bad money" in „good money" (für höherqualifizierte Tätigkeiten) umgewidmet werden. 60 T Euro Investitionen für ein nutzenbringendes Steuerungssystem würden hierzu in einem ausgewogenen Verhältnis stehen.

Abb. 135 skizziert den ersten Schritt, das Erfassen partieller Vorteile durch eine CRM-Einführung (vgl. *Schimmel-Schloo*, acquisa 5/2002, S. 46, unter Bezug auf eine Studie von *ACNielsen*). Auf diese Weise lassen sich auch die oben erwähnten Benchmarks festlegen. Möglicherweise will die Geschäftsführung einen Schritt weiter gehen und die Nutzeneffekte kombiniert erfassen. Abb. 136 beschreibt eine Vorgehensweise, bei der eine Systemeinführung anhand von drei Vorteilseffekten bewertet wird (vgl. zum Konzept: *Ritter* 1998):

(1) **Verkürzung des SalesCycle,**
(2) **Verbesserung der Kauf-Abschlussraten** und
(3) **Umsatzerhöhung** (z.B. durch verbesserte Marktpräsenz und mehr Professionalität bei der Kundenbetreuung).

Die Abbildung enthält zwei Rechenansätze, einmal die isolierten Auswirkungen der Vorteilseffekte auf den Umsatz und zum anderen die kumulierten Effekte. Alle Vorteile summieren sich im Beispielfall auf ein Volumen von 36,3 Mio. Euro (direkter und indirekter Vertrieb, ohne Händler) bzw. 37,6 Mio. Euro unter Berücksichtigung der Kumulationswirkungen. Bezogen auf den früheren Umsatz von 233,6 Mio. Euro bedeutet dies eine Steigerung um ca. 16,1 %.

Auf der Erfolgsseite einer Auswertung von 225 CRM-Projekten des Jahres 1997 stehen durchschnittliche Umsatzerhöhungen bis zu 38 %, Margenerhöhungen von 2,1 %, eine Verkürzung

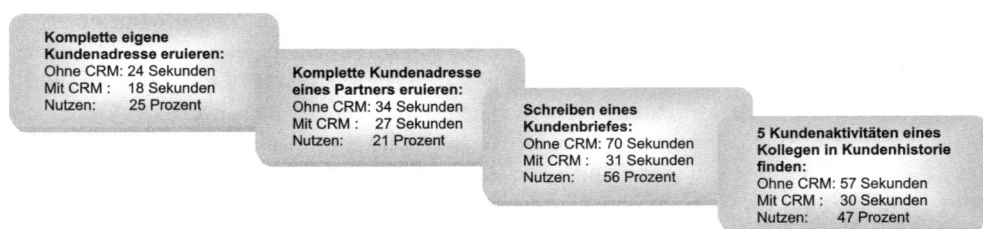

Abb. 135: Nutzenvorteile durch CRM

des SalesCycle von 25 % und eine Reduktion der Verkaufskosten in Höhe von 24 % (vgl. *Dickie* 1998, S. 2).

Typischerweise beschränken sich die veröffentlichten Nutzenanalysen auf finanzwirtschaftlich-betriebswirtschaftliche Fakten. Qualitative, d.h. „weiche" Vorteile einer CRM-Einführung werden zumeist nicht erfasst und nicht im Sinne einer Vorher-/Nachher-Analyse bewertet. Um diesem Manko zu entgehen ist von *IBM* der *Benefit Assessor* konzipiert worden. In einem Trapez-

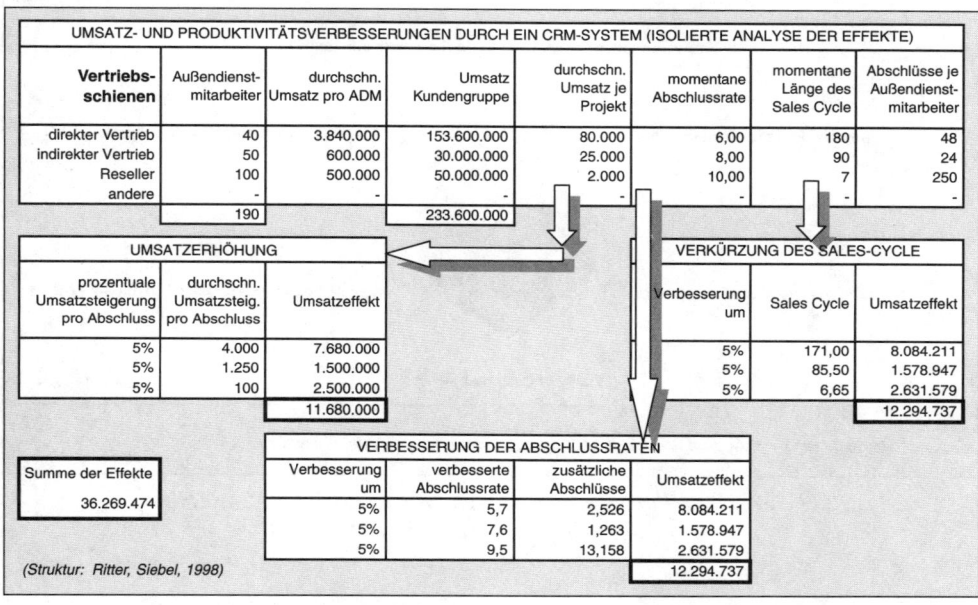

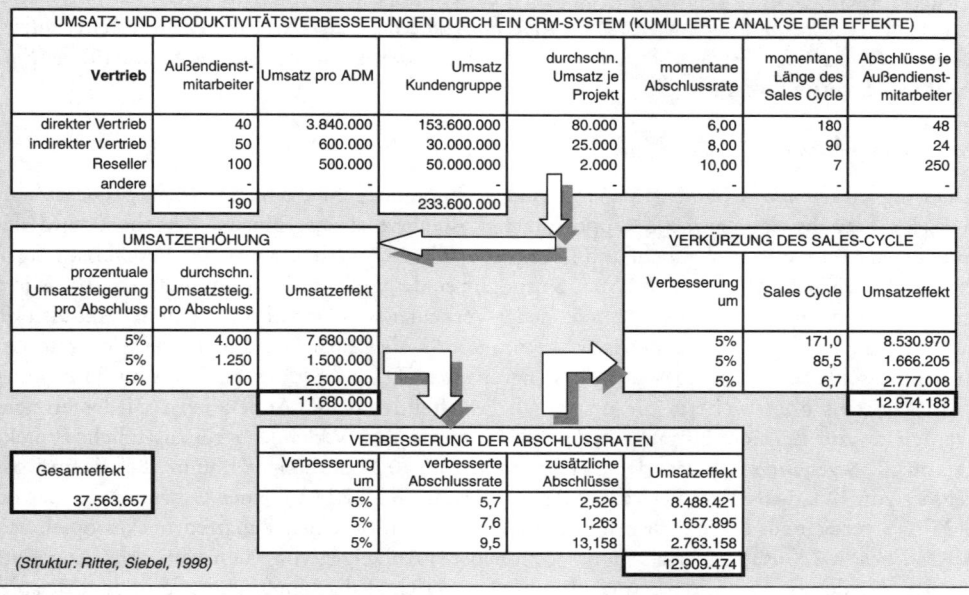

Abb. 136: Umsatz- und Produktivitätsverbesserungen durch die Einführung von CRM

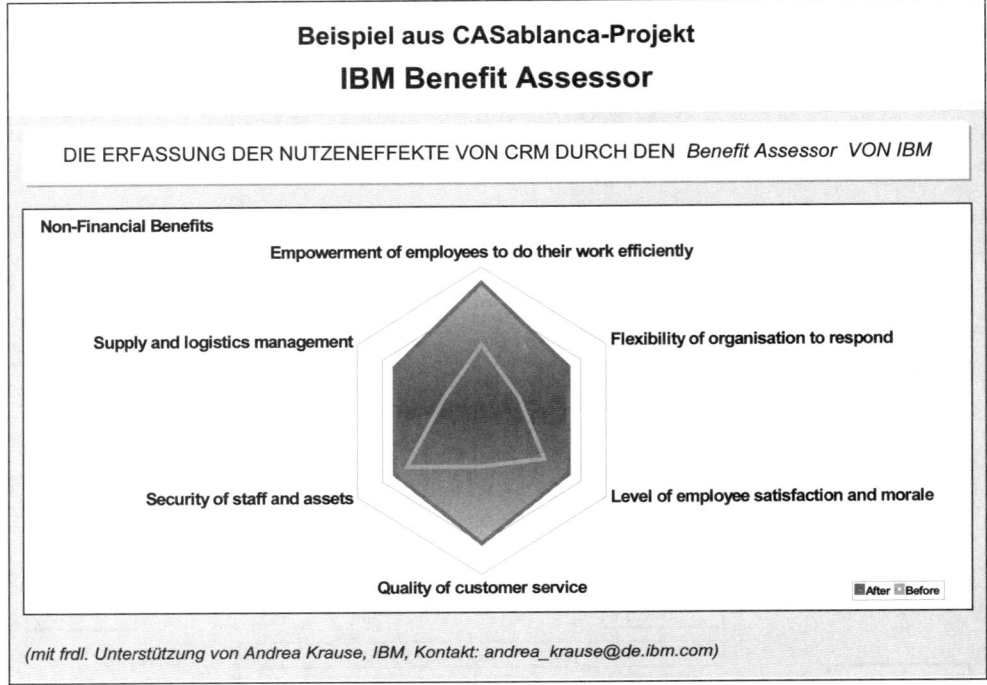

Abb.137: Darstellung weicher Nutzenvorteile durch CRM mit Hilfe
des Benefit Assessors von IBM

diagramm werden in einer Vorher-/Nachher-Betrachtung die durch CRM erreichten Fortschritte (1) bei der *Mitarbeitereffizienz*, (2) bei *Reaktionszeiten*, (3) dem *Niveau der Mitarbeiterzufriedenheit*, (4) der *Qualität des Kundenservices*, (4) der *Sicherheit bei den Abläufen* und (5) bei *Einkauf und Logistik* dokumentiert.

Spezialfall: Erfassung der *Cost of not doing it*; Ansatz der Insight Technology Group 1998

Die *Insight Technology Group* (ITG) in Boulder, Colorado, geht einen anderen Weg. Dieser läuft auf eine betriebswirtschaftliche Opportunitätskostenbetrachtung hinaus. Berechnet wird der entgangene Nutzen durch Nichteinführung von CRM. Angenommen, 100 Verkäufer tätigen durchschnittlich 20 Abschlüsse à 50.000 $ pro Jahr, so dass sich ein Gesamtumsatz von 100 Mio $ einstellt. Bei einer Hitrate von 50 % muss jeder Verkäufer ständig 40 Projekte in der Akquisition haben. Weiterhin gilt: Die Konkurrenz gewinnt 30 % aller Projekte, die „no decision rate" ist allerdings schleichend von 15 % auf 20 % angestiegen. *Dickie* stellt nun fest, dass mit Hilfe eines CRM-Systems ohne weiteres die ursprüngliche Effektivität des Außendienst wieder erreicht werden könnte. Bei einer Hitrate von dann 55 % würde jeder Verkäufer zwei zusätzliche Projekte à 50.000 $ gewinnen, so dass der Gesamtumsatz um 10 Mio $ steigen könnte. Bei einem Kostensatz von 40 % würde der Vertrieb ohne Einführung von CRM auf einen Gewinn in Höhe von 6 Mio. $ verzichten. Zusätzlich bringt die CRM-Investition einen Rabattvorteil ins Spiel. Mit CRM können 2 % Rabatt durch ein professionelleres Aufzeigen von Mehrwerten der Angebote gerettet werden (s. Value-Marketing). Insgesamt verzichtet die Unternehmung in dem Beispiel auf fast 9 Mio. $ Ergebnis, nur weil man Investitionen in ein CRM-System in Höhe von 1,7 Mio. $ scheut. Und in diesem Gewinnverzicht ist der wahre Kostenfaktor von CRM zu sehen – wenn die Unternehmung die Investitionschance nicht wahrnimmt. Wie die Studie weiter aufzeigt, liegt die Rentabilität einer CRM-Investition so hoch, dass man sich ohne weiteres Einführungsprobleme leisten kann, sofern **bei Fehlentwicklungen sofort und konsequent reagiert wird** (Wechsel des Software-Partners oder Umprogrammierung). Nach der ITG-Studie wurden immerhin in 12 % aller Fälle die Erwartungen der Anwender überhaupt nicht erfüllt. In 26 % der Fälle wurden einige, in 41 % der Fälle gar die meisten und in 21 % der CRM-Invstitionen alle Erwartungen erfüllt. 38 % der Anwender (12 % + 26 %) mussten also im Laufe der Einführung erhebliche Veränderungen vornehmen, um Fehlentwicklungen vorzubeugen. Jedoch gilt: Wenn schnell reagiert wird, dann sind die Vorteile der Vertriebsumstellung im Endeffekt immer noch größer als bei der Unterlassungsalternative.

Der Ansatz der *ITG-Group* ist sicher originell. Er beruht natürlich nur auf Annahmen. Einige 1.000 US-$ mehr oder weniger spielen dabei auch keine Rolle. Es geht *R.J. Dickie* vielmehr um die **zentralen Schlussfolgerungen** (*Dickie* 1998, S. 8):

> *„In summary, … CRM is not a cost, it is an investment: one that you can recoup in a matter of months after implementation. It is only in delaying reengineering, doing it wrong, or doing it long where the issue of cost becomes a factor. … Over the past few years we have repeatedly stated that sales reengineering is not an option. As more companies successfully reengineer the way they sell to and serve customers, they are setting new standards their competitors must meet to remain viable. … The goal you should have for your company is to do it now, do it right, and do it fast."*

Erfassung der Anschaffungs- und Einführungskosten

Den Umsatz-, Kosten- und Zeitvorteilen sind die Anschaffungs- und Unterhaltungskosten für ein Vertriebssteuerungssystem gegenüber zu stellen. Die Lizenzpreise der CRM/CAS-Anbieter schwanken enorm; Einzelplatzversionen z.B. zwischen 300 Euro und 3.000 Euro, Netzwerkversionen zwischen 1.000 Euro und 5.000 Euro, Tendenz fallend. Der durchschnittliche Lizenzpreis für eine *Siebel*-Installation liegt bei 2.000 US-$ (vgl. *Ottomeier*, Computerwoche 48/2002, S. 12). Die Gesamtkosten für eine *Microsoft CRM* Installation belaufen sich laut *Hewson Group* auf 3.200 Euro pro Arbeitsplatz im ersten Jahr (vgl. o.V., Computerwoche 27/2004, S. 23). CRM-Systemvergleiche betreffen jedoch völlig unterschiedliche Programme mit unterschiedlichen Ausbaustufen und Leistungen. Die Systeme sind modular aufgebaut, so dass man regelmäßig Äpfel mit Birnen vergleicht. Ebenso sind die Ausgangsbedingungen in den Unternehmen und die davon abhängenden Investitionen in Hardware, Software und Schulung vollkommen unterschiedlich. Der Autor kennt keine zwei gleichartigen Systemeinführungen. Eine Unternehmung benötigt neue Hardware, die andere nicht. Eine Unternehmung operiert bereits mit einer integrierten Datenbank, die andere muss handgestrickte *Access*-Daten mühsam zusammensuchen und in ein neues System überführen. Anpassungskosten müssen ohnehin gesondert betrachtet werden. Und für Schulung und Service ist auf die reinen Softwarekosten noch ein Multiplikationsfaktor zwischen 1,5 und 3 zu berücksichtigen. Die Serviceleistungen, und hier insbesondere Schulungsmaßnahmen, hängen stark von den Vorkenntnissen der Vertriebsmitarbeiter ab. Folglich lassen sich Kosten nur vergleichen, wenn mehrere Systemanbieter für den gleichen Bedarfsfall quotieren. Als **Erfahrungsregel** kann aber angenommen werden, dass eine Systemeinführung Kosten in Höhe von ca. 5.000 Euro pro Anwender verursacht (ohne Hardware und Beratungsleistungen, aber mit Anpassungen und Schulung).

Kostenanalysen werden in der Fachpresse meist für größere Unternehmen veröffentlicht und offenbaren zuweilen furchterregende Zahlen. CRM-Projekte werden selten mit Investitionskosten

unter 0,5 Mio. Euro angegeben, wobei immer wieder fraglich ist, ob Beratungskosten und Folgekosten mit eingerechnet sind. Sinnvoll sind eigentlich nur **Total Cost of Ownership-Betrachtun-
gen** (TCO). Bei den Total Cost of Ownership sind die Gesamtkosten zu betrachten, die während
der gesamten Betriebszeit einer Software entstehen.

Die *META Group* befragte im Herbst 2001 432 deutsche Unternehmen und kam zu folgenden
Befunden: (1) Das durchschnittliche Investitionsvolumen für eine CRM-Einführung betrug 1,4
Mio. Euro, (2) nur bei 10 % der Unternehmen war ein CRM-System bereits eingeführt, (3) jedoch in 40 % der Unternehmen war ein Projekt in der Planung (die Ergebnisse decken sich mit
den Erfahrungen des Autors) (*o. V.*, Computerwoche 21/2002, S. 32).

Die bereits erwähnte *IT-Group* in Boulder, Colorado, hat sich auf die Analyse von Automatisie-
rungsprozessen spezialisiert. Seit 1994 sind über 1.000 Reengineering-Projekte im Vertrieb ausgewertet worden. Abb. 138 zeigt die Kostenpositionen im ersten Jahr der Einführung (Erstaus-
rüstung) mit durchschnittlich 10.385 US-$ pro User. Die Kosten für Support und Schulung in
Höhe von 15 % sind wohl eher zu niedrig bemessen.

Die Kostenangaben unterschiedlicher Analysten klaffen weit auseinander. Zu unterschiedlich
sind auch die jeweiligen Startbedingungen und CRM-Ausbauvorstellungen der jeweiligen Firmen. Außerdem fließen gemeinhin die in der Vergangenheit unterlassenen Investitionen für Datenbank, Anwendungsintegration und Mitarbeiterschulung mit in die Kostenplanung ein. Allzu
leicht basieren die Kostenvergleiche dann auf nicht vergleichbaren Ausgangsbedingungen. Generell aber scheinen die Budgetansätze in den USA höher zu liegen.

Nach Abb. 139 können sich die CRM-Investitionskosten für mittelständische Unternehmen
durchaus im Rahmen halten. Im Jahr 2004 hat *Microsoft Business Solutions* ein Angebot für *Microsoft CRM* zu einem Festpreis von 30.000 Euro vorgelegt. Dieses **Paket CRM Mittelstand** umfasst den Server, die Software für 10 Arbeitsplätze (inkl. 10 mal die „Komponente Mensch"), die
Basisschulung sowie als Dienstleistungen (1) Geschäftsprozessanalyse, (2) technische Umge-
bungsanalyse, (3) Bestandsdatenanalyse, (4) Systeminstallation und Integration, (5) Datenimport
und (6) Customizing.

Wenn Management, Controlling und Vertrieb Einigkeit über die zu erwartenden Investitions-
und Einführungskosten eines CRM-Systems erzielt haben, dann drängen sich **Rendite-** (*Wie*

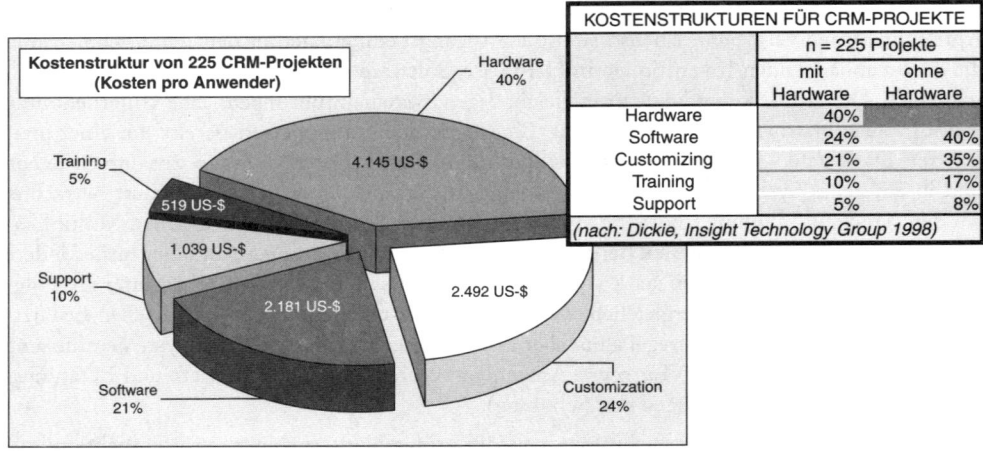

Abb. 138: Kostenanalyse für 225 CRM-Projekte – Quelle: Insight Technologie Group (ITG) 1998

CRM-PROJEKTKOSTEN USA UND DEUTSCHLAND	
USA Mittelstand	*Deutschland Mittelstand*
• **Marketing-Artikel-Hersteller** • Verknüpfung von Außendienst, Call-Center und Customer-Service mit Tele-Marketing • Kosten: 8 bis 10 Mio. US-$	• **Werkzeugmaschinen** • Integrierte Kundendatenbank, 12 Verkäufer, 6 Mitarbeiter im Servicebereich, Customizing und Schulung • Kosten: 60 T Euro *(ADITO Software)*
• **Verbrauchsgüterindustrie** • Außendienst mit ERP verbunden und System zum Verkaufsprämien-Management eingeführt • Kosten: 6,3 Mio. US-$	• **Druckereizubehör** • Integrierte Kundendatenbank, 10 Verkäufer, 8 Mitarbeiter Backoffice, ERP-Anbindung, Anpassung, Schulung • Kosten: 95 T Euro *(REGWARE)*
• **Beleuchtungsunternehmen** • Integration von Verkauf, Marketing und Customer-Service • Kosten: 5 bis 8 Mio. US-$	• **Marktplatz für technische Komponenten** • Kundendatenbank, Backoffice-Lizenzen, Call-Center-Anschluss, Beratung und Schulung • Kosten: 67 T Euro *(evosoft/Siebel eBusiness)*
(Quelle: linke Seite o. V., InformationWeek 14/2000, S. 36; rechte Seite eigene Recherchen)	

Abb. 139: Investitionskosten für CRM-Projekte im Mittelstand

hoch verzinst sich das eingesetzte Kapital?) und **Amortisationsfragen** (*Wie lange dauert es, bis die Investitionsaufwendungen für das CRM-System zurückgeflossen sind?*) auf.

Der Return on Investment (ROI): Das Verhältnis von Nutzen zum investierten Kapital

Die Idealvorstellung aller Kosten-/Nutzenüberlegungen liegt sicherlich darin, die Verzinsung des für CRM eingesetzten Kapitals zu berechnen. Damit sind wir beim magischen Begriff des **Return on Investment (ROI)**. Hierzu legt die *2gether GmbH* aus Bad Nauheim ein Berechnungskonzept vor. Der Ansatz lehnt sich an das klassische *Dupont-Schema* zur Berechnung des ROI an. Die geldwerten Vorteile (Nutzen in Euro) des CRM-Systems werden auf die Investitionskosten bezogen. Abb. 140 veranschaulicht das Schema.

Je mehr Vorteilsfaktoren (auf der rechten Seite) wertmäßig erfasst werden können, desto vollständiger wird die Renditerechnung. Wissenschaftlich kann es sich bei der statischen Division durch die Investmentsumme aber nur um eine Praktikerformel handeln. Korrekt nach Kapitalwertformel müssten lange Zeiträume und ein Kalkulationszinssatz angesetzt werden (analog Abb. 200 zum Kundenkapitalwert). **Einmal CRM = ein Leben lang CRM!** In der Praxis würde man sich dabei jedoch immer tiefer in Illusionen ungewisser Zukunftszahlen verstricken. Vielleicht ist dies mit ein Grund, warum lt. einer *Roland Berger-Studie* nur rund 4 % der Unternehmen in der Lage sind, einen ROI zu berechnen (vgl. *Miedl/Gerlach*, ASW 3/2004, S. 41).

Wegen dieser Problematik des nicht definierten Planungszeitraums akzeptiert die Praxis gerne eine statische (auf einen Jahresdurchschnitt bezogene) **ROI-Formel:**

Man nehme den durchschnittlich in den nächsten Jahren zu erwartenden Deckungsbeitragszuwachs und dividiere diesen Durchschnittswert durch die mit der CRM-Einführung verbundenen Investitionsausgaben zuzüglich der im Jahresdurchschnitt zu kalkulierenden Folgekosten durch Anpassung, Wartung, Schulung Updates etc. Die umgekehrte Division würde überschlägig den Amortisationszeitraum ergeben. Der monetäre Wertevorteil durch CRM setzt sich pragmatisch zusammen aus dem durch CRM (durch ein besseres Vertriebsmanagement) induzierten (durchschnittlich jährlichen) **Deckungsbeitragszuwachs** (Umsatzzuwachs

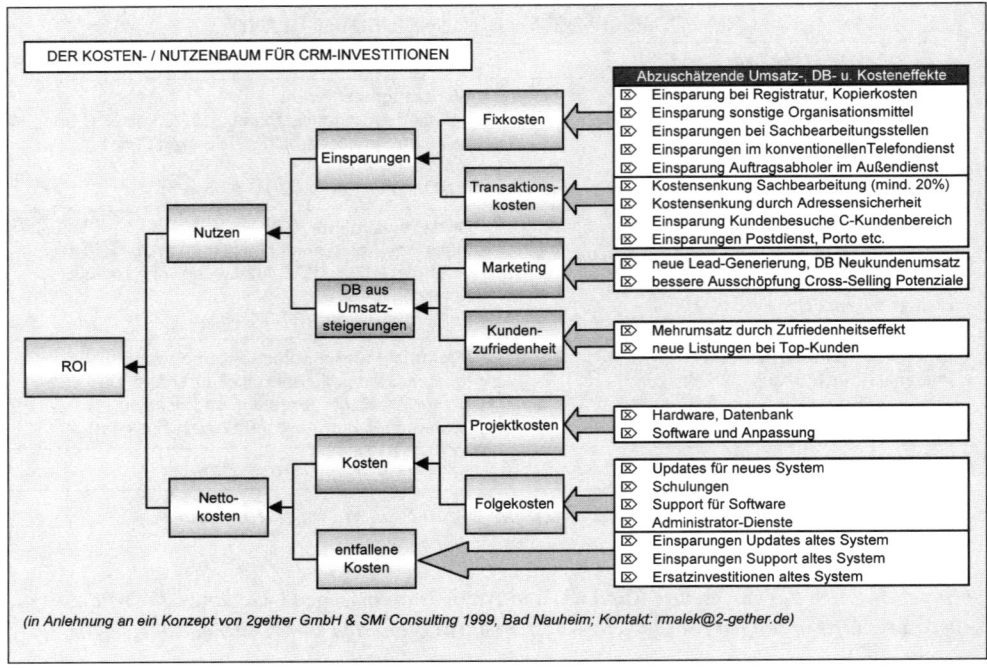

Abb. 140: Der Kosten-Nutzen-Baum nach 2gether GmbH & SMI Consulting 1999

minus umsatzbezogene Kosten) plus die durchschnittlich zu erwartenden **Kosteneinsparungen** p.a. Es ist nicht korrekt, hier die durch CRM induzierten Umsatzerlöse zu betrachten, weil Umsatz eben nicht gleich Gewinn ist!

Ein anderer Weg, um mit dem Problem des unbegrenzten Investitionszeitraums fertig zu werden, liegt darin, die Investitionsrendite von vorne herein nur auf einen begrenzten Zeitraum auszulegen. Abb. 141 stammt aus dem *Ratiopharm-Projekt* von *SAP*. In einem 3-Jahreszeitraum errechnet sich eine Effektivverzinsung (der mathematisch exakte ROI) von 63 Prozent; also eine imposante Zahl. Die Abbildung soll jedoch lediglich den Rechenansatz veranschaulichen und auf einen oft gemachten Fehler hinweisen. Betriebswirtschaftlich ist der errechnete ROI nicht korrekt. Denn es dürfen nicht Umsatzerlöse angesetzt werden, sondern nur zusätzliche Deckungsbeiträge. Umsatz ist nicht Gewinn! Die durch CRM induzierten Umsatzsteigerungen müssen zumindest um die direkten Kosten der vermarkteten Leistungen reduziert werden.

Amortisationszeit/Payoff-Period

Zusätzlich zum Problem des bei einer CRM-Einführung nicht definierten Planungshorizontes stellt sich die Frage, was eine Renditezahl wirklich aussagt. Sind 18 % CRM-Rendite nun viel oder wenig? Die Frage lässt sich nur dann sinnvoll beantworten, wenn die Rendite einer sinnvollen Alternativanlage bekannt ist bzw. vom Management eine prozentuale ROI-Zielvorgabe (Verzinsungsvorgabe) gegeben wird. Deshalb geben wir die **grundsätzliche Empfehlung**, als Erfolgsmaßstab nicht so sehr den Return on Investment (ROI) eines CRM-Projektes im Auge zu haben, sondern besser die **Payoff-Period**, sprich **Amortisationszeit**. Dann löst sich der Rechenstress ein

DER ROI VON CRM

Der ROI Review erwartet für ratiopharm eine Effektivverzinsung von 63% für die Investition in mySAP™ CRM. Als Berechnungsmethode wurde der interne Zinsfuß verwendet.

	Jahr 0	Jahr 1	Jahr 2	Jahr 3
Direkte Investitionen (€)				
Summe direkte Investitionen (€)	−5.150.590	−779.500	−715.600	−720.000
Anteilige Erlöse aus: (€)				
erhöhter Kundenbindung		899.589	1.153.992	1.356.365
erhöhten Verkaufszahlen				
pro wertvollem Kunden		3.555.408	12.227.649	20.153.571
Anteilige Kosten (€)				
Erhöhung des Nettoumlaufvermögens/Abschreibung	1.287.648	−5.701.994	−6.758.141	−8.454.006
Erhöhung des Cashflows nach der CRM-Implementierung	−3.862.942	−2.026.497	5.908.500	12.335.930
ROI-Berechnung: Effektivverzinsung 3 Jahre nach Implementierung				63%

Abb. 141: Berechnung der internen Rendite für ein CRM-Projekt mit dem ROI Review / SAP AG (Quelle: http://www.sap.com/germany/solutions/crm/customersuccesses.asp)

wenig auf, und es stellt sich folgende Frage: *Wenn man die Investitionsausgaben der ersten zwei bis drei Jahre für Datenbanken, Steuerungssoftware, Anpassung, Integration und Schulung betrachtet: Bis wann (wie schnell) werden die ökonomisch zurechenbaren Nutzenrückflüsse im Sinne einer Break-Even-Schwelle diese Investitionskosten übersteigen?*

Wenn die Amortisationszeitspanne akzeptabel ist, dann kann die Investition als lohnenswert angesehen werden. Wie sich das eingesetzte Kapitel aber am Ende des Zeithorizonts verzinst haben wird, darüber entscheidet die Zukunft – und die steht bei CRM in dem diffusen Licht unvorhersagbaren Marktgeschehens. Wenn diese Zukunft da ist, ist das CRM-Projekt vergessen, und es steht bestimmt wieder eine neue Reorganisation an.

Abb. 142 gibt ein Beispiel für eine statische Amortisationsrechnung für eine CRM-Einführung mit 15 Arbeitsplätzen. Zinseffekte (Kalkulationszins) sind nicht berücksichtigt. Die **Break-Even-Schwelle** (s. die Pfeile) wird im Beispiel im 3. Quartal 2006, also innerhalb von 18 Monaten, erreicht.

CRM-Anbieter und Beratungshäuser unterstützen ihre Kunden bei der Amortisationsrechnung auf kundenfreundliche Weise. Die *CAS Software AG* bietet auf ihren Internet-Seiten (*www.cas.de*) einen pragmatischen Rechenansatz, um Interessenten Anhaltspunkte für das Einsparpotenzial eines CRM-Systems und für die Amortisationszeit zu bieten (Abb. 143). Alles dreht sich um Arbeitsabläufe und Arbeitszeiten der Mitarbeiter. Die Berechnungen gehen von Zeiteinsparungen aus, die nachweislich mit *CAS genesisWorld* erzielt wurden. Hierzu liefert *CAS Software AG* Praxisbeispiele, desgl. für die Implementierungskosten.

Die Relevanz der Arbeitszeitersparnisse durch CRM ist unbestritten. Die *CAS Software GmbH* kann hier auf ein erfolgreiches Praxisprojekt verweisen. Die *Isabellenhütte Heusler* gewann im Bereich Mittelstand den CRM Award 2004. *Isabellenhütte Heusler* ist ein weltweit führender

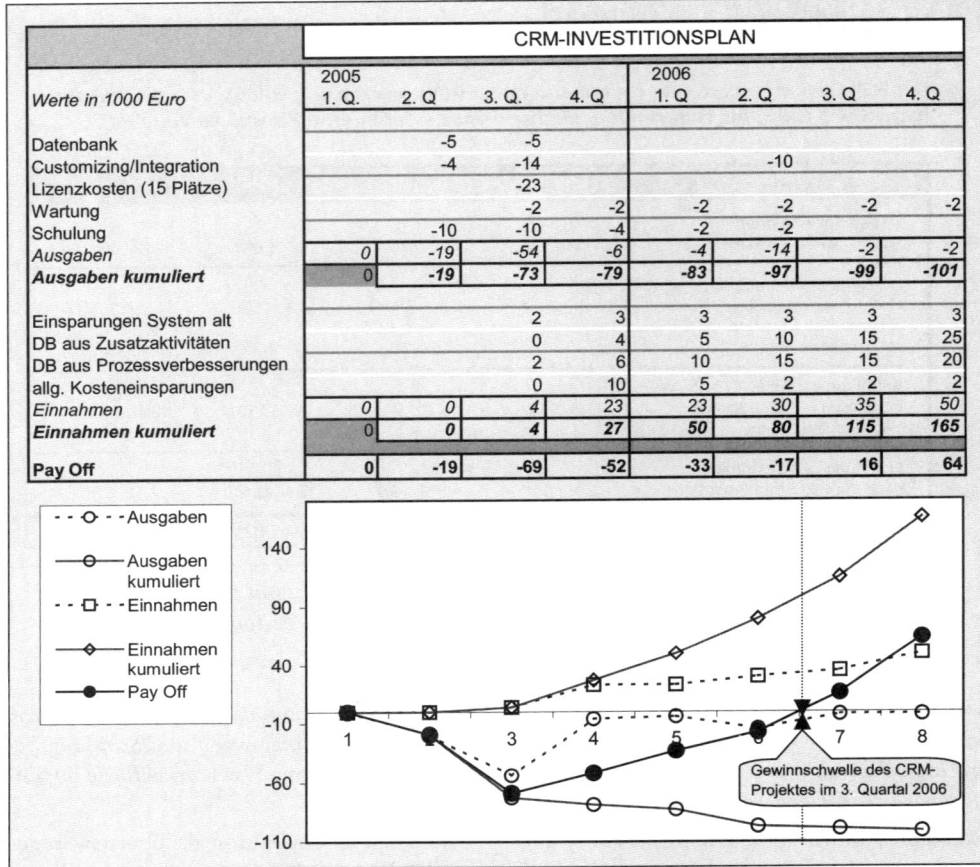

Werte in 1000 Euro	CRM-INVESTITIONSPLAN							
	2005 1. Q.	2. Q	3. Q.	4. Q	2006 1. Q	2. Q	3. Q	4. Q
Datenbank		-5	-5					
Customizing/Integration		-4	-14		-10			
Lizenzkosten (15 Plätze)			-23					
Wartung			-2	-2	-2	-2	-2	-2
Schulung		-10	-10	-4	-2	-2		
Ausgaben	0	-19	-54	-6	-4	-14	-2	-2
Ausgaben kumuliert	0	-19	-73	-79	-83	-97	-99	-101
Einsparungen System alt			2	3	3	3	3	3
DB aus Zusatzaktivitäten			0	4	5	10	15	25
DB aus Prozessverbesserungen			2	6	10	15	15	20
allg. Kosteneinsparungen			0	10	5	2	2	2
Einnahmen	0	0	4	23	23	30	35	50
Einnahmen kumuliert	0	0	4	27	50	80	115	165
Pay Off	0	-19	-69	-52	-33	-17	16	64

Abb. 142: Beispiel für eine Break-Even-Rechnung für ein CRM-Projekt

Hersteller von elektrischen Werkstoffen. Mit der CRM-Groupware *CAS genesisWorld* von *CAS Software* sparen alle eingebundenen Mitarbeiter täglich im Durchschnitt 14 Minuten an Arbeitszeit. Im Vertriebsbereich sind es täglich sogar bis zu 30 Minuten. Bezogen auf die eingebundenen Arbeitsplätze summiert sich dieser Wert auf 3.300 Arbeitsstunden pro Jahr. Damit haben sich die Kosten für das CRM-System in weniger als einem Jahr amortisiert. Heute steht allen Mitarbeitern in Vertrieb, Verwaltung und Entwicklung eine zentrale, abteilungsübergreifende Übersicht über alle Kundenkontakte zur Verfügung. *„Mit dem Ausbau unseres Kundenmanagements haben wir die Terminplanung vereinfacht, die Aufgabenverwaltung optimiert und die Suche nach Kundeninformationen beschleunigt"*, erklärt der Projektleiter *Patrick Hofmann*.

Aber nicht immer geben sich die Controller nur mit Arbeitszeitersparnissen zufrieden. Man will alle Vorteilseffekte in finanzwirtschaftlichen Größen erfassen. Abb. 144 beschreibt die **Finanzplan-Methode**, die bereits in Abb. 142 vorgestellt wurde. Um speziell bei mobilen Lösungen dem Kunden die CRM-Vorteile vor Augen zu führen, hat *IBM* einen *Payback Calculator* entwickelt. Es handelt sich um ein Werkzeug, das mit Hilfe des Kunden ausgefüllt wird und dann automatisch die Break-Even-Zeitspanne der angedachten CRM-Lösung aufzeigt. Dabei wird auf der

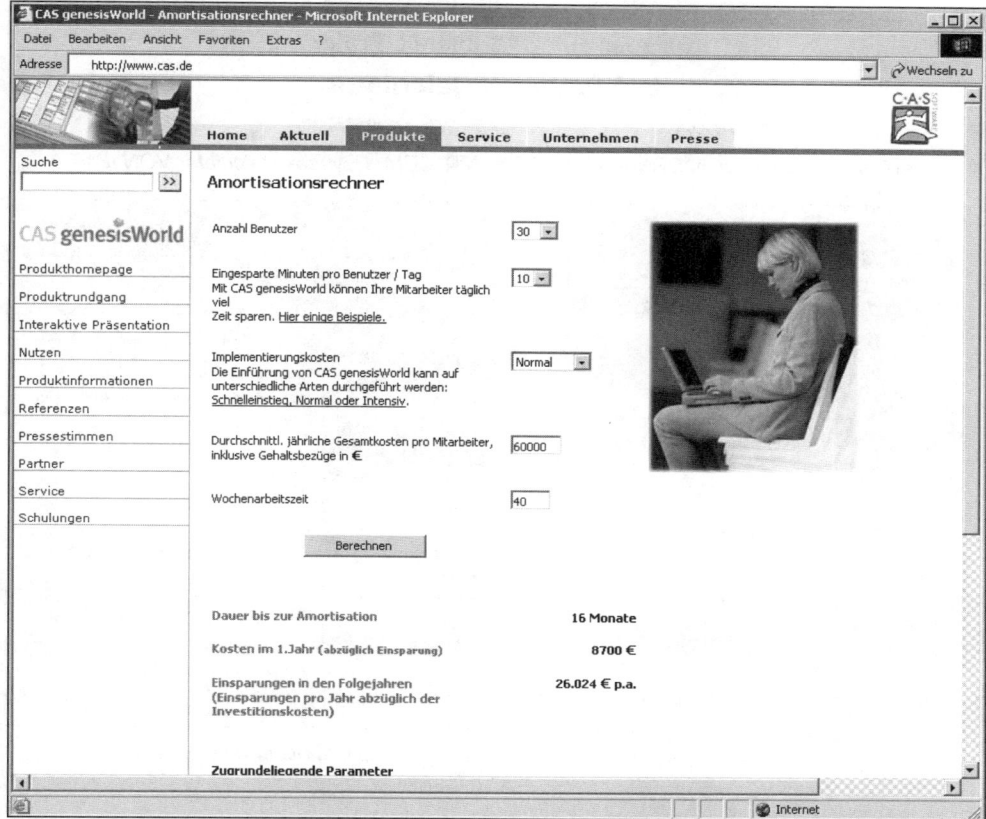

Abb. 143: Amortisationsrechner im Internet / ein Service der CAS Software AG (www.cas.de)

Vorteilsseite (CRM-Benefits) nach folgenden Effekten aufgesplittet: (1) Bewertete Zeitersparnisse durch Arbeitsverbesserungen, (2) Bewertung der eingesparten Zeit durch Wegfall von Arbeitsvorängen, (3) Kostenersparnisse bei Support Kosten und (4) Kosteneinsparungen bei Vertriebsgemeinkosten. Bei Kontaktaufnahme mit *IBM* kann der Leser selbst eine Berechnung vornehmen (*andrea_krause@de.ibm.com*).

Erfolgsmeldungen von Unternehmensberatungen und Softwareanbietern propagieren immer wieder einen „schnellen ROI", jährliche Umsatzsteigerungen von über 30 Prozent und Zeiteinsparungen im Verkaufszyklus um mehr als 50 %. Ganz davon abgesehen, dass es keinen schnellen ROI (ROI ist immer eine Verzinsung) sondern lediglich eine schnelle Amortisation gibt: Diese Vorstellungen bedürfen einer grundsätzlichen Korrektur. *„Wenn die Vertriebsstrategie im Unternehmen zugunsten einer Kundeneinkaufsstrategie verändert werden soll, braucht das seine „natürliche" vorgegebene Zeit."* (*Baumann*, salesprofi 5/2000, S. 34). Die nachhaltigen Vorteile der Einführung einer modernen Vertriebssteuerung wirken sich erst nach der finanzwirtschaftlichen Amortisation aus. *E-Loyality* entwickelte hierzu für die Telekommunikationsindustrie ein **CRM-Reifegradmodell** (vgl. *Miedl/Gerlach*, ASW 3/2004, S. 42):

(1) Das Erkennen der CRM-Möglichkeiten nimmt bis zu 2 Jahre in Anspruch.
(2) Weitere 1 bis 2 Jahre dauert die Implementierung der Fähigkeiten.

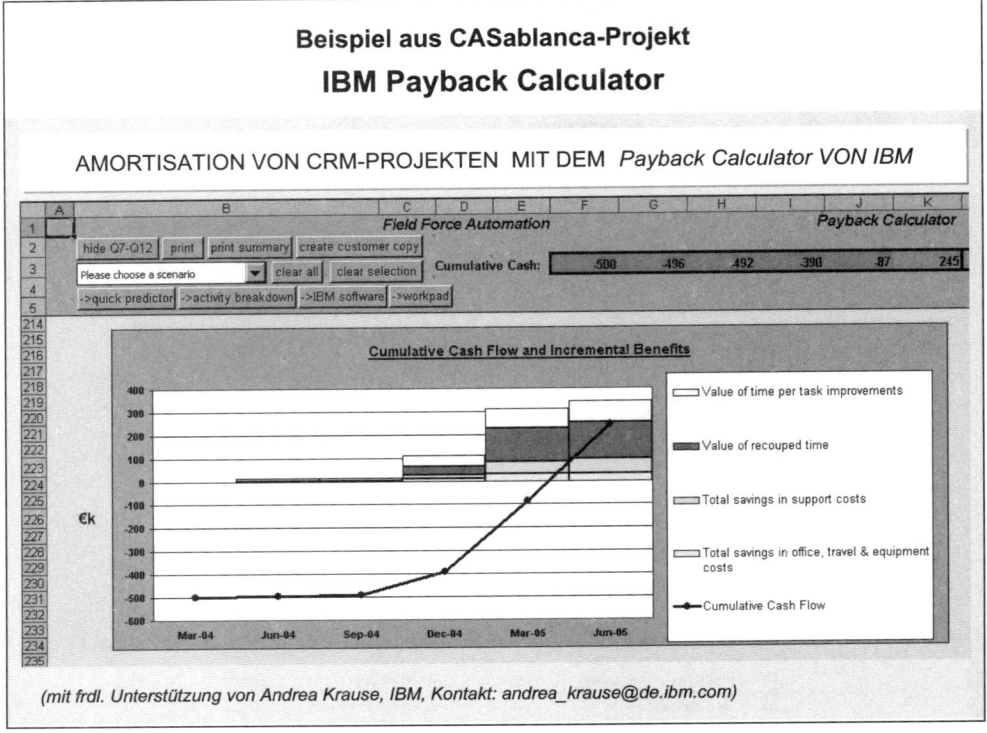

Abb. 144: *Amortisationsrechnung mit dem Payback Calculator von IBM*

(3) Nach weiteren 2 bis 3 Jahren ist ein proaktives CRM realisiert.

(4) Über 3 bis 5 Jahre erstreckt sich dann die Optimierung des CRM-Systems.

(5) Wer die Weltmarktführerschaft in Sachen Kundenorientierung anstrebt, braucht hierfür noch einmal mehr als 5 Jahre.

Die finanzwirtschaftliche Amortisation ist eine Seite der Medaille. Die Frage einer Amortisation von CRM im Sinne eines Wandels der Unternehmenskultur wird zur langjährigen Aufgabe für die Führungskräfte in Marketing und Vertrieb.

Brauchen wir neue Metriken – Zusammenfassung der ROI-Diskussion

Es gibt also eine Fülle von CRM-Erfolgsmesskonzepten, die alle ihre positiven Seiten, aber auch ihre Begrenzungen haben. So stellt sich die generelle Frage, ob diese Verfahren das grundsätzliche Problem lösen können, über die Unternehmenshierarchie hinweg ein Frontend-Ziel wie *Kundenbindung um 20% steigern* mit einem betriebswirtschaftlichen Erfolgsparameter wie *Eigenkapitalrendite um 5% steigern* zu verbinden. Laut *Booz Allen Hamilton* kommt es darauf an, auf jeder Unternehmensebene Messgrößen zu verankern, die den Zusammenhang zwischen Kundenziel im Frontend und betriebswirtschaftlichem Ziel auf Geschäftsführungsebene sichern (vgl. *Harter*, Computerwoche 28/2002, S. 32). Jeder Kostentreiber sollte durch diese Metriken berührt werden. Alle Zähne des Reißverschlusses müssen ineinander greifen. Dorthin zu kommen, ist für die Unternehmen noch ein weiter Weg.

So bewegen sich alle aufgezeigten Konzepte zur Kosten-/Nutzenanalyse für die Einführung von CRM-Systemen auf unsicherem Grund. Wie will man z.B. die folgenden Effekte kostenrechnerisch erfassen (vgl. *Schimmel-Schloo*, acquisa 5/2002, S. 45)?

- Die Zahl der bestehenden Kunden, die ihren Folgebedarf nicht bei *Canon Austria* decken, sank durch CRM von 30 auf 12 Prozent.
- 1995 war *Canon Austria* noch weitgehend unbekannt. Im Jahr 2001 empfahlen 97 Prozent der Kunden *Canon* weiter.

Wir wiederholen die These der Einführung zu diesem Abschnitt, dass sich für globale CRM-Einführungen keine allgemeingültigen Renditen oder Amortisationszeiten berechnen lassen,

(1) weil der Erfolg von zu vielen, in der Zukunft liegenden, unwägbaren Umständen abhängt,
(2) weil der Erfolg speziell von einer Vielzahl sog. weicher, kaum messbarer Faktoren abhängt,
(3) weil der Erfolg von den (a) technischen Voraussetzungen, (b) dem Qualifikationsniveau und (c) der Motivation der Anwender sowie (d) von der Qualität und von (e) der Dauer von Systemeinführung und Schulungsmaßnahmen abhängt. Überspitzt gesagt: Nicht die CRM-Software, sondern die Anwender selbst entscheiden über den Erfolg seiner CRM-Konzeption. (Überlegung: *Nehmen Sie an, Ihr CRM-Projekt kommt nicht auf den geforderten ROI. Dann könnten Sie doch den ROI durch Einsparungen bei den Schulungsmaßnahmen erhöhen – oder?*),
(4) weil der Erfolg wesentlich vom Verhalten von Menschen (Akzeptanz der Anwender) abhängt, eine Größe, die sich nicht in Zahlen greifen lässt,
(5) weil der ROI folglich ganz entscheidend von den eigenen Anstrengungen oder – gegenteilig – von Unterlassungen in der Vergangenheit abhängt (und nicht von den spezifischen Funktionalitäten einer Software),
(6) weil sich die Bedingungen und Ziele im CRM-Umfeld, also die Investitionsannahmen, marktbedingt ständig ändern (Problematik der sog. **Moving Targets**),
(7) weil sich das CRM-Programm, für das der Investor einen dauerhaften ROI fixieren möchte, schon durch das nächste Update wesentlich verändern kann (so dass man schon wieder vor einen neuen Investitionssituation steht),
(8) weil eine CRM-Einführung somit zusammengefasst nicht mit einer Maschineninvestition verglichen werden kann. Und für Maschineninvestitionen und Finanzanlagen mit gegebenen Investitionszeiträumen und relativ überschaubaren technischen Input-/Outputbeziehungen oder finanzwirtschaftlichen Einnahmen-/Ausgabenströmen sind die klassischen Verfahren der Investitionsrechnung nun einmal entwickelt worden. **CRM ist keine Maschine – sondern eine Denkhaltung**.

Besser sieht es aus, wenn nicht der ROI für einen CRM-"Rundumschlag" berechnet werden soll, sondern wenn über klar abgrenzbare Projekte oder Prozesse mit abschätzbaren Ein- und Ausgaben zu entscheiden ist. Beispiel: Verlagerung bestimmter Außendiensttätigkeiten auf den Innendienst mit Hilfe einer Integrationssoftware, Beschleunigung wichtiger Kundenvorgänge durch Investitionen in Workflow-Software, Einführung eines Customer Care Centers etc. Solche eingrenzbaren CRM-Projekte erlauben durchaus valide ROI-Berechnungen gemäß Abb. 140.

Wenn schon keines der gängigen betriebswirtschaftlichen Kalküle der Realität wirklich gerecht werden kann, so haben ROI-Rechnungen auf jeden Fall die Signalwirkung von Zielsetzungen. Die Gefahr ist aber, dass eine controllingorientierte Renditerechnung einer Willkür bei den Kosten- und vor allem Nutzenschätzungen Tür und Tor öffnet. Im Auftrag der Geschäftsführung wählt das Controlling den Rechenansatz, der der allgemeinen Stimmungslage (Konsenslage) oder einer Vorstandsvorgabe entspricht. *Wir rechnen bis es passt*. Aus diesem Grund kann nur vor einseitigem betriebswirtschaftlichen Erfolgsdruck und vor verallgemeinernden Vorteilsfakten gewarnt werden. **Eine Vertriebssteuerung bringt mehr als Kostensenkung und Rationalisierung.** Das Controlling denkt in Kategorien der **Effizienz:** *d.h. die Dinge richtig, kostenoptimal tun.* **CRM zielt dagegen auf Effektivität:** *d.h., die richtigen Dinge tun!* (*Siebel/Malone* 1998, S.31). „*Sales efficiency is good, but sales effectiveness is what we really need.*" (*Siebel/Malone* 1996, S.30; zur Effektivität vgl. auch *Kleinaltenkamp/Rieker* 1997, S.170). Bei einer Neuausrichtung des Vertriebs kann es nicht um einen schnellen Profit gehen. CRM soll kurzfristige Effizienz durch mittel- und langfristige Kundeneffektivität ersetzen (vgl. *Baumann*, salesprofi 5/2000, S.35). „*Wir wollen Abwicklungsthemen vom Tisch haben und aktiv werden, das heißt eingesparte Zeit in aktives Verkaufen umsetzen.*" (Aussage von *Bosch Elektrowerkzeuge*, zit. in: *Hanser*, ASW 9/1999, S.56)

Wie bereits betont, hängt der ROI bzw. der Erfolg einer Systemeinführung von den Menschen ab, die die Veränderungsprozesse fördern, aber ebenso hemmen können:

„Der PC und eine noch so „tolle" Software machen aus schwachen Verkäufern keine Verkaufskanonen, sie steigern auch keinen Umsatz und erhöhen keine Effizienz. Die Investitionen in Hardware, Software und Consulting ergeben lediglich ein Werkzeug, mit dessen Hilfe ein gestecktes Ziel schneller erreicht wird." (*Schwetz* 2000, S.215)

Möchte eine Unternehmung daher den Weg zum integrierten Kundenmanagement gehen, dann sollten vor der CRM-Einführung auf jeden Fall mit großer Sorgfalt die erforderlichen, von Unternehmen zu Unternehmen abweichenden Voraussetzungen geprüft und geschaffen werden. Wie kann ein möglicher CRM-Anwender dabei vorgehen und Fallstricke bei der CRM-Einführung von Anfang an vermeiden?

m.) Typische Fehler bei CRM-Einführungen

„Es gibt für Firmen keinen besseren Weg, Geld zum Fenster herauszuwerfen, als sich Software für Marketing und Vertrieb zuzulegen." (Aussage von C. *Gliedmann*, Marktforschungs- und Beratungsgesellschaft *GIGA Information Group*; zit. in Schwetz, CAS-Report 1999, S.9)

Das Statement von *Gliedmann* geht sicher zu weit. Und außerdem: Wenn *Gliedmann* das Hauptproblem in der Akzeptanz der Anwender sieht (vgl. *Schwetz*, CAS-Report 1999, S.9), dann kann man die Misserfolge von CRM/CAS-Einführungen nicht nur den Programmen bzw. den Software-Anbietern ankreiden, sondern auch den Vertriebsleitungen, die für die Mitarbeiter verantwortlich sind. Aber selbst ein zufriedenstellender ROI, kalkuliert in der Planungsphase einer CRM-Einführung, garantiert keinesfalls den Erfolg. Anwenderbefragungen zeigen,

- dass gemäß einer Studie der *GartnerGroup* 65 % aller CRM-Projekte scheitern (lt. *Booz Allen Hamilton* 70 %; lt. *International Data Corp.* 35 %; lt. *META Group* allerdings nur 25 %; (vgl. Hinweise in CRM-Report 2002, S.50; Computerwoche 41/2003, S.36) (Einwand des Autors hierzu: Da CRM/CAS-Systeme modular aufgebaut sind, scheitern sie selten als Ganzes),
- dass der Anteil der fehlgeschlagenen Projekte nach Einschätzung der *GartnerGroup* sogar noch auf 80 % ansteigen wird (vgl. den Hinweis im Messereport des *CRMprofi* zur CeBIT 2002, S.26), bzw. etwas moderater auf 55 % bis zum Jahr 2004 (vgl. *Gartner* bei *Brendel* 2002, S.131),
- dass nur 14 % der Projekte den ursprünglichen Erwartungen entsprachen (Studie der *Forrester Group*),
- dass nach einer weltweiten Befragung von 373 Unternehmen durch *IBM Business Consulting Services* Anfang 2004 weniger als 15 % aller CRM-Einführungen erfolgreich sind, weitere 20 bis 30 % können nur Teilerfolge verbuchen (vgl. *Schuler*, IT-Director 5/2004, S.48).

An dieser Stelle möchten wir zu den Hinweisen über die vielen gescheiterten Projekte Stellung nehmen. Wir halten sie schlichtweg für Irreführung. Da die Mehrzahl der Praxisprojekte BtoB betrifft und diese Unternehmen ihren Verkauf an anspruchsvolle Schlüsselkunden nicht mittels Formulare oder auf Zuruf sondern mit Hilfe einer wie auch gearteten Vertriebssteuerung organisieren, ist der Schritt von CAS zu CRM nicht allzu weit. Nur wenige CRM-Projekte scheitern deshalb als Ganzes. Wohl aber gibt es viele berechtigte Klagen über nicht erfüllte Zeit-, Kosten- oder Leistungserwartungen. Es ist gut, dass eine Praxisbefragung (*Raad Consult* aus Münster) in der deutschen Automobilindustrie diese Mär von den gescheiterten Projekten widerlegt hat: 633 Unternehmen wurden befragt. 114 Unternehmen (18 %) setzen bereits CRM ein, nur ein Projekt scheiterte (vgl. *o. V.*, ComputerZeitung 44/2002, S. 16)!

Welche Empfehlungen können für eine erfolgreiche CRM-Einführung gegeben werden? Zunächst gilt es, einige grundlegende Irrtümer von vorne herein zu vermeiden, bevor das Thema CRM in einer Unternehmung detailliert angegangen wird. Abb. 145 listet typische, immer wieder anzutreffende Stolpersteine auf.

Unabhängig von diesen Stolpersteinen lauern vielerlei Gefahren in den Phasen der Planung, der Softwareauswahl und vor allem bei der CRM-Einführung. *Schwetz* hat im deutschen Wirtschaftsraum 1994 eine Befragung bei 120 Vertriebsleitern durchgeführt und Schwachstellen der Programme und der Projekteinführungen gemäß Abb. 146 festgestellt (vgl. *Schwetz*, CAS-Report 1999, S. 9; eine jüngere Erhebung mit erheblich schlechteren Auswertungsergebnissen ist zu finden bei *Schwetz* 2000, S. 140. Die Rangordnung der drei größten Schwachstellen ist gleich ausgefallen, allerdings mit den Prozentwerten 83 %, 83 % und 79 %).

Einige dieser Einführungsfehler haben den Erfolg von CRM jedoch im Endeffekt kaum beeinträchtigt. *Schwetz* mildert dann auch die negativen Ergebnisse. Denn immerhin 80 % der Vertriebsleiter äußerten sich in der gleichen Befragung zufriedenstellend über eine Zunahme des Auftragseingangs und über einen besseren Überblick über ihre Marketingaktivitäten. Abb. 147 listet weitere, typische Fehler auf, die in der Praxis bei CRM-Einführungen gemacht werden (vgl. *Schwetz*, CAS-Report 1999, S. 10). Die Abbildung enthält wiederum Vorschläge zur Vermeidung von Einführungsfehlern.

n.) Technische Voraussetzungen für den Einsatz einer computergestützten Vertriebssteuerung

Die IT-bezogenen Anforderungen für ein integriertes Kundenmanagement können relativ konkret definiert werden. Sind diese nicht gegeben, kann man sich alle weiteren Überlegungen sparen (natürlich nicht die Überlegungen, die eine Verbesserung im konventionellen Marketing und Vertrieb betreffen). Für die Erstellung einer Vertriebssteuerungs-Software gibt es grundsätzlich drei Möglichkeiten (vgl. *Potreck* 1997, S. 742):

1. Kauf von **Standardsoftware**, danach üblicherweise Anpassungen,
2. **Eigenentwicklung**, falls die entsprechenden RZ-Ressourcen vorhanden sind,
3. **Auftragsentwicklung** durch ein Softwarehaus.

Der Trend bei den Programmen geht hin zu einer fremdbezogenen **Standard-Software**, auf die eine **Branchenspezialisierung** (Branchen-Template) und auf oberster Stufe individuelle Anpassungen (**Customizing**) aufgesetzt sind (vgl. Kommentar von *Winkelmann*, acquisa 6/1998, S. 45). Der Erfolg der CRM/CAS-Systeme ist auf folgende Faktoren zurückzuführen:

- leistungsfähige 32-Bit Betriebssysteme auf Basis MS-Windows, Unix, Linux,
- schnelle und immer preisgünstigere Prozessoren (z.B. Intel Pentium),

DIE 10 IRRTÜMER ÜBER CRM – UND WIE MAN SIE VERMEIDET

⇨ *Irrtum-1: CRM stellt automatisch den Kunden in den Mittelpunkt.*

Ein CRM-System ist nur ein Werkzeug. Erst muss die Seele des Marketing verinnerlicht sein, dann kann CRM wirkungsvoll gelebt werden. Deshalb sollte eine Geschäftsführung zunächst für ein Kundenleitbild und ein kundenzentriertes Geschäftsmodell sorgen, bevor konkret über CRM-Software gesprochen wird.	Erst CRM-Kundenleitbild und Marktstrategie entwickeln

⇨ *Irrtum-2: Keine Veränderungen! Es reicht, wenn CRM den Ist-Zustand abbildet.*

Durch CRM lediglich das Bestehende einzuzementieren, bedeutet Rückschritt. Neue Ziele und Marktstrategien sind im Vorfeld einer CRM-Einführung zu erarbeiten. Die Kraft von CRM wird sich entfalten, wenn konkrete Wettbewerbsvorsprünge mit Hilfe des Systems erreicht werden sollen.	CRM als Change-Management verstehen

⇨ *Irrtum-3: Ein CRM-System ist eine Investition und muss erst einmal einen bestimmten ROI nachweisen.*

Ein ROI zielt auf betriebswirtschaftliche Effizienz. CRM ist dagegen ein strategisches Werkzeug für mehr Effektivität; also eine langfristige Investition zum besseren Ausschöpfen wertvoller Kundenpotenziale. CRM ist keine Maschine, mit rechenbaren Nutzungsdauern und Abschreibungen. Jeder ROI heute ist schon nächstes Jahr überholt, wenn das erste Update kommt. Und wer ein CRM-Projekt mit den Kosten der Versäumnisse der Vergangenheit belastet, rechnet sich ohnehin aus dem Markt. Wenn die Mitarbeiter hinter CRM stehen, amortisiert sich jedes Projekt.	ROI nur für abgrenzbare Teilprojekte berechnen

⇨ *Irrtum-4: Man vergleiche die CRM-Anbieter anhand der Lizenzkosten für Arbeitsplätze.*

Bei dieser Haltung werden die erheblichen Kosten für Anpassungen und Schulungen sowie die notwendigen Investitionen in Datenbanken übersehen.	Gesamt-Kostenpläne erstellen

⇨ *Irrtum-5: Man vergleiche die CRM-Anbieter anhand von Softwarekatalogen.*

Eine Abfrage von Funktionalitäten kann das wahre Leistungsvermögen eines CRM-Anbieters nicht aufdecken. Ihre Erfahrungen, Tricks und Finessen behalten die CRM-Anbieter lieber in der Hinterhand und zeigen sie nur im persönlichen Gespräch. Virtuelle Messen, wie www.acquisa-crm-expo.de oder www.crmforum.de sind allerdings sinnvoll, um sich einen Marktüberblick zu verschaffen oder Anbieter in der Frühphase eines Projektes vorzuselektieren.	Von Software-Anbietern persönliche Präsentationen verlangen. Auch keine Vorauswahl nach Katalog treffen.

⇨ *Irrtum-6: Über den CRM-Erfolg entscheidet die Software.*

Das ist nur teilweise richtig. Ebenso wichtig ist die Chemie, die sich zwischen den Mitarbeitern des Anwenders und den zuständigen Projektbetreuern des Softwarehauses entwickelt. Diese Fahnenträger der CRM-Anbieter bringen die positiven Impulse und Kompetenz in die Projekte. Beziehungen halt.	Mit den Projektbetreuern in persönlichen Kontakt kommen

⇨ *Irrtum-7: CRM verbessert das Team-Selling.*

CRM kann und will kein Schiedsrichter für menschliche Divergenzen sein, z.B. zwischen Außendienst und Innendienst, Jung und Alt, Damen und Herren. Eventuelle menschliche Probleme sollten unbedingt im Vorfeld von CRM-Einführungen bereinigt werden.	Vor CRM-Einführung Team-Workshops mit den Mitarbeitern

⇨ *Irrtum-8: CRM ist Software und daher bei den IT-Kollegen am besten aufgehoben.*

CRM ist weit mehr als Software. Und eine CRM-Architektur wird immer aus Bausteinen bestehen, die optimal an die Bedürfnisse eines Anwenders und Bedingungen einer Branche anzupassen sind. Welche CRM-Bausteine wie zu gestalten sind, haben die Führungskräfte in Marketing und Vertrieb zu entscheiden.	Führungskräfte und Mitarbeiter gestalten Pflichtenheft in wesentlichen Teilen mit

⇨ *Irrtum-9: CRM aus Kostengründen möglichst schnell einführen.*

Diese Vorgehensweise ist gefährlich. Behutsam, nach einem festgelegten Stufenplan, so sollte mit CRM begonnen werden. Mit ausgewählten Funktionalitäten (Kundenhistorie, Beschwerdewesen, Opportunity-Management, Kontaktberichte, eMail-Marketing).	Einführungs-Stufenplan über 2 Jahre

⇨ *Irrtum-10: Das Softwarehaus liefert die Software. Der Verkauf soll verkaufen.*

Diese Einstellung gilt als sicherster Weg in eine Misere. Wie kann man die Akzeptanz der Mitarbeiter erwarten, wenn sie nicht die Anforderungen an die Software mitbestimmen dürfen (Mitgestaltung des Pflichtenheftes)? CRM bedingt, Betroffene zu Beteiligten zu machen. Ein CRM-Projekt muss im Team der Mitarbeiter gedeihen.	Außen- und Innendienst-Kollegen gehören in die Projektteams

(vgl. Winkelmann 2001, S. 63–78)

Abb. 145: Die 10 Irrtümer betreffend CRM

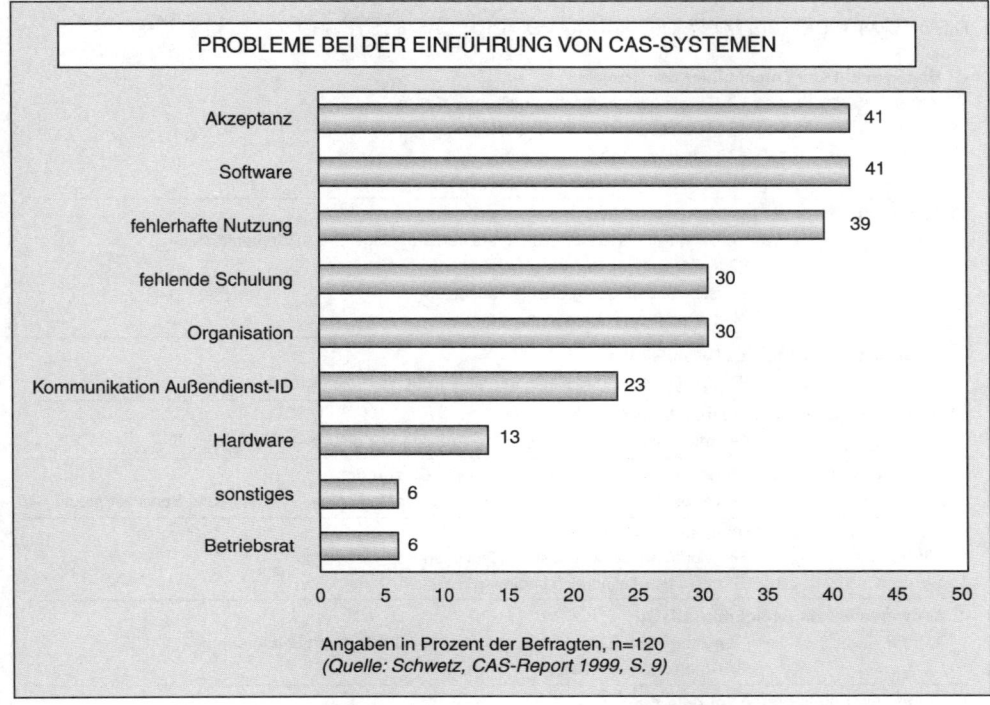

Abb. 146: Probleme bei der Einführung von CRM/CAS-Systemen

- robuste Massen-Datenbanken wie Oracle, DB2, MS-SQL, Interbase, Sybase, Informix,
- ISDN-, TDSL-Technologie mit schnellem Datentransfer,
- Technologien für das mobile Geschäft, GSM, GPRS, UMTS,
- die Client-Server Netzwerke und zukünftige Thin-Client-Architektur,
- HTTP, FTTP, POP3 und SMTP als zentrale Internet-Dienste,
- problemlos in die Netzwerke einzubindende Peripherie-Geräte.

Darüber hinaus haben auch die etablierten CRM-Anbieter hinsichtlich der Leistungsfähigkeit ihrer Programme enorme Fortschritte gemacht. Das betrifft z.B.

- **Skalierbarkeit der Software,** d.h. einfache Übertragung der Software auf gängige Datenbanken und Betriebssysteme und leichte, friktionslose Erweiterbarkeit; in Verbindung mit
- **Customizing,** d.h. problemlose Konfigurierung und Anpassung der Programme (vgl. *Siebel/Malone* 1998, S. 114).
- Problemlose **Updates** der Programmbasis, bei der aufgesetzte Branchenspezialisierungen und firmenindividuelle Anpassungen unberührt bleiben (**Mehrschichtigkeit**).
- Einfache **Datenreplikation,** d.h. periodischer Abgleich der aktuellen Kunden- und Geschäftsdaten von der zentralen Datenbank in die Client-Rechner bzw. Laptops der Vertriebskollegen und umgekehrt.

Hardware und **Peripherie** müssen selbstverständlich mit der Datenbank und dem Datenversorgungssystem abgestimmt sein. Man unterscheidet heute als wichtigste Netzwerkformen (vgl. zu diesen Systemfragen z.B. *Mülder/Weis* 1996; *Siebel/Malone* 1998, S. 110–120):

DIE 8 TODSÜNDEN BEI DER EINFÜHRUNG VON CRM/CAS-SYSTEMEN

① **Management steht nicht hinter dem Projekt**
  Abhilfe: ⇨ Projekt zur Chefsache erklären
                         ⇨ Vertriebsleiter hat Vorbildfunktion
                         ⇨ Projektleitung beim Vertrieb
                         ⇨ Außendienst muss mit in die Verantwortung gehen

② **Aufwand und Kosten werden unterschätzt**
  Abhilfe: ⇨ CRM-Projektausschreibung auf der Grundlage eines Pflichtenheftes
                         ⇨ Austausch mit Referenzkunden
                         ⇨ Schulungsbedarf großzügig ansetzen
                         ⇨ 1. Update als Gratisleistung fordern

③ **Projektleitung kommt aus DV-Abteilung**
  Abhilfe: ⇨ s.o.: DV-Abteilung einbinden, aber nicht als Projektleitung

④ **Anwender werden nicht in das Projekt eingebunden**
  Abhilfe: ⇨ Anwender von Anfang an in die Projektarbeit einbeziehen

⑤ **Der Ist-Zustand wird fortgeschrieben (Elektrifizierung des Ist-Zustandes)**
  Abhilfe: ⇨ vor Systemeinführung Überarbeitung der Marketing-, Vertriebs- und Servicestrategie

⑥ **Das System soll von Anfang an alle Probleme lösen**
  Abhilfe: ⇨ Prioritäten für Ausbaustufen festlegen
                         ⇨ mit einem Teilbereich beginnen

⑦ **Softwareauswahl erfolgt rein zufällig**
  Abhilfe: ⇨ systematische Marktsichtung; z.B. über CRM-Report und Internet
                         ⇨ Referenzen einholen

⑧ **Keine Testinstallationen vor dem Kauf**
  Abhilfe: ⇨ vierwöchige Testphase mit eigenen Daten
                         ⇨ möglichst von zwei Anbietern
                         ⇨ Mitarbeiter einbinden

(Quelle: Schwetz, CAS-Report 1999, S. 10)

Abb. 147: Die 8 Todsünden bei der Einführung von CRM/CAS-Systemen nach Schwetz

(1) **Autarke Systeme,** die dem Außendienstmitarbeiter viel Unabhängigkeit durch eigene Daten und Programme belassen. Nur bei der Datenreplikation wird der Verkäufer online geschaltet. Die Unabhängigkeit ist der Hauptvorteil. Hohe Verletzlichkeit bei Laptop-Schäden oder Diebstahl sind sicher die Nachteile. Außerdem sind die autarken Systeme wirkungslos, wenn der Außendienstmitarbeiter auf aktuelle Daten angewiesen ist (z.B. bei JiT-Belieferung oder im Börsengeschäft).
(2) **Client/Server Netzwerke** sind schnelle Netzwerke, die die Datenbank auf dem Server, die Programme und die Arbeitsdateien auf Client-Stationen der Regionalbüros belassen.
(3) **Thin Client/Server-Netzwerke** belassen nur kleine Programme und wenige Arbeitsdaten auf dem Client. Die gesamte Leistung liegt beim Server. Der Außendienstmitarbeiter erhält nur die Daten und Programmteile, die er aktuell benötigt. Thin-Client Lösungen haben somit den Vorteil, dass die Software-Releases und Datenaktualisierungen nur auf dem Server erfolgen brauchen. Dies ist von großem Nutzen bei der Programmpflege. Für Laptops genügt eine einfache Ausrüstung. Die Gesamtkosten für die Systeme liegen wesentlich niedriger, und

der Außendienstmitarbeiter braucht sich weniger um einen Diebstahl seines Laptops zu sorgen. Dafür haben die Anwender den Nachteil, dass sie ohne Online-Schaltung „im Nebel" operieren.

(4) **WAP-Systeme** (Wireless Application Protocol) sind spezielle Thin-Client-Netzwerke mit sehr eingeschränktem Datentransfer. Die Frontend-Funktionalitäten für den Außendienst sind bis auf Datenein- und -ausgabe per Handy oder PDA zurückgeschraubt. Dadurch eignet sich diese Lösung nur für Anwendungen mit definierten und eng gefassten Programm- und Datenteilen; z.B. für die Regalpflege oder für begrenzte Erfassungsdienste.

Abb. 148 fasst die wichtigsten technischen Anforderungen an eine computergestützte Vertriebssteuerung noch einmal zusammen.

ANFORDERUNGEN AN CRM-/CAS-SYSTEME	
Technologie und Architektur	Service für Benutzer
• Etablierte Sprache: C++, Delphi, Java, Visual Basic • Skalierbarkeit • Betriebssysteme (Unix, MS-Windows, Windows XP, Windows 2003, Linox); Zukunft: Plattformunabhängigkeit • Schnittstellen zu Datenbanken (z.B. zu MS-SQL, Oracle) • Daten- und Applikationsintegration (ODBC, OLEDB, OLE, JDBC) • DFÜ- und Internet-Fähigkeit • TPCI-Protokoll (Netzwerk-Protokoll)	• Grafische Benutzerführung • Maskendesign, Definition neuer Felder möglich • Mehrsprachigkeit • Help Desk – online-Hilfen • Enzyklopädie- und Produktkatalogfähigkeit • Statistikmodul für Auswertungen • Report-Generator (z.B. Crystal) • Flexible Dokumentenhinterlegung • Telefongespräche im System mit automatischer Verwaltung
Integrationsfähigkeit / Schnittstellen	Administration / Datenpflege
• Schnittstellen zu ERP- und PPS-Systemen (z.B. zu SAP R/3) • Schnittstellen zu CAD-Systemen • Vorwärtsintegration, Notebook-Fähigkeit • Workflow-Applikationen • Schnittstelle zu Mailservern und zu Scheduler-Systemen (z.B. Exchange, Lotus-Notes etc.) • Schnittstelle zu GIS-Systemen • Schnittstelle zu CTI-Systemen (Computer Telephony Integration)	• Datenreplikation / Datenabgleich • Virenschutz • Gestaffelte Zugangsberechtigungen • Veränderungen von Masken und Oberflächen durch Administrator möglich (parametrisierbare Masken)
(Quelle: diverse Quellen, Broschüren der CRM-Anbieter - Dank auch an Heinz Boesl)	

Abb. 148: Übersicht über technische Anforderungen an CRM-/CAS-Systeme

o.) Menschliche Voraussetzungen für den Einsatz einer computergestützten Vertriebssteuerung

*Es gibt eine Geschichte von einem bewährten Verkaufshaudegen: „Sein bestgehütetes Geheimnis, die Quintessenz aus vielen Jahrzehnten Vertriebstätigkeit, befindet sich im **Kofferraum seines Fahrzeugs**. Es ist ein **Karteikasten**. Akribisch hat er dort alles über seine Kunden aufgezeichnet. Jonny ist Einzelkämpfer, ein echter Vertriebsprofi und ein Meister der Beziehungspflege. Schwierigkeiten bekommt er allerdings dann, wenn es beispielsweise um Produktdetails geht. Jonny muss dann die Unterstützung von Ingenieuren anfordern. Oder er weiß leider nichts von der jüngsten Reklamation, die für viel Wirbel sorgte. Kurz: Der Austausch von Informationen zwischen ihm und seiner Firma vollzieht sich unvollständig und viel zu langsam. Um es abzukürzen: **Jonny ist ein Auslaufmodell**."*
(In Anlehnung an eine Idee von Tatje 1998, S. 18–19)

Ohne Zweifel führt die Vertriebsautomatisierung auf Seiten der Mitarbeiter zu vielen Ängsten über die Zukunft ihrer Arbeitsplätze und über die Anforderungen, die zukünftig an ihre Leistungserstellung erhoben werden. Wie verkündete ein Manager auf der *salesTECH* 2000: *„ Wenn wir so weiterarbeiten wie bisher, werden wir sterben."* Locherinnen, Fakturistinnen, Stenotypistinnen, Bürogehilfinnen: Sie sind im Zuge der Computerisierung der Unternehmensvorgänge auf der Strecke geblieben. Die laufenden Umwälzungen werden auch die Außendienstmitarbeiter und den Verkaufsleiter nicht verschonen (vgl. *Siebel/Malone* 1998, S. 9 ff.). Die Verkaufsmitarbeiter äußern immer wieder folgende Sorgen und Ängste:

- Das Marketing fordert Flexibilität und mehr Individualisierung der Kundenbetreuung. Die Prozessautomatisierung kann jedoch gegenläufig wirken. **Standardisierung und Individualisierung sind konkurrierende Zielsetzungen:** *„Das Gegenstück jeglicher Art der Standardisierung stellt die Individualisierung dar."* (*Burghard/Kleinaltenkamp* 1996, S. 166). Die Mitarbeiter sehen sich immer stärker in Schablonen gepresst.

- Die Systeme bewegen sich nicht nur in Richtung gläserner Kunde, sondern durchleuchten auch die Außen- und Innendienstarbeit. Die Sorge vor noch mehr Leistungsdruck geht um.

- Durch PC-Screens und Workflows verlieren die Menschen die persönliche Beziehung zum Vorgang. Sie fühlen sich als Marionetten einer Computermaschinerie.

- Die Beziehungen zu den Kunden werden entmenschlicht. Es leiden persönliche Nähe und Authentizität einer Face-to-face-Beziehung. Am Ende der Entwicklung stehen Computer, die Einkauf und Verkauf vernetzen.

- Einmal eingeführt, verursachen neue Systeme permanente Unruhe durch Programmänderungen, Updates aber auch durch die Fülle programmtechnischer Unzulänglichkeiten.

- Die Mitarbeiter erwarten durch die Vertriebsautomatisierung keine Entlastung, sondern befürchten Mehrarbeit durch zusätzliche Eingaben, Systempflege und eine Flut von Analysen mit den damit verbundenen Rechtfertigungszwängen.

- Besonders gravierend wird der Arbeitsdruck, wenn Verkaufsleiter ihre Vorbildfunktion nicht wahrnehmen, sondern sich selbst der Automatisierung entziehen (vgl. *Winkelmann*, ASW 3/1998, S. 70–73). Dann können die weiter auf Zuruf und in Zettelwirtschaft verharrenden Vorgesetzten auch kein Verständnis für die Sorgen und Nöte ihrer Mitarbeiter haben, die die fortschreitende Automatisierung bewältigen müssen.

Um die Veränderungen für die betroffenen Mitarbeiter verträglicher zu gestalten und deren Akzeptanz zu fördern, sind folgende Punkte anzuraten:

(1) Die Einführung eines CRM-Systems oder eines Internet-Vertriebs stellt keine Revolution dar. Die Integration der kundenbezogenen Prozesse sollte „scheibchenweise", in Form einer **evolutionären Veränderung** vorgenommen werden. Das Unternehmen und die betroffenen Mitarbeiter sollten mit ihrer Computer-Arbeitswelt wachsen können.

(2) Aus diesem Grund sollte die Vertriebsmannschaft auch das Ausmaß und die Inhalte der Vertriebsautomatisierung mitbestimmen dürfen. Es ist unhaltbar, wenn ein Management einer Marketing- und Vertriebsorganisation ein System vorschreibt. **Fehlende Akzeptanz und ein Scheitern sind vorprogrammiert.** In diesem Fall ist es gefährlich, wenn CRM zur Chefsache erklärt wird (vgl. *Plehwe*, acquisa 4/2001, S. 22), ohne dass das Middle-Management eingebunden ist. Die Geschäftsführung ist gefordert, ein Projekt fördernd zu begleiten und die Budgets zu genehmigen. Die Akzeptanz der Mitarbeiter kann am besten gewonnen werden, wenn man ihnen erklärt, **warum** sie mit einem System zu arbeiten haben, **wie** sie arbeiten können und **was** sie genau zu tun haben.

(3) Wichtig ist die Auswahl und eine besondere Unterstützung für die sog. **Administratoren**. Administratoren vertreten gegenüber dem Softwarehaus die Interessen der Anwender. Sie koordinieren Anfragen, Beschwerden und Verbesserungsvorschläge, organisieren die Schulungen und vergeben bzw. verwalten die abgestuften Zugangsberechtigungen. Vor allem liefern sie dem CRM-Anbieter Ideen zur Weiterentwicklung der Programme und greifen betreuend ein, wenn Kollegen Vorbehalte gegen oder Schwierigkeiten mit der EDV haben. Diese Administratoren sollten auf freiwilliger Basis berufen werden und aus Marketing und Vertrieb und nicht aus der IT-Abteilung kommen. Gibt es ein Administratoren-Team, dann sollte selbstverständlich auch das Rechenzentrum beteiligt werden. Die Administratoren werden sich als Förderer im Sinne von Change-Agents erweisen, sofern sie für ihre Arbeit die nötigen Freiräume bekommen. Das beinhaltet auch die Verfügungsmacht über Budgets (für kleinere Hardware-Anschaffungen, Software-Customizing und Schulungsmaßnahmen) in vertretbarem Rahmen. Werden den Administratoren von Seiten Vertriebsleitung und Geschäftsführung dagegen immer wieder Steine in den Weg gelegt, dann wird ihr Engagement für die Vertriebsautomatisierung schnell erlahmen.

(4) Immer wieder kommt die Frage auf, ob den sog. „Verkaufsfürsten" (ältere und erfolgreiche Verkäufer) das CRM-System aufgezwungen werden soll. Dies ist zurückhaltend zu beurteilen. Wer wirklich nicht will, ansonsten aber seine Verkaufsleistungen voll erbringt, kann außen vor bleiben. Das System muss so attraktiv aufgebaut werden und alle Arbeitsbereiche so sinnvoll erschließen, dass die Widerspenstigkeit der zögerlichen Kollegen langsam aufweicht. Lassen sich bei definierten Vorgängen Arbeitserleichterungen nachweisen, dann ist die hemmende Wirkung von Veränderungsängsten nach zwei Jahren abgebaut. Bis dahin sollten die Spielregeln für die CRM-Praktizierung auch etabliert und für neue Mitarbeiter im Vertrieb kein Thema sein.

(5) Ein CRM-System soll vor allem die Problemlösungskompetenz der Kundenbetreuer stärken. Mehr Prozesseffizienz und Rationalisierung sind die willkommenen Nebeneffekte für das Management. Es gilt, mit Hilfe der CRM-Kompetenzen den Verkaufstrichter eng zu machen. Diese Thematik wurde in Abb. 115 aufgezeigt.

(6) Zusätzlich ist auch die Forderung von *Siebel* und *Malone* zu erfüllen, dass die Vertriebsmitarbeiter in einem angemessenen Rahmen zum **Navigieren von Vorgängen** in der Unternehmung befähigt und ermächtigt werden, „*um pünktliche Lieferung und ausgezeichneten Kundenservice über die gesamte Lebensdauer des Produkts hinweg sicherzustellen.*" (*Siebel/Malone* 1998, S. 40) Zumindest ist eine aktenvermerk- und damit papiergestützte Vorgangsübergabe vom Außen- auf den Innendienst nicht mehr zeitgemäß.

(7) Das bedingt auch eine **Dezentralisierung von Kontrolle in den Vertrieb**. Grundlegende Planungs- und Controllingfunktionen sind in die CRM/CAS-Systeme und damit vom zentralen Controlling in den Vertrieb zu verlagern. **Kostenbewusstsein im Verkauf** – so lautet die Devise.

(8) **Tradierte Anreizsysteme wirken kontraproduktiv** und müssen leistungsorientiert angepasst werden. Beispiel: Werden Verkäufer einseitig provisionsorientiert geführt, dann werden sie die Funktionalitäten eines CRM-Systems zum langfristigen Beziehungsaufbau kaum reizvoll finden. Auf Abschnitt 4.3.2. wird verwiesen.

(9) **Wissensmanagement** und **Spaß am lebenslangen Lernen** sollten als Erfolgsfaktoren die Vertriebsautomatisierung begleiten. Starre Vorgangsroutinen und PC-Masken dagegen zwängen die Verkäufer in Korsetts. Vertriebssteuerungssysteme sollten unbedingt mit den wissensschaffenden Möglichkeiten des Internet verknüpft werden. Eine spielerische Komponente kann der Prozessstandardisierung manchen Druck nehmen.

(10) Vor allem aber ist von den Unternehmensleitungen **mehr Offenheit gegenüber den Mitarbeitern** zu fordern, was den Einblick in strategische Ausrichtungen, Investitionsschwerpunkte und in die Ertragslage betrifft. Die Vertriebsautomatisierung schafft Transparenz. Die Schlagworte vom gläsernen Kunden und vom gläsernen Außendienst machen die Runde. Die Mitarbeiter aber werden nicht mitziehen, wenn die Geschäftsleitung ihnen kein Vertrauen entgegenbringt und ihnen die Eckwerte und Zielsetzungen ihres Handelns vorenthält, wie das leider noch bei vielen mittelständischen Unternehmen üblich ist. Hierzu ein Statement eines Stuttgarter Direktmarketing-Unternehmens:

„Wir sehen sehr deutlich, dass in klassischen Produktionsunternehmen ein großer Nachholbedarf besteht, nicht nur im Bereich Telefonmarketing sondern auch im komplexen Bereich Direktmarketing. ... Es hat sich mittlerweile durchgesetzt, dass die Anschreiben zu personalisieren sind und dass wenigstens der Name und die Adresse richtig geschrieben werden. Alle anderen Daten erscheinen vielen Geschäftsführern oder Inhabern als viel zu geheim. Da werden Diskettenlaufwerke ausgebaut, damit auch nicht einer versuchen könnte, Daten zu stehlen. Da ist ein Internetanschluss im Unternehmen, und dieser darf nur von einer ausgesuchten Person einmal am Tag besucht werden, aber nur um eMails zu sichten. Intranet ist zwar eingerichtet, darf aber nicht verwendet werden. Schließlich könnten sich die Menschen ja ungebührlich persönlich unterhalten und einen Schriftverkehr vornehmen, der von der Geschäftsleitung nicht mehr kontrollierbar ist." (B.S., Herrenberg)

Wie CRM erfolgreich mit und nicht gegen die Mitarbeiter implementiert wird, zeigt das Beispiel der *Deutsche Leasing AG* (Die Informationen hat freundlicherweise Herr *F. Jonker* zur Verfügung gestellt. Kontakt: *friedel.jonker@dl.deutsche-leasing.de*). 1997 wurde bei der *DL* ein Database-Marketingsystem eingeführt, das ab 2001 unter dem Codenamen *CRM-Eagle* in eine CRM-Anwendung auf Basis *Siebel* migriert wurde. Mit Hilfe von CRM sollen die Mitarbeiter in die Lage versetzt werden, noch schneller und zielgerichteter am Markt zu agieren und einen noch höheren Wertschöpfungsbeitrag als zuvor zu leisten. Analysen des Kunden- und Partnerbestands in Bezug auf Anschaffungswerte, Geschäftsentwicklungen oder Deckungsbeiträge sorgen dafür, dass Marketing- und Vertriebsaktionen ertragsorientiert gesteuert, Werbemittel zielgenau eingesetzt und Geschäftsfelder mit hohem Ergebnisbeitrag identifiziert und schnell ausgeschöpft werden können. Das System ist auf 350 Benutzer ausgelegt. Bis Ende 2004 arbeiten praktisch alle Kundenbetreuer mit dem CRM-System. Abb. 149 informiert über die von DL eingeschlagenen Maßnahmen zum Aufbau der Mitarbeiterakzeptanz. Die Vertriebsautomatisierung ist also in ein **positives menschliches Umfeld** einzubetten. Zwischenmenschliche Konflikte sind zu bereinigen, bevor der Computer in die arbeitsteiligen Vorgänge eingreift. Es ist besser, die Systeme zu beherrschen, als dass die Systeme den Menschen führen. Das Bild einer menschenunabhängigen Unternehmensführung von *Frederic Vester* ist eine *„Horrorvision"* (zit. in *Geffroy* 1996, S. 115):

„Früher hieß es: Wie führe ich ein Unternehmen? Das war die Zeit der Grundigs und Klöckners. Dann hieß es: Wie führen wir ein Unternehmen: Das war und ist die Zeit der Vorstände und Aufsichtsräte. In Zukunft wird man sagen: Wie führt sich das Unternehmen selbst?"

Um den Wandel zu bewältigen, darf die Kluft zwischen dem, was die Informations- und Kommunikationstechnologien von uns verlangen und dem, was die Menschen über diese wissen, nicht noch weiter auseinander klaffen. Mehr Aufklärung über Chancen und Risiken der Vertriebsautomatisierung ist angesagt.

p.) Ein CRM-Scan zur Messung der Erfolgvoraussetzungen für eine CRM-Einführung

In welchem Maße sind bei einer Unternehmung die beschriebenen Voraussetzungen erfüllt? Eine ganzheitliche Analyse der Chancen und Risiken einer CRM-Einführung ist notwendig. Da gibt es Vorgesetzte mit dem Leitspruch *„CRM ist Chefsache"*, die nicht wissen, was integriertes Kundenmanagement wirklich bedeutet. Da erkennen Mitarbeiter den Nutzen eines CRM-Systems

---

MASSNAHMEN ZUR ERREICHUNG DER MITARBEITERAKZEPTANZ BEI CRM-EINFÜHRUNGEN
Das Beispiel Deutsche Leasing AG (CRM-Eagle)

Maßnahmen auf Führungsebene

⇨ Frühzeitige Einbeziehung von Vorstand, Geschäftsleitung und weiteren Führungskräften

⇨ Erstellung eines kontinuierlichen Business Cases und einer detaillierten Projektplanung

⇨ Kommunikation der geschäftspolitischen Notwendigkeit und des Nutzens von CRM

⇨ Traffic-Light-Controlling der Entwicklung der Datenqualität bei definierten Zielgruppen

⇨ Führungs-Audit-Gespräche mit schneller Umsetzung von notwendigen Führungsmaßnahmen

Akzeptanzmaßnahmen

⇨ Frühzeitige Einbeziehung ausgewählter MitarbeiterInnen aus den zukünftigen Benutzergruppen

⇨ Frühzeitige Einbeziehung des Betriebsrates und der Revision bei der Einführung und Anpassung der CRM-Anwendung

⇨ Projektmarketingmaßnahmen in den Geschäftsstellen, im Intranet, im Mitarbeitermagazin, bei einer Vertriebstagung und per eMail

⇨ Durchführung zentraler und dezentraler Schulungsmaßnahmen mit Begleitung durch die Projektleitung

⇨ Umfangreicher Benutzersupport und Angebot eines CRM-Auswertungsservices

⇨ Laufendes Monitoring der Benutzerentwicklung

⇨ Durchführung von Anwender-Audit-Sitzungen bei kritischen Entwicklungstendenzen

⇨ Schnelle Umsetzung der erarbeiteten Audit-Ergebnisse und Ergebnis-Monitoring

⇨ Fortlaufende Schulung und Train the Trainer

(Quelle: *Friedel Jonker,* V-I-S Vertriebsinformation und -steuerung, Fachleitung CRM, Deutsche Leasing AG)

Abb. 149: Die Akzeptanzmaßnahmen der Deutsche Leasing AG

nicht und bejubeln jeden Systemabsturz. Die Ursachensuche für Einführungsprobleme mag Bände füllen. Alles läuft darauf hinaus, dass CRM oft

- zu schnell,
- mit den falschen Prioritäten,
- zu einseitig auf Effizienz (und nicht auf Effektivität) gerichtet
- und ohne Schaffung der unbedingt notwendigen menschlichen und organisatorischen Voraussetzungen

auf den Weg gebracht wird. Das CRM-Projekt wird zu kompliziert, die Menschen fühlen sich überfordert, und der Software-Partner bekommt keine Ruhe in die Projektführung.

Die Unternehmen fragen daher nach einem leicht zu handhabenden Werkzeug zur Überprüfung der Erfolgschancen einer CRM-Einführung; und dies möglichst im Vergleich zu anderen vergleichbaren Unternehmen. Ist eine Vertriebsorganisation überhaupt schon reif für CRM? Wo liegen die Prioritäten: *Wo fangen wir sinnvollerweise an auf dem Weg zu CRM*?

Eine Entscheidungshilfe für diese Fragestellungen liefert der **CRM-Scan, ein standardisiertes Verfahren zur Selbstevaluation** (vgl. *Winkelmann*, Computerwoche 11/2002, S. 78). Das Besondere am CRM-Scan: **Unterschieden werden eine fachlich-operative (harte Faktoren) und eine menschlich-organisatorische (weiche Faktoren) Chancen-/Risikoposition für eine CRM-Einführung aber auch für die Qualität einer laufenden CRM-Anwendung. Eine instrumentale und eine menschlich-organisatorische Reife sind in eine Balance zu bringen, soll eine CRM-Einführung gelingen.** Jede der beiden Dimensionen besteht aus 5 Analysebereichen mit je 10 praxisbewährten Fragen. Anhand der 2 mal 5 mal 10 Fragen können Unternehmen ihre Erfolgschancen für CRM

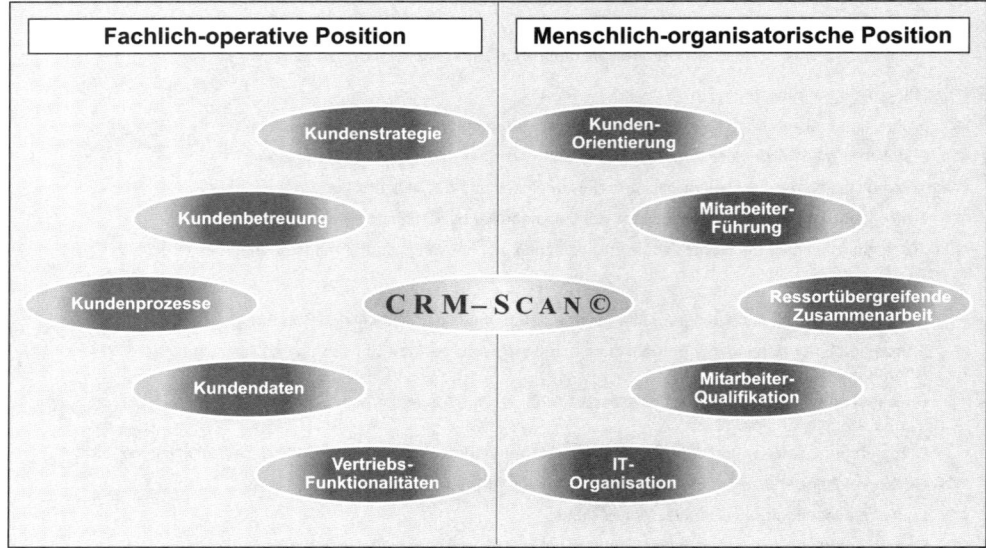

Abb. 150: Die 10 Analysebereiche des CRM-Scan (www.crm-scan.de)
(Jeder Analysebereich besteht aus 10 kritischen Beurteilungsfragen)

selbst abschätzen und sich gezielt – mit oder ohne Hilfe eines Beraters – auf CRM vorbereiten oder eine bestehende Vertriebssteuerung optimieren. Abb. 150 zeigt die Analysebereiche.

Der CRM-Scan:

(1) visualisiert die Chancen-/Risikoposition einer Unternehmung im Vergleich zu Unternehmen aus gleicher oder ähnlicher Branche,

(2) analysiert die Stärken und Schwächen in den 2 mal 5 Analysebereichen und

(3) schafft eine Rangfolge von Prioritäten für ein CRM-Projekt bzw. für die Einführung einer Vertriebssteuerung.

Vor allem drängt die Scan-Analyse die Unternehmen, Erfolgsvoraussetzungen für eine CRM-Einführung in den kritischen Bereichen zu schaffen (im folgenden nur als Auszug aus den Fragebereichen):

Wichtige Aspekte zur Gestaltung der fachlich-operativen Erfolgsposition:

(1) **Kundenstrategie:** Zehn Fragen befassen sich mit Zielgruppen und Kundenprioritäten.

(2) **Kundenbetreuung:** Zehn Fragen befassen sich mit den Methoden zur Kundenbewertung und -betreuung.

(3) **Kundenprozesse:** Dieser Fragenbereich behandelt die Verkaufs- und Serviceprozesse mit den Customer Touchpoints.

(4) **Kundendaten:** Dieser Fragenbereich durchleuchtet Menge und Qualität der Datenbestände. Ohne integrierte Kundendatenbank kein CRM!

(5) **Vertriebsfunktionalitäten:** Hier werden die Methoden und Funktionalitäten einer bestehenden Vertriebssteuerung beurteilt.

Wichtige Aspekte zur Gestaltung der organisatorisch-menschlichen Erfolgsposition:

(6) **Kundenorientierung:** Zehn Fragen gehen auf die Kundenphilosophie und die Strategie der Kundenorientierung ein.

(7) **Mitarbeiterführung:** In diesem Bereich werden die Aspekte des „informierten Verkäufers" und der Mitarbeitermotivation abgefragt.

(8) **Ressortübergreifende Zusammenarbeit:** Zehn Fragen gehen auf die interne Organisation und die Qualität der Zusammenarbeit der betrieblichen Abteilungen untereinander ein.

(9) **Mitarbeiterqualifikation:** Hier werden die Erfahrungen der Mitarbeiter und deren Ausbildungsstand im Umgang mit PC und Internet abgefragt.

(10) **IT-Organisation:** In diesem Zusammenhang werden Datenbanken, Peripherie, Anwendungsintegration, Dokumentation etc. evaluiert.

Abb. 151 zeigt, wo die Stärken und Schwächen eines befragten Unternehmens in den zehn Analysebereichen liegen: Hauptstärke *Kundenbetreuung*, Hauptschwachstelle *Kundendaten* sowie gute Noten bei der *Mitarbeiterführung* und Schwächen in der *IT-Organisation*. Die Prozentwerte beziehen sich jeweils auf die maximalen Performance-Benotungen von 100 Prozent (Idealwerte).

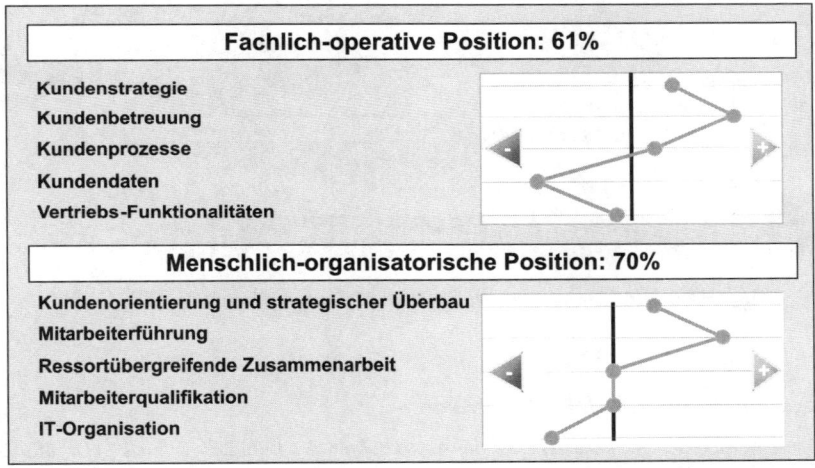

Abb. 151: Die Chancen- und Risikopositionen einer Unternehmensstichprobe im CRM-Scan (Die Prozentwerte sind Mittelwerte aus den beiden Bewertungsdimensionen)

Abb. 152 beschreibt die **Chancenpositionen** einer Pilotgruppe. Dargestellt sind auch Grobeinschätzungen für die vier Felder der Beurteilungsmatrix. Im Feld *links oben* liegen die **idealen Startpositionen**, im Feld *rechts oben* die **CRM-Profis**, im Feld *links unten* sind die **CRM-Starter** zu finden, und im Feld *rechts unten* sind die **Risikopositionen** angesiedelt. Risikopositionen deshalb, weil die besten vertrieblichen Arbeitswerkzeuge nicht greifen, wenn Mitarbeiter und Organisation nicht entsprechend vorbereitet sind.

Überraschenderweise deutet sich in der Gesamtstichprobe ein **Zusammenhang zwischen der menschlichen und der fachlichen Reife** an. Eine Unternehmung, die bei Organisation und Mitarbeiterführung gut aufgestellt ist, hat offenbar auch gute Chancen, operative Marketing- und Vertriebsinstrumente erfolgreich einzusetzen. Der CRM-Scan hat sich mittlerweile auch bei mittelständischen Unternehmen gut bewährt. Die Unternehmen können die Geschwindigkeit ihrer Vertriebsoptimierung selbst bestimmen und erhalten Empfehlungen für Handlungsprioritäten. Der Scan hilft den Anwendern auch bei der Auswahl einer geeigneten CRM-Software.

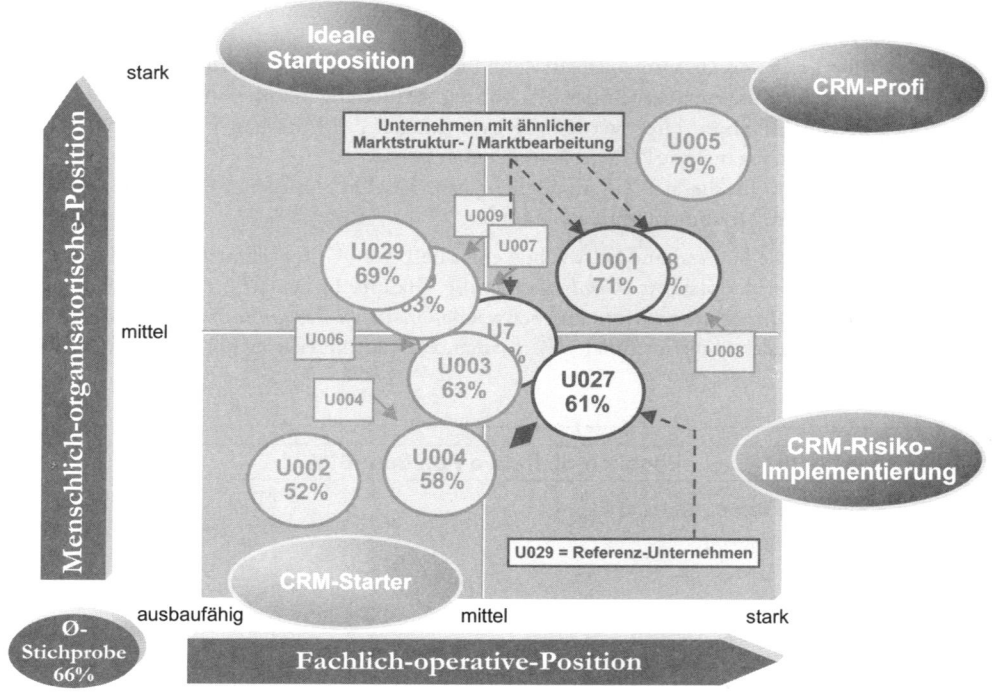

Abb. 152: *Die Chancenpositionen von 11 Unternehmen im CRM-Scan*

q.) Auswahlhilfen für CRM/CAS-Software

Die Kundensicht: *„Unter CRM verstehe ich die Ausschöpfung des Kundenpotenzials."* (Dr. Martin auf der CRM-expo 2000)

Die Controllersicht: *„Letztlich geht es um die Ausschöpfung von Rationalisierungspotenzialen."* (Othmer, Baan Deutschland, IT-Director 7/8–2002, S. 31)

Wenn der **Technologietrend** die Wirtschaft in Richtung Vernetzung und Internet drängt und wenn **Kunden-, Kosten- Zeit- und Effizienzdruck** eine computergestützte Vertriebssteuerung notwendig werden lassen, dann sollten die Unternehmen so schnell wie möglich die Herausforderungen annehmen und eigene Projekterfahrungen sammeln. In Bezug auf eine durchdachte Systemauswahl und eine behutsame Einführung ist zu empfehlen:

(1) Zunächst sind die **Ist-Situationen** im Vertrieb zur Vertriebsmethodik und zur Vertriebskonzeption abzuklären; und die **Ziele**, die mit CRM erreicht werden sollen. Es gilt das eherne Gesetz: **Erst die Strategie, dann Prozesse und Menschen und erst dann die Softtware.**

(2) Es ist eine Entscheidung zwischen den Alternativen einer Vertriebssteuerung durch (a) CRM/CAS oder (b) durch ERP oder (c) durch CRM in enger Verknüpfung mit ERP zu fällen (s. Abschnitt 6.5.5.r.). Ferner ist die Frage der **Web-Anbindung** des Systems zu klären.

(3) Es ist zu entscheiden, ob man (a) eine unternehmensumfassende **Großlösung** benötigt (für mehr als 100 Anwender; ca. 10 etablierte CRM-Anbieter), (b) eine **flexible CRM-Lösung** für den außendienstorientierten Mittelstand (für 10 bis 100 Anwender; ca. 50 CRM-Systeme

verfügbar) oder (c) ein **preiswertes Kundenkontaktprogramm** zur reinen Verkaufsunterstützung (für 1 bis 10 Anwender; ca. 50 überregionale Anbieter von Kontaktsoftware bzw. Adressenmanagement) (vgl. zur Sichtung des aktuellen Angebotes: den CRM-Marktspiegel von *Schwetz* (2002), CRM-Report 2000; hier: *Schwetz*, acquisa-Messespecial '99; ferner *Schwetz* 2000, S. 202). Grundsätzlich ist zu entscheiden, ob man die Software von einem **Standardisierer** beziehen möchte, von einem **Anpasser** (Anbieter von customized Solutions) oder ob man auf eine **Individuallösung** setzen möchte. (s. die Ausführungen unten).

(4) **Schnittstellen** innerhalb des Vertriebs oder mit vertriebsexternen Ressorts sollten vor Einführung eines Systems definiert und optimiert werden (vgl. *Winkelmann*, acquisa 2/1998, S. 36–41). *Schwetz* meint dazu: *„Vor allem die dringend notwendigen Anpassungen der Organisation rund um die Software werden oft vernachlässigt."* (*Schwetz*, CAS-Report 1998/99, S. 29). Mehr und mehr wird diese Anforderung Standard. Das beginnt mit einfachen Dingen. Z.B. ist die Übergabe von Outlook-Terminen in ein CRM-System kein Thema mehr. In größeren Unternehmen muss die Vertriebssteuerung auch mit zahlreichen anderen Systemen außerhalb von CRM und ERP kommunizieren. Zu nennen ist z.B. die Anbindung eines internen oder auch externen Call-Centers.

(5) Vor einer Einführung sind unbedingt die Kundendaten zu bereinigen (**Datenrationalisierung**) und zu integrieren sowie die Voraussetzungen für eine Verlinkung mit dem ERP-Programm (Waren- und Finanzwirtschaft) und anderen Applikationen zu schaffen (**EAI = Enterprise Application Integration**).

(6) Die in Frage kommenden Anbieter sollten in den sorgfältigen Schritten **Vorauswahl** (am Ende z.B. 12 von 30 Anbietern), **Feinauswahl** (am Ende 6 von 12), **Endauswahl** (2 von 6 Anbietern dürfen am Ende Test-Installationen durchführen) und **Abschlussentscheidung** selektiert werden (vgl. *Schwetz*, 2000, S. 162; CAS-Report 1999, S. 12; CRM-Report 2002, S. 53ff.).

(7) Es ist zu klären, wer für die **Datenpflege** verantwortlich sein soll (Wahl eines **Administrators**, abgestufte Zugriffsrechte). Ansonsten gilt grundsätzlich: Wer die Daten eingibt, ist für „seine" Daten auch verantwortlich (gemäß Konzeption des Team-Selling).

(8) Die Einführung sollte nach einem vereinbarten Zeitplan, in der Form eines **Veränderungsprojektes** (Change-Management) und im Team mit den betroffenen Mitarbeitern vorgenommen werden (Projektleitung im Vertrieb, nicht in der DV-Abteilung!).

(9) Empfehlenswert ist eine **modulweise Einführung** (vgl. *Schwetz* 2000, S. 155), u.E. beginnend mit Adressenverwaltung, Kundenhistorie und Beschwerdemanagement bei einer Pilotgruppe. Die „häppchenweise" Einführung darf aber nicht auf einer niederen Stufe verharren. Nicht selten wird zwischen Softwarehaus und Vertriebsleiter ein Deal geschlossen: *„Lassen wir es doch beim Adressenmanagement, und niemand hat mehr Probleme."* Es bietet sich an, Erfolgsgeschichten über die Systemeinführung in der Kunden- und Mitarbeiterzeitschrift zu veröffentlichen. Sinnvoll ist also ein sog. **internes Marketing für die Systemeinführung.**

(10) Zusammen mit dem **Roll-out,** d.h. einer schrittweisen Systemeinführung über die Pilotgruppe hinaus, ist ein **permanenter Lernprozess** einzuleiten. Ein Rückfall in frühere, „liebgewonnene Zettelwirtschaften" ist zu verhindern:

Am Telefon: „Frau M., könnten Sie einmal bitte den folgenden, neuen Interessenten aufnehmen?" ... „Und was machen Sie gerade?" „Ich nehme Ihre Angaben auf einem Zettel auf und übertrage sie später in den PC." „Ja, und warum geben Sie die neue Adresse nicht gleich in den PC ein?" „Stimmt, aber dann könnte ich mich auch fragen, warum Sie als Verkäufer diese Eingabe nicht gleich nach dem Verkaufsgespräch in Ihren Laptop vornehmen. Sie lesen ja auch nur von einem Zettel ab." (Eine wahre Geschichte)

Zu Punkt (3) ist anzumerken, dass die führenden CRM-Anbieter heute spezielle Lösungen für verschiedene Betriebsgrößen und auch eine Vielzahl von Branchenlösungen anbieten. Im Rah-

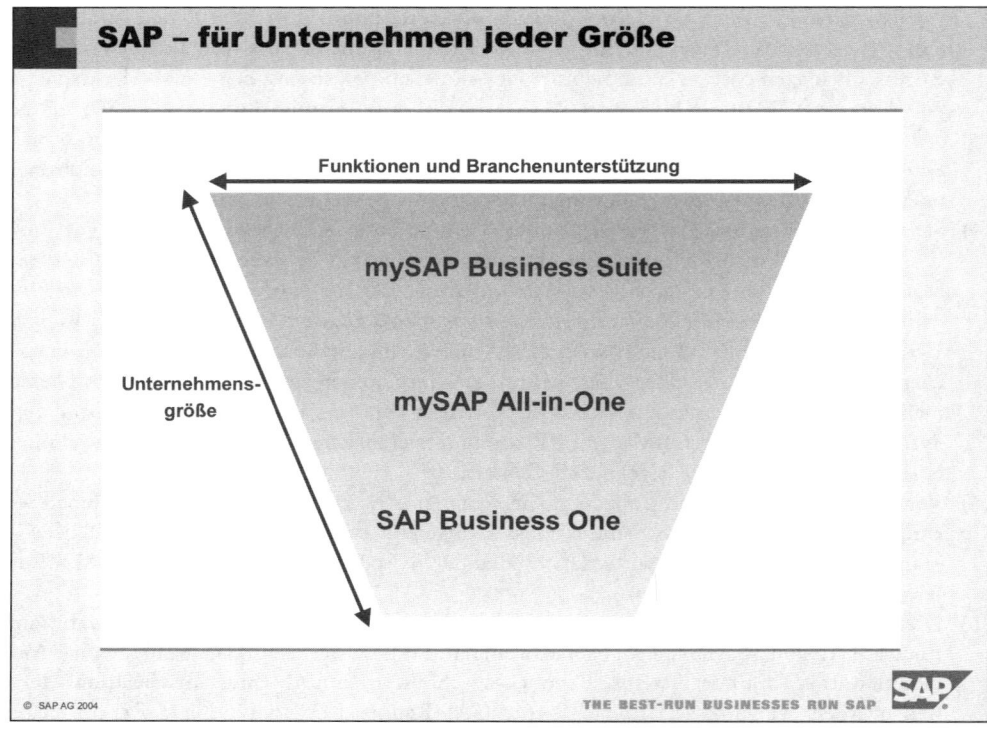

Abb. 153: Die CRM-Angebote der SAP AG

men von *mySAP CRM* sind z.B. 280 vorkonfigurierte Branchenprozesse verfügbar. Beispielhaft zeigt Abb. 153 die Angebotsbreite der *SAP AG* für eine moderne Vertriebssteuerung:

• *mySAP Business Suite* ist ein Komplettpaket für Unternehmen jeder Größe mit umfassenden und flexiblen Geschäftslösungen und Funktionen.

• *mySAP All-in-one* bietet vertikale Lösungen für mittelständische Unternehmen mit komplexen Anforderungen, die von Partnern konfiguriert werden und auf der *mySAP Business Suite* basieren.

• *SAP Business One* stellt eine neue Lösung für mittelständische Unternehmen mit weniger komplexen Anforderungen da. *SAP* spricht von einer einfachen, aber leistungsstarken Lösung für Handel und Dienstleister.

Außerdem profilieren sich einige CRM-Anbieter als Branchenführer (siehe unten). Im folgenden werden einige der zehn Empfehlungen vertieft. Die Punkte (3) und (6) lenken den Blick auf die heikle **Anbieterauswahl**. Empfohlen wird eine Differenzierung der CRM-Anbieter in vier Gruppen (vgl. *Winkelmann*, salesprofi 5/2000, S. 37):

(1) **Strategen:** Für die Strategen ist die Computerunterstützung der Abläufe nur von nachrangiger Bedeutung. Für sie stehen Beratungsleistungen in Richtung Integration von Marketing, Vertrieb und Service im Vordergrund des Angebotes. Oft treten sie gar nicht offiziell als CRM-Anbieter auf, stellen die Softwareentwicklung in den Hintergrund oder erstellen die Software nicht selbst. Zu dieser Gruppe zählen z.B. *Ackerschott, SAP CRM Consulting, Team 4, Viveon AG* oder die *CEO AG*.

(2) **(Echte) Individualisierer:** Die Individualisierer bieten vollständig kundenindividuelle Lösungen an. Hierzu zählen auch Eigenentwicklungen von Unternehmen oder von deren outgesourcten IT-Abteilungen (z.B. *Vaillant, Freudenberg*). Individuallösungen sind zeit- und kostenintensiv, erlauben dafür aber die gezielte Anpassung an ganz spezielle Unternehmensbedingungen. Die Eigenentwicklungen (Inhouse-Lösungen) sind besonders problematisch, da ständig die entsprechenden IT-Ressourcen vorgehalten werden müssen. Individuallösungen werden daher aus Kosten- und Abhängigkeitsgründen in der aktuellen CRM-Szene nicht propagiert. Dennoch lässt ein aktuelles Umfrageergebnis aufhorchen: **Schätzungen zufolge sind noch immer 30–50% aller Vertriebssteuerungen individualprogrammiert.** Gerade viele mittelständische Unternehmen sind mit Individualsoftware groß geworden und lassen sich auch zukünftig gerne von ihrem regionalen Softwarehaus aus einer Hand betreuen. Aber auch größere Unternehmen behalten in hohem Maße Eigenentwicklungen bei. *Raad Consult* hat in einer Umfrage in der Automobilbranche (n = 633) 22 Prozent Eigenentwicklungen festgestellt (vgl. *o.V.*, ComputerZeitung, 44/2002, S. 16).

(3) **Anpasser:** Die Anpasser (Customizer) oder auch **Best-of-Breed-Spezialisten** streben nach optimierter Kundenansprache und Kundenbetreuung mit Hilfe einer Software, die in den Basisfunktionalitäten und Branchenausrichtungen (Templates) zwar möglichst weit standardisiert ist, sich andererseits aber flexibel an Markt- und Unternehmensbedingungen anpassen lässt. In diesem Feld der *„buntschillernden Vertriebsoptimierungen"* ist eine Vielzahl von etablierten CRM-Anbietern zu finden, die sich schon zu MS-DOS-Zeiten auf Vertriebssteuerung spezialisiert haben (vgl. *Schwetz*, CRM-Report 2002, S. 7). Eine Aussage von *Schwetz* lässt aufhorchen: *„Der Trend geht in Richtung Best-of-Breed. ... Denn die Best-of-Breed-Lösung deckt bereits im Standard weit mehr ab als eine branchenneutrale (standardisierte: der Autor) Lösung."* (*Schwetz*, acquisa Sonderheft zur CRM-expo 2002, S. 10).

(4) **Standardisierer:** Die **Standardisierer** oder auch **Generalisierer** sind nicht auf Anpassung ihrer Standardsoftware aus. Sie bieten ihren Kunden softwaremäßig optimierte Prozessabläufe an, zunehmend nach Branchen differenziert. Der Anwender konfiguriert sich seine Lösung aus einem Spektrum möglicher Optionen. Natürlich sind Eingriffe in die Software möglich. Diese werden dann aber i.d.R. durch externe Dienstleister erbracht. Die Standardisierungsattitüde ist z.B. typisch für die großen ERP-Anbieter. Viele Anwender suchen den Standard, weil sie dann auf bewährte Branchenlösungen setzen und „eigene Aufräumarbeiten" vermeiden möchten. Dabei ist zu beachten, dass in manchen Branchen die Abläufe in der Tat hoch standardisert sind (z.B. Finanzdienstleister, Krankenhäuser, Kommunen).

Gängig ist auch eine folgende Fünf-Gruppen-Einteilung von *Schwetz (vgl. z.B. Schwetz*, Computerwoche 11/2002, S. 71):

(1) **Globale Highend-Produktanbieter:** Diese Anbieter erstellen umfassende Standardlösungen für Unternehmen aller Branchen und Größenklassen. Alle wesentlichen Marketing- und Vertriebsfunktionen werden abgebildet, einschließlich der gesamte eBusiness-Palette (*SAP, Oracle, Navision, Pivotal, Update, Siebel*).

(2) **Branchenorientierte Nischenanbieter:** Diese Anbieter haben sich auf vertikale Standardlösungen für bestimmte Marktsegmente spezialisiert (*CAS GmbH* für Konsumgüter, *Fabasoft* für öffentliche Einrichtungen, *Cursor Software* auf dem Energiesektor (*EVI*), *Bay-Soft* für die Elektronikindustrie, *FJA* im Versicherungsmarkt, *REGWARE, Easycom, Dendrite* und *Cegedim* für die Pharmaindustrie, *SoftLab, SAP* und *S1* im Bankgewerbe, dabei *IZB Soft* als Softwarehaus der Sparkassen (*OSPlus-Bankensteuerung*). Die *OSPlus-Bankensteuerung* ist Bestandteil des Sparkassen-Gesamtsystems *OSPlus* (*One System Plus*), das bis 2005 die einheitliche Plattform für 237 Sparkassen werden soll. Das wären dann mehr als die Hälfte aller

Sparkassen in Deutschland. Die Softwarelösung beruht auf Konzepten des *Deutschen Sparkassen und Giroverbandes.*

(3) **Funktionale Nischenanbieter:** Diese Anbieter sind auf bestimmte Funktionsbereiche bzw. Detaillösungen aus Marketing, Vertrieb oder Service beschränkt (Produktkonfiguratoren, Call-Center-Integration, eMail-Marketing, GIS, Workflow-Systeme).

(4) **Globale Lowend-Produkthersteller:** Anbieter dieser Gruppe beschränken sich auf eingeschränkte Komplettlösungen für mittlere und kleinere Unternehmen bzw. für kleine Netzwerke oder Einzelplatzlösungen. Hierzu gehören die Anbieter sog. Kontaktmanagement-Programme.

(5) **Anbieter von Individualsoftware:** Diese Gruppe ist mit der o.a. Gruppe der echten Individualisierer identisch. Der Kunde erhält eine individuell programmierte CRM-Lösung.

Die Grundsatzfrage, ob eine Unternehmung bei der Einführung von CRM eher auf ein standardisiertes System (**Prozesse folgen Software**) oder eher auf individuell angepasste Lösungen (Customized Solutions: **Software folgt Prozessen**) setzen soll, erhielt ab 2003 durch die Einführung der **CRM-Suite** von *Microsoft* (.NET-Anwendungen) neue Impulse. *Microsoft* eröffnete den Kampf gegen die Mittelstandslösungen von *SAP* und vor allem *Siebel*. Das *Microsoft*-Management geht dabei von folgender Annahme aus: „*Mittelständische Unternehmen brauchen Produkte von der Stange.*" (*David Thacher, vgl. o.V.,* Computerwoche 29/2002, S. 4). Bei der Frage, ob <u>eine</u> CRM-Lösung für den gesamten Mittelstand sinnvoll ist, spalten sich die Meinungen im Markt. Allerdings ist anzumerken, dass *Microsoft CRM* durchaus viele Spielräume für Lösungsvariationen bietet.

Eine **CRM/CAS-Einführung** sollte gemäß Punkt (9) und (10) nach einem **Stufenplan** ablaufen. Hierzu kann auf einen bewährten Zeitplan von *Schwetz* entsprechend Abb. 154 zurückgegriffen werden (vgl. *Schwetz,* 2000, S. 168). Soll alles „behutsam" ablaufen, dann müssen fünf Monate für die **Softwareauswahl** und bis zum Abschluss von **Piloteinführung** und **Feldtest** noch einmal sieben Monate eingeplant werden. **Crash-Einführungen** (mit Implementierung der wesentlichen Funktionen) sind bei professioneller Projektarbeit innerhalb von sechs Monaten möglich. Überhaupt ist dem modularen Aufbau der Systeme Rechnung zu tragen. Außerdem gelten diese Angaben nur bei **funktionierender Warenwirtschaft.** Soll eine Warenwirtschaft zusammen mit dem System installiert werden, dann benötigen allein die Kernmodule sechs Monate Einführungsphase (Warenwirtschaft + Kundenadressen + einfache Kundenhistorie). Jede Anstrengung zur „echten" Steuerung ist vergeblich, wenn die Datenübergabe an den **Schnittstellen zum Finanz- und Rechnungswesen** bzw. zu der Warenwirtschaft nicht oder fehlerhaft arbeitet (vgl. zum Thema ERP-Schnittstellen: *Enders/Fromme,* salesprofi 10/1998, S. 52).

r.) Schlussfrage: CRM oder ERP oder CRM plus ERP?

Gerade Mittelständler wünschen standardisierte Prozesse. (David Thacher, Microsoft)

„Man muss sich endlich eingestehen, dass der Best-of-Breed-Ansatz in fast jedem Unternehmen gewollte Realität ist und daraus die Konsequenzen ziehen. Die lautet, dass in den nächsten Jahren vor allem die Softwareanbieter überdurchschnittlich wachsen werden, die eine Integrationsplattform für sämtliche Datenbanken, Applikationen und Systeme liefern können."
(Ray Lane, Computerwoche 27/2002, S. 11).

Hinsichtlich der Stufen 10 und 11 der Abb. 117 gibt es ein Entscheidungsproblem, weil die ERP-Anbieter immer mehr CRM-Funktionalitäten in ihre Programme aufnehmen. Bleibt CRM/CAS dann eine Insellösung? Soll eine Unternehmung nicht gleich den Schritt in die kompakte ERP-Unternehmenssteuerung wagen, um von einem Anbieter aus einer Hand bedient und geschult zu

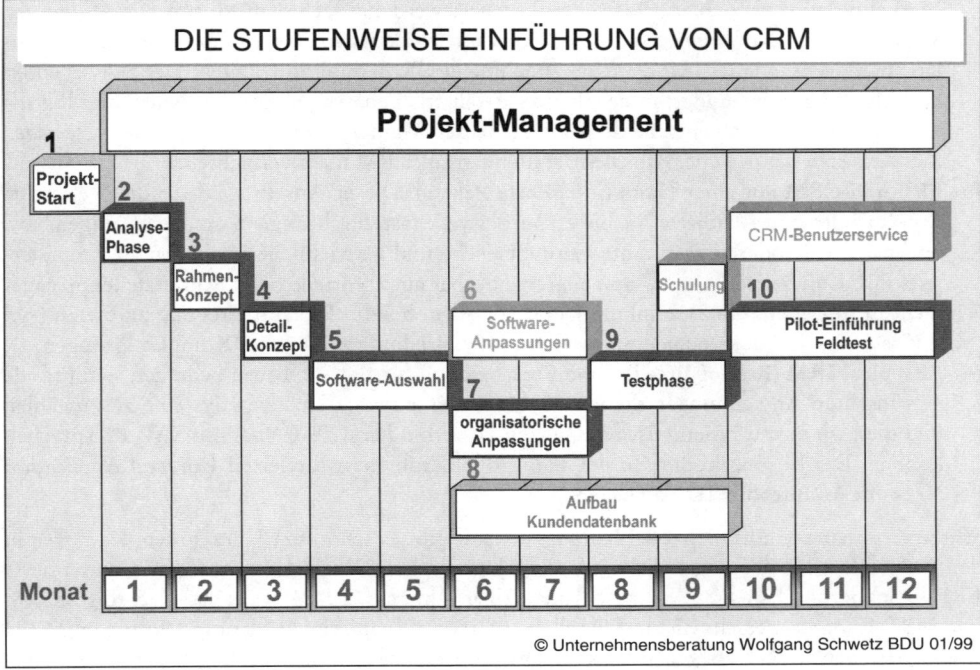

Abb. 154: Zeitplan zur CRM/CAS-Einführung nach Schwetz

werden und um allen Problemen aus der Zusammenführung unterschiedlicher Datenbanken und Software-Tools auszuweichen? Macht ein einheitlicher und solider Standard eine branchen- und unternehmensangepasste Vertriebssteuerung nicht überflüssig?

➡ **Enterprise Resource(s) Planning** (betriebswirtschaftliche Standardsoftware) ist eine bereichsübergreifende Softwarelösung zur Steuerung und Optimierung aller Geschäftsprozesse. ERP-Programme verbinden alle Waren- und Wertströme einer Unternehmung über die vertikale Hierarchie, im Gegensatz zu Ressortlösungen, die stärker auf Prozessintegration auf horizontaler Ebene abzielen. (Bildlich gesprochen: ERP = ein Fahrstuhl durch die Unternehmung; CRM = ein Stockwerk im Firmengefüge mit individuellem kundenfreundlichem Mobiliar).

➡ *„ERP ist das Rückrat und bietet die Ressourcen und operativen betrieblichen Anwendungen, während CRM die Rahmenbedingungen für Marketing und die besten Praktiken im Umgang mit dem Kunden schafft."* (*Bhatia*, www.ITtoolbox.com)

Vier Entscheidungsalternativen sind zu betrachten:

(1) **CRM ohne ERP:** Diese Alternative ist nicht zu empfehlen. CRM sollte auf einer soliden kaufmännischen Gesamtsteuerung aufbauen. Sonst fehlt das Fundament der harten Fakten zur Geschäftstätigkeit.

(2) **Nur ERP:** Das wäre die Lösung für Branchen bzw. Unternehmenskulturen mit produktionswirtschaftlicher und kostenrechnerischer Dominanz. Auf das Paradigma des Relationship

Marketing wird verzichtet. Oder es soll gespart werden. Nach dem Motto: *Die Million für SAP/R3 – der Vertrieb muss mit dem Warenwirtschaftssystem zurechtkommen.* Nun enthalten auch die Standard-ERP-Systeme zunehmend CRM-Funktionalitäten. Der Schwerpunkt liegt allerdings unverändert in der finanzwirtschaftlichen, warenwirtschaftlichen und logistischen Steuerung. Eine entscheidende Frage lautet: *Werden vom ERP-System auch „weiche" Kundendaten verarbeitet?* Falls nein, sollte man auf CRM nicht verzichten.

(3) **ERP und CRM aus einer Hand (integrierte Pakete):** Dieser Ansatz steht für die Weiterentwicklung der ERP-Anbieter. Sie bieten mittlerweile fast durchgängig Komplettlösungen bzw. optimal aufeinander abgestimmte kaufmännische und vertriebliche Lösungen an, um einerseits ihre Kunden zu binden, um andererseits aber auch Vorteile beim Schnittstellenmanagement in Bezug auf die Systemkultur und vor allem bei der Projektbetreuung zu bieten (vgl. *o.V.*, acquisa 3/2002, S.62–64 mit einer Kurzbeschreibung zahlreicher Komplettlösungen).

(4) **ERP plus CRM (Best-of-Breed):** Eine Entscheidung für Best-of-Breed bedeutet, sich für alle gewünschten Anwendungen die jeweils passenden bzw. geeignetsten Systeme auszuwählen und diese zu einem synergetischen Ganzen zu verbinden. CRM muss mit SAP/R3 sprechen können. Die Lösung könnte in der von großen Anbietern forcierten **Univeral Application Network Architecture (UAN)** liegen.

Warenwirtschafts- und Finanzbuchhaltungssysteme gibt es schon seit Jahrzehnten. Sie waren in den Anfängen nicht planungs- und entscheidungsorientiert. Die stärker entscheidungsorientierte ERP-Orientierung kam erst Anfang der neunziger Jahre auf. ERP gilt als das Nachfolgesystem von MRP II, das seinerseits die ursprüngliche Materials Requirement Planning-Software (MPR) ablöste. Immer stärker stiegen die Anforderungen an die Wirtschaftlichkeitsleistung und die Kontrollmöglichkeiten von betrieblicher Software. Auch musste das Finanz- und Rechnungswesen mit neuartigen neuen Produktionsplanungssystemen (PPS) gekoppelt werden. So entstanden die ersten ERP-Systeme wie *R/2* von *SAP, MAPICS* von *Mapics. Inc.* oder *WORLD* von *JD Edwards.* Die Systeme liefen damals zumeist auf Mainframes und *IBM* A/S 400. Heute operiert ERP-Software auf *UNIX, AS/400* und *NT* Betriebssystemen und verwendet dabei eine gehobene Client/Server-Architektur. Der ERP-Markt befindet sich – wie auch aufgezeigt der Markt für CRM/CAS-Anwendungen – weiterhin im Wachstum, mit Abschwächungen in 2001 und 2002. Allein für Europa berechnete *Frost&Sullivan* einen Umsatzanstieg von 4,3 Mrd. in 1998 auf fast 19 Mrd. US-$ bis 2004 (vgl. *www.managerberater.de*/Stand 12/1999). Nach einer Studie der *META Group* glauben nur noch 28 Prozent aller deutschen Unternehmen, dass sie ohne ein ERP-System auskommen (zit. in is-Report, 3/2003, S.6). Auf den Punkt gebracht: Unternehmenssteuerung ohne ERP und CRM ist wie ein Blindflug im Nebel.

Der Weltmarkt wird von vier Unternehmen beherrscht; mit *SAP* an der Spitze vor *Oracle, PeopleSoft* und *Microsoft* nebst Aufkäufen. Ende 2004 hat *Oracle PeopleSoft* übernommen. In Deutschland bekannte Anbieter sind u.a. *Agresso, Baan* (2003 an *FSA Global Technologies* verkauft), *BRAIN* (2003 von der *AGILISYS*-Gruppe übernommen), *J.D. Edwards* (2003 von *PeopleSoft* übernommen), *IFS Deutschland, Infor, INTENTIA, PSIPENTRA, Sage KHK, SoftM* (vgl. auch die Übersicht in is-Report, 11/2003, S.22–23). Abb. 155 zeigt die deutschen Marktanteile führender ERP-Anbieter im Jahr 2002 ohne Anspruch auf Vollständigkeit (nach *Gartner Dataquest*, zit. in MM 03/2004, S.123).

Weltweit laufen heute über 22.000 *SAP*-Installationen bei mehr als 12.000 Unternehmen (vgl. *Müller/Preissner*, MM 11/1999, S.70). In Deutschland arbeiten 95% der Großunternehmen mit Programmen von *SAP* (vgl. *Ruher*, MM 4/1998, S.116). Im Wettbewerb zu *SAP* stehen in Deutschland aber noch andere, z.T. regionale Anbieter.

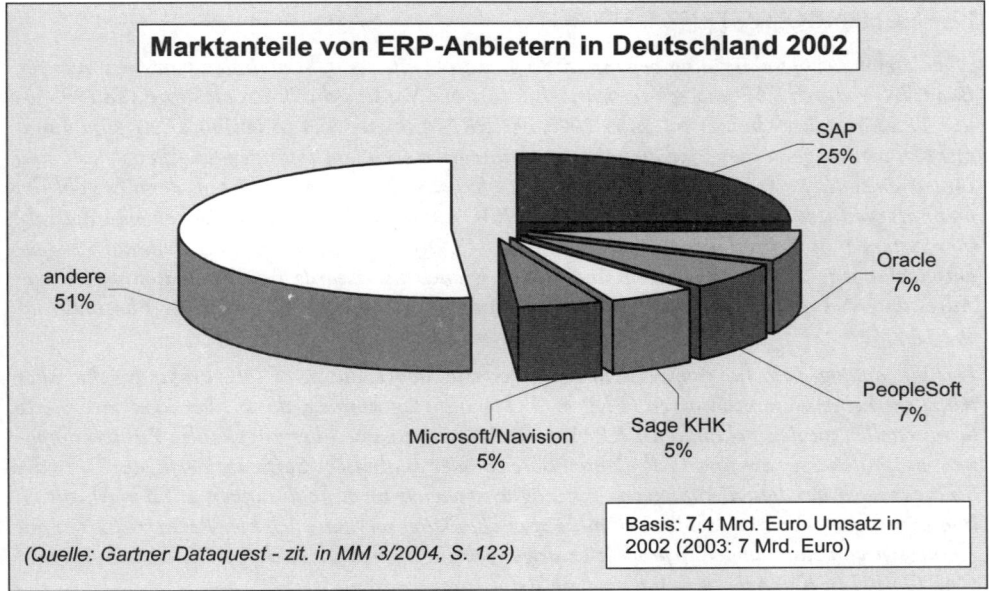

Abb. 155: Marktanteile führender ERP-Anbieter in Deutschland im Jahr 2002

Zur Frage, ob eine Vertriebssteuerung im Rahmen eines ERP-Systems sinnvoller ist als im Rahmen einer zusätzlichen, spezialisierten CRM/CAS-Software, gibt es noch immer gegenteilige Auffassungen. Die Fachzeitschrift *acquisa* hat dieser kontrovers geführten Diskussion einen speziellen Beitrag gewidmet (vgl. *o.V.*, acquisa 6/2002, S.38–41; s. ferner die zusammenfassende Meinung von *Schwetz*, acquisa Sonderheft zur CRM-expo 2002, S.10). *Schwetz* weist warnend darauf hin, dass es nicht allein um die Integration von ERP und CRM geht. Vielmehr müssen in jedem Fall eine Fülle anderer Applikationen (Dokumentenmanagement, Workflow, analytisches CRM etc.) mit integriert werden. Kein Anbieter kann in allen Komponenten die gleiche Qualität liefern wie ein spezialisierter Anbieter. *„Somit ist der Customizing-Aufwand bei der Best-of-Breed-Lösung geringer, außerdem die Folgekosten durch die Erhaltung der Wartbarkeit und Releasefähigkeit. ... Die Kompetenz auf einzelnen Teilgebieten wie analytisches CRM oder spezielles Branchen-Know-how ist für den Projekterfolg weitaus höher zu bewerten als der vermeintliche Wegfall von Schnittstellen."* (*Schwetz*, acquisa, Sonderheft zur CRM-expo 2002, S.10). Weitere Erläuterungen sind einem umfassenden Kommentar zu entnehmen, den *Wolfgang Schwetz* für die 3. Auflage dieses Buch abgegeben hat und der in der Tendenz noch aktuell ist.

Die Zurückhaltung von Vertriebsprofis gegenüber einer ERP-basierten Vertriebssteuerung ist nicht zuletzt auch psychologisch bedingt. Die betriebswirtschaftliche Standardsoftware wird von den Vertrieblern wie ein **„Moloch"** empfunden. CRM kann kreativen Vertriebschefs dagegen eine **„Spiel- und Entwicklungswiese"** bieten. Abb. 156 möchte die Diskussion versachlichen und auf wesentliche Kernargumente zurückführen. Einige Punkte aus der Abb. 156 haben Hypothesencharakter. Es kommt letztlich doch auf den Einzelfall an. Der *VW Konzern* sucht den Kompromiss im Wege eines **Template-Ansatzes**. Im Rahmen des konzernweiten CRM-Systems *Kuba* (*mySAP CRM*) brauchen nicht alle Geschäftsbereiche die gleiche Systemvariante nutzen. Jede Marke kann den Konzernstandard an die eigenen Bedürfnisse (Abläufe) anpassen. Jede übergrei-

BRANCHENKOMPETENZ GEFRAGT

„Der Trend zur Gesamtlösung begann im August 1997 mit den Übernahmen von Aurum durch Baan, K&V durch SAP und setzte sich weiter fort mit Vantive durch PeopleSoft Ende 1999 sowie TPS Labs durch bäurer im März 2000. Die ERP-Anbieter SSA (Baan) und SAP sind damit nicht glücklich geworden und haben eigene integrierte Gesamtlösungen wie PeopleSoft und Oracle entwickelt. Trotzdem können sie nicht alles aus einer Hand anbieten, denn es geht um mehr als die Integration zwischen ERP und CRM. Anwenderunternehmen haben eine Vielzahl von Systemen (z.B. Produktkonfiguration, GIS, MS.Office, eMail) im Einsatz, teils auch Eigenentwicklungen, die zu integrieren sind. Oder Branchenstandards für den Datenimport von Adressdaten, Ausschreibungsdaten in der Baubranche oder Umsatzdaten in der Pharmabranche.

Das gilt analog auch für große CRM-Anbieter wie Siebel, die zwar sehr umfangreiche, aber trotzdem keine Gesamtlösungen (ERP + CRM) anbieten können, dafür aber über integrierte Schnittstellen zu den bekannten ERP-Anbietern und teilweise über zugekaufte Zusatzkomponenten für den Service- und Call-Center-Bereich oder analytische Software verfügen. Trotz des Strebens auch bei diesen Anbietern, mit möglichst vielen Branchenlösungen auf den Markt zu kommen, decken diese Systeme noch nicht alles ab. Daher werden auch hier Partnerschaften mit Anbietern von Komplementärprodukten angestrebt, wie dies u.a. auch CAS Software AG und CAS GmbH in Kaiserslautern mit großem Erfolg praktizieren.

Was von Kunden einzelner Branchen hoch geschätzt wird und ein ausschlaggebendes Kriterium bei der Anbieterauswahl darstellt, ist eine möglichst hohe Abdeckung der branchenspezifischen Anforderungen ihres Marktes (z.B. Markenartikel, Pharma, Versicherung, Energieversorgung) durch den CRM-Hersteller. Daher wird der Erfüllung dieser Kriterien eine höhere Priorität eingeräumt als dem Grad der Integration einer ERP-Lösung. Branchenkompetenz ist gefragt, denn die Standardlösung des Branchenspezialisten (Best-of-Breed) erfüllt die geforderten Funktionalitäten bereits in weit höherem Maß als die eines branchenneutralen Allroundlers, die erst mühevoll angepasst werden muss. SAP und Siebel bestätigen diese Erfahrung, denn sie bieten ebenfalls jeweils rund 20 verschiedene Branchenlösungen an. Die spezialisierte Branchenlösung hat i.d.R. auch unter dem Gesichtspunkt der Wartbarkeit und Releasefähigkeit und somit der Folgekosten deutliche Vorteile gegenüber dem angepassten Alles-aus-einer-Hand-System. Außerdem sprechen die Mitarbeiter des Spezialisten vielfach die Sprache der Branche, wodurch das Verständnis zwischen Anwender und Anbieter erheblich erleichtert und die Implementierungszeit verkürzt werden kann. Die Aussagen über die Vorteile der Branchenspezialisten treffen in gleichem Maße auch für Anbieter spezifischer Lösungskomponenten wie Analytisches und Collaboratives CRM, Data Warehouse, CTI, GIS etc zu. Die ausschließliche Konzentration auf eines dieser Spezialthemen führt fast automatisch zu einer höheren Lösungskompetenz und damit zu einem Wettbewerbsvorsprung. SAS als Marktführer im Analytischen CRM ist ein Beispiel dafür.

Branchenspezialisten wie CAS GmbH im Konsumgütersektor, Cursor Software AG im Energiemarkt, UNiQUARE im Bankenbereich oder REGWARE im Pharmamarkt sind durch ihre Spezialisierung nicht selten zu Marktführern in ihren Branchen geworden und brauchen auch den Wettbewerb mit den sog. großen Anbietern nicht scheuen."

(Kommentar von *Wolfgang Schwetz*, 10.09.2004)

VERTRIEBSSTEUERUNG IM RAHMEN VON CRM/CAS ODER VON ERP?	
Vorteile	*Nachteile*
Als Vor- und Nachteile einer CRM-Vertriebssteuerung werden angeführt:	
• führende Position von CRM im Frontoffice Bereich • CRM-Anbieter haben jahrelange Kundenerfahrung • Eindeutiges Votum für die Kundensicht • CRM-Anbieter übernehmen Implementierung und Schulung selbst • CRM-Anbieter sieht sich als Partner des Anwenders • Flexible Anpassung der Programme an Kundenbedürfnisse • Viele Branchenlösungen • Schnittstellen zu ERP kein Problem • Auch bei einer integrierten Lösung sind noch viele Schnittstellen zu anderen Anwendungen nötig	• CRM Anbieter haben nicht so viel Marktmacht • Mitarbeiter- und Anbieterfluktuation im CRM-Markt • Eventuell verdrängt ERP den CRM-Markt • Gedanke der Prozessoptimierung kommt zu kurz • CRM/CAS letztlich doch nur Ressortlösung – Technik wird nicht eingebunden • Viele CRM/CAS-Systeme bieten keine Verbindung zur strategischen Unternehmensplanung
Als Vor- und Nachteile einer Vertriebssteuerung im Rahmen von ERP (integrierte Lösung) werden angeführt:	
• Große Marktmacht der ERP-Anbieter (SAP!) • Auch schon gehört: *„Wir können keinen Fehler machen, wenn wir uns in die Hände von SAP begeben."* • Ganzheitliche Sicht auf die Unternehmung • Vorteil der ressortübergreifenden Prozessoptimierung • Starke Controllingorientierung • Hohes Rationalisierungspotenzial • Für CRM+ERP nur ein Ansprechpartner • Harmonisierung der gesamten IT-Architektur einer Unternehmung • Kompetente Beratungs- und Schulungspartner	• ERP-Anschaffung und Einführung sehr teuer • Anwender vollständig an ERP-Anbieter gebunden • Softwarelösung ist starr – Anpassungen umständlich und sehr kostspielig • Geringe Flexibilität, Anbieter haben wenig Interesse an Programmmodifikationen • Prioritäten liegen bei Großunternehmen, nicht beim Mittelstand • Implementierung und Schulung meist „nur" durch Partner der ERP-Hersteller • Geringere Kundenorientierung (Kundenverwaltung) • Mängel in abteilungsspezifischen Prozessen
(div. Quellen und Fachgespräche)	

Abb. 156: Vor- und Nachteile einer Vertriebssteuerung mit ERP (integrierte Lösung) versus CRM (spezialisierte Lösung)

fende Funktionserweiterung fließt in das Template ein und ist dann auch für die anderen Konzernbereiche verfügbar. Die Geschäftsbereiche sind aber gehalten, sich möglichst eng am Standardisierungskern *mySAP CRM* zu halten (vgl. *o. V.*, Computerwoche 27/2002, S. 32). Zwar nicht Best-of-Breed, aber auch nicht ERP-plus. Zum Standard wird eine CRM-Lösung erhoben, die zuweilen als Internetlösung des R3-Systems bezeichnet wird.

Debus bringt die Diskussion durch eine konfliktäre Frage auf den Punkt: *„Bevorzugt das Unternehmen eine kunden- oder eher eine unternehmenszentrierte Sicht?"* (*Debus*, IT-Management 4/2000, S. 71). Die Außensicht legt eine autarke CRM-Lösung nahe. Die kaufmännische Innensicht spricht eher für eine ERP-integrierte Variante. Die vier o. a. Entscheidungsalternativen schließen sich aber nicht aus. So kann eine Unternehmung eine strategische Neuorientierung in eine CRM-Lösung umgießen und via Schnittstelle mit einer starken ERP-Backbone verbinden. Und ein CRM-Erfolg sollte nicht auf IT-Fragen reduziert werden. Wichtiger als die Frage des ERP-Bezuges ist die Aufgabe einer sorgfältigen Einführung einer modernen Vertriebssteuerung.

6.5.6. CRM ist mehr als Software – der CRM-Arbeitsplan

CRM ist gelebte Kundenorientierung. Über alle Unternehmensbereiche und alle Kontaktkanäle hinweg werden Vorgänge und Ressourcen auf die Anforderungen der Kunden und die Wettbewerbsbedingungen hin ausgerichtet. Sofort stellt sich die Frage nach einer optimalen Vorgehensweise. Wenn ein an CRM interessierter Anwender diese Frage nicht beantworten kann oder wenn die Unternehmung einen fachlichen Sparringspartner zum Ausdiskutieren und Verbessern vorüberlegter Kundenkonzeptionen benötigt, dann schlägt die Stunde der Unternehmens-, Vertriebs-, bzw. CRM-Beratungen. „*Am Anfang eines Projektes steht die Beratung.*" (*Wald*, CRM-Report 2002, S. 10) Abb. 157 liefert eine Übersicht bekannter IT- und CRM-Beratungen; ohne Anspruch auf Vollständigkeit und mit Schätzwerten für 2003 (vgl. *Schimmel-Schloo*, acquisa 11/2003, S. 35).

DIE GRÖSSTEN IT-BERATUNGEN UND INTEGRATOREN (Gesamtgeschäft Stand 2003)		DIE GRÖSSTEN CRM-BERATUNGEN (Deutschland geschätzt 2004)	
① *IBM Business Consulting Services*	⇨ 920 Mio. EUR	① *T-Systems*	⇨ ? Mio. EUR
② *Lufthansa Systems Group*	⇨ 610 Mio. EUR	② *Softlab*	⇨ 61 Mio. EUR
③ *Accenture*	⇨ 585 Mio. EUR	③ *Capgemini*	⇨ 25 Mio. EUR
④ *Gedas*	⇨ 576 Mio. EUR	④ *syskoplan*	⇨ 20 Mio. EUR
⑤ *CSC Ploenzke*	⇨ 574 Mio. EUR	⑤ *TietoEnator*	⇨ 12 Mio. EUR
⑥ *Capgemini*	⇨ 437 Mio. EUR	⑥ *Escador*	⇨ 8 Mio. EUR
⑦ *BearingPoint*	⇨ 420 Mio. EUR	⑦ *Atos Origin*	⇨ 6 Mio. EUR
⑧ *Atos Origin*	⇨ 285 Mio. EUR	⑧ *evosoft*	⇨ 4 Mio. EUR
⑨ *SAP SI Systems Integration*	⇨ 280 Mio. EUR	⑨ *Team4*	⇨ 4 Mio. EUR
⑩ *Mummert + Partner AG*	⇨ 190 Mio. EUR	⑩ *Rödl IT-Consulting*	⇨ 4 Mio. EUR

Abb. 157: Rangfolge bekannter IT- und CRM-Beratungshäuser
(Quellen: Lünendonk zit. in is-Report 9/2004, S. 14 und acquisa 11/2004, S. 52)

Bevor Überlegungen zum CRM-System angestellt werden, sind die strategischen Eckpunkte der CRM-Konzeption zu bestimmen. *Martin* sieht fünf zentrale Punkte bei der Gestaltung einer CRM-Konzeption und spricht von den „*fünf Dimensionen des Kundenbeziehungs-Managements*" (*Martin*, IT-Director 10/2000, S. 16):

(1) **Modellieren der Kundensegmente:** Kundensegmente werden durch typische Kaufprofile für Kundengruppen mit annähernd homogenem Verhalten beschrieben.

(2) **Gestalten des Kundenlebenszyklus:** Hier geht es um die Gestaltung der Aktivitäten des Kunden-Beziehungsmanagement-Prozesses, wobei nach *Martin* vier Prozessmuster zu unterscheiden sind: (1) Kunden engagieren, (2) Transaktionen abschließen, (3) Liefern wie bestellt und (4) produktunterstützende Dienstleistungen.

(3) **Integrieren der Kanäle:** Kanäle zum Kunden weisen unterschiedliche Kosten auf, stoßen bei den Kunden allerdings auch auf unterschiedliche Präferenzen. Hier sind also Vertriebsprozessmuster in bester Weise in die Kanäle einzupassen.

(4) **Gestalten der Kundenkontaktpunkte (Customer Touchpoints):** In diesem Schritt sind alle Kundenkontakte in allen Kanälen zu optimieren.

(5) **Optimieren der Kunden-Beziehungswerte:** Alle Prozessmuster sind dabei so auszufeilen, dass die Summe aller Transaktionswerte mit dem Kunden über den Geschäftslebenszyklus optimal sind.

Martin formuliert hier eine Arbeitsabfolge. Die *GartnerGroup* schlägt dagegen eine Komposition mit elementaren Bausteinen vor. *Gartner* spricht daher auch von den „*Eight Building Blocks of CRM*" (*Close/Ferrara/Galvin* u.a. 2001). CRM-Vision und -Strategie, Kundenanalyse und kooperatives CRM, Prozesse, Datenbank, Software-Technologie und Kennzahlen (Messverfahren) werden nach Abb. 158 zu einem konsistenten CRM-Gebäude verwoben (vgl. *Close* u.a. 2001, S. 3). Für die Praxis sind die acht Blöcke zwar wichtig, sie lassen sich jedoch nicht sequentiell abarbeiten. Die Praxis wünscht eine Checkliste mit einer Arbeitsfolge.

EIGHT BUILDING BLOCKS OF CRM	
1 CRM Vision: Leadership, Market Position, Value Proposition	
2 CRM Strategies: Objectives, Segments, Effective Interaction	
3 Valued-Customer Experience	4 Organizational Collaboration
– understand Requirements – monitor Expectations – Satisfaction vs. Competition – Act on Feedback – Customer Communication	– Culture and Structure – Customer Understanding – People: Skills / Competencies – Incentives/Compensation – Internal Communications – Partners and Suppliers
5 CRM Processes: Customer Life Cycle, Knowledge Management	
6 CRM Information: Data, Analysis, Market Research	
7 CRM Technology: Applications, IT Architecture	
8 CRM Metrics: Value, Retention, Satisfaction, Loyality, Cost to Serve	
(Source: Gartner Research, AV-13-9791 of 19 June 2001)	

Abb. 158: Die 8 Bausteine von CRM nach GartnerGroup

In der Abb. 159 wird ein derartiger **CRM-Arbeitsplan** vorgeschlagen, der branchen- und unternehmensindividuell anzupassen ist. Es soll nicht der Eindruck entstehen, die Arbeitsschritte müssten immer streng sequenziell ablaufen. Wie so oft in der Praxis, kommt es auf Parallelität und gut durchdachte Feedback-Schleifen an. Der CRM-Arbeitsplan lässt sich auf folgende 10 Hauptarbeitsgänge reduzieren:

(1) Nach Bildung der CRM-Arbeitsgruppe aus allen betroffenen Abteilungen erarbeitet das Team mit bzw. im Einvernehmen mit der Geschäftsleitung eine strategische Marktplanung (das **House of Strategy**) sowie die **Kundenleitbilder.** Die Verantwortung für strategische Zielgruppen und CRM-Leitbilder zu übernehmen, ist anspruchsvolle Pflicht der Geschäftsführung. Auch im Hinblick auf die Bereitstellung der erforderlichen CRM-Budgets ist anzumerken: **CRM ist Sache des Managements.** Ansonsten gehen die folgenden Arbeitsschritte auf dem Weg zu CRM alle Mitarbeiter auf allen Ebenen etwas an. Am Erfolg einer CRM-Konzeption wirkt jeder Mitarbeiter mit Kundenkontakt mit.

(2) Das Kundenleitbild lenkt die Kundenbewertung, d.h. die **Kundenqualifizierung.** Aufgabe der Kundenqualifizierung ist es, zunächst strategische Kundenzielgruppen zu bestimmen und dann operativ wichtige von unwichtigen Kunden zu trennen. *Welche Kunden passen zu uns, von welchen wollen wir uns trennen?*

(3) Die so qualifizierten Kunden sind zu möglichst homogenen Kundengruppen (den Marktsegmenten) zusammenzufassen. Aus den Marktsegmenten sind die prioritären Zielgruppen für die Besuchsplanung und für das Kampagnenmanagement zu bestimmen.

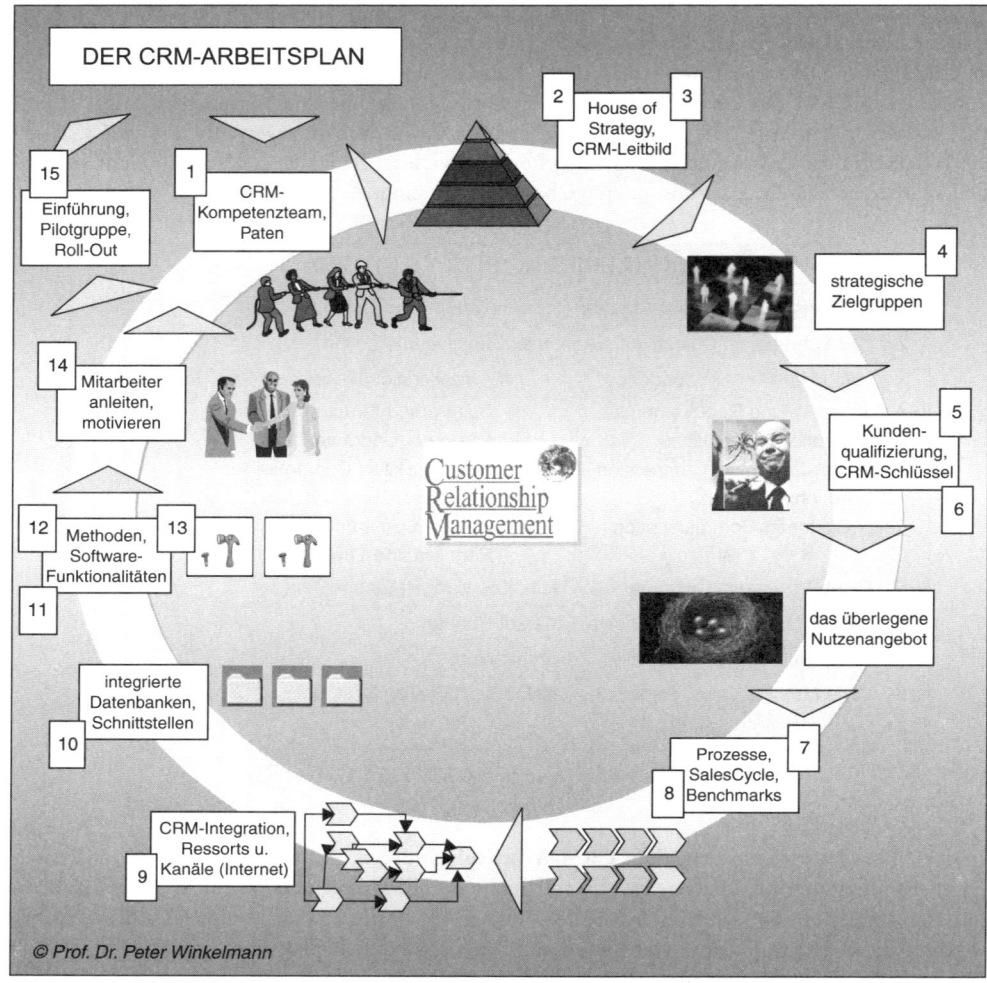

DER CRM-ARBEITSPLAN

Abb. 159: Der CRM-Arbeitsplan (15 Steps to CaRMelot)

(4) Spätestens jetzt ist die sich anbahnende CRM-Konzeption mit Marketing (Produktmanagement), Technik und Service abzustimmen: *Haben wir überhaupt wettbewerbsüberlegene Produkte und Serviceleistungen entsprechend der Werthaltigkeit unserer Zielkunden?* In welchem Umfang werden (kostspielige) Leistungen für Kunden erbracht, bei denen sich diese nicht rechnen?

(5) Welche sind nun die zur Bearbeitung von Kundengruppen und Leistungsangebot bzw. die für den Markterfolg wichtigsten Vorgänge (Prozesse) des SalesCycle? In welchem Maße sollen Kernprozesse standardisiert werden? In welchem Ausmaß können Kundenbetreuer flexibel, individuell und situativ entscheiden?

(6) Diese Prozesse sind dann, nicht zuletzt mit Hilfe von Datenbanken und Workflows, abteilungs- und kanalübergreifend an den Kundenberührungspunkten (den Customer-Touchpoints) optimal auszufeilen (CRM im eigentlichen Sinne).

(7) Erst im folgenden Schritt sind die geeigneten CRM-Software-Funktionalitäten zu bestimmen, die den Mitarbeitern zur Erreichung der Marketing-, Vertriebs- und Serviceziele an die Hand zu geben sind. Wir sehen: **CRM ist mehr als Software.** Die Software erscheint relativ spät in der Arbeitsliste. In diesem Zusammenhang sind auch die Fragen der Datenbank- und der Anwendungsintegration zu klären (EAI). Die Auswahl der Software ist dann ein eigener Prozess, in den die IT-Abteilung führend einzubinden ist.

(8) Können die Mitarbeiter die Methoden überhaupt anwenden und mit den IT-Werkzeugen richtig umgehen? Parallel zur Softwareauswahl sind die Mitarbeiter daher durch Schulungen auf die Anforderungen der systemgestützten Kundenbetreuung vorzubereiten. Es wäre z.B. fahrlässig, Außendienstmitarbeiter, die noch nie mit Laptop und PC gearbeitet haben, mit einer CRM-Software zu konfrontieren.

(9) Den Erfolg von CRM bewirken in letzter Konsequenz motivierte und engagierte Mitarbeiter. Solange die Akzeptanz durch die Mitarbeiter nicht gesichert ist, sollte das Management Abstand von hochfliegenden CRM-Plänen nehmen. Die Mitarbeiter sollten vor Einführung eines CRM-Systems ihre grundlegenden Differenzen und Zielkonflikte gelöst haben. Das neue System ist folglich in die bestehende menschlich-organisatorische und instrumentell-technische Infrastruktur einzupassen. Selbstverständlich sind die Mitarbeiter bereits bei Schritt (1) in die Ziele der CRM-Konzeption eingeweiht worden.

(10) Die CRM-Vertriebssteuerung sollte zunächst bei einer Pilotgruppe eingeführt werden. Erst danach sollte ein behutsames Roll-out in der Gesamtorganisation erfolgen. Wichtig für die Umsetzung in der Gesamtorganisation ist ein **Time Pacing,** ein zügiges und konsequentes Abarbeiten des Zeitplanes mit überwachbaren Meilensteinen.

Dieser Arbeitsplan ist in der Sprache der Organisationsfachleute Top-down aufgebaut. Selbstverständlich kann eingewendet werden, die Abfolge müsse umgekehrt, also ausgehend von den Kundenbetreuern Bottom-up, ablaufen. Beide Denkansätze schließen sich nicht aus. Schon bei der Einstimmung der Mitarbeiter sollten die CRM-Strategie sowie die wichtigsten Zielgruppen und Prozesse geklärt sein. Andererseits sollten motivierte Mitarbeiter das CRM-Kundenleitbild und die Prozessintegration mitbestimmen. Es kommt nicht so sehr auf hierarchische Fragen und die Reihenfolge des Arbeitsplanes an, sondern darauf, dass von den wichtigen Schritten keiner ausgelassen wird. Zu jedem der zehn Schritte gehören dann umfassende to-do-Listen.

Abb. 160 zeigt einen weiteren operativen **Planungsfahrplan** mit fünf Projektphasen und zahlreichen Unteraufgaben (vgl. *Wald*, CRM-Report 2002, S. 10–13). Es fehlt hier der Bezug zur Marktstrategie. Im Grunde schwört heute jede Unternehmensberatung auf einen eigenen Arbeitsplan.

Im folgenden 7. Kapitel verlässt das Buch nun den Bereich der CRM-geprägten Vertriebskonzeptionen. In den Mittelpunkt rücken die operativen Aufgaben der Kundenbetreuung. Sie werden in der logischen Abfolge des SalesCycle behandelt. Dabei wird immer wieder beispielhaft aufgezeigt, wie moderne CRM-Systeme die Kundenbetreuer im Tagesgeschäft unterstützen. Das Kapitel beginnt mit der wichtigsten Frage überhaupt: *Wer ist denn eigentlich unser Kunde?*

DIE FÜNF PHASEN EINES CRM-PROJEKTES				
1. Projektstart	**2. Analyse**	**3. Konzeption**	**4. Realisierung**	**5. Einführung**
• Definition Projektrahmen • Entwicklung von Umgebung und Projektinfrastruktur • Projektorganisation, Projektteam • Regeln der Zusammenarbeit • Regeln der Kommunikation • Festlegung von Projektstandards • Zeitplan • Beschreibung der kritischen Erfolgsfaktoren • Start IT-Planung • Kick-off-Meeting	• Ist-Analyse Geschäftsabläufe • Soll-Konzeption für Prozesse und Organisation • Entwicklung Einführungsstrategie • Definition Testplan • Beschreibung des Nutzens, der Verbesserungen durch das Projekt (ROI) • Definition der Anforderungen, Architektur	• Realisierungskonzept, Feinkonzept • Vollständiges Systemkonzept erstellen • Teilkonzepte entwickeln • Bedienerkonzept festlegen • Vergabe der Zugriffsrechte • Zeitplan für Realisierung • Qualitätsprüfung • Endabnahme-Konzept • Abschluss der Systemdokumentation • Planung Anwenderschulung	• Customizing des CRM-Systems entsprechend der Kundenprozesse • Reports, Schnittstellen, User-Profile definieren • Beschreibung eines detaillierten Testplanes • Stammdatenübernahme • Systemtest inkl. Integrationstest • Kundenabnahme • Planung Produktivstart • Entwurf Systemdokumentation • Installation Entwicklungsumgebung • Beurteilung Anwenderzufriedenheit • Qualitätskontrolle • Technische Integration des Systems in bestehende IT-Landschaft	• Wartung und Support (Service-Vertrag) • Support nach der Einführung • Leistungskontrolle und -steigerung • Beurteilung Anwenderzufriedenheit • Überführung des getesteten Systems in eine produktive Umgebung
Ergebnisse	Ergebnisse	Ergebnisse	Ergebnisse	Ergebnisse
• Protokoll des Kick-off-Meetings mit der grundlegenden Definition des Projektrahmens, Projektübersicht, gleiches Verständnis bezüglich Ziele und Vorgehensweise im Team	• Integrierte Soll-prozesse • Pflichtenheft • Nutzen und Verbesserungen • Einheitliches Verständnis von Soll-Prozessen und Projektergebnissen	• Feinkonzept • Einführungsstrategie • Genauer Zeitplan und Verantwortlichkeiten für Einführung • Systemdokumentation	• CRM-System wird an die Umgebung des Anwenders angepasst • Getestete und abgenommene Geschäftsprozesse	• Ein stabil laufendes CRM-Produktivsystem • Höhere Anwenderzufriedenheit
(Quelle: Wald, CRM-Report 2002, S. 10–11)				

Abb. 160: Die fünf Phasen eines CRM-Projektes und die Unteraufgaben

7. Die Kundengewinnung und -sicherung

7.1. Die Kundenidentifizierung

7.1.1. Die Kunden-Abgrenzungen: Wer ist eigentlich unser Kunde?

„Es gab niemals eine bessere Zeit, Kunde zu sein – oder eine forderndere Zeit, … um Kundenbeziehungen zu managen. Alle Unternehmen sind gezwungen, ein bisher nicht gekanntes Maß an Flexibilität zu entwickeln, mit höchster Geschwindigkeit auf Anforderungen zu reagieren und dem Kunden immer stärker personalisierte Produkte und Dienstleistungen zu offerieren; und zwar genau so, wie er es möchte und wann er es möchte." (Rapp 2001, S. 12)

Der Kunde ist oft ein unbekanntes Wesen. *Homburg* beklagt, dass *„viele Mitarbeiter nicht einmal wissen, wer die Kunden eigentlich sind."* (Homburg 1996, S. 145). Da gibt es Kunden, die haben seit Jahren nicht mehr bestellt. Kein Verkäufer kennt den Grund. Adressen haben sich geändert, doch niemand im Verkauf weiß davon. Gut vertraute Ansprechpartner für aussichtsreiche Projekte sind überraschend nicht mehr zuständig, oder sie haben die Kundenfirma unbemerkt gewechselt. Ebenso groß ist die Unkenntnis über die Nicht-Kunden. In größeren Unternehmen schlummern nicht selten Tausende von Interessentenadressen in den Ablagen und Mailboxen. Die meisten von ihnen bleiben auf ewig sog. „Karteileichen." Mit jährlichen Budgets von 25 Mrd. Euro versuchen Marktforschungsinstitute und Adressenanbieter Ansprechpartner zu identifizieren, Zielgruppen zu segmentieren und das Kundenverhalten zu erforschen. So banal es auch klingt: Am Anfang einer Markteroberung steht immer die Frage nach dem Kunden, nach seinen Zielsetzungen, Erwartungen und nach seinem Kaufverhalten. Doch wer ist der Kunde? Grundsätzlich sind nach Geschäftstyp bzw. nach Rechtsbeziehung drei Kundenarten zu unterscheiden, mit jeweils typischen Formen zwischenmenschlicher Beziehungen:

(1) **Firmenkunden** (BtoB): Im BtoB-Geschäft ist es letztlich immer eine Firma, die eine Leistung gemäß HGB kauft und als Rechtspersönlichkeit dem Lieferanten gegenüber steht.

(2) **Geschäftskunden** (BtoB oder BtoC je nach Rechnungsbegleichung): In diesem Fall richten sich die Marketingbemühungen ausdrücklich auf Personen. Diese handeln vowiegend aus geschäftlichem Interesse. Die Kaufbedürfnisse haben einen geschäftlichen Hintergrund und im Regelfall geht die Kaufrechnung auch an eine Firmenadresse (Bsp.: Business *Lufthansa* Flug, Werbung der Hotelketten, Mietwagen für Mitarbeiter, geschäftliche Kreditkarte). Wir schlagen Geschäftskunden allerdings dem BtoC-Bereich zu, wenn die gekaufte Leistung der privaten Nutzung dient.

(3) **Privatkunden/Endkunden** (BtoC): In diesem Fall ist der Kunde eine Privatperson, die mit dem Kauf bzw. dem Bezug einer Dienstleistung persönliche Wünsche befriedigt und dafür auch aus dem Privatportemonnaie zahlt. (Bei Konsumgütern: Konsumenten 50 Stellen, Verbraucher 45 Stellen)

Spannend ist eine spezielle Kundenbetrachtung von Vertretern, Agenten, Händlern oder Handwerkern im indirekten Vertrieb (BtoBtoC). Sind sie nun Kunden oder nicht?

(4) **Handwerks- oder Handelskunden/-partner** (BtoB): Kaufen Händler oder Handwerker für den eigenen Bedarf, dann sind sie natürlich Kunden. Sind sie jedoch als Absatzmittler tätig,

dann ist eine Frage der Markt- und Unternehmensphilosophie, ob ein Lieferant sie als Kunden oder als Partner betrachtet bzw. ob sich andererseits Absatzmittler als Kunden oder als Partner verstehen. Bei Exklusivbindungen ist die Frage nicht so dramatisch. Die Händler, Handwerker, Agenten etc. operieren dann als verlängerte Arme des Herstellers. Bei Nicht-Exklusivverträgen sieht die Sache anders aus. Dann kann sich der Absatzmittler von mehreren Lieferanten umwerben lassen und eine Kundenposition genießen. Wir möchten im Zusammenhang mit der Thematik des kooperativen CRM jedoch nicht von Handels- oder Handwerkskunden sondern von Vertriebspartnern sprechen, mit denen der Lieferant gemeinsam um Marktanteile bei den Endabnehmern kämpft. Diese Endkunden können wiederum Firmen-, Geschäfts- oder Privatkunden sein.

Interessenten wie Kunden sind aus verschiedenen Blickwinkeln heraus zu identifizieren und zu beleuchten. Abb. 161 zeigt die Blickrichtungen.

(1) Der Kunde als „**Nummer**: Unternehmen werden von kaufmännischen Systemen gesteuert. Ein Kundenleben beginnt daher mit einer Kundennummer. Diese bietet dem Warenwirtschafts- und Finanzsystem eine abrechnungstechnische Grundlage für die Bearbeitung von Vorgängen. Leider begnügen sich noch viele Unternehmen damit, ihre Kunden lediglich als Nummern zu sehen und auch zu behandeln.

(2) Der Kunde als **Rechtspersönlichkeit**: So verdient er Aufmerksamkeit, damit Geschäftsvorfälle juristisch abgesichert sind. Die Unterscheidung in Privatkundschaft (es gilt vor allem BGB) und Firmenkundengeschäft (es gilt vor allem HGB) ist von erheblicher Relevanz. Ge-

Abb. 161: Die 9 Blickrichtungen auf den Kunden: Der Kunde als ...

rade in BtoB-Märkten ist man gewöhnt, als Kunden das Unternehmen zu sehen (vgl. *Plinke* 1997, S. 120). Im Sinne von CRM werden jedoch die Personen des Buying Centers in den Vordergrund gestellt. Denn erst müssen Menschen gewonnen werden, bevor eine Firma kauft!

(3) Der Kunde als **Account** (**Potenzialträger**): Diese kaufmännische Kundensicht der Betriebswirtschaft ist wichtig zur Beurteilung von Einkaufspotenzialen, Verkaufschancen, Bonität etc.

(4) Das Marketing begreift den Interessenten oder Kunden als **Teilnehmer eines Marktes** oder eines **Marktsegmentes** mit ganz bestimmten Branchengepflogenheiten. Die entscheidende Ausgangsfrage: *Gehört der betreffende Interessent oder Kunde überhaupt zu meiner strategischen Zielgruppe?* Durch diese Kundensicht möchte sich der Anbieter auf spezielle Marktspielregeln, Käuferprofile oder auf ein besonderes Preisverhalten der Kunden-Zielgruppe einstellen.

(5) Der Kunde als **Prioritätsträger**: Darauf aufbauend werden Kunden nach ihrer Wichtigkeit (Priorität) aus Lieferantensicht beurteilt. Zwischen Klein- und Großkunden, bzw. zwischen unwichtigen und wichtigen Kunden, sind Abstufungen zu definieren. Dies geschieht im Rahmen der Kundenqualifizierung. In BtoB können Kundenprioritäten zweifach vergeben werden: Für die kaufende Unternehmung einerseits und für die im Kaufentscheidungsprozess handelnden Personen andererseits.

(6) Marketing und Vertrieb positionieren den Kunden ferner im Hinblick auf die bestehende Kundenbindung in einer Bandbreite zwischen **Interessenten** (potenziellen Kunden) und **Stammkunden** (Bestandskunden). Wo steht mein Kunde? Wohin muss ich ihn führen? Abb. 205 nennt die Entwicklungsstufen, die ein Kunde vom Erstkontakt bis zum treuen Stammkunden zurücklegt. Analysiert man Kunden aus diesem Blickwinkel heraus, dann können Marketingmaßnahmen statusgerecht auf Interessenten und Kunden ausgerichtet werden.

(7) Das Relationship Marketing rückt den Interessenten oder Kunden ausdrücklich **als Individuum** (als **Persönlichkeit**) in das Zentrum der Betrachtung. *Plinke* spricht vom Koalitionspartner (vgl. *Plinke* 1997, S. 121). Ein Außendienstmitarbeiter wird ein Verständnis dahingehend entwickeln müssen, ob er seinen Geschäftskontakt positiv als Partner oder sogar Freund oder negativ als Abhängigen oder gar Melkkuh sieht. Es gibt immer noch Marktbereiche, wo letzteres funktioniert. Stromversorger beispielsweise haben ihre Kunden vor der Liberalisierung des Strommarktes als Abnehmer verstanden und entsprechend behandelt. Sie entdecken erst jüngst den Kunden als Persönlichkeit. Je nach Beantwortung dieser Fragestellung werden menschliche Beziehungen gestaltet, die sich nicht immer mit den Firmeninteressen decken.

(8) Der Kunde als Glied eines **Netzwerkes**: In BtoB-Märkten wird nicht an einzelne Beziehungspartner verkauft, sondern an **Beziehungsnetze**. Gerade im Geschäftskundenvertrieb ist die **Rolle des Verhandlungspartners** innerhalb seiner Organisation und die Erwartungen seiner Vorgesetzten und Kollegen an ihn zu beachten (vgl. *Fließ* 1995, S. 345–395). Wie sind seine Beziehungen zu den Mitgliedern seiner Organisation, sowohl in Bezug auf seine hierarchische Stellung und seine Aufgaben wie auch auf Grund seiner zwischenmenschlichen Beziehungen zu den KollegInnen, zu beurteilen? Nach dem klassischen Ansatz von *Webster* und *Wind* können im sog. **Buying-Center** die Rollen des **Beeinflussers** (Influencer), **Käufers** (Buyer), **Verwenders** (User), **Entscheiders** (Decision Maker) und **Wächters/Türöffners** (Gate-Keeper) zum Tragen kommen (vgl. *Webster/Wind* 1972, S. 78 ff.). Abb. 162 visualisiert die Rollen. Abb. 163 gibt Empfehlungen, wie ein Kundenbetreuer sich auf die kundenseitigen Rollen einstellen kann. Mehrere dieser Rollen können und werden i.d.R. gleichzeitig in einer Person vereinigt sein. Je wirtschaftlich unbedeutender in BtoB-Märkten ein zu kaufendes Wirt-

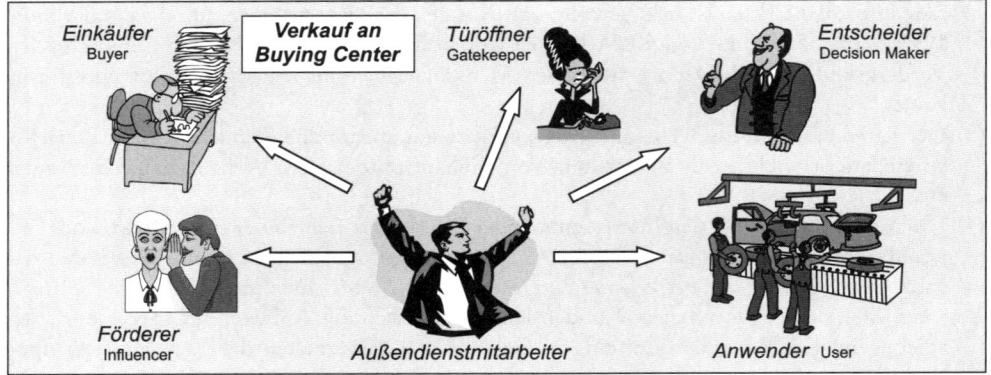

Abb. 162: Visualisierung der Rollen im BtoB-Buying-Center

ASPEKTE ZUR BEHANDLUNG DER ROLLEN IM BUYING-CENTER				
Einkäufer	**Anwender**	**Entscheider**	**Beeinflusser**	**Wächter**
• Zu empfehlen ist die Taktik der eigenen dosierten Niederlagen. • Immer am Ball bleiben (Kundennähe ist sehr wichtig!). • Vorsicht bei Kontakten zu Anwendern. • Der Einkäufer wünscht vor allem Arbeitserleichterungen.	• Zu empfehlen ist die Taktik der dosierten Kontakte. • Produktvorteile müssen immer bewiesen werden. • Unterstützung durch die eigene Technik ist wichtig. • Service und problemlose Anwendung ist dem Anwender wichtiger als Preis.	• Zu empfehlen ist die Taktik der höflichen Distanz und der kalkulierten Beeinflussung. • Marketingunterstützung ist dabei wichtig. • Dafür sorgen, dass der Entscheider „stolz" auf seine Entscheidung ist. • Der Entscheider wünscht vor allem Risikovermeidung. • Er wird kaum gegen seine Mitarbeiter entscheiden.	• Zu empfehlen ist die Taktik der kalkulierten Einflussnahme. • Marketingunterstützung ist wichtig - aber immer im Hintergrund. • Es gilt das do ut des-Prinzip. • Der Beeinflusser wünscht vor allem Win-Win-Beziehungen. • Einkäufer wünschen von Zeit zu Zeit Bestätigungen ihrer Macht.	• Zu empfehlen ist die Taktik der kleinen Aufmerksamkeiten. • Besonders regelmäßige Zuwendungen durch den Außendienst sind wichtig. • Wächter nie umgehen! • Wächter möchten besser informiert sein als andere.

Abb. 163: Aspekte zur Behandlung der Rollen im Buying-Center

schaftsgut ist (C-Artikel, MRO-Artikel), desto eher fallen z.B. die Rollen des Käufers und des Entscheiders zusammen. Bei der Identifizierung eines Kunden ist es vor allem wichtig, dessen **Stellung**, seine **Fachkompetenz** und seine **Macht** im Netzwerk firmen-, abteilungsbezogener und persönlicher Interessen abzuwägen. Der ganzheitliche Blick auf Gesprächspartner, Netzwerke und Abnehmerunternehmen entscheidet über die Verkaufstaktik.

(9) Der Kunde als **direkter oder indirekter Gesprächspartner**: In Märkten des indirekten Vertriebs bzw. hoch arbeitsteiligen Märkten muss der Kundenblick ausgeweitet werden. Es gilt, nicht nur die unmittelbar im Kaufprozess handelnden Personen im Visier zu behalten, sondern auch indirekte Kunden, d.h. Händler, Agenten, Sachverständige, Behörden, Planer, Meinungsführer (Stakeholder). Bei seiner Vertriebskanalpolitik muss sich ein Anbieter entscheiden, ob er seine Vertriebspartner als Erfüllungsgehilfen, Kollegen oder als (indirekte) Kunden versteht und dementsprechend pflegt.

Um es noch einmal zu unterstreichen: Die auf die Wirkungskette Kundennähe, -zufriedenheit und -bindung ausgerichteten Vertriebsaktionen müssen stets das gesamte Buying-Center bzw.

dessen Beziehungsnetze im Auge behalten. Bemühungen um mehr Kundenzufriedenheit sind ohne Wert, wenn mit großer Mühe ein Einkäufer „aufgebaut" wird, der plötzlich den Arbeitgeber wechselt oder in eine andere Funktion versetzt wird. Immer mehr Großunternehmen gehen dazu über, ihre Einkäufer in Rotationsprogramme zu bringen, um der Gefahr persönlicher Vorteilsnahmen entgegenzuwirken und um deren Wissensbasis zu erweitern. Eine Lieferantentreue sollte deshalb das gesamte Einkaufsnetzwerk einbeziehen. Aber auch im Konsumgeschäft ist die Einbindung des Konsumenten in Beeinflussungsnetzwerke zu beachten. Der Konsument orientiert seine Kaufneigungen an der Familie, an Freunden, Meinungsführern und Vorbildern (Bezugsgruppen).

7.1.2. Bestimmung der strategischen Zielgruppen

Jeder Kunde ist i.d.R. Element einer strategischen Zielgruppe. Eine Vertriebskonzeption sollte im ersten Schritt auf **strategische Zielgruppen** ausgerichtet werden. Im kaum praxisrelevanten Extremfall des 1to1-Vertriebs kann ein einzelner Kunde als strategische Zielgruppe behandelt werden. Die Festlegung der Kernzielgruppen durch das Management ist Konsequenz aus Überlegungen, bei denen die Unternehmensvision, die Mission, die zentralen Unternehmensleitlinien sowie die Kernkompetenzen und Eckpfeiler des Leistungsprogramms strategisch entwickelt werden (vgl. *Winkelmann* 2003, S. 54–58; vgl. auch als Praxisbeispiel die Vorgaben von *Ackermann* an die Mitarbeiter der *Deutschen Bank AG*: *www.manager-magazin.de/link/db-leitlinien*). Die alles entscheidende Frage lautet: *Von welchen Zielgruppen hängt unser Geschäft wirklich ab?* Als strategische Zielgruppen grenzen z.B. ab,

- eine bekannte Sparkasse: *Junge Erwachsene bis 25 J., Sparer zwischen 25 und 40 Jahre, Sparer über 40 Jahre, Finanzierer und Immobilienerwerber,*
- ein Nutzfahrzeugbauer: *öffentliche Verkehrsbetriebe, Behörden, private Omnibusunternehmen,*
- ein Pharma-Unternehmen: *niedergelassene Ärzte, Kliniken, Apotheken/Drogerien, Pharma-Großhandel, Selbsthilfegruppen, Patienten (Direktkäufer)*
- ein Heizungsbauer: *Fachhandwerker Heizung-Sanitär-Elektro, Großhandel, Wohnungsbaugesellschaften, Planer, Architekten.*

Die Einteilung der strategischen Zielgruppen sollte im Planungszeitraum stabil bleiben. Jetzt stellt sich zum ersten Mal die Frage nach Kundenprioritäten. Das Management fragt: *Wie wichtig ist uns eine Zielgruppe – welche Priorität erhält sie im Rahmen der strategischen Planung?* Regelmäßig ist daher im Planungszeitraum die **Wertigkeit der Zielgruppen** zu überprüfen. Welche Erfolgsbeiträge leisten die strategischen Zielgruppen im Hinblick auf Umsatz, Ergebnis, Knowhow-Gewinnung, Image etc? Auf dieser Ebene wird nicht nach dem Kundenwert gefragt, sondern nach dem Wert von fixierten Kundengruppen (**strategische Zielgruppenbewertung**).

Die strategischen Zielgruppen setzen sich aus Nicht-Kunden (Interessenten, Wettbewerbskunden) und Kunden zusammen. Der Markterfolg ergibt sich schlussendlich als Summe aus einer Vielzahl einzelner Kundenerfolge. Innerhalb jeder Zielgruppe gibt daher es wichtige und weniger wichtige Kunden (s. Abschnitt 7.2. zur Kundenbewertung). So wird eine Kundenbewertung bis auf Basis Einzelkunde notwendig. Dies ist Aufgabe der **operative Kundenbewertung**. Was ist der einzelne Kunde für unser Geschäft wert? Die operative Kundenbewertung kann und sollte nach unterschiedlichen Kriterien, am besten mit Hilfe einer Kundenklassifikation (Kundenschlüssel) erfolgen. Je nach Markt- und Firmensituation lassen sich dadurch flexibel Prioritäten setzen und **operative Zielgruppen** bilden. Mit den operativen, auf Grund von Kundenqualifizie-

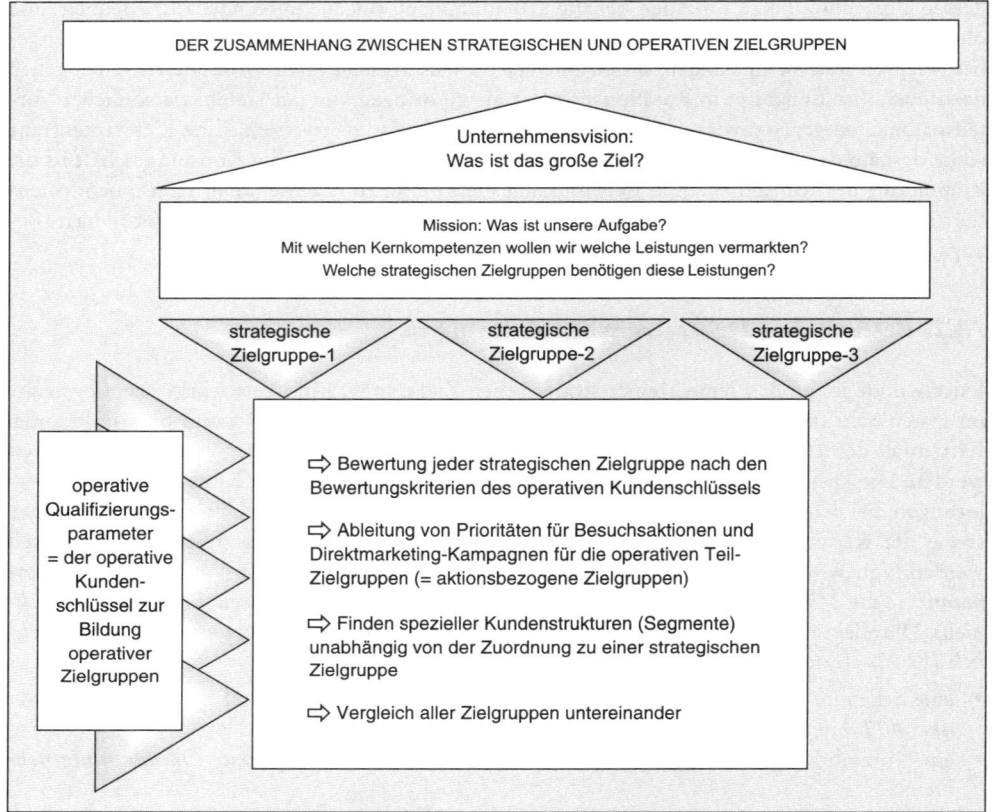

Abb. 164: Der Zusammenhang zwischen strategischen und operativen Zielgruppen

rungen sich ergebenden Prioritätsgruppen kann das Vertriebsmanagement „spielen". Die operativen Zielgruppen sind Gegenstand von Besuchsaktionen und Marketingkampagnen. Am Ende des Tages wird der Erfolg der operativen Maßnahmen wieder den strategischen Zielgruppen zugerechnet. So ergeben sich Wertigkeiten für die strategischen Zielgruppen und zusammengesehen der Wert des Kundenstamms. Abb. 164 beschreibt den Zusammenhang zwischen den strategischen und den operativen Zielgruppen.

7.1.3. Suche nach neuen Verkaufschancen – Lead-Generierung

„Der Konsument sagt nicht, was er denkt. Er denkt nicht, was der fühlt. Er fühlt nicht, was er sagt. Und er sagt nicht, was er tut." (Stefan Baumann – Trendbüro Hamburg. Zit. in Ahlbaum 1999)

Leads sind verfolgungswürdige Kontakte innerhalb von Zielgruppen. Die Kundensuche bzw. Generierung von Leads darf nicht dem Zufall überlassen bleiben. Sonst hat der Vertrieb am Ende gerade die Kunden, die er nicht möchte. In BtoB-Märkten und auf der Ebene der Einkaufszentralen des Handels ergeben sich die verfolgungswürdigen Kontakte aus bekannten oder relativ leicht feststellbaren Zielgruppen. Die Qualifizierung der Leads (*Welcher Kontakt ist es wert, mit* *welcher Priorität angesprochen bzw. besucht zu werden?*) ist der in Kapitel 7.2. beschriebenen Qualifzierung der Bestandskunden vorgelagert. In den Massenmärkten der Ver- und Gebrauchsgüter sollten Neukundenkontakte aus einer sorgfältigen **Lead-Generierung mit Hilfe von Marketing-Spezialisten** hervorgehen. Oft ist die Lead-Generierung auch Ergebnis großangelegter **Kampagnen** (s. Abschnitt 8.3.). Die Neukundenkampagnen der Strom- oder Handy-Tarifanbieter sind hier Beispiele. Die *update software AG* legt in der Abb. 165 ein Konzept vor, wie eine **Lead-Generierung** im Rahmen der CRM-Suite *marketing.manager* erfolgen kann.

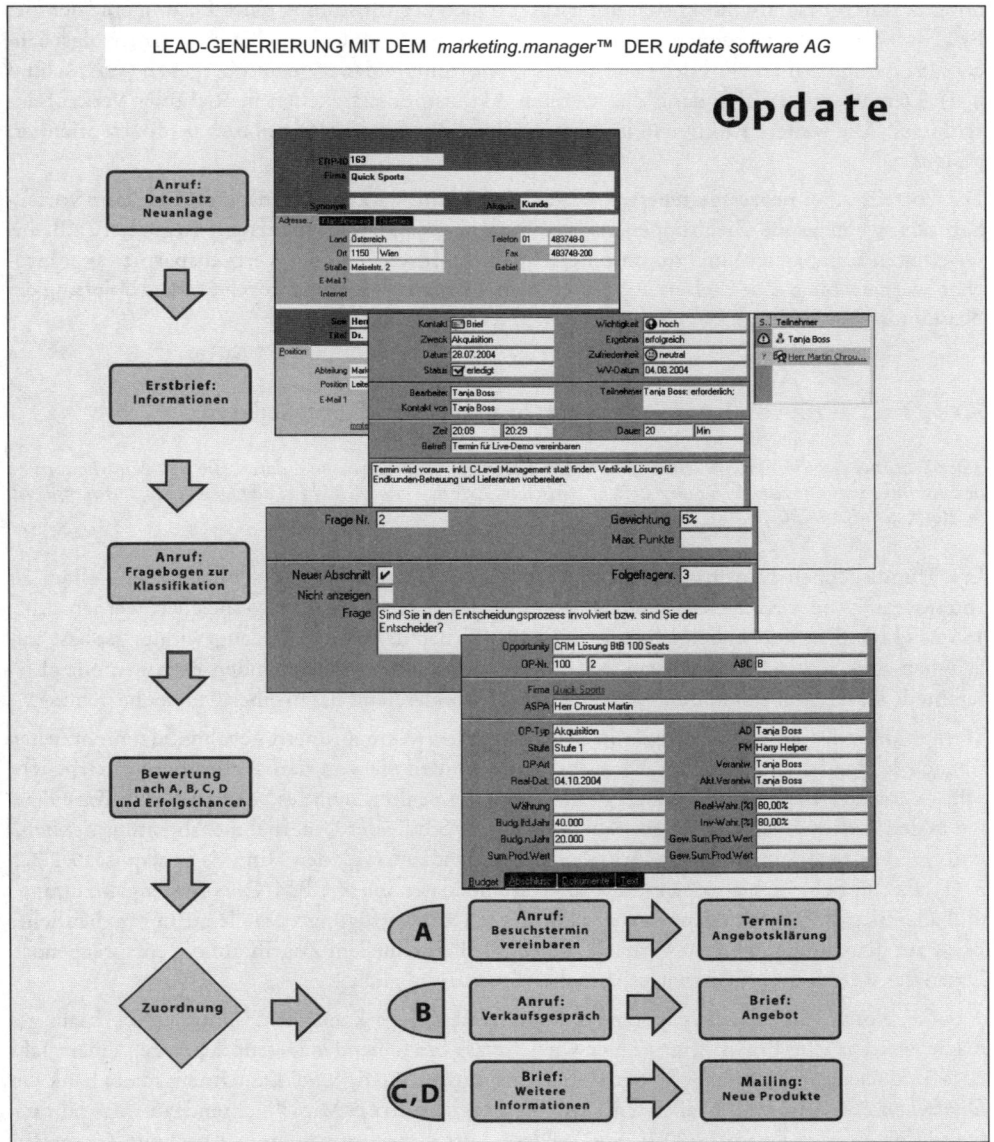

Abb. 165: Lead Generierung mit dem marketing.manager / update software AG

Bereits bei der **Erstanlage eines Kontaktes** sind alle wichtigen Interessenteninformationen übersichtlich strukturiert und vor allem such- und auswertungsfähig zu erfassen. Auf der zweiten Stufe gilt es, vom **Kontakt in die Aktion** zu kommen. Im Fall der Abb. 165 beginnt alles mit einem Erstbrief. Das CRM-System überwacht die Kundenhistorie. Viel schneller als per Hand werden Tätigkeiten, Kundenreaktionen und Ergebnisse festgehalten und flexibel innerhalb der Mitarbeiter ausgetauscht. Im dem Beispiel erfolgt auf der dritten Stufe ein **Telefonkontakte** zur Unterstützung der **Lead-Qualifizierung** *(Gehört der Interessent zur Zielgruppe? Bedarf? Kaufinteresse? Besondere Wünsche?)*. Bei kritischen Fragestellungen am Telefon wird der Verkaufsmitarbeiter durch Fragen-Checklisten unterstützt. Nach der Einstufung eines Lead in eine der vier bzw. drei Wichtigkeitsgruppen A,B sowie C/D erfolgen dann die Einschätzung der Erfolgschancen. Im A- und B-Fall wird der Lead an das Opportunity-Management übergeben (s. Abschnitt 8.1.). Daraus ergeben sich dann die weiteren Akquisitionstätigkeiten in Richtung Verkaufsabschlusses. Alle weiteren Aktivitäten werden ebenfalls vom *marketing.manager* prozessorientiert gesteuert.

Die Vorteile einer **prozessgesteuerten Lead-Generierung** wirken sich insbesondere dann vorteilhaft aus, wenn große Zielgruppen in verschiedenen, u.U. weit entfernten Regionen (z.B. bei weltweiten Kampagnen) und durch unterschiedliche Instanzen oder Vertriebspartner angesprochen werden sollen. Die Zielsetzung lautet dann: **Effizienzsteigerung durch Standardisierung der Neukundengewinnung**.

7.1.4. Erfassung von Interessentendaten und ersten Kontaktdaten

„Der Schlüssel für die Verwirklichung des CRM-Konzeptes sind die Kundendaten, die den Mitarbeitern an den Kontaktpunkten zur Verfügung stehen." (Michael Erfert, Leiter CRM bei der Deutschen Lufthansa, zit. in: Roth, acquisa 9/2002, S. 43)

Die grundlegenden Informationen und Fakten über Interessenten und Neukunden sollten als Interessenten- oder Kundenstammdaten bereits beim ersten Kontakt abgespeichert werden. Abb. 166 zeigt die Stammdatenbereiche, die in BtoB z.T. bereits in der Kundengewinnungsphase zugänglich sind. Kritische Informationen, wie Präferenzen der verhandelnden Personen oder Lieferanteile klären sich erst in den späteren vertrauensbildenden Phasen einer Kundenbeziehung.

Werden diese Daten in Papierform in herkömmlichen Aktenordnern gehalten, dann entziehen sie sich leicht der Nutzung im Vertriebsalltag. Werden sie von den Außendienstmitarbeitern selbst verwaltet, dann verschwinden sie bei Verkäufern „alten Schlages" nicht selten in Karteikästen in den Kofferräumen der Dienstfahrzeuge. Einer Studie der Unternehmensberatung *Sempora* zufolge „verstaubt" mehr als ein Drittel aller Kundendaten (vgl. den Hinweis in acquisa, 9/2002, S. 41). Es empfiehlt sich also, schon die Interessentendaten in ein CRM/CAS-System einzutragen und allen betroffenen Kundenbetreuern abrufbereit zur Verfügung zu stellen. Ein ganzheitlicher Blick auf den Kunden ist dem Vertrieb zudem nur bei schnellem Zugriff auf die entsprechenden Daten des waren- und finanzwirtschaftlichen Systems möglich.

Auf die Notwendigkeit einer laufenden Stammdatenpflege kann nicht genug aufmerksam gemacht werden. Die Praxis zeigt immer wieder, dass bei fehlender Datenpflege nach einem Jahr 20 % und nach zwei Jahren 50 % der Daten korrekturbedürftig sind. Die Umzugsdatenbank der *Deutschen Post* erfasst 60 % aller Umzüge, das bedeutet ca. 6,5 Mio. Nachsendeaufträge jährlich (vgl. Hinweis in is-Report 6/2004, S. 47). Diese Ausführungen werden in Abschnitt 7.3. im Zusammenhang mit Database und Kundenprofilen weiter vertieft.

WICHTIGE KUNDENSTAMMDATEN	
(1)	Name, Adresse, Kundennummer der Kundenfirma, Rechtsverhältnisse, Konzernzugehörigkeit
(2)	Finanzielle und ertragsmäßige Situation des Kunden, Geschäftsentwicklung, Strategie, Bonität
(3)	Branchenzugehörigkeit des Kunden, konkrete Produktinteressen und Produktanwendungen
(4)	Größte Kunden, größte Wettbewerber und wichtigste Händler des Kunden
(5)	Adressen, Positionen, Einfluss und Kompetenzen der Gesprächspartner innerhalb des Buying-Center des Kunden
(6)	Persönliche Eigenheiten, Interessen, Hobbys, Geburtstage der Gesprächspartner einschl. Sekretärinnen bzw. deren Mitarbeiter
(7)	Jahres-Einkaufsbudget des Kunden im relevanten Markt bzw. für die angebotenen Produkte
(8)	Eigene Lieferanteile bei den relevanten Produktanwendungen; erfahrbare Wettbewerbsanteile und Preise von Wettbewerbern
(9)	In Planung befindliche neue Produkte und Projekte des Kunden
(10)	Vorgesehene Messebeteiligungen des Kunden bzw. Messebesuche oder andere Aktionen mit Öffentlichkeitswirkung

Abb. 166: Beispiele für Kundenstammdaten

Die Frage der Verantwortlichkeit für die Dateneingabe birgt in den Unternehmen immer wieder Zündstoff. Generell gilt: **Jeder pflegt die Daten, für die er zuständig ist.** Ein Außendienstmitarbeiter sollte neue Daten über einen Gesprächspartner gleich nach einem Besuch selbst in die Interessenten- und Kundendatei eingeben, anstatt die Veränderungen auf einen Zettel zu schreiben und von der Team-Assistentin nachträglich eintippen zu lassen. Neue Adressdaten sollten unbedingt einen **Doubletten-Check** durchlaufen.

7.1.5. Der 360-Grad-Blick auf den Kunden in der Vertriebssteuerung

„Ein CRM-System ohne die notwendigen Daten ist wie ein Berliner ohne Marmeladenfüllung."
(Dr. Ulrich Kahle, stellvertr. Vorstandsvorsitzender Schober Information Group, zit. in: is-Report 6/2004, S. 44)

Für eine starke Vertriebssteuerung ist ein schneller Zugriff auf alle Kundendaten unabdingbar. Der Vertriebsmitarbeiter soll beim Öffnen des Programms die wichtigsten Kundeninformationen und Aktivitäten im Bild haben. Welche Daten das sind, bzw. wie die Schwerpunkte bei der zentralen Programmmaske zu setzen sind, dazu gibt es unterschiedliche Möglichkeiten. Wir können von der **Startsicht auf den Kunden** sprechen. Jede Startsicht stellt verschiedene Bereiche der Vertriebssteuerung in den Vordergrund.

(1) **Der Blick des Mitarbeiters auf seine Vertriebsaufgaben:** Dem Vertriebsmitarbeiter kann eine vollständige Arbeitsplattform eingerichtet werden, durch die er seine Kundenkontakte und vielfältigen Verkaufsaufgaben stets im Blick hat und auf systematische Weise bewältigen kann. Vom Mitarbeiter bzw. seinen Aufgaben kann dann der Blick auf den einzelnen Interessenten oder Kunden gelenkt werden. Als Beispiele für diese Startsicht auf den Kunden sind hier Masken aus den CRM/CAS-Systemen *isContact* (Abb. 167), *CAS genesisWorld* (Abb. 245) oder *CRM5* von *Superoffice* (Abb. 246) vorgestellt. Natürlich können auch andere Startsichten voreingestellt werden.

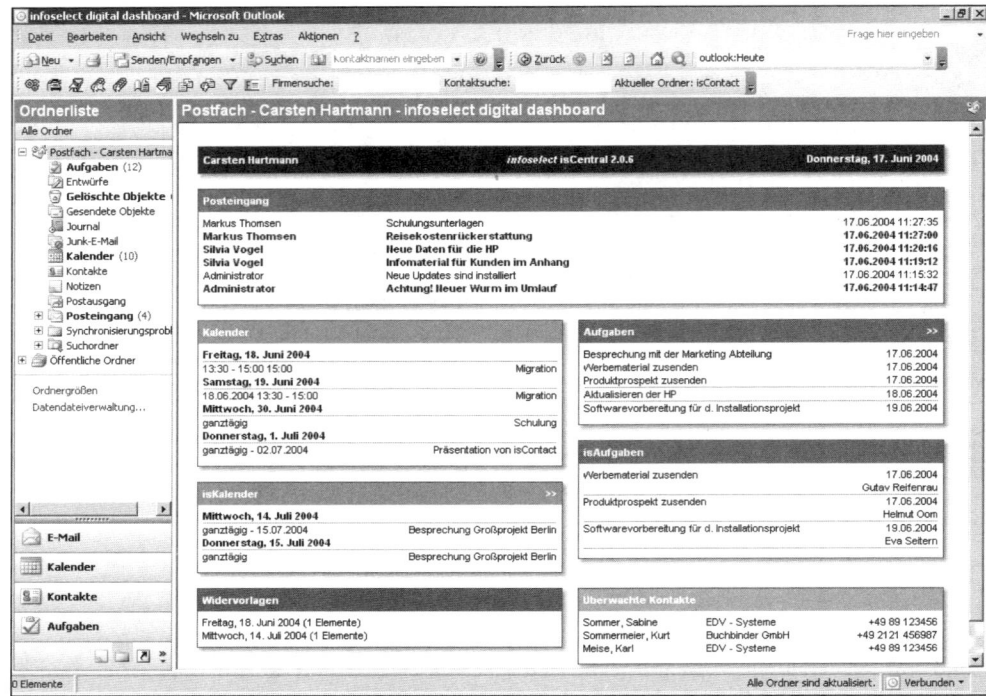

Abb. 167: Beispiel für eine Outlook-integrierte Benutzeroberfläche –
infoselect digital dashboard / System isContact von Infoselect GmbH

(2) **Der Blick auf Firmendaten und/oder Personendaten:** Bei anderen Voreinstellungen rankt sich alles um die zentrale Kundenmaske. Arbeitshilfen für den Kundenbetreuer sind natürlich auch abrufbar, aber zunächst nachrangig. Dabei ist noch danach zu unterscheiden, ob Firmen oder Kontaktpersonen im Vordergrund stehen bzw. wie die beiden Elemente miteinander verknüpft sind. Abschnitt 7.1.1. hatte bereits auf das Dilemma aufmerksam gemacht, dass die Firmendaten zwar den institutionellen Rahmen für eine Geschäftsbeziehung schaffen, die Vertriebsarbeit richtet sich jedoch vorrangig auf Personen. Die meisten CRM-Systeme rücken Firmendaten in den Mittelpunkt und bieten integriert eine Auflistung der firmenbezogenen Kontaktpersonen mit deren Funktionen und Kontaktdaten. CRM/CAS-Systeme differenzieren heute noch weiter und ermöglichen eine strikte Trennung von Firmen- und Personenmasken, wie dies z.B. in Abb. 168 in einer Collage von *Microsoft CRM* geschieht. Die Hauptmaske enthält die Firmeninformationen mit kundenbezogenen Aktivitäten und Auflistung der Kontakte. Der Nachrichtentext zeigt den letzten Stand des Vorgangs. In gesonderten Masken werden die Kontakte qualifiziert und gepflegt. Eine Vertriebssteuerung sollte in der Lage sein, auch Personen ohne Firmenzugehörigkeit (z.B. Meinungsführer, evtl. auch Privatkontakte) zu verwalten, zu qualifizieren und in Aktionen einzubinden.

(3) **Der Blick auf die Kundenhistorie:** Was zählt, ist die Arbeit am Kunden. Oft wünscht der Anwender im Rahmen der zentralen Kundenmasken daher einen Überblick über laufende Maßnahmen/Aktionen. Abb. 169 liefert ein Beispiel für eine aktionsorientierte Kundenmaske aus dem System *WinCard CRM7* von *Team Brendel*. Neben der Listenansicht der Aktivitäten zu

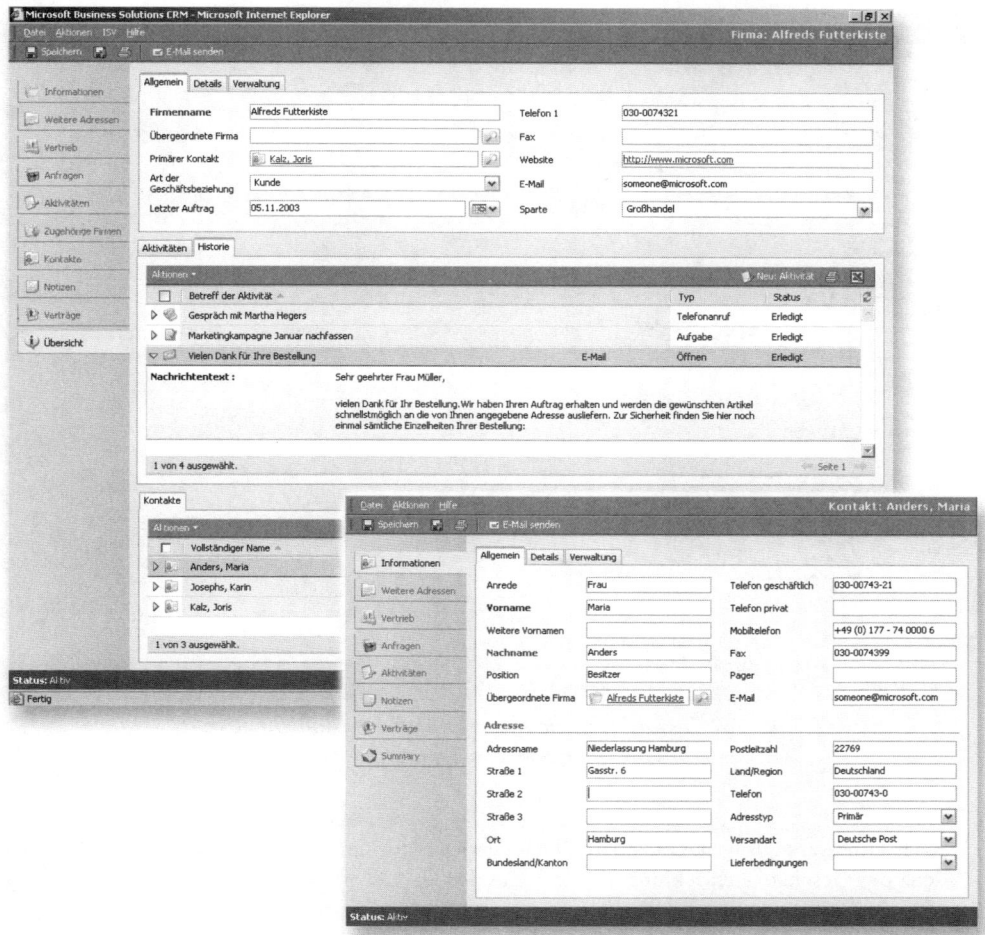

Abb.168: Firmen- und Kontaktdaten in MS CRM / Microsoft Business Solutions AG

einem Unternehmen, einer Person oder einem Projekt gibt es auch Totalinformationen zu einem Unternehmen als Report des aktuellen Datenstandes und eine aktivitätenführende Sicht, die es erlaubt, Einzelaktionen näher zu analysieren.

(4) **Der Blick auf Planungs- und Controllingdaten:** CRM-Systeme sollten auch die Kunden- und Vertriebsplanung im Blick behalten. Die Analytik kommt entweder aus dem System (z.B. *REGSTAT* oder *PIANO* von *REGWARE*) oder wird aus einem anderen System durchgestellt. Wird das Schwergewicht auf analytische Elemente gelegt, dann ist meist aktive Vertriebssteuerung anhand von Zahlen und Reports gefordert. Abb. 170 bietet hierzu ein Beispiel aus *ADITO online*. Die Controllinginformationen der Abb. 170 werden im 10. Kapitel erläutert. Die Positionen *Anzahl Besuche, Datum letzter Besuch, Anzahl Angebote, Datum letztes Angebot, Anzahl Aufträge* und *Datum letzter Auftrag* bieten der Vertriebsleitung bzw. dem Außendienst schon beim Öffnen der Kundenmaske Ansatzpunkte für Betreuungsmaßnahmen. Empfehlenswert ist auch eine Rangplatzangabe für jeden Kunden gemäß klassi-

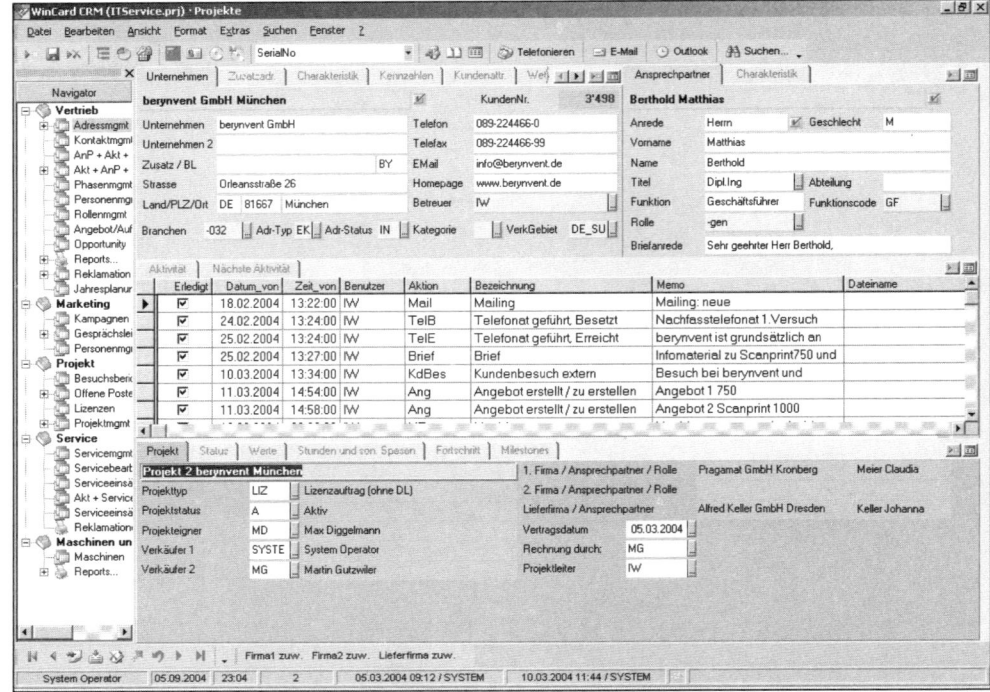

Abb. 169: Beispiel für eine aktionsorientierte Kundenmaske /
System WinCard CRM von Team Brendel GmbH

scher Umsatzrangfolge (ABC-Liste). Der Vergleich mit dem Vorjahresstand deutet die Tendenz der Geschäftsentwicklung mit dem Kunden an. Oft würnscht der Anwender auch eine Opportunity-Analyse, aus der die Umsatzprognosen, Chancenbewertungen, Zeitplanungen der Angebote an den Kunden hervorgehen. Zahlreiche weiterführende Reports stehen zur Verfügung, die sich der Anwender selbst konfigurieren kann.

Selbstverständlich sind alle beschriebenen Sichtweisen und Datenbereiche wichtig. Nur, alle verfügbaren Daten auf einer Bildschirmmaske zu präsentieren, widerspräche den Regeln der Übersichtlichkeit, der Ökonomie und nicht zuletzt der Bildschirmgröße (sieht man von der Möglichkeit des Durchscrollens einmal ab). Via Buttons, Reiter, Browser o.ä. ist natürlich der schnelle Zugriff auf alle hintergelegten Dateien möglich, wobei man bei einigen Systemen die Grundmaske bzw. einen festen Maskenrahmen weiter auf seinem Bildschirm halten kann.

Derartige Kundenmasken sind selbstverständlich nicht starr. Sie können auf Kundenwunsch in Art, Umfang und Anordnung firmen- und branchengerecht angepasst werden. Wird innerhalb einer Datei geblättert (gescrollt), dann zeigen alle verknüpften Dateien automatisch die passenden Inhalte an. Gemäß Datenbankphilosophie bestehen Verknüpfungen mit allen anderen (in den Beispielen nicht sichtbaren) Dateien der zentralen Datenbank. Auch besteht die Möglichkeit, die Daten (Masken) in ein webfähiges Format (Webmasken) zu transferieren.

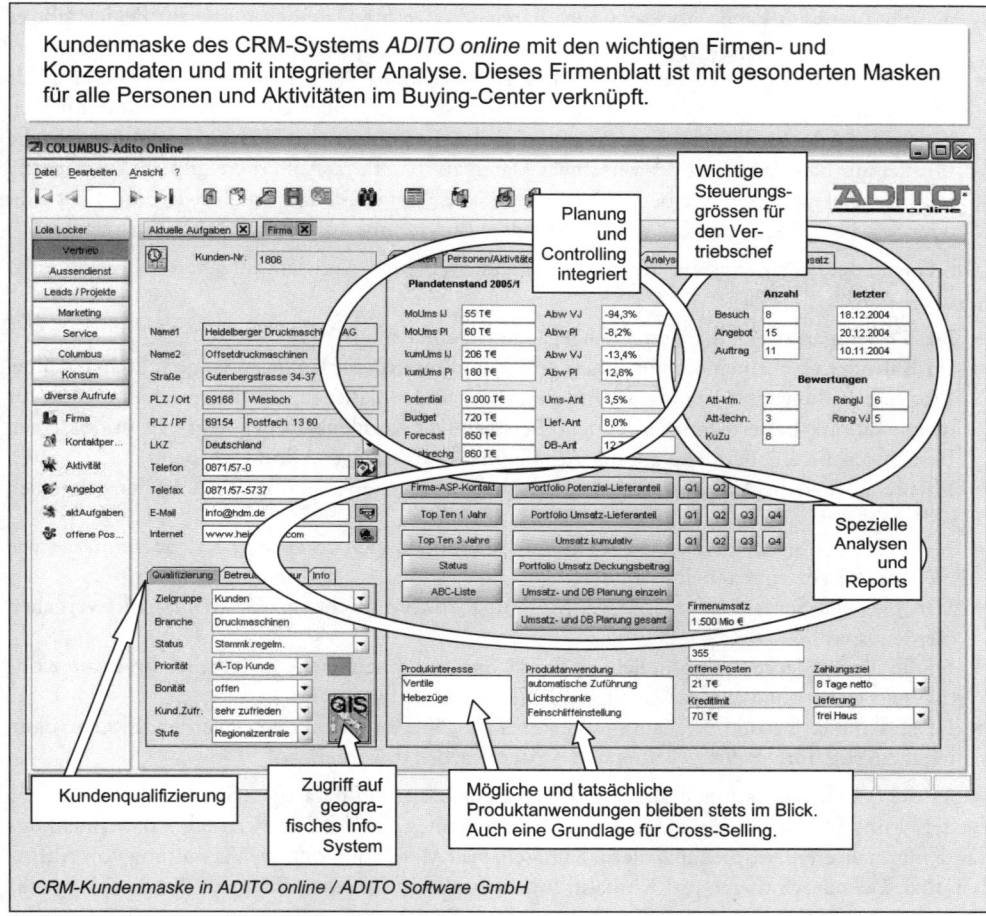

Kundenmaske des CRM-Systems *ADITO online* mit den wichtigen Firmen- und Konzerndaten und mit integrierter Analyse. Dieses Firmenblatt ist mit gesonderten Masken für alle Personen und Aktivitäten im Buying-Center verknüpft.

CRM-Kundenmaske in ADITO online / ADITO Software GmbH

Abb. 170: Beispiel für eine Kundenmaske mit integrierten Planungs- und Controllingdaten / System ADITO online der ADITO Software GmbH

7.1.6. Outlook-Integration

Immer wieder fordern Anwender eine Integration in *MS-Outlook*. Abb. 167 zeigte bereits als Beispiel *isContact* von *Infoselect GmbH*. Das Kundenmanagement-System *isContact* von *Infoselect* besteht aus zwei Teilen.

- Zum einen aus einer öffentlichen Ordnerstruktur auf dem *Exchange 2000 Server*. In dieser Struktur liegen die Daten, die sich in Firmenkontakte, Ansprechpartnerkontakte, Wiedervorlagen, Notizen, Termine, Aufgaben, Journal und andere Informationen zu einem Kontakt aufteilen. Diese Struktur der öffentlichen Ordner kann in einen *Outlook 2002 Offline Client* repliziert werden, so dass die Synchronisation jederzeit in beide Richtungen funktioniert. Außerdem lassen sich die verschiedenen Rechtegruppen aus Outlook auf jeden einzelnen Ordner anwenden. Im Grundsatz ist das System offen gestaltet, so dass jeder auf jede Information zugreifen kann. Abgeschottete Bereiche oder für Gruppen gesperrte Felder gibt es derzeit nicht.

- Der zweite Teil ist der Client, der als *Add-In im Outlook 2002* installiert wird. Dieser ist als MSI Setup ausgeprägt, so dass man eine Softwareverteilung über Group Policies durchführen kann. Das Add-In stellt die Funktionalität in den Formularen zur Verfügung, überwacht die Ordner auf Neueingänge oder verschiebt Daten zu *isContact*. Außerdem gibt es verschiedene Module, die entweder, wie beim *Sharepoint Portal Server Modul*, im Add-In eingebaut sind oder, wie beim Exportmodul, als eigenständige Programme ausgeführt werden können.

Mit einem derartigen System lassen sich dann vielfältige Vertriebsaufgaben im gewohnten Office-Look ausführen.

- Der **Posteingang** zeigt die letzten eingegangenen eMails.
- Im **Kalender** erscheinen die von einem selbst und intern von Kollegen eingestellten Termine. Eine Verbindung vom Standard-Outlook zur Kundenmaske ist im übrigen heute auch für nicht Outlook-basierte Systeme gängig. Beispiel: Der Kundenbetreuer trägt in Outlook einen Besuchstermin ein, der dann auf der Kundenmaske als nächste Aktion erscheint.
- Ebenso werden die **Aufgaben** angezeigt, die intern vergeben sind oder die der Mitarbeiter sich selbst einstellt.
- Im *isKalender* erscheinen die aus dem Kundenkontakt sich ergebenen Kalendereinträge wie z.B. für Präsentationen beim Kunden.
- Den gleichen Service bietet *isAufgaben*. Aufgaben, die direkt im Kundenkontakt vergeben werden, sind hier aufgelistet.
- Durch die **Wiedervorlage-Möglichkeit** bei *isContact* können wichtige Termine direkt am Kontakt gespeichert und automatisch für die Wiedervorlage angezeigt werden.
- Ist ein Kontakt besonders wichtig, so kann er als „**überwacht**" aktiviert werden. Er kann dann in einem sog. Info-Paket geöffnet und weiter bearbeitet werden.

Über die Standardfunktionen von Outlook hinaus bietet ein derartiges System also zahlreiche weitere Funktionalitäten für ein schnelles und effizientes Arbeiten im Vertrieb, z.B. Firmenkontakte mit mehreren Ansprechpartnern, Sammeln von Mails am Kontakt, Verwaltung von Aufgaben und Kalendereinträgen pro Kontakt, Journalfunktion für jeden Kontakt, Notizfunktion für Gesprächsnotizen mit Link zu den Dokumenten, Speichern von Dokumenten beim Kontakt, Wiedervorlage eines Kontaktes für den nächsten Arbeitsschritt, Kampagnenverwaltung für eMail-Aktionen etc.

7.2. Die Kundenqualifizierung/Kundenbewertung: Wer sind unsere wichtigen, wer die unwichtigen Kunden?

7.2.1. Notwendigkeiten zur Kundenqualifizierung (Kundenbewertung)

„Wie der Facharzt seinen Patienten analysiert und berät, der Consultant in einer Vorstandssitzung eine neue Geschäftsstrategie präsentiert, der Rechtsanwalt bei einer kniffligen Fragestellung Rat oder Beratung gibt, so agiert der moderne Verkäufer." (Dudenhöffer 1998, S. 164)

Wie heißt es in einem Hotel in Schenna, Tirol: *„Bei uns ist der Kunde König, der sich königlich benimmt."* Was für die Gastronomie gilt, wird in der Großindustrie besonders spürbar: Werden bei Kraftwerksanlagen Projekte mit den falschen Kunden und unter falschen Voraussetzungen in

➡ **Kundenqualifizierung** bedeutet **Kundenbewertung.** Ein Kundenkontakt wird qualifiziert, indem über die Kundenstammdaten hinaus Beurteilungsgrößen (Qualifizierungsparameter) bewertet werden. Einfache Beurteilungsgrößen in BtoC sind z.B. das Alter oder die Einkommensklasse eines Interessenten.

➡ Ziel der Kundenqualifizierung ist die **Ableitung von Kunden(betreuungs)prioritäten.** Eine Aufteilung des Interessenten- und Kundenstammes nach Prioritäten, d.h. nach wichtigen und unwichtigen Kunden, ist aus Ressourcengründen unausweichlich. Dazu sind die Kunden aus verschiedenen Blickwinkeln heraus im Hinblick auf ihre aktuelle und auch zukünftige Bedeutung für das Geschäft zu klassifizieren und in Relation zueinander zu bewerten. Dadurch ergeben sich für Interessenten und Kunden Wichtigkeiten, nach denen betriebliche Ressourcen zugeteilt werden bzw. auf die Außendienst-, Innendienst- und Marketingmaßnahmen auszurichten sind.

➡ Wir unterscheiden 6 Formen bzw. Anlässe für eine Kunden-Prioritätensetzung:

(1) Das Management bestimmt **Prioritäten für strategische Zielgruppen** Bsp.: *Im strategischen Planungszeitraum müssen wir unsere Lieferposition im mittelständischen Maschinenbau verstärkt ausbauen.* Diese Prioritätensetzung bleibt oft über längere Zeiträume konstant.

(2) Im Vertrieb werden **starre operative Kundenprioritäten** in Abhängigkeit von bestimmten Kundenmerkmalen gesetzt. Bsp: *2006 sind alle Neukunden mindestens 10 mal zu besuchen.* Oder: *Alle Kunden mit ausstehenden Rechnungen > 90 Tage dürfen nicht mehr beliefert werden.*

(3) **Flexible Prioritäten für operative Zielgruppen** ergeben sich aus einer Kombination von Kundenschlüssel-Parameter Bsp.: *Im März läuft eine Kampagne für Neukunden mit unterdurchschnittlichen Gewinnspannen;* s. Abschnitt 7.2.3.f.

(4) **Lead-Vorqualifizierung:** Bsp.: *Ein Außendienstmitarbeiter bringt von einer Fachmesse 68 Visitenkarten mit und muss entscheiden, welche Interessenten er in welcher Prioritätsreihenfolge ansprechen soll.*

(5) **Lead-Qualifizierung** bzw. **Angebots-Qualifizierung:** Im Fall einer Neukundengewinnung liegt wie bei (4) noch kein Kunden-Status vor. Zu entscheiden ist, welche Kontakte bzw. welche Angebote mit welchen Prioritäten weiter verfolgt werden sollen.

(6) **Bewertung eines einzelnen Stammkunden:** Dies ist der Fall der laufenden Kundenqualifizierung. Bsp.: *Ein Vertriebsleiter oder Außendienstmitarbeiter macht sich Gedanken, wie oft ein Kunde im neuen Jahr besucht werden soll.*

➡ Eine ideale quantitative Maßzahl für die Kundenqualifizierung ist der ökonomische **Kundenwert.** Dieser drückt die Wichtigkeit eines Kunden in einer finanzwirtschaftlichen Größe aus (Umsatz, Deckungsbeitrag, Kapitalwert, Customer Lifetime Value).

➡ Neben einer quantitativen ökonomischen Bewertung sind Kunden auch nach **qualitativen Erfolgsparametern** (weiche Einschätzungen) zu beurteilen, z.B. nach einem **Informationswert, strategischen Wert, Referenzwert** und **Customer-Value-Potenzialwert.**

➡ Viele Unternehmen setzen Kundenprioritäten nach Erfahrung oder Gespür, d.h. ohne eine systematische Kundenqualifizierung. Noch geringer ist der Anteil der Lieferanten, die ihre Kundenprioritäten auf der Grundlage eines ökonomischen Kundenwertes bestimmen.

Angriff genommen, dann sind schnell sechsstellige Summen und viel Zeit (Entwicklungsstunden) verloren. Unüberlegt alle Kunden zu Königen zu krönen, kann eine Unternehmung ruinieren. Folglich geht es zunächst um die nüchterne Bestandsaufnahme von *„königlichen Positionen"* der

Kunden (*Bänsch* 1998, S. 2). Darauf aufbauend, sind **wichtige von unwichtigen Kunden zu unterscheiden und nur die richtigen Kunden zu Königen zu krönen**. Eine Praxisuntersuchung belegt jedoch, dass nur etwa jeder sechste Investitionsgüterhersteller seine Kunden systematisch und permanent beurteilt (vgl. *Deppermann/Marzian* ASW, Sondernummer Oktober 1998, S. 142). Im Konsumbereich strukturieren nur knapp 40 Prozent der Anbieter ihre Kunden nach Umsatz oder Deckungsbeitrag (vgl. *o. V., acquisa* 7/1997, S. 55). Auf die gleiche Größenordnung kommt eine Studie von *Wundermann Consulting* (vgl. den Hinweis in salesBusiness 1–2/2004, S. 29). Nur 39 Prozent der Unternehmen orientieren ihre Vertriebssteuerung am Kundenwert. Kundenstrukturen wachsen dann zufällig und sind nicht das Resultat eines systematischen Kundenmanagements (vgl. *Homburg/Werner* 1998, S. 20). Man hat keinen Überblick über Risiken im Kundenbestand.

Welche **Gründe** sprechen **für regelmäßige Kundenbeurteilungen**:

(1) Nach dem Knappheitsprinzip stehen nie genug Ressourcen zur Verfügung, um alle Kunden gleichermaßen perfekt zu bedienen. Kundenqualifizierung soll daher eine **Kundenwert-entsprechende Zuteilung (Allokation) von Vertriebsressourcen** auf Interessenten und Käufer ermöglichen.

(2) Fehlen Kundenqualifizierungen, dann ufern Adressenbestände und Kleinbestellungen leicht aus: *„Viele Firmen haben heute in Relation zu ihrem Geschäftsvolumen einfach zu viele Kunden.“* (*Homburg/Werner* 1998, S. 20)

(3) Ohne Kundenqualifizierung neigt ein Verkaufsteam dazu, sich bevorzugt den „unangenehmen" Kunden zuzuwenden, um diese ruhig zu stellen. Nicht selten sind dies zeitraubende Kleinkunden (vgl. *Betz*, acquisa 3/1998, S. 77). Betriebswirtschaftlich rechnen sich diese Kunden bzw. Aktionen nicht. Kundenqualifizierung soll daher für **mehr Effizienz und mehr Ergebnisorientierung im Verkauf** sorgen.

(4) Ohne Kundenqualifizierung tendiert ein Außendienstmitarbeiter dazu, die Kunden bevorzugt zu betreuen, die ihm die höchsten Provisionen bringen. Anders gesagt: **Ohne offizielle Kundenqualifizierung werden sich die Verkaufsmitarbeiter ihre eigenen, unausgesprochenen Kundenprioritäten schaffen**. Diese werden sich nicht immer mit den Firmenzielen bzw. mit der Marktstrategie decken.

(5) Durch Kundenqualifizierung soll vor allem den zukünftig wichtigen Kunden mehr Zeit eingeräumt werden.

(6) Kundenqualifizierung schafft eine Grundlage für eine **strategiekonforme Zielgruppenbildung**. Sie unterstützt die strategische Planung. Ohne Marktstrategie werden kaum sinnvolle Kriterien zur Unterscheidung von Ziel- und Nicht-Zielkunden vorliegen.

(7) Mit den Erkenntnissen aus der Kundenqualifizierung können und sollen die Vertriebsmitarbeiter **mehr agieren und weniger reagieren**.

(8) Regelmäßige Kundenqualifizierung drängt die Vertriebsmitarbeiter zum fortwährenden Beobachten des Marktes und damit zu einem **kontinuierlichen Lernprozess**. Ohne Kundenqualifizierung werden Kundendaten *„zu selten, zu ungenau und viel zu unsystematisch"* erhoben (*Homburg*, MM 1/1996, S. 145).

(9) Kunden stellen **unterschiedliche Anforderungen**. Es wäre kostentreibender Ehrgeiz, wollte man alle Kundenwünsche in gleicher Weise erfüllen. Kundenqualifizierung soll eine Richtschnur dafür liefern, einem Kunden gerade die Aufmerksamkeit und die Ressourcen zu gewähren, die er aktuell benötigt, die er bewusst wahrnimmt und die ihm etwas wert sind. Fehlende Kundenqualifizierung führt zum gleichen Dilemma wie Massenwerbung: **Streuverluste** bei allen Aktionen.

(10) **Gleichbehandlung ist auch nicht im Interesse aller Kunden.** Es gibt Kunden, die bewusst nur ein Minimum an Betreuung wünschen. So legt z.B. der sog. **Smart Shopper** keinen Wert auf bevorzugte Behandlung. Er will zum jeweils günstigsten Preis und ohne jedes schlechte Gewissen seine Lieferanten wechseln. Es ist verlorene Liebesmüh', diesen Kunden die „Königskrone" aufzwingen zu wollen.

So wird die Kundenqualifizierung zum **Kompass für die Akquisitionstätigkeit.** Eine Kundenqualifizierung bewertet die Kunden nach Wichtigkeitsmaßstäben. Eine anschließende **Kundenfokussierung** richtet dann die Marktbearbeitung auf prioritäre Kundengruppen (Zielgruppen) aus (zum Begriff Kundenfokussierung vgl. *Homburg/Werner* 1998, S. 20). Wer aber sind die wichtigen Kunden? Wie werden sie ausfindig gemacht? Hierzu bieten Theorie und Praxis ein Arsenal von Qualifizierungsmethoden an.

7.2.2. Systematik der Qualifizierungsmethoden

„Du, der Typ ist doch hübsch. Der hat Geld. Wenn jemand Geld hat, ist er hübsch."
(Mitgehört vor einer Discothek in Schwabing)

Kundenqualifizierung beginnt beim Nachdenken über potenzielle Interessenten. Wie im Rahmen der Definitionen aufgezeigt, stellt sich die Prioritätenfrage und damit die Frage einer Kundenbewertung bei der

(1) **Lead-(Vor)Bewertung / Adressenqualifizierung** (Bsp.: *Soll ich zum Erstgespräch nach New York fliegen oder nicht?*).

(2) **Lead- bzw. Angebots-Bewertung** (Bsp.: *Wollen wir der Firma XY anbieten oder nicht?*).

(3) **Bestandskunden-Bewertung** (Bsp.: *Wer soll am Montag besucht werden: Kunde Meier in München oder Kunde Müller in Hamburg?*).

(4) Bewertung von **operativen Zielgruppen** (Bsp.: *Soll sich die Kampagne im März an die Kunden im Raum Frankfurt oder die Kunden im Raum Köln richten?*).

(5) Bewertung von **strategischen Zielgruppen** (Bsp.: *Wie wichtig ist die Zielgruppe der öffentlichen Auftraggeber?*).

Es gibt also mehrere Sichtweisen für eine Kundenbewertung mit unterschiedlichen Kenntnisständen über Interessenten oder Kunden.

Kundenwerte erleichtern die Prioritätensetzung im Vertrieb. Streng genommen sind Kundenwerte Voraussetzung für Kundenprioritäten. Grundsätzlich sind **vier Arten von Wertbeiträgen** der Kunden zum eigenen Unternehmenserfolg zu unterscheiden (vgl. zu den Punkten (1), (2) und (4): *Meyer/Dullinger* 1998, S. 772–774; aufbauend auf Forschungsarbeiten von *Schleuning* 1994):

(1) Der **monetäre Kundenwert** ist eine ökonomische Größen aus dem Finanz- und Rechnungswesen; z.B. Umsatz, Deckungsbeitrag, zukünftige Cash Flows, Kapitalwert von Seiten des Kunden (Customer Equity Bewertung) etc.

(2) Der **Informationswert** drückt aus, wie stark ein Lieferant vom Know-how bzw. vom Wissen des Kunden profitiert.

(3) Der **strategische Wert** drückt die Bedeutung des Kunden für den Erfolg der eigenen Unternehmensstrategie aus. Passt der Kunden gut zur eigenen Langfristplanung? Es kann z.B. sinnvoll sein, einem Kleinkunden eine hohe Priorität zu geben, weil er der einzige Anbieter ist, der eine neue Zukunftstechnologie nutzen kann. Der Kunde wird Element der eigenen Unternehmensstrategie.

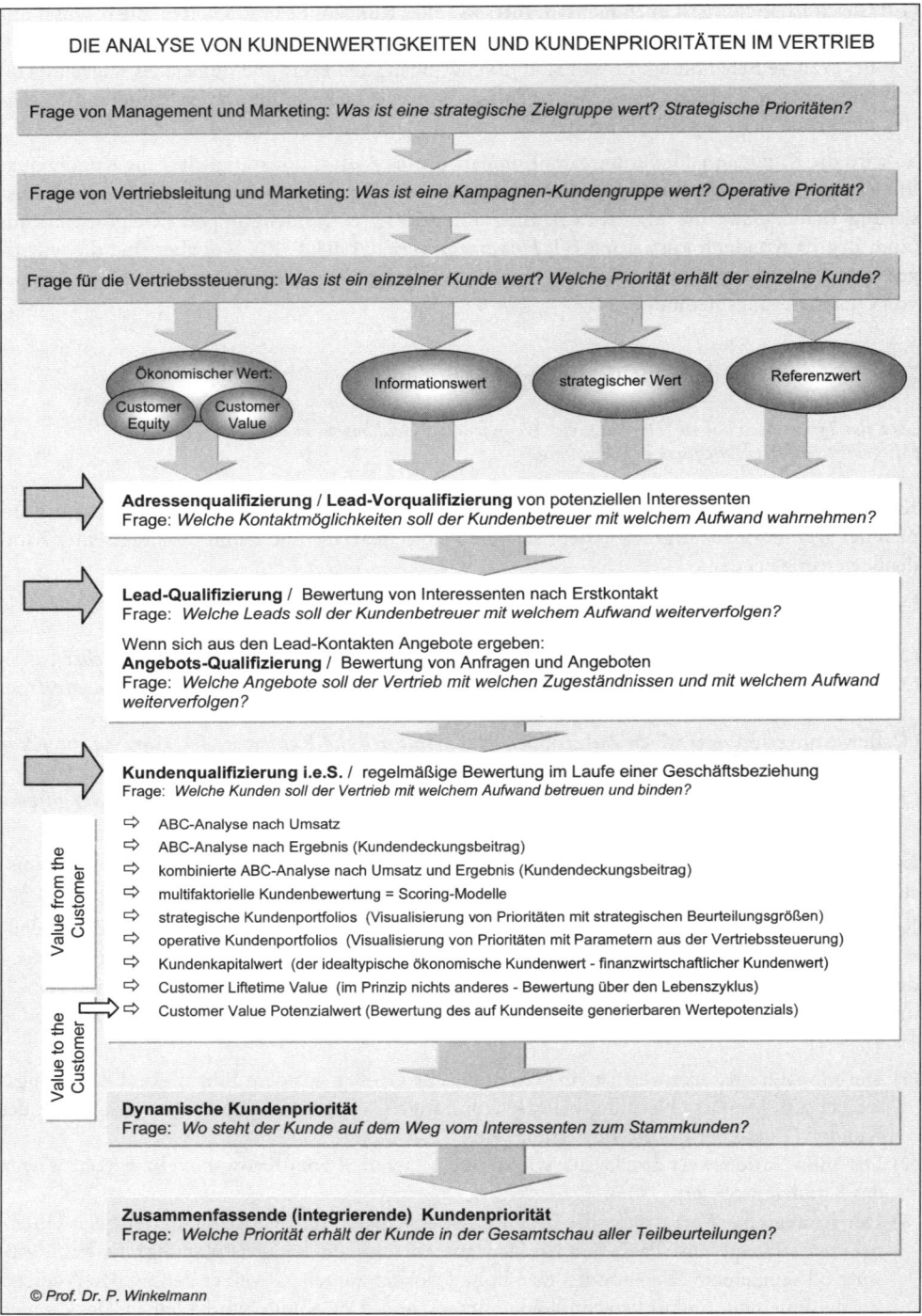

Abb. 171: Eine Systematik wichtiger Kundenqualifizierungsmethoden

(4) Der **Referenzwert** bemisst die Bedeutung eines Kunden nach dem Imagegewinn, den die Kundenbeziehung bringt und danach, in welchem Maße er durch Referenzabgaben die eigene Neukundensuche unterstützt (*Kunden werben Kunden*: vgl. Abschnitt 8.8. zum Referenz-Marketing).

(5) Zusätzlich definieren wir einen **Custromer-Value-Potenzialwert**. Man stelle sich einen auf den ersten Blick unwichtigen C-Kunden vor, dem ein Zugang zu einer wichtigen Technologie fehlt. Wenn ich ihm als Lieferant diesen Marktzugang verschaffen würde, dann könnte der C-Kunde mit meinen Zulieferteilen in neue Märkte eindringen. Er könnte sich vielleicht sogar zum Top-Kunden entwickeln. Der **CV-Potenzialwert** ist also ein Maß für das Wertepotenzial, das ein Lieferant bei seinen Kunden generieren kann (vgl. Kapitel 7.2.4.c.).

Stets sind als Sichtweisen möglich:

- **Vergangenheits-/Zukunftsbetrachtung:** *Welche Bedeutung hat der Kunde in der Vergangenheit bzw. heute für mein Geschäft? Welche Bedeutung wird er voraussichtlich zukünftig haben?*
- Blick auf **Hard Facts/Soft Facts:** *Welche Bedeutung hat ein Kunde bei der Beurteilung anhand von direkt messbaren und nachprüfbaren Daten aus Marktforschung, Finanz- und Rechnungswesen? Welche Bedeutung hat er, wenn ich der Bewertung Einschätzungsurteile von Experten und/oder Mitarbeitern zugrunde lege?*
- **Eindimensionale/mehrdimensionale Beurteilungen:** *Welche Wichtigkeit hat ein Kunde, wenn ich zur Bewertung nur ein Kriterium heranziehe (pragmatische Ansätze)? Welche Wertigkeit ergibt sich durch Heranziehen mehrerer Wertmaßstäbe (komplexe Ansätze)?*
- **Strategische/operative Beurteilung:** *Welche Wichtigkeit erhält ein Kunde im Rahmen der strategischen Jahresplanung (Prioritätensetzung für Kundengruppen/Zielgruppen)? Welche Wichtigkeit ergibt sich bei Kundenbewertungen im Rahmen der operativen Vertriebssteuerung (kurzfristige Prioritätensetzung für Kampagnen)?*

In Theorie und Praxis haben sich einige Verfahren zur Messung der o.a. Kundenwerte durchgesetzt. Vor einigen Jahren hat das *Vertriebsinformationspanel der WHU Koblenz* regelmäßig die Einsatzhäufigkeiten dieser Verfahren erhoben (vgl. *Krafft* u.a., VIP-2000, S. 20; *Krah*, salesprofi 1/2000, S. 18). Abb. 172 zeigt die Rangfolge gemäß *Kundenwertstudie 2002*, bei der 58 Unternehmen befragt wurden (vgl. *o.V.*, ASW 1/2003, S. 51). Die Bewertungsverfahren werden im folgenden erläutert.

7.2.3. Statische Kundenqualifizierung

a.) Umsatzbezogene ABC-Analyse

Es gibt kaum ein Unternehmen, das die Wichtigkeit seiner Kunden nicht nach Umsatzerlösen bestimmt. Abb. 172 bestätigt die überragende Bedeutung des Umsatzkriteriums mit einer groben Einteilung in A-, B- und C-Kunden (vgl. den Hinweis auf eine Studie von *Wundermann Consulting* in salesBusiness 1–2/2004, S. 29). Viele Unternehmen entwickeln darüber hinaus ihre eigenen, meist branchentypischen Systematiken:

Die Würth-Gruppe, ein führender Anbieter von Montage- und Befestigungstechnik, betreut mit 24.800 Außendienstmitarbeitern ca. 2,5 Mio. professionelle Endverbraucher aus Handwerk und Industrie. Die Kundenklassifizierung lautet wie folgt: Nullkunde < 0,5 T Euro Jahresumsatz; bis 1,5 T Euro Kleinkunde, bis 5 T Euro mittelgroßer Kunde, bis 10 T Euro Großkunde und > 10 T Euro ein sog. XXL-Kunde.

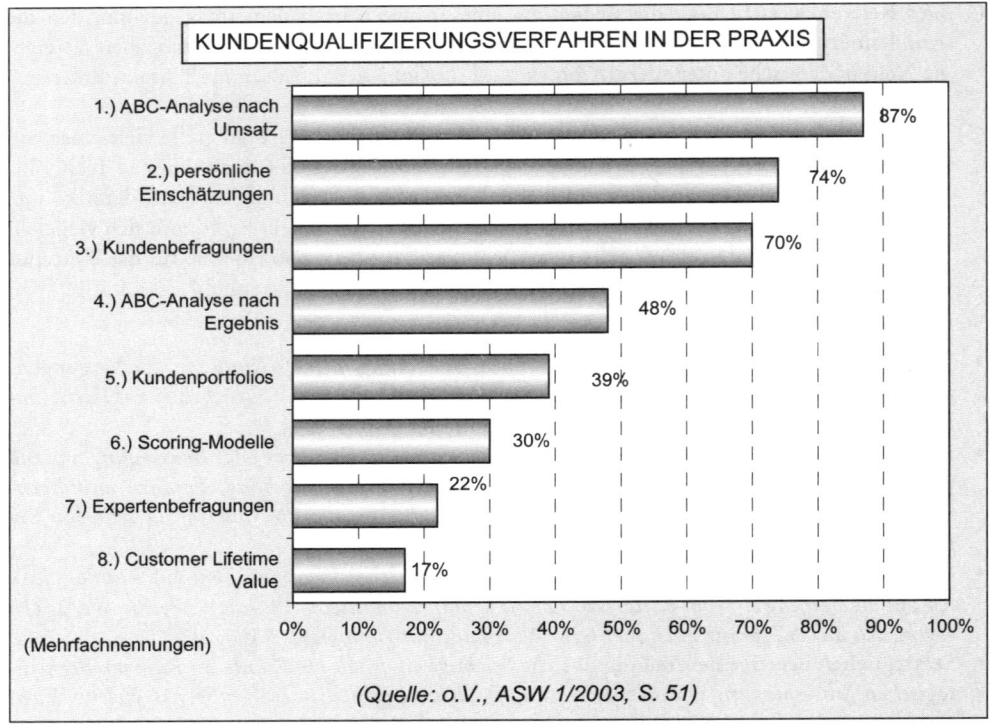

Abb. 172: Übersicht über Kundenqualifizierungsmethoden in der Praxis (n = 58)

➡ Blick auf Kundenstrukturen: Die klassische ABC-Analyse erstellt eine Rangfolge aller Kunden nach Ist-Umsatzerlösen und beantwortet die Frage: *Mit wieviel Prozent der Kunden werden wieviel Prozent vom Gesamtumsatz erreicht?*

➡ Blick auf den einzelnen Kunden: Gemäß Position in der Rangfolge und nach unternehmensindividuell festgelegten Umsatz- oder Ergebnisschwellen (empirische Normen) werden den Kunden Prioritätskennziffern mindestens von A bis C zugewiesen.

➡ Eine ABC-Analyse erlaubt in der Praxis keine sinnvolle proaktive Vertriebssteuerung.

Abb. 175 zeigt die Grundstruktur. Für die **Bezeichnungen der Kunden-Prioritätsgruppen** gibt es keine allgemeinverbindlichen Regeln. Die ABC-Einteilung hat sich als griffige, leicht verständliche Symbolik etabliert. Niemand hat aber jemals das ABC-Schema festgeschrieben. Und auch die Übergangsgrenzen (Umsatzschwellen) für die Kundengruppen können nur unternehmensindividuell bestimmt werden. Eine Einteilung muss sinnvoll sein und zu den Branchengegebenheiten passen. Beschränkt man sich aber auf die ABC-Klassifikation, dann sind in Theorie und Praxis folgende Abgrenzungen zu finden:

(1) Möglichkeit-1: Zu den A-Kunden werden automatisch immer nur die **Top-Ten Kunden** gezählt. Die B- und C-Kundenabgrenzung muss dann lediglich sinnvoll sein. Diese Vorgehensweise bietet sich an, wenn die eigene Verkaufskraft wirklich nur ausreicht, um eine bestimmte Kundenzahl (bei Top-Ten natürlich 10) mit hoher Priorität zu akquirieren.

(2) Möglichkeit-2: Bei einer anderen Vorgehensweise bleibt die Anzahl der A-Kunden offen. Es werden prozentuale Umsatzanteile bestimmt, nach denen Kunden als A- oder B-Kunden einzustufen sind. Ein Hersteller von Druckereikomponenten legt z.B. fest, dass alle Kunden mit mit mindestens drei Prozent Umsatzanteil als A-Kunden gelten.

(3) Möglichkeit-3 ist die am häufigsten verfolgte Vorgehensweise. Die A-Kunden bestehen nach Bildung der Umsatzrangfolge aus den Kunden, die kumuliert 80 % des Umsatzes erbringen. B-Kunden vereinen weitere 10 %, und die C-Kunden bilden den Rest und komplettieren auf 100 %. Oft stellt sich dann die sog. 20/80 **Pareto-Relation** ein. Die Gruppe der A-Kunden macht 20 % der Kundenanzahl aus und erbringt 80 % des Umsatz. Ein Trend geht in Richtung 10-zu 90-Relation (vgl. *Belz* u.a. 1998, S. 97). Immer weniger Kunden vereinigen immer mehr Umsatz auf sich., und man „befreit" sich von Kleinkunden.

(4) Möglichkeit-4: Wenn diese Strukturregel die Gruppe der mittelgroßen Kunden zu stark ausdünnt, dann bietet sich als alternative Einteilung an: A-Kunden erbringen die ersten 60 % vom Umsatz. B-Kunden folgen und umfassen die Umsatzanteile bis 90 %. C-Kunden sind wieder die Kleinkunden, die die letzten 10 % des Umsatz erbringen. Die *Vaillant*-Gruppe engt die Top-Kunden sogar nur auf die führenden 50 %-Umsatzbringer ein.

Wie beurteilen Sie z.B. folgende Werte: Die 4 Prozent größten Kunden erbringen 85 Prozent vom Umsatz. Die nachfolgende Gruppe von 7 Prozent (sozusagen die mittelgroßen Kunden) vereinigt 10 Prozent vom Umsatz, und die restlichen 89 Prozent der Kunden erbringen lediglich 5 Prozent vom Umsatz. So sah die ABC-Analyse der Deutschen Bahn AG im Jahr 2001 aus.

So kann die Umsatz-ABC-Analyse wertvolle Hinweise geben

(1) auf die Gefahr einer zu starken **Großkundenabhängigkeit** (Bsp.: Der größte Kunde erbringt 90 % des Gesamtumsatzes),

(2) auf die Gefahr einer **Verzettelung mit Kleinkunden** (Bsp.: 95 % aller Kunden tragen nur 5 % zum Gesamtumsatz bei).

Der Umsatz ist für eine Unternehmung überdies ein wichtiger Indikator für **Beschäftigung/Kapazitätsauslastung** (Basisgröße: **Auftragseingang**), **Finanzkraft** (Umsatzerlöse speisen den **Cash Flow**) und **Marktmacht** (Absatzmengen bestimmen Marktanteile).

Verkaufsleiter und Außendienstmitarbeiter werden in vielen Bereichen der Wirtschaft (leider einseitig) nach Umsatz **verprovisioniert**. Deshalb haben **Topkunden-Auflistungen** wie in Abb. 173 für den Vertrieb eine erhebliche Signalwirkung. Wie stark sind Geschäftsvolumen und damit auch die Umsatzprovisionen auf bestimmte Kundengruppen konzentriert? Für die Verkaufsleitung ist ein Zeitvergleich nützlich, wie sich die Umsatzrangplätze der Kunden gegenüber Vorjahr verändert haben. So wechseln Aufsteiger und Absteiger die Prioritätsgruppen. Im vorliegenden Fall haben die Kunden *Siemens* und *Bayer* einen deutlichen Sprung nach vorn gemacht. Die *FAG* war sogar im Vorjahr noch als B-Kunde deklariert. Es ist folglich gelungen, diesen Entwicklungskunden zum Schlüsselkunden aufzubauen.

Den durchaus stimmigen Vorteilen der ABC-Analyse stehen jedoch **gravierende Nachteile** gegenüber, wenn Kundenprioritäten allein aus dem Umsatz abgeleitet werden:

(1) Der Umsatz ist eine **betriebswirtschaftlich zweifelhafte Maßgröße** für die Kundenwertigkeit; lediglich ein „*scheinrationales Raster*" (*Marzian*, acquisa 7/1997, S. 53). Was sagt der hohe Umsatz eines Schlüsselkunden aus, wenn dieser den Lieferanten durch negative Deckungsbeiträge in die roten Zahlen führt. *Marzian* weist auf Studien in den USA hin, nach denen in vielen Branchen gerade die umsatzstärksten Kunden kostenrechnerische Verluste bringen; u.a., weil sie überproportional Serviceleistungen abfordern (vgl. *Marzian*, ASW 10/1999,

Rang lJ	Firma	Priorität	Ums Teuro	Ums kum Teuro	Kunden-Anteil %	Umsatz- Anteil %	Umsatz- Anteil kum %	Rang VJ
1	Robert Bosch GmbH	A-Top Kunde	610	610	5,0	10,4	10,4	1
2	Siemens AG	A-Top Kunde	587	1197	10,0	10,0	20,4	3
3	Fag Komponenten AG	B-Entwickl.Kunde	522	1719	15,0	8,9	29,3	6
4	Agfa - Gevaert AG	A-Top Kunde	436	2155	20,0	7,4	36,7	2
5	Bayer AG	B-Entwickl.Kunde	411	2566	25,0	7,0	43,7	9
6	Heidelberger Druckmaschinen AG	B-Entwickl.Kunde	373	2939	35,0	6,4	50,1	5
7	Franz Haas Waffelmaschinen GmbH	A-Top Kunde	400	3339	30,0	6,8	56,9	4
8	Dürss Systems AG	A-Top Kunde	366	3705	40,0	6,2	63,1	7
9	Gebr. Heller AG	B-Entwickl.Kunde	307	4012	45,0	5,2	68,3	11
10	Rilco GmbH	B-Entwickl.Kunde	287	4299	50,0	4,9	73,2	10
11	Schmidding-Werke GmbH	B-Entwickl.Kunde	233	4532	55,0	4,0	77,2	8
12	Lemo Maschinenbau GmbH	C-Kleinkunde	182	4714	60,0	3,1	80,3	14
13	Karl Mayer GmbH	C-Kleinkunde	126	4840	65,0	2,1	82,4	15
14	Carl Cloos GmbH	B-Entwickl.Kunde	123	4963	70,0	2,1	84,5	12
15	Winkler Papier AG	A-Top Kunde	107	5070	75,0	1,8	86,3	18
16	Philips Industrial	A-Top Kunde	98	5168	80,0	1,7	88,0	19
17	Winkler & Duenne KG	B-Entwickl.Kunde	72	5240	85,0	1,2	89,2	13
18	Pendraulik GmbH	C-Kleinkunde	63	5303	90,0	1,1	90,3	17
19	Liba Anlagenbau GmbH	B-Entwickl.Kunde	24	5327	95,0	0,4	90,7	16
20	Reis GmbH & Co. KG	A-Top Kunde	13	5340	100,0	0,2	90,9	20

Abb. 173: Beispiel für eine ABC-Kundenanalyse /
System ADITO-columbus der ADITO Software GmbH

S. 75). US-Forscher haben sogar herausgefunden, dass die bekannte 20/80 Pareto-Regel eigentlich eine 20/225-Regel ist: 20 % der Kunden erbringen 225 % des Gesamtdeckungsbeitrages, 60 % der Kunden bewegen sich an der Gewinnschwelle und 20 % der Kunden „fressen" 125 % des Ergebnisses wieder auf (vgl. *Marzian*, acquisa 7/1997, S. 54; *Wäscher*, salesprofi 5/2000, S. 12).

(2) Außerdem sind nur Umsatzerlöse relevant, hinter denen **zahlungsfähige Kunden** stehen. Welchen Wert hat eine Verbuchung als Umsatzerlös (Fakturierungserfolg) bei einem Schlüsselkunden, wenn durch dessen Zahlungsunfähigkeit oder Konkurs im Folgejahr hohe Abschreibungen auf Forderungen notwendig werden?

(3) Umsatzerlöse sind Vergangenheitswerte und für Zukunftsentscheidungen eigentlich nur unter der Prämisse einer unveränderten Zukunftsentwicklung relevant.

(4) Deshalb kann die ABC-Analyse auch Neukunden nicht sinnvoll bewerten.

Zum Ausmerzen der Schwachstellen (1) und (2) bieten sich zwei Auswege an:

(1) Statt einer Umsatz-ABC-Analyse kann mit gleicher Methodik eine **Ergebnis-ABC-Analyse** nach **Kundendeckungsbeiträgen** (bei Teilkostenrechnung) oder **Kundengewinnspannen** (bei Vollkostenrechnung) durchgeführt werden; oder

(2) **Umsatz- und Ergebnis-ABC-Analysen werden in einer Auswertung zusammen dargestellt.**

Wegen des höheren Informationswertes wird im nächsten Gliederungsabschnitt nur der zweite Ausweg weiter verfolgt.

b.) Kombinierte Umsatz- und Ergebnis-ABC-Analysen

„Die Umsatzmaximierung verliert an Bedeutung. Erfolgsentscheidend ist es, mit den „richtigen", das heißt: gewinnbringenden Kunden, ins Geschäft zu kommen und im Geschäft zu bleiben." (Marzian/Smidt 1999, S. 3)

Viele Unternehmen sind aufgeschreckt, wenn sie Ergebnisabhängigkeiten entdecken. Banken erwirtschaften z.B. im Durchschnitt mit nur 15 Prozent ihrer Kunden über 80 Prozent des Gewinns (*Longerich*, IT-Director 5/2004, S. 27). Analysesysteme der Praxis stellen Umsatz- und Ergebnis-ABC-Analysen zumeist nebeneinander. Abb. 174 zeigt ein Deckungsbeitragsranking für die Kunden eines Automobilzulieferers nach ABC-Klassen im *Cubeware Cockpit* der *Cubeware GmbH*. Links von der Deckungsbeitragskurve ist das Firmenranking gemäß den unten festgelegten, variabel einstellbaren Schwellenwerten ersichtlich. Im vorliegenden Fall lauten die Schwellenwerte für Klasse A: 25 %, B: 36 %, C: 39 %. Daneben werden auf der rechten Seite als zusätzliche Spalten die Umsatzerlöse und die verkauften Stück aufgeführt.

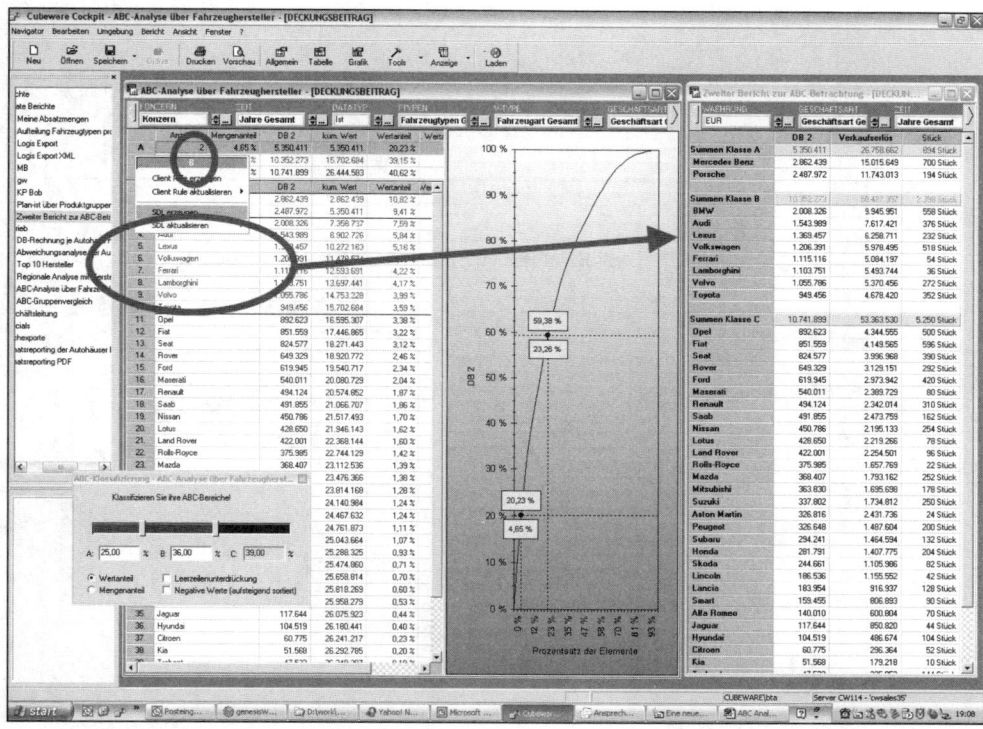

Abb. 174: ABC-Analyse nach Deckungsbeiträgen im Cubeware Cockpit / Cubeware GmbH

Abb. 175 gibt im Gegensatz hierzu wieder dem Umsatzranking den Vorrang, weist gemäß Umsatzranking die Deckungsbeiträge der Kunden aus und bildet beide kumulativen ABC-Kurven zusammen ab. Die Abbildung zeigt auch die Grunddatentabelle, aus der die **Umsatz-Konzentrationskurve** mit den zugeordneten kumulierten Ergebnisbeiträgen (Kundendeckungsbeiträgen) der Kunden abgeleitet sind.

Die A-Kundenlinie ist bei 60 % vom Gesamtumsatz gezogen. Die Kleinkunden umfassen den kumulierten Umsatzanteil von 90 bis 100 %. Die zu den Gruppen gehörenden Kunden sind der Rangfolge-Auflistung zu entnehmen. Die Kurve mit den Kreisen zeigt die **Umsatzkonzentration**, die mit den Dreiecken die **Ergebniskonzentration**. Es ist deutlich zu sehen, wie die Ergebnisverteilung bei den größten Kunden hinter der Umsatzverteilung zurückbleibt. Hier schlagen

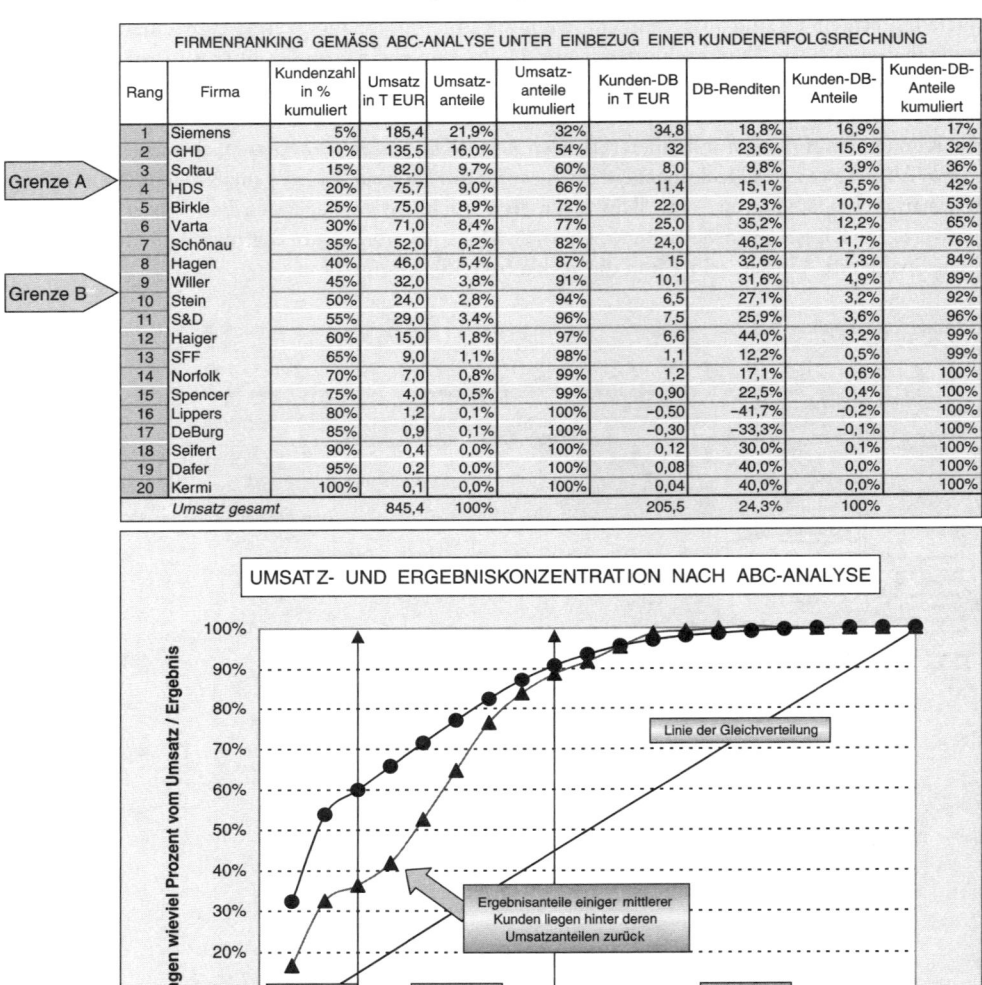

Abb. 175: *Umsatz-ABC-Analyse kombiniert mit einer Kundenergebnisrechnung*

grafisch die schwächeren Umsatzrenditen (Deckungsbeitragsraten) der vier Top-Kunden zu Buche. Die Grafik visualisiert die Vertriebssituation auf einen Blick: eine solide Basis mittelgroßer Kunden und die vergleichsweise schwächeren Deckungsbeiträge der größeren Kunden. Auf diese Grobklassifizierung kann dann eine Feinanalyse der Kunden und die Ableitung prioritätsentsprechender Betreuungsaktionen aufbauen.

Die Mitberücksichtigung betriebswirtschaftlicher Ergebnisse mindert **zwei Gefahren:**

(1) **gefährliche Ergebnisrückstände** bei Großkunden, die „brutal" die Preise drücken,

(2) **kritische Ergebnisrückstände,** verursacht durch Kleinkunden, bei denen versäumt wurde, einen erhöhten Betreuungsaufwand und niedrigere Bestellmengen durch höhere Verkaufspreise zu kompensieren.

Wie wichtig die Kundenergebnisrechnung ist, beweist eine **Profitabilitätsanalyse** der *Deutsche Bank AG* (vgl. *Blache/Hahn,* acquisa 10/2002, S. 33):

- Die besten 5 Prozent der Kunden bringen ca. 50 Prozent des Gesamt-Deckungsbeitrags.
- Die besten 20 Prozent der Kunden erzielen bereits 100 Prozent des Gesamt-Deckungsbeitrags.
- Die schlechtesten 5 Prozent der Kunden kosten rund 10 Prozent vom Gesamt-Deckungsbeitrag.
- 50 Prozent der Kunden haben einen negativen Kunden-Deckungsbeitrag.

Auch *Rapp/Storbacka/Kaario* bestätigen den hohen Anteil (20 bis 80 Prozent) unrentabler Kunden. Man hält sie im Kundenbestand, weil sie von anderen Kundengruppen **quersubventioniert** werden (vgl. *Rapp/Storbakca/Kaario* 2002, S. 44). Ein Anbieter kommt deshalb schnell in große Bedrängnis, wenn Wettbewerber ihre Akquisitionsbemühungen gerade auf die rentablen Kunden ausrichten. Leider tun sich die Unternehmen bei der Kundenerfolgsrechnung noch immer schwer, obwohl die Zuordnung kundenspezifischer Kosten und Erlöse als relativ unproblematisch gilt (vgl. *Dehr/Donath* 1999, S. 63–64; *o.V.,* PM-Beratungsbrief 442/1997, S. 1).

ABC-Kundenauflistungen, Kundengruppenanalysen und Konzentrationskurven verschleiern leicht den Blick auf den einzelnen Kunden und auf dessen individuelle Wertigkeit im Vergleich zu anderen Abnehmern. Die Ableitung individueller Kundenprioritäten und Betreuungsmaßnahmen wird erschwert. Anschauliche und interessante Aussagen sind weiterführend möglich, indem die **Umsatzanteile und die Ergebnisanteile eines jeden Kunden in einer Matrix (Portfolio) grafisch gegenübergestellt** werden (**umsatz- und ergebnismäßige Kundenpositionierung**). Ein „ausgewogener" Kunde, der 10 % vom Umsatz hält, würde genau 10 % zum Gesamt-Kundendeckungsbeitrag beisteuern. Eine **Regressionsgerade** in der grafischen Auswertung trennt dann die Kunden, die überproportional zum Umsatz beitragen von denen, die überproportionale Kundenrenditen erbringen (z.B. wegen guter Preisstellungen, kostengünstigem Einkaufs-Produktmix, niedriger Betreuungskosten etc.). Gerade der ersten Gruppe gilt das besondere Augenmerk. Abb. 176 bietet ein Beispiel zu diesem Auswertungsverfahren.

Durch den Einbezug der Kundenergebnisse wird die Umsatz-ABC-Analyse sicher betriebswirtschaftlich gehaltvoller. Durch die Parallelbetrachtung von Umsatz und Ergebnis wird die Auswertung informativer. Dennoch bleiben dem ABC-Ansatz die bereits erwähnten Nachteile:

(1) Auch die ABC-Analyse nach Deckungsbeitrag bezieht **nur Vergangenheitswerte** in den Kalkül ein. Was aber sagt ein hoher Ergebnibeitrag seitens eines Kunden heute aus, wenn dieser morgen Insolvenz anmeldet?

(2) Beide ABC-Analysen übersehen das **Phänomen des Kundenstatus** (s. Abschnitt 7.2.4.e.). Jede Geschäftsbeziehung startet mit 1 Euro. Auch Großkunden beginnen ihre Kundenbeziehung zumeist als Kleinkunden. Eine mechanistische ABC-Analyse wird einem neuen Kunden als C-Kunden nur eine geringe Priorität zuweisen, auch wenn dieser heute schon absehbar zukünftig der Kunde Nr. 1 sein wird.

(3) Eine ABC-Analyse, ob in der einfachen oder der erweiterten Form, beruht nur auf **quantitativen Beurteilungsgrößen.** Dadurch vernachlässigt sie **qualitative und strategische Erfolgsfaktoren** einer Kundenbeziehung.

Ein Ausweg, um vom statischen Denken wegzukommen, liegt in der Betrachtung maximal erreichbarer Umsatz- oder Ergebnispotenziale. Die *Deutsche Telekom* unterscheidet z.B. in einer

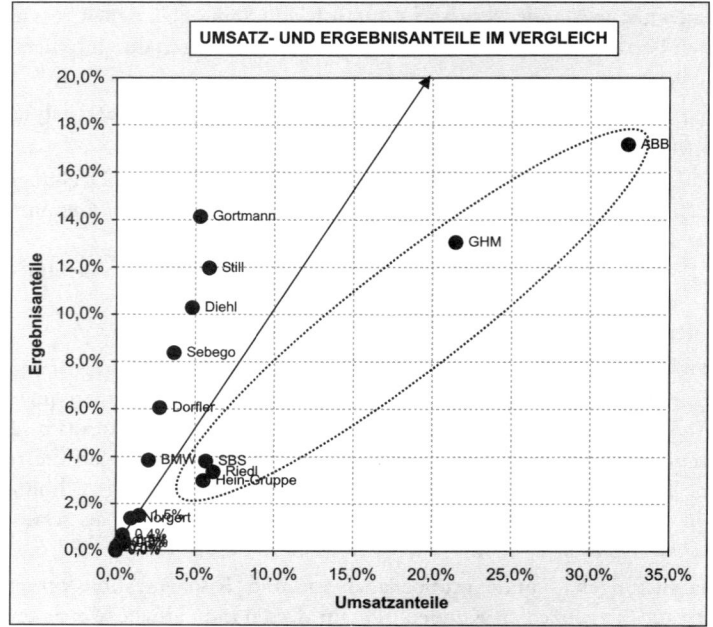

Abb. 176: Kundenumsatz- und Ergebnisanteile im Regressionsvergleich

Potenzialbetrachtung im Firmenkundengeschäft *A-Kunden* mit 50–125 T Euro und *B-Kunden* mit 20–50 T Euro Potenzial. Ziel der Außendienstarbeit ist dann die maximale Potenzialausschöpfung. Dieser Praxisansatz ändert aber auch nichts daran, dass die Kundenbewertung sehr eng auf nur eine oder zwei Beurteilungsgrößen beschränkt bleibt.

c.) Punktbewertungsverfahren (Scoring-Modelle)

Die Kundenqualifizierung sollte also eine sinnvolle Anzahl von quantitativen und qualitativen Beurteilungsparametern berücksichtigen, die den Wert (die Priorität) eines Kunden bestimmen. Hierzu bietet sich das **gewichtete Punktbewertungsverfahren** an. Im angelsächsischen Sprachgebrauch spricht man von **Scoring-Modellen** (vgl. z.B. *Plinke* 1997, S.140). Die einzelnen Qualifizierungsgrößen erhalten Punkte (Scores) durch Multiplikation von **Gewichtungen** (einmalig für alle Parameter festgelegt) mit den Mittelwerten der **Expertenurteile**. Die Addition aller Scores ergibt den **Gesamtwert eines Kunden**; d.h. seine erreichte Gesamtpunktzahl in einer Bandbreite zwischen einem Minimalwert (extrem schlecht beurteilter Kunde) und einem Maximalwert (Maximalwertungen für einen Idealkunden).

Im Rahmen eines **Planungsworkshops** sind

(1) die für eine Unternehmung bzw. für eine Branche relevanten Kundenbewertungsgrößen (Qualifizierungsparameter) zu bestimmen,

(2) diese in ihrer relativen Bedeutung zueinander zu gewichten,

(3) die Kunden dann durch Experten (vor allem durch den Außendienst) nach den Qualifizierungsgrößen zu beurteilen

(4) und abschließend nach Berechnung von Wichtigkeitspunkten definierten Prioritätsgruppen zuzuordnen.

Zur Frage der erfolgbestimmenden Bewertungsparameter liegen zahlreiche Vorschläge vor (vgl. *Link/Hildebrand* 1994, S.51; *Hinterhuber* 1971, S.70–87; *Pepels* 1998, S.731–732; *Winkelmann* 2003, S.316–317). Es handelt sich oft um Parameteraufstellungen in der Art, wie wir sie aus der Einschätzung von **Marktattraktivität** und **relativer Wettbewerbsstärke** bei der Neun-Felder-Portfolioplanung von *McKinsey* kennen.

Wird in der Praxis nur mit kaufmännischen Beurteilungsparametern gearbeitet, dann sollten vier Beurteilungsgrößen im Vordergrund stehen: (1) *Kundenumsatz*, (2) *Kundenertrag (Kundendeckungsbeitrag)*, (3) *Kundenpotenzial* und (4) Grad der *Kundenbindung*. BtoB-Unternehmen stützten ihre Kundenprioritäten aber gerne auf technische Einschätzungen.

Abb. 177 liefert eine Parameterliste unterteilt nach **kaufmännischen** und **technischen** Beurteilungsgrößen. Die Kunden werden getrennt nach kaufmännischer und technischer Attraktivität beurteilt. Dies ist beispielsweise im Maschinen- und Anlagenbau interessant. Die Gewichtungen der verschiedenen Parameter in der Abb. 177 sind nur als Vorschlag zu verstehen.

BEISPIEL FÜR EINE KUNDENBEWERTUNG NACH DER SCORING-METHODE			Kunde-A		Kunde-B		Kunde-C	
		Gewich-tungen	Bewer-tung	Scores	Bewer-tung	Scores	Bewer-tung	Scores
KAUFMÄNNISCHE PARAMETER	Bewertung Geschäftsumfang / Kundenumsatz (heute und zukünftig)	10	9	90	5	50	7	70
	Einkaufsbudget des Kunden für das Produkt	10	5	50	7	70	6	60
	erreichbarer eigener Lieferanteil am Potenzial des Kunden	20	4	80	7	140	5	100
	Rohgewinnspanne des Kunden (heute, zukünftig)	25	3	75	6	150	10	250
	finanzielle Situation des Kunden / Prognose	15	4	60	9	135	9	135
	Effizienz der Kundenbetreuung = wenig Betreuungsaufwand	8	3	24	7	56	10	80
	gezeigte Treue des Kunden (Kundenbindung / Kundenloyalität)	10	5	50	6	60	10	100
	Referenzwert des Kunden zur Stärkung des eigenen Images	2	2	4	4	8	10	20
①	SUMME KAUFMÄNNISCHE SCORES (max. 1000) *Gewichtung*	100	43,3% ⇐	433	66,9% ⇐	669	81,5% ⇐	815
TECHNISCHE PARAMETER	Bedeutung der Technologie für das eigene Geschäft	20	10	200	6	120	4	80
	Zukunft der Technologie (Stand im Technologie-Lebenszyklus)	30	8	240	7	210	2	60
	Sicherheit der Rohstoff- / Teileversorgung (zukünftig)	15	4	60	6	90	3	45
	eigene Fertigungssicherheit (effizienter Herstellungsprozess)	20	9	180	8	160	4	80
	Technische, rechtliche Absicherung der Liefersituation (Patent, USP)	15	9	135	8	120	5	75
②	SUMME TECHNISCHE SCORES (max. 1000) *Gewichtung*	100	81,5% ⇐	815	70,0% ⇐	700	34,0% ⇐	340
③	BEWERTUNGS-SCORES GESAMT (max. 2000)		62,4% ⇐	1248	68,5% ⇐	1369	57,8% ⇐	1155
	Ist-Umsatzerlöse 2005 in 1000 Euro			750		410		580

Abb. 177: Beispiel für eine Kundenbewertung mit Hilfe der Scoring-Methode und ein Kundenportfolio mit kaufmännischer und technischer Bewertung

Das Beispiel soll zeigen, dass die Ableitung von Kundenprioritäten aus einem Scoring-Modell manchmal gar nicht so einfach ist. Im Beispielfall der Abb. 177 liegt der *Kunde-A* bei den technischen Beurteilungen vorn (81,5 % aller möglichen Scores), der *Kunde-C* konträr hierzu bei bei den kaufmännischen (ebenfalls 81,5 %). Der Kunde-B wird jeweils zwischen A und C eingeschätzt. Er weist allerdings den geringsten Umsatz auf. Grundsätzlich muss das Management entscheiden, ob es den kaufmännischen oder den technischen Potenzialen mehr Priorität gibt. Im Fall der Abb. 177 gilt Gleichgewichtung. Jetzt liegt Kunde-B in Führung mit 68,5 % aller möglichen Scores. Auch das Bewertungsportfolio nimmt der Vertriebsleitung die Prioritätsentscheidung nicht ab.

Diese Diskussion lenkt den Blick auf einige **praktische Probleme des Kunden-Scorings**:

(1) Sind bei den Kundenbewertungen vom Expertenteam zu viele (aus eigener Erfahrung mehr als 10) Faktoren zu beurteilen, lässt das Interesse und Engagement nach. Es kommt zu einem **Validitätsproblem**: Die **Expertenurteile verlieren an Gültigkeit**. Ein deutliches Indiz hierfür ist, wenn sich die Experten zur Beurteilung der ersten Kunden viel Zeit nehmen, mit vorgerückter Stunde ihre Einschätzungen dann aber überstürzt abgeben.

(2) Je mehr Beurteilungsparameter herangezogen werden, desto größer ist die Gefahr, dass die **Qualifizierungsgrößen untereinander korreliert** sind (Interkorrelation). So kann sich dann eine Beurteilungsgröße im Umweg über andere Parameter mehrfach auf einen Kundenwert auswirken. Wird z.B. ein schlechter Zustand von technischen Anlagen eines Kunden ins Kalkül gezogen und werden auch Innovationskraft, technische Leistungsfähigkeit, Kostenstruktur der Fertigung usw. bewertet, so ist davon auszugehen, dass alle diese Beurteilungsgrößen gleichermaßen schlechte Benotungen bekommen. Konsequenz: Das negative Gesamturteil des Kunden wird vom Urteil einer Größe überschattet, die sich in zahlreichen anderen Variablen ebenfalls niederschlägt.

(3) Außerdem können **subjektive Einflüsse** die Aussagefähigkeit (Validität) der Ergebnisse stark verfärben. Denn letztlich hängen (a) die Auswahl der Bedeutungskriterien, (b) die Bestimmung der Gewichtungsfaktoren und (c) auch die einzelnen Punktewerte von den Einstellungen der Beurteilenden ab (vgl. *Plinke* 1997, S. 140). Das Scheitern großer Entwürfe (z.B. *BMW/Rover;* Fusion *Deutsche Bank/Dresdner Bank,* Sanierung *Holzmann*) lässt jedoch Zweifel aufkommen, ob es in der Betriebswirtschaft (in einer Realwissenschaft) überhaupt objektive Bewertungsmaßstäbe gibt.

Abb. 178 bietet ein Beispiel aus der Automobilindustrie (vgl. *Dietz* 1997, S. 203–205). Wieder sind Kunden-Scores die Währung für „imaginäre" Kundenwerte. Die im Rahmen einer **Kaltakquise** (d.h. Kontakte sind nicht vorqualifiziert) gewonnenen Informationen über potenzielle Autokäufer liefern die Grundlage für die Kundenbewertung. Gewichtungs- und Bewertungsfaktoren sind die soziodemografischen und automobilbezogenen Merkmale:

- Alter/Geschlecht,
- Beruf/Einkommen,
- Familienstand/Größe der Familie,
- aktuelles Fahrzeug nach Typ und Alter,
- Freizeitbeschäftigung

Je nach erreichter Punktbewertung (Scores) und nach geschätztem Bedarfszeitpunkt (Bedarfshorizont) wird ein Interessent im letzten Schritt einer ABC-Klassifikation zugeordnet (vgl. *Dietz* 1997, S. 205):

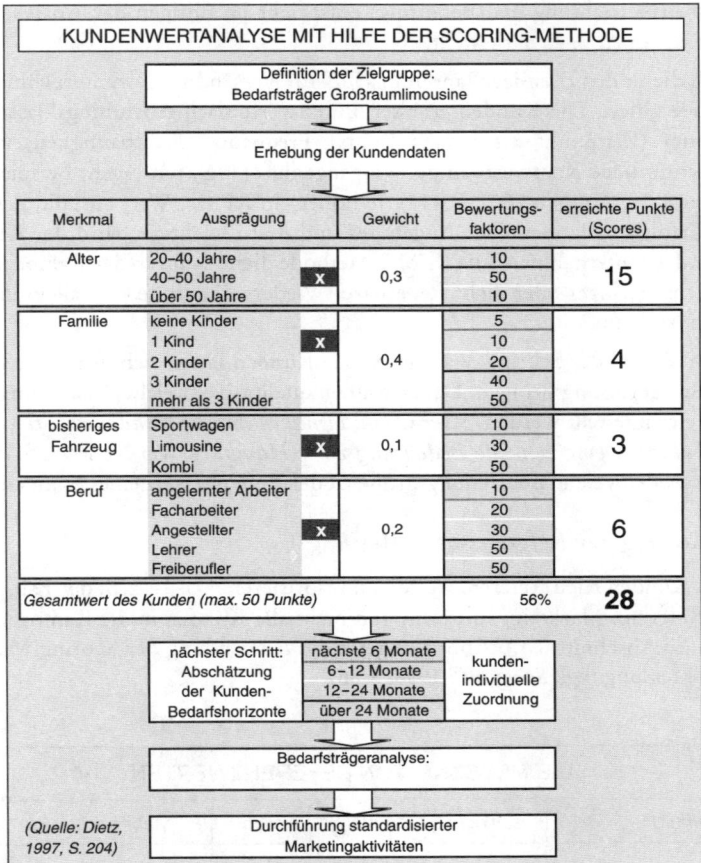

Abb. 178: Kundenwertanalyse nach der Scoring-Methode

- **A-Kunden (über 37,5 Punkte):**
  Bewertung: Kunde wird sich innerhalb der nächsten sechs Monate einen Neuwagen anschaffen und gehört der anvisierten Zielgruppe an.
  Aktivität: Kunde erhält ein konkretes Angebot mit einer Einladung zu einer Probefahrt.
- **B-Kunden (über 12,5 bis 37,5 Punkte):**
  Bewertung: Kunde plant erst mittelfristig den Kauf eines Neuwagens, gehört aber grundsätzlich zu der Zielgruppe.
  Aktivität: Kontinuierliche Information über Produktprogramm, Zubehör- und Serviceaktionen. Einladung zu Kundenveranstaltungen im Autohaus. Angebot einer Gebrauchtwagenbewertung.
- **C-Kunden (bis 12,5 Punkte):**
  Bewertung: Kunde gehört nicht zur anvisierten Zielgruppe.
  Aktivität: Keine systematische Weiterverfolgung des Interessenten.

Der in Abb. 178 qualifizierte Interessent kommt auf 28 Punkte, d.h. 56 Prozent der erreichbaren Maximalbewertung. Deshalb wird er der Kategorie der B-Kunden zugeordnet. Die methodische

Vorgehensweise (Gewichtung mal Benotung) entspricht im übrigen der Analyse der Kundenzufriedenheit, wie in Abb. 80 dargestellt.

Oft wird auch die in den dreißiger Jahren in USA für Versandhandelsunternehmen entwickelte **RFMR-Methode** zitiert. Die Kunden erhalten Punktwerte nach Abstufungsklassen für die Kategorien **Recency** (Zeitpunkt des letzten Kaufs), **Frequency** (Kaufhäufigkeit) und **Monetary Ratio** (durchschnittliche Kaufwerte in der Vergangenheit) (vgl. mit einem Beispiel *Link/Hildebrand* 1993, S. 48–49; *Ramme* 2002, S. 449). Je höher ein RFMR-Wert ausfällt, desto größer erscheinen die Erfolgsaussichten eines Angebotes und desto wichtiger wird der Kunde in seiner Bedeutung für das Unternehmen. Die RFMR-Methode dient dadurch der Kampagnensteuerung. Für Produkte mit geringer oder nicht steuerbarer Wiederverkaufrate (vor allem in BtoB) ist das Verfahren nicht relevant.

Der besondere Vorteil der Scoring-Verfahren: **Alle Kunden lassen sich durch die Gesamtpunktwerte in eine Rangordnung bringen.** Dabei können **qualitative (weiche) Bewertungsfaktoren mit quantitativen gleichgestellt** werden. *„Gerade im Hinblick auf die Kundenorientierung kommt … den weichen Faktoren eine zentrale Bedeutung zu."* (*Homburg/Werner* 1998, S. 19) Eine sicher schwer zu messende, weiche Beurteilungsgröße ist der Referenzwert eines Kunden.

d.) Kunden-Scoring zur Referenzwert-Messung

Zuweilen sind Kunden nach Referenzwerten zu priorisieren. Das ist z.B. der Fall, wenn Investitionen in ein Referenz-Marketing anstehen und nicht alle Kunden in die Kampagne einbezogen werden sollen (s. Abschnitt 8.3.). Abb. 179 zeigt die Anwendung der Scoring-Methode für die Referenzwert-Messung (vgl. *Schemuth* 1996, S. 86).

DIE MESSUNG VON REFERENZWERTEN					
Kriterium	*schlecht*	*mittel*	*hoch*	*sehr hoch*	*Summe*
Image des Kunden	0	**1**	2	3	
Bekanntheit des Kunden in der Öffentlichkeit	0	1	**2**	3	**7**
Zugehörigkeit des Kunden zu einer interessanten Kundengruppe	0	**1**	2	3	
Anzahl der via Mundwerbung kontaktierten anderen Kunden	0	1	2	**3**	

Abb. 179: Ein Kunden-Scoring zur Referenzwert-Messung (Quelle: nach Schemuth 1996, S. 86)

Diese Vorgehensweise ist für Branchen interessant, die Neukundenwerbung mit Unterstützung von Stammkunden betreiben (Zeitschriftenverlage, Kreditinstitute, Versicherungen). Ist das nicht der Fall, dann reicht es meist aus, Referenzkunden mit Hilfe eines *Ja/Nein*-Schlüssels in der Kundendatenbank zu erfassen. Bei Abfrage einer „1" gelangen dann dann alle sog. Referenzkunden – z.B. für eine Geschenkaktion – in eine Auflistung.

e.) Einfache Kundenschlüssel für das Database-Marketing

Möchte man nicht wie bei der Scoring-Methode die unterschiedlichen Qualifizierungsparameter zu einem einzigen Prioritätswert für jeden Kunden zusammenfassen, sondern sie in Bezug auf die Kundenwertigkeit differenziert weiter verfolgen, dann bieten sich **qualifizierende (sprechende oder nicht-sprechende) Kundenschlüssel** für ein Database-Marketing an. Es geht darum, ob ein Interessent oder Kunde ganz spezielle Bedingungen erfüllt bzw. sich in einer ganz spezifischen Situation befindet. Ein insgesamt sehr wichtiger Kunde (z.B. nach Geschäftsumfang) kann in Bezug auf ein aktuell relevantes Wertigkeitsmerkmal (z.B. Bedarf an einem neuen Produkt) völlig unwichtig sein. Der entscheidende Vorteil: Während ABC-Positionen und Kunden-Scores nur Grundlagen für globale prioritätenbezogene Kundenansprachen bieten, erlauben differenzierende Kundenschlüssel nun gezielte Kundenaktionen. Abb. 180 gibt ein Beispiel für eine einfache, zweidimensionale Kundencodierung (vgl. auch die Beispiele bei *Aries* 1998, S. 70–75).

```
Potenzialschlüssel

A-Kunde ⇨ Umsatzpotenzial > 1 Mio. EUR
B-Kunde ⇨ Umsatzpotenzial 0,5–1 Mio. EUR
C-Kunde ⇨ Umsatzpotenzial 250–500 TEUR
D-Kunde ⇨ Umsatzpotenzial 100–250 TEUR
E-Kunde ⇨ Umsatzpotenzial  50–100 TEUR
F-Kunde ⇨ Umsatzpotenzial < 50 TEUR

        Diffusionsschlüssel

        1   ⇨ Programmabdeckung > 80%
        2   ⇨ Programmabdeckung 60–80%
        3   ⇨ Programmabdeckung 40–60%
        4   ⇨ Programmabdeckung 20–40%
        5   ⇨ Programmabdeckung < 20%
        (Abdeckung = eigener Anteil am Sortiment)
```

Abb. 180: Beispiel für einen zweidimensionalen Kundenschlüssel

Zielgruppen für das Database-Marketing können z.B. wie folgt gebildet werden:

➡ *B5-Kunde* = Kunde mit Potenzial zwischen 0,5 und 1 Mio. EUR, aber mit einer nur geringen Sortimentsabdeckung (Cross-Selling-Potenzialausschöpfung) von unter 20 % (also für die Akquisitionsstrategie ein besonders interessanter Kunde),

➡ *A1-Kunde* = Kunde mit hohem Potenzial über 1 Mio. EUR, bei dem bereits eine breite Sortimentsabdeckung erreicht worden ist (also für eine spezielle Akquisitionskampagne ein weniger interessanter Kunde).

Derartige Codierungsschlüssel besitzen für das **Database-Marketing** der Direktmarketing-Gesellschaften eine große Bedeutung. Ohne Adress- bzw. Kundenqualifizierung sind umfangreiche, datenbankgestützte Kundenaktionen sinnlos (Problem der Streuverluste). Maximal dreidimensionale Codierungsschlüssel werden empfohlen (vgl. *Aries* 1998, S. 70).

f.) Komplexe Kundenschlüssel für die CRM-Vertriebssteuerung

Wer den Kundenschlüssel beherrscht, der beherrscht den Markt.

CRM-Konzeptionen führen die Idee des Database-Marketing weiter und kreieren mehrdimensionale und variable Kundenschlüssel. Diese leuchten Interessenten, Kunden oder auch Wettbewerber in viele Richtungen aus. Eine Kundenwertrechnung ist zwar eine interessante Angelegenheit für das Marketing und speziell für die Bewertung von Zielgruppen. Aber erst ein intelligen-

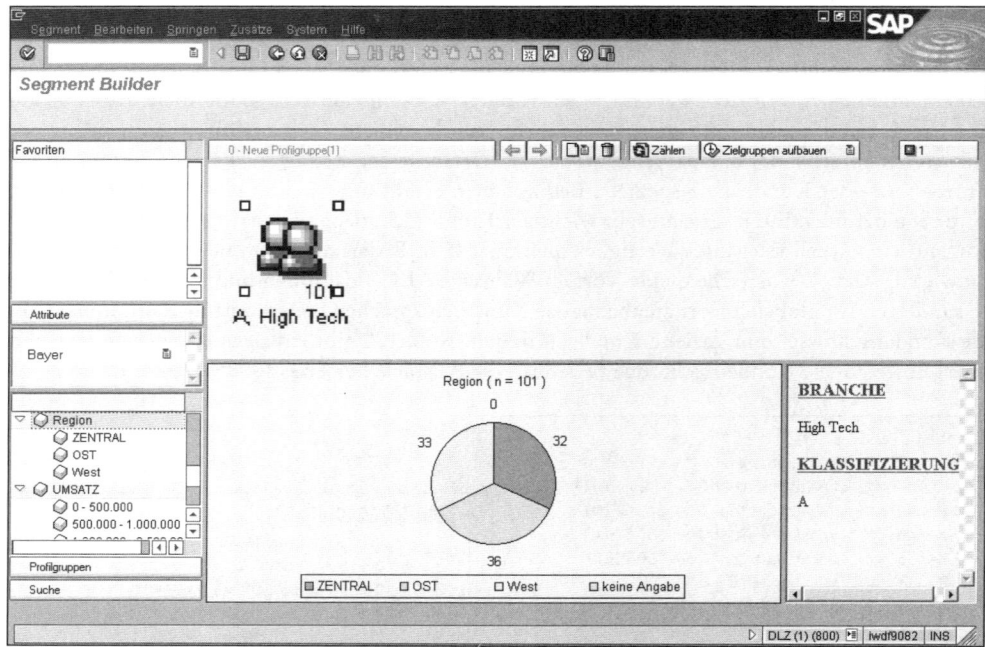

Abb. 181: Flexible Zielgruppenselektion mit dem Segment-Builder von mySAP CRM / SAP AG

ter Klassifikationsschlüssel ermöglicht eine flexible operative Kampagnen- und Verkaufssteuerung.

Ein mehrdimensionaler Kundenschlüssel kann durchaus das zentrale Instrument einer Vertriebssteuerung bilden – wenn alle Mitarbeiter mit Kundenkontakt den Schlüssel ernst nehmen, ihn vor jedem Kundenbesuch zur Vorbereitung und nach jedem Kontakt zur Aktualisierung heranziehen und ihn für die Besuchs- und Kampagnensteuerung aktiv nutzen. Abb. 181 belegt, auf welche einfache Weise z.B. in *mySAP CRM* Kundengruppen nach gewünschten Auswahlkriterien gebildet und dem Kampagnenmanagement überstellt werden können. Im sog. *Segmentbuilder* können die in der Abbildung unten links aufgeführten Selektionskriterien der Datenbank durch Drag&Relate in das Feld *neue Profilgruppe* gezogen werden, so dass sich automatisch eine neue Zielgruppe konstituiert. *Peter Koop* von der *SAP Deutschland AG* nennt diese Prozedur bezeichnenderweise „*Mengenlehre mit der Maus*". *MySAP CRM* stellt die Zielgruppe im unteren Feld grafisch dar. Im Fall der Abb. 181 wurden zunächst die *A-Kunden* der Branche *High-Tech* abgefragt. 101 Kunden werden ausgewiesen. Danach kann die selektierte Zielgruppe nach Attributen, in diesem Fall die *Verkaufsregion*, aufgebrochen werden (s. das Tortendiagramm). Darauf aufbauend lassen sich die voraussichtlichen Kosten einer Kundenansprache bestimmen. Wir erkennen gut, wie die Database-Intelligenz des Marketing in die operative Vertriebssteuerung hineinfließt. Diejenige Kundenqualifizierung ist die bessere, die aus einem Kundenschlüssel heraus mehr Aktionen anstoßen kann.

Abb. 182 liefert ein Beispiel für die Qualifizierung von Handwerkskunden eines Großhandelsbetriebs. Der große Vorteil: Quantitative und qualitative Beurteilungsgrößen können im Ist und in der Zukunftseinschätzung nebeneinander gestellt werden. In der Abb. 182 geht z.B. die Beur-

1	2	3	4	5	6	7	8
Ist-Umsatz	Ist-Rohgewinn-spanne	Situation / Potenzial des Kunden	Kundentreue (Loyalität)	Größe Betrieb	Betriebsform	Relativer Arbeitsaufwand	Bonität / Zahlung in Tagen
T = Top- E = Entwick-lungs- S = Standard- K = Klein- V = Verzichts- N = Neu-Kunde	1 = überdurch. 2 = durchschn. 3 = unterdurch. 4 = kritisch	A = Wachstum G = Stagnation P = Problem *(Kunde hat ein Problem und benötigt eventuell Hilfe)*	D = treuer Kunde, wir haben starke Position W = Wechsel (= Wechsel-kunde) C = wir haben schwache Position	E = Einmann I = Klein M = Mittel O = Groß	L = Installation R = Industrie S = Spenglerei H = Handel B = Metallbau	5 = unterdurch. 6 = durchschn. 7 = überdurch.	F = < 15 J = < 30 X = < 60 Y = < 90 Z = > 90
T > TEUR 100 E > TEUR 50 S > TEUR 25 K > TEUR 5 V < TEUR 5 N seit 1.1.	1 > 35% 2 = 20–35 3 = 10–20 4 < 10			E = Einmann I = 2–5 M = 6–15 O = > 15		Arbeitsaufwand in Relation zum Umsatz	

Abb. 182: Beispiel für einen mehrdimensionalen Kundenschlüssel

teilung der Loyalität eines Handwerkskunden zu seinem Lieferanten ausdrücklich in die Beurteilung eingeht.

Nach der Devise **„von der Information zur Aktion"** (Closed-Loop) kann der Kundenschlüssel eine Vielzahl von Kampagnen anstoßen, z.B.

(1) Ansprache von Kleinkunden mit unterdurchschnittlicher Gewinnspanne,

(2) Ansprache von Wachstumskunden mit überdurchschnittlicher Gewinnspanne,

(3) Ansprache von Kleinkunden mit unterdurchschnittlicher Gewinnspanne und überdurchschnittlichem Arbeitsaufwand,

(4) Ansprache von Problemkunden, die sich aber in der Vergangenheit als treue Kunden bewährt haben,

(5) Ansprache von Neukunden mit unterdurchschnittlicher Gewinnspanne.

Für die Kundenbetreuer gelten folgende Besuchsvorgaben:

(1) Kein Kundenbesuch, ohne sich vorher über den Schlüssel zu informieren.

(2) Keine Besuchs- oder Kontaktnachbearbeitung ohne Schlüsselüberprüfung.

(3) Der Schlüssel wird im Rahmen eines CRM-Systems verwaltet und steht dem verantwortlichen Verkaufsteam nach Zugangsrechten zur Verfügung.

g.) Strategische Kundenportfolios für die Unternehmensplanung

Verschiedene Qualifizierungsparameter können zueinander in ein Verhältnis gesetzt und Kunden mit ihren Schlüsselausprägungen in sog. Kundenportfolios dargestellt werden. Es entstehen kombinative Wichtigkeitsaussagen über Einzelkunden oder Kundencluster. Mehrere oder alle Interessenten und/oder Kunden werden gemäß ihren Beurteilungen zusammen in einem geschlossenen **Marktbild** (Kundenportfolio, Kundenmatrix) visualisiert. Im Rahmen der **strategischen Unternehmensplanung,** die auf einen ausgewogenen Investitionsmix (Risikostreuung) von Produkten, Produktgruppen, Produkt-/Marktsegmenten, Geschäftsfeldern oder Geschäftseinheiten abzielt, haben sich Portfolioanalysen generell bestens bewährt (vgl. *Dunst* 1979, *Hinterhuber* 1977, S. 64–141; *Becker* 2002, S. 424–434). Diese Technik der Produktfeldbewertung hat in den letzten Jahren verstärkt Eingang in Marketing und Vertrieb gefunden (vgl. *Freter* 1992;

Link/Hildebrand 1993, S. 50–54; *Böing/Barzen,* ASW 2 und 3, 1992, S. 85–89 bzw. 105–107; *Plin-ke* 1997, S. 141–150; *Belz u.a.* 1998, S. 50; *Homburg/Werner* 1998, S. 128–140; *Winkelmann,* acquisa 7/1997, S. 58–62).

Abb. 183 zeigt die Grundstruktur analog der *Boston Consulting Group* 4-Felder-Matrix. Die üblichen Beurteilungsmaßstäbe für Geschäftsfelder werden wie folgt an die Kundenszene angepasst:

- Marktanteil   ⇨ **eigener Lieferanteil** bei dem Kunden,
- Marktwachstum   ⇨ **Wachstum des Kundenumsatzes.**

Je nach Position eines Kunden in den 4 Feldern sind die angegebenen Betreuungs-Normstrategien angebracht. Jedoch beschränkt sich auch dieser Ansatz, so wie die klassische ABC-Analyse, einseitig und betriebswirtschaftlich gefährlich auf den Beurteilungsmaßstab Umsatz. Es liegt deshalb nahe, die Vorteile der bereits im Zusammenhang mit den Parameterlisten erwähnten *McKinsey* **Neun-Felder-Matrix** (**Marktattraktivitäts-Wettbewerbsvorteils-Portfolio**) zu nutzen und multifaktorielle Kundenportfolios zu konstruieren. Die Beurteilungsmaßstäbe für die Kundenprioritäten werden wie folgt in die „klassischen" Matrixachsen für Geschäftsfeld-Portfolios überführt:

- Relative Wettbewerbsstärke   ⇨ **Eigene Stärke beim Kunden,** bestehend aus einer Vielzahl von ausgewählten quantitativen und qualitativen Beurteilungsgrößen.
- Marktattraktivität   ⇨ **Attraktivität des Kunden,** ebenfalls bestehend aus einer Vielzahl von ausgewählten quantitativen und qualitativen Beurteilungsgrößen.

Im Gegensatz zur Scoring-Methode werden die Kundenbeurteilungen also nicht zu einer Wertzahl zusammengefügt. Sie werden vielmehr in einer Matrix nach zwei getrennten Hauptmaßstäben positioniert, die wiederum auf zahlreichen Einzelindikatoren beruhen (vgl. noch einmal zu

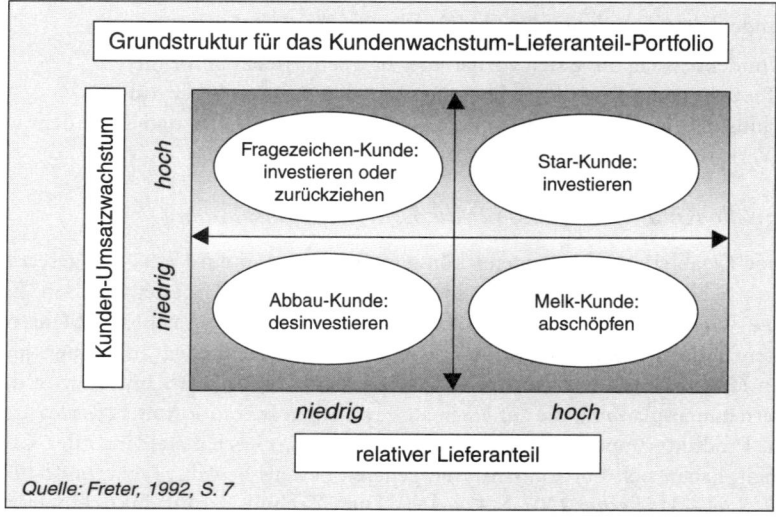

Abb. 183: Grundstruktur für ein Umsatzwachstum- / Lieferanteil Kundenportfolio

der Methodik und zu typischen Variablenauflistungen: *Belz/Kuster/Walti* 1996, S.106, *Becker* 2002, S.430–434, *Köhler* 1999, S.344–347; *Winkelmann* 1999b, S.117–127).

Eine praktikable Nutzung der *McKinsey*-9-Felder-Matrix für eine Kundenqualifizierung beschreibt Abb. 184. Dieses Kundenportfolio ist Bestandteil des **Market.-Ing.-Ansatzes** des *Centrums für Ertragswertoptimierung (CEO AG)*, Krefeld. Die *CEO AG* hat sich auf Kundenwertanalyse und Kundenwertoptimierung spezialisiert (vgl. *Marzian/Smidt* 2001 und 2002). Die linke Tabelle im oberen Teil der Abbildung 184 zeigt den Scoring-Ansatz für die **Attraktivität des Kunden AKA.** AKA kommt mit 296 Punkten auf einen recht hohen Wert (vgl. *Marzian/Smidt* 2002, S.114–129). *Anzahl/Größe/Bedarf* (1) bezieht sich auf das Gesamtpotenzial des Kunden, *Bedarf* (3) nur auf den aktuellen Bedarf zum Bewertungszeitpunkt. Die *Betriebsintensität* (5) be-

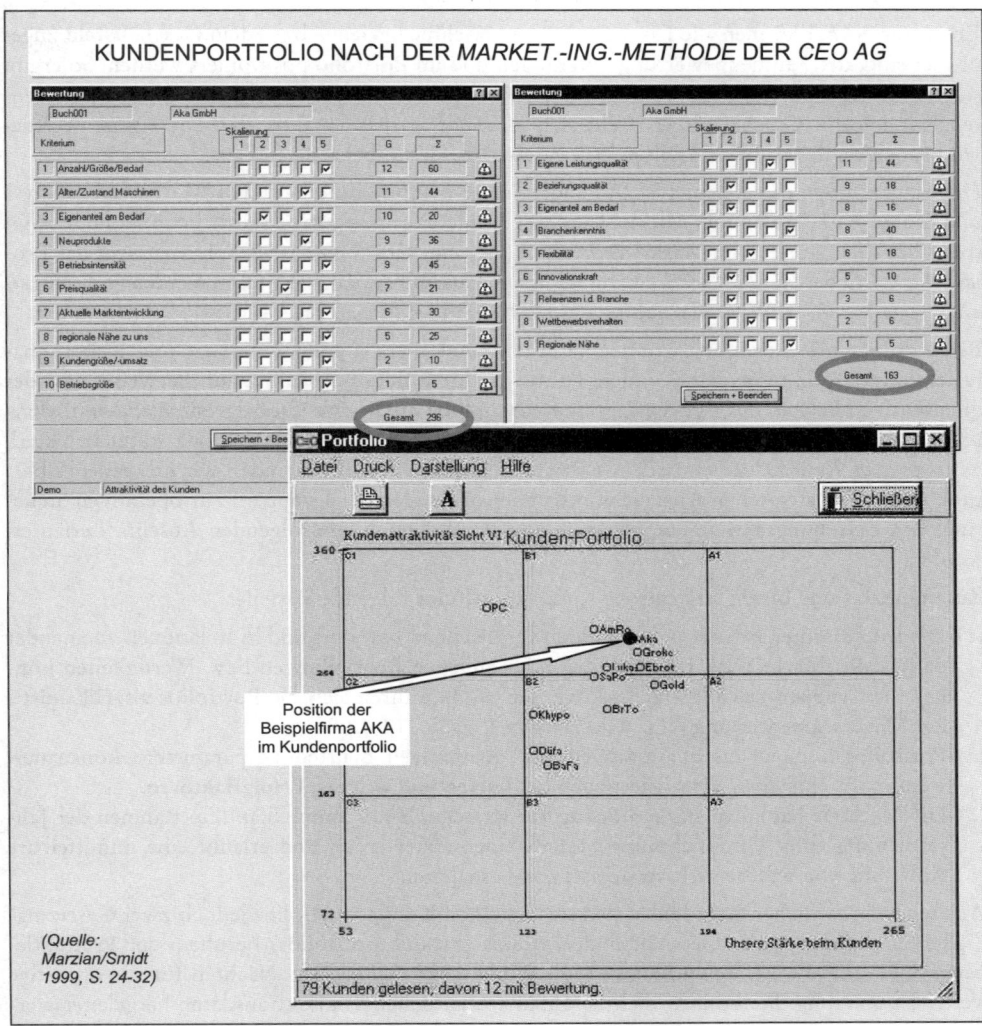

Abb. 184: 9-Felder-Kundenportfolio nach der Market.-Ing.-Methode der CEO AG

urteilt die Intensität, mit der die Maschine genutzt wird. Die *Preisqualität* (6) beurteilt das Preisniveau, das bei dem Kunden erzielt werden kann. Die *regionale Nähe* (8) wird aus Servicegründen derart hoch gewichtet. Die übrigen Variablen sind selbstredend.

Die rechte Teilgrafik analysiert die **eigene Stärke** (**relative Wettbewerbsposition**) beim Kunden *AKA*. Interessant ist die Unterscheidung in *Leistungsqualität* (1) und *Beziehungsqualität* (2). Unter *Eigenanteil am Bedarf* (3) ist der aktuelle eigene Lieferanteil am Kundenbedarf gemeint. Die *Innovationskraft* (6) ist hinsichtlich der eigenen technischen Anstrengungen bei AKA zu beurteilen. Das *Wettbewerbsverhalten* (8) ist um so höher zu benoten, je passiver sich die Konkurrenten *AKA* gegenüber verhalten (als Ausdruck einer eigenen starken Wettbewerbsposition). Der relativ niedrige Stärkenwert von 163 Punkten ist vor allem auf eine unbefriedigende Beziehung zu dem Kunden, einen geringen Lieferanteil sowie auf schwache Innovationskraft und fehlende Referenzen in der Abnehmerbranche zurückzuführen.

Ebenso wie *AKA* können alle Kunden, die die Maschine beziehen bzw. dem Geschäftsfeld zugeordnet sind, der Kundenbewertung unterzogen und im Portfolio positioniert werden. So ergibt sich das **Kundenportfolio** im unteren Teil der Abb. 184. Im Vergleich zu den anderen Interessenten/Kunden des Geschäftsfeldes stellt sich *AKA* als höchst attraktiv dar. Die eigene Wettbewerbsposition des Anbieters fällt jedoch vergleichsweise unbefriedigend aus.

Das aufgezeigte *CEO*-Beispiel ist Bestandteil einer computerunterstützten Wettbewerbsanalyse und Unternehmensplanung. Mit ihr kann der Anbieter seine relative Stärke beim Kunden *AKA* (bzw. bei allen Kunden im Markt) verbessern (vgl. *Marzian/Smidt* 1999, S. 115 ff.). Auf das Projekt der *CEO* bei *Flender Service* kann in diesem Zusammenhang verwiesen werden (vgl. *Marzian/Deppermann,* ASW Sondernummer 10/1998, S. 142–146).

Beide Portfolio-Philosophien können natürlich kombiniert werden. *Homburg* und *Werner* analysieren und optimieren eine Kundenstruktur in ihrem Beratungsansatz auf die Weise, dass der quantitative Maßstab des *eigenen Lieferanteils* und die qualitative Globalgröße *Kundenattraktivität* gegenübergestellt werden (vgl. *Homburg/Werner* S. 128–140). Der Ansatz stützt sich stark auf *operative Kennzahlen* (s. auch die Beispiele in Abschnitt i). So finden wir hier einen Übergang von der strategischen Analyse von Kundenstrukturen (Zielgruppen) zur operativen Steuerung von Betreuungsaktivitäten mit Hilfe von Portfolios, die im folgenden Abschnitt erläutert werden.

Zusammenfassend bieten strategische Kundenportfolios folgende Vorteile:

(1) Die Interessenten oder Kunden werden vergleichend bewertet und in Relationen zueinander dargestellt (Marktlandkarte). Kunden mit ähnlichen Beurteilungen bzw. Wertigkeiten können zu **Gruppen** zusammengefasst werden. So bewähren sich die Portfolios als **Hilfsmittel zur Marktsegmentierung** (vgl. *Winkelmann* 1999, S. 112–129).
(2) Portfolios können aus quantitativen und qualitativen Beurteilungsparametern konstruiert werden. Es entstehen Visualisierungen mit **harten und weichen Erfolgsfaktoren**.
(3) Die Methode hat einen starken Bezug zur strategischen Planung, kann im Rahmen der Jahresplanung einer Unternehmung bestens eingesetzt werden und erlaubt eine unmittelbare Ableitung von wettbewerbsstrategischen Maßnahmen.

Aus wissenschaftlicher Sicht fehlen den strategischen Kundenportfolios jedoch zwei Gesetzmäßigkeiten, auf denen die Geschäftsfeldportfolios (Produktportfolios) beruhen: der **Produktlebenszyklus** und die **Erfahrungskurve** (vgl. *Plinke* 1997, S. 141). Ihr Nachteil für die operative Vertriebssteuerung: Sie können nicht spontan aus aktuellen Transaktionsdaten hergeleitet werden.

h.) Der Klassifizierungswürfel von Ackerschott – ein strategischer und taktischer Portfolio-Ansatz

Ackerschott hat die in Abb. 70 aufgezeigte **Kundenzufriedenheitstreppe** zu einem vierdimensionalen Portfolio-Ansatz ausgebaut, der strategische und auch operative Bewertungselemente enthält (vgl. *Ackerschott* 2000, 46–54). Bildlich entsteht ein sog. **Klassifizierungswürfel**, wenn die Kunden nach folgenden Maßstäben bewertet werden:

(1) Nach dem **Marktpotenzial/Marktpotenz**: Kunden mit großem, durchschnittlichem und mit rückgängigem Wachstum.

(2) Nach der **Lieferantentreue bzw. Lieferanten-Akzeptanz**: Kunden, die (a) überwiegend beim eigenen Unternehmen bestellen, (b) sich als Wechselkäufer erweisen oder (c) Wettbewerber bevorzugen. Diese Differenzierung nach Lieferanteilen kann durchaus von der Position des Kunden auf der bereits dargestellten Zufriedenheitstreppe abweichen. Ein treuer Kunde mag z.B. beim Wettbewerb eine insgesamt größere Menge bestellen, weil man selbst für diese Anwendung kein passendes Produkt hat.

(3) Nach drei **Potenzialklassen**, im Sinne einer umsatzbezogenen A- bis C-Klassifizierung.

(4) Innerhalb der so entstehenden 3 mal 4 Würfelfelder sind die Kunden abschließend entsprechend der **Loyalitätstreppe** zu qualifizieren.

Marktpotenz		
Großes Wachstum, große Zukunft	Durchschn. Wachstum, durchschn. Zukunft	Stagnation, Rückgang schlechte Zukunft

A k z e p t a n z		**Marktpotenz**	
	Bevorzugt unser Unternehmen	1	2	3
	Arbeitet mit uns und unseren Wettbewerbern	4	5	6
	Bevorzugt unsere Wettbewerber	7	8	9

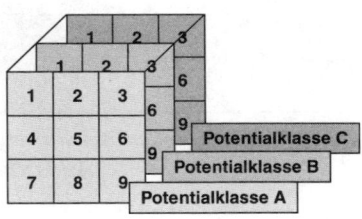

Abb. 185: Der Kunden-Klassifizierungswürfel nach Ackerschott
(Quelle: Ackerschott 2000, S. 46–52)

Dieses System der Kundenqualifizierung ist in das CRM/CAS-Programm *VASS* von *Ackerschott* einbaut. Abb. 186 zeigt ein Beispiel. Auf diese Weise lassen sich alle Kunden eines Verkaufsgebietes schnell kategorisieren. Der Blick auf die Kundenzahlen in den Zufriedenheitsklassen lässt Handlungsbedarf deutlich werden.

Abb. 186 betrachtet lediglich die Potenzialklasse A als eine der drei Scheiben des Würfels. Man beachte die Trennung in Kunden und Interessenten, wobei bei der Auswertung natürlich getrennt werden kann. Die zufriedenen Kontakte sind im PC-Bild farblich hervorgehoben. Der Würfel reizt, mit den Außendienstmitarbeitern sofort über Schwerpunkte der Kundenbetreuung

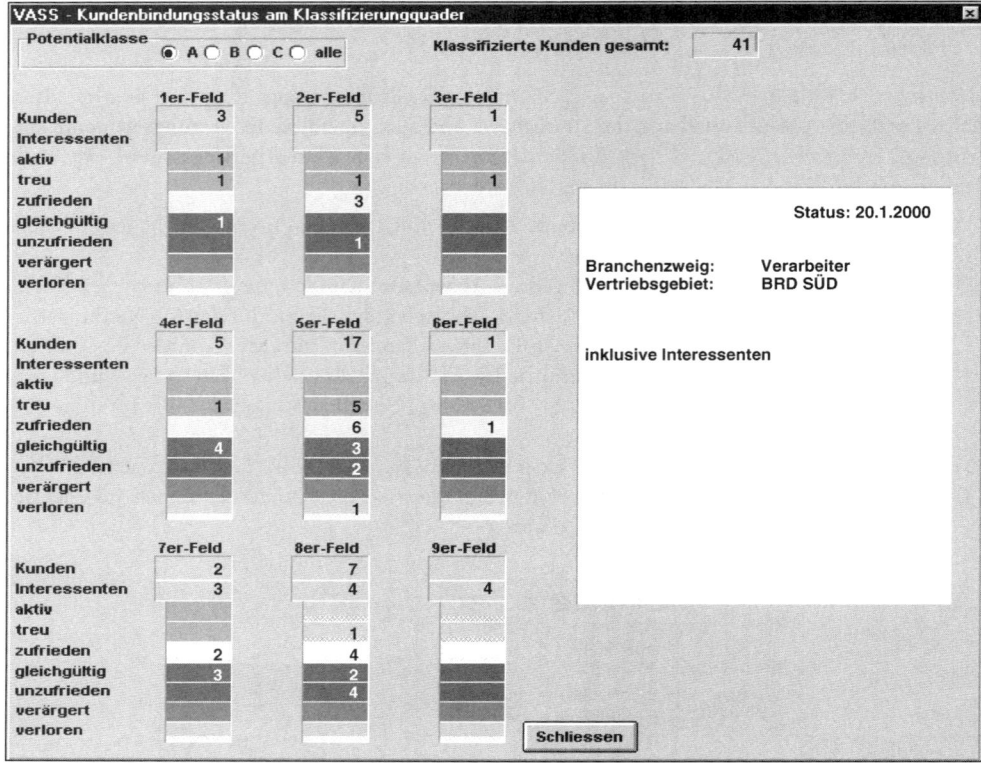

Abb. 186: Der Kunden-Klassifizierungswürfel nach Ackerschott – Darstellung im System VASS / Ackerschott Unternehmensberatung GmbH

zu sprechen. So kommt der Nutzen des Klassifizierungswürfels von *Ackerschott* für die operative Kundenbetreuung gut zum Ausdruck.

i.) Operative Kundenportfolios für die Vertriebssteuerung

Strategische Kundenportfolios werden unregelmäßig oder gar nur einmalig in den Vertriebs-Workshops zur Jahresplanung erstellt. Operative Kundenportfolios dagegen können auf Knopfdruck aus einem CRM-System bzw. aus einem Datenwarenhaus abgeleitet werden. Ihre besonderen Zielsetzungen sind,

(1) die Bewertung der Kundenwichtigkeit unabhängig von der strategischen Planung, d.h. **situativ und problembezogen im Vertriebsalltag**, durchzuführen,

(2) die Kundenqualifizierung mit Parametern durchzuführen, die **aktuell (online) aus dem Verkaufsberichtswesen** stammen und in denen die Verkaufsmannschaft unverdichtet die eigenen Erfolge gespiegelt sieht,

(3) die Kundenqualifizierung so vorzunehmen, dass sich aus den Wertigkeiten der Kunden (Wichtigkeiten) nachvollziehbare **Schwerpunkte für die Besuchstätigkeit** ableiten lassen.

Abb. 187 stellt ausgewählte Beurteilungsmaßstäbe für operative Kundenportfolios zusammen. Sie erlauben jeweils spezielle Aussagen über Kundengruppen. Die Fragestellungen, die die Ver-

---

BEURTEILUNGSMASSSTÄBE ZUR KONSTRUKTION OPERATIVER KUNDENPORTFOLIOS

(1) *Umsatzanteile der Kunden versus Kunden-Umsatzrenditen* (oder Gewinnspannen) / **Kundenrendite-Portfolio**
Portfolio-Fragestellung ⇨ Bringen Großkunden die höchsten und Kleinkunden ausreichende Deckungsbeiträge?

(2) *Umsatzanteile der Kunden versus eigene Lieferanteile bei den Kunden* / Macht-Portfolio
Portfolio-Fragestellung ⇨ Halten wir bei den umsatzstärksten Kunden auch die höchsten Lieferanteile?

(3) *Eigene Lieferanteile bei den Kunden versus Einkaufsbudgets/-potenziale* / Chancenpotenzial-Portfolio
Portfolio-Fragestellung ⇨ Welche unserer Kleinkunden haben hohe Einkaufsbudgets (offene Potenziale)?

(4) *Eigene Lieferanteile bei den Kunden versus Kunden-Umsatzrenditen* (oder Gewinnspannen)
Portfolio-Fragestellung ⇨ Haben wir uns hohe Lieferanteile mit schlechten Preisen erkauft?

(5) *Umsatzanteile der Kunden versus Betreuungsaufwand* (z.B. Besuchszeiten)
Portfolio-Fragestellung ⇨ Steht der Betreuungsaufwand im richtigen Verhältnis zur Kundengröße?

(6) *Eigene Lieferanteile bei den Kunden versus Betreuungsaufwand* (z.B. Besuchszeiten)
Portfolio-Fragestellung ⇨ Bei welchen Kunden führt ein hoher Akquisitionsaufwand nur zu kleinen Lieferanteilen?

(7) *Umsatzanteile der Kunden versus technische Kundenattraktivitäten*
Portfolio-Fragestellung ⇨ Sind unsere Umsatzträger für uns auch in technischer Hinsicht besonders attraktiv?

(8) *Umsatzanteile der Kunden versus kaufmännische Kundenattraktivitäten*
Portfolio-Fragestellung ⇨ Sind unsere Umsatzträger für uns auch in kaufmännischer Hinsicht attraktiv?

(9) *Umsatzanteile der Kunden versus Kundenzufriedenheits-Indices*
Portfolio-Fragestellung ⇨ Sind unsere Umsatzträger mit uns auch zufrieden?

(10) *Eigene Lieferanteile bei den Kunden versus Kundenzufriedenheits-Indices*
Portfolio-Fragestellung ⇨ Sind Kunden, bei denen wir hohe Lieferanteile halten, mit uns besonders zufrieden?

Abb. 187: Beurteilungsmaßstäbe für operative Kundenportfolios

---

triebsleitung mit Hilfe der Portfolios beantworten kann, sind in der Abbildung mit enthalten. Wissenschaftlich haben die Fragestellungen den Charakter von **Vertriebshypothesen**.

Die folgenden Beispiele beschränken sich auf die Portfolio-Typen ①, ② und ③ sowie eine Erweiterung zu ③ (vgl. zu dem Beispiel *Winkelmann* 1999b, S. 119–125). Abb. 188 enthält zunächst die vom Berichtswesen gemeldeten Ausgangsdaten. Betrachtet werden die Geschäfte für Hydraulik-Rohrleitungen einer bestimmten Produktgruppe. 15 Prozent Mindest-Deckungsbeitrag sind gefordert.

① **Kundenrendite-Portfolio** (Abb. 189)
⇨ **Devise: Mehr Priorität für deckungsbeitragsstarke Kunden!**

Zunächst muss verhindert werden, dass umsatzsteigernde Vertriebsbemühungen verlustbringenden Kunden zu Gute kommen. Ebenso kann danach gefragt werden, bei welchen Kunden unbedingt kurzfristig Preiserhöhungen verhandelt werden müssen. Das Kundenrendite-Portfolio korreliert die Umsatzanteile der Kunden (%) mit den Kunden-Umsatzrenditen (Deckungsbeiträge der Kunden in % vom Kundenumsatz). Die Kundendeckungsbeiträge (alternativ die Gewinnspannen auf Vollkosten) sind auf die jeweiligen Kundenumsatzerlöse zu beziehen.

Feld-5: unterhalb der Null-Prozent-DB-Grenze: Verzichtskunden
Bei Kunden mit negativem Deckungsbeitrag deckt der Preis noch nicht einmal die direkten Stückkosten. Auf diese Kunden, im vorliegenden Fall *Lippers und DeBurg*, kann sofort verzichtet werden. Eine Nichtbelieferung führt zu höherem Gewinn als eine Aufrechterhaltung der Kundenbeziehung. Man sollte in der Praxis davon ausgehen, dass **mindestens 10–15 % Deckungsbeitrag erforderlich sind**, um eine Minimalbetreuung bei der Verkaufsarbeit kalkulatorisch abzu-

Nr.	Kunde	Umsatz (TEUR)	Kunden-DB (TEUR)	Umsatz-anteile	Umsatz kumuliert	DB kumuliert	Kunden-rendite	DB Anteile	DB-Ant. kumuliert	Eigene Lieferanteile bei Kunden in %	Einkaufs-budgets (TEUR)	fremde Liefer-anteile (TEUR)
1	SLL	145,5	18,9	17,62%	145,5	18,9	13,0%	9,79%	9,79%	90,0%	161,7	16,2
2	GHD	135,5	32,0	16,41%	281,0	50,9	23,6%	16,57%	26,36%	55,0%	246,4	110,9
3	Soltau	92,0	8,0	11,14%	373,0	58,9	8,7%	4,14%	30,51%	80,0%	115,0	23,0
4	HDS	75,7	14,2	9,17%	448,7	73,1	18,8%	7,35%	37,86%	47,0%	161,1	85,4
5	Birkle	75,0	22,0	9,08%	523,7	95,1	29,3%	11,39%	49,25%	35,0%	214,3	139,3
6	Verta	71,0	25,0	8,60%	594,7	120,1	35,2%	12,95%	62,20%	12,0%	591,7	520,7
7	Schönau	52,0	24,0	6,30%	646,7	144,1	46,2%	12,43%	74,63%	45,0%	115,6	63,6
8	Hagen	46,0	15,0	5,57%	692,7	159,1	32,6%	7,77%	82,40%	30,0%	153,3	107,3
9	Willer	32,0	10,1	3,88%	724,7	169,2	31,6%	5,23%	87,63%	62,0%	51,6	19,6
10	S&D	29,0	6,5	3,51%	753,7	175,7	22,4%	3,37%	91,00%	92,0%	31,5	2,5
11	Stein	34,0	7,5	4,12%	787,7	183,2	22,1%	3,88%	94,88%	7,0%	485,7	451,7
12	Haiger	15,0	6,6	1,82%	802,7	189,8	44,0%	3,42%	98,30%	95,0%	15,8	0,8
13	SFF	9,0	1,1	1,09%	811,7	190,9	12,2%	0,57%	98,87%	90,0%	10,0	1,0
14	Norfolk	7,0	1,2	0,85%	818,7	192,1	17,1%	0,62%	99,49%	5,0%	140,0	133,0
15	Spencer	4,0	0,9	0,48%	822,7	193,0	22,5%	0,47%	99,96%	10,0%	40,0	36,0
16	Lippers	1,2	-0,1	0,15%	823,9	192,9	-8,3%	-0,05%	99,91%	52,0%	2,3	1,1
17	DeBurg	0,9	-0,1	0,11%	824,8	192,8	-11,1%	-0,05%	99,85%	75,0%	1,2	0,3
18	Seifert	0,4	0,1	0,05%	825,2	192,9	25,0%	0,05%	99,91%	100,0%	0,4	0,0
19	Dafer	0,3	0,1	0,04%	825,5	193,0	33,3%	0,05%	99,96%	25,0%	1,2	0,9
20	Karmi	0,2	0,1	0,02%	825,7	193,1	40,0%	0,04%	100,00%	80,0%	0,3	0,1
	Gesamt:	825,7	193,1	100,00%			23,4%	100,00%		54,4%	2.538,9	1.713,2
	Potenzialausschöpfung/ Marktanteil bei den Bestandskunden:									**32,5%**		

Abb. 188: Ausgangsdaten für die operativen Kundenportfolios

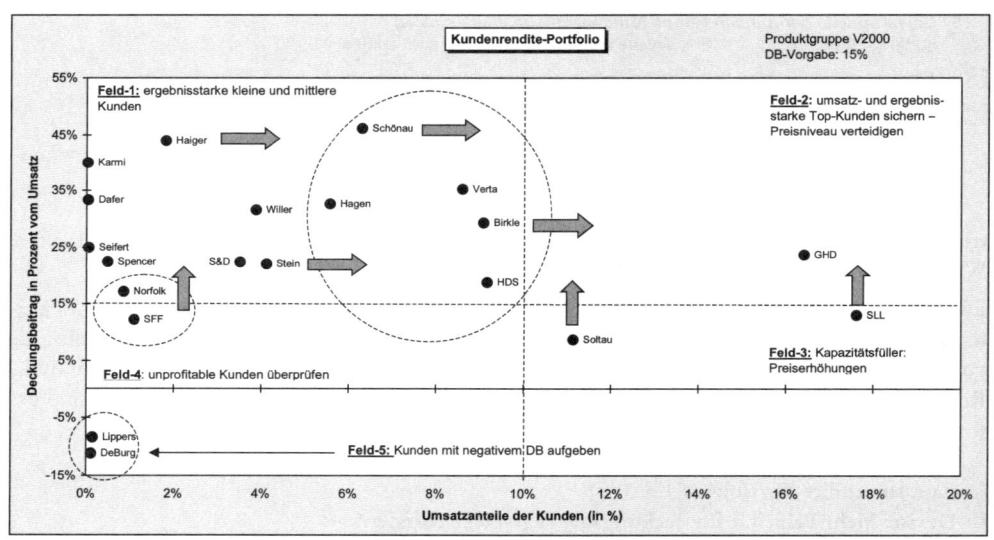

Abb. 189: Das Kundenrendite-Portfolio

decken. Deshalb sollte auch mit *SFF, Soltau* und *SLL* über Preisanhebungen gesprochen werden. Da *SLL* größter Umsatzträger ist, dürfte dieses Anliegen delikat sein; es sei denn, die Aufträge von *SLL* werden ohnehin nur als Kapazitätsfüller angenommen. Dann aber dürfte die wirtschaftliche Lage im relevanten Markt insgesamt kritisch zu beurteilen sein.

Feld-1: Ergebnisstarke kleine und mittlere Kunden

Die in diesem Feld befindlichen Kunden sind u.U. hoch attraktiv, wenn bei niedrigen eigenen Lieferanteilen noch unausgeschöpfte Potenziale bestehen (s. Abb. 191). Bereits jetzt fällt die Kundengruppe *Schönau, Verta, Hagen, Birkle* und *HDS* ins Auge.

Feld-2: umsatz- und ergebnisstarke Top-Kunden

Hier liegen Top-Kunden, die unbedingt zu sichern sind; in diesem Fall lediglich *GHD*. Auch bezüglich *GHD* stellt sich die Frage nach noch unausgeschöpften Lieferanteilen. Die mit den Kunden diese Feldes erreichbaren Margen sind nicht befriedigend.

Feld-3: Kapazitätsfüller

Soltau und *SLL* kommen nicht auf die geforderte Umsatzrendite von 15 %. Wenn sich die Kunden ihrer hohen Umsatzanteile beim Lieferanten bewusst sind, dürften Preisverhandlungen schwierig werden.

Feld-4: ergebnisschwache Geschäfte

Kritisch sind Kleinkunden zu beurteilen, die sich Großkundenkonditionen erobert haben. Die Firmen *SFF* und *Norfolk* fallen in diese Kategorie. Sofern keine signifikanten freien Umsatzpotenziale vorhanden sind, kann mit diesen umsatzmäßig nicht so stark durchschlagenden Kunden härter verhandelt werden.

Am Anfang steht also eine **Kennzeichnung der preislich kritischen Kunden**. Im nächsten Schritt sind die gegenseitigen Abhängigkeiten in den Geschäftsbeziehungen einzuschätzen. Wie abhängig sind insbesondere die Großkunden von einem selbst; d.h. wie hoch sind dort die eigenen Lieferanteile (die sog. **Shares-of-Wallet**)? Je abhängiger der Kunde infolge hoher Anteile am Einkaufsbudget von einem Lieferanten ist, desto günstiger wird tendenziell die eigene Machtposition bei Preisverhandlungen sein.

② **Macht-Portfolio** (Abb. 190)
⇨ **Devise: Mehr Priorität für umsatzmäßig wichtige Kunden!**

Das Macht-Portfolio liefert ein Bild der gegenseitigen Abhängigkeiten von Lieferant und Kunden. Es stellt die Anteile der Kunden am eigenen Umsatz (%) den eigenen Lieferanteilen bei den Kunden (in Prozent vom Einkaufsbudget = **kundenbezogene Marktanteile, Shares-of-Wallet**) gegenüber. Bei hartnäckiger, detektivischer Arbeit benötigt ein Außendienst bis zu zwei Jahre,

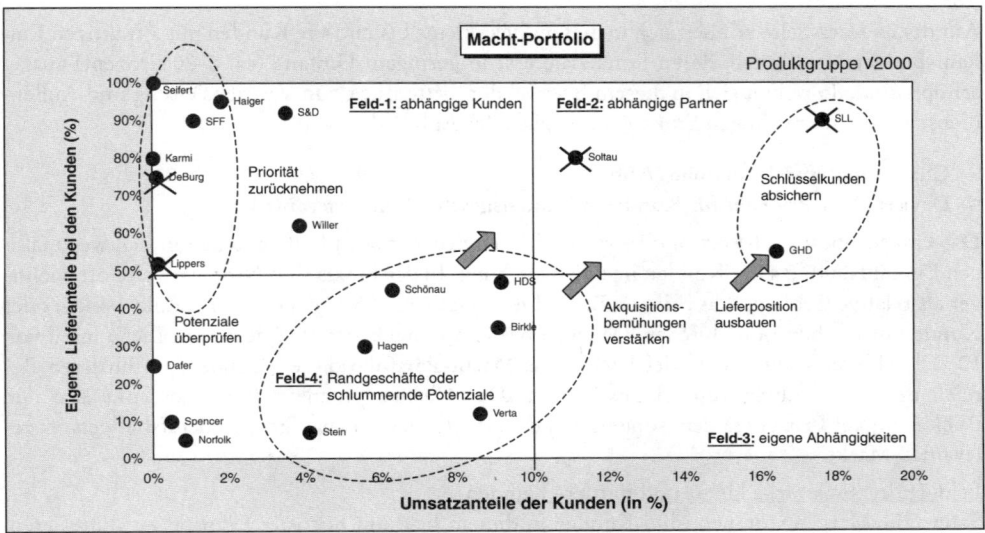

Abb. 190: Das Macht-Portfolio

um dem Einkauf und anderen Informanten diese sensiblen Einkaufsdaten zu entlocken. Wie aufgezeigt, kann der Umsatz nur ein Beurteilungsmaßstab für die Kundenbewertung sein. Das Macht-Portfolio ist durch weitere Analysen zu ergänzen.

Feld-1: abhängige Kunden

Den in diesem Feld befindlichen Kunden ist nur eine vergleichsweise geringe Akquisitionspriorität zuzumessen. Man hat bereits hohe Lieferanteile erreicht. Diese noch zu steigern (z.B. eine Alleinlieferantenstellung zu erreichen), ist im Normalfall nur nach großen Preiszugeständnissen möglich. *Lippers* und *DeBurg* fallen wegen der zu geringen Deckungsbeiträge von vorne herein aus der Betreuungspriorität.

Feld-2: gegenseitige Abhängigkeiten bzw. abhängige Partner

Hier liegen die Kunden-/Lieferantenverhältnisse mit hohen gegenseitigen Abhängigkeiten. Als Top-Kunde kann man eigentlich nur die *GHD* bezeichnen, denn nur mit ihr wird eine zufriedenstellende Marge erreicht. *SLL* sichert zwar Kapazitätsbelegung, kommt aber nach Abb. 189 nicht auf den geforderten Mindest-Deckungsbeitrag. Es scheint dringend geraten, weitere Kunden in dieses Feld hinein zu entwickeln.

Feld-3: Geschäfte mit eigenen Abhängigkeiten

Die hier positionierten Kunden erreichen bereits hohe Umsatzanteile. Gleichzeitig bestehen aber auch noch große, nicht gewonnene Lieferanteile. Man ist also abhängiger vom Kunden als umgekehrt. Das Nutzen der noch offenen Verkaufschancen und ein Ausbau der Lieferantenpositionen wäre hier der Schritt nach vorn. Vielleicht kann dadurch die eigene Abhängigkeit von diesen Kunden gemildert werden. Im Beispielfall gibt es keine Kunden in diesem Feld; es sei denn, *Verta*, *Birkle* und *HDS* würden bei entsprechenden Außendiensterfolgen von der Seite in dieses Feld eindringen.

Feld-4: Randgeschäfte oder schlummernde Chancen

Aktivitäten bei Kunden in diesem Feld sind besonders sorgfältig zu prüfen. Hier könnten Kleinkunden positioniert sein, die einen Ausbau des Lieferanteils eines Anbieters strikt ablehnen. Man ist dann erklärter Randlieferant (im besten Fall Zweitlieferant). Die Situation kann sich jedoch irgendwann ändern.

Auf der anderen Seite können sich in diesem Feld kleine bis mittlere Kunden mit attraktiven Einkaufsbudgets verstecken, deren Potenziale erst in geringem Umfang (ca. 0–20 Prozent) ausgeschöpft sind. So richtet sich in diesem Beispiel der dritte Blick von Vertriebsleitung und Außendienst auf die wertmäßigen Einkaufspotenziale der Abb. 191.

③ **Chancenpotenzial-Portfolio** (Abb. 191)
⇨ **Devise: Mehr Priorität für Kunden mit unausgeschöpften Lieferanteilen!**

Das Chancenpotential-Portfolio setzt die eigenen prozentualen Lieferanteile mit den wertmäßigen Einkaufsbudgets der Kunden in eine Beziehung. In der Praxis sind Nominalwerte oft wichtiger als relative Größen. Was bringt z.B. ein Lieferanteil von 98 % bei einem Produkt, welches der Kunde nur in „homöopathischen" Mengen bezieht. Umgekehrt ist dagegen ein Lieferanteil von 10 % hochinteressant, wenn gleichzeitig das **Macht-Portfolio** diesen Kunden im mittleren Bereich der Entwicklungskunden positioniert. Das Chancenpotenzial-Portfolio lenkt also den Blick nicht auf Prozentzahlen, sondern auf die effektiven (wertmäßigen) Einkaufsbudgets im relevanten Markt.

Feld-1: Ergebnisstarke kleine und mittlere Kunden

Sofern die Margen stimmen, sind Kunden in diesem Feld mit höchster Priorität zu akquirieren. Dies ist bei *Verta* und *Stein* der Fall. Die Kunden zeigten bislang nur eine geringe Ordertätigkeit; aber hohe, noch unausgeschöpfte Einkaufsbudgets locken.

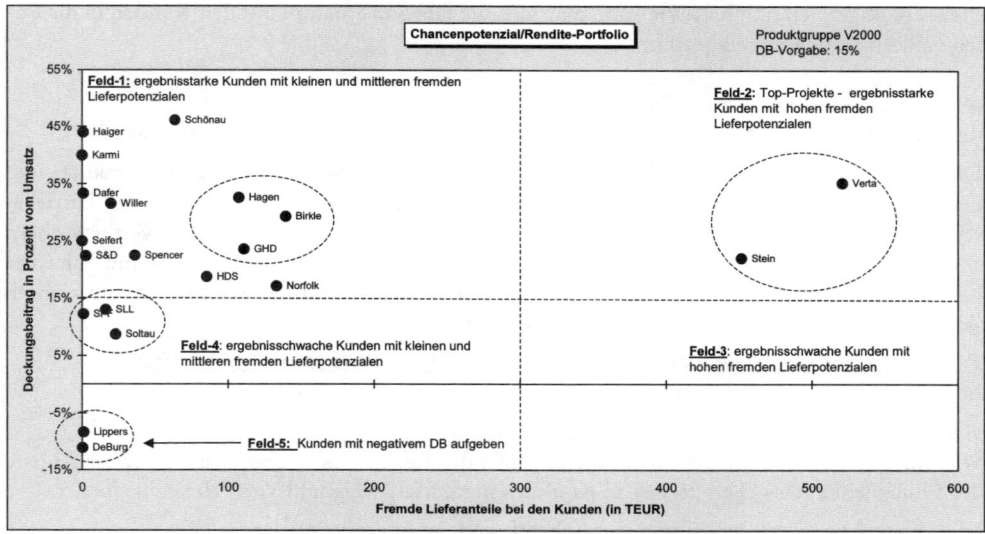

Abb. 191: Das Chancenpotenzial-Portfolio

Feld-2: Top-Kunden mit erreichter hoher Potenzialausschöpfung

Kunden in diesem Feld sind mit Priorität zu sichern. Mit über 50 % Lieferanteil ist man führender Lieferant. Es ist gelungen, relativ hohe Einkaufspotenziale stark auszuschöpfen. Im Beispielfall ist dieses Feld jedoch nicht besetzt. Folglich sollten Kunden aus Feld-1 in Richtung dieses Bereiches entwickelt werden.

Feld-3: Kunden mit geringen Potenzialen bei eigenen hohen Lieferanteilen

In diesem Feld befinden sich Kunden mit zwar hohen Potenzialausschöpfungen, allerdings nur mit kleineren bis mittleren Umsatzpotenzialen. Weitere Akquisitionen bei diesen Kunden könnten auf Widerstand stoßen oder preislich und hinsichtlich des erreichbaren Volumens nicht attraktiv sein. Jetzt erst wird deutlich, dass *SLL* (kritischer Kunde nach Deckungsbeitrag, Top-Kunde gemäß Macht-Portfolio) insgesamt nur als Melkkunde zu beurteilen ist.

Feld-4: Kleine und mittlere Kunden mit kleinen und mittleren Potenzialen

Eine hohe Priorität bei neuen Verkaufsmaßnahmen verdienen Entwicklungskunden in diesem Feld. Bei diesen liegen noch mittelgroße Einkaufsbudgets brach. Vor allem die durch den Kreis eingefassten Kunden *HDS, Schönau, Birkle* und *Hagen* rücken in das Visier der Vertriebsführung. Dies bestätigt sich jetzt durchgängig in allen Portfolios. Lediglich *HDS* ist vom Kunden-Deckungsbeitrag her mit geringerer Priorität zu werten (s. Abb. 189).

Das Chancenpotenzial-Portfolio besitzt in der Praxis eine große Bedeutung. Bekannte Unternehmen klassifizieren ihre Kunden z.B. nach *Gesamtpotenzial* in A,B,C einerseits und nach *eigenem Lieferanteil* 1 (hoch), 2 (mittel) und 3 (niedrig) andererseits. Höchste Priorität haben dann analog Abb. 191 die **A3-Kunden**, d.h. Kunden mit hohem Einkaufsvolumen aber nur geringen eigenen Lieferanteilen. Jedoch hat das Chancenpotenzial-Portfolio eine Schwachstelle. Die Gewinnspannen (Deckungsbeiträge) der Kunden bleiben außer acht. Deshalb erfolgt im Chancenpotenzial/Rendite-Portfolio ein letzter Blick auf die aktuell vom Wettbewerb okkupierten Lieferanteile in Abhängigkeit von den Kundendeckungsbeiträgen. Es ist für einen Anbieter wenig ratsam, von Konkurrenten besetzte Lieferanteile anzugreifen, wenn er nicht ausreichend

Preissenkungsspielraum hat. Wie kann man also die Gewinnsituation mit den Kunden in die Potenzialbetrachtung mit einbeziehen?

④ **Chancenpotenzial/Rendite-Portfolio** (Abb. 192)
⇨ **Devise: Mehr Priorität für ergebnisstarke Kunden mit hohen fremden Lieferanteilen!**

Das Chancenpotenzial/Rendite-Portfolio stellt eine Kombination aus dem Kundenrendite- und dem Chancenpotenzial-Portfolio dar. Jetzt wird danach gefragt, ob es hinsichtlich der betriebswirtschaftlichen Ergebnislage sinnvoll ist, Kunden mit hohen Lieferanteilen von Wettbewerbern anzugehen. Fremde Lieferanteile bedeutet nicht, dass der Kunde auf uns wartet. Vermutlich ist er bei der Konkurrenz in guten Händen. Nur bei ausreichend Deckungsbeitragsspielraum werden sich die erforderlichen Kampfpreisangebote vertreten lassen.

Feld-1: Ergebnisstarke Kunden mit kleinen und mittleren fremden Lieferpotenzialen
In Abb. 192 erscheinen nur Akquisitionen bei *Birkle*, *Hagen* und *GHD* attraktiv.

Feld-2: Ergebnisstarke Kunden mit hohen fremden Lieferanteilen des Wettbewerbs
Selbstredend liegen in diesem Positionierungsfeld die Top-Projekte. Das Problem: Diese Anteile der Einkaufsbudgets gehen derzeit an Konkurrenten. Marketing und Vertrieb sind gefordert.

Feld-3: ergebnisschwache Kunden mit hohen fremden Lieferpotenzialen
In diesem Feld könnten Aktivitäten zur Wettbewerbsverdrängung besonders kritisch sein.

Feld-4: Ergebnisschwache Kunden mit kleinen und mittleren fremden Lieferpotenzialen
Kunden im Feld-4 sollten keine besondere Akquisitionspriorität erhalten.

Feld-5: Kunden mit negativem Deckungsbeitrag
Es gelten die gleichen Aussagen wie beim Rendite-Portfolio. In diesem Feld liegen die Verzichtskunden.

Fazit der Analyse: Bei zweidimensionale Kundenbewertungen reicht ein Portfolio für eine sinnvolle Setzung von Betreuungsprioritäten nicht aus. *Verta, Stein, Hagen, Birkle, GHD* und mit

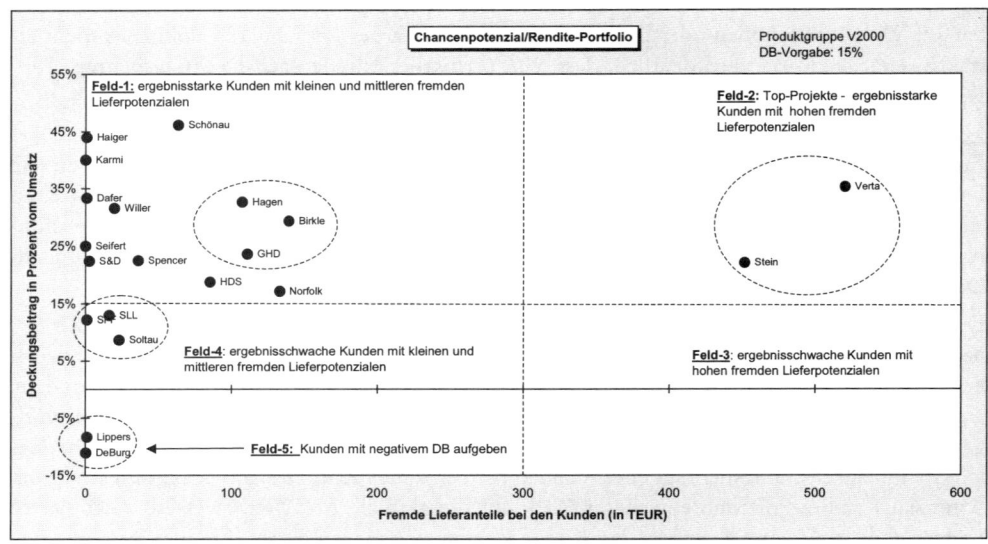

Abb. 192: Das Chancenpotenzial/Rendite-Portfolio

Einschränkungen *Schönau* sind in der Gesamtschau mit Priorität zu akquirieren. Die Portfolio-darstellung der Kunden verbessert mit Sicherheit das Marktverständnis des Vertriebs. Vor allem aber wird ein **Konflikt** deutlich, der in der Praxis gelöst werden muss und der im Schrifttum zu wenig Beachtung findet: Es geht um den **Spagat** zwischen

(1) Betreuungspriorität für die **Sicherung der großen Schlüsselkunden** versus Betreuungsprio-rität für den **Ausbau von attraktiven, noch freien Potenzialen.**

(2) Hinzu tritt die Frage einer Betreuungspriorität für die **Gewinnung von Interessenten oder Testkunden,** die noch gar nicht in den Portfolios vertreten sind.

Bezüglich (2) wird ein Chancenpotenzial/Rendite-Portfolio empfohlen. Als Renditen sind die aus den Angeboten zu erwartenden Gewinnspannen anzusetzen. Diese Thematik der Nicht-Kunden-Bewertung wird im Rahmen des **Opportunity-Management** (Abschnitt 8.1.) und des **Angebots-/Auftragscontrolling** (Abschnitt 10.4.) wieder aufgegriffen.

Abb. 193 liefert eine Portfoliodarstellung im Rahmen eines CRM/CAS-Systems. Das System *REGIND* der *REGWARE GmbH* kann Auswertungen nach allen gängigen kaufmännischen Pa-rametern vornehmen. Das ausgewählte Beispiel stellt wie in Abb. 191 die eigenen *Lieferanteile* (Marktanteile) den *Potenzialen* der Kunden gegenüber. Der Anwender kann sogar verschiedene Skalentypen vorgeben (z.B. eine logarithmische Skala). Für den Anwender bietet *REGIND* fol-gende Vorteile:

(1) Die Größe eines Kreises gibt das **Verhältnis des Kunden-Deckungsbeitrages zu den Vertriebs-kosten** an. Je größer ein Kreis ausfällt, desto profitabler ist der Kunde. In Abb. 193 sind vier Kunden ausgewiesen (s. auch die Legende in der Maske).

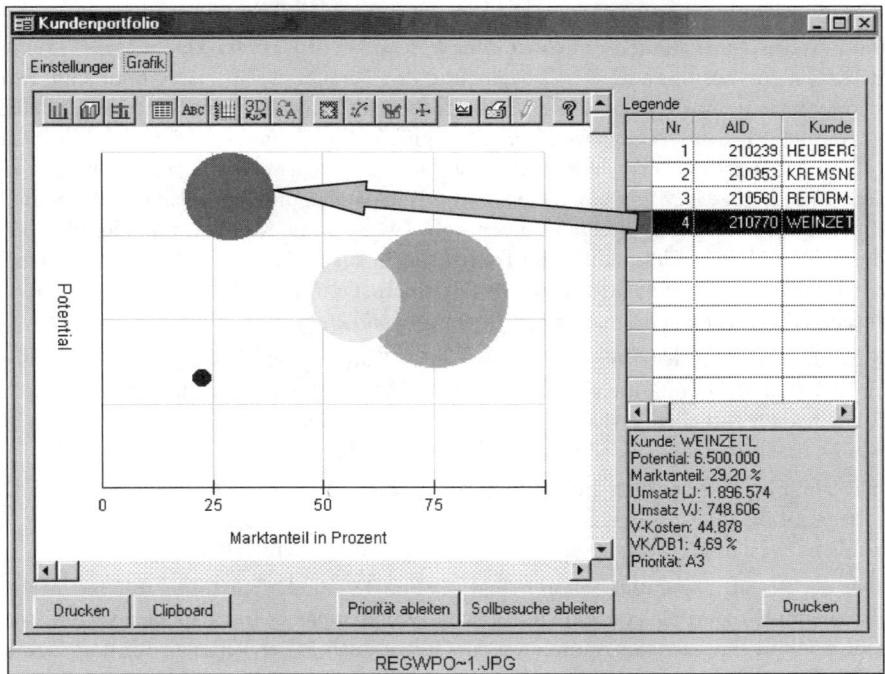

Abb. 193: Beispiel für ein CRM-Kundenportfolio / System REGIND der REGWARE GmbH

(2) Eine **Kreisfarbe** signalisiert **Veränderungen im Zeitablauf**, von rot (Verschlechterung), über gelb (relativ unverändert) und hellgrün (leicht positive Entwicklung) bis zu dunkelgrün (sehr positive Entwicklung); in diesem Buch nur durch Grautöne darstellbar. Kleine Kreise werden automatisch in den Vordergrund gestellt.

(3) Das Problem der Datenbeschriftungen (s.u.) ist wie folgt gelöst: Klickt der Anwender auf den Kunden, werden unten rechts in der Legende die **wichtigsten kaufmännischen Daten** aufgelistet, in diesem Fall für den Kunden *WEINZETL*.

(4) Aus dem Kundenportfolio heraus können **Prioritäten** und **Sollbesuche** abgeleitet sowie die Auswertung gedruckt werden.

Bei der Erstellung von computergestützten Kundenportfolios sind die **folgenden Hindernisse** zu überwinden:

(1) Werden mehr als 50 Kunden bewertet, dann wird die Darstellung leicht unübersichtlich. In jedem Verkaufsgebiet sollten deshalb nur die Top-50 in die Betrachtung einbezogen werden. Es ist erstaunlich, wie viel Prozent vom Gesamtumsatz damit bereits erfasst sind. Es bringt auch nicht viel, Hunderte von Kleinkunden mit im Endeffekt gleichen Portfoliobeurteilungen zu bearbeiten, die sich dann alle im Feld-4 der Portfolio-Matrix zusammendrängen. Aus der Schar der Kleinkunden sind allerdings die potenziellen Großkunden mit Erstbestellungen herauszufiltern.

(2) Die Zuordnung der Firmennamen zu den Datenpunkten (Datenbeschriftungen) bereitet noch programmiertechnische Probleme. Außerdem überlappt die Software die Datenbeschriftungen, so dass ein Ausdruck schnell unleserlich wird. Das Problem lässt sich z.B. dadurch lösen, dass eine Datenbeschriftung (Name eines Kunden) erst bei Cursorkontakt erscheint und dass unterschiedliche Kundenprioritäten durch unterschiedliche Farben der Matrixpunkte kenntlich gemacht sind. Die Lösung von *REGWARE* wurde oben aufgezeigt.

Portfolios in BtoC sind ähnlich aufgebaut. Nur werden bei BtoC in stärkerem Maße Kaufverhaltensmerkmale zur Positionierung und Segmentierung herangezogen. Dateninput sind Transaktionsdaten sowie demo- und psychografische Informationen. Hier bietet Business Intelligence (BI; s. Kapitel 10) Statistikverfahren und Datamining-Algorithmen, mit denen jede beliebige Menge von Attributen untersucht werden kann, um Verhaltensmuster aufzudecken. Mit diesem Kundenwissen kann das Marketing dann gezielte Kampagnen und Serviceangebote auf die Kundensegment im Portfolio ausrichten. In der Abb. 194 ist es die Käufergruppe der über 55jährigen, die sich durch besonders zahlreiche Transaktionen auszeichnet. Zu 77 Prozent sind es Kunden mit *Loyality Card*. Die Auswertung des Beispiels stammt aus dem Analysepaket der Business Intelligence Plattform *MicroStrategy 7i* von *MicroStrategy*.

Zusammenfassend liegt der große **Vorteil operativer Kundenportfolios** darin, dass sie automatisiert im Rahmen einer computergestützten CRM/CAS-Vertriebssteuerung erstellt werden können und daher auf aktuellen Verkaufszahlen beruhen. Es bleiben aber die **grundsätzlichen Bedenken**, wie sie bereits für die ABC-Analyse formuliert worden sind:

(1) eingeschränkter Umfang der Beurteilungsparameter,

(2) Konzentration auf Vergangenheitswerte und

(3) Probleme bei der Berücksichtigung qualitativer (weicher) Erfolgsfaktoren.

Wie aber der Begriff „operativ" schon besagt: Operative Kundenportfolios sollen eine strategische Kundenqualifizierung und ein strategisches Kundenmanagement nicht ersetzen, sondern vielmehr sinnvoll ergänzen. Sie optimieren die Gesamtqualität der Vertriebsführung. Zumindest sind sie als Bestandteil des monatlichen Verkaufsberichtswesens zu empfehlen.

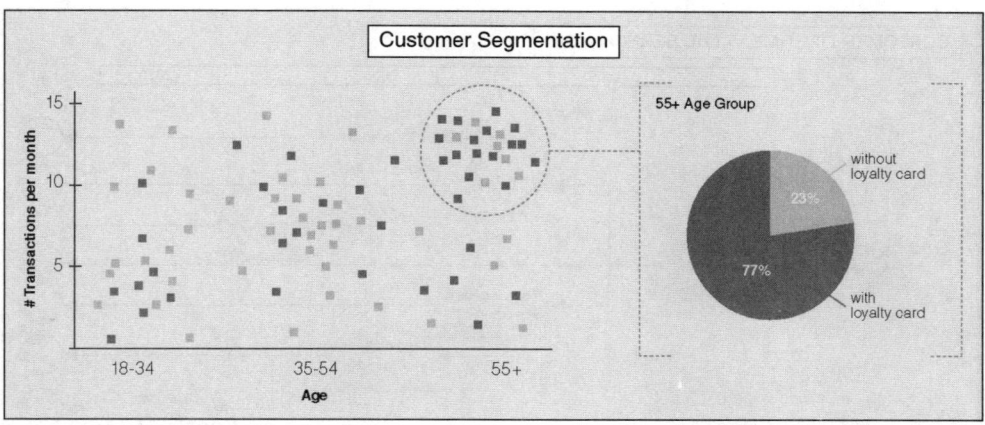

Abb. 194: Portfoliogestützte Kundensegmentierung in BtoC / Customer Analysis (CA) im Rahmen der Business Intelligence Plattform von MicroStrategy GmbH

7.2.4. Dynamische Kundenqualifizierung (zeitraumbezogene Wertrechnungen)

a.) Kundenlebenszyklus-Analyse (Customer Lifetime Value (CLV))

Die entscheidende Schwachstelle der bisher aufgezeigten Ansätze ist deren statischer Charakter, d.h. die Vergangenheitsorientierung. Die aufgezeigten Kundenqualifizierungen sind **Momentaufnahmen**, selbst wenn durchschnittliche Geschäftsentwicklungen über mehrere Jahre vorausgeschätzt werden. Ein Kunde erhält jedoch seine Bedeutung für den Anbieter erst durch Wiederholungskäufe und somit durch Lieferantentreue (Loyalität) über einen längeren Kundenbindungszeitraum. Die folgenden Ansätze beziehen daher den Faktor Zeit explizit in die Kundenwertrechnung ein. Sie „dynamisieren" die strategischen und kaufmännischen Wertigkeiten von Kunden.

Nur etwa 17 Prozent aller Unternehmen nehmen dynamische Kundenwertanalysen vor (vgl. *Marzian/Smidt* 1999, S. 4). Grundlage ist das Wissen um den Verlauf und den Wert von **Kundenlebenszyklen** (*Customer Lifetime Values*) mit oft branchentypischen Rhythmen:

„*Ein Vielflieger im Eintrittsalter von 40 Jahren und einer geschätzten Flugaktivität bis zum 65sten Lebensjahr repräsentiert einen Kundenwert von durchschnittlich 250 T Euro unter der Annahme eines Nettoumsatzes von 233 Euro pro Flugticket. Dahinter stehen ca. 300 internationale Flüge zuzüglich 60 bis 80 Prozent Umsatz auf inländischen Strecken.*" (Hallensleben, ASW 10/1999, S. 54)

Besonders interessant ist die Kundenlebenszyklus-Analyse für Märkte mit Up-Selling- und Cross-Selling-Potenzialen. Vor allem Banken, Versicherungen, Kommunikationsdienstleister oder Lehrmittelinstitute können ihre Kunden mit lebensabschnittsgerechten Angeboten ein Leben lang begleiten. In der BtoC-Praxis werden die CLV-Berechnungen allerdings nicht für individuelle Kunden vorgenommen, sondern für Kundencluster mit homogenem Kaufverhalten. Der Wert einer Zielgruppe bestimmt sich dann aus dem Produkt von durchschnittlichem Kundenwert und Anzahl der Kunden im Cluster. Es kommt dann darauf an, dass ein bestimmter Kunde dauerhaft in einer bestimmten Kundengruppe mit einem bestimmten Kaufverhalten (Kaufprofil) gebunden werden kann. Ändern einzelne Kunden sprunghaft ihr Verhalten, wechseln sie illoyal die Lieferanten oder hybrid das Verhaltensmuster, dann macht die Lebenszyklus-Analyse wenig

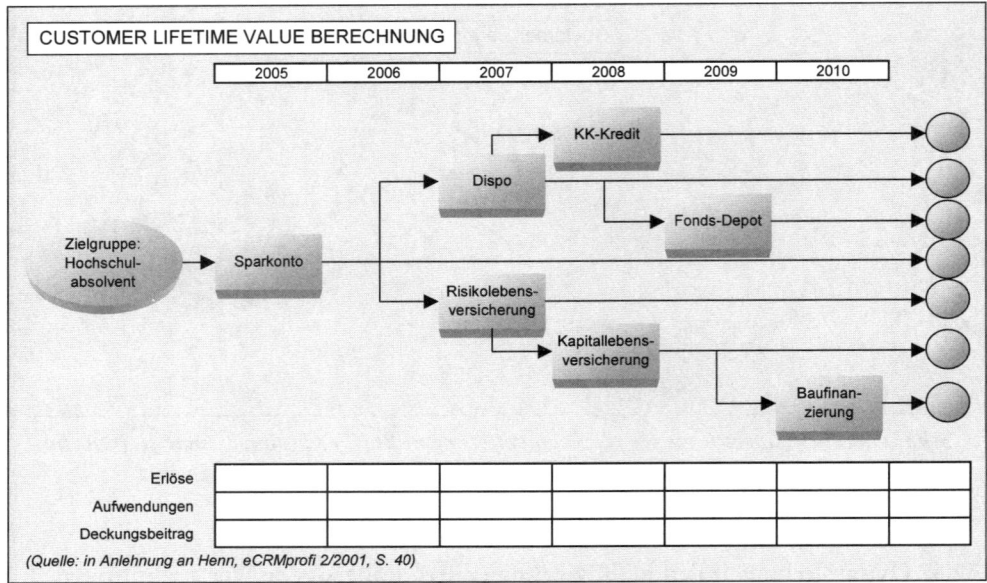

Abb. 195: Beispiel für eine Customer Lifetime Value Berechnung

Sinn. Man müsste das Rechenverfahren mit den kundengruppenspezifischen Kaufverhaltensannahmen ständig neu aufrollen. Abb. 195 zeigt ein typisches Profil für einen Berufsanfänger, dessen Bedarf an Finanzdienstleistungen über die Jahre systematisch ausgeschöpft werden soll (vgl. ähnlich: *Henn,* eCRMprofi 2/2001, S. 40; *Blache/Hahn,* acquisa 10/2002, S. 32–36).

Abb. 196 zeigt einen weiteren Ansatz für eine ökonomische Kundenwertrechnung (vgl. *Povh* 2004, S. 50–51). Die Einnahmen und Ausgaben beziehen sich auf einen Business-Class-Flieger. Der Zeithorizont erstreckt sich bis zum typischen Pensionsierungsalter. Die Zukunftsdaten ergeben sich aus der Auswertung vieler gleichartiger Kundentypen. Die große Herausforderung des Marketing liegt in der Konturierung typischer Käufer mit profiltypischen Einnahmen- (Umsatzerlöse) und Ausgabenverläufern (Marketing- und Vertriebskosten). Im Fluggeschäft gibt es z.B. den *Wenigflieger* und den *Vielflieger,* den *Privatflieger* und den *Geschäftsflieger,* jeweils in zahlreichen Ausprägungen. Der Kundenwert errechnet sich durch die Formel:

Kundenwert = Vergangenheitswert + (Zukunftswert x Potenzialfaktor)

Eine gute Kundenhistorie ist Voraussetzung, um das zurückliegende Einkaufsverhalten des Kunden zu bewerten. Der Zukunftwert ist ein segmentspezifischer Wert. Er gilt für alle Kunden mit dem speziellen Profil bzw. in dem Kundencluster. Dieser Kundengruppenwert wird über einen Potenzialfaktor korrigiert, der individuell für einen bestimmten Kunden gilt. So wird im Massengeschäft der Schritt von der Segmentanalyse zur Berechnung individueller Kundenwerte gewagt.

Dieser Ansatz findet noch besseren Voraussetzungen in BtoB. Dort geht es aber nicht um die Bewertung einer kaufenden Person. Vielmehr werden die Einnahmen- und Ausgabenströme von technischen Problemlösungen, Modellgenerationen oder ganzen Technologien prognostiziert. Im Rahmen gemeinsamer Entwicklungsprojekte (Customer Integration) sitzen Zulieferer und Kunde an einem Tisch, um die Rentablität einer technischen Entwicklung über den Zeitablauf

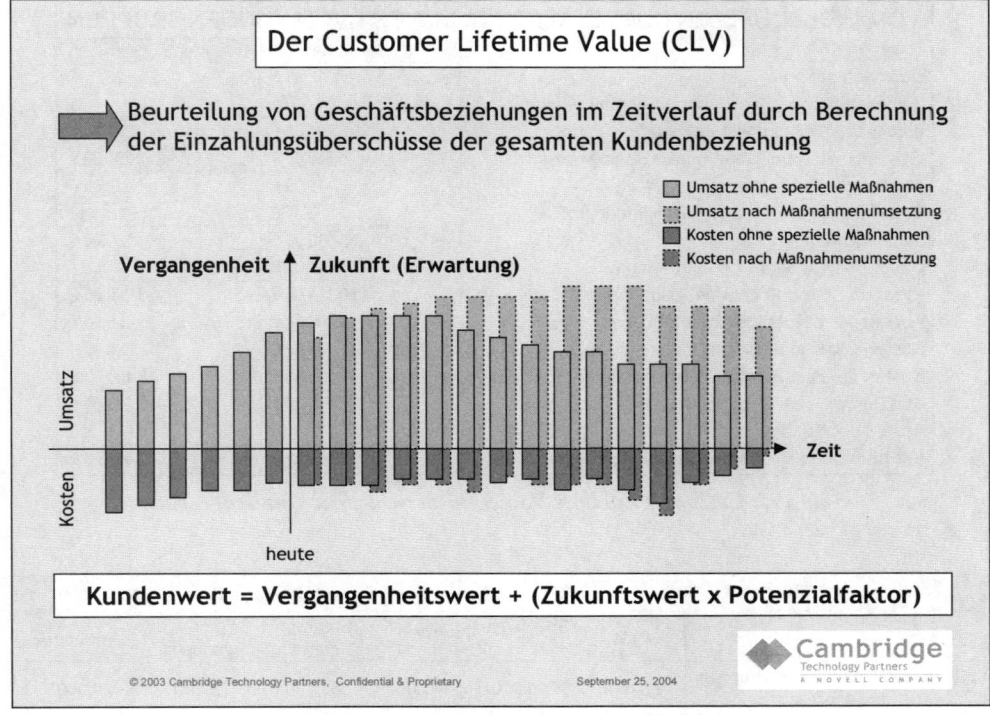

Abb. 196: Beispiel für eine CLV-Rechnung
(Quelle: Cambride Technology Partners – Povh 2004, S. 50 – Kontakt: Gregor Povh,
willkommen@ctp.com)

des Produktlebenszyklus abzuschätzen. Der **Product Lifetime Value** wird zur Bemessungsgröße für die Genehmigung von Investitionen.

Auch das Konsumgütermarketing verlässt schnell die Ebene der individuellen Kundenwerte. Schon die Abb. 195 hatte das Bedarfsprofil eines „typischen" Berufsanfängers im Blick. Die weiterführende Frage lautet: *Wie rechnen sich Kundensegmente nach betriebswirtschaftlichen Kriterien?* Abb. 197 veranschaulicht eine Vergleichsrechnung für zwei Kundensegmente. Stellhebel werden deutlich, durch die ein Kundenwert über den Lebenszyklus beeinflusst werden kann; vor allem Kauffrequenz, durchschnittliche Ausgaben pro Transaktion, Werthaltigkeit des Einkaufs-Mix, Verlängerung des Bindungszyklus etc.

Ein wichtiger Treiber für den Customer Lifetime Value ist die **Dauer der Geschäftsbeziehung**. Mag auch ein einzelner Kunde seinem Lieferanten oder seiner Marke auf ewig treu bleiben, in der Gesamtzahl der Kunden lässt sich eine bestimmte **Wechselquote** zwar mindern (Retention-Management), nicht aber verhindern. Oft wird die Gewinnzone mit einem Kunden aber erst nach einigen Jahren erreicht. *Meyer* hat Kunden-Umsatzwerte für verschiedene Branchen berechnet (vgl. *Meyer* 1999, S. 17; *Stauss/Seidel* 1996, S. 19 unter Bezug auf eine BCG-Studie; vgl. *Dietz* zum Wert eines Automobilkunden im Life-Cycle-Marketing, 1997, S. 208). Im *Bertelsmann Buchclub* erreicht ein Durchschnittskunde erst nach 8 Jahren Mitgliedschaft die Gewinnschwelle (vgl. *Tomczak* 1994, S. 195 unter Bezug auf *Eckert*).

VOM INDIVIDUELLEN KUNDENWERT ZUM WERT VON KUNDENGRUPPEN		
	Großkunden	Kleinkunden
Durchschnittspreis	16,00 €	28,00 €
durchschnittliche Bestellmenge gemäß Kundenprofil	112	8
durchschnittlicher Auftragswert pro Kunde	1.792,00 €	224,00 €
Gesamtkosten pro Auftrag inkl. Selbstkosten	650,00 €	234,00 €
Gewinn pro Bestellung	1.142,00 €	−10,00 €
Bestellungen pro Jahr gemäß Kundenprofil	55	18
Jahresgewinn pro Kunde	62.810,00 €	−180,00 €
Dauer der Kundenbeziehung - Jahre	10	17
Ergebnis über den Lebenszyklus	628.100,00 €	−3.060,00 €
Kosten der Kundengewinnung	23.000,00 €	5.000,00 €
Kosten der Kundenpflege p.a.	2.200,00 €	300,00 €
Kosten der Kundenpflege über den Lebenszyklus	22.000,00 €	5.100,00 €
Kundenwert über den Lebenszyklus pro Kunde	583.100,00 €	−13.160,00 €
Anzahl der Kunden	10	200
ökonomische Werte der Kundengruppen	**5.831.000,00 €**	**−2.632.000,00 €**

Abb. 197: Customer Lifetime Values für verschiedene Kundengruppen

UMSATZERLÖSE ÜBER KUNDENLEBENSZYKLEN IN VERSCHIEDENEN BRANCHEN						
	PKW	SB-Waren-haus	Super-markt	Stromver-sorger	Tages-zeitung	Bier
Gesamtumsatz über den Kunden-Lebenszyklus	210.000	290.000	148.000	66.700	72.800	20.000
durchschnittliche Dauer einer Geschäftsbeziehung	20	12	12	58	17	4
durchschnittlich realisierbarer Umsatz für einen Anbieter	67.000	63.000	32.000	63.400	22.100	2.000

(Quelle: Meyer; zit. in acquisa, Nr. 3/1999, S. 17)

Abb. 198: Kunden-Umsatzwerte für ausgewählte Kunden-Lebenszyklen (Werte noch in DM)
(zum Rechenansatz vgl. Meyer / Dullinger 1998, S. 775)

Zunächst sind diese produkt- oder branchenspezifischen Kaufintervalle zu bestimmen, bei einem KFZ z.B. 4,5 Jahre (vgl. *Tewes* 2003, S. 293: Achtung, Abweichung zu den Werten aus Abb. 198). In einem zweiten Schritt werden auf Grund von Vergangenheitswerten die durchschnittlichen oder maximalen **Kundenverweildauern** (Lebenszyklusphasen) definiert. Für einen Autofahrer kann eine maximale Verweildauer bei einer Automarke von 50 Jahren (Lebensalter von 25 bis 75 Jahre) angenommen werden. Ein 100prozentig markentreuer Kunden würde über seinen Lebenszyklus also ca. 11 Kaufentscheidungen fällen. Entscheidend für den individuellen Kundenwert ist nun der im Einzelfall gemessene **Bindungsgrad**. Beträgt dieser z.B. 80 Prozent, dann bleibt der Kunde nur über 40 Jahre seinem Lieferanten treu. Die Grade der individuellen Kundenbindungen können abschließend wieder zu typischen Verweildauern einer bestimmten Kundengruppe bzw. eines Kundensegmentes herangezogen werden (vgl. *Tewes* 2003, S. 293).

Ein Anbieter erhöht folglich den Kundenwert, wenn er die durchschnittliche Dauer einer Geschäftsbeziehung (die Dauer der Kundenbindung) verlängern kann. Gemäß Abb. 198 (Werte noch in DM) trinkt ein durchschnittlicher Erwachsener über 40 Jahre Bier und wechselt dann zehnmal seine Stammsorte. Könnte man die Kundenbindung von 4 auf 5 Jahre verlängern, würde der Kunde nur noch achtmal die Marke wechseln, und sein Wert für die Brauerei würde auf 1.250 Euro steigen.

Die Lebenszyklusbetrachtung bringt neue Impulse für das Marketing. Die dynamische Verfolgung von Kundenbeziehungen deckt Wachstumspotenziale in drei Richtungen auf (*Wildemann*, salesBusiness 1–2/2004, S. 19):

(1) Die **x-Wachstumschance** liegt in der zeitlichen Verlängerung des Kundenbeziehungs-Lebenszyklus. Genau hier liegt der Hauptvorteil der Kundenbindung.

(2) Die **y-Wachstumschance** liegt darin, den Kunden zu schnelleren Kauffrequenzen (Wiederholungskäufe) und zu Mehrkäufen anzuregen (z.B. durch Cross-Selling).

(3) Die **z-Wachstumschance** liegt in einem Referenzpotenzial des Kunden. Je länger die Kundenbeziehung währt, je eher ist ein Kunde bereit, auf der Grundlage langjähriger Kauferfahrungen Referenzen zu geben oder für den Lieferanten zu werben.

So wird der **Kundenwert** zu einer im Zeitablauf beeinflussbaren Größe. Marketing und Vertrieb sollten über die Phasen des **Kundenlebenszyklus** (besser: **Kundenbindungs-Zyklus**) lebensabschnittsgerecht in Kundenbeziehungen investieren. Vielfältige Marketing- und Vertriebsmaßnahmen werden im modernen Vertrieb mosaiksteinartig unter einem **Zeitstrahl des Kundenlebenszyklus** angeordnet, wie Abb. 199 verdeutlicht. Die wichtigsten Maßnahmen zur Kundenbindung werden in diesem Buch in gesonderten Abschnitten beschrieben.

Abb. 199: Aufgaben des Kundenmanagements in den Phasen des Kunden-Lebenszyklus

Für einen Betriebswirt ist es nun naheliegend, die finanzwirtschaftlichen Erfolgsbeiträge (Einnahmen und Ausgaben) eines typischen Kunden über die Phasen seines Kaufzyklus in einen Kundenkapitalwert zu überführen. Eigentlich ist dies die betriebswirtschaftlich korrekte Abschlussrechnung für den Customer Lifetime Value.

b.) Kunden-Kapitalwerte

Das finanzwirtschaftliche Problem liegt darin, dass **ein Euro heute mehr wert ist als ein Euro morgen**. Die geschätzten Erlöse und Aufwendungen der Kunden sind im Zeitablauf mit Hilfe eines Diskontierungszinsfußes abzudiskontieren. Die Kapitalwertberechnung verlangt daher zunächst die Schätzung der Ein- und Ausgabenströme über die Dauer einer Kundenbindung, einer geschäftlichen Zusammenarbeit, eines Projektes oder einer Modellreihe (vgl. *Link/Hildebrand* 1993, S. 54–56; *Dudenhöffer* 1998, S. 172–176; *Homburg/Werner* 1998, S. 140–141). Sie verknüpft

KUNDENKAPITALWERT-ANALYSE							
Kunde	Vergangenheit			aktuelles Jahr	Zukunft		
Müller&Co.	2002	2003	2004	2005	2006	2007	2008
Kosten für Kundengewinnung	−10.000						
Betreuungskosten	−12.000	−20.000	−19.000	−30.000	−23.000	−22.000	−21.000
Nettogewinn Produktgruppe A	11.000	15.000	15.000	17.000	15.000	11.000	7.000
Nettogewinn Produktgruppe B	9.000	18.000	17.000	18.000	18.000	18.000	18.000
Nettogewinn Produktgruppe C				2.000	3.000	4.000	5.000
Überschuss	−2.000	13.000	13.000	7.000	13.000	11.000	9.000
Zinsfaktoren i = 7%	*1,23*	*1,14*	*1,07*	*1,00*	*0,93*	*0,87*	*0,82*
Barwerte	**−2.450**	**14.884**	**13.910**	**7.000**	**12.150**	**9.608**	**7.347**
Vergangenheitswert				*33.344*			
Zukunftswert				*29.104*			
Kundenwert (Kunden-Cash-flow)				**62.448**			

(Quelle: nach Ackerschott 2000, S. 56)

Abb. 200: Beispiel für eine Kunden-Kapitalwertrechnung

Marketing (Kundenbindung im Zeitablauf) mit Betriebswirtschaft (finanzwirtschaftliche Erfolgsrechnung). Die Zahlungsüberschüsse in den Perioden der Geschäftsbeziehung sind mit Hilfe eines Abzinsungsfaktors $(1/(1+i)^t)$ abzudiskontieren. Als Kalkulationszins i wird in der Praxis entweder eine geforderte Mindestrendite oder der beste realisierbare Alternativzinssatz (Opportunitätszins) herangezogen. Abb. 200 veranschaulicht ein Beispiel von *Ackerschott* (vgl. *Ackerschott* 2000, S. 56). Durch die Auf- und Abzinsung gehen sowohl Vergangenheits- wie auch Prognosewerte in die Berechnung ein. So wird die Bewertung einer Geschäftsbeziehung über die Gesamtdauer des Kontaktes möglich. Der Rechenansatz kann für Schlüsselkunden jedes Jahr aktualisiert werden; mit den dann bekannten Vergangenheitswerten und einer Neueinschätzung der zukünftigen Verkaufserlöse und kundeninduzierten Kosten.

➡ *„Der Kundenkapitalwert bildet die wichtigste betriebswirtschaftliche Kennzahl des loyalitätsbasierten Managements. Er berechnet den* (auf den Zeitpunkt heute abdiskontierten; Zusatz des Autors) *Gewinn, den ein Unternehmen über die Dauer der gesamten Kundenbeziehung erzielt."* *(Ploss 2002, S. 10)*

So kaufmännisch korrekt der Ansatz auch erscheint, für die Kundenlebenszyklus- und Kundenkapitalwertrechnung bleiben über die generelle Vorhersageproblematik hinaus drei Mankos:

(1) Die **theoretischen Annahmen der Investitionsrechnung**. Ein kritischer Punkt ist die Bestimmung des Kalkulationszins (vgl. *Süchting* 1995, S. 598–599).

(2) Die klassischen Kalküle der Investitionsrechnung sind für Maschineninvestitionen mit definierten Input-/Outputrelationen wie auch für Finanzinvestitionen (Capital Investment) mit abschätzbaren Zahlungsströmen entwickelt worden. Nach Autorenmeinung ist das für Kaufentscheidungen über lange Zeiträume völlig illusorisch. Der Kunde ist kein Maschine. Ausnahmen konzedieren wir für Banken, Versicherungen, Stromversorger, wenn es – wie erläutert – nicht um den individuellen Kunden geht, sondern um die **Bewertung von Kundensegmenten**. Und die BtoB-Märkte unterliegen ohnehin einerseits einer abgeleiteten Nachfrage und andererseits technologischen Notwendigkeiten. Würde kein Verbraucher mehr in den

Urlaub fliegen, dann werden auch keine Charterflugzeuge nebst allen technischen Materialien geordert – da hilft auch keine Kundenlebenszyklus-Rechnung.

(3) Die Voraussage bzw. **Abgrenzung der Kaufzyklen** ist ebenfalls nur schwer fassbar (vgl. *Reichmann* 1997, S. 358). Entweder man müsste eine Beendigung der Geschäftsbeziehung kennen bzw. abschätzen. Möglich ist dies bei Kapitalanlagen oder Lebensversicherungen mit definiertem Rückzahlungszeitpunkt oder bei der durchschnittlichen Nutzungsdauer eines PKW. Oder der Analyst müsste den Zahlungsstrom im mathematischen Ansatz als sog. „ewige Rente" behandeln. Dies wäre jedoch für die Vertriebspraxis ohne praktischen Nutzen.

Vermutlich wegen dieser Begrenzungen werden Kunden-Kapitalwertrechnungen in der Praxis nur in Einzelfällen vorgenommen (im *VIP-2000* nur bei 14 % der befragten Unternehmen, vgl. *Krafft* u.a., VIP-2000, S. 61). Dabei geht es zumeist um die Geschäftsanbahnung in BtoB-Märkten. Während der Akquisitionsphase erbringt ein potenzieller Zulieferer Vorleistungen, deren Rückflüsse unbestimmt in der Zukunft liegen (Projektgespräche, Zeichnungen, Musterstücke). Die „Akquisitionsinvestition" in einen Schlüsselkunden lohnt sich nur dann, wenn die voraussichtliche Preisstellung zu einem positiven Kapitalwert führt.

Im Consumer-Geschäft versuchen sich vor allem Finanzdienstleister an der Kundenkapitalwertrechnung. Die Menge der Kunden führt zu statistischen Durchschnittsgrößen. Der Blick richtet sich – wie bereits dargestellt – auf die Werthaltigkeit von Kundengruppen. Für Marketingstrategien und eine Kunden-Grobsteuerung in BtoC-Märkten (Banken, Versicherungen, Stromversorger u.a.) ist die Lebenszyklus-Rechnung also sehr zu empfehlen.

Die so errechneten Kundenwerte erhöhen praktisch wie Eigenkapital den Wert einer Unternehmung (**Customer Equity**; s. nächster Abschnitt). Ohne Zweifel beeinflusst der Kundenstamm den Firmenwert bzw. den Shareholder Value. Wer diesen nicht zu berechnen versucht, bleibt mit seiner Kundensteuerung im Nebel. Angebotswerte schaffen Kundenwerte. **Kundenwerte schaffen Firmenwerte.**

c.) Customer Equity, Customer Value und werteorientiertes Kundenmanagement

„Es zählt heute nicht mehr, dass Sie es schaffen, mit einer Werbekampagne 10.000 Menschen anzusprechen, sondern dass Sie 1.000 Kunden gewinnen. Die Steigerung ist, dass Sie 100 profitable Kunden gewinnen. Das ist echtes Customer Value Management."
(Torsten Schwarz in einem Interview im Forum Gelb, dem Kundenmagazin der Deutsche Post AG, 1/2002, S. 45)

Nach dem klassischen Ansatz bestimmt sich der Wert eines Kunden durch einen strategischen und/oder ökonomischen Potenzialwert für den Anbieter (Anbietersicht, Outside-in-Bewertung: *Was bietet mir der Kunde?*). Nach der neuen Variante entspricht der **Customer Value** dagegen **dem monetär bewerteten Netto-Nutzen eines Angebotes für den Kunden** (Kundensicht, Inside-out-Bewertung: *Was kann ich meinem Kunden bieten?*) (vgl. *Gale* 1994, *Holbrook* 1994, S. 21–71). In der amerikanischen Literatur ist folglich ein umgekehrtes Begriffsverständnis für den Kundenwert im Vergleich zu Europa zu bemerken (vgl. *Barth/Wille* 2000, S. 6). Zur Stärkung einer Wettbewerbsposition ist es erforderlich, dem Kunden im Rahmen eines Angebotes Nutzenwerte, d.h. Mehrwerte gegenüber Konkurrenzangeboten, anzubieten. Aus dieser Denkhaltung heraus entsteht das **Value-Marketing**. Der Unternehmenserfolg stellt sich erst dann ein, wenn man dem Kunden überragende Werte liefert (vgl. *Gale* 1994, S. 26). Je größer die vom Kunden empfundenen Nutzenwerte ausfallen, desto weniger wird dieser seine Kaufentscheidung von Preis und Lieferzeit abhängig machen und um so weniger wird er geneigt sein, gemäß dem Rationalitätspostulat des homo oeconomicus „einfach" dem preisgünstigsten Anbieter den Zuschlag zu erteilen. Aufgabe von Marketing und Vertrieb ist es folglich, den Kunden permanent die nut-zentragenden Angebotsinhalte zu verdeutlichen (s. Abschnitt 7.4.6.f.). Je höher diese Nutzen-empfindungen des Kunden sind, desto stärker wird er sich annahmegemäß an seinen Lieferanten gebunden fühlen. Je stärker nun wiederum die Kundenbindung ausfällt, um so größer ist letzt-lich im Zirkelschluss wieder der klassische Kundenwert für den Anbieter. Denn man geht davon aus, bei höherer Kundenbindung auch bessere Preise durchsetzen und den Kunden längerfristig halten zu können. **Im Endeffekt haben demnach wertvolle Anbieter auch wertvolle Kunden.**

Die folgenden Definitionen und Zusammenhänge formen nun eine **Customer Equity Theorie** (vgl. im folgenden auch die Ausarbeitung von *Barth/Wille* 2000, mit einer umfassenden Litera-turauswertung):

➡ Der **Customer Equity (CE)** ist der **Kundenwert aus Anbietersicht.** Betriebswirtschaftlich korrekt ist CE das kundenbeziehungsinduzierte Eigenkapital. Finanzwirtschaftlich gilt: „*Es stellt die Summe aller gegenwärtigen und zukünftigen kundenbezogenen und diskontierten Netto-Cash-Flows im Planungszeitraum (Kundenlebenszyklus) zuzüglich eines Restwertes dar.*" (*Smidt/Marzian* 2001, S. 43). Der Customer Equity stellt den konventionellen Kun-denwert dar.

➡ Der **Customer Benefit** umfasst allgemein den Kundennutzen.

➡ Der **Customer Value (CV)** entspricht dem **monetär bewerteten Kundennutzen eines Ange-botes oder einer Geschäftsbeziehung abzüglich der Aufwendungen des Kunden für seine Be-dürfnisbefriedigung.** Der **Customer Value** ist somit der Angebotswert aus Kundenperspek-tive und das Ergebnis von Kosten-/Nutzenüberlegungen auf Seiten des Kunden (vgl. *Cor-nelsen* 2000, S. 6, S. 34–36).

➡ Der **Customer Lifetime Equity** stellt den **dynamischen Kundenwert** über die Laufzeit eines Projektes oder einer Geschäftsbeziehung dar. Er ist Teil des **Shareholder-Values.** So werden die Werte der Kundenbeziehungen zu entscheidenden Determinanten für den Unterneh-menswert.

➡ Der **Customer Asset** im Sinne der *CEO AG* ist ein spezieller Kundenwert (Beziehungsqua-lität als Anlagevermögen), der aus den kundenbezogenen Marketingausgaben zur Stärkung von Kundennähe, Kundenzufriedenheit und Kundenbindung resultiert. „*Der Customer As-set Index ist die aus dem Beziehungsprozess abgeleitete Kennzahl aus dem Gesamtkonstrukt von Kundennähe, Kundenzufriedenheit und Kundenbindung ... Der CAI hat eine direkte Auswirkung auf die beim Kunden zu erzielenden Erlöse und Lieferanteile. Der CAI beein-flusst damit zusammen mit der Erfolgsquote und dem Potenzial den zukünftig möglichen Cash-Flow.*" (*Smidt/Marzian* 2001, S. 38–39). Im CAI werden Indices für Kundennähe, Kun-denzufriedenheit und Kundenbindung multiplikativ verbunden, wobei jeder Teilparameter zwischen Null und Eins liegen kann.

➡ Das **Customer Value and Equity Management** (CVE-Management) zielt abgestimmt auf eine Balance von klassischem Kundenwert und Wertegenerierung beim Kunden. Customer Equity und Customer Value stehen in einer Zirkelschlussverbindung. Es macht wenig Sinn, Werteproduktion (Value Production) für einen Kunden zu betreiben, wenn man die Investi-tionen in den Kunden nicht misst. Wir sprechen beim CVE-Management von **werteorien-tierter Unternehmensführung.** Nur durch CVE-Management werden langfristig tragfähige Win-Win-Geschäftsbeziehungen realisiert. Wenn Customer Equity und Customer Value nicht in eine Balance kommen, ist eine Seite der Verlierer und wird eines Tages aus der Ge-schäftsbeziehung aussteigen.

Abb. 201 zeigt die Grundzusammenhänge von CVE-Management mit dem Shareholder Value als finale Zielgröße. Wichtig ist hier die Erkenntnis, dass es nicht ausreicht, Kundenwerte zu „produzieren" (zu generieren). Sie müssen auch vermarktet werden (vgl. *Winkelmann*, acquisa 4/2004, S. 34–36). Die **Werteproduktion** geht in eine **Wertevermarktung** über.

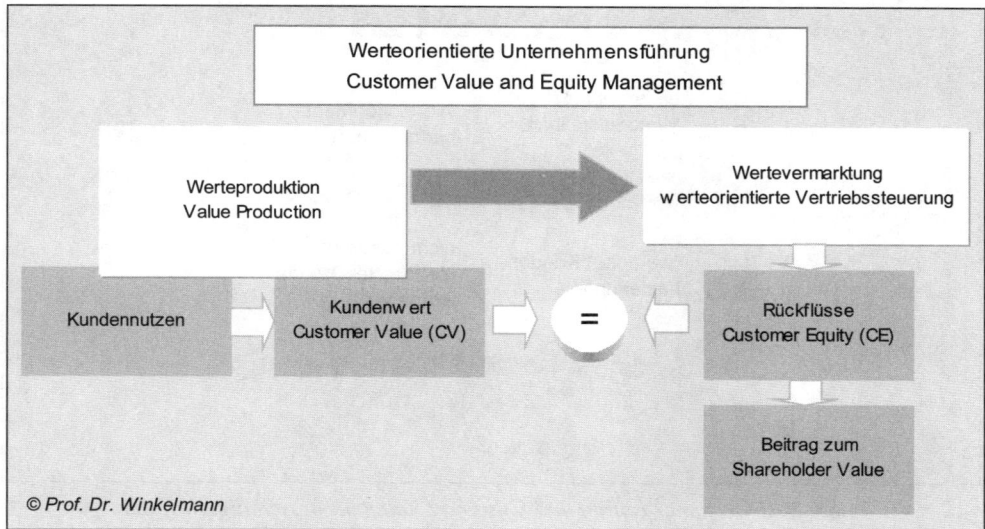

Abb. 201: Werteproduktion und Wertevermarktung als Säulen der werteorientierten Unternehmensführung

Die Notwendigkeit zu einer **engen Koordination von klassischer Kundenwertbetrachtung und Customer Value Rechnung** entsteht, wenn partnerschaftliche Kunden-Lieferantenbeziehungen mit WIN-WIN-Interessenausgleichen angestrebt werden. Dann sind Wert des Anbieters für den Kunden und Wert des Kunden für den Anbieter „*zwei Seiten ein- und derselben Medaille, der integrierten Kunden-/Lieferantenbeziehung.*" (Statement von *W. Smidt, CEO AG*). Die Wissenschaftler der *CEO AG* empfehlen ein **ertragswertorientiertes Management**, um das **Zusammenspiel von Investitionen in den Kunden und die Erwartung auf Rückflüsse vom Kunden** zu optimieren. Der von *Gündling* aufgezeigte Widerspruch zwischen langfristiger Kundenorientierung auf der einen Seite und kurzfristigen, auf Ergebnisverbesserung zielenden Verkaufsaktionen auf der anderen, wird überwunden (vgl. *Gündling* 1997, S. 22).

Abb. 202 zeigt die Balance-/Missbalance-Konstellationen vom Kundenwert aus Lieferantensicht und vom Lieferantenwert aus Kundensicht auf, sprich vom Customer Equity und vom Customer Value. Die Konstellation im Feld oben links ist gefährlich, wenn der Anbieter keine **Monopolstellung** innehat. Die Frage lautet: *Empfindet mein profitabler Kunde auch einen hohen CV?* Die Kundenerwartungen sind abzuklären, um die Kundenbindung durch eine kundenseitige Stärkung des Werteempfindens nachhaltig zu erhöhen. Bei **echten Wertschöpfungspartnerschaften** im Feld rechts oben befinden sich beide Wertgrößen im Ausgleich. Wenn aber die Lieferantenwertigkeit aus Sicht des Kunden die Kundenprofitablilität für den Lieferanten signifikant übersteigt, dann werden Nutzenwerte unter Wert vermarktet. Bei dieser **Loss-Win-Beziehung** werden die Anstrengungen des Anbieters nicht honoriert. Die Preisstellung ist zu niedrig. Nach

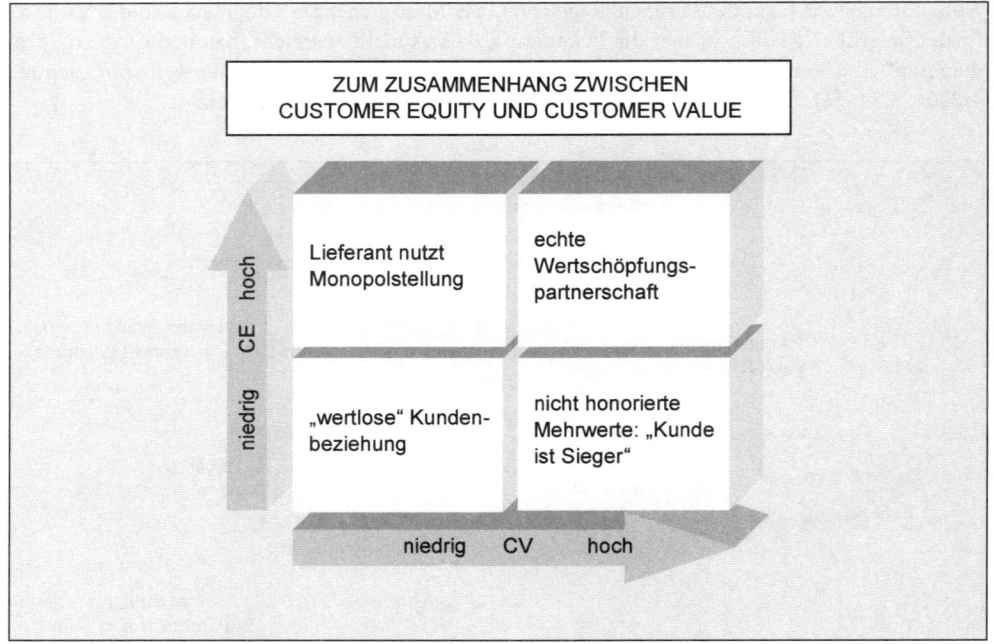

*Abb. 202: Customer Equity und Customer Value im Beziehungsportfolio
(in Anlehnung an Cornelsen 2000, S. 161)*

Homburg/Jensen/Fürst „kämpfen viele Unternehmen damit, die Diskrepanz zwischen dem objektiven und dem von Key-Accounts wahrgenommenen Wert von Value-Added-Services zu verringern" (*Homburg/Jensen/Fürst*, ASW 12/2004, S. 58). Das Feld links unten kennzeichnet eine **beiderseits opportunistische Kundenbeziehung**. Es kann sich auch um eine Geiz-ist-geil-Konsequenz handeln. Die Preise sind mies. Ein lustloser Anbieter „distribuiert" seine Ware. Hier sollte geprüft werden, ob es sich lohnt, beiderseits Nutzenwerte und Beziehungsqualitäten aufzubauen.

Cornelsen spricht hinsichtlich der Abb. 202 vom **Beziehungswert-Portfolio** (*Cornelsen* 2000, zit. in *Tewes* 2003, S. 155). Seine Feldbezeichnungen und die empfohlenen Strategien gemäß obiger Reihenfolge lauten:

(1) **Kundenwertlastige Beziehung**: CustomerValue steigern.

(2) **Wertoptimale Beziehung**: Position halten bzw. Beziehung ausbauen.

(3) **Customer Value lastige Beziehung**: Kundenwert steigern.

(4) **Wertminimale Beziehung**: Customer Equity und Customer Value steigern oder Beziehung aufgeben.

Wir möchten die wichtigsten Definitionen noch einmal als Fragen auf den Punkt bringen (vgl. *Smidt/Marzian 2001*):

(1) Konventionelle Sicht: **Klassischer Kundenwert**: *Welchen Wert hat der Kunde für uns (für den Lieferanten)?*

(2) Fokussierung von (1) auf **Customer Equity (CE)**: *Welchen Eigenkapital-bildenden Wert hat der Kunde insgesamt für das eigene Geschäft?*

(3) Neue Kundensicht: **Customer Value (CV)**: *Welchen Wert hat unser Angebot für den Kunden?*

(4) Eingrenzung auf Marketinginvestitionen, z.B. Investitionen in ein Kundenbindungsprogramm: **Customer Asset**: *Welchen Wert hat der Kunde auf Grund der Investitionen des Anbieters in Kundennähe, Kundenzufriedenheit und Kundenbindung unabhängig vom Vertriebs- und Dienstleistungsprozesses?*

Der Weg zu einem wertesteuernden Kundenmanagement ist für viele Unternehmen noch weit. Deshalb geht es für diese erst einmal darum, einen Leitfaden zur Klassifikation, Messung und Weiterentwicklung der bei den Kunden generierten Werte zu bekommen. Was sind die Mehrwerte bei den Kunden, und wie kann ich sie messen? Abschnitt 7.4.6.f. zeigt hierfür Wege auf; z.B. den **Kundenwertkompass**.

d.) CVE-Kennziffernsystem der CEO AG

Die *CEO AG* verbindet den Customer Value- und den Customer Equity-Ansatz zu <u>einem</u> **finanzwirtschaftlichen Kennziffernsystem**. Dadurch wird es möglich, die auf den Transaktionsprozess (Vertriebsprozess) bezogenen Ein- und Ausgaben von den Investitionen und Rückflüssen zu trennen, die sich auf eine Verbesserung des qualitativen Customer Asset beziehen (CRM-Investitionen). Abb. 203 zeigt die Struktur des *CEO-Konzeptes*.

Die o.a. Definitionen haben es bereits betont: Eine Geschäftsbeziehung erhält ihren Wert durch **zwei interdependente Teilprozesse**. Der **Verkaufsprozess** (Transaktionsprozess) besteht aus den bekannten operativen Stufen des SalesCycle (Kundenstatus). Auf jeder Stufe des Kundenstatus sind Übergangswahrscheinlichkeiten (Erfolgsquoten) zur nächsten Stufe messbar. Am Ende der Abfolge steht eine **Erfolgsquote** (Angebotserfolgsquote) für die Leistung des Vertriebs. Auf jeder Stufe sind Ausgaben für den Vertriebsprozess und Einnahmen (Umsatzerlöse) messbar. Investitionen in den Verkaufsprozess (z.B. zusätzliche Außendienstmitarbeiter) können die Erfolgswahrscheinlichkeiten auf den Prozessstufen verbessern.

Demgegenüber stehen die Investitionen (Ein- und Auszahlungen) zur Verbesserung von **Beziehungsqualitäten** und **Nutzenwerten außerhalb des Verkaufs**. Alle ressortübergreifenden Aktivitäten zur Steuerung von Kundennähe, -zufriedenheit und -bindung laufen hier auf; also auch die Investitionen für CRM. Die *CEO AG* spricht vom **Asset Management Prozess**. Mit Hilfe von Scoring-Modellen werden **Customer Asset Indices** für Schlüsselkunden, Kundengruppen oder für das gesamte Kunden-Portfolio errechnet. Nach der Abb. 203 können diese Investitionen in die Beziehungsqualität auf jede Stufe des rechten Astes, also zur Verbesserung der Erfolgsquoten auf den Stufen des Verkaufsprozesses, ausgerichtet werden. Umgekehrt werden bei einem wettbewerbsüberlegenen Durchlaufen des Verkaufsprozesses gleichzeitig Kundennähe, -zufriedenheit und -bindung erhöht. Der Vertriebsprozess wird zum mehrstufigen Produktionsprozess. Die Customer Assets sind in dem Konzept als **Kuppelprodukte einer Nutzenproduktion** zu verstehen.

Die kundenbezogenen Cash-Flows lassen sich dem Verkaufsprozess und dem Customer Asset Prozess zurechnen. Das Management kann entscheiden, welche Investitionen in den Verkaufsprozess und welche in den marketinggetragenen Beziehungsprozess fließen sollen. Die Beziehungsinvestitionen schlagen sich im Customer Asset Index nieder, während im konventionellen Modell hierfür auch der Außendienst verantwortlich wäre.

Damit sind gängige Ansätze zur Kundenbewertung beschrieben. Sie schließen sich nicht gegenseitig aus. Sie ergänzen sich, wobei jeder Ansatz den Kunden aus einem typischen Blickwinkel heraus beleuchtet. Von zentraler Bedeutung ist der Begriff des Kundenwertes. Abb. 204 stellt noch einmal die unterschiedlichen Kundenwert-Philosophien gegenüber. Mit Blick auf die be-

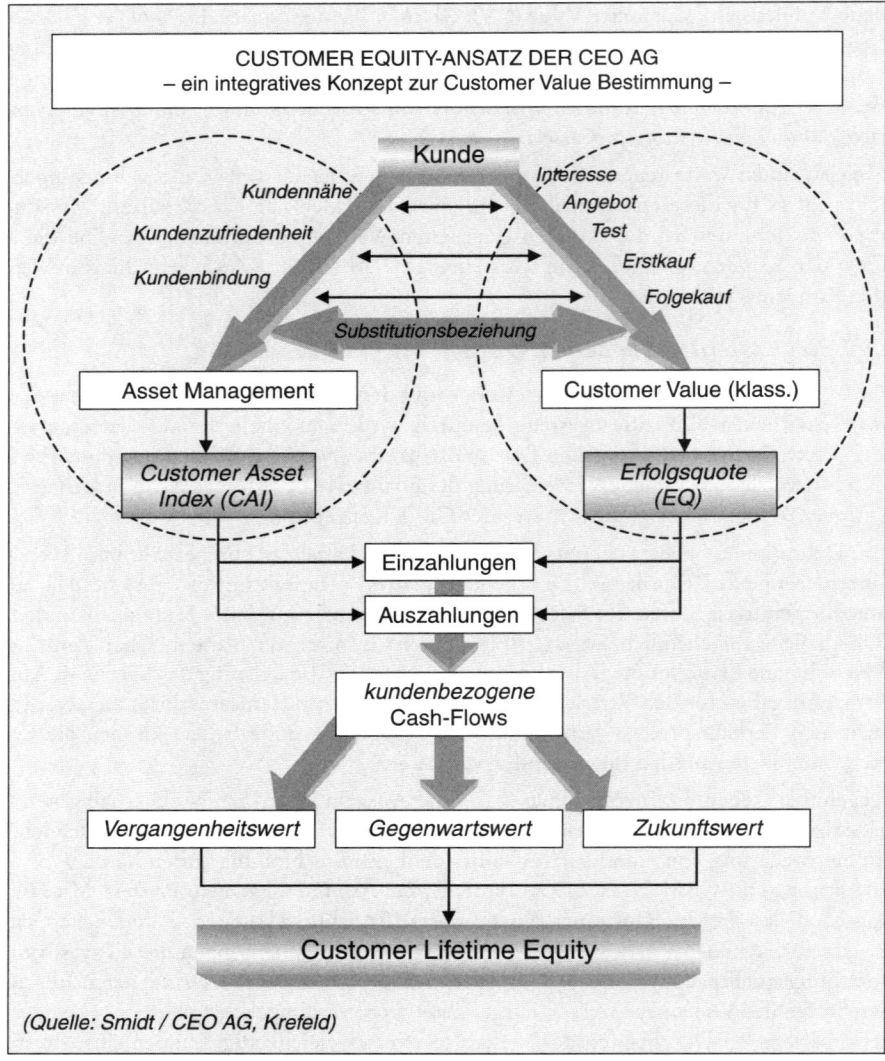

Abb. 203: Der Customer Equity Ansatz der CEO AG

schriebenen Methoden ist *Marzian* zuzustimmen: „*Kundenportfolios und Kundenlebenszyklusrechnungen werden zu unverzichtbaren Managementwerkzeugen.*" (*Marzian,* ASW 10/1999, S.76). Drei große Herausforderungen sind zu resümieren:

(1) Kundenwerte sind beeinflussbar. Der Wert des Kundenstamms wird zur Zielgröße für das Vertriebsmanagement.

(2) In dynamisch sich entwickelnden Märkten ist eine zukunftsgerichtet Bewertung jedoch extrem schwierig (z.B. bei der Bewertung der Potenziale junger Unternehmen).

(3) Die Kundenqualifizierung muss einen Kunden im Zeitablauf, bei seiner Entwicklung vom ersten Kontakt bis zu regelmäßigen Wiederholungskäufen, begleiten und dynamisch bewerten. Kunden durchwandern Prioritätsstufen.

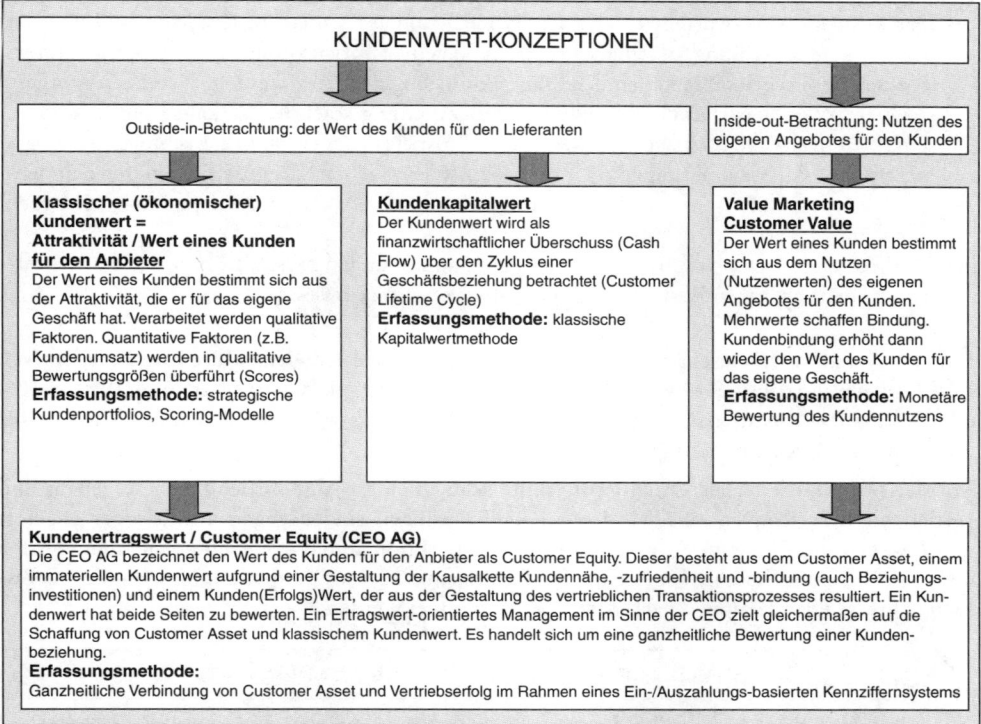

Abb. 204: Übersicht über Kundenwert-Konzeptionen

(4) Die ökonomische Bewertung von Nutzen- bzw. Mehrwerten (Added Values) wird zur wichtigen Aufgabe für Marketing und Controlling. Hier steckt die Marketingforschung noch in den Anfängen.

e.) Kundenstatus (Loyalitätsleiter)

Der Wert bzw. die Priorität eines Kunden hängt auch von einem Grad der Kundenbindung ab. Das Geheimnis der Kundenbindung liegt in einer gezielten Kundenentwicklung. Vom **Interessenten** zum **Stammkunden** ist es oft ein langer Weg. Marketing und Vertrieb haben folglich einen Kontakt danach zu bewerten, wo er sich auf dieser Entwicklung zum Stammkunden befindet und den Kunden behutsam auf die nächste Entwicklungsstufe (Bindungsstufe) zu begleiten. Ein Kundenschlüssel sollte einen entsprechenden Parameter enthalten. Mit dem Ziel einer **systematischen Kundenförderung** sind

(1) alle Kunden nach der **Intensität ihrer Geschäftsbeziehung** zu qualifizieren,
(2) für jeden definierten Zustand einer Geschäftsbeziehung **adäquate Betreuungsmaßnahmen** seitens Marketing, Vertrieb, Call-Center, Kundendienst etc. zu bestimmen,
(3) Kunden so zu betreuen, dass sie den **nächsthöheren Intensitätsgrad** (Bindungsgrad) der Geschäftsbeziehung erreichen.

➡ Der **Kundenstatus** beurteilt Interessenten und Kunden nach einem Grad für die Intensität der Geschäftsbeziehung, indem diese den Phasen einer **Entwicklung vom potenziellen Interessenten zum regelmäßig kaufenden Stammkunden** zugeordnet werden. Gemäß Hypothese steigt im Zuge dieser Entwicklung die Kundenbindung. Ziel der Verkaufspolitik sollte es sein, erfolgversprechende Kontakte (Leads, Prospects) durch statusgerechte Betreuungsmaßnahmen zu Stammkunden zu entwickeln, sofern nicht bestimmte Fakten der Kundenqualifizierung, z.B. fehlende Bonität oder ein unattraktives Einkaufspotenzial, dagegen sprechen.

➡ Der Weg eines Leads vom Interessenten zum Stammkunden muss als Prozess gestaltet werden. Es geht um einen Form des **Kundenentwicklungsprozesses**.

Für den Stand einer Geschäftsbeziehung sind Begriffe wie **Kundenstatus, Kundenleiter** (vgl. *Link/Hildebrand* 1993, S. 47–48), **Kunden-Loyalitätsleiter** (vgl. *Kreutzer*, ASW 4/1990, S. 106) oder **Verkaufszyklus** (*SalesCycle*: vgl. *Mauch* 1990, S. 16) gängig. Abb. 205 zeigt Beispiele für unterschiedliche Klassifizierungen.

Mit der **Loyalitätsleiter** als **Orientierungshilfe** können langfristige Beziehungen aufgebaut und vertieft werden. Konventionelle **Adressenqualifizierungen** sind dagegen kurzfristiger angelegt und besitzen ihre Bedeutung für Direktmarketing-Aktionen. Sie begleiten einen Interessenten i.d.R. nur bis zum Erstauftrag. Je nach Reaktionsart und Reaktionsqualität können die Interessentenadressen den Gruppen nach Abb. 206 zugeordnet werden.

KLASSIFIZIERUNGSANSÄTZE FÜR DEN KUNDENSTATUS			
① potenzieller Interessent ② Interessent ③ Angebotskunde ④ Testkunde ⑤ Erstkunde ⑥ Wiederholungskunde ⑦ Stammkunde unregelmäßig ⑧ Stammkunde regelmäßig	① Erste Bekanntschaft ② Vorgespräch ③ Evaluation ④ Erstauftrag ⑤ Folgeaufträge ⑥ Wiederholungskäufer	① Keine Kenntnisse über Unternehmen/Produkt ② Kenntnisse über Unternehmen/Produkt ③ Produktinteresse ④ Kaufinteresse ⑤ Erstkauf ⑥ Folgekauf ⑦ Mehrfachkauf ⑧ Stammkunde	① potenzieller Interessent ② Interessent ③ Erstkunde ④ Gelegenheitskunde ⑤ Mehrfachkunde = potenzieller Stammkunde ⑥ Stammkunde
Winkelmann 1999	*Belz u.a. 1998*	*Kreutzer 1990; Holland 1993*	*Lübcke 1996*

Abb. 205: Alternative Schemata zur Klassifizierung von Kunden nach einem Kundenstatus

ADRESSENQUALIFIZIERUNG IM RAHMEN VON DM-AKTIONEN	
Z-0	⇨ Kalte Adresse ohne Zusatzinformationen
Z-1	⇨ Adresse, die auf ein Mailing reagiert hat oder bei der durch Telefonmarketing bereits Grundinformationen gewonnen wurden
Z-2	⇨ Adresse, bei der bereits ein persönliches Gespräch mit einer Zielperson stattgefunden hat
Z-3	⇨ Adresse, die ein Angebot erhalten hat = Interessent
Z-4 = I	⇨ Zielperson mit Angebot, bei der ein persönliches Gespräch stattgefunden hat
Z-5 = K	⇨ Eine Adresse, mit der Umsatz realisiert wurde = Kunde
(Quelle: Aries 1998, S. 73)	

Abb. 206: Adressen- bzw. Kundenstatus bei Direktmarketing-Aktionen

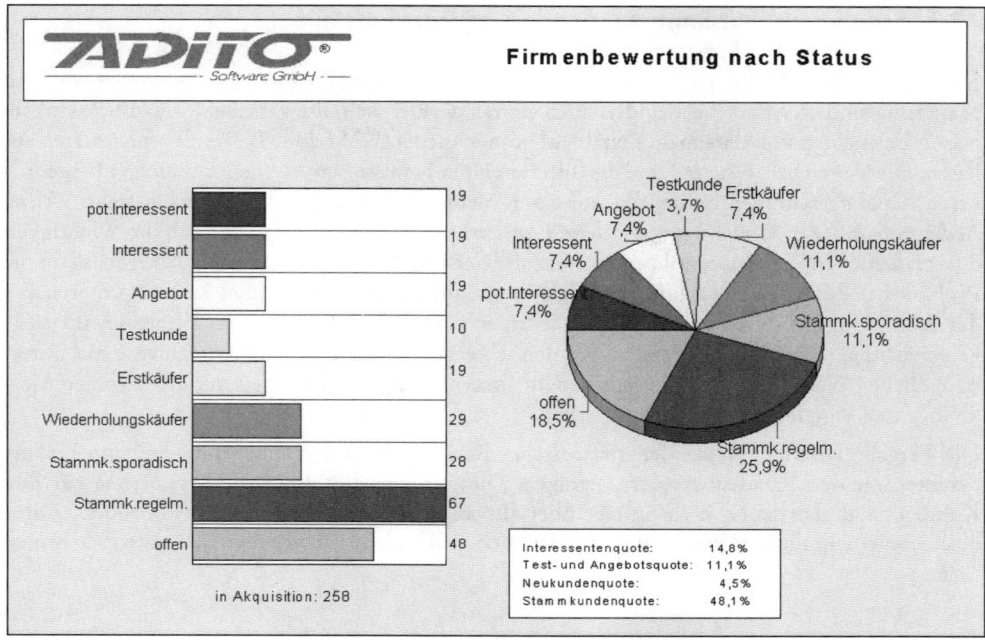

Abb. 207: Kundenanalyse nach Kundenstatus /
System ADITO-columbus der ADITO Software GmbH

CRM/CAS-Systeme bieten heute die Möglichkeit, den Kundenstatus mittels Indizierung auf einfache Weise zu erfassen. Mittels der Indices können dann Suchvorgänge und Auswertungen eingeleitet und Kundengruppen gebildet werden. Es hängt von den Anwendern ab, ob sie diese Qualifizierungsmöglichkeit für ihre Kunden im Programm auch wünschen. Abb. 207 zeigt ein Beispiel aus dem CRM-Programm *ADITO-columbus.* Bei den Testkunden fällt eine Lücke auf. So erhalten Call-Center und Außendienst konkrete Ansatzpunkte für Aktionen. Das System zeigt auch Benchmark-Parameter an. Die Neukundenquote ist mit 4,5 % beispielsweise unbefriedigend niedrig. Immerhin fast die Hälfte aller Bestandskunden sind Stammkunden. Angesichts der niedrigen Neukundenquote kann das aber auf Stagnation in der Marktarbeit hindeuten.

Egal, ob den Anwender langfristige Zyklen von Geschäftsbeziehungen oder kurzfristige Adressenzustände interessieren: Durch eine dynamische Status-Erfassung *„kann der Verkaufstrichter bestens verfolgt werden."* (*Aries* 1998, S. 73). Erfolgt die Analyse der Abb. 207 zum Zweck einer Neukundenkampagne, dann kann über die Stufen dieser Leiter die **Ausdünnung des Verkaufstrichters** während der Kampagne kontrolliert werden; beispielsweise beginnend mit 200 Interessenten, reduziert auf 30 Besuche bei potenziellen Kunden, aus denen 12 Angebote hervorgehen bis hin zu 4 Erstaufträgen und letztlich 2 Stammkunden (vgl. *Belz/Kuster/Walti* 1996, S. 95). Mit Hilfe Kundenstatus-orientierter Betreuungsmaßnahmen lassen sich diese Abschmelzungseffekte besser steuern bzw. die Stammkundenquote erhöhen. Beispiele für **statusgerechte Betreuungsmaßnahmen** sind ausführlich in Abb. 325 aufgezeigt.

7.2.5. Strategische, zusammenfassende Kundenprioritäten

Kunden lassen sich also nach einer Vielzahl geschäftsrelevanter Faktoren beurteilen. Mögen Marketing und Vertrieb die Kunden auch immer wieder neu aus verschiedenen Blickwinkeln heraus beleuchten und daraus im Zeitablauf immer wieder wechselnde Betreuungsprioritäten ableiten: Die Vertriebsleitung möchte die differierenden Kundenbewertungen auf einen übergeordneten Aspekt zusammenführen, d.h. auf einen Nenner bringen. Das Management fragt: *Welche Bedeutung hat der Kunde x für uns denn nun wirklich?* (wobei zusätzlich noch die Wichtigkeit der strategischen Zielgruppe zu beachten ist, der der Kunden angehört) Abb. 208 verdeutlicht die Problematik differierender Kundenwertigkeiten. Zum besseren Verständnis kann im unteren Teil der Abbildung *no* durch *niedrig* (d.h. niedriger Umsatz-, Ergebnis- oder Strategiewert bzw. Priorität) und *yes* durch *hoch* ersetzt werden. Es ergeben sich acht Kundensegmente mit unterschiedlichen Wertigkeiten. Es ist sicher nicht sinnvoll, alle acht Gruppen mit den gleichen Marketing- und Vertriebsprioritäten anzugehen.

Die Vergabe zusammenfassender, strategischer Kundenprioritäten sollte unbedingt im Einvernehmen mit den Kundenbetreuern erfolgen. Diese tragen die Umsatzverantwortung für ihre Kunden, sind aber leider nicht immer über alle strategischen Überlegungen informiert. Ohne diese einvernehmliche Abstimmung werden sich Außendienstmitarbeiter, z.B. aus Provisions-

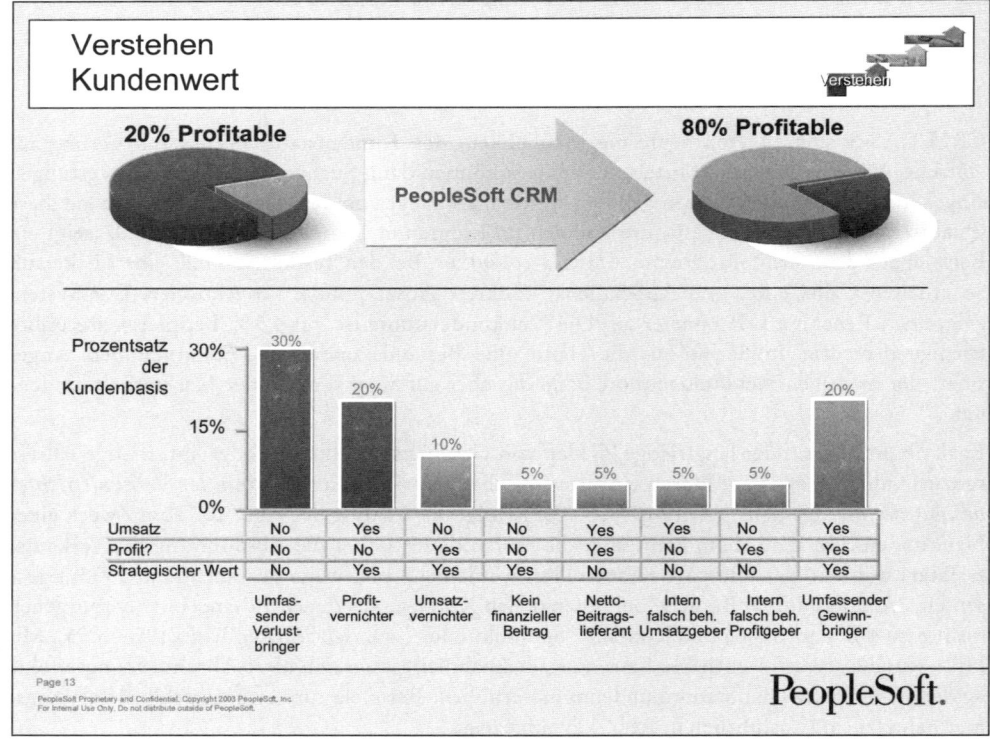

Abb. 208: Die Problematik differierender Kundenwertigkeiten
(Quelle: Präsentation PeopleSoft 11/2004)

gründen, im Sinne der klassischen Umsatz-ABC-Analyse ausrichten und Umsatzträger unabhängig von den Gewinnspannen bevorzugen.

Viele Firmen greifen bei den zusammenfassenden Prioritäten auf das ABC-Schema zurück – auch ohne dass eine Umsatz- oder Ergebnisrangliste hinterlegt ist. Zuweilen werden recht plakative Klassifikationsbezeichnungen verwendet. Ein Beispiel ist die **Kundenpyramide** nach *Rust/Zeithaml* und *Lemon*. Die Autoren unterscheiden **Platinkunden, Goldkunden, Eisenkunden** und **Bleikunden** (vgl. *Rust/Zeithaml/Lemon* 2000, S. 193; *Helm/Günter* 2003, S. 17).

Nach *Bußmann* und *Honert* bestimmen vier Kundentypen mit spezifischen Verkaufsprozessen das Vertriebsmanagement (vgl. *Bußmann/Honert*, ASW 12/2002, S. 29): **Top-Kunden** (Bindungsprozess), **Potenzialkunden** (Ausbauprozess), **Wunschkunden** (Akquisitionsprozess) und **Basiskunden** (Standard-Betreuungsprozess).

EIN KLASSIFIZIERUNGSANSATZ FÜR STRATEGISCHE KUNDENPRIORITÄTEN	
① A-Kunden / Top-Kunden	⇨ Schlüsselkunden, Großkunden, deren Potenziale unbedingt zu sichern sind
② B1-Kunde / Entwicklungskunden	⇨ Mittelgroße Kunden mit noch unausgeschöpften Einkaufspotenzialen
③ B2-Kunden / Standardkunden	⇨ Mittelgroße Kunden, die nicht mehr ausbaufähig sind
④ C-Kunden / Kleinkunden	⇨ Kleinkunden, die weiter gehalten werden sollen
⑤ D-Kunden / Verzichtskunden	⇨ Verzichtskunden, i.d.R. Kleinkunden mit nicht kostendeckenden Preisen
⑥ Neukunden	⇨ neue Kunden, die über 1 bis 2 Jahre mit Sonderpriorität betreut werden
⑦ Passivkunden (Null-Kunden)	⇨ Kunden ohne Umsatz (bzw. ohne Umsatz über einen bestimmten Zeitraum)
⑧ Händler / Wiederverkäufer	⇨ Vertriebspartner, die auf eigene Rechnung kaufen
⑨ Zielkunden (Restmarktpotenzial)	⇨ die mit Priorität zu verfolgenden Interessenten, Zielkunden, z.T. wechselbereite Wettbewerbskunden, im Rahmen des Restmarktpotenzials
(vgl. Winkelmann 2003, S. 321–322)	

Abb. 209: Ein Klassifizierungsansatz für strategische Kundenprioritäten

Das Raster der Abb. 209 baut die ABC-Klassifikation aus. Die Abgrenzung der **Top-Kunden** ist für die Unternehmen i.d.R. problemlos; selbst ohne intensive Kundenqualifizierung. Die überragende Wichtigkeit dieser Kundengruppe ist unstrittig. Doch werden die Top-Kunden mit den Begründungen Beziehungspflege und Kundenbindung oft überbetreut. Schon die Portfolio-Analyse im Abschnitt 7.2.3.i. hat das Phänomen der schlummernden Potenziale bei den mittelgroßen B-Kunden aufgezeigt. Viele mittelgroße Kunden besitzen ein den A-Kunden vergleichbares Ertragspotenzial, nur ist dieses noch nicht zufriedenstellend ausgeschöpft. Dann schlummert bei ihnen das höchste Wachstumspotenzial aller Kundensegmente, wie sich z.B. bei der *Deutschen Lufthansa* herausstellte (vgl. *Hallensleben*, ASW 10/1999, S. 54). Deshalb ist eine entsprechende Aufteilung der mittelgroßen Kunden in **Entwicklungskunden mit noch unausgeschöpften Lieferanteilen (B1)** und **stagnierende B-Kunden (B2)** zu empfehlen. Die B1-Kunden werden auch oft als **Aufbaukunden** bezeichnet. Ratsam kann eine behutsame Umschichtung der Betreuungsprioritäten weg von den Top- und hin zu den B1-Kunden mit Entwicklungspotenzial sein.

Eine delikate Angelegenheit ist die Bestimmung und Behandlung von **D-Kunden**. Aus wettbewerbsrechtlichen Gründen dürfen sie gegenüber den belieferten Kleinkunden nicht offen sanktioniert werden. Üblich sind Kundenpooling-Konzepte in Zusammenarbeit mit Wiederverkäufern; auf jeden Fall aber eine *„stilvolle Trennung"* (*Betz*, acquisa 3/1998, S. 78). Denn man weiß ja nicht, ob man sich eines Tages unter anderen Bedingungen wiedersieht.

Neukunden sollten für maximal 2 Jahre einen Sonderstatus erhalten. Bei klassischer ABC-Analyse gehen sie sonst „unter" und werden nicht gezielt weiter entwickelt. Der Neukunden-Status muss zeitlich begrenzt sein. Sonst sammeln sich in dieser Rubrik die *„ewigen Neukunden"*, die trotz aller optimistisch klingenden Prognosen doch immer nur Einzelgeschäfte (zu günstigen Neukunden-Einstiegskonditionen) tätigen (vgl. *Hoppen* 1999, S. 21).

Kunden erhalten den Status von **Passivkunden (Null-Kunden und Bestandskunden)**, wenn sie über einen Zeitraum, der über einen regulären Kaufzyklus hinausreicht, nicht bestellt haben. Es handelt sich um Kundennummern mit ausgewiesenem Umsatz von Null. In vielen Branchen kann man sich die Identifikation einfach machen. Ein Weinhändler wie *Jaques Weindepot* sollte Kunden, die über ein Jahr nicht bestellt haben, auf Passiv-Status setzen. Für ein Autohaus macht es dagegen keinen Sinn, einen Autokäufer ein oder zwei Jahre nach dem Kauf als Passivkunden aus dem Auge zu verlieren. Bei vielen Kennziffern zur Vertriebssteuerung spielt es eine große Rolle, ob die Passivkunden oder auch die Nicht-Kunden im Rahmen der Null-Kunden mitgezählt werden oder nicht. Frage: *Soll man die Anzahl der Neukunden zum gesamten Kundenbestand ins Verhältnis setzen oder nur zur Zahl der Aktivkunden?* Gemäß Abb. 210 ist die Kundendatei von Zeit zu Zeit von Null-Kunden ohne Umsatzerwartung zu bereinigen (im Beispiel = 20), damit der Außendienst ein realistischeres Bild über das Verhältnis Restmarktpotenzial zu Bestandskunden erhält. Einige der Null-Kunden werden dann wieder zu Zielkunden (im Beispiel = 12).

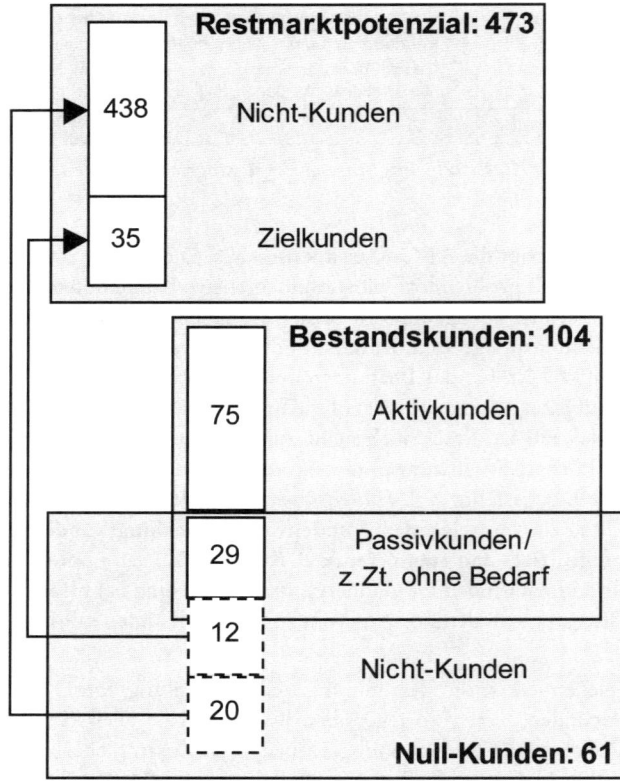

Abb. 210: Die Problematik der Null-Kunden

Im Schema der Abb. 209 wird noch feiner differenziert. Die Kunden-Größenklassen und die Neukunden werden mit den Akquisitionszielen *sichern, entwickeln, Profitabilität steigern* und *abbauen* zu einer 16-Felder-Matrix kombiniert. Jetzt bleibt Kundenentwicklung nicht nur auf die o.a. B1-Kunden beschränkt. Auch Top-Kunden, Klein-Kunden oder Neu-Kunden können gezielt weiterentwickelt werden. Das Chancenpotenzial-Portfolio (Abb. 191) hatte z.B. sehr große Top-Kunden visualisiert, bei denen ein Lieferant bislang nur geringe Lieferanteile erreicht hat. Die Abb. 211 nimmt gleichzeitig die Kundenaufteilungen auf vier Verkaufsgebiete (VKB) vor. In gleicher Weise können auch Umsatz- oder Ergebnisaufteilungen erfolgen.

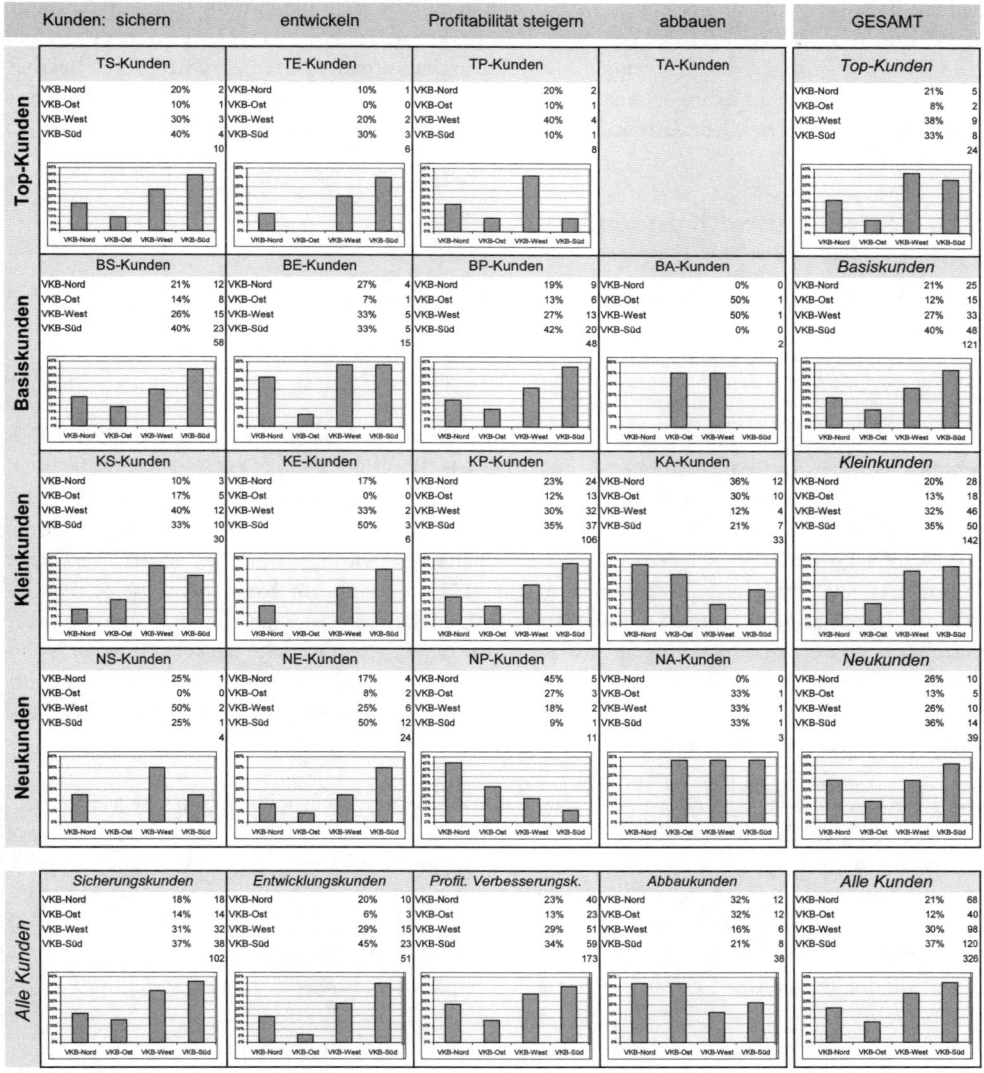

Abb. 211: Eine strategische 16-Felder-Kundenklassifikation

Vertriebspartner, wie Fachhändler oder Fachhandwerker bzw. der Großhandel, sollte nicht mit den Direktkunden vermischt werden. Sie sollten als gesonderte Umsatz- bzw. Kostenträgergruppe geführt werden.

Eine Schwachstelle der konventionellen Kundenbewertung: **Die Nicht-Kunden (Interessenten, Leads) werden nicht erfasst.** Wir benötigen für die Kontaktklassifikation also eine Rubrik für die Interessenten. Dabei kann vom Verkauf nicht verlangt werden, alle Visitenkarten und Kontakte in die Aktionspläne zu übernehmen. Deshalb ist eine **Bestimmung von Zielkunden** (Rest-Marktpotenzial) sinnvoll, um nicht alljährlich die gleichen Interessenten, verlorenen Kunden und wechselgeneigten Kunden des Wettbewerbs in den Besuchsplänen des Außendienstes wiederzufinden. Zielkunden sind das Ergebnis einer Vorqualifizierung: der Adressenqualifizierung. Wenn jeder Außendienstmitarbeiter nur 50 Zielkunden in die Beobachtung nimmt, geraten erfahrungsgemäß mehr als 90 Prozent des gesamten Restmarktpotenzials in das Akquisitionsprogramm. Die Fülle aller übrigen (nicht vorqualifizierten) Kundenkontakte ist opportunistisch zu bearbeiten; je nach plötzlicher Dringlichkeit und zeitlichen Möglichkeiten. In die Database sollten deshalb alle Interessenten-, Kunden- und Wettbewerbsinformationen aufgenommen werden.

7.3. Database und Kundenprofile

7.3.1. Die Kundendatenbank als Grundlage für das Database-Marketing

Sagt ein Außendienstmitarbeiter: „Ich kenne meine Kunden."
Erwidert der Verkaufsleiter: „Kennen Sie auch Ihre Nicht-Kunden?"

„Ein gut gepflegter Datenbestand ist die Basis aller Verkaufsaktionen" (Aussage der *Global Telesystems GmbH*; zit. von *Schimmel-Schloo*, acquisa 10/1999, S. 91). Das amerikanische *Data Warehouse Institut* stellt fest, dass der US-amerikanischen Wirtschaft durch mangelhafte Kundendatenbanken jährliche Kosten in Höhe von 600 Mrd. Euro entstehen. Nach einer Meldung der *META Group* fallen 90 Prozent aller Geschäftsentscheidungen infolge fehlerhafter Daten suboptimal aus (vgl. *Heijkers*, Computerwoche 41/2003, S. 40). Für Kundenentscheidungen benötigte Informationen müssen **schnell**, im **richtigen Umfang** und an die **richtigen Personen** durchgestellt werden. Die richtigen Informationen ermöglichen gezielte Entscheidungen. Ungezielte Informationen verursachen Streuverluste, die bedeutendsten Kostentreiber bei der Kundenansprache. Eine Database ist das **Vertriebs- oder sogar Unternehmensgedächtnis**. *Link* und *Hildebrand* definieren eine Database wie folgt:

➡ Eine **Database** ist eine **relationale Datenbank**, in der für jeden Kunden alle für Marketing- und Vertriebsaktivitäten relevanten Informationen in einer Weise gespeichert sind, so dass jederzeit nach einzelnen oder nach Und/Oder-Beziehungen gruppierten Daten gesucht werden kann.

➡ Eine Database ist Voraussetzung für ein **Database-Marketing**. *„Database Marketing ist zu verstehen als ein auf den einzelnen Kunden ausgerichtetes Marketing auf der Basis kundenindividueller, in einer Datenbank gespeicherter Informationen."* (*Link/Hildebrand* 1997, S. 19)

Database-Marketing fordert, *„dem richtigen Kunden zum richtigen Zeitpunkt mit den richtigen Argumenten ein maßgeschneidertes Angebot zu machen."* (*Link/Hildebrand* 1997, S. 19). Oder, wie es der frühere Vertriebsvorstand von *DaimlerChrysler, Dr. Zetsche*, in einem Interview ausdrückte: *„Wir werden in Zukunft weniger mit der großen Gießkanne die Kommunikation betreiben. Für uns sind Database-Management, Clienting, die Stichworte."* (*Stippel*, ASW 5/1996, S. 18). Voraussetzungen für Database-Marketing sind aktuelle und feingegliederte Kundendaten, in denen automatisiert nach vielen Kriterien gesucht werden kann. Feingegliedert bedeutet, dass neben den Stammdaten auch „weiche" Daten erfasst werden; also weit mehr als nur die üblichen Adressen und Telefonnummern. Erst durch die Speicherung von Kaufhandlungen, Kaufmustern und Produktassoziationen kann das Marketing die versteckten **Kundenprofile** aufdecken (vgl. *Ackerschott* 2000, S. 61–65). Diese Kundenprofile beschreiben Kundentypen und deren Verhalten, z.B. der *Preisbewusste*, der *Qualitätsbewusste*, der *Flexibilitätsbewusste*, der *Servicebewusste* (*Rapp*, auf der DIMA 2000). Sie ermöglichen einen aktiven, bedürfnisgerechten Dialog mit dem Kunden und eine Voraussage zukünftiger Kaufentscheidungen (vgl. *Delto* 1998, S. 87). Kunden mit ähnlichen Profilen bzw. Reaktionsmustern werden zu Kundengruppen (Marktsegmenten) zusammengefasst (**Clustering**). Hieraus werden dann die Zielkunden für Marketing- und Vertriebsaktionen bestimmt. Auf die Ausführungen zur Kundenqualifizierung und zur Wettbewerberdatenbank (s. Abb. 405) in diesem Buch wird verwiesen. Während Stammdaten relativ unverändert bleiben, können sich die Kundenprofile im Zuge von Verhaltensänderungen wandeln.

Das **Database-Marketing** läuft in Schritten ab, wie sie z.B. *Link* und *Hildebrand* durch das - **RADAR**-Schema beschrieben haben (vgl. *Link/Hildebrand* 1993, S. 30–31). Die Umsetzung erfolgt durch Direktmarketing-Aktionen bzw. in Kampagnen, wie sie in Abschnitt 8.3. geschildert werden.

(1) Die **RESEARCH**-Phase umfasst die systematische Informationssammlung.

(2) In der **ANALYSIS**-Phase werden aus den Basisinformationen die Kundenprofile abgeleitet.

(3) Die **DETECTION**-Phase dient der Identifikation von Vermarktungschancen und -risiken bei jedem einzelnen Kunden oder bei der Zielgruppe.

(4) In der **ACTION**-Phase werden anschließend die kundenprofil-spezifischen Marketingmaßnahmen durchgeführt.

(5) Die **REACTION**-Phase beinhaltet die Verarbeitung aller Kundenreaktionen, von der Auftragsentgegennahme bis hin zu den Follow-up-Maßnahmen.

Sofort stellt sich die Frage, welche Daten gesammelt werden und wie die Daten (Dateien) zu strukturieren sind. Gängig ist z.B. die folgende Ordnung im *„Kundeninformationsdschungel"* (vgl. *Krumb* 2002, S. 113; *Homburg* 2001, S. 172; unter Rückgriff auf die Systematik von *Link/Hildebrand*):

(1) **Stammdaten:** *Wer sind unsere Kunden?*

(2) **Profildaten:** *Wie verhalten sich unsere Kunden?*

(2) **Potenzialdaten:** *Was brauchen und wünschen unsere Kunden?*

(3) **Aktionsdaten:** *Was tun wir für unsere Kunden?*

(4) **Reaktionsdaten:** *In welchen Erfolgsdaten schlagen sich unsere Bemühungen um den Kunden bzw. die der Wettbewerber nieder?* (3) und (4) bilden die Kundenhistorie.

Abb. 212 entwickelt hierzu eine Alternative und geht dabei auf das in der Praxis heikle Thema der Datenpflege ein.

Die Kundenstammdaten werden im Laufe der Kundenbetreuung weiter verfeinert und angereichert. Eine Database ermöglicht Marketing und Vertrieb eine flexible Kundensegmentierung und daraus folgend die Abgrenzung von Zielgruppen und Zielkunden. Abb. 213 zeigt ein Schema für

DIE DATENKATEGORIEN DER DATABASE		
	Bemerkungen	Datenpflege
Stammdaten	Sind die relativ unveränderlichen Basisdaten eines Kunden, z.B. Name, Adresse, Preisstaffel (in BtoB), Lieferkonditionen. Korrekte Stammdaten sind Voraussetzung für die sog. Personalisierung.	Stammdaten sind bei jedem neuen Lead anzulegen und im Kundenstatus zu vervollständigen. Die Hauptarbeit wird vom Innendienst geleistet. Grundsätzliche Änderungen (z.B. bei Gesprächspartnerwechsel auf Kundenseite) initiiert der Außendienst die Datenänderung.
Transaktionsdaten	Sind die Geschäftsdaten aus den operativen Prozessen (Auftrag, Lieferung, Fakturierung, Bezahlung).	Daten werden vom ERP-System bzw. von Warenwirtschaft und Finanzbuchhaltung eingespielt.
Kontaktdaten	Sind die Informationen, die im Zusammenhang mit der Kundenbetreuung in der sog. Kundenhistorie vermerkt werden (z.B. Besuchsbericht, Telefonnotiz). Oft sind dann noch Dokumente hinterlegt.	Die Eingabe und Pflege muss zwischen Innendienst, Außendienst und Service vereinbart werden. Grundsätzlich verantwortlich ist der für einen Vorgang Verantwortliche (Process Owner).
„weiche" Daten, Verhaltensprofil-daten, (Daten aus der Kundenqualifi-zierung)	Ergänzen die Stamm- und Kontaktdaten. Gewonnen werden diese Informationen im Rahmen der Kundenqualifizierung. Es handelt sich meistens um Einschätzungen (z.B. Einschätzung von Kundenzufriedenheit und Kundentreue). Es kann sich aber auch um quantitative Informationen handeln. Beispiel: Ein Bankkunde informiert über eine zu erwartende Erbschaft. Weiche Daten sind Voraussetzung für die sog. Individualisierung.	Ohne Festlegungen im Rahmen der Vertriebsteams gehen die Informationen im Verkaufsalltag unter. Ein CRM-System muss die Dateneingabe und -pflege unterstützen. Weiche Daten zu halten macht nur dann Sinn, wenn man sie auf Knopfdruck suchen und analysieren kann. Zugriffsrechte auf diese Datenfelder müssen klar geregelt sein. Zuständig ist die Person, die die Verantwortung für den Kundenumsatz trägt.
PuC-Daten (neu: Business Intelligence-Daten)	Sind die „harten" Daten aus Planung und Controlling. In der Regel sind sie auf Transaktionsdaten fokussiert (z.B. Auftragseingangs-, Umsatz-, Deckungsbeitragswerte). Auch die im Rahmen von Business Intelligence gewonnenen Daten gehören in diese Kategorie.	Die Datenhoheit liegt im Rechnungswesen/ Controlling oder – falls vorhanden – im Vertriebscontrolling. Marketing und Vertrieb haben Leserechte, können diese Daten aber i.d.R. nicht verändern.
Prozessdaten	Sind eine relativ neue Datenkategorie im Zusammenhang mit Business Process Management. Im Gegensatz zu den klassischen Planungs- und Kontrolldaten des Rechnungswesen werden hier Abläufe, Bearbeitungszeiten, Kosten pro Zeiteinheit erfasst und ausgewertet.	Siehe PuC-Daten.
Marktdaten/ externe Daten	Sind Informationen von Verbänden, Marktforschungs- und Research-Instituten, externen Dienstleistern, die im Rahmen des Knowledge-Managements den operativen Bereichen zur Verfügung gestellt werden.	Einspielen und Datenpflege ist sinnvollerweise Aufgabe des Marketing.

Abb. 212: Die Datenkategorien der CRM-Database

die Strukturierung von Kundendaten zum Zwecke der operativen Zielgruppenbildung. Der untere Teil der Tabelle belegt: Die im Konsummarketing geläufigen Kundensegmentierungskriterien können durchaus auch für die BtoB-Vertriebssteuerung herangezogen werden.

Die Erfassung, Analyse und Pflege der „weichen" Kundendaten stellt die Unternehmen immer wieder vor Herausforderungen. Viele Vertriebssteuerungssysteme sind auf weiche Daten gar nicht eingerichtet. Ein Beispiel aus dem Bankenbereich: Wenn ein Kunde nur 1 Euro Spareinlage leisten will, ist eine halbstündige Kundenqualifizierung erforderlich. Wenn er aber am Bankschalter den Hinweis gibt, er erwarte im kommenden Monate eine Millionenerbschaft, dann muss die Schalterangestellte diese Information als Notiz an den zuständigen Individualkunden-

ZIELGRUPPENMERKMALE FÜR DIE KUNDEN-DATABASE			
Demografische Merkmale	Sozialökonomische Merkmale	Psychografische Merkmale	Merkmale des Kaufverhaltens
Klassische Marktsegmentierungskriterien für Konsumgütermärkte (Privatmärkte)			
⇨ Geschlecht ⇨ Alter ⇨ Religion ⇨ Familienstand, Kinder ⇨ Herkunftsland ⇨ Wohnregion ⇨ Wohnort ⇨ Wohnbedingungen ⇨ Freizeitverhalten ⇨ Einfluss in Gruppen, Vereinen ⇨ Politische Ausrichtung	⇨ Haushaltsgröße ⇨ Schulbildung ⇨ Beruf ⇨ Einkommen ⇨ Haushaltskaufkraft ⇨ Besitzmerkmale ⇨ Urlaubsverhalten ⇨ Ausbildungsinteressen ⇨ Spendenverhalten ⇨ Sparneigung	⇨ Persönlichkeit, ⇨ Wissen, Kenntnisse ⇨ Interessen, Hobbys ⇨ Neigungen ⇨ Ansprüche ⇨ Einstellungen ⇨ Konsumeinstellungen ⇨ Präferenzen, Wünsche ⇨ Kaufabsichten ⇨ Risikofreude ⇨ Umweltbewusstsein ⇨ Religiosität	⇨ Bevorzugte Einkaufs- stätten ⇨ Einkaufszeiten ⇨ Kaufhäufigkeiten ⇨ Kaufmengen ⇨ Zahlungsverhalten ⇨ Markenbewusstsein ⇨ Lieferantentreue ⇨ Beeinflussbarkeit am POS ⇨ Mediennutzung
Übertragung der Konsumgüter-Segmentierung auf BtoB-Märkte (Geschäftsmärkte)			
⇨ Rechtsform ⇨ Branche ⇨ Geschäftsleitung ⇨ Konzernzugehörigkeiten ⇨ Organisation ⇨ Kundenstandorte ⇨ Leistungsangebote des Kunden ⇨ Maschinelle Ausrüstung des Kunden ⇨ Technologien ⇨ Innovationen	⇨ Bilanzsituation ⇨ Liquiditätssituation ⇨ Expansionsgrad ⇨ Marktpotenziale ⇨ Einkaufsbudgets ⇨ Lieferanteile von Wett- bewerbern ⇨ Hauptkunden des Kun- den ⇨ Hauptwettbewerber des Kunden ⇨ Stärken und Schwächen des Kunden	⇨ Gleiche Merkmale wie im Konsumbereich, je- doch zu beziehen auf alle Mitglieder des Buying Center beim Kunden ⇨ Merkmale, die die Be- ziehungen und Abhän- gigkeiten der Personen im Buying Center unter- einander beschreiben	⇨ Produktinteressen ⇨ Produktanwendungen ⇨ Preisvorstellungen ⇨ Einkaufsverhalten ⇨ Lagerpolitik des Kunden ⇨ Zahlungsverhalten ⇨ Reklamationsverhalten ⇨ Lieferantentreue ⇨ Besondere Wettbe- werbspräferenzen des Kunden ⇨ Bevorzugte Lieferfristen

Abb. 213: Kundeninformationen in der Database

berater mit der Bitte um Kontaktaufnahme weitergegeben. Das System kann keinen Prozess auf der Grundlage weicher Daten anstoßen. Ohne eine Transaktion sind viele Unternehmen bei der Weiterverfolgung ihrer Kunden hilflos. Abb. 214 liefert eine Systematik wichtiger weicher Kundeninformationen für die Vertriebssteuerung. Diese nach und nach zu erheben, ist ehrenvolle Aufgabe aller Mitarbeiter mit Kundenkontakt.

In Bezug auf den Aufbau einer Kundendatenbank für die CRM-Vertriebssteuerung sind zwei Datenmodelle zu beachten:

(1) **Das logische Datenmodell**: Es wird verwendet, um in der Designphase eines Systems die Zusammenhänge von Informationseinheiten zu verbildlichen. Es eignet sich sehr gut, um redundanzfreie Systeme (Systeme, in denen gleiche Informationen nicht doppelt gespeichert werden und somit widersprüchlich sein könnten) zu entwerfen. Meistens geht es einher mit der Analyse von Prozessen/Funktionen im Unternehmen. Schwerpunkt des logischen Datenmodells ist das Verstehen der Abläufe in der Realität. Es eignet sich nicht für den Aufbau von SQL-Datenbanken.

(2) **Das physikalische Datenmodell** steht für den Schritt vom Verständnis der Zusammenhänge zur Ablage der Daten auf der Datenbank. Aus dem logischen Modell lässt sich unter Anwendung von Regeln das physikalische Modell ableiten. Es ist die Umsetzung des logischen Datenmodells in eine Struktur von Tabellen. Es ist sozusagen die Landkarte des Systems, der Wegweiser durch die Struktur der Datenhaltung. Aus dem physikalischen Datenmodell werden die Kommandos zum Aufbau der Datenbank erzeugt. Es ist somit Dokumentation und Hilfsmittel zugleich.

BEISPIELE FÜR „WEICHE" KUNDENDATEN		
Frühe Signale – diverse Quellen	*Kundenaussagen*	*Einschätzungen durch Kundenbetreuer und Experten*
• Anstehende Familienveränderungen (BtoC) • Arbeitsplatzwechsel (BtoC) • Schulabschluss (BtoC) • Hinweise zu beruflichen Veränderungen (BtoC) • Hinweise auf Wechsel des Einkäufers (BtoB) • Anstehende Firmenveränderungen (BtoB) • Hinweise auf Strategiewechsel (BtoB) (z.B. Meldung aus der Wirtschaftspresse) • Veränderungen bei den finanziellen Verhältnisse (z.B. Kreditaufnahme) • Hinweise auf mögliche Zahlungsprobleme (u.a. durch Auskunft) • Hinweise auf Vertragskündigungen, Stornierungen, Lieferantenwechsel	• Kundenaussagen zu Stärken und Schwächen der bezogenen Leistungen (Produkte) • Kundenaussagen zu Stärken und Schwächen von Konkurrenzprodukten • Kundenaussagen über Lieferanteile • Kundenaussagen zur Preiswertigkeit • Kundenaussagen zu Rabatten der Konkurrenz • Kundenaussagen über Projektvolumina und Entscheidungszeiträume • Kundenaussagen über Vorlieben für bestimmte Verkäufer • Hinweise auf Produktentwicklungen auf Kundenseite • Hinweise auf neue Großkunden oder verlorene Kunden auf Kundenseite • Aussagen zu Mitgliedschaften des Kunden oder Beteiligung an Netzwerken	• Value Sensitivity: Für welche Werte sind die Kunde empfänglich • Einschätzungen von erwarteten Angebotspreisen • Einschätzung von Kundenzufriedenheit • Einschätzung der Kundentreue • Einschätzung von Einkaufsbudgets • Neigungen der Kunden • Hobbies der Kunden • Einschätzungen von besonderen Präferenzen und Abhängigkeiten zu und von Wettbewerbern • Einschätzungen der wirtschaftlichen Situation der Kunden • Einschätzungen des Zahlungsverhaltens von Kunden • Einschätzungen der Wachstumsaussichten von Kunden

Abb. 214: Beispiele für weiche Kundendaten für die Vertriebssteuerung

Ein CRM-Anbieter wie *REGWARE* liefert an seine Kunden das physikalische Datenmodell als Bestandteil der Systemdokumentation aus. Die Offenlegung des Systems bietet dem SQL-kundigen Anwender die Möglichkeit, die gesammelten Daten unabhängig vom *REGWARE-System* mit jedem gängigen Datenbank-Abfragewerkzeug auszuwerten. In Kenntnis des Modells hat der Kunde auch die Möglichkeit, im System noch nicht integrierte Informationen „anzudocken" oder eigene Pools zur Auswertung mit dem CRM-System zu verbinden. Abb. 215 zeigt einen Ausschnitt aus einem physikalischen Datenmodell.

Die Aspekte des Database-Marketing werden im folgenden nicht weiter vertieft. Es wird vielmehr die vertriebliche Frage weiter verfolgt, wie die Qualität der Kundendaten gesichert werden kann. Denn: *„Erfolgreiches CRM beginnt mit der richtigen Adresse."* (*Kreutzer*, acquisa Sonderheft CRM 2001, S. 20).

7.3.2. Die Pflege und Optimierung der Interessenten- und Kundendaten

Die Karstadt AG verfügt über 17,6 Mio. qualifizierte Kundenadressen. 2,5 Mio. Kunden besuchen täglich die Warenhäuser. 3 Mio. Kundenkarten sind im Umlauf. Wie viele Adressenänderungen sind wohl jährlich notwendig?

Database-Marketing beginnt mit **Personalisierung**. Personalisierung bedeutet zunächst: korrekter Name und korrekte Adresse. Ein Anbieter sollte die Adressensuche, -qualifizierung und -pflege nicht vollständig selbst übernehmen. Diese Empfehlung gilt für BtoC-, aber auch auch für internationale BtoB-Märkte. Gerade wenn

- Datenbestände sehr umfangreich sind,
- Daten von verschiedenen Mitarbeitern von verschiedenen Stellen aus eingegeben werden,
- Kunden- und Marktdaten sich häufig ändern,

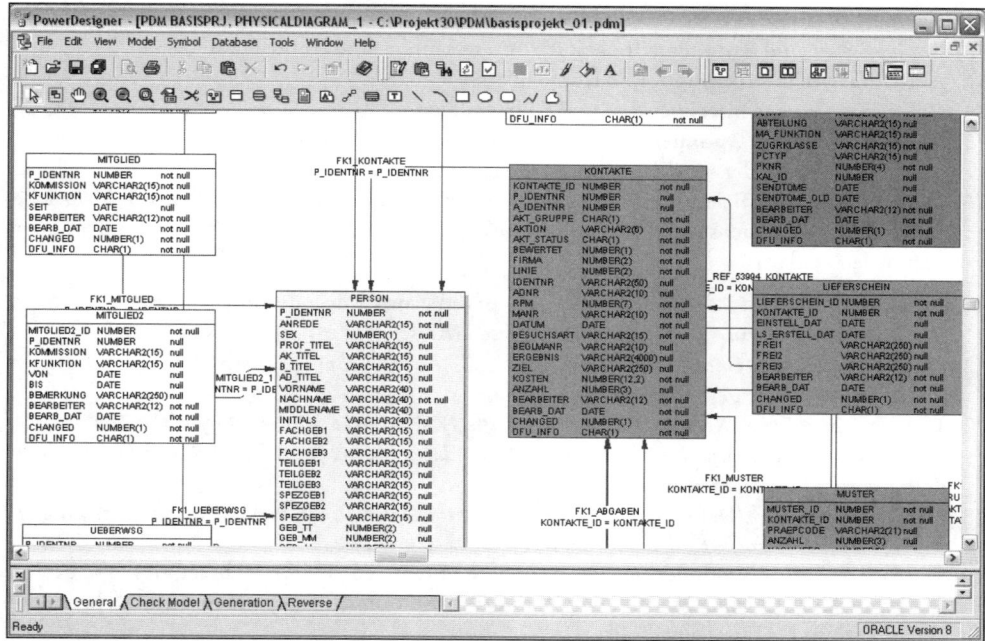

Abb. 215: Ein Ausschnitt aus einem physikalischen Datenmodell /
REGWARE GmbH auf der Basis des PowerDesigner

- Datenbanken parallel genutzt werden (z.B. bei autonomen Tochtergesellschaften oder bei Niederlassungen mit eigenen Datenbeständen),
- Kundendaten über zahlreiche Kontakt- und Verkaufskanäle ein- und auslaufen,

spielen die Verfahren zum Datenabgleich, zur Datenveredelung und zur Datenanreicherung eine wichtige Rolle. In der Praxis gilt die Erfahrungsregel, dass sich pro Jahr fünf bis zehn Prozent aller Anschriften ändern. Eine über drei Jahre nicht gepflegte Kundenkartei ist wertlos. Werden Kundendaten nicht gepflegt, dann

- wird die Kundenbetreuung erschwert,
- wird wirksames Cross-Selling verhindert,
- können Kundenanfragen nicht korrekt und zügig beantwortet werden,
- wandern verärgerte Kunden ab,
- entsteht bei den Kunden der Eindruck von Massenwerbung,
- lassen sich Mailings nicht zielgenau versenden, was die Erfolgsquote senkt und die Versandkosten erhöht,
- können Aktionen und Reaktionen nicht eindeutig den Kunden zugeordnet werden,
- steigt der Zeitaufwand für die Suche nach fehlenden Informationen enorm,
- wird das Marketingcontrolling verfälscht,
- wird das Unternehmensimage nach außen geschädigt (vgl. *Mai*, is-Report 6/2004, S.45).

Grundsätzlich hängt die **Qualität einer Database bzw. die Qualität der Interessenten und Kundendaten** von folgenden Faktoren ab:

(1) **Korrektheit der Interessenten- und Kundendaten,**
(2) **Eindeutigkeit und Redundanzfreiheit der Interessenten- und Kundendaten,**
(3) **Aktualität der Interessenten- und Kundendaten,**
(4) **Vollständigkeit der Interessenten- und Kundendaten,**
(5) **Anreicherung und Optimierung der Interessenten- und Kundendaten** im Hinblick auf geplante Vertriebs- oder Marketingkampagnen
(6) **Datentechnische Effizienz der Interessenten- und Kundendaten** im Hinblick auf Abspeicherung, Datenpflegedienst, Verknüpfung mit EDV-Anwendungen, Anpassung an andere internationale Standards.

Hierzu fallen im Rahmen der **Datenpflege und -optimierung** folgende Aufgaben an:

(1) **Postalische Korrektur** von Kundenstammdaten (*Kaiserstraße* ➪ *Robert Kaiser Str.*),
(2) **Namenskorrektur** (*George Bush* ➪ *George „W" Bush, Robert Müller* ➪ *Dr. Robert Müller, Luise Meier* ➪ *jetzt verheirate Luise Müller*),
(3) **Doublettenprüfung** (*Robert Müller, Dorfstraße 17* ➪ *Robert Müller, Dorfstraße 71*)
(4) **Stammdatenbereinigung** (*Sterbedatei – Umzugsdatei – seit x Jahren kein Kaufvorgang mehr, Luise Müller jetzt verheiratete Luise Meier*)
(5) **Datenanreicherung/Datenveredelung** (*Dr. Robert Müller, Jurist, geb. 1950, 2 Kinder unter 18 Jahre, Kaufkraft hoch, Kaufverhalten lt. Payback-Card-Daten ...*)
(6) **Datenerweiterung/Optimierung der Database** (Ergänzen des Datenbestandes um externe Daten aus dem In- und Ausland gemäß Spezifikation und Integration in die bestehende IT-Architektur oder Data-Warehouse).

Diese Aufgaben können und sollten Unternehmen nicht mehr im vollen Umfang selbständig erledigen. Adressverlage als Adressenverkäufer, -verleiher und -broker mit einem Umsatzvolumen von über 25 Mrd. Euro stellen heute Dienstleistungen für die genannten Aufgaben zur Verfügung.

- Adress-Vollsortimenter vermieten und bearbeiten Adressen branchenübergreifend,
- Adress-Spezialsortimenter konzentrieren sich auf Marktsegmente in BtoB oder BtoC,
- Listbroker vermitteln Adressdateien im Consumer- und Businessbereich für fast jede Zielgruppe.

Abb. 216 listet bekannte Adressunternehmen auf (vgl. *Gohr*, acquisa 9/2004, S. 40–43). Der zitierte Fachbeitrag liefert einen hervorragenden Vergleich der Schwerpunkte und Stärken der führenden Adressanbieter. Die Datenbanken enthalten Privat- und Geschäftskundenadressen entsprechend der Aufteilung in Abb. 217. Diese Adressen und Kundeninformationen lassen sich mit der eigenen Kundendatenbank verknüpfen.

Die **Kosten für eine Adressenbearbeitung** liegen im Standard in einer Bandbreite zwischen 0,12 bis 0,50 Euro. Allerdings hängt das Budget immer vom Einzelfall ab. Die Unternehmen benötigen i.d.R. immer spezielle Anreicherungen und Services, die z.B. mit 0,05 Euro pro Adresse beziffert werden. Ein hochveredelte Adresse kann dann schon mal 0,80 bis 1 Euro kosten.

Wie kann die Zusammenarbeit mit einem Adressdienstleister gestaltet werden? Abb. 218 skizziert eine Database-Struktur des CRM-Anbieters *Team Brendel* in Kooperation mit *AZ Direct* (vgl. *Schimmel-Schloo*, acquisa 10/1999, S. 92). Der Adressenspezialist greift auf die Kundendatenbank zu und gleicht die Adressen mit dem eigenen Bestand ab. Die CRM-Database von *Team Brendel* profitiert von folgenden Dienstleistungen der Adressenveredelung:

(1) **Grundbereinigung:** Die Daten werden kontrolliert, postalisch bereinigt, von Dubletten befreit (Doublettencheck), geänderte Adressen werden aktualisiert, unbekannt verzogene Kun-

FÜHRENDE ADRESS-SORTIMENTER		
1 Schober Information Group	*www.schober.de*	1 Mrd.
2 Dun&Bradstreet	*www.dnb.com/de*	83 Mio.
3 KOOP Direktmarketing	*www.koop-direktmarketing.de*	58 Mio.
4 AZ Direct	*www.az-direct.com*	42 Mio.
5 Acxiom Deutschland	*www.acxiom.de*	42 Mio.
6 Deutsche Post Direkt	*www.postdirekt.de*	34 Mio.
7 bedirect (nur Select-Qualität)	*www.bedirect.de*	3 Mio.
8 Hoppenstedt Firmeninformationen (nur BtoB)	*www.hoppenstedt.de*	0,7 Mio.
9 Riek, direkt Marketing Fairmarketing	*www.adressen-riek.de*	??
10 Trebbau (Vermittlung aller Bestände)	*www.trebbau.de*	1,5 Mrd.
(Quelle: Gohr, acquisa 9/2004, S. 40-41)		

Abb. 216: Führende Adress-Vollsortimenter

GESAMTADRESSENMARKT DEUTSCHLAND	
Consumer-Adressen	*Business-Adressen*
Postkäufer, Postkaufinteressenten Personen, die gerne im Versandhandel kaufen und / oder auf schriftliche Angebote reagieren	Postkäufer, Postkaufinteressenten Firmen, die eine positive Einstellung zur Bedarfsdeckung aus Katalogen und Mailings haben
Haushalts- / Privatadressen, Datenbanken Für regionale, flächendeckende Aktionen bzw. unter Nutzung von mikrogeographischen Informationen zur Ansprache spezifischer Zielgruppen	Firmenadressen / Datenbanken von Adressverlagen Hohe Marktabdeckung in allen Segmenten, beste Branchentiefenselektion
Haushalts- / Privatadressen, spezifische Zielgruppen Zur Erreichung von Zielgruppen in bestimmten Lebensphasen (z.B. junge Mütter), mit spezifischen Interessen (z.B. Golfer) oder mit Besitzmerkmalen (z.B. KFZ-Halter)	Firmenadressen / Datenbank-spezifische Zielgruppen Hohe Marktabdeckung von spezifischen Segmenten (z.B. EDV-Anwender) und / oder spezifischen Informationen
Befragungs- / Lifestyleadressen Durch die Verknüpfung vieler Informationen außergewöhnlich gute Zielgruppendefinition bei kleinen Mengen	Befragungsadressen Firmen mit aktuell recherchierten Informationen zu Bedarf, Ausstattung, Ansprechpartnern etc.
(Quelle: DDV (Hrsg.): Direct Mail Jahrbuch 2002, S. 67)	

Abb. 217: Der Gesamtadressenmarkt in Deutschland

den wenn möglich aufgespürt. Der CRM-Anwender erhält die grundbereinigte Datenbank zurück.

(2) **Analyse:** Nach vielfältigen Möglichkeiten kann der CRM-Anwender Kunden- und Markt-strukturen ermitteln, größere Marktsegmente bilden oder auch kleine Zielgruppen struktu-rieren. Für die Analysen wird die CRM-Datenbank um die beim Adressenverlag zusätzlich gespeicherten Daten erweitert.

(3) **Erweiterung:** Für Kampagnen kann der CRM-Anwender speziell die Adressen zukaufen, die in Bezug auf die gewünschten Zielgruppen dem bestehenden Kundenstamm möglichst nahe kommen.

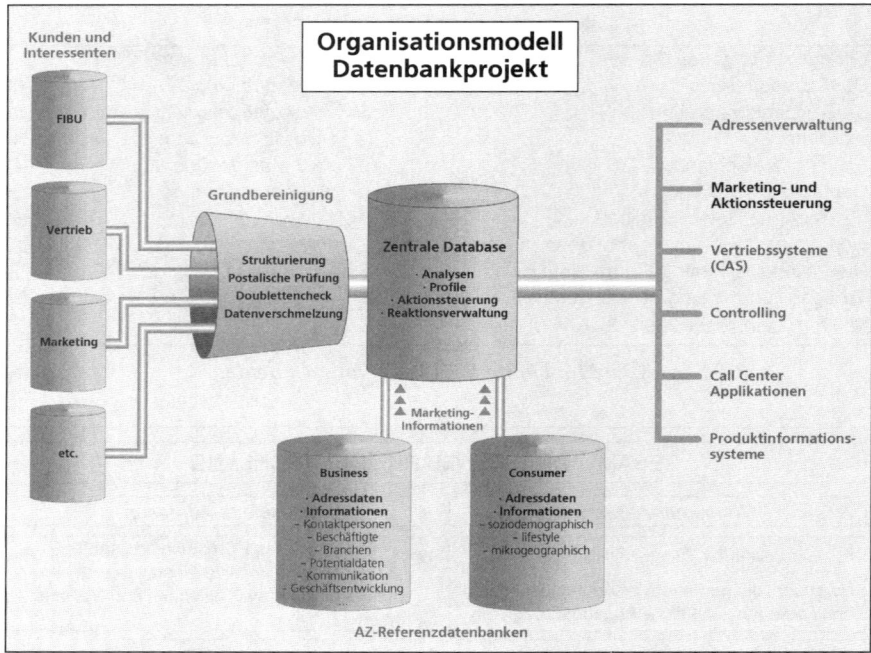

Abb. 218: Die Verknüpfung einer CRM-Marktdatenbank mit Referenzbanken
– Team Brendel GmbH in Kooperation mit AZ Direct –
(Quelle: AZ Direct GmbH)

Auf die Adressenoptimierung für BtoB-Anbieter hat sich D&B (*Dun & Bradstreet*) spezialisiert. Gerade in den hart umkämpften, technischen Märkten kommt es auf eine perfekte weltweite Adressenpflege an. Alle 22 Sekunden wird eine Unternehmensinformation in der *D&B*-Datenbank aktualisiert. Allein für Europa vermerkt die *D&B*-Datenbank alle 10 Sekunden eine Negativmeldung und alle 4 Minuten eine Insolvenz. Die weltweite Datenbank (*Thinktank*) mit Namen *WorldBase* enthält 83 Mio. qualifizierte Unternehmen in rund 200 Ländern. 3,5 Mio. Geschäftsadressen sind in Deutschland verschlüsselt. Die Kundenidentifizierung erfolgt nach dem **Data Universal Numbering System**. Die sog. *D-U-N-S ® Nummer* ist als weltweiter BtoB-Standard zur Identifizierung von Unternehmen akzeptiert. Ein neunstelliger, „nichtsprechender" Identifizierungsschlüssel wird einmalig an angeschlossene Unternehmen und Partner vergeben. Jedem Schlüssel sind knapp 400 Informationen über Adressen, Branche, Firmenverflechtungen, Ansprechpartner (optional bis zu 15!), Bilanzdaten, Unternehmensmeldungen zugeordnet. Permanent werden Zahlungsereignisse, Negativdaten, Handelsregistereintragungen und Presseveröffentlichungen aktualisiert und, der *D-U-N-S ®* Nummer zugeordnet, abrufbereit archiviert. Speziell die oft undurchschaubaren Vorgänge im Rahmen von **Konzernverflechtungen** werden umfassend und ohne eigenen Marktforschungsaufwand durch Online-Zugriff auf die *D&B*-Datenbanken überwacht. Durch die standardisierte Unternehmensidentifikation können diese Informationen zwischen Datenbanken weltweit ausgetauscht werden.

Der Basisservice von *D&B* liegt in der **Datenrationalisierung**:

(1) **Datencheck**: Im ersten Schritt werden die Kundendaten konsolidiert, untereinander abgeglichen und für eine systematische Datenpflege vorbereitet.

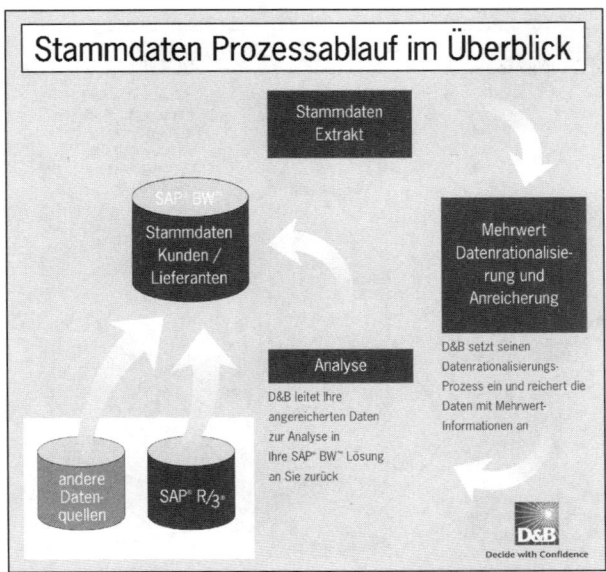

Abb. 219: Stammdatenpflege mit Hilfe von Dun & Bradstreet

(2) **Matching**: Danach werden die Kundeninformationen mit *WorldBase* abgeglichen (gematched) und *D-U-N-S* ® Nummern vergeben. Damit ist der gesamte Datenbestand bereinigt.

(3) **Verknüpfung**: Nach bestimmten Vorgaben können nun die Kundendaten angereichert werden. Verknüpfungen stellen sicher, dass auch zukünftig nach schnellem Abgleich der Kundenbestand stets auf aktuellem Stand bleibt.

(4) **ERP-Integration**: Die rationalisierten Kunden- und Lieferantendateien werden jetzt mit den *D.U.N.S*-Nummern bzw. den Verknüpfungsregeln in das ERP-System des Auftraggebers zurückgespielt. Danach lassen sich aus diesem Datenbestand unmittelbar Marketingaktionen anstoßen.

Abb. 219 skizziert das Dienstleistungskonzept. *Market Insight, Data Integration Toolkit* oder *Data Monitoring* sind weitere Dienstleistungen von *Dun & Bradstreet* zur Stärkung der Kundendatenbank. Die Leistungen können direkt in CRM-Systeme einfließen. So liefert z.B. die *Siebel D&B Integration Solution* einem CRM-Anwender automatisiert Marketingadressen, Informationen über Firmenverflechtungen sowie generelle, die Unternehmen beschreibende Informationen. Die *D&B*-Daten können sogar unmittelbar als Stammdaten für die Kundendatenbank genutzt werden. Durch die *D&B*-Online-Pflege erübrigt sich die gefürchtete Verkäuferfrage: *„Und wer soll die Daten pflegen?"* Die *D&B*-Lösung ermöglicht darüber hinaus den Online-Zugriff auf ausgewählte und ausführliche *D&B*-Unternehmens- und Wirtschaftsberichte. Durch die Kooperation mit *Siebel* ist der Datenrationalisierungsservice für die Anwender von *Siebel*-Software verfügbar. Abb. 220 skizziert das Integrationskonzept. Besonders interessant ist die rechte Spalte. Zahlreiche Informationen und Sonderberichte von *D&B* werden direkt in *Siebel*-Masken übertragen. Operatives CRM und Marktforschung spielen hier zusammen.

Abb. 221 enthält abschließend grundlegende Empfehlungen für das Adressenmanagement. Wir können es nicht deutlich genug sagen: *Wer seine Kundenadressen nicht im Griff hat, der kann sich alle weiteren Überlegungen zu einem modernen Vertriebsmanagement sparen.*

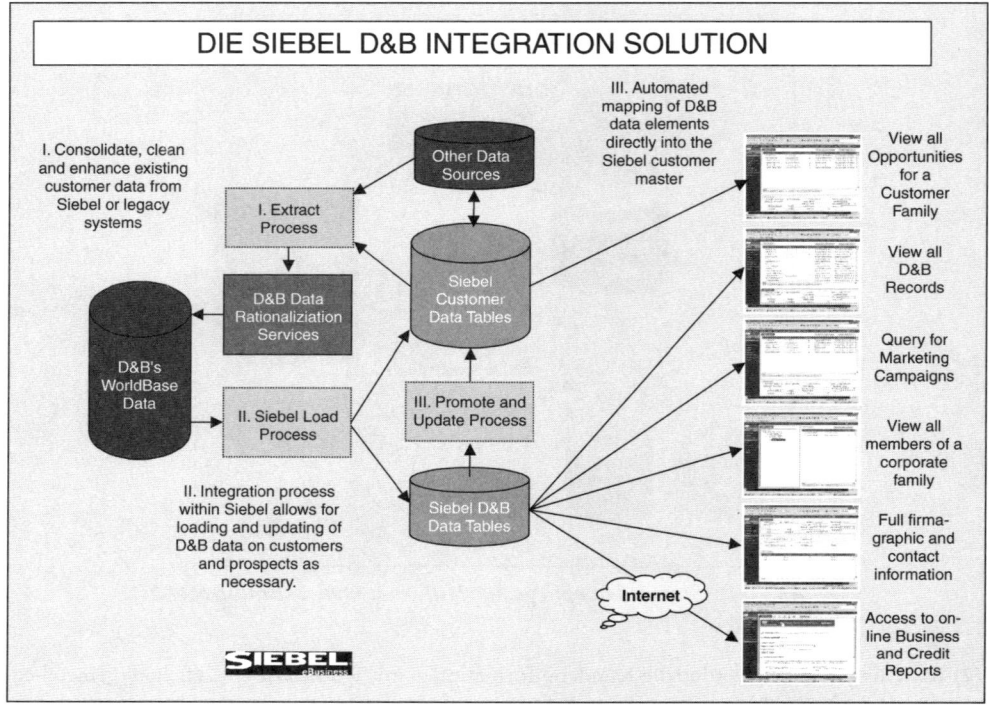

Abb. 220: Die Siebel D&B Integration Solution / Siebel GmbH

CHECKLISTE FÜR DIE ADRESSENAUSWAHL BEI MAILINGAKTIONEN	
①	Definition der Zielgruppe, z.B. nach Branchen, Entscheidungsträgern, Betriebsgröße, Umsatz, Region und vor allem nach Bedürfnissen
②	Adresseneinsatz bestimmen: Miete oder Kaufen? Einmalige oder mehrmalige Nutzung?
③	Sollen Fremdadressen mit eigenem Datenbestand abgeglichen werden?
④	Ort der Adressenverarbeitung festlegen: im eigenen Unternehmen, beim Lettershop, beim Direktmarketing-Dienstleister?
⑤	Auswahl der Adressen-Anbietergruppe: Listbroker, Vollsortimenter, Adressen-Spezialanbieter?
⑥	Auswahl des Anbieters: online (z.B. *www.post.de/direktmarketing*, *www.ddv.de/mitglieder/index.html*)
⑦	Einholen von Vergleichsangeboten. U.a. Überprüfung von Zustellbarkeitsquote, Marktabdeckung, Art der Adressengewinnung, Mindesteinsatzmengen bei Abgleich.
⑧	Entscheidung für einen Adressenanbieter nicht nur nach dem Preis.
(Quelle: DDV (Hrsg.): Direct Mail Jahrbuch 2002, S. 69)	

Abb. 221: Allgemeine Empfehlungen für das Adressenmanagement

7.3.3. Der Einbezug von Spezialdatenbanken in die Vertriebssteuerung

Auch externe Spezialdatenbanken (Wissensdatenbanken) können in die Verkaufssteuerung einbezogen werden. Abb. 222 liefert ein Beispiel aus dem Pharmabereich. Das Beispiel zeigt die Anbindung von *REGIND* des CRM-Anbieters *REGWARE* an die **IMS-Datenbank** (*International Medical Statistics von Dun & Bradstreet*). Die *IMS*-Datenbank ist weit mehr als ein Arzneimittelkatalog. Die Datenbank liefert auch die Umsatz- und Absatzzahlen des Pharmagroßhandels für die Präparate auf Apothekenebene (Bsp.: *Thomapyrin* Tabletten, 20 Stück, identifiziert durch eine PZN-Pharmazentralnummer), gegliedert nach RPM-Gebieten (Gebietsstruktur für den regionalen Pharmamarkt; gemäß *Nielsen*). Abb. 222 zeigt die monatlichen Umsatzerlöse der Vertriebslinie L1 im Jahr 2003 nebst einer grafischen Auswertung für die GES-Produkte in drei Vertriebsregionen. Die Vorteile einer solchen Datenbankverknüpfung mit einem CRM/CAS-System:

(1) Integrierte Marktforschungsdaten bieten der Verkaufsleitung eine bessere Entscheidungsgrundlage für ein Zielgruppenmanagement,

(2) sowie für eine Feinsteuerung des Produkt-Mix.

(3) Die Marktdaten können von den Vertriebsleitern unmittelbar für die Aktionssteuerung (auch für ein Coaching der Pharmaberater oder für Verkaufswettbewerbe) eingesetzt werden.

(4) Die Außendienstmitarbeiter können sich anhand der Verkaufserfolge der Produkte orientieren und diese mit ihren eigenen Verkaufsergebnissen vergleichen.

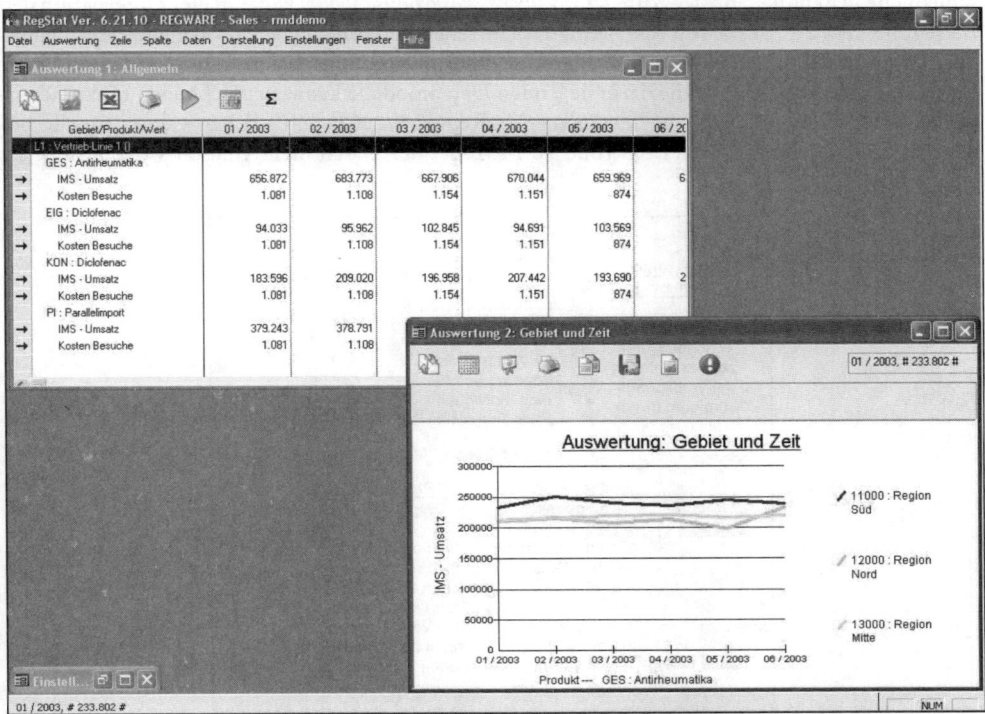

Abb. 222: Integration der IMS-Datenbank in das System REGIND der REGWARE GmbH

Das Beispiel belegt die Wichtigkeit eines reibungslosen Zusammenspieles unterschiedlicher Datenbanken. Die Forderung nach perfekter Datenintegration gilt insbesondere dann, wenn Adressenerweiterungen und Adressenpflege zunehmend durch externe Dienstleister online erfolgen (vgl. *Kenneweg/Reh,* salesprofi 10/1998, S. 35).

7.3.4. Die Integration der Marketing- und Vertriebsdaten im Data-Warehouse

Ist ein Schiff mit einem ABB-Turbolader bestückt und läuft dieses Schiff mit einem technischen Defekt einen Hafen mit einer der 80 ABB-Servicestellen an, dann lassen sich innerhalb von Minuten die technischen Kennwerte des Turboladers aus der Datenbank der Schweizer Zentrale bestimmen. Das richtige Ersatzteil wird innerhalb von 24 Stunden beschafft. (vgl. Zoller 1998, S. 29)

So zeigt sich: Eine moderne Vertriebssteuerung ist mit „Privatdateien" der Kundenbetreuer oder eingezäunten Abteilungsdateien nicht zu bewältigen. Die Kundenbetreuer verlangen zunächst Zugriff auf die Kern-Datenbanken der Abb. 223. Diese sind mit etlichen Spezial-Datenbanken und vor allem mit den Daten der Auftragsabwicklung zu verknüpfen. Es entsteht gemäß Abb. 224 ein vertrieblicher Dateienverbund, der wie <u>eine</u> integrierte Kundendatenbank zu funktionieren hat (vgl. zum Konzept einer integrierten Kundendatenbank *Link/Hildebrand* 1993, S. 44).

Was so einfach klingt, stellt die IT-Praxis immer wieder vor große Herausforderungen. Denn laut *SAP* liegen Unternehmensdaten in durchschnittlich fünf bis sieben Datenbanksystemen mit vielen unterschiedlichen Formaten und oft regional verteilt vor, wobei im Schnitt auf 50 unterschiedliche Datenquellen zugegriffen wird. *Price Waterhouse Coopers* hat in einer internationalen Befragung bei 75 Prozent von 600 befragten Unternehmen erhebliche Probleme mit der Datenqualität festgestellt. Rund 80 Prozent aller Geschäftsanwendungen basieren noch auf alten Mainframe-Systemen, so dass für die darin liegenden Datenmodelle keine ausreichenden Dokumentationen vorhanden sind (vgl. *Wollenschläger,* is-Report 9/2002, S. 40). Eine weitere Quelle behauptet deshalb, dass in der Praxis rund 70 Prozent aller Daten nicht genutzt werden, weil sie

Abb. 223: Die wichtigsten Datenbanken für den Außendienst

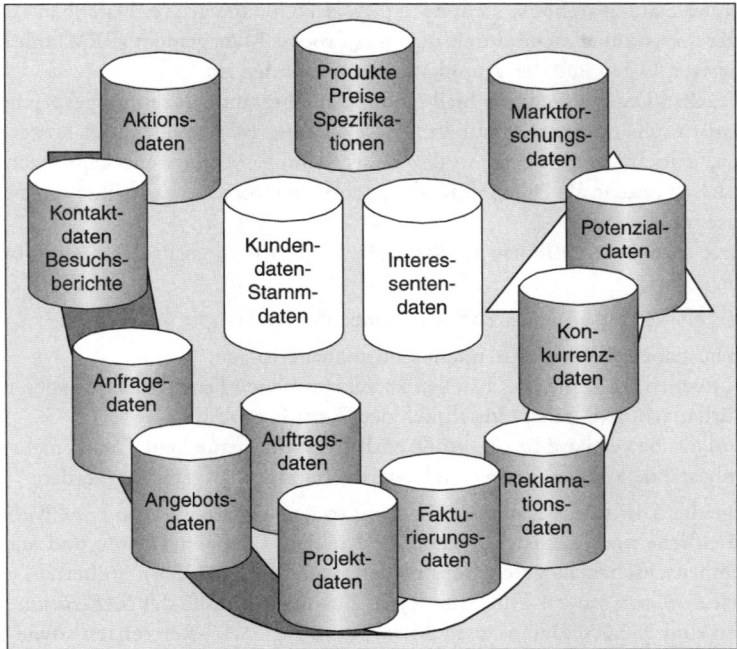

Abb. 224: Der Dateienverbund für Außen- und Innendienst (vgl. Link/Hildebrand 1993, S. 44)

nicht bekannt sind und/oder kein Zugriff möglich ist. Dabei sind die in der Praxis zu bewältigenden Datenmengen enorm. Allein 7,5 Mio. Teilnehmer zählt z.B. das *miles&more*-Programm der *Deutschen Lufthansa AG*. Inklusive Frequent Flyer, Beschwerden und Firmenkunden bewegt die *Lufthansa* 10 Mio. Datensätze in verteilten Systemen (vgl. Hinweis in Computerwoche 41/2003, S. 42). Für eine **Vertriebssteuerung aus einem Guss** bietet sich zur Lösung dieses Problems der Massendaten die Architektur eines **Data-Warehouse** an.

> ➡ **Ein Data-Warehouse** ist ein von den operativen DV-Systemen separiertes Datenbankverwaltungs- und -verknüpfungssystem, das Kunden- und Marktdaten themenorientiert, zeitbezogen und dauerhaft sammelt und ordnet und unternehmensübergreifend definierten Benutzergruppen gemäß Benutzerrechten zur Verfügung stellt.
> ➡ **Data-Warehousing** *„umfasst die Integration, Transformation, Bereinigung, Konsolidierung und Speicherung von Daten sowie die Bereitstellung dieser Daten zur Analyse und Interpretation. In Kombination stellen dies Aktivitäten einen kompletten „End-to-end"-Prozess dar."* (*SAP*, 2002, S. 25)
> ➡ **Ein Data Mart** ist eine dezentrale, subjekt- bzw. abteilungsspezifische Data-Warehouse Lösung. Ein Mart beschränkt sich oft nur auf einen Teilbereich eines Datenwarenhauses. Er dient der Informationsversorgung bestimmter Abteilungen bzw. Nutzergruppen.

Drei **Architekturen von Data-Warehouses** sind zu unterscheiden (vgl. *Schinzer/Bange/Mertens* 1999, S. 18–23):

(1) Ein **zentrales Data-Warehouse** stellt auch physisch eine integrierte Datenbank dar, die durch Middleware oder zunehmend durch Business Process Management (BPM) mit externen Daten, operativen Daten und den Applikationen verbunden ist.

(2) Beim **virtuellen Data-Warehouse** bleiben die Datenbestände dezentral gespeichert. Der Verbund wird mittels Software simuliert. Diese Lösung ist schneller und kostengünstiger zu realisieren, jedoch komplizierter in der Beherrschung. Mittlerweile kann nach festgelegten Regeln auch in dezentrale Datenbestände geschrieben werden, was früher nur beim zentralen Warehouse möglich war.

(3) Eine spezielle, dezentrale Form ist der **Data Mart**, wie oben in der Definition bereits beschrieben.

William H. Immon stellte an die Architekturkonzepte vier Hauptforderungen:

- Die Datenausgabe soll nach einheitlichen Formaten erfolgen.
- Für die Nutzer sollen keine Bruchstellen zu verschiedenen Datenbanksystemen und Applikationen spürbar sein (z.B. auch hinsichtlich der Datenabrufzeiten).
- Die Zeit soll als bewertbare Bezugsgröße enthalten sein (heute kein Thema mehr).
- Die Datenbestände können über einen längeren Zeitraum vorgehalten werden.

Nach Aussage der *SAP* strebt Data-Warehousing so eine *„einzige Version der Wahrheit"* an. Es soll eine einheitliche und konsistente Sicht auf Kunden, Geschäftsabläufe und andere Aspekte des Unternehmensgeschehens geschaffen werden (vgl. *SAP* 2002, S. 6). So betreut der Heimservice-Spezialist *Eismann* seine 4 Mio. Kunden in Europa mit Hilfe des *SAP-Business Warehouse* (BW). Täglich sind 350.000 Datensätze zu bearbeiten (vgl. *SAP*-Referenzen sowie die Meldung in acquisa 10/2001, S. 38). Datenwarenhäuser bewähren sich aber nicht nur in vertrieblichen Anwendungen. Die *Hüttenwerke Krupp Mannesmann* steuern z.B. ihre Hochöfen mit Hilfe eines Data-Warehouse (vgl. *von Hagen,* Computerwoche Extra 3/2002, S. 20).

Eine wichtige Rolle spielen **ETL-Werkzeuge**. Sie stellen ein spezielles DV-Angebot im Softwaremarkt dar. Zunächst werden die Daten aus den unterschiedlichen Basissystemen **extrahiert** und in einer sog. Staging Area selektiert. Dann erfolgt eine **Transformation in bereinigte Rohdaten** mit den Teilprozessen der Harmonisierung, Verdichtung und Anreicherung. Man beachte allein das Problem der Währungsangleichungen in einem internationalen Konzern. **Ladevorgänge** bringen die geforderten Daten abschließend zum Speichern, Aktualisieren oder Bearbeiten auf die eigentliche Warehouse-Ebene. Die Ablage der Daten erfolgt entweder in relationalen Tabellen (ROLAP-Systeme = virtuelle multidimensionale Datenbanken) oder in speziellen multidimensionalen Datenstrukturen (MOLAP-Systeme = physikale multidimensionale Datenbanksysteme).

Bekannte Hersteller von Data-Warehouse-Lösungen sind u.a. *Hyperion, IBM, MicroStrategy, Oracle, Pilot, SAP* (BW = Business Warehouse), *SAS* oder *Seagate.* Der **Markt für Datenbank-Software** wird von vier großen Anbietern mit zusammen ca. 80 Prozent Weltmarktanteil beherrscht: *Oracle* (42 %), *IBM* (20 %), *Microsoft* (8 %), *Informix* (6 %) und *Sybase* (4 %) (vgl. die Aufstellung im Manager Magazin 1/2001, S. 99).

Aus Vertriebssicht sind vier Aspekte zu beachten:

- Eine konsequente Data-Warehouse-Philosophie sollte dazu führen, dass Mitarbeiter sich nicht mehr wissenskonsumierend, sondern **wissensgenerierend** verhalten. Ihnen steht ein innovatives System zur Verfügung, um aus freien Stücken Wissen verschiedener Ressorts zu verbinden und dadurch neues Wissen zu schaffen.
- Das sollte dann dazu führen, dass **Informationen nicht mehr als Bringschuld, sondern als Holschuld verstanden werden.** Jeder ist selbst verantwortlich, sich aus dem Datenwarenhaus so zu bedienen, dass er im Arbeitsalltag bestmögliche Entscheidungen fällen kann.

- Ein Data-Warehouse stellt die Daten für das analytische CRM wie auch für Planung und Controlling bereit. Unternehmen mit starken Data-Warehouses sollten daher auch stark in der Analyse sein. Bezeichnenderweise betrachtet die *SAP AG* ihre Data-Warehouse-Lösung (*SAP BW*) dann auch als Teil von *mySAP Business Intelligence*.
- **Ein Data-Warehouse garantiert nicht automatisch eine gute Datenqualität.** Da ein Data-Warehouse aus den operativen Anwendungen (Applikationen) gespeist wird, hängt die Datenqualität auch von der Verarbeitungsqualität der Applikationen ab und letztlich davon, wie diese im ganzheitlichen IT-Konzept verknüpft sind. Die IT-Integration darf also an den Datenbanken nicht Halt machen. **Enterprise Application Integration** (EAI) gehört dazu.

7.3.5. Die unternehmensweite Integration der Vertriebsprozesse – Enterprise Application Integration (EAI)

Bei der Chase Manhattan Bank schafft die Business Integration Software von IBM eine weltweite Unternehmensplattform. Technologiebarrieren zwischen Großrechnern, zwischen UNIX- und Windows NT-Welten werden überwunden. Applikationen und Daten aus 83 Ländern und von 30 Börsen- und Bankenpartnern werden global integriert und den Informationsnachfragern zugeführt. (vgl. www.ibm.com/software/big/de/system)

Die zur Gruppe der Volks- und Raiffeisenbanken gehörende Union Investment ist mit einem Marktanteil von knapp 16 Prozent die drittgrößte Fondsgesellschaft Deutschlands. In Spitzenzeiten müssen bis zu zwei Millionen Transaktionen pro Tag über 160 Systeme, die durch über 800 Schnittstellen miteinander verbunden sind, abgewickelt werden. (vgl. Schmitz, Sonderdruck aus CIO 2002)

Nicht nur Datenbanken sind zu integrieren. Ein erfolgreiches Kundenbeziehungsmanagement ist nur möglich, wenn auch die Arbeitsabläufe der Vertriebssteuerung mit denen anderer Organisationsbereiche verbunden und synchronisiert sind. Die ganze Dramatik des Integrationsthemas tritt angesichts folgender Fakten zutage: Größere Unternehmen müssen im Schnitt zwischen 50 und 100 separate Anwendungen verbinden. Großkonzerne sogar z.T. über 5.000 (vgl. *IBM/Siebel* 2002, S. 3). *Siemens* unterhielt vor einiger Zeit in 14 Geschäftsbereichen mit je ca. 100 Geschäftsgebieten (Divisions) etwa 260 SAP-Systeme. Auf etwa 60 will man diesen kaum zu überschauenden IT-Moloch reduzieren. Nach Aussage einer der führenden Integratoren, *Vitria Technology*, konzentrieren sich daher auch 60 Prozent aller EAI-Projekte in Europa auf die Integration kundenbezogener Applikationen (vgl. Pressemeldung der *Vitria*, Frankfurt/Main v. 4.9.2002). Dementsprechend hoch ist der immer wieder unterschätzte Kostenanteil für die Anwendungsintegration bei neuen Projekten.

> ➡ **Enterprise Application Integration** soll sicherstellen, dass alle IT-Anwendungen eines Unternehmens miteinander kommunizieren können. Jede Anwendung muss auf jede Datenbank zugreifen können, auf die sie ein Zugriffsrecht hat, und jede Funktion in jeder fremden Komponente aufrufen können, zu der sie berechtigt ist. *„EAI soll die Mauern zwischen betriebsinternen Anwendungen abreißen."* (*Sneed*, Computerwoche 39/2002, S. 40).

IT-Welten sind historisch gewachsen und zerstückelt. Da gibt es Hostanwendungen in den klassischen Sprachen Assembler, PL/1 und Cobol wie auch 4GL-Anwendungen, Client-Server-Systeme in C/C++ und Web-Anwendungen in Java oder C#. Die Daten sind in hierarchischen oder netzartigen, relationalen oder objektrelationalen Datenbanken gespeichert. Benutzeroberflächen reichen von 3270-Masken über Windows-GUIs bis zu Web-Seiten mit Animationen und Hyperlinks. Als Instrumente für die Zusammenführung der Systeme kommen Standards, Frameworks, standardisierte Schnittstellen sowie die Interface Definition Language (IDL), die Extensible Markup Language (XML), Middleware-Produkte und neuerdings zunehmend BPM-Metaprozess-Workflows zum Einsatz. Nach klassischer Sichtweise bestehen folgende **Vernetzungsanforderungen**:

(1) Integration vorhandener Systeme, u.U. mit mehreren ERP-Systemen in unterschiedlichen Release-Stufen (z.B. in internationalen Konzernen),
(2) Integration neuer Systeme,
(3) Anbindung externer mobiler Systeme und Call-Center,
(4) Integration von Internet-Anwendungen für das eBusiness,
(5) und schließlich die Vernetzung von Vorlieferanten mit Herstellern und Kunden im Rahmen von Supply Chain Systemen.

Gefordert wird ein Umdenken in Richtung **kundenorientierte Integration** (_Steve Bonadio, META Group_). Soll der Kunde im Mittelpunkt der Integration stehen, dann sind folgende Punkte zu beachten (vgl. _IBM/Siebel_ 2002, S. 8):

(1) Das Fundament bildet die **Integration von Front- und Backoffice** (CRM und ERP).
(2) Die Unternehmung kann neuartiges Wissen generieren, indem **Betriebsdaten und Kundendaten** (analytisches CRM) integriert werden.
(3) Ein Schritt nach außen, in Richtung Kunde, ergibt sich durch die **kanalübergreifende Integration** (s. Multikanalvertrieb, 9. Kapitel).
(4) Bei der **Downstream-Integration** geht es darum, Web- und eBusiness-Elemente mit den traditionellen CRM-Kanälen zu verbinden, um so eine echte kundenorientierte Integration zu verwirklichen.

Schon allein die Integration der vertriebseigenen Systeme ist eine nicht zu unterschätzende Aufgabe. Hier haben natürlich Systemanbieter Vorteile, die aus einer Hand anbieten können. Abb. 225 zeigt beispielhaft die nahtlosen Integrationsmöglichkeiten im Rahmen von _SAP_-Applikationen auf.

Hinzu treten geschäftsbereichsübergreifende Anforderungen. Denn EAI wird zum Treiber für das **Business Process Management** (BPM), das bereits im Abschnitt 6.4.4. im Zusammenhang mit CRM-Prozessen erläutert wurde. Die Erkenntnis setzt sich durch, dass wirkliche Prozessoptimierung nicht aus den CRM-Systemen heraus betrieben werden kann. Wenn wir von Prozessoptimierung bei CRM sprechen, dann bewegen wir uns meist im Rahmen von proprietären Funktionalitäten. Eine freie, über die Grenzen der Applikationen hinausgehende Ablaufmodellierung und vor allem ein Prozess-Monitoring (wie auf den Monitoren im Operationssaal eines Krankenhauses) ist nicht möglich.

Dazu bedarf es sog. **Metaprozesse** mit Integrations-Servern als Grundlage (z.B. _BusinessWare_ von _Vitria_ mit dem _Vitria Business Cockpit_ für ein **Realtime-Prozess-Monitoring**). Konventionell werden Systeme mittels standardisierter oder individualprogrammierter Schnittstellen miteinander verbunden. BPM auf der Basis EAI legt jetzt übergeordnete Prozesse darüber, die unabhängig von den darunter liegenden Einzelsystemen die optimierten Arbeitsabläufe organisieren. Abb. 226 veranschaulicht diesen revolutionären Schritt von den Middleware-Schnittstellen hin zu den prozessualen Systemverbindungen.

Abb. 227 zeigt ein Praxisbeispiel für ein prozessorientiertes EAI-Projekt. Ausgewählt wurde für dieses Buch das _EENEX Toolset_ der _Amadee AG_. Das Tankstellenwartungsunternehmen _Union Technik_ gewann mit Hilfe der _Amadee_ Technologie den _Deutschen Internetpreis 2002_.

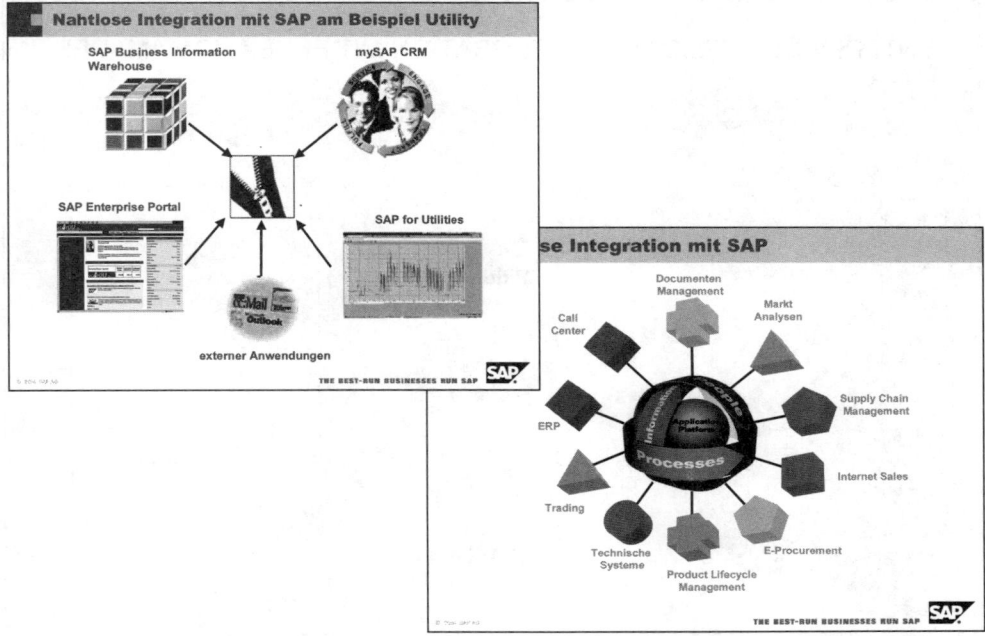

Abb. 225: Nahtlose Integration mit SAP AG

Das *EENEX Toolset* ist Bestandteil der *EENEX Process Integration Plattform*. *EENEX* unterstützt mit zahlreichen Werkzeugen alle Phasen eines Integrationsprojektes, von der Geschäftsprozessmodellierung über die Entwicklung von Integrationslösungen bis hin zur Administration und dem Monitoring. Die *Amadee* Plattform vermeidet Medienbrüche in den Prozessabläufen. Im Beispiel der Abb. 227 wirken interne und externe Datenbanken, Satellitentechnik und Handys zusammen, damit 30 Servicetechniker hocheffizient rund 1.000 Tankstellen verschiedener Mineralölkonzerne warten können. Bis zu 30.000 Störungen pro Jahr werden im Rahmen eines 24-Stunden-Wartungsdienstes innerhalb von 4 Stunden behoben. Das System bietet in Echtzeit eine vollständige Transparenz der erbrachten Serviceleistungen (Prozess-Monitoring). Der Produktivitätsfortschritt liegt bei 30 Prozent.

Alle geschilderten Integrationsbemühungen dienen einem Zweck: Die in der Unternehmung an vielen Stellen verteilt liegenden Informationen zu einem Ganzen zu vereinen, um einen Wissensvorsprung gegenüber der Konkurrenz hinsichtlich Marktentwicklungen und Kunden zu erlangen. Aber es geht nicht nur darum, an die verstreut liegenden Daten heranzukommen. Man sollte sie auch nutzen können.

7.3.6. Datamining zur Gewinnung von Kundenprofilen

Die klassische Marktforschung analysiert, was Kunden gekauft haben. Datamining sagt voraus, was Kunden voraussichtlich kaufen werden.

Wie sah die Wissensfindung in der Ära vor der systemgestützten Vertriebssteuerung aus? Zum einen boten die warenwirtschaftslastigen Systeme dem Vertrieb wenig entscheidungsrelevante

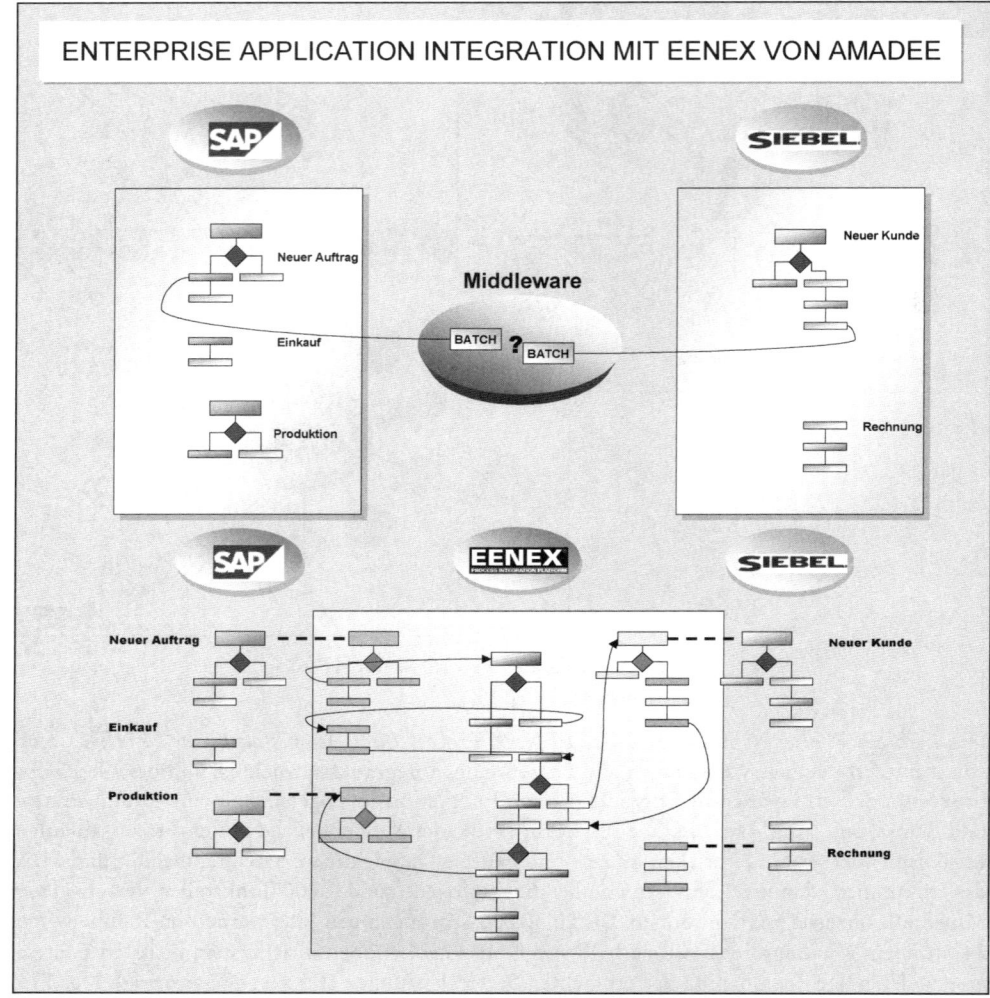

*Abb. 226: Prozessoptimierung im Rahmen von Enterprise Application Integration /
EENEX von Amadee AG*

und vor allem keine „weichen" Kundendaten. Zum anderen konnten die Datenbestände nur nach zuvor festgelegten Fragestellungen nach Anforderung an Controlling und IT analysiert werden. Oft verbergen sich jedoch hinter den „nackten Kundendaten" unsichtbare und überraschende Kaufverhaltensmuster. **Datamining** ist eine besondere Form der Auswertung großer Datenbestände zum Aufdecken unbekannter Zusammenhänge; wobei statistische Analyseverfahren (**Datamining-Softwaretools**) zum Einsatz kommen. Die konventionelle Kundenanalyse analysiert, was Kunden gekauft haben. Mit Datamining erhält man Prognosen, was Kunden zukünftig voraussichtlich ordern werden.

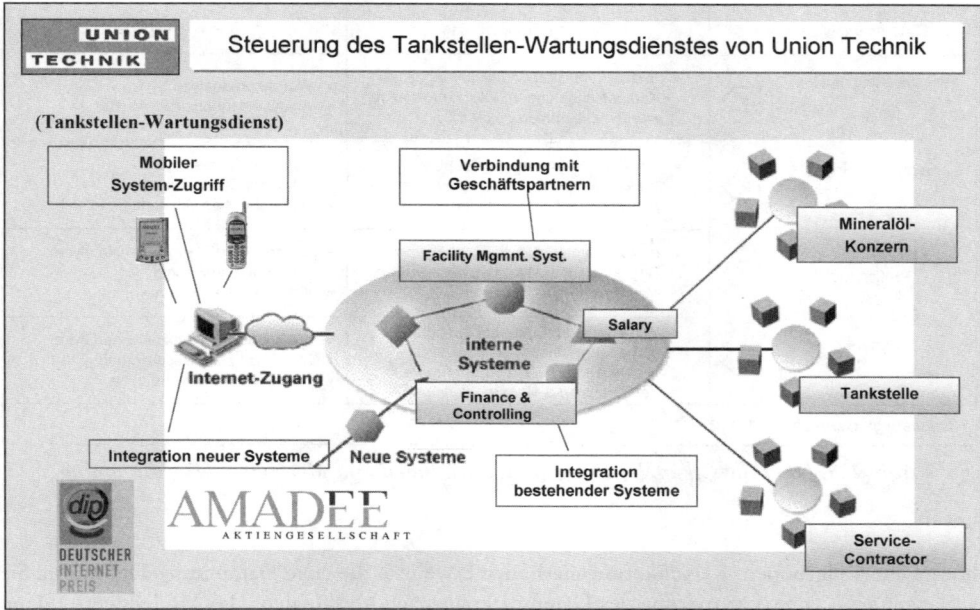

Abb. 227: Das EAI-Projekt von Union Technik / EENEX von Amadee AG

> ➡ **Datamining** ist der Prozess des Entdeckens bedeutsamer neuer Zusammenhänge, Muster und Trends durch die Analyse großer Datensätze mittels Mustererkennung sowie statistischer und mathematischer Verfahren." (Erick Brethenoux, GartnerGroup)

Die Wissenschaft spricht von explorativer Analyse. Drei Zielstellungen sind dabei zu unterscheiden (vgl. *Ahlemeyer-Stubbe*, acquisa 6/2000, S. 22):

(1) Entdecken von bisher unbekannten Mustern oder Regeln, also Generieren neuer Hypothesen zum Kaufverhalten (**Hypothesenfindung**), zum Zwecke der Vorhersage von Kaufverhalten,

(2) Beschreibung eines Datenbestandes durch intelligente Muster (**Datenanalyse**),

(3) Statistische Überprüfung von gegebenen Kaufverhaltenshypothesen anhand vorliegender Daten (**Hypothesenprüfung**).

Typische Fragestellungen sind z.B.:

- Neigen Frauen beim Autokauf signifikant zu helleren Wagenfarben als Männer?
- Kaufen junge Autofahrerinnen mit preiswerten Autos signifikant weniger Autozubehör als männliche, gleichaltrige Autofahrer mit gleichwertigen Autos?
- Kaufen Kunden, die Produkt X beziehen auch tendenziell stärker die Produkte y und z?
- Anhand welcher Merkmale lässt sich mit 90prozentiger Wahrscheinlichkeit voraussagen, dass ein Versicherungs-Neukunde seinen Vertrag innerhalb von 4 Wochen wieder storniert?

Abb. 228 bietet einen Überblick über typische Fragestellungen, Analysekonzepte und Auswertungsmethoden von Datamining. **Assoziationsmethoden** suchen ohne Präjudizierung durch den Anwender nach existierenden, regelhaften Mustern. **Clusteranalysen** spalten Datenmengen in

Datamining-Verfahren		Typische Fragestellung	Analysemethoden
Assoziationsanalysen	[X>	• Analyse von Verbundbeziehungen bei Kaufentscheidungen: *Welche Produkte werden zusammen gekauft?*	• Warenkorbanalyse • Analyse sequenzieller Muster
Segmentierung	[X>	• Einteilung in homogene Gruppen: *Welche Kundengruppen zeigen ein ähnliches Einkaufsverhalten?*	• Kohonen Clustering • K-means Clustering • Hierarchisches Clustering
Klassifikation Profiling	[X>	• Profilierung, Modellierung und Regeldefinition: *Wie sieht der typische Vertragskündiger aus?*	• Methoden zur Assoziationsanalyse • Entscheidungsbäume • K-nearest Neighbours
Prognose	[X>	• Vorhersage im Sinne unbekannter Merkmalswerte: *Mit welcher Wahrscheinlichkeit wird der Kunde in den nächsten 3 Monaten kündigen?*	• Methoden zur Assoziationsanalyse • Methoden zur Klassifizierung • Regression und Korrelation

(Quelle: vgl. Gentsch 2001, S. 54)

Abb. 228: Überblick über Verfahren, Fragestellungen und Methoden des Datamining

homogene Teilgruppen. **Klassifikationsmethoden** erweitern die enge Datamining-Definition. Sie verlangen eine Vorstrukturierung des Datenmaterials nach Merkmalen. Das Modell wertet dann aus, welche Merkmale sich statistisch signifikant verschiedenen Klassen (Kundengruppen) zuordnen lassen. **Prognosemethoden** erweitern die Klassifikation noch um eine Zeitkomponente (vgl. *Gentsch* u.a. 2001, S. 55–57). Dadurch beruht Datamining nicht auf wirklich neuen Analysemethoden. Vielmehr werden aus der gehobenen Marktforschung bekannte Techniken (z.B. Regression, Korrelation, Faktorenanalyse, Clusteranalyse, Varianzanalye) je nach Fragestellung kombiniert bzw. genutzt (vgl. *Schinzer/Bange/Mertens* 1999, S. 99). Datamining-Systeme sind lernfähig. Jede Anfrage eines Buchinteressenten bei *Amazon* verfeinert das Kundenprofil; erkennbar an automatisiert zugespielten, kundenindividuell zugeschnittenen Angeboten.

Wegen einiger Missverständnisse sei hier angemerkt, dass **OLAP** (On-Line Analytical Process) lediglich eine Technik zur mehrdimensionalen Datenanalyse in Computer-Datenbanken darstellt, keinesfalls aber ein eigenständiges Datamining-Verfahren. Das bedeutet, dass man mit einem CRM-System, welches eine OLAP-Funktionalität enthält, zwar intelligente Analysen (nach vorgegebenen Mustern) durchführen kann, nicht aber ein exploratives Goldschürfen im Datenbergwerk.

Einige Softwarehäuser konnten die CRM-Welle gut nutzen und mit speziellen Datenanalyse-Tools in den Bereich des analytischen CRM eindringen. Überall dort, wo große Datenmengen über Endkunden vorliegen (BtoC) und wo die Anbieter nach kreativen Wegen suchen, Verbraucher besser zu verstehen und gezielter anzusprechen, finden Datamining-Tools ihren Markt. Dieser wurde von der *META Group* im Jahr 2000 auf weltweit 8 Mrd. US-$ geschätzt. Banken und Versicherungen, Stromversorger, Verlage und Versender, Telekommunikationsanbieter und Kreditkartenunternehmen bilden die bevorzugte Zielgruppe der Hersteller von Datamining-Software.

In diesem Vertriebsbuch wird darauf verzichtet, die Datamining-Angebote verschiedener Hersteller darzustellen und zu vergleichen. Es sei hier auf die umfassende Marktübersicht von *Schinzer/Bange/Mertens* (1999) verwiesen. Die Autoren beschreiben u.a. die Systeme von *Applix, Arcplan, Cognos, Hyperion, MIK, MIS SAS, Seagate, SPSS* (mit *Clementine* gut im Hochschulbe-

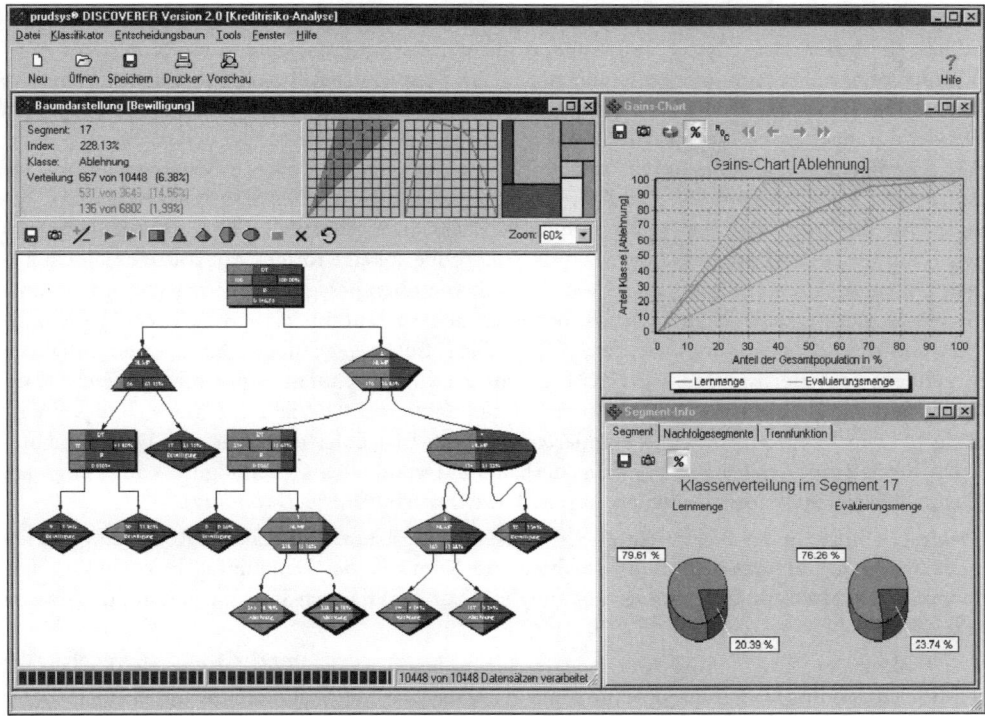

Abb. 229: Die Arbeitsmaske für ein Datamining mit Prudsys Discoverer /
Prudential Systems Software GmbH

reich etabliert). Dieses Buch soll lediglich das Grundprinzip erläutern. Dazu wurde *Discoverer* von der Firma *Prudential Systems Software GmbH (Prudsys)* ausgewählt. Abb. 229 zeigt die zentralen Funktionalitäten anhand eines Beispiels aus der Kreditrisiko-Analyse.

Angenommen, in einem sehr großen Kundenbestand befänden sich 36 % Kreditkündiger, und eine Kreditkündigung würde durch ein spezielles Merkmal verursacht. Hätte man vollständige Informationen über dieses Kriterium, dann könnte man direkt auf die 36 % der Grundgesamtheit zugreifen, um 100 % aller Kündiger zu erfassen. Besitzt man überhaupt kein Wissen über die verursachende Variable, dann müsste man im Sinne der Wahrscheinlichkeitsrechnung 100 % des Datenbestands durchsuchen, um am Ende auch 100 % aller Kündiger erfasst zu haben. In diesem Sinne ist der *Gains-Chart* des *Discoverer* zu verstehen (in der Abb. rechts oben). Je besser die Kenntnis über die Verursachungsvariablen ist, desto mehr nicht in Frage kommende Fälle können bei der Suche ausgeschlossen werden und desto schneller ist die Problemgruppe identifiziert. Das grau schraffierte Feld zeigt also Suchbereiche an, die durch eine a priori-Kenntnis über die Einflussvariable gewonnen werden können (deshalb *Gains*). Je besser ein Eingrenzungsverfahren ist, desto steiler verläuft die *Gains-Kurve*.

Der *Discoverer* erlaubt nun die flexible Auswahl von statistischen Trennregeln (z.B. univariate sowie multivariate lineare als auch nichtlineare Trennfunktionen) und Anwendung auf möglichst kleine Teilstichproben, um dann jedes Mal zu schauen, dass möglichst viele Kündiger (Ja-Fälle) in der selektierten Gruppe möglichst wenigen Kündigern in der Gruppe ohne die betreffenden

Variablen gegenüberstehen. Im Beispielfall hätte man z.B. in einer 1000er Stichprobe bei vollständiger Merkmalserkennung 360 Kunden mit einer Kündigungsrate von 100 %, denen 640 Kunden ohne einen Kündiger gegenüberstehen. Im Beispiel der Abb. 229 bearbeitet die iterative Datamining-Auswahl gerade ein Segment 17 mit 667 Kündigern innerhalb von 10.448 Kunden. Bei der durchgeführten Merkmalstrennung spalten sich die 10.448 Kunden in eine Teilmenge mit 531 Kündigern von 3.646 einerseits und einer schon wesentlich größeren Komplementärmenge von 6.802 Kunden mit nur 136 Kündigern andererseits auf. 14,56 % zu 6,38 % ergibt den **Erfolgsindex für die Trennschärfe** des Datamining-Schrittes, in diesem Fall 228,13. Der Baumaufbau wird nun mit neuer Entscheidungsregel und Stichprobe solange fortgesetzt, solange sich ein höherer Trennschärfen-Index einstellt. Würde man, wie oben gesagt, das Verursachungsmerkmal (bzw. die Merkmale) vollständig erfasst haben, stehen sich auf unterster Baumebene die Kündiger- und die Nicht-Kündiger-Gruppe vollständig getrennt gegenüber. Damit keine zufälligen Ergebnisse verifiziert werden, wird das Ergebnis der Untersuchungsgruppe mit dem einer Kontrollgruppe verglichen (s. in der *Discoverer*-Maske unten rechts). Vielleicht lässt sich dieser Vorgang für den Leser anhand eines animierten Ablaufes plausibler darstellen. Im Download-Bereich von *www.vertriebssteuerung.de* ist deshalb mit freundlicher Genehmigung von *Prudsys* ein Demo-Beispiel zum downloaden bereitgestellt (Stichwort: *Prudsys-Datamining*).

Prudsys rechnet auf der Basis nichtlinearer Entscheidungsbäume. Interaktive Routinen gestatten dem Anwender die maximale Einflussnahme und Kontrolle der Datamining-Prozeduren. Umfangreiche Module zur Datenvorverarbeitung und zur explorativen Statistik sind in die Software integriert.

Der wohl größte Datamining-Anwender in Deutschland ist die *Bild-Zeitung*, die täglich mit 4 Mio. Druckauflage und 35 verschiedenen Ausgaben aus 11 Druckstandorten erscheint. Der Vertrieb erfolgt über 100 Grosso-Filialisten (Presse-Großhändler) und 120.000 Einzelhändler. Ein vollautomatisches Zeitreihen-Mining-Modell analysiert die komplexen Marktstrukturen und ermittelt aussagefähige Trendkennzahlen. Wöchentlich werden 600.000 Fälle gerechnet, wobei auf 800 Marktvariable zugegriffen wird und letztlich 26 Klassifikationsvariablen und 3 Trendparameter in einer Matrix ermittelt werden. Die Ergebnisse werden dann über das Web an den gesamten Verlag verteilt (vgl. Hinweis in IT-Director 11/2003, S. 9).

Datamining gehört zum Aufgabengebiet des Marketing. Zum Nutzen des Vertriebs verfolgt Datamining die wichtige Aufgabe, Güter und Dienstleistungen zu **zielgruppenspezifischen Angeboten** zu bündeln, **Kundenverhalten vorauszusagen** und **Cross-Selling-Potenziale aufzuspüren**. Der Kontakt zum Kunden obliegt dann wieder den Kollegen von Außen-, Innen- und Kundendienst.

7.4 Akquisitionsstrategie I: Der persönliche Verkauf/ Besuchsverkauf

7.4.1. Rahmenbedingungen und Ziele für Besuchsstrategien

„Verkaufen ist wie eine Droge. Denn bei kaum einer anderen Arbeit kann man so schnell den Erfolg seiner Arbeit sehen und Spuren im Markt hinterlassen" (unbekannter Außendienstmitarbeiter)

Erfahrene Außendienstmitarbeiter schätzen die Energie des persönlichen Kontaktes, die Spontaneität des Dialogs und den Reiz des Unberechenbaren. Dennoch müssen im Sinne des methodischen Vertriebs Strategie und kaufmännische Rationalität einen ordnenden Arbeitsrahmen schaffen, in den sich die Kundenbetreuer einerseits einzufügen haben, in dem sie sich andererseits aber auch entfalten dürfen. Die **zentralen Herausforderungen** des Außendienstes liegen darin

(1) durch persönliche Betreuung und Beratung die aufgezeigte Wirkungskette Kundennähe, Kundenzufriedenheit und Kundenbindung sicher zu stellen,

(2) auf dieser Grundlage die Umsatz-, Marktanteils- und Ergebnisziele zu erreichen,

(3) dabei für Wertsteigerungen auch auf Kundenseite zu sorgen (s. Abschnitt 7.4.6.f. zum Value-Marketing),

(4) Wettbewerbsbeobachtung (Marktforschung) beim Kunden zu betreiben

(5) und einen wesentlichen Beitrag zur Stärkung eines positiven Anbieterimages (Corporate Identity) zu leisten.

Jeder Kundenbetreuer hat seine Lieblingskunden. Diese sind zumeist treue Stammkunden und Provisionsbringer, freigiebig mit Marktinformationen und einem ausgiebigen Geschäftsessen nicht abgeneigt. Zu welchen Konsequenzen lieblingskundenlastige Besuchsstrategien hinsichtlich Vertriebskosten, Zeitverlust und Ressourcenverschwendung führen können, ist leicht vorstellbar. Erforderlich sind also Vorgaben zu den strategischen Zielgruppen und den Verfahren zur Kundenqualifizierung. Welche Kundenzielgruppen sollen im Grundsatz mit welchen Personal- und Sachmitteln betreut werden? Dabei wird sich eine Besuchsstrategie an situativen Notwendigkeiten und Branchengepflogenheiten orientieren:

(1) **An der übergeordneten Marketing- und Vertriebsstrategie:** Gemäß den Vorgaben der Strategischen Unternehmensplanung sollen z.B.
   - verstärkt Neukunden in bestehenden Verkaufsgebieten akquiriert werden
   - und/oder neue Vertriebsgebiete erschlossen werden (auch im Ausland),
   - verstärkt Stammkunden betreut, d.h. die Beziehungspflege mit Schlüsselkunden verbessert werden,
   - neue Produkte eingeführt oder Veränderungen im Produktmix erreicht werden (z.B. Forcierung deckungsbeitragsstärkerer Produkte),
   - Verbesserungen im Preis- und Konditionengefüge erreicht werden,
   - eine Verbesserung der Besuchseffizienz erreicht werden (z.B. durch tendenziell kürzere Besuchszeiten),
   - Kunden abgebaut werden, indem sie z.B. an Händler übertragen werden,
   - Vertriebspartner gewonnen oder gefördert werden.
   - Wettbewerber gezielt angegriffen oder abgewehrt werden,

(2) **An der strategischen Vertriebskonzeption** wie in Abb. 230 dargestellt: Je nachdem, ob **Tourenverkauf, Projektverkauf, Key Account Verkauf** oder **Ad-hoc-Verkauf** angesagt ist, ergeben sich unterschiedliche Stoßrichtungen für Besuchsprioritäten und Besuchshäufigkeiten.

(3) **An den Ergebnissen der Kundenqualifizierung:** Gemäß den in Abschnitt 7.2. aufgezeigten Verfahren sind die Kunden nach Kundenprioritäten (Kundenwerten) zu unterteilen. Logischerweise werden wichtigeren Kunden mehr Außendienstressourcen zugewiesen als den weniger wichtigen. Oft werden Besuchsstrategien auch nur für die Leads sowie für A-, B-, und Neukunden festgelegt, während das Gros der kleineren Potenziale opportunistisch, nach aktueller Notwendigkeit, zu betreuen ist.

Nach *Dannenberg* bilden die einem Produktsegment zugeordneten Kunden eine **Kaufplattform** (vgl. *Dannenberg* 1997, S.135–137). Eine Kundenqualifizierung kann eine Neuorientierung der Besuchstätigkeit zur Änderung der Kundenstrukturen in den Plattformen nahe legen. Abb. 231 gibt ein Beispiel. Der Ansatz ist als strategische Zielsetzung zu verstehen. In diversifizierten Märkten wird man seine Kundengruppen wohl kaum wie aus dem Baukasten zusammenstellen können.

VERTRIEBSKONZEPTIONEN UND BESUCHSSTRATEGIEN			
Besuchstourenverkauf	Projektverkauf	Key Account Verkauf	Ad-hoc Verkauf
• Regelmäßiges Ansteuern eines weitgehend festen Kundenstammes in einem definierten Verkaufsgebiet • Regelmäßige Betreuung von Verkaufseinrichtungen, Lagern, Regalen • Kontinuierliche Ordertätigkeit • Auslieferungsverkauf analog Franchise-Verkauf *Eismann, bofrost, Hermes* • Besuche i.d.R. durch Generalisten • „routinierte" Beziehungspflege	• Besucht und betreut werden wechselnde Projekte je nach Bedarf • Diskontinuierliche Ordertätigkeit • Beispiel Kanalbau: Die Baustellen werden nach Bedarf besucht, Planungsbüros, kommunale Entscheidungsträger und Tiefbauunternehmer werden im Rahmen eines konstanten Beziehungspflege- und Besuchsprogramms betreut • Besuche i.d.R. durch Spezialisten • Beziehungspflege mit „indirekten" Kunden sehr wichtig	• Schlüsselkunden werden nach Bedarf und in Absprache unregelmäßig besucht • Jahresverträge mit Abnahmevereinbarungen spielen eine große Rolle • Gebietseinteilungen spielen i.d.R. keine Rolle • Oft lange Besuchsdauern, Projektgespräche, Präsentationen • Generalisten und Spezialisten betreuen i.d.R. im Verbund • Beziehungspflege mit den Schlüsselkunden sehr wichtig	• Bedarfsfälle werden meist durch Anfragen oder im Rahmen von Kampagnen festgestellt • Typisch für Business-to-Consumer-Märkte, z.B. Handy-Geschäft • Es gibt kein systematisches Besuchsprogramm • Oft keine Kundenqualifizierung vor Angebotserstellung • Je nach Anfrageart und Umstände erfolgt Besuch i.d.R. durch Spezialisten • Beziehungspflege kaum von Bedeutung
• Gebietsoptimierung • Tourenplanung	• Routenplanung	• Keine Touren • Routen bekannt	• Routenplanung

Abb. 230: Vertriebskonzeptionen und Besuchsstrategien

AKQUISITIONSSTRATEGIE AUF DER GRUNDLAGE VON VERKAUFSPLATTFORMEN					
	Ist-Kaufplattform		Soll-Kaufplattform		Differenz aus Ist-Soll Plattform
20	A-Kunden mit 5 Mio. EUR Umsatz	23	A-Kunden mit 5,6 Mio. EUR Umsatz	3	A-Kunden mit +0,6 Mio. EUR Umsatz
50	B-Kunden mit 2 Mio. EUR Umsatz	60	B-Kunden mit 2,4 Mio. EUR Umsatz	10	B-Kunden mit +0,4 Mio. EUR Umsatz
150	C-Kunden mit 1 Mio. EUR Umsatz	120	C-Kunden mit 0,8 Mio. EUR Umsatz	–30	C-Kunden mit –0,2 Mio. EUR Umsatz
220	8 Mio. EUR	203	8,8 Mio. EUR	–17	+ 0,8 Mio. EUR
(Quelle: Dannenberg 1997, S. 137)					

Abb. 231: Akquisitionsstrategie auf der Grundlage einer Verkaufsplattform

(4) An der im Rahmen der Jahresplanung erfolgten **Gebietsoptimierung** nebst **Rahmentourenplanung**; (s. den folgenden Abschnitt),

(5) **An situativen Faktoren**: Losgelöst von dem Planungsrahmen müssen die Kundenbetreuer immer wieder aus einer plötzlichen Situation heraus Chancen nutzen (z.B. ungeplante Besuche bei überraschend anfragenden Interessenten) bzw. ihre Prioritäten bei drohenden Umsatzrisiken abwandeln (z.B. werden Kostenziele bei größeren Reklamationen/Rückholaktionen zu Gunsten der Kundenbindung geopfert; oder man weicht bei plötzlichem Auftauchen eines neuen Wettbewerbers von strategischen Preisvorgaben ab).

(6) **An den generellen Erfolgsfaktoren für Kundenkontakte**: Es sind dies

    (a) angemessene **Kontakthäufigkeiten** für die qualifizierten Kundengruppen, wie bereits in Abb. 42 dargestellt (Sie sollten für die besuchswürdigen Kunden bei mindestens 4 bis 6 bis höchstens 18 bis 24 pro Jahr liegen),

    (b) angemessene **Kontaktdauern** für die Kundengruppen (Üblich ist eine Spannweite von 15 Minuten bis ca. 1,5 Stunden (ohne Geschäftsessen)),

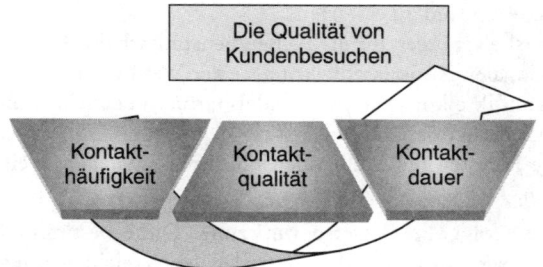

Abb. 232: Erfolgsfaktoren für Kundenkontakte

(c) angemessene **Kontaktqualitäten**; konkret zu gestalten durch den Zeitaufwand für die Besuchsvorbereitung, Besuchsteilnehmer, Sorgfalt der Besuchsanmeldung, Materialeinsatz (z.B. Bereitstellung von Probeexemplaren, Mustern) und Geschenke.

Die Erfolgsfaktoren für Kundenkontakte der Abb. 232 sind nur beschränkt gegeneinander austauschbar. Eine geringere Kontaktqualität (Einsatz von Außendienstmitarbeitern mit geringerer Qualifikation) kann durch eine höhere Kontakthäufigkeit (mehr Besuche) oder gar durch längere Besuchsdauern kaum wettgemacht werden. Der Kunde wird dies nicht akzeptieren. Ein branchenübliches Niveau der Kontaktqualität wird ohnehin von den Hauptkonkurrenten vorgegeben. Ein Trend geht dahin, **gleichzeitig alle Stellschrauben der Besuchsqualität** zu beeinflussen: **Weniger persönliche Besuche** (Ausgleich erfolgt durch Telefon- oder zukünftig Videokontakte im Internet) bei gleichzeitiger **Reduktion der Besuchszeiten** in Abstimmung mit den Kunden, denen ebenfalls an Zeitersparnissen gelegen ist. Beide Negativeffekte sind jedoch soweit wie möglich durch eine **deutlich bessere Qualität der Besuchsvorbereitung** und **-durchführung** auszugleichen.

Dieser Trend hat vor allem auf den weitgehend durch Gebietsoptimierungen und Tourenpläne reglementierten **Besuchstourenverkauf** Auswirkungen.

7.4.2. Gebietsentscheidungen für den Besuchsverkauf

a.) Gebietsanalyse mit Hilfe von Geomarketing-Systemen (GIS)

Beim Regionalvertrieb sind den Außendienstmitarbeitern Verkaufsgebiete (VKB) und durch diese Kunden und Planumsätze zugewiesen. Denn die Verkäufer verkaufen im Endeffekt nicht an Gebiete, sondern an die in den Gebieten ansässigen Interessenten und Kunden. Fragen der **Gebietsanalyse** stellen sich bei jeder **Einrichtung von Verkaufsbezirken** und bei jeder **Veränderung von Gebietsgrenzen**:

(1) Wie verteilen sich Interessenten und Kunden auf ein VKB, und was geschieht bei Änderung der Gebietsgrenzen?
(2) Welches Umsatzpotenzial vertreten die Interessenten und Kunden in den VKB; bzw. wie ist die regionale Kaufkraftverteilung?
(3) Welche Kunden-Deckungsbeiträge (Gewinnbeiträge) sind aus einem VKB zu erwarten?
(4) Welche Fahrstrecken und logistischen Anforderungen ergeben sich aus der Betreuung der Interessenten und Kunden in dem Gebiet?
(5) Wie viele Kundenbesuche sind für die Kunden in den Gebieten vorzusehen; was ist wünschenswert, was optimal?

(6) Welche Vertriebskosten sind zu erwarten

(7) und welche Arbeitsbelastungen für die Außendienstmitarbeiter?

(8) Wo liegen die regionalen Aktionsschwerpunkte der Wettbewerber?

(9) Welche Kundenkonflikte könnten mit Handelspartnern entstehen, die in und aus einer Region gebietsübergreifend operieren?

(10) Welche Konflikte könnten mit Außendienstkollegen entstehen, weil Kunden gebietsübergreifend einkaufen.

Auf die Gebietsanalyse folgt die **Gebietsoptimierung**. Diese bestimmt **Gebietseinteilung** und **Kundenbetreuungsstrategie**, durch die die Vertriebsziele erreicht werden können und die zugleich im Verkaufsteam auf Akzeptanz stoßen muss. Dies erfolgt in einem Spannungsfeld der Zielgrößen Umsatz, Ergebnis, Marktanteil, Gebietsgröße, Vertriebskosten und Außendienstbelastung.

Achtzig Prozent aller Unternehmensdaten haben einen Raumbezug. Doch nur zehn Prozent der Unternehmen lassen ihre Kundendaten computergestützt analysieren. Wo früher farbige Stecknadeln und Filzstifte die Wände der Verkaufsräume zierten, sind heute **geografische Informationssysteme**, **Geomarketing-Systeme** oder auch **Business-Mapping Systeme** anzuraten (vgl. *Schwetz*, salesprofi 8/1999, S. 36–38). Die Grundlage bilden digitalisierte Landkarten. GIS ermöglicht die Darstellung der Daten auf verschiedenen Landkartenebenen (z.B. verschiedene Verkaufsprodukte, verschiedene Kundengruppen, verschiedene Wettbewerber) auf PC-Schirm oder als Hard-Copy-Ausdruck. Die Ebenen können beliebig ein- und ausgeblendet werden. Die Elemente der Landkarte lassen sich auf einfache Weise mit Sachdaten (z.B. Adressen, Kundenhistorie) verknüpfen. Ein Klick auf eine Adresse und der Kunde wird auf der Landkarte mit den gewünschten Daten hervorgehoben. Der größte Vorteil von GIS liegt aber darin, dass sich bei einer **Änderung der Gebietsgrenzen** per Mauszeiger sofort die Zahlen in den entsprechenden Datentabellen anpassen. Regionale Grenzverschiebungen schlagen sich schnell sichtbar in den Landkarten-Visualisierungen der Umsatz- und Potenzialverteilungen nieder.

Im einfachsten Fall wird GIS in ein CRM-System so integriert, dass die Kundenadressen mit Landkarten verknüpft sind. Die Vertriebsleitung hat so jederzeit einen Überblick über die räumlichen Verkaufsschwerpunkte. Beispiele folgen im nächsten Abschnitt des Buches.

GIS unterstützt sowohl die strategische wie auch die operative Planung. Auswertungen sind in zwei Richtungen möglich:

(1) Absatz-, Umsatz-, Marktanteils- oder Potenzialzahlen etc. lassen sich durch Einfärbungen von Gebieten sichtbar machen; differenziert nach Verkaufsgebieten und/oder Reisenden, Produktgruppen, Händler-Vertragsgebieten o.ä.

(2) Standort- (z.B. Kunden von Niederlassungen) und Standort-Erfolgsdaten (z.B. Kundenumsätze) können als Punkte, Kegel, Kreise etc. auf einer Landkarte visualisiert werden (s. Abb. 233 ①).

Die feinräumigste Analyse im Rahmen der Gebietsanalyse wird als **Mikrogeografie** bezeichnet. Mikrogeografische Systeme unterstützen die Adressqualifizierung und die Zielgruppenbildung auf Straßen- bzw. Wohnlage-Niveau. Ist z.B. durch einen Call-Center-Anruf eine Adresse bekannt, dann werden die Interessentendaten über die Adresse mit den mikrogeografischen Informationen über das Wohnumfeld verknüpft. Das Wohnumfeld steht in Affinität zu einem bestimmten Lebensstil und zu einem Nachfrageverhalten und damit zu der Form, wie Kunden angesprochen werden sollten, um deren Kaufinteresse zu wecken (vgl. *Nitsche/Reuscher/Klaholz*, salesprofi 8/1999, S. 41–45).

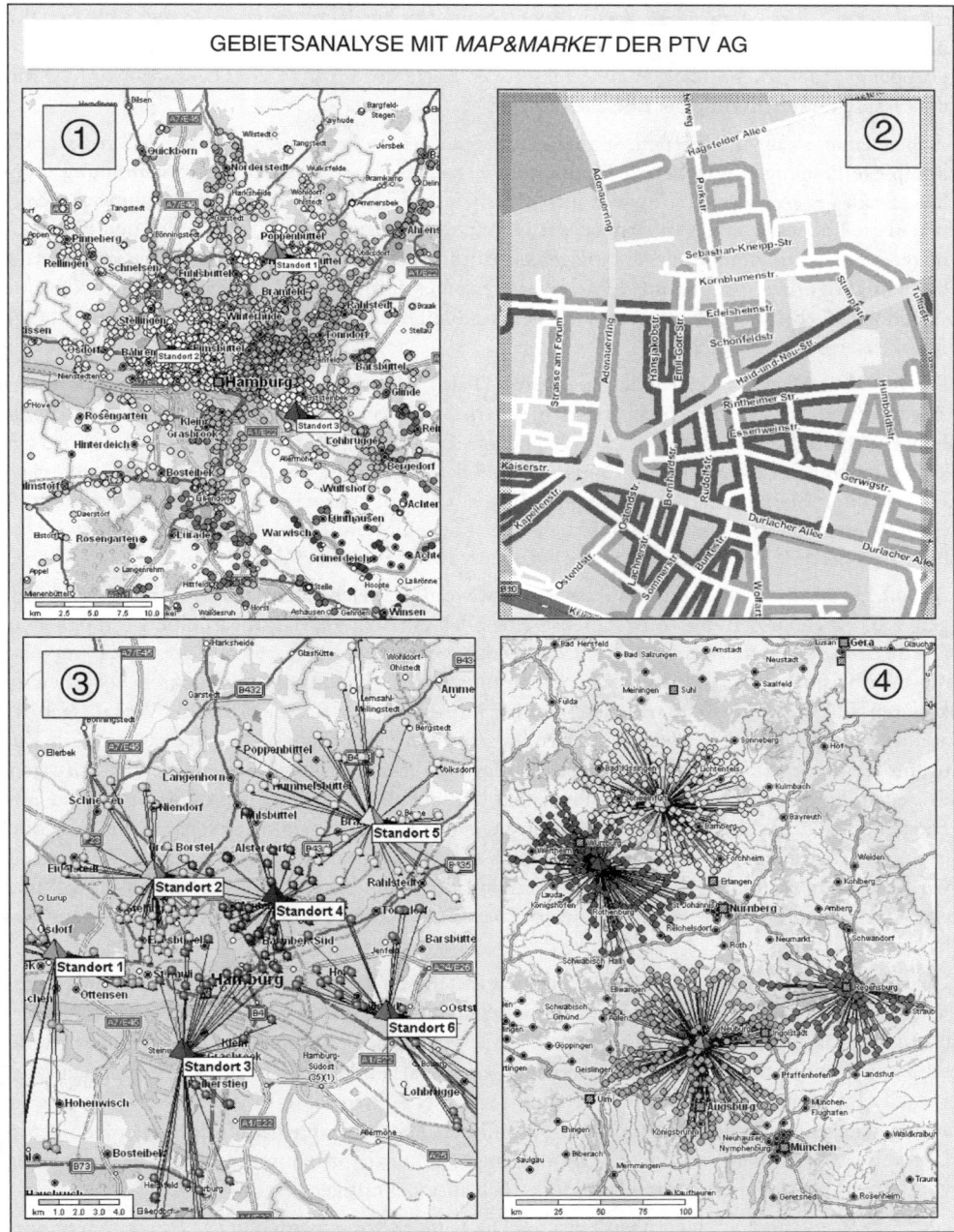

Abb. 233: Gebietsanalyse mit map&market / PTV AG

Abb. 233 ② stellt hierzu *map&market* von der *PTV AG* vor. Feinräumige, detaillierte Darstellungen bis auf einzelne Straßen oder Hausnummernbereiche sind eine wertvolle Hilfe bei der Beurteilung von innerstädtischen Vertriebsgebieten mit hoher Kundendichte. Je mehr Informationen über die Kunden vorliegen, desto besser das Ergebnis. Die Vertriebssteuerung erhält zielgruppengenaue Erkenntnisse in aussagekräftiger Kartenform für Marketing-Aktionen bzw. für die direkte Unterstützung bei Entscheidungen.

Neben einer straßenbezogenen Stärken- und Schwächen-Analyse sind durch Mikrogeografie komplexe Planungen von Vertriebs- und Servicenetzen mit sehr feiner Gebietsaufteilung möglich. Dazu gehen Marktdaten wie Kaufkraft, soziodemografische und sozioökonomische Größen in die Rechnung ein. Kenngrößen wie Umsatz oder Besuchszeiten, Fahrzeiten und Fahrkilometer werden für definierte Verkaufsgebiete automatisch addiert. Bei den Gebietszuschnitten berücksichtigt das Programm echte Wegstreckenentfernungen. Die geografischen Objekte (Standorte, Gebiete, Außendienstmitarbeiter) sind mit detaillierten Straßenkarten verknüpft (vgl. *Muhr,* salesprofi 2/2000, S. 30).

Das moderne Marketing strebt nach dem **1to1-Dialog** und will dadurch die Ansprache von Interessenten und Kunden entsprechend den unterschiedlichen Kaufgewohnheiten differenzieren. Hierzu schafft die Mikrogeografie die Grundlage. Der einzelne Interessent oder Kunde wird zur kleinsten Einheit bei der Planung. Entsprechend detailliert muss die Datenbasis sein. *map&market* verknüpft hierzu unternehmensinterne Daten, wie z.B. Umsatzerlöse oder Kosten, mit externen soziodemografischen, ökonomischen oder konsumorientierten Informationen über Haushalte und deren Umfeld; beispielsweise bezogen von der *microm AG.*

Bis auf Haushaltebene kann nun durchgespielt werden, welche alternativen Kundenzuordnungen, z.B. für einen Zeitungs-Zustelldienst, eine noch effizientere Marktbearbeitung ermöglichen. Die *Saarbrücker Zeitung* ist eine der bedeutendsten deutschen Regionalzeitungen. Dort verwendet man beispielsweise *map&market,* um automatisch Gebiete nach einstellbaren Vorgaben zu kreieren. Für die optimale Marktausschöpfung im Anzeigenvertrieb wurden die Verkaufsgebiete auf der Grundlage von Straßenabschnitten im gesamten Verbreitungsgebiet neu geplant. Die Zuordnung von Straßenabschnitten des Saarlandes zu Verkaufsgebieten basiert auf Historiedaten, die jedem Straßenabschnitt einen potenziellen Umsatz zuweisen. Ziel ist es, die Gebiete so aufzuteilen, dass benachbarte Straßenabschnitte zu einem Gebiet zusammengefasst werden und dass pro Vertriebsgebiet ein vergleichbarer potenzieller Gesamtumsatz erzielbar wird. Dieses Ziel wird durch die automatische Gebietsbildung auf der Grundlage von Zielumsätzen schnell und einfach erreicht. Diese Prozedur überwindet bereits die Grenze von der Gebietsanalyse zur Gebietsoptimierung.

Über die Feinplanung der Mikrogeografie hinaus stellt die **Regionalvertriebs-Analyse** ein zweites wichtiges Arbeitsgebiet von GIS dar. Speziell Standorte für Kundenbetreuer, regionale Niederlassungen, Lager oder Verkaufsräume sind immer wieder neu zu planen, zu bewerten und zu optimieren. Kundendichte und Umsatzzahlen in einer Karte bilden die Basis. Wichtig sind speziell schnelle Erreichbarkeiten der neuen Standorte. Daher sollten diese so geplant werden, dass sie vom gewünschten Kundenkreis in einer bestimmten Zeit, bzw. in einem festgelegten Kilometer-Umkreis erreicht werden können. Die passenden Potenzialprognosen machen die Bewertung von Expansionen und Standort-Umfeldern noch aussagekräftiger.

Abb. 233 ③ enthält auch hierzu ein Beispiel. Die Kundendaten werden in das Programm importiert und geocodiert. Die Visualisierung von Kunden und Standorten, auch in unterschiedlicher Größe und Farbe, deckt eventuelle Schwächen der früheren Planung auf. Schnell abrufbare Soll-Ist-Vergleiche und simulierte Szenarien geben mehr Sicherheit bei der Standortwahl und sind beispielsweise bei der Umkreisselektion von Kundenadressen für Aktionen des Marketing nützlich.

Auch die Gebiets- und Standortplanung als Grundlage der Außendienststeuerung lässt sich bequem mit GIS bewerkstelligen. Außendienstplanungsprogramme wie *INTERTOUR/Service* von *PTV AG* planen Touren kostenoptimal und berücksichtigen dabei zahlreiche Nebenbedingungen, wie z.B. Übernachtungsanforderungen und Kunden mit Besuchsvorgaben. Kundenbesuche und Mitarbeiterauslastung können optimiert und bestehende Vertriebsstrukturen überprüft und bewertet werden.

Eine Außendienstplanung soll speziell eine gleichmäßige Auslastung der Mitarbeiter sicherstellen und verbessern (vgl. Abb. 233 ④). Auskunft über die prozentuale Auslastung der Mitarbeiter geben zusätzliche Programmmodule von *map&market*. Anhand einer vorgegebenen Kundenzuordnung wird die Auslastung vom Programm kalkuliert. Dabei vergleicht man die geschätzte Tourdauer (Besuchszeit und Fahrzeit) mit der Arbeitszeit des Mitarbeiters. Hierbei rechnet die integrierte Tourschätzer-Funktion den Anteil der Fahrzeit für die geschätzten Besuchstouren hoch. Hiernach kann eine effizienzbezogene Bewertung der bestehenden Gebietsaufteilung erfolgen. Sind die Mitarbeiter mehr oder weniger als 100 % ausgelastet, so wirkt sich dies auf die Besuchsquote, Besuchsdauer oder die Anzahl der Mitarbeiter aus. Sind die Auslastungsgrade transparent und der Ist-Zustand noch nicht zufriedenstellend, kann die integrierte Bezirksoptimierung die Auslastungsgrade manuell oder automatisch glätten. Entweder erfolgt die Zuordnung ganz neu, oder sie wird durch den Tausch einiger Kunden zwischen den Mitarbeitern ausgeglichen. Die Optimierung nach den Kriterien geografische Nähe oder Ausgleich der Fahr- und Besuchsdauer ermöglicht flexibel Soll-Ist-Vergleiche.

RegioGraph von *GfK MACON AG* bietet ähnliche Funktionalitäten. Auch *RegioGraph* kann große Datenmengen und komplexe Sachverhalte schnell und übersichtlich in viele Richtungen auswerten. RegioGraph liest die Daten direkt aus verschiedenen Datenquellen ein und greift auf MS-Excel, MS-Access, dBase oder über OBDC auf andere Datenquellen zu. Eine besondere Stärke liegt darin, dass *RegioGraph* Kunden und Standorte mehrstufig zu übergeordneten Verkaufs- und Serviceregionen zusammenfassen kann (vgl. Muhr, salesprofi 2/2000, S. 31). Aus Straßen werden Verteilergebiete. Key Accounts werden Niederlassungen zugeordnet.

Abb. 234 zeigt die typischen Formen einer Gebiets- und Standortanalyse. Der obere Teil analysiert die Verkaufsgebiete der Region Nord. Für die einzelnen Verkaufsbezirke wird die Umsatzverteilung in den Sortimenten ausgewiesen. Gleichzeitig ist die regionale Kundenverteilung in der ABC-Klassifikation ersichtlich. Mit *RegioGraph* können die Vertriebsgebiete mehrstufig zusammengefasst und per Mausklick verändert werden. Alle hinterlegten Daten werden dann automatisch auf die neuen Strukturen umgerechnet. Durch eine Toolbox lassen sich Diagrammformen einfach verändern. Über 100 Diagrammvarianten stehen zur Verfügung. Für die Veranschaulichung der zeitlichen und inhaltlichen Veränderungen bietet *RegioGraph* zahlreiche Analysefunktionen an, darunter auch Portfolio- und ABC-Analysen. Damit ist *RegioGraph* in der Lage, in Abhängigkeit stehende Variablen aus einer geografischen Perspektive heraus zu analysieren.

Die kleine Grafik in der Mitte verfeinert die Kundenanalyse. Für den Verkaufsbereich Hamburg werden die Kunden nach einer klassischen ABC-Analyse beurteilt. Beim Anklicken einer Kugel werden die Geschäftsdaten angezeigt.

Der untere Teil der Abb. 234 beschäftigt sich mit Umsatzreichweiten für einen Standortvergleich. Sowohl Standorte als auch Kunden sind punktgenau auf der Karte dargestellt. Darmstadt oder Heidelberg, wo sind kürzere Wege notwendig, um 80 Prozent der Kunden zu betreuen? Trotz der Großkundenballung in Heidelberg erweist sich Darmstadt als die bessere Alternative. Das hier auf ein Vertriebsgebiet bezogene Beispiel lässt sich auf jede noch so feine Gebietsstruk-

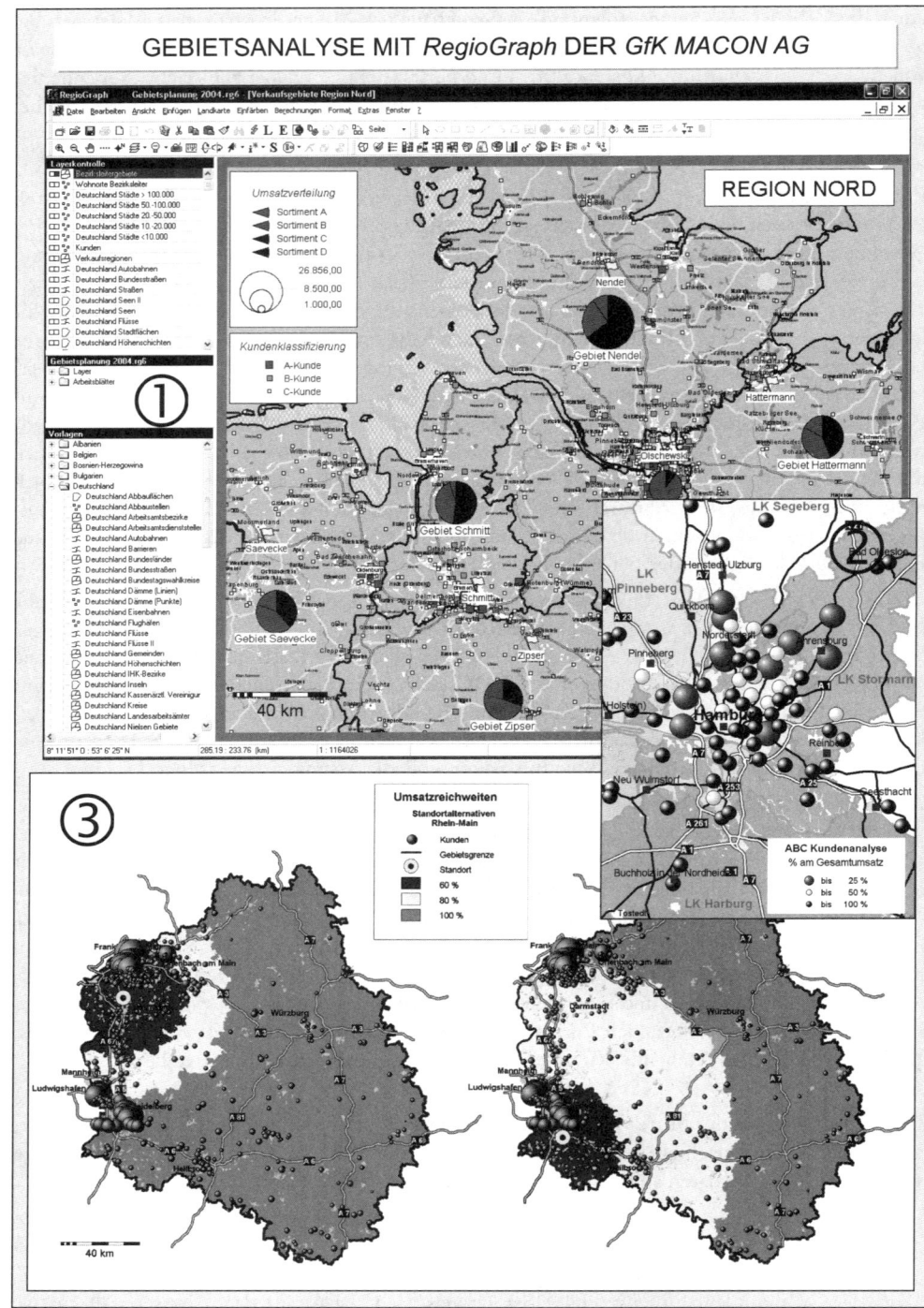

Abb. 234: GIS-Gebietsanalyse mit RegioGraph / GfK MACON AG

tur übertragen. Am Ende steht wieder die mikrogeografische Ebene, d.h. die Analyse und Planung von Standorten und Verkäufereinsätzen auf Straßenebene innerhalb von Ortschaften. Sinnvoll ist dies z.B. für die Bewertung von Ortslagen von Restaurants, Tankstellen, Einzelhandelsgeschäften etc.

Zu weiteren leistungsfähigen GIS-Programmen wird auf die Literatur verwiesen (vgl. die Übersichten bei *Schwetz*, salesprofi 8/1999, S. 38; *Mühlberger* 1998/99, S. 36–39).

b.) Gebietsoptimierung mit Hilfe von Geomarketing-Systemen

Auf die Gebietsanalyse folgt die **Gebietsoptimierung**. GIS-Gebietsoptimierungen

(1) schaffen durch iterative Rechenschritte **optimale Gebietseinteilungen** für die Außendienstmitarbeiter; vorrangig hinsichtlich der Erfolgskriterien Kaufpotenzial, Kundenanzahl, Umsatzerlöse, Fahrkilometer.

(2) Bestimmte Arbeitsbelastungen für die Außendienstmitarbeiter können als Nebenbedingungen oder als Zielgrößen mit berücksichtigt werden; ebenso die Wohnsitze der Verkäufer.

(3) Die Programme zeigen, wie die optimale Verkaufsgebietseinteilung beim Einsatz zusätzlicher Kundenbetreuer oder auch bei Personalabbau aussehen müsste.

(4) **Merge-and-split-Routinen** trennen Gebiete oder legen Gebiete automatisiert, nach bestimmten Vorgaben, zusammen.

(5) Für neue Regionalbüros können optimale Standorte bestimmt werden.

(6) Die Auswirkungen von Gebietsgrenzen auf die Arbeitsbelastungen der Außendienstmitarbeiter werden vom Programm angezeigt.

DISTRICT von der *GfK MACON AG* ist eines der bekanntesten GIS zur Planung und Optimierung von Gebieten. Das Programm enthält über *RegioGraph* hinaus weitere Funktionalitäten und Analysewerkzeuge. Basierend auf den aus der Regionalanalyse gewonnenen Erkenntnissen erfolgt die Optimierung schrittweise und nach verschiedenen Optionen. Abb. 235 beschreibt Beispiele für die Funktionalitäten:

(1) Zunächst werden, z.B. auf der Grundlage einer Gebietsanalyse, die **Kunden in der gesamten Verkaufsregion** dargestellt; farblich unterschieden nach zuständigen Außendienstmitarbeitern. Schon nach dem ersten Schritt werden **Gebietsüberschneidungen** oder **vernachlässigte Gebiete** (weiße Flächen) sichtbar. Neukunden lassen sich schnell dem System beifügen.

(2) *DISTRICT* kann Gebiete selbständig bilden, wenn Barrieren vorgegeben werden. Barrieren können Gebirgszüge, Flussläufe, Autobahnen o.ä. sein.

(3) Interessant ist auch die Möglichkeit, Gebietsgrenzen automatisch um bekannte Kundenstandorte herumzulegen.

(4) Bei der automatischen Generierung wird die Anzahl der gewünschten Gebiete vorgegeben. *DISTRICT* erstellt dann automatisch die neue Gebietsstruktur. Die Basis der Gebietsstruktur ist vom Anwender frei wählbar. Beispielsweise können Kundenstandorte, Postleitzahlen, politische Grenzen etc. zu Grunde gelegt werden. Das Programm berücksicht Wohnorte der Mitarbeiter oder begrenzt die Gebietsgrößen nach maximal zulässigen Gebietsradien. Im oberen Teil der Abb. 235 wurden so 14 Verkaufsgebiete unter Berücksichtigung der Mitarbeiterwohnorte generiert. Dabei kann *DISTRICT* frei wählbare Parameter, wie Einwohnerzahl, Kaufkraftpotenzial oder z.B. Konsumgrößen wie KFZ-Bestand in den zu erzeugenden Gebieten konstant halten.

(5) Im nächsten Schritt werden die **Gebiete analysiert und verglichen**; vorzugsweise nach **Umsatzpotenzial, Ist-Umsatz** und **Betreuungsaufwand**. Die untere Grafik der Abb. 235 beschreibt ein Beispiel für eine VKB-Optimierung nach Arbeitslast. Dazu analysiert

DISTRICT die aktuelle Gebietsstruktur und zeigt die Arbeitslast der einzelnen Außendienstmitarbeiter in ihren Gebieten an. Deutlich erkennbar sind die Abweichungen einiger Gebiete vom Durchschnitt. Im nächsten Schritt modifiziert *DISTRICT* die Größe der Außendienstgebiete, so dass die Arbeitslast in den Gebieten gleich ist. Dabei können *DISTRICT* wiederum Parameter vorgegeben werden, die bei der Neuberechnung der Gebiete beachtet werden sollen. Etwa können die Größen der Gebietsflächen oder die Anzahl der Kunden der Außendienstmitarbeiter konstant gehalten werden.

(6) Wichtig sind auch **Merge-and-split-Operationen.** Z.B. sollen drei Verkaufsgebiete zukünftig von fünf Mitarbeitern betreut werden. *DISTRICT* splittet die bestehenden Gebiete auf und erzeugt eine Gleichverteilung nach Kunden oder Einkaufspotenzial. Die **Merge-Funktion** geht umgekehrt vor. Sie legt Gebiete optimal zusammen. Kunden und damit Gebietsgrenzen können so **umgruppiert** werden, dass die Verkaufsgebiete hinsichtlich Umsatzpotenzial, Ist-Umsatz, Betreuungsaufwand oder hinsichtlich der Wertigkeit gleichwertig sind.

(7) *DISTRICT* kann Gebiete auch eigenständig auf Soll-Zahlen für Umsatz, Umsatzpotenzial und Betreuungsaufwand bzw. auf Ziel-Gebietswertigkeiten hin optimieren. Sind Zielvorgaben zu hoch angesetzt, wird eine Verringerung der Verkaufsbezirke die Folge sein. In der Grafik (2) sind z.B. Service-Center-Standorte in Italien optimiert.

(8) Verkaufsgebiete lassen sich auf einfache Weise umgruppieren und Konsequenzen für die Zielgrößen sichtbar machen (*Was-wäre-wenn-Szenarien*). Ein manueller Ausgleich ist direkt auf der Karte möglich. Durch Anklicken von Gebietsgrenzen oder Kunden können Umstrukturierungen vorgenommen werden. Auswirkungen werden sofort angezeigt, die Gebietsgrenzen automatisch aktualisiert. So zeigt das Programm beispielsweise an, wie viele Kunden nach einer Umgruppierung zusätzlich besucht werden müssen. Bei den Prozeduren können Gebiete oder Kunden aus der Optimierung herausgehalten werden, um sie z.B. für bestimmte Außendienstmitarbeiter zu reservieren.

(9) Vorliegende geocodierte Basisdaten können über eine direkte Datenbankanbindung oder per Datenimport in *DISTRICT* eingespielt werden. Zur Strukturierung einer internationalen Vertriebsorganisation sind weltweite Kartensets verfügbar. In der Basisversion liegen *DISTRICT* neben europäischen Karten detaillierte administrative und postalische Karten von Deutschland, Österreich und der Schweiz bei.

(10) Neu (ab Version 6.0) ist die Funktion der **Voronoi-Polygone.** *DISTRICT* bietet nun eine Planung unabhängig von administrativen und postalischen Gebietsgrenzen. Gebietsplanungen können auf Basis von Kunden vorgenommen werden. Sind beispielsweise mehrere Kunden im gleichen Landkreis angesiedelt, so kann dieser Landkreis unterteilt und die Teilgebiete unterschiedlichen Außendienstmitarbeitern zugeordnet werden. Auf diese Weise können erstmalig Vertriebsgebiete aus den Kundenstandorten abgeleitet werden, ohne Rücksicht auf die Feinstruktur vorhandener Karten.

(11) Die Präsentationsmöglichkeiten der fertigen Analysen wurden in den letzten beiden Versionen (7 und 8) stark verbessert. Über den **HTML-Export** ist es möglich, Karten per Mausklick im Intra- und Internet zu veröffentlichen. Dies ist möglich sowohl für die Gesamtkarten, kann aber auch über den **Layoutgenerator** automatisch in Teilgebietskarten aus der Gesamtansicht unterteilt werden. Weitere Layoutvorlagen und die Möglichkeit, eigene zu entwerfen, gibt es seit der Version 7. Die Ergebnisse können seit der Premium-Version 8 als **Diashow im Vollbildmodus** ohne externe Präsentationsprogramme vorgeführt werden.

(12) Mit Hilfe der **Isochronen-Berechnungsfunktion** kann speziell ein Filialnetz optimiert werden. *Wie viele Haushalte werden erreicht?* Die Standorte lassen sich nach Einzugsgebieten bewerten.

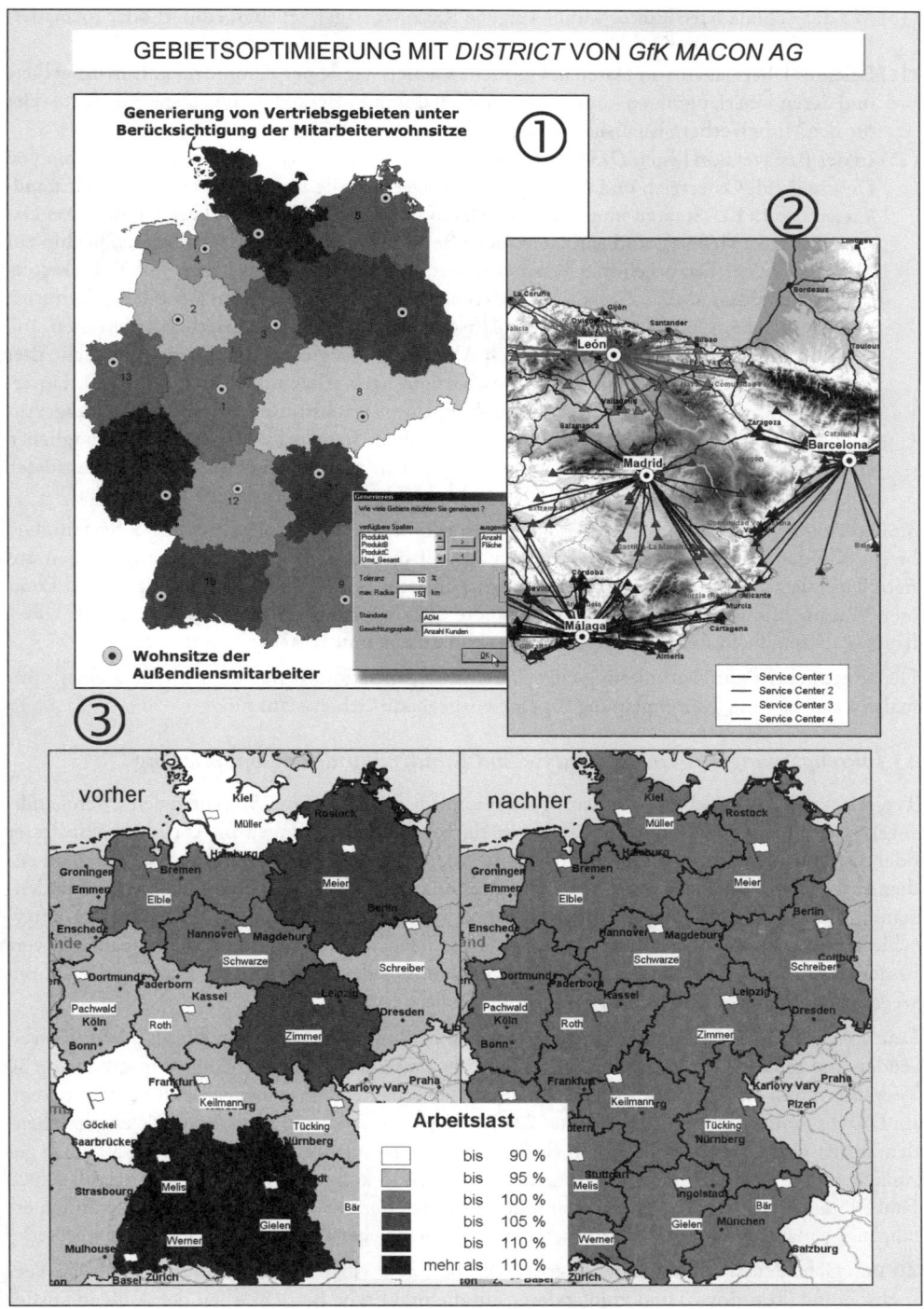

Abb. 235: GIS-Gebietsoptimierung mit DISTRICT / GfK MACON AG

(13) Mit dem **Landkarten-Editor** können eigene Kartenvorlagen erzeugt, editiert oder formatiert werden.

(14) Leichtes **Übertragen von Daten** auf aktuelle Gebietsstände per Knopfdruck. Einzugsgebiete und deren Überlappungen können anschaulich durch Pufferzonen um eigene Standorte oder die der Mitbewerber visualisiert werden.

(15) In der Basisversion liegen *DISTRICT* detaillierte administrative und postalische Karten von Deutschland, Österreich und der Schweiz bei. Die aktuelle Premium-Version enthält **Landkarten der 25 EU-Staaten** und **Premium-Daten** von *EUROSTAT* für diese Länder. Das Datenangebot ist vielfältig und enthält aktuelle Bevölkerungs- und Wirtschaftsdaten bis hin zur NUTS3-Ebene. Dazu gehören beispielsweise: Arbeitlosenzahlen, Daten zur Bevölkerung (nach Altersklassen und Geschlecht, Bevölkerungsdichte, Bevölkerungsmodelle, Geburten und Sterbefälle, Geburten nach Altersjahr der Mutter, Sterbefälle nach Altersklassen und Geschlecht etc.), Erwerbspersonen (nach Alter und Geschlecht, Erwerbsquoten nach Alter und Geschlecht, nach Bildungsgrad, Beschäftigte nach Alter und Geschlecht etc.), Unternehmensstatistik (Löhne und Gehälter in Mio. Euro, Wachstumsrate der Beschäftigung, Anteil der Beschäftigung an der Gesamtproduktion etc.). Standardisierte Analysen ermöglichen einen raschen Einstieg in das Programm. Vergleicht man die eigenen Unternehmensdaten mit diesen Referenzdaten, dann werden nicht erschlossene Marktpotenziale deutlich.

Sinnvoll ist die Verknüpfung einer GIS-Gebietsoptimierung mit einem CRM/CAS-System. Gebiets-, Kunden- oder Umsatzveränderungen aus der operativen Vertriebssteuerung werden unmittelbar auch in der Gebietsanalyse sichtbar. Aus dem GIS-Gebietsoptimierungsmodul kommen Warnmeldungen, wenn eine früher erstellte Gebietsstruktur nicht mehr optimal ist. Überhaupt wachsen die Systeme der Vertriebsautomatisierung immer stärker zusammen.

Der letzte Schritt zur Optimierung einer Vertriebsorganisation ist nun die Ableitung einer optimalen Besuchs- und Tourenplanung für eine vorliegende Gebietsstruktur.

c.) Tourenplanung mit Gebietsanalyse und Kundenzuordnungsoptimierung

Typisch für den Vertrieb von Konsumgütern und für die Pflege von Warenregalen (Merchandising) ist der **Besuchstourenverkauf** (s. noch einmal die Erläuterungen in Abb. 230). Ein fester oder variabler Stamm von Geschäften (Outlets) oder Automatenstandorten ist vom Außendienstmitarbeiter in einem zeitlichen Rhythmus anzufahren. Hierbei bleibt der aktive Kundenstamm nicht dauerhaft konstant. Die Dynamik von Veränderungen ist nach Branchen unterschiedlich stark ausgeprägt. Änderungen in der Kundenzahl und bei den Kundenqualitäten verursachen Ent- oder Belastungen für den Tourenplan. In jedem Fall spielt die **Planung der Touren** wegen der hohen Besuchskosten eine wichtige Rolle.

Laut *Frerk, PTV AG,* kommen Tourenplanungen bei Unternehmen mit mehr als 10 Bezirksreisenden und mit ca. 3 bis 15 Besuchen pro Tag zum Einsatz. Bei einer Organisationsgröße von 30 Verkäufern und 5.000 Kunden liegen die Besuchszeitanteile im günstigen Fall bei 55 Prozent. Im Durchschnitt sind zwischen 180 und 220 Besuchstage (Feldtage) realistisch. Die zu erreichenden Durchschnittsgeschwindigkeiten sind in den letzten 10 Jahren von 60 km/h auf 50 km/h gesunken; mit weiter fallender Tendenz. Besuchsreisende kommen heute im Schnitt auf 40.000 Fahrkilometer jährlich. Durch eine computergestützte Bezirks- und Tourenplanung können erfahrungsgemäß 10 Prozent der Kilometerleistung bei gleicher Besuchsleistung gespart werden.

Zu unterscheiden sind zahlreiche Begriffe, die sich zum einen auf die Planung durch die Vertriebsleitung (Top-down) und zum anderen auf die praktische Besuchsarbeit der Außendienstler beziehen.

➡ Die **strategische Tourenplanung** zielt auf eine Minimierung der Fahrzeiten im Fall eines Kundenstamms, bei dem in unterschiedlichen Frequenzen Besuche durchgeführt werden sollen. Hierbei bestimmen die Kunden mit den längsten Besuchsintervallen (z.B. der Kunde mit der geringsten Priorität wird 1 Mal in 1/2 Jahr besucht) im Planungszeitraum eines Jahres die Anzahl der zu verplanenden Wochen. Alle notwendigen Besuche lassen sich dann in einem Zyklus abbilden. Innerhalb dieses Zykluses werden die Kunden nach Wichtigkeiten unterschiedlich oft besucht; z.B. die Top-Kunden 24 mal im Zyklus (bei einer 48-Wochen-Planung alle 14 Tage), A2-Kunden 12 mal (monatlich), B1-Kunden 8 mal, B2-Kunden 6 mal, C-Kunden 3 mal etc.). Im Beispielfall der Abb. 236 wird ein **48-Wochen-Rahmentourenplan** generiert. Ein rollierender 48-Wochen-Zyklus hat sich in der Praxis bewährt, weil viele Zahlen als Teiler enthalten sind (24, 12, 8, 6, 4 und 2). Zu optimieren sind Reihenfolge und Zeitpunkte der Besuche, i.d.R. unter den Zielsetzungen einer gleichmäßigen Auslastung der Außendienstmitarbeiter, Minimierung von Fahrzeiten und damit einer Senkung der variablen Vertriebskosten. Die strategische Tourenplanung wird oft zum Anlaß genommen, um die Soll-Vorstellungen über die notwendige Anzahl von Besuchen in Kundenklassen, die Vorstellungen über empfehlenswerte Besuchszeiten, die erforderliche Anzahl von Bezirksreisenden und eventuell auch die Gebietsgrenzen zu überprüfen.

➡ Die **operative Tourenplanung** bringt geplante Kundenbesuche für die nächste Periode – z.B. für die kommende Woche – unter Berücksichtigung aller Restriktionen und Vorgaben, die zum Planungszeitpunkt bekannt sind, in eine optimale Reihenfolge nach Reisearbeitstagen. Hierbei gilt es, die geplanten Besuche mit der geringsten Fahrzeit zu routen. Zu den möglichen Restriktionen und Vorgaben gehören: Die tägliche Reisearbeitszeit, die einzuplanenden Pausen, die Besuchszeiten im Kundenstamm nach Wochentag und/oder nach Uhrzeit, die geplante Verweildauer des einzelnen Besuchs. Die operative Tourenplanung wird heute u.a. zentralseitig eingesetzt bei technischen Kundendiensten, beim Auslieferungsservice und bei Sonderdurchgängen in der Konsumgüterindustrie. Bei dezentralem Einsatz dient sie dem Außendienstmitarbeiter zur Selbstorganisation.

➡ Ist noch keine strategische Tourenplanung vorhanden, dann formuliert die Vertriebsleitung zunächst pragmatisch eine **Soll-Tourenplanung**. Diese beruht auf Erfahrungen der Mitarbeiter, auf Besuchswünschen der Kunden oder auf dem Besuchsverhalten der Wettbewerber.

➡ Eine **Plan-Tourenplanung** ergibt sich, wenn die Soll-Tourenplanung oder die strategische Tourenplanung durch ein GIS optimiert wird. Diese erhebt jetzt den Anspruch auf „Fahrbarkeit". Der Unterschied zwischen Soll und Plan ist ein Maß für die Leistungsfähigkeit des GIS.

➡ Die Planungshoheit muss aber beim Außendienstmitarbeiter bleiben. Durch plötzliche Wünsche von Kunden, Reklamationen, ungeplante Besuchsausfälle o.ä. ergibt sich letztlich eine **Ist-Tourenplanung**, die die Bezirksreisenden so nahe wie möglich am Plan halten sollten.

➡ Eine sinnvolle Tourenplanung setzt eine Gebietsoptimierung voraus.

Das folgende Beispiel beschreibt das geografische Analyse- und Optimierungsprogramm *VisiTourEnterprise* von *FLS Fuhrpark- und Logistiksysteme GmbH, Heikendorf. VisiTourEnterprise* verbindet

(1) eine **Gebietsplanung**, bei der zunächst die Kundenzuordnungen für die Außendienstmitarbeiter gemäß den SOLL-Vorgaben (Planungszustand vor Optimierung) einer Auslastungsanalyse unterzogen werden und bei der anschließend eine **Kundenzuordnungsoptimierung**

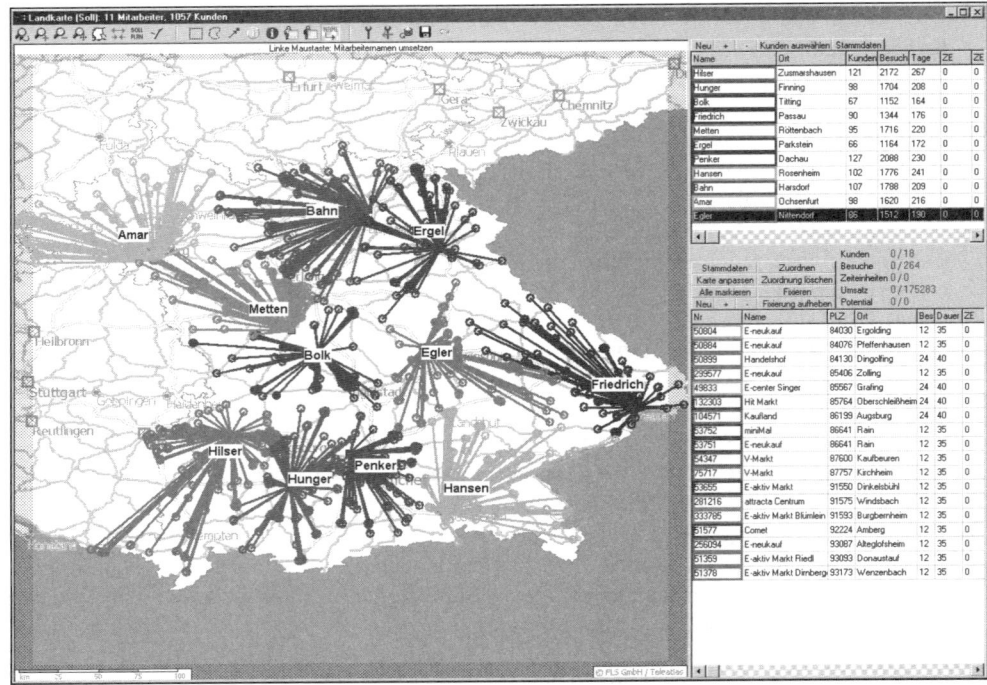

Abb. 236: Gebietsoptimierung mit VisiTourEnterprise –
Soll-Stand vor Optimierung / FLS GmH

erfolgt (Ziel: gleichmäßige Auslastung der Außendienstmitarbeiter bei gleichzeitiger Minimierung von Fahrzeiten unter der Bedingung unveränderter Kundenbearbeitung wie bisher),

(2) oder alternativ eine **Optimierung der Kundenbesuche von Niederlassungen aus**, bei der geprüft wird, von welcher Niederlassung aus ein Kundenstandort betreut werden soll, um mit dem geringsten Fahraufwand die Besuchsvorgaben abzuarbeiten (An dem Ergebnis orientieren sich dann die Mitarbeiterzahlen der Niederlassungen),

(3) mit einer **periodischen und später operativen Tourenplanung** mit optimaler Streckenführung.

Durch die Optimierung werden die **Soll-Besuchsvorgaben** der Vertriebsleitung in **Plan-Besuchsvorgaben** des Systems überführt, gegen die später das Vertriebscontrolling die **Ist-Werte** der Besuche, Besuchszeiten und Fahrkilometer spiegelt.

Diese Tourenplanung ist für alle Unternehmen geeignet, bei denen eine Außendienst- oder Servicestruktur aufgebaut, reorganisiert, ganz oder teilweise verschmolzen oder laufend auf neue Anforderungen hin angepasst wird. Sie kommt inzwischen bei vielen Konsumgüterherstellern, bevorzugt aus der Nahrungsmittel-, Hygiene- und Kosmetik- und nun auch verstärkt der Gebrauchsgüterindustrie, zum Einsatz. Folgende Analysen werden computergestützt abgearbeitet:

(1) **Auslastungsanalyse** der VKB unter Berücksichtigung aller Besuchshäufigkeiten, Besuchszeiten, Fahrstrecken und Fahrzeiten der derzeitigen Kundenzuordnungen und der Besuchsreisezeiten der Mitarbeiter sowie deren Kapazitätsvorgaben in Tagen.

(2) **Optimierung der Kundenzuordnungen**, mit dem Ziel einer optimalen Gestaltung der Einzugsgebiete. Dabei stellen sich im einzelnen folgende Unterfragen:

- Wie viele und welche Mitarbeiter sollen an welchen Standorten eingesetzt werden?
- Welche Betreuungsintensität ist in Bezug auf Besuchshäufigkeit und Besuchsdauer bei den vorhandenen Außendienstressourcen erreichbar?
- Welcher Zeitaufwand und welche Kosten entstehen, wenn eine vorgegebene Besuchsstrategie realisiert werden soll?
- Welches Einsparungspotenzial bietet eine Reorganisation der Verkaufsgebiete?
- Welche Kunden sollten von welchen Mitarbeitern (oder von welcher Niederlassung aus) bearbeitet werden, damit die Reisekosten niedrig gehalten werden?
- Wie viel Fahrzeit der Mitarbeiter kann hierdurch eingespart und evtl. für weitere Besuche verwendet werden?
- Welche Mitarbeiter haben ungünstige Standorte?
- Welche Außendienststandorte sind unterbesetzt?
- Wie stark erhöhen oder verringern sich die Fahrkosten, wenn ein Mitarbeiterstandort oder eine Niederlassung geschlossen wird?
- Wie kann das gesamte Kundenpotenzial möglichst gleichmäßig verteilt werden?
- Wie kann das stetig zu betreuende Kundenpotenzial so verteilt werden, dass Kapazitäten für übriges Potenzial in den Bezirken vorhanden ist?

Die **Tourenplanung** erfolgt in üblicher Weise auf der Grundlage echter Straßenkilometer und veränderbarer Durchschnittsgeschwindigkeiten für unterschiedliche Straßentypen.

Das Beispiel der Abb. 236ff. beschreibt das Gebiet eines Nahrungsmittelherstellers. Die Vertriebsregion besteht aus 11 Bezirken mit 11 Bezirksreisenden und 1.057, in unterschiedlichen

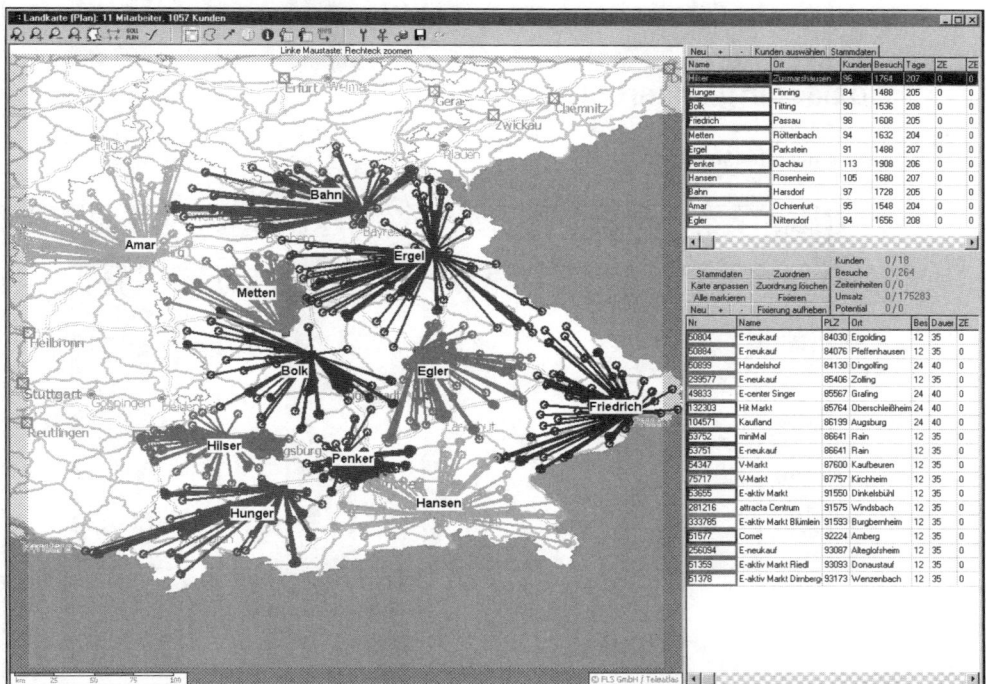

Abb. 237: Gebietsoptimierung mit VisiTourEnterprise –
Plan-Stand nach Optimierung / FLS GmH

Intervallen zu besuchenden Handels-Outlets. Abb. 236 zeigt die Soll-Situation (vor Optimierung). Der Planungszyklus beträgt 4 Wochen. Der *Edeka-Neukauf* in *Ergolding* wird in diesem Zeitraum 12 mal besucht. Die durchschnittliche Standzeit beim Kunden (inkl. Regalpflege) beträgt 35 Minuten. Die Grafik enthüllt signifikante Belastungsunterschiede. Betrachten wir im folgenden die Reisenden *Hilser* (267 Besuchstage) und *Hunger* (208 Besuchstage).

Nach Optimierung stellt sich die Situation der Abb. 237 ein. Zu erkennen sind veränderte Kundenzuordnungen in den Konfliktzonen der Reisenden *Hilser* und *Hunger* (jetzt mit 207 bzw. 205

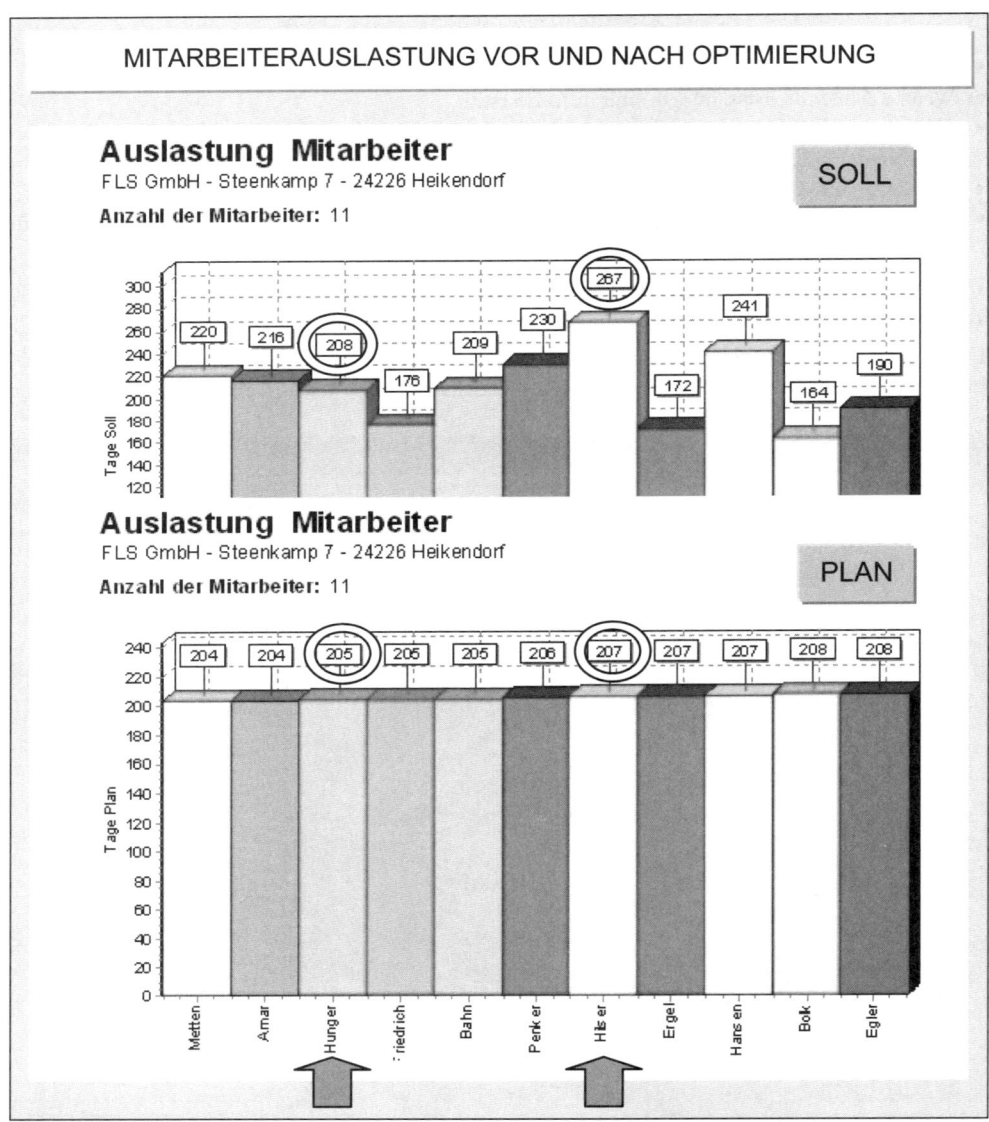

Abb. 238: Die verbesserten Mitarbeiterauslastungen Soll und Plan durch
VisiTourEnterprise / FLS GmH

Gesamtauswertung von Mitarbeitern in der Datenbank □ ×

Mitarbeiter: 11

		Gesamt	Max	Min	Ø	Differenz (gesamt) zu Ist	Soll	Plan
Ist	Tage	2280	244	172	207	0	-23	17
	Strecke	437540	50280	27751	39776	0	66388	90895
	Fahrzeit	7661	892	580	696			
	Kunden	1057	127	66	96			
	Besuche	15922	1930	1018	1447			
	Besuchszeit	10634	1285	686	967			
	Zeiteinheiten	0	0	0	0			
	Arbeitsstunden	18383	2141	1316	1671			
Soll	Tage	2303	268	164	209	23	0	40
	Strecke	371152	42510	23622	33741	-66388	0	24507
	Fahrzeit	6473	749	491	588			
	Kunden	1057	127	66	96			
	Besuche	18036	2172	1152	1640			
	Besuchszeit	11955	1437	770	1087			
	Zeiteinheiten	0	0	0	0			
	Arbeitsstunden	18428	2143	1312	1675			
Plan	Tage	2263	208	204	206	-17	-40	0
	Strecke	346645	40074	17245	31513	-90895	-24507	0
	Fahrzeit	6146	673	405	559			
	Kunden	1057	107	85	96			
	Besuche	18036	1848	1452	1640			
	Besuchszeit	11955	1224	957	1087			
	Zeiteinheiten	0	0	0	0			
	Arbeitsstunden	18101	1663	1629	1646			

Abb. 239: Optimierungserfolg durch VisiTourEnterprise / FLS GmH

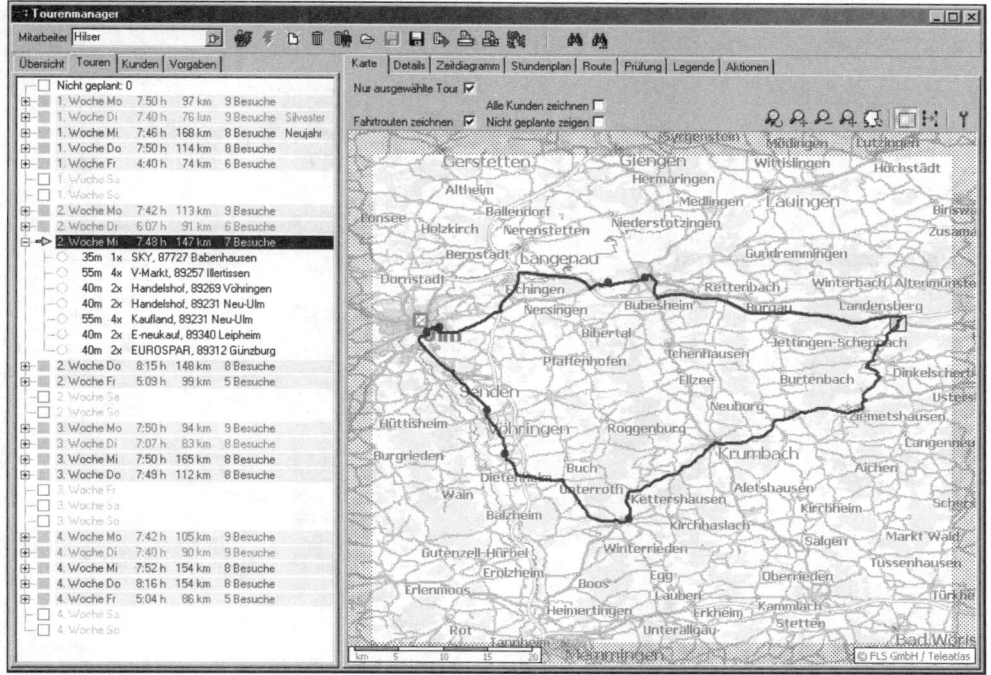

Abb. 240: 4-Wochen-Tourenplan für den Außendienstmitarbeiter Hilser, ermittelt durch den Tourenmanager von VisiTourEnterprise / FLS GmH

Besuchstagen). Oben rechts in der Abb. 237 zeigen sich in der Spalte *Tage* die gleichmäßigeren Belastungsprofile für alle Außendienstmitarbeiter im Vergleich zur Abb. 236. Abb. 238 visualisiert die verbesserte Mitarbeiterauslastung vor und nach Optimierung.

Gleichzeitig kann das zweite Ziel einer Fahrstreckenreduzierung erreicht werden, wie Abb. 237 beweist. Gegenüber dem Ist in der Vergangenheit können bei unveränderter Zahl der zu besuchenden Kunden 90.895 Fahrkilometer eingespart werden. Die durchschnittlichen jährlichen Besuchstage aller 11 Kundenbetreuer sinken infolge der Optimierung vom Soll-Vorgaberahmen 209 auf optimierte 206. Entscheidend aber: Die Schwankungsbreiten für die minimal und maximal belasteten Außendienstmitarbeiter nehmen von 244/172 auf 208/204 ab. Im Zuge der Auslastungsnivellierung kann die Gesamtzahl der Besuche gegenüber dem Vergangenheits-Ist von 15.922 auf 18.036 gesteigert werden. Die Optimierung setzt folglich Reserven in der Vertriebsorganisation frei.

Abb. 240 liefert den **4-Wochen-Rahmentourenplan** für den Außendienstmitarbeiter *Hilser*. Teilstrecken, Besuchsreihenfolgen, Ankunfts- und Besuchszeiten sind nach der Optimierung als Rahmenplan vorgegeben. Die Landkarte zeigt die exakte Streckenführung für den Mittwoch der 2. Woche, bestehend aus 7 Besuchen und 147 km Fahrstrecke. Das Programm bietet im übrigen auch die Option, **Übernachtungstouren** nach Vorgaben für *Entfernungen vom Domizil* und *Anzahl von Übernachtungen pro Woche* zu bestimmen (z.B.: *Generiere bis zu 2 Übernachtungen ab 60 km vom Domizil*).

Der Ausdruck der Abb. 241 bietet dem Reisenden eine automatisierte Kalenderplanung als wertvolle Arbeitshilfe für die tägliche Tour. Die Tabellenangaben sind selbsterklärend. Die Besuchs-

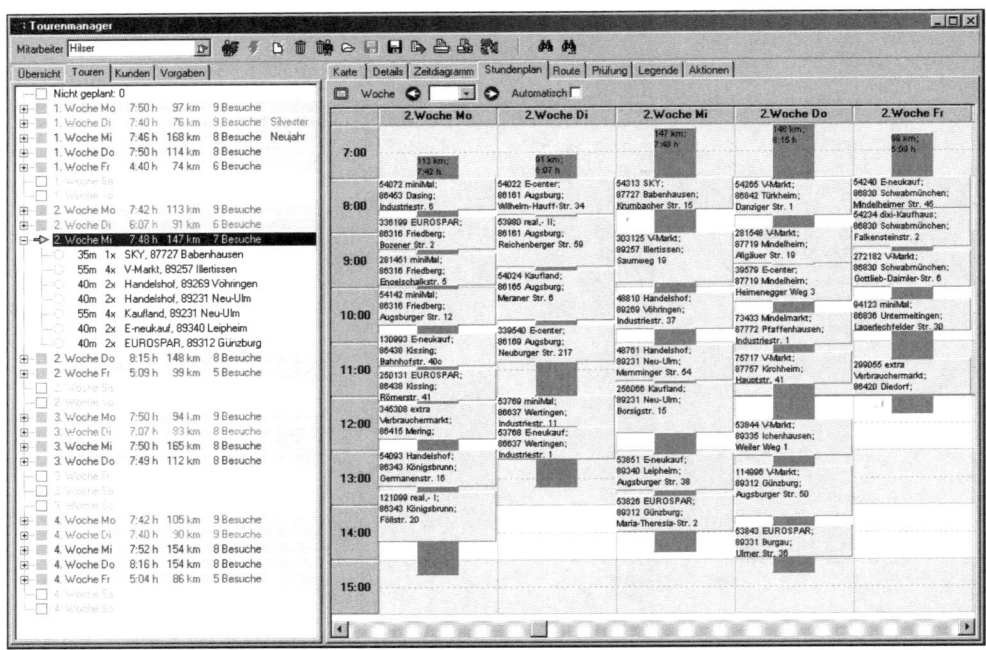

Abb. 241: Detail-Wochenplan für den Außendienstmitarbeiter Hilser, ermittelt durch den Tourenmanager Kalender von VisiTourEnterprise / FLS GmbH

daten fließen über eine Schnittstelle direkt in das CRM/CAS-System für die tägliche Aktivitätensteuerung ein.

Computergestützte Touren- und Besuchsplanungen sollen die Außendienstmitarbeiter nicht gängeln. Sie sollen Vertriebsleitung und Außendienst zeigen, wo das Optimum für den Regionalvertrieb liegt, wenn alles nach Plan läuft. Der Vertriebsalltag hat dann seine eigenen Regeln. Kundenforderungen und Situationen erzwingen Abweichungen vom optimierten Plan. Wenn sich aber die gesamte Vertriebsorganisation am Rahmenplan orientiert, dann nähert sich in der Menge der Über- und Unterschreitungen die Ist-Situation tendenziell der optimalen Lösung gemäß Plan an. Verbindlich sind die Besuchspläne allerdings für Touren, die im Rahmen von **Distributionsfahrten** (Frischdienstkonzepte, wie z.B. ausliefernde Brot- oder Eiscremelieferanten oder Zigaretten- und andere Automatenbetreuung) erfolgen.

Die aufgezeigten Optimierungsprogramme sind bei größeren bis mittelgroßen Vertriebs- und Auslieferungsorganisationen im Einsatz. Hier herrscht besonderer Kostendruck. Zu hoch fallen die Kostennachteile bei falscher Gebietseinteilung und bei unzureichender Tourenplanung aus. Nur kleinere Besuchstourenvertriebe kommen mit Erfahrungsregeln und Improvisationen aus (vgl. *Winkelmann* 1999, S. 77–78). Die bekanntesten Praktikerverfahren sind (vgl. *Czech-Winkelmann* 2003, S. 68–72):

- **Tourenplanung nach Kuchenprinzip** (Pie System): An jedem Arbeitstag wird ein Teilgebiet des Verkaufsgebietes abgefahren. Die Teilgebiete sind im Uhrzeigersinn angeordnet, so dass keine ganz strikte Trennung besteht. Alle Kunden werden wöchentlich besucht.
- **Kuchenprinzip mit Besuchsrhythmen:** Der Außendienstmitarbeiter besucht nicht mehr alle Kunden eines Teilsegmentes in jeder Woche. Wohl aber besucht er jedes seiner Bezirkssegmente einmal wöchentlich. Dadurch lassen sich Besuchsfrequenzen organisieren.
- **Tourenplanung nach Sprungtourenverfahren:** Die Aufteilung der Reisetage erfolgt nicht im Uhrzeigersinn. Die Bezirkssegmente an darauf folgenden Tagen liegen möglichst weit entfernt (gegenüber). So kann der Außendienstmitarbeiter seinen Reaktionsradius vergrößern.
- **Mehrwochentouren:** In größeren Verkaufsgebieten hält sich der Außendienstmitarbeiter jeweils eine ganze Woche in einem Teilbezirk auf. Die Wochenbezirke können nach Kuchenprinzip oder nach Sprungtourenprinzip angeordnet sein.
- **Außenring-/Innenringverfahren:** Ein einzelnes Bezirkssegment/Verkaufsgebiet wird so geplant, das zunächst die am weitesten außen liegenden Kundenstandorte miteinander verbunden werden. Dann werden die innen liegenden Standorte kreuzungsfrei und kilometerminimierend verbunden (Mathematisch das **Traveling Salesman Problem**).

Welches Verfahren sinnvoll ist, hängt u.a. von Besuchsrichtlinien ab, den **Call-Guidelines**. Diese regeln Besuchshäufigkeiten und Besuchsdauern in Abhängigkeit von Kundenwertigkeiten.

7.4.3. Besuchshäufigkeiten und Besuchsdauern

Die Allianz-Versicherung verzeichnet bei ihren Kunden eine verstärkte Wechselbereitschaft, wenn sie länger als zwei Jahre nicht besucht werden (vgl. die Information in der Absatzwirtschaft, 11/1997, S. 26).

Ein in Theorie und Praxis umstrittener Punkt ist die Vorgabe von **Besuchshäufigkeiten** für den Außendienst:

> ➡ Die zentrale Frage für eine **Besuchsstrategie** lautet: In welchem Zeitraum (z.B. ein Jahr) sollen welche Kunden mit welchen durchschnittlichen Besuchsdauern wie oft besucht werden?

Daraus ergeben sich dann die **Besuchsfrequenzen:** In welchen zeitlichen Abständen sind welche Kundengruppen wie oft zu besuchen? Es kann sich hierbei nur um Rahmenvorgaben handeln, die im operativen Vertriebsalltag so weit wie möglich zu erreichen sind.

➡ In der Regel ergeben sich die sog. Call-Guidelines aus Branchenusancen. Die Trends gehen in Richtung *mehr verkaufsaktive Zeit pro Außendienstmitarbeiter* und *mehr Besuchsqualität* bei *weniger Besuchen pro Kunde* und *reduzierter Besuchszeit pro Kunde.*

Laut Abb. 230 spielt das Besuchsfrequenzproblem vor allem beim **Besuchstourenverkauf** eine große Rolle. Beim **Projektverkauf** (langlaufender Entscheidungsprozess) entscheiden dagegen aktuelle, ständig wechselnde Notwendigkeiten über die Besuchshäufigkeiten. Beim **Key Account Vertrieb** bestehen Besuchsabsprachen mit den Schlüsselkunden. Beim **Ad-hoc-Verkauf** (kurzer Entscheidungsprozess) wird ungeplant, opportunistisch vorgegangen. Jede Besuchschance ist möglichst rasch und abschlussorientiert wahrzunehmen.

Die Wissenschaft stellt sich vor, auf der Grundlage mathematischer Zusammenhänge zwischen den o.a. Erfolgsfaktoren **optimale Besuchshäufigkeiten** bestimmen zu können. Gerne zitiert wird in diesem Zusammenhang das in den 70er Jahren von *Lodish* kreierte *CALLPLAN*-Modell (vgl. *Lodish* 1975, S. 30–36; *Goehrmann* 1984, S. 66–67). Der Ansatz ist von *Albers* in Richtung deckungsbeitragsbezogene Gebietsoptimierung weiterentwickelt worden (vgl. *Albers/Skiera* 2002, S. 29–55; *Albers/Skiera*, HBM 5/1998, S. 17–25; *Hassmann*, salesprofi 1999, S. 20–23; o.V., Vertriebsleiterservice 11/1999, S. 1–2; *Hassmann*, salesBusiness 8/2002, S. 38). Dieses *COSTA*-Modell (*Contribution Optimizing Sales Territory Alignment*) teilt die insgesamt verfügbare Verkäuferzeit so auf die Kunden auf, dass der zu erwartende Bruttodeckungsbeitrag aller Kunden maximal wird. Die Optimierung basiert auf **Besuchselastizitäten** und **Potenzialelastizitäten.** Die Frage lautet: *Wie verändert sich der Umsatz oder der Kunden-Deckungsbeitrag, wenn ein Kunde einmal mehr oder einmal weniger besucht wird; bzw. wie verändert sich der Umsatz bei einer einprozentigen Veränderung der Kundenanzahl?* Diese Elastizitäten werden entweder aus Vergangenheitsdaten abgeleitet oder vom Außendienst geschätzt. *Albers* und *Skiera* nehmen unter Bezug auf empirische Studien an, dass die Angabe dieser Elastizitäten für die „*allermeisten*" Verkaufsmanager kein Problem darstellen sollte. Die Wissenschaft proklamiert eine Besuchselastizität von 0,38 und eine Potenzial-Elastizität von 0,7 (vgl. *Albers/Skiera* 2002, S. 39). Das Optimum für die Anzahl der Kundenbesuche in einer Region lässt sich dann durch dynamische Programmierung ermitteln.

Bei derartigen mathematischen Optimierungsversuchen spielt die Empirie nicht mit. Zu unterschiedlich sind die Besuchsnotwendigkeiten in den vielen unterschiedlichen Märkten. Mathematische Zusammenhänge zwischen Kundenbesuchen und Umsatz bzw. Deckungsbeitrag haben nur den Charakter vager Hypothesen. In der Praxis gilt vielmehr das **Phänomen der ungeschriebenen Kontaktstandards:** Die Kundengewinnung erfordert bestimmte Kontakthäufigkeiten; u.a. in Abhängigkeit vom Beratungsaufwand des Produktes und der Besuchsintensität der Konkurrenz. Bei **Unterschreiten bestimmter Besuchshäufigkeitsschwellen** wird man nicht wahrgenommen. Wer nur ein oder zweimal im Jahr erscheint, erreicht keine Resonanz. Die Kunden fühlen sich vernachlässigt. Der Umsatz droht abzubröckeln. Wettbewerber kommen bei neuen Bedarfsfällen schneller an den Ball. Bei zunehmender Kontakthäufigkeit ist der Zuwachs an Wahrnehmung durch den Kunden und daraus folgend an Umsatz und Kundenbindung vorerst gering. Wer nur einmal im Vierteljahr dem Einkäufer gegenübersitzt, kann lediglich eine Minimalbetreuung wahrnehmen. Diese ist möglicherweise bei C-Kunden ohne Entwicklungspotenzial gerechtfertigt. Intensive Beziehungspflege erfordert dagegen ein bis zwei Besuche im Monat. Bei voller

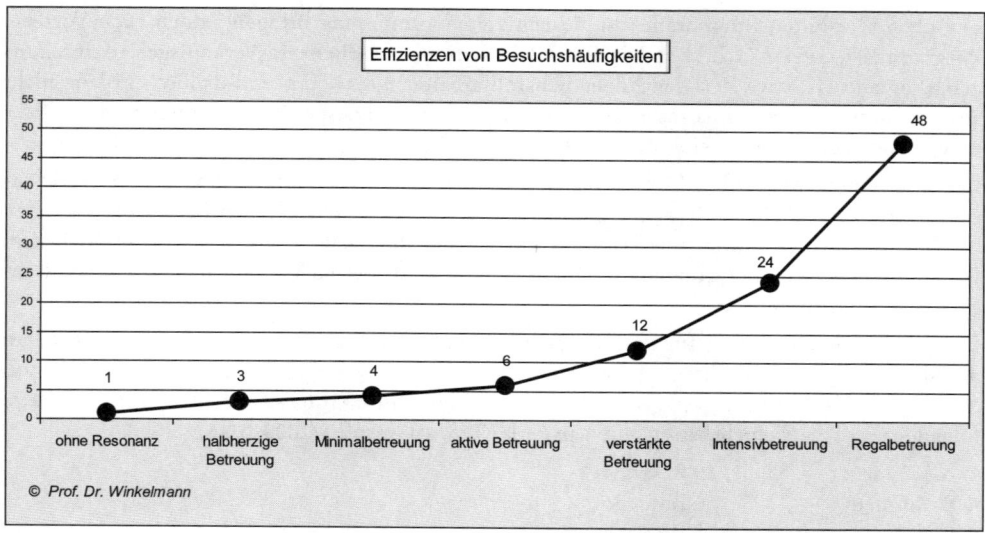

Abb. 242: Die Effizienzen von Besuchshäufigkeiten (Besuche pro Jahr)

Potenzialausschöpfung reicht ein moderates Niveau an Beziehungspflegebesuchen etwa in dieser Größenordnung aus, um den Lieferanteil zu halten. Wird die Besuchsintensität weiter erhöht, wird man dem Kunden u.U. sogar lästig. Ein wöchentliches Erscheinen ist daher nur bei Regalpflege bzw. bei regulären Arbeiten am POS ratsam. Mehr als wöchentliche Besuche sind in der Praxis kaum vorzufinden. Diese recht grob gefassten Effizienzen von Besuchshäufigkeiten sind in der Abb. 242 wiedergegeben.

Beim BtoB-Projektverkauf gelten wieder andere Spielregeln. Da kann es schon einmal sein, dass die Key Accounter und Projektingenieure eines Automobilzulieferers drei- oder viermal im Jahr zu *VW* nach Wolfsburg müssen, um dort die ganze Woche über zusammen mit den Entwicklern an einem Projekt zu arbeiten. Dazwischen gibt es dann nur wenige Kurzbesuche, aber viel gemeinsame virtuelle Arbeit am PC. Die Crux: Auf der einen Seite bestimmen die Notwendigkeiten eines Projektes die Besuchshäufigkeiten. Auf der anderen Seite sind aber auch die Einflüsse der Vertriebskonzeptionen zu beachten, die in der Abbildung 230 dargestellt wurden.

Die Befunde von *Albers* treffen also nicht den Punkt, und sie trennen auch nicht zwischen technischem Vertrieb und Konsumgütervertrieb. Vor allem aber kommt es heute aus Kosten- und Zeitgründen darauf an, vorsichtig Besuchs- durch Direktmarketing-Kontakte (vor allem Call-Center, eMails) zu substituieren. **Mehr Umsatz und Bindung auch bei weniger Besuchen, so lautet die Devise in der Praxis.**

Zudem setzen die Branchenführer **Betreuungsstandards** hinsichtlich Häufigkeiten und Qualitäten von Kundenkontakten, so dass den Konkurrenten eine einseitige Optimierung bzw. Abweichungen von diesen **Betreuungs-Benchmarks** verwehrt bleiben. Außerdem müssten *Albers* und *Skiera* die Annahme eines konstanten Wettbewerbsverhaltens treffen. Letztlich lassen sich Besuchshäufigkeiten kaum gegen den Wunsch der Kunden verändern. Angesichts des Zeitdrucks in der Praxis sind viele Kunden froh, wenn sie nicht besucht werden und geben ihren Lieferanten die Besuchstermine vor. Allenfalls für den Rattenjagdvertrieb kommt dem *COSTA*-Modell eine gewisse Bedeutung zu.

Die oben erwähnten Programme zur Besuchszeitenoptimierung bringen jedoch auch Vorteile. Programme wie *CALLPLAN* oder *COSTA* helfen durch **verbesserte Verkaufsgebietseinteilungen**, die verkaufsaktive Zeit der Außendienstmitarbeiter zu steigern und dadurch bislang nicht ausgeschöpfte Deckungsbeitragspotenziale zu gewinnen. Diesbezüglich berühren diese Programme auch den Themenkreis der **Gebietsoptimierung**.

Die Richtschnur der Abb. 242 wird durch Praxisbefragungen erhärtet. Abb. 243 liefert Erfahrungswerte verschiedener Branchen. Angesichts der teilweise recht hohen Besuchshäufigkeiten handelt es sich um Märkte des Tourenverkaufs, bei dem Außendienstmitarbeiter in festem Rhythmus eine bekannte Kundenschar und Warenbestände betreuen, ohne intensive Verkaufsgespräche führen zu müssen.

Bei der Kundenbetreuung für erklärungsbedürftige Produkte liegen die Besuchshäufigkeiten deutlich niedriger. Für Unternehmen aus den Branchen Maschinenbau, Elektrotechnik und Mess- und Regeltechnik gab das *VIP-1999 Vertriebs-Informations-Panel* der *WHU-Koblenz* folgende jährliche Besuchshäufigkeiten an (vgl. *Krah*, salesprofi 1/2000, S. 16):

⇨ **A-Kunden:**   15 Besuche
⇨ **B-Kunden:**   6 Besuche
⇨ **C-Kunden:**   2 Besuche
⇨ **potenzielle Kunden:** 4 Besuche.

Bei aussichtsreichen Neukontakten sind in 34 % der Fälle bis zu 3 und in 31,9 % der Fälle 4 bis 6 Kundenbesuche bis zu einem Verkaufsabschluss notwendig. Diese Angaben sind Durchschnittswerte des VIP. Da jeder Neukundenfall anders liegt, schwanken die Werte in der Praxis stark. Es gibt Zielkunden, bei denen ein Außendienstmitarbeiter sein Verkäuferleben lang vergeblich akquiriert. Viel wichtiger als der Ansatz statistischer Besuchshäufigkeiten ist ein Gespür dafür, im richtigen Moment (z.B. bei Lieferschwierigkeiten eines Konkurrenten) vor der Kundentür zu stehen. Zwischen Standardisierung der Besuchsstrategie und situativer Flexibilität ist eine Gratwanderung zu meistern.

Das Thema sinnvoller oder gar optimaler Besuchsfrequenzen sollte insgesamt bescheidener, im Sinne **empirischer Normen,** angegangen werden. Die Frage lautet dann: *Welche Besuchshäufigkeiten haben sich in welchen Branchen bewährt? Wo liegen in meinem Markt die Reizschwellen der Kategorien in der Abb. 242? Wann reißt der Faden der Nähe zum Kunden, und wie verhält sich die Konkurrenz?*

Die durchschnittlichen Besuchshäufigkeiten werden künftig abnehmen (vgl. *Krafft* u.a., VIP-2000, S. 29). Unternehmenskonzentrationen auf Kundenseite und ein weiteres Vordringen der Key Account Betreuung mit der Folge reglementierter Verkaufsverhandlungen mit Zentralen und Jahresverträge, sind die Ursachen. Der zentrale Lebensmitteleinkauf für Tankstellen durch die *Shell*-Einkaufszentrale, Videokonferenzen und Ordermöglichkeiten über eCommerce sprechen bei weiter steigenden Besuchskosten für diesen Trend. **Das heißt aber nicht, dass dadurch die Besuchsaktivitäten eines einzelnen Außendienstmitarbeiters zurückgehen.** Im Gegenteil. Infolge von Personalabbau im Vertrieb, drastisch wachsender Anzahl der beim Kunden zu betreuenden Ansprechpartner und infolge der Zunahme konzeptioneller Vertriebsarbeiten geraten Außendienstmitarbeiter unter Druck, ihre verkaufsaktive Zeit zu erhöhen. So gehen Pharmahersteller dazu über, dass Pharmaberater die Ärzte zunehmend telefonisch betreuen. Jeder dritte Besuch wird zum Telefonat. Newsletter sorgen für eine kontinuierliche Kundenansprache.

Ausgehend von den grundlegenden, besuchsstrategischen Regelungen variieren erfahrene Aussendienstmitarbeiter ihre Besuchsvorgaben anhand von **Erfahrungsregeln:**

BESUCHSHÄUFIGKEITEN IM TOURENVERKAUF NACH BRANCHEN		
Branche	Durchschnittliche tägliche Kundenbesuche in Stadt- und Ballungsgebieten	Durchschnittliche tägliche Kundenbesuche in ländlichen Gebieten
Baustoffmaschinen	6–10	4–8
Baustoffe/Baubedarf	4–15	3–10
Bodenbeläge	6–12	2–6
Bürobedarf	5–12	4–9
Chemie	3–7	2–7
Elektroartikel	4–10	3–8
Elektronik	3–7	2–5
Farben / Lacke	8–15	6–10
Industriebedarf	4–12	3–10
Lagertechnik	3–6	2–6
KFZ-Zubehör	8–22	5–16
Maschinen	3–8	2–5
Medizintechnik	4–7	2–5
Nahrungsmittel	4–15	3–12
Papier	5–10	3–8
Recycling	3–5	2–4
Sanitär / Heizung / Klima	4–12	3–10
Technischer Handel	4–7	3–7
Textilien	3–8	2–7
Werkzeuge	5–9	3–8

Quelle: Marktstudie Außendienst der Handelsdienst GmbH, Hamburg, zit. in: Außendienstinformationen v. 7.9.1996, S. 2

Abb. 243: Durchschnittliche Kundenbesuche pro Außendienstmitarbeiter im Tourenverkauf in verschiedenen Branchen

(1) pro vier bis fünf Stammkundenbesuche sollte ein Neukundenbesuch erfolgen,

(2) bei Personalwechsel auf Kundenseite muss umgehend ein Vorstellungsbesuch erfolgen,

(3) bei Wechsel der Vertriebsleitung bei der Konkurrenz sollte die Kontaktintensität signifikant verstärkt werden; und zwar so lange, bis die eventuell neue Strategie des Wettbewerbs deutlich wird,

(4) bei einem Stammkundenverlust sollte sofort durch verstärkte Neukundenakquise reagiert werden (möglichst schon vorher; s. hierzu die Ausführungen zum Verkaufstrichter betreffend Abb. 115),

(5) für Neukunden sollten erhöhte Besuchsfrequenzen zulässig sein,

(6) nach Erledigung einer nennenswerten Reklamation sollte Zusatzbesuch eingeplant werden,

(6) immer Reservebesuche (Kaltbesuchsadressen) zum Kostenausgleich bei langen Anfahrten und als Puffer für Besuchsausfälle (kurzfristige Absagen) einplanen,

(7) Umsatzkontakte gehen vor Beziehungskontakte,

(8) Problembereinigungskontakte gehen vor Umsatzkontakte,

(9) ein intensiver Besuch des Kunden im eigenen Stammhaus mit Betriebsbesichtigung wiegt bis zu 3 eigene Besuche auf.

Durch eine geschickte Besuchsvorbereitung lassen sich erhebliche Zeit- und Kosteneinsparungen realisieren. Vor allem kann der Außendienst dadurch auch die oben erwähnte Chance erhöhen, eine Gunst der Stunde beim Kunden zu nutzen.

7.4.4. Besuchsvorbereitung – und das Handwerkszeug des Kundenbetreuers

Mercuri-International hat bei einer Befragung von Einkäufern, die 25.000 Lieferanten betreuen, herausgefunden, dass 60% der Verkäufer auf Kundengespräche nicht oder schlecht vorbereitet sind. „Das Ergebnis ist für die Verkäufer wenig schmeichelhaft." (Befragung zit. in Marzian/Smidt 1999, S. 5)

Wir halten die Qualität der Besuchsvorbereitung und -durchführung zum Aufbau von Kundenbeziehungen für eine wichtigere Erfolgsgrößen als rechnerische Besuchshäufigkeiten. Vor allem gilt: **Eine** schlechte Besuchsvorbereitung mit dem Ergebnis einer Kundenverstimmung kann das positive Bild vieler vorangegangener Good-Will-Besuche zerstören. Am Anfang einer Besuchsvorbereitung stehen deshalb Klärung von Besuchsanlass und Hauptzielsetzung des Besuchs. Abb. 244 stellt typische Besuchsanlässe zusammen.

BESUCHSANLASS	HAUPTFOKUS – BESUCHSZIEL
① Vorstellung / Erstbesuch	⇨ Vertrauen aufbauen, Interesse wecken, Folgebesuch erreichen
② Auftragsvergabe	⇨ Angebot wertvoll machen, Angebotsvorteile beweisen, Preisniveau sichern
③ Jahresgespräch	⇨ Potenziale ermitteln, Abrufauftrag verhandeln, Marktforschung beim Kunden
④ Konditionenverhandlung	⇨ Leistungsbezogenheit des Konditionensystems sichern
⑤ Projektgespräch	⇨ Bei neuen Produkten in die Entwicklung einbezogen werden
⑥ Technisches Gespräch	⇨ Produktanpassungen, -änderungen im Sinne eigener Spezifikationen erreichen
⑦ Reklamationsgespräch	⇨ Win-Win-Balance sichern, zukünftige Auftragschancen nicht verlieren
⑧ Klärungsgespräch	⇨ Bei Differenzklärungen Vorteile für beide Seiten anvisieren
⑨ Beziehungspflegegespräch	⇨ Kontakte, insbes. „auf höherer Ebene", immer zu etwas Besonderem machen
⑩ Merchandising-Besuch	⇨ Regalbesuche im Handel: Regalvorteile gegenüber Wettbewerb anstreben

Abb. 244: Typische Besuchsanlässe und Zielsetzungen

Die Besuchsvorbereitung ist von Anfang an mit den übergeordneten Zielen der Akquisitionsstrategie in Einklang zu bringen, wie Abschnitt 7.4.1. aufgezeigt hat. Viele Verkäufer verstehen nicht, dass ihre Kundenbesuche letztlich der Erfüllung der Unternehmensziele gelten. Im einzelnen wird sich der Kundenbetreuer über folgende Sachverhalte vorbereitend informieren (vgl. *Winkelmann* 2003, S. 327; vgl. ähnlich *Rentzsch* 2001, S. 76–77):

(1) Termin, Ort, Anreise und Übernachtung,
(2) Teilnehmer des Gespräches, Kontakttelefon für Erreichbarkeit,
(3) Zielsetzungen, Wünsche, Erwartungen der Teilnehmer,
(4) Kompetenzen und Machtstellungen der Gesprächspartner im Buying-Center,
(5) Historie und Fakten zu aktuell laufenden Vorgängen; vor allem zu offenen Vorgängen,
(6) Stand der Auftragsvergaben des Kunden, Soll-/Ist-Abweichungen von Auftragseingang, Umsatz und Kundenergebnis gegenüber Vorjahr und gegenüber vertraglichen Regelungen und Absprachen,
(7) offene Kundenrechnungen,
(8) Lieferzeitüberschreitungen,
(9) Termine für die nächsten Auslieferungen,
(10) offene Beanstandungen und Reklamationen,
(11) bekannte, unausgeschöpfte Verkaufschancen beim Kunden, auch Cross-Selling-Opportunities,
(12) eigene Entwicklungsprojekte, neue eigene Produkte,

(13) kundenseitig Entwicklungsprojekte, neue Produkte des Kunden,

(14) Vorgänge in anderen Vertriebskanälen (z.B.: Wie nutzt der Kunde das Internet?),

(15) Strategie, Geschäftsentwicklung und die wirtschaftliche Lage (auch über die Auftragslage) des Kunden und seiner Branche.

Geht es in BtoB-Märkten um **Vertragsverhandlungen**, dann sollten folgende Punkte in Abstimmung mit den jeweiligen Spezialisten vorbereitet werden (vgl. *Backhaus* 1999, S. 563–564; *Hofbauer/Hellwig* 2004, S. 161–162):

(1) Vertragsgegenstand,

(2) Normen und Standards,

(3) Termine,

(4) Konditionen,

(5) Zahlungsbedingungen,

(6) Eigentums- und Gefahrenübergang,

(7) Verpackung, Transport, Verzollung,

(8) Versicherungen,

(9) Inbetriebnahme,

(10) Abnahmen,

(11) Gewährleistungen nach Abnahme gemäß § 434 ff. BGB,

(12) Vertragsstörungen, Haftungsaussschlüsse für indirekte Schäden und Mängelfolgeschäden,

(13) anzuwendendes Recht,

(14) Schiedsgericht, insbes. bei internationalen Verträgen zu empfehlen.

Für die Besuchsvorbereitung ist eine effiziente Unterstützung durch den Innendienst wichtig. Die benötigten Daten sollten in der **Kundendatenbank** abrufbar sein. Liegen die Daten nicht auf Knopfdruck vor, wird der Außendienstmitarbeiter schon aus Zeitgründen seine Vorbereitungen einschränken. In zu vielen Ordnern, auf zu vielen Zetteln ist das Alltagswissen verteilt. Wichtige Vorbereitungsinformationen fehlen – gerade, wenn man sie braucht.

Hier können Vertriebssteuerungssysteme dem Kundenbetreuer bei der Aufgaben- und Terminplanung helfen. Zur Erleichterung der Besuchsvorbereitung sind im Beispiel *CAS genesisWorld* in der Abb. 245 alle Kundenkontakte, wie Termine, Aufgaben, Dokumente, eMails, etc., direkt mit der Kundenadresse verknüpft. Selbst die Informationen aus der Warenwirtschaft stehen dem Vertriebsmitarbeiter für seine Vorbereitungen in *CAS genesisWorld* der *CAS Software AG* zur Verfügung. Praktisch ist auch die Kopfzeile der *Genesis*-Maske mit einem Überblick über alle aktiven Vorgänge bei dem betreffenden Kunden. Man sieht im unteren Teil der Abb. 245 sehr schön, wie die Basisdaten eines anstehenden Besuches, hier die Präsentation einer neuen Datenbank, in der Arbeitsmaske des Kundenbetreuers verankert sind.

Hierzu ein Praxisbeispiel: Mit *CAS genesisWorld* hat beispielsweise die *Detlev Kleimann Handelsvertretung* in Neu-Isenburg, eine Werksvertretung der *Liebherr-Hausgeräte GmbH*, ihre Vor- und Nachbereitung von Besuchen optimiert. Zentral ist dabei die Maske *Besuchsvorbereitung*, die wie eine Checkliste aufgebaut ist: Verschiedene Aufgaben wie *Termin bestätigt* oder *Prospektmaterial angefordert* werden einfach per Mausklick erledigt. Der Innendienst kann zudem zielgruppenspezifische Sonderaktionen und Kundenwünsche in den Termin einsteuern. Dieser wird dann mit Adress- und Kundendaten ausgedruckt und dient als Grundlage für das Vertriebsgespräch. Die Nachbereitung des Kundenbesuches erfolgt dann wieder im Homeoffice am PC. In die Maske *Besuchsbericht* trägt der Außendienstmitarbeiter u.a. die Zahl der georderten Geräte, die Besuchsdauer, Reklamationen sowie Änderungen von Konditionsvereinbarungen oder Stammdaten ein. Hat er Werbemaßnahmen oder Sonderaktionen von *Liebherr* besprochen,

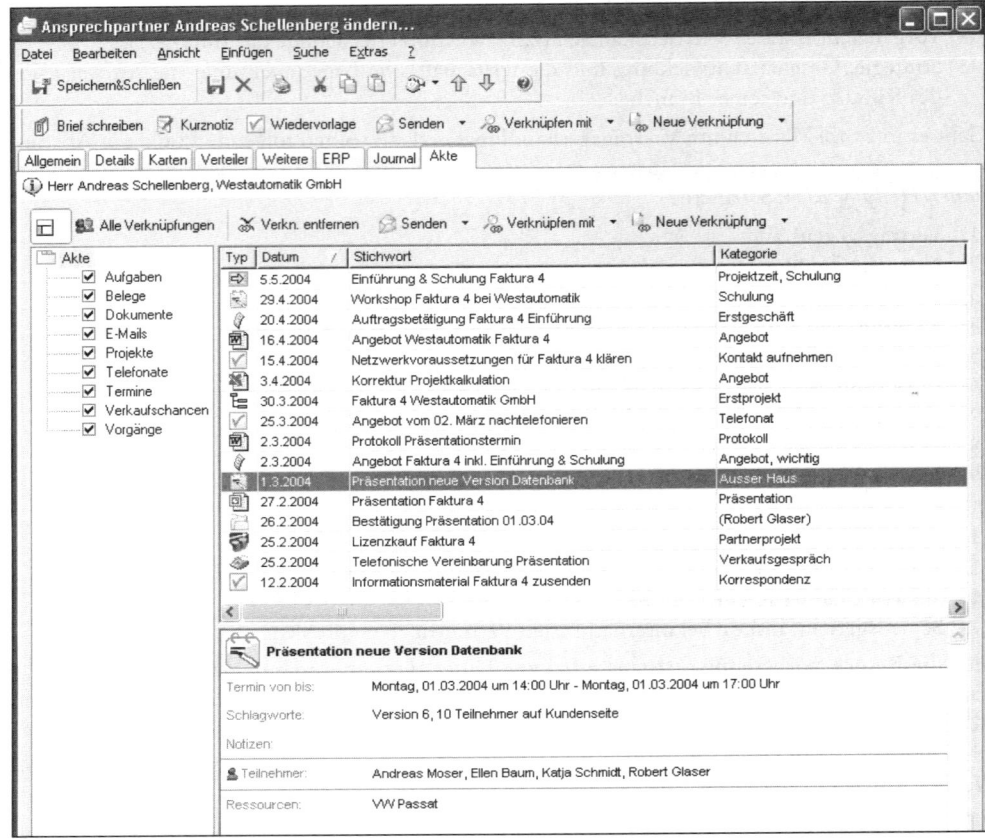

Abb. 245: Arbeitshilfen für Kundenbetreuer/Komplette Kontakthistorie inkl. Belege aus der Warenwirtschaft / System genesisWorld der CAS Software AG

dann kreuzt er einfach das entsprechende Kontrollkästchen an oder trägt eine kurze Notiz in ein Textfeld ein. *„Die Außendienstler sollen keine Romane schreiben"*, erklärt *Detlev Kleimann*, *„sondern prägnant die Ergebnisse des Kundengesprächs zusammenfassen."*

Die Besuchsvorbereitung ist nur eine von zahlreichen Arbeitshilfen im Rahmen einer modernen Vertriebssteuerung. Das Beispiel der Abb. 246 veranschaulicht die Tagesplanung eines Kundenbetreuers mit Hilfe von *SuperOffice CRM* 5 von *SuperOffice Deutschland GmbH*. Die Abbildung enthält ferner einen Überblick über die Funktionalitäten, die dem Kundenbetreuer seine Alltagsarbeit erleichtern.

Die beiden Beispiele zeigen, wie komplex CRM-Systeme mittlerweile selbst im Bereich der Alltagstätigkeiten geworden sind. Mit Hilfe umfassender Werkzeuge (Tools) kann der Kundenbetreuer seine Tätigkeiten und Dokumente überschaubar ordnen und den einzelnen Besuchen zuweisen. Zahlreiche Reports sind auf Knopfdruck abrufbar, z.B.

- Gesamtübersicht über frühere und anstehende Besuche,
- Wochenplanung,

DIE WERKZEUGE DES KUNDENBETREUERS: *SuperOffice CRM*

Zeit/Termin Management:
Kalender für Personen, Gruppen und Ressourcen, integrierbar mit anderen Kalendern

EMail Integration:
Alle führenden EMail Systeme werden mit der *SuperOffice*-Datenbank und -Oberfläche integriert.

Kontakt-Management:
Registrierung aller **C**ommercial **R**elevant **M**oments mit einem Mausklick

Internet Integration:
Speichert URL's in *SuperOffice* und ermöglicht dadurch Zugriff auf das Internet mit allen gängigen Browsern.

Projekt Management:
Steuert Projekte mit Ressourcen; Budgets; Korrespondenz.

Berichtswesen:
Auswahl an Standardberichten oder Anlegen eigener Berichte mit Reporter Studio oder anderen 3rd Party Berichts-Tools.

Dokumenten Management:
Erstellt und speichert Dokumente verknüpft mit Personen, Firmen und Projekten. 99% aller Windows Applikationen werden unterstützt.

Integration:
Die offene *SuperOffice* Datenbank kann mit jedem anderen offenen Datenbanksystem Daten austauschen; wie Navision, Exact, Oracle etc.

Opportunity Management:
Ein- und Verkäufe werden auf Tagesbasis registriert. Standard-Forecasts und -Berichte geben sofort Übersicht über den Verkaufstrichter.

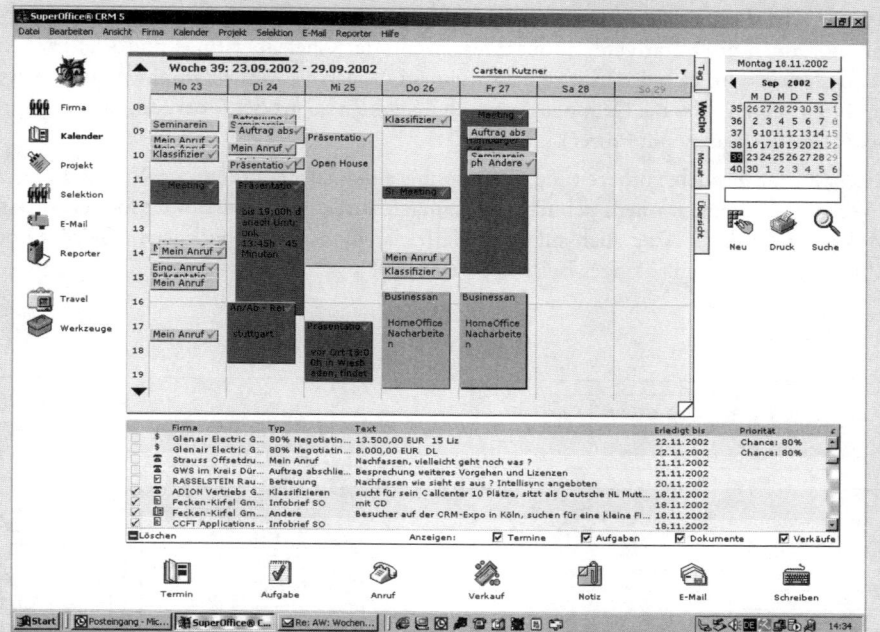

Abb. 246: Besuchsplanung und das Handwerkszeug des Kundenbetreuers / SuperOffice CRM von SuperOffice Deutschland GmbH

- Monats-, Jahresübersicht,
- Terminübersicht Mitarbeiter/Kollegen,
- Kapazitätsübersicht,
- Fehlzeitenplaner (Urlaub, Krankheit, Seminar etc.),
- Gesprächspartner beim Kunden,
- Aufgaben beim Kundenbesuch,
- Erinnerungsfunktion,
- Tagesberichte, Besuchsberichte,
- Spesenabrechnung.

Beim Verkauf erklärungsbedürftiger Produkte oder wenn das Kaufobjekt eine bestimmte Größenordnung erreicht, wird der Verkaufsvorgang nicht als „Zweikampf" zwischen Verkäufer und Einkäufer ablaufen. Es prallen Interessengruppen aufeinander, und der Kundenbetreuer muss sich auf Gruppenverhandlungen einstellen. Abb. 247 stellt **Selling-Center** und **Buying-Center** gegenüber. Im Rahmen der Besuchsvorbereitung ist es gut zu wissen, wie die **Interessenlagen im Buying-Center** aussehen und wie stark **Team-Strukturen** und Abhängigkeiten beim Kunden ausgeprägt sind. Hierauf wurde im Zusammenhang mit dem Relationship Marketing eingegangen (s. noch einmal Abschnitt 5.3.).

Bei der Vorbereitung von Jahres- und Gruppenverhandlungen stellt sich immer wieder die brisante Frage, **ob der Verkaufsleiter** (neben anderen geladenen und evtl. ungeladenen Personen) **den Außendienstmitarbeiter begleiten soll.** Unkritisch ist dies, wenn dies der Kunde wünscht. Andernfalls ist gute Abstimmung sinnvoll. Der Kunde wird ebenso vorbereitet sein und seinerseits die entsprechenden Verhandlungsteilnehmer einladen. Der Anbieter tut gut daran, die Rollenverteilung von Chef und Außendienstmitarbeiter zu üben. Die größte Gefahr liegt darin, dass Vorgesetzte durch eine allzu forsche Art und durch eigenwillige Zugeständnisse bei den Einkaufskonditionen die Mitarbeiter entmachten. Wenn der Chef über Preis und Lieferzeiten entscheidet, an wen wird sich der Einkäufer bei seinem nächsten Problem wohl wenden? Insgesamt ist darauf zu achten, dass bei Gruppenverhandlungen kein zu großes Übergewicht auf einer Seite entsteht (Idee der **Balance of Power**).

Häufig kann die Besuchsvorbereitung, insbesondere die Vorbereitung von Verhandlungszielen und Verkaufsargumentationen, schnell und einfach direkt auf der Besuchsberichtsmaske im CRM-System erfolgen. Aber auch auf Formularbasis gibt es gute Checklisten. *Geffroy* und *Seiwert* bieten hierzu ein eingängiges Beispiel (s. Abb. 248).

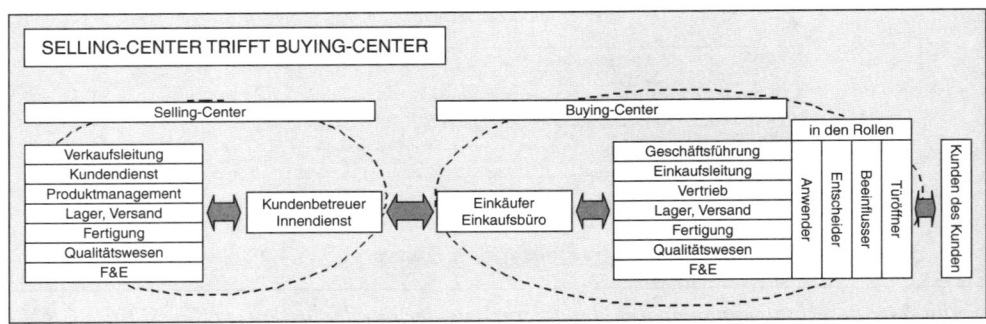

Abb. 247: Selling-Center trifft Buying-Center

Kunde:		Kd.Nr.:	Jahr:	Monat:
Produkt:	Wa.Gr.:	Prd.Nr.:		Disk:
Aktion:				Datei:

Systematische Gesprächs-Vorbereitung

Meine Ziele:

Rückzugsziele:

Benötigte Unterlagen:

Gesprächseröffnung:

Gesprächsthemen:

Was könnte der Engpaß des Kunden sein ?

Mein Lösungsvorschlag:

Erwartete Einwände:

Meine Einwandbehandlung:

Stärken:

Gesprächsdauer:

Ergebnis:

Wie geht es weiter ?

© GEFFROY & OECHSLER GmbH, Düsseldorf

Abb. 248: Formular zur Gesprächsvorbereitung (Quelle: Geffroy / Seiwert 1996, S. 167)

7.4.5. Routenplanung und GPS-Navigation

Rückt der Besuchstermin näher, dann wird die persönliche **Reiseplanung** Teil der Besuchsvorbereitung. Schließlich will der Außendienstmitarbeiter pünktlich beim Kunden erscheinen, Anfahrtszeiten und Benzinkosten soweit wie möglich senken und bei der Zeiteinteilung die weiteren Besuche bzw. Kundentermine gleich mit berücksichtigen (**Reihenfolgeoptimierung**).

Beim **Besuchstourenverkauf** sind die Anfahrten bereits im Rahmen der Gebietsplanung optimiert. Als Richtschnur liegt i.d.R. eine **Tourenplanung** vor. Der Reisende besucht in diesem Fall regelmäßig die gleichen Kunden, wobei es in der Praxis immer wieder zu Terminänderungen kommt. Die Touren sind oft mit einer Warenanlieferung (Logistik) koordiniert. Diese Art der Tourenplanung wurde bereits im Zusammenhang mit der Gebietsoptimierung behandelt

Bei wechselnden Interessenten und Kunden, besonders beim **Projektverkauf** und vor allem beim **Ad-hoc-Verkauf**, kann sich der Außendienst heute via Satellit stau- und stressfrei zum Ziel bringen lassen. Ein Netz von geeichten Satelliten sendet weltweit 24 Stunden am Tag Positionierungssignale aus. Diese erfassen auf wenige Meter genau die Position eines Fahrzeuges und übersetzen diese auf Landkarten (**Global Positioning Systems**). Navigationssysteme empfangen über die Fahrzeugantennen die GPS-Signale und geben dem Fahrer Standort und weitere Fahrstrecke mittels Bildschirm und Sprachausgabe während der Fahrt an. Die Anschaffungskosten für die Navigationssoftware sind schnell amortisiert, wenn

- der Außendienstmitarbeiter ein relativ großes Gebiet mit engem Straßennetz zu befahren hat,
- sich die Routen ständig ändern (Ad-hoc-Verkauf),
- überlastete Strecken mit wechselnden Staus und Baustellen zu fahren sind,
- und generell schwierige Straßenverhältnisse vorliegen.

Berührt eine Besuchstour mehrere Kunden innerhalb eines Zeitraums, so kann auch ohne die beschriebene strategische Tourenoptimierung prioritätengerecht geplant werden. Beispielsweise will ein Außendienstmitarbeiter alle A-Kunden besuchen, die er in den letzten sechs Monaten nicht gesehen hat. Folgende Fragen stellen sich: Wie können die Kunden möglichst effizient nacheinander angefahren werden? Welche Stationen und Übernachtungen sind einzuplanen, und welche Zeit wird hierfür benötigt? Für diese Planungsaufgabe stellt ein professioneller **Routenplaner**, z.B. *map&guide* von der *MAP&GUIDE GmbH* die notwendigen Tools zur Verfügung. Die Routenplanung nach *map&guide* erfolgt hausnummerngenau. Eine Routenoptimierung mit **Reihenfolgeoptimierung** kann bis zu 100 Stationen erfassen. Hotels sind im Programm mit hinterlegt, so dass bequem die Übernachtungen mit eingeplant werden. Damit eignet sich das System auch gut für Speditionen oder für Reisebus-Unternehmen.

Speziell *map&guide 25h* setzt an einem kritischen Punkt des Besuchsmanagements in der Praxis an: Wenn Kundenbetreuer heute nur ca. 10 Prozent ihrer Zeit bei Kunden, aber bis zu 30 Prozent ihrer Zeit auf der Straße verbringen, dann sind ausgefallene Termine oder plötzlich notwendig werdende Umplanungen gefährliche Kostentreiber. Es ist nun möglich, die Routenplanung an *MS-Outlook* bzw. an die CRM-Besuchsplanung anzudocken und für ausgewählte Adressen stets eine optimierte Termin-, Kontakt- und Reiseplanung vorzuhalten. Im einzelnen bietet *map&guide 25h* folgende Funktionalitäten:

(1) **Ermittlung von Anfahrtszeiten zu Terminen und Eintragung der Anfahrtszeiten als Termine in den Kalender**: Dadurch kann der Anwender seine Termine realistisch verplanen und kommt nicht in die Verlegenheit sich Termine in seinen Kalender in einer Zeit einzutragen, in der er eigentlich unterwegs sein müsste.

(2) **Suche nach freien Terminen zu bestehenden Kunden (Adressen)**: *map&guide 25h* errechnet dem Außendienstler auf Basis seines bestehenden Terminkalenders Terminvorschläge zu ausgewählten Kunden/Interessenten oder sonstigen Adressen unter Berücksichtigung der Anfahrtszeiten. Anhand dieser Terminvorschläge bzw. Terminvorschlagsliste (mit Datum und Uhrzeit) kann der Verkäufer die gewünschten Kontakte abtelefonieren und seinen Gesprächspartnern die entsprechenden Terminvorschläge unterbreiten. Kommt es zu einer Terminbestätigung, dann kann der Kundenbetreuer den Vorschlag in seinen Kalender übernehmen. Durch die Berechnungslogik von *map&guide 25h* ist gewährleistet, dass keine Überschneidungen von Terminen und/oder Fahrtzeiten entstehen. Als Kundendatenbanken können z.B. *MS-Access*, *MS-Outlook* oder SQL-Server Datenbanken angebunden werden.

(3) **Karte bzw. Geografie zu Terminen und Kontakten hinterlegen**: In *MS-Outlook* hat der Kundenbetreuer die Möglichkeit, seine Termin und Kontakte über ein Formular auf einer Karte darstellen zu lassen. Darüber hinaus hat er schnell die Information, wo sich der Kontakt/Termin befindet und kann sich potenzielle Besuche in der Umgebung anzeigen lassen.

(4) **Besuchstour zu mehreren Kontakten planen**: Bei dieser Aufgabenstellung handelt es sich um den klassischen Anwendungsfall einer „normalen" Routenberechnung. Ergänzend dazu bietet *map&guide 25h* eine Vorschlagsliste bestehend aus möglichen Terminen, die die gewünschten Adressen und die Anfahrten untereinander berücksichtigt.

(5) **Kopplung zur Navigation**: Hat der Außendienstmitarbeiter einen Termin vereinbart, so kann er direkt aus *MS-Outlook* heraus die Navigation zu der hinterlegten Adresse ansteuern. Das *map&guide* Navigationsprodukt startet automatisch mit der gewünschten Zieladresse.

(6) **Ergänzende Terminplanung**: Ist ein Termin vereinbart und es bleibt noch Zeit für weitere Besuche, so kann der Verkaufsmitarbeiter die nächstgelegenen Adressen im Umkreis des Besuchsortes ermitteln und sich eine Terminvorschlagsliste berechnen lassen. Wird einer dieser Termine vom Kunden/Interessenten bestätigt, kann der Termin gleich in den Kalender übernommen werden.

(7) Liegen mehrere Termine an einem Tag weit auseinander und sollen auf dem Weg weitere potentielle Termine gefunden werden, so erstellt *map&guide25h* wiederum eine Terminvorschlagsliste, mit Hilfe derer der Verkäufer seine Planung durchführen bzw. Zusatztermine vereinbaren kann.

① Alle Reisedaten können auf Pocket PC oder Notebook für die **mobile Navigation** übertragen werden. Abb. 249 zeigt die Tagesplanungen für den 26. und 27.7.2004. ② Der Landkartenausschnitt skizziert die Fahrt nach Baden-Baden. ③ Der Kundenbetreuer kann erwägen, am 26.7.2004 nach Abschluss seines Termins bei *Müller* in Baden-Baden noch Besuche in Heidelberg oder Darmstadt einzuplanen. ④ Selbstverständlich können auch Alternativen für den Nachmittag in Darmstadt und/oder Heidelberg eingeblendet werden. ⑤ Die Angaben zu Distant und Fahrtzeit beziehen sich auf das gesamte Besuchsprogramm des besagten 26.7.2004.

Der Einsatz derartiger Programm geht heute weit über den konventionellen Vertrieb hinaus. Weitere Einsatzfelder für die Routenplanung sind z.B.:

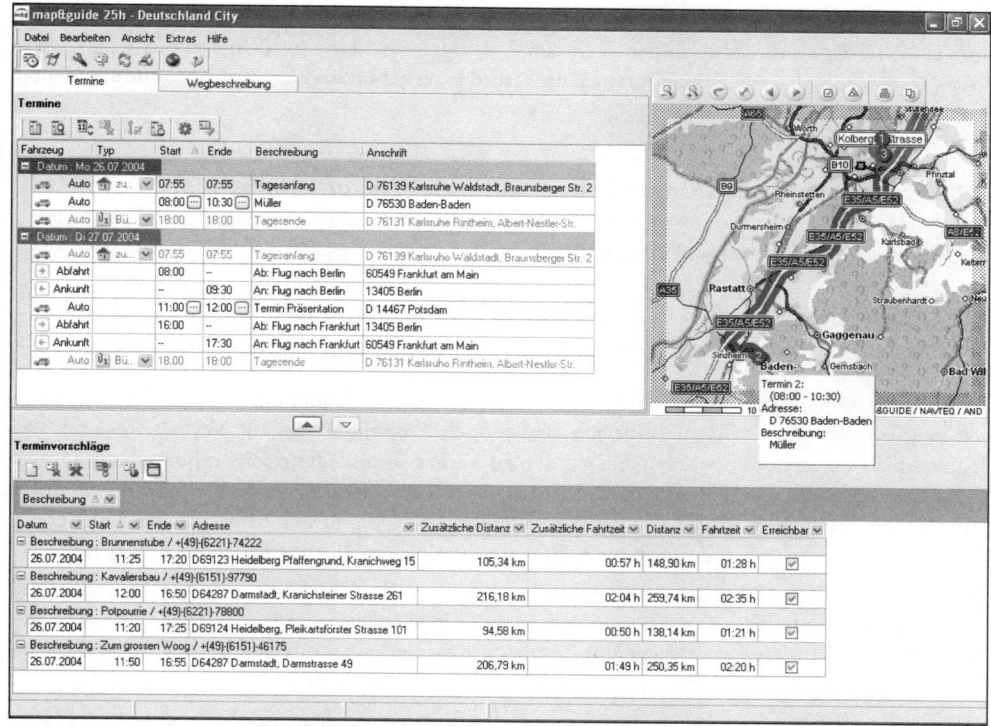

Abb. 249: Tägliche Besuchsplanung mit map&guide 25h / MAP&GUIDE GmbH

- **Getriggerte Besuchsplanung:** Einspielen aller Kunden mit einem bestimmten Potenzial, die seit x Wochen nicht mehr besucht worden sind,
- **Distributions-Einsatzplanung:** Einplanung aller Händler, die bis zu einem bestimmten Termin mit Ware zu versorgen sind,
- **Auslieferungsplanung:** Anzeige aller Kunden, die in einer Woche vom Fuhrpark angefahren werden,
- **Marketingunterstützung:** Anzeige aller Interessenten, die gegenwärtig in einer Kampagne erfasst sind,
- **Standortanalyse/Händlersuchsystem:** Anzeige aller Wiederverkäufer, die im Einzugsbereich eines Großhändlers liegen,
- **Notdienst:** Suche nach der nächstliegenden Servicestelle, z.B. im Falle eines Autoschadens des Außendienstmitarbeiters,
- **Fuhrparkkoordination:** Online-Fahrzeugortung, Standortbestimmung und Nachrichtenaustausch zwischen Außendienst und Fuhrpark. Natürlich ist auch für die Zentrale eine komplette Fahrzeugverwaltung und Zustandsüberwachung möglich.

Interessant ist die **direkte Verbindung eines Navigationssystems mit dem CRM/CAS-Kundenmanagement.** Es entsteht die Vision des **GPS-gesteuerten Außendienstes** für den Ad-hoc-Verkauf. Call-Center nehmen Anrufe von Interessenten (z.B. für Versicherungen) an und leiten diese unmittelbar an den am nächsten zum Kunden positionierten Außendienstmitarbeiter weiter. Über Satellitenverbindung und Internet bekommt der Kundenbetreuer auf der Fahrt zum Kunden die Interessentendaten und die Angebotsdaten von der Zentrale in den Laptop oder an sein Handy übermittelt. Im Beisein des Kunden kann er das Angebot ausdrucken und direkt in das Beratungsgespräch einsteigen. Kommt es zum Vertragsabschluss, dann werden die Auftragsdaten sofort via Internet an die Zentrale zur weiteren Auftragsabwicklung zurückgesendet. **Call-Center, GPS-System, CRM/CAS-Kundenmanagement und Internet bilden eine Einheit** (Solution Center, s. Abschnitt 7.5.1.c).

7.4.6. Besuchsdurchführung: Die Bausteine des Verkaufsgesprächs

a.) Terminvereinbarung – Anmeldung

„Brief und Telefon in allen Ehren, aber nichts kann die persönliche Tuchfühlung ersetzen. Dauernde Verkaufserfolge beruhen in der Regel auf der unermüdlichen persönlichen Kontaktarbeit des Verkäufers."
(Goldmann 1986, S. 179)

Dieser Abschnitt beschäftigt sich mit der Alltagsarbeit der Kundengespräche, die sich kaum automatisieren lässt. Durchaus hilfreich sind jedoch Techniken, die auf Verhaltens- und Verkaufsseminaren vermittelt werden. Sie werden zu **Verkaufs- und Gesprächstechniken** zusammengefasst (vgl. *Czech-Winkelmann* 2003, S. 161ff.; *Weis* 1995, Sp. 1987–1989). *Czech-Winkelmann* spricht von den sieben Bausteinen des Verkaufsgesprächs, die in der Abb. 250 um den Bereich der Gesprächspartner-Einschätzung erweitert sind (vgl. *Czech-Winkelmann* 2003, S. 161).

Den **Tipps zum Überleben im Verkaufsalltag** sind spezielle Schriften gewidmet (vgl. *Rentzsch* 2001, *Winkelmann* 1999; *Behle/vom Hofe* (Hrsg.) 1998; *Scheitlin* 1995; *Geffroy* 1997). Die folgenden Abschnitte werden ausgewählte Aspekte betonen, auf konzeptionelle Fragen der Vertriebsleitung eingehen und Theoriebezüge zum Marketing aufzeigen.

Manche Kundenkontakte scheitern schon an der Terminvereinbarung. Besonders kurzfristige Besuchsabsagen sind schmerzlich. Fünf wichtige Punkte sind zu beachten:

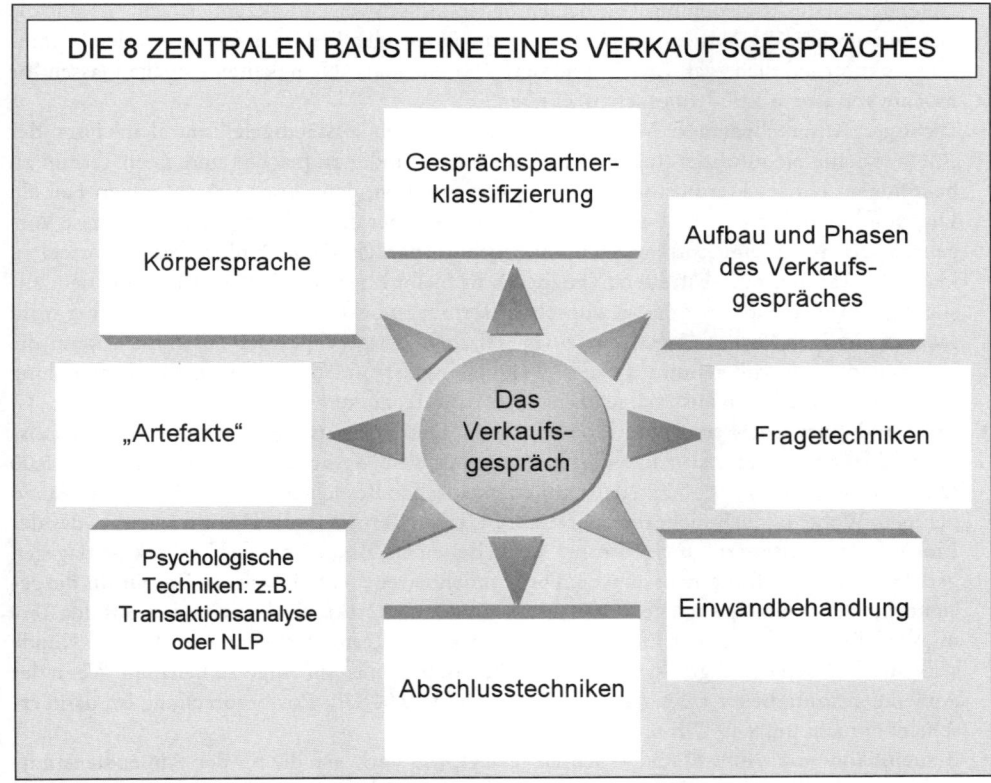

Abb. 250: Die 8 Bausteine des Verkaufsgesprächs
(in Anlehnung an Czech-Winkelmann 2003, S. 161)

- **Warmbesuche (Warm Calls:** vorangekündigte Besuche): Bei regulären Terminvereinbarungen hat sich die **ABC-Theorie** bewährt (vgl. *Behle/vom Hofe* (Hrsg.) 1998, S. 613–614). Wünscht der Kunde nicht von sich aus den Besuch, so sind Kontaktanbahnungen in der Weise vorzubereiten, dass dem Besuch ein aktivisches Element innewohnt (**A = Aktion;** Bsp.: *Dem Kunden wird ein Wagen für eine Probefahrt gestellt*), dass dem Kunden ein Vorteil durch den Besuch nahegebracht werden kann (**B = Bonus;** Bsp.: *Dem Kunden wird eine neue Modellgeneration vor offizieller Markteinführung vorgestellt*) oder dass der Kunde hinsichtlich des Besuches in eine Selbstverpflichtung gebracht werden kann (**C = Commitment;** Bsp.: *Der Kunde wird um eine schriftliche Besuchsbestätigung gebeten*). Aber auch in den Fällen verabredeter Wiedersehenstreffen bleibt nicht aus, dass ein Kunde einmal trotz Terminbestätigung nicht da oder indisponiert ist. Bezüglich einer Unwilligkeit gilt die eherne **Verkaufsregel:** Keine Verkaufsgespräche, wenn der Kunde nachdrücklich keine Gesprächsbereitschaft zeigt.
- **Kaltbesuche (Cold Calls:** Besuche ohne Vorankündigung): Bei Besuchsreisen über lange Distanzen ist es ratsam, auf sog. „Kaltadressen" zurückgreifen zu können. Kaltbesuche (nach nur kurzer telefonischer Voranmeldung vom Auto aus bei einem Kunden „hineinschneien") sind durchaus üblich und als **Besuchsreserve** zur Kompensation kurzfristiger Gesprächsabsagen auch sinnvoll. Kaltbesuche können bei Neukunden überraschende Wirkungen zeigen und bei

laufender Geschäftsbeziehung von beiden Seiten stillschweigend akzeptiert sein. Es gilt die **Grundhypothese der Nutzentheorie:** Einem Einkäufer oder Techniker ist die Art der Terminübereinkunft letztlich egal. Er will und darf sich nur keine Neuigkeiten entgehen lassen. Er möchte von einem Kundenbesuch profitieren.

- **Richtiger Ansprechpartner:** Man versuche einmal, den zuständigen Zentraleinkäufer der *BMW AG* für Neonröhren (für die Fabrikhallen) ausfindig zu machen und einen Termin zu bekommen. Langes Herumstochern in der Organisation, dann noch im schlimmen Fall ein Disput mit dem Einkäufer, ob man nicht doch besser über die Technik gehen soll – diese Vorgehensweise ist für eine Entrée-Gewinnung nicht förderlich. Diese Punkte sind im Vorfeld zu klären (s. Abschnitt 7.3. betreffend Database). Es bleibt Herausforderung genug, bei dem zuständigen Ansprechpartner den gewünschten Termin zu bekommen. Trifft der Besucher trotz sachverständiger Vorkehrungen mit einem falschen Ansprechpartner zusammen, kann die Zeit dennoch sinnvoll genutzt werden. Wenn alles gut läuft, so erhält man eine Empfehlung für ein Treffen mit dem zuständigen Einkäufer oder Techniker.

- **Bio-Rhythmus:** Jede Person hat ihren eigenen Tagesrhythmus der Wachsamkeit und Leistungsfähigkeit. Wer also als Außendienstmitarbeiter weiß, dass der Chefeinkäufer gegen 15.00 Uhr „sein schwarzes Loch" hat, der wird von kritischen Besuchen zu dieser Uhrzeit Abstand nehmen. Wobei es auch nicht immer ratsam ist, einen Termin in die Zeit zu legen, in der der Einkäufer am heftigsten „unter Strom" steht. Bei einem Besuch bei der Technik ist dagegen gerade dieser Besuchsmoment günstig. Die Kundenbetreuer entwickeln ein Gespür für die geeigneten und weniger geeigneten Tageszeiten aus dem Kontakt mit dem Kunden, aus den Terminvereinbarungen mit den Sekretariaten und durch Terminfestlegungen, die der Kunde selbst trifft. Auch der Tagesrhythmus von Organisationen ist im Auge zu behalten. Wenn der Außendienstmitarbeiter weiß, dass beim Kunden um 9.00 Uhr Postbesprechung ist, dann erscheint er nicht um 8.45 Uhr mit einem Angebot.

- **Besuchsökonomik:** Abb. 40 und 41 hatten gezeigt, wie stark sich die für den Außendienstmitarbeiter wirklich nutzbare Zeit zusammendrängt. Hinzu kommen Zeitverluste durch Warten beim Kunden *(Frage des Einkäufers an seine Sekretärin: Ist eigentlich Herr M. noch da?)* und durch überlange Gespräche, in denen gerade treue Stammkunden oft kein Ende finden. **Termintaktik** ist angesagt. So kann sich, entgegen den vorangegangenen Empfehlungen, eben doch einmal ein Besuchstermin anbieten, bei dem der Kunde absehbar nur begrenzt Zeit hat. Der Außendienstmitarbeiter muss nur sicher sein, dass er sein Thema innerhalb dieser Zeitspanne zu einem Abschluss bringen kann. Oft ist schon viel gewonnen, wenn sich beide Seiten zu Beginn des Gespräches auf einen Zeitrahmen verständigen. Die größten **Zeitreserven** aber stecken in der **Fragetechnik** (vgl. Abschnitt h.). Fehler werden oft bereits zu Beginn eines Gespräches gemacht.

b.) Begrüßung, Abklärung der Verhandlungsposition und Gesprächsbeginn

„Bis der Sekundenzeiger auf Ihrer Armbanduhr fünf Umdrehungen vollzogen hat, haben sich zwei Dinge ereignet: Sie haben entschieden, in welchem Maße Sie Ihrem Gesprächspartner trauen bzw. misstrauen, und Ihr Gesprächspartner hat entschieden, in welchem Maße er Ihnen traut bzw. misstraut." (King 1989, S. 13)

Drei H's kennzeichnen den Handschlag des professionellen Verkäufers: Das **Herz** symbolisiert Konzentration und Zuwendung, die man dem Kunden entgegen zu bringen hat. Die **Hirn-Symbolik** betont den Augenkontakt. Und die **Hand** soll den vom Kunden idealerweise zuerst entgegen gebrachten Händedruck fest erwidern (vgl. *Rentzsch* 2001, S. 84). Das **Begrüßungsritual** bildet den Auftakt einer Reihe von schnellen, intuitiven Abklärungen der eigenen Verhandlungschancen:

(1) In welcher **generellen Stimmungslage** beginnt das Gespräch? Wie sind die Gesprächsteilnehmer aufgelegt? Welche Störungen (z.B. hektische Atmosphäre in einem Großraumbüro) sind von der Umgebung zu erwarten? Werden Kaffee und Tee angeboten?

(2) Bei BtoB: Falls mehrere Personen auf Kundenseite zugegen sind, auf welche **Rollen**(verteilung) des **Buying-Center** muss man sich einstellen? Beim Konsum-Gruppenkauf: Wer hat das Sagen, *er* oder *sie* (meistens *sie*).

(3) Wie gut ist der Interessent oder Kunde **vorbereitet** (ersichtlich z.B. aus einer inneren Ruhe des Gesprächspartners, der Qualität der Eröffnungsfragen, vorbereiteten Unterlagen oder „mitgebrachten" Experten)?

(4) Stehen sich Einkäufer und Verkäufer als annähernd gleich **kompetente** Partner gegenüber? Schlimm wird die Situation, wenn z.B. ein fachlich hochbeschlagener Vertriebsingenieur vorhat, einen „unbedarften" Einkäufer in eine Produktargumentation zu verstricken. Der Einkäufer wird sich innerlich von Anfang an sperren.

(5) Neben dem **Kompetenzabgleich** erfolgt ein **Machtabgleich**. Vier spezielle Machtkomponenten sind im Vertrieb zu beachten:

- **Geliehene Macht:** Man stelle sich einen Chefeinkäufer eines großen Automobilkonzerns vor, dem ein mittelständischer Zulieferbetrieb die Aufwartung macht. Kundengröße, -Image und das Selbstbewusstsein einer Firmenkultur des Kunden stecken von vorn herein einen „Claim" ab. Wehe einem unerfahrenen Nachwuchsverkäufer, der dann schon von Beginn der Begrüßung an in ein Hintertreffen gerät.

- **Situative Macht:** Reklamationen, Lieferverzögerungen, falsche Auskünfte an den Kunden durch die Zentrale, alles dies sind Umstände, die den Verkäufer in die Defensive, in eine Rechtfertigungshaltung bringen. Mit einem schlechten Gewissen lässt sich schlecht verhandeln. Der Kundenbetreuer wird seine Integrität und sein persönliches Commitment dagegensetzen müssen.

- **Indirekte Macht:** Sie umfasst die Einflussmöglichkeiten von Gutachtern, Meinungsführern, Experten, Behörden, Absatzmittlern, die zwar nicht direkt als Käufer Macht ausüben, die die Auftragsvergaben jedoch in entscheidendem Maße mit beeinflussen.

- **Persönliche Macht:** Es gibt sie eben, die Machtmenschen in Einkauf und Technik. Sie genießen ein Ausspielen persönlicher Unterdrückungsgelüste, gestützt auf ihre Entscheidungsgewalt über Einkaufsbudgets (zum Thema Macht s. auch *Godefroid* 2000, S. 90).

In Bezug auf den Machtabgleich ist der **Promotorenansatz** von *Witte* beachtenswert (vgl. *Witte* 1973, S. 17–21). Nach *Witte* gibt es Entscheidungsträger, die ein Projekt stärker von der fachlichen Seite (**Fachpromotor**) oder stärker von der Autoritätsseite (**Machtpromotor**) her vorantreiben bzw. unterstützen (**Promotorenfunktion**). Abb. 251 gibt ein Bild für unterschiedliche Machtkonstellationen zwischen Käufer und Verkäufer wieder (vgl. *Godefroid* 2000, S. 229 unter Bezug auf einen Ansatz von *Jain/Laric* 1979):

(1) Bei der **Verhandlungsstrategie** ist aus gleichgewichtigen Stärkepositionen heraus eine faire Verhandlung zu erwarten.

(2) Bei der **diktatorischen Strategie** geht der Außendienstmitarbeiter das Risiko eines Scheinsieges im Verhandlungspoker ein. Er muss die Zugeständnisse auf Käuferseite in Grenzen halten, um sich die Geschäftsbeziehung dauerhaft zu sichern.

(3) Auch bei der **defensiven Strategie** kann der Außendienstmitarbeiter auf Erfolg hoffen. Er muss aber seine eigenen Blessuren begrenzen können.

(4) Völlig unbefriedigend können „**Versteckspiele**" zweier schwacher Gesprächspartner enden. Keine Seite will sich festlegen. Auf Absprachen kann man nicht bauen. Und wenn der Verkäufer tatsächlich glaubt, den Einkäufer oder Techniker zu einer Entscheidung zu bewegen,

	schwacher Verkäufer	starker Verkäufer
starker Einkäufer	Verkäufer in der Verliererrolle	qualifizierte Verhandlung
schwacher Einkäufer	Versteckspiel	diktatorische Strategie des Verkäufers

Abb. 251: Machtkonstellationen zwischen Einkäufer und Verkäufer
(Quelle: Godefroid 2000, S. 229 nach Jain und Laric 1979)

dann präsentiert dieser (den Hinweis auf) den „*Oberingenieur*", der im Hintergrund das Sagen hat (vgl. *Goldmann* 1986, S. 172).

In diesem Zusammenhang spielen **Artefakte** eine große Rolle. Diese sind äußere Zeichen, die von Menschen gesetzt werden und die einen deutlichen Eindruck über eine „**Stimmungslage**" vermitteln (vgl. *Czech-Winkelmann* 2003, S. 180). Artefakte sind nonverbale Botschaften und gehören so zur nonverbalen Kommunikation. Besonders wichtig für ein angenehmes Verkaufsverhandlungsklima sind z.B. Größe des Konferenzraums, Lichtverhältnisse, Temperatur, Geräuschverhältnisse, Möbiliar, Tisch- und Sitzordnung, technische Ausstattung. Es gibt Einkäufer, die zwei Besprechungszimmer vorhalten, eines für die gern gesehenen und eines für die weniger erwünschten Verkäufer. Gefahr ist im Verzug, wenn für den Einkäufer ein spezieller (erhöter) Stuhl reserviert ist (gilt nicht in dessen Büro), bei stark unterkühlten Räumen mit entsprechend warm gekleideten Verhandlungspartnern oder bei Sitzpositionen mit dem Rücken zur Tür. Wer friert oder die Tür im Rücken fühlt, hat ungünstige Startbedingungen.

Erfahrene Kundenbetreuer brauchen weniger als eine Minute für ein Erspüren ihrer Chancen und Risiken. Nach *King* entscheiden dann **die ersten fünf Minuten** über den späteren Erfolg der Verkaufsverhandlung (vgl. *King* 1989, S. 12–14):

Die 1. Minute
- Persönlichkeit und Outfit des Außendienstmitarbeiters müssen zusammenpassen.
- Der Außendienstmitarbeiter nimmt von Anfang an Blickkontakt auf
- und strahlt positive Erwartung auf das Gespräch aus.
- Sein Handschlag drückt Zuversicht und Selbstvertrauen aus.
- Die ersten freundlichen Worte werden gewechselt.
- Überlegt wird der angebotene Platz eingenommen.
- Tasche und Gepäck werden nicht als Barriere aufgebaut.

Die 2. Minute
- Die Gesprächspartner konzentrieren sich.
- Der Außendienstmitarbeiter hat sich ein präzises Bild der Umgebung verschafft;
- insbesondere auch von den Unterlagen auf dem Schreibtisch des Kunden (Vorbereitungsstand des Einkäufers abschätzen).
- Er sucht nach (weiteren) möglichen Anknüpfungspunkten für die Aufwärmphase des Gesprächs.
- Die ersten Wortwechsel sollten unstrittige Sachverhalte betreffen.

Die 3. Minute
- Der Dialog um einen Sachverhalt kommt in Gang.

- Der Außendienstmitarbeiter gewinnt das Interesse des Kunden.
- Die Small-Talk Phase ist abgeschlossen.

Die 4. Minute

- Mit dem Austausch von Belanglosigkeiten sollte nun Schluss sein.
- Die Partner haben den Gesprächsanlass fixiert.

Die 5. Minute

- Der Außendienstmitarbeiter weckt das Interesse des Kunden an seinem Anliegen: ein Problem zu lösen, Geschäfte zu tätigen.
- Die ersten kritischen Punkte werden in Angriff genommen.

Die Verkaufsleitung wird ein Auge darauf haben, welche Außendienstmitarbeiter welchen Kunden gewachsen sind. Heikel ist die **Führungsfrage**, ob Nachwuchsleute schon recht früh am Anfang ihrer Laufbahn an herausfordernde Kunden herangebracht werden sollen. Aus der Sicht dieses Buches ist das nur zu befürworten. Es setzt aber ein gezieltes **Coaching** der Verkaufsleiter voraus. Im Verkauf gilt: *Wer weiter kommen möchte, muss schnell aus dem Nest springen.* Und kaum etwas beflügelt mehr in der Startphase einer Verhandlung, als vom Einkäufer als autorisierter Verhandlungspartner anerkannt zu werden.

c.) Einschätzung des Kundentyps

„Im Verkaufsprozess begegnen sich Menschen, hier liegt der wesentliche Unterschied zu jedem anderen Instrument des Marketing." (Beltz/Kuster/Walti 1996, S.176)

Jeder weiß um die Problematik, möchte sie gerne vermeiden und gibt es nicht gerne zu: Mit dem ersten Eindruck werden Menschen in Schablonen gesteckt. Auch die Fachwelt hat ein übriges getan, um

(1) **Einkäufertypen** voneinander abzugrenzen (**Kundentypologien**),
(2) deren **Verhaltenseigentümlichkeiten** herauszuarbeiten und
(3) **sinnvolle Reaktions- und Aktionsweisen** für den Außendienstmitarbeiter hieraus abzuleiten.

➡ *„Ziel von Kundentypologien für den Verkauf ist es, die Wirklichkeit zu vereinfachen. Typologien sind nicht für einzelne Personen, sondern für Gruppen von Menschen gültig. Gleichzeitig sollen Typologien aber erlauben, die wichtigen Motive und Bedürfnisse, Erwartungen, Vorlieben, Entscheidungskriterien und Verhaltensweisen von Einzelpersonen zu erfassen, um ihnen besser entsprechen zu können." (Belz/Kuster/Walti 1996, S.176)*

Zur Bildung von Kundentypologien hat die Marketingwissenschaft **Verhaltensstudien** wie auch **Körperbau-** (Typen z.B. Pykniker, Athletiker, Leptosome) und **Charakterstudien** der Psychologie und Soziologie (Typen z.B. Phlegmatiker, Melancholiker, Sanguiniker, Choleriker) übernommen.

Ein Grundmodell entstammt der Sozialpsychologie und geht auf die Archetypen von *C.G.Jung* zurück. Nach dieser Theorie lassen sich Menschen Farbtypen mit spezifischen Eigenschaften zuordnen. Man geht davon aus, dass die Farben im Gehirn verankert sind und bestimmte Verhaltenseigenschaften verstärken:

(1) Der **Blautyp**: Gewissenhaft, aber unflexibel. Sein Verhalten ist vom Intellekt geprägt. Er verhält sich stark kostenorientiert, sachlich und nüchtern. Bei Angeboten geht er ins Detail und erwartet fachkompetente Verkäufer, die schnell zum Punkt kommen.

(2) Der **Rottyp:** Mag kein Small Talk – neigt zur Dominanz. Er ist extrovertiert und liebt Überlegenheit. Er kann seh offen und freundlich sein, aber nur, wenn der Verkäufer sich ihm „unterwirft". Bei Meinungsverschiedenheiten reagiert er vor allem emotional.

(3) Der **Grüntyp:** Loyal, aber entscheidungsschwach. Er ist eher zurückhaltend, defensiv, auf Sicherheit bedacht. Erst kommt die Beziehungsebene, dann das Geschäft. Der Grüntyp erweist sich in Verkaufsverhandlungen als geschickter Fragensteller. Seine Kaufentscheidungen fallen nicht spontan. Oft sichert er sich ab.

(4) Der **Gelbtyp:** Kontaktstark, aber unstrukturiert. Ihn kennzeichnen Kreativität und Spontaneität. Nüchtern denkende Verkäufer haben bei ihm wenig Chancen. Flexibilität ist für ihn eine wichtige Eigenschaft. Standardangebote reizen ihn nicht.

Es gibt in der Tat allgemeingültige und auch berufsfeldabhängige Verhaltensweisen (z.B. der „typische" Banker), die ein Individuum in der Fülle der Alltagssituationen nicht ablegen kann. Ein Verkäufer beobachtet täglich die Verhaltensweisen seiner Kunden und entwickelt seine persönliche **Gesprächspartnertypologie.** Sieht er erwartete Reaktionsweisen beim Kundenbesuch bestätigt, so wird sich seine persönliche Theorie über das Einkäuferverhalten weiter festigen. Es entsteht sein Schatz an Verkaufserfahrungen. Die bekannten Einkäufertypologien der Literatur sind auf diesem Weg der Hypothesenbildung und -prüfung entstanden. Abb. 252 beschreibt dahingehend eine pragmatische **Vier-Typen-Typologie** (vgl. *Kellner* 2002, S.179). *Rentzsch* unterscheidet in ähnlicher Weise (von links nach rechts) **Denker, Direktor, Harmonisierer** und **Kontakter** (vgl. *Rentzsch* 2001, S.97).

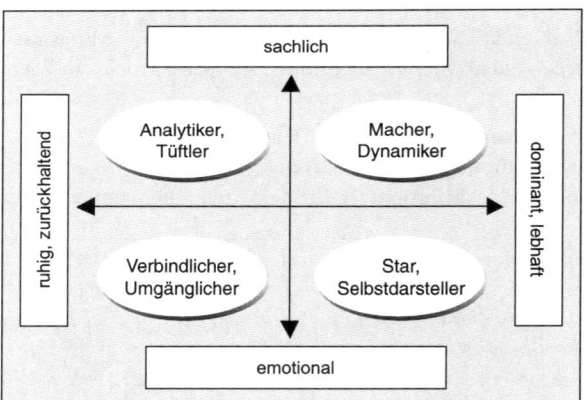

Abb. 252: Das System der vier Kundentypen

Belz/Kuster/Walti schlagen die **Intègro-Matrix** nach Abb. 253 vor (vgl. *Belz/Kuser/Walti* 1996, S.177–182; *Belz/Müllner/Zupancic* 2004, S.69). Der **fördernde Stil** kennzeichnet den Patriarchen, dem es aber an Sachkenntnis fehlt. Verfolgt ein Einkäufer **den kontrollierenden Stil,** dann hat ein kompetenter Betreuer gute Verkaufschancen. Nur bei dem allseits proklamierten Beziehungsmanagement wird er Abstriche machen müssen. Die Beziehungspflege spielt dagegen beim **analytischen Stil** eine große Rolle. Der **unterstützende Stil** ist eher zurückhaltend zu beurteilen. Ein Einkäufer ohne fachliche Kompetenz und gleichzeitig ohne Selbstbewusstsein und Angst vor Entschlüssen raubt dem Verkäufer wertvolle Zeit. Abb. 254 stellt weitere **Einkäufertypologien** vor (umfassende Darstellungen sind auch zu finden bei *Weis,* 1998, S.114–120).

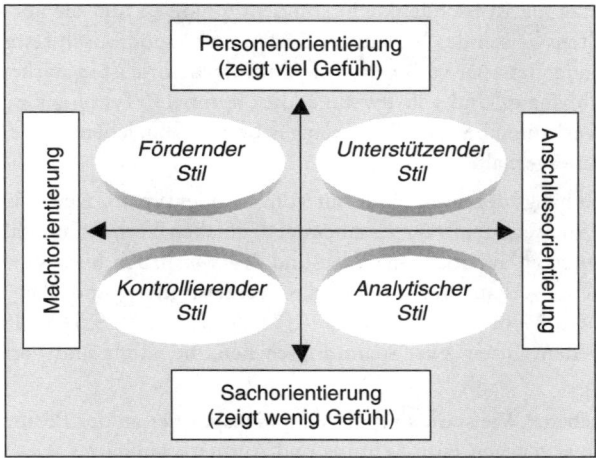

Abb. 253: Die Intègro-Matrix (Quelle: Belz / Kuster / Walti 1996, S. 179)

EINE AUSWAHL VON EINKÄUFERTYPEN				
① der Jasager ② der Alleswisser ③ der Angeber ④ der Analytiker ⑤ der Ängstliche ⑥ der Gleichgültige ⑦ der Ruhige	① der Analysierer ② der Verlässlich- keitssucher ③ der robuste Macher ④ der Moderator ⑤ der Transformator ⑥ der Visionär	① der Entschei- dungsorientierte ② der Fakten- orientierte ③ der Sicherheits- orientierte	① der Schweigsame ② der Misstrauische ③ der Rechthaberische ④ der Redselige ⑤ der Rationale ⑥ der Unentschlossene ⑦ der Freundliche	① der Vielredner ② der Schweiger ③ der Rechthaber ④ der Ängstliche ⑤ der Misstrauische ⑥ der Unentschlossene ⑦ der Nervöse
(Pickens 1989)	*(vgl. Berth, ASW 11/1997, S. 80)*	*(Ansatz von Stroth- mann; zit. in: Go- defroid 2000, S. 85)*	*(vgl. Behle / vom Hofe (Hrsg.) 1998, S. 782–784)*	*(vgl. Bänsch 1996, S. 96–98)*

Abb. 254: Ausgewählte Einkäufertypologien

Typologien dieser Art beanspruchen Allgemeingültigkeit. Manche Branchen geben sich damit nicht zufrieden. Sie wollen die **Mentalitäten** ihrer „typischen" Branchenkunden konturieren. Die Versicherungswirtschaft greift dabei gerne auf eine Typologie von *psychonomics* aus dem Jahr 1994 zurück. Sechs typische Kunden werden differenziert:

(1) Der **treue Vertreterkunde:** 22 % – mäßig kompetent – informiert sich, aber einseitig – vertreterorientiert,

(2) Der **anspruchsvolle Delegierer:** 21 % – kompetent – vertreterorientiert – kritisch, durchaus wechselbereit,

(3) Der **überforderte Unterstützungssucher:** 20 % – uninformiert – sehr einfache Entscheidungsmuster – vertreterorientiert,

(4) Der **distinguiert Konservative:** 15 % – hoch kompetent – serviceorientiert – kritische Distanz zum Vertreter,

(5) Der **skeptisch Gleichgültige:** 11 % – geringe Kompetenz – entscheidet spontan – misstrauisch,

(6) Der **preisorientierte Rationalist:** 11 % – kompetent – innovationsfreudig – geringe Bindung – suchaktiv.

Das Vertreterverhalten wird auf die typischen Verhaltensweisen dieser Kunden hin geschult.

Die Fülle der Ansätze macht nachdenklich. Kundentypologien und die auf sie zugeschnittenen „optimalen" Verhaltensweisen des Verkäufers dürfen nicht apodiktisch festgeschrieben werden. Eine von einem Kundenbetreuer verinnerlichte Einkäufertheorie ist in starkem Maße von seinem eigenen Verhalten abhängig. Und selbst wenn es die „optimale" Typologie gäbe: Überraschungsmomente bleiben. Verkaufen bedeutet lebenslanges Lernen, d.h. lebenslanges Arbeiten am Theoriengebäude des Käuferverhaltens.

Das **Gesprächsklima** hängt demnach nicht nur vom Kundentyp ab. Auch der Verkäufer mit seinen individuellen Eigenschaften trägt zu einem gedeihlichen Verhandlungsablauf bei. Es treffen Käufer- und Verkäufertyp aufeinander. *Blake* und *Mouton* haben hierzu ein Raster entwickelt, das wohl in keinem Verkaufsbuch fehlt: das **Verkaufsgitter** und das **Kundengitter** (vgl. *Blake/Mouton* 1979, S. 34 ff.; *Weis* 1995, S. 171–175; *Becker* 2002, S. 547–548). Nach *Blake* und *Mouton* gibt es in jedem Gitter zwei **Spannungsebenen**, die Klima und Verlauf einer Verkaufsverhandlung prägen:

(1) Die **Beziehungsebene:** Wie stark sind die Gesprächspartner an der Person des anderen interessiert, schenken sich gegenseitig Achtung und Aufmerksamkeit?

(2) Die **Sachebene:** Wie stark setzen sich beide Seiten für die Sache, also für das Verhandlungsziel ein; evtl. auch ohne Rücksicht auf Verluste im zwischenmenschlichen Bereich.

Werden diese Verhaltenseigenschaften auf 9-Punkte-Skalen eingeschätzt, dann ergeben sich die typischen **GRID-Spannungsfeldgitter** der Abb. 255. Wie bei einer Zweiachsendarstellung üblich, sind die interessantesten Felder mit plakativen Begriffsbeschreibungen versehen. Die zuweilen schwer nachvollziehbaren Begriffe der Literatur sind im folgenden leicht abgewandelt.

- Feld 1/1: Der **Passivverkäufer** ist auf nichts motiviert, tut nicht mehr als seine „Pflicht" und hofft darauf, dass sich das Produkt von allein verkauft. Treffen passiver Verkäufer und gleichgültiger Kunde aufeinander, gibt es ein „totes Rennen". Oft kommt es gar nicht zum Verkaufsabschluss.

- Feld 1/3: Der **Kundenfreund** entspricht im Kundengitter dem willenlosen Kunden. Dem Verkäufer geht es in erster Linie um Harmonie; auch wenn dies zum Nachteil der geschäftlichen Vorgaben wäre.

- Feld 3/1: Der **Druckverkäufer** geht dagegen „über Leichen". Nur der Verkaufsabschluss zählt. Trifft der Druckverkäufer auf einen abwartenden Einkäufer, können gefährliche Konfliktsituationen entstehen.

- Feld 3/3: Egal, was anliegt: Der **Top-Verkäufer** setzt sich sowohl fachlich wie auch menschlich stets 100 %ig für das Geschäft und für die Kundenbeziehung ein. Eine Gefahr: Auf Dauer ist

 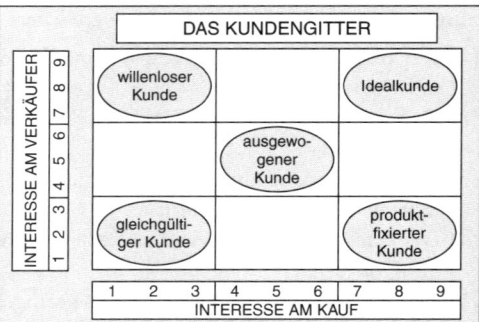

Abb. 255: Das Verkaufs- und das Kundengitter nach Blake und Mouton

möglicherweise der Kräfteverschleiß zu hoch. Wer immer an der Leistungsgrenze arbeitet, dem droht der Burned-Out-Effekt. Der Kundenbetreuer ist irgendwann ausgelaugt.

- Feld 2/2: Der **ausgewogene Verkäufer** ist gefragt, der mit einer gewissen Cool- und Cleverness seine Kräfte wohl zu dosieren weiß. Bei einem gleichgültigen Kunden, der gar nicht kaufen will, werden jedoch auch diese verkäuferischen Talente nicht viel bewegen.

Wie können diese Gesprächstypen in einem CRM-System Berücksichtigung finden?

d.) Berücksichtigung der „Komponente Mensch" in der Vertriebssteuerung

„Die endgültige Kaufentscheidung wird immer von einem Menschen getroffen. Komponente Mensch hilft, diese Person durch individualisierte Kundenansprache zu ihrer Kaufentscheidung hinzuführen." (Eduard Dell, Microsoft Business Solutions)

Angepasst an *Microsoft CRM* hat *die itara GmbH* ein Werkzeug geschaffen, das dem Kundenbetreuer eine schnelle Einschätzung seines Verhandlungspartners nebst optimal auf den Persönlichkeitstyp hin abgestimmte Verhaltensweisen ermöglicht (vgl. *Roth*, acquisa 7/2004, S. 50–51). Die *itara GmbH* bezeichnet das Tool als **Komponente Mensch**. Das Verfahren orientiert sich an den vier Farb-Charakteren des Psychologen *C.G. Jung*. Mit Hilfe von strukturierten Abfragen wird eine Fülle von Informationen zu Vorlieben und Verhaltensweisen eines Gesprächspartners gesammelt. Das System ermittelt dann den Persönlichkeitstyp nach festen Regeln und zeigt Eigenschaften und empfohlene Verhaltensweisen an. Das gilt auch für die Mischcharaktere. Das Werkzeug berücksichtigt alle wichtigen Situationen des Geschäftsalltags wie Telefonate, eMails, Angebote und Verhandlungen. Abb. 256 liefert ein Beispiel.

Abb. 257 gibt einen Auszug aus dem Kundenwissen, welches durch **Komponente Mensch** gewonnen werden kann. Hier wird auf anschauliche Weise demonstriert, wie sich weiche Daten in einem CRM-System verarbeiten lassen.

Es gibt erfolgreiche Verkäufer, die den Kundentpyen keine allzu große Bedeutung beimessen. Sie sind unvoreingenommen und reagieren stets flexibel. Sie legen den Fokus eher auf ein **optimales Timing des Verkaufsgespräches**. Was bringt eine exakte Typenerkennung und eine darauf abgestimmte Verhandlungstaktik, wenn während des Gesprächs das Gespür für den richtigen Augenblick für eine Vertragsunterschrift fehlt?

e.) Kontrolle der Verhandlungsphasen

Kontakt- und Verkaufsgespräche laufen in **typischen Phasen** ab. Menschliche Verhaltensweisen prägen die Phasen. Unabhängig von den Verhaltensweisen unterliegt eine Verhandlung einer **Dynamik**; von der Begrüßung bis zum Kulminationspunkt, dem Verkaufsabschluss (der Einigung). Für den Kundenbetreuer kommt es darauf an, vom Gesprächsfaden nicht abzuweichen, den Kunden durch diese typischen Phasen zu leiten und dabei auch die Gesprächszeiten (das Timing) im Griff zu behalten. Für den Ablauf eines Verkaufsgespräches sind z.B. die **verkaufspsychologischen Ablaufmodelle** der Abb. 258 mit ihren **typischen Phasen** entwickelt worden (vgl. *Weis* 1998, S. 50–56; *Bänsch* 1996, S. 44–45). Geradezu historische Berühmtheit hat die **AIDA-Formel** von *A. Lewis* erlangt. *Lewis* hat sie bereits 1898 entwickelt. Heute noch fehlt sie in keinem Lehrbuch. Zuerst muss die Aufmerksamkeit des Interessenten gewonnen werden (**Attention**), danach das konkrete Produktinteresse (**Interest**). Jetzt ist ein Kaufbegehren auszulösen (**Desire**), ehe am Abschluss das Bemühen um die Auftragsvergabe (**Action**) steht. Die Klarheit ist die Stärke der Formel und gleichzeitig auch ihre Schwäche. Nur vier Schritte bis zur Auftragsgewinnung? Das AIDA-Schema ist typisch für den Transaktionsverkauf (Ladenverkauf von Konsumgütern). Es

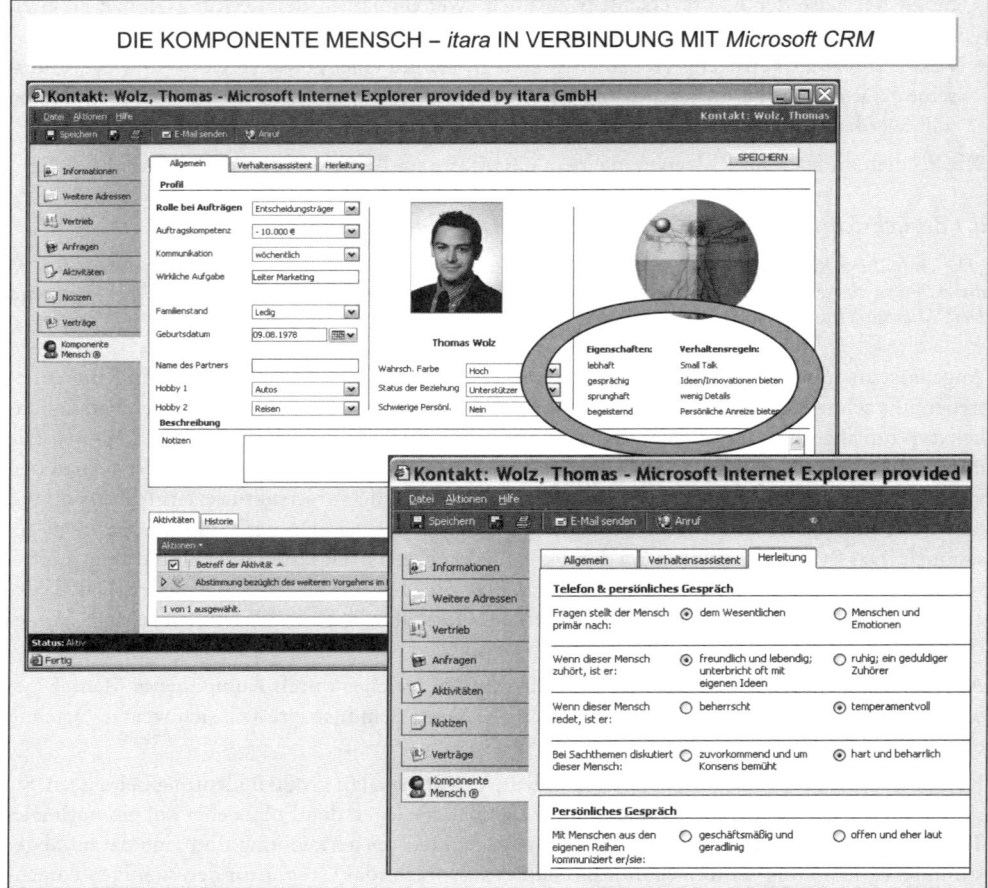

Abb. 256: Das CRM-Tool „Komponente Mensch" der itara GmbH / itara GmbH in Verbindung mit Microsoft CRM

eignet sich weniger für den Verkauf von erklärungsbedürftigen Gütern, bei denen das durch Interessenweckung induzierte, plötzliche Kaufbegehren nicht den Stellenwert hat.

Ähnlich gelagert ist die **4P-Methode** der Abb. 259. Sie ist der Werbepsychologie entlehnt (vgl. *Felser* 2001, S. 16). Bilder sollen eine positive Atmosphäre für die Verkaufsversprechen schaffen, die dem Kunden gegenüber immer zu beweisen sind. Letztlich muss ein Verhandlungsergebnis erreicht werden.

Die **DIBABA-Formel** vom „Verkaufs-Guru" *Benno Goldmann* ist filigraner angelegt und vor allem bei Wiederholungsbesuchen besser geeignet als ein Vorgehen nach AIDA (vgl. *Goldmann* 1986, S. 258; im folgenden S. 263–267).

- Auf der **Definitionsstufe** wird nicht über Produkte, sondern über Bedarf gesprochen.
- Auf der **Identifizierungsstufe** wird der Bedarf bestätigt und ein entsprechendes Angebot entwickelt.

WEICHE DATEN IM RAHMEN DER „KOMPONENTE MENSCH"	
Features	Beschreibung
Entscheidungsrelevante Information	
• Rolle bei Aufträgen	⇨ Relevanz des Ansprechpartners für Abschlüsse auf einen Blick erkennen
• Auftragskompetenz	⇨ Bis zu welcher Budgethöhe darf Ansprechpartner selbst entscheiden
• Soll-Kommunikation	⇨ Mit wichtigen Kontaktpersonen regelmäßig kommunizieren
• Ist-Kommunikation	⇨ Vorgaben und tatsächliche Kommunikationsintensität vergleichen
• Wirkliche Aufgabe	⇨ Titel auf der Visitenkarte um die tatsächliche Aufgabe der KP ergänzen
• Status der Beziehung	⇨ Gut informiert sein, wie die Kontaktperson zur eigenen Unternehmung steht
• Integrierte Kundenhistorie	⇨ Alle bisherigen Aktivitäten im System auf einen Blick überschauen
Persönlichkeit des Kunden	
• Farbrad	⇨ Persönlichkeitstyp des Gesprächspartners auf einen Blick erkennen
• Schwierige Persönlichkeit	⇨ Erkennen einer optimalen Reaktionsweise
• Hobbies	⇨ Wichtig für den richtigen Zugang im Gespräch
• Basis-Eigenschaften	⇨ Einen schnellen Eindruck von dem Gesprächspartner bekommen
• Werte und Interessen	⇨ Was ist dem Ansprechpartner wichtig - worauf legt er Wert
• Ziele	⇨ Was will der Gesprächspartner erreichen, in der Verhandlung und langfristig
• Positive Eigenschaften	⇨ Worauf kann man im Kundengespräch bauen
• Negative Eigenschaften	⇨ Was sollte man im Kundengespräch bei diesem Typ vermeiden
(Quelle: itara GmbH, in Verbindung mit MS CRM; www.itara.de - Kontakt Thomas Wolz, thomas.wolz@itara.de)	

Abb. 257: Eine Auswahl weicher Fragen und Daten aus dem Komponente-Mensch-Konzept von itara – MS CRM / itara GmbH

AUSGEWÄHLTE PHASENMODELLE FÜR VERKAUFSVERHANDLUNGEN			
AIDA	DIBABA	–	WALVATAW
① Attention ② Interest ③ Desire ④ Action (Order)	① Definition der Kunden-wünsche ② Identifizierung des Bedarfs ③ Beweisführung für die Produktvorteile ④ Annahme (Bestätigung) Beweisführung durch den Kunden ⑤ Begehren (Kaufwunsch) auslösen ⑥ Auftragsabschluss erreichen	① Gesprächseröffnung ② Bedarfsermittlung ③ Am Kundennutzen orientiertes Angebot ④ Argumente und Einwandsbehandlung ⑤ Entscheidungshilfe und Abschluss	① Warming up ② Aufgaben (Ziele) vereinbaren ③ Lösungen für das Problem gemeinsam erarbeiten ④ Vorteile beweisen ⑤ Akzeptanz (Zustimmung) des Kunden für die Problemlösung erreichen ⑥ Transformation in Auftragsmodalitäten ⑦ Abschluss verhandeln ⑧ Weitere Vorgehensweise abstimmen
(Pickens 1989)	*(vgl. Goldmann 1994)*	*(vgl. Birker 1999, S. 319)*	*(Winkelmann 2000)*

Abb. 258: Ausgewählte Phasenmodelle für Verkaufsverhandlungen

- Auf der **Beweisstufe** sind die Vorteile der angebotenen Lösung zu belegen.
- Eine **Zustimmung** des Kunden zu der Beweisführung (Annahme der Beweisführung) ist Voraussetzung für die Preisverhandlung.
- Die **Begehrensstufe** soll dem Kunden Vorbehalte nehmen und seinen Kaufwunsch stärken,
- so dass der Kunde dann auf der **Abschlussstufe** gerne seine Unterschrift unter einen Auftrag leistet.

Auch **DIBABA** eignet sich eher für den Ad-hoc-Verkauf (besuchen und abschließen) und für den Verkauf konsumnaher Güter (*Goldmann* spricht von Waren). Der Verkäufer möchte einen rela-

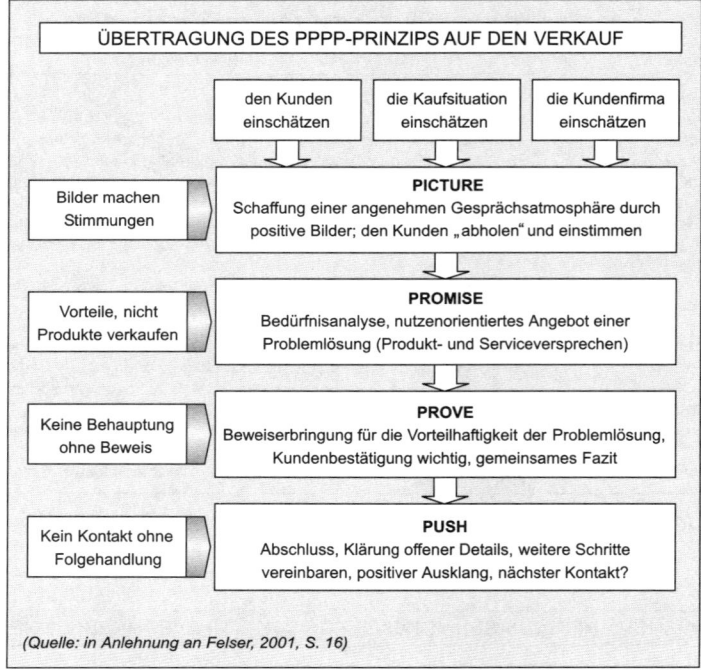

Abb. 259: Anwendung der 4 P-Methode auf Verkaufsverhandlungen

tiv uneingeweihten Interessenten gewinnen. Das Kaufbegehren muss in einem späten Stadium der Verhandlung ausgelöst werden.

WALVATAW dagegen hat sich beim Verkauf maschineller Ausrüstungsgüter bewährt, wo der Bedarfsfall und die Kundenanforderungen in etwa bekannt sind und der Kunde nicht für ein Produkt, sondern für eine Problemlösung begeistert werden muss. Beide Seiten sind informiert und kompetent genug, um nach der **Begrüßungsphase** recht schnell die gemeinsame **Aufgabenstellung** (Zielsetzung) zu definieren. Die Lösung für das Kundenproblem wird nicht selten vom Betreuer und vom Kunden (in Arbeitsgruppen) gemeinsam erarbeitet, ehe der Verkäufer die **Vorteile** des eigenen Produktes zu belegen hat. Erst wenn feststeht, dass der Kunde diese **Lösung** versteht und **akzeptiert**, kann die Problemlösung in eine **Auftragsform** (Angebot) **überführt** werden. Im technischen Geschäft ist die Angebotserstellung und -abgabe meistens sogar vom Kundenbesuch abgekoppelt; was gar nicht der Denkweise von AIDA und DIBABA entspricht. Im letzten Schritt ist eine **Einigung** über die Konditionen zu erzielen; eventuell in einem Folgebesuch. Nach Abschluss der Verhandlung und Auftragsvergabe sind Vereinbarungen über die **weitere Vorgehensweise** zu treffen. Auch hier liegt ein Unterschied zu den Ad-hoc-Verkauf-Orientierungen von AIDA und DIBABA.

Die dargestellten Ablaufmodelle sind speziell auf Verkaufsgespräche hin zugeschnitten. Was ist darüber hinaus bei Verhandlungen in größerem Stil zu beachten? Wie kann man sich auf komplexe Gruppenverhandlungen vorbereiten? *Stickler* entwickelte hierzu den praxisnahen Leitfaden der Abb. 260 (vgl. *Stickler*, salesBusiness 10/2002, S. 68–71).

LEITFADEN FÜR ERFOLGREICHE VERHANDLUNGEN		
Phase und Stufe	Fragen, Merkpunkte	Häufigste Fehler
① **Vorbereitung**	• Inhalte der Verhandlung klären • Verhandlungspunkte bestimmen • Eigene Ziele / Wünsche definieren • Prioritäten / Abbruchsituation bestimmen	• Kein Verhandlungsspielraum festgelegt • Prioritäten nicht definiert • Abbruchposition nicht bestimmt
② **Diskussion:** Sondierung	• Zuhören und klärende Fragen stellen • Das Gesagte paraphrasieren • Informationen herausfinden und geben	• Drohen, unterbrechen • Streiten, um zu gewinnen • Zirkuläres Argumentieren

③ Diskussion:
Signale senden
	• Signale für mögliches Entgegenkommen
	  wahrnehmen und geben
	• Signale hinterfragen
		• Signale ignorieren
		• Als Reaktion auf Kompromisslosigkeit
		  nachgeben
		• Sich beklagen, ohne
		  Verbesserungsvorschläge zu machen

④ **Vorschläge:** vorbringen	• Angebote stets an Bedingungen knüpfen • Realistische Vorschläge formulieren • Vorschläge selbstbewusst formulieren	• Angebote ohne Bedingungen machen • Vorbehalte der anderen Seite ignorieren

⑤ Vorschläge:
Paket schnüren
	• Sind alle Einwände, Prioritäten und
	  Signale der anderen Seite
	  wahrgenommen worden?
		• Signale der Gegenseite werden
		  übersehen, weil man sie nicht sehen will

⑥ **Ergebnis:**
aushandeln
	• Spielraum der derzeitigen
	  Verhandlungsposition ausloten
	• Welche Zugeständnisse kann ich mit
	  welchen Gegenleistungen verknüpfen?
	• Alle Einzelvorschläge konditional
	  formulieren
	• Alle Verhandlungsgegenstände
	  miteinander verknüpfen
	• Weiß ich, wann ich zu verhandeln
	  aufhören sollte?
		• Sich auf ein einziges Tauschobjekt
		  beschränken
		• Tauschobjekte nur nach der eigenen
		  Wertskala beurteilen
		• Übereinkunft über einzelne Teilpunkte
		  statt über Gesamtpaket treffen
		• Sich bewegen, ohne dass sich die
		  andere Seite bewegt
		• Konzessionen ohne Gegenleistung

⑦ Ergebnis: abschließen	• Abschlusstechniken beherrschen • Ist es mir ernst mit dem letzten Angebot?	• Falschen Zeitpunkt für letztes Angebot wählen • Mit dem letzten Angebot „bluffen"

⑧ Ergebnis:
festhalten
	• Vereinbarung Punkt für Punkt festhalten
	• Prüfen, ob das Vereinbarte in einer für
	  beide Seiten akzeptablen Form
	  festgehalten ist
		• Vereinbarung nicht in akzeptabler Form
		  festhalten
		• Mogelei bei Ergebnisprotokollierung

(Quelle: Stickler, salesBusiness 10/2001, S. 68–71)		

Abb. 260: Leitfaden für erfolgreiche Verhandlungen

Jedes Gespräch verläuft anders. Dennoch können einige generelle Empfehlungen für die Steuerung (Beeinflussung) von Verkaufsverhandlungen gegeben werden:

- Die **Stimmung in der Kontaktphase** prägt entscheidend die weitere Atmosphäre der Verhandlung. Deshalb sollte der Verkäufer nicht zu früh zur Sache kommen.
- Die **Gesprächseröffnung** sollte jedoch nicht zu lange ausgedehnt werden.
- Bei der **Darstellung von Produkteigenschaften** bzw. Angebotsvorteilen und bei der Angebotslegung sollte der Kunde mit einbezogen werden (s. Abschnitt 7.4.8.b. zum Produktkonfigurator).
- **Verhandlungsergebnisse** sollten immer zusammengefasst und vom Kunden bestätigt werden.
- Über den **Preis** sollte erst in einem späten Stadium des Verkaufsgesprächs gesprochen werden.
- Ein **Rücksprung auf frühere Gesprächspunkte** bzw. -phasen ist zu vermeiden.

- Das gilt auch, wenn während der Verhandlung **neue Teilnehmer** hinzustoßen. Falls diese (oder Vorgesetzte) um eine Zusammenfassung bitten, sollte diese von einem Teilnehmer auf Kundenseite vorgenommen werden.
- Für die **Abschlussphase** gilt: Ein Wort zuviel und eine Verhandlung kann noch einmal kippen.
- Im Fall einer **Auftragsvergabe** sollte dem Kunden ein Erfolgsgefühl vermittelt werden.
- Und generell sollte das Gefühl vermittelt werden, dass die Verhandlung die Partnerschaft zwischen Lieferant und Kunde gestärkt hat – durch einen **beidseitigen Wertetransfer** im Sinne des CVE-Managements.

f.) Verkaufsverhandlungen im Sinne des Customer Value and Equity-Managements

„Konsumgüterkunden fällen Kaufentscheidungen aufgrund verschiedenster Eigenschaften eines Produktes, von der ästhetischen Anmutung über das damit verbundene Image bis hin zur Funktionalität. Kunden im Business-to-Business-Bereich hingegen haben beim Kauf wichtiger Investitionsgüter zunehmend die Wertsteigerung ihres Unternehmens im Auge... Nur wer seinem Kunden transparent machen kann, dass er finanziellen Wert für sie schafft, kann darauf aufbauend eine rationale Preisentscheidung fällen.“
(Schrank/Litschke, ASW 9/2002, S. 46)

Die theoretischen Grundlagen **des Customer Value and Equity Managements (CVE-Management)** wurden in Abschnitt 7.2.4.c dargestellt. Jetzt geht es um die Frage der Umsetzung in die Verkaufsarbeit. Es ist Berufsalltag für den Außendienst, mit einem Preisangebot gegen Offerten der Konkurrenz zu wetteifern. Was können Marketing- und Vertriebsleitung tun, um die Verhandlungspositionen ihrer Außendienstmitarbeiter in Preisverhandlungen zu stärken? Was kann man tun, wenn ein Schlüsselkunde über die nächsten zwei Jahre 18 Prozent Preisreduktion fordert? Die Aufgabe von Marketing und Verkaufsleitung liegt darin, den Kundenbetreuern Rückhalt und Argumentationshilfen an die Hand zu geben, die den Druck abbauen, ausschließlich über Preise und Lieferzeiten zu verhandeln. So weit, wie das angesichts der Wettbewerbsbedingungen in einem Markt möglich ist.

Gewinnt der Kundenbetreuer einen Auftrag ohne Preisvorteil, so kann dies Ausdruck eines gezielten **Value-Marketing** sein. Der Kunde kauft nämlich keinen Preisvorteil, sondern eine subjektiv empfundene Differenz zwischen Kundennutzen und seinem (Kauf)Opfer. Kundenvorteile (Nutzenwerte) gelten als eigentliche Ursachen des Geschäftserfolges. Sie schaffen Werte für den Kunden. Der Anbieter wird sich durchsetzen, der gezielt den Erfolg seiner Kundschaft mehrt: *„Customer Value generieren zu können, beschreibt die Fähigkeit des Lieferanten, durch seinen Wertbeitrag seinen Kunden einen Wettbewerbsvorsprung zu verschaffen.“* (Smith/Marzian 2002, S. 29). Es geht darum, Mehrwerte zu generieren, die zwar in der Preisofferte nicht erscheinen, deren Wegfall durch Lieferantenwechsel dem Kunden aber finanzielle Nachteile bringt.

- ➡ **Value-Marketing** umfasst alle Maßnahmen zum systematischen Aufbau von Werten in Geschäftsbeziehungen. Die geschlossene Konzeption wird heute als **Customer Value and Equity Management** (CVE-Management) bezeichnet.
- ➡ Nach dem **Customer Value Ansatz** bemisst sich die Bedeutung eines Kunden nach den monetären Nutzenvorteilen, die dieser kurzfristig durch ein Leistungsangebot und langfristig durch die Geschäftsbeziehung zu seinem Lieferanten hat.
- ➡ Eine Verhandlungsstrategie im Sinne des **Value-Marketing** zielt darauf ab, die **Kaufvorteile (Nutzenvorteile) eines Angebotes für den Kunden** abzuschätzen, diese dem Kunden bei der Kaufvorbereitung, im Angebotsstadium und in den Vertragsverhandlungen offensiv zu kommunizieren und eigene, vorteilhafte Nutzenbeiträge gegenüber dem Wettbewerbsange-

> bot weiter auszubauen (vgl. *Große-Oetringhaus* 1994, S. 57; o.V., VLS Beilage 676). Wichtig ist dabei, die Kunden des Kunden mit zu betrachten: *„Customer Value generieren zu können, beschreibt die Fähigkeit des Lieferanten, durch seinen Wertbeitrag seinen Kunden einen Wettbewerbsvorsprung zu verschaffen."* (*Marzian/Smidt* 2002, S. 29)
>
> ➡ Für diese Kundenphilosophie prägte *Geffroy* den Begriff **Clienting:** *„Clienting stellt den Kunden als Menschen und die Steigerung seines Erfolgs in den Vordergrund und nicht den Markt ... Das Motto heißt: Unser Geschäft ist es, mit allen Möglichkeiten zu helfen, damit unsere Kunden selbst bessere Geschäfte machen."* (*Geffroy* 1995, S. 21–22).

Es geht um den Schritt **vom operativen (üblichen) Produktverkauf zum strategischen Mehrwertverkauf,** mit zunächst vier Kerninhalten im Vordergrund (vgl. *Rentzsch* 2001, S. 33):

(1) **Nutzeninhalte statt Produktmerkmale** verhandeln,

(2) das eigene Angebot nicht ohne **Nutzenbeweise** positiv werten,

(3) **Bedürfnislage des Kunden klären,** Preis und Lieferzeit sind zweitrangig,

(4) die Vorteile des eigenen Angebotes unter **marktstrategischen Gesichtspunkten** diskutieren.

Idealerweise können dem Kunden die Vorteile des eigenen Produkt- oder Serviceangebotes anhand von Fakten rechnerisch bewiesen werden. Dazu müssen Kosten und Nutzen eines Angebotes für den speziellen Kundenzweck abgeschätzt werden. Produktmanagement (Marketing), Anwendungstechnik und auch F&E sollten den Außendienst dabei unterstützen. Die wichtigsten **Nutzenkategorien des Customer Value,** die transparent zu machen sind und mit den Kunden verhandelt werden müssen, sind (vgl. *Schrank/Litschke*, ASW 9/2002, S. 48):

- direkte Kosteneinsparungen (z.B. weniger Reparaturen, Einsparungen durch einfachere Verarbeitung auf Kundenseite),
- frühere Einnahmen (Lieferant beschleunigt Prozesse beim bzw. für den Kunden),
- später anfallende Kosten (z.B. durch längere Wartungsintervalle),
- ermöglichte Wettbewerbsvorteile (Lieferant verbessert das Produkt des Kunden, verhilft dem Kunden zu Markteinstieg in neue Kundengruppe),
- Returns on Re-Invested Savings (Vorteile des Kunden durch Reinvestition von Kosten- oder Zeitersparnissen).

Wir halten folgendes Raster für sinnvoll:

- Allgemeine Mehrwerte, die dem Kunden schlichtweg die Arbeit einfacher machen, ihm Sicherheit bringen, die Zusammenarbeit erleichtern, ihm günstiger Einkaufskonditionen bei anderen Bezugsquellen vermitteln, den Mitarbeitern auf Kundenseite Vorteile bringen,
- Lieferantenleistungen, die das Produkt des Kunden verbessern, ihm also Wettbewerbsvorteile bringen,
- Lieferantenleistungen, die dem Kunden Prozessverbesserungen und dadurch Kosteneinsparungen/Effizienzvorteile bringen,
- Lieferantenleistungen, die den Kunden des Kunden nachweisbare Vorteile bringen.

Alternativ sind folgende mögliche Wertepotenziale zu evaluieren:

- Kundenvorteile durch günstigere Kosten und Preise,
- Mehrwerte durch Sicherheit, hohe Warenverfügbarkeit, Liefertreue, Produktleistung, Produkteigenschaften mit besonderem Nutzen für den Kunden,
- besserere Produktivität und Qualität auf Seiten des Kunden,
- Wettbewerbsvorteile für den Kunden (bei den Kundeskunden).

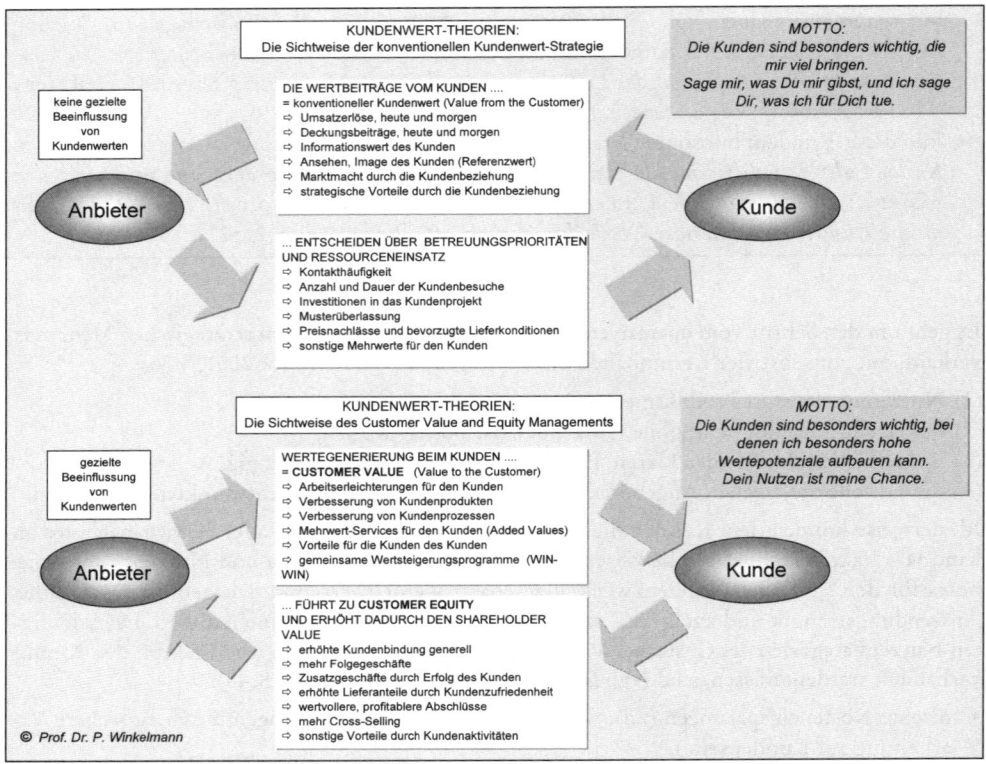

Abb. 261: Die Wertbeiträge im Rahmen der Customer Equity- und der Customer Value-Sichtweise

Abb. 261 stellt noch einmal die Wertbeiträge des klassischen Kundenwertes und des Customer Value gegenüber.

Die Wegbereiter des CVE-Managements, *Marzian* und *Smidt* haben mit dem CVE-**Kundenwertkompass** (eworks-Kompass) ein **Leitinstrument für die Wertevermarktung** entwickelt (*Marzian/Smidt* 2004, S. 9–10). Abb. 262 zeigt den Kompass für die Wertevermarktung.

Auf der vertikalen Ebene befinden sich die Werteebenen Customer Value und Customer Equity.

- Für die Berechnung des **Customer Equity** lassen sich Cash Flow, Gewinn/Verlust, Referenzwert, Marktanteil und Wachstum als fassbare kundenbezogene Größen heranziehen – wie im Rahmen der Kundenqualifizierung in Abschnitt 7.2.4.c. dieses Buches aufgezeigt.
- In Bezug auf den **Customer Value** lassen sich auf Kundenseite messen bzw. abschätzen: Wettbewerbsvorteile, Produktivität, Warenverfügbarkeiten, Dispositionssicherheit und Kosten-/ROI-Vorteile.

Auf der horizontalen Ebene werden Prozessebenen abgebildet: Der Prozess der Leistungserbringung (Corporate Competence) und der Prozess der Markenentwicklung (Corporate Branding).

- Bei der **Leistungserbringung** kann der Lieferant dem Kunden Werte in den folgenden Bereichen generieren: Beratung, Produkte, Produktion (bzw. Produktionsverbesserungen), Logistik und Service.

Abb. 262: Der Kundenwertkompass (eworks-Kompass) der CEO AG für die Wertevermarktung

- Auch hinsichtlich einer Stärkung des **Markenwertes auf Kundenseite** können sich Lieferantenvorteile auswirken: Risikoreduktion, Informationseffizienz, Akzeptanz, Anspruch und Motive.

Auf einem äußeren Ring lassen sich die Zielgrößen der Beziehungen, Potenziale, Performance und Ergebnisse messen und steuern:

- **Beziehungen** können durch Kundennähe, -zufriedenheit und -bindung gestärkt werden.
- **Potenzial** wird beschrieben durch Volumen, Marktqualität und Entwicklung.
- **Performance** unterteilt sich in Innovation, Verhalten des Lieferanten und Preis(politik).
- **Ergebnis** ist die Abfolge von Auftragseingang, Umsatz und Deckungsbeitrag.

Die Reise rund um den äußeren Ring: Gestartet wird bei der Potenzialkonfiguration, es folgt die Performance, aus der sich das finanzielle Ergebnis ableitet. Daraus resultiert schließlich die Verbesserung der Beziehungsqualität, die wiederum die Potenzialerschließung ermöglicht.

Einige Beispiele aus der Praxis: Die *Flender Service GmbH* stellt im Rahmen ihres Leistungsangebotes folgende Mehrwerte für die *Flender-Kunden* heraus: Sicherstellung der höchstmöglichen Verfügbarkeit der Antriebe, Instandhaltungsmanagement, zustandsorientierte Instandhaltung, kurzfristige Ersatzteil- und Ersatzgetriebelieferungen, Unterstützung des Ersatzteilmanagements vor Ort, Komplett-Lösungen aus einer Hand mit Partnern.

Die *Halfen-Deha GmbH*, ein Bauzulieferer aus Langenfeld, schreibt in der Bewerbung für den **CRM-Best-Practice-Award** 2004: *„Heute bietet weniger das Produkt einen Wettbewerbsvorteil, als vielmehr ein Informationsvorsprung."* *Halfen* bezieht deshalb seine Kunden (Bauunternehmen, Betonwerke, Architekten, Statiker) in das eigene Informationsgeflecht mit ein. Durch dieses Profitieren vom Wissensmanagement bietet *Halfen* seinen Kunden Vorteile, die sich durch die daraus folgenden Geschäftsanbahnungen direkt in deren Bilanz und GuV niederschlagen. Mehrwerte werden messbar.

Die *Baumüller GmbH* entwickelte für ihren Kunden *Lemo GmbH* einen speziellen Einbaumotor, der die *Lemo-Maschine* zum Weltmarktführer machte.

Die *Vossloh-Schwabe GmbH* kreierte für den Leuchtenhersteller *Gebr. Ludwig GmbH* ein neuartiges Klemmsystem, durch das sich folgende Kundenvorteile beziffern ließen: 90 Prozent Produktivitätssteigerung, 50 Prozent Verkürzung der Lieferzeit, 50 Prozent Senkung der Personalkosten und gar 250.000 Euro Reduzierung der Produktionskosten pro System und Jahr (vgl. zu den Beispielen *Kappeller,* acquisa 11/1999, S. 30–32).

In diesem Zusammenhang können auch die Gewinner des **WIN-WIN-Cups** von *VDI* und *Absatzwirtschaft* der letzten Jahre gewürdigt werden. Die Preise werden für beispielhafte Wertschöpfungspartnerschaften zwischen den Lieferanten und Kunden ausgelobt: *Busak&Shamban* und *GEA-Westfalia Separator* (1999), *Freudenberg Dichtungswerke* und *Getriebebau Nord* (2000), *Würth Industrie Service* und *LiebherrLogistik* (2001), *DELO Industrie Klebstoffe und Philips Sound Solution* (2002) sowie *Sasse Elektronik* und *Fujitsu Siemens* (2003). Die Preisvergabe 2004 ging an die Partnerschaft von *Siemens Automation & Drives* und *Reifenhäuser* für die gemeinsame Entwicklung eines neuen Getriebes für die Extrudermaschinen von *Siemens.*

Sehr viel ist gewonnen, wenn sich im Verkaufsgespräch (oder bereits bei der Besuchsvorbereitung) ein **Einzigartigkeitsvorteil** herausarbeiten lässt, von dem der Kunde nachweisbar profitiert (vgl. *Aries,* 1998, S. 132). Vier Arten von Einzigartigkeitspositionen werden unterschieden: **Monopole, Verkaufs- oder Technik-Alleinstellungen** (USP's), **einzigartige Kommunkationsbotschaften** (Unique Communication Propositions) und **einzigartige Positonierungen in von Kunden empfundenen Nutzenräumen** (Core Benefit Positions) (vgl. *Winkelmann* 2003, S. 195). Am wichtigsten für den Vertrieb ist die sog. **Unique Selling Proposition** (USP). Eine USP stellt einen nachweisbaren, einzigartigen Angebotsvorteil in Bezug auf Art, Zusammensetzung, Leistung eines Produktes oder beim Service dar.

Für viele Verkäufer ist eine Akquisition mit dem Auftrag abgeschlossen. Doch es lohnt sich, die Gründe des Kunden für die Auftragsvergabe und die realisierten Kundenvorteile gedanklich nachzuvollziehen. Meistens hat nicht der Preis den endgültigen Ausschlag für die Auftragsvergabe gegeben – sondern es waren transportierte Werte. Diese Erfahrungen können als **Success Storys** für jüngere Kollegen zu Schulungszwecken dokumentiert werden. Empfehlenswert sind pragmatische **Checklisten und Gesprächspläne für nutzenorientierte Verkaufsgespräche.** Abb. 263 liefert ein Beispiel für ein nutzenorientiertes Verhandeln aus dem klassischen Maschinenbau.

Es ist Aufgabe der Vertriebsleitung, allen Kundenbetreuern die wichtigsten Produkt- und Geschäftsbeziehungsvorteile bzw. die USP nahe zu bringen, eine gemeinsame Argumentationslinie für das gesamte Verkaufsteam zu vereinbaren und Erfolgsargumentationen von Top-Verkäufern an andere, vor allem jüngere Kollegen weiterzugeben. Das Customer Value and Equity Management kann seine Kräfte nur entfalten, wenn es von allen Mitarbeitern mit Kundenkontakt verinnerlicht wird.

g.) Verhaltenseinflüsse in Verkaufsverhandlungen

„Die Beziehungsbrücke ist die Verbindung, zusammenzufinden und den Weg gemeinsam zu gehen."
(Birker 1999, S. 313)

So geschickt ein Nutzenverkauf auch aufgezogen sein mag, der Kundenbetreuer ist nicht gegen Widerstände und Misserfolge gefeit, die in persönlichen Faktoren bzw. im Verhalten der Ge-

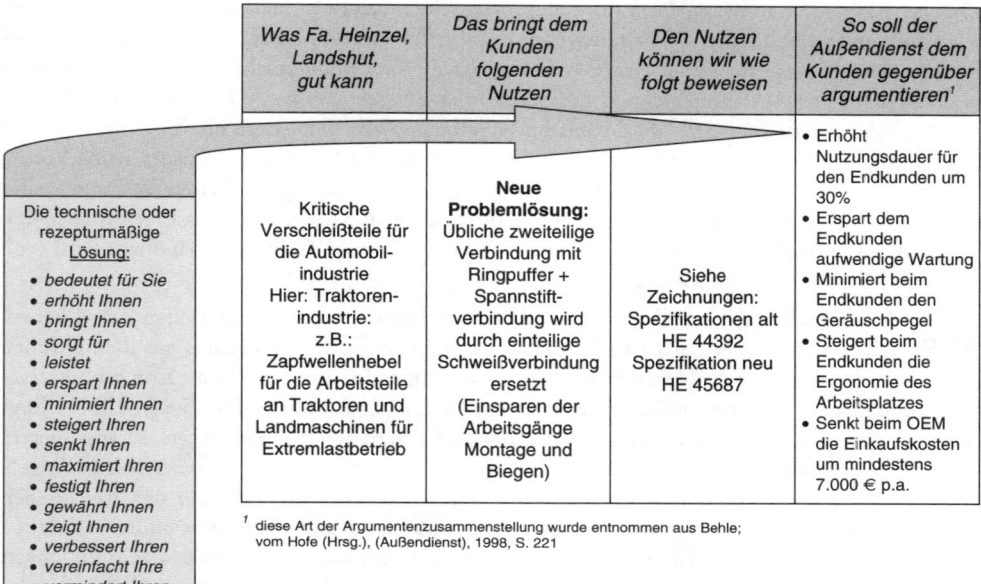

Die technische oder rezepturmäßige <u>Lösung:</u> • bedeutet für Sie • erhöht Ihnen • bringt Ihnen • sorgt für • leistet • erspart Ihnen • minimiert Ihnen • steigert Ihren • senkt Ihren • maximiert Ihren • festigt Ihren • gewährt Ihnen • zeigt Ihnen • verbessert Ihren • vereinfacht Ihre • vermindert Ihren	Was Fa. Heinzel, Landshut, gut kann Kritische Verschleißteile für die Automobil-industrie Hier: Traktoren-industrie: z.B.: Zapfwellenhebel für die Arbeitsteile an Traktoren und Landmaschinen für Extremlastbetrieb	Das bringt dem Kunden folgenden Nutzen **Neue Problemlösung:** Übliche zweiteilige Verbindung mit Ringpuffer + Spannstift-verbindung wird durch einteilige Schweißverbindung ersetzt (Einsparen der Arbeitsgänge Montage und Biegen)	Den Nutzen können wir wie folgt beweisen Siehe Zeichnungen: Spezifikationen alt HE 44392 Spezifikation neu HE 45687	So soll der Außendienst dem Kunden gegenüber argumentieren[1] • Erhöht Nutzungsdauer für den Endkunden um 30% • Erspart dem Endkunden aufwendige Wartung • Minimiert beim Endkunden den Geräuschpegel • Steigert beim Endkunden die Ergonomie des Arbeitsplatzes • Senkt beim OEM die Einkaufskosten um mindestens 7.000 € p.a.

[1] diese Art der Argumentenzusammenstellung wurde entnommen aus Behle; vom Hofe (Hrsg.), (Außendienst), 1998, S. 221

Abb. 263: Beispiel für ein nutzenorientiertes Verhandeln

sprächsteilnehmer bei der Auftragsverhandlung begründet liegen. Psychologie und Sozialpsychologie bieten dem Verkauf eine Fülle von Erkenntnissen über Verhaltensgesetzmäßigkeiten (vgl. den Überblick bei *Weis* 1998, S. 56 ff.). Diese Kenntnisse helfen dem Kundenbetreuer, in der Verhandlung klaren Kopf zu behalten und den Einkäufer behutsam durch die kritischen Phasen des Verkaufsgespräches zu führen. Alle Verhaltenshypothesen ranken sich um das **Grundmodell der Kommunikation** mit **vier charakteristischen Kommunikationsebenen,** die man sich im folgenden in Form eines Quadrats vorstellen kann (vgl. *Schulz von Thun* 1993, S. 45).

Hierzu ein Beispiel:

Einkäufer zum Verkäufer: *„Sehen sie zu, dass Sie das nächste Mal aber pünktlich anliefern.“*

(1) **Sachebene (ES):** Wertneutral ist festzustellen, dass in der Vergangenheit mindestens einmal verspätet angeliefert wurde.

(2) **Beziehungsebene (WIR):** In welcher Beziehung stehen **Sender** und **Empfänger** der Botschaft zueinander? Der Einkäufer sieht den Kundenbetreuer nicht als gleichwertigen Partner an.

(3) **Selbstoffenbarung (ICH):** Was sagt die Botschaft über den Zustand des Senders aus? Der Einkäufer ist misstrauisch, voreingenommen und verärgert.

(4) **Appell-Ebene (DU):** Welche Aufforderung ergeht an den Empfänger? Der Kundenbetreuer möge sich persönlich um die Einhaltung der Lieferfrist kümmern.

Die **Transaktionsanalyse** von *Erich Berne* geht noch tiefer in die „programmierten" Schichten des menschlichen Verhaltens (vgl. *Berne* 1996; *Harris* 1983):

(1) Das **Kindheits-Ich** beinhaltet alle in der Kindheit angenommenen intuitiven, spontanen, natürlichen und auch anerzogenen Verhaltensweisen. Stark prägend für Reaktionen gemäß Kindheits-Ich ist die Lebensphase von Geburt bis zur Einschulung. Der Kindheits-Ich jammert, klagt, ärgert sich, nörgelt, freut sich, ist kreativ.

(2) Das **Eltern-Ich** umfasst die Sphäre der belehrenden, erziehenden, drohenden, lobenden, schützenden, helfenden Verhaltensweisen. *„Im Eltern-Ich sind alle Ermahnungen und Regeln, alle Gebote und Verbote aufgezeichnet, die ein Kind von seinen Eltern zu hören bekommen hat oder von ihrer eigenen Lebensführung ablesen konnte."* (*Harris* 1983, S. 34–35). Auch das Eltern-Ich wird von Geburt bis Schulbeginn von den Eltern übernommen.

(3) Ab dem 10. Lebensjahr entwickelt sich das **Erwachsenen-Ich**, das Fakten prüft, keine Vorurteile hat, Informationen verarbeitet und prüft, kurzum sachlich arbeitet. W-Fragen sind Kennzeichen des unvoreingenommenen Erwachsenen-Bewusstseins. Das Erwachsenen-Ich ist die Kontrollinstanz zwischen Normen (Eltern-Ich) und Gefühlen (Kindheits-Ich) (vgl. auch *Schulze*, 1999, S. 266–272).

Die Theorie beschäftigt sich intensiv mit den Botschaftsbeziehungen zwischen den Ebenen. Spricht z. B. ein Einkäufer das Erwachsenen-Ich des Außendienstmitarbeiters aus dem gleichen Bewusstseinszustand an, so bestehen gute Voraussetzungen für eine fruchtbare Kommunikation. Reagiert der Verkäufer dann jedoch mit den Programmen des Kindheits-Ichs (ist er z. B. beleidigt oder beklagt sich hilfesuchend) und versucht, an das Eltern-Ich des Einkäufers zu appellieren, dann wird die Kommunikation gestört. Man *„redet aneinander vorbei"*, *„redet sich in Rage"*, verliert das Verhandlungsziel aus den Augen. Kontakte können also auf jeder der drei Ebenen stattfinden und jederzeit wechseln. **Verhaltensstrategie des Kundenbetreuers** sollte es folglich sein, das Gespräch gerade in kritischen Punkten auf die Ebene des Erwachsenen-Ichs zu lenken und dort zu halten. Ohne geschickte Beherrschung der **Fragetechnik** ist das unmöglich.

Die Ich-Zustände charakterisieren **Lebenszustände**. *Harris* hat die **Transaktionstheorie** aufgegriffen und auf das Phänomen aufmerksam gemacht, dass sich der Mensch bis zum dritten Lebensjahr für eine der ersten drei Lebensanschauungen entscheidet. *„Auf dieser Anschauung verharrt das Individuum für den Rest seines Lebens, wenn es sie nicht später bewusst in die vierte Grundanschauung verändert."* (*Harris* 1983, S. 60–61):

- 1. Lebensanschauung: Ich bin nicht o.k. Du bist o.k. (Nach *Harris* die erste Lebenserkenntnis).
- 2. Lebensanschauung: Ich bin nicht o.k. – Du bist nicht o.k.
- 3. Lebensanschauung: Ich bin o.k. – Du bist nicht o.k.
- 4. Lebensanschauung: Ich bin o.k. – Du bist o.k.

Nach *Harris* sind für die meisten Menschen die Nicht-ok-Gefühle typisch. Nur in außerordentlich seltenen Situationen werden folglich begnadete Ein- und Verkäufer mit beiderseits positiver Lebenseinstellung aufeinandertreffen. Man erkennt sofort die Gefahr, die in Verkäufern steckt, die – aus welchen Gründen auch immer – ihre Planvorgaben nicht erreichen. Tut die Vertriebsleitung ihre „Pflicht" und sanktioniert die Erfolglosen, dann werden sich Marktprobleme tendenziell nur verschlimmern. Ein verunsichertes, geschwächtes und auftragserbettelndes Verkäufer-Kindheits-Ich zieht wie magisch Eltern-Ich-Botschaften eines Einkäufers an. Der Verkäufer gerät in einen Teufelskreis. Er verhandelt immer aus einer Position der Schwäche. Eine Betreuungsverantwortung der Verkaufsleitung wird offenkundig.

Die Problematik, dass Verkäufer und Einkäufer in Gesprächen bestimmte Rollen bewusst oder unbewusst annehmen oder sich in bestimmte Rollen flüchten, die letztlich nicht förderlich für eine Verhandlung sind, kommt auch gut im **Drama- oder Karpmann-Dreieck** zum Ausdruck (vgl. *Schultze* 2002, S. 148–150). Abb. 264 veranschaulicht die drei kritischen Rollen **Opfer**, **Verfolger** und **Retter**.

Mit Hilfe des Drama-Dreiecks lassen sich unproduktive Interaktionsverläufe in Verhandlungen entlarven. Menschen mit Nicht-ok-Gefühlen flüchten sich leicht in **Opferrollen**. Angesprochen

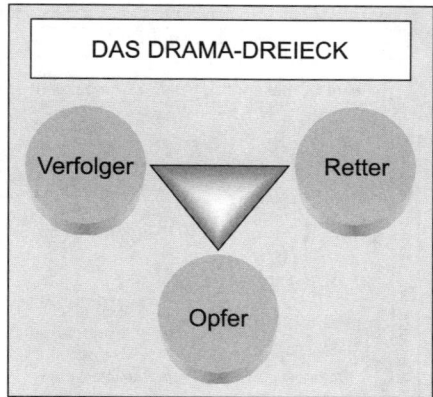

Abb. 264: Das Drama- oder Karpman-Dreieck

sind z.B. Verkäufer, die sich ihren Kunden unterlegen fühlen oder um Preis- oder Technik-Probleme ihrer Produkte wissen. Diese Verkäufer sind die gesuchten Opfer für mächtige Einkäufer, die sich in der Verfolgerrolle wohlfühlen *("Ich habe Ihnen immer schon gesagt, dass die Konkurrenzprodukte besser sind.")*. Wer sich hier in die Opferrolle drängen lässt, hat das Verhandlungsspiel von Anfang an verloren. Aber auch die Retter fühlen sich den Partnern überlegen. Aus überlegener Position bieten sie Hilfestellungen an, aber nur zu ihren Bedingungen. In Verhandlungen kommt es folglich zu psychologischen Spielen, bei denen die Partner oft die Rollen wechseln. Ein Verkäufer eröffnet das Gespräch in der Opferrolle, um dann so schnell wie möglich in die Rolle des Retters zu schlüpfen. Wichtig ist es, die **typischen Signale für die Rollenpositionen** zu erfassen (vgl. *Schultze* 2002, S. 150). Denn die Gefahr ist, dass diese Spiele immer wieder (gerne) inszeniert werden, obwohl sie zu keinem positiven Ausgang führen. Der Verkaufsabschluss wird vom Verkäufer nicht erreicht, und er weiß nicht den Grund.

Das Wissen um die Transaktionstheorie hilft nicht nur dem einzelnen Kundenbetreuer bei der Verbesserung seiner Beziehungspflege und seiner Verhandlungskompetenz. Die Transaktionsanalyse kann auch der Verkaufsleitung helfen,

(1) zu erkennen, in welchem **Ich-Zustand sich die Verkaufsorganisation als Ganzes** befindet (die kreativ-lockere Verkaufsleitung/die gestrenge, fordernde Verkaufsleitung/die sachlich-nüchterne, neutrale Verkaufsleitung),

(2) abzuprüfen, wo bei den Schlüsselkunden **Einkäufer/Verkäufer-Beziehungen** herrschen, die von der transaktionalen Prädisposition her tendenziell nicht funktionieren können, weil z.B. immer wieder Spiele gemäß Drama-Dreieck ablaufen,

(3) zu überwachen, welche Kundenbetreuer geschwächt sind und Unterstützung im Verhaltensbereich bedürfen.

Die Thematik wird noch komplizierter, wenn zusätzlich die **Gruppenbeziehungen** innerhalb von **Selling-Center** und **Buying-Center** betrachtet werden. Wie sehen uns andere? Wie lassen sich **Selbst- und Fremdwahrnehmung** im Laufe einer Verhandlung sensibler aufspüren und die Kommunikation verbessern? Von *Luft* und *Ingham* stammt die Theorie des **Johari-Fensters** (vgl. *Weis* 1998, S. 21–25). Den bekannten und nicht bekannten eigenen Verhaltenselementen stehen Eigenheiten der Gesprächspartner gegenüber, die diesen bekannt oder die diesen unbekannt sind. Einkäufer und Verkäufer glauben an eine offene Auseinandersetzung in der **Arena**, d.h. in dem Feld *mir bekannt* und *anderen bekannt*. Tatsächlich aber werden die Verhandlungserfolge in den **blin-**

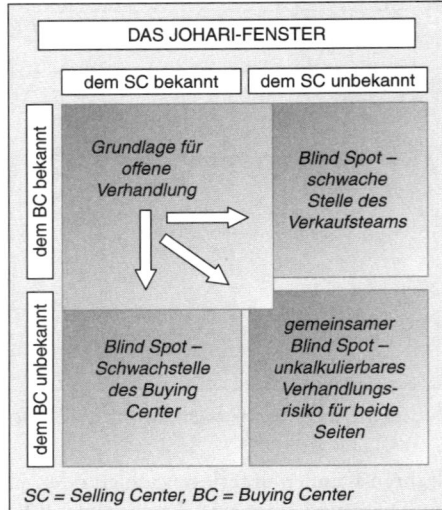

Abb. 265: Das Johari-Fenster für Gruppenverhandlungen

den Flecken erzielt; unter Ausnutzung von Verhaltensschwächen (**Beziehungsschwächen**), über die man selbst gut informiert ist, die aber der Gegenpartei nicht bewusst sind. Abb. 265 skizziert das Verhandlungsfeld in Anlehnung an die Literatur, hier angepasst an vertriebliche Verhandlungen.

So ist es Aufgabe der Verkaufsleitung bei **Gruppenverhandlungen,** möglichst viel von den eigenen Eigenarten, Schwachpunkten etc. in Erfahrung zu bringen, die ohne den Wunsch nach Selbsterkenntnis verborgen bleiben. Es handelt sich um latente Schwachstellen, die die „andere Seite" zum Durchsetzen eigener Verhandlungspunkte ansonsten nutzen würde (Es sei denn, diese Schwachstellen würden auch den Mitgliedern des Buying-Center entgehen). Ist den Geschäftspartnern an gedeihlichen, langfristigen Geschäftsbeziehungen gelegen, dann werden (sollten) sie sich „öfters einmal die Meinung sagen", um den Bereich der Arena nach beiden Seiten auszudehnen. Offensiven dieser Art setzen gestandene Außendienstmitarbeiter bzw. Schlüsselkundenbetreuer voraus.

Auf Kommunikationsstörungen in Verhandlungen kann, sofern Verkäufer und Einkäufer an einer Übereinkunft interessiert sind, mit entsprechender **Rhetorik** reagiert werden; jedenfalls so lange, wie sich ein Kunde oder Interessent nicht gezielt manipuliert fühlt. Gleichwohl wird auch der Einkäufer rhetorische Techniken anwenden. Es feilschen dann zwei Profis miteinander. Und jeder tut so, als wüsste er dies nicht.

h.) Rhetorische Elemente: Frageart, Fragetechnik, Einwandbehandlung und Abschlusstechnik (Closing)

„Wird er sagen 12, will er haben 8, wird es wert sein 6, möcht' ich geben 4, werd' ich sagen 2."
(arabische Einkäuferweisheit: Jensen, MM 10/1997, S. 57)

Das rhetorische Handwerkszeug steht im Mittelpunkt von Verkaufslehrbüchern und Verkaufstrainings (vgl. z.B *Rentzsch* 2001, *Weis* 1998, *Bänsch*, 1996 und 1998, *Scheitlin*, 1995; *Geffroy*

1997). Deshalb sollen hier nur ausgewählte Einzelthemen besprochen werden, die für die Verkäufer eine zentrale Wichtigkeit besitzen.

Als Grundregel im Verkaufsgespräch gilt: *Wer fragt, der führt.* Es ist der Kardinalfehler vieler Verkaufsgespräche, dass ein fachlich hochbeschlagener Verkäufer den Kunden in Grund und Boden redet. Abb. 266 liefert eine Übersicht über die wichtigsten Frageformen.

EINE SYSTEMATIK VON FRAGEARTEN UND FRAGETECHNIKEN

Fragearten

① geschlossene Fragen	⇨	geben dem Kunden Antwortmöglichkeiten vor
② offene Fragen	⇨	erlauben dem Kunden, frei zu antworten
③ direkte Fragen	⇨	sprechen kritische Punkte beim Wort an
④ indirekte Fragen	⇨	stellen die Fragen "verkleidet", "durch die Blume"
⑤ Alternativfragen	⇨	geben dem Befragten eine Wahlmöglichkeit
⑥ begründete Fragen	⇨	ergänzen Fragen durch eine Begründung
⑦ harte Fragen	⇨	aggressive Fragestellung, um Antwort zu provozieren
⑧ weiche Fragen	⇨	drücken kritische Sachverhalte defensiv aus

Fragetechniken

① Einführungs-, Hinführungsfragen	⇨	leiten zum Themenkern hin, stimmen den Kunden ein
② Informationsfragen	⇨	sammeln Hintergrundwissen zum Thema
③ Kernfragen, Sachfragen	⇨	behandeln die Hauptthematik
④ Motivationsfragen, Erholungsfragen	⇨	sollen „Durchhänger" vermeiden
⑤ Rhetorische Fragen	⇨	sollen Aufmersamkeit des Kunden wach halten
⑥ Kontrollfragen	⇨	überprüfen das Verständnis des Befragen
⑦ Bestätigungsfragen	⇨	lassen den Kunden den Stand der Verhandlung bestätigen
⑧ Suggestivfragen	⇨	legen dem Kunden eine Antwort "in den Mund"
⑨ Gegenfragen	⇨	versuchen Zeit für den Interviewer zu gewinnen
⑩ Ankerfragen	⇨	schaffen Möglichkeiten zum Nachfassen

Abb. 266: Eine Systematik von Fragearten und Fragetechniken

➡ *„Fragen sind eine Methode zur erfolgreichen Steuerung von Verkaufsgesprächen, da sie ziel- und problembezogen eingesetzt, Informationen über den Gesprächspartner und seine spezifische Situation liefern."* (Weis 1998, S. 204)

Einen **Fragenleitfaden** für Gespräche mit potenten Kunden liefert *Rackham* (dargestellt bei *Kotler* 1999, S. 161 ff.). Seine **SPIN-Methode** ist wie folgt aufgebaut:

(1) **Situation Questions:** erfragen die gegenwärtige Situation, die Strategien, Produkt- und Servicewünsche des Interessentenunternehmens.

(2) **Problem Questions:** versuchen Schwierigkeiten und Probleme beim Kunden aufzudecken.

(3) **Implication Questions:** fragen den Kunden nach den negativen Folgen dieser Probleme.

(4) **Need-payoff Questions:** sollen abklären, welchen Nutzen eine angebotene Problemlösung für den Interessenten oder Kunden bietet. Diese taktische Frage stellt eine Schlüsselfrage im Rahmen des Value Marketing dar.

Einen umfassende Typologie beschreibt *Czech-Winkelmann* (vgl. *Czech-Winkelmann* 2003, S. 168–170) Sie unterscheidet **Fragearten** und **Fragetechniken**. Abb. 266 orientiert sich an diesem Schema.

So entsteht eine Kultur des **fragenden und** dadurch auch **führenden Verkaufs**. Weltweit haben sich die US-Sales Rep's in dieser Hinsicht einen Namen gemacht. Die drei amerikanischen Top-Fragen lauten:

(1) *Herr Kunde, was interessiert Sie am Produkt Y?*
(2) *Herr Kunde, wo liegt für Sie der Nutzen des Produktes Y?*
(3) *Herr Kunde, wie kann ich Ihnen dabei helfen?*

Ebenso wichtig wie Frageart und Fragetechnik ist das **aktive Zuhören**. *Rentzsch* empfiehlt, hierzu nach der **ARBEIT-Merkregel** vorzugehen (vgl. *Rentzsch* 2001, S. 144):

(1) **Aufmerksamkeit:** sich auf den Sprecher konzentrieren,
(2) **Reaktion:** dem Kunden durch Zeichen der Zustimmung Interesse und Aufmerksamkeit bekunden,
(3) **Befragen:** dadurch das Gespräch im Fluss halten, führen, Hintergrundinformationen abfragen,
(4) **emotionale Kontrolle:** aufkommende Emotionen im Zaum halten,
(5) **indirektes Verstehen:** versuchen, auch die Körpersprache des Kunden zu entschlüsseln,
(6) **topografisches Strukturieren:** die Kundeninformationen in Form eines Mindmaps, also in sinnvollen Zusammenhängen, protokollieren.

Die **Zuhören- und Fragenkultur** benötigt eine Förderung durch das Management. Die Mitarbeiter dürfen alles hinterfragen. Die Offenlegung von Unwissenheit wird geschätzt – das Verbergen von Nichtwissen sanktioniert. Das erfolgreiche Unternehmen pflegt eine **Frage- und Streitkultur**. Ist für die Außendienstmitarbeiter der fragende Vertrieb Verkaufsalltag, dann wird sich die positive Einstellung zur Fragetechnik auch bei außenstehenden Interessenten und Kunden vorteilhaft auswirken.

Mit Hilfe einer geschickten Fragetechnik kann abgeklärt auf **Einwände** des Kunden reagiert werden. Bei den Einwänden sind **echte Einwände** von **vorgeschobenen** zu unterscheiden. Bei den vorgeschobenen helfen keine Sachargumente weiter. Es gilt, die wahren Ursachen für die Abwehr des Kunden zu entlarven und die Hebel dort anzusetzen. Auch muss auf jeden Fall Streit mit dem Kunden oder Interessenten vermieden werden, so fadenscheinig die Einwände auch sein mögen. *Bänsch* und *Czech-Winkelmann* haben übliche **Techniken zur Einwandbehandlung** zusammengestellt (vgl. *Bänsch* 1996, S. 63–69; *Czech-Winkelmann* 2003, S. 170).

- Am schwächsten wirkt die **Ja-aber-Methode** oder **Methode der bedingten Zustimmung**. Zustimmung zu erhalten, ohne dass gleich eine Einschränkung nachfolgt, macht Gesprächspartner fast schon misstrauisch.
- Bei der **Vorwegnahmetechnik** nimmt der Verkäufer dem Kunden den Wind aus den Segeln: *„Die Kunden fragen hier immer wieder ...“*.
- Bei der **Zurückstelltechnik** versucht der Verkäufer Zeit zu gewinnen: *„Ihren Einwand habe ich notiert. Ich wollte das sowieso ansprechen.“*
- Bei der **Bumerang-Technik** wird ein Einwand in ein *„ja, gerade deshalb ...“* umgewandelt.
- Bei der **Gegenfragetechnik** gewinnt man durch eine Gegenfrage Zeit: *„Wenn Sie das meinen, dann lassen Sie mich doch einmal fragen ...“* oder *„Können Sie mir Ihren Einwand etwas näher erläutern?“*.
- Bei der **Referenztechnik** wird der Einwand durch Hinweise auf Referenzpersonen mit gegenteiligen Erfahrungen entkräftet.
- Die **Entlastungstechnik** bereinigt einen ungerechtfertigten Einwand, ohne dass der Kunde sein Gesicht verliert: *„... genau das habe ich auch einmal geglaubt“*.

- Die **Kompensationstechnik** stellt einem negativen Einwand einen positiven Vorteil gegenüber: *„Es stimmt, diese Eigenschaft fehlt unserem Produkt. Aber dafür bieten wir Ihnen ...".* Ein anderer Begriff für diese Vorgehensweise lautet **Plus-Minus-Technik.**
- Bei der **Transformationstechnik** nimmt man dem Einwand durch Umformulierung die Schärfe: *„Wenn Sie meinen, dass unser Produkt nicht ganz billig ist, dann ...".*
- Die **Umformulierungstechnik** funktioniert ähnlich. Der Kundenbetreuer nimmt einem Einwand des Kunden die Schärfe, indem er ihn in einer etwas spaßhaften Form (beschönigend) wiederholt: *„Für das Malheur möchten wir uns entschuldigen."*

Nach *Scheitlin* ist die Auftragsvergabe (der Abschluss) die *„Krönung des Verkaufsgesprächs"* (*Scheitlin* 1993, S. 314). Nicht selten aber beschleicht selbst gute Verkäufer noch ein Anflug von Lampenfieber, wenn sich das Verkaufsgespräch der Entscheidung nähert. Wird der Kunde jetzt unterschreiben oder es sich noch einmal überlegen? Verschiedene **Closing-Techniken** helfen dem Kundenbetreuer, über diese Momente der Unsicherheit zu kommen:

- Am bekanntesten sind die **Zeitdruck-Technik** (*„Unser Sonderpreis gilt nur bis morgen."*) oder
- die **Panik-Technik** (*„Dies ist das letzte Stück, das wir haben."*).
- Sicherheit vermitteln die **Feststellungstechnik** (*„Wir haben damit alle Punkte, die Ihnen wichtig waren, geklärt"*),
- die **Garantietechnik** (*„Probieren Sie das jetzt einfach aus, und wenn es nicht so funktioniert, wie Sie sich das vorstellen, nehmen wir das Teil zurück"*) und letztlich
- die **Bestätigungstechnik,** bei der der Kunde kurz vor Kaufabschluss mehrere zusammenfassende Bestätigungsfragen in der Weise gestellt bekommt, dass er mehrere Ja-Aussagen treffen muss. Dem Kunden ist es dann peinlich, wenn er nach diesen eigenen Bestätigungen zuletzt doch noch Abstand von dem Kauf nimmt.
- Die **Stress-Technik** zielt dagegen auf Unsicherheit und zeigt dem Kunden die Vor- bzw. Nachteile auf, wenn er jetzt kauft oder nicht kauft (*„Aus diesen Gründen hätten Sie folgende Vorteile, wenn Sie gerade jetzt unterschreiben"*).
- Man kann dem Kunden auch Kaufdruck nehmen, indem man das Angebot in mehrere Teilkomponenten zerlegt (**Teilentscheidungstechnik**). Evtl. kommt dann nur ein Teilkauf zustande (zu weiteren Beispielen vgl. *Winkelmann* 1999, S. 198–199; *Scheitlin* 1996, S. 314–317; *Czech-Winkelmann* 2003, S. 171–173).

Vor allem müssen am Ende der Vertragsverhandlungen folgende Fehler vermieden werden:

- Der Verkäufer bringt plötzlich noch weitere Produktvorteile zur Sprache, obwohl der Kunde schon abschlussbereit ist.
- Der Verkäufer spricht Punkte an, die bereits behandelt worden sind und springt mit der Verhandlung dadurch in eine abgeschlossene Phase des Gesprächszyklus zurück.
- Der Verkäufer hat im ersten Teil der Verhandlung das Angebot zu rosig geschildert, bekommt nun Skrupel und verunsichert den Kunden in der Endphase der Verhandlung mit Warnhinweisen.
- Der Verkäufer findet im allgemeinen Gespräch kein Ende.

Gerade beim Verkauf erklärungsbedürftiger Produkte lautet eine Verkaufsdevise: *Weniger ist oft mehr.*

Im Rahmen der Fragen- und Gesprächstechnik beeinflusst das gesprochene Wort den Verhandlungserfolg. **Zauber-Wörter** sollten im Verkaufsgespräch gepflegt, **Anti-Wörter** vermieden werden. Abb. 267 gibt nützliche Hinweise.

RHETORIK IM VERKAUFSGESPRÄCH	
Zauber-Wörter und Positiv-Formulierungen	*Anti-Wörter und Negativ-Formulierungen*
• Preiswert, wertvoll, hochwertig • Und auf der anderen Seite • schon • sofort • gerade deshalb • wird, kann (Indikative) • Mitbewerber, Wettbewerber • Investition, Kondition, Preis • Hilfestellung • Gut, hervorragend, bestens, prima • Fragen, Anliegen, Chance, Aufgabe • Verantwortlich ist .. , das macht ... • Ich habe mich unklar ausgedrückt • Bitte verstehen Sie mich richtig • Habe ich Ihren Namen richtig verstanden	• Billig • Aber, doch, dennoch, trotzdem • erst • gleich, umgehend • ja, aber trotzdem • würde, könnte (Konjunktive) • Konkurrenten • Kosten • Kritik • Nicht schlecht • Problem • Dafür bin ich nicht zuständig • Sie haben mich falsch verstanden • Verstehen Sie mich bitte nicht falsch • Ihren Namen habe ich nicht verstanden
(Quelle: Claudia Fischer, www.claudiafischertraining.de, zit. in salesBusiness 6/2003, S. 53)	

Abb. 267: Die Wahl der Worte im Verkaufsgespräch

Noch stärker beeinflusst das unausgesprochene Wort den Verhandlungserfolg. Die Macht der **non-verbalen Kommunikation** kann gerade in der Abschlussphase nicht hoch genug eingeschätzt werden. Selbst wenn es nicht zu einer Auftragsvergabe kommt, so sollte der Kundenbetreuer beim Interessenten doch in guter Erinnerung bleiben.

Untersuchungen zufolge werden nur 5–7 % des **sprachlichen Inhalts**, 35–40 % vom **Tonfall** und bis zu 55 % der von **Mimik** und **Gestik** ausgehenden Signale in Erinnerung behalten (vgl. *Weis* 1998, S. 213–223). Die **räumliche Distanz**, der **Blickkontakt** und die **Körperhaltung** gehören zu den Beeinflussungselementen, die der Kundenbetreuer trainieren und im Gespräch gezielt einsetzen kann. Umgekehrt kommt es darauf an, die **körpersprachlichen Signale (Kinsetik)** des Verhandlungspartners zu deuten, die die **soziale Situation** steuern (vgl. *Czech-Winkelmann* 2003, S. 181):

• Signalisieren von Interesse an einer Interaktion (z.B. durch Kopfnicken),
• Signalisieren von Langeweile und Desinteresse (z.B. durch Gähnen),
• Signalisieren des Wunsches, eine Begegnung fortzusetzen oder zu beenden (z.B. durch unruhige Fußbewegungen),
• Signalisieren von Zustimmung oder Ablehnung (z.B. durch Kopfnicken und Handgesten).

Das wichtigste Signal für den Verkäufer ist schlussendlich die Kaufbereitschaft des Kunden.

Abb. 268 greift auf eine umfassende Ausarbeitung von *Braun* zurück und stellt abschließend einen Werkzeugkasten taktisch-rhetorischer Verhandlungsfinessen zusammen. Aus Platzgründen wird hier nur auf die Literaturquelle verwiesen (vgl. *Braun* 1996, S. 97–100; s. ferner *Czech-Winkelmann* 2003, S. 161–173). Es soll hier aber nicht der Eindruck entstehen, der Verkaufserfolg sei allein eine Angelegenheit von Tricks, Finten und Siegertypen. *„Die beste Verkaufstechnik scheint stets die zu sein, bei der Kunde und Verkäufer beim Verkaufsabschluss gewinnen."* (Weis 1995, Sp. 1988)

TAKTISCH-RHETORISCHE GESPRÄCHS- UND VERHANDLUNGSTECHNIKEN				
Gesprächseröffnung	Nutzenargumentation	Einwandbehandlung	Preisargumentation	Abschlusstechniken
① Vorstellungs-methode	① einfache Feststellung	① bedingte Zustimmung	① Verzögerungs-methode	① Direkt-Methode
② Kompliment-methode	② Nutzen-Umsetzung	② Rückfrage	② Butterbrot-Methode	② Vorgriff-Methode
③ Eröffnung in Frageform	③ Nutzenumsetzung in Frageform	③ Transformations-Methode	③ Sandwich-Methode	③ Methode der Zu-stimmungskette
④ Feststellung- / Bezugnahme-methode	④ Sie...Argumentation	④ Bekehrungs-Methode	④ Relativierungs-methode	④ Vor-und-Zurück-Methode
⑤ Produktmethode	⑤ Dreierschritt-Methode	⑤ Bumerang-Methode	⑤ Differenzmethode	⑤ Plus-Minus-Methode
⑥ Kundenvorteils-methode	⑥ Frageargumen-tation	⑥ Anderer-Gesichts-punkt-Methode	⑥ Divisions- / Multipli-kationsmethode	⑥ Alternativen-Methode
⑦ Vorleistungs-methode	⑦ Kausalketten-Methode	⑦ Vorwegnahme-Methode	⑦ Appell	⑦ Extra-Anreiz, Versi-cherung
⑧ Analyse-Methode	⑧ Vorschlag-Methode	⑧ Verzögerungs-methode	⑧ Nachteil-Argumen-tation	⑧ Appell
⑨ Neugierde- / Showmanship-Methode	⑨ These-/Antithese-Methode	⑨ Öffnungsmethode	⑨ Zugabe-Methode	⑨ Einzige Gelegen-heit
⑩ Schock-Methode	⑩ Annahme (*nur einmal angenom-men, dass ...*)	⑩ Isolier-Methode (der letzte Ein-wand)	⑩ Zugeständnis für Zugeständnis	⑩ Letzte Gelegenheit
(vgl. Braun 1996, S. 97–100)				

Abb. 268: Ein taktisch-rhetorisches Instrumentarium für Verhandlungen

i.) Goodbye

„*Wenn es am schönsten ist, soll man gehen.*" Diese Redensart hat für den Außendienstmitarbeiter nach Auftragserteilung sicher eine besondere Bedeutung. Aber nur zu einem geringen Teil enden Kundenbesuche mit einer Order. Ohnehin verliert die Auftragsvergabe im Beisein des Kunden-betreuers immer mehr an Bedeutung. Einkäufer müssen sich noch im Buying-Center rückversi-chern. In BtoB-Märkten geben Rahmenverträge die Spielräume vor. Oder die Kunden bestellen zunehmend über das Internet (eCommerce). Die Verabschiedung vom Kunden soll eher die Ge-schäftsbeziehung sichern helfen und auch schon zukünftigen Umsatz vorbereiten. Deshalb ist auch die gegenseitige **Bestätigung der weiteren Arbeitschritte** (Hausaufgaben) ein wesentlicher Punkt der Verabschiedung.

Wie heißt es in TV-Spielfilmen so schön: „*Ich ruf' Dich an ...*". Es gilt, den Aktionsfaden mit dem Kunden nicht abreißen zu lassen, z.B. durch Vereinbarung einer Katalog- oder Musterüber-sendung. Unabhängig von besonderen Abreden rät *Rentzsch* zu **vier geplanten Folgekontakten** (vgl. *Rentzsch* 2001, S. 228):

- 1. Tag nach Kauf: persönliche Dankeschön-Rückmeldung für den Auftrag,
- 5. Tag nach Kauf: Abfragen, ob alles zur Zufriedenheit gelaufen ist,
- 15. Tag nach Kauf: Wiederholung und Vertiefung der Zufriedenheitsabfrage,
- 30. Tag nach Kauf: sich durch ein kleines Geschenk in Erinnerung bringen.

Möglichst rasch nach der Verabschiedung sollte der Außendienstmitarbeiter die wichtigsten Er-gebnisse des Besuches festhalten. Außerdem muss Sorge getragen werden, dass der Kunde ent-sprechend seiner Wertigkeit in ein laufendes Nachbetreuungs- bzw. Kundenbindungsprogramm übernommen wird. Um dem Verkäufer die Schreibarbeit zu erleichtern, sollte der Besuchsbe-richt computergestützt mit vielen Vorcodierungsmöglichkeiten erstellt werden.

7.4.7. Kontaktberichte/Besuchsberichte

a.) Widerstände der Praxis gegen das Besuchsberichtswesen

Im Vertrieb einer Maschinenbauunternehmung gilt die Devise: Das Berichtswesen darf bei den Außendienstmitarbeitern nur maximal 10 Minuten am Tag in Anspruch nehmen. Unter dieser Voraussetzung ist der Besuchsbericht für die Kundenbetreuer ein Muß- und kein Kann-Thema.

Des einen Freud', den anderen Leid! Kontakt- bzw. Besuchsberichte sind bei den Außendienstmitarbeitern nicht immer beliebt und auf Vertriebsleitungsebene zuweilen umstritten. Es gibt ältere Fachbücher, die sich nahezu ausschließlich mit der Berichterstattung durch den Außendienst beschäftigen (vgl. z.B. *Wolter* 1978; *Zahn* 1979). In neueren Vertriebsbüchern erscheint der Besuchsbericht noch nicht einmal im Stichwortverzeichnis (vgl. z.B. *Pepels* (Hrsg.) 1999). Dabei sollte doch außer Frage stehen, dass die Qualität von Kundenentscheidungen direkt vom Umfang und von der Güte der zur Verfügung stehenden Informationen abhängen (vgl. *Goehrmann* 1984, S.29). Informationen über Kontakte und hier insbesondere über Kundenbesuche gehören zum **Wissensspeicher der Unternehmung** (vgl. *Winkelmann,* ASW Sondernummer 10/1999, S.168–170). Doch die Verkäufer verspüren ein „Grummeln im Bauch", verbinden sie das Berichtswesen doch meist einseitig mit Kontrolle. So ordnet z.B. auch *Weis* die Besuchsberichte der Verkaufskontrolle zu (*Weis* 2000, S.369–370).

Abb. 269 relativiert die Mutmaßungen über Widerstände im Außendienst. In einer Befragung von 68 technischen Unternehmen weitgehend aus der Elektroindustrie wurden marktorientierte Führungskräfte nach **allgemeinen Widerständen** gegen das Berichtswesen befragt. Die Frage lautete: „*Wie stark trifft ein angegebener Vorbehalt in Ihrer Unternehmung zu?*" Die Befragten bewerteten übliche, immer wieder zu vernehmende Vorbehalte auf einer Skala zwischen 1 (*niedrig*) und 6 (*hoch*).

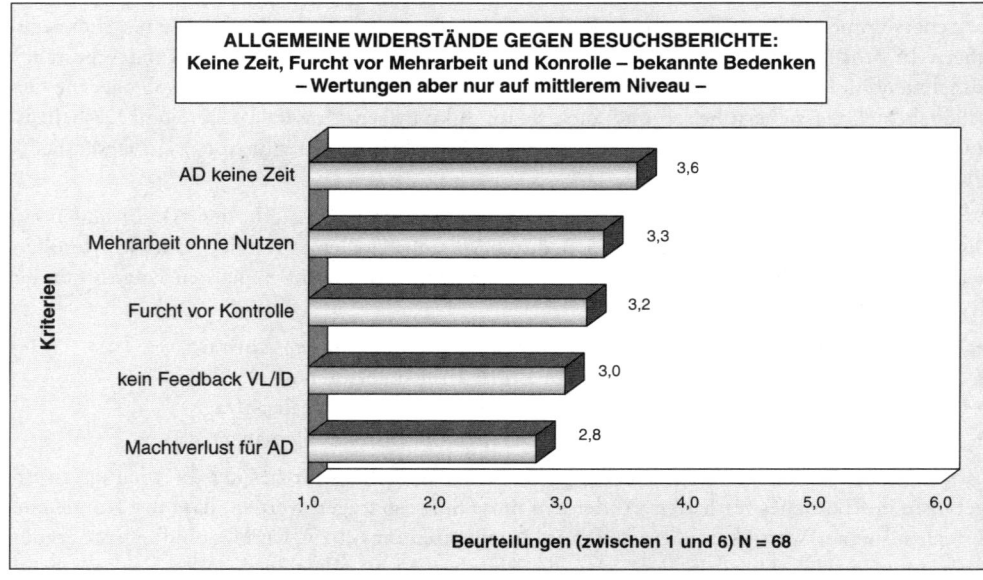

Abb. 269: Widerstände des Außendienstes gegen Besuchsberichte (Quelle: eigene Erhebung)

Zeitmangel, Furcht vor Mehrarbeit und vor **zunehmender Kontrolle** (Sorge vor dem gläsernen Außendienstmitarbeiter) bestätigten sich als die am stärksten zutreffenden Widerstandsgründe im Verkauf. Bezogen auf die 6er-Skala darf aber bei den Wertungen im 3er-Bereich nicht von gravierenden Widerständen gesprochen werden. Weiterführende Fachgespräche ergaben dann auch, dass die Außendienstmitarbeiter die Erfordernis zur Marktberichterstattung einsehen und durchaus bereit sind, sich mit dem Berichtswesen zu arrangieren. In einigen Branchen wird das auch zwangsläufig der Fall sein. Für die Versicherungswirtschaft gilt z.B. ab 15.1.2005 eine **EU-Vermittlerrichtlinie**. Nach dieser sind bei Beratungsgesprächen Beratungsprotokolle und Beratungsbögen gesetzlich vorgeschrieben.

Ansonsten hängt es stark von der Einstellung und von einer vorbildhaften Nutzung durch den Vertriebsleiter ab, in welchem Umfang und mit welcher Ernsthaftigkeit sich der Außendienst im Berichtswesen engagiert. **Keinesfalls darf ein Verkaufsleiter aus Sorge vor Widerständen seiner Verkäufer oder in ehrlicher Überzeugung, seine Mitarbeiter zu motivieren, auf dieses wichtige Führungsinstrument verzichten.** Er sollte vielmehr gezielt die Akzeptanz der Kontaktberichte im Verkaufsteam erhöhen.

b.) Anforderungen an Kontakt-/Besuchsberichte

Die grundlegenden Aufgaben und Anforderungen an ein Besuchsberichtswesen sind unstrittig: *„Eine der Hauptaufgaben ist es, die optimale Führung des Verkaufs zu ermöglichen."* (*Weis* 1995, S. 339). Doch hat sich wohl seit Jahrzehnten am Sachverhalt eines **Informationsproblems im Vertrieb** nichts geändert. Dieses ist dadurch gekennzeichnet, *„dass das Verkaufsmanagement mit Informationen „überschüttet" wird, die irrelevant, veraltet, unzuverlässig, statisch und/oder zu global und deshalb als Informationsgrundlage für anstehende Entscheidungen wertlos sind."* (*Goehrmann* 1984, S. 29). Oder, wie *Marzian* ausführt: *„Es fehlt an einem zukunftsorientierten Berichtswesen, es mangelt an der erforderlichen Daten- und Informationsversorgung."* (*Marzian,* ASW 10/1999, S. 74). Für ein Berichtswesen gelten deshalb folgende **Aufgaben und Anforderungen:**

(1) Besuchsberichte sollen die Arbeit der Kundenbetreuer und damit die Kundenkontakte dokumentieren. Sie müssen deshalb alle wesentlichen Punkte zu den Teilnehmern, zu Ort, Zeit, Umständen des Besuchs, Themen und Absprachen erfassen. Wichtig ist auch der Vermerk, wer den Bericht wann erstellt hat.

(2) Besuchsberichte sollen dem Außendienstmitarbeiter Zeit sparen, indem die wesentlichen, standardisierbaren Informationen vorcodiert sind. 80 Prozent der Kontaktberichtsinformationen sollten durch Ankreuzen dokumentierbar sein.

(3) Besuchsberichte dürfen den Außendienstmitarbeiter nicht in feste Antwortschablonen pressen. Sie sollten ihm vielmehr genügend Raum für freie Informationen (Freitext) lassen. Heikle Informationen sollten mit Zugangsberechtigungen gesperrt werden können.

(4) Besuchsberichte sollen eine Vertriebsführung „mit einer Stimme" ermöglichen. Innen- und Außendienst sollen dem Kunden gegenüber stets zu übereinstimmenden Aussagen befähigt sein. Das bedingt, das System des Kundenwissens permanent auf dem aktuellen Stand zu halten (Kontaktberichte immer am Tag des Besuchs schreiben!) und allen Mitarbeitern mit Kundenkontakt einheitlich zur Verfügung zu stellen (**Data-Warehouse-Prinzip**).

(5) Besuchsberichte sind ein **unzweckmäßiges Instrument zur Verkäuferkontrolle.** Die Kundenbetreuer haben den Umfang der Nutzung ja selbst in der Hand. Folglich sollten Bestandteile des Berichtes ausdrücklich auf strategische Aufgabengebiete wie Wettbewerbsanalyse, Marktpotenzial- und Marktanteilsschätzung, strategische Planung etc. abzielen.

(6) Besuchsberichte sollen dem Außendienst Unterstützung bieten. So unbeliebt die Aufräumarbeiten nach dem Kundenbesuch auch sind: Bei der Spesenabrechnung geht es um den eigenen Geldbeutel. Gerade in diesem Zusammenhang liefert ein Vertriebssteuerungssystem dem Kundenbetreuer gute Argumente, auf die Papierform zu verzichten und die Abrechnung direkt im System zusammen mit dem Kontaktbericht vorzunehmen: 1 Minute statt wie vorher 5 Minuten, das ergibt bei 8 Besuchen pro Tag im Tourenverkauf eine Zeitersparnis von 32 Minuten.

Es ist zweifelhaft, ob diese Anforderungen an ein Besuchsberichtswesen mit Hilfe von Zetteln oder Formularen erfüllt werden können. Man sollte deshalb annehmen, dass **computergestützte Besuchsberichte** im Rahmen von **CRM/CAS-Systemen** die notwendige Transparenz, Aktualität und Entscheidungsorientierung im Berichtswesen garantieren können. Wie aber wird das Berichtswesen von den Mitarbeitern aufgenommen?

c.) Konsequenzen aus den Ergebnissen einer Studie zu computergestützten Besuchsberichten

Eine Praxisbefragung sollte speziell die Möglichkeiten und Grenzen computergestützter Besuchsberichte ausloten (vgl. auch zu den Ergebnissen *Winkelmann* 1997, acquisa 2/1998 S. 36–41, ASW 2/1998 S. 82). Immerhin erstellten von den 68 befragten Unternehmen bereits 28 % ihre Kontaktberichte computergestützt. Abb. 270 fasst die Befragungsergebnisse zusammen.

(1) Auf Grund fehlender Sachkenntnis und aus Sorge, Vertriebskosten noch weiter zu erhöhen, wird die Anschaffung automatisierter Berichtssysteme oft auf Geschäftsführungsebene blockiert.

(2) Vertriebsleiter halten eine wichtige **Vorbildfunktion** inne. Wenn sie nicht selbst regelmäßig die Berichte ihres Außendienstes auswerten und erfolgsorientierte (nicht kontrollierende) Rückmeldungen an den Außendienst geben, werden die Außendienstmitarbeiter das System auch nicht unterstützen. In der Praxis ist es kein Problem, Computersysteme zu blockieren. Und: *„Ist es nicht unerhört einfach, selbst an einer gut funktionierenden IT Mängel zu entdecken.“* (*Markus/Benjamin*, HBM 3/1997, S. 90).

(3) Zuweilen glaubt das Management, dass sich durch die Einführung eines computergestützten Berichtssystems Teamprobleme sozusagen von alleine lösen. Das Gegenteil ist der Fall: Man spricht noch weniger miteinander. Die Konflikte schwelen unausgesprochen weiter. Computer schaffen keine menschliche Klarheit. Eine Software-Einführung droht als Fehlschlag zu enden.

(4) Verkaufsteams, die ihre Besuchsberichte selbst gestaltet haben und denen das Berichtssystem nachweislich Arbeitserleichterungen gegenüber der Papierverarbeitung bringt, profitieren dagegen von den Vorteilen computergestützter Berichtssysteme:
- Zeitersparnis durch papierlose Verarbeitung,
- alle Verkaufsmitarbeiter können auf die gleichen Daten zugreifen, d.h. weniger widersprüchliche Aussagen gegenüber den Kunden von Seiten verschiedener Mitarbeiter,
- schnellerer Zugriff auf frühere Besuchsberichte ohne Suchen (auf Knopfdruck),
- ebenso schnelles, spontanes Suchen durch Matchcode-Abfragen und Experten-Suche (vgl. *Winkelmann*, ASW Sonderheft 10/1999, S. 168–170),
- Erleichterungen bei Wettbewerbsbeobachtung und strategischer Planung,
- professionelleres Auftreten im Markt,
- souveräneres Umgehen mit Kundeninformationen (*„Herr xyz“ am 10.4.1998 hatten Sie bereits zugestimmt, dass ...“*.).

Kurzübersicht der Befragungsergebnisse
(Auswertung aller 68 befragten Firmen)

Zur Frage-1: Wie stark sind in der Praxis noch Widerstände gegen Besuchsberichte ausgeprägt?

⇨ Besuchsberichte sind heute gängige Praxis. Ca. 94 % aller befragten Unternehmen arbeiten mit Besuchsberichten (64 von 68).

⇨ Es gibt zwar Vorbehalte, aber keine gravierenden Widerstände gegen Besuchsberichte; auch nicht gegen computergestützte Berichte. Bereits 28 % aller befragten Unternehmen (19 von 68) bearbeiten ihre Besuchsberichte computergestützt.

⇨ Zeitmangel ist das Hauptargument zur Ablehnung von Besuchsberichten.

⇨ Computergestützte Berichtssysteme müssen beweisen, dass sie die Arbeit im Vertrieb erleichtern und Zeitdruck abbauen. Dem Außendienstmitarbeiter sollten sie die Sorge vor umfassender Kontrolle nehmen.

⇨ Widerstände gegen moderne Vertriebssteuerungssysteme existieren oft auf Geschäftsleitungsebene. Man läuft Gefahr, „am falschen Ende zu sparen".

Zur Frage-2: Welche Bedeutung hat die marktorientierte Nutzung von Besuchsberichten?

⇨ Besuchsberichte dienen vor allem der Kommunikation mit dem Kunden und zur individuellen Kundenbetreuung. Bei der praktischen Nutzung der Besuchsberichte für die Marktarbeit melden die Unternehmen jedoch viele Schwachstellen.

⇨ Konventionell arbeitende Unternehmen sehen gerade bei der Kundenbetreuung die größte Abweichung zwischen Wunsch und Wirklichkeit bei der Nutzung.

⇨ CAS-Anwender nutzen Besuchsberichte intensiver für die Marktbearbeitung. Sie stellen aber auch tendenziell höhere Anforderungen. Vorteile sehen sie hinsichtlich einer aktuelleren Informationsversorgung zum Vorteil des Kunden, Defizite vor allem in der weiterführenden Nutzung für Planung und Strategie.

⇨ Insgesamt bieten computergestützte Besuchsberichte den Unternehmen bessere Voraussetzungen für die Unterstützung ihrer Kunden- und Marktbetreuung.

Zur Frage-3: Wie beeinflussen Besuchsberichte die Zusammenarbeit im Vertrieb?

⇨ Auch bei der internen Bearbeitung der Besuchsberichte durch die Mitarbeiter sehen die befragten Unternehmen erhebliche Defizite. Hier sind die Schwachstellen höher als im Bereich der Kunden- und Marktbetreuung.

⇨ Im Vertriebsteam mangelt es vor allem an schnellen Rückmeldungen der Vertriebsleiter an den Außendienst, die Besuchsberichte werden nicht so sorgfältig und vollständig wie wünschenswert ausgefüllt, und die Vertriebsleiter nehmen sich zu wenig Zeit für regelmäßige Auswertungen.

⇨ In Unternehmen mit CAS-Systemen werden Besuchsberichte tendenziell sorgfältiger bearbeitet. Auch die Auswertung im Team von Außendienst und Innendienst klappt tendenziell besser.

⇨ Veränderte Spielregeln der Zusammenarbeit sind von der Vertriebsmannschaft selbst festzulegen. CAS-Systeme lösen keine Organisationsprobleme! Team-Probleme sollten vor Einführung eines CRM/CAS-Systems bereinigt werden.

Zur Frage-4: Welche Erwartungen haben konventionell arbeitende Unternehmen an computergestützte Besuchsberichte und welche Erfahrungen von CAS-Anwendern stehen diesen Erwartungen gegenüber?

⇨ Erwartungen konventionell arbeitender Unternehmen an computergestützte Besuchsberichte werden durch entsprechende positive Erfahrungen der Anwender bestätigt. Dies spricht für den Einsatz von EDV-Systemen.

⇨ Die größte Bedeutung hat die Erwartung eines professionelleren Auftretens im Markt. Hoch gewichtet sind auch Erwartungen hinsichtlich einer verbesserten Kommunikation mit der Zentrale und nach schnelleren und flexibleren Auswertungen.

⇨ Interessanterweise melden Nicht-CAS Anwender keine großen Erwartungen hinsichtlich Zeit- und Kostenersparnissen. Bei den Erfahrungen der CAS-Anwender liegen Zeit- und Kostenersparnisse dagegen weiter vorn.

Zur Frage-5: Was sollen computergestützte Besuchsberichte speziell leisten, um in der Praxis stärker akzeptiert zu werden?

⇨ Priorität-1: Der schnelle Zugriff auf Prioritätsinformationen und deren schnelle Weiterleitung. Dadurch wird dann auch die Teamarbeit von Innendienst, Außendienst und Vertriebsleitung positiv beeinflusst.

⇨ Priorität-2: Das automatische Einblenden kaufmännischer (betriebswirtschaftlicher) Kundendaten. Hier haben CAS-Programme oftmals noch erheblichen Verbesserungsbedarf.

⇨ Priorität-3: Eine systematische Erfassung und Auswertung von Wettbewerbsinformationen mit Hilfe von Besuchsberichten. Dadurch könnten Besuchsberichte dann auch eine größere Rolle bei der strategischen Planung spielen.

(Quelle: Winkelmann 1997)

Abb. 270: Ergebnisse einer empirischen Befragung zu computergestützten Besuchsberichten

d.) Aufbau von computergestützten Kontaktberichten

Zunächst sind, je nach Marktbedingungen, drei Dokumentationskonzeptionen zu unterscheiden:

(1) In Märkten ohne Wettbewerbsintensität, beim kontinuierlichen Abverkauf von gleichen Produkten an immer gleiche Kunden (gibt es das überhaupt noch?) möchten wir schon zugeben: einen gesonderten Besuchsbericht kann man sich sparen. Eines aber ist unverzichtbar: Die Protokollierung der Kundenbesuche in der **Kundenhistorie**. Diese Angabe ist dann der Arbeitsnachweis des Verkaufs. Kunden, die länger nicht besucht worden sind, lassen sich herausfiltern.

(2) Darüber hinaus sollten **Event-Hinweise** in der Kundenhistorie deutlich sichtbar sein. Events sind besondere Ereignisse beim Kunden, besondere Absprachen oder Kundenaussagen. Alle Kunden mit Event-Hinweisen lassen sich auf Knopfdruck auflisten.

(3) Für Märkte mit hoher Käufermacht und starker Wettbewerbsintensität sind Besuchsberichte dringend zu empfehlen. **Fest codierte Besuchsberichte** erhalten die laut Vertriebsplanung bei jedem Besuch obligatorisch abfragbaren Eingabefelder. Der Außendienstmitarbeiter braucht keinen Bericht schreiben. Es kostet ihn nur Minuten, die vorcodierten Antwortfelder anzuklicken. Absprachen mit den Kunden werden in der Kundenhistorie festgehalten.

(4) **Profi-Besuchsberichte** sind heute eine Mixtur von festen und freien Antwortfeldern. Die Angaben zum Besuchsnachweis und die Absprachen mit den Kunden werden aus dem Datenfeld des Besuchsberichtes automatisch in die Kundenhistorie kopiert.

Nicht nur Kundenbesuche bedürfen einer Protokollierung. Auch am Telefon, auf Messen, Konferenzen oder anlässlich gesellschaftlicher Ereignisse werden geschäftliche Gespräche mit verfolgungswürdigen Informationen, Absprachen oder Folgeaufgaben geführt. Deshalb sollte besser von **Kontaktberichten** gesprochen werden. Abb. 271 stellt mögliche Inhalte von Kontaktberichten zusammen.

Die aufgezählten Informationen werden nicht für alle Branchen, Betriebsgrößen oder Geschäftssituationen gleichermaßen relevant sein. Aber selbst bei wenigen Besuchsangaben lassen sich Kontaktberichte in ihrer Menge (10 Außendienstmitarbeiter „produzieren" zwischen 2.000 und 6.000 Berichte p.a.) nur sinnvoll verwerten, wenn so viele Antworten wie möglich zum Ankreuzen oder Auswählen (aus Scrolldown-Menüs) vorgegeben sind (Vorcodierung). Sind mögliche Antworten vorstrukturiert, dann kann sekundenschnell gesucht und ausgewertet werden. Man stelle sich beispielsweise die vielen möglichen Konzernbezeichnungen und Abkürzungen für den Namen eines Kunden vor, der weltweit und mit einem Netz von Tochtergesellschaften operiert. Eine Vorstrukturierung kann von Anfang an Ordnung in die Marktberichterstattung bringen.

Abb. 272 liefert eine Maskenkombination aus dem **Kontaktberichtswesen** des CRM-Systems *REGIND* der *REGWARE GmbH*:

(1) Zunächst wird die **Besuchshistorie** erstellt. In einer Unterdatei werden *besuchte Personen, Aktionen, Besuchsergebnisse* und *nächste Schritte* kurz und knapp festgehalten. Haben Besprechungen stattgefunden, dann gibt es hierfür eine spezielle Historie mit den relevanten Informationen. Sehr interessant ist die mitlaufende Kostenrechnung, auch für Werbematerial. In der Abb. 217 erhielt Herr *Bernhardt* am 13.7.2004 einen Time-Planer. Insgesamt sind für den Kunden im laufenden Jahr 50 Euro an Kontaktkosten und Mustermaterial angefallen; im Vergleich zu 129 Euro im Vorjahr.

(2) Was *REGIND* u.a. auszeichnet, ist der **Analyseteil**. Die personen- und die firmenbezogenen *Kontakthistorien* sind in Form von Registerblättern hinterlegt. Vorgefertigte *Fragebögen* helfen dem Außendienstmitarbeiter bei seiner Arbeit, z.B. bei einer Anwendungsbeobachtung

MÖGLICHE KONTAKTBERICHTS-INFORMATIONEN		
Kategorie	strukturierbar – Vorcodierung empfehlenswert –	Nicht oder schlecht strukturierbar – freier Text empfehlenswert –
Besuchshistorie	⇨ Datum, Ort, Zeit, Dauer des Gespräches ⇨ Gesprächsteilnehmer ⇨ Besuchsanlass ⇨ Besuchsergebnisse ⇨ Follow-up Aufgaben	⇨ Gesprächsklima allgemein ⇨ Stimmung in der Kundenfirma allgemein
Gesprächspartner- Informationen	⇨ Stellung, Aufgaben und Kompetenzen ⇨ Rolle im Buying Center ⇨ Hobbys, Vorlieben ⇨ Sekretärin und andere Gate-Keeper	⇨ Einfluss in der Kundenorganisation ⇨ Eigenarten, besondere Neigungen ⇨ Spielregeln in der Kundenorganisation ⇨ Verhandlungstaktiken des Kunden
Firmeninformationen	⇨ Situation der Kundenbranche ⇨ Bonität, Kreditwürdigkeit des Kunden ⇨ Einkaufspotenziale ⇨ Hauptwettbewerber des Kunden	⇨ Geschäftliche Situation des Kunden ⇨ Zukunftsstrategie des Kunden ⇨ Besondere Firmenereignisse ⇨ Hauptkunden des Kunden
Prozessinformationen Informationen Stand und Ausblick der Geschäftsbeziehung	⇨ Stand Auftragseingang ⇨ Stand Umsatz ⇨ Preisvorstelllungen des Kunden ⇨ Offene Angebote ⇨ Laufende Aufträge ⇨ Aktuelle Lieferverzögerungen ⇨ Eigene Lieferanteile beim Kunden ⇨ Forecast Jahresumsatz ⇨ Folgeaufträge, nächste Bestellungen ⇨ Umsatzausblick auf nächstes Jahr ⇨ Reklamationsgründe	⇨ Preisabsprachen ⇨ Beanstandungen, Reklamationen ⇨ Kundenanregungen, Verbesserungsvor- schläge ⇨ Weitere Verkaufschancen (Cross Selling Chancen)
Technische Informationen	⇨ Stärken und Schwächen der eigenen Produkte ⇨ Stärken und Schwächen der Produkte des Kunden ⇨ Terminvorstellungen für neue Produkte	⇨ neue Produkte und Projekte des Kunden ⇨ Gefahr von Substitutionswettbewerb durch neue Technologien beim Kunden ⇨ Chancen auf gemeinsame Produktent- wicklungen mit dem Kunden
Wettbewerbs- informationen	⇨ Wettbewerbsprodukte ⇨ Lieferanteile Wettbewerb ⇨ Bekannte Wettbewerbspreise ⇨ Stärken und Schwächen von Wettbe- werbsprodukten	⇨ Bindung des Kunden an Wettbewerber ⇨ Neue Wettbewerber ⇨ Wichtigste handelnde Personen der Wettbewerber ⇨ Neue Wettbewerbsprodukte
Gesamtbewertungen	⇨ Besuchserfolg ⇨ Besuchsklima (s. auch oben als Freitext) ⇨ Kundenattraktivität kaufmännisch ⇨ Kundenattraktivität technisch ⇨ Kundenzufriedenheit ⇨ Grad der Kundenbindung	⇨ Qualität der Geschäftsbeziehung allge- mein ⇨ Kundenloyalität allgemein

Abb. 271: Mögliche Inhalte von Kontakt- / Besuchsberichten

(AWB) in der Pharmaindustrie. Auch die **Wettbewerbsbeobachtung** kann in dieser Weise organisiert werden. Grafiken visualieren die Anzahl der Kontakte mit dem Kunden im Zeitablauf. Die Häufigkeiten im laufenden Jahr im Vergleich zum Vorjahr werden gleich mit ausgewiesen.

(3) Schließlich können aus dem Kontaktbericht heraus neue Aufgaben für Marketingaktivitäten sowie **Workflows** geplant und überwacht werden. Im Beispiel der Abb. 272 soll *Herr Busch* auf Weisung von *Herrn Hartmann* bis zum 3.12. ein Angebot für *Herrn Bernhardt* erstellen.

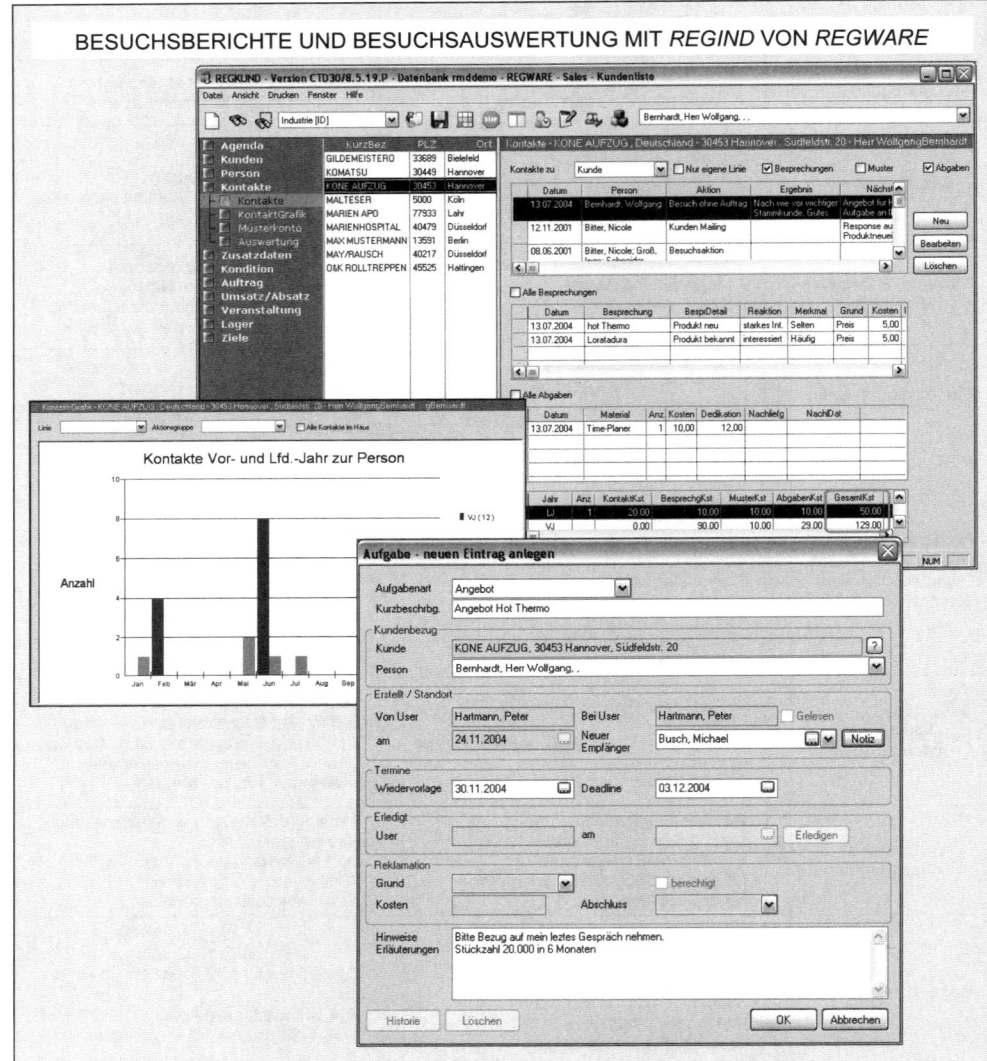

Abb. 272: Beispiel für einen computergestützten Besuchsbericht / System REGIND der REGWARE GmbH

Das Ausfüllen des Kontaktberichtes durch einen Außendienstmitarbeiter darf maximal fünf Minuten in Anspruch nehmen! Ein Kontaktberichtssystem dieser Art hat nicht mehr mit den Roman-Berichtsformularen früherer Prägung gemein.

Speziell die Möglichkeit, aus dem Besuchsbericht heraus Aktionen anzustoßen, wird in der Praxis noch zu wenig genutzt. Mit *CAS genesisWorld* z.B. können von der Zentrale aus Aktionen und Sonderprogramme direkt in die Besuchstermine einer beliebigen Auswahl von Kunden eingespeist werden. Dadurch übersieht der Außendienst keine für den einzelnen Kunden relevante Aktion. Sein System spricht ihn auf alle Sonderprogramme an und kann dadurch seinen Umsatz steigern. Umgekehrt stößt eine Eingabe in den Besuchsbericht automatisch im Innendienst die Bearbeitung der sich ergebenden Aufgaben an, ohne dass der Kundenbetreuer zusätzlich Informationen geben oder Aufgaben stellen muss. Den Kontaktberichten ist also ein Workflow hinterlegt.

Ebenso sollten CRM/CAS-Besuchsberichte eng mit Wettbewerbsdaten verknüpft werden. Im Zusammenhang mit der Wettbewerbsbeobachtung wird Abb. 10.8.5. hierzu ein weiteres Besuchsberichtsbeispiel aufzeigen.

7.4.8. Anfrage- und Angebotsmanagement

a.) Ziele des Angebotsmanagements

Umfang und Qualität der Anfragen und Angebote sind die besten Vorboten für zukünftige Umsatzerlöse. Die Angebotstätigkeit eilt dem Umsatz voraus (s. auch Abb. 370 im 10. Kapitel). So erklärt sich die Aufgabenstellung, Anfragen und Angebote nach **Art und Umfang zu sichten, zu qualifizieren und zu optimieren**. Es gilt, **wichtige von unwichtigen Angeboten zu trennen**, um die betrieblichen Ressourcen und die weiteren Verkaufsanstrengungen erfolgschancengerecht zu organisieren.

Im Angebotswesen stecken in der Praxis viele Ineffizienzen. Sie sind z.T. kundeninduziert. Mächtige Nachfrager streuen ihre Anfragen an mehrere oder sogar an alle ihnen bekannten Lieferanten. Für öffentliche Ausschreibungen sind z.B. drei Angebotseinholungen zwecks Preisvergleich obligatorisch. Die Anfragen haben dann nur **Scheincharakter** (vgl. *Miller/Heiman* 1992, S. 203). Bestimmte Anbieter würden, z.B. aus regionalen Gründen oder wegen guter Beziehungen zu einem bestimmten Konkurrenten, nie für den Auftrag in Betracht kommen. Die Nachfrager nutzen die chancenlosen Preisofferten lediglich dazu, um Verhandlungsdruck auf bereits feststehende Lieferanten auszuüben. Schlimmer noch sind Abschlüsse, von denen man später wünscht, sie nie gemacht zu haben: *„Wir alle sind auf diese „unwiderstehlichen" Großaufträge hereingefallen, wo die Anschlusskosten im Service und in kostenlosen Nachbesserungen den großen Umsatz in Ertragsverlusten enden ließen."* (*Miller/Heiman* 1992, S. 203). So sollte der Verkauf Qualifizierungsregeln für chancenlose und deckungsbeitragsgefährdende Angebote entwickeln und sich Abwehrmechanismen zurechtlegen, um derartige Anfragen von Anfang an auszusieben. Das Angebotsmanagement sollte mit Hilfe von **GO-NO-Entscheidungskriterien** gesteuert werden.

Ein weiteres großes Problem sind nachträgliche Anfrageänderungen der Kunden. Besonders bei Spezialteilen, bei denen technische Abklärungen erfolgt sind, verursachen Angebots- und später Auftragsänderungen hohe Zusatzkosten, die in den Preisen nicht kalkuliert sind. Ein Maschinenbauunternehmen bezeichnet z.B. 40 % seiner Kosten im Angebots- und Auftragswesen als kundeninduziert.

Nicht zu leugnen sind auf der anderen Seite hausgemachte Schwachstellen in den Innendiensten und Serviceabteilungen der Anbieter. Bei einem **Mystery-Test** (Scheinanfragen) bei 55 Versicherungsunternehmen hat sich herausgestellt (vgl. *o. V.*, acquisa 7/2003, S. 38–39):

- 33 % der angeschriebenen Versicherungen reagierten auf die Anfrage überhaupt nicht,
- 66 % der übersandten Unterlagen enthielten keinen Hinweis auf die weitere Vorgehensweise,
- 91 % der von den Versicherungen erstellten Angebote wurden nicht weiter verfolgt.

Alles beginnt folglich damit, dass bereits im Angebotswesen, bei der telefonischen oder schriftlichen Anfrage oder bei einer internetgestützten Anfragebearbeitung, anhand von klaren Regeln gearbeitet wird, welche Anfragen wie und mit welcher Priorität zu erstellen sind. Die technischen und kostenmäßigen Möglichkeiten des Anbieters müssen mit den Kundenbedürfnissen bestmöglich in Einklang gebracht werden. Das Angebotswesen ist als Prozess zu organisieren, mit dem Ziel, Abschlusserfolge nachzuweisen. Angebote sind schnell, korrekt und hinsichtlich Preise, Konditionen und Lieferbedingungen transparent zu erstellen. Kundenloyalität ist nicht zu erreichen, wenn Folgekosten verschwiegen werden. Besonders die Schnelligkeit der Angebotserstellung ist von zunehmender Bedeutung, auch am Point of Sale. Die Zeiten, in denen ein Versicherungsverkäufer erst minutenlang in eselsohrbehafteten Katalogungetümen wühlt, um am Ende dann doch festzustellen, dass sein Katalog nicht mehr aktuell und nicht vollständig ist, sollten vorbei sein. Und ein ganz großes Geheimnis der Kundenbindung in der Vorkaufsphase liegt darin, den Interessenten in die Angebotserstellung einzubinden. Hier bieten sich Produkt- bzw. Angebotskonfiguratoren als Problemlöser an.

b.) Produktkonfiguratoren als Instrumente zur Kundenbindung

Im Normalfall sind Angebotserstellungen schriftliche (Brief, Fax, eMail) oder mündliche Reaktionen auf **Kundenanfragen**. In vielen Branchen der Investitions- und Gebrauchsgüterindustrien sind keine Angebote von der Stange möglich. Es überwiegen kundenangepasste Problemlösungen auf der Grundlage modularer Angebotsblöcke aus dem Produktionsprogramm. Und selbst wenn Kunden im Prinzip mit einer Produkt-Standardlösung einverstanden sind, äußern sie doch regelmäßig Wünsche nach Produktveränderungen oder nach anwendungsbezogenen Produktauslegungen (Customizing). Diese Situation ist besonders in der Akquisitionsphase eines neuen Projektes (einer neuen Modellgeneration) gegeben. Der Außendienstmitarbeiter ist sehr daran interessiert, in diesem frühen Angebotsstadium auf die Wünsche jedes Kunden einzugehen. Durch eine kundenindividuelle und vor allem schnelle Reaktion auf die technischen Sonderwünsche möchte er sich einen Wettbewerbsvorteil verschaffen. Manchmal entscheidet eine kleine Schraube über einen Auftrag und nicht, wie es Lehrbücher oft zum Ausdruck bringen, ein weiterer Preisnachlass. In der Praxis geht jedoch viel Zeit verloren, wenn der Verkaufsmitarbeiter die Kundenanforderungen nicht versteht, sie falsch handschriftlich dokumentiert oder sie erst den Technikern in der Zentrale zur Abklärung geben muss. Außerdem ist es für den Außendienst (besonders aus Kostengründen) sehr riskant, dem Kunden unvorbereitet und unsystematisch auf die **Spielwiese technischer Sonderwünsche** zu folgen. Über 50 Prozent der Fehler im Vertrieb entstehen so durch unübersichtliche und unvollständige Produkt- und Angebotsunterlagen. Aufwändige Klärungsrückfragen verursachen bis zum 80 Prozent der Durchlaufzeit für ein Angebot oder eine Auftragserfassung (vgl. *Tatje*, salesBusiness 7/2001, S.37). Die Kundenanfragen/Auftragsabrufe lassen sich erst in einem späteren Stadium standardisieren, wenn Folgebedarf anfällt (speziell bei OEM's), Teile spezifiziert sind oder Ersatzteile benötigt werden. Im Angebotswesen stecken also erhebliche Effizienzreserven.

So ist es nur folgerichtig, ein Leistungsangebot computergestützt vor Ort, gemeinsam mit dem Kunden, zu optimieren. Die Lösung lautet **Mass Customization**: Aus definierten Komponenten wird eine kundenindividuelle Variante zusammengestellt. Möglich wird dies mit Hilfe von **Produktkonfiguratoren** – regelbasierten Softwaresystemen –, die der Außendienstmitarbeiter auf dem Notebook direkt im Kundengespräch einsetzt (vgl. *Hüllenkremer*, salesprofi 3/1998, S. 16–17; *Schimmel-Schloo* 1994, S. 64–67). Mit Hilfe des Produktkonfigurators legt der Verkäufer die gewünschten Produkteigenschaften fest. Das System schlägt die geeigneten Produktkomponenten vor, prüft, ob die Auswahl technisch plausibel ist und ermittelt die Kosten. Das Ergebnis: ein exakt kalkuliertes und technisch korrektes Angebot. Änderungswünsche des Kunden können jederzeit berücksichtigt und Angebotsalternativen aufgezeigt werden. Zur Präsentation von gewünschten Leistungsmerkmalen können Fotos, Beschreibungen, Zeichnungen oder Videos eingesetzt werden. Produktkonfiguratoren bilden Verkäuferwissen ab und schaffen zentrale Wissensspeicher in der Unternehmung.

Drei Arten von Produktkonfiguratoren werden unterschieden:

(1) **Wissensbasierte Systeme** sind wie eine Dictionary aufgebaut, mit hinterlegten Produktdaten, Beziehungswissen, Kombinationsregeln und Berechnungsverfahren.

(2) **Regelbasierte Systeme** sind eher für hochkomplexe physikalisch-technische Anlagen geeignet. Sie lösen einen Konfigurierungsprozess (z.B. die Auslegung einer Zentrifuge) mit Hilfe algebraischer Gleichungen.

(3) **Entscheidungstabellenbasierte Systeme** bilden die Produktabhängigkeiten mittels verknüpfter Entscheidungstabellen ab.

Konfiguratoren sollten folgende **Funktionen** umfassen (vgl. *Wüpping*, IT-Management 4/2000, S. 82):

(1) **Vollständige Informationserfassung,** so dass der Kundenbetreuer dialoggeführt alle Informationen zur Erstellung des Angebotes erhält,

(2) **Plausibilitätsprüfung,** in der das System die Konfiguration auf technische Machbarkeit überprüft und offene Punkte schriftlich ausweist,

(3) **Informationssystem,** zur Unterrichtung und auch Schulung des Kundenbetreuers,

(4) **Systemintegration** zur Übergabe der Angebotsdaten an PPS- oder CAD-Systeme.

Als **Vorteile eines Produktkonfigurators** sind aufzuführen:

- stets aktueller Zugriff des Kundenbetreuers auf das gesamte technische Wissen (insbesondere durch Web-gestützte Konfiguratoren),
- deutliche Verkürzung des Angebotszyklus durch die Verlagerung von Technikerarbeit aus der Zentrale hin zum Point of Sale,
- Anfragen an F&E und Anwendungstechnik nur noch bei komplizierten Anforderungen,
- Kostensenkung durch optimale Konfiguration vorhandener Standardmodule,
- Kostensenkung durch Vermeidung falsch konfigurierter Produkte,
- weniger Erklärungsbedarf seitens des Kunden durch Angebotserstellung in dessen Beisein,
- stärkere Identifikation des Kunden mit dem gemeinsam erarbeiteten Angebot, dadurch verstärkte Kundenbindung,
- Zuspielen von Bemaßungen und Zeichnungen erfolgen zugleich mit dem Angebot,
- Produktinformationen sind in Form von Text, Bild oder Video abrufbar,
- Ausdruck des Angebotes ist im Beisein des Kunden möglich,
- falls möglich und taktisch sinnvoll auch gleich mit Preisstellung.

FleetCom von *VW Nutzfahrzeuge* oder der mit eCommerce verbundene Konfigurator der *Krohne Messtechnik GmbH & Co. KG* sind gute Beispiele für den erfolgreichen Einsatz von Konfiguratoren in der Praxis (vgl. *Clemens*, Computerwoche Extra 4/2002, S. 18–19). Abb. 273 zeigt am Beispiel eines Betonmischers, wie der *camos.Configurator* von *camos* das Problem einer optimalen Zusammenstellung von Anlagenkomponenten löst (vgl. *Hüllenkremer*, salesprofi 3/1998, S. 16–17):

(1) Links sieht man den Produktbaum, in welchem die einzelnen Komponenten des konfigurierten Mischers übersichtlich aufgeführt sind.

(2) Im Vordergrund ist die Kombinationsbox erkennbar, in der die einzelnen Komponenten des Betonmischers ausgewählt werden können. Je nach Auswahl werden andere Komponenten verboten (Kreuz) oder weiterhin erlaubt (Haken). Merkmale, die zwingend mit einer Komponente verknüpft sind, werden automatisch mit ausgewählt.

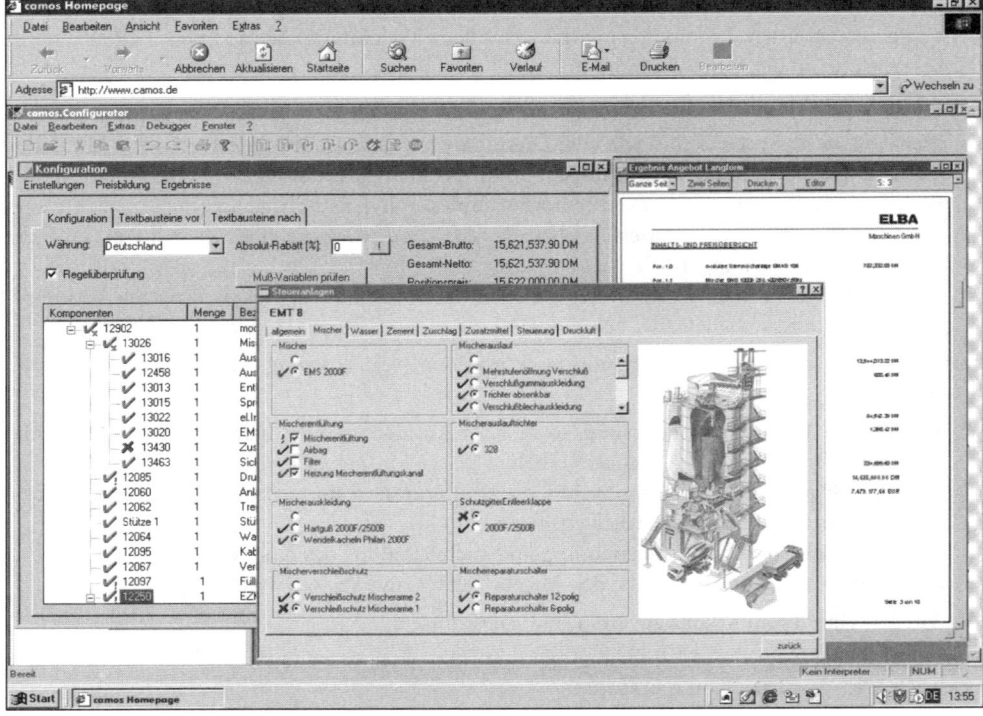

Abb. 273: Produktkonfiguration mit dem camos.Configurator / camos GmbH

(3) Rechts im Hintergrund sieht man (wegen der Verkleinerung hier nur schemenhaft angedeutet) ein Angebot mit Preisstellung, das aus der Konfiguration folgt.

(4) Ebenso sind Stücklistengraphen inklusiv Produktspezifikationen und Zeichnungen ausdruckbar.

(5) Ein besonderer Vorteil des *camos.Configurators:* Der Konfigurator kann sowohl offline auf dem Notebook als auch online im Intra- und Internet eingesetzt werden. Den Mitarbeitern, Händlern oder Kunden stehen jederzeit die aktuellen technischen und kaufmännischen Daten zur Verfügung.

(6) Der Konfigurator beantwortet auch Kundenanfragen zur Problemlösung

(7) und ist durch die flexible Erweiterbarkeit ein lernfähiges System.

Die Mitarbeit des Kunden beim Vorgang der Produktauslegung bewirkt eine **besonders intensive Kundenbindung** (vgl. *Siebel/Malone* 1998, S.164–168). Die Einbeziehung bietet dem Kunden gleichzeitig eine stressfreie Produktschulung. Er kann mit einer erleichterten und zeitlich verkürzten Einarbeitung rechnen. Diese Umstände erhöhen aus Kundensicht den Wert eines Angebotes (s. Value Marketing):

„*Wie gesagt, wenn die Präsentation beendet ist, ist das Produkt nicht nur für den Kunden konfiguriert worden, sondern von ihm. Durch den Prozess selbst hat der Kunde jetzt ein Produkt vor sich, das dem, was er wünscht und benötigt, am nächsten kommt.*" *(Siebel/Malone 1998, S.169).*

Der sicherste Käufer ist derjenige, der dem Außendienstmitarbeiter die Angebotsauswahl abnimmt – besonders, wenn dadurch auch Preiserwartungen in das richtige Licht gerückt werden!

Die Erfahrung zeigt, dass Kunden oft vom Niedrigstpreisangebot Abstand nehmen, wenn sie selbst aus freien Stücken zusätzliche Leistungskomponenten ergänzen können. Im Abschnitt g.) wird gezeigt, wie ein Konfigurator mit dem Backoffice-System verbunden ist und dadurch die Angebotsbearbeitung auf Sachbearbeiterebene unterstützt.

c.) Angebotsqualifizierung (Offer-Screening)

Anfrageprüfung und **Angebotsqualifizierung** schaffen Prioritäten, wie schnell und ausführlich ein Angebot erstellt werden soll (vgl. zur Anfrageprüfung *Hofbauer/Hellwig* 2004, S.126–132). Dieser Bewertungsprozess für Anfragen und Ausschreibungen wird auch als **Offer-Screening** bezeichnet.

> ➡ *„Der Begriff „Offer-Screening" bedeutet allgemein die organisierte Einschätzung der Chancen und Risiken bzw. der Auftragswahrscheinlichkeiten im Zusammenhang mit Anfragen, Ausschreibungen bzw. Kundenspezifikationen.*
> ➡ *Darüber hinaus beinhaltet dieser Begriff die Wertung von Signalen von Seiten des potenziellen Kunden bezüglich der Auftragsvergabe bezogen auf ein abgegebenes Angebot."* (Pieske, ASW Sondernummer 10/1993, S.207)

Zu entscheiden ist im einzelnen:

(1) Ob auf eine Anfrage überhaupt ein Angebot erstellt werden soll (etwaige **Ausschlusskriterien**: mangelhafte Bonität des Nachfragenden, fehlende technische Realisierbarkeit, fehlende Kapazität, preisliche Chancenlosigkeit),
(2) wie detailliert das Angebot auszuarbeiten ist,
(3) welche preislichen, lieferzeitmäßigen, servicemäßigen und technischen Zugeständnisse bereits im Vorfeld der Angebotsabgabe eingeräumt werden bzw. eingeräumt werden müssen,
(4) in welcher Form das Angebot dem Interessenten unterbreitet wird (in einer Spannweite zwischen eMail und Event-Präsentation),
(5) mit welcher Priorität wer (Vertriebsleitung, Außendienst, Innendienst, Call-Center) in welchen Abständen beim Interessenten nachfassen soll.

Eine **Prioritätsbewertung** der eingegangenen Anfragen und das Herausfiltern der Anfragen ohne Angebotsabgabe kann anhand einer Checkliste erfolgen:

(1) Ist die nachgefragte Leistung im Angebotsprogramm, bzw. ist sie technisch realisierbar und wenn ja, unter welchen Voraussetzungen?
(2) Wie ist die Bonität des Interessenten zu beurteilen?
(3) Wie hoch ist der Umfang des Gesamtwertes der Anfrage zu beurteilen? Wie würde sich das Auftragsvolumen im Zeitablauf verteilen (Abrufaufträge, Rahmenpläne)?
(4) Wie sind das erreichbare Preisniveau bzw.
(5) die Höhe des geschätzten Gesamt-Deckungsbeitrages im Falle einer Auftragserteilung zu beurteilen?
(6) Ist die Anfrage technisch/wettbewerbsstrategisch/marktpolitisch interessant?
(7) Wie sind Teilebeschaffung (Rohstoffsicherheit)
(8) Fertigungssicherheit
(9) und Kapazitätsbereitstellung für das nachgefragte Produkt zu beurteilen?
(10) Sind die Lieferzeitvorstellungen des Interessenten erfüllbar? Gibt es diesbezüglich Risiken und Folgekosten (Gefahr der Verdrängung von deckungsbeitragsstärkeren Aufträgen)?

(11) Wie wäre die Kooperationsbereitschaft des Anfragenden im Laufe einer Geschäftsbeziehung einzuschätzen?

(12) Welche zusätzlichen Risiken und Bindungen würden beide Seiten im Falle einer Auftragsvergabe eingehen?

Im BtoC-Geschäft und bei Commodities (standardisierten, wenig erklärungsbedürftigen Produkten) werden die Überlegungen nicht in dieser Breite angestellt. Im Maschinen-, Anlagen-, Bau- und Systemgeschäft sind dagegen die quantitativen und qualitativen Beurteilungsparameter zu einem Gesamtbild zu vereinen. In der Praxis stehen, ähnlich wie bei der Kundenqualifizierung, im Vordergrund:

(1) **Ad-hoc-Beurteilungen**, d.h. pragmatische Schnell-Einschätzungen,

(2) **Punktbewertungsmodelle**, die auf systematische Weise zahlreiche Beurteilungsgrößen berücksichtigen (Scoring-Modelle),

(3) und **Portfolio-Darstellungen**, um durch die kombinierte Sicht von Beurteilungsfaktoren zu Angebotsprioritäten zu kommen.

Bei den **Ad-hoc-Bewertungen** werden die Anfragen intuitiv (aus Erfahrung) und pragmatisch, z.B. in die Kategorien *sofort Top-Angebot, Angebot mit Sonderkonditionen nach Abklärung, Standardangebot Backoffice, Angebot Call-Center, Angebot nur nach Überprüfung, kein Angebot*, unterteilt.

Scoring-Modelle setzen Prioritäten im Wege einer gewichteten Bewertung verschiedener Faktoren. Die Praxis beschränkt sich dabei üblicherweise nur auf wenige Basiskriterien. Der Wissenschaft ist eher an einer vollständigen Durchdringung aller Anfragemerkmale gelegen (vgl. z.B. *Westermann*, ASW 8/1992, S. 66). Wichtig ist der vergleichende Blick auf ähnlich gelagerte Angebote, wie in Abb. 274 geboten, mit vergleichender Prioritätsentscheidung. Die Scores werden oft als prozentuale Anteile an den maximal erreichbaren Punktwerten ausgewiesen. 100 Prozent wäre ein Idealwert. Die Angebote an *Gerads* und *Walther* kommen auf jeweils 86 Prozent vom Maximalwert (325 von maximal 380 Punkten).

		Umsatzvolumen		DB-Volumen		techn. Attraktivität		Realisierbarkeit		Kundenbeziehung		Gesamt-
	Gewichte	7		10		8		7		6		punkte
ANGEBOTE		Note	Score	Note	Score	Note	Score	Note	Score	Note	Score	Scores
16.3. *Gerads*	GZ99	10	70	9	90	9	72	9	63	5	30	325
17.3. *Walther*	XX-384	4	28	10	100	10	80	9	63	9	54	325
17.3. *Haller*	GD-401	9	63	8	80	6	48	6	42	6	36	269
15.3. *Heidt*	GV-9	9	63	7	70	5	40	5	35	8	48	256
14.3. *SE AG*	GD-407	6	42	9	72	4	32	3	54	9	30	230
14.3. *Silter*	GV-9	5	35	5	50	2	16	10	70	10	60	231
18.3. *GESA*	GD-407	4	28	4	40	4	32	10	70	10	60	230
16.3. *SIGA*	GD-402	6	42	5	50	5	40	6	42	7	42	216
16.3. *SIGA*	GD-233	7	49	2	20	6	48	6	42	7	42	201

Abb. 274: Angebotsqualifizierung mit Hilfe der Scoring-Methode

Weiterführend können Angebote mit einer größeren Bedeutung – die Vorauswahl erfolgt nach Vorgaben oder aufgrund von Erfahrung – nach den Kriterien Umsatz- und Deckungsbeitragserwartung in einer Portfolio-Darstellung priorisiert werden. Hierzu liefert Abb. 275 ein Beispiel.

Mit Hilfe des Angebots-Portfolio können die Bearbeitungsprioritäten wie folgt gesetzt werden:

• Top-Angebote (Feld rechts oben),

• Angebote zur Kapazitätsauslastung (Feld rechts unten),

• Angebote zur Renditeverbesserung (Feld links oben),

• verzichtbare Angebote (Feld links unten).

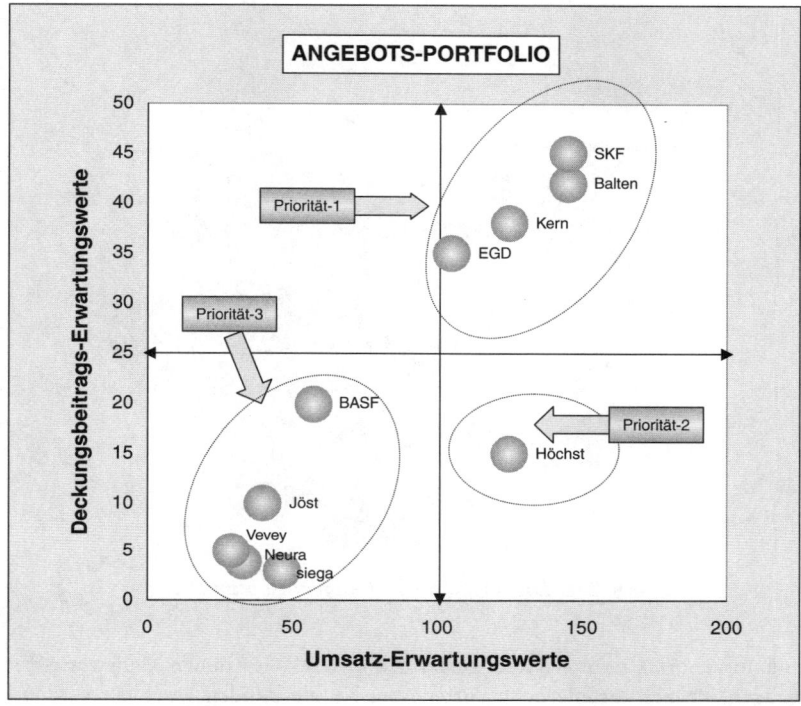

Abb. 275: Beispiel für ein Angebots-Screening mit Hilfe der Portfolio-Methode

Im Beispiel der Abb. 275 sind die Angebote an die Interessenten *SKF, Balten, Kern* und *EGD* mit Priorität weiter zu verfolgen. Enthält ein Angebotsportfolio tendenziell immer schlechtere Offerten, dann muss ernsthaft über eine Optimierung der Inhalte und des Layouts der Angebote nachgedacht werden.

d.) Angebotsoptimierung – Das System der 6 Angebots-Check's

Viele Chancen werden verschenkt, wenn Angebote nach „Schema F" erstellt und Verkaufsregeln des Marketing übersehen werden. Nutzenwerte sind anzubieten, nicht Produkteigenschaften. Was sich so leicht sagt, stellt sich in der Praxis als mehrstufiger Optimierungsprozess gemäß Abb. 276 dar.

(1) Im ersten Schritt ist über die Angaben (Fakten) zu entscheiden, die obligatorisch in jedem Angebot enthalten sein sollen.

(2) Es folgt ein **USP-Check**. USP's, d.h. **Unique Selling Propositions**, stellen schwer nachahmbare, am besten einzigartige Produktvorteile dar, die von der Konkurrenz gar nicht oder nur schwer imitierbar sind. Im USP-Check ist also zu prüfen, ob diese Wettbewerbsvorteile bzw. besonderen Stärken des Anbieters im Angebot deutlich zum Ausdruck kommen. Nicht immer wird eine USP durch die harten Fakten des Angebotes getroffen. Es ist dann Marketingaufgabe, diese Wettbewerbsvorteile geschickt in das Angebotsschema einzubringen.

(3) Marketing, Verkauf und Technik haben danach im Rahmen eines **Value-Checks** zu überprüfen, ob das Angebot auf Seiten des Kunden ausdrücklich Nutzen generiert (s. **Value Marke-**

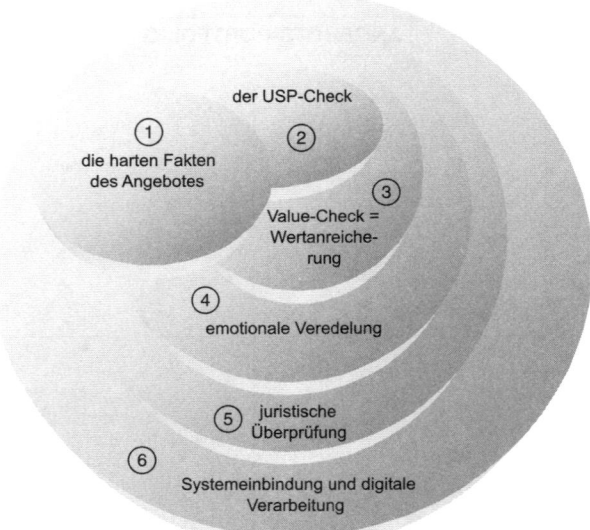

der USP-Check

① die harten Fakten des Angebotes ②

③ Value-Check = Wertanreicherung

④ emotionale Veredelung

⑤ juristische Überprüfung

⑥ Systemeinbindung und digitale Verarbeitung

Abb. 276: Die 6 Check's zur Angebotsoptimierung

ting und nutzenorientierter Verkauf gemäß Abb. 263). Wie können Mehrwerte, Produktverbesserungen, Prozessvorteile oder Vorteile bei Kundeskunden geschickt verdeutlicht werden? Wie lässt sich der Nutzen wertmäßig ausdrücken? Die fachlichen Produkteigenschaften und die Wettbewerbsvorteile sollten als Vorteile für den Kunden bewertbar sein.

(4) Der abschließende Beitrag des Marketing ist eine **emotionale Veredelung des Angebotes**. Inhaltlich sind Begriffe und Formulierungen zu veredeln. Vor allem sind sog. „Unwörter" zu vermeiden. Die schlimmsten Unwörter sind Übertreibungen, wie *vorteilhaft, qualitätsstark* oder *bürokratische Formulierungen*, wie man sie schön in öffentlichen Ausschreibungen studieren kann. Die Spielregeln des Verkaufsgesprächs sind auf das schriftliche Angebot zu übertragen. Ein Preis ist nicht billig – sondern ein Angebot ist preiswürdig. Nicht zu vernachlässigen ist eine Veredelung der äußeren Form. Die meisten BtoB-Verhandler sind Techniker. Die technischen Angebotsdaten stimmen, aber das Auge des Interessenten wird nicht verwöhnt. Hier entsteht Interessentenbindung, wenn das Auge einen „Ich-will-mehr"-Wunsch an das Gehirn übermittelt. Top-Angebote können in Präsentationsmappen überreicht werden. Der Kunde wird über seine Ansprechpartner in der Zentrale durch Bild und Kontaktadresse informiert. Zusatzservices können geboten werden, z.B. als Download vom Anbieterportal ein Glossar über Fachbegriffe im Angebot, Hilfen zur Angebotsbeurteilung oder spezielle anbieterseitige Services, wie z.B. die Möglichkeiten einer digitalisierten Unterschrift.

(5) Ratsam abschließend eine Prüfung der juristischen Inhalte. Allein dieser Punkt ist ein unerschöpfliches Thema. Aus Haftungsgründen sind z.B. bindende Formulierungen wie Garantie oder Zusicherung zu vermeiden. Deutlich zu machen sind die Punkte, die über die AGB geregelt sind, wie auch die Sachverhalte, die einer individuellen Vertragsregelung bedürfen.

(6) Die Punkte (1) bis (5) beziehen sich auf inhaltliche, gestalterische und formale Angebotselemente. Darüber hinaus ist auch eine Effizienz im Prozess der Angebotserstellung zu gewährleisten. Dazu sind die Angebotsvorgänge in die Systemlandschaft einzubringen, z.B. in ein

CRM-System. In idealer Weise wird dies erreicht, wenn Angebot und Bestellung spiegelbildlich im Internet, im Rahmen von eCommerce oder einer Integrationsplattform, aufgegeben werden. Die Internet-Formulare können dann digital weiterverarbeitet werden. Auch an ein Dokumentenmanagement sollte hier gedacht werden. Es ist nicht mehr zeitgemäß, Anfragen und Angebote in dicken Ordnern vorzuhalten. Dokumente des Angebotswesens werden heute automatisch gescannt und im Rahmen eines CRM-Systems abgespeichert. Es ist genau zu prüfen, wie die interne Effizienz des Angebotswesens auch schon auf Interessenten übertragen werden kann, die noch keine Kunden sind. Schlüsselkunden kann man im Rahmen von Supply Chain Management oder auf der Grundlage von Zugangsrechten in Internet-Portalen schon einmal erlauben, in das eigene Dispositionssystem einzugreifen.

Alle diese Schritte haben eines im Sinn: Dass der Interessent ein Angebot als etwas Besonderes empfindet. Stimmen dann noch Produkt und Konditionen, wird er gerne zum Telefon greifen und den Auftrag vergeben. Ein erster Schritt zur Kundenbindung ist getan. **CRM beginnt mit der Angebotsoptimierung**

e.) Bewertung von Angebotschancen

Für die Bewertung und Weiterverfolgung besonderer Verkaufschancen leisten sich Unternehmen oft ein speziell eingerichtetes Opportunity-Management (s. Abschnitt 8.1.). Dieser Abschnitt beschreibt eher grundsätzliche Aufgaben.

Zunächst geht es um eine sinnvolle Transparenz bei den Verkaufschancen. Abb. 277 beschreibt die **Verkaufschancen-Erfassung** im Systems *CAS genesisWorld* der *CAS Software AG*. Die Funktion bildet den gesamten Vertriebsprozess ab, vom ersten Kundenkontakt über Angebotsphase und Abschluss bis zum Kundenservice. Die Verkaufschance kann mit beliebig vielen Ansprechpartnern, Terminen, Projekten, Dokumenten sowie Korrespondenz (Brief, Fax, E-Mail) verbunden werden. Dadurch haben die Vertriebsmitarbeiter einen vollständigen Überblick über Termine, Vereinbarungen und Umsatzprognosen. Und mit Hilfe der verschiedenen Auswertungsmöglichkeiten kann sich die Vertriebsleitung über alle Aktivitäten informieren. Eine CRM-Verkaufschance enthält Informationen über:

- das angefragte Angebotsvolumen, wert- und mengenmäßig (bezogen auf Kunden, Produkt, Zeitraum, Vertriebsmitarbeiter oder Vertriebsgruppe),
- die geschätzte Auftragswahrscheinlichkeit, mit der das Kundenprojekt überhaupt realisiert wird,
- der Potenzialwert dieses Angebotes gemäß Wahrscheinlichkeitsrechnung,
- die Akquisephase, in der das Projekt sich befindet (Lead, Akquise, Angebot, Präsentation, Verkauf) oder
- den Angebotsstatus (offen, verschoben, gewonnen, verloren),
- die Terminierung (mit Alarmierung, wenn Wiedervorlagefristen überschritten sind),
- die Nachverfolgung bzw. Planung von weiteren Aktivitäten,
- die Definition von Produkten und Dienstleistungen (oder Übernahme der Produktdaten aus dem ERP-System),
- den verantwortlichen Mitarbeiter für das Angebotsprojekt,
- den kundenseitig angegebenen Entscheidungszeitpunkt,
- und den nach eigener Einschätzung wahrscheinlichen Realisationszeitpunkt.

Wie kommen Erfolgschancen-Bewertungen zustande? Eine moderne Vertriebssteuerung legt einer Erfolgschancen-Bewertung mehrere relevante und überprüfbare Einflussfaktoren zugrunde. Bereits die Abb. 165 hatte auf wichtige **Schlüsselfragen** aufmerksam gemacht, die sich bei der

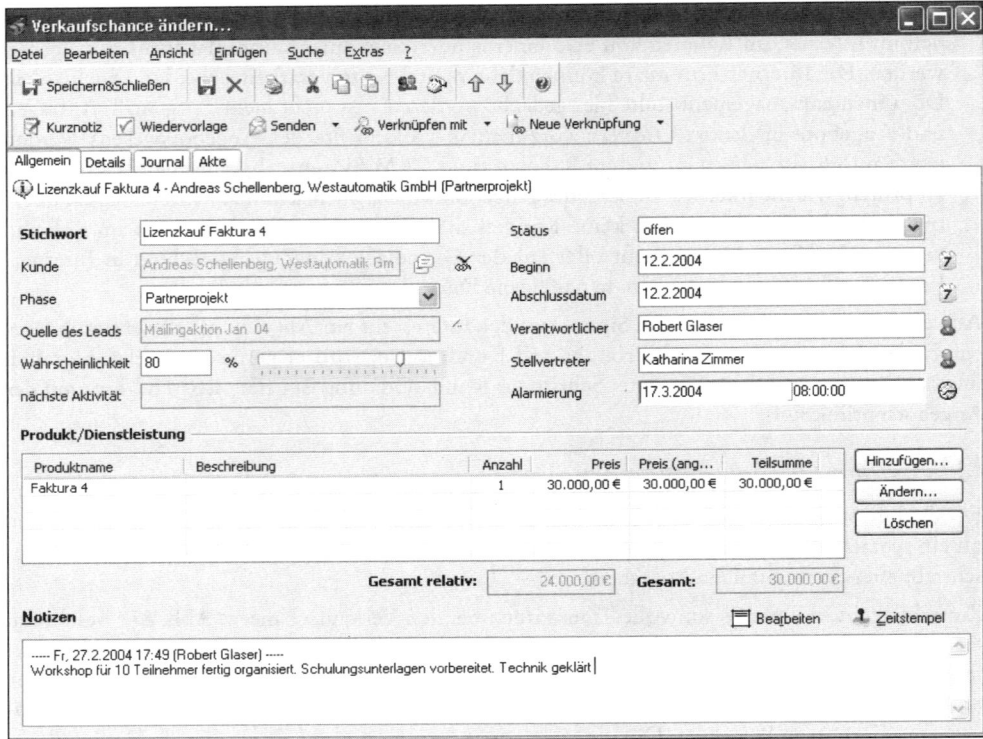

Abb. 277: Erfassung von Verkaufschancen im System CAS genesisWorld / CAS Software AG

Vorqualifizierung von Adressen bzw. Kontakten Im Rahmen des Lead-Management bewährt haben. *ADITO online* bewertet die Auftragschancen eines Angebotes im Beispiel der Abb. 278 anhand der folgenden Fragen:

(1) Unter welchem Kaufdruck steht der Kunde?
(2) Wie gut passt die angebotene Lösung, bzw. wie gut würde sie passen?
(3) Wie stark kann der Anbieter den Entscheidungsprozess beim Kunden beeinflussen?
(4) Wie gut kennt der Vertrieb den Wettbewerb?
(5) Wie gut können die Entscheidungskriterien des Kunden beeinflusst werden?
(6) Wie ist die finanzielle Fähigkeit und Bereitschaft des Kunden, das Projekt auch zu finanzieren, zu beurteilen?

Im vorliegenden Fall wird die Auftragschance mit 80 Prozent recht hoch beurteilt. Dadurch lässt sich eine entsprechend hohe Priorität für die Angebotsverfolgung rechtfertigen. Liegt der Gesamtpunktwert einer Chanceneinschätzung dagegen unter einem von der Vertriebsleitung vorgegebenen Schwellenwert, dann sollte von der Abgabe eines Angebotes bzw. von einer Angebotsverfolgung abgesehen werden.

Da eine Auftragschance sicherlich mit dem Fortschreiten des Angebotsprozesses positiv korreliert ist, können Chancenwerte auch nach **Vorgangs-Status** vergeben werden. Ein Komponenten-Hersteller geht so vor:

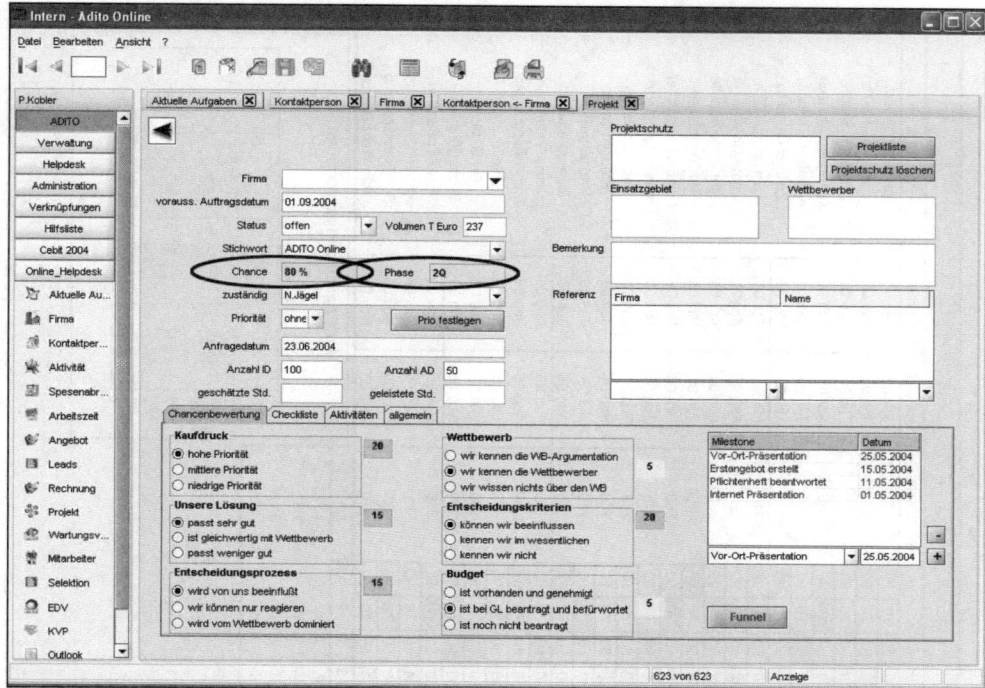

Abb. 278: Angebotsqualifizierung im Rahmen von ADITO online / ADITO Software GmbH

Auftragschance 1%: Projekt wird bekannt/10%: Anforderungen grob bekannt und voraussichtlich erfüllbar/30%: Anforderungen im Detail bekannt, Komponente ist zugeordnet/50%: Komponente getestet, Anforderungen erfüllt/Angebot liegt in richtiger Größenordnung/95%: Vertragskonzept liegt vor. Wird statt mit Prozentwerten mit Punktewerten (Scores) gerechnet, dann kann der Entwicklungstrend des gesamten Angebotspools gut verfolgt werden (Management des Verkaufstrichters). Entscheidend ist, dass die Vertriebsleitung die chancenreichsten Top-Angebote nicht aus den Augen verliert – selbst wenn sich eine BtoB-Auftragsakquisition über mehrere Jahre hinzieht.

f.) Verfolgen der Top-Angebote

Wenn es um Anfragen einer gewissen Größenordnung oder einer besonderen strategischen Bedeutung geht, dann möchten Vertriebsleitung und Schlüsselkundenbetreuer die entsprechenden Top-Angebote nachhalten können. Dies kann bereits eine einfache **Auflistung der Top-Angebote** (Highlight-Liste) leisten. Abb. 279 gibt ein Beispiel für eine sog. **Highlight-Liste**. Wichtige Parameter sind darin:

- Angebotsdatum zur Kontrolle der Aktualität und zur Überwachung der Angebotsgültigkeit,
- Zuordnung zu einem Kundenverantwortlichen (Projektverantwortlichen),
- konkrete Anwendung, in der das angebotene Produkt oder die angebotene Dienstleistung beim Kunden zum Einsatz kommt (um Produktstärken aufspüren zu können),
- Angebotsvolumen/Umsatz p.a. (evtl. Schätzung),

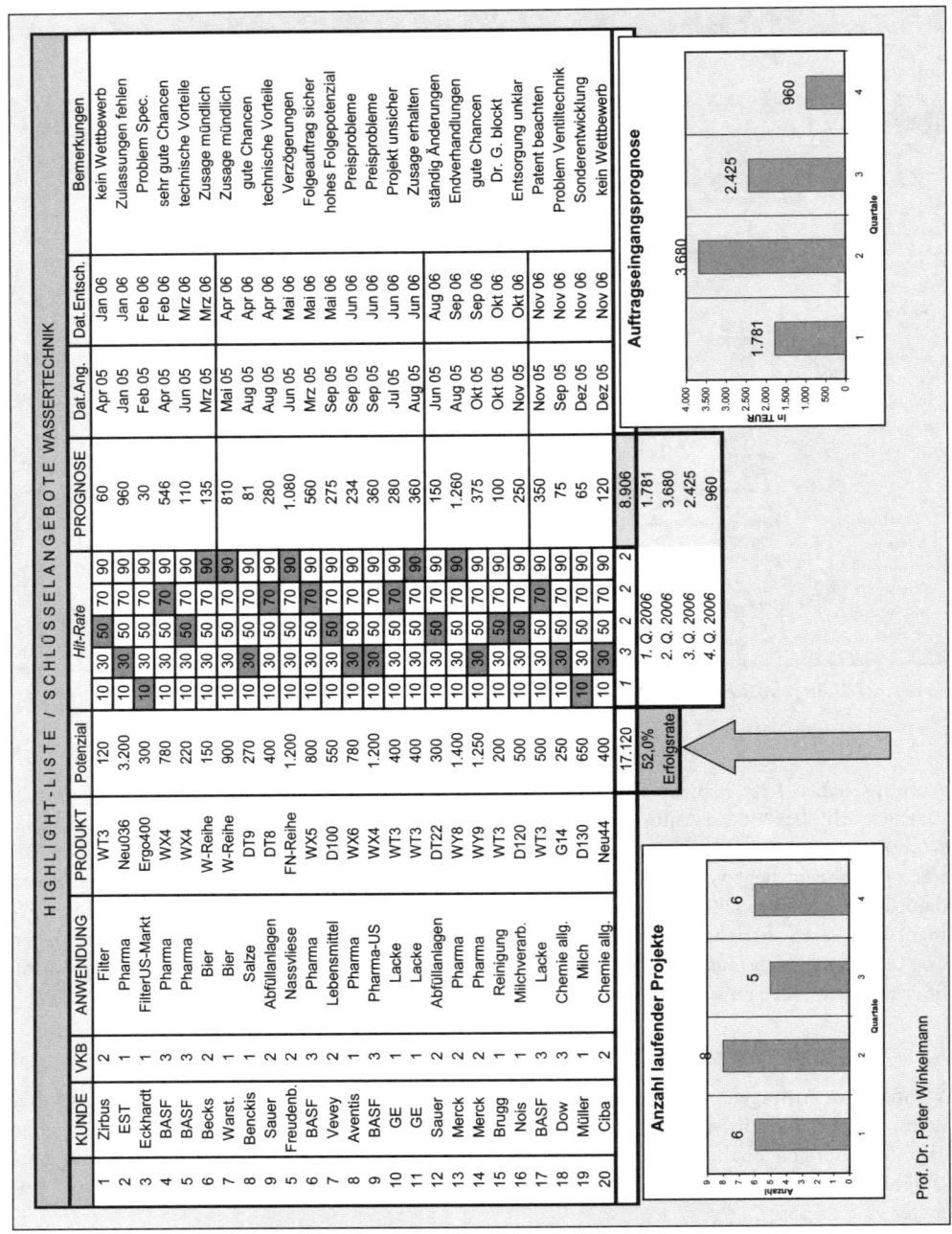

HIGHLIGHT-LISTE / SCHLÜSSELANGEBOTE WASSERTECHNIK

	KUNDE	VKB	ANWENDUNG	PRODUKT	Potenzial	Hit-Rate					PROGNOSE	Dat.Ang.	Dat.Entsch.	Bemerkungen
1	Zirbus	2	Filter	WT3	120	10	30	50	70	90	60	Apr 05	Jan 06	kein Wettbewerb
2	EST	1	FilterUS-Markt	Neu036	3.200	10	30	50	70	90	960	Jan 05	Jan 06	Zulassungen fehlen
3	Eckhardt	1		Ergo400	300	10	30	50	70	90	30	Feb 05	Feb 06	Problem Spec.
4	BASF	3	Pharma	WX4	780	10	30	50	70	90	546	Apr 05	Feb 06	sehr gute Chancen
5	BASF	3	Pharma	WX4	220	10	30	50	70	90	110	Jun 05	Mrz 06	technische Vorteile
6	Becks	2	Bier	W-Reihe	150	10	30	50	70	90	135	Mrz 05	Mrz 06	Zusage mündlich
7	Warst.	1	Bier	W-Reihe	900	10	30	50	70	90	810	Mai 05	Apr 06	Zusage mündlich
8	Benckis	1	Salze	DT9	270	10	30	50	70	90	81	Aug 05	Apr 06	gute Chancen
9	Sauer	2	Abfüllanlagen	DT8	400	10	30	50	70	90	280	Aug 05	Apr 06	technische Vorteile
5	Freudenb.	2	Nassvliese	FN-Reihe	1.200	10	30	50	70	90	1.080	Jun 05	Mai 06	Verzögerungen
6	BASF	3	Pharma	WX5	800	10	30	50	70	90	560	Mrz 05	Mai 06	Folgeauftrag sicher
7	Vevey	2	Lebensmittel	D100	550	10	30	50	70	90	275	Sep 05	Jun 06	hohes Folgepotenzial
8	Aventis	2	Pharma	WX6	780	10	30	50	70	90	234	Sep 05	Jun 06	Preisprobleme
9	BASF	3	Pharma-US	WX4	1.200	10	30	50	70	90	360	Sep 05	Jun 06	Preisprobleme
10	GE	1	Lacke	WT3	400	10	30	50	70	90	280	Jul 05	Jun 06	Projekt unsicher
11	GE	1	Lacke	WT3	400	10	30	50	70	90	360	Aug 05	Jun 06	Zusage erhalten
12	Sauer	2	Abfüllanlagen	DT22	300	10	30	50	70	90	150	Jun 05	Aug 06	ständig Änderungen
13	Merck	2	Pharma	WY8	1.400	10	30	50	70	90	1.260	Aug 05	Sep 06	Endverhandlungen
14	Merck	2	Pharma	WY9	1.250	10	30	50	70	90	375	Okt 05	Sep 06	gute Chancen
15	Brugg	1	Reinigung	WT3	200	10	30	50	70	90	100	Nov 05	Okt 06	Dr. G. blockt
16	Nois	1	Milchverarb.	D120	500	10	30	50	70	90	250	Nov 05	Okt 06	Entsorgung unklar
17	BASF	3	Lacke	WT3	500	10	30	50	70	90	350	Nov 05	Nov 06	Patent beachten
18	Dow	3	Chemie allg.	G14	250	10	30	50	70	90	75	Sep 05	Nov 06	Problem Ventiltechnik
19	Müller	1	Milch	D130	650	10	30	50	70	90	65	Dez 05	Nov 06	Sonderentwicklung
20	Ciba	2	Chemie allg.	Neu44	400	10	30	50	70	90	120	Dez 05	Nov 06	kein Wettbewerb
					17.120	1	3	2	2	2	8.906			

Erfolgsrate 52,0%

1. Q. 2006	1.781
2. Q. 2006	3.680
3. Q. 2006	2.425
4. Q. 2006	960

Anzahl laufender Projekte

Auftragseingangsprognose

Prof. Dr. Peter Winkelmann

Abb. 279: Beispiel für eine Highlight-Liste der Top-Angebote

- Erfolgswahrscheinlichkeit (Eckpunkte einer Einschätzungsskala z.B.: 10 % = kaum Chancen, 30 % = eher geringe Chancen, 50 % = fifty/fifty = oft problematische Nicht-Festlegung des Außendienstes, 70 % = Chancen eher gut, 90 % = vor Auftragsvergabe),
- Auftragseingangsprognose durch Multiplikation von Angebotswert und Erfolgswahrscheinlichkeit,
- geschätztes oder bekanntes Datum der Auftragsvergabe zur Steuerung der Nachfassaktionen.

Für alle Angebote sollten zwei Terminlinien (Deadlines) gesetzt werden:

(1) **Gültigkeit von Angebotspreis und sonstigen Konditionen** *(Unser Angebot gilt gemäß unseren allgemeinen Geschäfts-, sowie Lieferungs- und Zahlungsbedingungen bis zum …).* Rechtzeitig vor Ablauf der Gültigkeit (Terminliste) ist (evtl. bei Kleinaufträgen durch Call-Center) beim Interessenten nachzufassen.

(2) **Laufzeit eines Angebotes.** Meist entspricht die Laufzeit auch der Gültigkeit. Nach Ablauf dieser Laufzeit ist ein Angebot aus dem Bestand zu nehmen; es sei denn, der Kunde gibt Signale, dass ein Angebot wieder aufleben wird (z.B. bei Projektverschiebungen).

So erhält das Vertriebscontrolling chancengewichtete Auftragseingangsschätzungen für die einzelnen Quartale oder Monate. Im Beispiel ist im 3. Quartal 2006 mit 2.425 T Euro Aufträgen zu rechnen. Es gilt das Gesetz der großen Zahl. Je mehr Angebote in den Rechenansatz eingehen, desto stärker werden sich Über- und Unterschätzungen ausgleichen. Der rechnerische Prognosewert nähert sich dem Praxiswert an.

Aus einer Highlight-Liste sollten folgende **Reports** generiert werden können:

- Angebote nach Kunden,
- Angebote nach Produktgruppen,
- Rangfolge nach Größe des Angebotes,
- Rangfolge nach Chanceneinschätzung,
- Rangfolge nach gewichteten Chanceneinschätzungen,
- Auflistung nach Eingangsdatum *(welche sind die ältesten Angebote im Bestand?)*,
- Auflistung nach voraussichtlichem Entscheidungsdatum *(bei welchen Angeboten muss aktuell nachgefasst werden?)*

Abb. 280 beschreibt eine computergestützte Highlight-Liste. In dem Potenzialpool des Systems *brainware Vbm* der *ABI Informatic Brainware AG* werden angezeigt:

- Die Auftragswahrscheinlichkeit, dass das Projekt des Kunden überhaupt realisiert wird (A%),
- der geschätzte eigene (Liefer)Anteil, der von dem Projektwert realisiert werden kann (R%),
- die Anzahl der bislang zur Akquisition des Projektes erfolgten Besuche,
- Zuordnung der Anfragen in eine Prioritäts-Klassifikation,
- sowie die Potenzialwerte gemäß Wahrscheinlichkeitsrechnung (Berechnung: A mal R mal Projektvolumen).

Besonders vorteilhaft sind **Such- bzw. Eingrenzungsfunktionen,** durch die aus der Fülle der Angebote die besonders wichtigen Projekte herausgefiltert werden können. Für alle Angebote, die einem Suchkriterium entsprechen (z.B. alle Angebote aus dem Raum Frankfurt), werden automatisch Summen für den gesamten Angebotswert (Kundenbedarf) und den zu erwartenden Umsatz (Auftragseingang) gebildet. Nach allen kritischen Werten kann bequem sortiert und ausgedruckt werden. Auf Knopfdruck lassen sich beispielsweise alle Angebote des Außendienstmitarbeiters *Meier* im Verkaufsgebiet Frankfurt über 25 T Euro und ohne Kundenrückmeldung seit acht Wochen herausfiltern.

vbm 2000 - [Druckvorschau Potentialpool]

Datei Fenster ?

80% Schließen

Ausgabewährung DEM

Kunde		Realisations KW		Belegnummer / Abschluss KW	Datum Beleg / Kontakt	A%/R% / Besuch(e)	ABC Klassifikation / Wert	Potential
D897654 RM	Softwave AG	D-88323 Aulendorf Realisations KW	35/2000	AN0199910261703803 Abschluss KW: 30/2000	26.10.1999 07.06.2000	70 / 100 4	ABC: A 97.000,00	67.900,00
D897654 RM	Softwave AG	D-88323 Aulendorf Realisations KW	20/2000	AN0200002151373637 Abschluss KW: 15/2000	15.02.2000 07.06.2000	40 / 50 4	ABC: B 73.150,60	14.630,12
D897654 RM	Softwave AG	D-88323 Aulendorf Realisations KW	/	AN0200005251246324 Abschluss KW: /	25.05.2000 07.06.2000	/ 4	ABC: 56.880,00	56.880,00
D897654 RM	Softwave AG	D-88323 Aulendorf Realisations KW	/	AN0200003231455195 Abschluss KW: /	23.03.2000 07.06.2000	0 / 4	ABC: 54.016,00	0,00
RM	cs brainware GmbH	D-88326 Aulendorf Realisations KW	22/2000	Abschluss KW: 15/2000	08.01.2000 08.11.1999	30 / 60 0	ABC: key account 48.000,00	8.640,00
D100001 RM	Hydrokulturen Lohmann GmbH	D-70071 Stuttgart Realisations KW	18/2000	AN20005656567700 Abschluss KW: 15/2000	15.02.2000 16.02.2000	50 / 100 1	ABC: B 43.500,00	21.750,00
D100001 RM	Hydrokulturen Lohmann GmbH	D-70071 Stuttgart Realisations KW	19/2000	AN2000757575750009 Abschluss KW: 17/2000	05.01.2000 16.02.2000	30 / 50 1	ABC: B 43.250,00	6.487,50
YM	cs brainware GmbH	D-88326 Aulendorf Realisations KW	20/2000	Abschluss KW: 12/2000	03.03.2000 08.11.1999	30 / 30 0	ABC: A 43.000,00	3.870,00
RM	Die Idee GmbH	D-80331 München Realisations KW	4/2000	AN0199910211783638 Abschluss KW: 52/1999	21.10.1999 11.03.2000	60 / 50 2	ABC: A 39.400,00	11.820,00
D897654 RM	Softwave AG Anschreiben Fax	D-88323 Aulendorf Realisations KW	39/2000	AN0200005241734173 Abschluss KW: 34/2000	24.05.2000 07.06.2000	70 / 100 4	ABC: B 38.520,00	26.964,00
RM	Die Idee GmbH	D-80331 München Realisations KW	18/2000	AN0199910201223032 Abschluss KW: 14/2000	20.10.1999 11.03.2000	80 / 100 2	ABC: A 38.500,00	30.800,00
RM	Die Idee GmbH	D-80331 München Realisations KW	18/2000	AN0020001393249248 Abschluss KW: 13/2000	20.01.2000 11.03.2000	50 / 75 2	ABC: B 35.556,00	13.333,50
RM	cs brainware GmbH	D-88326 Aulendorf Realisations KW	18/2000	Abschluss KW: 10/2000	04.02.2000 08.11.1999	40 / 75 0	ABC: A 35.000,00	10.500,00

Erstellt am 15.06.2000 14:36:08 Uhr von KF   Seite: 1 von 3

Keine Einschränkung der Anzeige.

Seite: 1

Bereit

Start   vbm 2000 - [Dru...   DEMO (D:)   Suchergebnisse   14:37

Abb. 280: Der Potenzialpool im System brainware Vbm / ABI Informatic Brainware AG

Die Schlüsselangebots-Listen sind wöchentlich zu aktualisieren und im Rahmen der Monatsgespräche von jedem Verkaufsteam zu präsentieren. Täglich fallen Angebote durch Absagen oder Aufträge heraus. Neue kommen hinzu. Alle Kundenbetreuer hoffen, dass die Chanceneinschätzungen von Monat zu Monat von links wachsen. Rückschläge, d.h. verschlechterte Chanceneinschätzungen, können in der Liste farblich gekennzeichnet werden. Die Top-Angebote sollten direkt mit Projektplanungen verknüpft sein. So bekommt auch die Technik Zugang zu dem Highlight-Report. Denn in technischen Unternehmen hängt der Projekterfolg über längere Zeiträume allein davon ab, in welchem Maße Forschung & Entwicklung bzw. Konstruktion das Vorhaben unterstützen.

Kleine und mittlere Angebote werden aus der Vertriebssteuerung heraus im Rahmen der regulären Nachfassaktionen von Außendienst und Innendienst weiterverfolgt. Zunehmend werden hierfür Call-Center eingeschaltet.

Grafische Hochrechnungen runden das Angebots-Management ab. Werkzeuge wie der *Intelligent Forecaster* von *Saratoga Systems* erstellen Umsatzprognosen für die nach Erfolgschancen bewerteten Angebote. Der *Intelligent Forecaster* ist eine spezielle Funktionalität in *iAvenue*. Multidimensionale Datensätze können in unterschiedlichen Kurven im gleichen Chart visualisiert werden. Mit diesen individuell anpassbaren Auswertungsmöglichkeiten kann die Vertriebsleitung Problembereiche identifizieren; vom Gesamt-Forecast des Unternehmens heruntergebrochen bis zum einzelnen Vertriebsbereich.

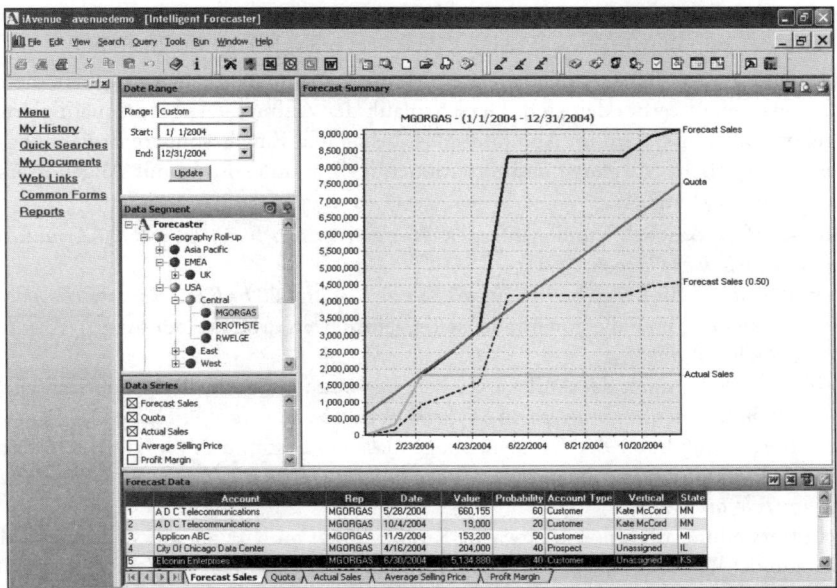

Abb. 281: Auftragsprognose mit dem Intelligent Forecaster von iAvenue /
Saratoga Systems GmbH

In der Abb. 281 sind die Ist-Umsätze bis zum 23.2. berücksichtigt. Unter *Forecast Data* sind nur die noch offenen Angebote aufgelistet. Für die Hochrechnung können Anfangs- und Endtermine gesetzt werden. In einer Tool-Box kann der Anwender sich die gewünschten Datenreihen zusammenstellen. Der sich aus den Erfolgswahrscheinlichkeiten errechnende *Forecast Sales* kann von der Vertriebsleitung noch durch einen Risikoparameter (hier 50 Prozent) reduziert werden. *Quota* entspricht der Umsatzplanung in Höhe von 625 T Euro monatlich.

Die Hochrechnungen erreichen eine gute Treffsicherheit auf den Jahresumsatz, wenn sie zusätzlich auch den Bodensatz nicht-akquirierter Aufträge (Ersatzteilbestellung, Eilbestellung, Direktauftrag ohne Angebot, Abrufbestellung) berücksichtigen können; entweder auf der Basis einer Auswertung von Vergangenheitszahlen oder mit Hilfe von Bodensatz-Prognoseschätzungen der Vertriebsleitung. Mit dem Forecasting sind auch Fragen des Vertriebscontrolling berührt. Diese Überlegungen werden deshalb in Abschnitt 10.4. dieses Buches weiter vertieft.

g.) *Auftragsabwicklung im Backoffice (Order Processing)*

Eine Untersuchung von Prof. Wildemann bei einem führenden Unternehmen der Medizintechnik ergab: Nur 2,4% der Auftragsabwicklungszeit war wirklich wertschöpfend. (Hinweis in: Verkaufsleiterservice 8/2003, S. 4)

Was wird aus Marketingstrategien, aus Planungen und Systemen, wenn Schwachstellen in der **Kärrnerarbeit der Sachbearbeitung** bestehen? In den Blickpunkt geraten die Tätigkeiten:

- **Anfragebearbeitung** gemäß Anfragequalifizierung und Wiedervorlage,
- **Angebotserstellung** gemäß Angebotsqualifizierung,
- **Angebotsverfolgung** *(Welche Angebote sollen mit welcher Priorität wie verfolgt werden?)*,
- **Auftragsannahme, -vorbereitung und -verfolgung (Auftragsabwicklung)**,
- **Vorbereitung der Auslieferung, Transport-, Versandmodalitäten**,

- **Fakturierung**, d.h. Erstellung der Rechnung,
- **Kontrolle des Zahlungseingangs** (Zuständigkeit liegt meist bei der Buchhaltung).

Es würde den Rahmen dieser Arbeit sprengen, wollte man auf alle Fragen eingehen, die mit diesen Grundtätigkeiten verbunden sind. Die Thematik der Anfrage-/Angebotsqualifizierung und des Angebotscontrolling wird im Abschnitt 10.4. behandelt. Eine besondere Erwähnung verdienen allerdings **kritische Vorgänge und Situationen** im Zusammenhang mit Angebotserstellung und Auftragsabwicklung:

- Reaktion auf „exotische" Kundenanfragen *(Kunde wünscht für Indien 2.000 Armaturenbretter vom historischen Citroen 2 CV.)*,
- Lieferzeitauskunft für kritische Produkte *(Kunde benötigt 20 to Explosivgemische.)*,
- Angebotserstellung im Falle von kundenseitig geforderten Produktänderungen *(Kunde möchte seinen BMW in Pink!)*,
- Angebotserstellung unter der Auflage, dass ein bestimmter (Sonder)Preis quotiert wird (Kunde: *Sie bekommen den Auftrag, wenn Sie beim Preis von xyz Euro mithalten.)*,
- Angebotserstellung unter der Kundenauflage, dass ein bestimmter (Sonder)Liefertermin gehalten wird (Kunde: *Wenn Sie nächste Woche liefern, erteile ich Ihnen den Großauftrag jetzt gleich am Telefon.)*,
- Angebotserstellung an zahlungsschwache Kunden (bzw. an Kunden mit schlechter Zahlungsmoral. Kunde: *Wir stehen zwar bei Ihnen noch mit 80.000 Euro im Obligo. Wenn sie uns aber jetzt nicht beliefern, können wir den Laden dichtmachen.)*,
- Behandlung von Angeboten mit Währungsrisiken (Innendienst: *Für Land xyz bekommen wir gegenwärtig kein bestätigtes Akkreditiv.)*,
- nachträgliche Änderung von Angeboten (z.B. Änderung von Abnahmemengen. Kunde: *Wir hatten zu dem Preis zwar 1.000 Stück ausgemacht, aber mir reichen jetzt 150. Ist das trotzdem o.k.?)*,
- nachträgliche Änderung von Lieferzeiten (Kunde: *Ich kann nur abnehmen, wenn Sie zwei Wochen früher, d.h. nächste Woche schon ausliefern.)*,
- Expressauslieferung in Notfällen (Kunde: *Wir haben uns geirrt. Wir brauchen schnellstens 1.500 und nicht 150 Sondergetriebe. Wenn Sie nicht bis Mittwoch weitere 500 Getriebe anliefern, steht bei uns das Montageband.)*,
- Regelung besonderer Versandmodalitäten (auch: Lieferungen in kritische Länder: *Denken Sie bei Kranlieferung daran: XXX ist derzeit Überschwemmungszone!)*,
- Zahlungssicherungen im Auslandsgeschäft *(Ein chinesischer Erstkäufer wünscht Lieferung gegen Rechnung.)*,
- Rückholung von Lieferungen im Falle von Falschlieferungen (Kunde: *Bitte holen Sie schnellstens die 10 Zentner falsch geliefertes Rindfleisch wieder ab.)*,
- Entgegennahme von Beanstandungen, Reklamationen (Verkaufsleiter zum Innendienst: *Unser größter Kunde will aussteigen. Kümmern Sie sich doch bitte darum.)*,
- Behandlung von Extremfällen (Kunde: *Ich habe es mir anders überlegt. Sie liefern zwar morgen schon aus, aber ich möchte die Lieferung trotzdem stornieren.)*.

Diese Vorgänge laufen im Alltagsgeschäft im Backoffice auf, und der Innendienst muss auf kundenfreundliche und gleichzeitig betriebswirtschaftlich sinnvolle Weise reagieren. Bei den meisten dieser Sonderfälle wird die Serviceabteilung nicht auf sich alleine gestellt bleiben. Das Backoffice ist erfolgreich, wenn es mit den betroffenen Abteilungen gut zusammenarbeitet (s. Abschnitt 4.4.).

Die zentralen Prozesse der Anfragebearbeitung und Auftragsabwicklung laufen üblicherweise systemgestützt ab. Umfangreiche ERP- und Spezialsoftware bietet sich zur Erledigung dieser

Aufgaben an (vgl. die Übersicht bei *Gottwald*, is report 7/2000, S. 37–41). Auf „händische" Weise lässt sich die Masse an Vorgängen nicht mehr bewältigen. Allein im eCommerce-Geschäft verschickt z.B. die *Quelle AG* jährlich etwa 70 Mio. Angebote an 48 Mio. Adressaten in 32 Mio. Haushalten. Grundsätzlich sind drei Systembereiche zu unterscheiden:

(1) Das **Warenwirtschaftssystem** verbindet Beschaffungswesen, Materialwesen und Fertigung und stellt dem Verkauf alle Produktbestands- und Produktflussinformationen zur Verfügung.

(2) Das **Auftragsabwicklungssystem** steuert den Kundenauftrag vom Angebot bis zur Auslieferung.

(3) Das **Fakturierungssystem** übernimmt die Rechnungserstellung nach Kommissionierung und Auslieferung.

Abb. 282 veranschaulicht den Ablauf der Auftragsabwicklung im Rahmen von *SAP*-Lösungen. Alle Verkaufsaktivitäten werden automatisiert verwaltet, Angebote computergestützt verfolgt und bewertet. Im Falle einer Auftragserteilung werden Abrufpläne angestoßen. Die Auftragserfassung kann sich firmenspezifischen Anforderungen anpassen und Angebots-, Preisvereinba-

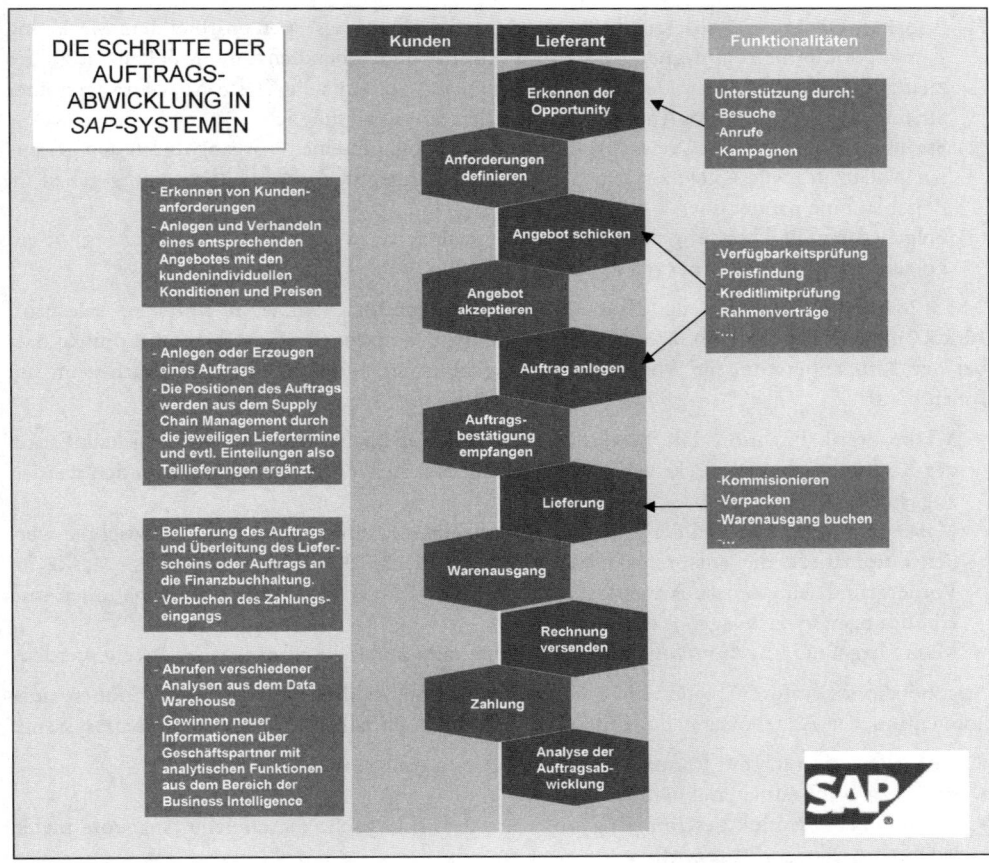

Abb. 282: Die Schritte der Auftragsabwicklung in den Systemen der SAP AG

rungs- und Projektspezifika automatisch berücksichtigen. Die Systemarchitektur von _SAP_ überprüft automatisch Warenverfügbarkeit, Produktionskapazität und Status von Verkaufsaufträgen sowie Rechnungen. Auch Provisions- und Bonusabrechnungen werden maschinell erstellt.

CRM/CAS-Systeme bieten eine Fülle von Bearbeitungs- und Analysemöglichkeiten. Gewünscht werden folgende Funktionalitäten:

- Angebots- und Auftragsbrowser mit Filter- und Abfragemöglichkeiten,
- Angebote und Aufträge mit Kunden- und Kontakthistorie verknüpft,
- hierarchischer Produktkatalog mit „Einkaufswagen",
- Produktpositionen mit Preis-, Rabatt- und Margenberechnungen,
- Auftragserstellung aus Angeboten auf Knopfdruck,
- schnelle Ableitung einer Umsatzplanung mit Lieferterminen und Zahlungsmodalitäten,
- Generierung von Angebotsdokumenten und Auftragsbestätigungen in _MS-Word_,
- Verwaltung von kopierbaren Musterangeboten und Rahmenverträgen im System (Dokumentenmanagement)
- sowie eine Angebots- und Auftragsanalyse mit Umsatz-Forecasting.

Für ein Nachhalten wichtiger Angebote und Aufträge sollten Backoffice-Systeme folgende Informationen bieten:

(1) **Priorität:** Die Prioritätensetzung für Angebots- oder Auftragstypen eröffnet dem Marketing Ansatzpunkte für Kampagnen bzw. bietet Außen- und Innendienst die Möglichkeit zu gezielten Nachfassaktionen. Der Verkaufsleitung sind auf einfache Weise Auswertungen über Strukturen und Trends im Angebots- und Auftragsbestand möglich.

(2) **Status:** Die Vergabe eines Status ist die Voraussetzung, um einen Vorgang durch den gesamten Ablauf des SalesCycle zu begleiten. Anfrage, Angebot, Auftrag, Abrechnung gehen im Zeitablauf ineinander über.

(3) **Folgebedarf:** Die Erfassung des Datums für einen weiteren Bedarf ist Voraussetzung für ein **Folgebedarfs-Management** (vgl. Abschnitt 7.4.10.).

Abb. 283 belegt die Vorteile eines Angebotskonfigurators (vgl. _Hüllenkremer_, salesprofi 10/2000). Stand bei der Abb. 273 die Unterstützung des _camos.Configurators_ am Point of Sale bei der Kundenberatung im Vordergrund, so geht es jetzt um die Angebotsbearbeitung im Innendienst:

- Maske Preiskalkulation: Die Produktbäume bzw. Stücklisten sind mit der Preiskalkulation des Rechnungswesens direkt verbunden. Die unterschiedlichen Rabatte der Kunden werden zugespielt.
- Maske Konfiguration: Bei der Auswahl der einzelnen Komponenten der Spülmaschine werden automatisch die entsprechenden Positionen in das Angebotsschreiben (s. Maske im Vordergrund) eingespielt. Außerdem werden die wichtigen technischen Informationen und Abbildungen in das Angebot eingefügt.
- Maske Ergebnis Angebot _Hobart:_ Das Angebot kann nunmehr automatisiert erstellt werden.

Angebotskonfiguratoren bieten für die Sachbearbeitung zahlreiche Vorteile gegenüber einer konventionellen Angebotserstellung in _MS-Word_ oder innerhalb eines Warenwirtschaftssystems:

- Artikelbezeichnung mit Formatierungen (Werbewirkungen möglich),
- Einfügen von Bildmaterial in die Angebote,
- umfangreiche Produktbeschreibungen im Angebot (klassische maschinelle Angebote bieten lediglich Artikelauflistungen),
- Darstellung des Angebotes in strukturierter Form,

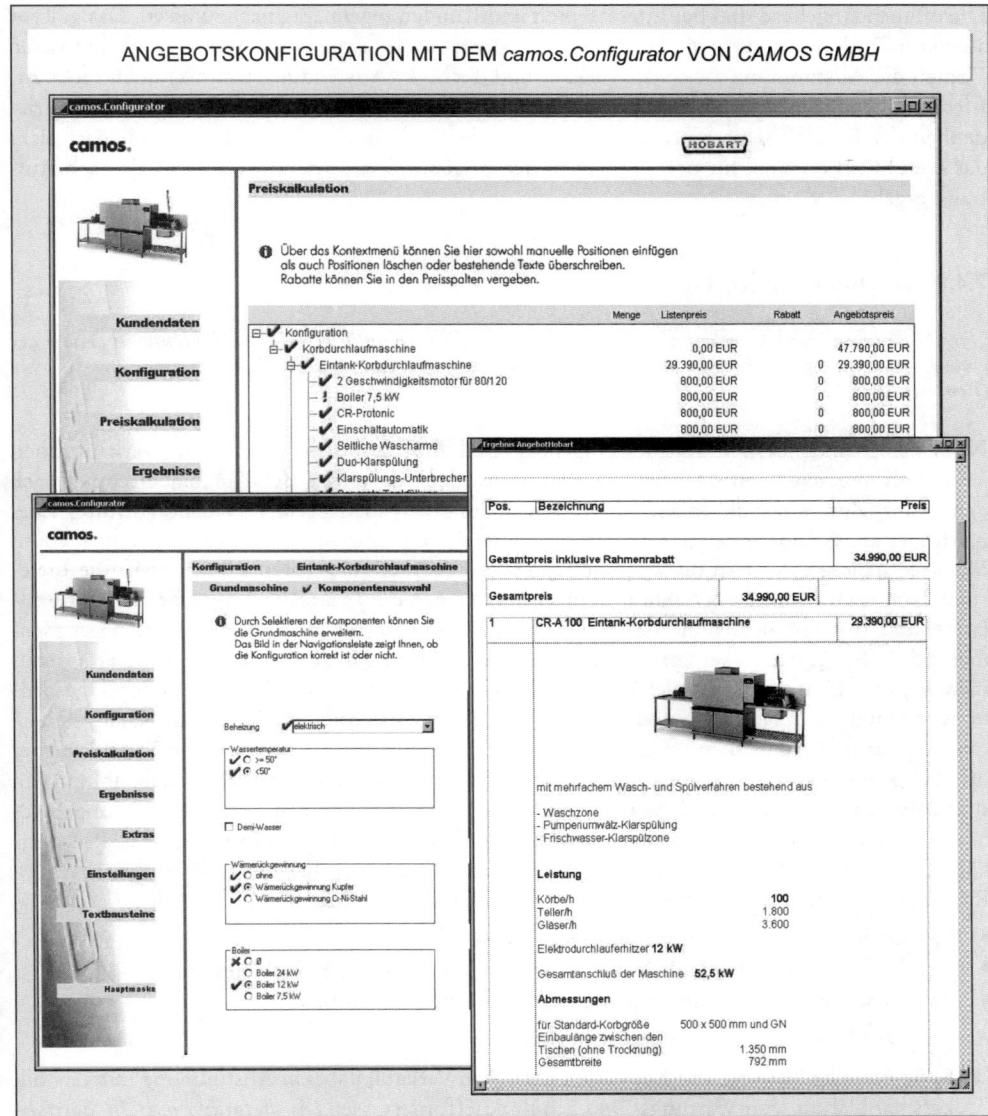

Abb. 283: Konfiguratorgestützte Angebotserstellung / camos.Configurator der camos GmbH

- dezentrale Angebotserfassung im Außendienst, wenn keine Auftragsverwaltung zur Verfügung steht,
- Angebote in Fremdsprache und Fremdwährungen.

Die Gestaltungsmöglichkeiten der *MS-Office* Software werden auf diese Weise mit den Möglichkeiten einer **datenbankorientierten Artikelverwaltung** kombiniert. So nutzen CRM/CAS-Systeme die erheblichen Kostensenkungsreserven aus, die bei vielen Unternehmen noch immer in der Auftragsabwicklung stecken.

Die offenen Angebote sind bei Interessenten und Kunden regelmäßig nachzufassen. Das gilt vor allem für Testkunden, die neue Produkte oder Muster in der Erprobung haben. Hier ist in vielen Firmen die Abstimmung zwischen Verkauf und Technik (Anwendungstechnik) noch nicht zufriedenstellend. Eine Auftragsnachbetreuung sollte ausdrücklich die Ziele verfolgen, die Zufriedenheit der Kunden sicherzustellen und die Kundenbindung zu stärken. Der Kunde darf nicht das Gefühl bekommen, für den Verkauf in der Angebotsphase wichtiger zu sein als nach Auftragsvergabe.

7.4.9. Nachbetreuung/Follow-up

„Firmen, die ihre Kunden verlieren, geben meist allen möglichen Einflüssen die Schuld. Häufig ist es aber der einfachen Tatsache zuzuschreiben, dass sie ihre Kunden nach dem Kauf buchstäblich vergessen."
(Rentzsch 1999, S. 56)

Nach dem Kundenbesuch und der Angebots- und Auftragsbearbeitung ist die Verkaufsarbeit keinesfalls abgeschlossen. Der SalesCycle umfasst auch die Phase der Kundenbetreuung nach dem Kauf. Zum einen fallen vielfältige Abwicklungsaufgaben bei der **Nachbearbeitung eines Auftrages** an. Gerade in technischen Branchen sind Außendienstmitarbeiter und Key Account Manager ständig gefordert, bis die Kaufobjekte zur Auslieferung bereit stehen. Trifft die Lieferung dann nach Auftragsabwicklung beim Kunden ein, kann es zu Rückfragen bezüglich Installation und In-Gebrauchnahme des Kaufobjektes kommen. Nicht immer stehen dem Außendienst dann Servicetechniker zur Verfügung. Nicht selten sind in der Praxis auch Kontaktaufnahmen wegen Über- oder Unterlieferungen erforderlich. Auch Nachorder sind an der Tagesordnung, wenn der Einkauf des Kunden einmal wieder zu vorsichtig disponiert hat. Nachorder erfreuen zwar den Außendienstmitarbeiter. Der Kunde wünscht die zusätzlichen Produkte aber oft in engem Zeitabstand zu einer Hauptlieferung. Die betriebsinternen Lieferzeitabstimmungen sind dann zeitraubend. Auch Kundenbeanstandungen, Reklamationen oder Rücksendungen gehören zur Nachbetreuung; normalerweise unter starker Beteiligung des Innendienstes. Problemfälle dieser Art werden im Rahmen des Beschwerdemanagement behandelt (s. Abschnitt 8.11.). Eine systematische Nachbetreuung verfolgt deshalb folgende Ziele:

* Sie lässt den Faden der **Kundennähe** nicht abreißen.
* Sie schafft **Kundenzufriedenheit** durch Problemlösungen in der Nachkaufphase.
* Sie verstärkt die **Kundenbindung** (vgl. *Rentzsch* 1999, S. 58–59).

Rentzsch strukturiert die Bindungsmöglichkeiten wie folgt:

(1) **Systematische Planung von Kontakten nach dem Verkauf,** dabei in Abstimmung mit Technik ggfs. Abklärung von Wartungs- und Schulungserfordernissen (*Auslieferung o.k? In-Betriebnahme und Funktionsweise erwartungsgemäß?*),

(2) **grundsätzliches Abfragen von Resultaten (Zufriedenheiten),** die der Kunde mit dem gekauften Produkt erzielt,

(3) **Vereinbaren jährlicher Situationsgespräche** mit dem Kunden (*Alles o.k.? Folgebedarf im nächsten Jahr? Neue Projekte? Lagerhaltung?*),

(4) **Binden des Kunden** (Steigerung der Loyalität) durch **persönliche Aufmerksamkeiten** (*Zusenden von Fachartikeln, Einladungen zu Fachtagungen und Schulungen, Festtagsgrüße, Glückwünsche zum Jubiläum etc.*) und Absprache kontakterhaltender Maßnahmen.

Die **Follow-up Maßnahmen** sind vom Kundenbetreuer einerseits fallweise auf die Kundenprobleme und -bedürfnisse auszurichten. Andererseits ist es Aufgabe des Marketingservice, die

Kundenbeziehungen im Rahmen **systematischer Kundenbindungsprogramme** lebendig zu halten (s. Abschnitt 8.9.). Diese Programme werden oft nach Kundensegmenten (Prioritäten) differenziert.

Der **After-Sales-Service** enthält allerdings die Gefahr einer **Servicekosten-Falle** (vgl. *Schmengler* 1999, S. 557 unter Bezug auf *Engelhardt/Reckenfelderbäumer*). Der Kunde muss Serviceleistungen nämlich als nutzensteigernd empfinden. Sonst werden kostentreibende Leistungen angeboten, die von ihm **weder gewünscht, noch bemerkt, noch geschätzt, noch willig bezahlt** werden. Schließlich ist es die **Kundenbindung**, die durch Nachbetreuungsmaßnahmen gestärkt werden soll.

Diejenigen Anbieter erringen Vorteilspositionen, denen es gelingt, **aus kostenlosen Serviceleistungen** in der After-Sales-Phase **kostenpflichtige Dienstleistungen** zu machen (vgl. *Winkelmann* 2003, S. 221). Dazu werden Dienstleistungen i.d.R. in Modulen angeboten, aus denen sich ein Kunde seinen Bedarf individuell zusammenstellt. Das bedeutet: In schlagkräftigen Vertriebsorganisationen wird der Außendienstmitarbeiter nach Verkauf des eigentlichen Produktes als Dienstleistungsverkäufer tätig.

7.4.10. Folgebedarfs-Management

„Nach dem Verkauf ist vor dem Verkauf" *(Marzian, ASW 10/1999, S. 75).*

Eine Nachkaufphase sollte nicht nur durch Marketingmaßnahmen zur Kundenpflege geprägt sein. Die Nachbetreuung darf das Verkaufen nicht vergessen. *„Ein Wunsch (ein Kauf) bekommt oft Junge".* Außerdem altern die Produkte, so dass jede Nachkauf-Betreuung irgendwann wieder in eine Kaufvorbereitung umschlägt. Diese Umsatzchancen sollten systematisch beobachtet und genutzt werden. Ansatzpunkte für Neu- und Folgekäufe ergeben sich durch

(1) **Leistungsarrondierung:** So möchte ein Kunde seinen PC von Zeit zu Zeit durch Modem, bessere Grafikkarte, Scanner, Spielkonsole etc. ausbauen.

(2) **Dienstleistungsarrondierung:** Nicht ohne Hintergedanken weisen die Automobilhersteller auf fehlende Garantieansprüche hin, wenn Reparatur und Wartung nicht mit freigegebenen Ersatzteilen durchgeführt werden. Ist das Auto erst gekauft, gilt es, den Käufer als Dienstleistungskunden zu gewinnen.

(3) **Share-of-Wallet-Arrondierung:** Ein Einstieg zu Niedrigpreisen bei einem Großabnehmer in einem Randbereich des eigenen Programms wird zum Ausgangspunkt für eine Angebotsausweitung genommen (**Brückenkopfstrategie**).

(4) **Cross-Selling-Arrondierung:** Dabei können dann in der Nachkaufphase auch Synergieprodukte aus affinen Sortimenten angeboten werden, die technisch in besonders guter Weise zum eigenen Angebot passen und dadurch die Kundenbindung erhöhen.

(5) **Up-Selling-Arrondierung:** In der Nachkaufphase wird dem Kunden ein Austausch von höherwertigen Komponenten angeboten, die die Gesamtleistung seiner Maschine oder Anlage erhöhen.

(6) **Ersatzbedarf-Anstoß:** Konsumelektronik, Computer, Handys, Telefone – diese Produkte weisen nur noch Lebenszyklen von 2 bis 3 Jahren auf. Der Handel würde gut daran tun, Namen und Adressen der gut situierten und kaufkraftstärkeren Kunden vorzumerken. Besonders im technischen Geschäft und im Gebrauchsgüterbereich lohnt sich die Datenhaltung über Alter und Zustand der technischen Ausrüstungen der Kunden. Ein Außendienstmitarbeiter, der einen Industriekunden rechtzeitig darauf anspricht, dass dessen Fabrikheizung den nächsten kalten Winter nicht überstehen wird, sollte gute Auftragschancen haben.

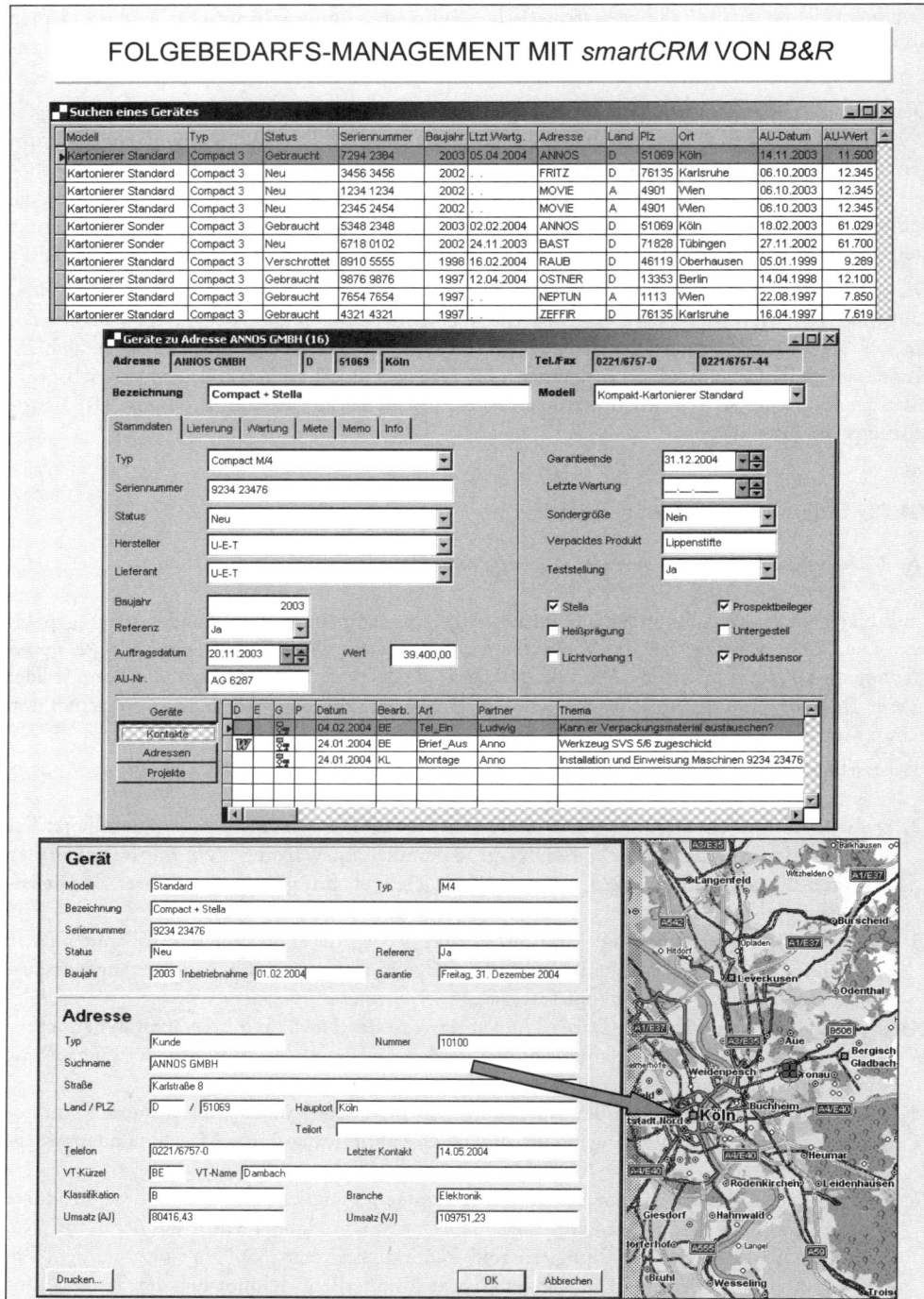

Abb. 284: Beispiel für ein Folgebedarfs-Management / System smartCRM der B&R GmbH

Angesichts der Fülle der Akquisitionsmöglichkeiten kommt es darauf an, die **Folgebedarfserkennung** und eine entsprechende **Kundenansprache** zu automatisieren. Die Literatur geht auf dieses Thema erstaunlicherweise wenig ein. Immerhin steckt eine erhebliche Attraktivität in einem Angebot, durch das ein Kunde ein paar Jahre nach der Anschaffung zu einem besonders günstigen Preis auf die neueste Technologie springen kann. Er wird es schätzen, wenn das neue Angebote dann exakt auf die bestehende Produktanwendung ausgerichtet ist (*„Aus genau diesen Gründen ist jetzt in Ihrem Fall der beste Zeitpunkt zum Wechsel."*).

Das CRM-Programm *smartCRM* von *B&R* unterstützt den Anwender dabei, die bei den Kunden installierten Verkaufsobjekte systematisch zu beobachten. Für die installierten Ausrüstungen werden die Kauf- und Wartungsverträge (**Kontrakt-Management**), Kundendienstprotokolle, etc. vorgehalten. Der obere Teil der Abb. 284 zeigt, wie der **schnelle Überblick über alle Installationen** einer Verpackungsmaschine, bei denen wegen Ersatzbedarf nachzufassen ist, gewahrt bleibt.

Die Akquisitionsstrategie bei den Bestandskunden kann den Wiederbeschaffungszyklen angepasst werden. Zu jedem Produkt besteht eine **Geräteakte** (s. mittlere Maske der Abb. 284). Dort werden die technischen Daten und Angaben zu Leasing-, Miet- oder Wartungsverträgen, Baujahr, Referenzen etc. nachgehalten. Die Kundendienstkontakte zu den Geräten werden vom System verfolgt. So erhält der Anwender mit der Zeit eine Übersicht der Reparatur- und Wartungseinsätze.

Komfortable **Suchabfragen** helfen, alle Kunden zu selektieren, deren Leasingverträge auslaufen oder deren Maschinen ein gewisses Alter erreicht haben und zum Ersatz anstehen. Das Marketing profitiert von *smartCRM*, indem alle Besitzer eines bestimmten Maschinentyps zur Präsentation einer neuen Maschinengeneration eingeladen werden können. Oder der Hersteller oder Händler verschickt an die richtige Zielgruppe die technisch passenden Mailings. Die Serienbrieffunktion fügt die individuellen Kunden- und Maschinendaten in die Anschreiben ein.

Einen bemerkenswerten **Zusatznutzen** bietet die Verknüpfung von *smartCRM* mit *map&guide*. Die Gerätestandorte werden auf Landkarten visualisiert. Gibt es im Raum Köln eine Kartoniermaschine vom Typ *Compact + Stella*? Der untere Teil der Abb. 284 liefert die Antwort nebst GIS-Visualisierung.

Doch auch bei akribischem Nachhalten der laufenden Kontrakte und Wartungsverträge mit deren Fälligkeiten kann man sich eines Folgekaufs des Kunden immer weniger sicher sein. Prüfnormen und schleichende Produktstandardisierung schwächen die Kundenbindung. Nicht immer ist es notwendig und auch ratsam, Nachfassaktionen bezüglich Folgebedarf mittels Außendienstbesuchen vorzunehmen. Aus Kostengründen gewinnen die Techniken des unpersönlichen Verkaufs (Direktmarketing) zunehmend an Bedeutung.

7.5. Akquisitionsstrategie II: Der nicht-persönliche Verkauf

7.5.1. Telefonverkauf

a.) *Externe Call-Center (Solution-Center) zur Vertriebsunterstützung*

„Sehen sie es doch einmal so: Wie viele Anrufe brachen ab, noch bevor sie an den zuständigen Verkäufer durchgestellt wurden? Wie viele Kunden haben mit 6 verschiedenen Abteilungen gesprochen, ehe sie an einen kompetenten Ansprechpartner gerieten? Wie viele Kundenservice-Mitarbeiter können während eines solchen Telefongesprächs mit dem Kunden auf die aktuellen Kundendaten Zugriff nehmen? Wie viele Kommentare von Seiten Ihrer Kunden werden als Feedback an die Abteilung Produktentwicklung weitergegeben?"
(S1 Deutschland – vormals POINT Informations Systeme, Solutions for the Customer Interaction, S. 3)

Auf diese Fragen gibt die Volksfürsorge-Versicherung eine Antwort:

- *Ohne Call-Center konnten 25 % aller Anrufe trotz leistungsfähiger klassischer Telefonanlage nicht entgegengenommen werden.*
- *15 % aller Anrufe mussten mindestens dreimal weiterverbunden werden, bis der kompetente Ansprechpartner gefunden war.*
- *Kunden riefen sowohl im Call-Center wie auch in der Zentrale an und verursachten dadurch einen enormen Koordinationsaufwand.*

(vgl. o.V., VLS-Brief Nr. 691, S. 1–2)

Im Zuge von Personalabbau in den Verkaufsabteilungen wächst der Markt der externen Call-Center unablässig weiter (vgl. *Wiencke/Koke* 1999, S. 13). In 2.800 Call-Centern in Deutschland stehen täglich 184.000 AgentInnen (lt. *Datamonitor* 2004) in einem Dialog mit Interessenten und Kunden. Das jährliche Branchenwachstum wird vom *Call-Center-Forum-Deutschland (CCF)* auf ca. 30 Prozent geschätzt. Ein Telefonkontakt weist zwar nicht die persönliche Nähe eines Außendienstbesuches, wohl aber dessen situative Interaktivität. Nr. 1 im deutschen Call-Center-Geschäft ist lt. *Call Center Profi 2004* die *arvato direct services* mit 3.350 Arbeitsplätzen und 32,8 Mio. Euro Umsatz im Jahr 2003. Immer mehr Unternehmen nutzen Telemarketing, um

- Innendienst- und Außendienstmitarbeiter zu entlasten,
- Innendienstaufgaben an externe Dienstleister zu übergeben,
- Marketingaufgaben (Kampagnen) extern mit einer Effizienz wahrnehmen zu lassen, die mit internen Ressourcen kaum zu erreichen wäre,
- dem Verkauf mehr verkaufsfördernde Unterstützung zukommen zu lassen
- oder den eigenen Verkauf teilweise oder sogar ganz zu ersetzen.
- Neben den (1) Marketingaufgaben und der (2) Vertriebsunterstützung gibt es noch den (3) originären Telefonverkauf für Institutionen ohne Außendienst (Verkauf von Theaterkarten, Strom- oder Handytarifen, Versandhandelsverkauf etc.).

Alle denkbaren Marketing- und Vertriebsaufgaben eines Call-Centers aufzuzeigen, würde hier den Rahmen sprengen. Abb. 285 zeigt Aufgabenschwerpunkte, die im Sinne dieses Vertriebsbuches weniger das klassische Direktmarketing als vielmehr die Verkaufsunterstützung und den Telefonverkauf betreffen.

Telefonmarketing hat seinen Preis: Im Schnitt zwischen 4 bis 7 Euro für ein Akquise-Call, ca. 6 bis 8 Euro pro Hotline-Call (beratungsintensiver) oder 3 bis 5 Euro für eine Adressenqualifizierung. **Inbound-Aktionen** (reaktives Call-Center: Entgegennahme von Anrufen) sind im Schnitt preiswerter als **Outbound-Aktionen** (aktives Call-Center: gezielte Kundenansprache mit besonderen Erfolgszielsetzungen). Bei größeren Kampagnen wird oft nicht nach Calls sondern in festen Margen abgerechnet.

Der **Trend** geht dahin, den Einsatz von externen Call-Centern

- **nicht mehr als einmalige Aktionen**, wie z.B. zur einmaligen Bereinigung von Adressbeständen, vorzusehen,
- **nicht mehr nur sporadisch**, d.h. nur im Rahmen von Kampagnen, einzuplanen (s. Abschnitt 8.3.),
- sondern Telefonmarketing zur **dauerhaften Marketing- und Vertriebsunterstützung** in die eigene Vertriebssteuerung einzubinden. Alle modernen CRM/CAS-Systeme sollten den Anwendern diese Verbindungsbrücke anbieten.
- Wegen der hohen Besuchskosten im Außendienst könnte ein weiterer Trend zu einer **tageweisen Mitarbeit der Außendienstmitarbeiter** im Call-Center führen. Es gibt Unternehmen, in denen Verkäufer an rotierenden Besuchstagen ihre Kunden besuchen, an den anderen Wochentagen dagegen ihre Kunden vom Telefon aus betreuen (vgl. *o.V.*, acquisa 5/2000, S. 50).

CALL-CENTER-EINSATZ IN MARKETING UND VERTRIEB			
Marketinganalyse	Marketingaktionen	Verkaufsunterstützung	Aktiver Telefonverkauf
• Konsumentenbefragungen • Unternehmensbefragungen • Zufriedenheitsbefragungen bei Kunden • Händlerbefragungen	• Einladungen zu Events • Dialog-Marketing • Vereinbarung von Broschürenversand via Letter Shop • Gewinnspiele • Clubbetreuung • Promotion-Kampagnen • Kundenbindungsprogramme • After-Sales Service	• Allg. Kundenberatung • Hotline-Dienste • Interessentenansprache (Akquisition) • Lead-Qualifizierung • Bedarfsklärungen • Schnelle Verteilung von Call-Informationen an Außendienst • Nachfass-Aktionen • Inkassoaufgaben • Mahnwesen • Beschwerde-Management • Backoffice-Funktionen (Übernahme von allgemeinen Innendienstaufgaben) • Händlerbetreuung	• Theaterkarten • Konzertkarten • Clubkarten • Mitgliedschaften • Dienstleistungen (z.B. Stromverträge) • Abonnements • Auftragsannahme für standardisierte Produkte • Kleinkundenverkauf, C-Kunden-Betreuung • Ersatzteilverkauf, Ersatzteilnotdienst

Abb. 285: Die Aufgabenschwerpunkte eines Call-Centers

Ratsam ist dies vor allem beim Verkauf von weniger erklärungsbedürftigen Produkten und bei der Betreuung von Händlerorganisationen. Die Besuchskosten lassen sich eindämmen, die Kontakthäufigkeiten gleichzeitig erhöhen.

Zu beachten sind jedoch verschärfte Bedingungen des **Gesetztes gegen den unlauteren Wettbewerb** (UWG). Sie sind seit 8.7.2004 in Kraft. Danach dürfen Verbraucher nicht ohne eine vorab ausdrücklich erklärte Einwilligung zu Werbezwecken telefonisch wie auch per eMail oder Fax kontaktiert werden. Etwas leichter hat es der Telefonverkauf in BtoB. Hier reicht eine interpretationsfähige, mutmaßliche Einwilligung (früher Einverständnis) für eine Kontaktaufnahme.

Für ein leistungsfähiges Call-Center gelten 30 Agenten als Untergrenze. Ein großes Call-Center, wie z.B. das der *E.ON Vertriebsgesellschaft* in Landshut,

- kann in Stoßzeiten bis zu 2.000 Gespräche pro Stunde aufnehmen,
- hat eine permanente Verarbeitungsrate von 600 Gesprächen,
- verfügt über 210 Anschlüsse für Agenten und Endgeräte,
- nimmt statistische Auswertungen und Verdichtungen von Management-Informationen aus 250.000 Gesprächen vor,
- verfügt über Schnittstellen zu Netzwerk, Internet, zahlreichen CRM-Systemen und zu *SAP*-Abrechnungssystemen R2/R3 und *RIVA*.

Was manchem Innendienst noch Angstvorstellungen verursachen mag, ist für ein Call-Center wie *E.ON* bereits Alltag: die **totale Automatisierung aller Bearbeitungsvorgänge**. Eine **ACD-Anlage (Automatic Call Distribution)** garantiert eine definierte Kundenzufriedenheit auf der einen Seite (**Servicevorgabe** 80/20-Servicelevel, d.h.: 80 % aller Anrufe werden innerhalb von 20 Sekunden angenommen) und eine **kostenoptimale Auslastung der Agenten** auf der anderen Seite.

Ein Beispiel aus England zeigt, wie ein **virtuelles Call-Center** als Bestandteil einer umfassenden CRM-Strategie maßgeblichen Einfluss auf den Unternehmenserfolg hat. Der englische Krankenversicherer *BUPA* ist mit fast 4 Millionen Mitgliedern in 190 Ländern tätig. Nach Marktanteilsverlusten in UK Anfang der 90er Jahre sollten ab 1996 mit Hilfe von CRM Marketing und Vertrieb neu ausgerichtet werden. Im Mittelpunkt steht eine Solution-Center-Plattform von *S1*. Folgende Aufgaben waren zu bewältigen:

- Etablierung des Telefons als Primärmedium für den Kundenkontakt,
- Aufbau eines virtuellen Call-Center,
- Unterstützung der Call-Center-Mitarbeiter durch ein leicht zu nutzendes System, das einen konsistenten Vertriebsablauf, einen einheitlichen Blick auf alle Kundenkontakte und eine schnelle Angebotserstellung ermöglicht (Integration des CRM-Systems mit neun einsatzkritischen Vorläufersystemen!),
- Umsatzsteigerung durch den flexiblen Einsatz der Mitarbeiter, angepasst an die geänderten Marktbedingungen,
- Aufbau einer integrierten Datenbank potenzieller Kunden für die Markt-/Produktsegmentierung,
- Aufbau einer Plattform für zukünftige Produkte und Leistungen (flexible CRM-Infrastruktur, um Wandel des Unternehmensangebots relativ problemlos zu unterstützen).

Das *S1*-CRM-System ermöglicht nahtlose Schnittstellen zwischen Kontaktcenter und Web-Site sowie anderen Back-Office-Systemen wie z.B. Angebotskonfiguatoren oder Risikoanalyse-Bausteinen. Nach Abschluss der Pilotphase nahm das *BUPA* Kundenkontakt-Center im Sommer 2000 seinen Betrieb auf. Im Januar 2001 wurde ein weiteres Modul ergänzt, das Makler und selbstständige Versicherungsberater im Außendienst mit einer web-basierten Vertriebsunterstützung einschließt. Mittlerweile nutzen 400 *BUPA*-Mitarbeiter das CRM-System. Der gesamte Vertriebskreislauf wird darüber gesteuert – von der Interessentengewinnung und -zuteilung über die Bedarfsanalyse und Registrierung bis hin zum Abschluss. Die *S1* CRM-Lösung unterstützt eingehende Anrufe von Stammkunden und Neukunden, erlaubt die Bearbeitung von Anfragen zum bestehenden Versicherungsschutz ebenso wie von Fragen zu neuen Produkten. Im Sinne von CRM steuert das *S1-System* auch die Outbound-Kampagnen. Die Leistung des Kontakt-Center hat sich in fünf Schlüsselbereichen signifikant verbessert:

- Die Schulungszeit für neue Berater ist von 4–6 Wochen auf 1 Woche gesunken.
- Produktweiterentwicklungen stehen den Call-Center-Agenten, dem Vertriebsaußendienst sowie Maklern und Kunden auf der *BUPA*-Web-Site stets aktuell zur Verfügung.
- Auch das Cross-Selling ist dadurch wesentlich leichter geworden, da der einheitliche Blick auf den Kunden Beständigkeit ermöglicht und dem Kunden vermittelt, dass die *BUPA* ihn als Einzelperson kennt und versteht.
- Die Verkaufsberater benötigen zur Auftragsbearbeitung nur noch eine Woche, gegenüber 3–4 Wochen in der Vergangenheit.
- Rufdauern und Fehlerzahlen wurden deutlich verringert.
- Die Arbeitszufriedenheit der Mitarbeiter ist gestiegen; mit der Folge einer geringeren Personalfluktuation.

Auch **kleine und mittelgroße Unternehmen** können von den Möglichkeiten der großzahligen Kundenansprache und von der 24-Stunden-Verfügbarkeit eines externen Call-Center profitieren. So bietet z.B. ein kleineres Call-Center, die *STM – Strecker Telefon-Marketing + Büro Schünemann*, Böblingen, einem BtoB-Anbieter Verkaufsunterstützung für den Direktverkauf von Systembauteilen. Der Auftraggeber ist ein Metallbauunternehmen, das die entwickelten Systembauteile in Fertigbauten vertrieb. Diese Systembauteile sollen nun anderen Metallbauern bzw. Schlossern zugänglich gemacht werden. Ein Außendienst mit entsprechenden Kontakten bestand nicht. Erfahrungen im Direktvertrieb in diesem Bereich gab es ebenfalls nicht.

Folgende Vorgaben wurden erarbeitet:

- Das Adresspotenzial beträgt deutschlandweit 14.000. Das Call-Center selektiert diese Adressen in eigener Regie.
- Die Adressaten sollten mit ca. 850 Calls täglich kontaktet werden.

Folgende Resultate wurden erzielt: 670 Nettokontakte pro Tag plus Versand von 300 Prospekten pro Tag. Sieben Agents wurden hierzu intensiv auf das Produkt und die zielgruppenadäquate Ansprache geschult. Ein CRM-System lieferte die Adressen, die von den Agents mit allen notwendigen Kontaktdaten angereicht wurde. Der Prospektversand erfolgte durch das Back-Office des Call-Centers. Umgerechnet betrugen die Kosten in der Anfangszeit ca. 6,20 Euro pro Adressat.

Bereits im ersten Monat nach Start der Aktion wurde ein Inbound-Arbeitsplatz eingerichtet, um die eingehenden telefonischen Bestellungen entgegen zu nehmen. Monatlich gingen ca. 10.000 Bestellungen ein. Die CRM-Software wurde an das Warenwirtschaftssystem des Auftraggebers angebunden, damit die Agenten den aktuellen Lager- und Bestellbestand einsehen konnten. Nach einer Laufzeit von acht Monaten verfügte der Auftraggeber über 1.100 Neukunden. Adressaten, die nicht als Kunden gewonnen waren, wurden weiter regelmäßig telefonisch über Produktneuigkeiten informiert, so dass der Neukundenbestand nach und nach wuchs.

Der schnelle Erfolg schaffte zunächst auf Seiten des Auftraggebers Lieferengpässe, so dass zusätzlich ein Beschwerdemanagement einzurichten war. Die Agenten avancierten zu Innendienst- und Direktverkäufern. Die Produktion konnte nach und nach ausgebaut werden, so dass eine laufende verkaufsfördernde Telefonie sowohl mit Outbound-Gesprächen (Kundenbetreuung, After-Sales-Service, Kundenzufriedenheitsanalysen, Produktangebote, weiterhin Kundengewinnung) als auch mit Inbound-Gesprächen (Informationen über Einsatz der Systembauteile, deren Produkteigenschaften, Reklamationen, Bestellentgegennahme) entwickelt und umgesetzt wurde.

Damit haben beide – Auftraggeber Metallbauunternehmen als auch das Call-Center – eine für den Verkauf optimale Verkaufssymbiose erreicht. Das Call-Center operiert als Kundenkontaktcenter für den Auftraggeber und kann dessen Personalkosten niedrig halten. Auf der anderen Seite wurden neue Arbeitsplätze im Call-Center geschaffen. Interessant: Das eingesetzte CRM entwickelte sich zu einem Wissenscenter, das alle verkaufs- und abwicklungsrelevanten Daten bei Telefonaten und Arbeitsvorgängen aktuell zur Verfügung stellt.

Dies waren Praxisbeispiele für Telemarketing im großen und im mittelständischen Stil. Abb. 286 ist als Arbeitsanleitung zu verstehen, wie Call-Center zur C-Kundenbetreuung bei mittelständischen BtoB-Unternehmen eingerichtet werden können. In diesem Bereich sehen wir noch ein enormes Potenzial. Das Beispiel ist gleichermaßen für externe wie auch interne Call-Center anwendbar.

b.) CRM-gestützte Inhouse-Lösungen

Gerade mittelständische Unternehmen können oder wollen sich häufig kein externes Call-Center leisten. Für sie gelten aber bei der Kundenbetreuung die gleichen Anforderungen wie bei Großkonzernen. Daher suchen sie nach Wegen, wie sie die Prozeduren professioneller Call-Center in ihre tägliche Vertriebssteuerung übertragen können. Die CRM-Anbieter haben sich auf diese Entwicklung eingestellt und bieten im Rahmen ihrer Systeme professionelle Call-Center-

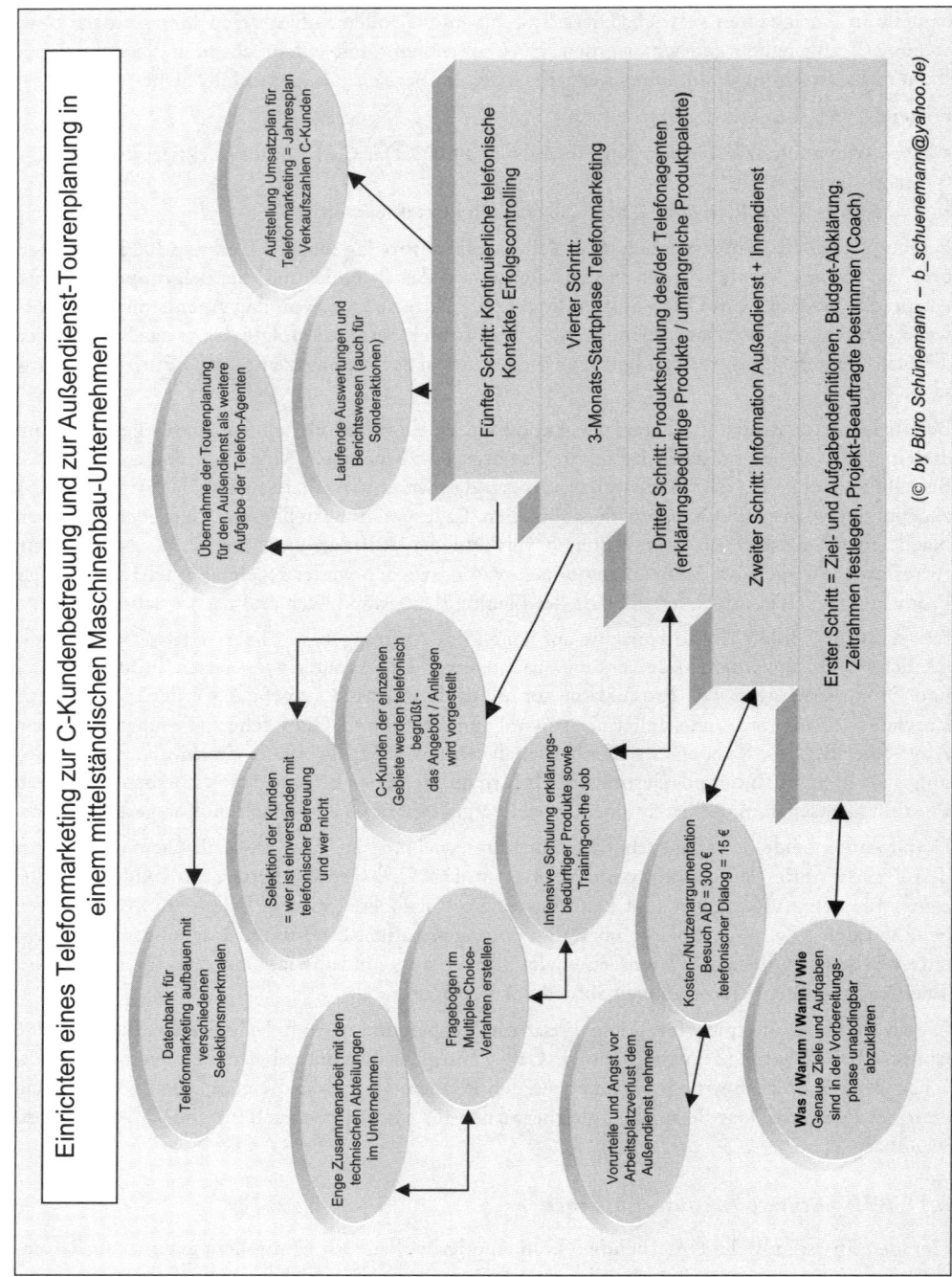

Abb. 286: Einrichtung eines Telefonmarketing zur C-Kundenbetreuung

Module an. Jeder Mitarbeiter im Unternehmen kann den Telefonanruf eines Kunden annehmen. Das System ruft die Adressdaten des Anrufenden auf und öffnet sofort die in der Database gespeicherte Kundenakte. Die Anfrage bzw. das Problem des Kunden wird am Bildschirm protokolliert. Per Knopfdruck wird die aktualisierte Kundenakte dann mitsamt dem Telefonat an den richtigen Ansprechpartner im Unternehmen übergeben. Dieser kann sich ohne Unterbrechung oder Gesprächswiederholung weiter um den Kunden kümmern.

Durch eine CRM-Call-Center-Lösung ist Kundenzufriedenheit aber keinesfalls garantiert. Viel Training und Förderung sind erforderlich, damit sich die eigenen MitarbeiterInnen am Telefon so verhalten wie professionell ausgebildete externe Agenten. Call-Center-Tätigkeit erfordert immer auch akquisitorisches Geschick. Es ist nicht der richtige Weg, Innendienst-MitarbeiterbeiterInnen, die infolge von Rationalisierungsmaßnahmen andere Aufgaben erhalten sollen, von heute auf morgen Call-Center-Aufgaben zuzuweisen. Wichtige Empfehlungen, was im Telefonmarketing generell und beim Inbound-Marketing speziell zu beachten ist, sind in Abb. 287 aufgeführt (vgl. zu weiteren Empfehlungen *Winkelmann* 2003, S. 453–455).

c.) Vom Call-Center zum virtuellen Customer-Care-Center

Erreicht der Kunde bei einer telefonischen Bestellung beim Büroartikelversender Viking nicht die Verkaufsabteilung, dann steuert der Anruf den nächst verfügbaren Mitarbeiter an. Sogar die Buchhaltung ist in der Auftragsannahme geschult. Der Kundenkontakt ist nicht mehr Monopol des Verkaufs.

Das klassische Call-Center entwickelt sich weiter. Ein Trend geht zum **virtuellen Service-Center** bzw. zum **Customer-Care-Center** (vgl. *www.dtms.de*). Das Call-Center bildet keine geschlosse-

INBOUND CALLS IM KUNDENMANAGEMENT	
Formale Gesprächsführung	*Persönliche Gesprächsführung*
⇨ Meldeformel bei Gesprächsbeginn ⇨ Ansprache mit Namen ⇨ Aktives Zuhören ⇨ Formel bei Gesprächsende ⇨ Sicherheit in der Grammatik ⇨ Satzaufbau ⇨ Flüssiges Sprechen ⇨ Souveräner Umgang mit Beschwerden ⇨ Aktives Erfragen des Anliegens des Anrufers	*PERSÖNLICHE EIGENSCHAFTEN:* ⇨ Angenehme Stimme ⇨ Gute Aussprache ⇨ Nonverbales Verhalten ⇨ Flexibilität und Spontaneität im Gespräch *SPRACHLICHES AUSDRUCKSVERHALTEN:* ⇨ Positive Formulierungen ⇨ Verbindlichkeit ⇨ Wenig Füllwörter ⇨ Angenehme Lautstärke ⇨ Mittlere Sprechgeschwindigkeit ⇨ Stimm-Modulation und Dynamik
Anforderungen an die inhaltliche Gesprächsführung	*Basis-Gesprächstechniken*
⇨ Informationsqualität ⇨ Ausreichende Fachliche Kompetenz ⇨ Verständliche Vermittlung der Information ⇨ Aktive Beratung ⇨ Gute Repräsentation des Anbieters ⇨ Guter Überblick über das eigene Angebot ⇨ Guter Überblick über die eigenen Verkaufsunterlagen	⇨ Der richtige Ton am Telefon ⇨ Wirkung von Gestik und Mimik ⇨ Die professionelle Begrüßung ⇨ Entgegennahme und Weiterverbinden eines Telefonates ⇨ Kundenorientiertes Formulieren ⇨ Wer fragt, (ver)führt ⇨ Vermeidung von Reiz- und Negativformulierungen ⇨ Das verbindliche Beenden eines Telefonates
(Quelle: Fachverband für Energie-Marketing und -Anwendung (HEA) e. V.)	

Abb. 287: Empfehlungen zum Inbound-Telefonmarketing

ne organisatorische Einheit mehr, sondern verteilt sich nach dem **Kompetenzprinzip** über die gesamte Unternehmung und ihre Abteilungen. Die Zukunft bringt eine immer engere Vernetzung von Call-Center, eCommerce und Handy-Anbindung des Außendienstes einerseits und immer mehr Kaufmöglichkeiten durch standortungebunde webfähige Endgeräte für den Kunden (Pervaisive Computing, mobile Business) andererseits. Folglich werden immer mehr Beratungs- und Verkaufsanforderungen an Call-Center gestellt. Der Kunde soll nicht angerufen, sondern betreut werden. Abb. 288 gibt einen Überblick über die Entwicklungsrichtungen.

CRM- und Telekommunikations-Anbieter stellen hierzu **CTI-Module** bereit (**Computer Telephony Integration**). Werden in herkömmlichen CT-Call-Centern eigenständige Telefonanlagen (Hardware) und PC-Steuerungen noch durch Middleware-Software miteinander verbunden, so wird bei CTI-Anlagen die Telefonapplikation vollständig auf den Rechner übertragen. Die Abkehr von Telefonanlagen und der „labyrinthischen Verkabelungen" ist praktisch schon vollzogen.

Dieser technologische Schritt stellt den Telefonanruf unmittelbar digital steuerbar neben eMail, Fax, Dokumentenmanagementsystem, Workflow, eCommerce-System, ERP etc. Was bedeutet das für den Telefonagenten? Er entwickelt sich zum Dirigenten eines modernen Kommunikationsinstrumentariums weiter. Auf einer einheitlichen technischen Plattform kann der Agent im **Communication-Center** alle Kommunikationsmedien nutzen und verbinden. Sog. **Customer Relationship Portale** überprüfen bei jedem Anruf automatisch, ob der Anrufer via eMail, Außendienst oder Innendienst oder durch Mailingaktionen bereits bekannt ist. Der Telefonagent bekommt bei Entgegennahme des Gesprächs Kundenhistorie, aktuelle Briefwechsel und offene Vorgänge auf den Bildschirm gespielt (vgl. _o. V._, VLS Nr. 691, S. 1–2 mit dem Beispiel des neuen _Volksfürsorge Solution Center_). Das System drängt den Telefonagenten, dem Kunden sogleich Problemlösungen vorzuschlagen. So zeichnet sich ein Trend zu einem operativ tätigen, stark mit dem Kunden interagierenden **Solution-Center** ab. Die fachlichen Problemlösungselemente werden dem Agenten computergestützt vermittelt. Beispielsweise wird während des Telefonats die Wissensdatenbank nach dem Problem-Schlüsselwort durchsucht, bereits bekannte Problemlösungen zusammengestellt und dem Kunden unverzüglich zum Download angeboten. Je mehr Kundenprobleme durch ein derartiges Solution-Center gelöst werden, desto stärker werden der kostspielige Außendienst und das nur noch mit Spezialproblemen befasste Backoffice entlastet. Der Schritt ist dann nicht mehr weit, die Grenzen eines standortgebundenen Solution-Center zu sprengen und alle Verkaufs- und Servicebereiche der Unternehmung zu einem **internetgetragenen Customer-Care-Center** zu vernetzen. Die Virtualität liegt in der ortsübergreifenden **Aufspaltung und Dezentralisierung von Servicefunktionen**. Ist ein herkömmliches Call-Center i.d.R. an einen Ort gebunden (aber bereits separiert von Firmeninnen- und -außendienst), so verteilen sich unter dem virtuellen Dach des virtuellen Solution-Center Verkaufsinnendienst, Kundendienst, Hotline, Call-Center und eCommerce-Dienste über die Zeitzonen des Erdballs (vgl. _Schwetz_ 2000, S. 85). Räumliche und zeitliche Restriktionen sind aufgehoben. Eine CRM-Software sorgt dafür, dass sich der Kunde bei allen Kontakten wie aus einer Hand bedient fühlt. Dieser Service kann nur geboten weden, wenn alle Instanzen auf die gleichen Kundendaten und Prozesse zugreifen können.

Ein Customer-Care-Center ist weit mehr als ein Kontaktinstrument. Es verwirklicht die Philosophie der Kundenorientierung des Marketing. Mit Hilfe von Total Customer Care optimiert z.B. _Schott_ die Effizienzkriterien Zeit, Kosten und Qualität. Darüber hinaus sollen die Kunden _Schott_ als kompetenten, zuverlässigen und auch freundlichen Partner erleben (vgl. _Fahlbusch_ 1998, S. 185–190). **Sechs TCC-Grundsätze** sind hierzu entwickelt worden:

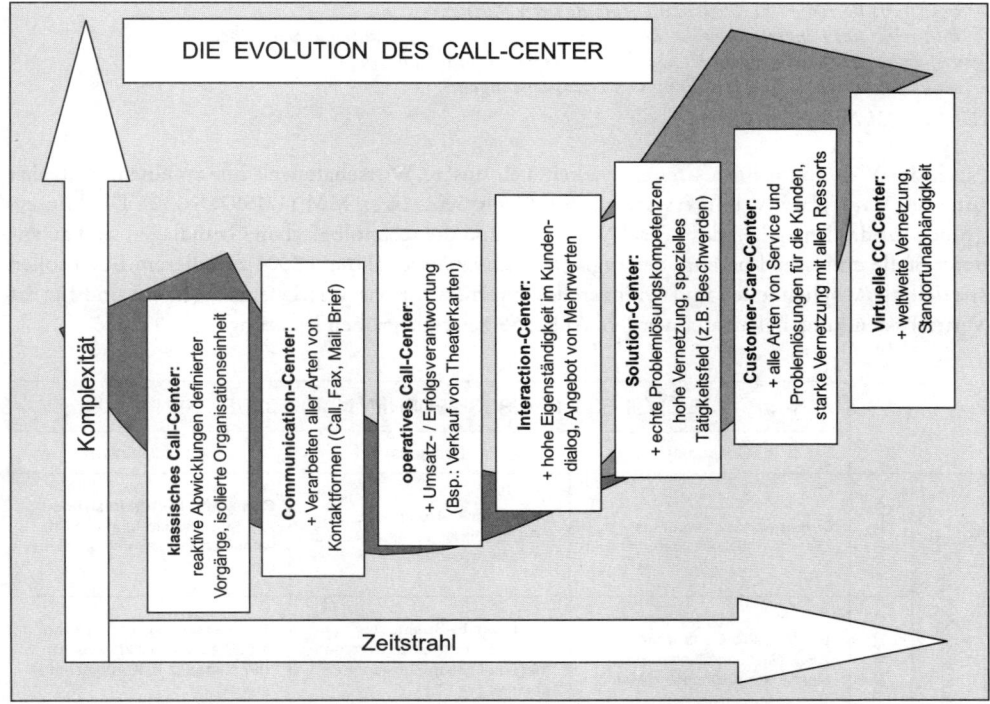

Abb. 288: Vom Call-Center zum virtuellen Customer-Care-Center

(1) **Kunde:** sich an Kundenbedürfnissen orientieren,
(2) **Mitarbeiter:** alle Kollegen einbeziehen,
(3) **Führung:** als Vorbild wirken, miteinander reden,
(4) **Fakten:** messen und sich messen lassen,
(5) **Abläufe:** Verfahren optimieren, Hemmnisse beseitigen,
(6) **Vorsprung:** ständig Verbesserungen verwirklichen.

Der *Axa Colonia Konzern* bedient sich bei seiner Angriffsstrategie gegen die *Allianz* eines Customer-Care-Centers, das mit 250 Mitarbeitern den Knotenpunkt für ein Multi-Channel-Marketing bildet (vgl. *Fösken*, ASW 8/2001, S. 16). Täglich werden 6.500 Vorgänge abgewickelt oder im Sinne eines Customer-Care-Centers mit anderen Stellen koordiniert.

Die Begriffe der Abb. 288 werden in der Praxis durchaus nicht einheitlich verwendet. Unabhängig von den unterschiedlichen Ausprägungsformen gilt aber eine Devise: Ein Customer-Care-Center muss heute auch das **Internet als Kontaktkanal** für den Vertrieb einbeziehen.

7.5.2. Der Vertrieb im Internet: Von eCommerce zu virtuellen Marktplätzen

a.) Die Internet-Revolution im Vertrieb

„Das Internet ist keine Domäne der schillernden „Dot.coms", sondern ein solides Werkzeug, das auch bodenständigen Unternehmen erhebliche Wettbewerbsvorteile bringt. Wer seine Web-Ängste überwindet, erhält zu niedrigen Einstiegskosten einen geldwerten Durchblick. Das elektronische Netz

- *verschafft Betrieben Einblick in die Abläufe ihrer Partner,*
- *hilft selbst der winzigsten Firma, den weltweit günstigsten Lieferanten aufzutreiben,*
- *erspart seinen Nutzern jede Menge Zettelwirtschaft und Bürokratie,*
- *senkt die Kosten für die Erstellung von Dienstleistungen."*

(Fischer, MM 2/2000, S. 162)

Nach der Vision von *Bill Gates* entwickelt sich unsere Wirtschaftswelt hin zu einem **zentralen Internet-Marktplatz** (vgl. Interview mit *Bill Gates: Schwarzer,* MM 11/1997, S. 130). Die Hintergründe für das Entstehen des World Wide Web und die technologischen Grundlagen sind an anderer Stelle umfassend beschrieben (vgl. *Hermanns/Sauter* (Hrsg.) 2001). In diesem Buch sollen speziell die Möglichkeiten und Grenzen des Internets für das Vertriebsmanagement und für die Vertriebssteuerung beleuchtet werden. Abb. 289 zeigt die groben Richtungen.

E-BUSINESS IN VERSCHIEDENEN MARKTBEREICHEN			
	Consumer	**Business**	**Administration**
Consumer	**Consumer-to-Consumer:** z.B. Internet-Kleinanzeigenmarkt	**Consumer-to-Business:** z.B. Jobbörsen mit Anzeigen von Arbeitssuchenden	**Consumer-to-Administration:** z.B. Steuerabwicklung von Privatpersonen (Einkommenssteuer etc.)
Business	**Business-to-Consumer:** z.B. Bestellung eines Kunden in einer Internet-Shopping-Mall	**Business-to-Business:** z.B. Bestellung eines Unternehmens bei einem Zulieferunternehmen per EDI	**Business-to-Administration:** z.B. Steuerabwicklung von Unternehmen (z.B. Körperschaftssteuer)
Administration	**Administration-to-Consumer:** z.B. Abwicklung von Unterstützungsleistungen (Sozialhilfe, Arbeitslosenhilfe)	**Administration-to-Business:** z.B. Beschaffungsmaßnahmen öffentlicher Institutionen im Internet	**Administration-to-Administration:** z.B. Transaktionen zwischen öffentlichen Institutionen im In- und Ausland

(Anbieter der Leistung)

Abb. 289: eBusiness-Konzeptionen in unterschiedlichen Marktbereichen
(Quelle: Hermanns/Sauer 1999, S. 23)

Das Internet als Instrument zur machtvollen Vertriebsunterstützung ist unverändert relevant. Zwar ist die große Euphorie über die neuen Cyber-Welten ebenso großer Ernüchterung gewichen. Der Traum von der New Economy ist ausgeträumt. Zahllose Geschäftsmodelle sind zusammengebrochen. *www.dotcomtod.de* listet gescheiterte eCommerce-Modelle auf. Aber waren das nicht die Geschäftsmodelle, die ein gesundes vertriebliches und zugleich betriebswirtschaftliches Fundament vermissen ließen? Wenn jetzt die etablierten Unternehmen der **Old Economy** neue eBusiness-Ideen schmieden und auf einem Weg zur Routinisierung des Internet sind, dann gehen sie unverändert von den immer schon proklamierten Vorteilen des World Wide Web aus:

- Für die Kontakte (und für einen Dialog) mit End- wie für Geschäftskunden gibt es keine zeitlichen Restriktionen durch die Arbeits- und Tarifgesetzgebung mehr. **Die Einkaufswelt ist 24 Stunden täglich geöffnet.**
- Das Web kennt auch **keine Ländergrenzen.** Kleine regionale Nischenpotenziale kumulieren zu globalen Zielgruppen. *Wüthrich* und *Philipp* sprechen von einer *„Zeit- und Standortunabhängigkeit der arbeitsteiligen Aufgabenbewältigung."* (*Wüthrich/Philipp* 1999, S. 55)
- Zudem sind die **Einstiegsbarrieren** in die Web-Märkte **sehr niedrig.**
- Dadurch kommt es zur schnellen Erschließung **neuartiger Vertriebskanäle,** z.B. Personalsuche, Preisvergleiche, Marktforschung über das Internet.

- Deshalb haben im Internet **große und kleine Unternehmen in Bezug auf das Marketing gleiche Chancen**. Mittelständische Firmen können kreative Strategien entwickeln, um gegen große Konkurrenten zu Felde zu ziehen, die sich auf althergebrachte Weise präsentieren.
- Das liegt am **Vorteil einer virtuellen Fassade**. Was beim Surfen und Kaufen im Web wie ein weltmännisches Hightech-Unternehmen anmutet, entpuppt sich beim näheren Hinschauen vielleicht als kleine Existenzgründung im Keller eines Mietshauses.
- Ist die Web-Site (alle Webseiten einer Domaine) interessant, kommen viele Kunden zu Besuch. **Neukundengewinnung** wird zur preiswerten Angelegenheit für ein expandierendes Unternehmen, das seine Zielgruppen auf attraktive Weise anzusprechen weiß.
- Zulieferer, Kunden, Partner können sich mittels **Portalen oder Marktplätzen** leicht zusammenschließen und den Webseiten-Besuchern gebündelt Informationen und Sortimente anbieten. Das Internet ist nichts für „Einzelkämpfer" unter den Unternehmern. Es fördert Netzwerke.
- Während in den Konsummärkten konventionelle Werbung nur eine Einbahnstraße hin zum Kunden darstellt, bietet das Web faszinierende Optionen für einen **Dialog mit dem Endkunden**. **1to1-Marketing** und **Kundenbindung** sind die Schlagwörter für das Verkaufen über das Web. Beim **Permission Marketing** erklärt sich der Kunde ausdrücklich mit der Internet-Ansprache einverstanden (vgl. *Schwarz*, acquisa 8/2000, S.44–46). **Kundenbindung durch Mitmachen**.
- Durch die Computertechnik schafft das Internet eine **hohe Datentransparenz**. Die Vision vom **gläsernen Kunden** macht die Runde, obgleich sich viele Kunden gar nicht so gerne durchleuchten lassen wollen.
- Für die Geschäftsmärkte werden neben den Marketingvorteilen erhebliche Zeit- und Kosteneinsparungen gesehen. Die Geschäftsabwicklung über das Web bringt **Kostenvorteile** von bis zu fünfzig Prozent bei den Abwicklungsprozessen (vgl. die Daten von *Forrester Research* 1997, dargestellt in *Hermanns/Sauter* (Hrsg.) 1999, S.23–24; *Fehr*, MM 10/1999, S.276). Abb.290 visualisiert, in welchem hohen Maße im Innendienst die klassischen Sachbearbeitertätigkeiten der Auftragsbearbeitung auf die EDV übertragen werden.
- Umgekehrt werden Sachbearbeitungen hin zum Außendienst und zum Kunden, d.h. in Richtung Frontoffice, verlagert. Kunden können eigenständig im Rahmen eines Extranet Lieferzeiten und Einkaufspreise klären, Bestellungen aufgeben und den Status ihrer Aufträge abfragen. Es kommt zu einer *„Auslagerung unternehmensinterner Prozesse auf Kunden und Geschäftspartner"* (*Dombrowski*, salesprofi 1/2000, S.45).
- Kataloge, Preislisten etc. können durch das Internet schnell und kostengünstig aktualisiert werden.
- Animierte **Cyberwelten** sollen in BtoC den Kunden zum Mehrkonsum anregen. Cross-Selling beim sonntäglichen Surfen im Internet, das erhoffen sich die Anbieter.
- Die Online-Vernetzung erleichtert **Lernprozesse** innerhalb der eigenen Organisation.

Diese Vorteile begünstigen neue Geschäftsmodelle bzw. Vertriebskonzeptionen, die für BtoC wie auch für BtoB gelten:

- Existenzgründer nutzen die Web-Optionen, um mit neuen Gütern und Dienstleistungen schnell ihre Zielgruppen anzusprechen und in etablierte Märkte einzudringen (die dot.coms).
- Dabei kristallisieren sich **neue Angebote** heraus (*o. V.*, MM 2/2000, S.142–143). **Online-Marktplätze** vermitteln weltweite Sofort-Kontakte zwischen einer Vielzahl von Anbietern und Herstellern auch in exotischen Nischen (z.B. Schrottverkauf, Verkauf von Ideen), die ohne das Internet wohl kaum zusammenfinden würden. **Cyber-Spezialisten** (z.B. *Post AG* mit eCommerce-Services (ECS), *Hermes General Service*) bringen über das Netz bestimmte Spezialfä-

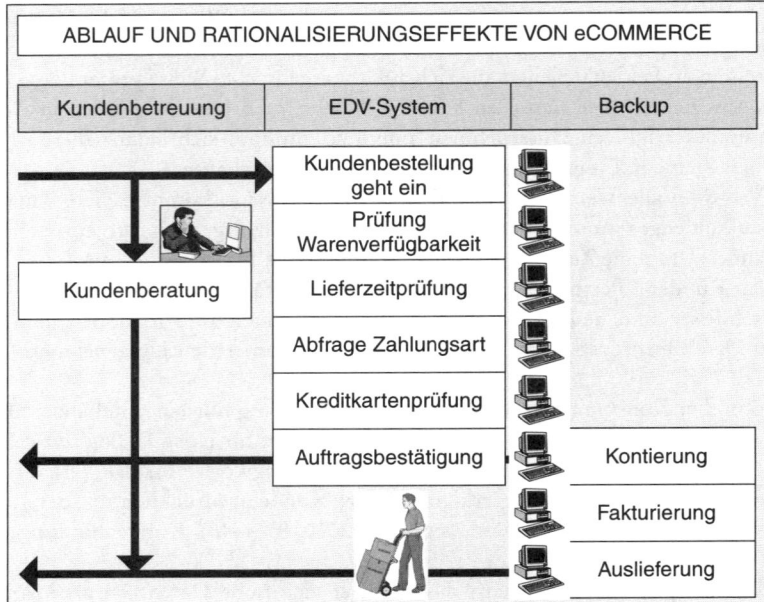

Abb. 290: Zum Ablauf und zum Rationalisierungspotenzial von eCommerce

higkeiten in fremde Wertschöpfungsketten ein. **Elektronische Mehrwertdienste** (z.B. der eChampion von *Babcock* zur Online-Überwachung weltweit installierter Motoren in Tankschiffen, Zementwerken, Kunststofffabriken, *ICP-Siemens* mit dem Internet-Order-Programm) bieten Unternehmen in preislichen Verdrängungsmärkten die Möglichkeit, sich durch besondere Serviceleistungen vom Wettbewerb abzuheben (*o.V.*, MM 2/2000, S. 144–145).

*   Etablierte Markenartikelhersteller sehen Chancen, am Handel vorbei Kontakte (und damit Markt-Know-how und Kundenbindung) zu den Endkunden zu knüpfen und eigenes Wissen über ihre Kunden zu schöpfen (Bsp.: *Nestlé* mit *Café Nescafé* und *Kochstudio-Treff* für *Maggi* in der Frankfurter Innenstadt, *Danone* mit Automaten).
*   Einige Hersteller halten sich sogar ganz aus den traditionellen Vertriebskanälen heraus und setzen konsequent auf BtoC-Direktvertrieb (Bsp.: *Dell*).
*   Andere Hersteller nutzen das im Internet gewonnene Wissen über den Endkunden dazu, den Handel gezielter durch Informationen zu aktivieren (Bsp.: *Miele, Loewe-Opta*).
*   Wieder andere Hersteller gehen weiter und bieten ihren Handelspartnern Extranets und eShops als Services an, um Absatzmittler fester in integrierte Web-Konzepte einzubinden (Bsp.: *Wolf Heizgeräte, METABO*). Diese integrierten Lösungen werden insbesondere in BtoB-Märkten zu erwarten sein.
*   Die großen Handelskonzerne reagieren, indem sie ihrerseits mit attraktiven Webkonzepten aufwarten und Hersteller zur Teilnahme an den virtuellen Malls und Shops einladen (Bsp. *Karstadt*: *www.karstadt.de*).
*   Wieder andere Einzelhandelsunternehmen nehmen vom stationären Geschäft Abstand und konzentrieren sich auf eCommerce (Bsp.: *Amazon*).

- Unternehmen, die ohnehin im Versandgeschäft operieren, verstärken ihre Marketingkraft durch dialogstarke eShops (Bsp.: *Beate Uhse*).

Historisch gewachsene Vertriebswege sind im Wandel. Die traditionelle Zusammenarbeit zwischen Hersteller und Handel erhält neue Impulse, die der Handel kritisch sieht. In einer repräsentativen Umfrage im *Testclub der Textilwirtschaft* bei mehreren Hundert Einzelhändlern äußerten 90 % der Befragten die Sorge, eCommerce werde sich als künftiger Vertriebsweg etablieren. 33 % prognostizieren sogar ein starkes Anwachsen des virtuellen Vertriebsweges (vgl. *Müller*, TW 45/1999, S. 66).

Der Zusammenbruch der New Economy hat jedoch gezeigt, dass sich diese Vorteile des Internet nicht von selbst einstellen. Es muss Gründe haben, wenn sich Hersteller wie *Levi's* wieder aus dem Internet-Verkauf zurückziehen oder wenn *Amazon* daran denkt, sich auch mit klassischen Buchläden gegen Wettbewerber wie *Barnes&Nobel* zu stellen (vgl. die Nachricht in Client/Server 12/1999, S. 41 sowie *www.smamag.com*). In den BtoC-Märkten haben die Endverbraucher den Einkauf im Internet keinesfalls so angenommen, wie erwartet. Bunte Animationen machen noch keine attraktiven Angebote. Die Banner-Werbung ist nicht zum Durchbruch gekommen. Die Angebotstransparenz im Web ist unverändert ein Chaos. Die naiven New Economy-Geschäftsmodelle haben die Kunden dahingehend verwöhnt, dass Serviceleistungen im Netz nichts kosten. Die Verbraucher wehren sich gegen das **Konzept des gläsernen Kunden** und gegen die Mail-Überflutung. Letztlich liegt ein Hauptproblem in der vergleichsweise geringen Kundenbindung. Da klingt die folgende Erfahrungsregel sogar noch sehr optimistisch: **1.000 Web-Besucher – 10 Käufer – 3 Wiederkäufer** (*vgl. die Thesen von Schulte-Huermann, Primus-Online, Bericht in ASW, 11/1999, S. 22*).

Auch in BtoB sind viele Projekte fehlgeschlagen. *„Das Center of eExcellence gibt es in seiner früheren Form nicht mehr"*, so die Verlautbarung eines früheren **Chief Information Officers** (CIO) von *Siemens* (o.V., Computerwoche 11/2002, S. 10). *Siemens* versuchte den Traum von der **E-driven-Company** zu verwirklichen, ohne vorher – im Sinne von CRM – die passenden Prozesse zu gestalten. Generell bekamen BtoB-Anbieter immer dann Probleme, wenn der Internet-Verkauf, d.h. eCommerce, wie ein Fremdkörper neben die kundenerfahrenen Außendienstmannschaften aufgestellt wurde. Bei *General Electric* beispielsweise trat genau das ein, was vermieden werden sollte: **eCommerce entpuppte sich als Konkurrenz zum klassischen Vertrieb, als Stellenvernichter und Rationalisierungs-Wundermittel.** Die Geschäftsbereiche blockierten diesen Weg und *Jack Welch* musste eine dramatische Kehrtwendung von der *Destroyyourbusiness.com* zur *Growyourbusines.com-Strategie* vollziehen (vgl. *Rickens*, netmanager 3/2001, S. 19–20). Ein ähnliches Beispiel kommt von der *Metro*. Anfängliche eCommerce-Abteilungen wurden nicht in die klassische Vertriebsorganisation integriert und versuchen heute, so noch vorhanden, als Online-Töchter zu überleben (vgl. *Sümmerer*, TW 46/1999).

Doch wer erwartet hatte, dass es damit vorbei sei mit der Internet-Herrlichkeit, der irrt. Die auf Innovation und Wettbewerbsfähigkeit bedachten Unternehmen ziehen unbeirrt ihre Spur in Richtung Profilierung von Geschäftsmöglichkeiten im Internet. eBusiness ist in den Konzernen bereits Alltag (vgl. *o.V.*, Computerwoche 6/2003, S. 30–31). *Allianz, Audi, Bayer, Bertelsmann, BMW, Bosch, EnBW, Henkel, Lufthansa, Münchener Rück, Porsche* und *RWE* haben sich im Jahr 2002 unter Führung des *Instituts of Electronic Business (IEB)* zum Kreis der **E 12-Unternehmen** zusammengeschlossen, um Erfahrungen auszutauschen und um Standards im electronic Business zu setzen. Ganz typisch ist hierzu ein Statement von *Anke Riebel, SAP AG: „Den Begriff eBusiness gibt es bei uns nicht mehr. Wir sprechen jetzt vom Business im Internet"*. Wie sehen die neuen, überlebensfähigen Vertriebskonzeptionen im Internet aus?

b.) Die Evolution der Geschäftsmodelle im Internet

„Bayer wird die Internettechnologie konsequent nutzen und sich noch stärker kundenzentriert ausrichten.
Dazu wird das Unternehmen globale Netzwerke aufbauen und kundengerichtete Prozesse integrieren."
(Bayer AG – Business Service Center)

Die unternehmerischen Ziele sind auch in der zweiten eBusiness-Welle hoch gesteckt. Von unter 5 Prozent auf über 25 Prozent wollte z.B. die *Bayer AG* das eBusiness bis zum Jahr 2005 ausweiten. Was soll anders werden? Die Unternehmen haben aus den Fehlern der New Economy gelernt, nutzen weiterentwickelte Geschäfts- und IT-Modelle, einigen sich auf neue Integrationsstandards, reorganisieren ihre Prozesse und sind schlussendlich dabei, **Old** und **New Economy** zu einer **Real Economy** zusammen zu führen (vgl. *Böhler,* IT-Director 11/2001, S. 82).

Marketing und Vertrieb beobachten diese Entwicklung nicht ohne Argwohn. Denn die neuen Konzeptionen bedeuten auch Automatisierung und werden deshalb Arbeitsplätze kosten. Die Internet-Aktivitäten schwenken auf einen Evolutionspfad nach Abb. 291 ein. Logistik und Controlling werden immer wichtiger.

Mit Homepages und eMail-Netzen haben sich die Unternehmen die Fundamente für das Internet-Zeitalter gelegt, um näher an die Kunden zu rücken. Viele dieser Aktivitäten griffen, wie oben erläutert, an den bestehenden Vertriebsorganisationen vorbei. Vor allem aus Kostenüberlegungen gingen die Unternehmen dann daran, ihre Verkaufs- aber auch ihre Einkaufskanäle internetorientiert zu reorganisieren. eCommerce konstituierte sich zunächst in eShops. Papierlose Verarbeitung, Zeitersparnis, Katalogsuche auf Knopfdruck und deutliche Senkung der Einkaufspreise waren und sind nach wie vor die Trendtreiber für eProcurement, den elektronischen Einkauf. Durch eCommerce reduzierte z.B. die *Wacker Chemie GmbH* den Beschaffungsprozessdurchlauf von 10 auf 3 Tage und erzielt heute Einsparungen in Höhe von ca. 60 % (vgl. *Winter,*

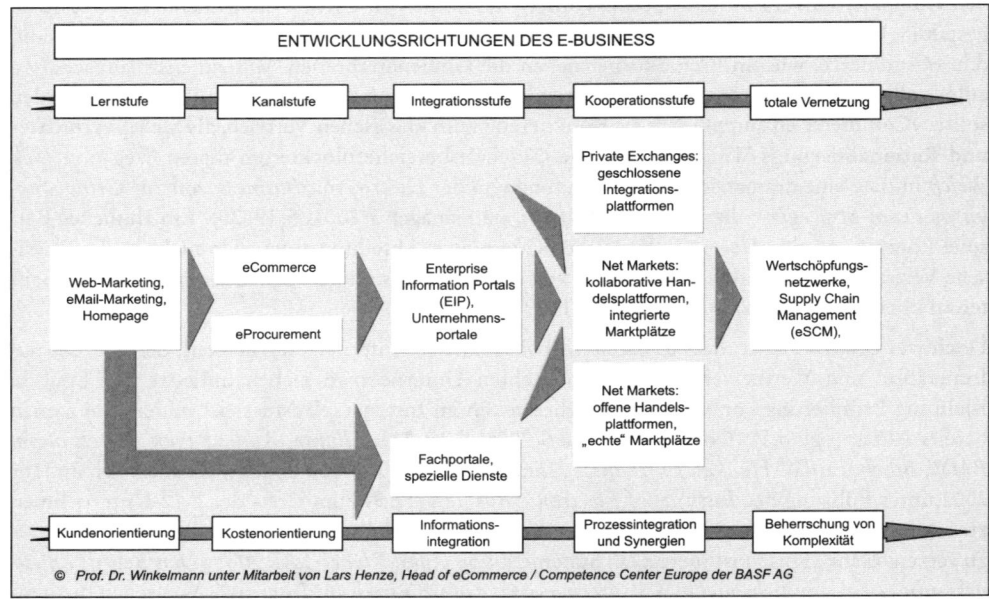

Abb. 291: Der Evolutionspfad des Business im Internet

IT-Director 1–2/2002, S. 58). Die Einkaufs- und Verkaufs-Shops ermöglichen ferner eine schnelle und kostengünstige Suche nach neuen, weltweiten Lieferquellen und Kundenkontakten. Hausintern entstehen Konzepte für Multikanaleinkauf und -verkauf (**Multi-Channel-Marketing**). Doch eBusiness bleibt bei der Einkaufs- bzw. Verkaufskanaldifferenzierung nicht stehen. Die Einrichtung der Web-Kanäle war nur der Anfang. Technologie- und kostengetrieben geht die Entwicklung weiter in Richtung Integration.

Enterprise Information Portals (EIPs) stellen die konsequente Weiterentwicklung der Online-Shops dar (vgl. *Dreckmann,* Computerwoche 14/2002, S. 50). Als virtuelle Werktore integrieren, konsolidieren, analysieren und verteilen sie alle Informationen aus den operativen Systemen sowie aus Data-Warehouse- und MIS-Anwendungen (vgl. *Soeffky,* is report 6/2001, S. 10). Intern und extern gespeicherte Informationen werden den Mitarbeitern personalisiert zugänglich gemacht, damit diese mit Hilfe optimierter Informationen bessere Entscheidungen fällen können. Auch die Öffentlichkeit kann auf einer Oberfläche alle relevanten Informationen und Leistungen des Anbieters abrufen. Mit den Zielen der Informations- und Anwendungsintegration wird das eigene Haus bestellt.

Im nächsten Schritt werden die Unternehmensgrenzen gesprengt. Die Portale werden durch **kollaborative Funktionen** angereichert. Es entstehen **Kooperations- und Transaktionsplattformen,** die **virtuellen Marktplätze.** Die Unternehmen verbinden ihre Wertschöpfungsketten. Sie bündeln ihre Aktivitäten, integrieren Prozesse und nutzen dadurch Synergien. Im BtoB entstehen Allianzen. In BtoC-Märkten werden eher Konkurrenzen zu den tradierten indirekten Vertriebswegen geschaffen.

Letztlich scheint für das eBusiness der Weg zu einem **internetgestützten Supply Chain Management (eSCM)** vorgezeichnet zu sein. Nicht mehr Wertschöpfungsketten über einzelne Lieferstufen hinweg werden verknüpft, sondern **Wertschöpfungsnetzwerke.** Am Ende fließen BtoB und BtoC sogar zusammen. In der Zukunft bestellt der Kunde sein im Internet konfiguriertes Fahrzeug, und bei den technischen Vorlieferanten läuft automatisch die Produktion an. Schon in einem Zeitraum von fünf bis zehn Jahren könnte das Zehn-Tage-Wunschauto auf dieses Weise Realität werden (vgl. *Hirn,* netmanager 1/2002, S. 21).

Aus der Sicht des Vertriebs stellen sich drei Fragen, die in den folgenden Abschnitten behandelt werden: (1) Wie sehen Stand und Entwicklung der Verkaufsbasis im Internet (eCommerce) aus, (2) wie hat sich CRM in den Internet-Verkauf eingebracht, und (3) welche Visionen ergeben sich für den Vertrieb im großen Spiel der Transaktionsplattformen bzw. Internet-Märkte? Aspekte, die eher zum Marketing gehören, z.B. betreffend die Gestaltung von Internetauftritten, eMail-Marketing oder Kampagnen-Management, werden hier nicht erörtert (desgl. besondere Internet-Verkaufsformen, wie z.B. Power-Selling oder Internet-Auktionen; vgl. hierzu *Winkelmann* 2003, S. 357–369).

c.) eCommerce als Verkaufskonzeption

Der Bosch-*Außendiensttag* 1999 in Brüssel warf eine bewegende Frage auf: **Brauchen wir überhaupt noch einen Außendienst?** Die Vertriebsleitung gab folgende bemerkenswerte Antwort: „*Ja, wir brauchen einen Außendienst, und zwar einen besseren Außendienst als zuvor. Wir brauchen eine wesentlich höhere Qualifikation im Außendienst, um eine qualitative Beratung und Schulung an den Handel leisten zu können.*" *(vgl. Hanser, ASW 9/1999, S. 56)*

> ➡ Unter **eCommerce** wird der digitale Versandhandel im Internet verstanden; mit den Zielen, Umsatz und Ergebnis zu generieren, Kundenwissen automatisiert zu erlangen und Kunden zu binden.

Die frühen Prognosen für den Internet-Verkauf erweisen sich als viel zu optimistisch. Namhafte Institute wie die *GartnerGroup, BCG, Forrester Research*, *Berlecon, AMR Research* oder *Jupiter Media Metrix* sagten für eCommerce atemberaubende Wachstumsraten voraus (vgl. *Winkelmann/Heck* 2002 S. 4–6); z.B.

- Steigerung des eCommerce-Umsatzes in Europa von 2002 bis 2004 von 412 auf 1,55 Bio. Euro, mit einer Steigerung des BtoB-Anteils von 357 auf 1.318 Mrd. Euro.

Heute ist man wesentlich bescheidener. *Forrester* prognostiziert das europäische Marktvolumen im Online-Handel bis 2009 auf 167 Mrd. Euro. Das entspräche dann 8 Prozent aller Einzelhandelsumsätze. Deutschland werde aber zur führenden eCommerce-Nation in Europa heranwachsen, mit einem Handelsaufkommen von 42,8 Mrd. Euro im Jahr 2009 (Stand 2004: 11 Mrd. Euro) (vgl. *Niemann*, Computerwoche 22/2004, S. 10).

Trotz der gedämpften Euphorie und der drastischen Rücknahme von Prognosezahlen ist in einzelnen Marktbereichen ein rasantes Vordringen von eCommerce in BtoC nicht von der Hand zu weisen. Die *GfK* zählte in 2003 für Deutschland bereits 15 Mio. Internet-Käufer mit 76,5 Kaufentscheidungen, davon 25 Prozent für Reisen. 600.000 Personen kauften ein Auto im Internet. Der Neuwagenanteil lag bei 19 Prozent. *Mercedes* verkündete in einer Pressemeldung stolz, dass der Verkauf „*brummt*". Allein im Februar 2003 wurden über 100 Jahres- und Werkswagen direkt über die Firmen-Web-Site abgesetzt. Man rechnet mit Wachstumsraten von über 50 Prozent (vgl. Hinweis in salesBusiness 6/2003, S. 7). Die Zahl der Versandhandelskäufer ist laut Aussage des *Bundesverbandes des Deutschen Versandhandels e.V.* in 2003 um 22 Prozent gestiegen (*Ebay*-Effekt). Der Internet-Anteil im Versandhandel liegt bei 15 Prozent. Bezogen auf den gesamten Einzelhandel sind das in Deutschland aber erst 1 Prozent. *ACTA 2003*, die *Allensbacher Computer- und Technikanalyse*, bietet eine Rangliste der umsatzmäßig größten eCommerce-Player. Es sind dies: *Amazon.de, Otto, Tchibo, Quelle, Weltbild, Bol.de, Neckermann, Conrad, Buch.de* und *Heine*.

Die ersten erfolgreich laufenden Web-Konzepte in BotB-Märkten erregten im Vergleich zu den virtuellen Konzepten der Konsumer-Welt relativ wenig Aufsehen (*Ford, General Electric, Frankfurter Flughafen AG, Bosch, EMG, Unilever, Isola, Herlitz, Ringfoto-Gruppe, Iiyma*. Vgl. für einen Kurzüberblick: *Knuepffer*, acquisa 1/2000, S. 17–22; *Fehr*, MM 10/1999, S. 276; *Fischer*, MM 2/2000, S. 162–167, sowie S. 158–162). Heute hat sich die Szenerie gewandelt. Die größten Wachstumsraten sind in BtoB ersichtlich, weil die Unternehmen dort gemäß Abb. 290 besonders hohe Rationalisierungsreserven anpeilen. Bereits 2001 machten die BtoB-Anwendungen 75 Prozent aller Internet-Umsätze aus (vgl. *Hermanns/Sauter* 2001, S. 23). Es lohnt schon nicht mehr, über einzelne Ansätze zu berichten. Alle Unternehmen, die sich um den CRM-Award 2004 bewarben und in BtoB bzw. im indirekten Vertrieb über Handel und Handwerk tätig sind, arbeiten an internetgestützten Vertriebskonzeptionen. In Form eines

(1) **offenen Internet**, als
(2) **Intranet** zur Vernetzung eigener Organisationseinheiten (Mitarbeiter) oder als
(3) **Extranet** zur Anbindung von Lieferanten und/oder Kunden

variieren die Unternehmen das eCommerce für ihre Geschäftsprozesse. Im BtoC-eCommerce wird dagegen lediglich verkauft, nicht kooperiert. Der Kunde leistet keine vereinbarten, partnerschaftlichen Beiträge zur Kostensenkung.

Die aus der Abb. 290 hervorgehenden Rationalisierungseffekte sind vor allem bei der Verkaufsabwicklung für standardisierte Produkte und Dienstleistungen realisierbar; also bei

- Ersatzteilen,
- Katalogware, bzw. von Artikeln, die nach Liste verkauft werden,
- für OEM spezifizierten Produkten (die nach Spezifikation oder Zeichnungs-Nr. geordnet werden),
- allen Produkten, die **Just-in-Time** angeliefert werden (läuft in der Praxis meist noch über **EDI** bzw. **EDIFACT**; vgl. zum Thema EDI *Stender/The/Rack* 2000, S. 111–118),
- standardisierten Wartungsleistungen.

Die in Abb. 290 aufgezeigten Arbeitsschritte *Anfrageprüfung, Angebotserstellung, Preisüberprüfung, Prüfung von Lieferzeit und Versandmodus, Bonitätsüberprüfung des Kunden, Auftragsbestätigung, Kommissionieranweisung, Versandanzeige* und *Fakturierung* fallen nicht mehr als Innendienst-Sachbearbeitung an, sondern werden weitgehend auf das EDV-System übertragen.

Aber es geht nicht nur um Verkaufsabwicklung. Verschiedene Marktstrategien von eCommerce, von der Vertriebsunterstützung bis hin zur Umsatzgenerierung, sind zu unterscheiden:

- Die **webgestützte Informations- und PR-Strategie** entlastet Innen- und Außendienst bei der Sachbearbeitung und gibt Interessenten und Kunden die Möglichkeit, genau die Informationen abzurufen, die sie aktuell benötigen, ohne dass Verkaufspersonal bereit stehen muss. Hierzu zählen z.B. Firmeninformationen, Telefon- und eMail-Adressen zuständiger Mitarbeiter, stets aktuelle Kataloge mit Produktinformationen, Spezifikationen, Gebrauchsanleitungen, Ersatzteil- und evtl. Preislisten. Durch die computergestützte Anfrageerfassung sind Kontaktqualifizierung und gezieltes Nachfassen möglich.
- Die **webgestützte Verkaufsförderungs- und Dialogstrategie** dupliziert die Verkaufskraft über den gesamten Verkaufsprozess hinweg ohne zusätzlichen Personaleinsatz. Auch hier werden zahlreiche Routinetätigkeiten des Backoffice auf den eShop übertragen. Interessenten können Preise abfragen, Angebote einholen, Lagerbestands- und Lieferzeitabfragen selbst vornehmen, Hotline- und Help-Desk-Service in Anspruch nehmen oder Beschwerdestellen anlaufen.
- Die **webgestützte Verkaufsstrategie** greift in der Tat tief in die Belange des Außendienstmitarbeiters ein und muss deshalb mit ihm einvernehmlich abgestimmt sein. In der Praxis schälen sich vier Arbeitsschwerpunkte heraus: (1) Lieferabrufe der Kunden im Rahmen bestehender Abrufaufträge, (2) Aufgabe regulärer Bestellungen nach Warenkorbmethode, (3) Ersatzteilbestellungen mit Hilfe von Konfiguratoren und (4) strukturierte Aufgabe von Wartungsaufträgen. Zu ergänzen wären noch (5) Fernwartungsdienstleistungen, die immer mehr vordringen. Auch in Bezug auf direkte verkäuferische Tätigkeiten wird der Außendienst Entlastung verspüren, sofern es um weniger erklärungsbedürftige Artikel geht. Warum soll ein *Bosch*-Händler wegen drei benötigter Zündkerzen noch den Außendienst bemühen?

Sowohl bei der Werbung wie auch beim Verkauf im Internet sind die seit Mitte 2004 verschärften Bestimmungen des UWG zu beachten.

- Es gilt das **Opt-in-Prinzip**: Wie im Telefonverkauf dürfen Verbraucher auch im Internet nicht ohne ihre vorab ausdrücklich erklärte Einwilligung zu Werbezwecken kontaktiert werden. Das Gesetz lässt offen, ob eine Einwilligung für jede Verkaufsaktion einzeln einzuholen ist oder ob sie generell im Rahmen einer Geschäftsbeziehung gilt.
- In BtoB-Märkten reicht eine mutmaßliche Einwilligung. Doch jeder Vertrieb ist gut beraten, wenn er sich in der Form eines **Double Opt-In** die Einwilligung holt und noch einmal bestätigen lässt – mit zusätzlicher Anerkennung der allgemeinen Geschäftsbeziehungen.
- Auch Bestandskunden dürfen nur dann eMail-Werbung erhalten, wenn sie beim Kauf oder später ausdrücklich ihre Einwilligung erteilt haben.

| VOR- UND NACHTEILE VON eCOMMERCE IM VERGLEICH ZUM AUSSENDIENST ||
Vorteile und Chancen gegenüber konventionellem Außendiensteinsatz	Nachteile und Risiken gegenüber konventionellem Außendiensteinsatz
• Einsparung von Außendienstkosten • Entlastung von Innen- und Außendienst • Kunde übernimmt Teil der Auftragsabwicklung • Schnelle Aktualisierung von Preisen und technischen Daten • Kunde kann Infos zeitlich unbegrenzt abrufen • Kunde kann Infos standortunabhängig abrufen • Kunde kann Infos bei Bedarf abrufen • Kunde kann Infos wiederholt abrufen • Antwortstandardisierung für ca. 60% aller Fragen • Kunde hat auch privat Zugang zu den Daten • Präzisere Steuerung von Produktpräsentationen • Flexible Erfassung von Beanstandungen, Reklamationen • Flexible Terminabsprachen über eMail und www • Surfen regt evtl. zu Spontankäufen an	• Manche Kunden bestehen auf persönlichen Kontakten • Wettbewerbssituationen schwerer zu durchschauen • Buying Center des Kunden schwerer durchschaubar • Kundenerwartungen weniger transparent • AD ist nicht mehr „alleiniger Hüter" des Kunden • Kunde kann nicht persönlich „gecoached" werden • Individueller Dienst am Kunden erschwert • Klassische Preisverhandlung nicht möglich • Preisdifferenzierung (insbes. regional) erschwert • Evtl. wird Provisionssystem des AD unterlaufen • Markenführung wird wichtiger als Kundenbetreuung • Gefahr einer Corporate Identity Verwässerung • Außendienst muss Web-Inhalt gut kennen • Innendienst verliert Betreuungskompetenz

Abb. 292: Vor- und Nachteile von eCommerce im Vergleich zum Außendienst

Im Zusammenhang mit dem _Bosch_-Außendienst klang bereit an, dass die persönlichen und unpersönlichen Kundenkontaktkanäle bis zu einem gewissen Grad im Wettbewerb zueinander stehen. Abb. 292 stellt die Vor- und Nachteile von eCommerce im Vergleich zum Besuchsverkauf gegenüber. Verständlicherweise wird sich ein Außendienstmitarbeiter angesichts der erdrückenden Rationalisierungspotenziale des Internet fragen, ob er nicht morgen schon durch einen eCommerce-Shop ersetzt wird. Es gibt bereits die provokante Meldung, dass beim Verkauf der Marke _VDO Dayton_ der _VDO Mannesmann AG_ die virtuelle Verkaufsberaterin _Selly_ den realen Kundenberatern mindestens gleichwertig sei (vgl. _o. V._, ASW 7/2000, S. 27; _www.vista.de_). Die Abb. 292 soll hier aber keine Entweder/Oder-Frage provozieren. Grundsätzlich ist der Vertrieb für den eCommerce-Umsatz verantwortlich und sollte daher das Internet nicht als Konkurrenz sondern als Werkzeug im Rahmen der Vertriebssteuerung nutzen.

Auf jeden Fall aber verlagern sich die Aufgabenschwerpunkte der Vertriebsmitarbeiter weg von abwickelnden und hin zu höher qualifizierenden Tätigkeiten wie Beratung, Marketing und Neukundensuche. Von Seiten des Marketing-Preisträgers _Stihl AG_ heißt es dazu:

> _„Der Außendienst wird anders auftreten, andere Aufgabenschwerpunkte haben. Die Außendienstmitarbeiter müssen den Händlern beim „selling out" helfen, nicht mehr primär das „selling in" als ihren Job im Auge haben. Unser Außendienst akquiriert kaum noch Aufträge. Die werden längst auf anderen Kanälen eingegeben."_ (Pälike im Interview mit R. Mayr, ASW Sondernummer 10/1999, S. 95)

d.) eCRM: Die Verknüpfung von Vertriebssteuerung und Internet-Shop

Ein Verkaufsshop im Internet ist eine Investition. Umsatzerlöse und Deckungsbeiträge müssen diese Investition rechtfertigen. Für diese Erfolgsgrößen ist der Vertrieb verantwortlich. Also ist es nur folgerichtig, wenn der Vertrieb die Zuständigkeit und die Verantwortung für das eCommerce-Geschäft erhält. So ist es keine Sensation, wenn eine _WHU-Studie_ zu dem Ergebnis kam, der Vertrieb werde „zunehmend" die Verantwortung für eCommerce übernehmen (vgl. _Krafft_, acquisa 6/2000, S. 12). eCommerce ist Vertrieb. Und deshalb muss sich der konventionelle Außendienst mit diesem neuen Medium bzw. mit dem neuen Vertriebskanal auseinandersetzen. Die Frage, die die Vertriebsführung immer wieder bewegt, lautet: Was muss konkret bei der Verbindung (Verknüpfung) von Außendienststeuerung und <u>separat betriebenem</u> eCommerce beachtet werden?

Die Außendienststeuerung sollte mit dem eShop verknüpft werden, es sei denn, es werden völlig unterschiedliche Zielgruppen angesprochen (vgl. *Winkelmann*, VLS 684/2000, S.3). Abb. 293 zeigt auf der linken Seite die Informationsinstrumente der Außendienstmitarbeiter und im rechten Bereich die Teile des eCommerce, die den Kunden berühren. Bei der **Verknüpfung von Vertriebssteuerung und Web-Arbeitsmaske** ist folgendes zu beachten:

(1) Es darf nur eine Datenbasis für Kunden, Produkte und Vorgänge geben. CRM/CAS- und eCommerce-System hängen von der Leistungsfähigkeit der zentralen Datenbank oder eines Systems hochintegrierter Datenbanken ab. Dass CRM/CAS-Programme eine doppelte Datenhaltung nach sich ziehen, ist unzutreffend (wie behauptet bei *Belz/Reinhold* 1999, S.140).

(2) Das Shop-System wird also aus der zentralen Datenbank heraus entwickelt. Keinesfalls sollten zwei Warenwirtschaften und Auftragsabwicklungssysteme nebeneinander existieren (wie im Fall eines aufgepfropften eShops).

(3) Im Falle eines Extranets können die kundenindividuellen Daten (z.B. Sonderrabatte) aus dem CRM/CAS-System direkt in die Web-Maske des bestellenden Kunden eingespielt werden.

(4) Die kreativen Marketingoptionen von eCommerce sind zu nutzen. Anzustreben ist ein lebendiger Dialog zwischen Kunde und Außendienstmitarbeiter.

(5) Das System sollte dem Kunden **Freecall- und Rückruf-Service** bieten. Durch die Freecall-Option wird der Kunde automatisch und kostenfrei über das Internet mit dem Lieferanten verbunden.

(6) Die eCommerce-Bestellungen sind buchhalterisch gesondert zu erfassen und dem Außendienstmitarbeiter bzw. dem regionalen Verkaufsteam zuzurechnen. Es bleiben deren Umsatzerfolge und nicht die einer grauen Eminenz namens Internet.

(7) Die eShops sind in die Kunden-Bonitätsüberprüfungen mit einzubeziehen. Sonst kann es geschehen, dass der Außendienst dem Kunden wegen Obligoüberschreitung eine Bestellung verweigert, der Kunde aber ungehindert auf Internet-Orderverfahren ausweicht.

Das bedeutet dann: Im Mittelpunkt steht unverändert die Vertriebssteuerung. Diese muss jetzt aber in der Lage sein, aus sich heraus spezielle Web-Masken zu kreieren. Diese werden durch kreative Layouts, Animationen und Response-Möglichkeiten angereichert. Sie erst schöpfen die Internet-Möglichkeiten aus. Der Kunde fühlt sich individuell angesprochen. Er empfindet einen Web-Auftritt als attraktiv. So wird die Internet-Technologie die Vertriebssteuerung zukünftig entscheidend prägen. Die Entwicklung geht zum mobile Business. Beispielsweise mit offenen Java-Plattformen werden sich die Probleme, eShop mit der Verkaufsabteilung zu verknüpfen, erübrigen (s. Abschnitt f. zum mobilen CRM).

e.) *iCRM: Die Verwirklichung von Customer Integration im Rahmen von CRM-Systemen*

Abschnitt 5.4 beschrieb die Zielsetzung von Customer Integration. Der U.S. amerikanische CRM-Hersteller *Saratoga Systems GmbH* zielt mit seinem Produkt *iAvenue* ausdrücklich auf Kundenintegration: „*Dem professionellen, interaktiven Customer Relationship Management gehört die Zukunft.*" Kundenintegration bedeutet für *Saratoga Systems interdisziplinäres Planen und vernetztes Agieren.*" (*Saratoga* Verkaufsprospekt) Zwei Merkmale heben iCRM über die beschriebenen Ansätze von CRM, ERP und EAI hinaus:

(1) Funktionalitäten, die eine hohe Kundenbindung bewirken und

(2) eine starke Vernetzung des Kunden mit dem Backoffice-System.

Nur dann kann der Kunde wirklich aktiv in die Bestellprozesse interaktiv eingreifen. Abb. 294 beschreibt iCRM in einem Spannungsfeld zwischen Kundenbindung und Intensität der Backoffice-Vernetzung. Die Masken der Abb. 295 zeigen einen Beispielprozess.

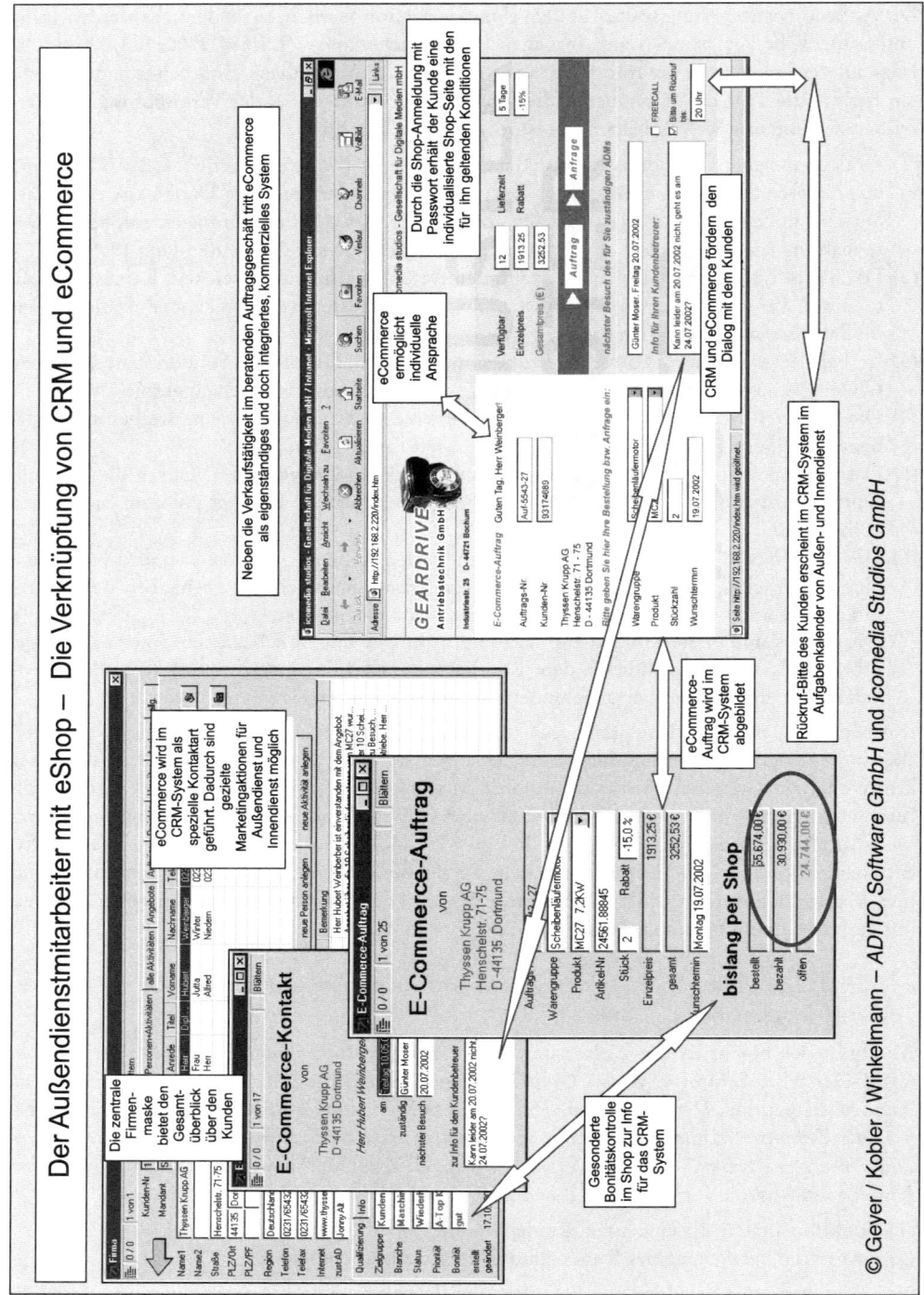

Abb. 293: Die Verknüpfung von CRM und eCommerce

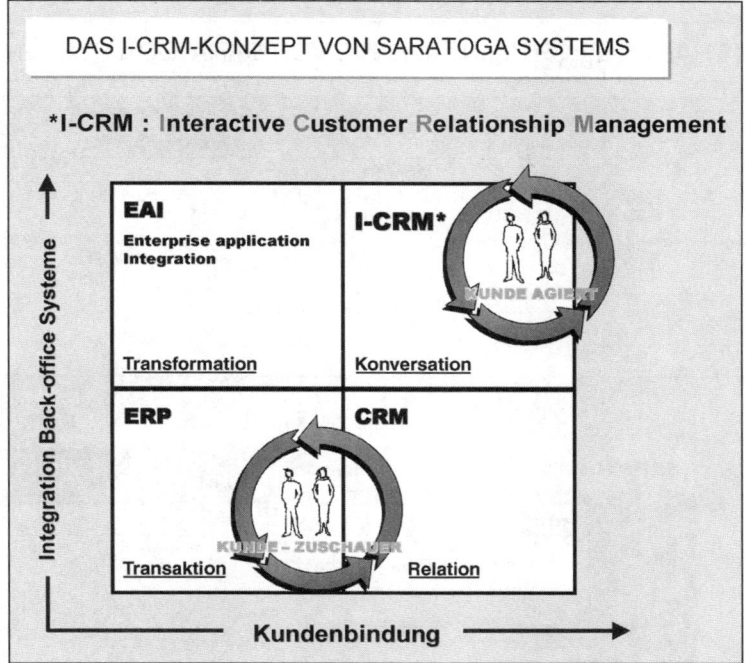

Abb. 294: Das iCRM-Konzept von Saratoga Systems GmbH

Der Mitarbeiter des Kunden *Kodak,* Mr. *Brophy* meldet sich wegen eines Druckerproblems über die Hotline. Die obere Maske enthält die wichtigen Vorgangsinformationen für den Mitarbeiter. Im Feld *Description* wird der Vorfall aufgenommen. Über *iAvenue* kann *Thomas Brophy* seine Seite aufrufen, die Daten einsehen und auf der unteren Maske fehlende Informationen ergänzen. In einem festgelegten Rahmen kann *Mr. Brophy* selbst über *iAvenue* Vorgänge im ERP-Systeme seines Lieferanten anstoßen und sich jederzeit über den Stand der Problembehebung informieren. Auf der anderen Seite kann der Mitarbeiter den Kunden einer Kampagne zuordnen und den Erfolg von Marketingaktionen online verfolgen. Ein Schritt über CRM hinaus wird getan. Wir betreten die Welt des **electronic Supply Chain Managements (eSCM).**

Nach dem iCRM-Konzept werden z.B. bei *Siemens AB* in Schweden sämtliche Kundendaten im Unternehmen vernetzt und mit den Backoffice Systemen integriert. Das CRM-System stellt Kundeninformationen über Client/Server, Web und Palm Pilot Handhelds zur Verfügung. Operative Daten werden via Schnittstelle aus *SAP R/3* übergeben, um auch die Kundenhistorie verfolgen zu können. Um die Kommunikation zwischen Kunden und dem Kundendienst von *Siemens AB* zu verbessern, hat man die *Avenue* Datenbank speziell für das *Customer Loyality Program* optimiert. Ausgewählte Shops wählen sich über ein Extranet ein und erhalten alle relevanten Information, die im CRM-System abgelegt sind. *Siemens* kann seine monatlichen Verkaufsdaten in das System einspeisen und erhält eine Rankingliste der Händler mit den kumulierten Verkaufsdaten zurück, um sich gegen den Markttrend zu benchmarken. Es ist möglich, direkt über das System Fragen an den FAQ-Service zu stellen oder Abrufe für Prospektmaterial zu platzieren.

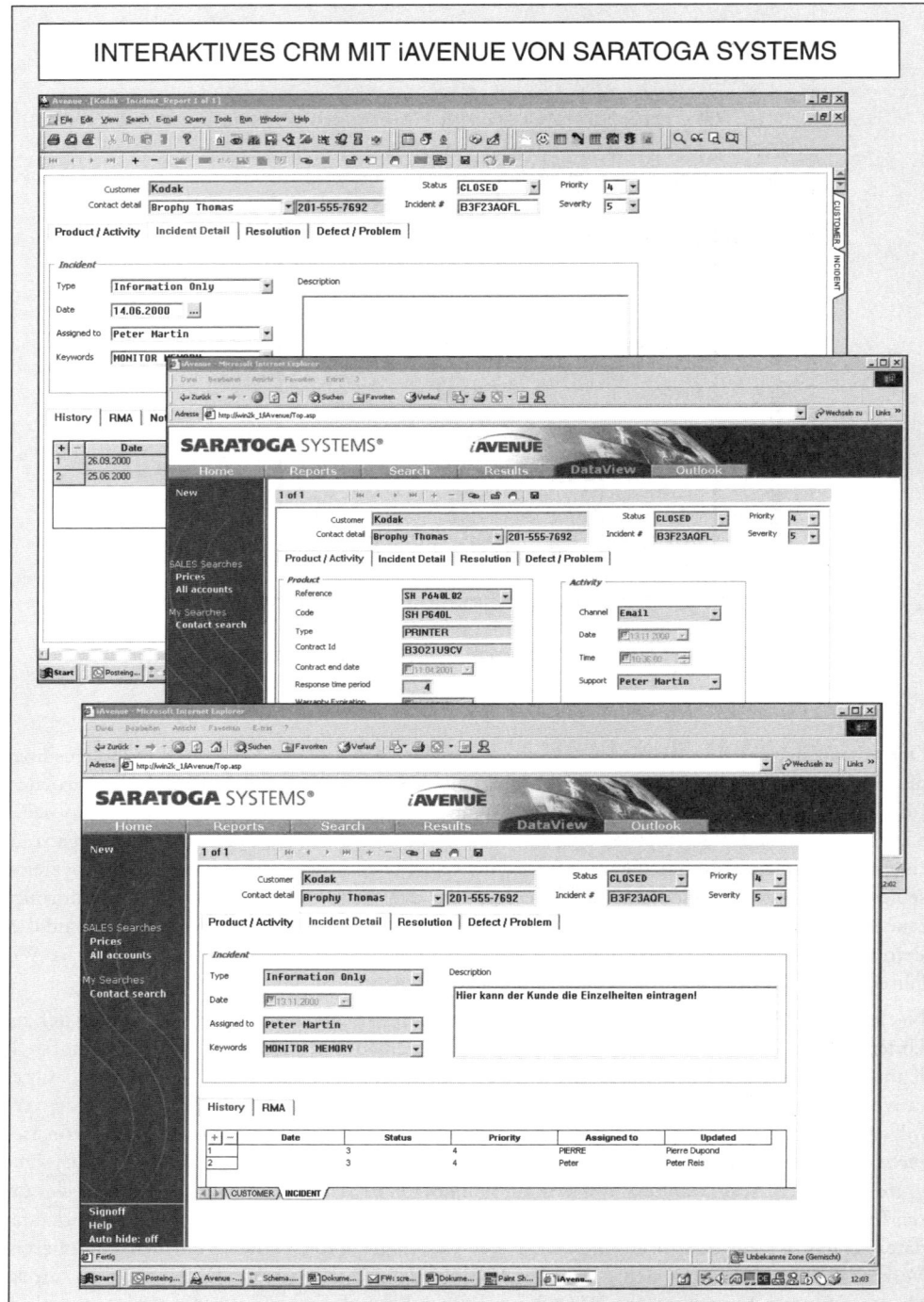

Abb. 295: Beispiel für eine Kundeninteraktion mit iAvenue / Saratoga Systems GmbH

iCRM verbindet in Frontoffice mit Backoffice auf besonders enge Weise. Noch mehr Verkaufskraft wird erreicht, wenn CRM auch die letzte Meile zum Kunden durchdringt.

f.) mCRM: Die Überwindung der letzten Meile zum Kunden durch mobiles CRM

In den letzten beiden Abschnitten wurde die Bedeutung des Internets als neuer Verkaufskanal in den Mittelpunkt gestellt. Bei der Nuance des **mobile Business** geht es um mehr als Verkaufen. Große Potenziale öffnen sich, wenn Kundenbetreuer wie auch Kunden permanent im Internet arbeiten und so alle Arten von Kontakten, Informationsdiensten und auch Verkaufsvorgängen raum- und zeitunbegrenzt nutzen können. Auf der technischen Seite wird die einseitige Bindung an Notebooks und PC aufgegeben. Eine Vielzahl von PDA's, allen voran die WAP-, GPRS-, UMTS-Handys und Palms, steht zur Verfügung, um Mitarbeitern und Käufern **die Vision von der überwundenen letzten Meile zum Kunden** zu vermitteln. Wer genau hinschaut, erkennt, wer im Grunde diese letzte Meile geht. Es sind die ERP-(Backoffice)Systeme, die die früher in den Unternehmen tief versteckten Transaktionsinformationen und -routinen zum Point of Sale bringen.

> ➡ **mBusiness** verfolgt die Idee, dass Kunden wie auch Kundenbetreuer zu jeder Zeit und an jedem Ort auf das Internet zugreifen oder das Internet als Infrastruktur nutzen, um Informationen abzurufen und Einkaufs- wie Verkaufstransaktionen vorzunehmen.
>
> ➡ In den **BtoC-Märkten** bedeutet mBusiness vor allem Online-Shopping und Online-Banking (mCommerce). **eCommerce wird nur noch zu einem kleineren Teil vom PC aus betrieben, zum größeren Teil mit neuen, peripheren Endgeräten.** mBusiness wird jedoch nur dann Wachstumseffekte auslösen, wenn die Verbraucher die Kostenlos-Erwartung des Internet aufgeben. Hierzu sind die **Short Message Services** (SMS) Wegbereiter.
>
> ➡ In **BtoB-Märkten** steht mCRM für den PDA- oder Laptop-gesteuerten Außendienst und Kundendienst.

Für das mBusiness wird ein enormes Wachstum vorausgesagt. Laut *META Group* griffen bereits 2003 mehr Menschen mit mobilen Geräten auf das Internet zu als mit dem PC (vgl. *Garbe*, ASW 11/2000, S. 110). Nach einer Prognose von *Siemens Business Systems* werden bis zum Jahr 2007 über eine Milliarde Menschen das Internet ortsungebunden nutzen. Die *GartnerGroup* prophezeit mehr als eine Milliarde mobile Endgeräte bis 2005 (vgl. *Eck*, Computerwoche 40/2002, S. 36). Die deutschen Unternehmen werden ihre Investitionen in mobile Endgeräte von 1,85 Mrd. Euro im Jahr 2001 auf über 2,47 Mrd. Euro im Jahr 2007 steigern. Neben Markteffekte treten Effizienzvorteile. Die Industrie erwartete bis zum Jahr 2004 ein Einsparungspotenzial in einer Größenordnung von weltweit 232 Milliarden US-$ durch effizientere Prozesse innerhalb der Unternehmen. Laut Abb. 296 arbeitet bereits jetzt jeder vierte Mitarbeiter des *Siemens Konzerns* mobil. Die Grafik zeigt auch, dass mBusiness u.a. durch das Mobile Office und durch den mobilen Kundendienst weit über die Informations- und Transaktionsmöglichkeiten von mCommerce (eCommerce) hinausgreift.

Die theoretischen Hintergründe sind an anderer Stelle erläutert (vgl. *Winkelmann*, 2003, S. 363–364). Im folgenden wird die Einbringung von CRM in das mobile Geschäft dargestellt.

Ein Vertriebsmitarbeiter, der alle relevanten Kundendaten (Waren-, Service- und Finanztransaktionen, Adresse und Ansprechpartner etc.) als auch die Produkt- und Angebotsinformationen beim Kunden zur Verfügung hat, **bietet einen besseren und kundenfreundlicheren Service** als wenn diese Daten im Gespräch nur lückenhaft vorhanden sind oder in einem zweiten Gespräch

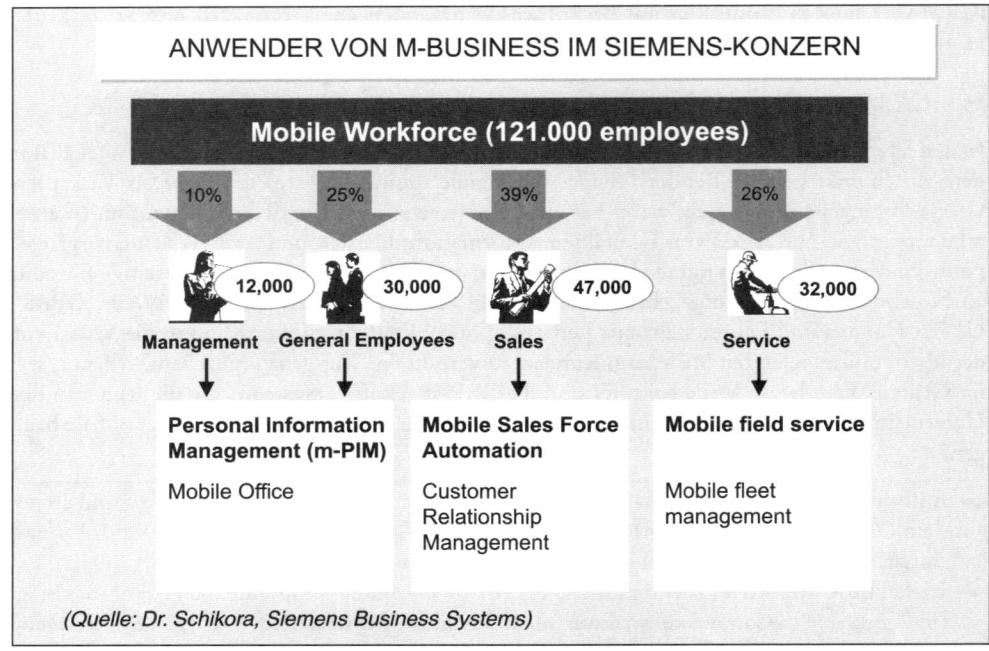

Abb. 296: Die mobile Workforce im Siemens-Konzern

vermittelt werden müssen. Die Zeit bis zu einem möglichen Abschluss und damit auch die Zeit bis zur Rechnungsstellung wird dadurch deutlich verkürzt. Ein Techniker, der die Konfiguration und die Wartungshistorie der Maschinen beim Kunden nicht umfassend kennt, der erbrachte Leistungen erst im Nachhinein erfassen und abrechnen kann und dem das Wissen zur Fehlerbehebung nur per Listen oder per Telefon übermittelt wird, kann seine Leistungen später nur mit erheblichen Fehlerquellen berechnen. Er verliert viel Zeit durch Nachfragen und verbringt einen Großteil seiner Zeit mit zeitraubenden und ineffizienten Verwaltungsarbeiten. Als Vorteile von mCRM werden daraus ersichtlich:

- Bereitstellung von kundenbezogenen Geschäftsinformationen zu jeder Zeit und an jedem Ort und auf vielfältigen Geräten,
- Beschleunigung der kundenorientierten Geschäftsprozesse,
- erweiterte Zusammenarbeit mit Interessenten und Kunden über Unternehmensgrenzen hinweg,
- Steigerung der Mitarbeiterproduktivität,
- grössere Genauigkeit und Fehlervermeidung beim Kundendaten- und Transaktionsmanagement.

Beim Einsatz von mCRM sollte folgendes beachtet werden:

(1) der mobile Einsatz sollte durch dokumentierte Geschäftsprozesse vorgegeben sein,

(2) die Softwarelösung sollte eine Architektur aufweisen, die es dem Mitarbeiter einfacher macht, sich um seine eigentliche Tätigkeit zu kümmern und ihn nicht mit Systemaufgaben (z.B. Synchronisationen) beschäftigt,

(3) einfache Installation und Wartung der Software auf dem mobilen Gerät,

(4) einfache und schnelle Synchronisation neuer Daten und Programme,

(5) Unterstützung gängiger mobiler Geräte (PDA's, Telefon, Smartphones),

(6) den Mitarbeitern sollten alle relevanten Daten über Kunden, Produkte, Märkte zur Verfügung stehen,

(7) einfache Zusammenstellung aller aktuell benötigten, verkaufsrelevanten Daten,

(8) die Nutzung der Anwendung sollte intuitiv und dem Gerät entsprechend (Eingabemöglichkeiten, Displaygröße) erfolgen,

(9) gerätespezifischer Aufbau der Anwendung,

(10) gerätespezifische Menü-Navigation,

(11) die mobilen Anwendungen sollten problemlos mit dem Host-System zusammenarbeiten,

(12) einfache Synchronisation und Konfliktbehandlung,

(13) die mobile Lösung sollte auch nach der Installation flexibel auf Geschäftsprozessänderungen reagieren,

(14) die mobile Lösung sollte mit den gleichen Werkzeugen erstellt werden können wie die stationäre Lösung.

Auf dieses zukunftsträchtige Gebiet hat sich *PeopleSoft* mit seinem *mobile CRM* ausgerichtet. Abb. 297 zeigt einen typischen Einsatzfall für den technischen Außendienst.

Der technische Außendienstmitarbeiter synchronisiert am Morgen oder besser am Vorabend seine Serviceaufträge und erhält gleichzeitig alle zugehörigen Kunden- und Service-Daten auf seinen Laptop oder Pocket-PC. Vor dem eigentlichen Kundenbesuch macht sich der Kundendiensttechniker über die Besonderheiten des Kunden und der gemeldeten Störung kundig. Er hat dabei alle relevanten Kundeninformationen im Zugriff. Während der Servicearbeiten zeichnet er

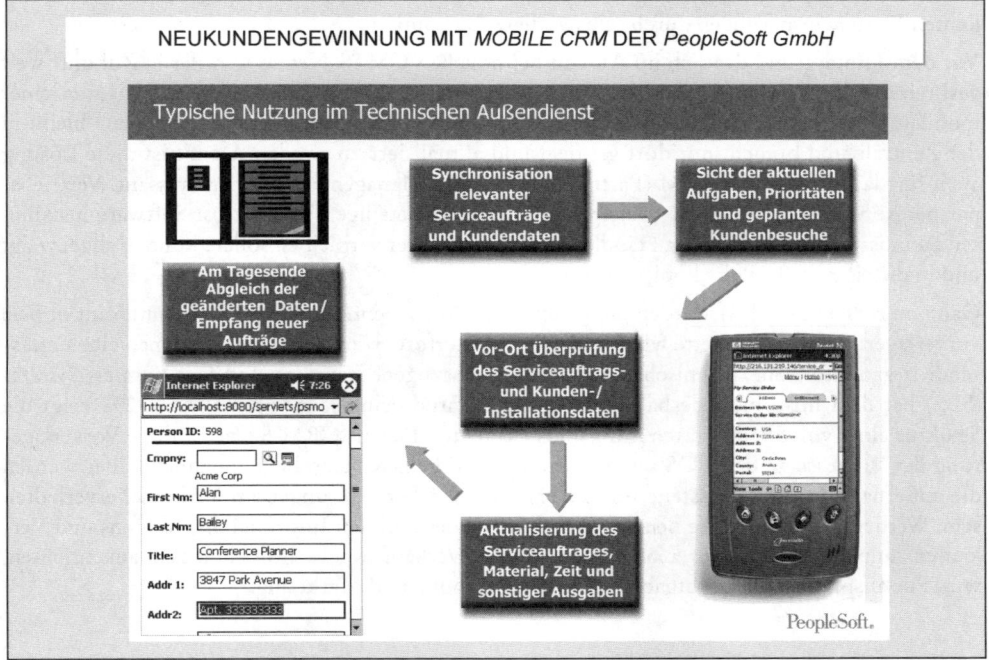

Abb. 297: Beispiel für einen Einsatzfall von mobile CRM / PeopleSoft Deutschland GmbH

Notizen über verwendete Teile und Materialien sowie seinen Aufwand auf und übermittelt diese Daten entweder direkt nach seinem Besuch oder am Abend an die Zentrale. Im Backoffice kann umgehend die Rechnungsstellung und die Materialwiederbeschaffung anlaufen. *Mobile CRM* beschleunigt in diesem Falle die Rechnungsstellung und gewährleistet durch den zeitnahen Abgleich der Kundendaten, dass eventuelle neue Störungsmeldungen nach dem aktuellen Stand der Kundeninstallation beurteilt werden.

Die *PeopleSoft mobile CRM-Lösung* wird mit den gleichen Entwicklungstools wie die serverbasierte CRM-Lösung entwickelt. Änderungen in den Serveranwendungen sind damit automatisch auch im mobilen Umfeld verfügbar. *PeopleSoft* treibt die Entwicklung vor allem für folgende Branchen voran:

- Finanzdienstleister,
- Versicherungen,
- Telekommunikation,
- Medienwirtschaft,
- Behörden,
- Energiewirtschaft,
- Konsumgüter.

Ein interessanter technischer Trend für das mobile CRM wird von der *ADITO Software GmbH* vorangetrieben. *ADITO* setzt mit dem Produkt *ADITO online* auf eine **plattformunabhängige Java-Applikation in einer 3-tier-Architektur**. Die Anwendung besteht aus einer Client-, einer Application-Server- und einer Datenbankschicht. Dadurch ist die Software auf beliebigen Hard- und Softwareplattformen einsetzbar, so auch unter *Linux* und *Unix*. Die Anpassungen an individuelle Bedürfnisse und Anforderungen von Kunden und Branchen erfolgen mittels Design-Editoren; d.h. ohne Programmierung. Dies führt zu schnellen Implementierungszeiten und signifikanten Kosteneinsparungen durch selbständiges Customizing.

Vor dem Hintergrund des sich im Aufbau befindlichen UMTS-Netzes und der in Zukunft weit verbreiteten, kostengünstigen Netz-Zugangskarten (PCMCIA), werden diese Varianten einer mobilen Vertriebssteuerung eine wichtige Rolle spielen. Denn die Software-Intelligenz bleibt in der Zentrale und braucht nur dort gepflegt und aktualisiert zu werden. Damit ist diese Lösung auch für das kooperative CRM (Partner Relationship Management) sehr interessant. Vertriebspartner können sich am CRM-System des Herstellers beteiligen, ohne selbst Software installieren zu müssen. Daten, die beim Händler oder Handwerker verbleiben sollen, können abgezweigt und in die eigenen Systeme kopiert werden.

Ganz im Sinne von CRM werden die Geschäftsprozesse beim mobilen CRM zum Point of Sale vorverlagert. Die Prozesskette wird verlängert. Das erfordert in vielen Unternehmen eine umfassende organisatorische, technische und mitarbeiterbezogene Beratung. *Siemens Business Systems* (SBS) hat dem mBusiness deshalb eine eigene Beratungseinheit gewidmet. Abb. 298 zeigt die Struktur eines von *SBS* kreierten mBusiness-Projektes. Für die CRM-Szene ist diese Vorverlagerung der Prozesse an den POS nur konsequent und kein Kulturschock. Spannend aber werden die außerhalb der Vertriebssteuerung zu erwartenden Veränderungen im Verbraucherverhalten sein. Werden die Kunden die neuen Möglichkeiten des mobilen Informierens, Kaufens und Verkaufens annehmen? Dies zu analysieren und den Verkauf eventuell noch anders auszurichten, wird zur anspruchsvollen Aufgabe von Marktforschung und Marketing.

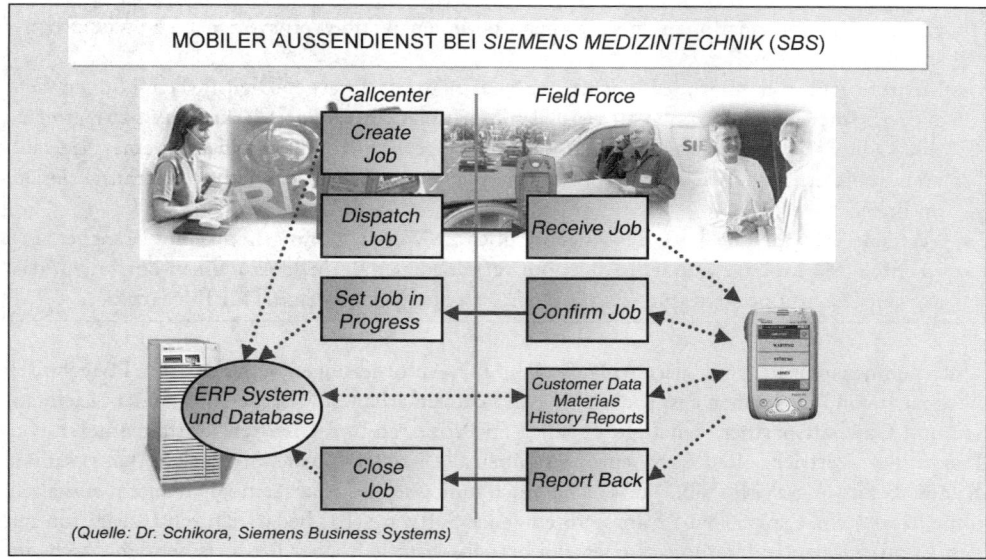

Abb. 298: Beispiel für ein mCRM-Projekt von Siemens Business Systems

g.) Portale und Marktplätze als webbasierte Integrationskonzepte

In Portalen bündeln die Unternehmen ihre Informations-, Einkaufs- und Verkaufsaktivitäten. Der Ursprung des Portal-Begriffes geht auf die Internet-Einstiegseite von *Yahoo* vor einigen Jahren zurück (vgl. *Kappe*, Client/Server 4/2000, S. 24). Portale bieten Plattformen für die Verbindung von vielen Partnern zu einkaufs- oder verkaufsseitigen virtuellen Marktplätzen. Virtuelle Märkte sind Bindeglieder für die Warenwirtschaftssysteme von Lieferanten und Kunden. Vertriebsstrategisch bieten sie innovative, Raum und Zeit schnell überbrückende Alternativen zu den herkömmlichen, sequenziell organisierten Vertriebskanälen.

Mitte 2000 existierten in den USA bereits 240 virtuelle Marktplätze. Auf 35 wurde die deutsche Anzahl beziffert (*o. V.*, MM 2/2000, S. 152–161). Ende 2002 sollen es weltweit bereits bis zu 8.000 bis 10.000 gewesen sein (vgl. *o. V.*, Client/Server 5/2000, S. 62). In Deutschland sollen 2003 rund 1.500 internet-basierte Plattformen existiert haben. Träger der virtuellen Marktplätze sind Handelsorganisationen, Banken, Industriekonglomerate oder auch Neugründungen. Diese enormen Zahlen sind aus heutiger Sicht unrealistisch. Mittlerweile hat sich die Zahl der deutschen Plattformen im Zuge einer Konsolidierung auf unter 200 reduziert (vgl. *o. V.*, Computerwoche 15/2004, S. 28). Folgende Portalformen sind zu unterscheiden:

➡ Ein **Internet-Portal** stellt Interessenten, Lieferanten, Kunden, der Öffentlichkeit und auch Mitarbeitern das unternehmensweite Know-how und oft personalisierte Dienstleistungen auf einer einheitlichen Web-Oberfläche zur Verfügung. Über einen integrierten Zugang kann ein offener oder limitierter Benutzerkreis mit Hilfe eines Browsers auf alle Informationen zugreifen und Prozesse anstoßen.

➡ Ein **Enterprise Information Portal** (EIP) ist die im Internet sichtbare Umsetzung des Wissensmanagement (Knowledge-Management). Ein EIP hat speziell die Aufgabe, Mitarbeiter effizient mit Informationen zu versorgen und ihnen Wettbewerbsvorsprünge (Wissensvorsprünge) zu verschaffen.

➡ Mehrere Anbieter und/oder Nachfrager oder neutrale Internet-Dienstleister können sich auf sog. Internet-Plattformen zu **virtuellen Marktplätzen/Online-Marktplätzen** zusammentun. Online-Marktplätze schaffen ohne Zeitverzögerung Kontakte zwischen einer Vielzahl von Anbietern und Interessenten und ermöglichen weltweite geschäftliche Transaktionen im Internet.

➡ **Vertikale Marktplätze** bieten das Angebot über die Wertschöpfungskette einer Branche. **Horizontale Marktplätze** bündeln Angebote verschiedener Branchen zu einem Sortiment, das auf eine Zielgruppe abgestimmt ist (z.B. ein Internet-Versandhandel für Büroartikel).

Unternehmensportale sind also Anlaufstellen für Anforderungen jeglicher Art. IT-technisch wird auch von Plattformen gesprochen. In den Portalen erhalten Mitarbeiter, Kunden, Lieferanten und Geschäftspartner vielfältige Zugänge zu Prozessen und Diensten. Portale unterstützen Marketing-, Vertriebs- und Serviceprozesse über alle Kontaktkanäle. Sie decken den gesamten Kundenbeziehungszyklus ab. I.d.R. sind auch umfassende Analysemöglichkeiten enthalten, ohne dass es einer speziellen Business Intelligence Software (BI) bedarf. Durch Integration mit den Applikationen anderer logistischer und betriebswirtschaftlicher Ressorts werden durchgängige Geschäftsprozesse geschaffen.

Je nach Bezugsgruppe werden **Kundenportale**, **Partnerportale** und **Mitarbeiterportale** unterschieden. Die *SAP AG* bietet z.B. folgende Portallösungen für das Business im Internet an:

(1) Das **Kundenportal** auf Basis von *mySAP CRM* ermöglicht Kunden und Vertriebspartnern, unabhängig von Zeit, Ort und Geräteform auf alle benötigten Informationen, Anwendungen und Services eines Unternehmens personalisiert zuzugreifen. Die aufgezeigte, starre eCommerce-Maske auf der rechten Seite der Abb. 293 wird so durch vielfältige Portalfunktionen erweitert. Der Kunde kann das Design der Benutzeroberfläche aus einer Vorlagenauswahl wählen. Er bekommt Zugang zu Produkt- und Händlerinformationen, Vertriebsdokumenten, Unternehmensmeldungen, und er kann in weitere Shop- und Serviceanwendungen wechseln.

(2) Das **Vertriebspartnerportal** bietet Händlern und Handelsvertretern in gleicher Weise den leichten Zugriff auf rollenspezifisch aufbereitete Informationen. Es entsteht dabei eine unternehmensübergreifende CRM-Lösung auf Basis von *mySAP CRM*. Die Vertriebspartner profitieren von effektiveren Verkaufsprozessen und personalisierten Interaktionen mit gemeinsamen Endkunden. Typische unternehmensübergreifende Prozesse sind z.B.: Bestellung und Lieferung von Waren, Abwicklung von Retouren, Produkt- und Kampagneninformationen, Abklärung von Produktverfügbarkeiten, Serviceanfragen, Leadmanagement, Vertragsführung oder Bereitstellung von Zahlungsinformationen.

(3) Das **Mitarbeiterportal** auf Basis *SAP Enterprise Portal* bietet den Mitarbeitern eine Plattform für die unternehmensinterne und -übergreifende Zusammenarbeit via Internet. Abhängig von der Rolle des Benutzers im Unternehmen oder beim Kunden stellt *SAP Enterprise Portal* die mitarbeiterrelevanten Informationen bereit. Die maßgeschneiderten Inhalte können flexibel verändert werden.

Abb. 299 stellt Beispiele für ein ① **Kundenportal**, ein ② **Vertriebspartnerportal** und ein ③ **Mitarbeiterportal** zusammen. Der Kunde, in diesem Fall *Chris Robertson*, erhält einen Überblick über seine laufenden Aufträge und ständig aktuelle Sonderangebote. Ein Vertriebspartner – in diesem Fall *Angela Smith* – kann ihre gesamte Geschäftsbeziehung mit dem Lieferanten über das Portal

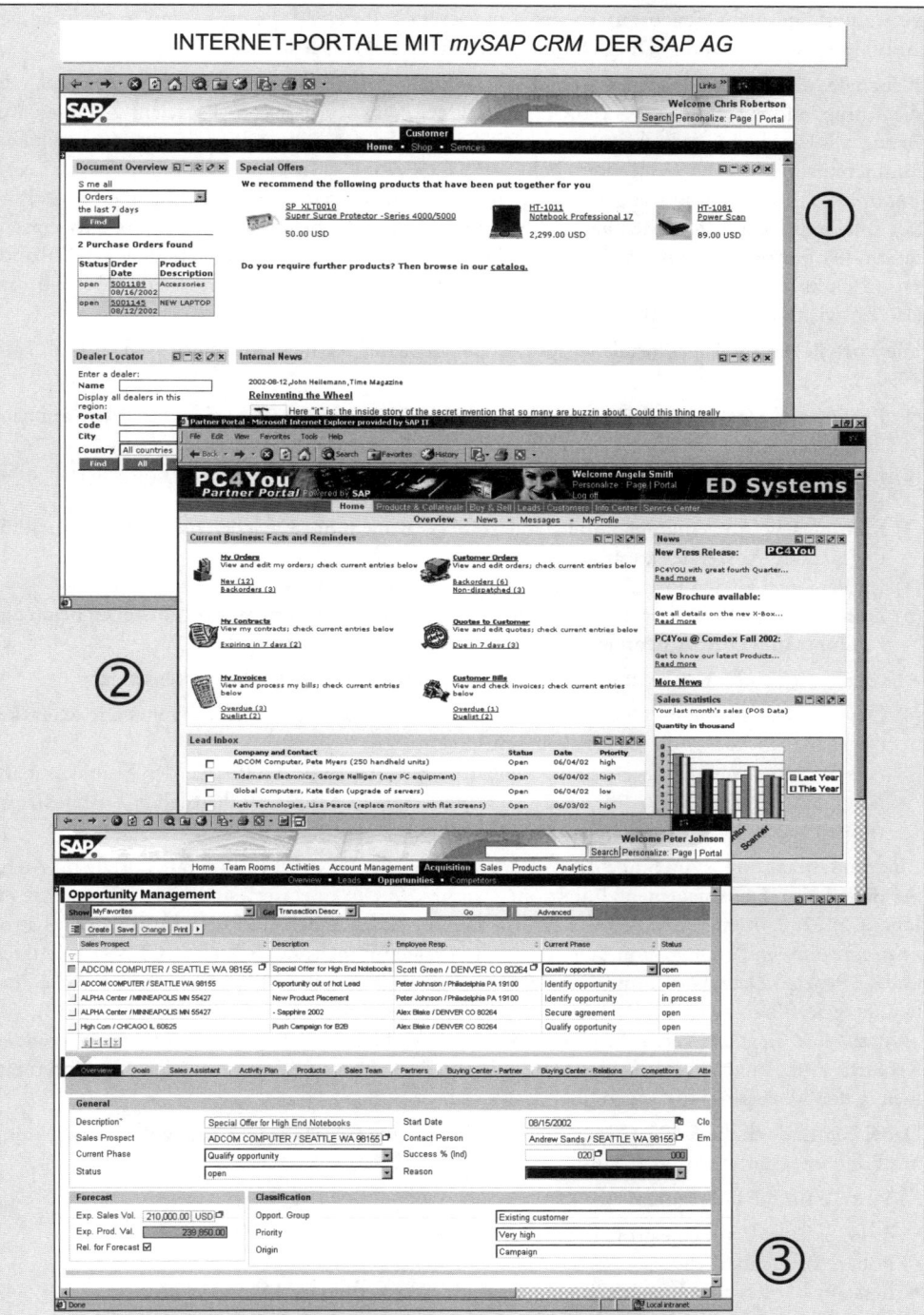

Abb. 299: Beispiele für verschiedene Internet-Portale mit mySAP CRM / SAP AG

verwalten, und der Vertriebsmitarbeiter – in diesem Fall *Peter Johnson* – kann im Beispiel der Abbildung seine laufenden Opportunities über das Portal steuern.

Neben der *SAP AG* gibt es weitere etablierte Anbieter von kompletten Portalsystemen (vgl. z.B. die Auflistung in IT-Director 12/2004, S. 41). *CSC Ploenzke* hat sechs Portalentwicklungen in Bezug auf die wichtigsten Leistungskriterien aus Sicht der Anwender bewertet (vgl. die Zusammenfassung in *o. V.*, Computerwoche 19/2004, S. 16–17). In dieser Beziehung hat das *SAP Enterprise Portal* am besten abgeschnitten. Im einzelnen kann die Leistungsfähigkeit eines Portals anhand folgender Kriterien beurteilt werden: (1) User-Management, (2) Security, (3) Präsentation, (4) Personalisierung, (5) Content-Management, (6) Such-Funktionalitäten, (7) Collaboration/Dokumenten-Management, (8) Applikations-Integration, (9) Infrastruktur/Betrieb und (10) Entwicklungsfunktionalitäten.

Die **Vorteile der Internet-Portale** spiegeln die Vorteile des Business im Internet wider (vgl. *Hess* 1999, S. 186):

(1) Portale und Marktplätze sind **hardware- und betriebssystemunabhängig**. Die Plattformunabhängigkeit ermöglicht eine Kommunikation über Systemgrenzen hinweg.

(2) Der Marktplatz Internet ist ein **Punktmarkt**. Angebot und Nachfrage können sich ohne räumliche und zeitliche Begrenzungen treffen.

(3) **Multimediale Anwendungen und standardisierte Bedienungen** machen die Nutzung auch für ungeschulte Anwender attraktiv.

(4) Im Vergleich zu den Printmedien ist die Internet-Präsenz **preiswert**.

(5) Durch die weltweite Erreichbarkeit und die Möglichkeit zur Interaktion entstehen **neuartige Produkte und Dienstleistungen** und dadurch auch neue Arbeitsplätze.

Aus der Sicht von Marketing und Vertrieb sind zwei weitere Aspekte bemerkenswert:

(6) Das Marketing kann die Präsentation auf einem Marktplatz als **wirkungsvolles Direktmarketing-Instrument** nutzen. Es gibt kaum Streuverluste.

(7) Aus Sicht des Vertriebs werden auf einer Internet-Plattform die Phasen der Kontaktanbahnung und der Kundenqualifizierung stark verkürzt. Das führt zu deutlichen **Kosteneinsparungen** gegenüber einem klassischen Außendienst.

Eine Einschränkung ist im Sinne dieses Buches zu machen. Wir haben hier nur Portale im Auge, bei denen Kundenmanagement-Funktionen, insbes. CRM, integriert sind. *TechConsult* hat im Jahr 2004 628 Unternehmen befragt. 21 Prozent von diesen haben ein Portal im Einsatz, 11 Prozent eines in der Planung. Von den Anwendern haben immerhin 49 Pozent CRM-Aktivitäten und 47 Prozent Data-Warehouse/Business Intelligence (s. Kapitel 10) im Einsatz und in die Portale integriert (vgl. *Berg*, IT-Director 12/2004, S. 32–34; *Köthner*, is-Report 12/2004, S. 38). Als „Nutznießer" liegt der Verkauf mit 68 Prozent nur im Mittelfeld aller vom Portal profitierenden Ressorts. Auf Platz 2 liegt z.B. das Marketing: In 74 Prozent der antwortenden 197 Unternehmen laufen Marketingfunktionen über das Portal.

Dabei betont doch die *SAP AG* folgende Vorteile für eine Geschäftsanbahnung und -abwicklung mit Hilfe integrierter Portale:

1.) Vorteile für die Lieferanten:

- direkter Zugriff auf eine größere Kundenmenge,
- höhere Erreichbarkeit,
- besseres Lernen vom Kunden, Reduzierung der Marketing- und Vertriebskosten,
- bessere Vermarktung von Überschusskapazitäten,
- bessere Ausnutzung von Ressourcen aufgrund erhöhter Markttransparenz,

- Kostensenkung: Reduktion der Transaktionskosten um 30–70 Prozent und bis zu 50 Prozent geringere Vertriebskosten.

2.) Vorteile für die Käufer:

- voll integrierte, automatisierte Supply-Chain-Management Prozesse,
- eine größere Zahl von Lieferanten verursacht stärkeren Preiswettbewerb,
- Internet-gestützte Standards erleichtern den Zugriff auf die Lieferanten,
- wesentlich flexibler als EDI/EDIFACT,
- Möglichkeit zum Auktionskauf von Überschussproduktion,
- Kostensenkung: 30–70 Prozent Reduktion der Transaktionskosten, 5–10 Prozent Kostenreduzierung durch erhöhten Preiswettbewerb auf Lieferantenseite, 10–20 Prozent Preissenkung für ersteigerte Sonderprodukte (Kostenschätzungen gemäß interner Berechnungen von *SAP*).

Die Entwicklung der Marktplätze geht in zwei zentrale Richtungen.

(1) **BtoB- versus BtoC-Marktplätze:** Immer wieder ist zu vernehmen, dass die bedeutendsten Internet-Potenziale im Internet-Transfer der Geschäftsbeziehungen von Unternehmen untereinander bestehen. *Simon* widerspricht: „*Entgegen der herrschenden Auffassung wird das Internet seine wirklich große Bedeutung nicht im BtoB-Bereich, sondern im BtoC erlangen. Genau genommen ist die Unterscheidung zwischen BtoB und BtoC irreführend. Es kommt auf die Zahl der Kunden und die Struktur der Transaktionen an. Die BtoB-Firma Würth ... hat 1,15 Millionen Kunden und viele kleine Transaktionen. Ihr Geschäft ist dem klassischen BtoC weitaus ähnlicher als dem Geschäft eines Autozulieferers, der weltweit nur eine Handvoll Kunden beliefert und jeweils riesige Transaktionsvolumina abwickelt.*" (*Simon*, Manager Magazin 9/2001, S. 103). Was allgemeine Consumer-Portale betrifft, so sind schon Zweifel angesagt, ob neben dem dominierenden *eBay*-Portal noch Platz für Konkurrenten ist.

(2) **Private versus offene Marktplätze:** Hatten in der Anfangszeit des eBusiness offene, transaktionsorientierte Marktplätze für Furore gesorgt, so werden jetzt immer stärker sog. **Private Exchanges**, d.h. proprietäre integrierte Marktplätze, favorisiert. Sie sind exakt auf die Bedürfnisse des Betreibers ausgerichtet. Interessenkollisionen wie bei *Covisint* werden vermieden. Ein weiterer Grund: Mehr als zwei offene Marktplätze verkraftet wohl eine Branche nicht (vgl. *Ballhaus/Seibold*, ASW 1/2002, S. 31).

Abb. 300 vergleicht die Alternativen der **offenen Anbieter-/Nachfragermarktplätze** (*Covisint*) mit denen der **geschlossenen Integrationsplattformen** (*VW*) mit ihren jeweiligen Stärken und Schwächen. *SupplyOn* steht hier zur Abrundung als Beispiel für einen offenen Marktplatz starker Automobilzulieferer. Zukünftig werden die Grenzen zwischen geschlossenen und offenen Marktplätzen jedoch verschwimmen. Die entscheidenden Trendbegriffe lauten Integration und Kooperation. Mit ihren jeweiligen Stärken und Schwächen zu vergleichen wären beispielsweise der *VW Group Supply* mit *Elemica*, dem integrierten Transaktionsmarktplatz der chemischen Industrie.

Wie betont, ist der stärkste Aufschwung in Richtung der privaten integrierten Marktplätze zu beobachten. Als Paradebeispiel hierfür gilt die Einkaufsplattform des *VW-Konzerns* für alle acht Marken der *VW-Gruppe* (*www.groupsupply.com*). 5.500 Lieferanten sind dem Anfragen-System (ESL) angeschlossen. 250.000 Anfragen werden jährlich abgewickelt. Der Online-Katalog enthält 200 Lieferanten. 360.000 Artikel werden von 6.000 Mitarbeitern geordert. Mehr als 200 Lieferanten sind dabei oder sind auf dem Weg, ihre Prozesse mit denen des *VW*-Bedarfs zu vernetzen (eCap). Schon heute werden 80 % des Bedarfs über den eigenen Marktplatz abgedeckt. Die Zielmarke steht auf 50 Mrd. Euro (vgl. *o. V.*, IT-Director 1/2 2001, S. 57–61).

PRIVATE VERSUS ÖFFENTLICHE MARKTPLÄTZE		
	Stärken	Schwächen
COVISINT DaimlerChrysler, Ford, GM, Renault	• Große Hersteller und Lieferanten • Hohe Finanzmacht • Starke Technologiepartner • Industrie-Know-how • Schaffung von Industriestandards	• Negatives Image bei Zulieferern • Fokussiert auf 1st Tier-Lieferanten • Konzentriert auf Auktionen und Katalogeinkauf • Interessenkonflikte zwischen den Partnern
VW Group Supply Marktplatz für 8 Konzernmarken. Kein Zugang für andere Autofirmen	• Maßgeschneiderte VW-Lösung • Schnelle Entscheidungsfindung • Vermeidung von Know-how-Abfluss • Geringer Abstimmungsaufwand	• Hohe Investitionen • Keine Synergien • Widerstand bei Lieferanten, die an anderen Marktplätzen beteiligt sind
SupplyOn Bosch, Continental, INA, SAP, Siemens, VDO, ZF Friedrichshafen	• Kooperationsmodell von Zulieferanten • Marktakzeptanz durch Teilnahme großer deutscher Zulieferer • Solide finanzielle Basis durch Anschubfinanzierung der Anteilseigner • Standardisierungsbestrebungen durch Kooperationen mit anderen Plattformen	• Keine internationalen 1st Tier-Partner • Geringe Verbreitung auf Lieferantenseite • Noch keine ausreichende Funktionalität (Integration) • Mangelndes eBusiness-Know-how und Interesse der Lieferanten
(Quelle: Nexolab – vgl. Hirn, Teilweise erfolgreich, in: netmanager, 1/2002, S. 17)		

Abb. 300: Private und offene Marktplätze im Vergleich

Gerade Unternehmen mit indirektem Vertrieb sehen in diesen **Private Exchanges** eine große Chance, ihre Vertriebspartner enger an sich zu binden (vgl. *Zunke*, acquisa 2/2002, S. 50). Sind die Händler in die Plattform integriert, dann lassen sich eingehende Leads über alle Stufen des CRM-Zyklus verfolgen. Bislang war es nicht möglich, Anfragen, die beim Händler eingingen, weiterzuverfolgen und letztlich die Frage zu klären, ob der Interessent nicht am Ende ein Konkurrenzprodukt kauft. Private Exchanges machen Vertriebskanäle gläsern.

Die Integrationswelle machte auch vor Konkurrenten nicht halt. Aus früheren Wettbewerbern wurden Plattform-Verbündete. *Covisint*, der als gemeinsamer Einkaufsmarktplatz von *DaimlerChrysler, Ford, General Motors, Renault, Nissan* und *PSA* geplant wurde, stand seit Februar 2000 als leuchtendes Beispiel in den Schlagzeilen. Anfang 2004 ging dann der Verkauf von *Covisint* an *Compuware* und *Freemarkets* durch die Medien. Die Plattform ist damit zwar nicht tot. Die Strategie der Automobilhersteller, ihre Zulieferer Schritt für Schritt auch bei höherwertigen Teilen in Auktionsprozesse zu treiben, gilt jedoch als gescheitert. Eine ganze Zulieferbranche hat sich geräuschlos gewehrt. *„Wir haben vor zwei Jahren erkannt, dass es Covisint nicht schaffen würde, in Zusammenarbeit mit den Gründerfirmen standardisierte Anwendungen und Prozesse zu realisieren"*, so die Erfahrung von *ZF Friedrichshafen* (o. V., Computerwoche 15/2004, S. 28). Die Automobilkonkurrenten konnten ihre Einkaufsstrategien nicht koordinieren: *„Der Verkauf der Internetplattform zeigt, dass Konkurrenten nicht gemeinsam einkaufen können"*, so der Tenor im *Manager-Magazin* (vgl. *Hirn/Scholtys*, MM 2/2004, S. 16–17). Und das operative Geschäft lief nach wie vor über die individuellen Kundenportale. Die Fachwelt spricht von einem 500 Mio. Dollar-Flop (vgl. *o. V.*, Computerwoche 15/2004, S. 28).

Bei weniger anspruchsvollen Ansätzen und Produkten ist nicht wirklich Integration angesagt. Möglichst schnell sollen möglichst großzahlige und globale Transaktionen für C-Teile bzw. MRO-Produkte (Maintenance, Repair, Operations) zu möglichst günstigen Preisen abgewickelt werden. Schnelle Lieferantensichtung (Discovery) bzw. schnelle Kundenkontakte über Portalverbindungen (Connectivity) und internet-gestützte Preisfindungsmodelle wie Online-Auktionen oder Power Shopping stehen im Vordergrund des Interesses. Aber auch in diesem Bereich der „echten" Marktplätze läuft eine harte Konsolidierung. Fachleute schätzen, dass nur neun Prozent aller BtoB-Marktplätze profitabel arbeiten (vgl. *Ballhaus/Seibold*, ASW 1/2002, S.29). „*Es wird deutlich weniger, aber dafür große und einflussreiche Marktplätze geben.*" (*Schlüchter* Uni Dortmund; zit. in *Ballhaus/Seibold*, ASW 1/2002, S.30).

Zusammengefasst bietet das Internet dem Vertrieb wichtige Ansatzpunkte zum Aufbau neuer Vertriebskanäle, zum schnellen Erobern bislang unerreichter Zielgruppen und zur Sicherung einer kostengünstigen und effizienten Verkaufsabwicklung. Ängste vor einer einschneidenden Wachablösung des aktiven Außendienstes durch eCommerce und Marktplätze sind fehl am Platz, wie bereits in den o.a. Zitaten von *Bosch* und *Stihl* betont wurde. **Internet und speziell eCommerce werden den konventionellen Besuchsvertrieb nicht ersetzen, sondern als eigenständige Vertriebskanäle ergänzen:**

„*You can't just focus on the Web as a channel anymore. It's Web and call center, Web and field sales, Web and partners, Web and distributors or Web and some other channels. While the Web is a channel in itself, it will increasingly become the backbone to support other channels inside and outside of the company.*"
(*Rob Desisto, Präsident GartnerGroup*)

Dennoch ist in konventionellen Verkaufsorganisationen mit Personalfreisetzungen in einer Größenordnung von bis zu zehn Prozent in den nächsten drei Jahren zu rechnen. „*Den klassischen Außendienst heutiger Prägung wird es nicht mehr geben.*" (*Troczynski* 1996, S.172). **Der „Auftragsabholer" des Rattenjagd-Verkaufs und die Kunden„verwaltung" im Innendienst haben sich überholt.** Die beratungsfreien Verkaufsarbeiten können Systeme besser, schneller und kostengünstiger verrichten. Die Kunden werden über das Internet direkt im ERP-System des Lieferanten ihre Bestellungen auslösen. Der Einkauf wird nicht mehr einkaufen, sondern die Beschaffungstätigkeit nach standardisierten Regeln in die Geschäftsbereiche rückdelegieren. Dabei sollten wir darauf achten, dass das Thema Kundenorientierung im Zuge eines sich anbahnenden Trends zum **internetgestützten Supply Chain Management** nicht in den Hintergrund tritt.

Glücklicherweise entsteht auf der anderen Seite Bedarf nach Kundenbetreuern neuen Schlages. Diese übernehmen die Aufgaben, Lieferanten, Handelspartner und Kunden für die Extranets, Portale und Marktplätze zu gewinnen, Systemberatung zu verkaufen und dabei auch „Seelentröster" zu spielen. Damit ein Kunde nicht sagen kann: „*Mit Ihrem Außendienstmitarbeiter konnte ich früher wenigstens noch reden.*" Die Kundenbetreuer werden lernen, mit und nicht gegen Internet und eCommerce zu arbeiten. Veränderungen kommen aber auch auf die Kundendienst- und Anwendungstechniker zu.

7.6. Akquisitionsstrategie III: Die Integration von Kundendienst/Kundenservice in die Vertriebssteuerung

7.6.1. Ziele und Aufgaben der Serviceintegration

Das Ziel des Kundendienstes der Vaillant GmbH ist es, in der Kommunikation von und zum Techniker sowie für die Informationsmöglichkeiten des Kundendienstes vor Ort alle notwendigen Informationen vorliegen zu haben, um die Kundenanforderungen optimal erfüllen zu können. Das Arbeitsaufkommen ist enorm. 600 Kundendienst-Techniker und Backoffice-Funktionen betreuen 135.000 Kunden mit 1.500.000 Installationen. 70.000 Wartungsverträge sind zu erfüllen und 22.000 terminierte Aufträge pro Jahr abzuwickeln. Es ist völlig illusorisch, hier mit einer formulargestützten Vertriebssteuerung zu operieren. (vgl. Walder, ServiceToday 6/2001, S.23–24)

160.000 Firmenkunden und rund 8.000 Beschäftigte der T-Com wechseln zu T-Systems. Die bislang getrennt operierenden Einheiten Vertrieb und Services werden zusammengelegt, um Kunden zukünftig besser betreuen zu können. Die Fachpresse spricht von der größten Baustelle der Telekom. (vgl. den Hinweis von Preissner, MM 11/2004, S. 25)

Sachgüter werden immer stärker normiert. Deshalb werden Dienstleistungen und Services aus Kundensicht zukünftig das „eigentliche" Produkt darstellen (vgl. *Biesel* 2002, S. 13). Wir verstehen unter **Dienstleistungen** kostenpflichtige immaterielle Angebote, während **Serviceleistungen** als **kostenlose Zusatzleistungen** Kernleistungen begleiten. Kernleistungen können Sachgüter sein (z.b. Möbelkauf mit kostenlosem Aufstellen als Service) wie auch Dienstleistungen (z.b. Haarschnitt mit Gratis-Kaffee als Service). Dienstleistungen können entweder eigenständigen Charakter haben (z.b. Finanzdienstleistung, Steuerberatung) oder ebenfalls ein Sachgut begleiten (z.b. Kundendienst für einen PKW, Möbelkauf mit kostenpflichtiger Möbelaufstellung). Derzeit unternimmt die Wirtschaft große Anstrengungen, um aus kostenfreien Serviceleistungen kostenpflichtige Dienstleistungen zu machen. Hierbei kann eine systematische Vertriebssteuerung helfen.

CRM fordert ausdrücklich die Integration aller kundenbezogenen Prozesse über alle Kontakt- und Verkaufskanäle. Die Bedeutung einer Integration von Service und Dienstleistungen in die Vertriebssteuerung kann nur unterstrichen werden. Denn:

- In vielen Märkten werden Gewinne nur noch in der technischen Nachbetreuung erzielt. Eine Befragung von über 200 Maschinenbauern durch die Unternehmensberatung *Impuls* ergab: Das After-Sales-Geschäft erwirtschaftet im Durchschnitt 20 bis 25 Prozent des Gesamtumsatzes und mit 15 bis 25 Prozent eine rund zehnmal so hohe Umsatzrendite wie der Neumaschinenverkauf (vgl. *o. V.*, ASW 6/2002, S. 7). Von den 4,6 Prozent Umsatzwachstum des Maschinenbaus in den vergangenen fünf Jahren stammen fast drei Prozent aus Beratung sowie Wartungs- und Reparaturleistungen (vgl. *Hassmann*, salesBusiness 10/2004, S. 16).
- Die Aussage eines gestandenen Kundendienstchefs klärt Prioritäten: *„Den Verkauf brauchen wir eigentlich nur für die Erstakquisition."*
- Servicemitarbeiter haben i.d.R. Zutritt zu Räumlichkeiten, die dem Verkäufer verschlossen bleiben.
- Dort können sie die Aggregate der Konkurrenz im Betrieb beobachten und vom Bedienpersonal vertrauliche Wettbewerbsinformationen bekommen.
- Dort können sie mit den Anwendern sprechen, die bei der Auftragsvergabe im Buying-Center im Hintergrund stehen, jedoch oft das entscheidende Wort bei der Kaufentscheidung sprechen.

Eine Notwendigkeit zu einer stärkeren Einbindung in die Verkaufsarbeit sollte den nicht auf Akquisition getrimmten Anwendungstechnikern, technischen Beratern, Service- und Kundendienstmitarbeitern klar gemacht werden. Denn ein C-Kunde des Verkaufs kann ein A-Kunde für die oft deckungsbeitragsstarken Dienstleitungen sein (vgl. *Schulz*, salesBusiness 2002, S. 26). An dieser Stelle wird auf die funktionsbezogenen Aufgaben und die Organisation der Dienstleistungs- und Serviceabteilungen nicht eingegangen (vgl. hierzu *Winkelmann* 2003, S. 222–230). Dort werden auch innovative Supportkonzepte aufgezeigt, wie **Hotline** und **HelpDesk**).

In den BtoB-Märkten sind es vor allem technische Dienst- und Serviceleistungen, die die Kernangebote des Verkaufs begleiten und aufwerten (Added-Values). Typische Beispiele sind Anwendungstechnik und beratender Kundendienst. Es geht also um die Tätigkeiten von Mitarbeitern, die parallel zum Außen- und Innendienst operieren und die nicht in die reguläre Kundenbetreuungsstrategie eingebunden sind. In einer gewissen Weise arbeiten sie geschützt, denn sie verfügen gegenüber dem kaufmännischen Verkauf über spezifisches technisches Know-how. Das hat diese Fachbereiche in der Vergangenheit stark gemacht und sie dem Zugriff von Vertriebsplanung und -controlling entzogen. Sie stehen nicht unter dem Druck, neue Kunden zu finden und Umsatz und Ergebnis zu generieren. Ihre Aufgabe ist es vielmehr, den Verkauf zu entlasten und wesentliche Beiträge zur Stärkung von Kundennähe, Kundenzufriedenheit und Kundenbindung zu leisten. Nun, im Zeitalter von CRM, soll diese Enklave in der abgeschotteten Form nicht mehr gelten. Es gilt, auch die technischen Beratungsfunktionen mit in die Prozessstufen des SalesCycle einzubinden. Das hat nicht nur Kosten- und Effizienzgründe. Es wird zunehmend erkannt, dass auch die Servicetechniker starke beziehungsbildende Funktionen ausüben:

(1) **Problemlösungsfunktion:** Die Kundendiensttechniker können vor Ort technische und auch kaufmännische Probleme lösen.

(2) **Informationsfunktion:** Die Kundendiensttechniker wirken als Informationsdrehscheibe. Sie bieten dem Kunden Lernerlebnisse und dokumentieren Anregungen und Beschwerden für die Zentrale.

(3) **Akquisitionsfunktion:** Der Kundendienst begreift sich als Teil des Verkaufs. In einem sinnvollen Maße nehmen die Servicetechniker auch verkäuferische Aufgaben wahr.

(4) **Kundenbindungsfunktion:** Für den Kundendienst gilt: *Nie ist er so wertvoll wie im Problemfall*. Doch auch bei Routinewartungen sollten Servicetechniker ihre Kunden begeistern und dadurch binden können.

(5) **Imageverstärkungsfunktion:** Der Kundendienst ist das Aushängeschild einer Unternehmung. Ein elitärer Außendienstbesuch wird zur Farce, wenn die Servicetechniker mit verrosteten Lieferwagen und schmutziger Kleidung beim Kunden erscheinen.

(6) **Marketing-Mix-Unterstützungsfunktion:** Der Kundendienst unterstützt dudruch alle anderen Instrumente des Marketing- bzw. Vertriebsmix.

Deshalb ist es ratsam, Kundendienst und Anwendungstechnik von Anfang an in die Betreuungsstufen des SalesCycle mit einzubeziehen. Abb. 301 gibt hierzu Empfehlungen. Selbstverständlich soll die Serviceeinbindung nicht mit Hilfe von Formularen oder gar auf Zuruf erfolgen. Empfehlenswert ist eine konsequente Umsetzung der CRM-Konzeption mit den damit verbundenen Prozess- und Kanalverknüpfungen.

7.6.2. Integration in die CRM/CAS-Vertriebssteuerung

Die Einbeziehung von Anwednungstechnik (technischer Beratung) und Kundendienst in die Vertriebssteuerung ist für die EDV kein grundsätzliches Problem. Die Servicetechniker legen ihre systematisch erfassten Daten in der zentralen Kundendatenbank ab und greifen auf diese zu. Für die technische Kundenbetreuung nutzen sie die gleichen Bildschirmmasken wie der Verkauf oder passen diese entsprechend ihren technischen Informationsbedürfnissen an. Vor allen Dingen ist es wichtig, dass die Kundendiensttechniker alle relevanten Kunden- und Maschinendaten stets aktuell vor Ort, beim Kunden, haben. Die *WMG AG* mit der *audius-Software* bietet hier ein gutes Beispiel (vgl. *o. V.* Service Today 3/2002, S. 16–17). Auch der Einsatz von *Applix iEnterprise* im Geschäftsbereich *Linde Material Handling* der *Linde AG* kann hier erwähnt werden.

Die Serviceintegration im Dienste des Kunden kann erhebliche Ausmaße annehmen. *Ford* und *Caterpillar* wollen ihren Händlern auf Basis *mySAP CRM* jederzeit einen aktuellen Einblick in den weltweiten Ersatzteilbestand sowie über den Status von Kundenbestellungen ermöglichen. Dieses größte *SAP*-Projekt seiner Art wird weltweit 15.000 Händler und 80 Läger an das *Ford-*

INTEGRATION DES SERVICE-BEREICHES IN DIE VERTRIEBSSTEUERUNG	
SalesCycle	*Tätigkeiten der Servicetechniker im Rahmen eines ServiceCycle*
Kunden finden ⋈▷	• Servicetechniker werden über Leads des Verkaufs informiert • Servicetechniker entwickeln eigene Neukundenstrategie • Servicetechniker betreiben eigenes Referenzmarketing
Kunden verstehen, Bedarf und Wünsche einschätzen ⋈▷	• Servicetechniker sind an zentrale Kundendatenbank angeschlossen • Servicetechniker erstellen Bedarfsprofile und melden diese an den Verkauf • Servicetechniker eruieren in den Fabrikbereichen Cross-Selling-Potenziale • Servicetechniker klären vor Ort Wettbewerbssituation
Kunden bewerten ⋈▷	• Servicetechniker beteiligen sich an der Kundenqualifizierung im Rahmen des CRM-Systems • Servicetechniker bewerten eine technische Kundenattraktivität
Kunden (Auftrag) gewinnen ⋈▷	• Servicetechniker akquirieren selbst Wartungsverträge • Servicetechniker akquirieren dringenden Ersatzbedarf des Kunden vor Ort selbst • Servicetechniker werden in Abschlusstechniken geschult
Kunden bedienen (Aufträge abwickeln) ⋈▷	• Servicetechniker können u.U. in die Lieferlogistik mit eingespannt werden • Verkauf begleitet Servicetechniker bei Anlieferung und Inbetriebnahme
Kunden nachbetreuen, dabei binden und speziell weiterentwickeln ⋈▷	• Servicetechniker erfragen Kundenzufriedenheit nach Kauf • Servicetechniker führen standardisiertes Nachbetreuungsprogramm durch • Servicetechniker fragen Folgebedarfe systematisch ab • Servicetechniker werben für neue Produkte • Servicetechniker unterbreiten dem Kunden Vorschläge für technische Verbesserungen nach Kauf • Servicetechniker werden über laufende Kundenbindungsprogramme informiert • Die Arbeit der Servicetechniker wird in der Kundenzeitung positiv gewürdigt
Kunden ggfs. zurückgewinnen ⋈▷	• Servicetechniker und Verkauf verständigen sich hinsichtlich der zurückzugewinnenden Zielkunden • Servicetechniker übernehmen gezielt Rückgewinnungs-Akquisitionen

Abb. 301: Integration des Servicebereiches in die Vertriebssteuerung

Netzwerk anbinden und 600.000 Teile verwalten. Die CRM-Komponente steuert die Auftragsbearbeitung, die Verwaltung der Kundendaten und die Umsetzung von Marketingkampagnen (vgl. *o.V.*, Computerwoche 32/2002, S. 5).

Immer mehr Anbieter versuchen, sich durch **spezielle Softwarelösungen für das Service-Management** zu profilieren. Von *SoftSelect liegt* eine Marktstudie über 35 Systeme vor (Titel: *Service Management 2004*; vgl. *Gottwald*, is-Report 10/2004, S. 43). Allerdings muss gesagt werden, dass man sich mit einem speziellen Service-Tool von der CRM-Idee wegbewegt.

Unternehmen, die ihre CRM-Konzeption auf den technischen Bereich ausdehnen wollen, sollten nach der Übergabe eines gewonnenen Vertriebsprojektes an das Technik-Team auch das Projektmanagement mit Personaleinsatzplanung, Maßnahmenplanung, Zeiterfassung, Forecasting, Projektcontrolling, bis hin zur der Fakturierung integriert weiterführen. Dadurch stehen auch alle schon vorhandenen Vertriebs-, Kunden- und Kontaktinformationen den Anwendungstechnikern zur Verfügung. Berechtigte Mitarbeiter des Vertriebs können ihrerseits Stand und Status der laufenden Projektarbeiten aktuell überblicken. Hinsichtlich einer

• Verwaltung von Wartungsaufträgen,
• Maschinenstandort-Überwachung,
• Maschinenwartungs- und Reparaturhistorie,
• Kostenplanung und -kontrolle für den technischen Außendienst
• Angebote an Kunden zur Optimierung von Maschinenkonfigurationen

kann auf die Abb. 284 (Folgebedarfsmanagement) und Abb. 273 (Produktkonfigurator) verwiesen werden.

Es ist also sehr zu empfehlen, die technischen Mitarbeiter mit Kundenkontakt in die Vertriebssteuerung einzubeziehen. Erst dann wird die Prozessintegration nach der Zielsetzung von CRM abgerundet. Weitere Optimierungen erfährt die Vertriebssteuerung, wenn auch Sonderbereiche der Kundenbetreuung systemgestützt, effizient und kundennah arbeiten.

8. Spezielle Kundenbetreuungskonzeptionen

8.1. Opportunity-Management (OM)

Das 8. Kapitel behandelt spezielle Konzeptionen für die Kunden- und Marktbearbeitung. In vielen Unternehmen gehen die Aufgabenbereiche dieses Kapitels im normalen Vertriebsalltag „unter". Jede Unternehmung wird entscheiden müssen, in welchem Maße sie diese speziellen Tätigkeitsbereiche des Vertriebs institutionalisieren und ausbauen möchte. Denn das bedeutet dann:

(1) spezielle **Zielsetzungen** für einen Teil der Vertriebsorganisation und evtl. für bestimmte Kundensegmente,
(2) dementsprechend spezielle **Ressourcenzuteilungen**
(3) und spezielle **Vertriebssteuerungsfunktionalitäten** (Software-Bausteine).

Das 7. Kapitel hat die zentralen Arbeitsgebiete des Kundenmanagements gemäß dem Ablauf im SalesCycle aufgezeigt – von der Kundengewinnung bis zur Nachbetreuung der Käufer. Dort wurden behandelt:

- in Abschnitt 7.1.3.: auf welche systematische Weise aus einer Fülle von Kontakten verfolgungswürdige Leads gewonnen werden können und mit welchen Kundendaten ein Lead generiert wird,
- in Abschnitt 7.4.8.: wie Angebote bewertet und das Angebotswesen effizient gestaltet werden kann.

Das Anfragen- und Angebotswesen kann nun einen besonderen Stellenwert erhalten und zu einem Opportunity-Management ausgebaut werden. Die Kundenakquise wird zum definierten Prozess. Sie beginnt mit einer **systematischen Erfassung und Evaluierung neuer Verkaufschancen**, wie im Grundsatz im 7. Kapitel beschrieben. Klammert man hier den Verkauf von Ersatzteilen, Katalogware und sog. Commodities aus, dann können Angebote für werthaltige Produkte, Komponenten oder Anlagen wie Projekte betrachtet werden. **Opportunities** sind vor allem in BtoB-Märkten Anfragen und Angebote, die eine Projektplanung und eine professionelle Projektabwicklung verlangen.

> ➡ **Opportunities** sind Anfragen und Angebote mit Projektcharakter, die wegen ihres Umfangs, ihrer inhaltlichen Qualität und wegen der für den Anbieter verbundenen Vorlaufkosten eine systematische Evaluierung, Planung, Abwicklung und Kontrolle erfordern.
>
> ➡ Unter **Opportunity-Management (OM)** bzw. unter einem **Opportunity-Management System** (OMS) ist die Steuerung bedeutsamer Angebotsprojekte im Rahmen von CRM/CAS-Programmen zu verstehen.

Opportunity-Management ist insbesondere in folgenden Branchen empfehlenswert:

- Maschinen- und Anlagenbau,
- Flugzeug- und Schiffsbau,
- Software und Hardware,

- Mess- und Regeltechnik,
- Wassertechnik,
- Medizintechnik,
- Hoch- und Tiefbau (Ausschreibungen),
- Pharma.

Der **Nutzen von OM** ergibt sich aus den folgenden Aufgaben:

(1) **Aufgaben für Verkauf und Marketing**

- Evaluierung der technischen und kaufmännischen Chancen und Risiken der Projekte im Anfrage- und Angebotsstadium,
- Rangordnung der wichtigsten Projekte gemäß Qualifizierungskriterien,
- prioritätengerechte Zuteilung von Ressourcen und Außendienst-Arbeitszeit für die weiteren Akquisitionsbemühungen,
- Kontrolle der im Buying-Center des Kunden oder im Rahmen anderer Interessengruppen agierenden Personen (Entscheidungsträger), die Einfluss auf die Auftragsvergabe haben,
- Analyse der Konkurrenzaktivitäten bei den umworbenen Projekten,
- Bestimmung des Referenzcharakters der Projekte zur Unterstützung zukünftiger Akquisitionen.

(2) **Aufgaben für die Vertriebsleitung**

- Voraussage des Auftragsvolumens gemäß Chancenanalyse (Forecast),
- Voraussage des Deckungsbeitragsvolumens gemäß Chancenanalyse,
- Bestimmung der Unterstützung der Verkaufsleitung für den Außendienst,
- Bestimmung des Klärungsbedarfs mit den technischen Ressorts F&E, Konstruktion, Einkauf (wegen kritischer Teile), Fertigung, Logistik etc.,
- Erstellung von Win/Loss-Reports.

(3) **Aufgaben für das Produktmanagement**

- Ebenfalls Bestimmung des Klärungsbedarfs mit den technischen Ressorts F&E, Konstruktion, Einkauf (wegen kritischer Teile), Fertigung, Logistik etc.,
- Analyse der eigenen, produktbezogenen Stärken und Schwächen,
- Bestimmung der zukunftsträchtigsten Produkte und Einleiten entsprechender Marketingmaßnahmen.

Bei den ersten Tests wurde die Prozessorientierung von *MS CRM* gewürdigt. Neue Verkaufschancen sollen in systematischen Arbeitsschritten zum Abschluss gebracht werden. Mit *Microsoft CRM* verkürzen Unternehmen den Verkaufszyklus und verbessern die Abschlussraten mit Hilfe eines Lead- und Verkaufschancenmanagements, einer Automatisierung der Vertriebsprozesse sowie der Angebotserstellung und des Auftragsmanagements. *Microsoft CRM* unterstützt den Vertriebsmitarbeiter über den gesamten Vertriebsprozess mit den Stufen (1) **Leaderfassung**, (2) **Qualifizierung**, (3) Analyse der **Verkaufschance** und (4) **Vertriebsprozess**. Abb. 302 zeigt ein Beispiel.

Zunächst müssen Unternehmen ihre Vielzahl von Leads in eine Systematik bringen, damit sie besondere Auftragschancen herausfiltern können. Im Beispiel der Abb. 302 ist dies als Ergebnis der Angebotsqualifizierung ein Projekt über 174 Fahrräder. In *Microsoft CRM* erfasste Auftragschancen können anhand vordefinierter Regeln automatisch den richtigen Vertriebsmitarbeitern oder Teams zugeordnet werden. Damit wird der Mitarbeiter in seinem Tagesgeschäft unterstützt und von zeitraubenden Tätigkeiten befreit. Die gesamte Historie der Aktivitäten wird in *Microsoft CRM* festgehalten. So erhält der einzelne Mitarbeiter mehr Wissen über seine Kunden, um diese situationsgerecht anzusprechen. Bei der Verfolgung der Verkaufschancen wird der Mitar-

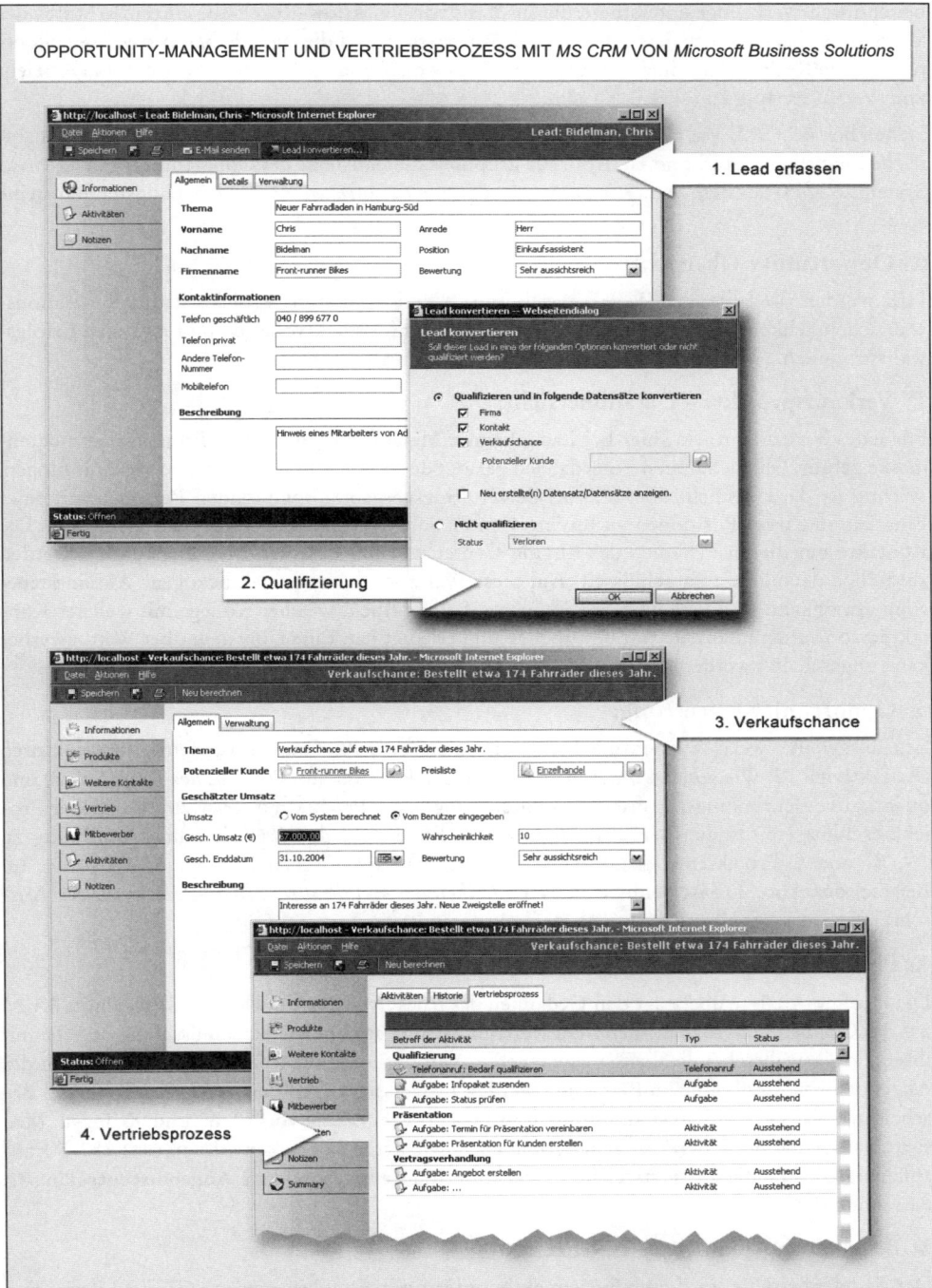

Abb. 302: Opportunity-Management und Vertriebsprozess mit MS CRM / Microsoft Business Solutions

beiter durch Werkzeuge unterstützt, die auf Basis von Workflow-Regeln die einzelnen Stufen des Verkaufszyklus systematisieren. Der Vertriebsprozess steuert die eigentlichen Aktivitäten zur erfolgreichen Realisierung einer Opportunity. Ziel ist es, Verkaufschancen konsistent und effizient zum Verkaufserfolg zu führen.

Stehen bei *MS CRM* vor allem Aktivitäten im Vordergrund, so treten bei *update software* analytische Elemente verstärkt hinzu. Abb. 303 gruppiert die **Bausteine des Opportunity-Management Systems** (OMS) aus dem *marketing.manager* der *update software AG*. Die wichtigsten **Bausteine** sind:

① **Opportunity Übersicht:**

Hier werden alle laufenden Projekte nach Typ, Akquisitionsstufe, Projekt-Status, Realisationswahrscheinlichkeit, voraussichtlichem Abschlussdatum, Projektvolumen und mit nach Erfolgswahrscheinlichkeiten gewichtetem Umsatzwert aufgelistet.

② **Verkaufsprojekte – Detailübersicht:**

Für jedes Verkaufsprojekt, hier bei Ladenheimer Metallfabrik, wird eine Projekt-Stammdatenmaske geführt. Zu vielfältigen Folgedateien gelangt der Benutzer durch einfache Verknüpfungen. Wichtig ist die Übersicht über alle bei der Auftragsvergabe mitwirkenden Personen mit einer Einschätzung ihrer Positionen im Buying-Center. So wird **Netzwerk-Management** möglich. Die Kontakte mit diesen Personen des Buying-Center und mit externen Meinungsführern werden zusätzlich detailliert aufgeschlüsselt. Auf diese Weise wird eine projektbezogene **Aktionssteuerung** ermöglicht. Das Verkaufsteam erkennt auf einen Blick, welcher Kollege mit welcher Kontaktperson auf Kundenseite was besprochen und erledigt hat. Eine Übersicht über Wettbewerber kann zugeschaltet werden.

③ **Opportunity Bewertung:**

Auf ausgefeilte Weise werden die Erfolgschancen beurteilt. Qualitative Beurteilungsfaktoren (Attraktivität 72: *Wie sehen wir den Kunden?* Eigene Position 86: *Wie sieht der Kunde uns?*) und quantitative Beurteilungsfaktoren (Anzahl der möglichen Produktnutzer/wahrscheinlicher Projektabschluss etc.) finden Berücksichtigung. Am Ende steht die Klassifizierungszuordnung zu A-, B- und C-Projekten – analog einer unternehmensspezifischen Kundenqualifizierung. Im Beispiel der Abb. 303 ist beim Kunden *Ladenheimer Metallfabrik* ein A-Projekt in der Ausschreibung, das mit allen Ressourcen zu akquirieren ist.

④ **Pipeline-Stufe:**

Die **Pipeline-Analyse** überträgt den Gedanken des SalesCycle (vgl. noch einmal Abschnitt 6.4.2.) auf das Opportunity-Management. Die Vertriebsleitung erhält eine Aufschlüsselung, welche mit ihren Erfolgswahrscheinlichkeiten gewichteten Auftragsvolumina sich in welchem Stadium des Angebotsprozesses befinden. Betrachtet werden Prozessstufen, wie sie in der Kopfzeile des Bearbeitungsplans ersichtlich sind, unterteilt in Prognosezeiträume von 30, 60 und 90 Tagen. Man sieht, dass in der Stufe der Leadgenerierung ein gewichteter Angebotswert von ca. 1.182 T Euro anhängig ist. Für die aussichtsreichen Projekte erfolgt ein gesondertes **Angebotscontrolling** (s. Abschnitt 10.4.).

⑤ **Bearbeitungsplan/Arbeits-Checklisten:**

Der Kundenbetreuer wird vom System aktiv unterstützt. Die Arbeitspläne (To-do-Listen) sind selbstverständlich flexibel an den Bedarfsfall anpassbar. Der Kundenbetreuer hat jederzeit einen Überblick über seine nächsten Schritte. Sobald ein Mitglied des Buying-Center auf Kundenseite kontaktiert wird, erfolgt ein entsprechender Arbeitsvermerk in der Kontakt-Datei.

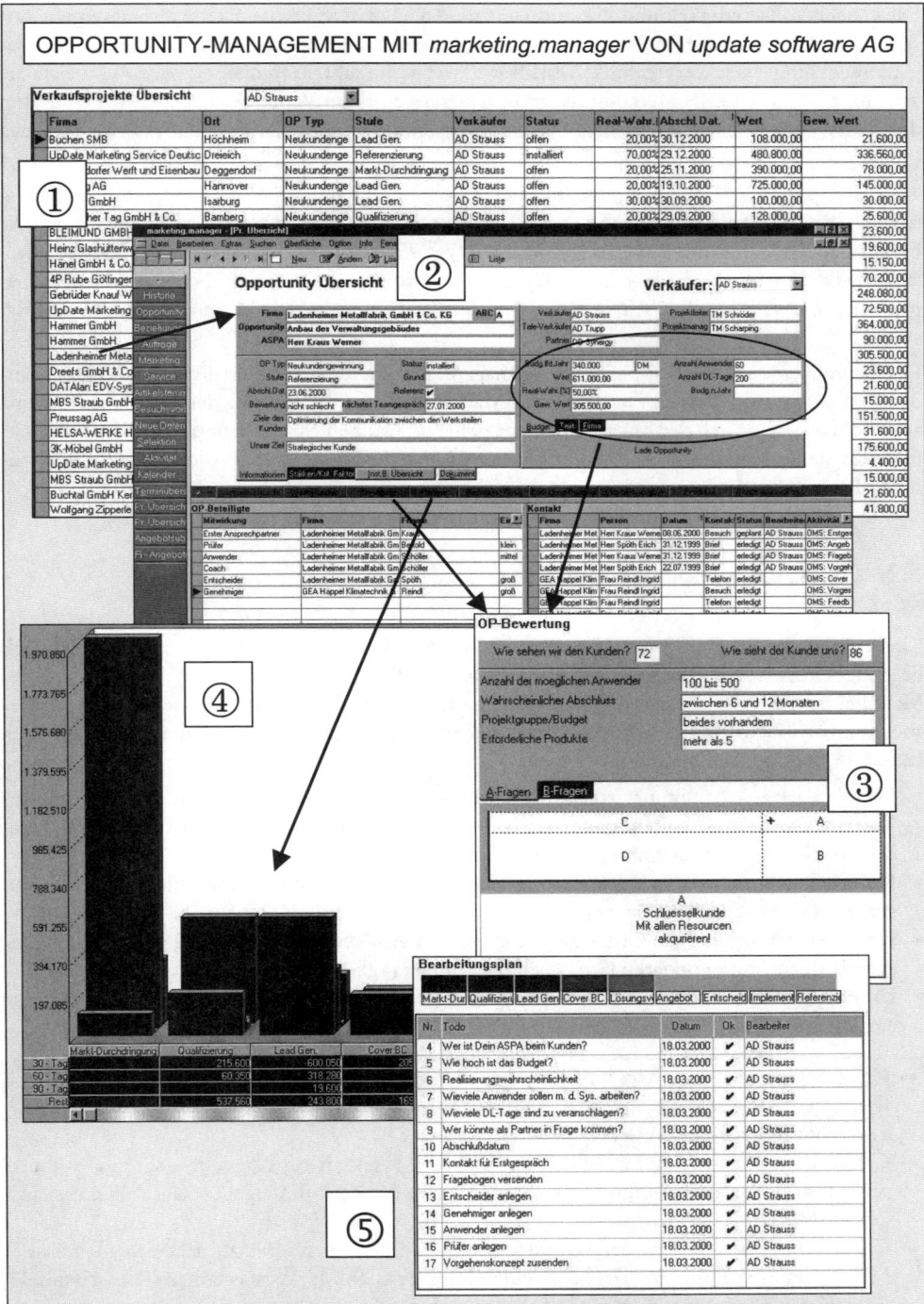

Abb. 303: Opportunity-Management mit dem marketing.manager / update software AG

Die gleiche Vollständigkeit und Präzision wie im Angebotsstadium ist nach Auftragsvergabe ratsam. Die Opportunity geht dann in ein Auftragsprojekt über. Spezielle Werkzeuge für die Projektabwicklung (Netzwerktechnik, Workflows) treten hinzu. Die *update software AG* weist darauf hin, dass diese OMS-Methode (nach *Miller-Heiman*) vom Verkaufsteam aufzubauen und in der Anwendung zu schulen ist. Ein System sollte stufenweise eingeführt und erweitert werden können.

Ab einer gewissen Größenordnung empfiehlt sich eine Evaluierung der Opportunities analog der Geschäftsfeldbewertung der Strategischen Planung. Für die Bewertung selbst bieten sich die bereits behandelten Punktbewertungsverfahren (vgl. *Krumb* 1999, S. 72–74), für die Ergebnisdarstellung die Portfoliotechnik an. Abb. 304 gibt ein Beispiel für ein Projekt Nr. 59. Ein Vergleichsprojekt Nr. 32 fällt bei den beiden Bewertungsmaßstäben eigene Stärke und Projektattraktivität stark ab.

Die Grundelemente eines Opportunity-Management sollten in jeder Vertriebssteuerung vorhanden sein. Wenn jedoch in hart umkämpften Märkten eine große Streuung der Angebotsvolumina auftritt, dann lohnt sich der Einsatz eines speziellen Instrumentes zur Steuerung der Top-Projekte in der hier gezeigten Form. Auch interessante Cross-Selling-Chancen sollten in das Opportunity-Management einbezogen werden.

8.2. Cross-Selling-Management

Eine empirische Erhebung von *Homburg* und *Schäfer* lenkte große Aufmerksamkeit auf brach liegende Cross-Selling-Potenziale (vgl. *Homburg* 2001, S. 174–175). Die Wissenschaftler des Mannheimer *Instituts für Marktorientierte Unternehmensführung* (*IMU*) kamen in einer Untersuchung von 372 deutschen Unternehmen des Dienstleistungsbereiches und der produzierenden Industrie zu folgenden Hauptergebnissen:

- Der Vertrieb ist noch immer zu stark auf Wiederholungskäufe im bestehenden Programm fokussiert. Die Möglichkeiten, sich weitere, interessante Potenziale zu erschließen, die im Angebot der eigenen Unternehmung liegen, bleiben ungenutzt.
- Unternehmen mit hohem Cross-Selling-Engagement sind deutlich profitabler als Firmen mit geringen Cross-Selling-Anstrengungen (vgl. *Schneider,* acquisa 4/2001, S. 24–26).
- Unternehmen mit hohem Cross-Selling-Erfolg unterhalten meist längere Geschäftsbeziehungen als solche mit geringeren Cross-Selling-Quoten (vgl. *Krah,* salesBusiness 8/2001, S. 9).
- Unternehmen mit hohem Cross-Selling-Erfolg setzen professionellere Vertriebswerkzeuge ein.

> ➡ **Cross-Selling** bedeutet, Kunden systematisch auch für andere Produkte (Sachgüter, Dienstleistungen) des eigenen oder eines fremden Angebotes zu interessieren. Die Fachwelt spricht auch vom **Über-Kreuz-Verkauf**.
>
> ➡ Cross-Selling im engeren Sinne liegt nur dann vor, wenn dieses Angebot nicht zum verantworteten Verkaufsprogramm eines Kundenbetreuers, bzw. des eigenen Geschäftsbereichs, gehört.
>
> ➡ Cross-Selling ist also von der Grundverpflichtung des Verkäufers zu unterscheiden, seine Lieferanteile (**Shares of Wallet**) bei Kunden im relevanten Markt zu erhöhen (D.h. maximale Potenzialausschöpfung bei eigenen Kunden ist kein Cross-Selling).

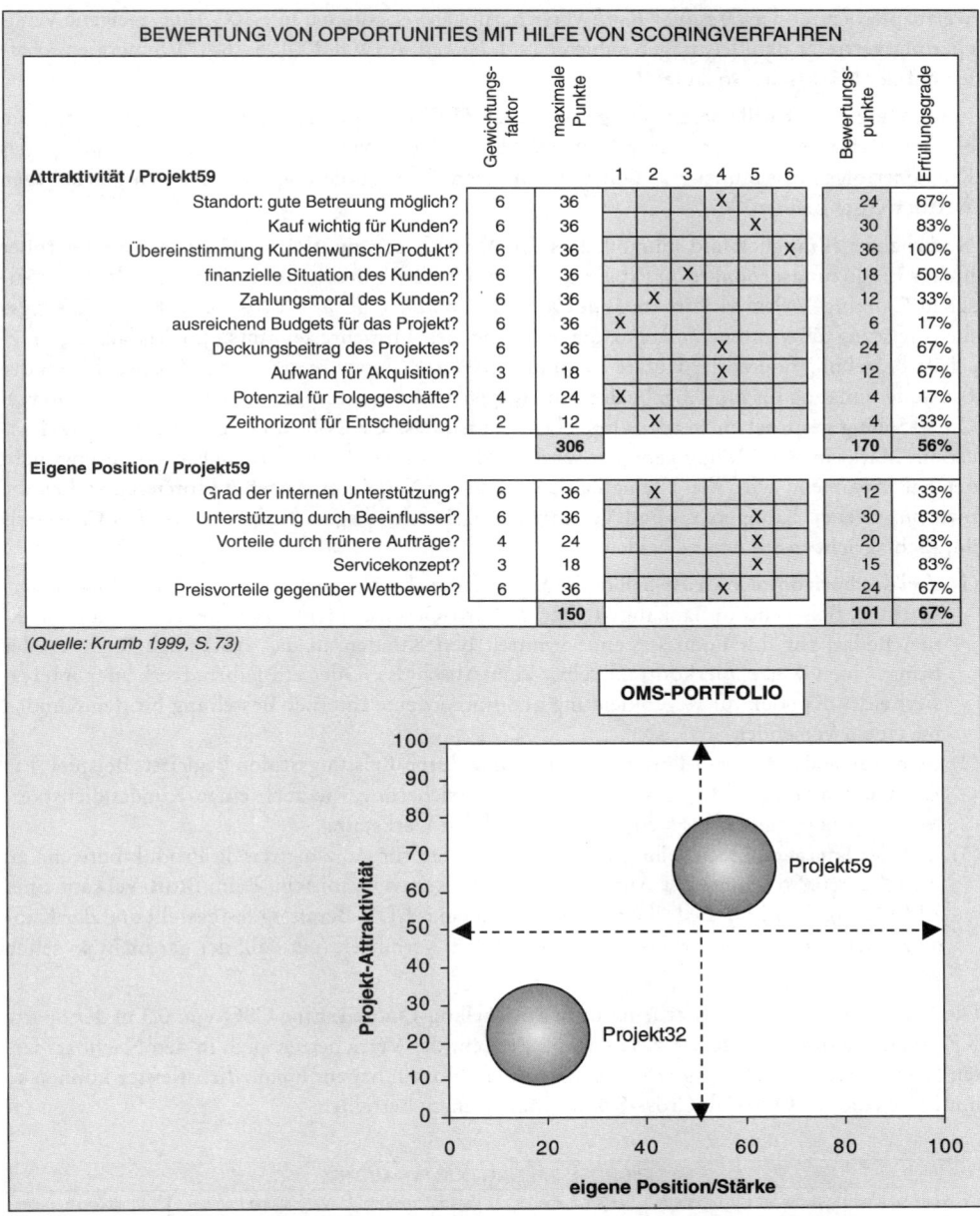

BEWERTUNG VON OPPORTUNITIES MIT HILFE VON SCORINGVERFAHREN											
	Gewichtungs-faktor	maximale Punkte	1	2	3	4	5	6	Bewertungs-punkte	Erfüllungsgrade
Attraktivität / Projekt59										
Standort: gute Betreuung möglich?	6	36				X			24	67%
Kauf wichtig für Kunden?	6	36					X		30	83%
Übereinstimmung Kundenwunsch/Produkt?	6	36						X	36	100%
finanzielle Situation des Kunden?	6	36			X				18	50%
Zahlungsmoral des Kunden?	6	36		X					12	33%
ausreichend Budgets für das Projekt?	6	36	X						6	17%
Deckungsbeitrag des Projektes?	6	36				X			24	67%
Aufwand für Akquisition?	3	18				X			12	67%
Potenzial für Folgegeschäfte?	4	24	X						4	17%
Zeithorizont für Entscheidung?	2	12		X					4	33%
		306							**170**	**56%**
Eigene Position / Projekt59										
Grad der internen Unterstützung?	6	36		X					12	33%
Unterstützung durch Beeinflusser?	6	36					X		30	83%
Vorteile durch frühere Aufträge?	4	24					X		20	83%
Servicekonzept?	3	18					X		15	83%
Preisvorteile gegenüber Wettbewerb?	6	36				X			24	67%
		150							**101**	**67%**

(Quelle: Krumb 1999, S. 73)

OMS-PORTFOLIO

Abb. 304: Beispiel für die Anwendung der Portfoliotechnik zur Opportunity-Bewertung

Die Verschmelzung des *Allianz Konzerns* mit der *Dresdner Bank AG* verdeutlicht die Cross-Selling-Idee in bester Weise. 850 *Desdner Bank* Filialen mit einem Privatkundenstamm von 6 Mio. Kunden werden zu einem Kundenstamm von 20 Mio. Kunden verschmolzen. Jetzt sollen 300

Wertpapierberater der *Dresdner Bank* Versicherungen verkaufen und 1.100 *Allianz*-eigene Versicherungsvertreter Bankleistungen anbieten (vgl. *Fösken*, ASW 8/2001, S. 16–17). Synergien schaffen auf der Marktseite, so lautet die Strategie.

In der Definition wurde bereits klargestellt, dass der Kampf um möglichst hohe Lieferanteile im eigenen Verkaufsprogramm nichts mit dem Über-Kreuz-Verkauf zu tun hat. Grundlage des Kundenerfolgs muss immer erst einmal die Lieferanteilsmaximierung im relevanten Markt gegen Wettbewerber bleiben.

Natürlich ist es möglich und sinnvoll, dass eine Vertriebsorganisation sog. **Einstiegs-** und darüber hinaus **Ergänzungsprodukte** im Programm führt. *Homburg* beschreibt die Strategie des französischen Catering-Weltmarktführers *Sodexho* (vgl. *Homburg/Schäfer* 2004, S. 313). Als Einstiegsdienstleistung übernimmt *Sodexho* die Führung des Firmenrestaurants. Im Verlauf der Geschäftsbeziehung nimmt der Kunde ein immer größeres Outsourcingpaket in Anspruch; von der Gebäudereinigung bis zur Abgabe der firmeneigenen Sportplätze. Auch in diesem Fall kann von Cross-Selling gesprochen werden. Entscheidend ist, dass Cross-Selling mit echten Zusatzchancen im Markt in Verbindung gebracht wird. Und das ist bei der Lieferanteilsmaximierung nicht der Fall. Spannend wird die Thematik also, wenn die Verkäufer Angebote forcieren sollen, die nicht im eigenen Kompetenz- und Verantwortungsbereich liegen. Es lassen sich **drei Cross-Selling-Schlagrichtungen** unterscheiden:

(1) Ziel des **horizontalen Cross-Selling** ist es, Produkte der gleichen Wertschöpfungsstufe zu vermarkten. Beispiel: Ein Bankangestellter im Giro-Geschäft identifiziert bei einem Kunden einen Bedarf für das Fondssparen, vermittelt den Kunden an das zuständige Ressort oder bringt einen Wertpapierkontrakt selbst zum Abschluss. Oder ein Fahrradverkäufer interessiert einen Kunden für Regenkleidung und initiiert eine Internet-Bestellung für den Kunden bei einem Versender.

(2) Beim **vertikalen Cross-Selling** wird der Kunde durch Leistungsstufen begleitet. Beispiel: Ein Autoverkäufer vermittelt sowohl die Kaskoversicherung wie auch einen Kundendienstvertrag mit einer angeschlossenen oder befreundeten Werkstatt.

(3) Ziel des **lateralen Cross-Selling** es ist, den Kunden für ganz artfremde Produktbereiche zu interessieren. So könnte der Autoverkäufer z.B. Reisen vermitteln. Beim BtoB-Verkauf einer Abfüllanlage wird der Bedarf eines Kunden an einer EDV-Beratung festgestellt und der Kunde zu der konzerneigenen IT-Tochtergesellschaft vermittelt (ein Fall, der gar nicht so selten ist).

Die Versicherungswirtschaft arbeitet mit **Cross-Selling-Quoten.** Eine CSQ von 0,3 in der Sparte KFZ-Versicherungen bedeutet z.B., dass 30 Prozent der Versicherten auch in den Nachbarsparten (Leben, Sachversicherung etc.) Verträge abgeschlossen haben. Finanzdienstleister können so mit Hilfe einer CSQ gezielt Cross-Selling-Management betreiben.

DIE CROSS-SELLING-QUOTEN-MATRIX					
x % der Kunden beziehen ⇨	Sachgüter aus eigenem Ergänzungsprogramm	Verkauf eigener Dienstleistungen	Verkauf fremder Dienstleistungen	Vermittlung fremder Arrondierungsprodukte	Vermittlung fremder Dienstleistungen
Produkt-A	35%	52%	8%	10%	9%
Produkt-B	12%	24%	6%	4%	52%
Produkt-C	46%	91%	0%	2%	1%

Abb. 305: Die CS-Quoten-Matrix als Fundament für eine Cross-Selling-Strategie

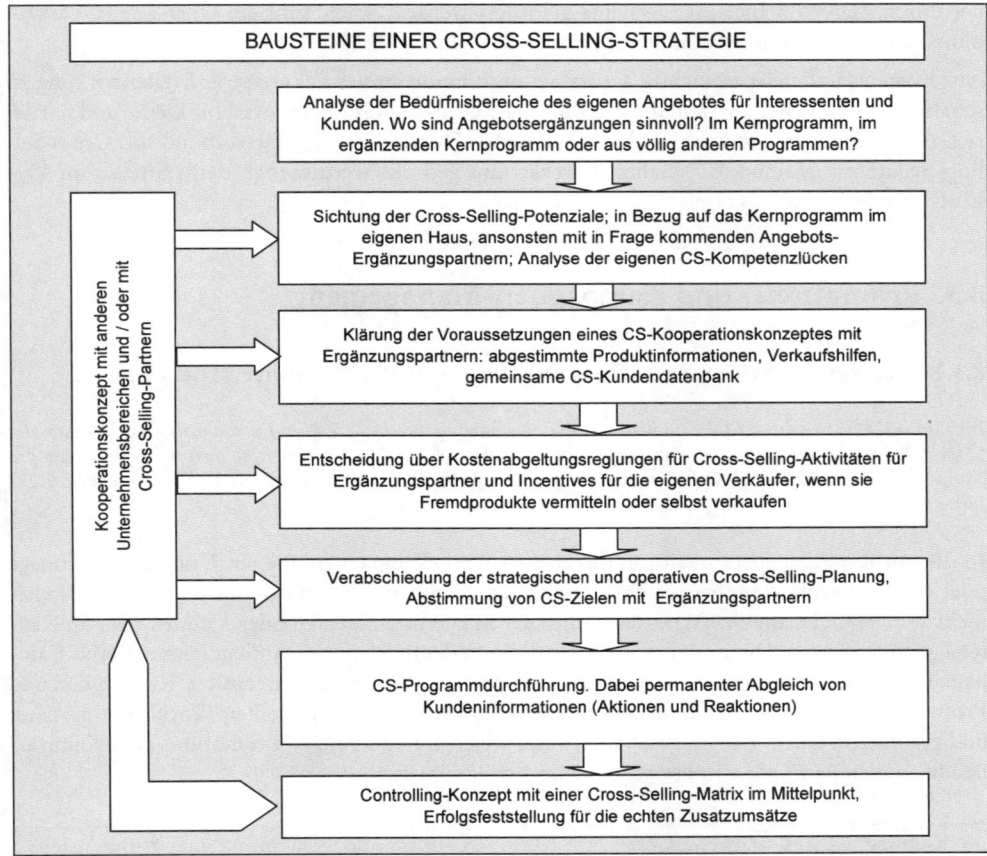

Abb. 306: Bausteine einer Cross-Selling-Strategie

Abb. 305 erstellt die sog. **Über-Kreuz-Kaufprofile** auf der Grundlage von CS-Quoten. Aus der CS-Quoten-Matrix wird dann die CS-Strategie nach den Schritten der Abb. 306 abgeleitet. In der *ADITO*-Kundenmaske der Abb. 170 wurde zwischen (bezogenen) *Produkten* und (potenziellen) *Anwendungen* unterschieden. Auch mittels dieser Felder lassen sich CS-Aktivitäten steuern.

Auf eine spezielle Cross-Selling-Option ist hinzuweisen. Man muß nicht immer alles selbst verkaufen. Eigentlich betreibt ein Anbieter bereits Cross-Selling, wenn er auf interessante Ergänzungsangebote hinweist, die sein Kunde zu Sonderkonditionen (!) beziehen kann, die ihm normalerweise nicht zustehen. Als Ansätze aus der Praxis können hier z.B. die *miles&more-Card* der Lufthansa oder die *Payback-Card* von *Loyality* angeführt werden. **Diese Strategie verbindet das Cross-Selling mit Referenz-Marketing und Mehrwert-Management.**

Cross-Selling scheitert in der Praxis nicht nur an einer fehlenden Konzeption, sondern oft auch an der fehlenden Motivation oder der fehlenden Qualifikation der Verkäufer; insbesondere wenn sie sich im Komplementärprogramm nicht gut auskennen. In jedem Fall muss eine Gesetzmäßigkeit erkannt werden: **Es wird nur verkauft, was belohnt wird.** Cross-Selling-Strategien sollten daher durch Ziel- und Incentive-Systeme gefördert werden. Auch wird ein Über-Kreuz-Verkauf ohne Produktschulung nur Lippenbekenntnis bleiben.

Aus Kostengründen ist es wichtig, Cross-Selling-Opportunities mit größerer Breitenwirkung zu schaffen. Die *IBM* hat mit dem *Medium Business Center* ein Internetportal für kleine und mittlere Geschäftskunden und Fachhändler eingerichtet. Durch den Angebotsverbund soll Cross-Selling-Bedarf für Notebook-Zubehör geweckt und gedeckt werden (vgl. den Hinweis im Verkaufsleiter Service des *NM-Verlags*, 10/2002, S. 2).

8.3. Promotions- und Kampagnen-Management

8.3.1. Marketingaktionen zur Imagebildung und Verkaufsunterstützung

Im Jahr 2001 führte die E.ON eine denkwürdige Kampagne durch. 22,5 Mio. Euro wurden im Rahmen der „Mix it Baby"-Aktion investiert. Am Ende waren 1.100 neue Kunden gewonnen, so dass sich der Einsatz pro Kunde auf ca. 20.400 Euro belief. Bei einer Gewinnmarge von 3 Prozent müssten diese Neukunden ca. 1.291 Jahre mit Strom beliefert werden, damit sich die Kampagne rechnet.

In diesem Kapitel geht es nicht um die großen Werbekampagnen, die ein Unternehmensimage oder eine Markenbekanntheit aufbauen oder stärken sollen. Im Sinne dieses Buches geht es vielmehr um verkaufsnahe Marktaktionen, die sich an alle Interessenten oder Kunden oder an Käufersegmente richten. Denn immer mehr wird die Verkaufsarbeit des Außendienstes durch Kampagnen und im indirekten Konsumgütervertrieb durch Promotions unterstützt. Kampagnen und Promotions können schnell und kostengünstig mit Hilfe der dargestellten Workflows gestaltet und gesteuert werden. Die Frage ist aber, unter welchen Bedingungen Promotions oder Kampagnen bei den umworbenen Interessenten zum Erfolg führen.

> ➡ **Kampagnen** sind marketinggesteuerte Aktionen zur Kundengewinnung oder Kundensicherung, die über definierte Zeiträume laufen, Marketing- und Vertriebsinstrumente in festgelegter Form kombinieren (z.B. durch externe Call-Center) und einer Erfolgskontrolle unterliegen.
> ➡ **Promotions** sind speziell in Konsumgütermärkten zeitlich begrenzte Aktionen zur Steigerung des Durchverkaufs durch den Handel bzw. des Abverkaufs aus dem Handel. Die Hersteller steuern dadurch Abverkäufe, Verkaufsaktionen für Saisonartikel oder Zweitplazierungen und Produktneueinführungen.
> ➡ Im Gegensatz hierzu haben **Aktionen** oft Spot-Charakter (sind improvisierter und kurzfristiger ausgerichtet).

Promotions sind Instrumente der Konsumgüterindustrie. Da der Handel als Absatzmittler zwischen Hersteller und Endverbraucher steht, bieten Promotions den Markenartiklern oft die einzigen Möglichkeiten, über die Rahmenabnahmeverträge (Listungsvereinbarungen) hinaus Zusatzumsatz mit dem Handel zu generieren.

Kampagnen werden von den Herstellern üblicherweise arbeitsteilig zusammen mit Direktmarketingunternehmen bzw. Call-Centern durchgeführt. Im Rahmen von Kampagnen werden größere Zielgruppen angesprochen. Drei Arten von Kampagnen für drei Kundengruppen stehen im Mittelpunkt (vgl. *Stauss/Seidel* 1996, S. 24):

(1) **Neukunden-Gewinnungskampagnen** für potenzielle Kunden,
(2) **Kundenbindungs-Kampagnen** für aktuelle Kunden,
(3) **Kundenrückgewinnungs-Kampagnen** für ehemalige Kunden.

Kennzeichnend für Promotionmaßnahmen und Kampagnen ist die große Menge von Fakten und Vorgängen, die zeit- und kostengenau über alle Vertriebsstufen zu steuern sind. In Kombination mit einem **Data-Warehouse System** lassen sich komplexe, mehrstufige Promotions oder Kampagnen schnell und hinsichtlich einer Erfolgsmessung transparent abwickeln (vgl. *Krampe* 1998, S. 225). Voraussetzung ist, dass die Daten der Kunden, die oft an zahlreichen Stellen im „Datenwarenhaus" gespeichert sind (bzw. in internen und externen Datenbanken erfasst sind), zusammengeführt werden. Das Marketing spricht hier vom **Single Customer View** und versteht darunter den **einheitlichen Blick auf alle relevanten Daten betreffend Interessenten, Kunden und Kundenbeziehungen** (vgl. *Krampe* 1998, S. 221). So liegen die Kundendaten eines PKW-Besitzers einer bestimmten Marke beim Hersteller, beim Händler und in einer externen Database, z.B. bei *Schober*. Oft hat der Handel am POS Probleme, sich an derartigen Kampagnen zu beteiligen. Die Handelskonzerne stellen der Industrie selten Kundeninformationen bereit und wenn, dann nur, wenn sie entsprechende Gegenleistungen erhalten. Ein **Data-Warehouse-Vertriebskonzept** bedingt aber, dass der Handel seine Kundeninformationen zur Verfügung stellt. Der Handel seinerseits müsste das Recht auf Zugang zu den relevanten Kundeninformationen in den Datenbanken der Hersteller erhalten.

8.3.2. Grundlagen des Kampagnen-Managements

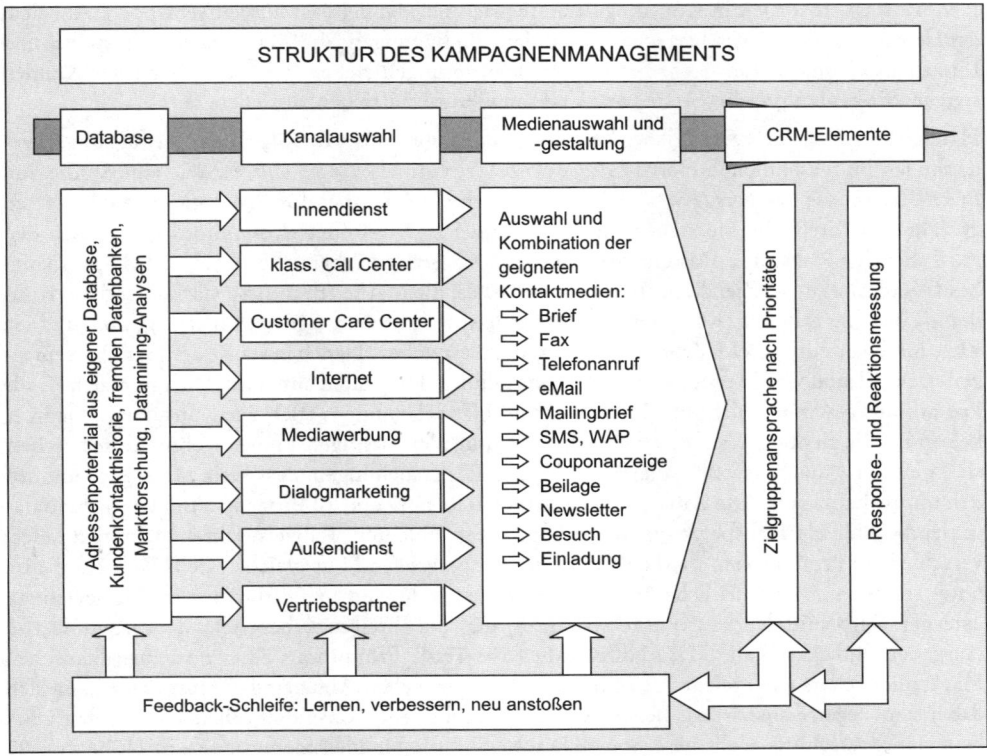

Abb. 307: Struktur eines Kampagnenmanagements

Abb. 307 liefert die **Grundstruktur eines Kampagnen-Managements**. Querbezüge bestehen zum Abschnitt 8.9. betreffend Kundenkontakt- und -bindungsprogramme sowie zum Kapitel 9 betreffend den Multikanalvertrieb. Zunächst erfolgt nach der Zielbestimmung für die Kampagne die Zielgruppenbildung. Die Adressen kommen aus der Database und sind empfehlenswerterweise von einem externen Dienstleister angereichert oder erweitert. Danach sind die Kontaktkanäle und Kontaktschaltungen zu bestimmen. Bezüglich Medienauswahl und Mediengestaltung kommt die Kreativabteilung an den Tisch. Die Kampagneninhalte (Contents) sind auf die Kanäle und Medien abzustimmen (Styles). Ein briefliches Angebot ist anders zu gestalten als eine eMail-Ansprache. Um Streueffekte einzudämmen, sind die Zielgruppen prioritätengerecht anzusprechen. Aus der CRM-Philosophie wird das Konzept der Erfolgsmessung und des **Closed-Loop** entlehnt. Die gewonnenen Responseinformationen sollen im Sinne einer **Feed-Back-Schleife** laufende Aktionen verbessern bzw. wieder neue Aktionen anstoßen. Es bietet sich an, Kampagnen durch Reportagen oder Hinweise in den Kundenmedien zu flankieren. Wer kennt es nicht, das Kundenmagazin von *Tchibo*, das vornehmlich der Verkaufsförderung dient und regelmäßig Kampagnen anstößt.

Zielt eine Kampagne auf Tausende von Interessenten, Kunden oder Outlets (Verkaufsstellen), dann werden Planung, Steuerung und Kontrolle schnell sehr komplex. Hier helfen CRM/CAS-Programme, die Übersicht zu bewahren.

8.3.3. Grundlagen des Trade Promotions-Managements

Der Wettbewerbsdruck in Konsumgüterindustrie und Handel ist weltweit sehr hoch. Auf dem deutschsprachigen Markt herrschen besondere Bedingungen, die Markenartikelhersteller und Einzelhandelsunternehmen vor große Herausforderungen stellen: Die Ansprüche der Kunden steigen. Sie kaufen preisbewusster und sind schwieriger zufrieden zu stellen.

Handelsunternehmen setzen daher verstärkt auf Promotions (die folgenden Ausführungen vedanke ich im wesentlichen Herrn *Oliver Schottek*; vormals *CAS GmbH*). Wie eine Studie von *Price Waterhouse Coopers (PWC)* zeigt, haben sich die Ausgaben für Promotions in den letzten 20 Jahren verdreifacht. Sie stellen mittlerweile den zweitgrößten Kostenblock dar – nach den Ausgaben für Rohstoffe. Das entspricht für die Konsumgüterhersteller rund 15 bis 25 Prozent des Gesamtumsatzes. Ziel dieser Investitionen ist es, die Marke (Brand) zu stärken und die Kundenloyalität zu erhöhen. Kampagnen mit Handelspromotionen eignen sich sehr gut dazu, diese Ziele mit einer einzigen Maßnahme gemeinsam zu erreichen. Daneben stärkt der Händler sein eigenes Profil und der Hersteller die Markenbindung. Und nicht nur das: Mit **optimalen Trade Promotions** gewinnen nicht nur Hersteller und Handel, sondern auch der Konsument. Denn er bekommt die richtige Ware zur richtigen Zeit und zum richtigen Preis angeboten und verliert sich nicht im Angebotswald. Allerdings belegen Untersuchungen, dass viele Handelspromotionen unprofitabel sind. Die Zahlen schwanken zwischen 50 und 70 Prozent. Ein Hauptgrund dafür ist die fehlende Transparenz in diesen komplexen Abläufen. Teilweise laufen mehrere hundert verschiedene Promotionen marken- und kundenübergreifend zur gleichen Zeit. Dies beinhaltet unter anderem unterschiedliche Arten von Zuschusszahlungen an die Händler, die Einbeziehung externer Werbemittelverkäufer (Merchandiser) und die abteilungsübergreifende Verteilung von Aufgaben und Aktivitäten. Das Jahresbudget für Trade Promotions eines nordamerikanischen Markenherstellers kann leicht 500 Millionen Dollar erreichen. Mangelnde Transparenz kann sich dabei sehr negativ auswirken. Beispielsweise entdeckte ein Konsumgüterhersteller in den USA beim Jahresabschluss nicht geplante Mehrausgaben für Handelspromotionen in Höhe von 20 Millionen Dollar.

Im Sinne eines „Best-Practice-Ansatzes" beginnt gezieltes Trade Promotion Management zunächst mit der Planung der Aktivitäten für das folgende Geschäftsjahr, um den Markennamen (Brand) zu stärken. Dabei werden für die jeweiligen Marken des Herstellers sinnvolle Maßnahmen und Umsetzungsstrategien festgelegt. Es geht unter anderem um die Optimierung des Markenprofils, die Erhöhung der Absatzmengen, des Umsatzes und des Marktanteils innerhalb des nächsten Jahres. Darauf folgt die Entwicklung der Channel-Strategien, also das Erkennen, welche Absatzkanäle relevant sind und Definieren der optimalen Marketingmaßnahmen für jeden Vertriebsweg. Auf dieser Basis lässt sich dann eine strategische Account-Planung bewerkstelligen. Ein wichtiger Bestandteil dieser Planung ist die Entwicklung eines accountspezifischen Trade-Promotion-Planes.

Während der Brand- und der Channel-Plan im Wesentlichen auf abstrakter Ebene beschrieben wurden, beinhaltet der Account-Plan neben den strategischen Komponenten auch die taktische Umsetzung. Den Unternehmen, die über geeignetes Datenmaterial von Konsumenten- und Konsumdaten verfügen, erlaubt die Methodik des **predictive Modelling** eine Prognose von Absatz- und Umsatzvolumina sowie die Ermittlung des optimalen Absatzpreises aufgrund verschiedener Parameter. Anspruchsvolle Simulationsmodelle berücksichtigen darüber hinaus auch Kannibalisierungseffekte der Promotionen auf den regulären, nicht durch Promotionen unterstützten Absatz.

In diesem Zusammenhang wird es immer wichtiger, nicht nur die unternehmensinternen Daten aus ERP- und Supply-Chain-Systemen zu verwenden, sondern auch externe Daten über Marktanteile, Konsumentenverhalten und demoskopische Strukturen zu berücksichtigen. Typischerweise erfordern die im Rahmen dieser Feinplanung vorgesehenen Taktiken oft zusätzliche Budgets, etwa für Werbemaßnahmen, temporäre Preisreduzierungen oder zusätzliche Sonder-Stellflächen. Bislang haben nur wenige Unternehmen eine gezielte Budgetierung, eine laufende Überwachung der Mittelverwendung und eine ROI-Analyse bezüglich dieser finanziellen Mittel unternommen.

Gerade hierbei bestehen jedoch signifikante Optimierungspotenziale. Es gilt zu erkennen, ob die eingesetzten finanziellen Mittel tatsächlich zu dem geplanten Ergebnis führen oder geführt haben. Außerdem muss der Promotionplaner verstehen, ob und warum eine entsprechende Maßnahme den gewünschten Erfolg gebracht hat. Das dient nicht nur den Ex-post-Betrachtungen von Promotionen der laufenden Geschäftsperiode, sondern auch der Planung folgender Zeiträume. Eine gute Chance also, die bisher hohe Zahl von unwirtschaftlichen Promotions drastisch zu senken.

8.3.4. Kampagnen- und Promotionsteuerung mit Hilfe von CRM-Systemen

Abb. 308 veranschaulicht die durch IT-Systeme zu unterstützenden Aufgabenbereiche eines Kampagnen-Managements. Die Grafik verdeutlicht die Kampagnenfunktionalitäten anhand von *mySAP CRM* der *SAP AG*. *MySAP CRM*: (1) Marketing- und Kampagnenplanung, (2) Zielgruppenselektion, (3) Kampagnendurchführung und (4) Kampagnenanalyse.

Blickt man über den Tellerrand von Marketing und Vertrieb hinaus, dann ist zu bemängeln, dass zwischen den Marktstrategien des Top-Managements und den Marketingkampagnen auf operativer Ebene oft keine Beziehung besteht. An diesem Missstand setzt *PeopleSoft* mit dem **Kunden-Portfolio-Management** (CPM) an. Es handelt sich bei CPM um einen Kundenbewertungs-, -planungs und Kampagnenansatz, der die Lücke zwischen Strategie und Operative schließt. Im Mittelpunkt steht eine umfangreiche Kundenqualifizierung, wie sie im oberen Teil der Abb. 309

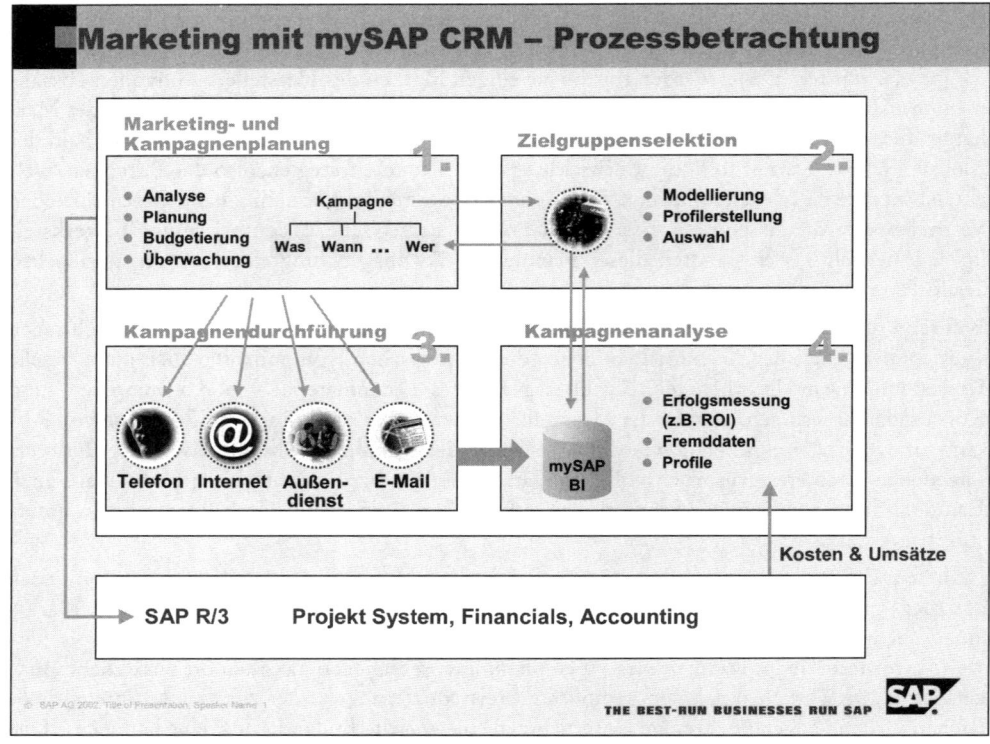

Abb. 308: Die Elemente eines Kampagnen-Managements im Rahmen von mySAP
CRM / SAP AG

abgebildet ist. Das System verwaltet den Kundenbestand, sortiert und analysiert nach den Kundenprioritäten *Platin*, *Gold-Reihe1*, *Gold-Reihe2*, *Silber* und *Bronze*. Natürlich kann jeder Anwender seine eigene Klassifikation vorgeben. Die Kundenwerte (Customer Values bzw. nach unserer Diktion Customer Equities) ergeben sich aus den Bewertungen von Umsatz, (aktuell, potenziell, Ziel), Lieferanteil, Betreuungskosten und Kundenprofitabilität. Weitere Bewertungsparameter sind in der Maske abgedeckt. In Abhängigkeit von den Kundenwertsegmenten sind nun die Kundenstrategien festzulegen. Dies geschieht auf systematische Weise; in der Abb. 309 für den Kunden *AOL Time Warner*. Zielsetzung ist hier eine Generierung von Zusatzumsatz durch die Erhöhung der Kundenzufriedenheit. Unter *Account Plan Goals* werden im Kundenportfolio alle Zielsetzungen detailliert festgehalten; mit Plan, angepasstem Plan, erreichtem Ist und Abweichung. Das System generiert dann die Kampagne für alle Kunden einer Klassifikation. Automatisch werden beispielsweise kundenindividuelle Angebote erstellt. Beim Angebot bleibt es nicht. Die untere Teilmaske skizziert den Workflow für den weiteren Dialog mit den Kunden aus der Segmentierung. CPM verknüpft mit frei definierbaren Events Aktionen, welche aufgrund der Firmenstrategie und der Stellung des Kunden im Portfolio den Prozessfluss gestalten. Durch diese Art eines standardisierten Kunden-Portfolio-Managements realisiert *PeopleSoft* den Closed-Loop zwischen dem analytischen (strategischen) und dem operativen CRM. Kundenkampagnen werden optimal auf Markt- bzw. Kundenstrategien hin abgestimmt.

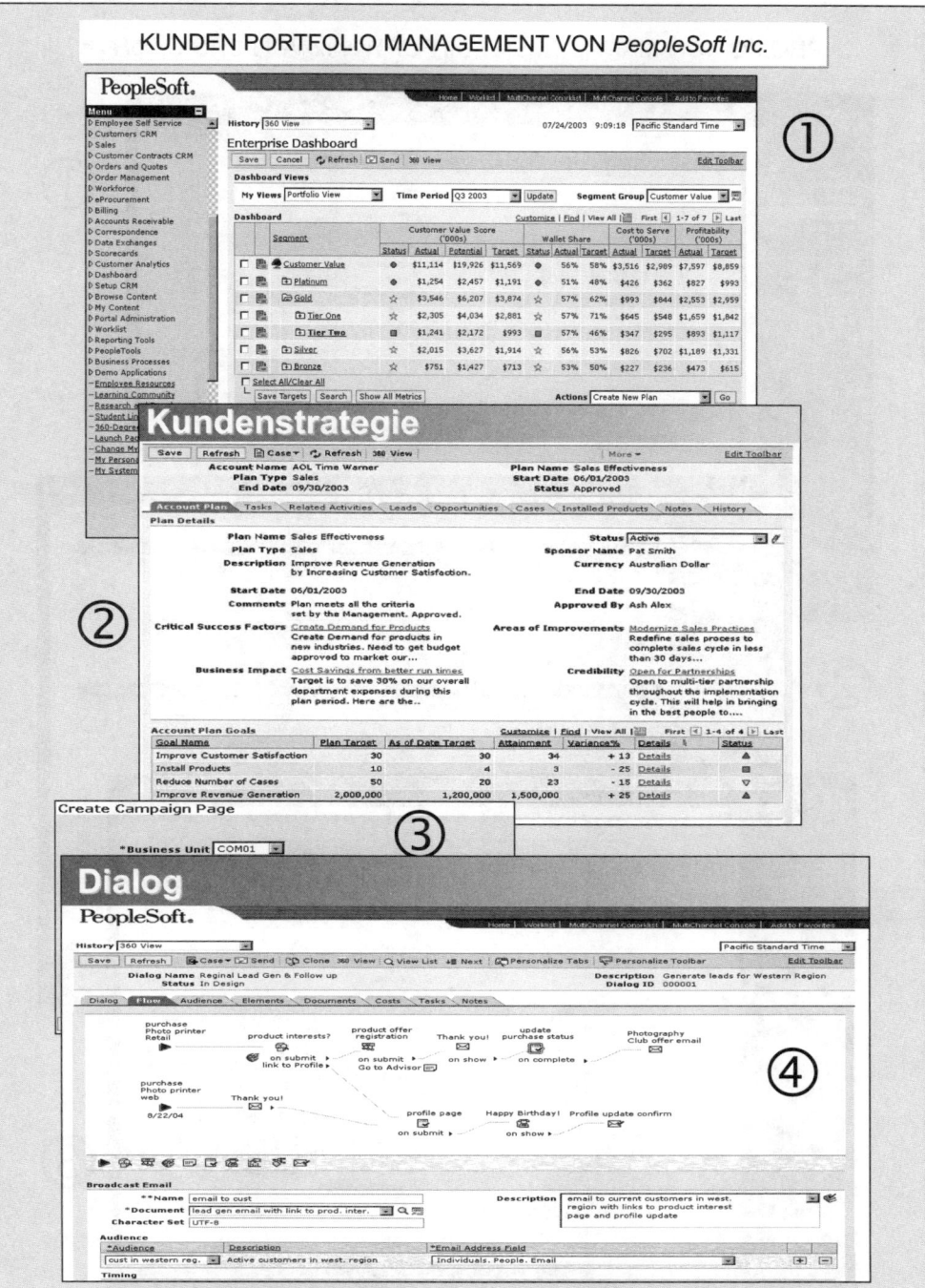

Abb. 309: Kampagnenplanung im Rahmen des Kunden Portfolio Managements /
PeopleSoft Deutschland GmbH

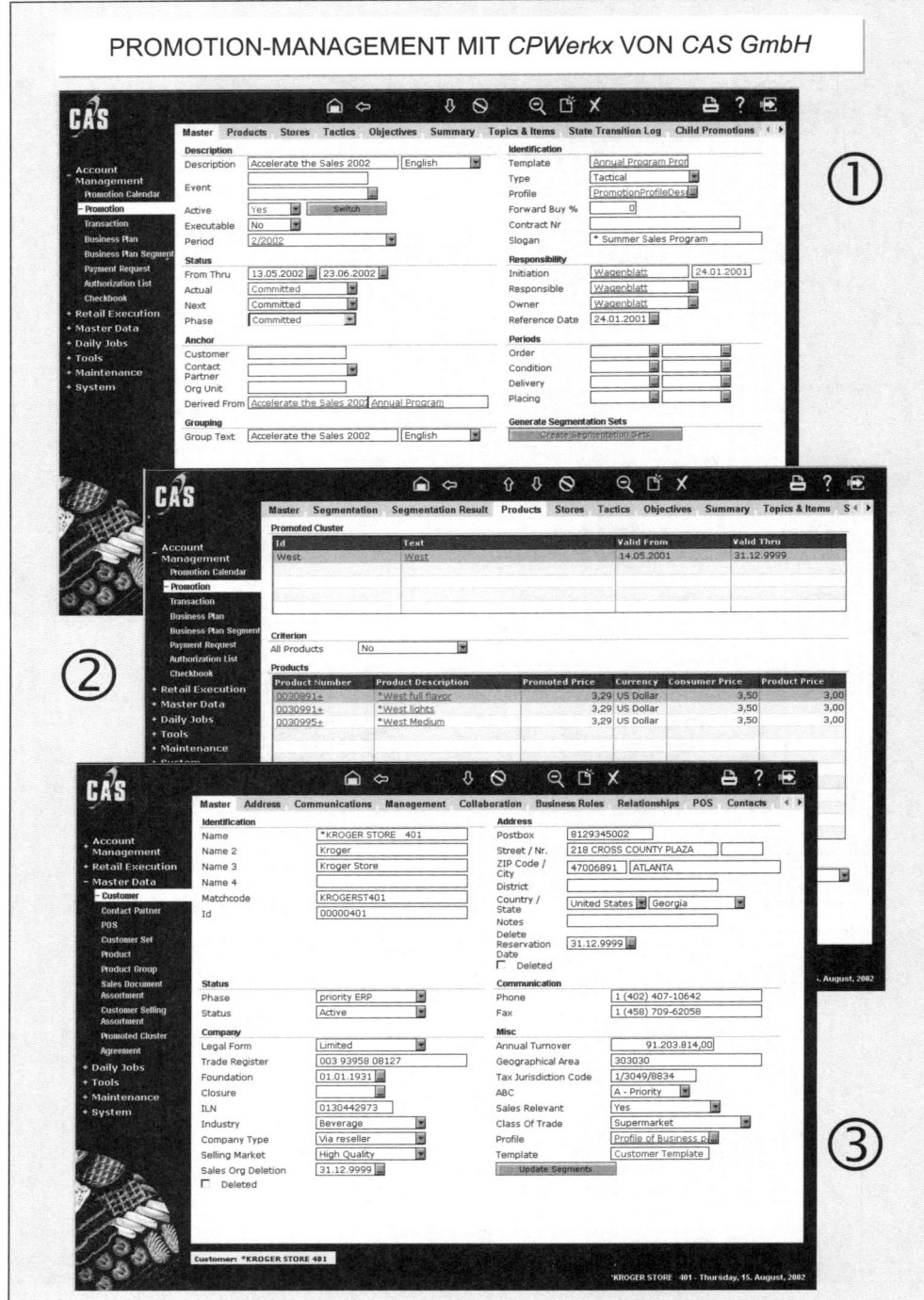

Abb. 310: Promotion-Management mit CPWerkx / CAS GmbH

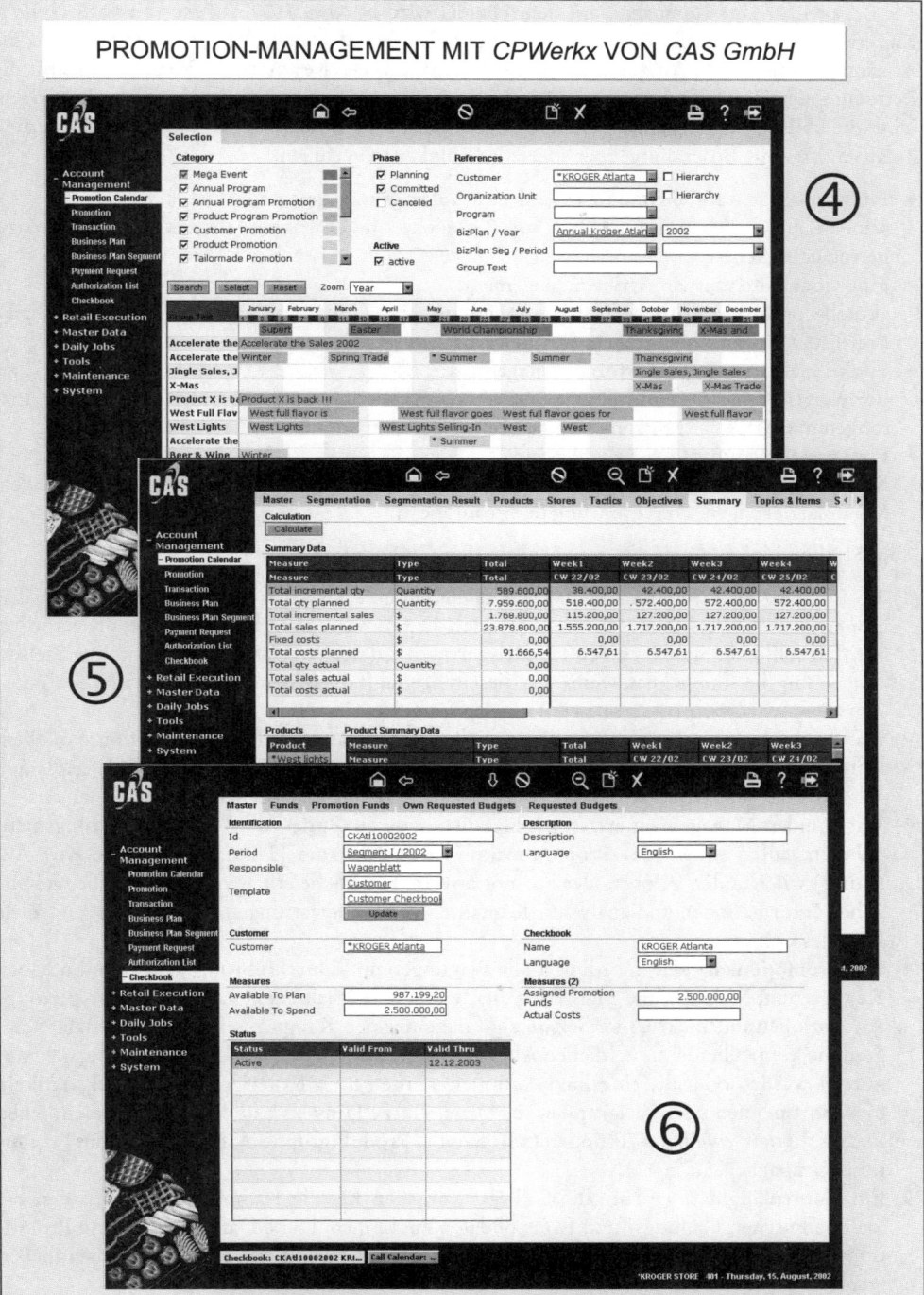

Abb. 310: Promotion-Management mit CPWerkx / CAS GmbH

Als Beispiel für eine Kampagne mit dem Handel wird in Abb. 310 *CPWerx* von *CAS GmbH*, Kaiserslautern, vorgestellt. Die *CAS GmbH* gilt als führender deutscher CRM-Anbieter für die Konsumgüterindustrie. Ausgerichtet auf die Bedürfnisse des Key Account Managements für die Betreuung der Handelszentralen und Marketing liefert *CAS* vollständig webbasierte Lösungen. Über die üblichen und in diesem Buch beschriebenen Funktionalitäten einer Vertriebssteuerung hinaus müssen die Programme über spezielle Fähigkeiten verfügen:

- Funktionalitäten für ein **handelsorientiertes Auftragsmanagement**:
  schnelle und präzise Statusangaben von Bestellein- und ausgängen, Lagerbestände und Artikelverfügbarkeiten
- Funktionalitäten für ein **Artikelmanagement**:
  aktuelle produktspezifische Informationen zur Unterstützung des Vertriebs am POS, z.B. Preislisten, Produkthierarchien, Wettbewerbsanalysen
- Funktionalitäten für ein **Listungsmanagement**:
  Formate für relevante Produktgruppen, z.B. Autorisierungslistungen für Key Accounts, Listungen mit Artikeln für Promotions einzelner Kunden oder über eine definierte Zeitdauer
- Funktionalitäten für **POS-Erhebungen**:
  Kontrolle über die Einhaltung von Vereinbarungen mit dem Handel, z.B. Artikellistungen, Regalplatzierungen, Durchführung der Promotions.

Abb. 310 kombiniert die wichtigsten Masken von *CPWerkx*.

(1) Im Rahmen des **Promotion-Managements** enthält eine Masterdatei alle generellen Informationen über das Vorhaben. Hier befinden sich die Hinweise zur Produktgruppe, die gefördert werden soll, zum Status, zu den Handelspartnern, zu den Verantwortlichen etc. Die Zielsetzungen für die Kampagnen werden in diesem Modul festgehalten (Objectives) und die Taktiken (Display, Zweitplatzierung etc.) werden festgelegt.

(2) Das **Produktmanagement** enthält die speziellen **Artikeldaten** der Promotionaktion. Vor allem werden hier die produktbezogenen Zielwerte der Kampagne dokumentiert, die geplanten Verkaufsmengen, die einzelnen Aktionspreise, Discounts, logistischen Informationen etc.

(3) Das **Kunden-Management** erfasst die Händler, in deren Outlets die Verkaufsförderungsmaßnahmen laufen sollen. Bei Promotionaktionen werden die Handelspartner (als Key Accounts) wie Kunden geführt. Der Promotionverantwortliche erhält vom System alle wesentlichen Informationen und analysiert Kontakte, Kundenbewertungen, Maßnahmen und Ziele für jedes Outlet.

(4) Der **Promotionkalender** koordiniert alle Planungen und Durchführungen. Durch ihn haben Key Account Manager und Marketing die Zeitpläne aller laufenden, geplanten oder gestoppten Aktionen im Blick. Unter *Slogan* sind die einzelnen Kampagnen aufgeführt. Balkendiagramme kontrollieren die zeitlichen Abläufe. Es kann entweder eine komplette Übersicht angezeigt werden oder die einzelnen Aktionen werden nach Kriterien wie Kunden, Artikeln bzw. Sortimenten oder Zielgruppen selektiert. Kurze Hinweistexte liefern alle wesentlichen Details zu den jeweiligen Aktionen (z.B. Kunde, Produktgruppe/Artikel, Zeitraum, Promotion-Kampagnen-Status).

(5) Ein **Controllingblatt** enthält alle Soll-/Ist-Vorgaben für die Kampagnen. Hier laufen die kaufmännischen Planungs- und Kontrolldaten zusammen. Diese Daten werden von Promotionebene zu Businessplänen aggregiert und können dann mit den Zielvorgaben verglichen werden.

(6) Der finanzielle Mitteleinsatz wird speziell durch ein **Fundsmanagement** geplant und gesteuert. Damit ist der effiziente Einsatz aller monetären und sachlichen Mittel im Rahmen einer

Promotion gewährleistet. Die Funds können über verschiedene Hierarchiestufen hinweg (Global Key Account Manager, National Key Account Manager, Regional Key Account Manager und Bezirksleiter) für die verschiedenen Promotions angelegt und delegiert werden. Der Fundsverantwortliche hat damit zu jedem Zeitpunkt den genauen Überblick über die eingesetzten Mittel. Dies ist die Grundvoraussetzung, um nach Abschluss einer Promotion den Mitteleinsatz und den erreichten Erfolg exakt zu ermitteln und zu analysieren.

Mit diesem Arsenal von Instrumenten und Informationsspeichern und mit den Werkzeugen zur Analyse und Steuerung bietet sich *CPWerkx* für die Planung, Durchführung und Kontrolle internationaler Promotionaktionen an. Eine große Stärke des Systems ist die Zusammenführung der marketingmäßigen mit vertrieblichen und kaufmännischen Elementen. Seit Mitte 2000 ist das Programm der *CAS GmbH* bei *Nabisco*, einem der weltgrößten Nahrungsmittelproduzenten, im Einsatz. *CAS Software* koordiniert dort die Aktivitäten von 750 Anwendern in den Bereichen Key Account Management und Marketing.

Der Ansatz verwirklicht gleichzeitig ein Customer Relationship Management wie auch ein **Partner Relationship Management**. Die Warenwirtschaft ist verknüpft, so dass durch das CRM-Promotion-Management Planung, Durchführung und Kontrolle aus einem System heraus gesteuert werden. Allerdings dominieren logistische und betriebswirtschaftliche Elemente über die Beziehungsebene. Die Akzente sind bei einer Neukundengewinnung sicher anders zu setzen.

8.4. Neukundengewinnung

„Gravierendstes Ergebnis der Studie (VIP-Vertriebsinformationspanel an der WHU-Koblenz: Deutsche Investitionsgüter-Vertriebe kümmern sich zwar exzellent um ihre Stammkunden ... aber: die wichtige Neukunden-Akquise kommt dafür zu kurz." (Krafft, zit. von Krah, salesprofi 1/2000, S. 16)

Letztlich verfolgen die unter 8.1. und 8.3. aufgeführten Maßnahmen ein Ziel: die Akquisition neuer Kunden. Ein Anbieter kann sich seiner Stammkunden nicht auf Dauer sicher sein. Auch bei bester Kundenzufriedenheit lässt sich nicht verhindern, dass Stammkunden Geschäftsfelder aufgeben, auf neue Materialien umschwenken (Substitutionskonkurrenz), von größeren Konkurrenten aufgekauft werden, in wirtschaftliche Schwierigkeiten geraten etc. Allen Hinweisen auf vermeintlich kostspieligere Neukunden zum Trotz gilt das Phänomen: **Ohne systematische Neukundenakquise trocknet der Verkaufstrichter aus** (vgl. Abb. 115). Allerdings besitzen Neukundenstrategien für die unterschiedlichen Marktbedingungen und Vertriebskonzeptionen auch unterschiedliche Gewichtungen, wie Abb. 311 zeigt. Tendenziell sieht es so aus, dass die Neukundenpotenziale in BtoB-Märkten ohne die Möglichkeit zu einer regionalen Ausweitung eher begrenzt sind. In BtoC-Märkten herrscht dagegen oft die irrige Auffassung vor, es gäbe unbegrenzt Neukunden (**Problematik des klassischen Verkaufstrichters**). Diese Auffassung ist bei Konsumverbrauchsgütern mit hohen Wiederkaufraten noch haltbar (Neukunde durch Markenwechsel), kann aber in Bezug auf Gebrauchsgüter gefährlich sein. Gebrauchsgütermärkte sind weitgehend gesättigt.

Grundsätzlich sind **zwei Neukundenstrategien** möglich:

(1) Die **Kontinuitätsstrategie**, d.h. **permanente Neukundenakquise** nach dem Motto: keine neue Verkaufschance versäumen und stets schneller anbieten (am Ort sein) als die Konkurrenz.

(2) Die **Diskontinuitätsstrategie**, d.h. sporadisch und groß angelegte **Neukunden-Kampagnen**, wie sie z.B. die Automobilhersteller regelmäßig bei der Markteinführung neuer Modelle durchführen.

NEUKUNDEN-STRATEGIEN FÜR UNTERSCHIEDLICHE VERKAUFSFORMEN			
Besuchstourenverkauf	Projektverkauf	Key Account Verkauf (hier: Technischer Vertrieb)	Ad-hoc Verkauf
• Die Marktsegmente sind meist fest segmentiert, die Marktanteile relativ stabil. • Zielrichtung ist deshalb Cross-Selling: in neue Anwendungen bei bestehenden Kunden eindringen bzw. bei bestehenden Kunden mit weiteren Produkten gelistet zu werden. • Immer wieder bieten sich dennoch Neukundenchancen, wenn bestehende Kunden Wettbewerber aufkaufen, an die man bislang noch nicht geliefert hat. Oder wenn Kunden aufgekauft werden, so dass man seine Lieferantenstellung behaupten muss und evtl. ausbauen kann. • Im Normalfall gilt die Strategie der permanenten Marktbeobachtung und Neukundenansprache.	• Das schnelle Ausfindigmachen und Akquirieren neuer Projekte hat höchste Priorität. • Allerdings geht es meist um neue Geschäfte innerhalb bekannter Netzwerke; d.h. nicht in engem Sinne um neue Kunden. • Wichtig sind Informationen über neue Projekte, bevor sie offiziell angekündigt sind. • Die Neuprojektgewinnung läuft daher auch permanent ab, nicht im Rahmen von Aktionen.	• In den technischen Industrien erfolgt die Neukundensuche heute in globalem Maßstab. • Abnehmer, die für die eigene Technologie in Frage kommen, sind zumeist bekannt. Neukundenstrategien gehen deshalb meist in die Richtungen einer regionalen Ausweitung und eines Einstiegs in neue Anwendungen. • Dazu werden gezielt neue Produkte, Materialien, Zusatznutzen (added values) geschaffen und dann im internationalen Rahmen die Interessenten angesprochen. • Da der Key Account Verkauf mit hohen Vorleistungen des Anbieters belastet ist, erfolgt oft harte Kunden- bzw. Chancenqualifizierung mit anschließender Konzentration der technischen und vertrieblichen Kräfte (vgl. z.B. für die *Festo AG: Klebert*, ASW 4/1999, S. 44–46) • Manchmal geht es auch nur darum, einen definierten Referenzkunden zu gewinnen, um den Markteinstieg in eine neue Anwendung zu erreichen.	• Meist liegen Massenmärkte vor. • Die Abnehmer (Interessenten) sind am Anfang oft nicht bekannt und nicht qualifiziert. • Neukundenstrategien werden deshalb zusammen mit Vertriebspartnern (Handel) und mit externen Spezialisten (Call-Center, Adressenverlage) durchgeführt. • Zunehmend auch im Bereich der Dienstleistungen, z.B. Versicherungen und Bausparkassen. • Die Neukundengewinnung (Interessentenansprache) erfolgt im Rahmen großangelegter Aktionen und flankiert von „Werbefeldzügen" und Promotion-Kampagnen. • Das eigene Team wird durch Verkaufswettbewerbe (Prämien, Incentives) aktiviert.
• *Beispiele: das klassische Geschäft der Frischdienstreisenden, der Merchandiser, Zulieferanten an KFZ-Werkstätten, Pharma*	• *Beispiele: Bauvorhaben, Kanalbau, Großanlagenbau, Projekte von öffentlichen Auftraggebern, Projekte für Film, Funk, Fernsehen*	• *Beispiele: Maschinen- und Anlagenbau, Mess- und Regeltechnik, Klimatechnik, Wassertechnik*	• *Beispiele: Versicherungen, Konsum-Gebrauchsgüter, Handys, PKW,*

Abb. 311: Alternative Ausgangsbedingungen für Neukunden-Strategien

Wie so oft, liegt der Praxiserfolg in einer sinnvollen Kombination. In allen Fällen stehen dem Außendienstmitarbeiter zahlreiche Hilfsmittel zur Gewinnung neuer Kontakte zur Verfügung (vgl. *Godefroid* 1999, S. 280; *Winkelmann* 1999, S. 232):

- Adressbücher, Adressverlage,
- Interessenten-Datei,
- Existenzgründer-Datei,
- Hinweise und Empfehlungen durch Stammkunden und Lieferanten,
- Ansprache von Kunden, die früher schon einmal gekauft haben (Kundenrückgewinnung),

- Ansprache von bekannten, wechselbereiten Kunden des Wettbewerbs (aus der RMP-Gruppe),
- Kontaktsuche via Telemarketing (Call-Center-Unterstützung),
- Kontaktsuche durch Direct Mails (Werbebriefe mit Antwortcoupon),
- Kontaktsuche über das Internet, wobei Spamming (unerlaubte Mailings) zu vermeiden ist,
- Kontakte auf Fachmessen und Ausstellungen,
- Kontaktsuche auf Fachtagungen, Workshops und Konferenzen,
- Hinweise auf mögliche Kunden aus Fachzeitschriften oder aus der Werbung.

Eine *Neukunden-Studie* von *Mercuri International 2000* hat ergeben, dass (1) **Messeauftritte**, (2) **angemeldete Besuche**, (3) **Internetauftritte** und (4) **Mailings** die bevorzugten Maßnahmen zur Kontaktaufnahme mit Interessenten sind (vgl. *Dannenberg* 2002, S.43). Die Problematik der Neukundensuche liegt aber nicht in der Generierung von Kontakten bzw. Adressen, sondern im fehlenden Wissen über Kaufabsichten und Kaufverhalten der Personen, die hinter den Adressen stehen (vgl. *Nitsche/Reuscher/Klaholz*, salesprofi 8/1999, S.43). Bei Neukundenkampagnen sind die weiter zu verfolgenden Leads aus den Interessenten daher nach strengen Maßstäben zu qualifizieren (selektieren). Sich um Kontakte zu bemühen, aus denen absehbar keine Käufer werden, wird zur kostspieligen Angelegenheit. Neue Kunden, die bald wieder abspringen oder in Zahlungsverzug geraten, schaden dem Image und belasten die Kalkulation. Im Versicherungswesen ist z.B. die **Stornoquote** eine gefürchtete Controllinggröße. Innendienst und Marketing haben folglich aus den Interessenten die verfolgungswürdigen Kontakte, die **Leads**, zu filtern. Eines der wichtigsten Filterungskriterien für Leads ist der Faktor **Zahlungsfähigkeit/Bonität**. Auch sollten bei der Neukundensuche **Nicht-Verwender** und **Wettbewerbskunden** vorab herausgefiltert werden (vgl. *Godefroid* 1999, S.280). Bei Nicht-Verwendern ist Beratung und Produktpräsentation angesagt. Wettbewerbskunden können im Normalfall nur mit Hilfe taktischer Akquisitionsfinessen ohne fatale Preiszugeständnisse gewonnen werden.

Für die **Durchführung einer Neukundenstrategie** werden **zehn Erfolgsprinzipien** vorgeschlagen (vgl. *Dannenberg* 2002, S.35–47):

(1) Definition von konkreten, messbaren, zeitlich differenzierten Zielen,
(2) Erarbeitung einer wirksamen Akquisitionsstrategie,
(3) Strukturierung von Akquisitionsprozessen,
(4) Anpassung der Organisationsstruktur,
(5) Sicherstellung ausreichender Kapazitäten im Vertrieb,
(6) Auswahl der richtigen Präferenzstrategie (Verkaufsargumente),
(7) Anpassung der Steuerungsinstrumente (CRM, CAS, Internet-Ansprache),
(8) Auswahl der passenden Kontaktinstrumente und -kanäle,
(9) Qualifizierung (Schulung) der Kundenkontakter in Innen- und Außendienst,
(10) Motivation der Beteiligten (auch Regelung von Vergütungsfragen).

In der Neukundenaktion der Abb. 312 sollen für eine Designermarke DOB-Fachhändler des gehobenen Genres qualifiziert und akquiriert werden. Wegen der hohen Besuchs- und Werbekosten wird eine Vorauswahl der Fachgeschäfte nach **Erfolgschance** und **Einkaufspotenzial** vorgenommen. Die Einschätzungen haben Fachverkäufer und Handelsvertreter in einem Workshop abgegeben. Die Händlerbewertung wird in einem Portfolio angezeigt. Aus den Feldern der Matrix lassen sich die weiteren Akquisitionsprioritäten ableiten. Der **Erfolg der Neukundenkampagne** kann mittels der **Neukundenrate** bewertet werden, dem Anteil an den angesprochenen, potenziellen Kunden, die am Ende tatsächlich Käufer werden (vgl. *Reichheld* 1997, S.271).

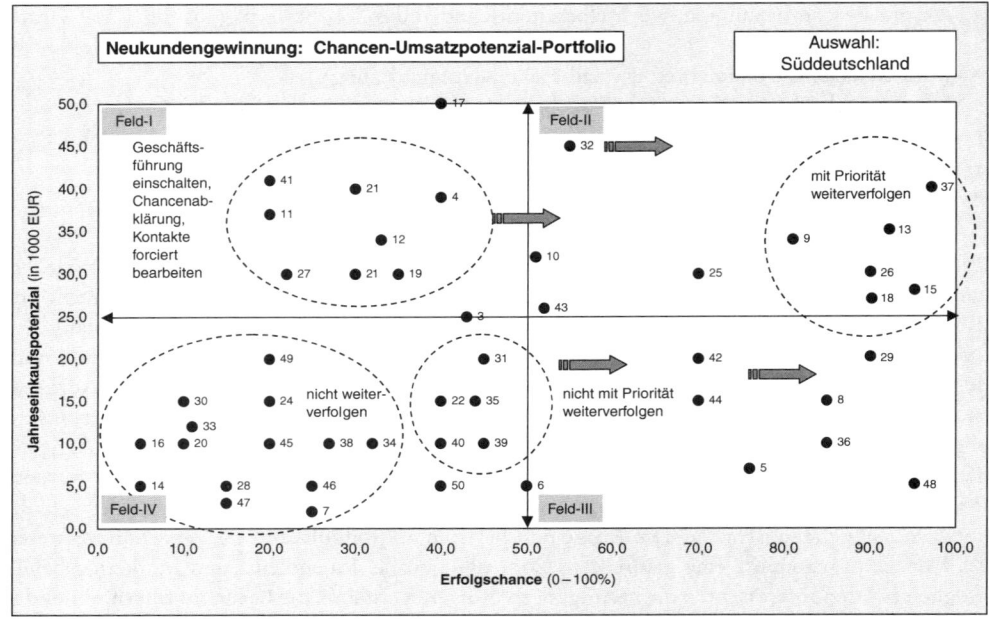

Abb. 312: Qualifizierung von Leads mit Hilfe der Portfolio-Methode

In der Praxis stockt eine flüssige Neukundengewinnung oft an psychologischen Barrieren des Außendienstmitarbeiters. Es ist das *„flaue Gefühl im Magen"* und die *„Angst vor dem Nein"* (Kommentar von *Beck,* acquisa 2/1999, S. 51). Wer daran dauerhaft zu knabbern hat, ist als Verkäufer sicher fehl am Platz. Der Verkäufer aber, der im Gegensatz hierzu immer wieder durch den Reiz des Neuen bei der Neukundensuche fasziniert ist, sollte seine Stammkunden nicht aus den Augen verlieren. Unter diesen sind es gerade große Schlüsselkunden, die die unternehmerische Existenz dauerhaft sichern.

8.5. Key Account Management

„Key Account Management ist die systematische Pflege der Kunden, die 80 % des Umsatzes mit einem Unternehmen realisieren." (Aries 1998, S. 190)

„Wenn 80 % des Umsatzes mit 20 % der Kunden gemacht werden, muss sich im Vertrieb etwas ändern." (Seminarankündigung der Unternehmensberatung Dr. Hans D. Sidow, 2. Hälfte 1999)

Anscheinend sind noch immer Fragen bezüglich der Bestimmung von Schlüsselkunden ungeklärt. Durch Zahlenspielereien lassen sich Key Accounts nicht sinnvoll bestimmen. Vor allem helfen Definitionen nicht weiter, die ganz normale Vertriebsaufgaben beschreiben:

- *„Key Account Management erfordert, aktuell oder potenziell bedeutende Kunden einer Unternehmung systematisch zu analysieren, auszuwählen und zu bearbeiten."* Oder:
- Key Account Management (KAM) ist ein *„kundenindividuelles Marketingkonzept mit dem Ziel der Kundennähe und -bindung unter Nutzung aller Interaktionsebenen."* (beide Quellen: *Belz/Kuster/Walti* 1996, S. 115; *Belz u.a.* 1998, S. 99),

- „*... das KAM tritt als Lieferant von Beratungsleistungen auf, um eine langfristige Geschäftsbeziehung zu sichern.*" (*Dehr/Donath* 1999, S. 100).

Begriffserklärungen dieser Art treffen die speziellen Herausforderungen des KAM nicht. Zunächst geht die Umsatz- und Ergebnisverantwortung für diese Kunden völlig unter. Ferner sprechen diese Definitionen Arbeitsinhalte an, die heute zu jeder anspruchsvollen Kundenbetreuung gehören sollten. Jeder Kundenbesuch zielt auf eine Individualisierung der Geschäftsbeziehung, baut Nähe auf, strebt Bindung an. Und jeder Außendienstmitarbeiter tut gut daran, im Rahmen seiner Betreuungstätigkeiten alle Interaktionsebenen (Hierarchieebenen, Buying-Center beim Kunden) zu nutzen. In diesem Dilemma hilft eine Definition von *Miller* und *Heiman* weiter, die zunächst die strategische Bedeutung der Key Accounts betont:

- ➡ **Key Accounts** sind diejenigen Kunden, „*die zu verlieren Sie sich nicht leisten können. Diese Kunden – und solche, die das Potenzial haben, diese Bedeutung für Sie zu erlangen – bezeichnen wir als Schlüsselkunden.*" (*Miller/Heiman* 1992, S. 27)
  Auf dieser Grundlage können wir vertriebliche Verantwortungen definieren:
- ➡ **Key Account Management (KAM)** erfordert, wichtige Schlüsselkunden konzentriert durch besonders qualifizierte Verkaufsmitarbeiter zu betreuen, um mit diesen Schlüsselkunden ins Geschäft zu kommen (im Konsumgüterbereich: gelistet zu werden), möglichst hohe Lieferanteile zu erreichen (Ziel: durch starke Kundennähe hohes Ausschöpfen der erreichbaren Einkaufsbudgets) und die Geschäftsbeziehung langfristig zu sichern. Ein erfolgreiches Key Accounting benötigt hierzu eine entsprechende Infrastruktur.
- ➡ Im Vordergrund des **KAM** stehen eine verstärkte Kundenberatung und eine aktive Zusammenarbeit (Projektabwicklung) mit den Zielen, die **Partnerschaft wertesteigernd aufzubauen** und **gemeinsame Markterfolge** zu realisieren.
- ➡ **Key Account Management** bedingt, mit dem Ziel des Aufbaus und der Bindung von Schlüsselkunden signifkante Investitionen in **Kundennähe, Kundenzufriedenheit und -bindung** zu tätigen.

Von KAM sollte nur dann gesprochen werden, wenn die Vertriebsleitung den Schlüsselkunden **spezielle Prioritäten und Vorteile** einräumt. Im Vergleich zu Nicht-Schlüsselkunden müssen für die Key Account Betreuung andere, i.d.R. höhere Budgets eingeräumt sein. Kein KAM liegt z.B. vor, wenn im Rahmen einer regulären Außendiensttätigkeit bestimmte Kunden lediglich als Key Accounts tituliert sind, damit Außen- und Innendienst diesen eine größere Aufmerksamkeit schenken oder sich selbst in ihrer Verkaufstätigkeit aufgewertet sehen. Man spricht dann auch von „*name dropping*". Letztlich wird KAM erst dadurch existent und strategisch reizvoll, wenn parallel zum KAM ein Flächenvertrieb mit regionaler Umsatzverantwortung und anderen Kundenprioritäten existiert. Um aber den Gegebenheiten der Praxis besser gerecht zu werden, sollten gemäß Abb. 313 **drei Arten von KAM** unterschieden werden.

Branchenunabhängig gilt KAM mittlerweile als „*Kernbaustein des Vertriebsmanagements*" (*Homburg/Jensen/Fürst*, ASW 12/2004, S. 52). Doch zwischen dem Key Account Management in der Konsum- und in der Investitionsgüterindustrie gibt es deutliche Unterscheidungen (vgl. *Dehr/Donath* 1999, S. 100–102), die aus Abb. 313 hervorgehen. Im technischen Vertrieb bzw. in BtoB-Märkten erfolgt die **Auswahl von Key Accounts** im Rahmen der in Abschnitt 7.2. dargestellten Kundenqualifizierung. Key Accounts sollten analysiert und dokumentiert sein (nicht: heute der Kunde und morgen jener). Der in der Praxis oft begangene und im Eingangszitat zu diesem Gliederungsabschnitt beschriebene Weg, Schlüsselkunden automatisch aus einer ABC-

DIE SPIELARTEN DES KEY ACCOUNT MANAGEMENTS IN DER PRAXIS		
KAM in der Konsumgüterindustrie	*KAM in den technischen Industrien*	*Pseudo-KAM und Service-KAM*
Ein Kunde (z.B. eine Handelsgruppe) wird in Form einer Zangenstrategie betreut: Key Account Manager sind für das strategische Kunden-management zuständig; d.h. sie betreuen die Einkaufszentralen, sorgen für Listungen und Jahresverträge. Flächenvertrieb (Be-zirksreisende) und Merchandiser betreuen auf regionaler Ebene die Outlets. KAM und Flächenvertrieb sind zu enger Abstimmung und Zusammen-arbeit gefordert. Dabei geht es vor allem darum, dass die auf KAM-Ebene mit den Einkaufszentralen getroffenen Listungszusagen einge-halten, neue Markttrends frühzeitig erfasst und Promotionen/Kampagnen vereinbart werden. Ein **Trend** in der Konsumgüter-industrie: Die für die Flächen-distribution zuständigen Vertriebs-manager erhalten auch die Verantwortung, für die in der Region ansässigen Schlüsselkunden.	Nach Kundenqualifizierung werden die definierten Schlüsselkunden mit höherer Priorität und mit größerem Ressourcen-einsatz betreut als die dem Flächen-vertrieb (Regionalvertrieb) zugeordneten Kunden. In der Fläche spielt sich auch der Ersatzteilvertrieb ab (oft auch über den technischen Handel). Die Umsatz- und Ergebnisverantwortung liegt bei speziali-sierten Key Account Managern. In technischen Nischenmärkten (auch Automobilzulieferindustrie) erfolgt die gesamte Kundenbetreuung im Sinne des KAM. Ein Flächenvertrieb existiert dann nicht. In Unternehmen dieser Art wird auch nur selten von Vertrieb gesprochen. Man arbeitet mit dem Selbstverständnis von Entwicklungspartnerschaften. Sind die Produkte im Markt eingeführt (z.B. neue Modellgeneration), dann kann der Umsatzerfolg nicht mehr durch Vertriebs-anstrengungen des Lieferanten beein-flusst werden. Echtes KAM ist ein Bekenntnis: 1. zu einer Betreuung aus einer Hand für Schlüsselkunden 2. zu einer gesonderten Umsatz- und Ergebnisverantwortung 3. zu gemeinsamen Projekten (zu Customer Integration) und abgestimmten Marktstrategien.	**Variante-1**: Damit die Außendienst-mitarbeiter den wichtigen (größeren) Kunden mehr Aufmerksamkeit widmen und / oder damit sich Großkunden „mit Vorzug behandelt" sehen, erhalten diese Kunden das Prädikat Key Account. Nachteilig: Die Außendienstmitar-beiter sind nicht speziell auf die Belange der Schlüsselkunden ausgerichtet. **Variante-2**: Der Verkauf wird durch ein KAM im Sinne einer Marketing-Serviceabteilung unterstützt. KAM beobachtet den Markt, koordiniert Einzelaktivitäten, liefert Service-Mehrwerte für die Kunden. *Beispiele*: ABB, Würth In beiden Fällen werden die Schlüsselkunden im Rahmen der regulären Verkaufsarbeit der operativen Einheiten (Regional-vertrieb) betreut. Dort bleibt auch die Umsatzverantwortung Vorzugskonditionen und zusätzliche Serviceleistungen sind nicht immer im voraus festgelegt. Oft schaltet sich dann der Verkaufsleiter ein (bzw. Entscheidungsträger der Zentrale), um Sonderregelungen mit den Schlüsselkunden zu treffen.

Abb. 313: Die drei Spielarten des Key Account Managements

Analyse abzuleiten (z.B. nach der 20/80-Pareto-Regel), ist nicht sinnvoll. Die Bestimmung der Schlüsselkunden ist vielmehr eine strategische Aufgabe der Vertriebsleitung im Einvernehmen mit dem Außendienst. „*Key Account Management ist eine (strategische) Investition.*" (*Belz/Kus-ter/Walti* 1996, S. 120; *Tomczak/Belz* 1994, S. 162–166).

Im **indirekten Konsumgütervertrieb über den Handel** ist die Bestimmung von Key Accounts da-gegen kein Thema. Die Schlüsselkunden des Handels sind in der Branchenszene bestimmt und werden, z.B. von *AC Nielsen*, expressis verbis als Key Accounts geführt. Grundsätzlich handelt es sich um größere Handelskonzerne, Verbund- und Filialgruppen mit zentraler Einkaufstätig-keit. Dazu zählen: *Tengelmann-Gruppe* (mit *Grosso, Kaiser's, Lidl, Plus* und *Tengelmann*), *Metro* Einzelhandel inkl. *Allkauf* (u.a. *Real, Allkauf, Comet, Extra*), *Edeka* inkl. *Gedelfi* (alle Geschäf-te, die über die *Edeka* verrechnen bzw. Mitglieder einzelner *Edeka*-Handelsgesellschaften sind), die als Mitglieder der Handelskette geführten Geschäfte von *Rewe* und *Spar*, eine Vielzahl von Geschäften, die ihren Einkauf über das *Markant-Kontor* abwickeln sowie übrige Firmen wie z.B. die *Lidl-Discounter, Tegut-Geschäfte* oder die übrigen *Tip-Discounter* (vgl. *AC Nielsen* 1999, S. 5–8). Abb. 314 bestätigt die These: **Immer mehr Betreuungsqualität für immer weniger Key Accounts im Handel.** Demzufolge wird auch die Menge der Entscheidungsträger immer über-schaubarer. In den fünf großen Handelszentralen (*Metro, Rewe, Spar, Tengelmann, Edeka*) wa-ren vor wenigen Jahren ca. 550 zentrale Einkaufsentscheider und 780 Entscheider auf regionaler Ebene Zielpersonen der Key Account Manager der Konsumgüterhersteller (vgl. *Dierks/Völtz* 1999, S. 327). Die Zahl dürfte bis heute weiter deutlich abgenommen haben.

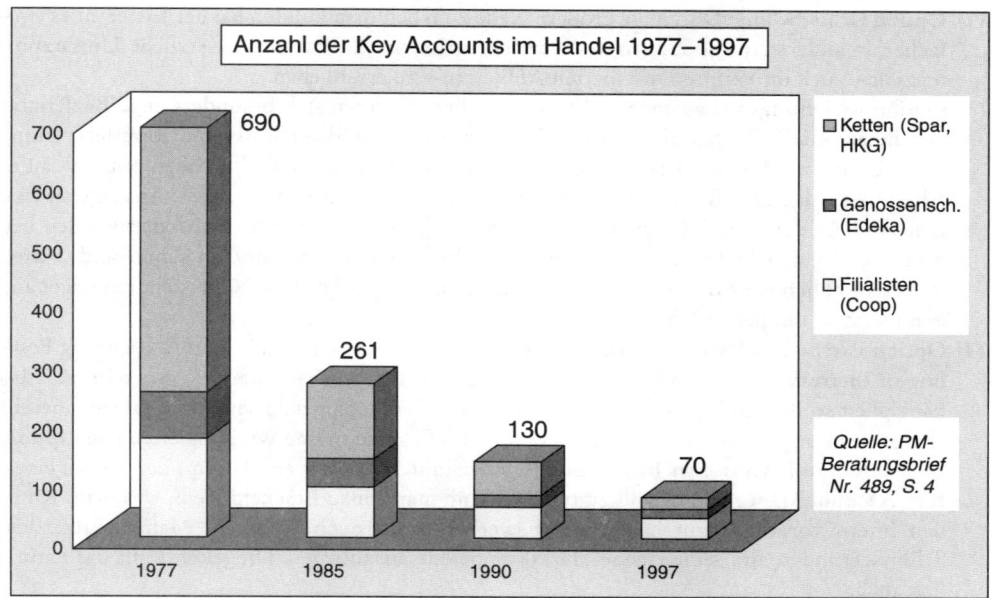

Abb. 314: Entwicklung der Zahl der Key Accounts im Handel

Die besondere Bedeutung von KAM liegt auf **vertriebsstrategischer, konzeptioneller Ebene**. In der Alltagsarbeit der Kundenbetreuung gibt es nämlich kaum Unterschiede zu der Verkaufsarbeit bei den größeren Kunden im Flächenvertrieb. Deshalb sind auch die dem Key Account Management in den Studien von *Diller* (1993) und *Senn/Belz* (1994) zugeschriebenen Ziele (vgl. *Belz/Senn* 1994, S. 164–173; *Belz* u.a. 1998, S. 100)

(1) bessere Berücksichtigung von Kundenwünschen,
(2) Steigerung der Kundenzufriedenheit,
(3) Ausweitung des Kundenumsatzes,
(4) Stabilisierung der Geschäftsbeziehung

eigentlich nicht KAM-spezifisch. Natürlich erfolgt die intensive Key Account Betreuung im Lichte dieser Ziele. Wer aber KAM nur deshalb einführt, um diese Ziele zu erfüllen, hat Qualifikationsprobleme im regulären Verkauf. Denn auch die Nicht-Schlüsselkunden sind systematisch aufzubauen und zu pflegen, damit sich die vier genannten „generischen" Vertriebsziele realisieren lassen.

Im Vergleich zum Flächenvertrieb sollte beim KAM vor allem eine größere **Bandbreite für die Intensitäten der Zusammenarbeit** mit den Kunden genutzt werden (vgl. *Belz* u.a. 1998, S. 101; vgl. *Tomczak/Belz* 1994, S. 166–173). Anbieter können aus der besonderen Nähe zu mächtigen und kompetenten Schlüsselkunden Vorteile ziehen. Ein Vertriebsingenieur des führenden Pumpenherstellers *Wilo* konzentriert sich z.B. auf bis zu 5 Großprojekten pro Jahr (Hinweis in ASW 4/2002, S. 38). Unterschieden werden sechs **strategische Optionen für das KAM**:

(1) **Option Frühwarnsystem:** Im Minimum erleichtert KAM die Beobachtung von Markttrends und von Konkurrenzprodukten. Durch die besondere Nähe zum Schlüsselkunden verfügt der Lieferant über feinere Antennen zum Vorausspüren neuer wirtschaftlicher und technischer Chancen und Risiken.

(2) **Option Cross-Selling:** Durch die größere Nähe zum Schlüsselkunden hat der Lieferant es einfacher, in andere Anwendungen des Kunden einzudringen und hier zusätzliche Umsatzpotenziale – auch im Verbund mit liierten Anbietern – zu erschließen.

(3) **Option Beziehungsmanagement:** Mit der Zeit kristallisieren sich besonders enge Beziehungen heraus und schaffen eine starke Vertrauensbasis, die dann Probleme abpuffern kann, wenn es in einer Lieferbeziehung oder bei einer Preisfindung einmal nicht so optimal läuft. Allerdings sollten die Beziehungspuffer nicht allzu stark strapaziert werden. Aus eigener Erfahrung liegt der Vorteil in einer menschlichen Eigenschaft begründet: Kunden werden bei langen und guten Lieferbeziehungen noch wechselträger, als sie ohnehin schon sind. Bietet jedoch plötzlich ein Konkurrent ein gleich leistungsfähiges Produkt 20 Prozent günstiger an, dann kann es mit dieser Trägheit schnell vorbei sein.

(4) **Option Partnerschaftssystem:** Hier geht KAM noch einen weiteren Schritt in Richtung **Pooling of Interests** für eine Win-Win-Situation. Die Vertrauensbasis und die gegenseitige Abhängigkeit sollten im Vergleich zu den Flächenkunden hoch genug sein, um Aufgabenbereiche gemeinsam auszuführen (z.B. gemeinsame F&E, gemeinsame Werbung etc.). Die Option zielt in Richtung **Customer Integration** (s. Abschnitt 5.4.). Jetzt erst kommt der Vorteil eines Key Account Managements voll zu tragen. Wenn man genau Bescheid weiß, was beim Kunden intern vorgeht, dann haben Wettbewerber kaum noch Chancen. Man benutzt den Schlüsselkunden, um seine eigene Marktkompetenz auszubauen. Umgekehrt gilt das natürlich auch.

(5) **Option Kundenallianz:** In letzter Konsequenz kann es zu einer Institutionalisierung der gemeinsamen Arbeit kommen. Lieferant und Kunde bringen beispielsweise ihre gemeinsamen Aktivitäten in einem Geschäftsfeld in ein Joint-Venture ein.

(6) **Option Aufkauf** (nicht bei *Belz* erwähnt): Das Ende der KAM-Philosophie wäre erreicht, wenn der Großkunde das Zulieferunternehmen aufkauft. Dann kann man wirklich sagen, dass der Kunde König (dominierender Partner) ist.

Abb. 315 zeigt die wichtigsten Schritte und zu klärenden Fragen beim Aufbau eines Key Account Managements. Die operative Herausforderung liegt dann darin, potenzialstarke Key Accounts als Kunden zu gewinnen und zu entwickeln – insbesondere dann, wenn die Kunden bei der Konkurrenz in guten Händen sind. Zu dieser Aufgabenstellung legen *Miller* und *Heiman* ein viel zitiertes Beratungskonzept vor. Mit Hilfe standardisierter Checklisten wird der Anwender durch die Vorgänge von Bestimmung, Akquisition und Pflege der Schlüsselkunden geführt. Abb. 316 beschreibt die Vorgehensweise für eine **systematische Schlüsselkundengewinnung** (vgl. *Miller/ Heiman* 1992).

Das Leistungsangebot für Schlüsselkunden, insbesondere die Dienst- und Serviceleistungen, sollte sich vom Angebotsprogramm für die „normale Kundenschaft" abheben. *Müllner* unterscheidet für BtoB-Kunden nach Abb. 317 **Vertrauens-, Koordinations-** und **Rationalisierungsleistungen** (vgl. *Belz/Müllner/Zupancic* 2004, S. 122).

Key Account Manager stehen unter besonderem Erfolgsdruck. Schlüsselkundenverluste schlagen dramatisch auf Umsatz und Deckungsbeitrag durch. Das **Anforderungsprofil** an Key Account Manager und Fragen zur organisatorischen Einordnung von KAM in die Unternehmenshierarchie wurden in Abschnitt 3.2.2.d. behandelt. Es dominieren die Aufgaben,

(1) durch eine intensive Betreuung eine **hohe Kundenbindung** zu erreichen,

(2) durch eine konzentrierte Kundenbearbeitung **Transaktions-Streukosten** zu **vermeiden** (Problem des Flächenvertriebs),

(3) im Rahmen vernetzter Lieferanten-Kunden-Organisationen **Synergiepotenziale zu erschließen**

(4) und dadurch den **Kundenwert langfristig zu maximieren.**

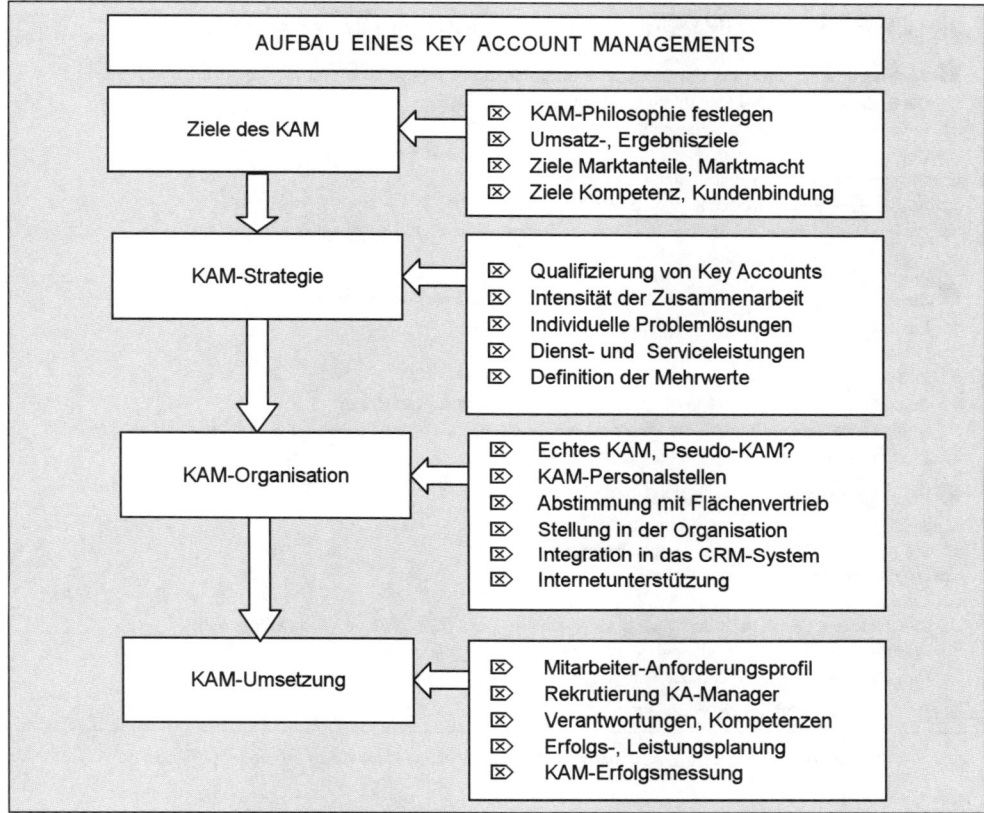

Abb. 315: Aufbau eines Key Account Management Systems

Zu beachten ist die besondere **Brisanz von Schlüsselkundenbesuchen**. Diese sind nicht mit „normalen" Akquisitionsbesuchen vergleichbar. Neukundenakquisition oder Auftragsgewinnung sind nicht die vorrangigen Themen. Zumeist stehen gemeinsame Marktstrategien oder Neuprodukt-Projekte im Vordergrund der Verhandlungen. Oft begleiten die Key Accounter die Fachkollegen aus der Technik oder aus dem Qualitätswesen zum Kunden. Entsprechend tiefergehend sollten sich die Key Account Manager **auf Schlüsselkundenbesuche** vorbereiten. Abb. 318 bietet einen Überblick über zehn ratsame **Vorbereitungs-Check-up's** bei einem anstehenden Schlüsselkundenbesuch. Unterschieden wird nach fachbezogenen und persönlichkeitsbezogenen Klärungsbereichen.

Das Besuchsmanagement stellt nur eine Facette der täglichen Arbeit eines Schlüsselkundenbetreuers dar. Ein erfolgreiches KAM bedarf einer kundenspezifischen **Account-Planung- und -Steuerung** (vgl. *Rapp/Storbacka/Kaario* 2002, S. 112 ff.). Vereinfacht gesagt, bedingt jeder Schlüsselkunde eine kundenindividuelle strategische Planung der bekannten absatz- und finanzwirtschaftlichen Instrumente. In der Praxis liegen die Prioritäten in einem fehlerlosen Opportunity- und Projektmanagement. Wettbewerber warten nämlich nur darauf, dass eine Projektarbeit aus dem Ruder läuft. Gute Beziehungen können Organisationsschwächen nur vorübergehend wettmachen.

AUSGEWÄHLTE ARBEITSSCHRITTE NACH DER MILLER/HEIMAN-METHODE

❶ Wettbewerbssituation aus der Sicht des Kunden feststellen (jeweils wir im Vergleich zum Wettbewerb)

⇨ Die Bedeutung und Entwicklung der Geschäftsbeziehung bestimmen

⇨ Verständnis für die Kundensituation entwickeln

⇨ Übereinstimmung zwischen Kundenbedarf und den angebotenen Produkten untersuchen

⇨ Die eigene Position bei den Kaufbeeinflussern analysieren

⇨ Ansehen der Produkte beim Kunden prüfen

⇨ Die eigenen Preisstellungen bzw. das Preis-/Leistungsverhältnis aus Kundensicht analysieren

⇨ Die Kooperationswilligkeit des Kunden beurteilen

❷ Situationsbeurteilung: *Durchdenken der Verkaufsargumentationen und -strategien*

⇨ Feststellen von 3 eigenen Verkaufsstärken

⇨ Offene Flanke: Aufdecken eigener Schwachpunkte

⇨ Zu allen Stärken die vier besten Verkaufschancen aufzeigen

⇨ Zu den Verkaufschancen Trends aufzeigen, die die Verkaufschancen fördern

⇨ Strategische Spieler: Analyse der Personen, auf die die Verkaufsstrategie (Verkaufsargumente) auszurichten sind

⇨ Zusammenfassung zu möglichen strategischen Einzelzielen

❸ Strategische Basis (Zusammenfassung)

⇨ Strategische Zielsetzung im eigenen Team verabschieden

⇨ Die (besten) Verkaufschancen endgültig festlegen

⇨ Die drei besten strategischen Einzelziele definieren

⇨ Erlösziel festlegen

⇨ Die insgesamt beste (Verkaufs)Chance dokumentieren (evtl. USP = unique selling proposition)

⇨ Positive Investitionsentscheidungen und Maßnahmen fällen (Was jetzt zu unternehmen ist)

⇨ Negative Investitionsziele und Maßnahmen bestimmen (Was unbedingt zu unterlassen ist)

(vgl. Miller/Heiman 1992, S. 120, 152, 187, 225)

Abb. 316: Die Gewinnung von Schlüsselkunden nach Miller-Heiman

Deshalb sollten die Engagements mit Schlüsselkunden regelmäßig anhand von KAM-Erfolgsfaktoren überprüft werden. Viele Unternehmen beschränken sich darauf, die Umsatz- und Ergebnisentwicklung (Customer Equity) mit Schlüsselkunden als Maßstab für den KAM-Erfolg heranzuziehen. Diese kaufmännischen Parameter lassen sich gut in **KAM-Cockpits** darstellen (vgl. *Belz/Müllner/Zupancic* 2004, S.179). Jedoch sind die kaufmännischen Werte Wirkungs- und nicht Ursachengrößen für den KAM-Erfolg. Abb. 319 enthält **10 BtoB-relevante KAM-Erfolgsfaktoren**, die wie folgt erfragt werden können:

(1) Wie gut sind die fachlichen Kompetenzen der Kontaktpersonen im Buying-Center?

(2) Wie hoch ist die Motivation der Kontaktpersonen im Buying-Center?

(3) Wie gut ist die Qualität einer abgestimmten, systematischen Marktbeobachtung mit dem Schlüsselkunden?

(4) Wie gut ist die Qualität der gemeinsamen Produktentwicklung (falls vorhanden)?

(5) Wie reibungslos läuft der Informationsaustausch mit dem Kunden?

(6) Wie stark sind die KAM-relevanten Abläufe mit dem Kunden integriert (z.B. Lieferabrufe, Rechnungserstellung)?

(7) Wie schnell werden Absprachen und Maßnahmen umgesetzt?

(8) Wie ist die Qualität der Maßnahmenumsetzungen auf Kundenseite?

(9) Wie ist generell das Klima der Zusammenarbeit zu beurteilen?

(10) Wie ist generell der Erfolg der Key Account Zusammenarbeit zu beurteilen?

Abb. 319 beurteilt die Zusammenarbeit mit vier Schlüsselkunden anhand dieser zehn Erfolgsfaktoren auf Skalen zwischen 1 (*extrem schlecht*) und 10 (*ideal*). Der Key Account Nr. 4 liegt bei vier

LEISTUNGEN FÜR INDUSTRIELLE KEY ACCOUNTS		
Vertrauensleistungen	*Koordinationsleistungen*	*Rationalisierungsleistungen*
• Ankündigungspolitik • Beziehungsmarketing • Dokumentation von Referenzprojekten und -kunden • Fachbeiträge in Zeitschriften • Garantieübernahmen/-leistungen • Gemeinsame Qualitätszirkel • Inzahlungnahme von Maschinen • Joint Ventures • Kosten-Nutzen-Analysen • Kreditierung • Local-Content-Anteile • Machbarkeitsstudien • Meinungsaustausch auf Top-Management-Ebene • Monteureinsatz rund um die Uhr • Präsentationen • Preisgarantien • Referenzen • Risikobeteiligung/-übernahme • Speziaientwicklungen • 24 Stunden-Erreichbarkeit • Vorfinanzierung • Vorkauf-Beratung • Vorträge auf Fachtagungen • Weltweit gültige Ersatzteilverträge • Zuordnung eines zentralen Ansprechpartners auf mittlerer Führungsebene	• Angebotsauswertungen • Anpassung an bestehende Anlagen und länderspezifische Standards • Einkaufshilfen • Engineering • Entscheiderschulung • Entwicklungspartnerschaft • Finanzierung • Hilfe bei Kompensationsgeschäften • Internationale Gebrauchtmaschinenvermittlung • Länderspezifische Bedienerschulung • Managementverträge • Marketing-Support • Marktprognosen • Programmierleistungen • Projektierung • Prozessanpassungen • Spezialentwicklungen • Transportorganisation und -entwicklung • Turnkey-Projekte/Generalunternehmertum • Übersetzung von Betriebsanleitungen • Verbrauchsprognosen • Weltweite Personalvermittlung • Zugewiesener International Key Account Manager • Zur-Verfügung-Stellen von technischem Personal	• Abfall- und Recycling-Management • Bestellvereinfachung • Betriebsmittelberatung • Elektronische Ersatzteillisten • Einsatz- bzw. fertigungssynchrone, weltweite Belieferung • Ersatzteilgeschäft • Elektronische Bestellung • Extranet/Online-Support • Facility-Management • Fakturakonsolidierung • Fertigungspartnerschaften • Funktionsübernahme • KANBAN • Konsignationslager • Kundendienst • Inventory Management Programme • Just-in-Time-Belieferung • Leasing/Lease-Back-Konzepte • Online-Diagnose • Online-Ersatzteilservice • Präventive Wartung • Produktionsoptimierung • Prozessberatung • TQM • Telefon-Hotline • Logistikpartnerschaften • Warehouse-Management • Zeitstudien

(Quelle: Müllner 2002; zit. in Belz/Müllner/Zupancic 2004, S. 122)

Abb. 317: Spezielle Vorteilsleistungen für Schlüsselkunden

Beurteilungskriterien vorn und schließt insgesamt mit einem Performance-Wert von 7,9 am besten ab. Schlüsselkunde-1 hat vordergründig Qualifikations- und Motivationsprobleme und ist (vielleicht deshalb) langsam in der Umsetzung. Mit dem Schlüsselkunden-3 ist ebenfalls über Ineffizienzen in der Zusammenarbeit zu sprechen. Angesichts der hohen Motivation und des guten Klimas der Zusammenarbeit sollte das kein Problem sein.

DIE 10 CHECK-UP`S FÜR DEN KEY ACCOUNT BESUCH

fachbezogene Faktoren	*persönlichkeitsbezogene Faktoren*
NETZWERK-CHECK ⇨ Wie ist das gesamte Kundennetzwerk aufgebaut, und welche Rolle spielen die zu besuchenden Kontaktpersonen im Buying-Center?	**VORBEREITUNGS-CHECK** ⇨ „Wer besser vorbereitet ist, gewinnt." Wie können wir uns auf den anstehenden Kundenbesuch exzellent vorbereiten?
KUZU-KUBI-CHECK ⇨ Wie sind Kundenzufriedenheit und Kundenbindung des Schlüsselkunden zu beurteilen?	**KOMPETENZ-CHECK** ⇨ Wo genau beweisen wir unsere Kompetenz? Wo sollten wir dem Kunden einen Kompetenzvorsprung einräumen? Bei welchen Fragen / Problemen sollten wir uns besser zurückhalten?
PROJEKTE-CHECK ⇨ Wie ist der Sachstand der laufenden Projekte? Welche neuen Projekte stehen an?	**PANIK-CHECK** ⇨ Wo steht der Kunde unter Druck? Wie können wir Kunden-Stress nutzen, ohne den Kunden in eine Erpressungssituation zu bringen?
KONKURRENZ-CHECK ⇨ Welchen Stand haben welche Wettbewerber beim Kunden? Gibt es hier neue Tendenzen? Gibt es besondere fachliche und / oder sachliche Präferenzen auf Seiten des Kunden?	**MACHT-CHECK** ⇨ Großkunden mögen keine schwachen Partner. Wie kann ich Stärke zeigen und bleibe dennoch symbolisch 1% unter dem Machtanspruch des Kunden?
ZUSAGEN-CHECK ⇨ Welche Zusagen / Versprechen sind dem Kunden gegenüber abgegeben worden? Werden Versprechen dem Schlüsselkunden gegenüber eingehalten?	**ATMOSPHÄRE-CHECK** ⇨ Welche Signale zeigen mir, wie willkommen ich dem Kunden wirklich bin?

Abb. 318: Die 10 Check-up's beim Key Account Besuch

KAM lebt von **dauerhaften Beziehungen**. Diese sind nicht allein Sache der Kundenbetreuer. Über der **sachlichen** und vor allem der **menschlich-emotionalen** Ebene müssen auch auf **Organisations-** und auf **Geschäftsführungsebene** die Voraussetzungen für die Schlüsselkunden-Prioritäten gegeben sein. *Diller* spricht von den **Voraussetzungen für Beziehungsqualitäten** (vgl. *Diller,* ASW Sondernummer 10/1996, S. 177).

Üblicherweise besteht der Kundenstamm nicht nur aus Schlüsselkunden. Wie kann das Kleinkundengeschäft so geführt werden, dass Aufwand und Deckungsbeiträge in einem angemessenen Verhältnis stehen? Viele Unternehmen lassen die Kleinkunden einfach mitlaufen, ohne die Frage nach der Wirtschaftlichkeit und den versteckten Chancen dieser Kundengruppe zu stellen.

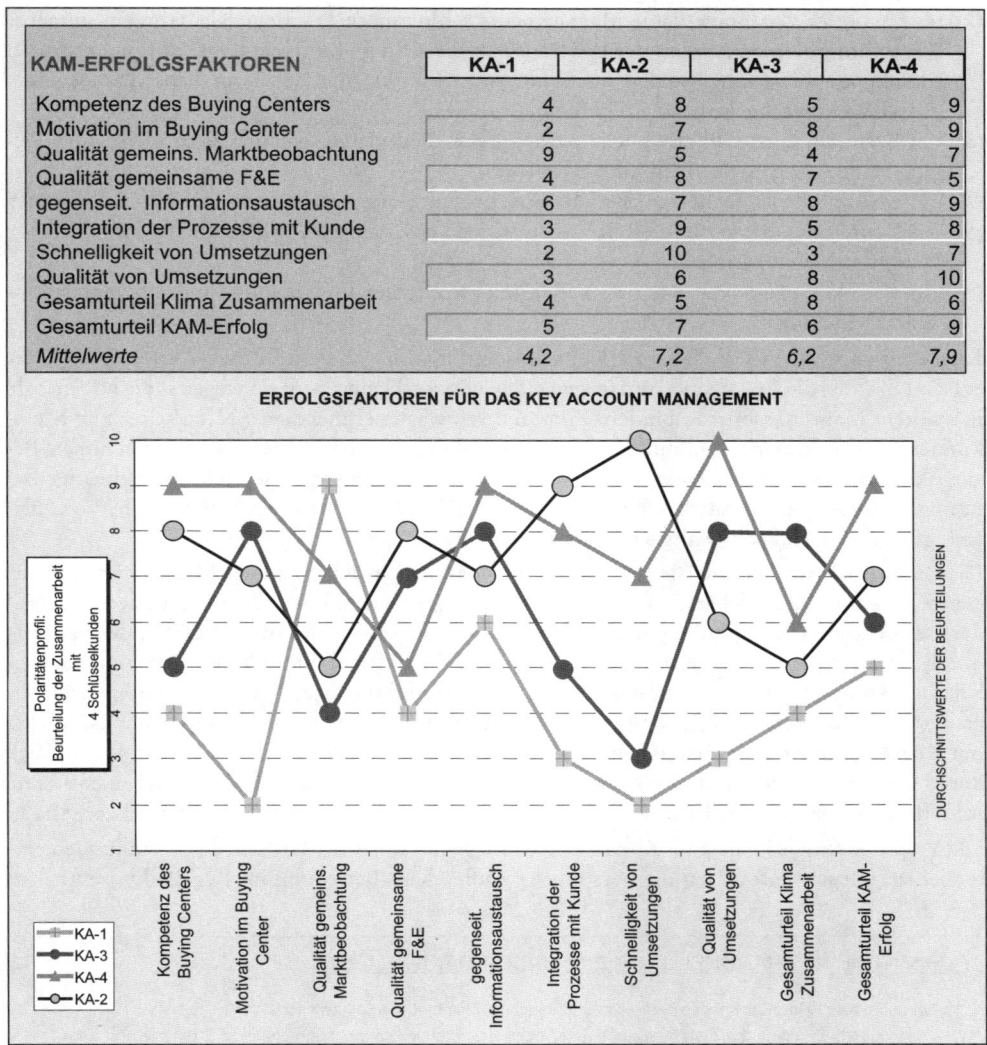

KAM-ERFOLGSFAKTOREN	KA-1	KA-2	KA-3	KA-4
Kompetenz des Buying Centers	4	8	5	9
Motivation im Buying Center	2	7	8	9
Qualität gemeins. Marktbeobachtung	9	5	4	7
Qualität gemeinsame F&E	4	8	7	5
gegenseit. Informationsaustausch	6	7	8	9
Integration der Prozesse mit Kunde	3	9	5	8
Schnelligkeit von Umsetzungen	2	10	3	7
Qualität von Umsetzungen	3	6	8	10
Gesamturteil Klima Zusammenarbeit	4	5	8	6
Gesamturteil KAM-Erfolg	5	7	6	9
Mittelwerte	4,2	7,2	6,2	7,9

ERFOLGSFAKTOREN FÜR DAS KEY ACCOUNT MANAGEMENT

Abb. 319: Die Beurteilung der Zusammenarbeit mit Schlüsselkunden

8.6. Kleinkunden-Management

Die Bezeichnung Kleinkunde darf nicht abwertend verstanden werden. Unter bestimmten Voraussetzungen verdient ein Kleinkunde eine gleich oder zumindest ähnlich hohe Priorität wie ein Schlüsselkunde:

(1) Ein Kleinkunde steht gemäß Kundenstatus erst am Anfang einer Geschäftsbeziehung, verfügt jedoch über ein **enormes Potenzial** (wer Großkunden wünscht, muss Kleinkunden akzeptieren).

(2) Im Sinne des **Customer Value Managements** schlummern in einem Kleinkunden immense Wachstumspotenziale, wenn der Lieferant ihm die richtige Initialzündung gibt. Bei normaler Kleinkundenbetreuung wird – im Sinne von *Grimms* Märchen vom Froschkönig – der Frosch nicht wachgeküsst.

(3) Ein Kleinkunde ist von erheblicher **strategischer Bedeutung**, wenn er dem Lieferanten Zugang zu einer wichtigen Technologie eröffnet.

(4) Ein Kleinkunde ist **Tochtergesellschaft eines großen Konzerns**, den man akquirieren möchte.

(5) Ein Kleinkunde besitzt **hohe Referenzkraft**, weil er Zugang zu Marktführern im relevanten Markt des Lieferanten hat.

(6) Ein Kleinkunde ist **treuer Stammkunde** mit exzellenter Preisstellung und effizienter Auftragsabwicklung.

Kleinkunden finden in der Theorie kaum Beachtung (Ausnahme z.B. *Belz/Kuster/Walti* 1996, S. 112–114). Für die Praxis sind sie dagegen ein wichtiges Thema, weil sie wegen ihrer hohen Zahl in starkem Maße Ressourcen binden. Zum Teil schweigen (Innendienst)Mitarbeiter zur Kleinkundenproblematik, weil sie durch diese Arbeitsplätze gesichert sehen. Wegen der hohen Besuchskosten muss es bei Kleinkunden aber um eine ressourcensparende und kostengünstige Beratung, Betreuung und Auftragsabwicklung gehen. Abb. 301 enthält hierzu praxisnahe Vorschläge (vgl. auch die Maßnahmenliste bei *Winkelmann* 2003 S. 351).

Die **Rationalisierungspotenziale des Internet-Business** für das Kleinkunden-Management zu nutzen, wird zur vordringlichen Aufgabe. Es sollte gelingen, Kleinkunden in ein Extranet einzubinden, selbst wenn dazu Schulung und finanzielle Anreize notwendig sind. Kleinkundenberatung durch externe Call-Center ist dagegen bei erklärungsbedürftigen Produkten kritisch zu beurteilen. Im Grunde fordern Kleinkunden die gleiche produktbezogene Beratungskompetenz wie große Stammkunden; vom Spezialwissen gemeinsamer Forschungs- und Entwicklungsprojekte mit Key Accounts einmal abgesehen. Projekte zur Einrichtung eines Call-Center mit dem Ziel, durch eine regelmäßige telefonische Betreuung von Kleinkunden den Außendienst zu entlasten, sollten daher sorgfältig geplant werden. In Abb. 320 wurde hierzu bereits ein Beispiel vorgestellt.

Die Verpflichtung für eine gute Kundenbetreuung sollte daher die Gruppe der Kleinkunden einschließen, selbst wenn diesen die persönliche Außendienstbetreuung im Regelfall vorenthalten

---

ELEMENTE EINES RATIONELLEN KLEINKUNDEN-MANAGEMENTS

⇨ Leistungspalette für Kleinkunden ausweiten und damit auf eine breitere Basis stellen

⇨ Leistungen für Kleinkunden standardisieren und Nebenleistungen konsequent berechnen (z.B. differenziert IBM preislich zwischen Beratungs- und Direktverkauf)

⇨ Notwendige Serviceleistungen durch geeignete Produktkonzeptionen vermindern (eigener Service der Kunden, auswechselbare Module (beispielsweise bei Personalkopierern von *Canon*)

⇨ Mindestbestellmengen heraufsetzen oder Kleinlieferungen preislich zusätzlich belasten

⇨ Vereinfachte Bestell- und Abrechnungssysteme einführen (z.B. aussagekräftige Produkt- und Anwendungsdokumentationen und -kataloge, Bezugsabonnemente, Barverkauf, Monatsabrechnungen)

⇨ Den persönlichen Verkauf weitgehend durch Direkt- und Telefon-Marketing ersetzen

⇨ Kleinaufträge bei Kooperationspartnern produzieren und ausführen lassen (unter eigenem oder fremdem Namen)

⇨ Den eigenen Vertrieb mit Lieferanten von Ergänzungsleistungen zusammenlegen

⇨ Kleinkunden im Versandhandel bedienen

⇨ Kleinkunden durch den Großhandel, Einkaufsvereinigungen oder durch größere Kunden beliefern lassen

⇨ Generell die Leistungsfähigkeit der Kunden steigern (Übernahme erhöhter Eigenleistungen durch Kunden – z.B. nimmt der Kunde in Cash-and-Carry-Geschäften die Ware direkt aus dem Karton) und mehr Professionalität für kleine Handelspartner

Abb. 320: Empfehlungen für ein rationelles Kleinkunden-Management

bleibt. Denn gerade die große Schar der Kleinkunden trägt viel zu einem guten Marktimage bei. Auch um dieses zu bewahren, sollten große wie kleine Kunden systematisch gepflegt werden. Marken und Stammkunden machen den Reichtum einer Unternehmung aus.

8.7. Stammkundenpflege und Retention-Marketing

„Wir haben festgestellt, dass ein um 5 % verminderter Kundenverlust eine Profitsteigerung von 25–100 % bewirken kann." (Reichheld 1999, S. 55)

Die Unternehmen schätzen oft nur Stammkunden und A-Kunden als Gewinnbringer (vgl. *Krafft*, u.a., VIP-2000, S. 53). *Gündling* vergleicht daher das Schicksal von Stammkunden mit dem der männlichen Vogelspinne beim Paarungsprozess: *„Viele Unternehmen scheinen mit ihren einmal gewonnenen Neukunden genauso umzugehen, wie die weibliche Vogelspinne mit dem Männchen – sie verlieren das Interesse an ihm."* (*Gündling* 1997, S. 263). Speziell im Bankenbereich gibt es in der Praxis noch erhebliche Defizite (vgl. *Wiedmann/Buckler/Siemon*, Bankmagazin 5/2004, S. 48):

- 75 Prozent der Banken verfolgen keine Programm zur Vorbeugung und Vermeidung der Kundenabwanderung.
- 84 Prozent der deutschen Kreditinstitute unterhalten keine Frühwarnsysteme, die rühzeitig auf mögliche Kundenverluste aufmerksam machen und präventive Maßnahmen einleiten.
- Nur ein Drittel der vom *Strategy & Marketing Institute* befragten Banken ermitteln die Ursachen für eine Kundenabwanderung.
- 99 Prozent der befragten Banken können keine Angaben zu ihren durchschnittlichen Kundenrückgewinnungskosten machen.

Die Pflege des bestehenden Kundenstamms sollte daher vorrangiges Ziel einer jeden Vertriebsstrategie sein. Spezielle Kundenbindungsmaßnahmen zur Sicherung der Stammkunden fallen unter die Rubrik des **Retention-Marketing**.

> ➡ **Retention-Marketing** ist eine spezielle Form der Kundenbindung, die sich auf den bestehenden Kundenbestand konzentriert. *„In diesem werden unter Rentabilitätsgesichtspunkten strategisch wichtige Kundenbeziehungen identifiziert, die es durch spezifische Marktbearbeitungsmaßnahmen langfristig an die Unternehmung zu binden gilt."* (Oggenfuss/Lacher 1994, S. 372).
>
> ➡ **Retention-Marketing** bedeutet in erster Linie **Stammkundensicherung**. Diese Aufgabe kann und sollte in die Betreuungsarbeit von Außen- und Innendienst einfließen. Wird Retention-Marketing im „großen Stil" und auch differenziert nach Kundengruppen durchgeführt, dann geht Retention Marketing in den Marketingbereich der Kundenbindungsprogramme über (s. Abschnitt 8.9.).

Für die Banken es z.B. wichtig, Kunden im Hinblick auf **sechs typische Abwanderungsprozesse** zu beobachten (vgl. *Michalski* 2002, S. 145–152):

(1) Die **reaktive Abwanderung** wird durch bestimmte initiale Auslöser bewirkt; z.B. durch Berufswechsel oder Umzug). Der Prozess des Anbieterwechsels kann sich über längere Zeiträume hinziehen. Beispielsweise werden auch über gewisse Zeiträume zwei Konten parallel gehalten.

(2) Die **Kurzschlussabwanderung** ist ereignisorientiert. In diesen Fällen greifen die klassischen Theorien der Kundenbindung nicht. Der Kunde verfällt irrationalen Argumenten.

(3) Die **Verzweifelungsabwanderung** geht auf mehrere, aus Kundensicht unbefriedigende Ereignisse zurück. Das Problem des Kunden tritt oft über lange Zeiträume nicht offen zutage (Latenzphase). Die Thematik der frühen Signale für einen Kundenverdruss spielt ein große Rolle.

(4) Die **Planabwanderung** wird im Dialog zwischen Kunde und Anbieter offen besprochen. Beispielsweise ist bekannt, dass ein Kunde in x Jahren sein Anlagekonto auflöst, um sich seinen Hauswunsch zu erfüllen.

(5) Auch die **Mussabwanderung** ist kalkulierbar. Sie kann nicht durch Retention-Marketing verhindert werden. Sie ist logische Konsequenz einer Kundenbeziehung, wenn Kundenwünsche durch das eigene Leistungsangebot nicht erfüllt werden können. Hier passt die Redensart: *Reisende soll man nicht aufhalten.*

(6) Die **Wunschabwanderung** geht in ähnliche Richtung. Man kann davon ausgehen, dass der Kunde den Wunsch hat, eine Beziehung zu beenden und provoziert dies sogar durch Entscheidungsdruck. Banken werden z.B. aktiv, wenn auf einem Kundenkonto über einen langen Zeitraum keine Kontobewegung erfolgt.

Zunächst sind **strategische Kundenbindungsfelder** zu definieren. Abb. 321 zeigt ein Beispiel der *Schweizerischen Kreditanstalt.* Für dieses Bankinstitut hat Retention-Marketing nicht nur die Aufgabe, den Kundenbestand zu erhalten, sondern auch bestehende Kunden zu profitablen Kunden zu entwickeln. Ein besonderes Augenmerk verdienen Kunden mit breiter Bedarfspalette, die hochprofitabel sind, über ein großes Gewinnpotential verfügen, aber gleichzeitig geneigt sind, zur Konkurrenz zu wechseln. Diese **höchst gefährdeten Kundenbeziehungen** sind als gesonderte Kundengruppe zu erfassen und zu betreuen. Im Rahmen des Retention-Marketing wird

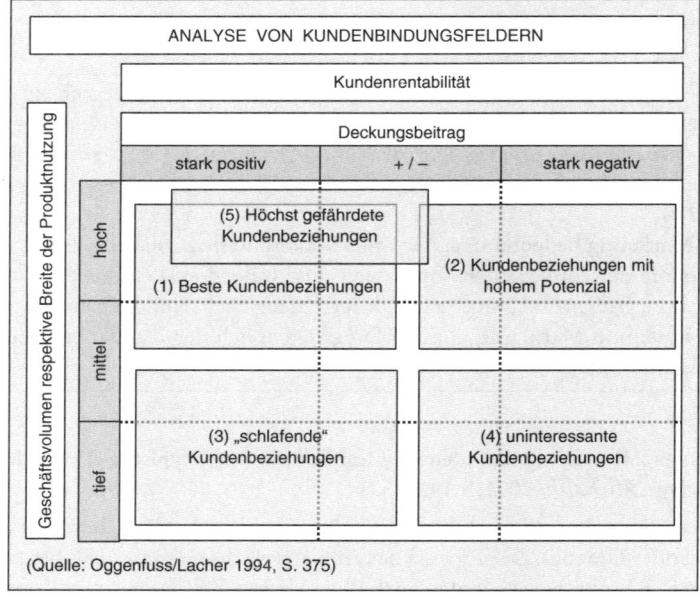

Abb. 321: Aufteilung eines Kundenbestands in strategische Bindungsfelder

KUNDENBETREUUNG IM RAHMEN VON RETENTION-MARKETING		
Priorität	*Kundenbindungsfeld*	*Möglicher Handlungsbedarf*
1. Priorität	❺ Strategisch höchst gefährdete Kundenbeziehungen	Sofortige Kontaktaufnahme und Individualisierung der Leistungserstellung
2. Priorität	❶ Hochrentable Kundenbeziehungen	Intensivierung der Beziehungspflege
3. Priorität	❷ Kundenbeziehungen mit ungewissem Gewinnpotenzial	Differenzierungsstrategie: Kosten senken – Preise erhöhen
4. Priorität	❸ „Schlafende" Kundenbeziehungen	Intensivierung der Kundenbeziehung durch Direkt Marketing
5. Priorität	❹ Uninteressante Kundenbeziehungen	Desinvestitions- und Rückzugsstrategie
Quelle: Oggenfuss/Lacher 1994, S. 376		

Abb. 322: Kundenbetreuungsmaßnahmen im Rahmen von Retention-Marketing

für die wechselgefährdeten Kunden eine Individualisierung der Leistungserstellung (maßgeschneiderte Problemlösungen) vorgeschlagen. Abb. 322 zeigt sinnvolle Betreuungsmaßnahmen und Prioritäten für die Kundenbindungsfelder auf.

Retention-Marketing bedeutet also **keine Kundenbindung um jeden Preis**. Man sollte schon wissen, welche Kunden einem treu bleiben sollen. Ein Trend geht dahin, sich die Kundentreue von Stammkunden (Kundenbindung) zu erkaufen. So wird Kundenerhaltung zum Investitionskalkül:

Die US-Kreditkartengesellschaft MBNA stellt z.B. fest, dass der durchschnittliche Kundenwert um über 125 US-$ gesteigert werden kann, wenn es gelingt, die Abwanderungsrate nur um 5 % zu senken (vgl. Reichheld/Sasser 1999, S. 143).

Die *Lufthansa AG* hat jedoch erkannt, dass es nicht zu empfehlen ist, Kundenloyalität allein durch Bonusprogramme anzustreben. **Reward-Programme** können von Konkurrenten schnell kopiert werden. Und: Erzieht man den Kunden zur „Geldgier", fördert man auch dessen Neigung, „für ein paar Dollar mehr" zum Wettbewerber zu wechseln. Beim Retention-Marketing sollen vielmehr materielle Loyalitätsanreize mit Beweisen einer besonderen Kundenwertschätzung (z.B. Senator-Status, Wartelistenpriorität, höhere Freigepäckmenge, separate Check-in-Schalter etc.) verbunden werden (vgl. *Hallensleben* 1999, S. 55). Hier ist der Übergang zu den Kundenbindungsprogrammen des Marketing (s. Abschnitt 8.9.).

Wenn die Bindung von Stammkunden zum Investitionskalkül wird, dann darf die Wertigkeit des Kunden nicht übersehen werden. Es sind eben nicht alle Stammkunden auch Schlüsselkunden. Sie sollen zwar gebunden werden, verdienen aber keinen Senator-Status. Abb. 323 zeigt die **Abgrenzungsproblematik zwischen Stammkunden und Schlüsselkunden** auf. Die Unternehmen gehen immer mehr dazu über, ihre Stammkundenbindung mit Hilfe von Kundenzeitungen und Internet-Newslettern zu stärken.

Einen Vorteil bringen Stammkunden unabhängig von ihrer Wertigkeit: Sie sind bei behutsamer Vorbereitung gerne bereit, durch Offenbaren von Adressen und Aussprechen von Referenzen bei der Neukundengewinnung mitzuhelfen.

RETENTION-MARKETING FÜR SCHLÜSSEL- UND STAMMKUNDEN		
Für uns Schlüsselkunden	➡ Problem: Erhebliche Abhängigkeit des Lieferanten ➡ Frage: Wer ist Hauptlieferant? ➡ Entbindungsstrategie möglich? ➡ Forcieren regelmäßiger Bestellungen ➡ Ziel also: Entwicklung des Kunden zum Stammkunden	➡ Retention-Marketing ist natürliches Ziel einer Großkundenstrategie ➡ Sicherung der Stammkundenposition im Rahmen eines Key Account Management
Für uns keine Schlüsselkunden	➡ Opportunistische Kundenbetreuung ➡ Überprüfung der Preis-/ Kostensituation ➡ Bestimmung eventueller Verzichtskunden	➡ Aufdecken möglicher Entwicklungskunden und bei entsprechenden Potenzialen Ausbau zu Schlüsselkunden ➡ Überprüfung der Preis-/ Kostensituation ➡ Effiziente Kundenbindung, z.B. durch Kundenzeitungen und Newsletter
	Für uns keine Stammkunden	Für uns Stammkunden

Abb. 323: Retention-Marketing in einem Spannungsfeld zwischen Schlüssel- und Stammkunden

8.8. Referenzkunden-Management

„Flüsterpropaganda in Netzwerken ist wesentlich dafür verantwortlich, dass zu den zufriedenen Altkunden neue Kunden hinzukommen." (Fuchs 1998, S. 135)

Es ist erfreulich, wenn sich zufriedene Kunden durch **Empfehlungen** oder eigene **Interessentenansprache** an der Verkaufstätigkeit des Lieferanten beteiligen. Die **Strukturvertriebe** (**Multilevel-Marketing**) bieten gute Beispiele für Schneeballeffekte von „Mundpropaganda" und Kundensuche in privaten Netzwerken. Aber auch für das konservative Bankgeschäft gilt: *„Die eigenen Kunden eignen sich hervorragend als Außendienstler."* (*Sparda-Bank*, Hamburg, zit. Direkt Marketing 10/2004, S. 42). In einer aggressiven Neukundenkampagne der *Hamburger Sparda-Bank* kamen 46 Prozent aller Neukunden aus der „Freundschaftswerbung".

> ➡ **Referenzkunden-Management** (-Marketing) oder auch **Verkaufen im Dreieck** liegt vor, wenn
> zufriedene Kunden den Anbieter oder dessen Produkte systematisch (also keine zufällige
> Golfplatz-Empfehlung) an andere Interessenten weiterempfehlen (**Empfehlungsgeschäfte**).

Referenzkunden-Management gibt es in folgenden Formen (vgl. *Winkelmann* 1999, S. 227–228; etwas abgewandelt *Fuchs* 1998, S. 141–142):

(1) **Referenznennung:** Der Außendienst nennt dem Interessenten einen Referenzkunden. Der Kunde wird von sich aus nicht tätig. Diese Form der Referenznennung ist z.B. im Software-Geschäft üblich (Angabe von Referenzprojekten).

(2) **Passives Referenzmarketing:** Jetzt gibt der Kunde einem Interessenten eine Empfehlung (auf Bitte des Außendienstmitarbeiters: *„SgH Kunde, bitte können Sie Herrn Müller von Firma xy auf uns aufmerksam machen."*). Der Interessent erhält vom Kunden die Anregung, mit dem Lieferanten Kontakt aufzunehmen.

(3) **Aktives Referenzmarketing:** Der Kunde spricht eine Empfehlung aus und kündigt eine Kontaktaufnahme des Außendienstmitarbeiters an, der den Interessenten dann in einem Abstand von 2–4 Tagen anspricht. Das aktive Referenzmarketing setzt eine enge Abstimmung zwischen Kunde und Lieferant voraus.

(4) **Kunden-Marketing:** Der Kunde wird ermuntert und autorisiert, bei Interessenten selbst zu akquirieren. In manchen Branchen (z.B. bei geworbenen Zeitungsabonnements) erhalten die Kunden bei Geschäftsabschluss Provisionen oder Werbeprämien.

Referenzkunden-Management sollte im Rahmen eines standardisierten Prozesses ablaufen. Im Konsumbereich kann dies z.B. im Rahmen von Werbewochen geschehen (Leser werben Leser). In BtoB-Märkten muss der Außendienst ein **Gefühl für Netzwerke** entwickeln. Die entscheidende Frage: *Mit wem verkehrt mein Kunde?* Die guten Stammkunden können dann dezidiert angesprochen werden. Auf breiter Front allerdings lassen sich Kunden im allgemeinen nicht vor den Karren ihrer Lieferanten spannen. Referenzkunden-Marketing arbeitet im Stillen. Zum Vorteil der Top-Verkäufer.

8.9. Kundenkontakt- und Kundenbindungsprogramme

Nur zufriedene oder gar begeisterte Kunden lassen sich dauerhaft binden.

Die geschilderten Aktivitäten zur Nachbetreuung und zur Stammkundenerhaltung werden in der Praxis zunehmend im Rahmen umfangreicher **Kundenkontakt- bzw. Kundenbindungsprogramme** durchgeführt. **Im Gegensatz zu Promotions und Kampagnen sind Kontaktprogramme dauerhaft angelegt.** Für die Marketing- und Vertriebsleitung impliziert das, Ressourcen regelmäßig zur Verfügung zu stellen und immer wieder neue Ideen (frischen Schwung) in die Aktivitäten zu bringen.

> ➡ Ziel der **Kundenkontaktprogramme** *„ist die kontinuierliche Pflege des Kontaktes zu jedem einzelnen Kunden, um eine möglichst langfristige und enge Beziehung zwischen Kunde und Unternehmen aufzubauen und aufrechtzuerhalten"* (*Link/Hildebrand* 1993, S. 73). Hauptzielsetzung ist die Sicherung der Kontinuität in der Kundennähe.
>
> ➡ **Kundenbindungsprogramme** gehen vom Anspruch her über das Ziel der Kundennähe hinaus und sind **ausdrücklich** darauf ausgerichtet, die Kunden bei Folgekäufen auf das eigene Unternehmen zu fokussieren.
>
> ➡ Dazu ist es notwendig, gezielt **psychologische, präferenzbezogene (d.h. durch Kundenzufriedenheit begründete)** wie auch **technische, vertraglich-rechtliche und ökonomische Barrieren für einen Lieferantenwechsel** aufzubauen.
>
> ➡ Jeder vom Kunden positiv empfundene Kontakt stärkt die Kundenbindung (Kundenloyalität). Die Praxis unterscheidet deshalb kaum zwischen den beiden Begriffen. Wir tendieren dazu, den Begriff **Bindungsprogramm vorrangig für die Kategorie der Kontaktprogramme zu verwenden, bei der es ausdrücklich um die Einschränkung von Wahlalternativen des Kunden geht** (harte Bindung).

Die programmatischen Ansätze zur Kundenbindung sind vielfältig. Sie unterscheiden sich oft nur durch Nuancen. Theorie und Praxis nennen folgende programmatische Ansätze:

- **Nachbetreuungsprogramme** (wie geschildert in der Follow-up Phase) stehen noch in enger Beziehung zu dem Verkaufsvorgang. Zumeist wird Unerledigtes aufgearbeitet. Wichtig ist es, alle Käufer automatisiert zu erfassen.
- **Retention-Programme** sind spezielle Bindungsmaßnahmen für ausgewählte Stammkunden.
- **Kundenkontaktprogramme** gehen darüber hinaus. Sie schließen alle Kunden und vor allem auch Interessenten ein. Der Schwerpunkt liegt auf einer Verstärkung von **Kundennähe** durch regelmäßige persönliche oder unpersönliche Ansprachen. **Neukunden-Kontaktprogramme** sind speziell auf Leads ausgerichtet.
- **Loyalitätsprogramme** sind spezielle Bindungsprogramme für bestehende, meist gute Kunden. Sie sollen den Kunden, die es wert sind, Vorteile durch ihre Lieferantentreue bieten (Rabatte, Bonuspunkte, Gutscheine, Gratisleistungen, Geschenke). Hierbei muss das Kontaktziel nicht unbedingt im Vordergrund stehen. Wohl aber sollten bei den Kunden bestimmte kaufmännische Bewertungskriterien erfüllt sein (z.B. Kaufhäufigkeit, Kaufpotenzial).
- **Clubprogramme** sind spezielle **präferenzorientierte Bindungsprogramme** bzw. spezielle Loyalitätsprogramme, bei denen die Mitgliedschaften nicht (immer) an bestimmte Abnahmemengen, Kaufhäufigkeiten etc. geknüpft sind (vgl. *Link/Hildebrand* 1993, S. 74). Clubs werden sogar als *„Krönung der Kundenbindung"* bezeichnet (*Lübcke* 1996, S. 19).
- **Total Customer Care Programme** betrachten nicht nur Kunden sondern beziehen die Mitarbeiter des eigenen Unternehmens ein: *„Total Customer Care – ein integrierter Marketingansatz – geht von der Idee aus, nicht nur Produkte oder Angebote, sondern alle Leistungen eines Unternehmens zu optimieren und so zu bündeln, dass sie als Ganzes für Zielgruppen attraktiv und unverwechselbar sind."* (*Zoller* 1998, S. 26) Im Rahmen der TCC-Programme werden andere Unternehmensressorts ausdrücklich in die Kundenorientierung eingespannt. Für die operative Umsetzung ist eine Verankerung im **CRM-System** sinnvoll.

Die Formen der Kundenprogramme lassen sich horizontal und vertikal zu einer Typologie anordnen. In **vertikaler Anordnung** sind die eben erwähnten Ansätze zu einem **Strategiebündel der Bindungsprogramme** zu kombinieren. **Horizontal** sind für alle Bindungsprogramme die geeigneten Arbeits- oder Kontaktschritte (die Kampagnenabläufe) auszufeilen: *Wer (welche Abteilung) spricht wann welche Kunden (Zielgruppen) wie und mit welchem Ziel an?* Die Arbeitsmatrix legt offen, wo sich Arbeitsschritte überschneiden bzw. wo Doppelarbeiten auszumerzen sind. Letztlich sollten ja auch alle Bindungsprogramme (für die verschiedenen Zielgruppen) die gleiche Kundendatenbank füttern.

Eine weitere Möglichkeit besteht darin, **Kundenkontaktkonzepte auf den Kundenstatus hin auszurichten.** Abb. 324 bietet hierzu eine Planungsstruktur. Abb. 325 zeigt eine Auswahl möglicher Maßnahmen. Es soll nicht der Eindruck entstehen, Kundenkontaktprogramme eignen sich nur große Hersteller von Konsum- und Gebrauchsgütern. Auch kleine und mittelgroße Firmen sind gut beraten, wenn sie **Rahmenprogramme für die einzelnen Stufen des Kundenstatus entwerfen.** Zur Vermeidung von Streuverlusten sind Betreuungsmaßnahmen so anzulegen, dass sie den Kunden jeweils auf die nächsthöhere Stufe auf dem Weg vom Interessenten zum Stammkunden (Bindungsleiter) leiten. Durch ein statusbezogenes Kundenkontaktprogramm werden die zu ergreifenden Maßnahmen für alle Vertriebsmitarbeiter transparent. Ressourcen und Budgets können im Rahmen der Jahresplanung vereinbart werden. Die Abwicklungen werden vom Vertriebssteuerungssystem unterstützt.

Diese Beispiele haben Programmcharakter, und sie laufen über Zeiträume. Ebenso wichtig ist das punktuelle Herstellen einer Kundennähe genau zu einem besonderen Zeitpunkt, zu dem der Kunde den Kontakt schätzt. Eine ereignisbezogene Kundenaktion fällt dann auf den fruchtbaren Boden von Kundenbindung. Man spricht von **Event-Triggering** oder **ereignisbezogenen Kam-**

KUNDEN-KONTAKTSTRATEGIE NACH KUNDENSTATUS						
KUNDEN-STATUS	Call-Center	Marketing	Innen-dienst	Außen-dienst	Techn. Nachbe-treuung	Handels-partner
Potenzieller Interessent						
Interessent						
Angebotskunde		*Wer führt für welche Kundengruppe in welchem Zeitraum mit welchen regionalen Schwerpunkten und mit welcher evtl. noch feineren Zielgruppenabgrenzung (z.B. nach Ausbildung, Alter, Einkommen bzw. bei Geschäftskunden nach Branche, Anwendung, technische Ausstattung etc.) welche Aktionen durch?*				
Testkäufer						
Erstkäufer						
Wiederholungskäufer						
Stammkunde unregelm.						
Stammkunde regelmäßig						

Abb. 324: Aufbau von Kunden-Kontaktstrategien in Abhängigkeit vom Kundenstatus

pagnen. CRM-Systeme scannen automatisiert die Kundendaten nach geschäftschancen-bringen-den Ereignissen und stoßen Kontaktprozesse an. Event-Trigger für die Kunden einer Bank kön-nen z.B. sein (vgl. *Longerich*, IT-Director 5/2004, S. 27):

- Ein Kunde erhält erstmalig Kindergeld.
- Ein Student bekommt erstmalig kein BAFÖG mehr.
- Ein Kunde macht einen Karrieresprung.
- Ein Kunde hat einen ungewöhnlich hohen Zahlungseingang zu verzeichnen (Erbschaft?)
- Ein Kunde überweist die letzte Rate für einen Immobiliendarlehen.

In diesem Zusammenhang kommen dann auch die Ideen **des Customer Lifetime Marketing** zum Tragen.

Die Literatur bietet mittlerweile viele Beispiele für erfolgreiche Kontakt- und Bindungsprogram-me, insbesondere aus dem **Dienstleistungssektor** (Banken, Medien, Telekommunikation) (vgl. als Auswahl: *Reinecke/Sipötz/Wiemann* (Hrsg.) 1998; *Bruhn/Homburg* (Hrsg.) 1999, ab S. 443; *Homburg/Werner* (Hrsg.) 1998). Der Stand der Kundenbindungsprogramme in Deutschland per 2004 wird gut von *Kreutzer* geschildert (vgl. *Kreutzer* 2004, S. 27–29). Den beeindruckenden Er-folg der Clubs und Clubkarten beschreibt *Bruhn* (vgl. *Bruhn* 1999, S. 134–137). Aus den Erfolgs-geschichten der Programme wird im folgenden ein Beispiel für eine horizontale und danach für eine vertikale Konzeptdarstellung ausgewählt.

Abb. 326 bietet einen Überblick über die **Zielkundenmanagement-Projekte** der *Lufthansa AG*, die z.T. heute noch gültig sind (vgl. *Hallensleben*, ASW 10/1999, S. 52–56). Für Airline-Dienst-leistungen besteht offenbar das Problem eines weltweiten Qualitätsstandards für die Erfolgsfak-toren *Sicherheit, Pünktlichkeit* und *effiziente Flugdurchführung*. Flugleistungen denaturieren da-durch zu Commodities. Kontakt- und Bindungsmaßnahmen zielen daher auf Profilierung gegenüber Wettbewerbern durch ein **individualisiertes Kundenmanagement**. Insbesondere die *Lufthansa Card* (Kundenkarte mit Prämiensystem) hat sich als sehr erfolgreich erwiesen; mit 80.000 abgesetzten Karten innerhalb weniger Monate, davon 60 Prozent im Zeitraum des ersten Jahres an Neukunden. In fünf Jahren möchte die Lufthansa mit 300.000 Karten im Markt vertre-ten sein (vgl. *Krah*, salesprofi 2/2000, S. 57).

KONTAKTMASSNAHMEN GEMÄSS KUNDENSTATUS	
Kundenstatus	Marketing- und Vertriebsmaßnahmen
Regelmäßig kaufender Stammkunde	⇒ Customer-Integration: Allianz, Zusammenarbeit ⇒ gemeinsame Produktentwicklung ⇒ gemeinsame Marktbeobachtung ⇒ gemeinsamer Messeauftritt ⇒ Bestellabwicklung über EDI, EDIFACT oder Extranet-Konzept ⇒ Jahresverträge ⇒ Bestellprognosen ⇒ regelmäßige Chefbesuche
unregelmäßig kaufender Stammkunde	⇒ Rahmenvertrag anbieten ⇒ Vorschlag exklusive Produktentwicklung, kundenindividuelles Design ⇒ Exklusivbehandlung anbieten ⇒ Club-Angebot ⇒ Aufnahme in Lieferanten-Web-Konzept ⇒ Events, Kundenforen, Betriebsbesichtigungen ⇒ Chefbesuch ⇒ Innendienst kennenlernen ⇒ spezielle, kostenlose Hotline
Wiederholungskäufer	⇒ Rahmenvertrag anbieten ⇒ Potenzialklärungen mit Kunden ⇒ Cross-Selling-Möglichkeiten abklären ⇒ Added-Value-Möglichkeiten abklären (Value-Marketing Recherche) ⇒ Klärung Mengenrabatte und Bonusreglung ⇒ Sonderpreis-Aktionen ⇒ Abstimmung eines zusätzlichen Lieferservice ⇒ spezielle Hotline ⇒ bevorzugte After-Sales-Betreuung
Erstkäufer	⇒ Ansprache (Gratulation) durch Verkaufsleitung (Geschäftsführung) ⇒ Erstkäufer-Brief und Erstkäufer-Geschenk ⇒ in der Firmenzeitung „in die Familie" aufnehmen ⇒ Folgebedarfe abklären, Rabattmöglichkeiten besprechen ⇒ Konzept für Garantieleistungen anbieten ⇒ Nachfassen durch Kundendienst ⇒ endgültige Fixierung von Spezifikation, Lastenheft ⇒ Kundenzufriedenheit z.B. nach 4 Wochen und nach 1 Jahr abfragen ⇒ Prioritätenfestlegung für das Außendienstbesuchsprogramm
Testkunde	⇒ Angebot Inbetriebnahme ⇒ Angebot Installation ⇒ technische Beratung, Schulung ⇒ Abklärung Warenverfügbarkeit ⇒ Außendienst-Potenzialklärungen ⇒ Abklärung von eventuellen Produktanpassungen (technische Produkte)
Angebotskunde	⇒ Außendienstbesuch ⇒ Beratung hinsichtlich Testläufe und Bemusterungen ⇒ Klärung Lieferungs- und Zahlungsbedingungen ⇒ Einführungspreis ⇒ Kundenqualifizierung ⇒ Potenzialprüfung ⇒ Bonitätsprüfung, Auskunft
Interessent	⇒ Außendienstbesuch ⇒ Informationen über Preise und Lieferzeiten ⇒ Erläuterung Lieferungs- und Zahlungsbedingungen ⇒ Produktvorstellung, Musterüberlassung, Demo, Probefahrt ⇒ Einladung zur Firmenbesichtigung ⇒ Nachfassen durch Innendienst, Call-Center ⇒ Vorlage von Referenzen
Potenzieller Interessent (kennt Produkt nicht)	⇒ Interessentenmailings ⇒ Firmenbroschüre, Kundenzeitung ⇒ Call-Center Kontakt ⇒ Einladung zu Preisausschreiben ⇒ Kunden werben Kunden ⇒ Angabe von Referenzen ⇒ Katalog und Preisliste ⇒ Messeeinladung ⇒ bei größeren Potenzialen Außendienstbesuch und Produktvorstellung

Abb. 325: Kundenkontaktmaßnahmen gemäß Kundenstatus

ZIELKUNDENMANAGEMENT-PROJEKTE DER DEUTSCHEN LUFTHANSA IN 1998		
Marketingaktionen	Ziele	Sachstand / Ergebnis
Kundenrückgewinnungsprogramme	Steigerung der Kundenloyalität	Dialogbereite Kunden steigern Flugaktivitäten wieder
Reduktion der Airline-Wechselabsichten	Ausschöpfung des „Share of Wallet"	Bei dialogbereiten Kunden Verringerung von Diskontinuitäten
Berlin-Programme	Akquisition hochwertiger Neukunden	(Re)Aktivierung inaktiver Kunden
Top 1000	Sicherung der Loyalität	60% Response-Rate bei Industriefirmen-Aktion
Ansprache anderer Frequent Traveller	Akquisition hochwertiger Neukunden	Generierung von 3.500 hochwertigen Kundenadressen
E-Dialog via E-Mail/Internet	Ausschöpfung des „Share of Wallet", Neukundengewinnung	Regelmäßige elektronische Zusendung von Informationen mit Kontrollgruppe
Golden Age	Ausschöpfung des „Share of Wallet", Neukundengewinnung	14% Response-Quote bei Senioren-Frageaktion
Junioren Programm	Akquisition von Neukunden	Pre-Test mit BWL-Studenten für langfristiges Konzept
Von Beschwerdeführern zu Advokaten	Steigerung der Loyalität	Erste Programme im Markt
Customer Touchpoints (Kundeninformationen an den Service-Punkten)	Steigerung der Loyalität	Kurzfristige Umsetzungsmaßnahmen in Bearbeitung
(Quelle: Lufthansa / vgl. Hallensleben, ASW 10/1999, S. 54)		

Abb. 326: Kundenkontakt- und -bindungsprogramme der Lufthansa AG

Bei den Kontakt- und Bindungsprogrammen im Konsum- bzw. Dienstleistungsbereich spielt die Marketingunterstützung durch **Call-Center- und Mailing-Aktionen** eine große Rolle. Es geht darum, (1) den Kontakt zum Kunden zu intensivieren (Aufrechterhaltung von Kundenähe) und (2) gleichzeitig die Verkaufsmannschaft zu entlasten. Bei zahlreichen Programmbausteinen der *Lufthansa* klingt die Erfordernis zu einer engen Koordination der Kontaktarbeit des Marketing mit der vertrieblichen Kundenansprache durch; z.B. beim Eindringen in die *Frequent Traveller* Zielgruppe des Wettbewerbs. Oft wird ein Kundendialog jedoch als Insellösung am Verkauf vorbei praktiziert. Die Vorstellung ist sicher naiv, eine anspruchsvolle Klientel allein durch Mailings, Kundenzeitschriften oder Club-Mitgliedschaften werben zu können. Wichtig erscheint es, die Bindung durch **persönliche Betreuernähe** bereits in einem frühen Stadium des jeweiligen Kontaktprogramms herzustellen und nicht erst – wie in den *Bertelsmann Clubs* – wenn der Kunde auf der **Kundenpyramide** nach den Stufen *guter Kunde* und *Top-Kunde* die Spitze des *VIP-Kunden* erreicht hat (vgl. *Albers/Weber* 1999, S. 491).

Abb. 327 veranschaulicht das Kontakt- bzw. Bindungsprogramm der *Porsche AG*. Der Druck zur Kundenbindung ist für einen Automobilhersteller besonders spürbar, denn der Bedarf fällt – im Gegensatz zur Fliegerei – diskontinuierlich an. Ein Porsche-Fahrer, der nach wenigen Jahren zur *DaimlerChrysler* SLK- oder CLK-Serie wechselt, ist für die Dauer des nächsten Ersatzzyklus und vielleicht auch für immer verloren. Das folgende Beispiel ist gegenüber der Literaturdarstellung insofern leicht verändert, als in der Abb. 327 bei den über 36 Monate laufenden Maßnahmen die Händler stärker in die Pflicht genommen werden. Die Originalquelle demonstriert wieder einmal die starke „Papierlastigkeit" (Marketinglastigkeit) derartiger Bindungsprogramme. Ein Mailing jagt offenbar das andere. **Es ist jedoch eine Illusion, Kundenloyalität allein durch ein**

ständiges Auffüllen von Briefkästen sichern zu können. *„Die eigentliche Kunst der Personalisierung liegt in der kommunikativen Zusammenführung von Kunde und Verkäufer ... Bei vielen Direktmarketing-Aktionen geht ein Teil des verkäuferischen Potenzials verloren, weil ein Kundenkontakt nach ausbleibender Kundenreaktion nicht nachgehalten wird."* (Richter/Brand, ASW 12/1999, S.68). Nur haben eben die Konsumgüterhersteller (Markenartikelhersteller) i.d.R. keine andere Wahl, wenn ihnen der Kontakt zum Endverbraucher verwehrt ist.

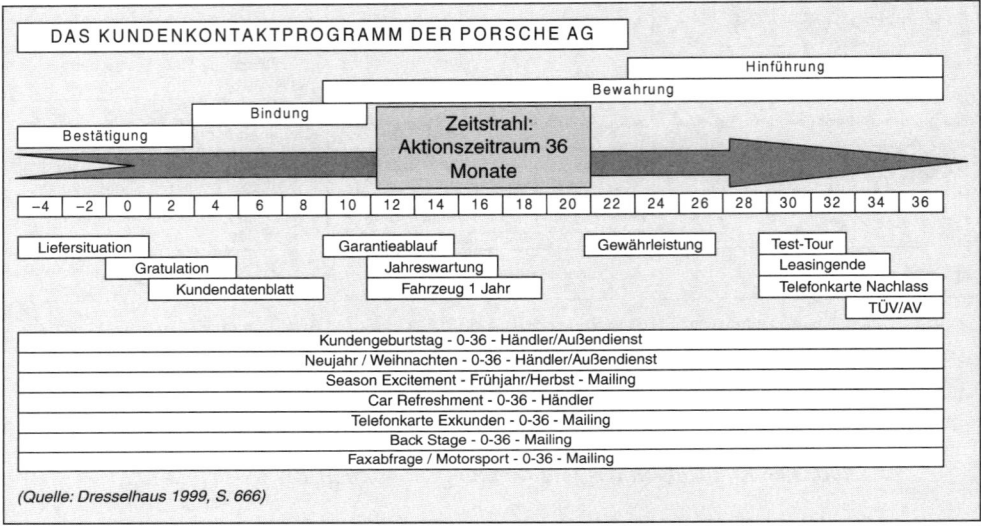

Abb. 327: Beispiel für eine Kontaktplanung im Rahmen eines Kundenkontaktprogramms

Wir kommen auf unsere **These** zurück: **Es wird zu viel in unregelmäßige Bindungsaktionen investiert, d.h. in aufwändige Kontaktmaßnahmen, und zu wenig in echte und vor allem langfristige Win-Win-Bindungen.** *„Die Täuschung durch kurzfristige Erfolge bei Kundenbindungsmaßnahmen führt nicht zur echten, kontinuierlichen und nachhaltig wirksamen Beziehung."* (Petersen 1996, S.28). So sehen auch *Bruhn* und *Homburg* eine Diskrepanz zwischen Wunsch und Wirklichkeit einer stärkeren Kundenbindung (vgl. die Hinweise von *Bruhn/Homburg* in ASW 5/1999, S.74). Was bringen Vorteilsprogramme, wenn die gleichen Vorteile nur einen Mausklick entfernt sind, wenn der Kunde die Vorteile quasi konsumiert? **Starke Bindungsprogramme bewegen den Kunden zum Mitmachen (Permission Marketing).** Sie sorgen dafür, dass Marketing und Vertrieb den Kunden mit einer Sprache ansprechen. Dabei sind **Lebenszyklen** der Kunden zu berücksichtigen. *Duffner* und *Henn* empfehlen, mit Hilfe der acht Fragen der Abb. 328 den Lebenszyklusbezug von Bindungsmaßnahmen sicherzustellen (vgl. *Duffner/Henn* 2001, S.107).

Wieder wird Kundennähe zur entscheidenden Voraussetzung für Loyalität und Bindung. Anzustreben ist daher eine intelligente Dichte der Kontakte. Wir haben unter diesem Gesichtspunkt die **CRC-Konzeption (Customer Relationship Communication)** entwickelt, auf die hier nur hingewiesen werden kann (vgl. *Winkelmann*, acquisa 12/2001, S.8; *Winkelmann* 2003, S.480). Das entscheidende Merkmal des CRC-Ansatzes liegt darin, dass CRM nicht nur auf die Vertriebs-/ Verkaufsseite beschränkt bleibt, sondern auch den Kundendialog mit Hilfe des Dialog-Marketing einbezieht. Um die Kundenbindungskräfte zu erhöhen, sollten die Besuchs- und Telefonkontakte im Frontend durch ein abgestimmtes Konzept von Kundenzeitung, Newsletter und

```
┌─────────────────────────────────────────────────────────────────────────┐
│  ┌─────────────────────────────────────────────────────────────────────┐ │
│  │  ZEHN FRAGEN ZUR VERSTÄRKUNG VON KUNDENBINDUNG IM KUNDENLEBENSZYKLUS │ │
│  └─────────────────────────────────────────────────────────────────────┘ │
│                                                                           │
│  ① Welche Kundendaten sind notwendig, um die aktuelle Kundensituation     │
│    und die Einstellung des Kunden im Rahmen der Beziehung zu beurteilen?  │
│  ② Welcher Nutzen ist im Laufe der Beziehung für den Kunden jeweils       │
│    relevant?                                                              │
│  ③ Welche Medien in den einzelnen Phasen des Kunden- bzw. Geschäfts-      │
│    lebenszyklus versprechen die höchste Wirkung und werden von den        │
│    Kunden am ehesten akzeptiert?                                          │
│  ④ In welchen Zeitabständen müssen die Kunden in den einzelnen Phasen     │
│    kontaktiert werden?                                                    │
│  ⑤ Wie lässt sich aus einer – vom Unternehmen einseitig gestalteten –     │
│    Kontaktstrategie ein Dialog gestalten?                                 │
│  ⑥ Welche Maßnahmen sind optimal geeignet, den Kontakt nicht abreißen     │
│    zu lassen?                                                             │
│  ⑦ Wie lässt sich ein Abgleiten in eine Routinebeziehung erkennen und     │
│    vermeiden?                                                             │
│  ⑧ Welche kritischen Meilensteine gibt es in der gesamten Kundenbeziehung,│
│    an denen die Beziehung möglicherweise enden kann?                      │
│                                                                           │
│  (vgl. Duffner/Henn 2001, S. 107)                                         │
└─────────────────────────────────────────────────────────────────────────┘
```

Abb. 328: 8 Fragen zur Verstärkung der Kundenbindung im Kundenlebenszyklus

eMail-Marketing flankiert werden. **Kundenbindung erfordert den engen Schulterschluss von Vertrieb und Marketing.**

Bei allen Bemühungen um die Bindung der vorhandenen Kunden darf die Neukundensuche nicht vernachlässigt werden. *„Deshalb liegt die Kunst der Vertriebsarbeit darin, ein ausgewogenes Gleichgewicht zwischen der Arbeit mit bestehenden und mit neuen Kunden zu erreichen. Nur so ist ein kontinuierliches Unternehmenswachstum möglich."* (Dannenberg 2002, S. 33). Wann macht Verkaufen besonders viel Freude? Wenn man Schwächen in der Kundenbindung von Wettbewerbern nutzen kann. Wenn der Kundenbetreuer sozusagen einen unzufriedenen Kunden der Konkurrenz aus der Bindung brechen kann.

8.10. Bindungsbrechungs-Strategien

Keine Kundenbindung ist auf Ewig garantiert. Ein Anbieter in Consumer-Märkten hat es ohnehin schwer, den Kunden an der Leine zu führen (Ausnahme: zeitlich begrenzte Verträge; z.B. Handyverträge, Wartungsverträge). Und im BtoB-Bereich kann ein loyaler Kunde jederzeit unschwer vom Wettbewerber ins Visier genommen werden. Es gilt die Devise: Hat man genügend Zeit und ein überlegenes Leistungsangebot, dann ist jede Kundenbindung mittelfristig zu „knacken". Voraussetzung: Das Abwerben eines Großkunden vom Wettbewerb ist wirklich erklärte Strategie, und der Konkurrent ist sich seines Kunden so sicher, dass er von der aggressiven Angriffsstrategie nichts bemerkt. Dieser Sachverhalt kommt nicht selten vor.

> ➡ Bindungsbrechungs-Strategien zielen darauf ab, die bei einem Zielkunden bestehenden **psychologischen, präferenzbegründeten, technischen, vertraglich-rechtlichen und ökonomischen Wechselbarrieren** zu entlarven und behutsam durch gezielte Kontaktmaßnahmen aufzuweichen.
>
> ➡ Bindungsbrechungs-Strategien kommt zugute, dass sich viele Kunden in der bestehenden Bindung unwohl fühlen, so dass es nur eines Anstoßes bedarf, sie zum Lieferantenwechsel zu bewegen.
>
> ➡ Bindungsbrechungs-Strategien sind erfolgreich, wenn die Wettbewerbskunden ohne große ökonomische Zugeständnisse gewonnen werden können.

Akquisitionsstrategie	Empfehlungen
① *Die Überlegenheitsstrategie*	Machen Sie dem Kunden klar: *Sie kaufen eines Tages bei uns!* Lassen Sie keinen Zweifel daran, dass Ihnen das auch gelingen wird. Ohne Vorteile im Köcher steht diese Vorgehensweise allerdings auf wackligen Beinen.
② *Die Mauselochstrategie*	Hiernach heißt es: Geduldig auf die Chance warten. Bei technischen Problemen oder Lieferschwierigkeiten seitens Ihrer Konkurrenten spielen Sie dann Feuerwehr (auch: Feuerwehrstrategie). Wichtig ist es auch, die Personen des Buying-Center im Auge zu behalten. Wechselt der Einkäufer, kann es sein, dass der Verkäufer des Wettbewerbers plötzlich keinen Rückhalt in der Organisation mehr hat. Dann ergeben sich neue Chancen. Realistisch ist dies auch, wenn sich die Eigentümerverhältnisse beim Kunden ändern bzw. der Kunde aufgekauft wird. Auf jeden Fall muss recherchiert werden, ob die Lieferantenbindung des Zielkunden auf Verträgen beruht. Jeder Vertrag kommt in die Überprüfung einer Verlängerung. Sollten Sie dann allerdings den Kürzeren ziehen, bleibt Ihnen das Kundenpotenzial wieder für eine Vertragsperiode verschlossen.
③ *Die Promotorenstrategie*	Auch Maulwurfstrategie genannt: Es wird nicht angeboten, bevor ein Promotor (Influencer) das Angriffsangebot intern durchbringt.
④ *Die Anhänger-Strategie*	Ihr Zugpferd kann auch ein Systemlieferant sein oder eine zuliefernde Tochtergesellschaft des Kunden, in deren Fahrwasser man in die Lieferantenlistung kommt.
⑤ *Die Randartikel-strategie (nach Pack, 1997, S. 194–196)*	**1. Schritt**: mit unwichtigen Randprodukten Fuß fassen; **2. Schritt**: Boden gewinnen durch günstige Angebote für Kernprodukte; **3. Schritt**: zum richtigen Zeitpunkt dann Frontalangriff.
⑥ *Die Integrationsstrategie*	s. hierzu den Abschnitt 5.4. betreffend Customer Integration
⑦ *Die Kernkompetenzstrategie*	Stärken Sie den besten Wettbewerbsvorteil, den Sie im Markt haben. Setzen Sie konsequent auf diese Karte. Bleiben Sie immer beweisfähig, dass Sie in diesem Punkt dauerhaft besser sind als der Stammlieferant. Verunsichern Sie Führungskräfte des Zielkunden insofern, dass es ein Fehler ist, nicht mit Ihnen zusammenzuarbeiten.
⑧ *Die Servicestrategie*	Fokussiert die Kernkompetenz auf Serviceleistungen: Hinsichtlich Service sind Sie unschlagbar.
⑨ *Die Dumping-Strategie*	Kaufen Sie sich in Großpotenziale ein – wenn Sie sich das in Bezug auf Gewinne und Image leisten wollen. Schon recht schnell wird der Zielkunde schwach. Sie müssen bei starken Konkurrenten allerdings damit rechen, dass Ihnen Gleiches widerfährt.
⑩ *Die Weichklopfstrategie*	Sie lassen sich nicht abwimmeln. Sie bleiben geduldig dran am Kunden, solange, bis der Einstieg klappt. Man spricht im Fachjargon auch von der Taktik der „sanften Pfoten". Wichtig ist, dass Sie von Ihrem Konkurrenten unterschätzt werden.

Abb. 329: Strategien der Bindungsbrechung

Vieles funktioniert bereits mit konventioneller Verkaufstaktik. Abb. 329 umreißt typische Strategien, wie auch hartnäckige Kunden irgendwann wechselbereit werden und für das eigene Angebot gewonnen werden können.

Bleibt noch zu erwähnen, dass in einigen Ländern bzw. Marktbereichen auch gezielt mit Bestechung gearbeitet wird (Eventualities). Gegen „miese Praktiken" kann und muss man sich wehren (vgl. *Winkelmann* 1999, S. 275–279). Jede Akquisitionschance wird jedoch durch Reklamationen geschwächt. Deshalb ist ein gut funktionierendes Beschwerdemanagement eine scharfe Waffe im Kampf um gute Kunden.

8.11. Beschwerde- und Anregungsmanagement

8.11.1. Strategie und Taktik des Beschwerdemanagements

Aussage eines Key Account Managers: „Reklamationen sind für mich die einzige Möglichkeit, einmal an die wichtigen Leute in der Technik heranzukommen."

Gefährlich sind Kunden, die sich nicht beschweren. Angeblich reklamieren nur vier Prozent aller unzufriedenen Kunden (vgl. *Gündling* 1999, S. 110; *Biesel*, salesBusiness 6/2002, S. 22). Unzufriedene Kunden

- rühren sich nicht und stauen ihren Ärger auf (unvoiced Complaints: ca. 50 % aller unzufriedenen Kunden),
- entwickeln „Rachegelüste" und versuchen, ihrem Lieferanten durch negative Mund-zu-Mund-Propaganda zu schaden,
- oder sie werden zur Wahrnehmung ihrer Rechte aktiv und drücken ihren Unmut durch **Beanstandungen (Beschwerden)** aus. **Beanstandungen**, die der Kunde mit Ansprüchen an den Lieferanten verbindet, gelten als **Reklamationen** (vgl. *Stauss/Seidel* 1996, S. 28)
- und drohen zuweilen gar mit gerichtlichen Schritten, was besonders unangenehm mit streitlustigen Kunden ist.

Die folgenden Verhaltensweisen von Kunden sind durch empirische Studien belegt (vgl. *Becker* 2001, S. 81–82):

- Unzufriedene Kunden geben ihre negativen Erfahrungen an neun bis elf Personen weiter, während zufriedene Käufer ihre Empfehlungen nur an drei weitere Personen verkünden.
- Im Durchschnitt erhält ein Unternehmen von 96 % seiner unzufriedenen Kunden keine Rückmeldung. Hinter jeder Beschwerde, die den Lieferanten erreicht, stehen also 26 Kunden mit Problemen. Kundenbeschwerden zeigen nur die Spitze eines Eisbergs (vgl. *Pörner* 1999, S. 532).
- Unzufriedene Kunden, die sich nicht beschweren, sind nahezu verloren (vgl. *Homburg/Werner* 1998, S. 113).
- Kunden, die sich beschweren, zeigen ein höheres Maß an Lieferantentreue als schweigende Kunden.
- Bis zu 70 % der Kunden, die sich beschwert haben, kaufen nach positiv abgewickelter Reklamation wieder beim gleichen Lieferanten.
- Wird eine Beschwerde positiv abgeschlossen, so erhöht sich die Zufriedenheit des Käufers mit dem Anbieter insgesamt (vgl. *Kundenmonitor Deutschland*: Benchmarking-Report 2003).
- Erfolgt die Reklamationsbearbeitung besonders schnell, dann steigt die Wiederkaufrate auf 82 bis 95 % (vgl. *Homburg/Werner* 1998, S. 113).

Diese Befunde belegen, wie wichtig es ist,

- den Kunden das Adressieren von Beanstandungen zu erleichtern,
- den Kunden mit seiner Beschwerde ernst zu nehmen,
- über eine Reklamation schnell und eindeutig zu entscheiden
- und natürlich eine faire und einvernehmliche Lösung für das Problem zu finden, die sowohl dem materiellen Schaden des Kunden Rechnung trägt wie auch den menschlichen Verletzungen, die bei den Kunden aufgetreten sein mögen.

Diese **Aufgaben** übernimmt ein Beschwerdemanagement:

> ➡ *„Beschwerdemanagement im weitesten Sinne bedeutet: Informationen über artikulierte und nicht-artikulierte Unzufriedenheiten von Kunden zu gewinnen und Behandlung dieser Unzufriedenheiten mit dem Ziel, Kundenzufriedenheit wiederherzustellen. Beschwerdemanagement ist Element des After-Sales-Marketing, des sogenannten Nachkaufmarketing."* (*Günter/Huber* 1996, S. 246)

Unterschiedliche Ausprägungen der Reklamationsthematik sind in Investitionsgüter- und Konsumgütermärkten zu beachten. In BtoB-Märkten haben es Schlüsselkundenbetreuer im direkten Kundenkontakt und vor allem in den Projektgesprächen relativ leicht, Beanstandungen und Reklamationen ihrer Kunden wahrzunehmen, persönlich zu dokumentieren und in der Zentrale eine Beschwerdebereinigung zu veranlassen. In den Endverbrauchermärkten des indirekten Vertriebs dagegen gilt ein Beschwerdemanagement der Hersteller als wichtiges Instrument, um bei kritischen Ereignissen eine Nähe zu den Endkunden parallel zum Handel zu sichern und augenscheinlich unzufriedene Kunden in der Markenbindung zu halten. Diesbezüglich wird der (Markenartikel)Lieferant natürlich vom Handel und dessen Qualität der Beschwerdeabwicklung abhängig, wenn er die Kundenbeschwerde vollends in die Hände des Handels legt. Leider ist das bei vielen Verbrauchsgütern der Fall.

Das Beschwerdemanagement hat folgende **Funktionen** zu erfüllen (vgl. bzgl. (1) bis (4) _Günter_ 1997, S. 280–295):

(1) **Reparaturfunktion**: Priorität sollten die Schadensbehebung und die Erhaltung der Kundenzufriedenheit haben.

(2) **Lernfunktion**: Eingegangene Beschwerden bieten eine gute Grundlage für die eigene, permanente Leistungsverbesserung (**KVP** = kontinuierlicher Verbesserungsprozess; vgl. hierzu _Kortus-Schultes_ 1998, S. 40–46). _Reichheld_ meint hierzu: „_In einem auf Loyalität basierenden Geschäftssystem ist Misserfolg nur dann ein echtes Problem, wenn seine grundlegenden Ursachen nicht analysiert und somit auch nicht für Lernprozesse innerhalb des Unternehmens genutzt werden._" (_Reichheld_ 1999, S. 62)

(3) **Anreizfunktion**: Mitarbeiter und Abteilungen sind für diesen kontinuierlichen Verbesserungsprozess zu gewinnen und zu motivieren. Ein Misserfolg spornt im Grunde immer an. Erfolge mindern die Wachsamkeit.

(4) **PR-Funktion**: Beanstandungen, die zu Umwelt- oder Rückholaktionen führen, können Kreise ziehen und die Öffentlichkeit aufschrecken. Bleiben Reklamationen keine Einzelfälle, gerät das Unternehmensimage in Gefahr. Zwischen ehrlicher Aufklärung und einer rational-durchdachten Sicherung des Unternehmens-Images liegt der Spagat, den die Öffentlichkeitsarbeit zu meistern hat.

(5) **Bindungsfunktion**: Im Zuge einer Beschwerdebereinigung müssen gezielt bindungsstärkende Maßnahmen zum Einsatz kommen (Bsp.: _Wir kommen Ihnen in diesem Fall entgegen, möchten Ihnen aber für die Zukunft einen Wartungsvertrag zu Sonderkonditionen nahelegen_).

Wie aber ist es in der Praxis um die Erfüllung dieser Funktonen bestellt? Drei Gefahrenkomplexe werden immer wieder betont:

Gefahrenkomplex-1: Es fehlt Transparenz

Verbessern kann sich nur, wer weiß, wo er im Markt steht. Eine öffentliche Beschwerdetransparenz war in den Jahren zwischen 2000 und 2002 durch die Internet-Meinungsplattform der _vocatus AG_ gegeben. Auf der Internetseite _www.vocatus.de_ konnten Kunden Beschwerden gegen Unternehmen vorbringen. Die strukturiert erfassten Informationen wurden den an der Plattform beteiligten Firmen zur Verfügung gestellt. Weit über 500.000 Meinungen zu mehr als 10.000 Anbietern gingen auf der Beschwerdeplattform ein. Es entstand eine **Rangliste der 50 kundenfreundlichsten Unternehmen** (vgl. _Winkelmann_ 2003, S. 352). _Vocatus_ hat weiterführend auch die Qualität von Reklamationsbereinigungen ausgewertet. Regelmäßig wurden Beschwerden des Monats veröffentlicht (vgl. z.B. eCRMprofi, 2/2001, S. 7). Es ist bedauerlich, dass es diese „Marktschiedsrichter-Plattform", an die sich der „kleine Verbraucher" mit seinen Bedrückungen wenden konnte, nicht mehr gibt. _Vocatus_ hat die Beschwerdeplattform eingestellt.

Die Wirtschaft selbst tut von sich aus offenbar zu wenig, um Beschwerderisiken abzuschätzen. Laut der _Studie Beschwerdemanagement Excellence_ können fast zwei Drittel der Unternehmen die Frage, ob sie den Anteil unzufriedener Kunden für ihr Unternehmen kennen, nicht uneingeschränkt bejahen. Über 40 Prozent der befragten Unternehmen haben keine Kenntnis über abwanderungsgefährdete Kunden. Die dazu erforderlichen regelmäßigen Zufriedenheitsbefragungen fehlen.

Ein weiterer Faktor ist die **Kostentransparenz.** Ein führendes Unternehmen aus der Sanitärindustrie fand heraus, dass die Anzahl der technischen Reklamationen zwar nur 40 % der Gesamtreklamationen ausmacht, dass diese jedoch 90 % der Reklamationskosten subsummieren. Von diesen Kosten sind nur 33 % Regulierungskosten. 67 % sind Prozesskosten; konkret vor allem spontane Reisekosten für eine Reklamationsklärung vor Ort. An diesem Kostenblock könnte angesetzt werden, ohne dass nachteilige Effekte auf Kundenseite entstanden. Leider nehmen aber die meisten Unternehmen keine Kostenanalysen für ihr Beschwerdewesen vor.

Gefahrenkomplex-2: Unzufriedenheitsrisiken werden unterschätzt

Es gibt Führungskräfte, die den Beschwerdevorgängen keine besonders Gewicht beimessen. Gemessen am Gesamtumsatz sind die Reklamationsquoten vielleicht nicht besonders hoch. Man schließt daraus auf weitgehend zufriedene Kunden und übersieht die Mehrzahl der Käufer, die keine Bewerden oder Reklamationen vorbringen. *VW* schätzt einen Schaden in Höhe von 650 Mio. Euro, wenn täglich nur 32 Beschwerden „abgewimmelt" werden (vgl. *Gündling* 1999, S. 110).

Wenn sich so wenig Käufer beschweren, dann glaubt das Management sogar, Reklamationsrisiken eingehen zu können. So werden unausgereifte Neuprodukte zu Lasten der Erstkäufer und zum Schrecken der Verkäufer in die Märkte gedrückt (vgl. *Winkelmann, salesprofi* 1/2000, S. 7). *Gündling* zitiert hierfür als abschreckendes Beispiel den Marketing-Gag von *Microsoft, Windows 95* weltweit am gleichen Tag einzuführen (vgl. *Gündling* 1997, S. 25). Die deutschen Käufer installierten Software des Marktführers, die kein ISDN kannte.

Die Fachpresse macht ferner auf Unternehmen aufmerksam, die durch eingebaute Fehler bewusst Reklamationen provozieren, um die Reaktionen der Kunden zu testen und durch eine exzellente Reklamationsbearbeitung eine besondere Kundenbegeisterung und -loyalität auszulösen (vgl. *Bandorf* 1998, S. 81). Dem sollte energisch widersprochen werden. Was beim Umtausch eines schimmeligen Käses innerhalb der Haltbarkeitsdauer noch funktionieren mag, funktioniert beim Kauf eines Fernsehers nicht mehr. Es dauert Jahre, bis sich die nächste Verkaufschance ergibt. Bei vielen technischen Gütern kann es nicht Ziel des Verkaufs sein, das beanstandete langlebige Produkt ein zweites Mal zu verkaufen. Erst einmal muss erreicht werden, dass der Kunde sein Kaufobjekt voll bezahlt.

Bei allen Überlegungen darf ein praktisches Problem nicht übersehen werden: Die *Deutsche Lufthansa* betreut z.B. 45 Millionen Kunden. Wäre nur jeder Tausendste unzufrieden, dann wäre dies laut Aussage von *Klaus Walther,* dem Leiter der Konzernkommunikation der Lufthansa, eine „*unbeherrschbare Menge".* Die Devise kann also nur lauten: **Die beste Beschwerde ist die, die gar nicht eintritt.** Ein **Total Quality Management** ist gefordert (vgl. *Kamiske* 1994; *Oess* 1994).

Gefahrenkomplex-3: Berschwerden sind Verkaufschancen – Aber es gibt keine dritte Chance

„*Wir sehen Beschwerden als wertvolle Chancen an".* Dieser Aussage stimmen nach der *Studie Beschwerdemanagement Excellence* 55 Prozent der befragten deutschen Großunternehmen „*voll und ganz"* zu (vgl. *Stauss/Schöler* 2003, Seite 9). Die Chancen ergeben sich für die Unternehmen aber nur durch die Nutzung kontinuierlicher Verbesserungschancen. Beschwerden bieten Impulse für die Qualitätssicherung. Denn jede Beschwerde oder gar Reklamation deutet auf einen Fehler im Prozess hin. Je später die Beschwerdeursache zu Tage tritt, desto kostspieliger wird

seine Behebung. Umgekehrt gilt: Je effektiver Fehler mit Hilfe einer systematischen Beschwerdebearbeitung und -auswertung behoben werden, desto größer sind die Einsparpotenziale für das
Unternehmen. Die aus dem Kundenfeedback gewonnenen Informationen schaffen eine wertvolle Grundlage für die kontinuierliche Produkt- und Leistungsverbesserung – und damit für die
Stärkung der eigenen Wettbewerbssituation. Erkenntnisse aus dem *Kundenmonitor 2003* belegen
dann die eingangs erwähnte Korrelation zwischen Beschwerdezufriedenheit und Globalzufriedenheit mit dem Unternehmen. Wurde eine Beschwerde für den Kunden positiv abgeschlossen,
so erhöht sich seine Zufriedenheit mit diesem Anbieter insgesamt. (vgl. *Kundenmonitor Deutschland*: Benchmarking-Report 2003). Es kommt zu Folgekäufen.

Der *Kundenmonitor Deutschland* kritisiert aber auch, dass etwa die Hälfte der Kunden von der
Abwicklung der Beschwerden enttäuscht sind – über alle Branchen hinweg. Bei unzureichender
Beschwerdeabwicklung ergeben sich keine neuen Verkaufschancen und keinesfalls eine stärke
Kundenbindung. Im Gegenteil. Wird der Mangel nicht behoben, wird also die zweite Chance
vertan, dann wird der Kunde zum Gegner.

*„Die Probleme der Unternehmen betreffen vor allem das **Beschwerdemanagement-Controlling"***
(Statement von *Brigitte Macht, Roedl IT-Consulting*) und damit die Nutzung von Kundenfeed-
backs für gezielte Qualitätsverbesserungen. Kenntnisse über die Profitabilität des Beschwerdemanagements gibt es kaum (vgl. *Stauss/Schöler* 2003, S. 85, 90, 175). Nur einzelne Kostenarten
des Beschwerdemanagements werden regelmäßig erhoben. Eine interne Weiterverrechnung von
Kosten des Beschwerdemanagements wird von 84 Prozent der Unternehmen nicht bzw. nicht
voll realisiert. Für die Beschwerdeanalyse bietet sich die **Frequenz-Relevanz-Methode** an (vgl.
Homburg/Fürst 2004, S. 350–352). Aus ihr gehen Ziele und Prioritäten für die Reklamationsbe-
reinigung hervor (Abb. 330).

Je nachdem, wo die Problemhäufungen liegen, müssen Ziele für das Beschwerdemanagement
formuliert werden. Abb. 331 liefert hierzu ein Beispiel der *Lufthansa AG*.

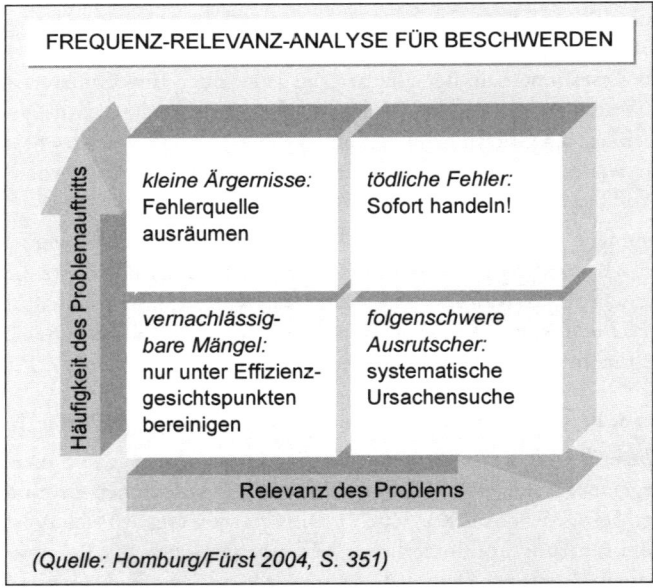

Abb. 330: Die Frequenz-Relevanz-Analyse für Beschwerden

ZIELE DES LUFTHANSA-KRISENMANAGEMENTS

Kurzfristige Zielsetzungen	⇨ schnelle Hilfe – *I take care of you*
	⇨ Vertrauen für die jeweilige Maßnahmen schaffen
Mittelfristige Zielsetzungen	⇨ neue Normalität herstellen
	⇨ Vertrauen für die Fähigkeit zur Krisenbewältigung festigen
Langfristige Zielsetzungen	⇨ Verhältnis zur Zielgruppe festigen
	⇨ Markenimage sichern
	⇨ Vertrauen in die Marke festigen

(Quelle: K. Walther, Leiter Konzernkommunikation Deutsche Lufthansa AG)

Abb. 331: Ziele des Krisenmanagements der Deutschen Lufthansa AG

Aus den Zielsetzungen ergeben sich die Prozesse für die Reklamationsbearbeitung. Abb. 332 verbindet die Arbeitsschritte **Beschwerdestimulierung, Beschwerdeannahme, Beschwerdebearbeitung** und **Beschwerdenachbearbeitung** zu einem durchgängigen Beschwerdesystem (vgl. *Stauss/ Seidel* 1996, S. 224).

Als nächstes stellt sich die Frage, wer für die Beschwerdebearbeitung zuständig sein soll. Folgende Zuständigkeitsalternativen werden diskutiert:

(1) **Lösung-1 – Complaint-Ownership:** Zuständig ist der Mitarbeiter, bei dem die Beschwerde einläuft (vgl. *Stauss/Seidel* 1996, S. 138–143; *Heydt* 1999). Klingt gut, funktioniert jedoch in der Praxis nur mit Einschränkungen; insbesondere, wenn Mitarbeiter unter Erfolgs- und Zeitdruck stehen.

(2) **Lösung-2 – zentrale Beschwerdestelle:** Kann gut funktionieren, wenn die Beschwerdestelle mit einer durchsetzungsstarken Persönlichkeit besetzt ist. Bietet gute Transparenz über das Gesamtgeschehen; führt zu starker interner Verhandlungsposition gegenüber Technik, Fertigung, QS etc. im Falle von Qualitätsmängeln. Für die verantwortlichen Mitarbeiter ist die Tätigkeit in einer Zentralstelle aber auf Dauer wenig motivierend, wenn sie nur mit den Pro-

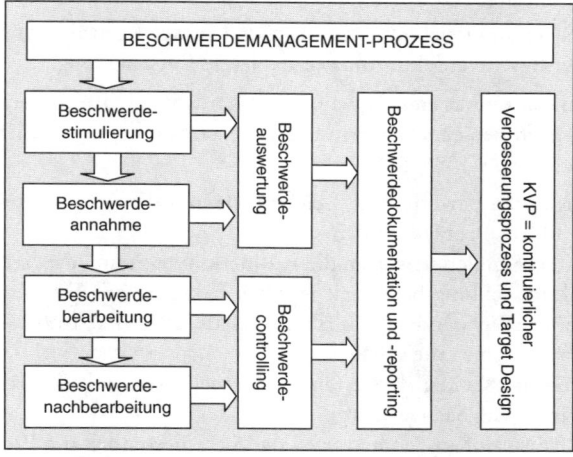

Abb. 332: Der Beschwerdemanagement-Prozess

blemfällen zu tun haben und sich permanent in Konflikte mit den abwickelnden Abteilungen begeben müssen. Die zentrale Anlaufstelle muss den Kunden bekannt und auch problemlos zugänglich sein. Die größte Kundenverärgerung entsteht, wenn der Anbieter mittels einer 0190-Nummer mit den Kundenbeanstandungen auch noch ein lukratives Dienstleistungsgeschäft betreibt.

(3) **Lösung-3 – Solidaritätsprinzip:** Ausgehend vom kundenverantwortlichen Innen- und Außendienst ist jede von der Reklamation betroffene Abteilung zuständig. Dies gilt als korrekte Lösung. Oft wünscht der Kunde aber eine Art Schiedsrichter. Das funktioniert nur, wenn die Mitarbeiter nicht überlastet sind (sonst geht diesen der Umsatz vor!) und wenn die Tätigkeiten und Termine des Reklamations-Bereinigungsvorgangs mittels eines **Workflow-Projektplans** für alle Beteiligten offen liegen.

(4) **Lösung-4 – Eskalationsprinzip/Vorgesetztenprinzip:** Bei Überschreiten festgelegter Bearbeitungsfristen oder Reklamationswerte, bei Neukunden, bei strategischen Kunden oder bei Reklamationswiederholungen sollte eine Beanstandung automatisch dem Ressortvorgesetzten zur Kenntnis gebracht werden. Man spricht vom Eskalationsprinzip (vgl. *Stauss/Seidel* 1996, S. 151; *Homburg/Werner* 1998, S. 116–117). Derartige Leitlinien sind z.B. von *General Electric* oder von *Rank Xerox* bekannt. Für das Kundenmanagement der *Rank Xerox* gilt ein besonderes **zeitliches Benchmark:** Innerhalb von 48 Stunden muss die Einigung mit dem Kunden erreicht werden, sonst wird die nächsthöhere Dienststelle eingeschaltet. Der Anteil der innerhalb dieser Frist bereinigten Problemfälle ist von 10% auf 90% gestiegen (vgl. *Drosten/Knüwer*, ASW 2/1997, S. 37). Überhaupt sollte das Management regelmäßig in die Beschwerdeaufnahmen eingeschaltet werden. Ein sinnvolles Instrument hierzu ist das **Kundendiensttelefon.** Bei *Lexus* muss z.B. jeder Manager der zentralen Stabsabteilungen monatlich vier Kunden befragen (vgl. *Reichheld*, HBM 2/1997, S. 68).

Ein Zulieferunternehmen in einer kritischen Branche hat für sein Beschwerdemanagement eine zwar aufwendige, aber recht wirkungsvolle Lösung gefunden:

- Ein **Beschwerdemanager** wirkt als Kontaktperson nach außen. Er agiert auf kundenfreundliche Weise, bündelt die eingehenden Reklamationen und übergibt die vorgeklärten Vorgänge an einen Beschwerdekoordinator.
- Der **Beschwerdekoordinator** sorgt intern für den unternehmensinternen Workflow und sichert schnelle Bearbeitung der Vorgänge in der Organisation.

Der Beschwerdemanager sorgt sich also um die Kunden, der Koordinator um die Kollegen. In Zweifelsfragen hat der Beschwerdekoordinator die letzte Entscheidung.

Die Beschwerdeorganisation hat einen Qualitätsstandard für die Beschwerdebereinigung zu sichern. Vor allem vier Kriterien entscheiden aus Kundensicht über die **Qualität einer Beschwerdeabwicklung** (vgl. *Stauss/Seidel* 1996, S. 227):

(1) **Zugänglichkeit:** Kunden bewerten die Leichtigkeit und die Schnelligkeit, mit der sie einen Ansprechpartner für ihr Problem finden.

(2) **Interaktionsqualität:** Kunden bewerten die Aufmerksamkeit und die Art, mit der sie im Laufe der Beschwerdeabwicklung behandelt werden. Faktoren wie Freundlichkeit/Höflichkeit, Einfühlungsvermögen/Verständnis, Hilfsbereitschaft, Aktivität/Initiative oder Verlässlichkeit bestimmen im einzelnen die Qualität.

(3) **Reaktionsschnelligkeit:** Kunden bewerten die Schnelligkeit, mit der reagiert wird und die Zeitdauer zur Klärung des Sachverhaltes.

(4) **Angemessenheit/Fairness:** Kunden bewerten die Angemessenheit der Problemlösung und die Fairness der angebotenen Wiedergutmachung.

DIE ZENTRALEN FRAGEN DES BESCHWERDEMANAGEMENTS

⇨ Welche Kunden beschweren sich häufig? Gibt es typische Kundenverhaltensweisen bei Reklamationen?

⇨ Wie laufen die Kundeninformationen, wie die Feed-Back-Kanäle im eigenen Unternehmen?

⇨ Wie entstehen Kundenbeschwerden, was sind die Ursachen?

⇨ Welche Verhaltensleitlinien sollen für die Mitarbeiter bei der Beschwerdebehandlung gelten?

⇨ Soll die Bearbeitung von Beschwerden zentral oder dezentral erfolgen (Beschwerdeführerschaft)?

⇨ Implementierung eines computergestützten Workflow-Systems zur Steuerung von Aufgaben und Terminen der Beschwerdeabwicklung, abteilungsübergreifend durch alle betrieblichen Ressorts (CRM-System).

⇨ Wie kann die Kommunikation mit dem unzufriedenen Kunden sichergestellt werden?

⇨ Welche Befugnisse soll der Beschwerdemanager erhalten?

⇨ In welcher Form sollen Einigungen mit den Kunden angestrebt werden?

⇨ Wie kann die Zufriedenheit der Kunden mit der Beschwerdebereinigung kontrolliert werden?

⇨ Wie können Beschwerden zukünftig vermieden werden (interne Verbesserungsprozesse)?

⇨ Wie lassen sich Kosten und Nutzen des Beschwerdemanagement beurteilen (Kosten-/Nutzenanalyse)?

⇨ Sind personalpolitische Maßnahmen notwendig?

(Quelle: Günter/Huber 1996, S, 245–257)

Abb. 333: Die zentralen Fragen des Beschwerdemanagements

Um die vier zentralen Qualitätskriterien zu erfüllen, sind grundlegende Fragen abzuklären. Abb. 333 enthält hierzu eine Fragencheckliste (vgl. auch *Homburg/Werner* 1998, S. 114–120; *Winkelmann* 1999, S. 239). Ergänzend werden zehn Leitempfehlungen von *Biesel* zitiert (vgl. *Biesel,* salesBusiness 6/2002, S. 22–24; vgl. zu weiteren Ratschlägen *Winkelmann* 2003, S. 351–353; *Homburg* 2001, S. 284–294):

(1) Am Anfang ist ein **Unternehmensleitbild** (Commitment) für das Beschwerdemanagement zu erarbeiten. Beispiel: „*Wir verpflichten uns, dem Kunden bei einer Beanstandung innerhalb von 24 Stunden zu antworten und den Vorgang innerhalb von 3 Tagen einvernehmlich abzuschließen.*"

(2) In Workshops ist die **praktische Umsetzung des Leitbildes** zu konzipieren. Loyale Kunden sollten mit der Bitte um Überprüfung der Umsetzungsmaßnahmen herangezogen werden.

(3) Die **Mitarbeiter** sind vom wichtigen Stellenwert von Kundenbindung und Kundensicherung zu überzeugen.

(4) Im Rahmen eines **Trainingsprogramms** sind die Mitarbeiter hinsichtlich der erhöhten Anforderungen eines professionellen Beschwerdemanagement zu schulen.

(5) Es ist dafür zu sorgen, dass die Kunden über Telefon, Fax oder Mail schnell mit dem Unternehmen in Kontakt treten können.

(6) Eine spezielle **Reklamations-Kundenbefragung** soll abklären, ob die Kunden mit der Art und Weise der Reklamationsbearbeitung zufrieden sind.

(7) In regelmäßigen **Feed-Back-Gesprächen** mit wertvollen Kunden sollen Verbesserungspotenziale aufgespürt werden.

(8) Ein starkes **Reklamationscontrolling** soll messen, wie sich das Beschwerdemanagement auf die Kundenfluktuation auswirkt. Die erzielten Mehrwerte, Wettbewerbsvorteile und Kosteneinsparungen sind den Aufwendungen für das Beschwerdewesen gegenüber zu stellen.

(9) Das Beschwerdemanagement sollte eindeutig zwischen **sachlichen und subjektiv empfundenen Mängeln** unterscheiden. Die externe und interne Behebung der Mängel (Fehlerbehebung) sollte oberste Priorität besitzen.

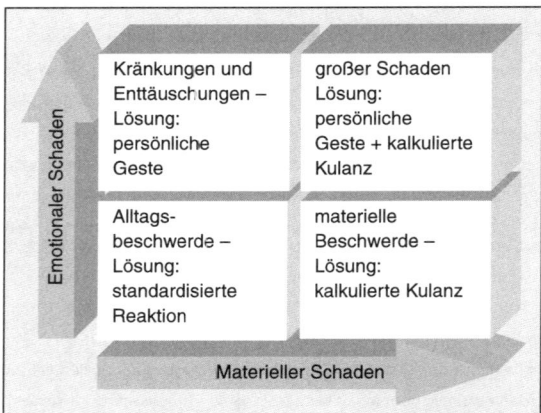

Abb. 334: Schadensbereinigungen in Reklamationsfällen

(10) Und als Ergänzung: Soweit möglich und sinnvoll sollten die Abläufe der Beschwerdebearbeitung im Rahmen der Vertriebssteuerung standardisiert und mit Hilfe von **Workflows** optimiert werden.

Und selbst wenn die materiellen Schäden fair beglichen werden, dann werden sehr oft die emotionalen Schäden unterschätzt, die unangenehme Vorgänge bei den Kunden anrichten. Der Vertrauens- und Imageverlust kann durchaus größer sein, als die entstandenen materiellen Nachteile und mühsam aufgebaute Kundenbindungen gefährden. Abb. 334 geht auf diese Problematik näher ein.

- Bei **geringwertigen Alltagsbeschwerden** wird man dem Kunden leicht etwas mehr bieten können, als er nach dem reinen Schadenswert erwarten würde. Entscheidend ist nur, dass die Angelegenheit schnell zu den Akten kommt. Innerhalb von 48 Stunden sollte jede Bagatellbeschwerde geregelt sein.
- Auch größere **materielle Schäden** können noch standardisiert behoben werden. Dem Kunden kann durch kalkulierte Kulanz auf dem Wege von Umtausch, Preisnachlass, Nachbesserung etc. nachhaltig geholfen werden.
- Unterschätzt werden immer wieder die **emotionalen Schäden** durch Kränkungen und Enttäuschungen. Deshalb ist trotz der vermeintlich geringen finanziellen Tragweite ein Bedauern von Seiten der Geschäftsführung, ein Entschuldigungsbrief, ein kleines Geschenk angebracht. **In diesem Fall zählt die Geste.** Der Kunde will ernst genommen werden
- „Kopf und Bauch" wirken bei den **großen Schadensfällen** zusammen, wenn beide Schadensdimensionen hoch ausfallen und zusammentreffen. Beschwerden dieser Kategorie sind Chefsache. Keinesfalls sollte standardisiert reagiert werden. Es empfiehlt es sich, den Lösungsvorschlag gemeinsam mit dem Kunden zu erarbeiten. Jedes Mittel ist recht, um das Vertrauensverhältnis mit dem Kunden nicht zu gefährden.

Wenn die oganisatorischen Vorssetzungen und Leitlinien stimmen, dann entscheidet letztlich das Verhalten der Mitarbeiter darüber, ob ein Kunde trotz der Beschwerde oder Reklamation wieder kauft. Abb. 335 nennt zehn goldene Regeln für den Umgang mit Beschwerdeführern. CRM-Systeme können den Mitarbeitern helfen, dass bestimmte Vorgänge standardisiert ablaufen und dass die Positiv- und Negativmeldungen der Kunden durch geeignete Gegenmaßnahmen in Wettbewerbsvorteile gewandelt werden.

ZEHN GOLDENE REGELN FÜR DEN UMGANG MIT BESCHWERDEFÜHRERN

① Danken Sie Beschwerdeführern für ihre Rückmeldungen.
② Führen Sie die Unterhaltung mit Beschwerdeführern nicht vor anderen Kunden. Suchen Sie einen ruhigen Ort.
③ Protokollieren Sie die Kundenvorwürfe eingehend und geben Sie regelmäßig positive Rückmeldungen.
④ Unterbrechen Sie Beschwerdeführer auch bei ungerechtfertigten Beschuldigungen nicht.
⑤ Versetzen Sie sich in die Lage des Kunden und zeigen Sie Veständnis für sein Problem.
⑥ Stellen Sie sachliche Fragen, um das Kundenproblem besser zu verstehen.
⑦ Reagieren Sie höflich, freundlich und gelassen auf Übertreibungen und persönliche Angriffe. Streiten Sie nicht.
⑧ Beschuldigen Sie keine Kollegen, Vorgesetzten oder andere Abteilungen; auch keine Lieferanten.
⑨ Informieren Sie den Kunden über die weiteren Schritte und grantieren Sie eine schnellstmögliche Bearbeitung.
⑩ Vermitteln Sie dem Kunden, dass sein Problem in guten Händen ist und beenden Sie Gespräche positiv.

Abb. 335: 10 goldene Regeln für den Umgang mit Beschwerdeführern
(Quelle: Homburg/Fürst 2004, S. 345)

8.11.2. Beschwerdemanagement im Rahmen von CRM-Systemen

Ein Beschwerdemanagement ist deshalb Bestandteil der höher entwickelten CRM/CAS-Systeme. Ganz im Sinne von CRM sind zunächst die Abläufe typischer Beschwerden aus Kundensicht zu strukturieren. Die CRM-Systeme stellen hierzu Workflow-Werkzeuge bereit (s. noch einmal Abschnitt 6.4.3.). Meistens zeigen sich die Workflows für die Kundenbetreuer in Innen- und Außendienst als tabellarische Übersichten über Bearbeitungsschritte, Zuständigkeiten, Termine, Warnhinweise und Erledigungsmeldungen. Abb. 336 zeigt ein Beispiel aus dem System *ADITO online* der *ADITO Software* GmbH. Im vorliegenden Fall wird die **Kundenbeschwerde** Nr. 80412 an das Workflow-Team von vier zuständigen Abteilungen adressiert. Die Workflow-Beteiligten werden entsprechend dem aktuellen Vorgang flexibel bestimmt oder sind bei Routineprozessen standardmäßig festgelegt. Termin für den Abschluss des Vorgangs ist der 12.5. Je nach den internen Aufschreibungen der Abteilungen verändern sich die ausgewiesenen Reklamationskosten. Die Festlegung von Budgetgrenzen ist möglich. Vier Monate nach Abschluss der Reklamation ist vom Innendienst die allgemeine Zufriedenheit des Kunden abzufragen. Selbstverständlich werden alle Arbeitsschritte bzw. Wiedervorlagen vom System gesteuert. Mittels der Reklamationskennziffern sind Beschwerdeanalysen möglich. Es ergibt sich eine Verbindung zum Qualitätswesen.

Bei anderen Systemen lassen sich Arbeitsabläufe mit Hilfe der **Netzwerktechnik** (Flow-Technik) visualisieren. Diese **Workflow-Designer** sind entweder mit Zeit- und Aktivitätenplänen automatisch vernetzt, oder ein Mitarbeiter muss das Ergebnis einer Workflow-Modellierung in Aktivitätengeneratoren übertragen; mit dem Ergebnis einer Übersicht wie in Abb. 110. Sollen Beschwerdeabläufe standardisiert ablaufen, dann ist das kein Problem. Denn nach der Übertragung in die Standard-Arbeitsliste bleiben die Abläufe nach einer Vorgangsauslösung immer gleich.

Abb. 337 gibt einen Einblick in die Funktionalität des Systems *WinCard CRM* der *Team Brendel GmbH*. Der obere Teil der Abbildung 337 zeigt den *WinCard CRM Workflow-Generator* von *Team Brendel* für einen Bearbeitungsablauf. Nach Auslösen des Reklamationsbearbeitungsvorganges werden zunächst einzelne manuelle Arbeitsschritte eingeleitet. Erfolgt innerhalb eines definierten Zeitrahmens (hier 2 Tage) keine Reaktion, wird dies vom System mit Warnhinweis an die Mitarbeiter protokolliert. Sofern der Vorgang nach drei Tagen nicht auf „erledigt" gesetzt ist, wird der Vorgang dem Vorgesetzten übermittelt. Dieser muss dann eine Entscheidung treffen (im Beispielfall aufgrund der Art der Reklamation über eine Nachlieferung), die gleichfalls automati-

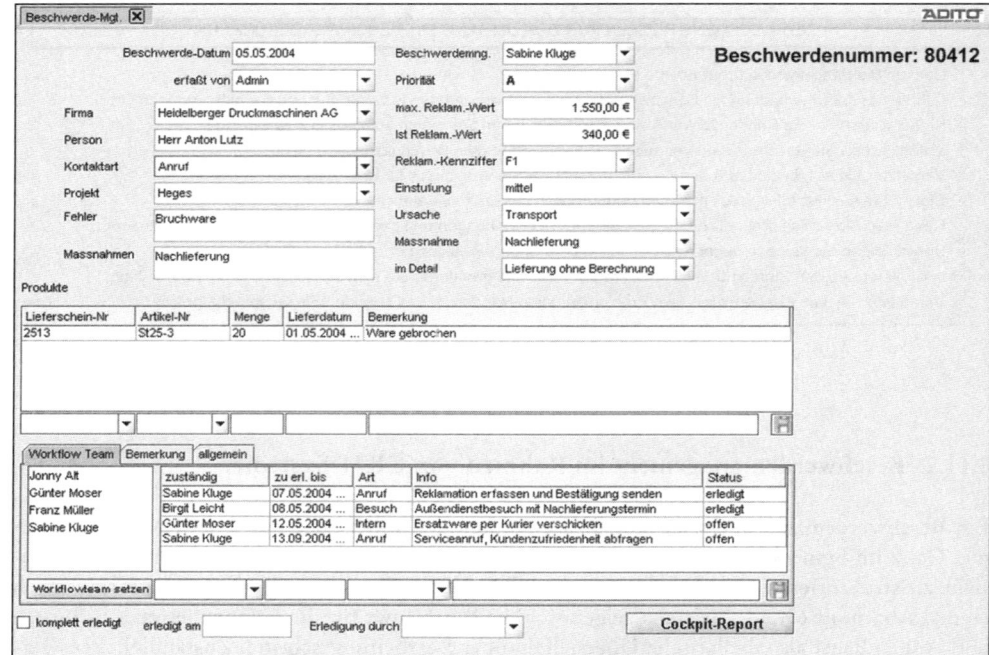

Abb. 336: Workflow-Beschwerdedurchlauf mit ADITO online/ADITO Software GmbH

siert auszulösen ist. Der Prozess wird mit der telefonischen Benachrichtigung des Kunden geschlossen.

Folgende Besonderheiten zeichnen diese CRM-Lösung aus (s. unterer Teil der Abb. 337):

- Wichtig ist eine schnelle Transparenz für den Vorgang und eine Vorabklärung der Beschwerde. Deshalb rahmen Eingangs-, Bearbeitungsdatum und Datum des Vorgangsabschlusses die Maske ein.
- Ansprechpartner (*DH*) und Zuständigkeiten (*SW, Gerdes*) müssen sofort erkennbar sein.
- Im Sinne eines Total Quality Management (TQM) kann ein Schaden bis in die Fertigung rückverfolgt werden.
- Fehlerbeschreibungen, einzuleitende Maßnahmen und Absprachen mit dem Kunden erhalten getrennte Textfelder.
- Im Hintergrund arbeit der **Workflow-Generator**. Alle Arbeitsschritte, Zuständigkeiten, Dokumentenflüsse sind in Form eines Netzplanes geregelt.
- Jeder Schaden bekommt eine Identifikationsnummer als Grundlage für Schadensstatistiken (T44).
- Die Reklamationskosten werden im voraus geschätzt und nach Abschluss des Vorgangs mit dem Ist-Reklamationswert verglichen.
- Die Beschwerdeverantwortlichen erkennen auf einen Blick, wie viele Reklamationsvorgänge noch nicht abgeschlossen sind (in diesem Fall 5).

So werden die Vorteile für die Vertriebssteuerung deutlich: Der Überblick über die Kundenvorgänge mit vielfältigen Möglichkeiten für statistische Auswertungen bleibt stets aktuell gewahrt. Kritische Vorgänge sind in sinnvollem Maße standardisiert. Dies sind Voraussetzungen für eine

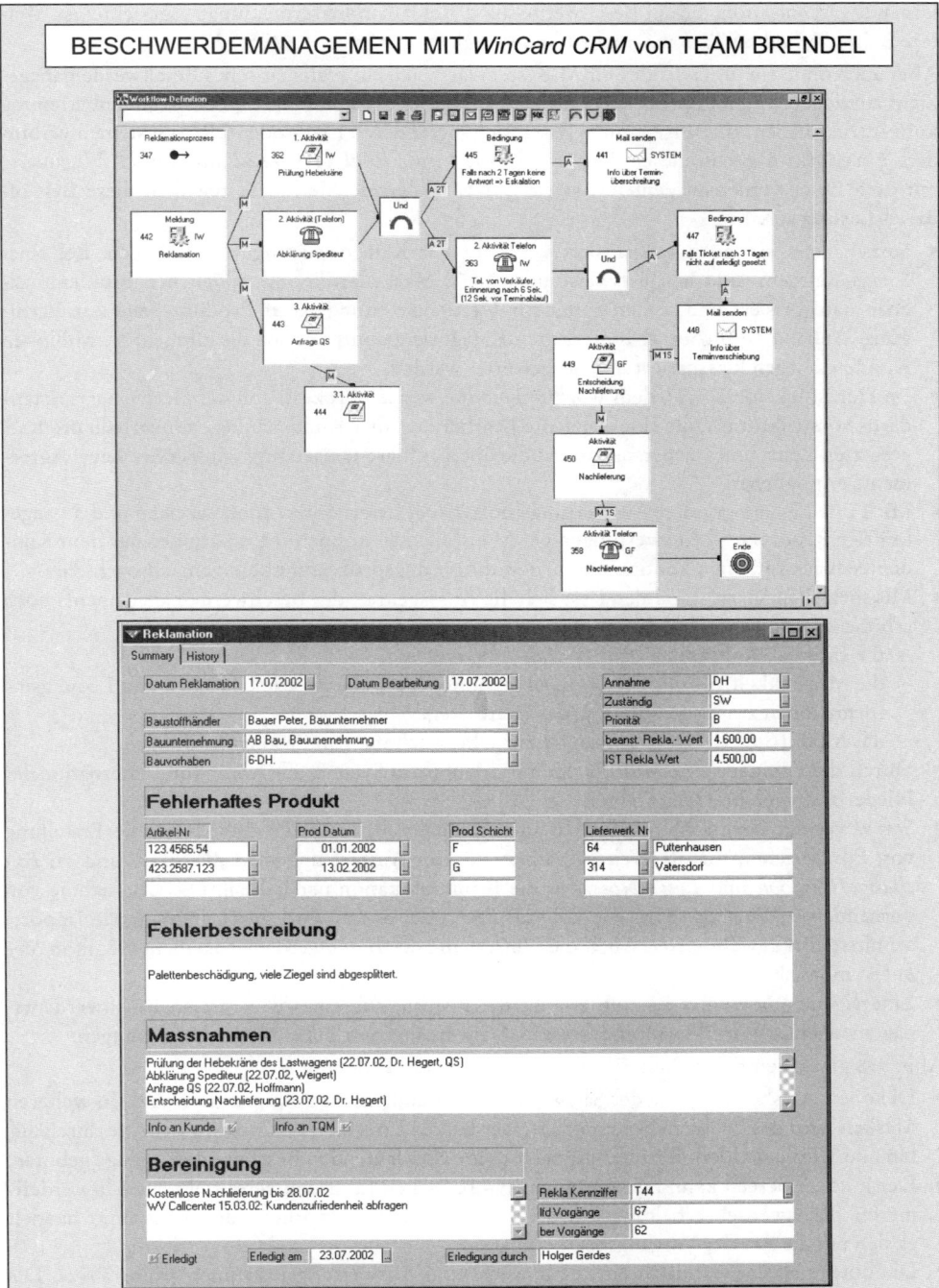

Abb. 337: Beschwerdemanagement im System WinCard CRM mit Workflow-Generator /
Team Brendel GmbH

lernende Organisation, die auf Beschwerde- bzw. Reklamationsvermeidung ausgerichtet ist. Weitere Beispiele sind bei *Stauss/Seidel* zu finden (vgl. *Stauss/Seidel* 1996, S. 327 ff.).

Aber auch ohne ein umfassendes CRM-System lässt sich ein systematisches Beschwerdemanagement aufziehen. Es gibt Spezialisten, die sich auf diesen sensiblen Bereich der Kundenbetreuung konzentriert haben. Ihre Programme lassen sich mit anderen ERP- oder CRM-Systemen verbinden. Ein Marktführer in diesem Segment ist die Firma *Rödl IT-Consulting GmbH*, Nürnberg, mit dem Beschwerdemanagement-System *Sorry!*. Folgende Merkmale zeichnen diese **Best-of-Breed-Lösung** aus:

- *Sorry!* bietet ein hoch spezialisiertes System zur Kategorisierung von Anliegen: Bei einer *Sorry!*-Referenz sind beispielsweise über 1.800 Markenartikel mit möglichen Problemursachen kategorisiert und stehen somit für Detailauswertungen auf Produktebene zur Verfügung. Anhand des in *Sorry!*-hinterlegten Kategorienbaums können bis zu mehrere Millionen Kundenanliegen klassifiziert und ausgewertet werden.
- Im Herzstück von *Sorry!*, dem *Workflowmodul,* werden Prozesse mit definierten Servicestandards vorstrukturiert, die eine effiziente Bearbeitung aller Kundenanliegen innerhalb des festgesetzten Zeitrahmes sicherstellen und die überprüfbare Umsetzung von **Service Level Agreements** ermöglichen.
- Mit Hilfe des integrierten Auswertungstools *TTool* liefert *Sorry!* umfangreiche und aussagekräftige Reports und Auswertungen per Mausklick. So können Informationen aus dem Kundenfeedback für einen kontinuierlichen Verbesserungsprozess nutzbar gemacht werden.
- Mit speziellen *Sorry!*-Modulen lässt sich die Aussagekraft des Beschwerdemanagements noch erhöhen. Dazu gehören
  - die Internet-Anbindung über *E-Mail-Management,*
  - die Möglichkeit, *Störungsmeldungen* zu hinterlegen, ebenso wie Ursachen und Lösungsinformationen zur Unterstützung des Bearbeiters,
  - das Modul Sorry!-*Frühwarnsystem* zur Überwachung von Problemhäufungen.
- Durch die Fähigkeit zur *Multilingualität* erlaubt das System die Anbindung internationaler Niederlassungen und Call Center.
- *Sorry!* verfügt über Schnittstellen zu allen gängigen *Microsoft*-Produkten für die Erstellung von Formbriefen, für die Weiterverarbeitung von Auswertungen in *MS-Excel* und zu *Exchange/Outlook* und *Lotus Notes* für die Kommunikation per E-Mail. Die Übernahme von vorhandenen Katalogwerten wie z.B. aus *SAP* oder *Siebel* wird durch individuelle Importschnittstellen gewährleistet. Auch die Umsetzung der Beschwerdemanagement-Logik in *Siebel* ist möglich.
- Eine eigene *Sorry!notes*-Lösung erlaubt die Realisierung eines dezentralen Beschwerdemanagements mit Workflowanbindung und Auswertungen in *Lotus* Notes-Umgebungen.

Abb. 338 gibt einen Einblick in die Funktionalitäten des Programms.

- Die obere Maske zeigt, wie der Sachverhalt aus Kundensicht dokumentiert wird. In weiteren Masken wird das Problem konkretisiert, werden die einzelnen Bearbeitungsschritte durchlaufen und wird ein Überblick über die Sachstände aller laufenden Beschwerdevorgänge geboten.
- Der mittlere Screen kann hier nur einen symbolischen Eindruck vermitteln, wie ein vordefinierter Beschwerdebearbeitungsprozess aussehen kann. Im vorliegenden Ausschnitt handelt es sich um die Art der Vorgangsbearbeitung.
- Die untere Maske vermittelt einen Eindruck vom Auswertungsinstrumentarium *TTool*. Die Beschwerden werden nach vorgegebenen Kriterien klassifiziert. Über die Datenselektion kann ein Oberbegriff gesetzt sowie weitere Suchbegriffe definiert werden. Das System stellt dann für die gesamte Datenbank die entsprechenden Vorgänge zusammen. Mit Hilfe des

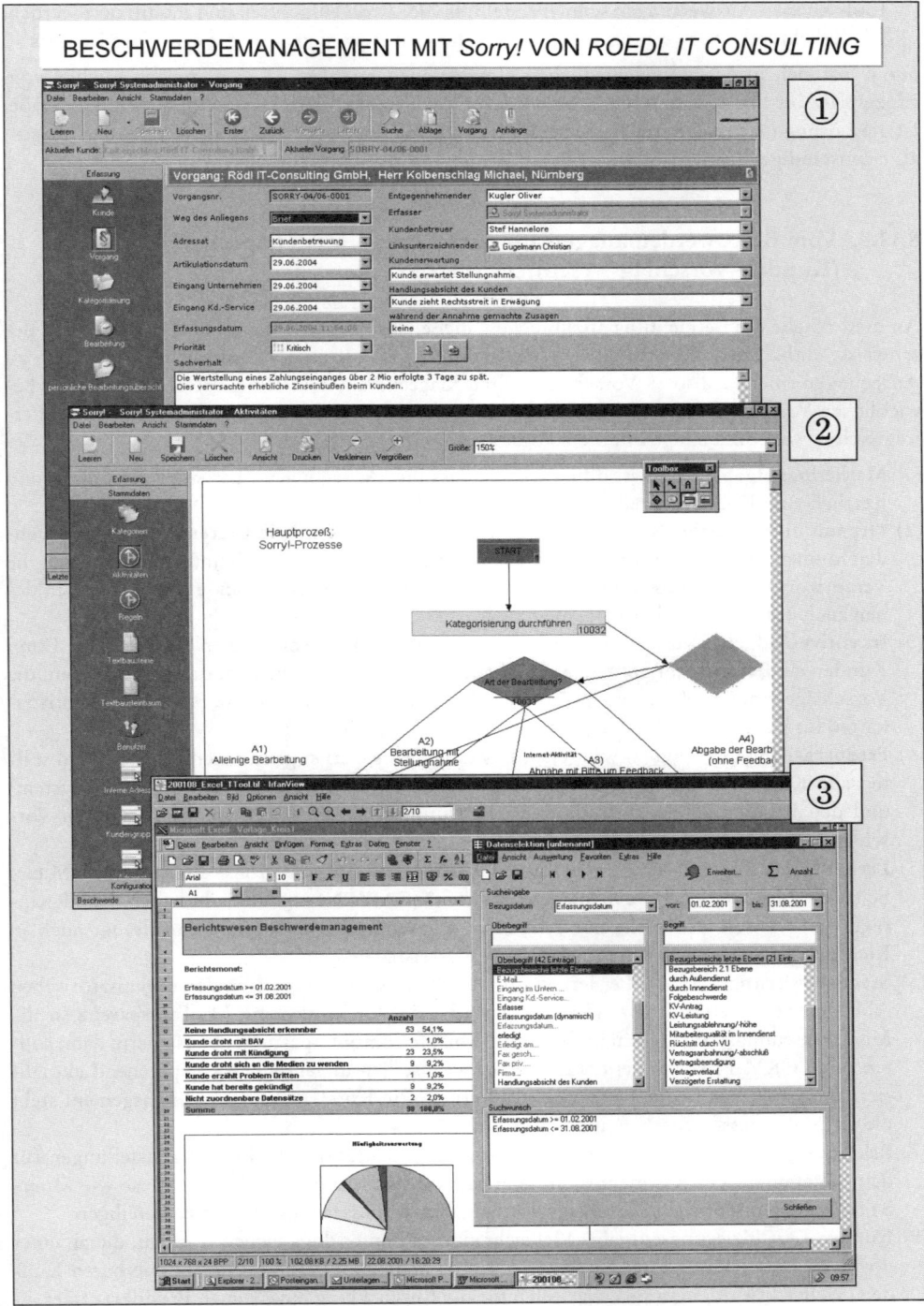

Abb. 338: Beschwerdemanagement mit Sorry! / Rödl IT-Consulting GmbH

Tools können Auswertungen schnell erstellt, in *MS-Excel* aufgerufen und modifiziert werden. Wiederkehrende Auswertungen können fest hinterlegt werden, z.B. in Form eines Reports.

Sorry! hat sich in den unterschiedlichen Umgebungen bewährt: Die Referenzen reichen vom Einzelplatz bis hin zu mehreren Tausend dezentralen Anwendern in Großunternehmen. Dabei ist die Lösung im BtoC-Bereich ebenso im Einsatz wie bei der Bearbeitung von BtoB-Anliegen, als eigenständige Standardsoftware ebenso wie als Integration in Siebel.

8.11.3. Vom Beschwerdemanagement zum Anregungsmanagement (Kunden-Vorschlagswesen)

An dieser Stelle die Betrachtung abzubrechen, hieße, das Glas halbleer zu lassen. Denn jede Beschwerde enthält den Kern zu einer Verbesserung. Und warum soll man nicht die Kunden zu Anregungen anleiten, also zu Vorschlägen ohne Klagecharakter? Das bedeutet, die Ideen des betrieblichen Vorschlagswesens nach außen, zum Kunden, zu verlagern. Um in dieser Hinsicht erfolgreich zu sein, sind einige Punkte zu beachten:

(1) **Marketingaufgabe:** Kunden sollten wissen, dass ihre Anregungen überhaupt gewünscht und letztlich zum Kundenvorteil weiter verfolgt werden.

(2) **Organisationsaufgabe:** Kunden müssen wissen, an wen sie sich mit ihren Anregungen wenden können. Noch ist die Frage nicht wissenschaftlich und empirisch untersucht, ob man die Verantwortung für das Kunden-Vorschlagswesen in die gleichen Hände geben sollte, in denen auch das Beschwerdemanagement liegt.

(3) **Incentive-Aufgabe:** Kunden sollten dazu motiviert werden, Anregungen einzureichen. Denn Kunden sind von Natur aus träge. Das kann z.B. dadurch geschehen, dass alle Kunden, die Vorschläge einreichen, an einem Preisausschreiben (gute Erfahrungen: Städtetour, Eintrittskarten für Theaterbesuch oder Sportveranstaltung) beteiligt werden.

(4) **Feedback-Aufgabe:** Kunden wünschen Beweise, dass sie ernst genommen werden. Also sollten alle Kundenanregungen lückenlos erfasst (analog den Beschwerden im CRM-System) und den Kunden sollten unbedingt Rückmeldungen gegeben werden, wie mit ihren Vorschlägen weiter verfahren wird.

(5) **Lernaufgabe:** Es gilt als eine der Stärken der asiatischen Organisationskultur, dass alle Mitarbeiter die Idee vom **„Lernen in kleinen Schritten" (KAIZEN)** verinnerlicht haben. Kundenanregungen werden also nicht nur sehr ernst genommen. Die Organisation drängt auch in Richtung permanente, deutlich spürbare Verbesserungen.

(6) **Standardisierungsaufgabe:** Lernerkenntnisse sollten soweit möglich in den organisatorischen Abläufen verankert werden. Wenn es Aufgabe der CRM-Systeme ist, Transparenz in die Marktbetreuungsvorgänge zu bringen und Abläufe computergestützt abzusichern, dann sollten diese CRM-Prozesse bei erkannten Schwachstellen unverzüglich entsprechend aktualisiert werden. CRM bedingt permanentes Lernen. Ein Kunden-Anregungsmanagement stellt die CRM-Prozesse dauerhaft auf den Prüfstand.

(7) **Belohnungsaufgabe:** Auf Dauer sollten Anregungen keine kostenlosen Hilfestellungen für den Lieferanten sein. Vielmehr kann überlegt werden, Kunden in gleicher Weise wie Mitarbeiter beim betrieblichen Vorschlagswesen an den Verbesserungseffekten zu beteiligen.

(8) **Kunden-Qualifizierungsaufgabe:** Vielleicht sind es immer die gleichen Kunden, die an einer positiven Entwicklung ihres Lieferanten Anteil nehmen. Diese sind die aktivierbaren Kunden. Vielleicht kann man sie einspannen für die Entwicklung eines neuen Produktes oder einer neuen Verpackung. Jedenfalls lohnt es sich, die Kunden mit besonderer Aktivierungsbe-

reitschaft mit Hilfe eines speziellen Kundenschlüssel-Parameters im CRM-System vorzuhalten. Sie erhalten einen Ehrenplatz beim nächsten Kundenforum oder beim nächsten Tag der offenen Tür.

Doch auch bei perfekten Kundenkontakt- und -bindungsprogrammen und einem gut funktionierenden Anregungs- und Beschwerdemanagement gehört es leider zum Verkaufsalltag, dass Kunden bemerkt oder oft unbemerkt zur Konkurrenz gewechselt haben. Sofort stellt sich die Frage nach einer geeigneten Kundenrückgewinnungsstrategie.

8.12. Churn-Management und Kundenrückgewinnungs-Programme (Customer Recovery Programs)

„Amerikanische Unternehmen verlieren im Durchschnitt alle fünf Jahre die Hälfte ihrer Kunden. Doch für die Gründe der Abwanderer zeigen die meisten Manager erst Interesse, wenn das Unternehmen Schlagseite bekommt." (Reichheld, HBM 2/1997, S. 57)

> ➡ Der Begriff **Churn** ist eine Verbindung von **Change und Turn** und bezeichnet den Prozess der Rückholung von Kunden bei gefährdeter oder bereits unterbrochener Kundenbindung. **Churn Management** umfasst alle Maßnahmen, um diesem Kundenschwund entgegenzuwirken.
>
> ➡ In diesem Buch wurde bereits das **Retention-Management** behandelt; als Ausdruck aller vorgelagerter Bemühungen, Stammkunden dauerhaft zu binden (s. Abschnitt 8.7.). Churn-Management hat gezielt abwanderungsgefährdete, wechselgeneigte Kunden im Auge; bzw. Kunden, die ihre Veränderungsabsicht bereits kund getan haben.
>
> ➡ Die Arbeitsgebiete Retention-Marketing und Churn-Management liegen sehr eng beieinander. Vielleicht kann gesagt werden: **Retention-Management ist Kündigungsprophylaxe, und Churn-Management ist Krisenmanagement**. Beide Bereiche sind vorrangig vertriebliche Anliegen. Kundenbindungsprogramme werden eher als Anliegen des Marketing gesehen. Sie greifen über das Abwanderungssyndrom hinaus und wollen vor allem Marke und Image stärken.
>
> ➡ Sind Kunden bereits abgewandert, so kann versucht werden, sie im Rahmen von Kundenrückgewinnungsprogrammen (**Customer Recovery Programs**) so zurückzugewinnen, dass auf Lieferanten- und Kundenseite kein kaufmännischer und imagebezogener Schaden entsteht (kein „Gesichtsverlust").

Abgewanderte Kunden werden bei der Planung der regulären Verkaufstätigkeit oft übersehen (vgl. *Krah*, salesprofi 7/1999, S. 16). Außendienstmitarbeiter sind in der Tat nicht gerade begeistert, wenn sie sich mit Belegen möglicher verkäuferischer Misserfolge befassen sollen:

(1) Ist der Kunde erfolgreich zu einem Wettbewerber übergewechselt, dann wird er nur unter großen Preiszugeständnissen dort wieder abgeworben werden können. Es sei denn, der Konkurrent liefert oder betreut noch schlechter und/oder mit höheren Preisen.

(2) Lag der Kundenverlust in Mängeln von Qualität oder Liefertreue begründet, so wird der Kundenbetreuer eine zweite Chance nur dann nutzen wollen, wenn die internen Ursachen der Kundenabwanderung im eigenen Haus nachweislich abgestellt sind.

(3) Außendienstmitarbeiter scheuen bei Rückgewinnungsaktionen die Position eines Bittstellers – jedenfalls solange nicht grundlegend neue Vorteilsargumente für den Kunden in das Verkaufsgespräch eingebracht werden können.

(4) Außendienstmitarbeiter fürchten „Gesichtsverlust", wenn der Kunde das Produkt jetzt signifikant preisgünstiger erhält (*„ Warum haben Sie mich jahrelang über den Tisch gezogen?"*).

Neuere Marktstudien lassen Zweifel am Punkt (1) dieser hemmenden Faktoren aufkommen. In verschiedenen Branchen ergeben sich erstaunliche Erfolgsquoten für CRP-Kampagnen zwischen 10 und 30 %. Eine Mannheimer Studie des *IMU* meldet Renditewerte pro zurückgeholtem Kunden von bis zu 102 % in der Automobilbranche, 41 % bei Finanzdienstleistungen, 60 % im Einzelhandel und 65 % im Telekommunikationsmarkt (vgl. *Krah* mit Hinweis auf die Studie des *IMU*, Mannheim, salesprofi 7/1999, S. 18; *Homburg/Schäfer*, FAZ v. 15.2.99, S. 29). *Sauerbrey* und *Henning* kommen in ihrer Befragung von 19 Unternehmen aus den Bereichen Banken, Versicherungen und Medien bei ca. 42 % auf eine Rentabilität der Kunden-Rückgewinnung von 1 bis 20 %, bei ca. 30 % auf 21 bis 40 %, 10 % der Unternehmen melden 81 bis 100 % Rendite und eine etwa gleiche Anzahl von rückholenden Firmen kann sogar über 100 % Rendite verbuchen. Berechnet sind jeweils die Kosten der Rückgewinnungsaktion im Verhältnis zum unmittelbar zurückgewonnenen Deckungsbeitrag (*Sauerbrey/Henning* 2000, S. 19). Bei **CRP-Kampagnen von Call-Centern** ergeben sich gleichlautende Befunde: **Kunden-Rückgewinnungsaktionen sind deutlich kostengünstiger als Neukunden-Akquisitionen!** Bei über 90 % der Unternehmen sind die Kosten der Neukundengewinnung mindestens doppelt so hoch wie die der Rückgewinnung. Bei rund 70 % liegen die die Kosten für die Rückgewinnung nur bei einem Drittel der Neukundenakquisition (vgl. *Sauerbrey/Henning* 2000, S. 18–19). Allerdings konnten nur 53 % der Befragten Angaben zu den kostenrechnerischen Fakten machen. Und das schnelllebige Dienstleistungsgeschäft erleichtert auch den Kotau vor dem einst untreu gewordenen Kunden. Überhaupt mögen die vorgelegten Befunde typisch für Konsum-, Finanz- und Dienstleistungsmärkte sein. Zum Abschluss dieser Zahlen noch ein konkretes Beispiel aus einer Rückgewinnungsaktion der *Commerzbank AG* (vgl. *Kempf* 1998, S. 72–97), aufgezeigt in der Abb. 339. Es dürfte nicht schwer fallen, diesen Erlösen die Aktionsaufwendungen zur Berechnung einer Kundenrückgewinnungs-Rendite gegenüber zu stellen.

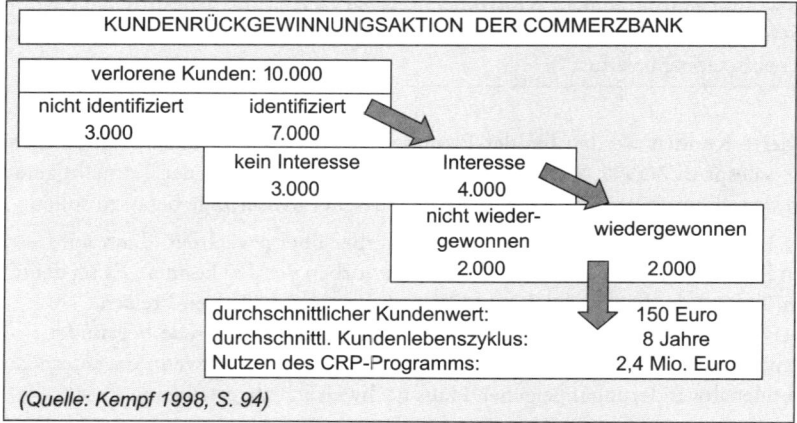

Abb. 339: Erfolgsrechnung für eine Kundenrückgewinnungsaktion

Die Erfolge von CRP-Aktionen werden sich nur einstellen, wenn die Kampagnen als Prozess organisiert sind:

(1) Am Anfang steht die **Identifikation der verlorenen Kunden.** Im Dienstleistungsgeschäft mit „Ein-Vertrags-Beziehungen" ist diese Aufgabe sicher kein Problem. Wie aber soll ein Reiseveranstalter feststellen, wenn der Urlauber die nächste Sommerreise bei einem anderen Anbieter bucht? Bei Produkten mit regelmäßigem Folgebedarf (z.b. im DOB-Fachhandel) ist ohnehin festzulegen, ab welcher Lost Order-Anzahl ein Kunde als verloren einzustufen ist (vgl. *Sauerbrey/Henning* 2000, S. 21).

(2) Es folgt die **Migrationsanalyse:** Aus welchen Gründen hat der Kunde den Lieferanten gewechselt? *Sauerbrey/Henning* unterscheiden (a) subjektiv empfundene (und ggfs. faktenmäßig nachweisbare) Mängel in der Unternehmensleistung (**Pushed-away-Reasons:** z.B. Unfreundlichkeit des Personals), (b) erfolgreiche Verkaufsbemühungen der Konkurrenz (**Pulled-away-Reasons**) oder (c) Wegfall der Notwendigkeit einer Geschäftsbeziehung (**Broken-away-Reasons:** z.B. Kündigung eines Zeitungsabonnements wegen Umzug) (vgl. *Sauerbrey/Henning* 2000, S. 22–23). Die Ursachenanalyse sollte nicht von Marktforschungsinstituten durchgeführt werden, sondern von Führungskräften des Lieferanten mit dem Wissen und der Autorität, Abwanderungsursachen bewerten und beeinflussen zu können (vgl. *Reichheld*, HBM, 2/1997, S. 63).

(3) Vor der CRP-Kampagne steht die **Kundenqualifizierung.** Ist der Kunde wirklich ein potenzieller Wiederkäufer. Gibt es z.B. Anzeichen dafür, dass er von seinem neuen Lieferanten auch nicht besser bedient wird? In welchem Umfang werden preisliche Zugeständnisse notwendig sein? Welches Rückgewinnungspotenzial (Lieferanteil) ist realistisch? Bezüglich dieses letzten Punktes zeigt die Praxis leider, dass frühere Alleinlieferanten-Stellungen kaum jemals wieder zurückzuerobern sind.

(4) Parallel hierzu sind die etwaigen **betriebsinternen Ursachen des Kundenverlustes** zu analysieren. Rückgewinnungsaktionen machen wenig Sinn, wenn die kundengefährdenden Schwachstellen oder Qualitätsmängel nicht nachweislich und dauerhaft abgestellt sind. Eine dritte Chance geben Kunden i.d.R. nicht.

(5) CRP-Maßnahmen sind **kundenindividuell** oder zumindest nach **CRP-Zielgruppen** festzulegen (vgl. zum Thema **systematisches Rückgewinnungsmanagement** *Michalski* 2002, S. 180–224). Erforderlich sind neuartige Verkaufsargumente, die einen Kunden überzeugen können, gerade jetzt zum früheren Lieferanten zurückzukehren. Im technischen Geschäft haben sich neue Produktvarianten bewährt, die nachweisbar ein besseres Preis-/Leistungsverhältnis aufweisen und speziell auf neue Anwendungsbedingungen bei dem verlorenen Kunden ausgerichtet sind. Der Kunde bekommt nicht das Gefühl, „reumütig" zurückzukehren. Er kauft ja jetzt etwas anderes.

(6) Nicht zu vernachlässigen ist eine behutsame **Nachbetreuung** der zurückgewonnenen Kunden (*Sauerbrey/Henning* 2000, S. 38–39). Notwendig ist folglich eine intensivere Kundennähe. Die Faktoren der Kundenzufriedenheit sind sehr instabil (vgl. noch einmal die Hinweise von *Horstmann*, ASW 9/1998, S. 90–94). Manche Kunden warten nur auf weitere Pannen. Das Unternehmensimage muss neu gefestigt werden

(7) Abzurunden ist das CRP-Programm durch **ein Controlling der zurückgekehrten Kunden.** Zu bewerten sind der Erfolg der Kampagne als Ganzes, wie auch die Erfolgsbeiträge der einzelnen Kunden. Auch sollten die zurückgekehrten Kunden auf ihre künftige Kündigungsneigung hin beurteilt werden. Denn bei Zugeständnissen kommen manche Kunden auf die Idee, nach einiger Zeit erneut zu kündigen, um sich das Erlebnis eines umworbenen Königs zurückzuholen. Auch das Marketing übernimmt Controlling-Aufgaben. Während des Ablaufes

einer CRP-Kampagne ist permanent zu überprüfen, ob die vorher festgelegten Rückkehrargumente greifen und ob man sich noch im festgelegten Rahmen der budgetierten Preiszugeständnisse befindet.

Für die Mobilfunkbetreiber sind Verlustquoten von 20 bis 30 % nach Ablauf der Mindestvertragslaufzeiten keine Seltenheit. Durch ein **computergestütztes CRP-Programm** gelingt es dem Mobilfunkanbieter *E-Plus*, jeden vierten Kunden zu einer Vertragsverlängerung zu bewegen (vgl. *Schmidt*, salesprofi 11/1999, S. 20). Ähnliche Erfolge meldet der Versicherungskonzern *Axa Colonia*. Das Customer-Care-Center in Köln kann zwischen 15 und 20 % der Kündiger dazu bewegen, die Kündigung zurückzunehmen. Bekannt geworden sind auch Beispiele der *Deutschen Lufthansa* oder des *Bertelsmann Buchclub* (vgl. Hinweis in PM-Beratungsbrief v. 8.11.99, S. 1). Abb. 340 stellt im Überblick spezielle Empfehlungen für ein CRP-Programm zusammen.

EMPFEHLUNGEN FÜR EIN CUSTOMER RECOVERY PROGRAM (CRP)

⇨ Als Grundlage ist eine passende Informationstechnologie zu implementieren (Nutzung von Kundendatenbanken)

⇨ Mitarbeiter sind mit ausreichenden Entscheidungskompetenzen auszustatten, damit sie schnell mit CRP-Maßnahmen reagieren können.

⇨ Das Anreiz- und Vergütungssystem ist mit messbaren Zielvorgaben dem System der Kundenrückgewinnung anzupassen.

⇨ CRP-Maßnahmen sind als vollständiges System des Kundenmanagement in den Vertrieb zu integrieren.

⇨ CRP-Programme sind langfristig anzulegen und nicht als einmalige Hau-Ruck-Aktionen.

(Quelle: Homburg in Krah, salesprofi 7/1999, S. 17)

Abb. 340: Empfehlungen für das Einrichten eines CRP-Programms

Für fragmentierte BtoB-Märkte muss die Euphorie dieser aufmunternden Berechnungen gedämpft werden. Industriekunden sind nachtragend. Im Gegensatz zum Konsumgeschäft wird hart verhandelt. Ohne konkreten technischen Anlass (z.B. Lieferengpässe oder QS-Probleme des neuen Lieferanten) sind Rückholverhandlungen ohnehin gegenstandslos. Wenn der Kunde den Bezugsquellenwechsel erst einmal leidlich überstanden hat, wird er ganz froh über die Qualifizierung eines Alternativlieferanten sein. Die Kundenpanik nutzend, gelingen den neuen Lieferanten oft längerfristige Lieferabschlüsse. So kommt im technischen Geschäft das Rückholmarketing allemal teurer als die Neukundenakquise. Es gilt als Erfahrung: **Eine Senkung der Abwanderungsquote (Churn-Rate) von 15 auf 10 Prozent pro Jahr kann die Gewinne in manchen Branchen verdoppeln** (vgl. *Reichheld*, HBM 2/1997, S. 58). Also kommt es darauf an, dem **Churn**, der Abwanderung von Bestandskunden, entgegen zu wirken.

Für die **Vertriebssteuerung** ist es wichtig, unsichere wie auch verlorene Kunden im CRM/CAS-System durch einen Suchparameter zu lokalisieren; und zwar auf folgende Weise:

(1) Verlorene Kunden, die in dem relevanten Markt weiter aktiv sind, sind mit einem speziellen Index im RMP-Restmarktpotenzial zu klassifizieren (s. Abb. 209).

(2) Eine Verknüpfung zur letzten Kundenhistorie bleibt bestehen, um jederzeit und ohne Suchen Einblick in die letzten Vorgänge zu bekommen.

(3) In der Kundenmaske werden die früheren Verkaufszahlen mit dem Kunden dokumentiert (Welches Potenzial ging verloren?),

(4) ferner die Abwanderungsgründe,

(5) – vor allem bei BtoB-Kunden – der neue Lieferant, dessen Name i.d.R. nicht geheim bleibt,

(6) und letztlich eine Prioritäts-/Aktionskennziffer, um die wechselgeneigten bzw. verlorenen Kunden bei CRP-Kampagnen gleich in die entsprechenden Aktionslisten zu bekommen.

Am besten beugt man Kundenverlusten vor und erspart sich CRP-Aufwendungen, indem man die notwendigen Fühler für **frühe Signale für einen Kundenwechsel** entwickelt und alle Kundenkontakte systematisch im Hinblick auf Warnsignale untersucht. Dazu sollte man seine Kontakt- und Vertriebskanäle gut kennen. Denn es kann passieren, dass ein Kunde einen Vertriebskanal (z.B. Reisebuchung im Reisebüro) verlässt und in einem anderen Kanal (Online-Buchung bei einem Internet-Reiseveranstalter) wieder auftaucht. Die Kunden entscheiden über den Weg zum Lieferanten zunehmend selbst. Nur die Anbieter, die in allen Vertriebskanälen gleich wachsam und kompetent sind, bleiben ihren Kunden auf der Spur.

9. Multikanalvertrieb (Multi-Channel-Marketing)

9.1. Grundlagen für das Vertriebskanal-Management

9.1.1. Traditionelle und neue Betrachtungen des Vertriebskanals

„Durch die Auswahl strategisch sinnvoller Vertriebskanäle, deren professionelle Bearbeitung und deren ergebnisoptimierte Steuerung können Unternehmen ihren Blick auf die wesentlichen strategischen und finanziellen Stellschrauben lenken, ihre Kunden bevorzugt behandeln und die Kundenbindung deutlich steigern."
(Göpfert/Howaldt – Roland Berger, ASW 10/1999, S.101)

Problemlösungen für den Aufbau technologiegestützter Vertriebskanäle und deren koordinierte Steuerung sind von wachsender Bedeutung. In BtoC nutzt bereits jeder zweite Kunde beim Einkauf vier bis fünf Kanäle, während die Unternehmen im Durchschnitt nur zwei aufeinander abgestimmt haben (vgl. o.V., salesBusiness 1/2002, S.24). In BtoB bedingt die Internationalisierung der Geschäfte zunehmend komplexe Vertriebsschienen, vor allem, weil die Anbieter ihren Großkunden über die Grenzen folgen müssen. Immer kompliziertere Leistungsangebote binden immer mehr Vertriebspartner in die Kontaktkanäle ein. Speziell müssen die Internet-Kontakt- und -Verkaufskanäle mit den bestehenden Vertriebssystemen verknüpft werden. Im Rahmen einer Jahresumfrage befragte die *Absatzwirtschaft* Marketing- und Vertriebsleiter nach den wichtigsten Themen der Vertriebsplanung. Die Thematik eines vertriebskanalspezifischen Marketing erhielt mit 78 % der Stimmen die erste Priorität; noch vor dem Thema der Vertriebsinformationssysteme (vgl. den Hinweis in ASW, 9/1999, S.44).

In der Theorie sieht alles recht einfach aus: Über konfliktfreie Distributionskanäle werden Güter an Abnehmer verteilt, die sich die Absatzwege vorschreiben lassen. Diese Warenverteilungssicht des Marketing hat eine lange Tradition. *Gutenberg* prägte den Begriff des **Absatzweges**, den ein Produkt vom Hersteller bis zum Endabnehmer nimmt (vgl. *Gutenberg* 1984, S.123 ff.). **Absatzwegepolitik** umfasste für ihn die rationale Gestaltung des Warenweges mit Hilfe von Verteilungs- und Verkaufsstufen. Heute sind Führungs- bzw. Machtfragen innerhalb der Vertriebskanäle wichtiger als Aspekte der aufbauorganisatorischen oder rechtlichen Gestaltung. Deshalb betonen neuere Definitionen auch stärker die Intention, Kontakt- und Verkaufskanäle interessengerecht zu strukturieren und Zielkonflikte auszugleichen.

> ➡ *„Ein **Distributionskanal** ist die Gesamtheit aller ineinandergreifenden Organisationen, die am Prozess beteiligt sind, um ein Produkt oder eine Dienstleistung zur Verwendung oder zum Verbrauch verfügbar zu machen."* (*Kotler/Bliemel* 2001, S.1074; unter Rückgriff auf *Stern* und *El-Ansary*).
>
> ➡ Ein **Vertriebskanal-Management** (klassisch: Vertriebswegepolitik) hat Entscheidungen zu fällen:
>
> • in **vertikaler Hinsicht:** aus welchen (autonomen) Distributionsstufen (Verteilungs- und Verkaufsstufen) sich ein Absatzweg zusammensetzt,

- auf **horizontaler Ebene:** welche und wie viele Vertriebspartner, Standorte, Lager, Transportsysteme auf jeder Stufe einbezogen werden sollen (*Specht* spricht in diesem Zusammenhang vom **Distributions-Design:** vgl. *Specht* 1998, S. 158),
- aus **Prozess-Sicht:** wie die Informationen und Abläufe zwischen den Stufen, horizontal und vertikal, laufen sollen,
- aus **Führungssicht:** wie Vertriebspartner ausgesucht (qualifiziert) und gewonnen werden sollen und welches Klima, Stil des Umgangs, Machtverteilung und -ausübung zwischen Hersteller und Vertriebspartner angestrebt werden.

➡ **Kanalstufen:** In vertikaler Richtung sind also Vertriebskanalstufen zu planen und zu steuern. Dabei wollen wir immer dann von einer Kanalstufe im mehrstufigen Vertrieb sprechen, wenn auf einer Vertriebsstufe ein Vertriebspartner weitgehend autonome kundenbezogene Entscheidungen fällen kann. Eine eigene Vertriebsniederlassung ist folglich nicht als Vertriebsstufe zu sehen, wohl aber eine wirtschaftlich selbständig operierende Tochtergesellschaft. Ein Großhändler und von diesem betreute freie Händler stellen z.B. zwei Vertriebsstufen dar **(zweistufiger Vertrieb).** Werden Großhändler zudem durch freie Handelsvertreter betreut, liegt **dreistufiger Vertrieb** vor (vgl. *Kotler/Bliemel* 2001, S. 1082). Die Praxis sieht das oftmals anders. Der klassische indirekte Vertrieb über den Großhandel an Einzelhändler oder das Fachhandwerk wird als dreistufig bezeichnet.

➡ Zu unterscheiden sind **Offline-Kanäle** (Außendienst, Innendienst, eigene Niederlassungen, Handelsvertreter, Groß- und Einzelhandel, klassischer Versandhandel, Call-Center und **Online-Kanäle** (Hotline, eCommerce, mobiles Internet, T-Commerce (Fernsehverkauf)).

➡ **Multikanalvertrieb (Multi-Channel-Marketing)** ist die abgestimmte Steuerung paralleler Vertriebskanäle. Dabei ist strikt zwischen organisatorischen Einheiten, die die Verantwortung für den Markterfolg in einem Kanal tragen, und den Kommunikationsmitteln, die in einem Kanal zum Einsatz kommen, zu unterscheiden. Kanalmanagement bedeutet, dass eine definierte Kanaleinheit (z.B. ein Call-Center) mit Hilfe bestimmter Kommunikationsmittel (z.B. Telefon und Fax) bestimmte Aufgaben (z.B. Verkauf von Flugkarten) übernimmt.

➡ **Kanal-Portfolio-Management** „*umfasst die komplexe Aufgabe, Vertriebskanäle strategisch richtig auszuwählen, geeignete Kanalkonzepte zu entwickeln sowie diese strategisch- und ergebnisorientiert zu steuern.*" (*Göpfert/Howaldt,* ASW 10/1999, S. 98). Nach dieser Sichtweise werden Vertriebskanäle wie Investments geplant und kontrolliert.

➡ Ein **typisches Merkmal des Multikanalvertriebs:** In **CRM-Kanalsystemen (kooperatives CRM)** spielen Hersteller ihren Vertriebspartnern Informationen und Leads zu. Die Kanalpartner wiederum haben i.d.R. internetgestützten Zugriff auf CRM-Datenbanken und -Informationsservices des Herstellers und teilen ihrerseits ihr Marktwissen mit den Lieferanten.

Die klassische Literatur zur Absatzwegepolitik betrachtet das Kanalgeschehen distributionslastig im Sinne einer Warenverteilung. *Ahlert* fällt jedoch auf, „*dass die Vielschichtigkeit und Dynamik der in praxi anzutreffenden Absatzkanalkonzeptionen offensichtlich Schwierigkeiten bezüglich ihrer systematischen Erfassung bereiten.*" (*Ahlert* 1996, S. 140). Die Theorie legt viel Wert auf die Abgrenzung und Beschreibung der Institutionen, die im indirekten Vertrieb tätig werden (praxisfremdes Fachwort der Theorie: Distributionssubjekte). Sie sind Gegenstand der institutionenorientierten Distributionsanalyse. Die Betriebstypen des Handels und die Betriebstypendynamik stehen dabei im Vordergrund. Und hierzu kann wiederum *Ahlert* zitiert werden, wenn er sagt, „*dass die Institutionenanalyse in ihrem Erkenntnisstand stets hinter der aktuellen Ent-*

wicklung der Praxis hinterherhinkt.." (*Ahlert* 1996, S. 46). Wir gehen im Folgenden auf die institutionellen und rechtlichen Fragen zu den Vertriebspartnern nicht ein (vgl. Abschnitt 3.2.2.i.; vgl. weiterführend zu den Distributionsorganen z.B. *Specht* 1998, S. 28–69). Die Gewichte werden vielmehr auf Aspekte gelegt, die sich auf den Aufbau neuer Vertriebskanäle und auf die abgestimmte Steuerung dieser Kanäle beziehen. Wir bewegen uns also im Bereich des **kooperativen CRM**. Ausgangspunkt ist aber erst einmal eine grundlegende Vertriebswege-Systematik.

9.1.2. Konventionelle Vertriebswege-Systematik

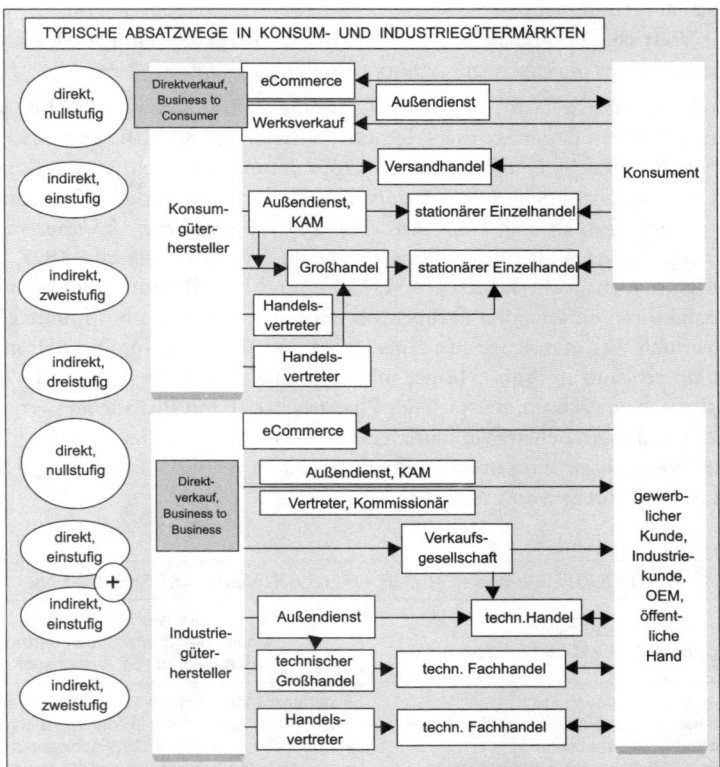

Abb. 341: Eine Systematik der Vertriebswege

Abb. 341 gibt einen Überblick über typische Vertriebswege für Konsum- wie auch Industriegüter. Nicht dargestellt sind spezielle Kooperationsformen zwischen Industrie und Handel im Rahmen des vertikalen Marketing (vgl. *Winkelmann* 2003, S. 384). Die institutionellen Hintergründe zu den Vertriebsstufen wurden in Abschnitt 3.2.2.i. behandelt. Beim indirekten Vertrieb ist ein Blick auf die Rolle des Großhandels anzuraten. In Theorie und Praxis wird oft nicht zwischen zwei- und dreistufigem Vertrieb unterschieden. Vom zweistufigen Vertrieb sollte genau genommen aber nur gesprochen werden, wenn der Großhandel Verkaufsfunktionen gegenüber freien Fachhändlern ausübt. Dreistufiger Vertrieb liegt vor, wenn die Großhändler nicht vom Außendienst des Lieferanten, sondern von selbständigen Absatzmittlern (z.B. von freien Handelsvertretern) betreut werden. Direktverkauf an den Fachhandel bedeutet einstufiger Vetrieb.

Beim Aufbau einer Vertriebsorganisation ist zunächst zu unterscheiden, in welchem Maße Vertriebspartner eingeschaltet werden sollen oder – wegen der Markterfordernisse – müssen. Hinsichtlich der Einschaltung von Handelspartnern werden traditionell unterschieden (vgl. *Pepels* 1998, S. 115):

(1) **Ubiquitärer Vertrieb:** Alle überhaupt in Frage kommenden, möglichen Absatzmittler wirken im Absatzweg mit.

(2) **Intensiver Vertrieb:** Möglichst viele, mit vertretbarem Aufwand zu beliefernde Partner sind in den Absatzkanal einbezogen.

(3) **Selektiver Vertrieb:** Nur nach bestimmten Kriterien ausgewählte Händler werden in das Vertriebssystem aufgenommen.

(4) **Exklusiver Vertrieb:** Die Verkaufsregion ist so in Händlergebiete aufgeteilt, dass diesen in ihren Verkaufsgebieten praktisch eine Monopolstellung zukommt.

Die Marketinglehre unterstellt oft, ein Hersteller könne Vertriebskanäle mit Hilfe gängiger Entscheidungsmodelle, wie z.B. der Scoring-Methode, auswählen (vgl. z.B. *Specht* 1998, S. 131). Ein Vertriebsweg als Resultat einer rechnerischen Optimierung. Der Schritt zur Kanalausweitung und damit oft zur Einschaltung von Partnern ist nach diesem traditionellen Denkansatz sinnvoll, *„wenn ein einzelner Vertriebsweg keine Ausschöpfung des gesamten Marktpotenzials bzw. des Potenzials unterschiedlicher Marktsegmente verspricht."* (*Kleinaltenkamp* 1995, S. 759) Diese Sichtweise ist heute nicht mehr realistisch. Verkaufs- und Distributionsfähigkeiten, Image- und Kaufverhaltensfaktoren entscheiden darüber, ob ein Hersteller einen bestimmten Vertriebsweg wählt oder ob er den Weg zum Kunden auf verschiedenen Wegen sucht. Diese strategischen Entscheidungsparameter sind in Abb. 342 gegenübergestellt. Vor allem aber sind Vertriebskanalstrukturen historisch gewachsen; Beispiel: der Pharmavertrieb mit Pharmaberatern, die Ärzte betreuen einerseits und logistischem Verkauf an den Pharma-Großhandel andererseits. Angesichts der verfestigten Vertriebsstrukturen ist es einem einzelnen Anbieter kaum möglich, einem relevanten Markt neue Spielregeln aufzudrücken.

GRUNDÜBERLEGUNGEN ZUR WAHL VON VERTRIEBSKANÄLEN	
Kanalkonzentration: Argumente für Einkanal-Vertrieb	Kanaldiversifikation: Argumente für Mehrkanal-Vertrieb und Einschaltung von Vertriebspartnern
• transparente Kundenbeziehungen • Konzentration auf eine kanalspezifische Zielgruppe • vollständige Ergebnistransparenz • geringere Gefahr von doppelten Datenhaltungen • geringere Gefahr von Know-how-Abfluss • einfachere Kanalsteuerung • leichtere Sicherung der eigenen Corporate Identity • geringere Gefahr von Imageverlusten bei Problemen im Vertriebskanal (z.B. bei einem Franchise-System, wenn die Franchise-Nehmer das Konzept nicht mehr mittragen wollen).	• geringere Investitionen für den Hersteller • bei neuen Anwendungen schnellere Markteinführung • Kundenkenntnisse vor Ort, Fachleute in der Region • vorhandene Kontakte von Vertriebspartnern können sofort genutzt werden • Erreichen einer größeren Zielgruppenbreite • besseres Erfassen hybrider Zielgruppen • Angebotsarrondierung (kanalspezifische Angebote) • Übertragung logistischer Funktionen auf Partner • Abspaltung des Dienstleistungsgeschäftes • Abgabe von Veredelungsfunktionen an Partner • Pufferlagerhaltung durch Partner • i.d.R. höhere logistische Kompetenz • größere Personalflexibilität im Kanal

Abb. 342: Grundüberlegungen zur Wahl von Vertriebskanälen

9.1.3. Gesamtwirtschaftliche Einflussfaktoren für das Multi-Channel-Marketing

Gingen nach der klassischen Distributionspolitik die Anbieter davon aus, dass sie die Organisation der Kundenkontakte im Griff haben, so bestimmen zukünftig die Kunden, wie sie auf die Anbieter zugehen. Die Web-Generation wird sich ganzen Vertriebskanälen gegenüber verweigern.

Das *Fraunhofer Institut für Arbeitswissenschaft und Organisation (IAO, IAT* Universität Stuttgart) hat für die Erforschung moderner Vertriebswege innerhalb des *Kundenmanagement-Centrums* einen eigenen Forschungsschwerpunkt geschaffen. In einer empirischen Untersuchung wurden 1997 120 Unternehmen der Investitionsgüter- und der technischen Konsumgüterindustrie über ihre **Vertriebskanalstrategie in den nächsten 5 Jahren** befragt (vgl. *IAO-Studie:* Vertriebswege heute, 1997). Die wichtigsten Ergebnisse der Untersuchung lauteten:

- 88 % der Unternehmen werden in den nächsten 5 Jahren Vertriebswege verändern.
- 46 % der Unternehmen werden ihre bestehenden, klassischen Vertriebswege neu ordnen.
- 16 % der Unternehmen werden ihre bestehenden, klassischen Absatzwege abbauen.
- Die Zahl derjenigen Unternehmen, die nur in einem Absatzkanal operieren, wird in den nächsten 5 Jahren deutlich von 16,5 % auf 6,4 % schrumpfen.

Der Veränderungsdruck auf die Organisation der Vertriebswege kommt nach der *IAO*-Studie aus **vier betriebsexternen Einflussbereichen:**

(1) Die Globalisierung, d.h. die Öffnung neuer Märkte (Liberalisierung und Deregulierung) sowie auch neue Marktsegmentierungen (hybride Käufer, Szene-Zielgruppen) bewirken eine **Transformation der Märkte** mit Veränderungsdruck auf bestehende Vertriebskanäle. Auch ständig steigende Kundenansprüche sind treibende Kräfte aus dem Bereich der Marktveränderungen.

(2) Eine **Transformation der Standorte** wird als Folge von Dezentralisierung, Regionalisierung oder durch Global Sourcing notwendig. Standortänderungen ziehen Vertriebswegeänderungen nach sich.

(3) Eine Verkürzung von Produktlebenszyklen, eine wachsende Komplementarität von Waren und Dienstleistungen sowie neuartige Produktdifferenzierung aufgrund zunehmend heterogenerer Kundenbedürfnisse (z.B. im Bereich Freizeit- oder Wellness-Produkte) erzwingen eine **Transformation des Produktmix**. Veränderte Leistungsangebote stellen höhere und erweiterte Anforderungen an Vertriebswege und Vertriebspartner.

(4) Fusionen, Kooperationen und Allianzen, Flexibilisierungen von Arbeitszeit und Produktionsprozessen (z.B. Production on Demand), Teambildungen und vor allem Outsourcing bewirken eine **Transformation der betrieblichen Leistungsprozesse**.

In welche Richtungen diese Veränderungen gehen, wird später gezeigt. Abb. 343 bietet eine Problemrangfolge für aktuelle Vertriebsstrukturen, die in der Konsequenz bestehende, gewachsene Vertriebswegestrukturen in Frage stellt.

9.1.4. Betriebswirtschaftliche Einflussfaktoren für das Multi-Channel-Marketing

Die Tonträgerindustrie erzielt derzeit noch ca. 94 % ihres Umsatzes (2,45 Mrd. Euro in Deutschland) in den traditionellen Kanälen der Großbetriebsformen (z.B. Media-Markt) sowie Fach- und Versandhandel. Die Wachstumschancen in den traditionellen Kanälen sind ausgereizt. Die Vermarkter der Tonträger verfolgen deshalb als neue Strategie, Supermärkte, Tankstellen oder Baumärkte zu beliefern. Auch eine konsequente Internet-Vermarktung, mit oder ohne den Handel, deutet sich an. (vgl. Göpfert/Howaldt, ASW 10/1999, S. 98)

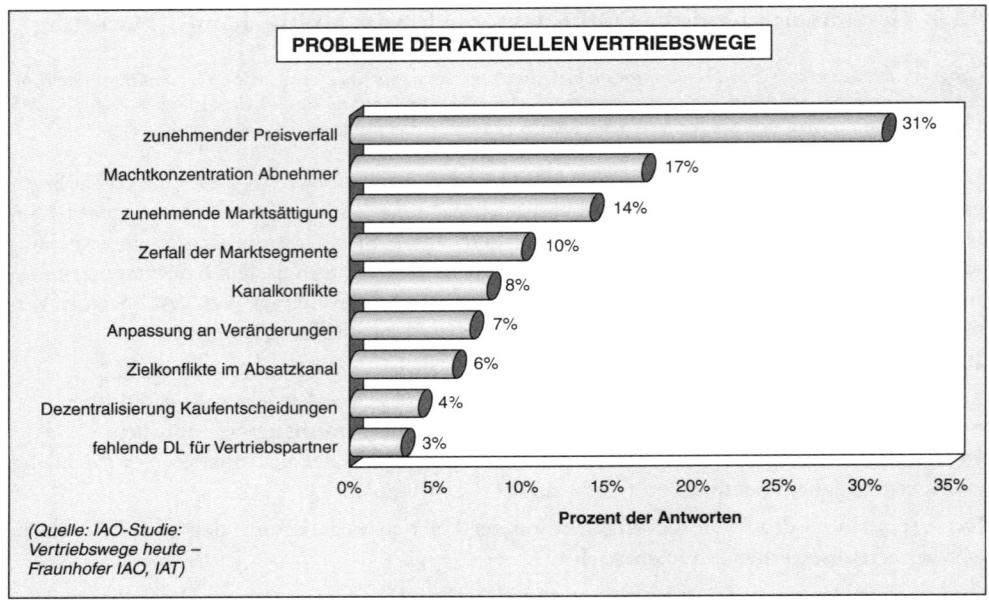

Abb. 343: Probleme der aktuellen Vertriebswege (Anm.: DL = Dienstleistungen)

Vor allem drei Gründe sprechen für eine Ausweitung der Vertriebswege: (1) vergrößerte Markt-abdeckung, (2) Senkung der Vertriebskosten und (3) bessere Möglichkeiten, sich an Kunden an-zupassen (vgl. *Kotler/Bliemel* 2001, S. 1111).

Dennoch kommt bei vielen Unternehmen der Kanalausbau nur schleppend voran. Als Gründe führen die Unternehmen **Sortimentsbegrenzungen** (35 %), die Sorge vor **höheren Vertriebskos-ten** (28 %), **mangelnde Ressourcen** (21 %), **Komplexität** (10 %), sowie neben sonstigen Gründen (3 %) eine **nicht erreichte Umsatzschwelle** (3 %) an. Die in den nächsten fünf Jahren nur noch in einem Kanal operierenden 6,4 % der Unternehmen nannten allein ein Argument: Für ihr Pro-duktsortiment würde eine Ausweitung der Vertriebskanäle keinen Vorteil bringen (vgl. *IAO-Studie*, 1997, S. 65).

Diese Argumente verlieren an Kraft. Nach der Studie des *IAO* ist ein **Trend zum Mehrkanalver-trieb** feststellbar. Abb. 344 gibt einen Überblick über die zu erwartenden Verlagerungen in den Vertriebskanälen. Der Direktvertrieb wird seine starke Stellung behalten. Einbußen wird es für den Handel geben. Zu beobachten ist ein **Trend zu Kooperationen** und vor allem zur Ausweitung von **Telesales** (Call-Center). Der **Aufbau von Online-Kanälen** für Marketing (z. B. zur Kunden-identifizierung, zur Durchführung von Kampagnen) und Internet-Verkauf (eCommerce) ist die alles beherrschende Vision. Einzelheiten zum Internet-Vertrieb wurden bereits in Abschnitt 7.5.2. erläutert. Man geht davon aus, dass das Internet-Shopping wiederum weite Teile des Tele-fonmarketing ablösen wird.

Die **Ziele der Unternehmen** bei den Vertriebskanalvariationen lassen sich in drei Punkten fassen:

(1) Umsatzsteigerung (62 %),
(2) Steigerung der Vertriebsproduktivität (44 %),
(3) und Stärkung der Kundennähe (41 %).

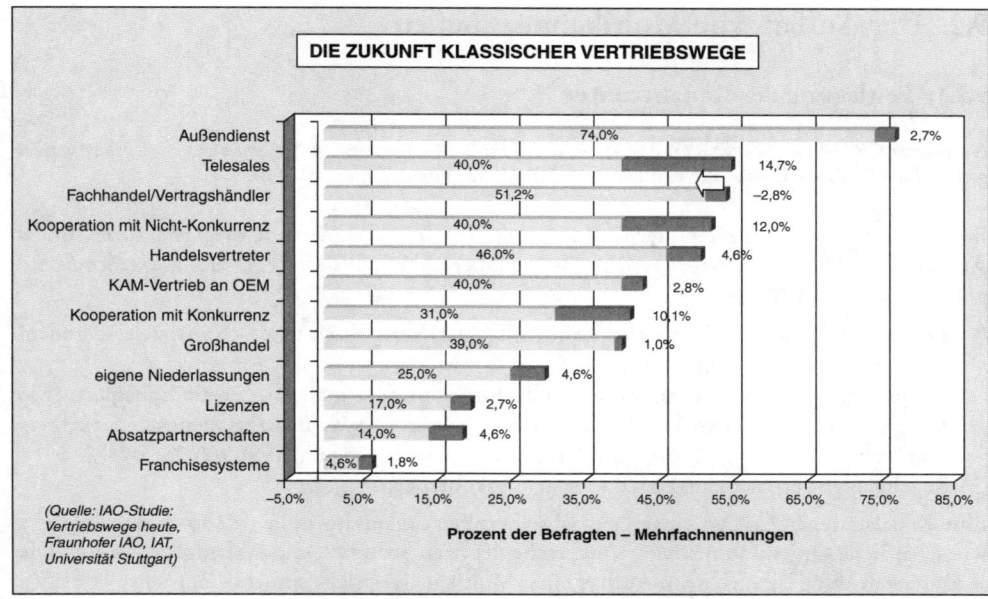

Abb. 344: Die Zukunft klassischer Vertriebswege

Besonders Bto-C-Unternehmen spüren einen Druck zum Mehrkanalvertrieb. Der Wettbewerb zwingt sie, ihre Kunden breitgefächert anzusprechen und dadurch stärker zu binden. So hatten z.B. ca. 40 Prozent der Kreditinstitute im Jahr 2002 bereits mit der Mehrkanalanbindung begonnen. Weitere 40 Prozent planten erhebliche Investitionen bis zum Jahr 2004 (vgl. *o.V.,* eCRMprofi 6+7/2002, S. 8).

Noch immer gibt es allerdings die erwähnten Beharrungskräfte, insbesondere auf Seiten von Handel, Fachhandel und Fachhandwerk. Erfolgreiche Strategien im indirekten Vertrieb werden hauptsächlich durch Hersteller publik gemacht. Faszinierende Handelskonzepte sind nicht sichtbar, sieht man einmal von den Aktivitäten der Internet-Versandunternehmen ab. Kann CRM hier weiterhelfen? Die Kanalintegration ist bekanntlich eines der wesentlichen Elemente von CRM. Der Bereich des kooperativen CRM bekennt sich ausdrücklich zu Partnerschaftskonzepten. Doch auch CRM-Kanalsteuerungen sind eher Angelegenheit der Hersteller, nicht des Handels. Nur 16 Prozent der Handelsunternehmen geben CRM auf Zentralebene eine Priorität (vgl. *Wald,* acquisa Sonderheft CRM 2001, S. 40–42). Der Handel bevorzugt Systemansätze zur Optimierung der Abläufe in der Lieferkette und des Informationswesens, wie z.B. **Category-Management** oder **Electronic Customer Response** (ECR). So muss die Frage an die Hersteller zurückgespielt werden, wie sie mit Hilfe des kooperativen CRM die Schlagkraft ihrer Vertriebskanäle stärken wollen.

9.2. Der Aufbau von Multikanalsystemen

9.2.1. Festlegung der Kanalstruktur

Nach einer CRM-Studie der META Group aus dem Jahr 2004 haben erst 14 Prozent der Vertriebspartner Zugriff auf die CRM-Daten des Lieferanten. (vgl. den Hinweis im is-Report 10/2004, S. 5)

Bei einer Befragung von 296 Unternehmen haben sich drei dominierende **Erfolgsfaktoren** für den Aufbau von Multi-Channel-Vertriebssystemen herauskristallisiert (vgl. *Homburg/Scholl/Stephan*, ASW 9/2003, S. 27–29):

(1) Ein **sauberes Andocken an den Markt**, mit einer Vertriebsstrategie (Kanalziele, Kunden-, Leistungsmatrix) im Mittelpunkt.

(2) Ein **professionelles Kanalmanagement** mit Motivationsinstrumenten für die Kanalpartner im Mittelpunkt. (*„Die Kunst im Multi-Channel-Vertrieb liegt ... im ausgewogenen Einsatz des ‚Zuckerbrot-und-Peitsche-Prinzips‘ "*: Homburg/Scholl/Stephan, ASW 9/2003, S. 28).

(3) Regelmäßige **vertriebskanalspezifische Erfolgskontrollen**.

Eine Kanalstrategie verlangt einen erfolgabsichernden organisatorischen Rahmen. Die betriebswirtschaftliche Organisationstheorie unterscheidet nach Struktur- und Ablauforganisation. Diese Unterscheidung ist auch beim Aufbau eines Multikanalvertriebs sinnvoll. Zunächst ist die Kanalstruktur festzulegen: das **Organigramm des Kanals**. Welche Partner sollen auf welchen Vertriebswegen und auf welchen Kanalstufen welche Leistungen mit welchen Zielen übernehmen? Ohne eine ordnende Multikanalplanung herrscht auf jeden Fall Kanalkonkurrenz mit der Gefahr einer Kannibalisierung. Grundsätzlich sind – mit Blick auf die Integrationserfordernisse des kooperativen CRM – drei Integrationsalternativen zu unterscheiden:

(1) Auf der **BtoB-Ebene** muss ein Anbieter seine Händler, Handwerker, technisches Call-Center und sonstigen Vertriebspartner in seine CRM-Konzeption einbinden.

(2) Auf der **BtoC-Ebene** sollen sich die Einzelhändler oder Fachhandwerker auf abgestimmte Weise um die Endkunden kümmern.

(3) Wirkliches Multi-Channel-Marketing integriert Partner (BtoB) und Endkundenstufe (BtoC). Lieferant, Vertriebspartner und Endkunden greifen auf die gleiche Systemplattform zu.

Die angestrebten Synergieeffekte durch Kanalverbund sollen im Endeffekt Preisstrukturen sichern und die Kundenbindung erhöhen. Die *Deutsche Bank AG* lässt hierzu verlauten: *„ Wir bemühen uns um eine kundenorientierte Balance zwischen stationärem, mobilem und virtuellem Vertrieb. "* (*Drosten* im Interview mit *Th. Haltrop*, ASW 8/2000, S. 10). Ein Finanzdienstleister, der sich keine einheitliche Aktionsplattform schafft, über die Online-Buchung, Finanzmanagement, Call-Center aus einer Hand angeboten werden, kann sich im Wettbewerb nicht mehr halten. Hierzu sind Branchenlösungen verfügbar. Als Beispiel kann die von *Softlab* in Zusammenarbeit mit dem *Informatikzentrum der Sparkassenorganisation (SIZ)* entwickelte **eBanking-Lösung** erwähnt werden. Mit Hilfe dieser standardisierten CRM-Lösung können Sparkassen quer über alle Kontaktkanäle individuelle Kundenbedürfnisse erkennen und maßgeschneiderte Finanzdienstleistungen anbieten. Das gilt für alle Branche mit Multikanalerfordernis; vor allem für Finanzdienstleister, Stromversorger, Verlage, Telekommunikationsanbieter, Verkehrsbetriebe.

Abb. 345 zeigt das **Kanal-Organigramm** von *L'Oréal* (zit. in *Kracklauer/Wagemann/Voigt* 2004, S. 135). Es handelt sich um ein nicht-integriertes, im Sinne von *Wirtz* **isoliertes Multi-Channel-Marketing** (vgl. *Wirtz*, ASW 4/2002, S. 50). Die Vertriebskanäle werden auf Kundensegmente mit unterschiedlichen Bedürfnissen ausgerichtet und diese mit differenzierten Produktgruppen ver-

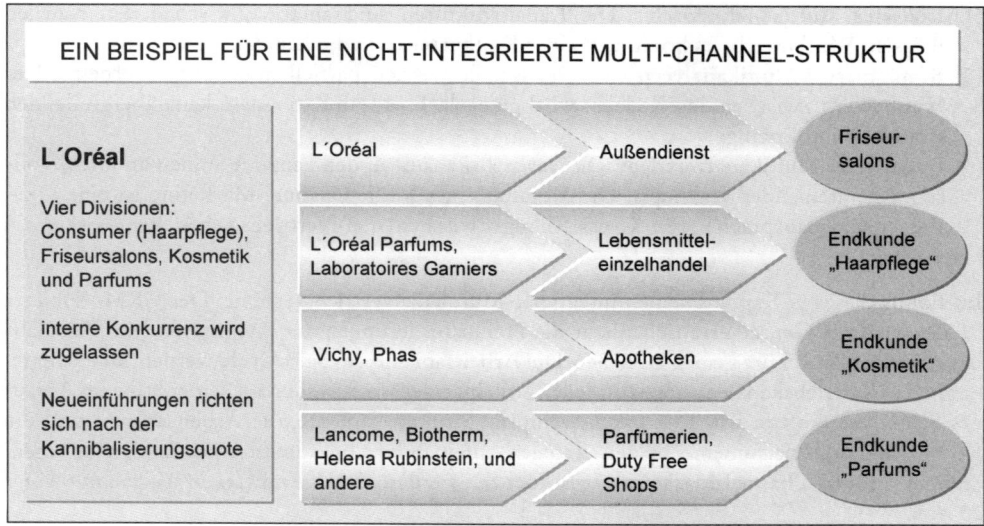

Abb. 345: Das isolierte Multikanalvertriebskonzept von L'Oréal
(zit. aus Kracklauer/Wagemann/Voigt 2004, S. 135)

sorgt. Der Ansatz führt zu Wettbewerb zwischen den Kanälen. Die Kunden werden mit unterschiedlichen Botschaften angesprochen. Echter Multikanalvertrieb ist nicht ohne eine Abstimmung der Kanalprozesse zu erreichen. Deshalb ist die Integration der Kanalprozesse im Sinne des kooperativen CRM der nächste Schritt.

9.2.2. Integration der Kanalprozesse

Ausgangspunkte für die Gestaltung der Kanalprozesse sind partnerbezogene Kanalstrategien:

(1) **Partner-Push-Strategien** entsprechen der in der Abb. 15 dargestellten Vorgehensweise auf Handels-Zentralebene. Lieferanten versuchen, ihre Vertriebspartner zum Erfolg zu drängen. *Microsoft* spricht vom *Marketing to Partners*.

(2) **Partner-Pull-Strategien** betrachten (in BtoB) Fachhandel und Fachhandwerk wie Kunden. Durch gutes Marketing und gute Betreuung sollen die Vertriebspartner auf Grund einer Lieferantenbindung die entsprechenden Produkte beim Großhandel abfordern. Marktführer wie *Vaillant* oder *Viega* gehen so vor. Es liegt ebenfalls ein *Marketing to Partners* vor.

(3) **Markt-Push-Strategien** sind integrierte Partnerschaftskonzepte gemäß Abb. 294 (integrated CRM). Anbieter und Vertriebspartner suchen Hand in Hand den Erfolg bei den Endkunden. *Microsoft* spricht vom *Marketing through Partners*.

(4) **Markt-Pull-Strategien** sind die typischen Strategien der Markenartikelhersteller, die mittels Werbung und Verkaufsförderung Präferenzen bei den Endkunden prägen wollen. Die Endkunden sollen dann beim Handel und Fachhandwerk die umworbenen Produkte nachfragen. Man könnte von *Marketing alongside Partners* sprechen.

Diese Strategien gelten für jeden Kanal. Die Frage ist nun, in welchem Maße die Abläufe zwischen den Vertriebswegen koordiniert werden. *Wirtz* unterscheidet (vgl. *Wirtz*, ASW 4/2002, S. 50):

(1) **Isolierter Multikanalvertrieb:** Die Kanalstrukturen sind autark. Zwischen den Kanälen herrscht Wettbewerb. Es kommt zu einer Konkurrenz um die Kundenbeziehungen.

(2) **Kombinierter Multikanalvertrieb:** Die Kanäle werden partiell miteinander vernetzt. Der Wettbewerb zwischen den Kanälen wird geregelt. Es kommt zu einem kanalübergreifenden Branding und Pricing.

(3) **Integrierter Multikanalvertrieb:** Die Vertriebskanäle werden ganz im Sinne von CRM vollständig miteinander verknüpft. Das Resultat eines Multi-Channel-Marketing ist eine One-Face-Kundenansprache. Ein Cross-Selling zwischen den Vertriebswegen kann optimiert werden.

Im Fokus dieses 9. Kapitels stehen integrierte Multikanalvertriebssysteme. Der CRM-Anbieter *S1 Deutschland GmbH* veranschaulicht die Herausforderungen der integrierten Multikanalabläufe in einer Broschüre gemäß Abb. 346. Die Arbeitsabläufe des SalesCycle werden auf alle Partner in den Vertriebskanälen aufgeteilt. Jeder Kanalpartner weiß, was er auf seiner Stufe im Ablauf des SalesCycle zu tun hat. Erst dann, wenn die Strukturelemente, die Arbeitsabläufe und die Kommunikationsinstrumente in den Kanälen aufeinander abgestimmt sind, kann von einem „echten" **Multi-Channel-Marketing** gesprochen werden (vgl. *Kracklauer/Wagemann/Voigt* 2004, S. 134).

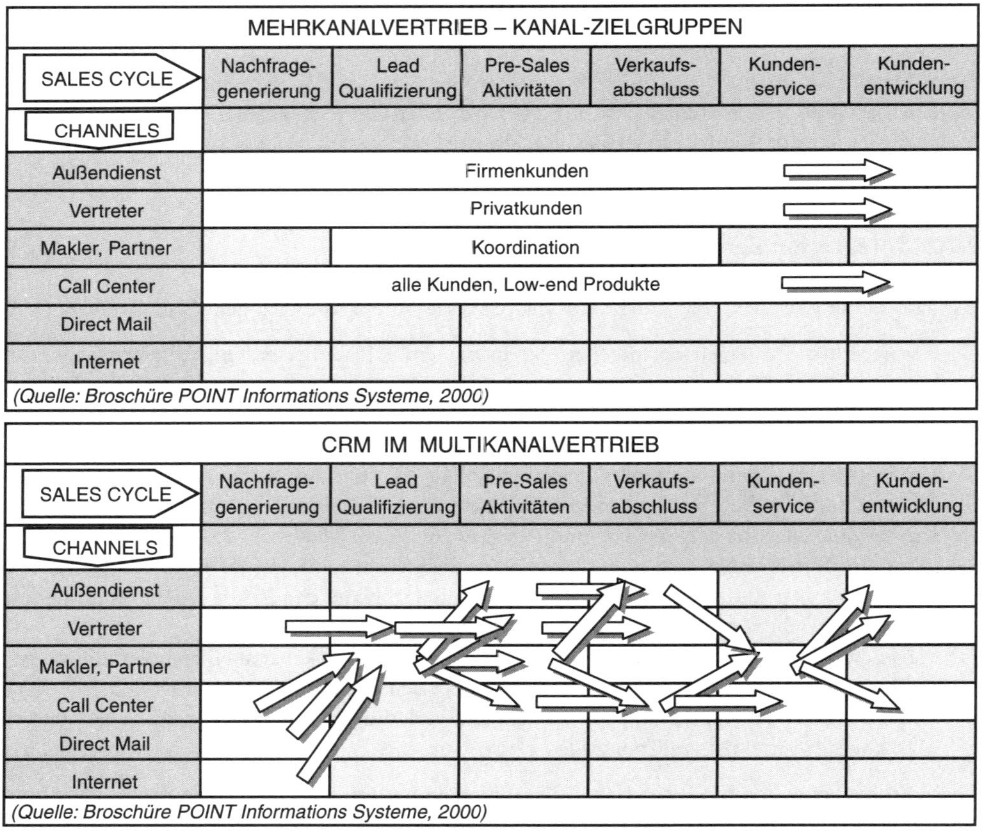

MEHRKANALVERTRIEB – KANAL-ZIELGRUPPEN					
SALES CYCLE / CHANNELS	Nachfrage-generierung	Lead Qualifizierung	Pre-Sales Aktivitäten	Verkaufs-abschluss	Kunden-service	Kunden-entwicklung
Außendienst	Firmenkunden				
Vertreter	Privatkunden				
Makler, Partner	Koordination				
Call Center	alle Kunden, Low-end Produkte				
Direct Mail					
Internet					

(Quelle: Broschüre POINT Informations Systeme, 2000)

CRM IM MULTIKANALVERTRIEB					
SALES CYCLE / CHANNELS	Nachfrage-generierung	Lead Qualifizierung	Pre-Sales Aktivitäten	Verkaufs-abschluss	Kunden-service	Kunden-entwicklung
Außendienst					
Vertreter					
Makler, Partner					
Call Center					
Direct Mail					
Internet					

(Quelle: Broschüre POINT Informations Systeme, 2000)

Abb. 346: Prozessintegration von Vertriebspartnern im Multikanalvertrieb /
S1 Deutschland GmbH

Kundenzielgruppen werden den Kanälen zugeordnet und die regulären (optimalen) Kontakt-
bzw. Betreuungsfolgen bestimmt. Doch es muss dafür Vorsorge getragen werden, dass die Interessenten und Kunden gewohnheitsbedingte Kontaktwege zum Anbieter erzwingen wollen. Es
gibt Kunden, die sich partout Call-Centern verweigern. Diese sind dann von einem Kanal bzw.
von einem Vertriebspartner an den anderen zu übergeben. Kundendaten und Kundenhistorie
wandern automatisch mit, da sie ja in einer zentralen Database für alle Vertriebskanäle bereitge-
halten werden. Eine **Symphonie der Vertriebskanäle** soll den Kunden zufrieden stellen und binden. *Siebel* vermerkt hierzu in seinem CRM-Führer:

*„Es geht im Grund darum, die Geschäftsbeziehungen den Kundenwünschen entsprechend und über die ver-
schiedenen Kanäle hinweg zu gestalten, ohne Rücksicht auf Zeitpunkt, Vertriebsweg, Ort, Sprache, Währung
oder Kommunikationsmittel. Während der Kunde zwischen verschiedenen Vertriebskanälen wählen und
ständig wechseln kann, wie beispielsweise vom Einzelhandel über das Call-Center zum Internet, muss das
Unternehmen in der Lage sein, den Dialog mit dem Kunden so weiterzuführen, als hätte dieser es mit einem
einzigen Ansprechpartner zu tun. Dabei erwartet der Kunde selbstverständlich auch dann, wenn er von einem Vertriebskanal zum anderen wechselt, eine Kontinuität in der Kundendienstqualität."*
(Siebel CRM-Führer, Beilage zum MM 2/2000, hinter S. 68)

9.2.3. Vertriebspartnersuche und -qualifizierung

Eine der wichtigsten Aufgaben im Rahmen des Multikanalvertriebs ist die **Suche nach und Bewertung von Vertriebspartnern** sowie deren Führung und Förderung gemäß Wertigkeit. Es gel-
ten grundsätzlich die gleichen Ausführungen wie im Kapitel 7.1. und 7.2. zur Kundensuche und
Kundenbewertung. Denn in gewisser Weise sind Vertriebspartner auch Kunden. Faktisch sind
sie allerdings die verlängerten Vertriebsarme des Herstellers bzw. Anbieters. Lehnten sich früher
Fachhändler zurück und ließen sich von den Herstellern bedienen, so setzt sich heute nach der
Philosophie des kooperativen CRM immer mehr die Überzeugung durch, dass Hersteller und
Handel bzw. Handwerk gemeinsam um Marktanteile in den Endkundenmärkten zu kämpfen ha-
ben. Dabei geraten die Vertriebspartner in Konfliktsituationen, die nicht exklusiv an Lieferanten
gebunden sind. Deshalb sehen sich die Hersteller gezwungen, in die Bindung und Leistungsfä-
higkeit ihrer Vertriebspartner zu investieren. Dabei muss eine Auslese getroffen werden. Welcher
Händler oder Handwerker verdient welche Bemühungen von Seiten seines Lieferanten?

Abb. 182 beschrieb bereits einen Kundenschlüssel zur vielseitigen Bewertung von Fachhandwer-
kern. Wir möchten hier **drei Erfolgstreiber für das Partnermanagement** hervorheben, die in besonderem Maße den Markterfolg eines Vertriebspartners für seinen Lieferanten bestimmen. Es
sind diese:

(1) Das **Potenzial**, das der Händler oder Handwerker im sortimentsmäßig und regional relevanten Markt (noch) erreichen kann. Es bringt keine Vorteile, den besten Vertriebspartner anzu-
treiben und ihn investiv weiter aufzubauen, wenn er bereits dominierender Marktführer ist.
Zusätzlich ist hier bei freien Vertriebspartnern das aktuell vom Wettbewerb besetzte Potenzial zu beachten. Die kritische Zielgröße ist also das noch über den eigenen Lieferanteil erreichbare Einkaufsbudget des Fachhändlers bzw. Fachhandwerkers.

(2) Die **Kompetenz** umfasst das Wissen und die Fertigkeiten eines Partners, die Leistungen des
Lieferanten im relevanten Markt aktiv zu verkaufen. Kompetenz spielt immer mehr eine Rolle, weil auch die Endkunden immer mehr Beratung und Produkteinweisung verlangen.

(3) Das **Engagement** lässt sich als die Motivation und Einsatzfreude bewerten, mit der sich der
Vertriebspartner für die Belange seines Lieferanten einsetzt. Kompetenz ist gut und schön.
Sie nutzt wenig, wenn der Fachhändler nur am Telefon sitzt und auf Anrufe der Endkunden
wartet.

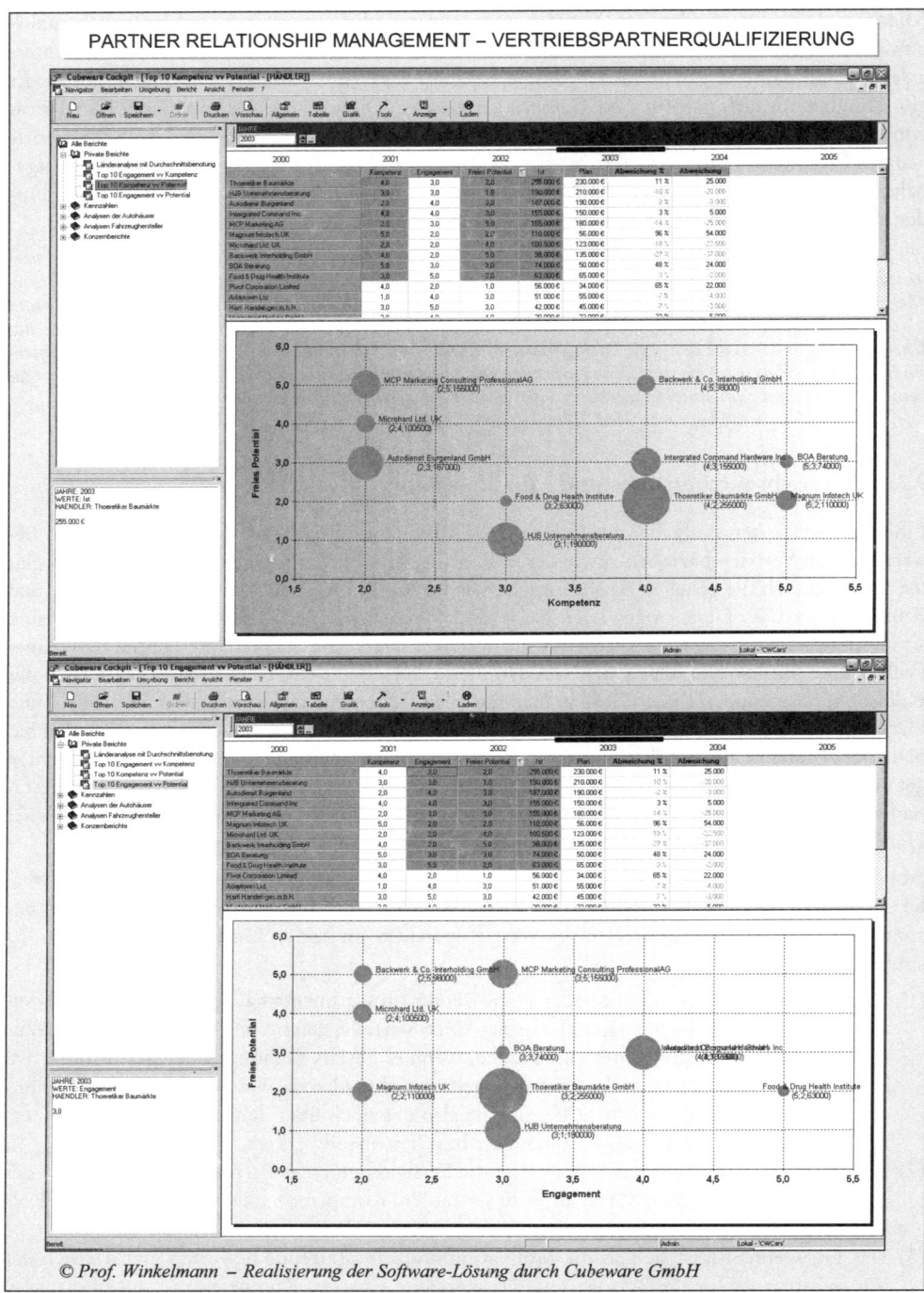

*Abb. 347a: Die Analyse der 3 Erfolgstreiber für das Partnermanagement /
mit frdl. Unterstützung durch die Cubeware GmbH*

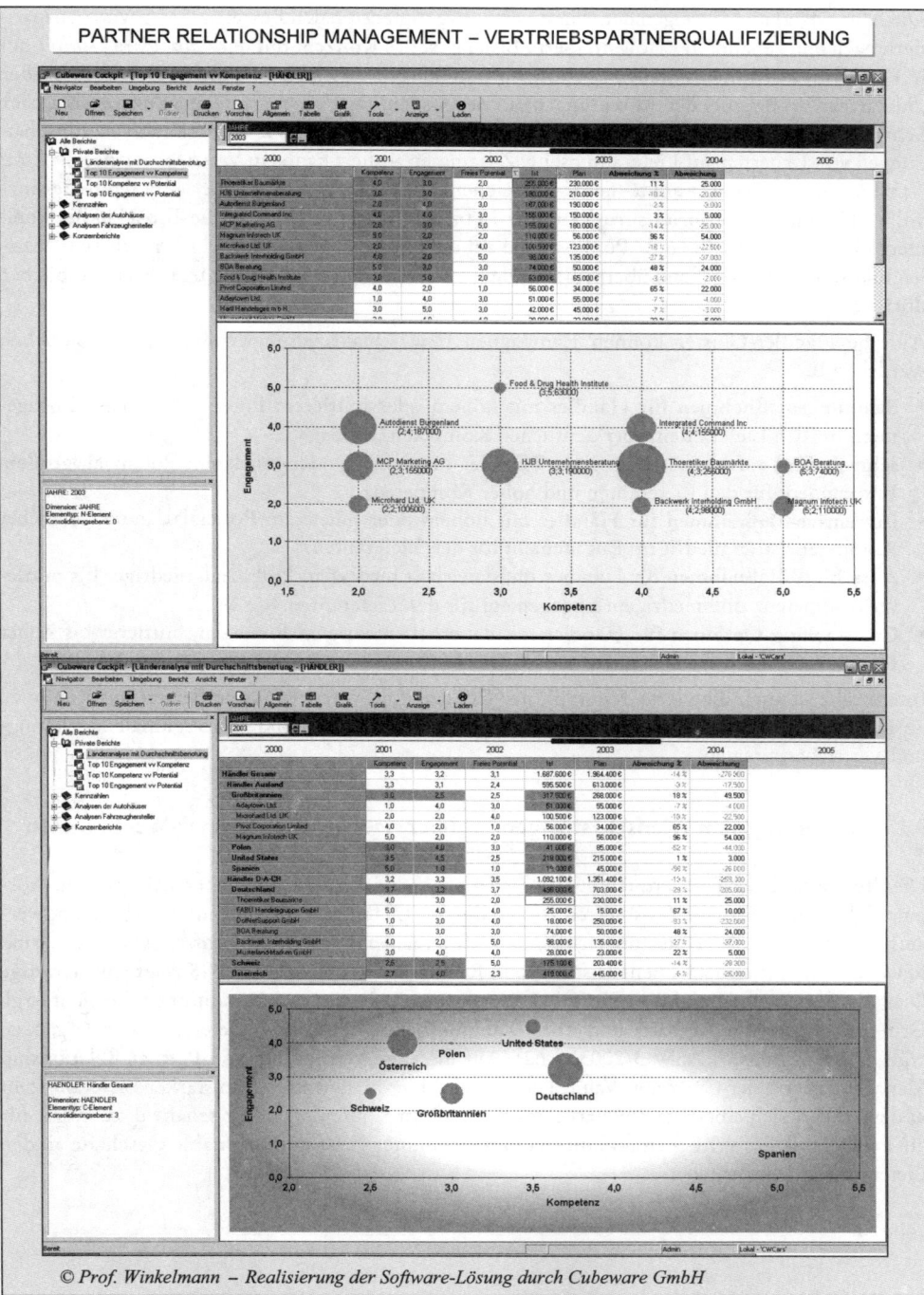

Abb. 347b: Die Analyse der 3 Erfolgstreiber für das Partnermanagement /
mit frdl. Unterstützung durch die Cubeware GmbH

Die Abb. 347 a) und b) zeigen den Ansatz einer dreidimensionalen Bewertung von Vertriebspartnern nach den genannten Erfolgstreibern. Bislang ist das Konzept mit der *Cubeware GmbH* nur in Form von zweidimensionalen Portfolio-Darstellungen verwirklicht worden. Bewertet werden die Partner im Beispiel der Abbildungen auf 6er-Skalen. Die *freien Umsatzpotenziale* sind nach Schwellewerten zu codieren. *Kompetenz* und *Engagement* beruhen auf qualitativen Einschätzungen von Experten auf Lieferantenseite. Zusammen addiert kann ein Vertriebspartner maximal 3 mal 6 Qualifizierungspunkte (Scores) erreichen. Dieses Scoring-Modell erlaubt dann die sinnvolle **Ableitung von Prioritätsgruppen**. Auf 15 bis 18 Punkte sollten z.B. die Top-Händler kommen. Händler unterhalb von 7 Punkten sind auf der anderen Seite schon sehr kritisch zu beurteilen und sollten dahingehend überprüft werden, ob sie weiterhin im Multikanalsystem verbleiben dürfen.

Auf die Händler-Cluster können Kampagnen bzw. Qualifizierungsmaßnahmen ausgerichtet werden; z.B.

- **Schulungsmaßnahmen** für Händler mit hohem oder mittlerem Potenzial, großem Engagement für den Lieferanten, aber deutlichen Kompetenzlücken,
- **schnelle Verkaufsunterstützung** für Händler mit hohem oder mittlerem Potenzial, großem Engagement für den Lieferanten und hoher Kompetenz,
- **Invcentive-Maßnahmen** für Händler mit hohem oder mittlerem Potenzial, guter fachlicher Kompetenz, aber niedrigem Engagement für den Lieferanten,
- **Ausschluß-Maßnahmen** für Händler mit dauerhaft niedrigem Potenzial, niedriger bis mittlerer Kompetenz und niedrigem Engagement für den Lieferanten,
- **Cross-Selling-Optionen für Händler** mit dauerhaft niedrigem Potenzial, mittlerer bis hoher Kompetenz und hohem Engagement für den Lieferanten.

Interessant ist auch die vierte Teilgrafik der Collage. Die Vertriebspartnerbewertungen können zu **Länderportfolios** verdichtet werden. So ergeben sich Ansatzpunkte für regionale Marketing- und Vertriebsstrategien.

9.2.4. Zuteilung von Dienstleistungen und Services gemäß Partner-Wertigkeiten

Die Ergebnisse einer Partnerqualifizierung werden Auswirkungen auf die Dienstleistungen (kostenpflichtig) und Services (kostenfrei) haben, die der Lieferant seinen Händlern oder Handwerkern zuteil werden lässt. Leistungen, die man erfolgreichen Partnern kostenfrei bieten kann, sind schwächeren Partnern als Dienstleistungen in Rechnung zu stellen. Abb. 348 zeigt eine derartige Dienstleistungs- und Servicematrix. Die **Leistungsmatrix** ist um eine Konditionenübersicht bzgl. Grundrabatt, Leistungsrabatte und Boni, Zahlungsbedingungen und Lieferservice zu ergänzen (vgl. *Beutin/Schuppar*, ASW 3/2003, S.62). Auf die enge Verbindung von Partner Relationship Management mit der Customer Value Theorie wird hier hingewiesen. Ein starker Lieferant steht in der Pflicht, sich einen Stamm starker Vertriebspartner aufzubauen. Er schafft dazu Werte für die Partner, die das verdienen und die via Partnerbindung neue und profitable Geschäfte an den Lieferanten zurückbringen.

	Top-Partner	Ausbaupartner	Standardpartner	Low Performance Partner
Top-Dienstleistungen und -Service				
Standard-Dienstleistungen und -Services				
Basis-Dienstleistungen und -Service				

Abb. 348: Eine Leistungsmatrix für Vertriebspartner im Rahmen von Partner Relationship Marketing

9.2.5. Führung der Kanalpartner – Partner Relationship Management (PRM)

Für das Kundenspiel über die Vielfalt der Kanäle gilt als eine der wichtigsten CRM-Regeln: „Es darf niemals vorkommen, dass ein Kunde eine Angabe wiederholen muss." (Don Peppers, Peppers and Rogers Group 2002)

Zunächst sind die Leistungsstärken und -schwächen von Vertriebspartnern in den Kanälen zu identifizieren und zu fördern bzw. zu beheben. Was nutzt einem Hersteller ein Vertriebsmanagement im Sinne von CRM, wenn die Vertriebspartner den Anforderungen nicht gewachsen sind. Typisch sind Klagen, wie sie z.B. von IT-Herstellern im Rahmen einer Vertriebspartnerstudie von *Antares Consulting* vorgebracht wurden (vgl. *www.antares-consulting.de;* Hinweis in sales-Business, 5/2002, S. 7):

- Vertriebspartner haben zu wenig kompetentes Verkaufspersonal,
- verzetteln sich auf zu viele Produkte,
- beraten die Endkunden nur mangelhaft,
- vernachlässigen die langfristige Kundenbindung und denken nur von Projekt zu Projekt,
- unternehmen zu wenig Marketingaktionen
- und stehen oft sogar zu den Herstellern (Lieferanten) im Wettbewerb.

Doch es gibt auch positive Beispiele. Eine Befragung von 900 Automobilhändlern entdeckt folgende Händlertypen (vgl. *Beutin/Fürst/Finkel*, ASW 9/2003, S. 54):

(1) **Perfektionisten** (10 %): Sie sind die Vorreiter ihrer Branche im Hinblick auf Kundenorientierung.

(2) **Aufgewachte** (68 %): Sie sind sich ihrer Schwachstellen bewußt und unternehmen Anstrengungen, sich auf die neuen Erfordernissen eines kooperativen CRM einzustellen.

(3) **Selbstzufriedene** (16 %): Sie geben sich mit dem Grad ihrer Kundenorientierung zufrieden und zeigen wenig Veränderungsbereitschaft.

(4) **Ignoranten** (6 %): Sie sind die „Sorgenkinder" der Hersteller, weil sie Notwendigkeiten zu einem Strukturwandel nicht erkennen.

Viele Probleme im Multikanalvertrieb resultieren aus den klassischen Zielkonflikten zwischen Industrie und Handel (vgl. *Winkelmann* 2003, S. 374). „*Jeder will seine Position bewahren*" (so *Wald im* acquisa Sonderheft CRM 2001, S. 41). Sie treten z.B. zutage, wenn Hersteller und Handel Internetkanäle ohne Abstimmung parallel betreiben. Hier, d.h. im menschlich-organisatorischen Bereich anzusetzen, ist Sache der Partnerbetreuung durch Marketing oder Vertrieb. Weitere Herausforderungen entstehen bei der der **Integration der Kanäle:**

(1) Alle Partner in der Kanalkette müssen auf die gleichen Kundendaten zugreifen können.

(2) Alle kaufprozessrelevanten Daten liegen in allen Kanälen stets aktuell abrufbar vor.

(3) Das System sichert in allen Kanälen eine ganzheitliche Sicht auf den Kunden. Der Kunde wird sozusagen „mit einer PIN-Nummer" betreut.

(4) Für jeden Kanal und jede Kanalstufe sind für die Vertriebspartner einvernehmlich Ziele erklärt und in der Vertriebssteuerung dokumentiert. Reibungsverluste durch Konkurrenz in den Kanälen sind zu minimieren.

(5) Alle Vertriebspartner können ihre Anteile am Vertriebskanalerfolg erkennen.

(6) Die Aufteilung des Kanal-Deckungsbeitrags sollte den Leistungen der Vertriebspartner entsprechen. **Kompetenzargumente müssen Machtspiele gegenwärtiger Absatzwege ersetzen** (vgl. zur Problematik *Jensen*, MM 10/1997). „*In vielen Fällen steht die Marge der Händler in keiner Relation zu den Funktionen, die sie für den Hersteller übernehmen.*" (*Homburg/Schäfer/Scholl*, ASW 3/2002, S. 40). Leistungen und Kosten der Vertriebskanäle müssen folglich durch das CRM-System transparent gemacht werden.

Branchen mit „kommunikationsfreudigen Kunden" verlangen den viel beschworenen, ganzheitlichen Blick auf den Kunden (lt. *Vaillant* ein **360-Grad-Rundblick**), eine partnerschaftliche Arbeits- und Kompetenzteilung in der Kette und eine kanalgeeignete Datenbank- und Steuerungssoftware. Wieder hängt der Erfolg von der Verbindung von Menschen und Systemen ab. Deshalb ist in den nächsten Jahren mit dem Aufschwung einer neuen Generation von CRM-Konzepten zu rechnen, die treffend als PRM (**Partner Relationship Management**) bezeichnet werden. Maßnahmen zu einer Verbesserung der Zusammenarbeit von Hersteller und Handel/Handwerk werden dann in Öffentlichkeit und Fachpresse hoffentlich mehr Bedeutung erlangen. Abb. 349 enthält Vorschläge für den Automobilvertrieb.

VERBESSERUNG DER ZUSAMMENARBEIT VON HERSTELLER UND FACHHANDEL	
Was sollten Automobilhersteller tun?	*Was sollten Automobilhändler tun?*
• die Bereitschaft des Handels, sich zu verbessern, aktiv nutzen • die Händler dort, wo sie es wünschen, aktiv unterstützen • mittel- und langfristig *„unterstützen"* statt *„ausquetschen"* • Qualifizierungsprogramme für die Kundenorientierung im Handel anbieten • den eigenen Außendienst in punkto Kundenorientierung qualifizieren • die informationstechnologischen Voraussetzungen zum Austausch von Daten schaffen • die Maßnahmen von Hersteller und Handel koordinieren	• sich anhand von Erfolgsfaktoren selbst einschätzen • den eigenen Verbesserungsbedarf genau feststellen • den Verbesserungsbedarf nach Wichtigkeit ordnen • ein Konzept für die systematische Kundenorientierung erarbeiten • den Erfolg der eingeleiteten Maßnahmen regelmäßig überprüfen • die eigene Kundenorientierung regelmäßig bewerten • mit befreundeten Händlern oder neutralen Partnern einen Arbeitskreis bilden
(vgl. Beutin/Fürst/Finkel, ASW 9/2003, S. 55)	

Abb. 349: Ansätze zur Verbesserung der Zusammenarbeit zwischen Automobilhersteller und Automobilhandel

Aus der Erfahrung von Praxisprojekten sehen wir zusätzliche drei Schwerpunkte:

(1) **Steigerung der Mitarbeiterqualifikation** in Handel und Handwerk (vor allem in Verkauf und Betriebswirtschaft),

(2) bessere **Integration von Datenbanken und Prozessen** – behutsam in Richtung Supply Chain Management,

(3) eine zwischen Hersteller und Vertriebspartner abgestimmte Analyse der **Profitabilität von Vertriebskanälen** mit Absprache gemeinsamer Verbesserungsmaßnahmen.

9.2.6. Bewertung der Profitabilität von Vertriebskanälen

Dieser Abschnitt könnte auch gut im Rahmen des 10. Kapitels behandelt werden, dient hier jetzt aber zur Abrundung. Ein Lieferant wird sich fragen, ob und wie sich seine Vertriebskanäle rechnen. Generell kann eine Deckungsbeitrags-Vertriebsergebnisrechnung wie in Abb. 404 auf Kontakt- und Verkaufsschienen übertragen werden. Abb. 350 enthält ein Beispiel der *SAP AG* aus *mySAP CRM*. Das *SAP*-Cockpit analysiert die monatlichen Deckungsbeiträge der Kanäle eCommerce, mobile Sales, Interaction Center und Vertriebspartner. Wie sich zeigt, wird im Internet-Shop am besten verdient, allerdings mit deutlich sinkender Tendenz.

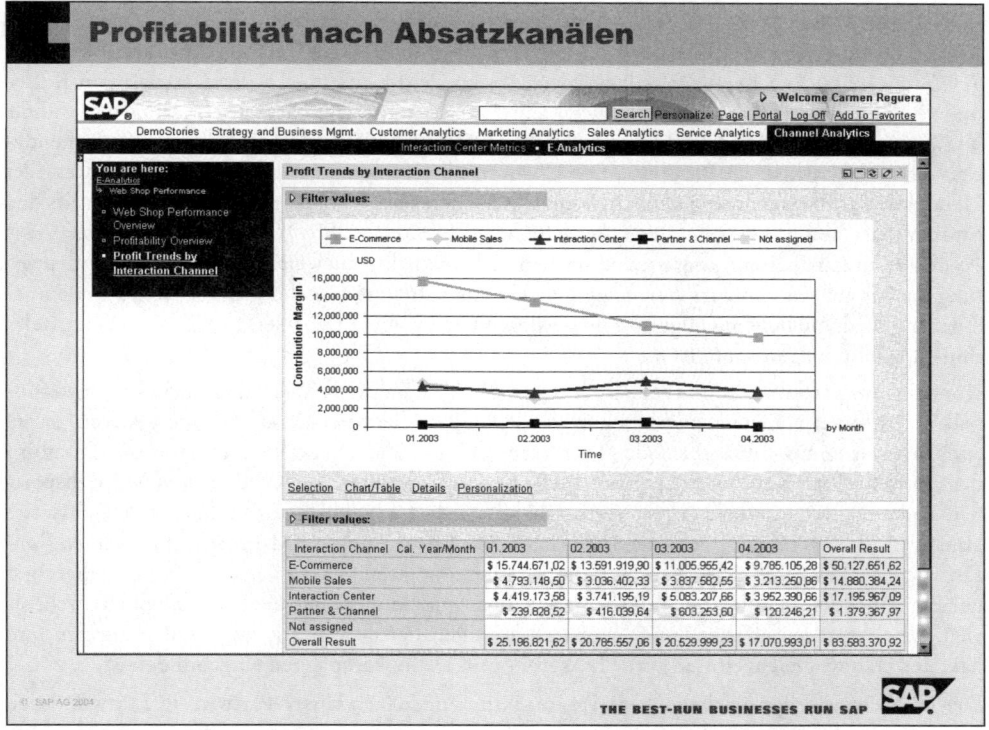

Abb. 350: Die Analyse der Profitabilität von Vertriebskanälen mit mySAP CRM / SAP AG

9.3. Multikanalvertriebssysteme in der Praxis

„Eine Mehrkanal-Strategie zielt auf die Ausschöpfung potenzieller Kundenkontakte. Jede Addition von Absatzkanälen impliziert ein Konfliktpotenzial mit den bestehenden Absatzmittlern."
(Bunk, ASW 7/2000, S. 37)

In der Praxis gibt es keinen Standard für den Multikanalvertrieb. Kaum ein Vertriebswegekonzept gleicht dem anderen. Eines aber kann festgehalten werden: Internt-Kommunikations- und Verkaufskanäle sind im modernen Mehrkanalvertrieb nicht mehr wegzudenken.

Einen idealtypischen BtoC-Multikanalvertrieb unterhält die *Dresdner Bank AG*. Jeder Geschäftskunde kann auf drei verschiedene Vertriebskanäle zugreifen: (1) auf eine persönliche Beratung, (2) auf eine telefonische Beratung und (3) auf das Firmenfinanzportal im Internet (Anm.: Wir sprechen hier von BtoC, weil die Geschäftskunden sozusagen als Endverbraucher zu sehen sind). Für eine persönliche Beratung stehen die verschiedenen Spezialisten der Vertriebsteams zur Verfügung. Für die Telefonkontakte steht eine Direktbank bereit, über die der Kunde seine täglichen Bankgeschäfts abwickeln kann. Über die Internet-Plattform *www.finanzportal.de* kann der Kunde seine Bankgeschäfte auch online tätigen. Das Web-Center bietet auch qualifizierte Beratung an. Die Integration der drei tragenden Vertriebsschienen erfolgt über das Betreuungs- und Unterstützungssystem der *Dresdner Bank AG* (Abkürzung *BUS*). *BUS* ermöglicht als CRM-System den Real-Time-Zugriff über alle Vertriebskanäle hinweg auf alle Kunden- und Geschäftsdaten (vgl. *Plesser/Schönhals*, ASW 4/2002, S. 32–36).

Als ein erfolgreiches Multikanalsystem mit BtoC und indirektem Vertrieb (BtoBtoC) kann die *Tchibo direct GmbH* herausgestellt werden. *Tchibo* sichert sich durch den Vertrieb von Kaffee und Gebrauchsgütern über eigene Filialen, durch den Internet-Direktvertrieb offline und online, wie auch durch Partner im Fachhandel und durch Depots im Lebensmittelhandel eine flächendeckende Verfügbarkeit der Produkte. Die Chancen durch eine Kanalvielfalt werden genutzt. Der Handel ist darüber nicht so glücklich. Beim Online-Shopping-Volumen belegt *Tchibo* bereits den fünften Platz hinter *Amazon, Deutsche Bahn, Otto Versand* und *BOL*. Interessant ist, dass *Tchibo* den Multikanalansatz konsequent auf den Kundendialog ausweitet. Die *Tchibo*-Kundenzeitung basiert auf einer integrierten Kommunikationsplattform, von der aus Vertrieb, Kundenmedien und Dialogmarketing abgestimmt werden. Hierfür nutzen wir den Begriff **Customer Relationship Communication (CRC)**.

Koordinationsprobleme sind typisch für den indirekten Vertrieb. Wie bereits bei der konventionellen (isolierten) Kanalsteuerung dargestellt, liegen die besonderen Schwierigkeiten darin, rechtlich selbständige Händler oder Fachhandwerker in die eigene Vertriebsstrategie einzubinden. In indirekten Kanälen kennen die Lieferanten oft nur die Großkunden ihrer Vertriebspartner. Anbieter mit Exklusiv- bzw. Vertragshändlern (3.2.2.i) sind noch in einer vergleichsweise günstigen, da mächtigen Position. *BMW* hat einen **integrierten CRM-Prozess** mit Namen *Top-Drive* entwickelt. *Top-Drive* vernetzt alle Kundenkontakte über die verschiedenen Medien und bezieht dabei den Handel in den Informationsfluss mit ein. Ein spezielles Internetportal stellt sicher, dass Anfragen effizient und integriert von allen Partnern bearbeitet werden können und dass der Handel gleichzeitig in aktuelle Werbe- und Dialogkampagnen eingebunden ist.

Der Küchenhersteller *bulthaup* vertreibt mit Hilfe von 500 Exklusiv-Partnern in Europa, Asien und Übersee. Fast alle Konkurrenten von *bulthaup* setzen dagegen auf Händler, die mehrere Fabrikate vertreten. Bei freien Vertriebspartnern ist entscheidend, wie diese von einem neuen Vertriebsweg profitieren können, denn nur dann sind sie bereit, ihrem Lieferanten Einblick in die Bücher zu geben.

Extreme Integrationsanforderungen bewältigt der *Allianz Konzern*. Dieser steuert mit ca. 9.500 hauptberuflichen Vertretern, über 30.000 Nebenberufsvertretern und ca. 5.500 Außendienstangestellten neben *Würth, Siemens* und *Vorwerk* die umfassendste Vertriebsorganisation in Deutschland. Dabei ist eine Besonderheit der Versicherungswirtschaft hervorzuheben: Hier kennen die Versicherer im Gegensatz zu den meisten anderen Märkten die Endkunden, da die Verträge bei ihnen geführt werden (Problem: i.d.R. nur Bestandsdaten, keine „weiche" Kundenqualifizierung). Das sind gute Voraussetzungen für ein kooperatives CRM!

Die *Deutsche Telekom* entwickelte unter einer Win-Win-Zielsetzung eine **Fachhandelslösung**, die einem Hersteller (der das Konzept von der *Telekom* übernimmt) einen attraktiven Internet-Vertriebsweg eröffnet, gleichzeitig aber auch dem Handel neue Kunden beschert. Der Computerhersteller *Compaq* will so mit dem *Telekom-Konzept* 500 Fachhandelspartner via eigene Online-Shops in das Internet bringen. Suchen Surfer im Web nach einer bestimmten Marke, so werden sie von der Web-Site des Herstellers zum Online-Shop eines Fachhändlers in ihrer Nähe geführt. Der Hersteller bestimmt das Corporate Design und die Preise der wichtigsten Shop-Artikel und ist zur schnellen Aktualisierung im gesamten Händlernetz befähigt. Aber auch die Händler profitieren von dieser Lösung. Die Web-Site des Herstellers spielt ihnen die neuen Interessenten zu. (vgl. *o. V.*, digits 3/1999, S. 45).

Bei einer Mehrkanalpolitik im Sinne von CRM müssen nicht alle Schienen bzw. Partner mit gleicher Priorität bedient werden. *Hewlett Packard* hat je nach Leistungsfähigkeit der Händler vier Connect-Fachhandelsstufen mit darauf abgestimmten Händlerprogrammen kreiert. Ebenso differenziert *Sony* in den Kanälen die Sortimente, POS-Materialien und Verkäuferschulungen. Marken müssen getrennt gesteuert werden, um in integrierten Mehrkanalsystemen nicht die gleichen Kannibalisierungswirkungen zu provozieren, wie in herkömmlichen, separat laufenden Vertriebsschienen. Der Flurförderhersteller *Jungheinrich* bedient seine Handelspartner mit der Marke *Steinbock/Boss*. Dem eigenen Direktvertrieb ist die Hausmarke *Jungheinrich* vorbehalten (vgl. *Göpfert/Howaldt*, ASW 10/1999, S. 100).

Auf der einen Seite ist also für ein Mehrkanal-Management eine kontrollierte **Vielfalt** (mehr Differenzierung zwischen den Kanälen) charakteristisch. Auf der anderen Seite ist **Standardisierung** (mehr Harmonisierung der Kundenansprache) angesagt. Viel stärker als bei der herkömmlichen Absatzwegepolitik muss der Erfordernis zentraler (Kunden)Datenbanken Rechnung getragen werden. So stellt die *Ringfoto-Gruppe* ihren 2.400 europäischen Fachhändlern ein einheitliches Bestell- und Informationssystem zur Verfügung (Software: *Leo Retail* von *Networks Unlimited*). Eine Bestellung aus der Warenwirtschaft des Händlers wird automatisch in das *Ringfoto*-Gesamtsystem importiert. Früher kommunizierten die Kunden über Brief, Fax, Telefon und eMail isoliert in den unterschiedlichen Kanälen. Heute fließen alle Informationen direkt in das Auftragsbearbeitungssystem ein. Abgesehen von der Kanalintegration reduziert die papierlose Verarbeitung auch die Durchlauf- und Lieferzeiten (vgl. *Knüpffer*, acquisa 1/2000, S. 17–18).

Auch bei *Bosch* ist im Rahmen der Kanalausweitung ein **Extranet** für die Fachhändler entstanden (vgl. *Knüpffer*, acquisa 1/2000, S. 18). Über tausend Fachhändler nutzen ein System von *Intershop*, um sich über Elektrowerkzeuge zu informieren und Online-Bestellungen zu tätigen. Die *Bosch*-Mitarbeiter konnten ein Drittel ihrer Arbeitszeit einsparen (manuelle Datenerfassung und Korrektur von fehlerhaften Bestelldaten). Die Kunden profitieren nachweislich vom gestiegenen Service des Fachhandels. Im Multikanal-Management werden die Vorteile der Kanalausweitung aber erst dann voll zum Tragen kommen, wenn auch die Händler zu einer aktiveren Rolle bereit sind. *3M* hat ein zweistufiges Extranet-Distributionskonzept für den IT-Fachhandel geschaffen. Das *Computer Channel Network (CCN)* vernetzt allein in Deutschland 20.000 Fachhändler. Die

Händler sind an die Online-Bestellwesen definierter Großhändler angeschlossen und werden zentral in Promotionkampagnen eingebunden (vgl. *Bauer,* acquisa 8/2000, S. 16).

Andere Konzeptionen schränken die Spielräume der Kanalpartner eher ein. *BMW* und *DaimlerChrysler* wollen künftig alle Kundendaten in europäischen Kundenzentren zusammenfassen. Die Händler fürchten um ihre Kundenkarteien und damit um den zeitlichen Vorsprung beim Zugriff auf den Kunden. (vgl. *Linden,* MM 10/1998, S. 252). *Porsche* dagegen überlässt den Händlern im Rahmen des *Total Customer Processing (TCP)* weiterhin die CRM-Primärprozesse, während die Zentrale wichtige Sekundärfunktionen, wie Marken-, Modell- und Preispflege, darauf abstimmt (vgl. *Meyer/Schurz,* acquisa 5/2001, S. 40–42).

Eine spezielle Herausforderung liegt in der **Standardisierung der Preispolitik.** CRM und Internet werden im Mehrkanalvertrieb hohe Transparenz schaffen und zu neuen Formen einer dynamischen Preisbildung führen (z. B. durch Auktionen oder Group-Buying). Sind dann die Preis- bzw. Rabattspielräume horizontal über die verschiedenen Absatzwege und vertikal über die Distributionsstufen nicht aufeinander abgestimmt, kann das Konditionensystem leicht unterlaufen werden. *Willer* zeigt einen Weg auf, wie die Preisgestaltung in einem Mehrkanal-Vetriebssystem vorzunehmen ist (vgl. *Willer* 1998, S. 321–325).

Ein Fachhändler kann seine Chancen im Kanalnetz besser überschauen, wenn er in das Kanalkonzept eines kompetenten Anbieters eingebunden ist. Seitdem der umsatzstärkste deutsche Büromöbelhersteller, *König+Neurath,* seinen mehrstufigen Vertriebsweg mit Hilfe eines CRM-Systems steuert, sind Doppelakquisitionen trotz der hohen Zahl von mehreren tausend mittel- und langfristigen Projekten die Ausnahme (vgl. *Hassmann,* salesBusiness, 5/2002, S. 26). Probleme drohen dagegen den **Mehrfachvertretungen,** z. B. den **Mehrfachagenten und Maklern im Finanzbereich.** Sie sind für mehrere Finanzdienstleister tätig. Sie fungieren als Knotenpunkte verschiedener und zudem kompetitiver Vertriebskanäle. Ihre Arbeitssituation ist praktisch kaum beherrschbar, wenn Sie sich mehrfach in die unterschiedlichen Software-Systeme und die daraus hervorgehenden Abwicklungsprozesse ihrer Auftraggeber einspannen lassen. Jeder Berater ist dann gezwungen, sich sein eigenes Mutter-Netzwerk zu schaffen, das die Datenpakete seiner Auftraggeber konsolidiert. Verlaufen alle Daten zwischen Kunde, Vermittler und Versicherer auf elektronischem Wege, dann kann sich der Makler z. B. Tarifänderungen von der Web-Site der Assekuranz herunterladen, um seine Beitragskalkulation zu überarbeiten. Können umgekehrt die Versicherer auf die Kundendaten ihrer Makler zugreifen, dann profitieren sie im Gegenzug von den Erfahrungen der Vielzahl der Kundenberater. Dies kommt über verbesserte Produkte wieder den Kunden zugute (vgl. *Gerth,* consult 2/2000, S. 18). Dabei ist nochmals anzumerken, dass die Stammdaten (Vertrags-Bestandsdaten) auf Seiten der Versicherer gehalten werden.

9.4. Systemansätze für Multikanalvertriebssysteme

Im folgenden werden **Systemansätze für das kooperative CRM** vorgestellt. Abb. 351 skizziert den erfolgreichen Direktvertriebsanbieter für Hard- und Software *Dell Corporation.* Es ist nicht wahr, dass *Dell* nur als Monokanalanbieter im Internet (eCommerce) anzusehen ist. Der Erfolg von *Dell* beruht auf einem geschlossenen Ansatz der Verbindung persönlicher und unpersönlicher Vertriebswege, wenngleich der Internetkanal zum *„Rückgrat der Kundenbeziehung"* erklärt wird. Die Kopfzeile zeigt, wie *Dell* die Marktbearbeitung im Sinne des klassischen Sales-Cycle strukturiert. Der Internetkanal begleitet den Interessenten bzw. Kunden durch alle Stufen des Prozesses.

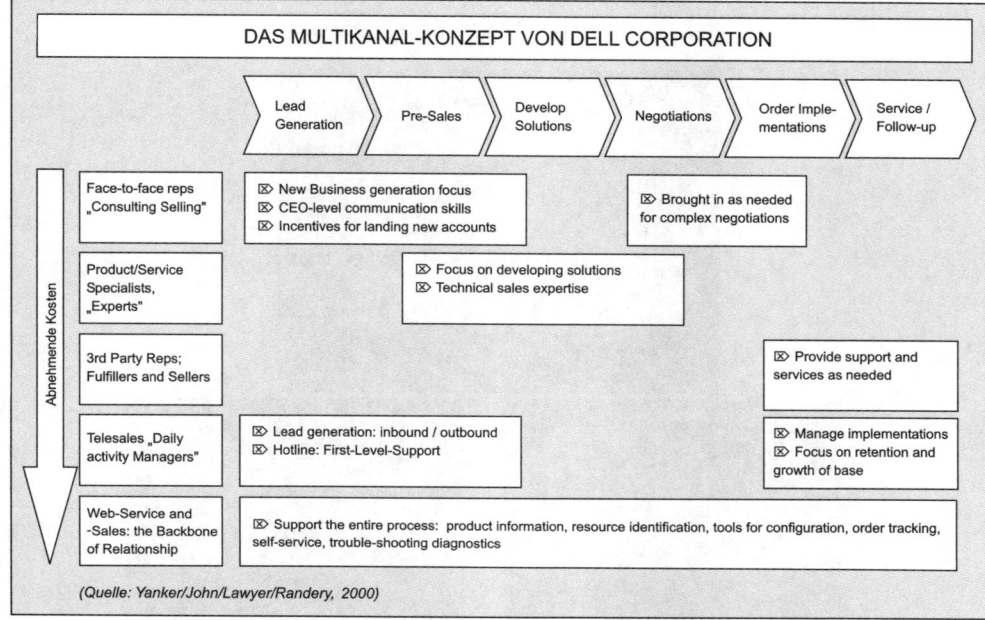

Abb. 351: Das Multikanalsystem von Dell

Der CRM-Systemanbieter *Pivotal* löst die Herausforderungen des kooperativen CRM mit Hilfe eines speziellen *PartnerHub*. Abb. 352 zeigt im oberen Teil das Zusammenspiel der drei Hubs. Der *CustomerHub* ist ein One-to-one-Internetportal für potenzielle und bestehende Kunden mit den Funktionen Registrierung, Profilerstellung, personalisierte Kataloge, Online-Bestellungen, Auftragsbearbeitung und Customer-Self-Service. Der *eRelationship IntraHub* vereinigt alle Tätigkeiten der Mitarbeiter in Verkauf, Marketing und Service auf einem digitalen Arbeitsplatz. Der *PartnerHub* bietet ebenfalls eine umfangreiche Internet-Umgebung, welche die Funktionen von Marketing, Verkauf, Kundendienst und Auftragsbearbeitung auf registrierte Geschäftspartner ausdehnt.

Die Vertriebspartner können über den *PartnerHub* webgestützt Stammdaten direkt in die zentrale Datenbank eingeben und pflegen. Sie können selbst Vertriebsprojekte anlegen und Verkaufschancen im Verbund mit dem Hersteller oder anderen Partnern analysieren. Ein Händler kann aus seinem Verkaufsgebiet heraus den Versand von Informationsunterlagen durch die Zentrale steuern. Mit Hilfe eines **Content-Management** kann der angeschlossene Händler in der **Wissensdatenbank** des Herstellers nach Produkt- und Kundeninformationen suchen. In den unteren vier kleinen Charts der Abb. 352 wird der Datenfluss zwischen den Beteiligten beschrieben:

(1) Ein Interessent registriert sich und trägt sein Produktinteresse ein.
(2) Der Lead wird dem Verkaufsinnendienst angezeigt und dort qualifiziert. Das System nimmt nach einem Scoring-Modell eine Kundenbewertung vor. Anschließend wird der Mitarbeiter aufgefordert, den Vorgang an einen Distributor weiterzugeben. Hierzu schlägt das *Pivotal System* eine Liste mit Händlern und deren Ansprechpartner vor.
(3) Nach Auswahl des Händlers wird die Opportunity abgeschlossen und der Ansprechpartner des Vertriebspartners informiert.

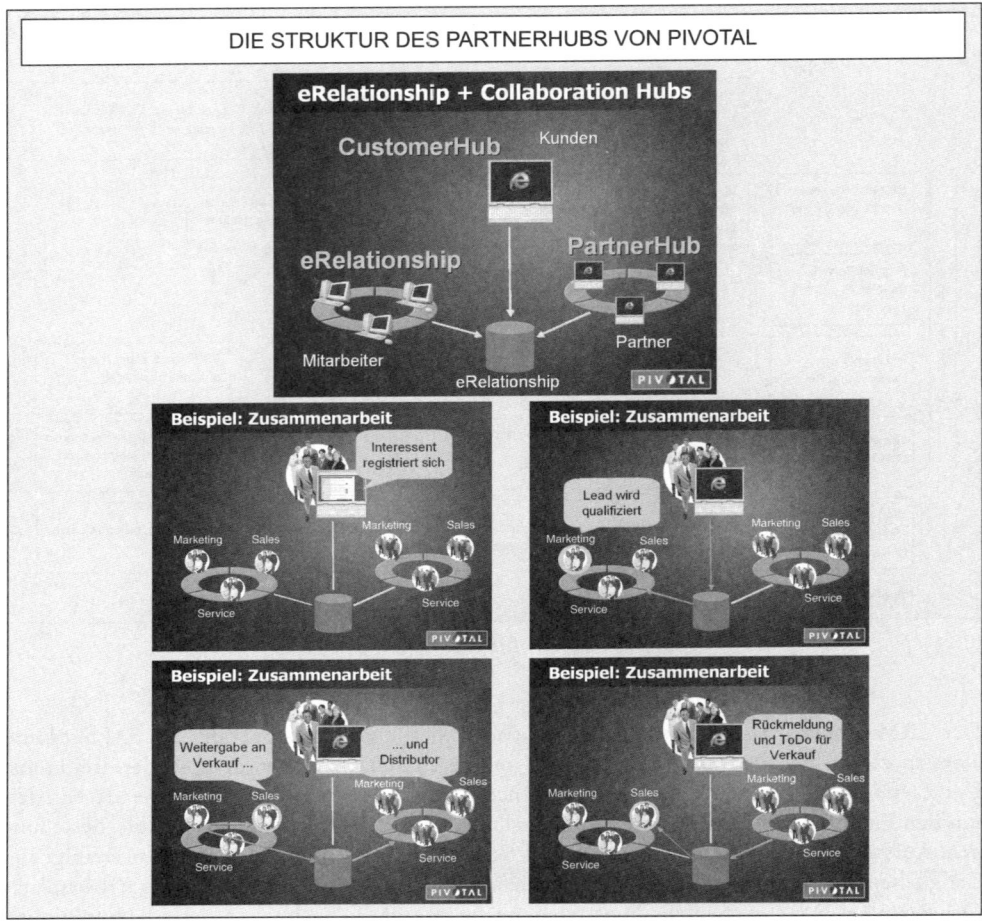

Abb. 352: Die Hub-Struktur der Pivotal GmbH

(4) Der Händler loggt sich im Portal des Lieferanten ein, gelangt in den *PartnerHub* und hat dort Zugriff auf alle Marketing-, Verkaufs- und Serviceinformationen. So kann er den Vorgang mit händlereigenen Daten anreichern und Kontakt zum Interessenten aufnehmen. Sind weitere Aktionen auf Seiten des Lieferanten notwendig, kann der Händler direkt Kundenhistorie und Terminkalender des Innendienstmitarbeiters ansteuern.

Alle kundenbezogenen Aktivitäten sind somit im *Pivotal-Workflow* integriert. Die Parteien greifen auf die gleiche Datenbank zu. Für den Vertriebspartner ergeben sich Kostenersparnisse, für den Lieferanten Informationsvorteile. Aus der Fülle der Arbeitsmasken der drei Hubs wurden in der Abb. 353 zwei Screens zu den Punkten (2) und (4) des Arbeitsablaufes ausgewählt. Die obere Grafik zeigt die Lead-Qualifizierung durch den Hersteller mit den Optionen der Übergabe an Partner zur Weiterverfolgung. Diese Weitergabe wird vom System gesteuert. Die untere Teilgrafik dient der Weiterbearbeitung durch den Händler. Die linke Spalte der unteren Grafik zeigt, wie der Vertriebspartner im PartnerHub Zugriff auf vielfältige Informations-, Bearbeitungs- und Analyseroutinen des Lieferanten hat. Die rechte Seite liefert ihm eine Übersicht und eine kaufmännische Analyse aller laufenden Angebote (Opportunities) und Aktionen.

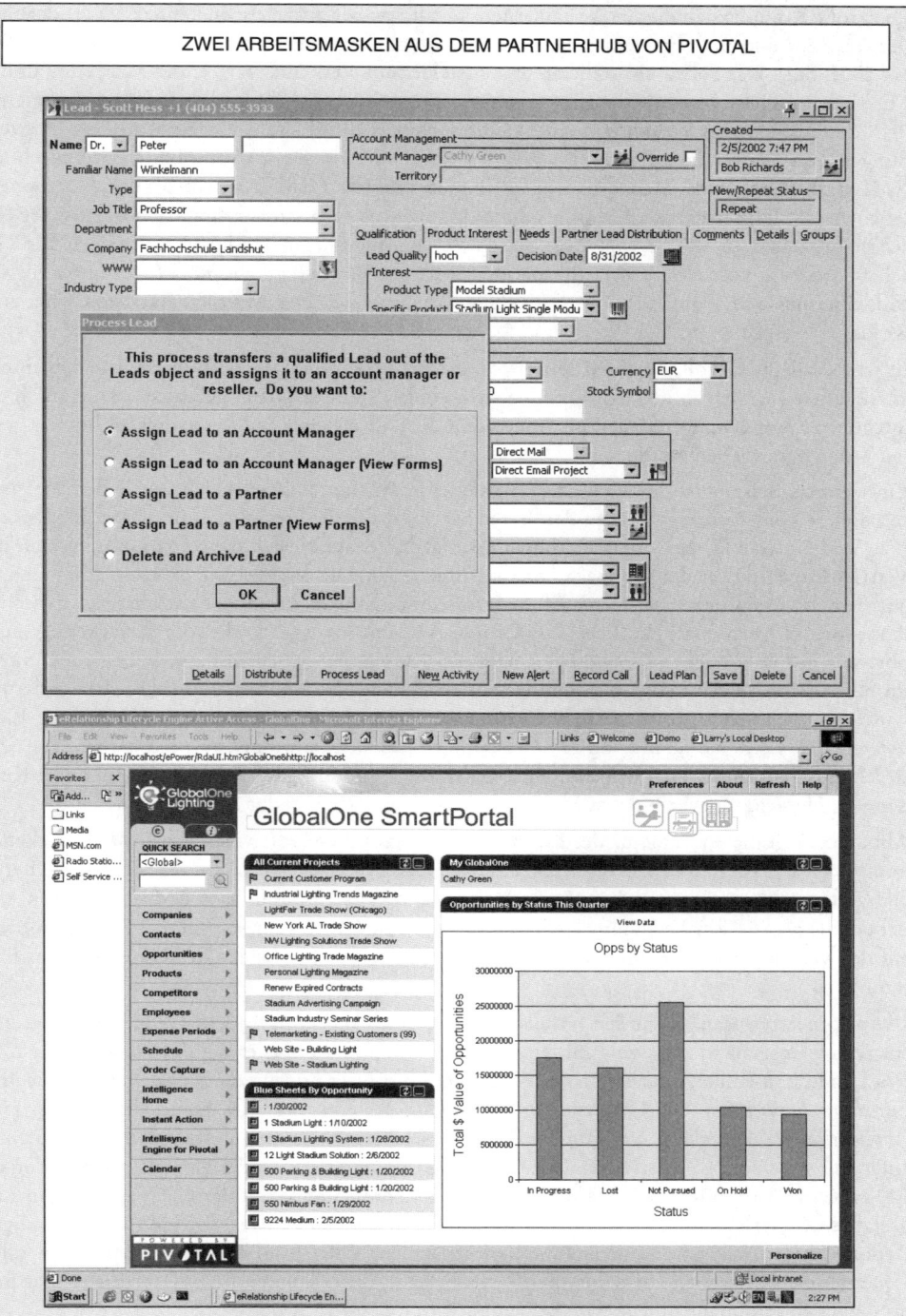

Abb. 353: Zwei Arbeitsmasken des PartnerHub / Pivotal GmbH

Die große Komplexität, die umfassende Mehrkanalentwürfe auszeichnen kann, zeigt anschaulich der von *IBM* und *Siebel* gemeinsam entwickelte Geschäftsmodellansatz in der Abb. 354 (vgl. *Siebel* 2002, S. 2). Das Schaubild stellt die Arbeitsfelder aus Verkauf, Service und Marketing in den Mittelpunkt. Diese kundenorientiert zu integrieren, wird von *IBM* und *Siebel* als „*Herkulesarbeit*" bezeichnet. Das System ermöglicht Unternehmen die Auswahl von Best-in-Class-Anwendungen von *Siebel,* die nahtlos zusammenarbeiten können. Die Lösung basiert technisch auf XML und Web Services Standards wie BPEL4WS, XSD und XSLT. Sie enthält drei Komponentenebenen: (1) die erwähnte Bibliothek auf Best Practices aufbauender, branchenspezifischer Geschäftsprozesse aus dem *Siebel*-Angebot, (2) eine Auswahl an Designerwerkzeugen für Geschäftsprozesse von *IBM* sowie (3) aus der Software *WebSphere Business Integration* für die Modellierung und Konfiguration dieser Geschäftsprozesse. Der Multikanalvertrieb wird zum Koloss.

Es ist trotzdem reizvoll, die Konzeption vorzustellen. Denn in der Abbildung wird noch einmal anschaulich die Vielzahl der Anwendungen in einen Zusammenhang gebracht, die letztlich ein integriertes Kundenmanagement im Sinne von CRM ausmachen und die in diesem Buch in weiten Teilen beschrieben wurden.

Ein weiteres Beispiel ist der Multikanal-Ansatz von *Heraeus Kulzer.* Nachdem in den 90er Jahren die *Heraeus Holding* (tätig in den Bereichen Edelmetalle, Dentaltechnik, Quarzglas, Sensoren, Medizintechnik) einige Übernahmen getätigt hatte, stellte sich die Situation innerhalb der Vertriebsorganisation des Konzerns unkoordiniert dar. Die Vertriebsmitarbeiter arbeiteten so gut wie ohne informationstechnische Unterstützung, und der Informationsfluss zwischen Außendienst, Vertriebsbackoffice, Call-Center, Account Manager und Produktmarketing/-support war nur unzureichend strukturiert. Um den Kundenservice zu verbessern, begann *Heraeus* im Juli 2000 mit einer Reorganisation des Unternehmens. Im Rahmen dieser Umstrukturierung wurde ein weltweites **Multi-Channel Customer Relationship Management** (CRM) auf der Basis *von mySAP CRM* mit Hilfe von *IBM* eingeführt, das sich harmonisch in die vorhandene *SAP R/3* Landschaft integrieren ließ und eine lückenlose Betreuung der Geschäftspartner und Kunden von *Heraeus* innerhalb des strategischen Programms *Partnership First* ermöglicht.

Abb. 355 zeigt die Architektur des Multikanal-Ansatzes. Mit Hilfe eines von *IBM* entwickelten komponentenbasierten Prozessmodells, das nach Best Practices optimierte Abläufe für die Bereiche Vertrieb, Marketing und Service/Kundendienst bereitstellt, und der CRM-Softwarefunktionalität, die *mySAP* zur Verfügung stellt, wurden die Soll-CRM-Prozesse für den Kundenkontakt auf den verschiedenen Detailstufen definiert und über alle Abteilungen des Unternehmens harmonisiert.

Die priorisierten Kanäle wurden jeweils mit einer Applikation in *mySAP CRM* abgebildet und sukzessive ausgebaut. Dies ging mit einer umfassenden Harmonisierung der vorhandenen *SAP R/3* Landschaft einher, um auch in der IT kundenzentrierter und effizienter zu werden. Die *Mobile Sales Application (MSA)* wurde zum Werkzeug der *Heraeus* Sales Force, die *Internet sales Application (ISA)* bedient den Kunden bzw. Geschäftspartner im Internet und das *Customer Interaction Center (CIC)* stellt das Tool für das Call-Center dar. In der ersten Phase wurden ca. 120 *Heraeus* Anwender mit *MSA* und ca. 30 Call-Center Agents mit der *CIC* Applikation ausgestattet. Zusätzlich wurde das *SAP Business Warehouse (BW)* eingesetzt, um die notwendigen Report- und Analysefunktionalitäten bereitzustellen. Alle Applikationen beruhen in allen Unternehmensbereichen auf demselben Datenbestand über Kunden und Geschäftspartner und ermöglichen somit eine umfassende Betreuung durch *Heraeus Kulzer.*

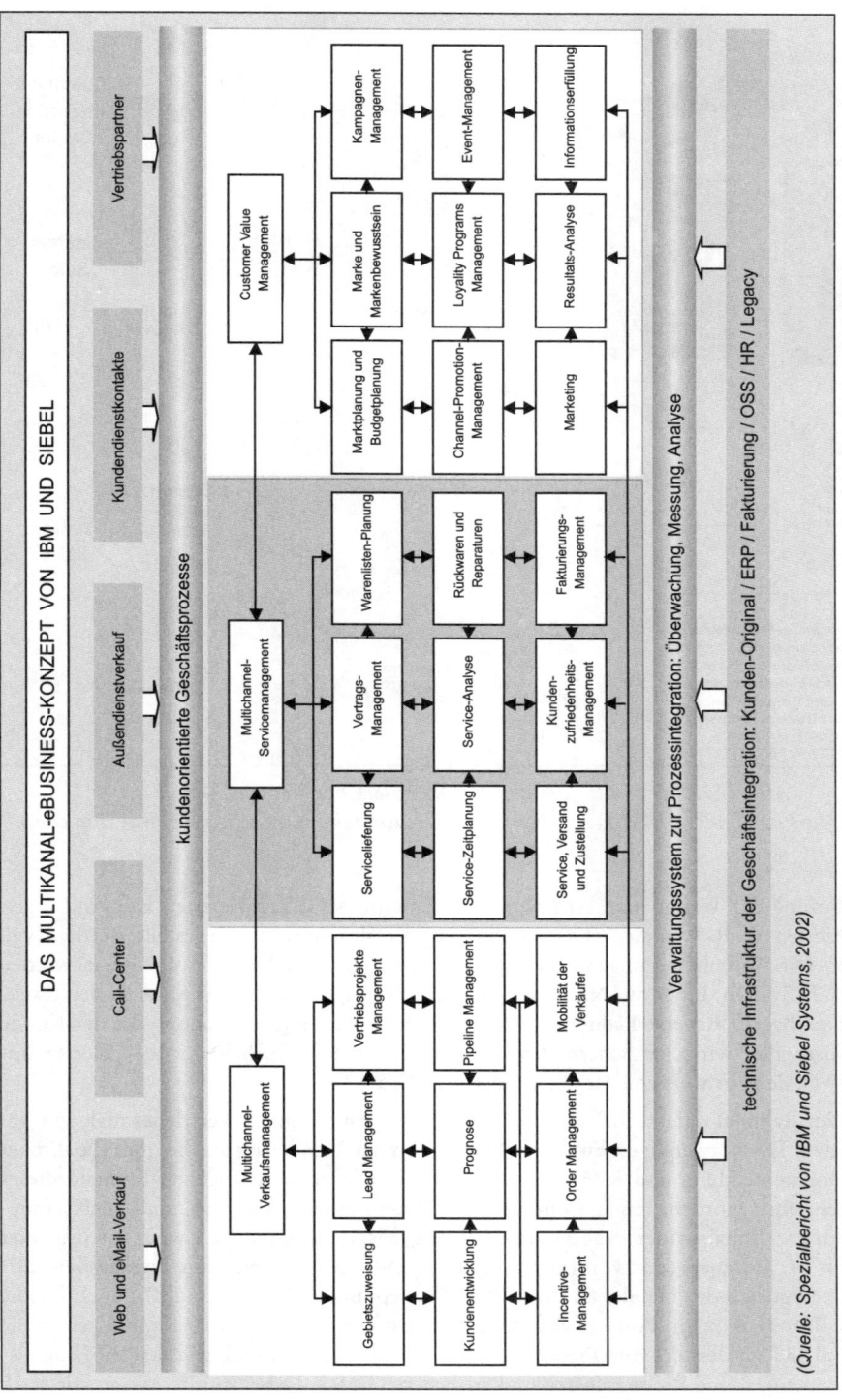

Abb. 354: Die kundenorientierte eBusiness-Multichannel-Konzeption von IBM und Siebel

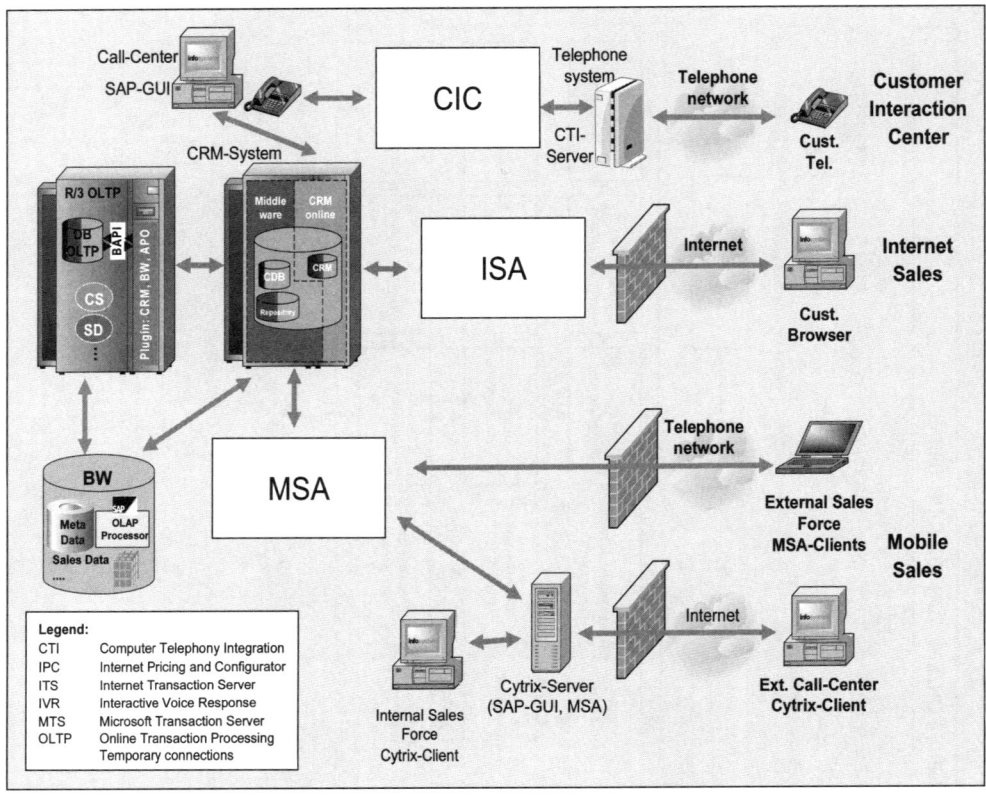

Abb. 355: Der Multi-Channel-CRM-Ansatz bei Heraeus Kulzer
(Quelle: Markus Winkler, IBM Deutschland GmbH; Kontakt markus.winkler@de.ibm.com)

Die Verknüpfung der Waren- und Abrechnungsströme im Multikanalvertrieb kann mit logistisch orientierten ECR-Systemen (**Electronic Customer Response**) sichergestellt werden (vgl. *Heydt 1999*). Die Warenbewegungen im Vertriebskanal (Order und Warenverfügbarkeit) werden in einem ECR-System durch die Nachfrage, d.h. durch den Kunden beim Kauf an der Kasse, ausgelöst. Der Begriff **Reverse Economy** kommt auf. In einer Reverse Economy ist der Kunde selbst Auslöser aller wirtschaftlichern Prozesse. Er regiert das Geschehen in der Wertschöpfungskette (vgl. den Hinweis von *Meyer,* acquisa 6/2000, S.18).

Aber auch im Rahmen datentechnisch offener CRM-Systeme können Vertriebskanäle gut gesteuert werden. Die notwendigen Funktionalitäten, von der Kundenansprache über Qualifizierung, Vorgangsabwicklung und Kundenhistorie, sind in den vorangegangenen Kapiteln dieses Buches beschrieben worden. Hinzu kommen jetzt Dateneinsicht-, Eingabe- und Analysemöglichkeiten für die Kanalpartner nach gestaffelten Zugangsberechtigungen. Zweifellos liegt hier eine Zukunft der Intranets (d.h. von Internet-gestützten CRM-Systemen mit Zugangsberechtigungen). Beteiligt sich der Handel an den neuen Konzeptionen, dann kann CRM auch für die notwendige Transparenz am Point of Sale sorgen (Regaltransparenz). Im 10. Kapitel zeigen die Abb. 387 und 388 am Beispiel vom *ProfitSystem* der *SMF KG,* Dortmund, wie sich auf Handelsebene Absatzmengen und Preise erfassen und analysieren lassen. Dabei ist interessant, wie stark der mobile Verkauf (mobile CRM) in den Multikanalvertrieb vordringt.

10. Sales Intelligence:
Die Werkzeuge des rechnenden Vertriebs

10.1. Sales Intelligence (SI) als Teil von Business Intelligence (BI)

10.1.1. Das Sales Intelligence-Gesamtsystem

„Erfolgreiches CRM braucht immer eine analytische Komponente, denn Marketingaktivitäten ohne vorherige Datenanalyse können zu inkonsistenten und damit für den Kunden schwer nachvollziehbaren Aktionen führen, die der CRM-Strategie widersprechen." (Schwab 2002, S. 390)

Der Trend geht dahin, Controllingaufgaben in die operativen Abteilungen hin zu verlagern. Das Controlling unterstützt den Vertrieb bei seiner Gratwanderung zwischen Kosten- und Kundenorientierung; oder – wie *Homburg* ausführt – auf dem Weg zur Steigerung der **Produktivität** einerseits und der **Kundenorientierung** andererseits (*Homburg/Schneider/Schäfer* 2001, S. 1). Tätigkeiten, Ressourceneinsatz und Ergebnisse des Vertriebs werden zunehmend durchleuchtet. Der Vertrieb hat längst sein Inseldasein aufgegeben. Das Argument *Verkaufen ist Emotion und deshalb kein Terrain für Planer und Controller* zieht nicht mehr. Der Vertrieb muss sich in die gesamtunternehmerische Leistungsmessung einbringen. Denn, wie Unternehmensberater von *Roland Berger* schätzen, verbergen sich in den Vertriebsbereichen deutscher Unternehmen noch freie Effizienzpotenziale in einer Größenordnung von 10 bis 20 Prozent (vgl. *Howaldt/Reineke*, ASW 10/2002, S. 48). Und es ist eine konzernübergreifende Qualitätssicherung im Vertrieb sicherzustellen. Als Oberbegriff für alle Methoden zur Analyse der gesamtunternehmerischen Leistung schält sich der Begriff **Business Intelligence** (BI) heraus. **Sales Intelligence** (SI) umfasst innerhalb von BI den Teilbereich der kundenbezogenen Strukturen und Abläufe von Marketing, Vertrieb und Kundendienst.

> ➡ **Business Intelligence (BI)** steht für eine Vielzahl von Konzepten, Werkzeugen und Methoden, mit denen sich Geschäftsinformationen erfassen, analysieren und bereitstellen lassen. BI hat sich aus den früheren Managementinformationssystemen heraus entwickelt. Zielsetzung von BI ist ein schnelleres und effizienteres Treffen unternehmerische Entscheidungen.
> ➡ Nach der Nomenklatur von *SAP* ist Data-Warehousing ein Bestandteil von BI (s. Abschnitt 7.3.4). Ohne die Datenbereitstellung durch ein Data-Warehouse ist umfassende BI nicht möglich.
> ➡ Ebenso wie der BI-Begriff ist auch die Bezeichnung **Corporate (Enterprise) Performance Management** von der *GartnerGroup* geprägt worden. **CPM** oder **EPM** gilt als Weiterentwicklung von Business Intelligence. CPM stellt einen *„Satz von Methodiken, Metriken, Prozessen und Systemen dar, mit denen sich die Unternehmensleistung (in Realtime) überwachen und steuern lässt."* (Wortlaut *GartnerGroup*). Nach einer anderen Definition umfasst CPM *„sämtliche Methoden, Kennzahlen, Prozesse und Systeme, um die Leistungsfähigkeit eines Unternehmens zu überwachen und zu steuern."* (nach *Cognos*, s. salesBusiness 9/2002, S. 34)

→ Ein wesentlicher Teil von BI bzw. CPM liegt in der Analyse und Modellierung betrieblicher Abläufe. Speziell die Prozesse werden im Rahmen von **Business Process Management (BPM)** optimiert (s. Abschnitt 6.4.4.). Vertriebsaufgabe kann es z.B. sein, den Ablauf (Prozess) einer Kundenanfrage bis zur automatisierten Rechnungserstellung ressortübergreifend zu modellieren. Auf diese operativen Einzelprozesse wird das 10. Kapitel nicht mehr eingehen.

→ **Sales Intelligence (SI) ist der vertriebsrelevante Teil von BI.** Wir verstehen darunter die Analyse, Planung und Kontrolle von Markt-, Wettbewerbs-, Kunden- sowie Unternehmensdaten mit informationstechnischer Unterstützung zur Optimierung der Entscheidungseffizienz über alle Phasen der Vertriebsprozesse im Rahmen einer kundenorientierten Unternehmensführung.

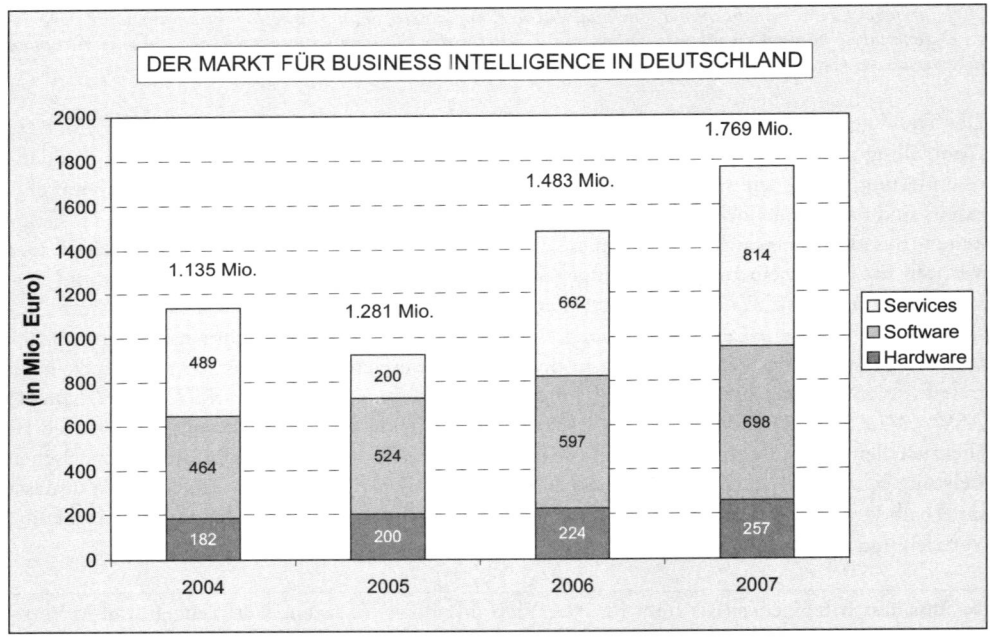

Abb. 356: Der Markt für BI in Deutschland bis 2007
(Quelle: META Group, zit. in Computerwoche 18/2004 / www.computerwoche.de)

Die *META Group* erwartet bis 2007 konstante Wachstumsraten für den BI-Markt in der Größenordnung von ca. 17 %, dargestellt in Abb. 356. Bis zum Jahr 2004 sollte sich BI in allen größeren Unternehmen etabliert haben (vgl. *Reinelt*, salesBusiness 9/2002, S. 34). BI wird vom Trend zum intelligenten Vertrieb profitieren. Der Vertrieb wiederum profitiert von BI. Nach einer Befragung von 146 Unternehmen durch die *META Group* liegt der Vertrieb mit 71 Prozent auf Platz 4 der Nutzer (hinter Controlling 91 %, Top-Management 89 % und Finanzabteilung 85 %) (vgl. Hinweis in Computerwoche 12/2004, S. 90). Der vertriebsrelevante Anteil von BI macht schätzungsweise 30 Prozent vom BI-Gesamtvolumen aus. Abb. 357 zeigt die für dieses Buch wichtigen Analysegebiete im Vertrieb auf.

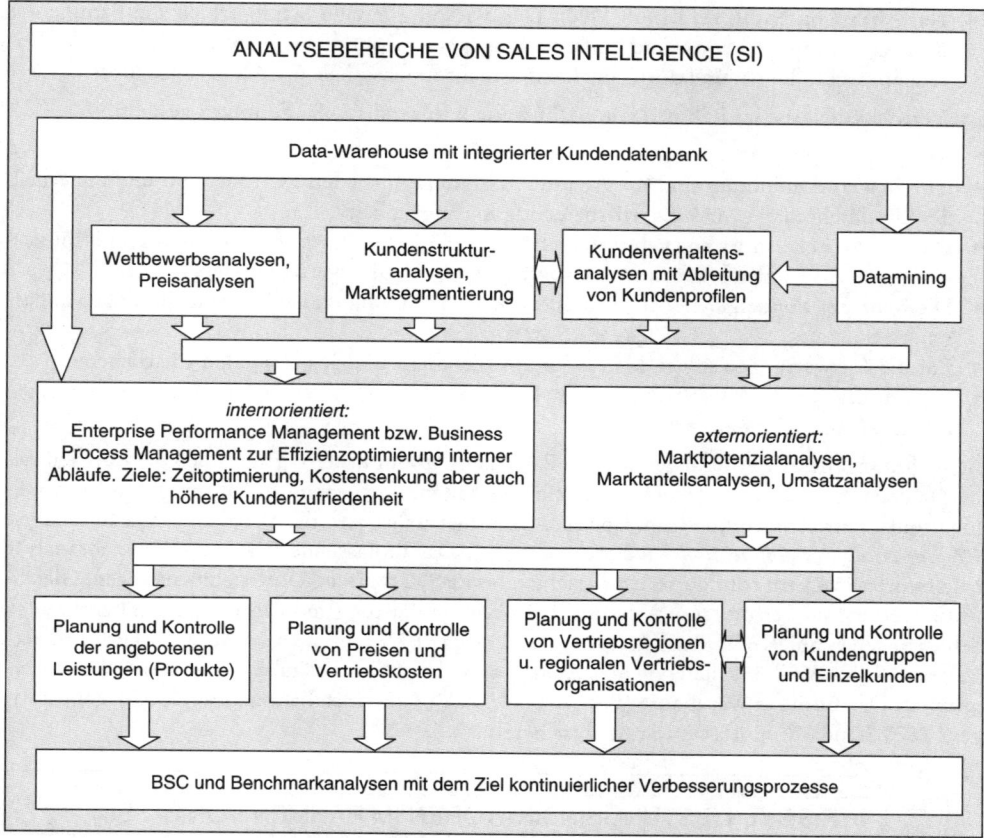

Abb. 357: Die Analysebereiche von Sales Intelligence

10.1.2. Entwicklungsschwerpunkte von Business Intelligence/Sales Intelligence

Business Intelligence hat sich aus Management-Informationssystemen (MIS) heraus entwickelt (vgl. *Schinzer/Bange/Mertens* 1999, S. 5):

(1) **MIS** im Zeitraum 1960–1970: Vor der MIS-Zeit wurden die Datenverarbeitung nur für Routineaufgaben eingesetzt. Erst **Management Informationssysteme** unterstützen die Führungskräfte bei ihrer Entscheidungsfindung. Die Großrechnertechnologie jener Jahre erlaubte jedoch keine schnellen und flexiblen Auswertungen. Verarbeitet wurden Vergangenheitsdaten.

(2) **EUS/DSS** (1970–1980): Die **Decision Support Systeme** entwickelten MIS vom starren Berichtssystem in Richtung interaktive, endbenutzertaugliche Entscheidungs-Unterstützungssysteme weiter. Das Systemhandling war jedoch noch kompliziert, so dass nur Spezialisten die Auswertungen vornehmen konnten.

(3) **FIS/EIS** (1980–1990): Der folgende Entwicklungsschritt hin zu **Executive Information Systems** dezentralisierte die Analysearbeiten in die Fachbereiche. FIS/EIS enthielten umfangreiche Funktionen zur Datenfilterung, -verdichtung und -verknüpfung. Erstmalig klang der Anspruch an, mit Hilfe von IT-Systemen Prozesse umzugestalten.

(4) **Data-Warehouse, OLAP, BI (ab 1990):** Den vorläufig letzten Schub erhielt die Familie der Managementinformations- und -entscheidungssysteme durch die Weiterentwicklung der Datenbanktechnologien und durch die flexible mehrdimensionale OLAP-Datenanalyse.

An Vertriebsanalysen im Rahmen von BI/SI werden folgende Anforderungen gestellt:

- Auswertungen müssen in Echtzeit möglich sein.
- Durch Web-Anbindung sind die Analyseprogramme für jeden PC innerhalb und außerhalb der Unternehmung gemäß Zugriffsberechtigung zugänglich.
- Die Daten stehen in standardisierter und konsolidierter Form zur Verfügung. Sie müssen nicht vom Anwender gesammelt, konsolidiert und vorausgewertet werden.
- Die Benutzer können die Analysen und Berichte an ihre individuellen Anforderungen anpassen.
- Für die Auswertungen stehen Menüs für übersichtliche und ansprechende Charts bereit.
- Mehrdimensionale Auswertungen und Datenintegration aus allen Unternehmensbereichen führen zu neuen Erkenntnissen.

Bei Erfüllung dieser Forderungen und im Fall einer Dezentralisierung kann sich der Vertrieb seine Datenbank- und Analyselandschaft selbst gestalten; weitgehend unabhängig von IT-Abteilung und Zentralcontrolling. Ein typisches Tool hierfür ist z.B. die Vertriebs-/Verkaufsanalyse *Cognos Analytics Applications* (*www.cognos.com*). Das umfassende Paket zur Vertriebsanalyse beantwortet in 45 vorkonfigurierten Berichten bis zu 500 typische Unternehmensfragen. Gleichzeitig wertet eine Performance Messung 200 wichtige Leistungsindikatoren aus und entlarvt so Schwachstellen auf Knopfdruck. *Cognos* bewirbt das BI-Paket auch treffend als **Performance-Beschleuniger.** Abb. 358 liefert einen Auszug aus den Leistungsindikatoren des *Cognos-Programms.* Das **Business Warehouse** (BW) der *SAP AG* (7.250 Installationen bis 2003!) stellt übrigens 1800 Standardreports für die Analyse bereit.

TYPISCHE LEISTUNGSINDIKATOREN IM RAHMEN VON BI / SI

- ⊠ Verkäufe je Produkt, Stück, Wert mit Veränderungen in Prozent
- ⊠ Entwicklung der durchschnittlichen Auftragswerte
- ⊠ Gewinnspannen je Auftrag
- ⊠ Gewinnspannen je Kunde
- ⊠ Anzahl der Retouren, nach Mengen und Werten
- ⊠ Anzahl fristgerechter Lieferungen
- ⊠ Lieferverzug in Tagen
- ⊠ Produktanteile am Umsatz, Gewinn
- ⊠ Kundenanzahl nach Produkt
- ⊠ Gewinnanteile nach Produkt
- ⊠ Umsatz je Vertriebsbeauftragter
- ⊠ Umsatz- und Margenentwicklung in den Verkaufsregionen
- ⊠ Umsatz- und Gewinnentwicklung bei Kundengruppen
- ⊠ Wirtschaftlichkeit von Vertriebskanälen
- ⊠ Entwicklung von Kaufverhalten und Kundenaktivitäten im Zeitablauf

(Quelle: Cognos Produktunterlagen 11/2002)

Abb. 358: Ausgewählte Leistungsindikatoren der Cognos Analytic Applications / Cognos GmbH

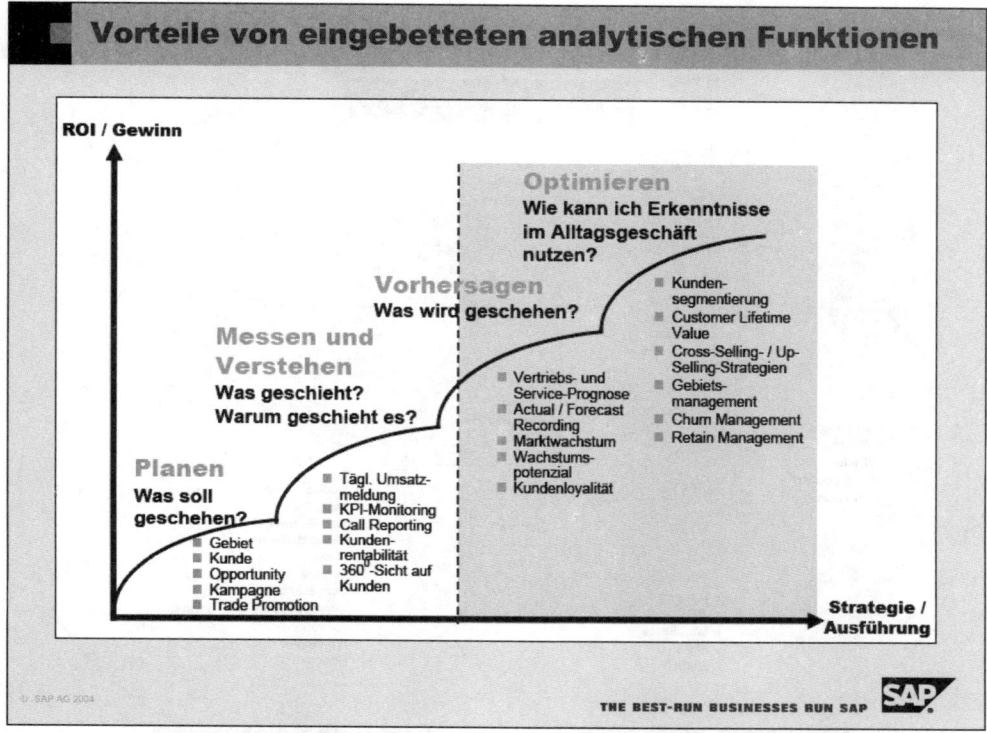

Abb. 359: Vorteile von eingebetteten analytischen Funktionen / SAP AG

Was kann der Vertrieb mit Sales Intelligence bzw. mit analytischem CRM anfangen, insbes. wenn die Analysefunktionen im eben geschilderten Sinne in die Vertriebssteuerung eingebettet sind? Hierzu legt die *SAP AG* ein informatives Schema vor, das in Abb. 359 wiedergegeben ist.

10.1.3. Zusammenhänge zwischen BI und analytischem CRM

Die Zeitschrift *Intelligent Enterprise* hat 2004 zwölf BI-Anbieter zu Favoriten ernannt: *Cognos, BEA-Systems, Informatica, Business Objects, Hyperion, IBM, Microsoft, SAS Institute, Information Builders, MicroStrategy, Terradata (NCR)* und *SAP*. Interessant ist die Frage, wie sich die Analyse- und CRM-Anbieter im Hinblick auf Business Intelligence und analytisches CRM positionieren. Das *BARC* hat hierzu eine Studie vorgelegt (mit einer Zusammenfassung im *is-Report*: vgl. *Bange/Keller/Schwetz*, is-Report 7+8/2004, S. 42–44). Abb. 360 zeigt die Zuordnung von namhaften CRM- und BI-Anbietern zu 7 Analysefeldern:

(1) CRM-Anbieter bieten zunehmend Analytik im Rahmen ihrer operativen Vertriebssteuerungs-Funktionalitäten an.

(2) Eine zweite Variante sind CRM-Produkte mit zusätzlich erwerbbaren Analysewerkzeugen. Im Mittelpunkt des Angebotes dieser Anbieter steht aber immer noch das operative CRM.

(3) Relativ klein ist der Kreis von Software-Anbietern, die sich ausschließlich auf analytisches CRM beschränken.

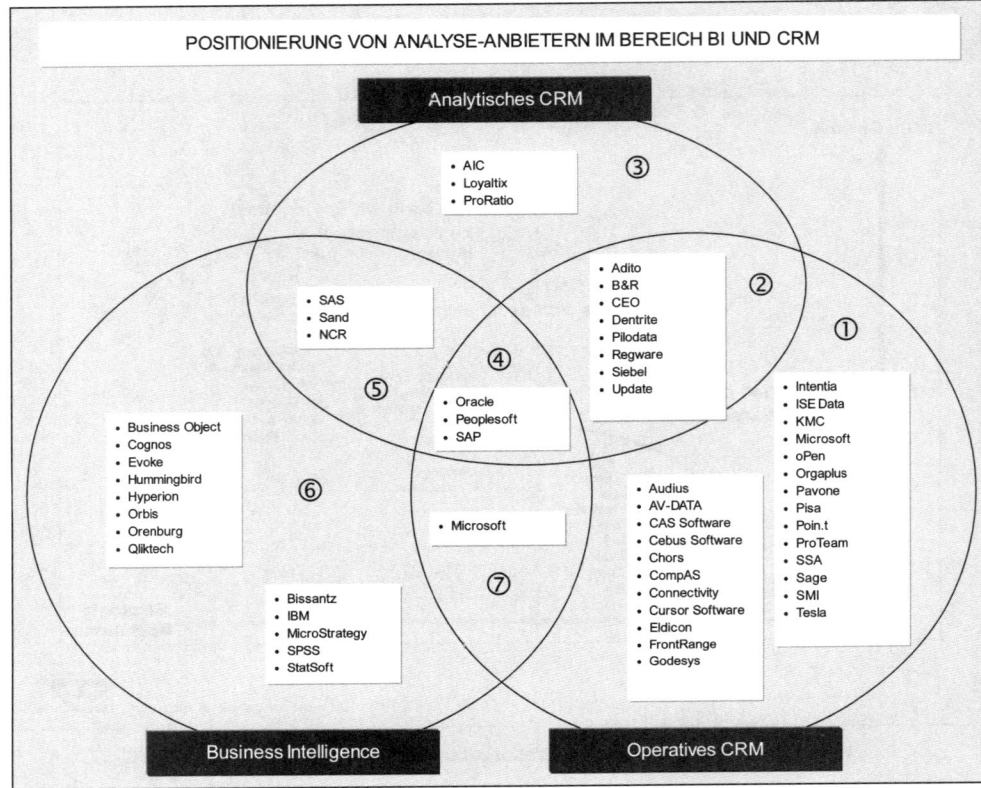

Abb. 360: Systemanbieter im Bereich BI und CRM (Quelle: BARC-Studie 2004)

(4) Ebenso überschaubar ist der Kreis der Anbieter mit kombiniertem CRM- und BI-Angebot ohne konventionelle Vertriebssteuerung.

(5) Allerdings erweitern BI-Anbieter ihre Analyse-Werkzeuge zunehmend durch CRM-Applikationen.

(6) Die „reinen" BI-Anbieter bleiben bei ihren Analysekompetenzen. Sie bieten keine CRM-Systeme an. Wir nehmen noch *Applix* und *Cubeware* in diesen Kreis auf.

(7) *Microsoft* wird von *BARC* als Anbieter mit getrenntem Angebot für BI und operatives CRM aufgeführt.

Manchem Vertriebsmanager mögen die Zusammenhänge kompliziert vorkommen. Der Vertrieb braucht aber nicht gleich zu den analytischen Sternen zu greifen. Die Grundlagen des intelligenten Vertriebs bleiben die konventionelle Vertriebsplanung und das Vertriebscontrolling.

10.2. Der konventionelle Unterbau: Vertriebsplanung und Controlling

10.2.1. Die Vorverlagerung der rechnerischen Kompetenz in den Vertrieb

„Vertriebssteuerungssysteme nutzen dann, wenn sie neben einer Optimierung der Vertriebsaktivitäten schnell eine höhere Qualität der Planung und Steuerung ermöglichen. Nur so wird ein dauerhafter Vorsprung vor dem Wettbewerb erzielt, und der Vertrieb kann seiner Verantwortung für den langfristigen Unternehmenserfolg gerecht werden." (Ackerschott, salesprofi 9/1997, S. 17).

Abschnitt 6.4. beschrieb die Kriterien des methodischen Vertriebs. Es gehört zu den Kompetenzen vertrieblicher Führungskräfte, dass sie gut mit Plan- und Kostenzahlen umgehen können. Der Vertrieb soll eine Steuerungsverantwortung in einem Spannungsfeld zwischen Kunden- und Kostenorientierung und im Abgleich mit den strategischen Zielvorgaben der Geschäftsleitung übernehmen. Folgt man dem Schrifttum, dann ist die **Epoche des sich selbst planenden und kontrollierenden Vertriebs** für die Mehrzahl der Unternehmen noch nicht erreicht.

(1) Generell wird beklagt, Führungskräfte würden zu viel aus dem Bauch heraus entscheiden und zu wenig planen. Besondere Planungslücken weisen die Studien bei kleinen und mittleren Unternehmen nach (vgl. z.B. *o.V.*, ASW 3/1998, S. 22).

(2) Wenn schon die Planung in der Praxis generell Schwachstellen aufweist, dann ist zu befürchten, dass der Vertrieb mit ihr um so mehr auf „Kriegsfuß" steht. *„Der Vertrieb arbeitet noch überwiegend nach Erfahrungsgrundsätzen und Daumenregeln." (Wäscher, salesprofi 5/2000, S. 8).* Gerade die Planung von Umsatz und Deckungsbeitrag weist in der Praxis Schwachstellen auf (vgl. *Weis* 2000, S. 346).

Im Hinblick auf Shareholder Value und Gewinnausschüttungen an die Eigentümer sind Geschäftsführungen auf möglichst hohe Renditen bedacht. Anwälte ihrer Interessen sind die Controller. Im Namen der Geschäftsführung möchte das Controlling den Vertrieb mit Hilfe neuer Methoden und mit der Datengewalt der ERP-Systeme zu mehr Kostenbewusstsein und Effizienz drängen. Die relative Starrheit der vertrieblichen Kostenstrukturen auf dem bekanntermaßen recht hohen Durchschnittsniveau von 15 Prozent Vertriebskosten vom Umsatz machen die Geschäftsführungen zunehmend nervös. Deshalb stehen sich Vertrieb und Controlling oft wie *„Hund und Katze"* gegenüber (*Winkelmann*, acquisa 11/1999, S. 68). Doch ist zukünftig eine stärkere **Annäherung des Vertriebs an das Management** zu erwarten. 95 Prozent von 72 befragten Vertriebsführungskräften betonen ihr Interesse, von der einseitigen Umsatzfokussierung wegzukommen (vgl. *Fiesser/Esser*, ASW 7/1998, S. 48). Die computergestützte Vertriebssteuerung verleiht dem Vertrieb dazu mehr Informations- und Steuerungskompetenz auf **Zero-base-Niveau**. Die Verkaufsdaten laufen zunächst auf der operativen Ebene (im Transaktionssystem) auf und können dort schon gesichtet werden, bevor sie die übergeordnete Analyseebene des Controlling erreichen. Der Vertrieb kann gegenüber dem Zentralcontrolling agieren und sich aus der Rechtfertigungsrolle befreien. Das funktioniert aber nur, wenn der Vertrieb die neuen Möglichkeiten der Vertriebsautomatisierung auch nutzt. Diese Sichtweise ist neu und nicht unumstritten. Denn sie greift in die althergebrachte Analysehoheit des Controlling ein und setzt profundes betriebswirtschaftliches Wissen im Vertrieb voraus. Um den Vertrieb diesbezüglich zu unterstützen, wird ihm oft ein eigenes Vertriebscontrolling zugeordnet.

Die betriebswirtschaftlichen Grundlagen von Planung und Controlling, Definitionen, Methoden, Vor-, Nachteile etc., werden im folgenden vorausgesetzt (vgl. z.B. *Becker* 2001, *Preißler*

2000; *Hahn* 1996; *Horváth* 1998; *Reichmann* 2000). Der Schwerpunkt dieses Kapitels wird auf einer eher deskriptiven Anwendung von Planung und Kontrolle im Rahmen der Vertriebssteuerung und weniger auf einer kostenrechnerischen Analyse liegen. Folgende Fragen stehen zunächst im Vordergrund:

(1) Wie kann eine Verbindung von der Geschäftsleitungsebene (strategische Planung) zur vertrieblichen Handlungsebene (operative Umsetzung strategischer Entscheidungen im Markt) hergestellt werden?

(2) Welche Auswertungen verhelfen der Vertriebsleitung zu mehr Wissen darüber, ob sich das Verkaufsgeschehen noch in der Spur der strategischen Planung befindet?

(3) Bei welchen Fragestellungen kann ein Vertriebscontrolling die Vertriebsleitung entlasten?

Ein begrifflicher Rahmen wird wie folgt geschaffen:

- **Planung** bedeutet, Ziele zu setzen oder vorgegebene Ziele zu akzeptieren und dann systematische Wege (Maßnahmen) zur Zielerreichung und Kontrollgrößen zur Zielerreichungsmessung zu bestimmen.
- **Unternehmensplanung** ist *„systematische Zukunftsgestaltung der Unternehmung"* (*Hahn* 1986, S. 29 sowie die dort angegebene Literatur).
- Die **Vertriebsplanung** mit den zu erzielenden Absatzmengen und Verkaufskonditionen ist das Herzstück der Planung. Die Unternehmung „lebt" von der Leistungsverwertung. Es kann nur einen Vertriebsplan geben. Eine Ansicht der Literatur, den Vertriebsbereich einmal als Teilgebiet des Marketing-Mix zu betrachten und zu planen und daneben noch einer separaten Vertriebsplanung Raum zu geben, wird nicht geteilt (vgl. *Preißner* 1998, S. 241).
- Die **operative Vertriebsplanung** ist kurz- (bis 1 Jahr) und mittelfristig (max. 2 bis 3 Jahre) ausgerichtet. Sie legt Absatzmengen, Preis- und Rabattrahmen, Verkaufsmaßnahmen und den hierzu notwendigen Ressourceneinsatz (Budgets für Personal- und Sachmittel) in der Weise fest, dass die im Rahmen der strategischen (langfristigen) Planung erarbeiteten Marktziele erreicht werden. Die strategischen Ziele und Maßnahmen der Geschäftsführung sollten im Einvernehmen mit dem Vertrieb festgelegt sein. Der Zielfindungsprozess läuft in der Praxis regelmäßig Top-down (Grobvorgaben durch das Management) und Bottom-up (Rückmeldungen und Feinabstimmungen der operativen Ressorts) ab, so dass sich eine theoretische Diskussion um Vor- und Nachteile der beiden Abstimmungsrichtungen erübrigt.
- **Vertriebsplanung und Vertriebscontrolling** erstellen ein Budgetierungs- und Kennzahlensystem, mit dessen Hilfe der Ist-Geschäftsverlauf mit den Planvorgaben und speziell den Einnahmen- und Ausgaben-Budgets in kurzfristigen Rhythmen zu vergleichen ist.
- **Forecasts** (Vorhersagen, Prognosen) rechnen eine Ist-Entwicklung des Geschäftsgangs hoch und geben Alarmmeldungen, wenn die Geschäftsentwicklung signifikant positiv oder negativ von den Sollzahlen der Planung abweicht. In diesen Fällen sind entsprechende korrigierende Maßnahmen zu ergreifen (bei positiver Entwicklung z.B. zusätzliche Mittel bereitzustellen) oder, im schlimmsten Fall, die bestehende Planung zu korrigieren (Planrevision).
- Kommuniziert werden Planzahlen, Ergebnisse, Ergebnisabweichungen und Maßnahmen im Rahmen eines **Berichtswesens**. Im Vordergrund stehen Wochen-, Monats-, Quartals- und Halbjahresberichte über den allgemeinen Geschäftsverlauf sowie eine Reihe von Spezialberichten.
- Nach dem **Verfahren der rollierenden Planung** ist eine Jahresplanung nur ein Baustein des strategischen Langfristplans. Der strategische Planungshorizont wird jedes Jahr um ein Jahr weitergeschoben (vgl. *Winkelmann* 2003, S. 66). Bevor also ein Jahr detailliert operativ ge-

plant wird, ist es vorher schon mehrfach, je nach Länge des gesamten Planungshorizontes, strategisch betrachtet worden.

➡ **Vertriebssteuerungssysteme** sind in Richtung Planung und Controlling auszubauen. Das bedingt einen (a) Realtime-Zugriff auf die zentralen Unternehmensdaten (z.B. auf *SAP R3* über Schnittstellen; also keine doppelte Datenhaltung!) und eine (b) Analyseebene (Funktionalitäten, Analysemodul) außerhalb des Transaktionssystems (weil der Datenstrom des Verkaufsprozesses weiterläuft, während die Daten einer Analyse für eine Momentaufnahme „eingefroren" sind).

➡ **CRM/CAS-Systeme** sollen Planungs- und Kontrollfunktionen von den Zentralbereichen nach vorne zum POS verlagern. Viele Vertriebsorganisationen „halten" sich deshalb ein eigenes **Vertriebscontrolling** (Dezentralisierung von Planung und Controlling in den Vertrieb).

Planung und Controlling sichern die unternehmerische Existenz (vgl. *Reichmann* 1997, S. 382–383). Schon *Gutenberg* hatte formuliert: **Planung schafft eine Ordnung, in der sich die Geschäftsprozesse zu vollziehen haben,** damit gesteckte Unternehmensziele überprüfbar erreicht werden können (vgl. *Gutenberg* 1983, S. 148). Wer kein Ziel hat, braucht nicht zu planen. Aus der Sicht des operativen Vertriebs bestimmt die Planung **möglichst früh, wer was bis wann zu erledigen hat.** Diese planerischen Maßnahmen haben im Einklang mit der strategischen Unternehmensplanung zu stehen.

10.2.2. Die Vorgaben der strategischen Unternehmensplanung

Eine Untersuchung der Planungsprozesse acht großer deutscher Konzerne an der WHU Koblenz hat nur eine geringe Verbindung der operativen mit der strategischen Planung gezeigt. Hauptursache war eine mangelnde Kommunikation der Strategie gegenüber den operativ Verantwortlichen. (vgl. Weber/Schäffer, o.J., S. 21)

Die operative Planung ist aus der strategischen abzuleiten. Die **strategische Planung** legt für einen längeren Zeitraum – meist 3 bis 10 Jahre – fest, mit welchem Leistungsangebot auf welchen Märkten (d.h. bei welchen Kunden bzw. Zielgruppen) in welchen Zeiträumen welche Ergebnisse erreicht werden sollen. Die Ziele und Methoden der strategischen Planung werden hier nicht behandelt (vgl. *Winkelmann* 2003, S. 68–89). Die strategischen Marketing- und Vertriebsvorgaben sollten in Übereinstimmung mit fundierten unternehmerischen Visionen und Leitlinien stehen, nicht aber mit Spekulationen und Utopien.

Die strategische Unternehmensplanung erarbeitet auf der Grundlage dieser unternehmerischen Vision für den Planungszeitraum Vorgabewerte für Absatz, Umsatz, Ergebnis und Marktanteil, die die operative Planung dann für die kurzfristigen Abrechnungszeiträume übernehmen und detaillieren kann. Stehen die strategischen Unternehmensziele auf weichem Grund (Utopie, Spekulation, Spielerei), sind sie dem mittleren Management nicht bekannt oder werden auf den mittleren und unteren Führungsebenen nicht aktzeptiert, dann müssen Qualität und Erfolgsaussichten der operativen Planung in Frage gestellt werden.

Der strategische Plan trennt zwischen **Gesamtmarkt** und **relevantem Markt.** Jedes Produkt (Produkt-/Marktsegment) ist Bestandteil einer Technologie oder einer übergeordneten Produktfamilie. Der *VW Golf* stellt im Gesamtmarkt lediglich eine Automarke in der Vielzahl aller Fahrzeugtypen und -größen dar. Im wettbewerbsbezogen eingeschränkten **relevanten Markt** ist der *Golf* Marktführer bei den Mittelklasse-PKW. Die Gesamtmarktzahlen sind wichtig für kapazitäts-, in-

STRATEGISCHES PLANUNGSTABLEAU FÜR GESCHÄFTSEINHEITEN / GESCHÄFTSFELDER / PMS									
Beschreibung des Gesamtmarktes	:	*Hochdruckventile-Airliner*							
Beschreibung des relevanten Marktes	:	*Hochdruckventile-Airliner – USA-Standard*							
Werte in Mio EUR - Mengen in TStck.		2004 Ist Vj.	2005 lfd.	2006 OP-1	2007 OP-2	2008 SP-1	2009 SP-2	2010 SP-3	2011 SP-4
Gesamtmarkt Marktvolumen Gesamtmarkt	Wert	460	480	500	510	540	560	600	600
	Menge	230	240	250	255	270	280	300	300
Marktwachstum	%	–	4%	4%	2%	6%	4%	7%	0%
eigener MA am Gesamtmarkt	%	9%	10%	12%	14%	15%	16%	17%	17%
MA härtester Wettbewerber	%	15%	15%	14%	12%	11%	9%	10%	10%
relevanter Markt Marktvolumen	Wert	150	175	180	180	200	200	220	220
	Menge	55	60	65	65	70	70	80	80
Anteil am Gesamtmarkt	%	24%	25%	26%	25%	26%	25%	27%	27%
Marktwachstum	%	–	9%	8%	0%	8%	0%	14%	0%
Absatz härtester Konkurrent	Menge	35	35	35	30	30	25	30	30
eigene Absatzmengen	Menge	20	25	30	35	40	45	50	50
eigene Umsatzerlöse	MioEUR	60	75	90	105	120	135	150	150
rechn. Durchschnittspreis	EUR/Stck	3000	3000	3000	3000	3000	3000	3000	3000
Wachstum eigener Absatz	%		25%	20%	17%	14%	13%	11%	0%
eigener Marktanteil relev.Ma.	%	36%	42%	46%	54%	57%	64%	63%	63%
MA härtester Wettbewerber	%	64%	58%	54%	46%	43%	36%	38%	38%
eigener relativer Marktanteil	Relation	0,57	0,71	0,86	1,17	1,33	1,80	1,67	1,67
Betriebsergebnis-1	Wert	9,0	11,0	12,0	14,0	16,0	18,0	20,0	20,0
	%	45,0%	44,0%	40,0%	40,0%	40,0%	40,0%	40,0%	40,0%
Strateg. Maßn. *Technische Maßnahmen*		Entwicklung OSG-Reihe		OSG-2		OSG-Electronic		Zeta-Patent	
Wettbewerbsbezogene Maßnahmen		MaFo		Angriff Europa		Sicherungsstrategie			
Vertriebspartnerbezogene Maßnahmen		eCommerce		Multikanalstrategie		Direktvertrieb USA			

Abb. 361: Das Zahlentableau der strategischen Planung mit den operativen Oberzielen

vestitions- und marktmachtpolitische Überlegungen. Im relevanten Markt steht man mit seinem Angebot in einer Wettbewerbsauseinandersetzung mit definierten Konkurrenten (z.B. *VW Golf* gegen *Audi A3*). Der Anteil des relevanten Marktes am Gesamtmarkt muss permanent beobachtet werden, um eventuelle frühe Signale für **Substitutionstechnologien** zu erkennen. Der relevante Markt steht daher im Mittelpunkt der operativen Planung.

Abb. 361 zeigt einen **strategischen Rahmenplan** für ein Produkt-/Marktsegment aus der High-Tech-Ventiltechnik. Basisjahr ist 2005. Laut strategischer Zielsetzung soll bereits im kurzfristigen Planungszeitraum die Marktführerschaft gegen den härtesten Konkurrenten gewonnen werden. Zu erkennen ist dies am **relativen Marktanteil**, dem Verhältnis der eigenen Absatzmenge zu der des härtesten Konkurrenten. Im Beispiel soll der relative Marktanteil im Zeitraum 2006 bis 2011 von 0,86 auf 1,67 steigen. Trotz der Verdrängungsstrategie sind Preisniveau (ca. 3.000 EUR pro Stück) und Umsatzrendite (ca. 40 %) abzusichern. Der Erfolg soll durch eine stärkere Kundenbindung und mit Hilfe einer überlegenen Produktvariante angestrebt werden.

Im unteren Teil der Planungstabelle sind die zur Zielerreichung erforderlichen längerfristigen Maßnahmen mit ihren zeitlichen Phasen aufgeführt. So sollen die Zusammenhänge zwischen Zahlenvorgaben (Ziele) und Aktionen (Mittel) offengelegt bleiben.

10.2.3. Unterstützung durch das Vertriebscontrolling

Lehrbücher trennen meist zwischen Planung und Controlling. Das ist auch sinnvoll, um für das weitgesteckte Aufgabengebiet des Controlling ein eigenständiges Lehrgebiet zu definieren. Aus dem Blickwinkel dieses Buches, d.h. aus Sicht einer Vertriebsleitung, werden Planung und Controlling jedoch im folgenden zu einer Einheit zusammengefasst. Wer plant, wird auch analysierend, kontrollierend, koordinierend, unterstützend und verbessernd tätig sein. Gemäß dem Anspruchsniveau des modernen Controlling bedeutet Controlling nicht Nachkontrollieren (vgl. *Preißler* 2000, S. 13–16). Aspekte, bei denen „nur kontrolliert", jedoch keine Rückschlüsse auf Vertriebskonzeption und Vertriebssteuerung gezogen werden, sind für den intelligenten Vertrieb nur von untergeordneter Bedeutung. In den folgenden Abschnitten werden die Tätigkeiten des Controllers folglich in die Vertriebsplanung einfließen und sich mit den Planungsarbeiten vermischen.

> ➡ Das **Controlling** stellt dem Vertrieb ein Instrumentarium zur Verfügung, um Daten und Trends zu analysieren und aus den Entwicklungen Vorschläge zur Erreichung der Planziele abzuleiten.
>
> ➡ Ein **Vertriebscontrolling** vertritt in diesem Sinne die Belange des Vertriebs gegenüber dem Zentralcontrolling und der Geschäftsleitung. So erhält ein eigenes Controlling für den Vertrieb seine Bedeutung durch eine **Koordinierungs- und Unterstützungsfunktion** (vgl. *Horvath* 1994, S. 24).
>
> ➡ Die computergestützte Vertriebssteuerung und der Internet-Vertrieb stellen neue Anforderungen an das Controlling. Zum einen gilt es, Kosten- und Nutzen der neuen Systeme in einer angemessenen Relation zu halten. Zum anderen sollen Systeme dahingehend optimiert werden, dass sie eine höhere Kundenbindung und Wettbewerbsvorteile sicherstellen.

Als wichtigste Aufgaben für das Vertriebscontrolling sind zu nennen:

(1) Durchführung **permanenter Soll-/Ist-Vergleiche** für die Leistungen und Kosten der Planungseinheiten auf Organisations-, Gebiets-, Geschäftsfelds-, Produktgruppen-, Artikel- und auch Kundenebene.

(2 Diese Berechnungen schließen die **Analyse qualitativer Parameter** wie Kundenzufriedenheiten, Kundenbindungen, Imageprofile etc. (in Abstimmung mit dem Marketing) ein. Von zunehmender Bedeutung wird auch eine **Analyse von Servicequalitäten** sein.

(3) **Hochrechnung** der Ist-Ergebnisse auf die Prüfpunkte im Planungshorizont (meist Quartale), um frühzeitig **strategische Planungslücken** (Gaps) zu erkennen, die einschneidende Änderungen bei den Marketing- und Vertriebsaktionen verlangen.

(4) Bei signifikanten Abweichungen Erstellen von umfassenden **Forecast-Rechnungen**, die dann gegen die Planentwicklung zu spiegeln sind. Im ungünstigsten Fall treten sie an die Stelle der ursprünglichen Planung (Planrevision).

(5) Aufdecken von Schwachstellen im Vertriebsbereich und deren Ursachen und Erarbeiten von Vorschlägen zu deren Bereinigung.

(6) Aufbau eines **verdichteten Kennzahlensystems**, mit dessen Hilfe die Vertriebsleitung alle wichtigen Leistungen des Vertriebs (die Performance) im Überblick behalten kann.

(7) Ausbau des Kennzahlensystems in Richtung **Frühwarnsystem** (in Zusammenhang mit (3), um negativen Entwicklungen frühzeitig entgegenwirken zu können.

(8) Spezialisierung des Kennzahlensystems in Richtung **Benchmarking**, damit sich der Vertrieb auf einen nachvollziehbaren Weg ständiger Leistungsverbesserungen (z.B. gegenüber einem Branchenstandard oder einem Branchenbesten) begeben kann.

So wird der Controller zum *Lotsen* oder zum *Navigator* des Vertriebs (*Preißler* 2000, S. 15). Seine **operative Vertriebsunterstützung** schlägt sich in speziellen Ausarbeitungen und Berichten nieder:

- periodische Berichte über das Umsatzgeschehen,
- periodische Berichte über die Kostenentwicklung,
- Kampfpreiskalkulationen,
- Sonderauftrags-Kalkulationen (bei kurzfristigen Änderungswünschen der Kunden),
- Artikelerfolgsrechnungen,
- Kundenerfolgsrechnungen,
- Aktionserfolgsrechnungen, Kampagnenerfolgsrechnungen,
- Händler-, Vertriebspartneranalysen,
- Vertriebskanalanalysen,
- Effizienzanalyen für Kundenprozesse wie Auftragsdurchlauf, Lieferzeiten, Reklamationen etc.,
- Target-Costing-Analysen zur Verbesserung der Auftragschancen bei Großaufträgen.

Bei aller Kompetenz des Vertriebscontrolling sei aber vor einem Trugschluss gewarnt: Die Verantwortung für den Markterfolg bleibt bei den Führungskräften von Marketing und Vertrieb. Sie geht nicht auf das Controlling über. Sicher bedeutet Controlling immer auch ein gutes Stück Kontrolle. Aber Kontrolle bringt auch Entlastung von der Verantwortung, wie sie für jeden Vorstand oder Geschäftsführer durch Aufsichts- oder Beirat oder Wirtschaftsprüfer alljährlich vollzogen wird.

10.2.4. Funktionen und Berichtsebenen der operativen Vertriebsplanung

Planung und Controlling übernehmen die Rahmenvorgaben der strategischen Planung und erfüllen im kurzfristigen Planungszeitraum die folgenden Funktionen:

(1) **Prognosefunktion:** Der Ist-Geschäftsgang ist in kurzfristigen Etappen (z.B. monatlich) in der Weise hochzurechnen, dass Aussagen über ein Erreichen der strategischen Ziele möglich sind.

(2) **Alternativengenerierungsfunktion:** Im Rahmen des kurzfristigen Entscheidungshorizontes sollen alternative Maßnahmen zur Zielerreichung gesucht, evaluiert und ausgewählt werden.

(3) **Ressourcenallokationsfunktion:** Für die ausgewählten Vertriebsmaßnahmen sind die erforderlichen Ressourcen bereitzustellen und für den Einsatz (Verbrauch) Kostenbudgets abzuleiten.

(4) **Verantwortungs-Zuteilungsfunktion:** Für die handelnden Führungskräfte sind Zuständigkeiten (Verantwortungen) und Kompetenzen festzulegen.

(5) **Dokumentationsfunktion:** Eine Planung hat in einer nachvollziehbaren Form zu erfolgen. Die Umsetzung von Entscheidungen läuft oft über viele Jahre. Die Planungsdokumentation hält die Erinnerung an Hintergründe (Annahmen, Entscheidungsgrundlagen), Verantwortlichkeiten und Termine wach.

(6) **Motivations-/Sanktionsfunktion:** Planung ist ohne Wirkung, wenn nicht klar ist, was bei Über- oder Untererreichung der Planzahlen zu geschehen hat.

Diese Aufgaben bzw. Funktionen schlagen sich in vielfältigen turnusmäßigen Berichten nieder (vgl. *Horváth* 1994, S. 604–613). Abb. 362 gibt die Vorgabe- und Planungsebenen eines Berichtssystems wieder, das alle Unternehmensebenen durchströmt. Die visionären Vorgaben der Geschäftsführung sind auf mittlerer Führungsebene zu operationalisieren, d.h. für den Erfolg der operativen Einheiten messbar zu machen. Danach folgt das filigrane Herunterbrechen der Oberziele in operative Kennzahlen und Ableitung von zugeordneten Maßnahmen für die Produkt-, Verkaufsgebiets-, Kunden- und auch Mitarbeiterebene.

VON DER STRATEGISCHEN ZUR OPERATIVEN PLANUNG			
VORGABEN DER SRATEGISCHEN UNTERNEHMENSPLANUNG			
⊠ zentrale Vision	⊠ Business Mission	⊠ Geschäftsprinzipien	⊠ Corporate Identity Ziele
⊠ Kernkompetenzen	⊠ Leistungsprogramm	⊠ Marktpositionierung	⊠ Umweltziele
⊠ Leitlinien Wachstum	⊠ Leitlinien Marktanteile	⊠ Leitlinien Profit/Rendite	⊠ soziale Ziele

AUFBRECHEN DER STRATEGISCHEN ZIELE IN OPERATIVE OBERZIELE			
⊠ Kapazitätsauslastung	⊠ Umsatzerlöse	⊠ Marktanteile	⊠ Kosten / Gewinne
⊠ Positionierungen	⊠ Lieferservice	⊠ weitere Serviceziele	⊠ spez. Marketingziele
⊠ nach Geschäftsfeldern	⊠ nach Produkten	⊠ nach Regionen	⊠ nach Vertriebskanälen

HERUNTERBRECHEN IN DIE OPERATIVEN BERICHTSEBENEN			
⊠ Bereichsbudgets	⊠ Produktbudgets	⊠ Aktionsbudgets	⊠ Kundenbudgets
⊠ Angebotsberichte	⊠ Verkaufsberichte	⊠ Wettbewerbsberichte	⊠ Kontaktberichte
⊠ Reklamationsberichte	⊠ F&E-Berichte	⊠ Neukundenberichte	⊠ Lost Customer Berichte

⊠ Wochenberichte	⊠ Monatsberichte	⊠ Quartalsberichte	⊠ Jahresplanung

Abb. 362: Vorgabe- und Planungsebenen der Unternehmung

Besonders zu beachten sind dabei:

- **Ziel-/Mittelbeziehungen:** Was für die obere Planungsebene ein Mittel zur Zielerreichung sein kann, empfängt die untere Ebene als vorgegebenes Ziel,
- **Ziele für Planungseinheiten** (z.B. Umsatzziel für Produktgruppe A) und **Ziele für Maßnahmen** (Ziel einer Promotionaktion zur Unterstützung der Produktgruppe A).

Zur Planung gehören als Grundelemente:

(1) **Was** wird geplant (**Planungseinheiten**): Die Bildung von Planungseinheiten ist in der Praxis oftmals ein schwieriges Unterfangen (vgl. *Winkelmann* 2003, S. 64–65). Üblicherweise werden **organisatorische Planungseinheiten** (z.B. ganze Gesellschaften, Vertriebsniederlassungen, Verkaufsgebiete, Vertriebskanäle, Kundengruppen) und **Leistungseinheiten** (z.B. Produkt-/Marktsegmente, Produktgruppen, Einzelartikel) unterschieden. Die folgenden Abschnitte werden auf verschiedene Möglichkeiten eingehen.

(2) **Wer** plant (**Planungsverantwortungen**): Die Planungsverantwortung liegt grundsätzlich bei der Marketing- und Vertriebsleitung. Die Regional-, Produktgruppen- oder Key Account Manager nehmen Umsatz- und Ergebnisverantwortungen im Rahmen ihrer Zuständigkeiten wahr.

(3) Für **wie lange** wird geplant (**Planungszeitraum**): Die aus dem Tableau der Abb. 361 hervorgehenden Jahresplanungen sind nach Quartalen, Monaten und Wochenplänen zu detaillieren. Für das Folgejahr (OP-2) reicht eine Aufteilung in Quartale.

(4) **Welche Größen** werden geplant (**Planungsgrößen**): Die zu analysierenden und zu planenden Zielgrößen sind in Abb. 363 enthalten. Es gilt: Je kurzfristiger geplant wird, desto weniger Planungsgrößen können beeinflusst werden. Die folgenden Abschnitte können nicht alle denkbaren Aufgaben von Vertriebsplanung und -Controlling behandeln. Dieses Kapitel geht deshalb nach einer einfachen **Struktur von Planungsschritten** gemäß Abb. 364 vor. Die Ab-

QUALITATIVE UND QUANTITATIVE PLANUNGSGRÖSSEN	
Qualitative Zielgrößen	*Quantitative Zielgrößen*
• Existenzsicherung (keine Illiquidität, keine Überschuldung) • Sozialer Betriebs„frieden" • Ökologische Ziele • Innovationskraft • Image, Ansehen • Markteinfluss, Marktmacht • Markenwerte • Mitarbeiterqualifikation • Mitarbeiterzufriedenheit • Kundennähe • Kundenzufriedenheit • Kundentreue, Kundenbindung	• Auftragseingänge • Auftragsbestände • Absatzmengen • Kapazitätsauslastungen • Einkaufs-, Verkaufspreise • Umsatzerlöse • Lagerbestände, Lagerumschlag • Lieferservice-Grade (Schnelligkeit der Auslieferungen) • Kostenziele, -strukturen • Deckungsbeiträge, Gewinne • Renditen (ROI, ROS) • Speziell Eigenkapitalquote • Innovationsquote • Marktanteile (insbes. im relevanten Markt) • Marktanteile bei Zielgruppen • Neukunden • Rückgewinnung verlorene Kunden • Beanstandungs-, Reklamationsquoten • Prozessziele, z.B. Auftragsdurchlauf, Beschwerdedurchlauf

Abb. 363: Die quantitativen und qualitativen Planungs- und Controllinggrößen

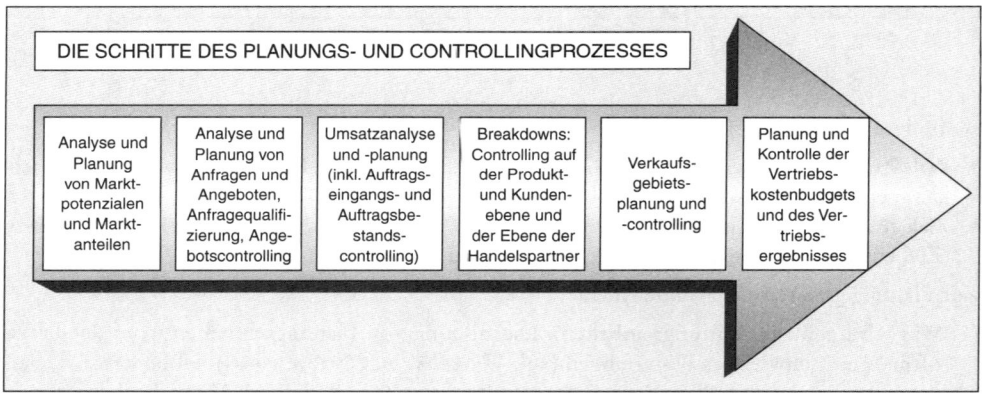

Abb. 364: Die Schritte des Planungs- und Controllingprozesses

bildung soll aber nicht den Eindruck vermitteln, eine Planung laufe immer sequenziell in dieser Form ab. Beispielsweise spielen Vertriebskosten in allen Planungsteilen eine wichtige Rolle. Eine sequenzielle Struktur wird hier allein zum Zweck einer systematischen Themenbearbeitung gewählt.

Das Kapitel wird die Analyse (das Controlling) von Marktpotenzialen und erreichten Marktanteilen an den Anfang stellen. Im zweiten Schritt sollen Anfragen und Angebote in ihrer Menge und ihrer Qualität zu den angestrebten Marktanteilen führen. Die Resultate der Vertriebsleistung zeigen sich im Umsatzbereich. Die Umsatzerlöse lassen sich in viele Richtungen auswerten und gestalten (Breakdowns), wobei in der Praxis immer wieder Verkaufsgebiete und Produktgruppen im Vordergrund stehen. Das Thema der Planung und Kontrolle von Vertriebskosten ist praktisch hinter die Klammer gezogen.

10.3. Analyse von Marktpotenzialen und Planung von Marktanteilen

10.3.1. Ziele einer potenzialgesteuerten Vertriebsplanung

Der Schwund an unerschlossenen Märkten und Zielgruppen und die zunehmende Marktsättigung machen eine Verkaufsplanung nach der Devise: „**Ist-Umsatz + x% mehr**" immer schwieriger. Diese simple Planungsweise ist ohnehin Ausdruck eines überkommenen Trichter-Verkaufs (s. Abb. 115), der von einer unbegrenzten Anzahl von Interessenten und Potenzialen ausgeht. Eine Vertriebsplanung, die die Verkaufsanstrengungen dagegen an erreichbaren Umsatz- und Ergebnispotenzialen (Marktpotenzialen) ausrichtet, bringt folgende Vorteile:

(1) Auf der Basis von Marktanalyse und Kundenqualifizierung arbeitet die Verkaufsmannschaft nach Prioritäten und nicht „ins Blaue" hinein, um den Verkaufstrichter möglichst eng zu machen.

(2) Der Verkauf steht nicht mehr unter dem Druck des Jahresende-Denkens. Bekannt ist die Taktik, in einem erfolgreichen Verkaufsjahr Aufträge am Jahresende in das nächste Jahr zu verschieben, um nicht auf den ohnehin schon hohen Ist-Umsatz die gefürchteten x% aufgepackt zu bekommen.

(3) Umgekehrt wird dem sog. „Vorfrühstücken" Vorschub geleistet. Nach dieser Taktik werden bei Unterplan-Situationen für Januar oder Februar avisierte Aufträge in den Dezember vorgezogen und stehen bei Auslieferung in der letzten Dezemberwoche als Debitorenforderung in der Bilanz.

(4) Noch schlimmer sind „Beziehungsaufträge". Außendienstmitarbeiter erhalten von guten Kunden am Jahresende noch schnell Aufträge, die Anfang Januar wieder storniert werden. Diese Gefälligkeitsaufträge laufen zwar nicht in den Umsatzerlösen auf, verschönern aber immerhin den Auftragseingang.

(5) Werden den Außendienstmitarbeitern Kundenpotenziale zugewiesen und nicht Umsatzsteigerungen, hört das „Wildern" an Gebietsgrenzen auf.

(6) In wirtschaftlichen Schwächeperioden erhält die Verkaufsplanung bei Potenzialbetrachtungen ein realistischeres Bild. Es gelten dann für alle Anbieter einer Branche tendenziell niedrigere Wachstumsraten.

(7) Gleiches gilt für Kunden mit bereits stark ausgeschöpften Lieferanteilen (s. Abb. 189 Lieferanteilsportfolio). Die Gefahr von Preiszugeständnissen beim Drängen auf x% mehr Umsatz kann vermieden werden.

(8) Die potenzialorientierte Verkaufsplanung bedingt eine parallel laufende Wettbewerbsanalyse. Schließlich kann ein Vertriebsteam nur so gut sein, wie es die Konkurrenten zulassen.

Es wird hier nicht behauptet, die aufgezeigten Probleme seien bei potenzialorientierter Planung nicht mehr existent. Wohl aber hat der einzelne Außendienstmitarbeiter jetzt nachvollziehbare Motivationen und Orientierungen, sich seine Zielkunden auszusuchen.

10.3.2. Planungsgrößen

Zunächst sind die zentralen Zielgrößen aus der Abb. 363 zu klären. Zunächst ist zu entscheiden, ob Marktpotenziale nach Absatzmengen oder nach Umsatzerlösen zu berechnen sind. Beide Maßstäbe haben ihre Berechtigung. Da der Verkauf zumeist auf Umsatz fokussiert ist, scheinen

Wertgrößen geeigneter zu sein. Auch die Einkäufer haben eher Budgets als Mengen im Visier, werden ihre Einsparungen doch auf Wertbasis gemessen. Allerdings ist der Mengenmaßstab neutraler und gegenständlicher:

(1) Die Preispolitik der Wettbewerber kann das Marktbild verzerren. Sie bleibt bei der Betrachtung von Absatzmengen außen vor. Man will wissen, wie viel Kräne im Verkaufsgebiet Frankfurt laufen, wie viele davon von *Kone* stammen und wie groß der eigene Mengenanteil im relevanten Markt ist. Abb. 365 zeigt eine Gefahr für den Anbieter: Das Management des Anbieters ist mit der Umsatzplanung zufrieden. Eine umsatzbezogene Marktführerschaft soll ausgebaut werden. Auf den zweiten Blick wird das Umsatzwachstum jedoch aus deutlichen Preisanhebungen bei gebundenen Kunden resultieren, die sich durchaus wehren werden. Mengenbezogen geht die Marktführerschaft ab dem Jahr 2006 zurück. Der Marktanteil schmilzt stetig ab. Die steigenden Preise machen den Anbieter immer verwundbarer. Nur bei Betrachtung beider Marktanteile ergibt sich ein klares Bild über den Handlungsbedarf.

(2) Ein weiteres Problem: Umsatzerlöse vermischen teure und preiswerte Produktvarianten. So kann der Fall auftreten, dass ein Anbieter umsatzbezogen nur die Nummer 2 oder 3 im Markt ist, gerechnet in Absatzmengen jedoch dominierender Marktführer infolge eines preiswerteren Angebots.

(3) Bei starkem Preisverfall wird das Marktbild verfälscht. Ein Markt kann mengenmäßig noch wachsen, obwohl das umsatzmäßige Marktpotenzial sinkt.

(4) Ebenso wird das Bild der Marktanteile bei internationalem Verkauf verzerrt, wenn in den Ländern unterschiedliche Inflationsraten und damit unterschiedliche Preisangleichungen zu verzeichnen sind. Trotz gleichbleibender Mengenanteile würde der umsatzbezogene Marktanteil desjenigen Anbieters relativ stärker zunehmen, der den größten Absatzanteil in Inflationsländern hält.

Die Analyse der Marktanteile wird komplizierter, wenn sich preispolitische Effekte mit Mengenverschiebungen bei den Anbietern mischen. Außerdem geht es in der Wirtschaftsauseinanderset-

MARKTANTEILSANALYSE		2005	2006	2007	2008	2009	2010
Anbieter	Absatzmengen (Stck)	80.000	82.000	82.000	79.000	78.000	77.000
	Durchschnittspreis EUR	8,00	8,00	8,50	9,00	9,30	9,50
	Umsatz	640.000	656.000	697.000	711.000	725.400	731.500
	Absatzsteigerung		*2,5%*	*0,0%*	*−3,7%*	*−1,3%*	*−1,3%*
	Umsatzsteigerung		*2,5%*	*6,3%*	*2,0%*	*2,0%*	*0,8%*
Wettbewerb	Absatzmengen (Stck)	78.000	79.000	80.000	81.000	82.000	82.000
	Durchschnittspreis EUR	8,00	8,00	8,00	8,00	8,00	8,00
	Umsatz	624.000	632.000	640.000	648.000	656.000	656.000
	Absatzsteigerung		*1,3%*	*1,3%*	*1,3%*	*1,2%*	*0,0%*
	Umsatzsteigerung		*1,3%*	*1,3%*	*1,3%*	*1,2%*	*0,0%*
Gesamt	Absatzmengen (Stck)	158.000	161.000	162.000	160.000	160.000	159.000
	Durchschnittspreis EUR	8,00	8,00	8,25	8,49	8,63	8,73
	Umsatz	1.264.000	1.288.000	1.337.000	1.359.000	1.381.400	1.387.500
	Absatzsteigerung		*1,9%*	*0,6%*	*−1,2%*	*0,0%*	*−0,6%*
	Umsatzsteigerung		*1,9%*	*3,8%*	*1,6%*	*1,6%*	*0,4%*
Anbieter	*Marktanteil nach Absatz*	*50,6%*	*50,9%*	*50,6%*	*49,4%*	*48,8%*	*48,4%*
	Marktanteil nach Umsatz	*50,6%*	*50,9%*	*52,1%*	*52,3%*	*52,5%*	*52,7%*

Abb. 365: Die Problematik einer mengen- versus einer umsatzbezogenen Marktanteilsberechnung

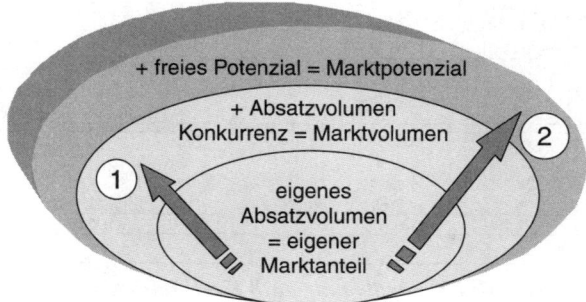

Abb. 366: Struktur des Marktpotenzials

zung oft um Marktmacht. Und die beziffert sich nach Mengen. Deshalb hat die **Mengenbetrachtung für die Vertriebssteuerung leichte Vorteile.**

Abb. 366 veranschaulicht die Beziehung der eigenen Absatzmenge zum Marktpotenzial. Drei Marktanteilsbegriffe sind mengenmäßig oder umsatzmäßig zu unterscheiden:

(1) Der **Gesamtmarktanteil** ergibt sich aus dem Verhältnis der eigenen Absatzmenge zum Absatzvolumen aller Anbieter in einem Produktbereich im Gesamtmarkt. Wir raten davon ab, freie Potenziale vor Akquisition in die Berechnung einzubeziehen.

(2) Entscheidend für die Vertriebsausrichtung ist der **relevante Markt**. In ihm sind nur die Wettbewerber erfasst, mit denen ein Anbieter in einem definierten Produktsegment (sachliche Abgrenzung) oder in einer Region (regionale Abgrenzung) in Konkurrenz steht. Es ist wenig ergiebig, den *VW Golf* mit der *DaimlerChrysler* S-Klasse in einer Marktanteilsrechnung in Beziehung zu setzen. So werden der Marketing- und Vertriebsleitung im Rahmen der strategischen Planung sinnvollerweise relevante Marktpotenziale und relevante Marktanteile vorgegeben.

(3) **Relative Marktanteile** setzen die eigene Absatzmenge in ein Verhältnis zu der des härtesten Konkurrenten oder zu der einer Gruppe von Konkurrenten. Es erfolgt eine Indexbildung für Marktanteilsrelationen. Im Rahmen der operativen Vertriebssteuerung spielen relative Marktanteile keine große Rolle.

Die Absatzmengen aller Konkurrenten im relevanten Markt addieren sich zum **Marktvolumen**. Der Wachstumsdruck der strategischen Planung drängt die Unternehmen dazu, möglichst schnell hohe Anteile am Marktvolumen zu erreichen. Der theoretische Hintergrund hierfür ist der **Erfahrungskurveneffekt**. Bei einer Verdrängungsstrategie ① würde man in diese ausgeschöpften Potenziale eindringen. Oft verstecken sich bei den Kunden aber noch **nicht ausgeschöpfte, freie Potenziale** (neue, erweiterte Bedürfnisse, Ausweitung des Anwendungsspektrums). Der Versuch, sich diese Potenziale zu erschließen, führt auf einen ② wettbewerbsfriedlichen Weg ohne Gefährdung von Preispositionen.

Die Planungsgrößen können nun in praktischen Planungsansätzen zum Einsatz kommen.

10.3.3. Planungsansätze

Zwei Planungsansätze werden vorgestellt.

(1) Eine an **Kaufkraftpotenzialen** oder Marktpotenzialen orientierte Verkaufsplanung für die Konsum- und Gebrauchsgüterindustrie (vgl. z.B. *Preissner* 1998, S. 254–256) und

UMSATZPLANUNG NACH KAUFKRAFTPOTENZIALEN / MARKTPOTENZIALEN							
Verkaufsgebiet	Bevölkerung		Bauvolumen		Neubauten		Integration	
	absolut (in Mio.)	%	absolut (in Mio.)	%	absolut	%	spezifisches Kaufpotenzial (in %)	Planumsatz (in TEUR)
A	3,9	30,7%	3.040	20,6%	201	13,1%	21,4%	3.002
B	2,7	21,3%	5.945	40,2%	731	47,5%	36,3%	5.086
C	4,6	36,2%	4.189	28,3%	424	27,6%	30,7%	4.299
D	1,5	11,8%	1.615	10,9%	182	11,8%	11,5%	1.613
	12,7	100,0%	14.789,0	100,0%	1.538,0	100,0%	100,0%	14.000

(Quelle: Graumann 1997, S. 39)

Abb. 367: Umsatzplanung nach Kaufkraftpotenzialen

(2) Planvorgaben, ausgerichtet auf **konkrete Einkaufspotenziale** (Budgets) in BtoB-Märkten, die vom Außendienst oft hartnäckig und langwierig erfragt werden müssen.

Graumann liefert ein Beispiel für eine **kaufkraftbasierte Planung** (vgl. *Graumann* 1997, S. 39). Marktforschungsinstitute wie die *GfK* oder *AC Nielsen* erarbeiten alljährlich Kaufkraftkennziffern und stellen diese in regionalen Zusammenhängen dar (Kaufkraftverteilungskarten). Die **GfK-Kaufkraft 2004** betrug in Deuschland pro Einwohner und Jahr im Durchschnitt 16.926 Euro. Die Kaufkraftdaten beziehen sich auf das verfügbare Einkommen oder auf ein nachgewiesenes Ausgabeverhalten von Konsumenten in den jeweiligen Regionen. Meist werden die Kaufkraftpotenzialeinheiten marktspezifisch angepasst (z.B. um unterschiedliche Händlerdichten zu berücksichtigen) und in ein spezifisches Kaufkraftpotenzial überführt. Das Beispiel der Abb. 367 leitet das Marktpotenzial für einen Hersteller von Baustoffen aus den Potenzialgrößen Bevölkerung, Bauvolumen und Anzahl der Neubauten ab. 14 Mio. Euro Umsatz sind als Planvorgabe festgelegt und sollen auf die Verkaufsgebiete verteilt werden. Die Umsatzquoten für die Verkaufsgebiete werden als Mittelwerte aus den drei Prozentwerten jedes Verkaufsbezirks ermittelt. Es gilt die Annahme, dass der Markt für den Baustoffhersteller die Umsatzvorgabe auch hergibt. Deshalb sind Planungsansätze dieser Art unbedingt durch Konkurrenzanalysen abzusichern.

In BtoB-Märkten werden Planvorgaben für die Neukundengewinnung oder für Lieferanteilsausweitungen bei Bestandskunden ebenfalls aus Strukturvergleichen von Verkaufsgebieten hergeleitet. Anders als in Konsumgütermärkten orientiert sich die Planung dann aber i.d.R. nicht an anonymen Potenzialen, sondern an bekannten (qualifizierten) Kundenpositionen. Abb. 368 gibt hierzu ein Beispiel im Vorgriff auf das Verkaufsgebietscontrolling im Abschnitt 10.6.

Ausgangspunkte sind die von der Marktforschung festgestellten Umsatzpotenziale der Verkaufsgebiete und deren prozentuale Relationen zueinander. Im Beispielsfall soll durch eine aggressive Akquisitionsstrategie der gegenwärtige Marktanteil von 19 Prozent auf 30 Prozent ausgebaut werden. Entsprechend den Potenzialen der VKB werden die Zielumsätze aufgeteilt und deren Abweichungen zu den Ist-Umsatzerlösen festgestellt. Die kleine Grafik zeigt, wie stark das VKB-2 gegenüber dem Plan zurückliegt. Die Hintergründe werden in Abschnitt 10.6. erläutert. Interessant sind die einzelnen **Marktanteilskoeffizienten** (MAK) für die VKB. Sie ergeben sich, wenn die erreichten Ist-Marktanteile der VKB (hier bezogen auf Umsatz) durch deren Potenzialanteile im relevanten Markt dividiert werden. Beispiel: Für das VKB-1 gilt: 42,5 Prozent geteilt durch 35,1 Prozent ergibt einen Index von 121. Der erreichte Umsatzanteil in der Gruppe liegt also um 21 Prozent über dem der theoretischen Zielverteilung. Der MAK kann nicht aufzeigen, wie gut eine Vertriebsmannschaft insgesamt im Markt liegt. Er erlaubt aber den Vergleich mit anderen Verkaufsteams und dadurch eine Aussage über relative Erfolge bei den Marktpotenzialausschöpfungen.

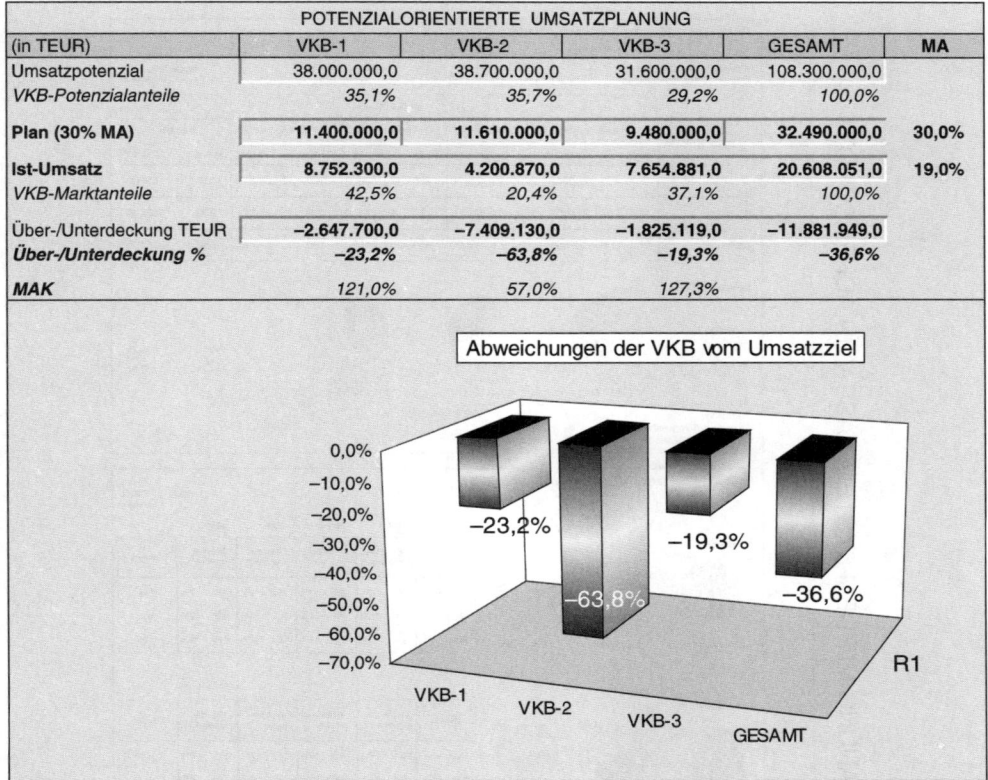

POTENZIALORIENTIERTE UMSATZPLANUNG					
(in TEUR)	VKB-1	VKB-2	VKB-3	GESAMT	**MA**
Umsatzpotenzial	38.000.000,0	38.700.000,0	31.600.000,0	108.300.000,0	
VKB-Potenzialanteile	*35,1%*	*35,7%*	*29,2%*	*100,0%*	
Plan (30% MA)	**11.400.000,0**	**11.610.000,0**	**9.480.000,0**	**32.490.000,0**	30,0%
Ist-Umsatz	**8.752.300,0**	**4.200.870,0**	**7.654.881,0**	**20.608.051,0**	19,0%
VKB-Marktanteile	*42,5%*	*20,4%*	*37,1%*	*100,0%*	
Über-/Unterdeckung TEUR	−2.647.700,0	−7.409.130,0	−1.825.119,0	−11.881.949,0	
Über-/Unterdeckung %	*−23,2%*	*−63,8%*	*−19,3%*	*−36,6%*	
MAK	121,0%	57,0%	127,3%		

Abb. 368: Beispiel für eine potenzialorientierte Umsatzplanung (im Zusammenhang mit Abb. 390)

10.3.4. Integration in die Vertriebssteuerung

CRM/CAS-Systeme erfassen in erster Linie die Geschäftstätigkeit mit einzelnen Interessenten, Kunden und Handelspartnern (im Transaktionssystem). Verdichtete Analysen und Planungen für Verkaufsgebiete, Produktgruppen, Kundengruppen etc. gehen über die Erfassung und Steuerung von Individualbeziehungen hinaus und erfordern weiterführende Programmfunktionalitäten. Oft erfolgen Auswertungen nicht im Rahmen des eigentlichen CRM-Systems, sondern mit Hilfe sog. Report-Generatoren (z.B. *Crystal-Report*). Einige CRM/CAS-Systeme verarbeiten Planungs- und Controllingdaten im Rahmen spezieller Analysemodule, z.B. *REGSTAT* oder *PIANO von REGWARE oder ADITO-columbus* von *ADITO Software*. Die Anwender können aber auch auf die Analysesysteme und -module der in Abschnitt 10.1.3. dargestellten BI-Anbieter zurückgreifen.

Eine Sonderlösung zeigt die Abb. 369. Das Beispiel stammt von *Ackerschott*. Im Planungssystem *VASS* werden die Marktanteile in einem Vertriebsgebiet oder in einer Kundenbranche aus den Lieferanteilen, die bei den Kunden erfasst oder im Laufe der Geschäftsbeziehung geschätzt wurden, berechnet. Das System benötigt als Eingaben

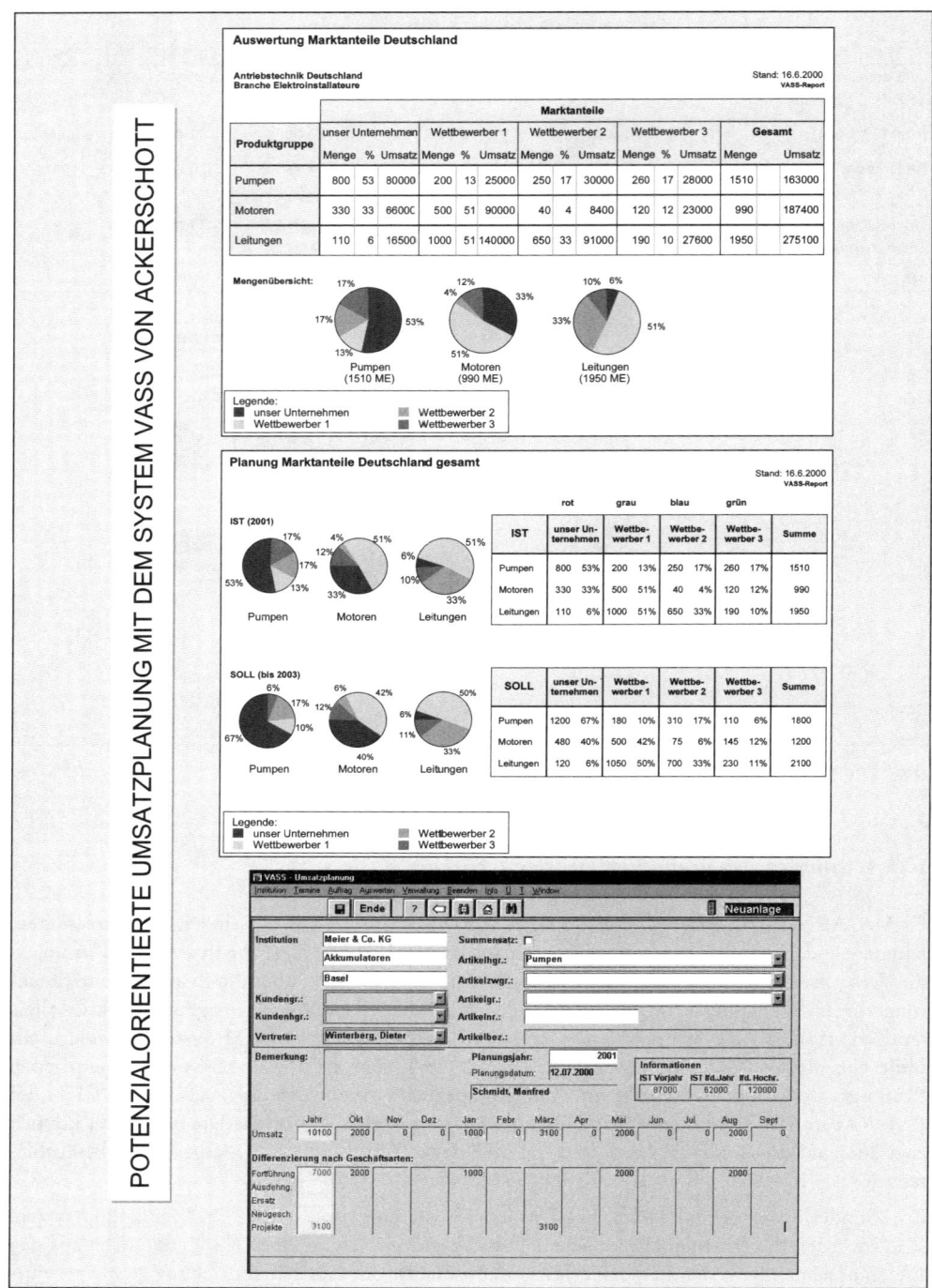

Abb. 369: Potenzialorientierte Mengen- und Umsatzplanung /
System VASS der Ackerschott Unternehmensberatung GmbH

- Produktfamilie oder Produktgruppe,
- Anbieter,
- Menge,
- Umsatz (oder Preis),
- Einsatzgebiet,
- Vertriebskanal.

Im oberen Teil der Grafik sind die deutschen Mengen- und Umsatzanteile der vier Wettbewerber in den Marktsegmenten Pumpen, Motoren und Leitungen dargestellt. Wie man sieht, ist das eigene Unternehmen mit einem Marktanteil von 53 Prozent dominierender Marktführer im Marktsegment Pumpen. Der mittlere Teil der Abbildung zeigt die operative Mengenplanung bis zum Jahr 2003. Die Ist- und die Soll-Marktanteile sind gegenübergestellt. Bei Pumpen und Motoren sollen die Marktanteile deutlich auf 67 Prozent bzw. 40 Prozent ausgeweitet werden; vor allem zu Lasten der Wettbewerber 1 und 3. Multipliziert mit den zu erwartenden Marktpreisen ergeben sich dann die potenzialbezogenen Umsatzvorgaben. *VASS* arbeitet hier in Reportform. Selbstverständlich bietet *VASS* dem Planenden auch die entsprechenden Computermasken zur Erleichterung der Planung. Die untere Maske der Abb. 320 zeigt beispielhaft ein Planungsformular.

10.4. Angebots- und Auftragscontrolling

10.4.1. Von der Anfrage zum Auftrag – Analyse von Strukturen und Trends im Angebotswesen

Im folgenden werden die Grundaufgaben des Angebotswesens aus Abschnitt 7.4.8. weiter vertieft. Während in Abschnitt 7.4.8. die operative Angebotätigkeit und in Abschnitt 8.1. das Management der Top-Chancen (Opportunities) im Vordergrund standen, geht es nun um spezielle Analysen von Strukturen und Trends im gesamten Angebots- und Auftragstopf.

Umsatzerlöse sind das Ergebnis der Verkaufsbemühungen, der krönende Abschluss der Akquisitionsarbeit. Gespeist wird der Umsatz, bis auf Ausnahmen (z.B. Direktbestellungen), aus einem Topf von Anfragen und Angeboten mit bestimmten Qualitäten und Realisierungswahrscheinlichkeiten. Abb. 370 zeigt die Struktur dieses Topfes. Für *Schmalenbach* war die Bilanz der **Kräftespeicher der Unternehmung.** Für den Vertrieb ist es der **Bestand (Pool) der Anfragen und Angebote.**

Umsatz wird also aus Anfragen, die zu Angeboten, Angeboten, die ohne Anfrage zu Bestellungen werden und aus Direktbestellungen (wenn der Kunde Produkt und Preis kennt bzw. bei Daueraufträgen, Abonnements mit der Belieferung einverstanden ist) generiert. Die Umsatzerlöse stellen Forderungen gegenüber den Kunden dar, die im Rahmen der allgemeinen Lieferungs- und Zahlungsbedingungen einzahlungswirksam werden sollen. Bei dem Abschmelzprozess von den Anfragen bis zu den realisierten Umsatzerlösen sind also noch Forderungsausfälle zu berücksichtigen.

Daraus ergeben sich für das Vertriebscontrolling folgende **Aufgaben:**

(1) Aussieben von Anfragen, evtl. auch von Direktbestellungen, die wirtschaftlich (z.B. nicht ausreichender Deckungsbeitrag), technisch (z.B. Kundenforderungen nicht erfüllbar; Spezifikation verstößt gegen Umweltvorschriften), bonitätsmäßig (z.B. negative Kreditauskunft, Kunde hat Kreditlinie überschritten) oder aus taktischen (keine Lieferung an Wettbewerber) Gründen nicht tragbar sind,

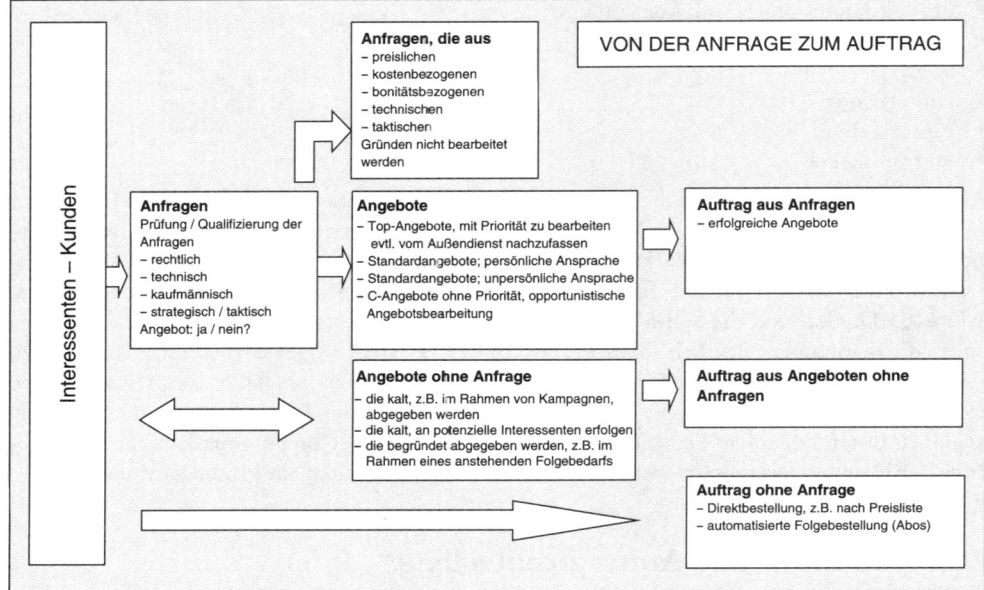

Abb. 370: Der Zusammenhang zwischen Anfragen, Angeboten und Aufträgen

(2) Analyse des Trends von Anfragen und Angeboten im Zeitablauf; nach Anzahl und Wert,

(3) Analyse des Anteils und des Trends von Anfragen, die nicht weiterverfolgt werden,

(4) Analyse des Anteils und des Trends von Angeboten, die zu Aufträgen werden (Auftragserfolgsquoten),

(5) Analyse des Anteils und des Trends von Angeboten, die ohne Anfrage zu Aufträgen werden (Erfolgsquote von Kaltangeboten),

(6) Analyse des Anteils und des Trends von Aufträgen, die ohne Anfrage und Angebot erteilt werden

Die Abb. 370 soll auch verdeutlichen, wie wichtig es ist,

(1) stets eine quantitativ und qualitativ ausreichende Menge von Anfragen und Angeboten in der Pipeline zu halten,

(2) nur Angebote abzugeben, die leistungsmäßig (und terminlich) realisiert werden können; es sei denn, der Kunde trägt die Mehrkosten eines Abweichens vom Standard,

(3) die Angebote mit relativ hohen Erfolgschancen bezüglich (a) Auftragserteilung und (b) Zahlungsfähigkeit des Kunden mit Nachdruck zu verfolgen,

um die Umsatzziele erfüllen zu können. Bei der Erfüllung dieser Aufgaben wird der Vertrieb vom (Vertriebs-)Controlling unterstützt.

➡ Es ist Aufgabe des **Angebots- und Auftragscontrolling,** eine zur Umsatzzielerreichung erforderliche Quantität und Qualität von Anfragen und Angeboten zu überwachen. Das Vertriebscontrolling unterstützt den Vertrieb durch die Analyse bestimmter Trends:

➡ Der Trend beim **Zugang neuer Anfragen** gilt als Indikator für die Marktdynamik.

➡ Der Trend bei der **Schnelligkeit der Auftragsvergabe** und bei den **Terminwünschen der Kunden** ist Ausdruck für eine Kundendynamik, für eine Stresssituation bei den Kunden oder auch für eine Planungskompetenz der Kunden.

> → Der Trend bei der **Angebots-Erfolgsquote** ist Indikator für die eigene Wettbewerbsfähigkeit.
> → Der Trend beim **Gesamtwert offener Angebote** kann Indikator für die Branchenkonjunktur sein.
> → Der Trend bei den **durchschnittlichen Angebotswerten** (Auftragswerten) ist Indikator für Marktverfassung und Marktentwicklung.

Die Angebotstätigkeit ist oft großen Schwankungen unterworfen, auch überlagert von typischen Saisonfiguren. Angebote und Aufträge schwanken um so stärker (diskontinuierlicher), je größer die einzelnen Verkaufsprojekte sind (Lumpy business). Im Großanlagenbau sind oft längere Auftrags-Durststrecken zu überwinden. Zunächst sind die Anfragen und Angebote zusammen als Vorboten des Umsatzes zu betrachten.

10.4.2. Controlling der Verkaufschancen (des Angebotspools)

Abb. 371 zeigt einen sog. **Angebotspool** (s. auch Abb. 279, 280). Der Pool speichert die Angebote eines Anbieters für Büroausstattungen. Das Angebotscontrolling liefert **frühe Signale für drohende Umsatzprobleme.** Der Angebotsbestand schmilzt um 27 % ab, bei gleichzeitigem Rück-

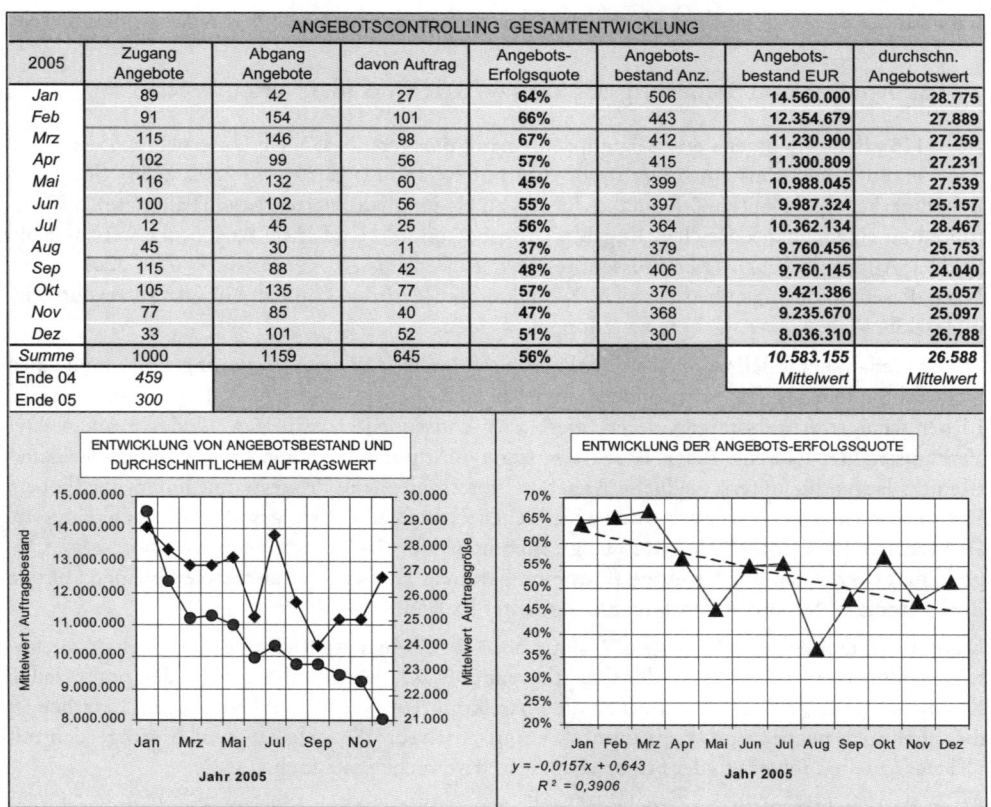

ANGEBOTSCONTROLLING GESAMTENTWICKLUNG							
2005	Zugang Angebote	Abgang Angebote	davon Auftrag	Angebots-Erfolgsquote	Angebots-bestand Anz.	Angebots-bestand EUR	durchschn. Angebotswert
Jan	89	42	27	64%	506	14.560.000	28.775
Feb	91	154	101	66%	443	12.354.679	27.889
Mrz	115	146	98	67%	412	11.230.900	27.259
Apr	102	99	56	57%	415	11.300.809	27.231
Mai	116	132	60	45%	399	10.988.045	27.539
Jun	100	102	56	55%	397	9.987.324	25.157
Jul	12	45	25	56%	364	10.362.134	28.467
Aug	45	30	11	37%	379	9.760.456	25.753
Sep	115	88	42	48%	406	9.760.145	24.040
Okt	105	135	77	57%	376	9.421.386	25.057
Nov	77	85	40	47%	368	9.235.670	25.097
Dez	33	101	52	51%	300	8.036.310	26.788
Summe	1000	1159	645	56%		10.583.155	26.588
Ende 04	459					Mittelwert	Mittelwert
Ende 05	300						

Abb. 371: Kritische Erfolgsgrößen für das Auftragscontrolling

gang der monatlichen Angebots-Erfolgsquoten von 64 % auf 56 % (s. auch den fallenden Trend). Ein Absacken des Angebotsbestandes kann man sich allenfalls leisten, wenn (z.B. durch Value-Marketing) die Auftrags-Erfolgschancen entsprechend steigen. Eine Trendgerade ist ein geeignetes Instrument, um ein Signal für sich verschlechternde Erfolgsaussichten zu geben.

Korrekterweise müssten die Auftragserfolge exakt den entsprechenden, oft zeitlich länger zurückliegenden Angeboten zugerechnet werden. Abb. 371 vereinfacht den Vorgang durch künstliche monatliche Entsprechungen. Die dabei entstehenden Ungenauigkeiten gleichen sich über die Monate aus.

In ähnlicher Weise können **Auftragseingang** und **Auftragsbestand** verfolgt werden. Die Trends werden sich entsprechen, desgleichen die durchschnittlichen Auftragswerte, sofern die Angebotswerte zu 100 % realisiert werden. Dies ist bei umfangreichen Projekten keinesfalls immer der Fall. Es ist eine beliebte Anfragetaktik von Kunden, selbst bei beabsichtigtem Auftragssplitting alle Anbieter zunächst für das Gesamtprojekt quotieren zu lassen (*Give me your rock bottom price*), dann die Angebotsmenge aufzuteilen und Erst-, Zweit- und evtl. auch Drittlieferanten auf die Bestpreise festzunageln. Erhöht wird der Auftragsbestand noch durch einen Bodensatz von Bestellungen, der nach Abb. 370 ohne Anfrage und Angebot zufließt. In der Praxis bleibt dieser **Sockelumsatz** erfahrungsgemäß relativ konstant. Der Auftragsbestand ist insbesondere für die Kapazitätsplanung und für die kurz- und mittelfristige Umsatzprognose von Bedeutung. Was viele Unternehmen übersehen: Der eigene Angebotsbestand enthält zukünftige Aufträge für die Konkurrenz. Und hier sollte man dem Wettbewerb gegenüber nicht großzügig sein.

10.4.3. Analyse und Steuerung des Verkaufstrichters (des Verkaufssiebs)

Abb. 115 erläuterte bereits eine Grundproblematik des Vertriebs: Viele Unternehmen verstehen den Verkaufstrichter als einstufige Input-/Output-Relation (vgl. *Krumb* 2002, S. 86). So gibt es Benchmarks, die da lauten: 8 Kontakte führen zu einem qualifizierten Lead (**Fallquote**). 5 Leads führen zu einem chancenreichen Angebot (**Angebotsquote**). Und aus 3 Angeboten wird sich am Ende 1 Auftrag ergeben (**Abschlussquote**) (vgl. *Rickes/Hassell*, salesBusiness 7/8, 2004, S. 18). Nach dieser Erfahrungen bedarf es 120 Kontakte für 1 Auftrag. Um den Umsatz zu verdoppeln, müsste die Menge der Angebote x verdoppelt werden.

Dieses Gedankenmodell ist nicht sinnvoll. Eine erfolgreiche Vertriebssteuerung denkt zum einen nicht im Sinne eines Trichters sondern im Sinne eines Kegels, wie in Abb. 115 erläutert wurde. Lieber weniger Angebote generieren, diese aber konsequenter verfolgen. Und vor allem: Der Verkaufstrichter ist keine Black-Box-artige Input-/Output-Beziehung. Innerhalb des Verkaufstrichters laufen für unterschiedliche Angebote unterschiedliche Prozesse mit unterschiedlichem Ressourcenbedarf und folglich unterschiedlichen Kosten und Erfolgswahrscheinlichkeiten ab. **Der Trichter ist eigentlich ein Sieb.** Die größten und/oder chancenreichsten Angebote bzw. Opportunities erreichen höherwertige Bearbeitungsstufen. Die weniger attraktiven bleiben auf den Bearbeitungsstufen Innendienst oder Call-Center hängen.

Das Trichtermodell von *Microsoft CRM* in Abb. 372 geht in diese Richtung. 80,1 % der Angebote stehen in einem sog. Stadium der Qualifizierung. 11,9 % werden als Projekte den potenziellen Kunden präsentiert, und 8 % erreichen die Phase konkreter Vertragsverhandlungen. Letztlich ist dies aber auch wieder eine starre Input-/Output-Analyse. Wie viele Zu- und Abgänge sich mit welcher Qualität innerhalb der Stufen abspielen, wird nicht ersichtlich.

Wenn der Trichter nicht „austrocknen" soll, dann müssen seine Ebenen (Bearbeitungsstufen) gleichmäßig gefüllt und Zu- und Abgänge sowie die Qualität der Angebote auf den Prioritätsebenen unter Kontrolle sein. Bezüglich des Aufbaus der Trichterebenen gibt es zwei Ansätze:

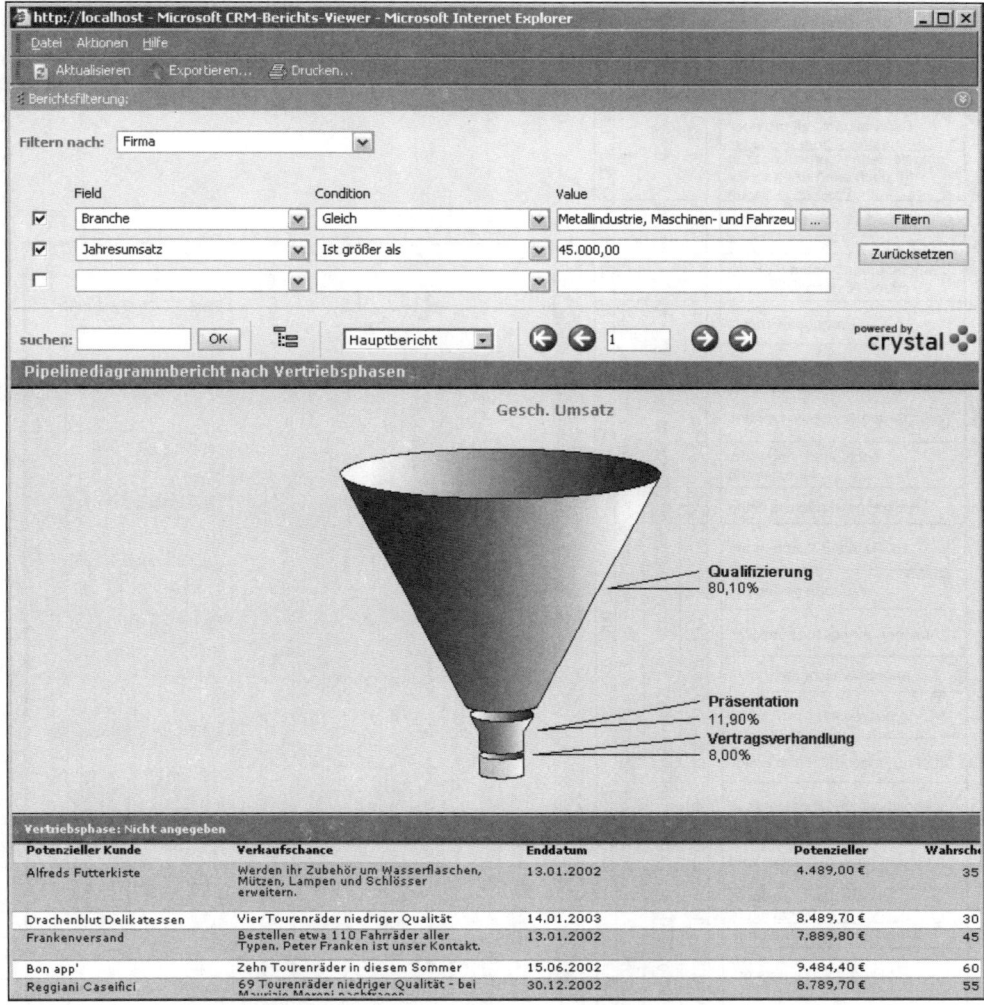

Abb. 372: Die Analyse des Angebotstrichters mit Microsoft CRM /
Microsoft Business Solutions GmbH

- Beim **Verfahren der Prozesstöpfe** durchläuft ein Angebot bzw. Projekt verschiedene Prioritätsstufen mit steigender Ressourcen-Inanspruchnahme. In Abb. 373 werden z.B. unterschieden:

(1) **Standardangebote,** die vom Innendienst bearbeitet werden. Bei besonderer Attraktivität, Volumen und Deckungsbeitrag, und einer höheren Erfolgswahrscheinlichkeit werden sie von der Vertriebsleitung (oder automatisch vom System) zu

(2) **Prioritätsangeboten** hochgestuft. Ein Angebot verlässt dann den Zuständigkeitsbereich des Innendienstes. Der Außendienst wird aktiv. Das Angebot rechtfertigt Außendienstbesuche. Bei noch größerer Attraktivität bzw. Erfolgschance erreicht ein Angebot das Level der

(3) **Top-Angebote.** Bei den für dieses Level definierten Prozessen sind Projektgespräche, Mustererstellungen oder Chef-Besuche zulässig und kostenmäßig kalkuliert. Angebotsprojekte die

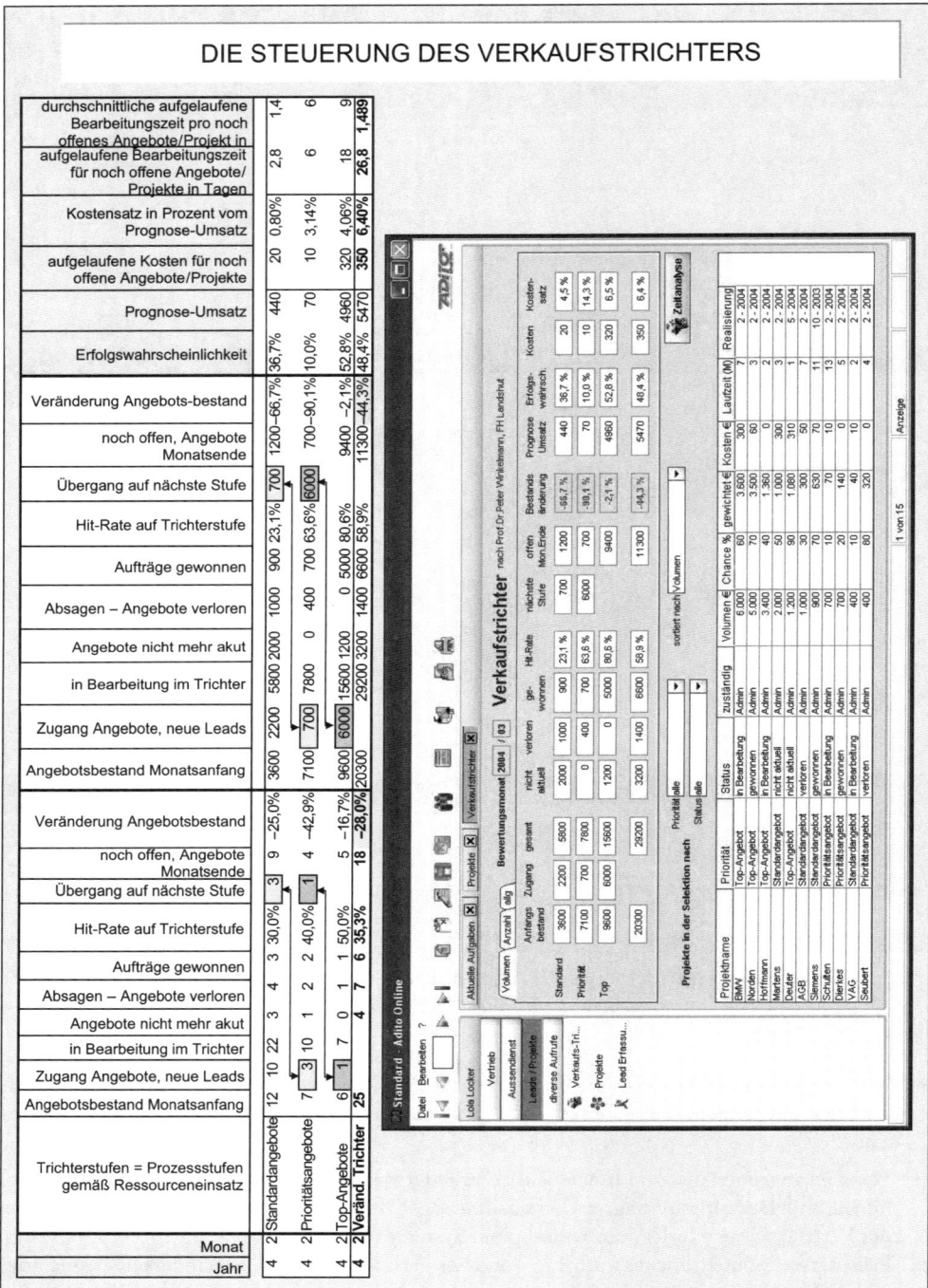

Abb. 373: Die Steuerung des Verkaufstrichters nach Prozessstufen / ADITO online von
ADITO Software GmbH

in Bezug auf Volumen, Deckungsbeitrag und Erfolgschancen diese Akquisitionsinvestitionen nicht rechtfertigen, haben keine Chance, die Stufe (3) des Trichters bzw. Siebs zu erreichen.

- Beim **Verfahren der Chancentöpfe** treten an die Stelle der prioritätsabhängigen Prozesse definierte Erfolgsklassen. Beispiel: Angebote bis zu einer Erfolgswahrscheinlichkeit von 30 Prozent gelten als Standardangebote, bis zu 70 Prozent und mindestens 20 T Euro als Prioritätsangebote, und Angebote bzw. Projekte mit über 70 Prozent Erfolgschance und mehr als 50 T Euro werden dem Pool der Top-Angebote zugewiesen.

Abb. 373 geht nach dem Verfahren der Prozesstöpfe vor und unterscheidet drei Prozessstufen. Jede Prozess- bzw. Prioritätsebene wird für sich überwacht. Die linken Spalten beschäftigen sich mit der **Anzahl** der Angebote. Zunächst sind am Monatsanfang auf der ersten Ebene 12 Angebote in der Wiedervorlage, 10 neue kommen im laufenden Monat hinzu. Dieser Pool vermindert sich um 3 Angebote, die nicht mehr akut sind, 4 verlorene Projekte und 3 Aufträge, die im Monat Februar auf dieser Stufe, also im Innendienst, gewonnen werden konnten. Der Ansatz weist gleich die Hit-Rate aus: 3 von 10 entschiedenen Angeboten wurden auf dieser Stufe gewonnen, d.h. 30 Prozent. Im Laufe des Monats werden 3 Angebote zu Prioritätsangeboten erklärt und auf die nächst höhere Bearbeitungsebene weitergegeben. Für diese Vorgänge ist dann ein kostenintensiverer Bearbeitungsprozess gestattet. Der kleine Pfeil zeigt das Zufließen dieser Angebote auf die Stufe 2. Im mittleren Bereich sind die **Volumen** dieser Angebote in 1.000 Euro ausgewiesen. Die Bestandsführung läuft nach den gleichen Regeln ab. Die rechten Spalten bieten weitere Kennziffern für das Angebotscontrolling. Auch hier erweist es sich als Vorteil, dass nicht der Trichter als Ganzes, sondern unterschiedliche prioritätsbezogene Prozessklassen überwacht werden.

Insgesamt deckt das Beispiel eine bedrohliche Situation auf. Dem Vertrieb geht bald die Arbeit aus. Was nutzen die hohen Erfolgsraten (z.B. volumenmäßig 63,6 Prozent auf der Ebene des Außendienstes), wenn nicht genug neue Leads generiert werden. Der fehlende Nachschub bei den Standardangeboten wird, wenn nicht gegengesteuert wird, schon bald auf die Ebene der Top-Angebote durchschlagen. Mit Hilfe dieses Trichters können derartige Ausdünnungseffekte schnell erkannt werden.

Das Modell bietet Ansatzpunkte für zahlreiche grafische Auswertungen (z.B. Zeitreihen der Hit-Rates oder der Endbestände für die drei Stufen), die hier nicht dargestellt sind. Dafür wird im unteren Teil der Abb. 373 die praktische Anwendung in einem CRM-System, hier *ADITO online*, gezeigt. Die gezeigte Auswertung beschränkt sich auf die Umsatzprognose. Die CRM-Maske für das Controlling der Anzahl der Angebote sieht entsprechend aus.

10.4.4. Controlling der gewonnenen und verlorenen Aufträge – Lost Order Analysis

Aufträge nicht zu gewinnen, gehört zum Verkaufsalltag. Schmerzhaft ist dies allerdings für umsatzverantwortliche Vertriebsleiter und provisionsverwöhnte Außendienstmitarbeiter, wenn wichtige Angebote nicht zu Aufträgen werden. Zwar gibt es taktische Anfragen von Interessenten, die nie eine Chance auf Auftragsvergabe besitzen – z.B. im Rahmen öffentlicher Bietungsverfahren. In allen anderen Fällen sollten Auftragsverluste ab einer relevanten Größenordnung nicht unter den Tisch fallen. Auftragsverluste können Veränderungsprozesse einleiten. Um lernen zu können, sind

(1) die Gründe möglicher und bekannter Auftragsverluste zu analysieren,
(2) die verlorenen Aufträge im Rahmen der Vertriebssteuerung permanent auf diese Misserfolgsursachen hin auszuwerten,

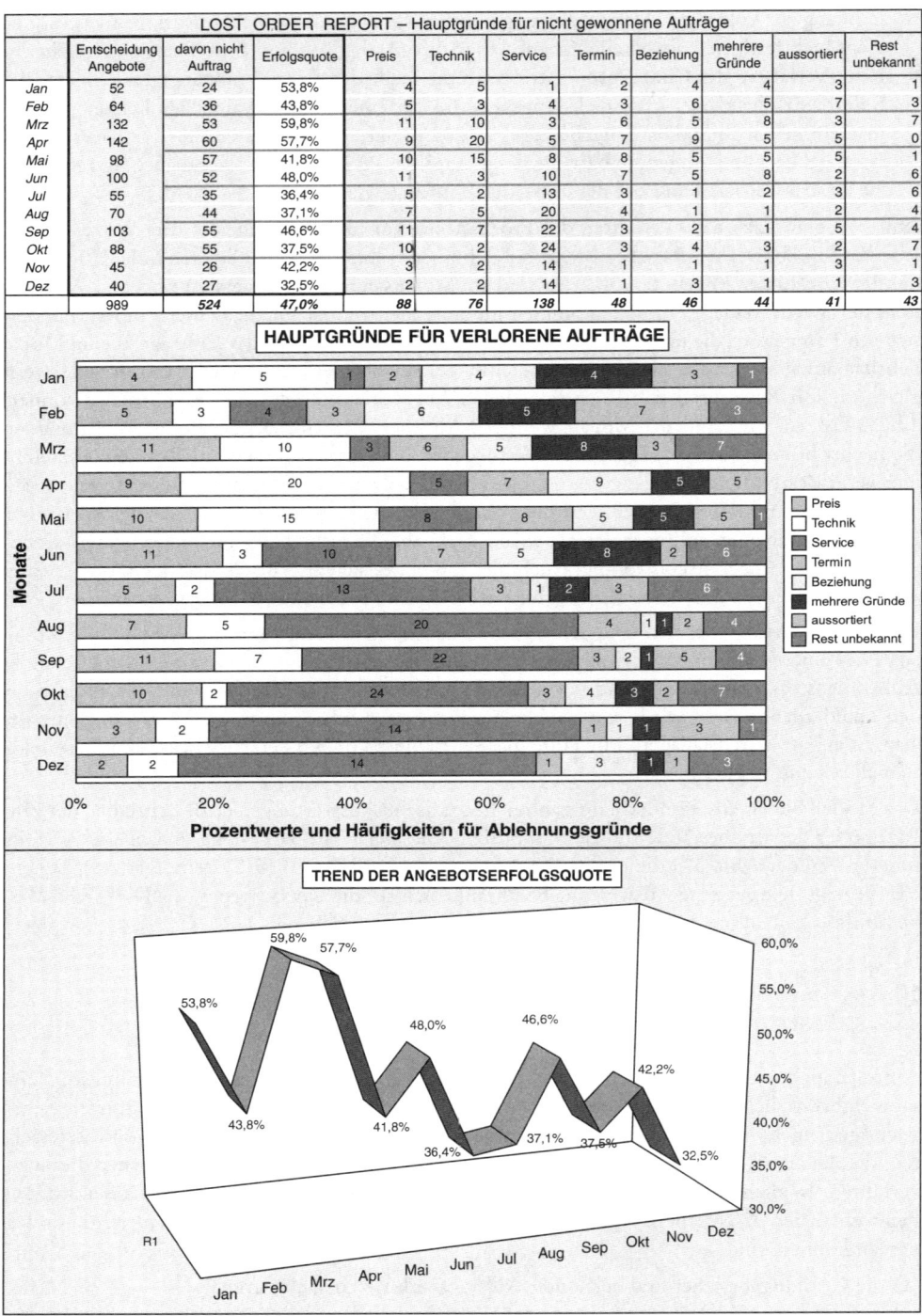

	Entscheidung Angebote	davon nicht Auftrag	Erfolgsquote	Preis	Technik	Service	Termin	Beziehung	mehrere Gründe	aussortiert	Rest unbekannt
Jan	52	24	53,8%	4	5	1	2	4	4	3	1
Feb	64	36	43,8%	5	3	4	3	6	5	7	3
Mrz	132	53	59,8%	11	10	3	6	5	8	3	7
Apr	142	60	57,7%	9	20	5	7	9	5	5	0
Mai	98	57	41,8%	10	15	8	8	5	5	5	1
Jun	100	52	48,0%	11	3	10	7	5	8	2	6
Jul	55	35	36,4%	5	2	13	3	1	2	3	6
Aug	70	44	37,1%	7	5	20	4	1	1	2	4
Sep	103	55	46,6%	11	7	22	3	2	1	5	4
Okt	88	55	37,5%	10	2	24	3	4	3	2	7
Nov	45	26	42,2%	3	2	14	1	1	1	3	1
Dez	40	27	32,5%	2	2	14	1	3	1	1	3
	989	524	47,0%	88	76	138	48	46	44	41	43

Abb. 374: Die Analyse verlorener Aufträge

(3) Lost-Order-Reports allen Mitarbeitern zugänglich zu machen (auch wenn es schmerzt), die aus Fehlern, Trends, Schwachstellen in ähnlichen Märkten, bzw. bei gleichen oder ähnlichen Kunden lernen könnten,

(4) die Ursachenanalysen in kontinuierliche Verbesserungsprozesse, TQM-Systeme, Projektgruppen zu überführen (vom Problem zum Prozess).

Von entscheidender Bedeutung ist eine Trendanalyse für die **Angebots-Erfolgsquote**.

> ➡ Die **mengenmäßige Angebots-Erfolgsquote** berechnet das Verhältnis der Anzahl der erhaltenen Aufträge zu den abgegebenen Angeboten.
>
> ➡ Die **wertmäßige Angebots-Erfolgsquote** berechnet das Verhältnis des monetären Wertes der erhaltenen Aufträge zu dem der abgegebenen Angebote.
>
> ➡ Oft wird auch der Kehrwert als Steuerungsgröße herangezogen: Der **Angebotskoeffizient** ergibt sich als Wert der abgegebenen Offerten dividiert durch den Wert der erhaltenen Aufträge (vgl. *Westermann*, ASW 8/1992, S. 66).

Abb. 374 zeigt ein Beispiel für ein Controlling verlorener Aufträge. Die Begründung *Preis* bedeutet, dass ein Konkurrent billiger angeboten hat und der Preis bei diesem Angebot das Auftragsvergabekriterium für den Kunden war. Der mittlere Teil der Abbildung verrät die Ursache für die zunehmenden Auftragsverluste der Beispielunternehmung. Ein Konkurrent baut durch eine zusätzliche Serviceleistung einen Wettbewerbsvorsprung immer weiter aus. Mit der Erkenntnis des Auftragscontrolling kann gegengesteuert werden. Im Beispielfall hätte man damit bereits im August/September beginnen müssen. Voraussetzung ist allerdings, dass die verantwortlichen Kundenbetreuer die „wahren" Gründe für die Auftragsablehnung von den Anfragenden erfahren. Im technischen Geschäft (Projektgeschäft) ist man darüber i.d.R. gut informiert. Dort wird im Rahmen des Relationship Marketing auch offen darüber gesprochen, wenn ökonomische oder unternehmenspolitische Gründe einen bestimmten Wettbewerber begünstigt haben. Wird über den Handel verkauft und sind dort – z.B. bei höherwertigen Gebrauchsgütern (PKW, Heizungen, Fernseher, Küchengeräte) – die Kunden identifizierbar (keine Laufkundschaft), dann sollten auch die Vertriebspartner in das Lost-Order-Controlling eingespannt werden. Dies ist eine zentrale Aufgabe im Rahmen des kooperativen CRM. In der Praxis ist ein Datenaustausch von Hersteller und Handel auf diesem Gebiet leider eher die Ausnahme.

10.5. Umsatzanalyse und Umsatzplanung

10.5.1. Analyse der Auftragseingänge und Umsatzverläufe

Es gibt Vertriebsleiter, die zur Umsatzplanung lediglich ein Blatt Papier, einen Bleistift und die Umsatzerlöse des Vorjahres benötigen. Eventuell wird noch auf Auguren gehört, die die weitere Branchenkonjunktur voraussagen. Auf bestehende Ist-Umsätze werden dann mehr oder weniger intuitiv und je nach Druck des Geschäftsführung Umsatzsteigerungen aufgeschlagen. Nach dem Motto: *„Im nächsten Jahr brauchen wir von Ihnen 4,5 % mehr Umsatz plus eine Preiserhöhung von durchschnittlich 1,2 %."* Der Weg zu einer integrierten Absatz-, Umsatz- und Ergebnisplanung unter Einbezug der Konkurrenz wurde bereits in Abb. 361 aufgezeigt. Jetzt steht die Frage im Vordergrund, wie sich Umsatzentwicklungen trendmäßig beurteilen lassen und wie das Vertriebscontrolling bei Fehlentwicklungen rechtzeitig eingreifen kann.

Wohl keine Unternehmung kommt heute ohne eine Umsatzstatistik aus. Es ist Aufgabe des Vertriebscontrolling, die **Ist-Umsatzerlöse im Vergleich zu Plan und Vorjahr** anschaulich darzustellen und Umsatzprognosen zu ermöglichen. Die Möglichkeiten der tabellarischen Darstellung von Umsatzzahlen sind nahezu unbegrenzt. Abb. 375 verfolgt lediglich den Zweck, die relevanten Planungsdaten noch einmal in einem Zusammenhang darzustellen. Gemäß Zielsetzung der operativen Planung stehen die Wertgrößen **Auftragseingang, Auftragsbestand** und **monatliche** sowie **kumulierte Umsatzerlöse** des **laufenden Jahres**, des **Vorjahres** und der **Planung** im Vordergrund. Die Bedeutung der einzelnen Planungsgrößen sind in der Abb. 375 erläutert. Das Marktpotenzial wird zunächst auf Grund der Planprämissen und später gemäß Aktualisierung von Außendienst und Marketing monatlich mitgestaffelt. So lässt sich für eine Planungseinheit der geschätzte Marktanteil anschaulich überwachen.

Generell wird für den **Aufbau eines OP-Umsatzblattes** empfohlen:

(1) Die Umsatzplanung sollte in verschiedenen **Detaillierungsgraden** verfügbar sein. So ist die Abb. 375 durch Wochen- und Quartalstabellen und die entsprechenden Grafiken zu ergänzen.

(2) Desgleichen sind die Umsatzerlöse in **Planungsebenen** aufzuspalten: nach Ländern, Verkaufsgebieten, Niederlassungen, Außendienstmitarbeitern, Warengruppen, Kundengruppen. Summenabgleiche stellen immer wieder die Einheit der Planung sicher.

(3) Während eines Geschäftsjahres sollte die Planung nicht verändert werden. Bei gravierenden Abweichungen bzw. bei Trendänderungen können die Planwerte durch eine **Neueinschätzung** des Vertriebs (**Forecasts**) ergänzt werden. Die Kapazitäten bzw. Anpassungen im Gemeinkostenbereich sollten sich dann auf die Neueinschätzung beziehen. Wird unterjährig die Planung geändert, so wird ein möglicher Lernprozess unterbunden.

(4) Wichtig sind auch Mengenrechnungen (Absatzmengenplanung) und Umsatzdarstellungen in **wachstums- bzw. preisbereinigter Form**. So bleibt die Marktentwicklung als Kontrollgröße im Hintergrund. Denn was sagt ein eigenes Absatzwachstum von 5 Prozent aus, wenn der Gesamtmarkt um 6,5 Prozent gewachsen ist? Was besagt eine Umsatzsteigerung von 3 Prozent, wenn die Branche durchschnittliche Preiserhöhungen in Höhe von 4 Prozent im Markt durchdrücken konnte? Die Umsatzplanung der Abb. 375 wurde deshalb preisbereinigt ausgelegt.

(5) Die Mitarbeiter mit Kundenkontakt sollten permanent mit der Planung befasst bleiben. **Vertriebsplanung ist kein einmaliger Kraftakt** sondern die Basis für einen **Lernprozess** des Mitarbeiters einerseits wie auch der Gesamtorganisation andererseits.

(6) Neben den harten betriebswirtschaftlichen Fakten sind auch „weiche" Erfolgsgrößen zu planen und zu überwachen. Auf Steuerungsgrößen wie Kundenzufriedenheiten oder Kundenbindungs-Indices kann Bezug genommen werden.

Abb. 376 liefert die grafische Auswertung der Monatsumsätze aus der Abb. 375. Der schwache Geschäftsverlauf ab Mai lässt eine Planunterschreitung erwarten. Genau hier beweist sich der Vorteil einer integrierten Trenddarstellung. Das Umsatzniveau sinkt über alle Schwankungen gesehen leicht ab. Abb. 377 zeigt ergänzend, wie die kumulierten Werte gegen die geplanten bzw. zu erwartenden Jahresendwerte laufen.

10.5.2. Kurzfristige Umsatzprognose

Abb. 377 verdeutlicht die Gefahr von Fehleinschätzungen der Lage bei einer unterjährigen Hochrechnung. Im Juli sinkt die laufende Hochrechnung *UmsHoRe-lJ* unter den Wert der Jah-

PLANDATEN | Jahr 2005 Monat: 12

OPERATIVE PLANUNG FIRMA HEGL-Bau – nach Ablauf des Jahres 2005 / Vorjahresdaten 2004

alle Umsatzwerte in Mio. EUR – Abweichungen in %-Werten

Beschreibung	Kennung	Jan.	Febr.	März	April	Mai	Juni	Juli	Aug.	Sept.	Okt.	Nov.	Dez.	Ges.
gesch. Marktanteil nach roll.12-Monatsumsatz	MA-Anteil	18%	18%	17%	18%	18%	18%	18%	18%	17%	16%	17%	17%	17%
Summe Kundenpotenziale im relevanten Markt	Potential-J	1000,0	1000,0	1000,0	1000,0	1000,0	1000,0	1000,0	1000,0	1100,0	1100,0	1100,0	1100,0	1100,0
Abweichung Jahresums. kum. zu Forecast	Umskum-IJ/Forecast	7,5%	15,5%	26,5%	39,0%	47,5%	55,0%	59,0%	64,7%	72,1%	78,4%	90,0%	100,5%	100,5%
Umsatz-Neueinschätzung	Forecast	200,0	200,0	200,0	200,0	200,0	200,0	190,0	190,0	190,0	190,0	190,0	190,0	190,0
unterjährige Hochrechng. zu Planum. kum.	UmsHoRe-J/Ums-Pl	–10,0	–7,0	6,0	17,0	14,0	10,0	1,1	–7,8	–8,7	–10,6	–6,7	–4,5	–4,5
rollierender 12-Monatsumsatz zu Planumsatz	roll12MoUms/UmsPl-J	–11,0	–8,5	–13,5	–10,5	–10,0	–11,5	–9,0	–8,5	–6,5	–10,5	–8,0	–4,5	–4,5
Jahresumsatz kum. zu Planumsatz Gesamtjahr	Umskum-IJ/Ums-Pl	–92,5	–84,5	–73,5	–61,0	–52,5	–45,0	–41,0	–38,5	–31,5	–25,5	–14,5	–4,5	–4,5
unterjährige Umsatzhochrechnung lfd. Jahr	UmsHoRe-IJ	180,0	186,0	212,0	234,0	228,0	220,0	202,3	184,5	182,7	178,8	186,5	191,0	191,0
rollierender 12-Monatsumsatz	roll.12MoUms	178,0	183,0	173,0	179,0	180,0	177,0	182,0	183,0	187,0	179,0	184,0	191,0	191,0
Jahresumsatz Plan	Ums-Pl	200,0	200,0	200,0	200,0	200,0	200,0	200,0	200,0	200,0	200,0	200,0	200,0	200,0
Auftragsbestand lfd. Jahr zum Vorjahr	AbAB-VJ	–8,8	0,0	–2,1	2,1	2,7	3,6	3,8	5,0	0,9	0,8	–1,5	–2,9	–2,9
Auftragsbestand Vorjahr	AB-VJ	144,8	138,0	142,0	143,0	146,0	140,0	132,0	120,0	116,0	132,0	132,0	138,0	138,0
Auftragsbestand lfd. Jahr	AB-IJ	132,0	138,0	139,0	146,0	150,0	145,0	137,0	126,0	117,0	123,0	130,0	134,0	134,0
monatl. Umsatzabw. kum. zum Plan	AbMoUmskum-Pl	87,5	72,2	60,6	47,2	30,1	12,2	14,6	13,9	3,0	–8,6	–6,6	–4,5	–4,5
Umsatzabw. kumuliert zum Vorjahr	AbMoUmskum-VJ	36,4	40,9	–1,9	6,8	6,7	2,8	7,3	7,9	10,5	3,5	6,2	9,8	9,8
Planumsatz kumuliert im lfd. Jahr	Umskum-Pl	8,0	18,0	33,0	53,0	73,0	98,0	103,0	108,0	133,0	163,0	183,0	200,0	200,0
Jahresums. kumuliert im Vorjahr	Umskum-VJ	11,0	22,0	54,0	73,0	89,0	107,0	110,0	114,0	124,0	144,0	161,0	174,0	174,0
Jahresums. monatlich kumuliert	Umskum-IJ	15,0	31,0	53,0	78,0	95,0	110,0	118,0	123,0	137,0	149,0	171,0	191,0	191,0
Abw. Monatsumsatz zum Plan	AbMoUms-Pl	87,5	60,0	46,7	25,0	–15,0	–40,0	60,0	0,0	–44,0	–60,0	10,0	17,6	–4,5
Abw. Monatsums. zum Vorjahr	AbMoUms-VJ	66,7	45,5	–31,3	31,6	6,3	–16,7	166,7	25,0	40,0	–40,0	29,4	53,8	11,0
Monatsumsatz Plan	MoUms-Pl	8,0	10,0	15,0	20,0	20,0	25,0	5,0	5,0	25,0	30,0	20,0	17,0	200,0
Monatsumsatz Vorjahr	MoUms-VJ	9,0	11,0	32,0	19,0	16,0	18,0	3,0	4,0	10,0	20,0	17,0	13,0	172,0
Monatsumsatz lfd. Jahr	MoUms-IJ	15,0	16,0	22,0	25,0	17,0	15,0	8,0	5,0	14,0	12,0	22,0	20,0	191,0

Abb. 375: Ein Planungstableau für die operative Umsatzplanung

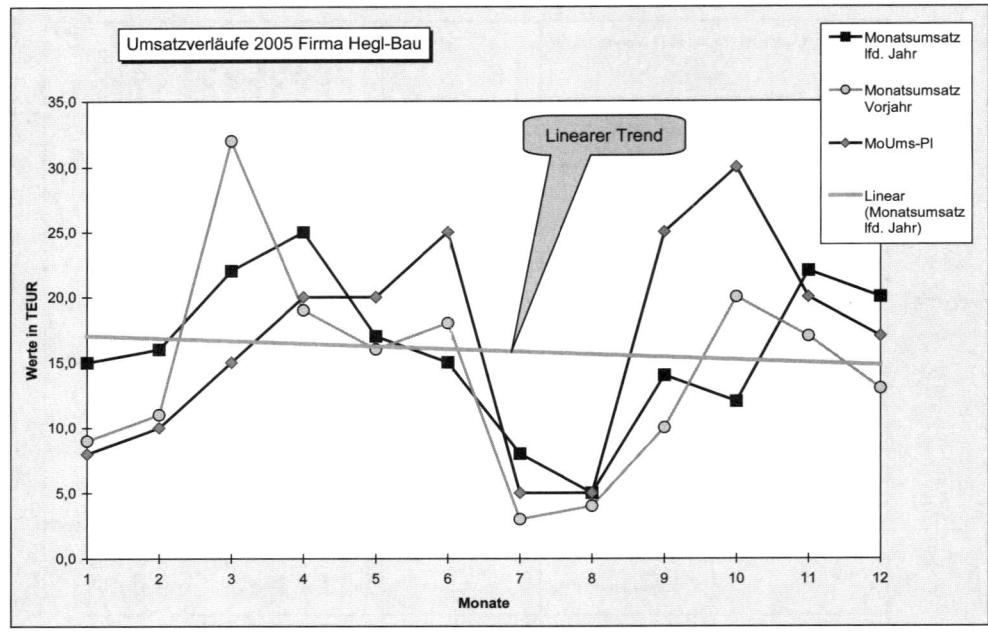

Abb. 376: Darstellung der monatlichen Umsatzverläufe

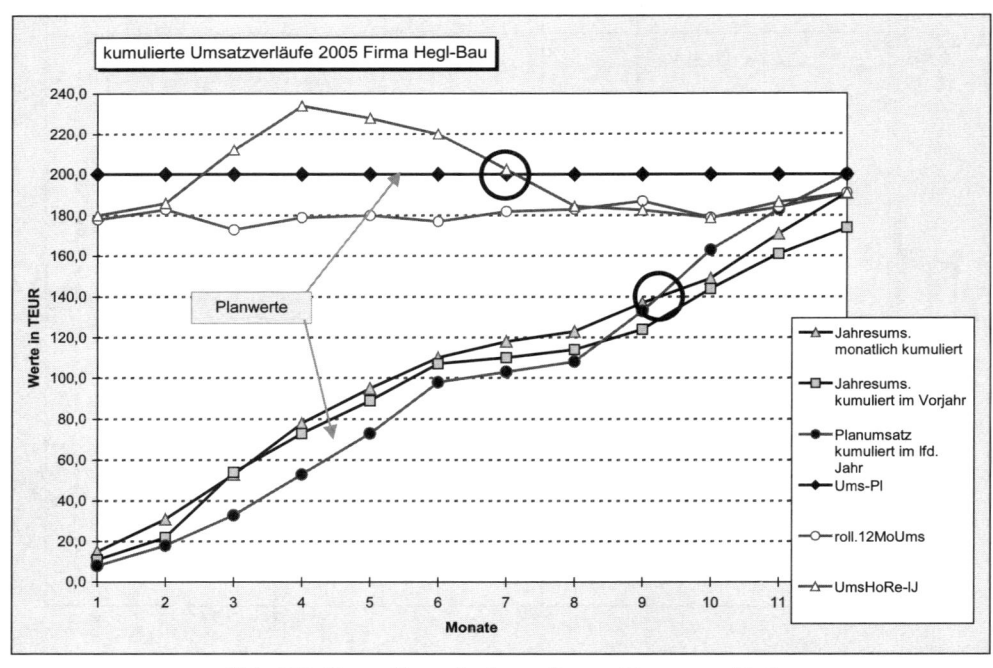

Abb. 377: Darstellung der kumulierten Umsatzverläufe

resplanung. Die kumulierten Monatswerte geben das Warnsignal später: Hier fällt das *Ist* erst im September unter den kumulierten Planumsatz. Die Problemschwellen sind durch Kreise gekennzeichnet. Damit ist die Frage berührt, welches Prognoseverfahren zur Voraussage der zukünftigen Umsatz- oder Ergebniswerte einzelner Monate oder Teilperioden oder, den operativen Planungszeitraum umspannend, für eine Jahresabschlussprognose geeignet sind.

Umsatzhochrechnungen besitzen für das Vertriebscontrolling und für die Vertriebssteuerung einen hohen Stellenwert. Zunächst einmal sollen und müssen die aktuellen Marketing- und Verkaufsanstrengungen der kurzfristig vorhersehbaren Marktsituation angepasst werden. Das Vertriebscontrolling darf sich aber nicht nur auf diese kurzfristige Sichtweise beschränken. Stets müssen Abweichungen vom Plan daraufhin abgeklopft werden, ob sich bereits **strategische Lücken** zur Planungsentwicklung (Gaps) auftun, die im Rahmen der regulären, operativen Verkaufstätigkeit schon nicht mehr geschlossen werden können (vgl. *Becker* 2002, S. 413–418, *Piontek* 1995, S. 20–22). In diesem Fall sind dann Anpassungen im Fixkostenbereich (Gemeinkostenbereich) erforderlich. Das Vertriebscontrolling muss also gefahrenbringende **Trends aufdecken**, die aus den Umsatzverläufen nicht unmittelbar einsichtig sind, da sie von kurzfristigen Umsatzschwankungen (z.B. infolge von Auftragsverschiebungen) überlagert werden. Folgende Verfahren haben sich bei der kurzfristigen Umsatzprognose durchgesetzt:

(1) Bei der **unterjährigen Prognose** zur Vorausschätzung des Jahresendumsatzes wird die momentane Plan-Über- oder -Unterschreitung auf das Jahresende hochgerechnet (Ist-Umsatz/abgelaufene Arbeitstage x Anzahl der jährlichen Arbeitstage oder Schichten bei Schichtplanung). In den ersten drei Monaten eines Jahres ist diese Vorgehensweise bedenklich; es sei denn, in einer Branche existieren relativ stabile Saisonfiguren, und es gibt keine dominierenden Großabnehmer, deren diskontinuierliches Bestellverhalten die Umsatzverläufe verzerrt. Trends lassen sich dann nicht aufspüren.

(2) Wird einfach die Umsatzsumme über die letzten n = 12 Monate gebildet, dann zeigt sich ein **gleitender (rollierender) 12-Monatsumsatz**. Die dahinter stehende Frage lautet: *Welcher Jahresumsatz ergibt sich, wenn heute Jahresende wäre?* Bei positiver Umsatzentwicklung steigt der rollierende Jahreswert stetig an.

(3) Dieser gleitende 12-Monatsumsatz wie auch die kumulierten Umsatz-Ist-Werte können auf anspruchsvolle Weise einer **Trendextrapolation** unterzogen werden, um künftige Umsatzwerte vorauszusagen (vgl. *Winkelmann* 2003, S. 177–179). Die Trendextrapolation beruht auf bestimmten Vermutungen (Hypothesen) über die Verlaufsform der Umsatzfunktion. Am einfachsten zu berechnen ist die lineare Trendbestimmung (lineare Trendregression). Eine Trendgerade wurde z.B. in Grafik 325 bei der Analyse und Prognose der Monatsumsätze dargestellt. Eine Trendbestimmung ist heute standardmäßig in *MS-Excel* enthalten und daher von jedem Anwender leicht vorzunehmen (*einfügen/Funktion/Trend* über einer definierten Datenreihe oder *Diagramm/Trendlinie hinzufügen*). In der Praxis gehen die Vertriebsführungskräfte angesichts der relativ kurzen Zeitreihen der operativen Planung oft davon aus, dass sie auch ohne mathematische Berechnungen die Ziellandung ihrer Umsatzkurven gut voraussehen können. Wer jedoch Umsatzverläufe in *MS-Excel* darstellt, sollte sinnvollerweise die von *Microsoft* mitgelieferte Statistikfunktion nutzen.

(4) Für die Voraussage einzelner Monatsumsätze ist die **Methode der gleitenden Durchschnitte** recht verbreitet. Ziel des Verfahrens ist es, Datenverläufe zu verstetigen, d.h. von kurzfristigen Schwankungen und Störeinflüssen (Sondereffekte) zu befreien. Prognosewerte lassen sich besser aus geglätteten Verläufen hochrechnen. Das Verfahren bildet einen Mittelwert aus **n** Vergangenheitswerten und setzt diesen als Prognosewert für die nächste Periode t+1 an. In der nächsten Periode ersetzt dann der neue Ist-Wert den Prognosewert. In der Praxis hat sich

ein n zwischen 3 und 6 bewährt. Je größer **n** gewählt wird, desto träger reagiert die Zeitreihe und desto stärker wird der Verlauf geglättet. Je geringer die Abweichungen zwischen den gleitenden Durchschnitten und den Ist-Werten bei der Gesamtschau auf einen längeren Zeitraum ausfallen, desto besser ist die Güte des gewählten n zu beurteilen.

(5) Die Prognosewerte reagieren schneller, wenn aktuelle Vergangenheitswerte höher gewichtet werden als weiter zurückliegende. Diesen Sachverhalt nutzt die **Methode der gewogenen Durchschnitte**. Bei ihr werden die einzelnen Monatswerte mit Gewichtungsfaktoren versehen, die sich in der Summe zu eins addieren. Man kann so aktuellere Daten stärker berücksichtigen (vgl. *Meffert* 1992, S.342). Zeigt die Umsatzentwicklung Niveausprünge, dann kommt die Planung mit den gewogenen Durchschnitten zu besseren Vorhersagewerten.

(6) Die **exponenzielle Glättung** baut auf dem Verfahren der gleitenden Durchschnitte auf. Allerdings gehen Vergangenheitswerte nur gewichtet in die Rechnung ein. Es gilt:

$$Y_{t+1} = a\, x_t + (1-a)\, y_t \ (0 < a < 1)$$

Der Prognosewert Y für den Umsatz zum Zeitpunkt t+1 setzt sich aus *a* Prozent des letzten Ist-Wertes x und (1 minus *a*) Prozent des letzten von der Zeitreihe errechneten Glättungswertes zusammen. Es handelt sich also um eine rekursive Formel. Je größer der Glättungsparameter *a* gewählt wird, desto größer wird auch der Einfluss aktueller Ist-Werte auf die weitere Entwicklung bzw. desto schwächer werden Ausschläge im Zeitablauf geglättet.

Abb. 378 führt für die Werte *MoUms-lJ* der Abb. 375 Prognoserechnungen mit verschiedenen Verlaufsformen durch. Man erkennt die Trägheit langlaufender Durchschnitte. Nur die rollierende Planung über 12 Monate bleibt von Anfang an konstant unter dem Jahresplanumsatz (zum Vergleich der Prognoseverfahren s. auch *Preissner* 1998, S.263). Die unterjährige Hochrechnung führt in den Anfangsmonaten des Jahres vollständig in die Irre, schwenkt aber ab August auf re-

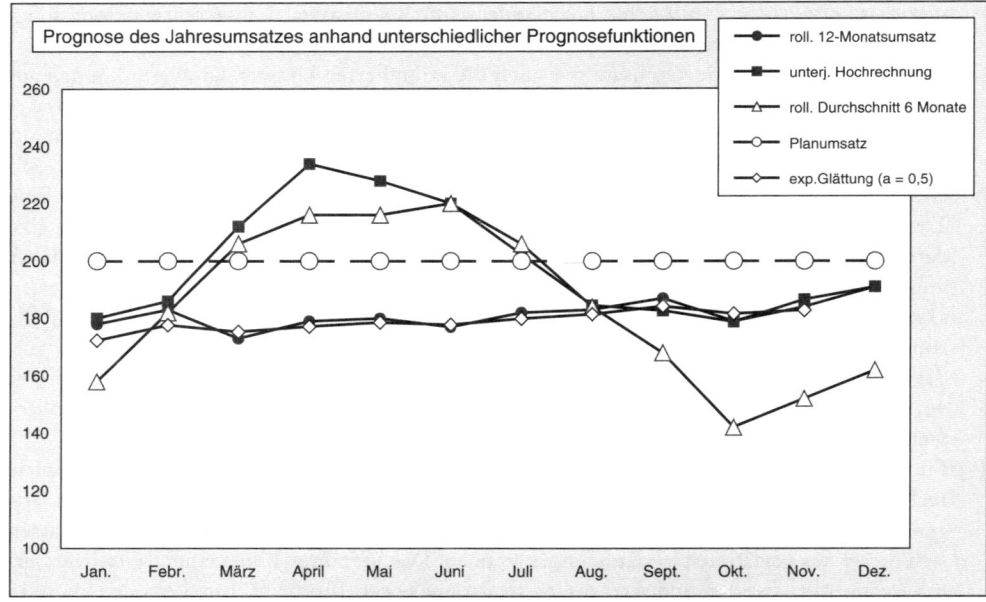

Abb. 378: Vergleich unterschiedlicher Verfahren zur kurzfristigen Umsatzprognose

alistischere Werte ein und trifft sich Ende Dezember rechnerisch korrekt mit dem rollierenden Jahresdurchschnitt. Die exponenzielle Glättung schwankt im Beispielfall nur unwesentlich um den rollierenden 12-Monatsumsatz. Ein rollierender Halbjahresdurchschnitt verstärkt kurzfristig starke Umsatzschwankungen, da diese sich, auf das Jahr hochgerechnet, verdoppeln.

10.5.3. Integration in die Vertriebssteuerung

Abb. 379 zeigt eine Umsatzhochrechnung von *smartCRM* der *B&R GmbH*. Auf einen Blick sind Ist-, Hochrechnungs-, Vorjahreswerte und Trendbeurteilungen für Auftragsmengen, Umsatzerlöse und sogar für den Deckungsbeitrag ersichtlich. Bereits die Adressmaske bietet dem Verkäufer eine zahlenmäßige Analyse des Geschäftsverlaufs. Die Kundenumsätze bzw. die Auftragszahlen sind standardmäßig in folgenden Verdichtungen abrufbar:

- 36-Monatsübersicht,
- Artikelgruppe,
- Einzelartikel und
- auf der Ebene Rechnungs-/Gutschriftenposition.

Die Planzahlen können auch quartalsweise überwacht werden. Ebenso sind mehrstufige Artikelgruppenauflösungen möglich. Charts mit Grafiken stehen ebenfalls zur Verfügung.

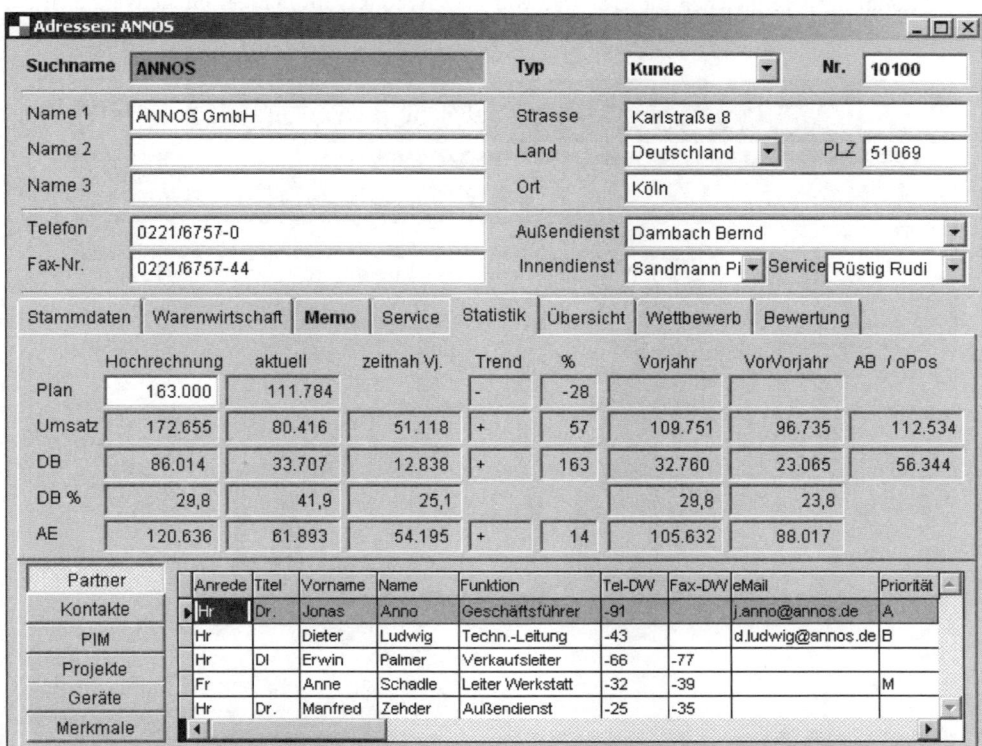

Abb. 379: Vertriebscontrolling und Hochrechnungen mit smartCRM / B & R GmbH

Es liegt nun nahe, Spezialanalysen nebst Reports für Kundengruppen, Produktgruppen, Verkaufsregionen, Verkaufsbezirke oder Niederlassungen aus dem CRM-System abzurufen.

10.5.4. Spezialauswertungen auf Kunden-, Produkt- und Kanalebene

a.) Kunden- und Kundengruppenanalysen

Nach Beurteilung der Gesamtlage eines Vertriebsbereichs sind die Umsatz- und Ergebniszahlen auf

- Einzelkunden,
- Kundengruppen (Kundensegmente, Zielgruppen),
- Regionen (Verkaufsgebiete),
- Produkte, Produktgruppen, Geschäftsfelder oder
- Vertriebskanäle (Absatzwege)

herunterzubrechen (Break-downs oder Drill-downs). Abb. 380 zeigt ein Beispiel aus *iControl* der *Orbis AG* in Verbindung mit *mySAP CRM*. Für den Kunden *Aldi* werden die Umsatzerlöse, Warenkostenzuschläge und Deckungsbeiträge der Produktgruppen Schokolade und Kaffee analysiert. Hochrechnungen für die Planungsgrößen sind integriert. Die Vergleiche werden gleichzeitig grafisch veranschaulicht.

Abb. 380 und 381 lösen sich vom Blick auf den Einzelkunden und analysieren Kundensegmente. Die Abbildungen vergleichen die Umsätze von Key Accounts im Handel im Zeitvergleich der

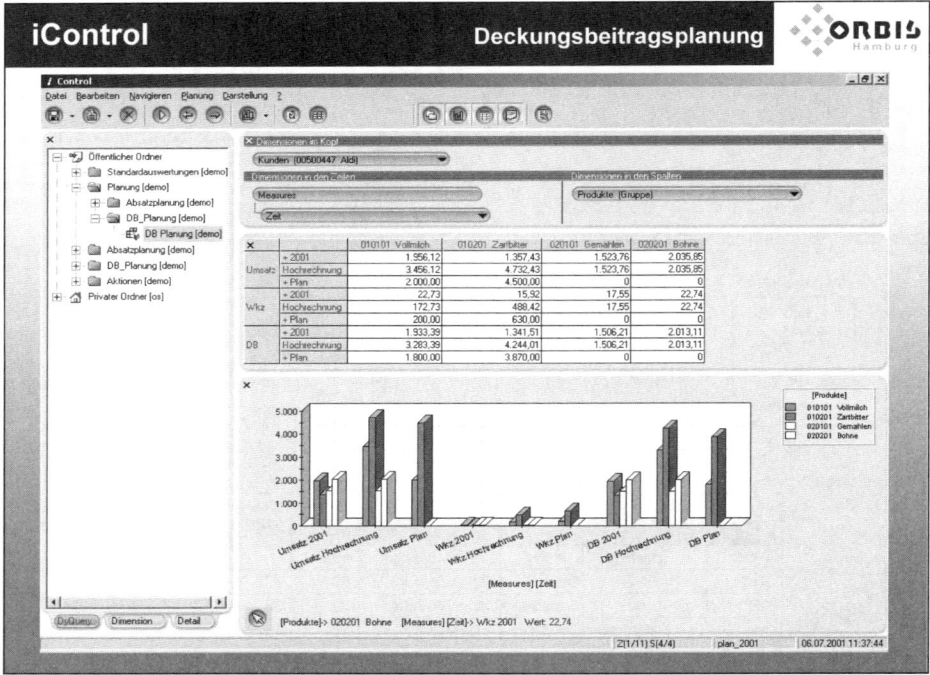

Abb. 380: Kundenanalyse mit iControl / Orbis in Verbindung mit mySAP CRM

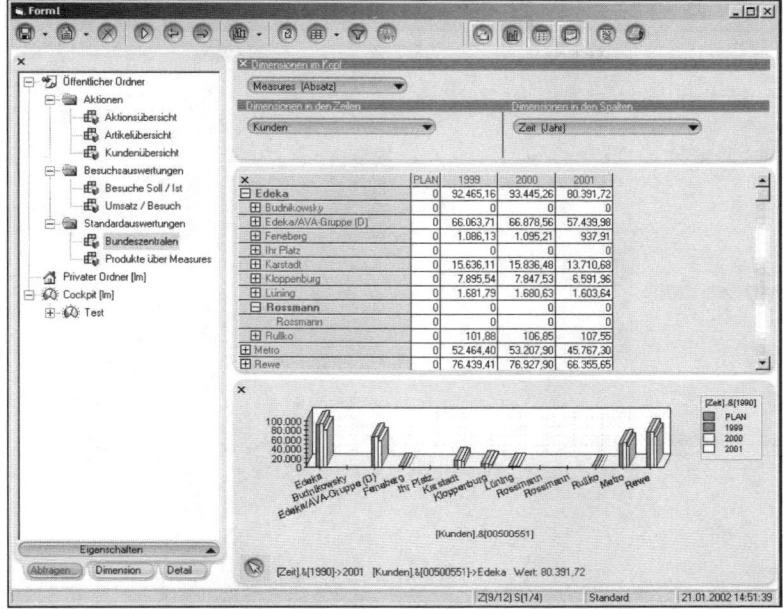

Abb. 381: Umsatzvergleiche für Schlüsselkunden mit iControl / Orbis in Verbindung mit mySAP CRM

Jahre 1999 bis 2001. CRM-Programme sind in der Lage, sofort auf Quartals- oder Monatsvergleiche umzustellen. Stets geht es darum, dass ein CRM-System dem Vertriebsmanagement eine schnelle Einschätzung der Geschäftslage ermöglicht.

Aus ABC-Analysen können Top-Kunden-Reports hergeleitet werden. Abb. 382 zeigt eine Top-10-Analyse aus dem Business Performance Management System *Integra* der *Applix GmbH*. Ausgehend von einem Einzelkunden kann der Key Account Manager auf Ansprechpartner, Projekte und Aufträge seiner Automobil-Schlüsselkunden zugreifen und Analysen vornehmen.

In BtoC wird vorrangig das Kaufverhalten des einzelne Konsumenten analysiert. Was die Konsumgüterhersteller am meisten interessiert, sind **typische Kaufverhaltensprofile**. Kunden mit gleichartigen Kaufprofilen werden zu Kundensegmenten mit homogenem Kaufverhalten zusammengefasst. Abb. 383 zeigt als Beispiel eine **Kunden-Scorecard** aus dem Business Intelligence System von *MicroStrategy*. Kunden-Scorecards machen sämtliche Bereiche einer Kundenbeziehung auf einen Blick sichtbar. Der Inhalt einer Scorecard ist branchen- und unternehmensspezifisch. Scorecards fassen Daten aus den unterschiedlichsten Quellen auf einem einzigen und übersichtlichen Formular zusammen, das Tabellen, Charts oder auch Grafiken gleichzeitig enthalten kann. Mit Scorecards kann man die wichtigsten Steuergrößen einer langfristigen und profitablen Kundenbeziehung im Zeitablauf verfolgen. Für eine weiterführende Analyse von Einzelheiten können Transaktionen, Kontakte oder die Profitabilität einzelner Geschäfte untersucht werden. Die *Customer Analysis (CA)* von *MicoStrategy* bietet mehrere hundert vorstrukturierte Analysen an.

Neben den Umsatzanalysen sind Auftragsgrößenbetrachtungen im Sinne der ABC-Analyse sinnvoll. 9.000 Euro Jahresumsatz können durch eine Jahresbestellung oder durch 300 Tagesbe-

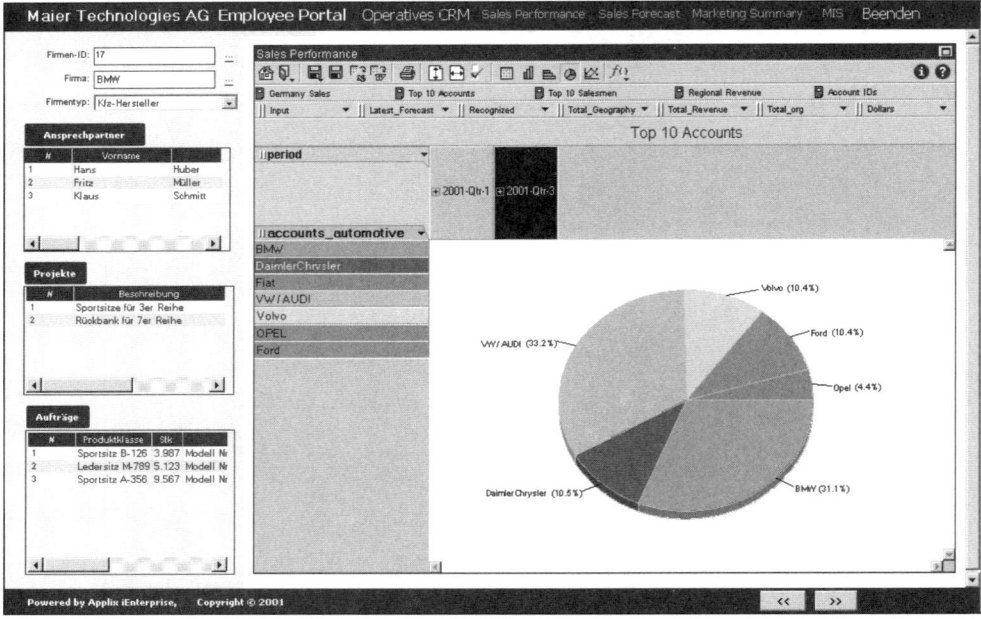

Abb. 382: Schlüsselkunden-Analyse mit INTEGRA / Applix GmbH

Customer Scorecard

Customer:	P.J. Pixelman & Family	FICO:	640
Customer Since:	28-May-85	FICO:	30-Jun-03
Report Date:	30-Jun-03	Available Credit:	$25,000

Profibility Rating

Products Owned	Balance	Last Transaction	Notes	Recommended Products
Personal Checking	$5,451	$525 Deposit 8/22/03	Balance never> $15K	Investment Account
Home Equity	($89,564)	Drawdown $5,000 7/31/03	Missed 2 interest pmts last 12 mos.	Car Loan
CD – 12 month	$65,421	Interest credit	Due 10/15/3	Credit Card
Mortgage	($326,580)	$1,861 payment 8/1/03	5.5%, due May 2028 $1,861 monthly pmt	529 Plan

*Abb. 383: BtoC-Kundenanalyse mit Hilfe von Customer-Scorecards / Customer Analysis (CA)
im Rahmen der Business Intelligence Plattform von MicroStrategy GmbH*

stellungen à 30 Euro ausgelöst werden. Die Kostenproblematik ist offensichtlich. Eine Verkaufsmannschaft eines Herstellers von Metallbauteilen wurde beispielsweise durch eine Flut von Kundenvorgängen lahmgelegt. Abb. 384 untersucht die Auftragstrukturen der Kunden. Die Control-
lingauswertung wies nach, dass 5,6 Prozent der Großkunden 59,7 Prozent des Umsatzes auf sich
vereinten. Auf der Seite der Kleinkunden erbringen 49,7 Prozent der Kunden lediglich 4,1 Prozent vom Gesamtumsatz. Durch eine neue Vertriebskonzeption konnte die Gruppe der mittleren

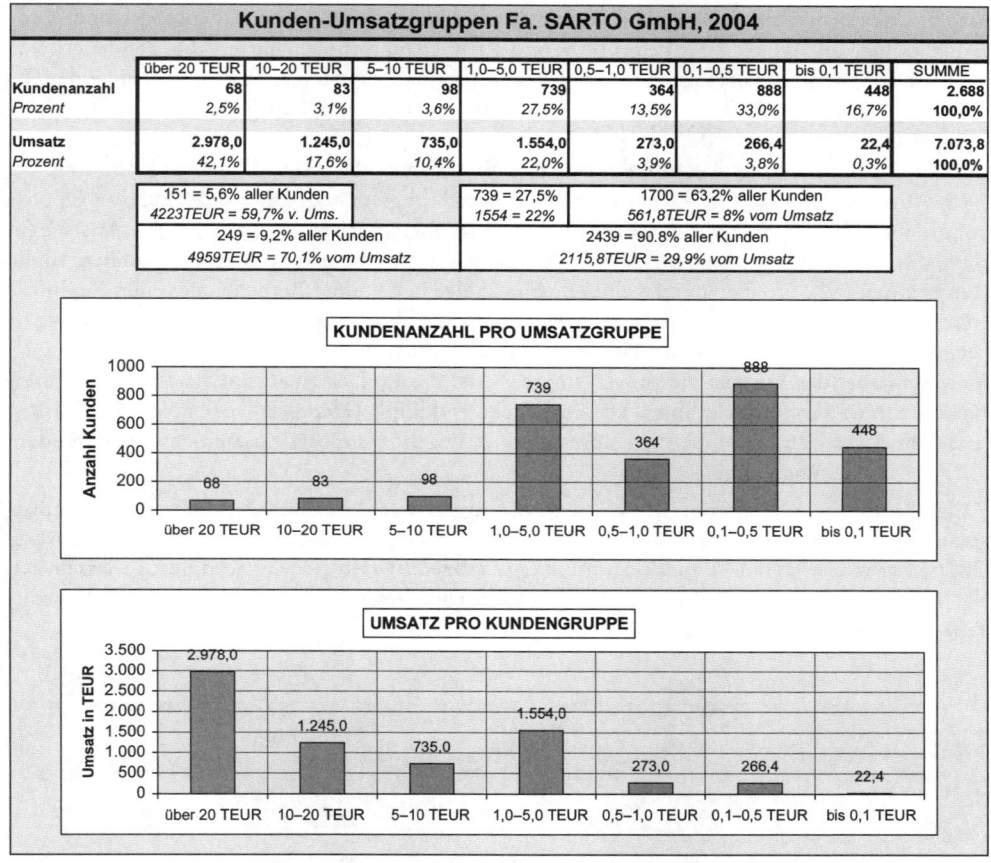

Kunden-Umsatzgruppen Fa. SARTO GmbH, 2004

	über 20 TEUR	10–20 TEUR	5–10 TEUR	1,0–5,0 TEUR	0,5–1,0 TEUR	0,1–0,5 TEUR	bis 0,1 TEUR	SUMME
Kundenanzahl	68	83	98	739	364	888	448	**2.688**
Prozent	*2,5%*	*3,1%*	*3,6%*	*27,5%*	*13,5%*	*33,0%*	*16,7%*	**100,0%**
Umsatz	2.978,0	1.245,0	735,0	1.554,0	273,0	266,4	22,4	**7.073,8**
Prozent	*42,1%*	*17,6%*	*10,4%*	*22,0%*	*3,9%*	*3,8%*	*0,3%*	**100,0%**

151 = 5,6% aller Kunden	739 = 27,5%	1700 = 63,2% aller Kunden
4223TEUR = 59,7% v. Ums.	1554 = 22%	561,8TEUR = 8% vom Umsatz
249 = 9,2% aller Kunden	2439 = 90.8% aller Kunden	
4959TEUR = 70,1% vom Umsatz	2115,8TEUR = 29,9% vom Umsatz	

Abb. 384: Beispiel für eine Kunden-Umsatzgruppenanalyse

Kunden kräftig ausgebaut und von den Kleinkunden ca. 800 an Wiederverkäufer abgegeben werden. Allerdings sollte die Kostensituation bei den Kleinkunden und Kleinaufträgen mit berücksichtigt werden. Zu einer anderen wirtschaftlichen Beurteilung wird man aber kaum kommen. Im Normalfall sind bei Standardkalkulationen die Gemeinkostenzuschläge für Kleinaufträge unzureichend (vgl. die Ausführungen zur Abb. 394).

b.) Produkt-/Produktgruppenanalysen

Zwei Aufgaben stehen im Vordergrund der operativen Produkt- und Produktgruppenanalysen:

(1) aus Verkaufssicht die Beobachtung der Mengen-, Preis- und Umsatzentwicklungen der einzelnen Produkte und Produktgruppen im Zeitvergleich und im Vergleich zum Plan, mit nachgeschalteter Marktanteilsanalyse,

(2) aus Controllingsicht die Analyse der durch die Produkte oder Produktgruppen erwirtschafteten Gewinne (Deckungsbeiträge) und deren Zusammenführung zu einem Vertriebsergebnis.

Wie bei den Kundenanalysen bieten die Vertriebssteuerungsprogramme Planungs- und Kontrollroutinen auf Artikel-, Artikelgruppen und Artikelhauptgruppenebene. Abb. 385 liefert eine aus dem Opportunity-Management abgeleitete Produktgruppenplanung von *iAvenue* der *Saratoga Systems GmbH*. Die Hochrechnungen beruhen auf kundenbezogenen, monatlichen Voraussagen des Vertriebs für den erwarteten Umsatz. Gegen den Forecast stehen die Produktprogrammplanungen sowie die Vorjahreswerte. Die Analyse lässt eine Planunterschreitung um 38.966 Euro gegenüber Vorjahr erwarten. Am Betrachtungsstichtag sind 97.625 Euro an Opportunities im Verkaufstrichter. Bei Scannern ist mit Planüberschreitung zu rechnen. Die Analyse (in der Abb. 385 auf Key Account Ebene) lässt sich für jede beliebig selektierte Kundengruppe durchführen (z.B. für alle Kunden eines Postleitzahlgebietes, einer Branche oder eines Regionalbüros). Auf Knopfdruck kann auch zwischen Produktanalysen und Kundenanalysen umgeschaltet werden. Von der Analysequalität befinden wir uns hier im Business Intelligence Bereich. Es zeigt sich aber der Vorteil einer integrierten CRM-Lösung. Das Analyse-Chart ist mit zahlreichen weiteren vertriebsrelevanten Dateien direkt verknüpft (Händler, Kostenplanung, Stärken und Schwächen der Produkte, Lieferadressen etc.). Ein problemloses Zusammenwirken mit dem ERP-System ist unabdingbar.

Abb. 386 widmet sich speziell der Kosten- und Ergebnisanalyse eines Automobil-Produktprogramms. Das Beispiel entstammt einer Vertriebscontrolling-Applikation, die auf der BI-Lösung *TM1 (Applix GmbH)* in Verbindung mit *inSight (Arcplan)* aufbaut. Auf Knopfdruck lassen sich die Werte nach Regionen differenzieren. Auswertungen dieser Art beruhen auf OLAP-Prozeduren.

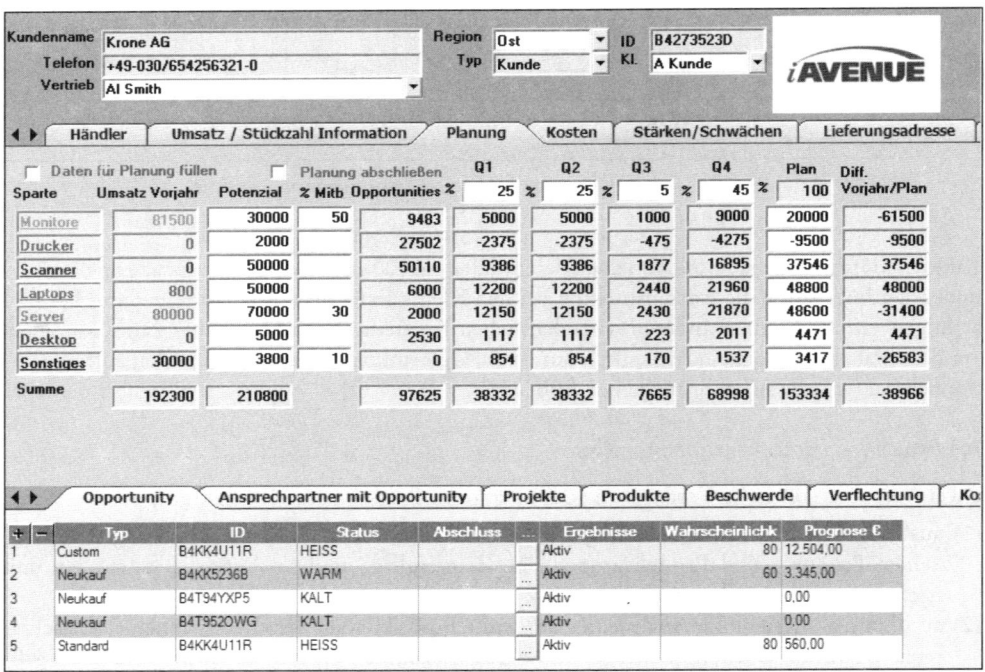

Abb. 385: Produktgruppenplanung mit integrierter Gap-Analyse mit iAvenue /
Saratoga Systems GmbH

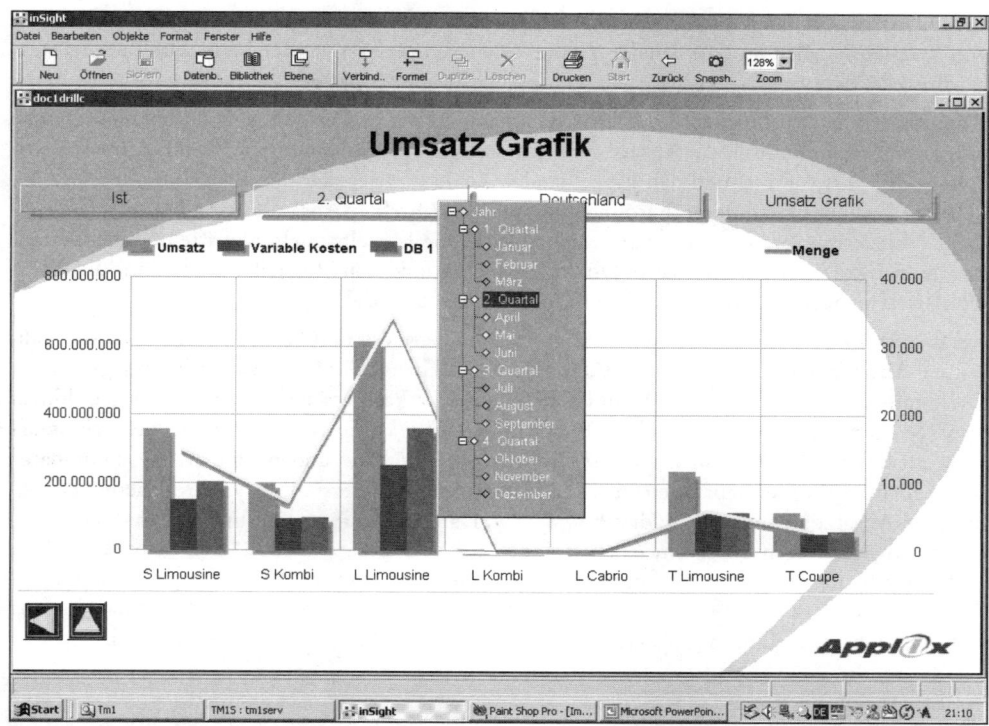

Abb. 386: Produktgruppenanalysen mit TM1 in Verbindung mit inSight / Applix GmbH

c.) Vertriebskanal-/Absatzwegeanalysen

Das 9. Kapitel erläuterte den Trend zum Multikanalvertrieb. Alle Vertriebskanäle müssen sich in Bezug auf Leistung, Ergebnis (Kanaldeckungsbeitrag) und Marktimage hin überprüfen lassen.

Die Aufgaben der Auswahl von Vertriebskanälen und der kostenmäßigen Optimierung (i.d.R. als Teil der Konditionenpolitik mit dem Handel) sind eher im strategischen Bereich angesiedelt (vgl. *Ahlert* 1996, S. 171–174). Die operative Vertriebssteuerung hat sich dagegen mit kurzfristig beeinflussbaren Sachverhalten auseinander zu setzen. Dazu gehören vor allem:

(1) **Markttransparenz am Point of Sale:** Welche Mengen werden in den jeweiligen Verkaufsgebieten am POS abgesetzt? Wie steht ein Anbieter im Vergleich zum Gesamtmarkt da? Zur Lösung dieser Fragen hat das Vertriebscontrolling die eigenen Absatzdaten in Beziehung zu den Daten eines Handelspanels (z.B. GfK) zu setzen.

(2) **Überprüfung von Listungs- und Aktionszusagen:** Im organisierten Lebensmitteleinzelhandel werden im Rahmen der Listungsvereinbarungen Abverkaufszahlen und Werbekostenzuschüsse für den Handel vereinbart. Bei den Jahresgesprächen zur Festlegung der Konditionen schaffen die Absatzzahlen der einzelnen Vertriebsschienen aus den Vorperioden wichtige Verhandlungspositionen.

(3) **Aktualisierung der Kundenbasis** (Handelspartnerbasis): Täglich entstehen neue Handelsgeschäfte (Outlets), andere schließen. Einzelne Geschäfte oder Handelsketten wechseln den Besitzer.

Bereits in der Abb. 350 wurde anhand eines Beispiels der *SAP AG* gezeigt, wie die Profitabilität von Vertriebskanälen im Rahmen der Vertriebssteuerung erfasst werden kann. Das Beispiel steht für BtoB-Märkte.

Komplizierte Controllingprobleme entstehen beim indirekten Vertrieb, also durch die Trennung von direktem und indirektem Absatz. So kennt z.B. die Getränkeindustrie zwei Hauptvertriebskanäle: die Gastronomie und den Einzelhandel. Beide Vertriebskanäle werden von den Getränkeherstellern über Getränkefachgroßhändler beliefert (direkter Absatz). Der Getränkefachgroßhandel wiederum versorgt die Gastronomieobjekte, die Einzelhandelsgeschäfte und die Getränkeabholmärkte (indirekter Absatz). Direkt zugänglich sind den Herstellern daher nur die direkten Absatzmengen und Verkaufspreise für den Fachgroßhandel.

Bei diesem zweistufigen (oft als dreistufig bezeichneten) Vertrieb kann der Hersteller die indirekten Absatzdaten nur mit Unterstützung des Fachhandels oder Fachhandwerks gewinnen. Diese müssen die Endabnehmerdaten im Rahmen eines Partnerschaftskonzeptes in maschinenlesbarer Form zur Verfügung stellen. Mit dem *Modul File-Konverter* kann die Vertriebssteuerung auf Basis des *ProfitSystem* von *SMF KG, Dortmund,* die Kunden- und Artikelstammdaten sowie Mengen, Preise, Rabatte etc. mit den Stammdaten des Herstellers synchronisieren. Die indirekten Absatzdaten werden in die *ProfitSystem* Datenbank eingespielt und stehen dort für beliebige Auswertungen durch ein Analysemodul zur Verfügung. Abb. 387 zeigt ein Beispiel für eine Auswertung indirekter Absatzdaten. Die Vergleiche mit anderen Vertriebsgebieten, mit anderen Vertriebskanälen oder mit übergreifenden Panel-Daten liefern der Vertriebsplanung und dem Vertriebscontrolling Ansatzpunkte für die Preis- und Mengensteuerung im Kanal.

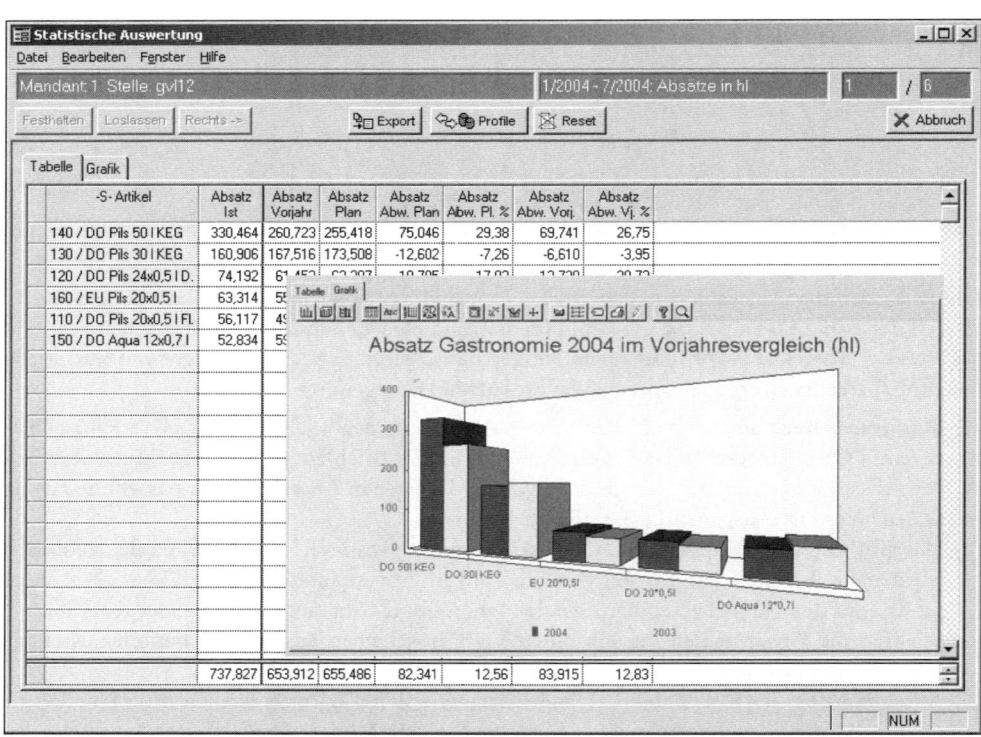

Abb. 387: Analyse indirekter Absatzdaten durch ProfitSystem / SMF KG

Weiterhin ist es für einen Hersteller wichtig, den Überblick über die Einhaltung von Listungszusagen seitens der Einkaufszentralen des Handels zu bewahren. Der Hersteller muss hier ein intelligentes „Verhandlungsmanagement" verfolgen, da der organisierte Lebensmitteleinzelhandel aufgrund von Konzentrationen über eine große Einkaufsmacht verfügt. Ein weiterer Baustein des CRM/CAS-Systems *ProfitSystem* ist daher die Verwaltung und Analyse von **Listungen.** Ein Getränkeproduzent möchte vor allem einen Marktüberblick darüber gewinnen, zu welchen Preisen seine Waren in den Outlets angeboten werden; und dies im Vergleich zu den Hauptwettbewerbern in dem beanspruchten Qualitäts- und Preissegment. Abb. 388 bietet hierzu ein Auswertungsbeispiel. Preisaufzeichnungen in den untersuchten Outlets werden sehr kostengünstig vom Bezirksreisenden am Regal mit dem PDA vorgenommen und später vom System auf höherer Ebene aggregiert. Für Vertrieb und Controlling entsteht Handlungsbedarf, wenn die durchschnittlichen POS-Preise sich außerhalb der in den Listungsverhandlungen mit den Key Accounts des Handels vereinbarten Minimal-/Maximalschwellen bewegen. Im vorliegenden Fall liegt ein erfasster Regalpreis von 12,99 Euro deutlich unter dem festgelegten Listungspreis in Höhe von 13,50 Euro. Abb. 388 verdeutlicht auch die zunehmende Bedeutung von mobile Sales beim Controlling des indirekten Vertriebs.

Ein **Vertriebsschienenspiegel** im *ProfitSystem* bietet dem Konsumgüterhersteller darüber hinaus einen schnellen Überblick über die Preise der Mitbewerber in den Distributionskanälen des organisierten Lebensmitteleinzelhandels. Der Markenartikelhersteller bekommt somit ein Instrument zur Marketingsteuerung in die Hand. Ein **Gesamtspiegel** stellt die Preisentwicklung der Wettbewerbsprodukte innerhalb einer ausgewählten Vertriebsschiene dar, und der **Kundenspie-**

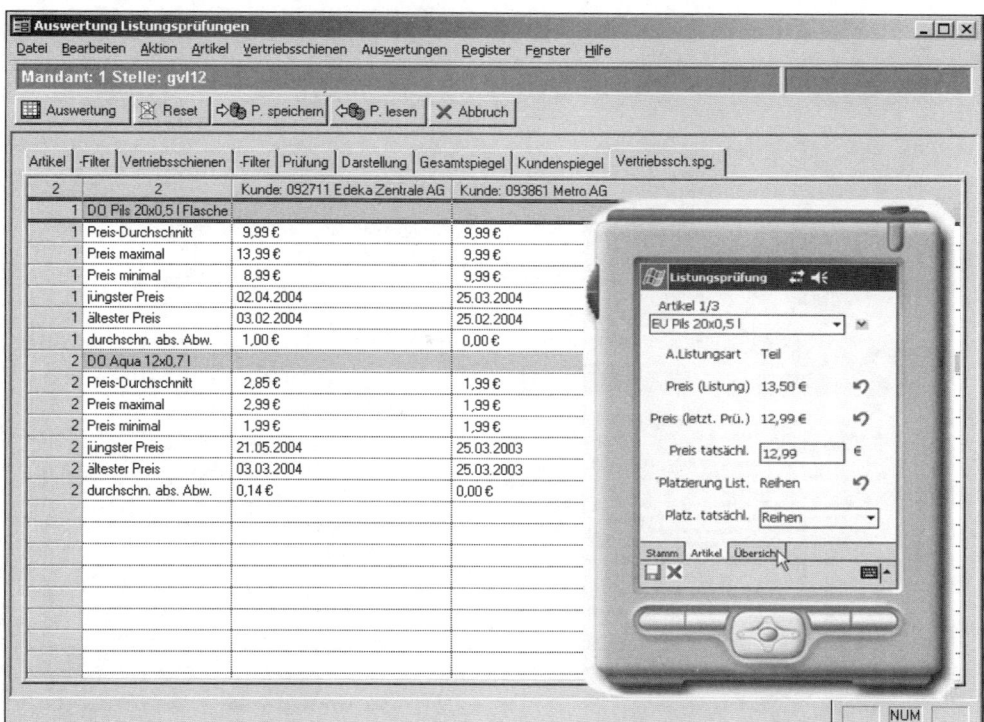

Abb. 388: Listungsanalysen mit Hilfe von ProfitSystem / SMF KG

gel (Handelsspiegel) bietet eine detaillierte Analyse der Preise differenziert nach den einzelnen Outlets.

10.6. Verkaufsgebietscontrolling und Außendienststeuerung

„Wesentlicher Erfolgsfaktor eines effizienten Vertriebs ist … eine an den Erfolgszielen des Unternehmens ausgerichtete Steuerung des Außendienstes." (Reichmann 1997, S.383)

Die Umsatz- und Ergebniszahlen für den Gesamtvertrieb sind auf Vertriebsregionen und weiter auf die dort operierenden Regionalvertriebe (VKB = Verkaufsbezirke) herunterzubrechen. Abb. 389 zeigt ein Vertriebscontrolling für Regionaldirektionen einer Versicherung. In den Cockpits werden zunächst die prozentualen Plan-/Ist-Abweichungen der Sparten Lebens-, Kranken- und Sachversicherung in Form eines Tachometers dargestellt, darunter die Planabweichungen der Regionaldirektionen; auf der rechten Seite weiter differenziert nach den einzelnen Versicherungs-Untersparten.

Weiterführende Analysen sollen Ursachen für die Unterschiede beim Markterfolg verschiedener Vertriebsorganisationen aufdecken. Das Beispiel der Abb. 390 betrachtet Außendienstaktivitäten in drei Verkaufsgebieten; ohne Berücksichtigung von Vertriebskosten (s. hierzu die Abb. 368).

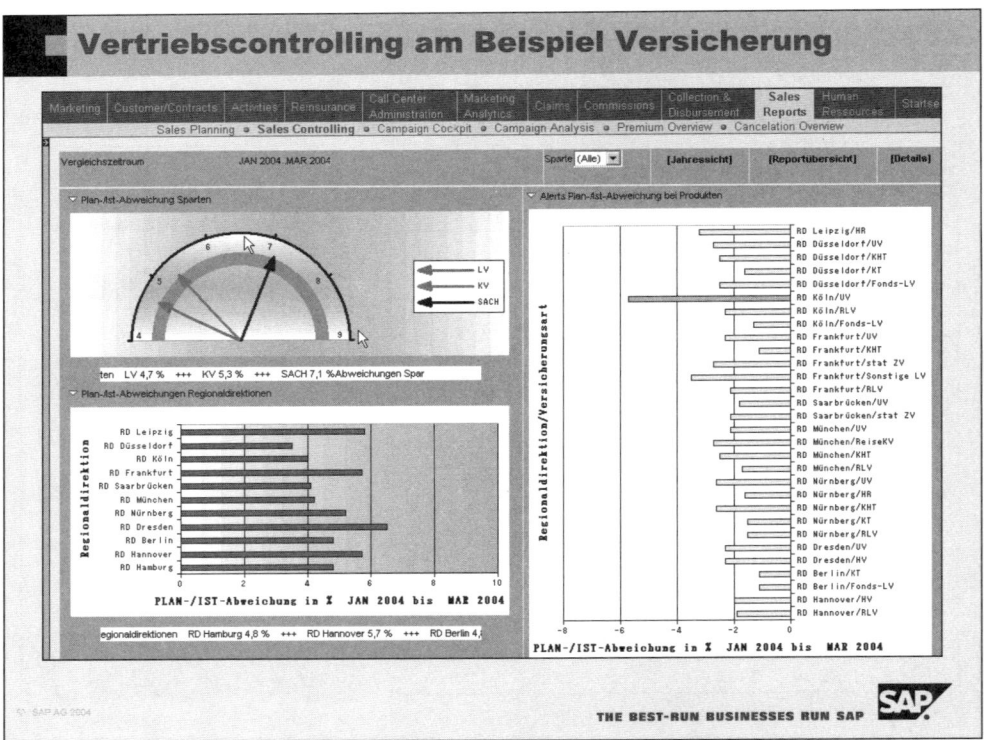

Abb. 389: Vertriebscontrolling für die Regionaldirektionen einer Versicherung / SAP AG

Das Vertriebscontrolling hat in diesem Fall die Leistungsfähigkeit der Kundenbetreuung unter Berücksichtigung unterschiedlicher Kundenstrukturen sicherzustellen.

Im Mittelpunkt der Abb. 390 stehen die qualifizierten Kundengruppen, Aufträge, Umsatzerlöse und Besuche. Die Vertriebsleitung interessiert sich vor allem für folgende Fragen:

(1) Wie sind die **Kundenstrukturen** der einzelnen VKB im Vergleich zueinander zu beurteilen?

(2) Wie sind die **Potenziale** der Bestandskunden im Verhältnis zu den RMP-Kunden (aktuelle Nicht-Kunden, Zielkunden) einzuschätzen?

(3) Wie **effizient** arbeitet der Außendienst? In welchem Verhältnis steht die Besuchstätigkeit des Außendienstes zum Auftragserfolg? Unterstützende Kontakte seitens Innendienst und Call-Center-Bereich müssten eigentlich mit beachtet werden.

(4) In welchem Maße erfüllen die Regionalteams die **Planvorgaben Marktanteil, Marktdurchdringung** und **Potenzialausschöpfung bei Bestandskunden?**

(5) Sind alle Verkäufer in etwa gleich ausgelastet?

(6) Wie ist die Kundennähe in der Verkaufsregion zu bewerten, hier operationalisiert als Summe der Kontakte von Außendienst und Innendienst.

(7) Wie sind **Kundenzufriedenheit** und **Kundenbindung** in den Verkaufsgebieten zu beurteilen? (Hierzu sind gesonderte Analysen notwendig!).

Drei Arten von Potenzialausschöpfungen werden als Erfolgsgrößen für die VKB ausgewiesen:

> ➡ Position (31) weist den **erreichten Gesamt-Lieferanteil (Potenzialausschöpfungen) bei Bestandskunden** eines VKB aus. Die erreichten Umsatzerlöse werden in ein Verhältnis zum Gesamt-Einkaufsbudget (Potenzial) aller Bestandskunden gesetzt. Es handelt sich um den nur auf aktive Kunden bezogenen Marktanteil.
>
> ➡ Eine **VKB-Durchdringung** oder **Marktdurchdringung (Distributionsrate)** gibt den Anteil der in der Vertriebsregion gewonnenen (belieferten) Kunden an.
>
> ➡ Ein **VKB-Marktanteil** ergibt sich aus den erreichten Umsatzerlösen im Verhältnis zum gesamten Einkaufsbudget aller definierten Kunden im relevanten Markt. In der Praxis werden die Marktanteile oft auf Absatzmengen bezogen, um Preiseffekte herauszuhalten.

Ein Problem wird deutlich: Obwohl in der Verkaufsregion 79,5 Prozent aller potenziellen Kunden beliefert werden (und daher gewonnen werden konnten), liegt der Marktanteil nur bei 19 Prozent. Der über alle VKB erreichte Lieferanteil von 21,9 Prozent legt den Verdacht nahe, dass man trotz starker Verkaufsbemühungen (Außendienstauslastung bei 94 Prozent) nur eine Zweitlieferantenstellung innehält. Der Verkäufer im Gebiet-1 konzentriert sich auf seine größeren Kunden, erreicht bei diesen auch die vergleichsweise höchste Potenzialausschöpfung, vernachlässigt aber offenbar Verkaufschancen bei Nicht-Kunden. Die VKB-Durchdringung fällt mit 57,2 Prozent vergleichsweise stark ab. Zeitliche Reserven für zusätzliche Akquisitionen sollten vorhanden sein (Arbeitszeitbelastung nur 66 Prozent). Der Außendienstmitarbeiter im Gebiet-2 verfolgt die Strategie einer hohen Marktdurchdringung (95,3 Prozent), verzettelt sich jedoch mit Besuchen bei Kleinkunden und erreicht insgesamt keine befriedigende Potenzialausschöpfung bei den Bestandskunden. Da die mittelgroßen Potenziale kaum aggressiv akquiriert werden, verzeichnet VKB-2 nur einen Marktanteil von 10,9 Prozent. VKB-3 verfolgt eine Händlerstrategie. Die Wiederverkäufer werden intensiv betreut. Es fehlt jedoch der Zugriff auf deren Kunden. So wird in VKB-3 ebenfalls kein hoher Lieferanteil erreicht.

VERKAUFSGEBIETSCONTROLLING

	VKB-1		VKB-2		VKB-3		GESAMT	
1 A-Kunden	14	13,1%	7	2,5%	10	7,6%	31	6,0%
2 B-Kunden	26	24,3%	42	14,9%	19	14,4%	87	16,7%
3 C-Kunden	56	52,3%	208	74,0%	55	41,7%	319	61,3%
4 D-Kunden	3	2,8%	13	4,6%	3	2,3%	19	3,7%
5 Handel u. sonstige Kunden	8	7,5%	11	3,9%	45	34,1%	64	12,3%
6 Kunden gesamt	107	100,0%	281	100,0%	132	100,0%	520	100,0%
7 Umsatzpotenzial Kunden	26.000.000,00 €	68,4%	38.000.000,00 €	98,2%	30.000.000,00 €	94,9%	94.000.000,00 €	86,8%
8 Ist-Umsatz	8.752.300,00 €		4.200.870,00 €		7.654.881,00 €		20.608.051,00 €	
9 Aufträge	212		311		522		1.045	
10 durchschn. Auftragsgröße	41.284,43 €		13.507,62 €		14.664,52 €		19.720,62 €	
11 RMP-Kunden	80		14		40		134	
12 durchschn.Pot.RMP-Kunde	150.000,00 €		50.000,00 €		40.000,00 €		240.000,00 €	
13 RMP-Umsatzpotenzial	12.000.000,00 €	31,6%	700.000,00 €	1,8%	1.600.000,00 €	5,1%	14.300.000,00 €	13,2%
14 VKB-Kunden gesamt	187		295		172		654	
15 VKB-Umsatzpotenzial gesamt	38.000.000,00 €	100,0%	38.700.000,00 €	100,0%	31.600.000,00 €	100,0%	108.300.000,00 €	100,0%
16 qualifizierte Kundenkontakte	2.135		4.300		2.977		9.412	
17 Verkaufskontakte / Kunde	20,0		15,3		22,6		18,1	
18 Besuche / A-Kunden	14,9		5,1		10,2		11,2	
19 Besuche / B-Kunden	9,8		3,9		5,2		5,9	
20 Besuche / C-Kunden	1,1		4,2		0,2		3,0	
21 Besuche / D-Kunden	1,7		0,1		0,7		0,4	
22 Besuche Handel u. sonst.	8,5		1,5		13,9		11,1	
23 Besuche gesamt	596		1.091		838		2.525	
Mögliche Besuche	900		900		900		2.700	
Belastungskoeffizient	0,66		1,21		0,93		0,94	
24 Besuche / Auftrag	2,8		3,5		1,6		2,4	
25 Umsatz / Besuch	14.685,07 €		3.850,48 €		9.134,70 €		8.161,60 €	
26 Umsatz / Kunde	81.797,20 €		14.949,72 €		57.991,52 €		39.630,87 €	
27 Umsatzpotenzial / Kunde	242.990,65 €		135.231,32 €		227.272,73 €		180.769,23 €	
28 Umsatz / Auftrag	41.284,43 €		13.507,62 €		14.664,52 €		19.720,62 €	
29 Aufträge / Kunde	2,0		1,1		4,0		2,0	
Potenzialausschöpfungen								
31 Lieferanteile bei Kunden	33,7%		11,1%		25,5%		21,9%	
32 VKB-Durchdringung	57,2%		95,3%		76,7%		79,5%	
33 VKB-Marktanteile	23,0%		10,9%		24,2%		19,0%	

Abb. 390: Beispiel für ein Verkaufsgebietscontrolling

Als Konsequenz aus der Analyse soll der Marktanteil schrittweise ausgeweitet werden. Dazu sollen zunächst verstärkt B-Kunden angesprochen werden; in VKB-1 durch eine generell deutliche Erhöhung der Besuchstätigkeit, in VKB-2 zu Lasten der Besuche bei Kleinkunden und in VKB-3 durch Einschränkung der Händlerbetreuung bzw. Verlagerung von Betreuungstätigkeiten auf den Innendienst. Abb. 368 hatte für diese Ausgangssituation mit dem Ziel-Marktanteil von 30 % bereits eine potenzialorientierte Umsatzplanung dargestellt.

Regionalvertriebsplanungen werden durch eine einheitliche Preisstrategie (Rabattsystem) in allen Regionen erleichtert. Nur dann gelten für alle Verkaufsgebiete die gleichen Erfolgsvoraussetzungen. Verfügen die Regionalvertriebe über eigenständige und abweichende Kompetenzen bei der Preisgestaltung, dann müssen Preis- und Ergebniszeitreihen unbedingt gesondert in der Gebietsanalyse aufgeführt werden; ratsamerweise durch Ausweis von Durchschnittspreisen, durchschnittlichen Rabattgewährungen, Provisionen und Erlösschmälerungen für die verschiedenen Kundengruppen der Verkaufsgebiete.

Abb. 391 liefert eine fein gegliederte, computergestützte Analyse der Außendiensttätigkeit eines Heilmittelherstellers. Es handelt sich um das **Decision Support System** *PIANO* (Performance Indicators and Objectives) der *REGWARE GmbH*. Mit *PIANO* können Unternehmen ihre Außendienst-, Marketing- und Serviceaktivitäten ohne ein gesondertes BI-Modul auswerten und steuern. Die relevanten Daten werden aus der CRM-Software, dem ERP-System und der Finanzbuchhaltung zusammengetragen. Die Controlling-Werte werden dann im Hinblick auf die Zielerreichung gewichtet. Die Idee ist eine **automatische Interpretation der erreichten Ergebniswerte und deren Zusammenführung zu einem Index**. Dazu sind im System für alle Kennzahlen

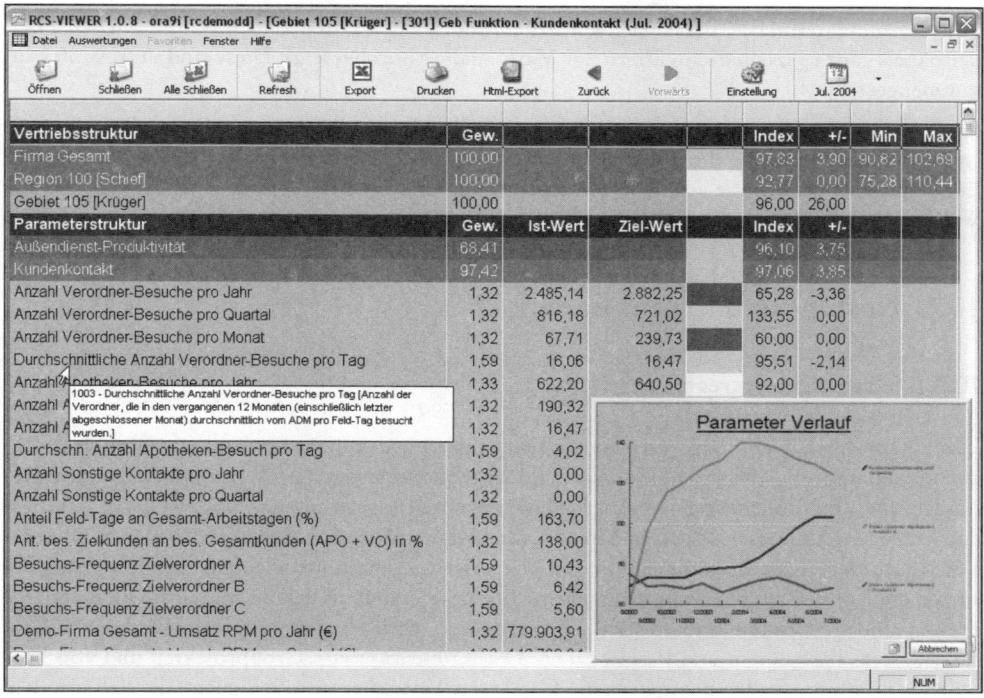

Abb. 391: Regionalvertriebsanalyse mit PIANO / REGWARE GmbH

Ist- und Sollwerte sowie Gewichtungen hinterlegt. Die *PIANO*-Gewichtung bewertet z.B. die Anzahl und die Ergebnisse von Außendienstbesuchen im Rahmen einer Produkteinführung. Für den Effizienzindikator *Besuchsfrequenz* kommt eine kurvenförmige Indexberechnung zum Einsatz, da die Besuchserfolgschancen mit steigender Zahl der Kundenkontakte abnehmen. Die Voraussetzung für den Einsatz von *PIANO* zur Außendienststeuerung ist somit die Definition von Indikatoren, Kennzahlen und der darauf anzuwendenden Regeln. In der Abb. 391 steht GEW für die Wichtigkeit des Messwertes für das Controlling. Der *Ist-Wert* ist der aktuelle Messwert pro Parameter. Die *Ziel-Werte* werden durch die Skalierung für jeden Parameter festgelegt. Daraus werden die *Index-Werte* abgeleitet. Alle Werte (Zeilen) werden durch Ampelfarben ergänzt (die Spalte rechts von den *Ziel-Werten*). Bei den durchschnittlichen Artzbesuchen pro Arbeitstag (16,06) erreicht *Herr Krüger* einen Indexwert von 95,51. Insgesamt liegt Herr Krüger in seiner Performance mit einem erreichten *Index-Wert* von 96 über dem Leistungswert der *Gesamtregion-100* (92,77). Die schwächste Regionalmannschaft kommt auf einen *Index-Wert* von 75,28, die beste auf 110,44.

Die Leistung eines Außendienstes nachvollziehbar zu bewerten, ist die eine Seite der Medaille; die Ergebnisse dem Verkaufsteam zu kommunizieren die andere. Daher sollte eine Vertriebsleitung die Ergebnisse von Regionalanalysen für die betroffenen Kundenbetreuer auch anschaulich darstellen können. Diese Aufgabe übernehmen GIS-Systeme (s. Abschnitt 7.4.2.). Abb. 392 liefert ein weiteres Beispiel aus *RegioGraph* des GIS-Anbieters *GfK MACON AG*. Für die Außendienstbezirke wird durch vier Farben angezeigt, bei welchen Kunden mit wenigen (6 bis 24) oder vielen Besuchen (24–52) niedrige (0 bis 5 %) oder hohe Deckungsbeiträge (über 5 %) erreicht werden konnten. Anhand der visualisierten Regionalanalyse lässt es sich leichter über die Effizienz von Kundenbesuchen diskutieren.

Für Konsumgütermärkte haben sich auf der Grundlage der Daten der *GfK*- und *Nielsen*-Handelspanels ganz spezielle Kennziffern zur Marktanalyse durchgesetzt. Diese sind in Abb. 393 zusammengestellt.

Egal, ob Kunden, Produkte oder Verkaufsgebiete analysiert werden, am Ende aller Untersuchungen richtet sich der Blick der Vertriebsleitung auf die **betriebswirtschaftlichen Kosten und Ergebnisse**. Nur Gewinne aus dem Verkaufsprogramm können langfristig die Existenz und das Wachstum einer Unternehmung sichern.

10.7. Kosten- und Ergebnisanalysen

10.7.1. Artikelerfolgsrechnung

Das Finanz- und Rechnungswesen ist seit jeher Domäne der Betriebswirtschaftslehre. Entsprechend vielfältig sind die für Kalkulation und Ergebnisrechnung zur Verfügung stehenden Methoden. Der traditionelle Vertrieb überließ die gesamte Bearbeitung der Kosten- und Leistungsdaten dem Rechnungswesen. Das Motto: *„Die Verkäufer sollen verkaufen!"* Der intelligente Vertrieb fordert jedoch zunehmend kostenrechnerisch geschulte Kundenbetreuer. Oft genug bestehen die Kunden auf einer unverzüglichen **Hier-und-jetzt-Preisabgabe**; losgelöst von Standardpreisen und genormten Rabattlisten. Eine moderne Vertriebssteuerung erlaubt dem Verkauf schnellere Kalkulationen und Preisabgaben. Die Kalkulation von Großprojekten und von Produktanpassungen werden dagegen in die Hände der Vertriebscontroller gelegt, die sich mit dem Zentralcontrolling zusammenschließen.

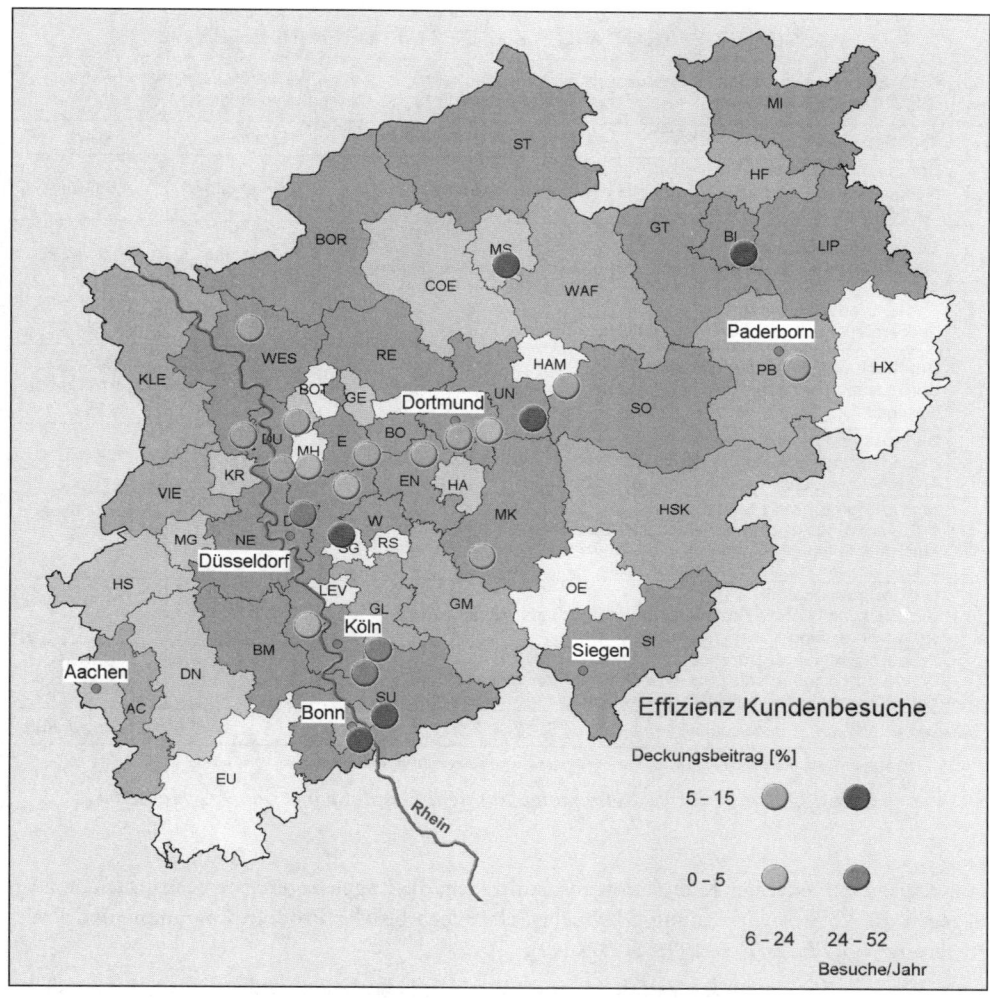

Abb. 392: Effizienzanalyse für Kundenbesuche im Rahmen von GIS /
RegioGraph von GfK MACON AG

Die Überlegungen zur Preiskalkulation stehen im Vordergrund dieses Abschnitts. Weitere Kontrollbereiche der Vertriebssteuerung, wie z.B. Liefertermin- und Lieferservice-Controlling, Analyse von Warenverfügbarkeiten und Sortimentsstrukturen etc., bleiben ausgeklammert.

Noch immer bildet die **klassische Zuschlagskalkulation auf Vollkostenbasis** das Fundament praktischer Preisstellungen. Fachleute kritisieren die *„willkürliche Schlüsselung und Weiterverrechnung der Gemeinkosten"* (*Preißler* 2000, S. 152). Das Kostenverursachungsprinzip wird verletzt; die rechnerische Genauigkeit als *„Augenwischerei"* bezeichnet. Vor allem kann die pauschale Gemeinkostenüberwälzung dazu führen, dass neue Produkte nicht zu konkurrenzfähigen Preisen in die Märkte kommen, sondern sozusagen „totgerechnet" werden (vgl. *Reichmann* 1997, S. 356). Noch gerade haltbar ist das Verfahren, wenn die Absatzmengen im Vertrieb in etwa den Mengengerüsten der Planung entsprechen, so dass keine Leerkosten auftreten. Bei Unterauslastung

AUSGEWÄHLTE KENNZAHLEN AUS DEM NIELSEN-HANDELSPANEL			
Die Firma *Alpenkäse* konnte für ihr Produkt Edamer folgende Daten aus dem *AC Nielsen Handelspanel* gewinnen. Dabei wird die Warengruppe, der das Produkt Y angehört, in 79.275 Geschäften geführt.			
Kennzahl / Beschreibung	Ermittlung	Wert	
(1) **Durchschnittspreis** Mengengewichteter Endverbraucherpreis je Einheit (Packung) und Berichtsperiode	Erhebung	4,68 €/kg	
(2) **Endverbraucherabsatz** Absatz des Einzelhandels an den Endverbraucher in der Berichtsperiode	Erhebung	359,9 Tsd.kg	
(3) **Endverbraucherumsatz** Endverbraucherabsatz bewertet zum Durchschnittspreis	= (2) * (1)	359,9 * 4,68 = 1.684 T€	
(4) **Durchschnittlicher Monatsabsatz** Durchschnittlicher Absatz eines Artikels pro Monat und führendem Geschäft	= ((2) / 2) / ((9) * (5))	(359,9/2) / (79.275 * 0,06) = 38 kg	
(5) **Distribution führend numerisch** Prozentsatz aller Geschäfte, die mindestens ein Stück des betreffenden Artikels in der Berichtsperiode geführt haben	Erhebung	6 %	
(6) **Distribution führend gewichtet** Prozentsatz des Gesamtumsatzes aller Geschäfte, die mindestens ein Stück des betreffenden Artikels in der Berichtsperiode geführt haben, am gesamten Umsatz der Warengruppe	Erhebung	13 %	
(7) **Distributionsqualität** Gibt Auskunft über die Anzahl führender Geschäfte im Verhältnis zur Umsatzbedeutung dieser Geschäfte[1]	= (6) / (5)	13 / 6 = 2,17	
(8) **Proportionalisierter Durchschnittsabsatz** Durchschnittlicher Absatz pro Geschäft und Monat in einem für die Warengruppe durchschnittlich statistisch bedeutenden Geschäft	= (4) / (7)	38 / 2,17 = 17,51 kg	
(Quelle: AC Nielsen, (Handelspanel), ohne Datum, S. 101–122)			*Anfertigung J. Katz*

[1]Vgl. hierzu AC Nielsen GmbH: Das EC Nielsen-Handelspanel – Anwendungs- und Nutzungsmöglichkeiten, Frankfurt am Main, S. 113

Abb. 393: Ausgewählte Kennzahlen aus dem Handelspanel von AC Nielsen

von Kapazitäten oder der Kalkulation von Aufträgen, die Engpassaggregate beanspruchen, zeigt dagegen die Vollkostenrechnung erhebliche Schwächen bei der Produktprogramm- und Preissteuerung (vgl. *Plinke/Rese* 1995, S. 637–640).

Abb. 394 soll zum einen das **Verfahren einer Zuschlagskalkulation** verdeutlichen, zum anderen die Schwachstellen des Verfahrens aufzeigen (vgl. *Preißler* 2000, S. 153–154). Klein- und Großaufträge werden in dem Beispiel mit den gleichen Zuschlagsätzen belastet, obwohl anzunehmen ist:

(1) Jede Materialpreiserhöhung schlägt sofort auf die Materialgemeinkosten durch, obwohl diese zum großen Teil in keinem proportionalen Verhältnis zum Fertigungsmaterial stehen (z.B. Lagerkosten, Einkaufskosten).

(2) Ein Kleinauftrag verursacht in der Fertigung und in der Abwicklung vergleichsweise höhere Kosten als ein Großauftrag.

(3) Die zunehmende Kapitalintensität verstärkt die Hebelwirkung der Fertigungsgemeinkosten.

(4) Die Vertriebs- und Verwaltungsgemeinkostenzuschläge fallen für Kleinaufträge regelmäßig zu niedrig, für Großaufträge zu hoch aus.

Andererseits verschafft der Vollkostenansatz dem Verkauf aber einen zusammenfassenden Überblick über die Erfolgskomponenten. Das Rechnungswesen (z.B. ein ERP-Programm) spielt dem Vertrieb für eine Auftragskalkulation die betrieblichen Daten zu. Der Verkauf kalkuliert die Ver-

AUFTRAGSKALKULATION ZU VOLLKOSTEN	Kleinauftrag		Großauftrag	
Fertigungsmaterial	100,00 €		100.000,00 €	
Materialgemeinkostensatz	5%		5%	
Materialgemeinkosten	5,00 €		5.000,00 €	
Materialkosten	105,00 €	*23,8%*	105.000,00 €	*58,1%*
Fertigungslöhne 10 Std./1000 Std.	100,00 €		10.000,00 €	
Fertigungsgemeinkostensatz	100%		100%	
Materialgemeinkosten	100,00 €		10.000,00 €	
Fertigungskosten	200,00 €	*45,4%*	20.000,00 €	*11,1%*
Herstellkosten	**305,00 €**	*69,2%*	**125.000,00 €**	*69,2%*
V+V-Gemeinkostensatz	20%		20%	
V+V-Gemeinkosten	61,00 €		25.000,00 €	
Sondereinzelkosten Vertrieb	– €		– €	
Selbstkosten	**366,00 €**	*83,0%*	**150.000,00 €**	*83,0%*
Provisionsaufschlag	5%		5%	
Gewinnaufschlag	10%		10%	
Skonto u. Erlösschmälerungen	2%		2%	
Kalkulationsaufschläge	74,96 €	*17,0%*	30.722,89 €	*17,0%*
Netto-Verkaufspreis	**440,96 €**	*100,0%*	**180.722,89 €**	*100,0%*
Rabatt	10%		10%	
Brutto-Verkaufspreis (o.MwSt.)	**489,96 €**	*110,0%*	**200.803,21 €**	*110,0%*

Abb. 394: Zuschlagskalkulation auf Vollkostenbasis. Beispiel für einen Preisstellungsvergleich
(Quelle: bis zur Zeile der Selbstkosten Preißler 2000, S. 153)

handlungsgrößen Skonto, Händlerprovision und Gewinnaufschlag, setzt den Rabattstaffelwert ein und erhält automatisch den Endpreis. Ist dieser nicht wettbewerbsfähig, wird der Ansatz erneut durchgespielt. Wenn es dem Vertrieb nicht gelingt, seine Auftragschancen durch Variation der von ihm selbst beeinflussbaren Kalkulationsgrößen zu wahren, wird der Vorgang an das zentrale Controlling abgegeben. Dann werden außerhalb der Reichweite der Vertriebsführung die betrieblichen Kosten durchleuchtet und wenn möglich beeinflusst (zum **Target Costing:** vgl. *Preißler* 2000, S. 179–185).

Die Deckungsbeitragsrechnung geht dem Problem der willkürlichen Gemeinkostenüberwälzung aus dem Weg. Es werden nur die einem Planungsobjekt (Produkt, Produktgruppe, Kunde, Vertriebseinheit, Außendienstmitarbeiter, Verkaufsbezirk) direkt zurechenbaren Kosten erfasst und den direkt zurechenbaren Erlösen gegenübergestellt (vgl. *Piontek* 1995, S. 221; *Reichmann* 1997, S. 379). Aus der Differenz von Verkaufspreis und den direkten (variablen) Kosten resultiert ein finanzwirtschaftlicher Beitrag der Planungseinheit zur Abdeckung der Fixkosten (Preis minus variable Kosten = **Deckungsbeitrag**). Die Division des absatzmengenunabhängigen Fixkostenblocks durch den Deckungsbeitrag ergibt die „berühmte" **Gewinnschwellen-Absatzmenge (Break-Even-Menge);** lineare Kostenverläufe vorausgesetzt (vgl. *Becker* 2002, S. 797–800). Es bleibt stets zu hoffen, dass die Kapazitätsgrenze oberhalb des Break-Even-Levels liegt. Ist das nicht der Fall, sind aus vertrieblicher Sicht der Verkaufspreis zu niedrig und/oder die variablen Kosten zu hoch bemessen. Die Vertriebssteuerung sollte sich dieser Zusammenhänge bewusst sein, wobei natürlich für unterschiedliche Produkte bzw. Fertigungslinien auch unterschiedliche Gewinnschwellen-Konstellationen bestehen. So selten wie es eine Einprodukt-Unternehmung gibt, so selten gibt es auch nur eine einzige Gewinnschwelle.

Viele Unternehmen tun sich mit dem Ausweis von Deckungsbeitrags- und Gewinninformationen in der Verkaufsorganisation schwer. In der Praxis werden deshalb oft nicht die effektiven, sondern verkaufstaktische Deckungsbeiträge und Gewinnspannen angesetzt.

Die direkte Kostenzurechnung bringt Probleme zum Vorschein, die eine Vollkostenrechnung verdeckt. Im Fall der Abb. 395 würde eine Verkaufsabteilung gerne einem Kundenwunsch nach Lieferzeitverkürzung nachkommen (vgl. *Graumann* 1997, S. 143–146). Die Deckungsbeitragsrechnung offenbart jedoch plötzlich Kostenabweichungen gegenüber einer Zuschlagskalkulation infolge von Überstunden, höherem Ausschuss, höheren Einkaufspreisen (Expresslieferungen von Lieferanten), zusätzlichen Sonderkosten bei Verpackung und Expressversand. Was im Standard mit 1.207 Euro Deckungsbeitrag eine gute Marge verspricht, offenbart sich jetzt bei einer Terminzusage gegenüber dem Kunden als Verlustauftrag (– 612,50 Euro). Der Deckungsbeitrag wird sogar negativ. Nichtverkaufen führt zu höherem Gewinn als ein Auftrag. Kundenzufrie-

DECKUNGSBEITRAGSKALKULATION		
	Standardauftrag	Expressauftrag
Nettoerlös der Maschine	6.500,00 €	6.500,00 €
./. Direkte Materialkosten		
– Fertigungsmaterial	– 1.000,00 €	– 1.100,00 €
– von Fremdfirmen gelieferte Teile	– 300,00 €	– 350,00 €
– Ausschusskosten anteilig	– 100,00 €	– 130,00 €
– Abfallkosten anteilig	– 30,00 €	– 39,00 €
– anteilige Materialgemeinkosten	– 143,00 €	– 162,00 €
./. Direkte Fertigungskosten		
– 30 Std. a. 30 Euro Gießerei	– 900,00 €	– 1.023,75 €
– 30 Std. a. 30 Euro Schweißerei	– 900,00 €	– 1.023,75 €
– 30 Std. a. 30 Euro Endmontage	– 900,00 €	– 1.890,00 €
– anteilige Fertigungsgemeinkosten	– 270,00 €	– 394,00 €
Deckungsbeitrag-1	1.957,00 €	387,50 €
./. Direkte Vertriebskosten		
– Angebotsabgabe	– 50,00 €	– 50,00 €
– Versandkosten	– 200,00 €	– 350,00 €
– Verpackungskosten	– 500,00 €	– 600,00 €
Deckungsbeitrag-2 (Gewinn/Verlust)	1.207,00 €	– 612,50 €
(Quelle: Graumann 1997, S. 144)		

Abb. 395: Beispiel für eine Deckungsbeitragskalkulation

denheit und Kalkulation geraten in einen Konflikt. In diesen Fällen empfiehlt es sich, mit dem Kunden in eine Preisverhandlung zu treten.

10.7.2. Operative Kampfpreissetzung

Täglich wird der Verkauf mit **Kampfpreisnotwendigkeiten** konfrontiert, wenn Kunden gegenüber der Standardkalkulation durch eine zusätzliche Rabattforderung oder durch Nichteinhalten von Abnahmemengenzusagen abweichen. Der Vertrieb sollte einer Kundenforderung nicht widerstandslos folgen, sondern versuchen, den kalkulierten Gewinn zu halten. Da die Fixkosten kurzfristig unverändert bleiben, zieht diese Zielsetzung die Notwendigkeit nach sich, **den ursprünglich kalkulierten Deckungsbeitrag zu sichern.** Fordert der Kunde einen zusätzlichen Preisabschlag, muss auf höhere Mengen verhandelt werden. Reduziert er vereinbarte Abnahmemengen, muss die Forderung nach einem Preisausgleich nachgeschoben werden.

Der Einbau derartiger Reaktionskalküle in die Vertriebssteuerung bietet sich an. Trägt der Verkaufsmitarbeiter z.B. bei einer telefonischen Anfrage die Kundenforderung je nach Problemfall in das entsprechende weiße Feld der Abb. 396 ein, so wird automatisch der kritische Verhandlungsparameter zur Sicherung des ursprünglich kalkulierten Deckungsbeitrages berechnet. Wünscht der Kunde z.B. eine Preissenkung von 8,00 Euro auf 6,50 Euro, so muss umgehend eine Abnahmevorstellung von 10.000 Stück ins Spiel gebracht werden. Ist der Kunde nur bereit, 4.000 Stück abzunehmen, wäre umgehend eine Preisanhebung auf 8,75 Euro zu diskutieren. Der Verkauf kann mit Hilfe einer modernen Vertriebssteuerung, die diese Berechnungen auf Knopfdruck ausführt, schnell und kompetent reagieren, ohne dass das Controlling bemüht werden muss. Je nach Machtverhältnis und eigener Bedrängnis wird ein Kunde der Gegenforderung

DECKUNGSBEITRAGSKALKULATION / KAMPFPREISKALKULATION			
	Plankalkulation	Vorgabe Preisabschlag	Vorgabe Absatzmenge
Preis	8,00 €	6,50 €	8,00 €
Absatzmenge	5.000,00 €	5.000,00 €	4.000,00 €
Umsatz	40.000,00 €	32.500,00 €	32.000,00 €
direkte Kosten pro Stück	5,00 €	5,00 €	5,00 €
Deckungsbeitrag pro Stück	3,00 €	1,50 €	3,00 €
gesamte direkte Kosten	– 25.000,00 €	– 25.000,00 €	– 20.000,00 €
gesamter Deckungsbeitrag	**15.000,00 €**	**7.500,00 €**	**12.000,00 €**
– Fixkosten	– 6.000,00 €	– 6.000,00 €	– 6.000,00 €
Gewinn / Verlust	**9.000,00 €**	**1.500,00 €**	**6.000,00 €**
Break-Even-Menge (Stück)	2.000,00	4.000,00	2.000,00
Break-Even-Umsatz	16.000,00 €	26.000,00 €	16.000,00 €
Verhandlungsmenge		10.000,00	
Verhandlungspreis			8,75 €
Umsatz neu		65.000,00 €	35.000,00 €
direkte Kosten neu		– 50.000,00 €	– 20.000,00 €
Deckungsbeitrag unverändert		**15.000,00 €**	**15.000,00 €**
Fixkosten unverändert		– 6.000,00 €	– 6.000,00 €
Gewinn alt = neu		**9.000,00 €**	**9.000,00 €**

Abb. 396: Deckungsbeitragskalkulationen in Kampfpreissituationen

BREAK-EVEN ANALYSE
1.) Gewinnschwellenbestimmung
$G = U(x) - K(x)$
$G = px - (k_v \, x + Kfix)$
$G = (p - k_v) \, x - Kfix$
$0 = \quad DB \, x - Kfix \quad (DB = p - k_v)$
$Kfix : DB = x$ (break even Absatz)
2.) Preisuntergrenzen-Bestimmung
x = vorgegeben (Angebotsmenge)
$G = px - k_v \, x - Kfix$
$G = 0$ (Break-even Bedingung)
$p = k_v + (Kfix : x)$ (wäre Mindestpreis)
Liegt vertretbarer Marktpreis über p? Nur dann ist ein positiver DB zu erwarten. Andernfalls ist die Produktion einzustellen.

KAMPFPREISSITUATIONEN
1.) Kunde fordert Zusatzrabatt
$G1 = (p - k_v) \, x - Kfix$
$G2 = (p_n - k_v) \, x_n - Kfix$
$G1 = G2$ bzw. $DB1 = DB2$
$(p - k_v) \, x = (p_n - k_v) \, x_n$
$x \, (p - k_v) : (p_n - k_v) = x_n$ **(neue Menge)**
2.) Kunde reduziert Angebotsmenge
$G1 = (p - k_v) \, x - Kfix$
$G2 = (p_n - k_v) \, x_n - Kfix$
$G1 = G2$ bzw. $DB1 = DB2$
$(p - k_v) \, x + k_v \, x_n = p_n \, x_n$
$(x : x_n) \, (p - k_v) + k_v = p_n$ **(neuer Preis)**

Abb. 397: Ableitung der Formeln zur Break-Even-Analyse und Kampfpreiskalkulation

mehr oder weniger stattgeben. Doch hilft jeder noch so kleine Verhandlungserfolg bei der Schadensbegrenzung.

Abb. 397 liefert ergänzend die Berechnungsformeln zur Break-Even-Analyse und zu den Kampfpreiskalkulationen der Abb. 396. Kostenrechnerisch sind die Vorgehensweisen nicht korrekt, weil Mengenveränderungen wieder Auswirkungen auf die Gemeinkostenverechnung haben. Im Verkaufsalltag reichen derartige Überschlagsrechnungen aber völlig aus.

10.7.3. Kombinierte Produktgruppen- und Marktsegmentanalyse

Wie kann der Vertrieb den Markterfolg mehrerer Produktgruppen im Zusammenhang mit unterschiedlichen Abnehmermärkten analysieren? *Hahn* schlägt zur **Erfolgskontrolle von Produkt-/Marktsegmenten** eine **zweidimensionale Planungs- und Controllingrechnung** gemäß Abb. 398 vor (vgl. *Hahn* 1986, S. 316–317). Erst die Kostenaufspaltung enthüllt, welche Produkte in hohem Maße zur Fixkostenabdeckung beitragen und welche nicht. Diese Frage kann gleichzeitig für die verschiedenen Märkte (Anwendungen) beantwortet werden. Es wird vorausgesetzt, dass sich bestimmte Kosten zum einen auf Produkte und zum anderen auf Märkte aufteilen lassen. Von den nach Produktarten und Anwendungen aufgegliederten Umsatzerlösen werden die variablen Kosten abgezogen, so dass sich Deckungsbeiträge (DB-1) pro Produkt/Markt einstellen. Von der Summe der Deckungsbeiträge pro Markt und Produktart können weiterführend die fixen Einzelkosten abgezogen werden, die sich bestimmten Märkten (z.B. Kosten einer Vertriebsniederlassung) oder Produktgruppen (z.B. Werbekosten) zurechnen lassen. So ergeben sich die DB-2 pro Markt und pro Produktgruppe. Diese zeigen auf, welchen Beitrag jede spezielle Produktgruppe oder jeder einzelne Markt zur Deckung weiterer Fixkosten leisten kann. Von diesem Controllingansatz ist dann der Schritt in die Planung von kombinierten Produkt-/Marktsegmenten (strategische Geschäftsfelder) nicht weiter schwer. Die Produkt-/Marktfeld-Ergebnisrechnung der Abb. 398 ist nicht zu verwechseln mit der Vertriebsergebnisanalyse im Abschnitt 10.7.5. Hier stehen die Produkte, in Abschnitt 10.7.5. die Vertriebsorganisationen (Abteilungen, Niederlassungen, Regionalgesellschaften) im Fadenkreuz des Controlling.

BEISPIEL FÜR EINE VERTRIEBSERGEBNISRECHNUNG NACH PRODUKTEN UND MÄRKTEN											
	Umsatzerlöse in Euro					Deckungsbeiträge in Euro					
	Markt-X	Markt-Y	Markt-Z	Summe	variable Kosten	DB-X	DB-Y	DB-Z	Summe	Fixe Einzel-kosten	DB-2
Produkt-1	2.200	3.300	1.100	6.600	4.000	867	1.300	433	2.600	450	2.150
Produkt-2	5.000	4.100	8.000	17.100	8.000	2.661	2.182	4.257	9.100	1.000	8.100
Produkt-3	0	4.000	4.000	8.000	4.500	0	1.750	1.750	3.500	500	3.000
Produkt-4	2.400	2.000	7.000	11.400	5.400	1.032	860	3.008	4.900	700	4.200
Produkt-5	6.000	0	0	6.000	5.000	1.000	0	0	1.000	300	700
	15.600	13.400	20.100	49.100	26.900					2.950	18.150
			Deckungsbeitrag-1			5.560	6.092	9.448	21.100		
			Fixe Einzelkosten pro Markt			–500	–1.000	–1.000	–2.500		
			Deckungsbeitrag-2			5.060	5.092	8.448	18.600		

(Quelle: Hahn 1986, S. 316)

Abb. 398: Grundschema einer zweidimensionalen Produktergebnisrechnung
(Quelle: Hahn 1986, S. 316)

Selbst wenn standardisierte Kalkulationsroutinen im Vertrieb nicht vorgesehen oder angesichts von Branchenbedingungen eventuell nicht notwendig sind: Ein Vertriebssteuerungssystem sollte neben den Umsatzverläufen auch die betriebswirtschaftlichen Kosten- und Ergebnisdaten der Produkte ausweisen. Bei ihren Verkaufstätigkeiten sollte den Mitarbeitern im Innen- und Außendienst bewusst sein, ob sie sich gerade mit einem ergebnisstarken oder mit einem ergebnis-schwachen Produkt bzw. Kunden beschäftigen. Falls die Verkaufsmitarbeiter betriebswirtschaft-lich nicht entsprechend geschult sind, sind die Darstellungen einfach zu halten. Abb. 386 hatte bereits ein Beispiel von *Applix* aufgezeigt. In der *Siebel Marketing Enterprise Suite* können Pro-dukte oder Produktgruppen definiert und gemäß Abb. 399 Umsatzerlöse und Ergebnisraten auf Voll- oder Teilkostenbasis zusammen dargestellt werden. Wegen der besseren Lesbarkeit wird hier im Buch noch einmal eine alte Version von *Siebel* gezeigt. Die an sich sehr sinnvolle *Product Summary* ist in den neuen Versionen nicht mehr enthalten.

10.7.4. Kundenergebnisrechnung

Deckungsbeitragsanalysen sind nicht nur für Produkte, sondern auch für Kundengruppen oder einzelne Kunden sinnvoll (vgl. *Piontek* 1998, S. 299; *Reichmann* 1997, S. 387–390). Kunden, die mehr betriebswirtschaftliches Ergebnis bringen, rechtfertigen auch höhere Betreuungskosten. Gleichzeitig gilt ein Ringschluss: Höhere Betreuungskosten sind als Investitionen in eine Ge-schäftsbeziehung gerechtfertigt, die der Kunde später durch höhere **Kundendeckungsbeiträge** amortisieren wird. Gerade die Kundenergebnisrechnung ist jedoch in der Praxis noch unterent-wickelt. Eine *VDI*-Studie in Zusammenarbeit mit der *CEO AG* belegt die besonderen Probleme der Unternehmen, in ihren Kostenrechnungssystemen von den Kunden direkt verursachte Kos-ten zu erfassen (vgl. *Marzian/Deppermann*, ASW Sondernummer 10/1998, S. 142).

Abb. 400 beschreibt die Struktur einer Kundenerfolgsrechnung. Danach deckt die Kunden-De-ckungsbeitragsrechnung bei *GDS-Technik* unangemessen hohe Marketingkosten auf. Der Kun-dendeckungsbeitrag schmilzt auf 1,7 Prozent ab. Unter Abzug anteiliger Fixkosten werden sich *GDS*, aber auch *Meuser* als Verlustkunden erweisen.

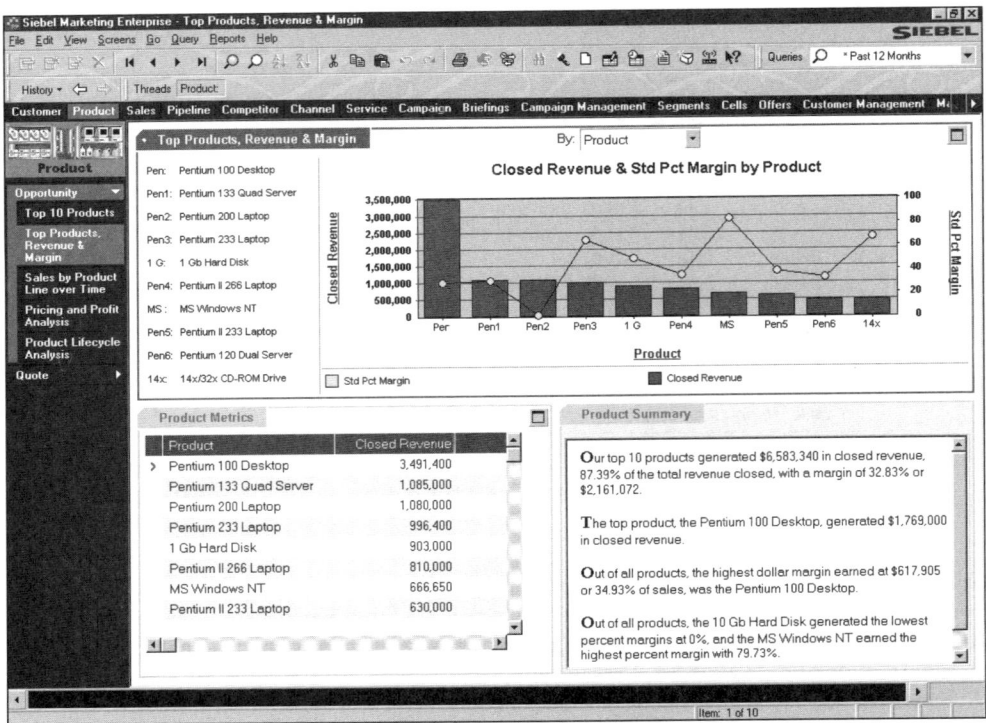

Abb. 399: Ausweis von Produktergebnissen in CRM-Systemen /
Siebel Marketing Enterprise Suite der Siebel GmbH

AUFBAU EINER KUNDENERFOLGSRECHNUNG / KUNDEN-DECKUNGSBEITRAGSRECHNUNG						
	GDS-Technik		Meuser		Wilder	
Bruttoumsatz	347.618,00 €		204.980,00 €		188.750,00 €	
Durchschnittsrabatt	12,6%		9,5%		7,6%	
Bruttoerlös	303.818,13 €	100,0%	185.506,90 €	100,0%	174.405,00 €	100,0%
Skonto, Erlösschmälerungen	− 7.570,00 €	−2,5%	− 12.500,00 €	−6,7%	− 4.700,00 €	−2,7%
Boni	− 10.000,00 €	−3,3%	− €	0,0%	− €	0,0%
Nettoerlös	286.248,13 €	94,2%	173.006,90 €	93,3%	169.705,00 €	97,3%
direkte Artikelkosten / Wareneinsatz	− 188.900,00 €	−62,2%	− 122.450,00 €	−66,0%	− 92.470,00 €	−53,0%
Rohertrag	97.348,13 €	32,0%	50.556,90 €	27,3%	77.235,00 €	44,3%
direkte Kosten Außendienst	− 15.900,00 €	−5,2%	− 8.900,00 €	−4,8%	− 9.300,00 €	−5,3%
direkte Kosten Innendienst	− 9.650,00 €	−3,2%	− 2.400,00 €	−1,3%	− 5.320,00 €	−3,1%
direkte Kosten Logistik	− 26.590,00 €	−8,8%	− 12.060,00 €	−6,5%	− 12.400,00 €	−7,1%
Su. direkte Vertriebskosten	− 52.140,00 €	−17,2%	− 23.360,00 €	−12,6%	− 27.020,00 €	−15,5%
Kunden-Deckungsbeitrag-1	45.208,13 €	14,9%	27.196,90 €	14,7%	50.215,00 €	28,8%
direkte Servicekosten	− 28.000,00 €	−9,2%	− 5.300,00 €	−2,9%	− 2.200,00 €	−1,3%
direkte Aktionskosten	− 11.000,00 €	−3,6%	− 2.240,00 €	−1,2%	− 6.700,00 €	−3,8%
direkte sonstige Marketingkosten	− 1.000,00 €	−0,3%	− 1.200,00 €	−0,6%	− 2.300,00 €	−1,3%
Su. direkte Marketingkosten	− 40.000,00 €	−13,2%	− 8.740,00 €	−4,7%	− 11.200,00 €	−6,4%
Kunden-Deckungsbeitrag-2	5.208,13 €	1,7%	18.456,90 €	9,9%	39.015,00 €	22,4%

Abb. 400: Beispiel für eine Kundenerfolgsrechnung / Kunden-Deckungsbeitragsrechnung

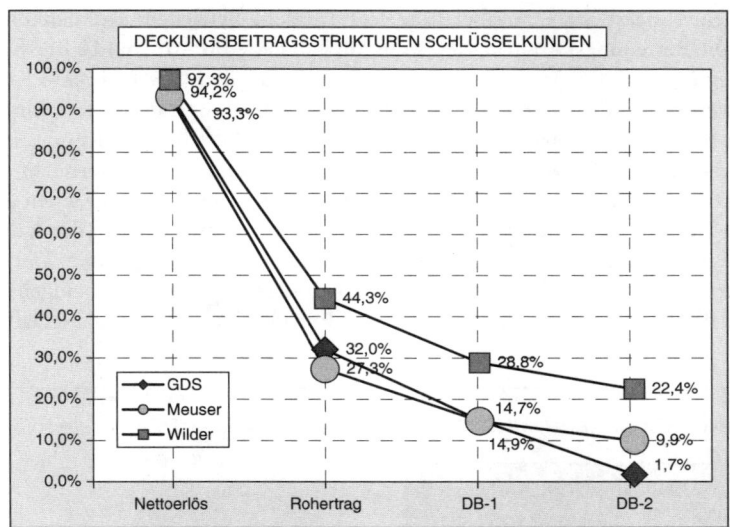

Abb. 401: Grafische Betrachtung der Deckungsbeitragsstrukturen von Schlüsselkunden

Abb. 401 stellt den Abschmelzungsvorgang vom Nettoerlös bis zum Deckungsbeitrag-2 für die zwei Kunden noch einmal grafisch dar. Man erkennt, wie GDS im letzten Schritt vom DB-1 zum DB-2, also durch die hohen Kosten im Marketingbereich, ertragsmäßig abfällt. Nach *Koinecke* reicht es aus, den Rohertrag (bei Eingrenzung auf variable Kosten in der Praxis oft schon als DB-1 bezeichnet) zu erfassen und dann jeweils zusammengefasst die direkten Vertriebskosten und die direkten Marketingkosten abzusetzen. Neben dem Rohertrag werden nur zwei Deckungsbeiträge ausgewiesen (vgl. *Koinecke/Koinecke* 1996, S. 42).

Eine **dreistufige DB-Rechnung** wird üblicherweise wie folgt erstellt:

DB-1 = Nettoerlös minus **variable Herstellkosten** (eindeutig auftragsbezogene Kundenkosten)

DB-2 = DB-1 minus direkte, auf den Kunden bezogene **Betreuungskosten**

DB-3 = DB-2 minus direkte **Strukturkosten der Organisation (Marketing, Vertrieb, Service).**

Der **DB-1** gibt Signale, welche Kunden mit welchem Produktmix besonders förderungswürdig sind. Der **DB-2** analysiert, ob sich die Marketing- und Vertriebsmaßnahmen für die betroffenen Kunden ausgezahlt haben, und zwar unabhängig von der Effizienz der Organisation. Der **DB-3** bezieht dann die Organisation der Marktbearbeitung ein. Der DB-3 repräsentiert die Größe für die Zielvereinbarung mit den Vertriebsführungskräften (vgl. *Hassmann*, salesBusiness 2/2002, S. 25).

Die speziellen Kundendeckungsbeiträge können weitgehend zu Kundengruppen (Kundensegmenten, Marktsegmenten) addiert werden, denen sich dann eventuell schon Gemeinkostenblöcke zurechnen lassen. In der Theorie werden mehrschichtig bis zu sechs Deckungsbeiträge abgespalten (vgl. *Piontek* 1998, S. 299). So erreichen wir die Schwelle zur Vertriebsergebnisrechnung.

Wie kann die Kundenergebnisrechnung in die Vertriebssteuerung integriert werden? Abb. 402 zeigt eine den Vertriebsalltag begleitende Kundenerfolgsrechnung. Vorgestellt wird der *marketing.manager* der *update software AG*. Zunächst werden die Kosten je Kontaktart (Besuch, Telefonat, eMail) in einer **Kostentabelle** ① vorgegeben (Standardkosten; Beispiel: 3 Euro pro Minute Telefonat). Die Kostenbeträge können auch in Abhängigkeit von der Dauer oder vom Arbeitsstundensatz eines Bearbeiters variabel festgelegt werden. Bei jedem Kundenkontakt werden automatisch die Betreuungskosten ausgewiesen. Im Fall der Abb. 402 sind 10 Bearbeitungsminuten des Außendienstmitarbeiters durch ein Telefonat angefallen ②. Als direkte Kundenbetreuungskosten werden hierfür 30 Euro verrechnet. Eine ③ **Betreuungstabelle** bietet eine Gesamtaufstellung aller Besuche, Telefonate, Mailings, Angebote und Aufträge pro Kunde; sogar in Form eines Soll-/Ist-Vergleiches. Die Besuchsvorgabe für den Kunden wurde erreicht, die Mailing- und Telefonkontaktziele dagegen knapp verfehlt. Diese Angaben sollen nur einen groben Überblick für den Ressourceneinsatz und für die Kostenkontrolle bieten; denn der Kunde und Alltagsnotwendigkeiten entscheiden im Endeffekt über die Kontakthäufigkeiten. Der gemäß Kundenqualifizierung angesetzte Rahmen sollte dennoch soweit wie möglich eingehalten werden. 2002 sind für den Kunden bisher insgesamt 25.883 Euro Betreuungskosten angefallen. Dies ent-

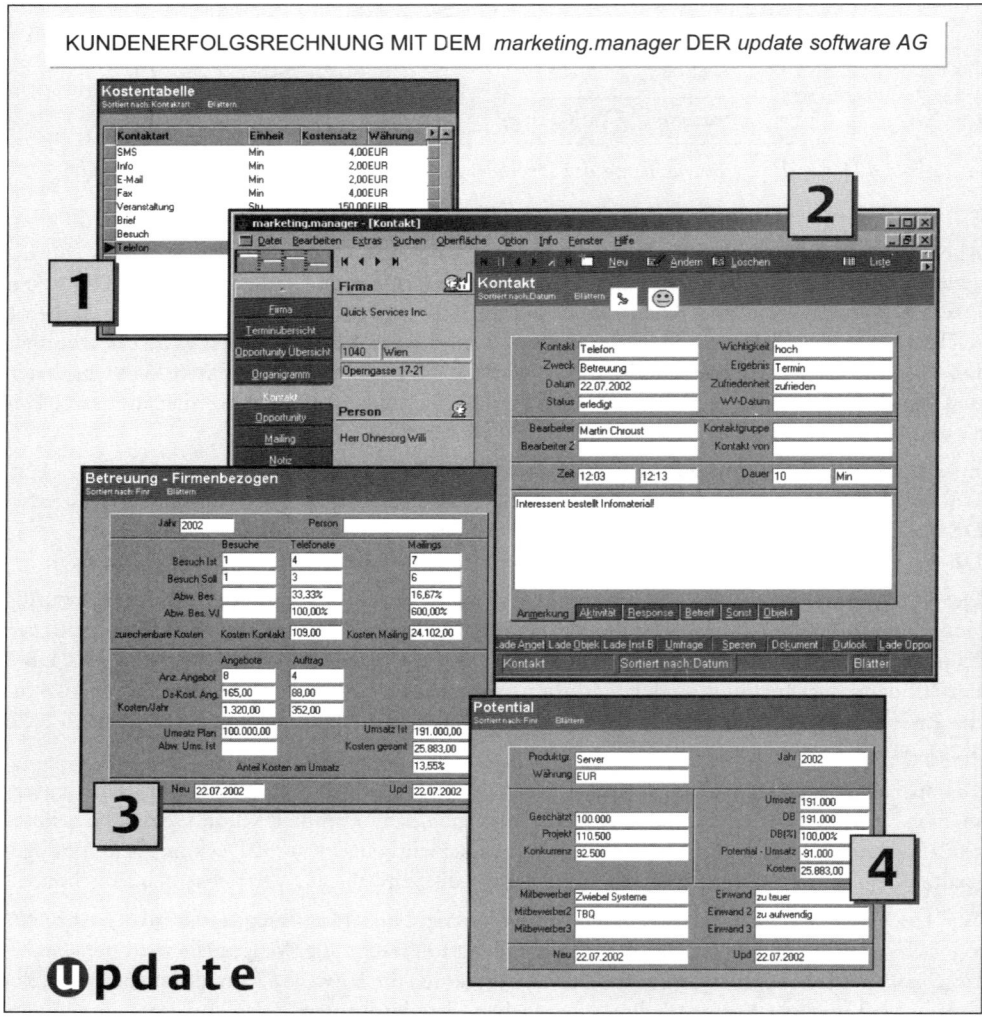

Abb. 402: Kundenerfolgsrechnung mit dem marketing.manager / update software AG

spricht genau 13,55 Prozent vom Umsatz. CRM klärt also ohne Rückfrage an das Rechnungswesen und ohne Zeitverzug die Frage: *Steht der Betreuungsaufwand für den Kunden in einem angemessenen Verhältnis zu Umsatz und Ergebnis?*

So werden alle Kundendaten zu einer ④ **Kundenerfolgsrechnung** zusammengeführt; von *update* als (Kunden)**Potenzial** bezeichnet. Laut Planung wurden für den Kunden 100 T Euro Umsatz budgetiert. Der Konkurrenzumsatz wurde auf 92.500 Euro eingeschätzt. Mittlerweile sind diese Planzahlen weit überschritten. 191.000 Euro Umsatz wurden erreicht, wobei nicht klar zu erkennen ist, ob man die Konkurrenz verdrängen konnte oder ob das Kundenpotenzial zum Planungszeitpunkt schlichtweg zu niedrig eingeschätzt wurde. Die Deckungsbeitragsquote (praktisch die Umsatzrendite bezogen auf direkte Kosten) beträgt 100 Prozent. In der Potenzialmaske findet man auch die Betreuungskosten in Höhe von 24,2 T Euro gemäß ③ wieder. Was eine durch Analytik angereicherte Vertriebssteuerung hier bietet, hat früher 'zig Controller wochenlang in Atem gehalten. Und wenn die Controllingauswertungen die operative Ebene erreichten, waren die Daten bereits veraltet. Jetzt sind die Kundenerfolgsdaten stets aktuell abrufbar und unterstützen die Vertriebsleitung bei ihren Entscheidungen.

10.7.5. Vertriebskostenkontrolle und Vertriebsergebnisrechnung

Es bleibt der letzte Schritt der **Vertriebskostenrechnung** (vgl. *Reichmann* 1997, S. 384–391): die Beurteilung der Kosten und Ergebnisse der Vertriebsorganisationen. Zunächst geht es um eine Erfassung der Vertriebskostenarten sowie eine Abweichungsanalyse zum Plan und zum Vorjahr. Unabhängig von den zentralen, i.d.R. monatlich kommenden Ressortauswertungen des Controlling, sollte sich die Vertriebsleitung einen täglichen Überblick über die Situation aller geplanten Kostenarten aus dem eigenen System verschaffen. Abb. 403 zeigt eine Kostenaufstellung, in diesem Fall für den Kostenstatus nach dem 1. Quartal des Jahres 2005. Getrennt wird nach Kosten für die Verkaufsvorbereitung, für die Abwicklung des Verkaufsgeschehens und für das Verkaufsmanagement. Es handelt sich um eine Vollkostendarstellung. Kostenabgrenzungen (z.B. monatliche Umlage des Weihnachtsgeldes, Einrechnung der Tantieme etc.) sind bereits eingerechnet. Die Gesamtaufstellung für das Quartal wird durch einzelne Monatsblätter ergänzt, die die prozentualen Abweichungen zu den monatlichen Plankosten der Kostenarten ausweisen.

Im Fall von Kostenüberschreitungen geben die Kostenstellenverantwortlichen mögliche Kostenreduzierungen an, die sie kurzfristig und ohne gravierende Einschnitte realisieren könnten. Im Beispielfall sind 30.600 Euro gemeldet worden. Sie würden nicht ausreichen, um die 1,9 prozentige Kostenüberschreitung des Quartalsabschlusses (Vertriebskosten 1. Quartal verdeckt: 2.453.410–2.406.600 = 46.810 Euro) auszugleichen. Deshalb sind nun weitere Gespräche über Kosteneinsparungen zu führen.

Die Kostendaten sind letztlich in Ergebnis- und Deckungsbeitragsrechnungen für die einzelnen Organisationseinheiten von Marketing- und Vertrieb zu überführen. Das Interesse der Vertriebsleitung richtet sich vor allem auf die betriebswirtschaftlichen Gewinne oder Verluste der einzelnen Regionalbüros und letztlich auf das Vertriebsgesamtergebnis, das gegenüber der Geschäftsleitung zu verantworten ist. Abb. 404 analysiert den Ergebnisstatus einer regionalen Niederlassung, die für das VKB-1 zuständig ist. Vom Rohertrag werden zunächst die kundenverursachten direkten Kosten und danach die vom Vertrieb und vom Marketing verursachten Kosten abgezogen. Der Deckungsbeitrag in Höhe von 3,57 Mio. Euro kann nun an die Unternehmensleitung zur Abdeckung der Vertriebsgemeinkosten und danach der zentralen Gemeinkosten weitergegeben werden. Oder das Controlling weist der Niederlassung Fixkostenaufschläge zu, um ein Vollkostenergebnis festzustellen.

Verkaufsbezirk 1

Vertriebskosten	Jan.	Feb.	März	1. Quartal	1. Quartal Plan	Abw.	1. Quartal Vj.	Abw.
verkaufsvorbereitende Kosten								
Gehaltskosten (vor allem AD)	100.000,00 €	100.000,00 €	120.000,00 €	320.000,00 €	310.000,00 €	3,2%	310.000,00 €	3,2%
Spesen	12.000,00 €	18.000,00 €	5.800,00 €	35.800,00 €	35.000,00 €	2,3%	33.700,00 €	6,2%
Kosten für Prospekte, Muster u.a.	2.500,00 €	3.450,00 €	900,00 €	6.850,00 €	6.600,00 €	3,8%	6.600,00 €	3,8%
Telefonkosten	300,00 €	530,00 €	240,00 €	1.070,00 €	1.000,00 €	7,0%	1.000,00 €	7,0%
Besuchskosten (ohne Abschluß)	2.000,00 €	3.500,00 €	1.900,00 €	7.400,00 €	7.500,00 €	-1,3%	7.500,00 €	-1,3%
Kosten der Angebotserstellung				450,00 €	1.500,00 €	-3,3%	1.500,00 €	-3,3%
Porti				290,00 €	2.500,00 €	-8,4%	2.500,00 €	-8,4%
Versicherungen				800,00 €	7.500,00 €	4,0%	7.500,00 €	4,0%
Summe				660,00 €	371.600,00 €	3,0%	370.300,00 €	3,3%
Verkaufsabwicklungskosten								
Provision und Prämien				...000,00 €	60.000,00 €	1,7%	60.000,00 €	1,7%
Gehälter				...000,00 €	700.000,00 €	2,9%	719.000,00 €	0,1%
Lagerhaltung				...000,00 €	150.000,00 €	6,7%	142.000,00 €	12,7%
Versandkosten				...000,00 €	15.000,00 €	-13,3%	13.200,00 €	-1,5%
Verpackungskosten				...200,00 €	10.000,00 €	2,0%	9.400,00 €	8,5%
Fahrtkosten				...850,00 €	7.000,00 €	-2,1%	6.600,00 €	3,8%
Summe				...050,00 €	942.000,00 €	3,1%	950.200,00 €	2,2%
Kosten des Verkaufsmanagement								
Gehaltskosten (Market-u. Verkaufsleitung)				...000,00 €	725.000,00 €	3,4%	752.000,00 €	-0,3%
Büromaterial				...200,00 €	3.000,00 €	6,7%	2.500,00 €	28,0%
Mieten				...000,00 €	150.000,00 €	-10,0%	134.000,00 €	0,7%
Abschreibungen				...000,00 €	70.000,00 €	2,9%	71.000,00 €	1,4%
Kosten für Mitarbeiter in der Zentrale				...000,00 €	140.000,00 €	-3,6%	136.000,00 €	-0,7%
Kosten für das Berichtswesen				...500,00 €	5.000,00 €	-10,0%	3.900,00 €	15,4%
(Verkaufsplanung und -kontrolle)								
Summe				...700,00 €	1.093.000,00 €	0,6%	1.099.400,00 €	0,0%
Vertriebskosten gesamt				...410,00 €	2.406.600,00 €	1,9%	2.419.900,00 €	1,4%

(eingeblendete Tabelle)

Einsparpotenzial kurzfristig	Plan 2005	Ist 2004	Index 05/04
2.000,00 €	1.600.000,00 €	1.570.000,00 €	101,91
4.000,00 €	70.000,00 €	69.000,00 €	101,45
3.000,00 €	25.000,00 €	24.000,00 €	104,17
– €	7.000,00 €	6.700,00 €	104,48
– €	30.000,00 €	32.000,00 €	93,75
– €	9.000,00 €	9.200,00 €	97,83
200,00 €	6.000,00 €	5.700,00 €	105,26
– €	42.000,00 €	42.000,00 €	100,00
9.200,00 €	1.789.000,00 €	1.758.600,00 €	101,73
– €	200.000,00 €	198.500,00 €	100,76
15.000,00 €	2.859.000,03 €	2.800.000,00 €	102,11
– €	560.000,00 €	560.000,00 €	100,00
1.000,00 €	45.000,00 €	44.800,00 €	100,45
– €	45.000,00 €	42.700,00 €	105,39
– €	30.000,00 €	29.000,00 €	103,45
16.000,00 €	3.739.000,03 €	3.675.000,00 €	101,74
– €	3.600.000,00 €	3.586.000,00 €	100,39
200,00 €	25.000,00 €	25.600,00 €	97,66
– €	650.000,00 €	635.000,00 €	102,36
– €	365.000,00 €	360.000,00 €	101,39
5.000,00 €	500.000,00 €	490.000,00 €	102,04
200,00 €	28.000,00 €	27.900,00 €	100,36
5.400,00 €	5.168.000,00 €	5.124.500,00 €	100,85
30.600,00 €	10.696.000,03 €	10.558.100,00 €	101,31

Abb. 403: Monatliche Verfolgung der Kostenarten im Vertrieb: Quartalsabschluss

AUFBAU EINER DECKUNGSBEITRAGS-VERTRIEBSERGEBNISRECHNUNG: REGIONALBÜRO NORD

	VKB-1	Struktur	VKB-1 Plan	Ist/Plan	VKB-1 Vorjahr	IJ/Vj
Bruttoumsatz (o.MwSt.)	8.752.300,00 €	100%	8.800.000,00 €	-0,5%	8.632.500,00 €	1,4%
Skonto, Erlösschmälerungen	– 180.285,00 €	-2,1%	– 175.000,00 €	3,0%	– 164.800,00 €	9,4%
Nettoerlös	8.572.015,00 €	97,9%	8.625.000,00 €	-0,6%	8.467.700,00 €	1,2%
direkt zurechenbare Herstellkosten	– 4.500.500,00 €	-51,4%	– 4.500.000,00 €	0,0%	– 4.234.854,00 €	6,3%
Rohertrag	8.572.015,00 €	97,9%	8.625.000,00 €	-0,6%	8.467.700,00 €	1,2%
Boni und sonstige Gutschriften	– 430.000,00 €	-4,9%	– 400.000,00 €	7,5%	– 405.607,00 €	6,0%
Provisionen und Prämien	– 156.000,00 €	-1,8%	– 180.000,00 €	-13,3%	– 134.000,00 €	16,4%
Deckungsbeitrag-1	4.071.515,00 €	46,5%	4.125.000,00 €	-1,3%	4.232.846,00 €	-3,8%
direkte Kosten Außendienst	– 246.000,00 €	-2,8%	– 250.000,00 €	-1,6%	– 242.000,00 €	1,7%
direkte Kosten Innendienst	– 92.400,00 €	-1,1%	– 100.000,00 €	-7,6%	– 87.560,00 €	5,5%
direkte Kosten Logistik	– 98.560,00 €	-1,1%	– 75.000,00 €	31,4%	– 72.000,00 €	36,9%
Su. direkte Vertriebskosten	– 436.960,00 €	-5,0%	– 425.000,00 €	2,8%	– 401.560,00 €	8,8%
Deckungsbeitrag-2	3.634.555,00 €	41,5%	3.700.000,00 €	-1,8%	3.831.286,00 €	-5,1%
direkte Servicekosten	– 14.500,00 €	-0,2%	– 20.000,00 €	-27,5%	– 12.678,00 €	14,4%
direkte Aktionskosten	– 22.670,00 €	-0,3%	– 10.000,00 €	126,7%	– 9.500,00 €	138,6%
direkte sonstige Marketingkosten	– 27.600,00 €	-0,3%	– 30.000,00 €	-8,0%	– 19.480,00 €	41,7%
Su. direkte Marketingkosten	– 64.770,00 €	-0,7%	– 60.000,00 €	7,9%	– 41.658,00 €	55,5%
Deckungsbeitrag-3	3.569.785,00 €	40,8%	3.640.000,00 €	-1,9%	3.789.628,00 €	-5,8%

Abb. 404: Beispiel für eine Deckungsbeitrags-Ergebnisrechnung für ein Regionalbüro

Verlassen wir hier den Bereich der Vertriebssteuerung? Praxisgespräche zeigen, dass die Vertriebsführungskräfte eine Verlagerung von detaillierten Kalkulations- und Ergebnisrechnungen für Produkte, Kunden und Außendienstbüros in Richtung Frontend durchaus begrüßen und die hierzu gegebenen Möglichkeiten der Vertriebssteuerungssysteme auch nutzen würden. Im Fall der Gesamtbewertungen von Organisationseinheiten werden eher zurückhaltende Meinungen geäußert. Hier meinen die Vertriebsführungskräfte, die Ergebnisanalysen sollten besser dem (zentralen) Controlling vorbehalten bleiben, das ja auch die Gesamtsicht auf die Unternehmung zu wahren hat. Außerdem würden dann die Daten überhand nehmen, die das CRM/CAS-Transaktionssystem nicht erfasst und die daher aus dem zentralen Rechnungswesen quasi an den Vertrieb zurückgespielt werden müssten, um die Auswertungen zu ermöglichen. Auch die jährliche Budgetierung als Teil der Jahresplanung wird lieber der Finanzabteilung und dem zentralen Controlling zugewiesen. Eine betriebswirtschaftlich-kostenrechnerische Analysegrenze für den Vertrieb ist also erreicht. Der Vertrieb soll ja das Controlling nicht ersetzen. Nützlich ist es aber auf jeden Fall, Kosten- und Ergebnisanalysen so in die Vertriebssteuerung einzubauen, dass kontinuierliche Prozessverbesserungen möglich werden.

10.8. Wettbewerbsanalyse im Rahmen der Vertriebssteuerung

10.8.1. Der strategische Ausgangsrahmen

Auch noch so gut geplante Marketing- und Vertriebsmaßnahmen können nur erfolgreich sein, wenn die Konkurrenten das zulassen. Gerade fragmentierte technische Märkte erlauben es nur selten, unter einer **„Schwelle der Fühlbarkeit"** zu operieren und Kundenpotenziale vom Wettbewerb unbemerkt zu gewinnen. Nur noch wenige Monopolmärkte erlauben Verkäufern eine quasi-monopolistische Warenverteilung *(Deutsche Bahn, Staatliche Lotteriegesellschaften, Bezirksschornsteinfeger, TüV)*. Der „normale" Vertriebsalltag in der heutigen Wirtschaftswelt stellt sich als **Konstant-Nullsummenspiel** dar (vgl. *Becker* 2002, S. 371). Ein Marktanteilsgewinn eines Anbieters geht zu Lasten des anderen.

Marktbearbeitung erfordert also mehr als nur Kundenbetreuung. Es ist ratsam, das Thema Wettbewerbsbeobachtung auf **strategischer und operativer Ebene** anzugehen (vgl. *Winkelmann*, CRM-Report 2000, S. 10–14):

(1) Das Top-Management und die Führungsebene haben zur Sicherung der langfristigen Unternehmensziele eine **Wettbewerbsstrategie** zu erarbeiten. Im Vordergrund wird eine intelligente Positionierung gegenüber der Konkurrenz stehen. **Differenzierung** gegenüber den Konkurrenten (vgl. z.B. *Porter* 1992, S. 63ff.) und – hoffentlich daraus folgend – die Erringung **komparativer Konkurrenzvorteile (KKV's)** stehen im Fokus: *„KKV-Positionen und KKV-Potentiale sind die einzige dauerhafte Existenzgrundlage eines Unternehmens."* (*Backhaus* 1997, S. 21–25). Investitionen und unternehmensumspannende, langfristige Ressourcenplanungen sind hierzu erforderlich. Diese strategischen Inhalte sind nicht Gegenstand dieses Buches (vgl. zu Wettbewerbsstrategien z.B. *Becker* 2002, S. 370–388).

(2) Auf **operativer Ebene** agieren und reagieren die Anbieter im Rahmen von langfristigen Strategien (jedenfalls in der Theorie; in der Praxis ist das nicht immer so). Die Strategien der Wettbewerber sind nicht exakt bekannt; sieht man einmal von Andeutungen in Geschäftsberichten oder Äußerungen von vom Wettbewerb abgeworbenen Führungskräften ab. Wichtig ist es deshalb, aus den kurz- und mittelfristigen, im Vertriebsalltag spürbaren Handlungen der Hauptwettbewerber die richtigen Rückschlüsse auf deren Strategien zu ziehen.

Die weiteren Ausführungen beschäftigen sich mit der operativen Steuerungsebene. Folgende Fragen sind aus vertrieblicher Sicht zu klären:

(1) Welche **Widerstände** gegen die Wettbewerbsanalyse sind in der Praxis auf operativer Ebene zu beobachten?

(2) Unter welchen **Voraussetzungen** ist der Einbezug einer Wettbewerbsanalyse wichtig?

(3) Welche **grundsätzlichen Optionen** bieten die modernen Systeme der Vertriebssteuerung für die Wettbewerbsbeobachtung?

Die folgenden Beispiele von CRM-Anbietern stellen wiederum keine Wertung der Programme dar. Alle relevanten CRM-Anbieter sind heute in der Lage, derartige Auswertungen zu erstellen.

10.8.2. Widerstände gegen die operative Wettbewerbsbeobachtung

Mit Hilfe relationaler Datenbanken, flexibler Datenbankabfragen, parametrisierbarer Masken und bedienungsfreundlicher Reportgeneratoren können sich Außendienstmitarbeiter viele Marktanalysen selbst erstellen. In der täglichen Praxis ist diese Seite der analytischen Marktsteuerung jedoch z.T. noch unterentwickelt. Die Szenerie wird geprägt von

(1) kleinen bis mittelgroßen Unternehmen, die die Wichtigkeit einer Integration der Wettbewerbsbeobachtung in die Vertriebssteuerung noch nicht erkennen und sich mit fallweisen, zumeist formulargestützten Recherchen begnügen,

(2) außendienstorientierten, technischen Unternehmen mit „schwachem" Vertriebschef, der erhebliche Widerstände von Seiten seiner Außendienstmitarbeiter fürchtet, wenn diese „*neben dem Verkaufen noch zusätzliche Spielereien treiben müssen*",

(3) gemeinsame Zurückhaltungen von CRM-Anbietern und ihren Kunden, die dem Problem ausweichen wollen, dass zusätzliche Analysen auch erhöhte Anforderungen an die Datenpflege stellen. **Systemgestützte Wettbewerbsbeobachtung im Vertrieb ist eine permanente Aufgabenstellung.**

Gerade wegen des letztgenannten Aspektes sollte der voraussichtliche Aufwand für eine systemgestützte Wettbewerbsanalyse an die im Markt herrschende Wettbewerbsintensität abgewogen werden.

10.8.3. Intensität der Wettbewerbsauseinandersetzung

Zweifellos ist das Thema Konkurrenzkampf nicht für alle Unternehmen gleichermaßen akut. Es hängt von der Branche, der Innovationsdynamik der Produkte wie auch von der Anzahl und den Machtstrukturen der sich gegenüberstehenden Anbieter und Nachfrager ab, wie perfekt eine Wettbewerbsbeobachtung implementiert werden sollte. Dabei gilt: **Je geringer die Kundenbindung ist und je höher die Preiselastizität der Nachfrage einzuschätzen ist, desto notwendiger wird eine tagaktuelle Konkurrenzbeobachtung.** Eine Wettbewerbsbeobachtung sollte nicht „ins Blaue" hinein geplant werden. Am Anfang steht eine Einschätzung des **Niveaus der wettbewerblichen Auseinandersetzung** nach vier grundsätzlichen Intensitätsstufen:

(1) Mit seinen Konkurrenten lebt man in **friedlicher Koexistenz.** Aufgrund eigener Stärken besteht hohe Kundenbindung. Ein spezielles Wettbewerbsmodul im Rahmen der Vertriebssteuerung ist dann nicht unbedingt notwendig.

(2) Mit den Konkurrenten lebt man in einem **halbfriedlichen Nebeneinander.** Eine direkte Konfrontation im Kampf um Kunden und Angebote (Projekte) ist eher eine Ausnahme. Es ist auch hier kein spezielles Analysemodul notwendig. Unbedingt empfehlenswert ist jedoch die Dokumentation der Wettbewerbsaktivitäten im Rahmen der Aufzeichnung aller kundenbezogenen Vorgänge **(Kundenhistorie).**

(3) Es gibt zahlreiche Wettbewerber, oft mit unterschiedlichen regionalen Schwerpunkten mit geringen bis mittelschweren Preiskämpfen (Bsp.: Fensterhersteller, Wohnbaugesellschaften). Ein Wettbewerbsmodul für die Vertriebssteuerung ist empfehlenswert. Die Beobachtung des Wettbewerbsverhaltens in der Flächendistribution ist besonders wichtig. Daher sind regelmäßig Gebiets- und Projektanalysen durchzuführen.

(4) Erkennbar ist eine **offene Wettbewerbsauseinandersetzung** mit einem oder wenigen dominierenden Konkurrenten, die aggressive Marktziele verfolgen. Ein Wettbewerbsmodul ist zwingend notwendig. Es sollte die strategische Planung unterstützen. Das bedeutet auch Aufbau einer **Wissensdatenbank über Konkurrenzverhalten**.

Diese Alternativen schließen sich nicht gegenseitig aus. Die weiteren Ausführungen dieses Abschnitts haben Marktsituationen gemäß (3) und (4) im Blick. Bei den Marktsituationen (1) und (2)

(1) werden Konkurrenten kaum, und wenn nur fallweise (kasuistische Konkurrenzbeobachtung) betrachtet,

(2) werden Konkurrenten datenmäßig wie Kunden behandelt (wobei es dann im Verkaufsalltag bei weniger erfahrenen Mitarbeitern sogar zur Verwechslung von Kunden und Wettbewerbern kommen kann – ganz besonders peinlich bei Mailingaktionen),

(3) werden Wettbewerber ebenfalls wie Kunden „verwaltet". Sie sind jedoch deutlich gekennzeichnet (Indizierung), und es sind Zusatzinformationen abrufbar.

10.8.4. Wettbewerber-Database als Grundlage

„Viele Unternehmen erwarten von ihren Mitarbeitern einen freien Wissensfluss zwischen oben und unten und über Abteilungsgrenzen hinaus. Doch gleichzeitig macht ihnen der freie Wissensaustausch Angst. Schließlich geht es doch um die Verwertung und Vermarktung ihres Wissens. Die Folge: Wissenskontrolle. Dieses Paradox – etwas behalten zu wollen, das sich nur durch Loslassen wirklich entfalten kann – ist Teil der Faszination und Motivation für das Thema „Wissensmanagement"".
(Romhardt 2001, S. 162)

Eine systematische Wettbewerbsbeobachtung beginnt mit dem Aufbau einer Wettbewerbsdatenbank. Analog zur Kunden-Database sollte die Wettbewerber-Database weit mehr Informationen über Konkurrenten bereithalten als nur deren Adressen und Hauptprodukte. Die Qualität der Wettbewerbsdatenbank wird davon abhängen:

(1) wie feingliedrig das System strukturiert ist (**Datenbankbreite**),
(2) wie umfangreich Informationen gesammelt und gespeichert werden (**Datenbanktiefe**),
(3) wie schnell sich Mitarbeiter, auch in Ausnahmesituationen (z.B. kurz vor einem Kundenbesuch), Zugang zu den Informationen verschaffen können (kritische Themen: **Zugangsberechtigung** und **Online-Abruf**),
(4) wie gut das System gewartet wird (kritische Themen: **Datenpflege** und **Aktualisierung**).

Abb. 405 listet relevante Wettbewerbsinformationen aus dem System *VASS* von *Ackerschott* auf. Abrufbar sind die Informationen in Form von Berichten mit Hilfe von Reportgeneratoren.

Immer wieder wird die heikle Frage gestellt, wer für die Eingabe und Pflege dieser oft kurzlebigen Informationen zuständig sein soll. Da Außen- und Innendienst täglich ihr Ohr im Markt haben, sollten sie auch die Hauptzuständigkeit erhalten. Dank CRM/CAS ist es relativ einfach, Daten in **strukturierte Felder** der Datenbank einzugeben. Intelligente Erfassungs- und Eingabehilfen sparen wertvolle Zeit. Zahlreiche Dateneingaben erfolgen gemäß Zuständigkeit durch andere Abteilungen:

```
┌─────────────────────────────────────────────────────────────────┐
│  ┌───────────────────────────────────────────────────────────┐  │
│  │              WETTBEWERBSDATEN IM SYSTEM                    │  │
│  │              VASS VON ACKERSCHOTT                          │  │
│  └───────────────────────────────────────────────────────────┘  │
│                                                                   │
│   [X>  Besitzverhältnisse und Beteiligungen                       │
│   [X>  Geschäftsleitung und leitende Mitarbeiter                  │
│   [X>  Niederlassungs- und Filialstruktur                         │
│   [X>  Unternehmensleitbild und Unternehmensziele                 │
│   [X>  Unternehmensstrategie                                      │
│   [X>  Markt- und Produktstrategie                                │
│   [X>  F&E-Strategie und -Schwerpunkte                            │
│   [X>  Hauptkunden und Abhängigkeiten von Großkunden              │
│   [X>  Hauptlieferanten und Abhängigkeiten                        │
│   [X>  Abhängigkeiten von Rohstoffen                              │
│   [X>  Gewinn- und Verlustrechnung über mehrere Jahre             │
│   [X>  Bilanzdaten über mehrere Jahre                             │
│   [X>  Produktivitätskennzahlen über mehrere Jahre                │
│   [X>  Vertriebskennzahlen über mehrere Jahre                     │
│   [X>  allgemeine Kennzahlen über mehrere Jahre                   │
│   [X>  Beurteilung der Fertigungseinrichtungen                    │
│   [X>  Unterlieferantenstruktur                                   │
│   [X>  nahestehende Meinungsbildner                               │
│   [X>  Auftragsmittler / Vertriebspartner                         │
│   [X>  Produktionsprogramm und Produktmix                         │
│   [X>  Produkteigenschaften mit Stärken und Schwächen             │
│   [X>  Patente und Patentprodukte                                 │
│   [X>  Vertriebskanäle und -wege                                  │
│   [X>  Umsatz und geschätzte Marktanteile nach Ländern,           │
│        Produktgruppen, Marktsegmenten,                            │
│        Anwendungen und Zielgruppen                                │
│   [X>  allgemeine Stärken und Schwächen des Konkurrenten          │
│   [X>  Innovations- und Neuproduktquoten                          │
│   [X>  Benchmarking-Kennzahlen (schwer zu bekommen)               │
│   [X>  gewonnene Großaufträge über mehrere Jahre                  │
│   [X>  verlorene Großaufträge über mehrere Jahre                  │
│                                                                   │
│   (Quelle: Ackerschott, VASS-Systembeschreibung)                  │
└─────────────────────────────────────────────────────────────────┘
```

Abb. 405: Inhalte einer Wettbewerber-Datenbank /
System VASS der Ackerschott Unternehmensberatung GmbH

- Auskünfte, Bonitäten durch Buchhaltung,
- Hinweise auf Werbekampagnen oder Messeteilnahmen von Konkurrenten durch das Marketing,
- Patentrecherchen durch F&E oder Produktmanagement,
- Stärken und Schwächen von Wettbewerbsprodukten durch die Technik,
- Hinweise auf Kostenvor- und Nachteile von Wettbewerbern durch das Controlling.

In diesen Fällen müssen die Informationen auch tatsächlich beim Verkauf ankommen; und nicht als Herrschaftswissen in den PC's der Stabsabteilungen vereinsamen. Eine neue Informationskultur ist angesagt. Wir sind noch weit davon entfernt. Denn von Jugend an sind wir darauf geschult, unser Wissen als unsere Macht zu betrachten und gegen andere zu verteidigen.

10.8.5. Wettbewerbsanalyse in der Vertriebssteuerung

Für die operative Vertriebsführung ist es sinnvoll, die wichtigsten Wettbewerbsinformationen auf **Stammdatenmasken** im CRM/CAS-System zu führen. Drei Zuordnungsmöglichkeiten für Wettbewerbsdaten sind zu unterscheiden:

1. **Separate Verwaltung** aller interessanten Wettbewerber und ihrer Produkte und Verknüpfung dieser Informationen mit den Projektdateien, über die dann Auswertungen und Berichte generiert werden können (d.h. eigenständige Wettbewerbsdatenbank),
2. Erfassung von **Wettbewerbsinformationen in der Kundenmaske** (Voraussetzung: relativ konstante Konkurrenzsituation),
3. relationale Hinterlegung von beliebig vielen Mitbewerberdaten mit umfangreichen und flexiblen Zusatzinformationen zusammen mit den Firmenadressen (Wichtig: durch Qualifizierungsparameter Wettbewerber aus Kundenanalysen heraushalten).

Für die zweite Variante liefert Abb. 406 eine Kundenmaske von *WinCard CRM* der *Team Brendel GmbH*. Anwender des CRM-Systems ist ein Mietwagenunternehmen. Bei den Firmenkunden des Mietwagenunternehmens sind Wettbewerber aktiv. Die Lieferpositionen zu beobachtender Konkurrenten des Mietwagenunternehmens sind in die Kundenmasken integriert. *DaimlerChrysler* ist z.B. Kunde des Mietwagenunternehmens. Die Konkurrenzanalyse weist die bekannten oder geschätzten Marktanteile, erreichbaren Potenziale (je nach Fahrzeugklasse) und Umsatzerlöse der Konkurrenz-Mietwagenunternehmen aus, die ebenfalls *DaimlerChrysler* beliefern. Wie bei CRM/CAS-Systemen üblich, können kurze Freitexte die Konkurrenzsituation

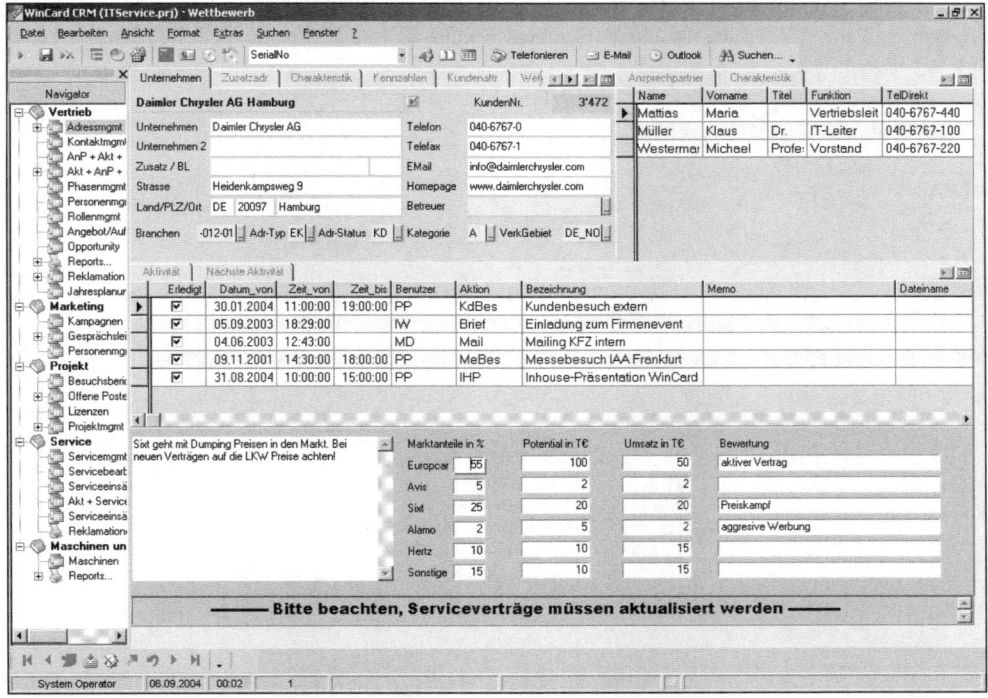

Abb. 406: Wettbewerber-Datenmaske / System WinCard CRM der Team Brendel GmbH

beschreiben. Alle Konkurrenten lassen sich mit Einschätzungen bzw. Stichworten belegen, nach denen dann auf Knopfdruck gesucht werden kann. Auf diese Weise ermöglicht es *WinCard*, aus Tausenden von Kundenkontakten und Marktinformationen rechtzeitig neue Wettbewerbsstrategien zu erkennen. Ohne Vertriebssteuerung ist dies nur durch eine Fülle von Papier, endlose Sitzungen mit dem Außendienst oder durch „Insiderhinweise" einiger weniger Kollegen (immer die gleichen) möglich.

Es ist Aufgabe des Außendienstes, Wettbewerbsinformationen bei Interessenten und Kunden systematisch zu erfragen. Dazu gibt es Checklisten. Das muß geschult werden. Die Marktdaten sind in den **Kunden-Kontaktberichten** (Besuchsberichten) zu erfassen und werden dann im Rahmen des Konkurrenzanalyse-Moduls weiter verarbeitet. Abb. 407 zeigt beispielhaft zwei Masken aus dem *ADITO online* System der *ADITO Software GmbH*. Zunächst offenbart der Blick auf die Kundenmaske, welche Wettbewerber bei diesem Kunden mit relevanten Produkten im Geschäft sind. Im oberen Teil der Abb. 407 beträgt der eigene Lieferanteil mit dem Produkt *Megaform* bei der *Heidelberger Druck* 58 Prozent. Der Konkurrent *Stuber* ist zu einem leicht höheren Preis mit einer geschätzten Verkaufsmenge von 800 Stück, sprich 336 Teuro, im Geschäft. Die Konkurrenzdaten sind von den Kundenbetreuern zu eruieren – die typische „Spionagetätigkeit" des Außendienstes.

Auf der einen Seite können die Marktanteile einzelner Wettbewerber mit deren Konkurrenzprodukten betrachtet werden. *Stuber* steht mit dem Produkt *S-Produkt1* in Konkurrenz zum eigenen Vergleichsprodukt *Megaform*. Man schätzt den Marktanteil von *Stuber* mit diesem Produkt auf 2 Mio. Euro (5.000 Stück zum Durchschnittspreis von 400 Euro). Das entspricht 40 Prozent Marktanteil.

Die Masken sind sowohl mit den Besuchsberichten als auch mit den Kundenstammdaten verknüpft. So kann der Anwender danach suchen, welche Wettbewerber mit welchen Konkurrenz-

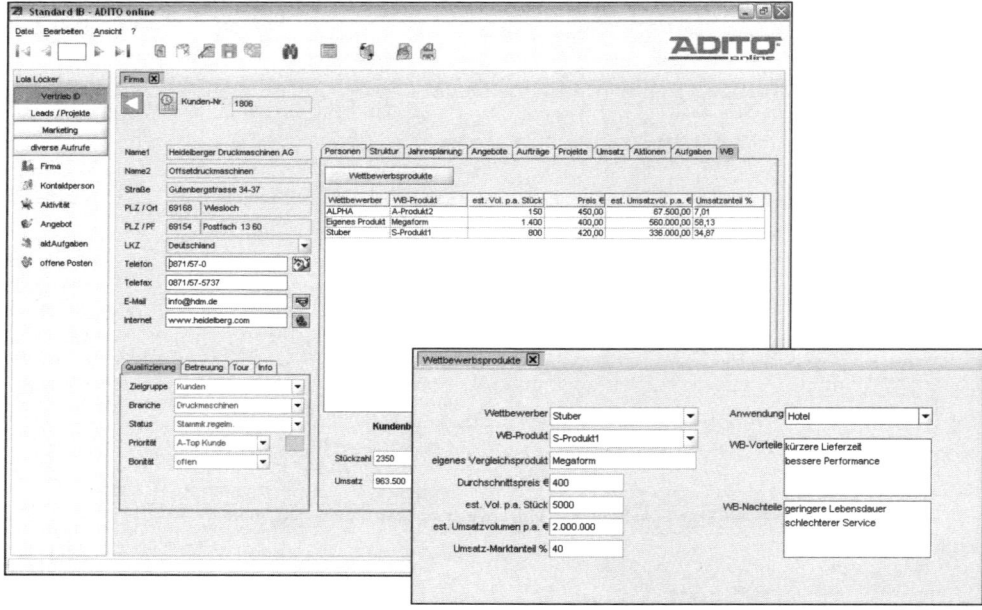

Abb. 407: Wettbewerbsanalyse mit ADITO online / ADITO Software GmbH

produkten welche Kunden bedienen oder welche Kunden mit welchen Produkten von einem bestimmten Konkurrenten beliefert werden.

Letztlich möchte man diese Stärken und Schwächen der Konkurrenten mit der eigenen Leistungskraft vergleichen. Wenn es gelingt, die eigenen und fremden Leistungskriterien (**Erfolgsfaktoren**) von Marktexperten, befreundeten Kunden und vom eigenen Außendienst auf Einschätzungsskalen bewertet zu bekommen, dann lassen sich die Wettbewerbsstärken und -schwächen in Form von **Polaritätenprofilen** anschaulich darstellen (vgl. *Winkelmann* 2003, S. 86–87). In der Regel bieten CRM/CAS-Systeme derartige Marketingtechniken noch nicht an. Hier können spezielle Beratungskonzepte helfen, wie z.B. die *KNA-Analyse* von *Schauenburg* (vgl. *Schauenburg* 1999) oder der *Market.-Ing-Ansatz* der *CEO AG* nach entsprechender Umwidmung (mit Konkurrenzanalyse statt Kundenanalyse). Das Arsenal der Marketingtechniken findet Eingang in die operative Vertriebssteuerung.

10.8.6. Beobachtung von Wettbewerbsprojekten

Es gibt BtoB-Branchen, bei denen nicht ein einzelner Firmenkunde im Mittelpunkt der Vertriebssteuerung steht, sondern Projekte und Beziehungsnetzwerke. Beispiel: Tiefbauprojekte für Abwasserkanäle. In Deutschland werden täglich Hunderte von Kanalprojekten (insbes. Kanalsanierung) in der Zuständigkeit der Städte und Gemeinden abgewickelt. Die Hersteller der verschiedenen Rohrmaterialien (vor allem Beton, Steinzeug, duktiler Guss im Überlandbereich) betreiben eine vernetzte Beziehungspflege bei Tiefbauämtern, Planern (Architekten), Verlegern (Tiefbau-Firmen), beim technischen Handel und letztlich bei den Kommunen. Bereits kleinere Kanalsanierungen sind hart umkämpft. Die Konkurrenzsituation bleibt nicht anonym. Die Verkaufsprofis beobachten sehr genau, wer was zu wem gesagt hat, wo die Angebotspreise der Rohrhersteller in etwa liegen und welche Verleger bei welchen Gemeinden gute Karten für die Auftragsvergabe haben. Um diese Informationen dauerhaft für eine Marktstrategie zu nutzen, lohnt sich der Aufbau einer **Projektdatenbank** mit speziellen Funktionalitäten für die Projektplanung und Projektverfolgung. Eine Projektdatenbank sollte mindestens folgende Informationen enthalten:

- Ort und Beschreibung des Projektes,
- Projektumfang (mengen- und wertmäßig),
- Produkt- und Serviceanforderungen,
- besondere Anwendungsbedingungen,
- Entscheidungs- und Realisierungszeitpunkt,
- wettbewerbsfähiger Rahmen für den Angebotspreis,
- bekannte Preisstellungen von Wettbewerbern,
- indirekte Kunden, d.h. beteiligte Interessengruppen, deren Einstellungen und Machtverhältnisse; Meinungsführer, deren Vorgaben und Präferenzen,
- Vor- und Nachteile des eigenen Angebotes.

Sehr ratsam ist eine Dokumentation der Gründe für Auftragserfolge oder -verluste der Konkurrenten. Einige CRM-Anbieter bieten hierzu spezielle Module an, die selektierte Wettbewerbsdaten aus dem Transaktionssystem (Abwicklungssystem) herausziehen und flexibel aufbereiten. Im einfachen Fall erfolgen Übergaben an *Microsoft Excel*. Bei einem generischen Datenbestand kann der Anwender ohne Rückgriff auf die DV-Abteilung direkt auf multidimensionale Marktinformationen zugreifen und schnelle Analysen und Ad-hoc-Anfragen durchführen. Abb. 408 zeigt, wie sich mit dem System *Siebel Marketing Enterprise* Konkurrenzinformationen statistisch aus-

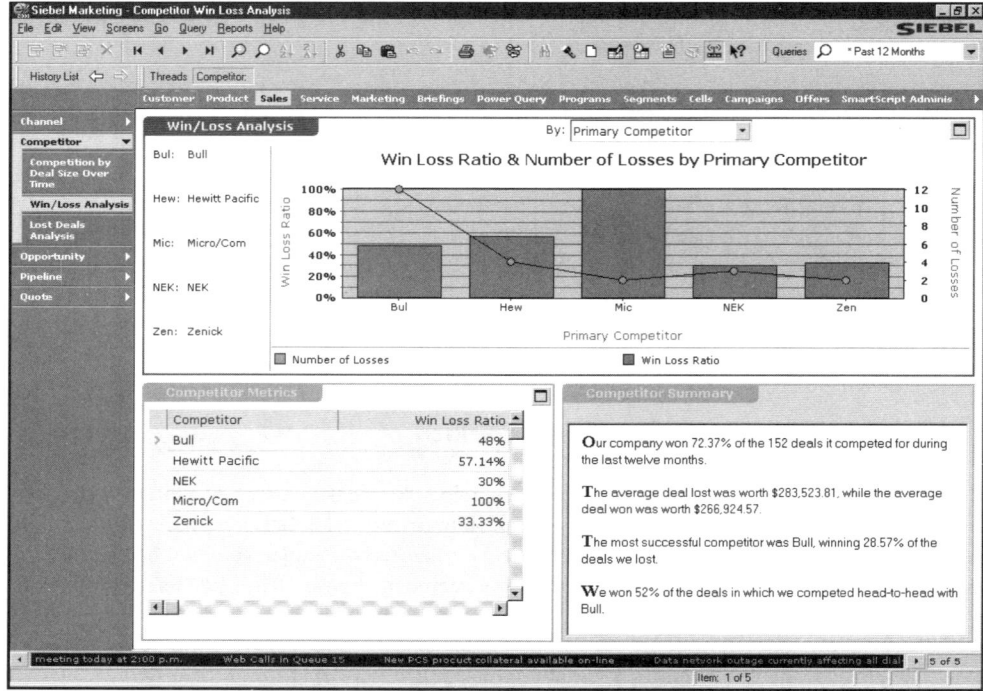

Abb. 408: Projekt-Erfolgskontrolle im Rahmen von Siebel Marketing Enterprise Suite /
Siebel GmbH

werten lassen. Im Diagramm werden die gegen definierte Wettbewerber verlorenen Projekte ausgewertet. Zentrales Steuerungskriterium ist eine Projektgewinn-/Verlustrate. Gegen *Bull* wurden
z.B. 12 Projekte gewonnen und 25 verloren. So errechnet sich die ausgewiesene **Win Loss Ratio**
von 48 %. Ähnliche Diagramme zeigen entgangene Umsatzerlöse und Deckungsbeiträge an. Ein
vorstrukturierter Wettbewerbsbericht bringt eine große Arbeitserleichterung. Aktuell bietet *Siebel* umfangreiche Konkurrenzauswertungen im Rahmen eines *Siebel Intelligence Dashboard* an.
Wegen der kleinen Zahlendarstellungen wird hier aber von einer Abbildung abgesehen.

10.9. Ansätze zur Vertriebsgesamtsteuerung

10.9.1. Schlagzahl-Management

Nach der Darstellung wichtiger Planungs- und Controllingbereiche im Vertrieb wird jetzt nach
abschließend nach Möglichkeiten und Grenzen einer **ganzheitlichen Vertriebssteuerung** gefragt.
Gibt es Ansätze, die den Vertrieb als Ganzes betrachten und sowohl Leistung (Performance) als
auch Entwicklungsmöglichkeiten messen? Kann man der Vertriebsleitung so etwas wie einen
Kompass an die Hand geben, der das gesamte Kundenschiff auf Kurs hält?

Von *Pinczolits* stammt die Idee des **Schlagzahl-Managements** (vgl. *Pinczolits* 1998). Danach lassen sich Vertriebsleistungen auf folgende Größen reduzieren:

(1) **Schlagzahl:** Die Menge der von einem Kundenbetreuer in einem definierten Zeitraum durchgeführten relevanten Betreuungsaktivitäten (z.B. Kundenbesuch, Telefonat),

(2) **Schlagkraft:** der Erfolg dieser Aktivitäten gemäß messbarer Erfolgskriterien (z.B. gewonnene Aufträge, Anzahl Neukunden, Umsatz)

(3) **Schlagdichte:** die Intensität, in der Kunden von Betreuungsaktivitäten berührt werden.

Der obere Teil der Abb. 409 zeigt, wie sich Schlagzahl und Schlagkraft der Vertriebsleistung der Verkäuferin *Merkur* im Zeitablauf entwickeln. Zeitliche Verschiebungen (Time Lags) zwischen Kundenbesuch und Umsatzerlös sind zu beachten. Es kommt bei der Analyse darauf an, sog. **Scheinschläge** zu entlarven, d.h. nicht zielführende, unproduktive Verkaufsaktivitäten zu vermeiden. Vertriebssteuerung im Sinne des Schlagzahl-Managements bedeutet, die Entwicklung der Verkaufsleistungen im Planungszeitraum zu beobachten und steuernd einzugreifen, wenn sich die Relationen von Schlagzahl und Schlagkraft signifikant verschlechtern. Hierzu werden im Schlagzahl-Management Diagramme wie im unteren Teil der Abb. 409 verwendet. Jeder Kundenbetreuer ist in einem Produktivitätsportfolio entsprechend seiner Schlagzahl und seiner Schlagkraft positioniert. Man erkennt in der Teilgrafik, dass z.B. der Verkäufer *Rupp* trotz geringerer Verkaufsaktivitäten einen leicht höheren Kundenerfolg verbuchen konnte. Für jeden der vier Schlagzahl-Quadranten bietet sich für die Vertriebsleitung ein passendes Strategiekonzept an. In gleicher Weise wie Verkaufsmitarbeiter lassen sich im Schlagzahl-Management auch Vertriebswege bzw. Kontaktarten planen und kontrollieren.

Ein Schlagzahl-Management darf nicht dazu führen, das Konzept des Rattenjagd-Vertriebs (s. Abschnitt 6.2.) noch zu verstärken. Zum einen sind die Schlagzahlen von unproduktiven Verkaufsaktivitäten zu bereinigen und die Erfolgswirkung einer jeden Kundenberührung (eines jeden Schlages) zu verstärken. Mit Rückblick auf das **Business Performance Management** kommt es also darauf an, die wirklich erfolgtreibenden Schläge (Aktivitäten/Sachverhalte) zu erfassen. Hierzu zwei Praxisbeispiele:

- Erfolgstreiber für einen Großhändler im Bereich Sanitär, Bäder, Fliesen ist die sog. Schauraumquote, d.h. der Prozentanteil der Endkunden eines Fachhandwerkers, den dieser in den Schauraum bringen kann. Denn es hat sich gezeigt, dass Endkunden signifikant mehr und höherpreisige Artikel bestellen, wenn sie die Einrichtungsprodukte oder Fliesen schön dekoriert im Schauraum sehen. Schläge sind dann Termine bzw. Beratungen mit Endkunden im Schauraum.

- Ein Bekleidungshaus hat die hohe Korrelation zwischen Anprobieren einer Ware und Kaufentscheidung entdeckt. Folglich wurde die Anprobier-Quote als eine Erfolgsschlagzahl der VerkäuferInnen festgelegt (vgl. ein Beispiel von *Pincolits*, in: *Campillo-Lundbeck*, acquisa 11/2003, S. 22).

Hierzu sollten im Verkaufsalltag keine fallweisen Analysen zum Einsatz kommen. Vielmehr sollte ein sog. **Performance-Monitoring** im Rahmen eines ganzheitlichen Vertriebssteuerungssystems erfolgen.

10.9.2. Kundenentwicklung im Rahmen eines Kundenwert-Managements

Bosch und Siemens Hausgeräte GmbH hat ein Planungsmodell im Sinne des in Abschnitt 7.2.4.c. aufgezeigten **Customer Value and Equity Managements** entwickelt. Abb. 410 skizziert den An-

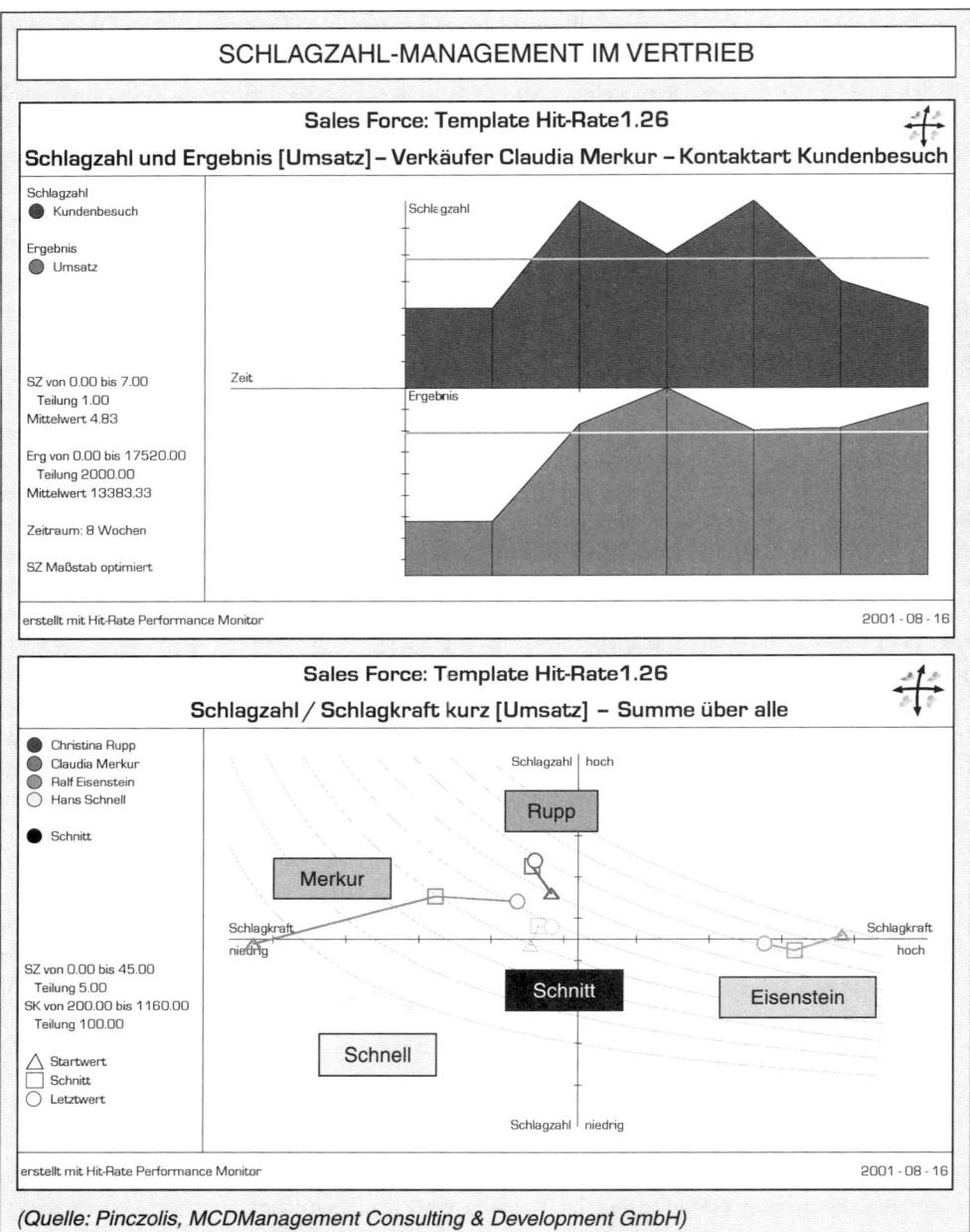

Abb. 409: Das Schlagzahl-Management im Vertrieb nach Pinczolits / MCD GmbH

satz. Die Schlüsselkunden von *BSH* werden nach betriebswirtschaftlichen (EBIT) wie auch nach qualitativen Parametern beurteilt. Die Kundenwerte werden darauf aufbauend in Abhängigkeit von Marketingmix-Sensibilitäten im Rahmen einer Mittelfristplanung gezielt weiter entwickelt.

Das Prinzip besteht darin, alle Bewertungsinformationen in einem Scoringmodell zusammenzuführen und die einzelnen Informationen nach ihrer Wichtigkeit zur Vertriebszielerreichung zu gewichten. Die einzelnen Informationen können aus bestehenden Datenbeständen eingespeist oder durch manuelle Eingaben gepflegt werden. Der resultierende Gesamtscoringwert repräsentiert den Kundenwert. Dieser ist in Bezug auf bestimmte Marketingmix-Variablen zu relativieren. Beispiel: Ein hohes Scoring kann aus einer guten Location oder aus einem hohem Multiplikatoreffekt der Outlets des Schlüsselkunden herrühren. Dann sollte der Außendienst oder das Key Account Management die Geräteplatzierung im Outlet gewährleisten. Ein hoher Kundenwert kann aber auch durch eine sehr effiziente Innendienstbetreuung erzielt worden sein. Dann muss der aktive Telefonverkauf entsprechende Kundenlisten bezogen auf diese Innendienstaspekte erhalten und bei den Outlets aktiv werden. Ohne funktionsspezifische Scorings drohen Fehlinterpretationen von hohen Scoringwerten.

Wenn für alle Kunden die Kundenwerte vorliegen, dann lassen sich Kundencluster aus monetären und nicht-monetären Bewertungsgrößen bilden. Für die so geclusterten Kundensegmente werden nun spezifische Betreuungsstrategien ausgearbeitet. Die Clusterbildung wird durch Datamining unterstützt. Beispiel: Bei welchen Kunden ist das Potenzial niedrig und gleichzeitig die Betreuung durch den Innendienst effizient. Solche Kundensegmente sollten dann nicht mehr vom Aussendienst betreut, sondern ganz auf Innendienstbetreuung umgestellt werden. Im nächsten Schritt wird bei Kunden, die bei vielen Aspekten gute Teil-Scorings erreichen, geprüft,

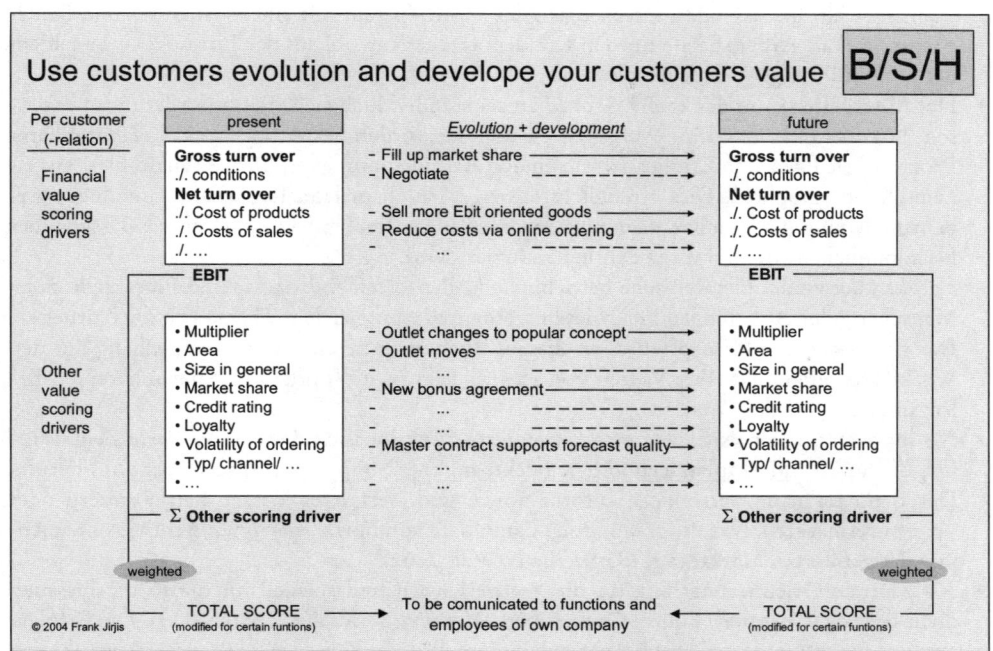

Abb. 410: Kundenentwicklung im Rahmen einer CVE-Konzeption
(Quelle: Bosch und Siemens Hausgeräte GmbH)

in welchen Aspekten sie schlechte Scorings erzielen und wie sich diese verbessern lassen. Beispiel: Hohes Potenzial, effiziente Kundenbeziehung in Bezug auf Vorgangsabwicklungen, aber der Kunde ordert immer nur ertragsschwächere Geräte. In diesem Fall können Schulungsbedarfe zu den ertragsstärkeren Geräten an die Mitarbeiter(innen) im Outlet kundengenau identifiziert werden. So werden alle Aspekte, in denen Kunden schlecht abschneiden eingegrenzt und auf Möglichkeiten zur Kundenentwicklung hin untersucht. Ziel ist es, die Kunden im Planungszeitraum zu wertvolleren Kunden zu entwickeln. Was ist das Geheimnis erfolgreicher Lieferanten nach der Kundenwerttheorie: Sie schaffen sich einen starken Kundenstamm und stärken so ihren eigenen Sharholder Value und den ihrer Kunden.

10.9.3. Werteorientierte Unternehmensführung im Rahmen von *eworks* der CEO AG

„Zentrale Aufgabe des Vertriebs ist es, durch geeignete Aktivitäten die Kundenbeziehung so zu gestalten, dass Kundenbindung und Auftragsvolumen und -häufigkeit erhöht werden und der Ertragswert der Kundenbeziehung gesteigert wird." (Smidt/Marzian 2001, S. 170)

In noch umfassenderer Weise verwirklicht *eworks* von der *CEO AG* systemgestützt die Idee eines ganzheitlichen und werteorientierten Planungs- und Steuerungsansatzes für das Kundenmanagement. *eWorks* operationalisiert dabei die von *Smidt* und *Marzian* betonte vertriebliche **Zielsetzung** der **Kundenwertgenerierung** im Sinne der in Abschnitt 7.2.4.c beschriebenen **Customer Value and Equity Konzeption**. Die Highlights von *eworks* lassen sich wie folgt herausstellen (s. Abb. 411) (vgl. *Smidt/Marzian* 2001 und *Marzian/Smidt* 2002):

- *eworks* ist ein umfassendes, internetbasiertes CRM-System mit einem Analyse- und Steuerungsportal als Arbeitsfläche für den Kundenbetreuer sowohl auf der Planungs- als auch auf der Durchführungs- und Kontrollebene.
- Der Mitarbeiter kann das *eworks-Portal* an seine individuellen Arbeitsanforderungen anpassen. Vor allem kann er seine Aufgaben im Rahmen vordefinierter oder auch frei gestaltbarer Prozesse erledigen, den Erfolg analysieren und Abläufe optimieren (Prozessauswahl ist aus einem „Shop" möglich). Dies ermöglicht *eworks*, sich chamäleonartig in die individuelle Arbeitsumgebung des Benutzers einzupassen, wobei der Implementierungsaufwand gegenüber herkömmlichen Architekturen deutlich reduziert wird.
- *eworks* überwindet hierarchische betriebliche Rollensysteme. Prozesse und Projekte können Menschen oder Abteilungen zugewiesen werden, die am gleichen Thema (Prozess) arbeiten. Das grundsätzliche Prinzip wurde in diesem Buch zwar bereits im Zusammenhang mit den Workflows aufgezeigt. Der Vorteil von *eworks* liegt weiterführend in einer inhärenten Erfolgsmessung für das Team.
- Als innovativ ist eine spezielle marktorientierte Funktionalität des *eworks-Portals* einzustufen, die auf der Marktplatztechnologie (elektronischer Shop/elektronische Auktion) beruht. Der Benutzer kann persönliche Informationen und wertvolles Wissen betriebsintern oder -extern vermarkten. Das Programm folgt damit dem von *Barth/Kiefel/Wille* entwickelten **Ansatz der gefilterten Märkte** (vgl. *Barth/Kiefel/Wille* 2002).
- Als zentrale Orientierungshilfe für die Vertriebsarbeit und speziell für die Erfolgsmessung dient das sog. **Customer Equity Cockpit** (vgl. *Marzian/Smidt* 2002, S. 108–113). Die Erfolgsauswertung erfolgt jeweils nach Auswahleingrenzung (ein Kunde oder Prozess, Auswahl von Kunden, alle Kunden im Zuständigkeitsbereichs eines Kundenbetreuers oder eines Vertriebsteams etc.). **Vier zentrale Überwachungsbereiche** mit Visualisierung der Erfolgslage und mit Warnfunktionen sind definiert:

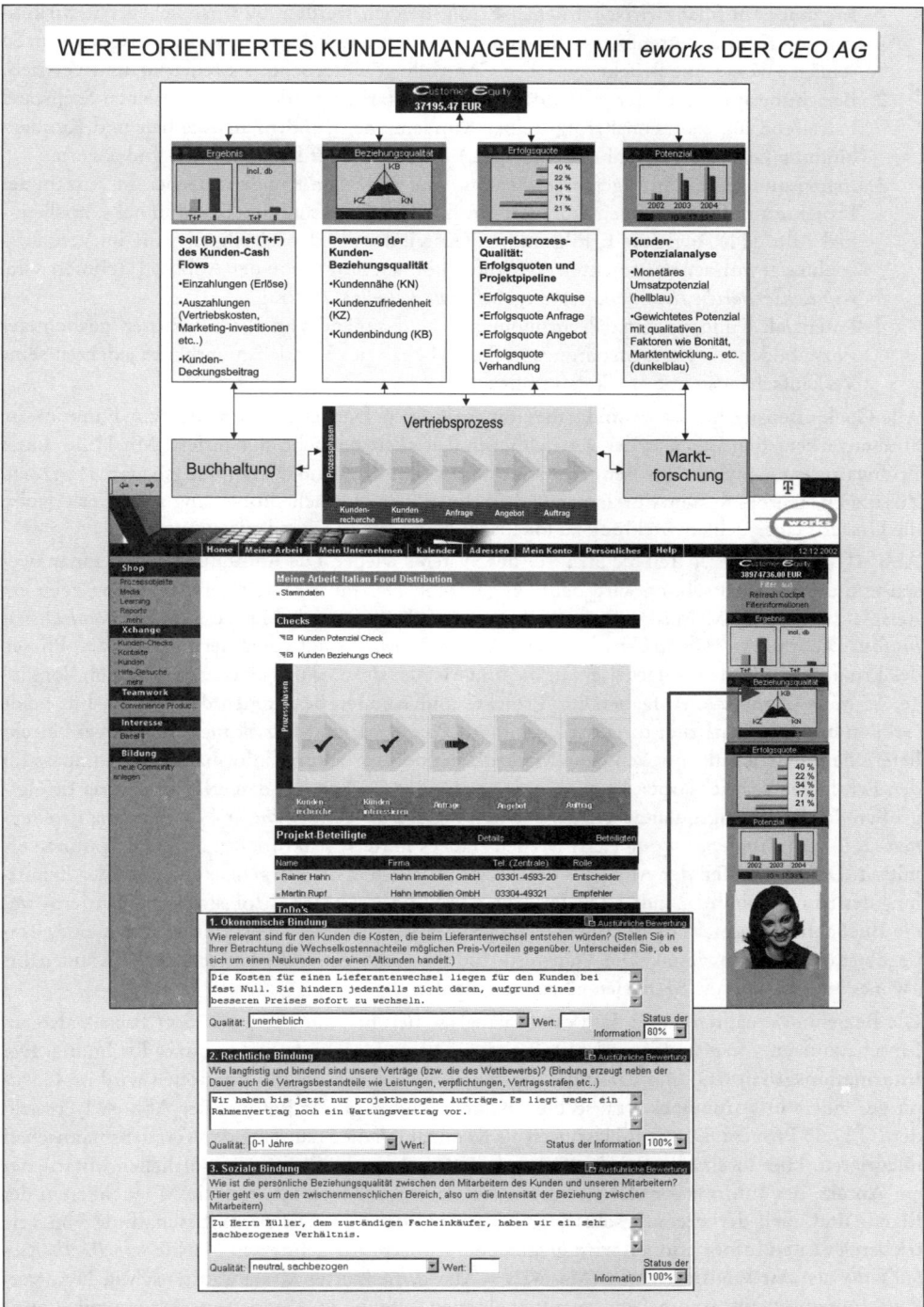

Abb. 411: Die Struktur von eworks / CEO AG

1. **Ergebnis:** Im finanzwirtschaftlichen Erfolgsbereich werden die finanziellen Auswirkungen von Kundenbetreuungsmaßnahmen auf den Kundendeckungsbeitrag ausgewiesen. So schlägt *eWorks* eine Brücke zwischen Controlling, Unternehmenssteuerung und Vertrieb.
2. **Beziehungsqualität:** Hier erhält der Vertriebsmitarbeiter oder das Team einen Sachstand betreffend die zentralen Erfolgstreiber **Kundennähe, Kundenzufriedenheit** und **Kundenbindung** (vgl. noch einmal Abschnitt 5.2.). Angezeigt werden gewichtete Indexwerte.
3. **Erfolgsquote:** Das Anzeigefenster *Erfolgsquote* zeigt dem Kundenbetreuer die Anzahl der Projekte auf den jeweiligen Stufen des Verkaufstrichters an (zum SalesFunnel s. noch einmal Abb. 111) sowie die Erfolgsquoten (Anteil der auf der jeweiligen Stufe im Verkaufstrichter gewonnenen Projekte). Als Stufen können z.B. wie in der Abb. 411 definiert sein: *Kundenrecherche, Kundeninteresse, Anfrage, Angebot, Auftrag*.
4. **Potenzial:** Kundenpotenziale in monetärer und anhand von Risikofaktoren gewichteter Form bilden die vierte Steuerungsgröße. So behält der Vertriebsmitarbeiter jederzeit seine Verkaufschancen und -risiken im Blick.

Alle Cockpitfenster in *eworks* sind dabei mit einer Ampel versehen, die analog zur Funktion im Straßenverkehr den Zustand der vertrieblichen Tätigkeitsbereiche signalisiert. Mit Hilfe dieses Frühwarnsystems wird dem Benutzer stets aktuell ein dringender Handlungsbedarf angezeigt. Zusätzlich lässt das System durch einen „drill-down" eine Ursachenforschung zu, die es erlaubt, die Ursache einer Fehlentwicklung zu lokalisieren und entsprechend auszuräumen.

Abb. 411 gibt im oberen Teil die Struktur des Systems wieder. Die Anbindung an das Finanzwesen und die Marktforschung wird deutlich gemacht. Der mittlere Teil der Abbildung zeigt ein Beispiel für eine CRM-Maske. Der Kundenbetreuer betrachtet den Prozess *Italian Food Distribution*. Die *Prozess-Map* strukturiert seine Arbeit. Ein Klick auf einen der Pfeile in den Phasen des Prozesses führt den Mitarbeiter auf die hinterlegten Bearbeitungsebenen, wie üblich Vorgänge, Termine, Kontakte, Aufgaben etc. Projekte und Kunden bestimmen den Erfolg. Für beide Größen hat der Mitarbeiter direkten Zugriff auf Potenziale und Beziehungen. Die zwei Checks liefern dem Vertrieb alle notwendigen Marktdaten und Bearbeitungsinformationen. Kompass für den Erfolg der Vertriebsarbeit ist das **Customer Equity Cockpit** mit den erläuterten **drei Erfolgsgrößen der Beziehungsqualität** auf der rechten Seite. Für *Kundennähe* (KN), *Kundenzufriedenheit* (KZ) und *Kundenbindung* (KB) werden Indices mittels strukturierter Scoring-Routinen ermittelt. Der untere Teil der Abb. 411 beschreibt als Beispiel die Vorgehensweise bei der Ermittlung des Kundenbindungsindex. Die Indexwerte für die erreichten Erfolgsfaktoren werden – was die Buchabbildung nicht deutlich machen kann – mit Plan- und Ist-Werten in Form eines Trapezdiagramms ausgewiesen. Die Planwerte für mögliche Zukunftsentwicklungen können bei *eWorks* im Rahmen sog. **Szenarien** gewonnen werden.

Die Beziehungsqualitäten und die Potenzialanalyse beruhen zum Teil auf „Soft Facts", also auf Einschätzungen von Kunden und Mitarbeitern. Dieser Unschärfe trägt *eworks* Rechnung. Der **Informationsgehalt (IG)** und damit die Vertrauenswürdigkeit der Informationen wird im Cockpit gesondert in Form eines waagrechten Balkens angezeigt. Im Beispiel der Abb. 411 erreicht der IG 17,33 Prozent. Dieser IG lässt sich als Kennzahl in die Steuerung der Vertriebsmannschaft integrieren. Hierdurch entsteht bei niedrigen Werten beim kundenverantwortlichen Mitarbeiter ein Anreiz, das Informationsdefizit auszugleichen. *eworks* bietet hierzu die Möglichkeiten der Eigen- und auch der Fremdbeschaffung fehlender Daten an. Die Fremdbeschaffung von vertriebsrelevanten Informationen wird gemäß dem **Konzept der gefilterten Märkte** von *Barth/Kiefel/Wille* als **MarWiN** bezeichnet (**MarWiN** = Marktorientierter Wissensaustausch in Netzwerken). Insgesamt wird so die Datenquantität als auch -qualität im Vertrieb anreizkompatibel optimiert. Die Potenzial- und Erfolgseinschätzungen bedürfen im Beispielfall wohl noch weiterer, harter Fakten, die aus dem betrieblichen Buchhaltungs- und Marktforschungssystem extrahiert werden können.

eworks differenziert sich durch das Portal-Design von den oft nüchtern aufgemachten Arbeitsmasken üblicher CRM-Systeme. Der Vertriebsmitarbeiter kann sich seine eigene Arbeits- und Interessenwelt gestalten (s. linke Spalte der mittleren Grafik).

Zusammengefasst stellt *eworks* die zur Zeit am weitesten entwickelte Konzeption zur Werteproduktion und Wertevermarktung dar. Die hier gezeigte Vertriebssteuerung ist nur die eine Seite des Ansatzes. *eworks* kann alle Unternehmensprozesse auf Wertegenerierung hin ausrichten.

Die Dokumentation der Vertriebsaktivitäten und der Vertriebsergebnisse liefert zusammen mit den Daten aus der Buchhaltung und der Marktforschung eine Daten- und Informationsgrundlage, um die drei wichtigsten Werttreiber einer Kundenbeziehung analysieren und zu steuern. Deren Bewertungs- und Analyseergebnisse werden in einem Kunden-Cockpit anschaulich visualisiert. Derartige Executive-Cockpits setzen sich im intelligenten Vertrieb immer mehr durch. Allerdings fehlt ihnen zumeist die geschlossene Konzeption, die *eworks* auszeichnet.

10.9.4. Monitoring der Vertriebsleistung mit Executive Cockpits/Dashboards

„The Executive Dashboard enables managers to see the ins-and-outs of the business at a glance. The Executive Dashboard offers the manager a solution to setting norms, monitoring results, analysing causes and communicating within the organisation. On one screen the manager can see the actual results compared with the goal (norm). A gauge with a red indicator shows that performance falls outside the agreed norms. The dashboard has a user interface, with a flexible layout."
(Quelle: Internet-Beschreibung von Synergetics – www.synergetics-mic.com)

Bei der Vorstellung von *eworks* wurde die Bedeutung von **Cockpits** oder **Dashboards** für die Gesamtsteuerung des Vertriebs bereits betont. Sie bieten Management und Mitarbeitern eine *„Navigationshilfe im Prozessdschungel"* (*Smidt/Marzian* 2001, S. 159). Cockpits gehen aus Business Intelligence hervor. Sie bringen in Echtzeit Sachstände und Trends vertrieblicher Vorgänge zum Vorschein und können daher auch als Monitore für das Business Process Management verstanden werden.

> ➡ **Cockpits oder Dashboards (Executive Dashboards)** sind individualisierbare, hoch flexible BI-Werkzeuge zur Unterstützung von Managemententscheidungen und zur Steuerung von Unternehmensbereichen oder Gesamtunternehmen. Sie stellen einzelne Erfolgsindikatoren (**Key Performance Indicators**) übersichtlich am Bildschirm dar und heben Problembereiche durch Signalfarben hervor (die sog. **Ampelfunktion**), so dass die Führungskräfte auf einen Blick ein Bild über die Lage des Unternehmens bzw. ihres Entscheidungsbereiches erhalten. Mit Hilfe von verschiedenen Analysemethoden (Drill-down, Drill-up, Slice&Dice) können die einzelnen Schwachstellen bis ins letzte Glied verfolgt und Gegenmaßnahmen problemgerecht und zielgenau umgesetzt werden.

Je nach Verdichtungsstufe sind aus einem Datenbestand drei Arten von Cockpits zu unterscheiden:

(1) **Kunden-Cockpit**: Bei Eingabe einer Kundennummer oder des Suchnamens liefert das Cockpit eine umfassende Auswertung der Geschäftstätigkeit und der Wertigkeit des Kunden. Kunden-Cockpits sind z.B. unverzichtbar für die Arbeit eines Key Account Managers.

(2) **Segment-Cockpits**: Segment-Cockpits liefern gleiche Auswertungen für eine Gruppe von Kunden (Suchen mit Kunden-Filter). Z.B. können Kunden mit gleichem Qualifizierungsmerkmal herausgefiltert werden (Beispiel: alle Neukunden oder alle Kunden einer Branche) oder Kunden aus einer Region (Regionalvertriebs-Cockpit).

(3) **Markt-Cockpits**: Bei den Markt-Cockpits wird kein Suchvorgang vorgeschaltet. Es werden alle Kunden im Bestand der Untersuchung unterzogen. Hierbei kann es sich auch um alle Kunden eines Verkäufers handeln. Es wird keine Filterung durchgeführt, sondern man wünscht den globalen Blick.

Cockpits sollten nicht im luftleeren Raum stehen. Sie dürfen kein „Sammelsurium" wahllos vom Vertriebsleiter zusammengestellter Kennzahlen bilden. Eine Cockpit-Steuerung verlangt von den Mitarbeitern viel Aufmerksamkeit. Die Cockpits sollten also nach einer nachvollziehbaren Methodik konstruiert sein. Sie können z.B. so aufgebaut werden, dass sie die Kennziffern einer **Balanced Scorecard (BSC)** in der üblichen Viererformation von **Finanz-, Kunden-, Prozess-** und **Mitarbeiterperspektive** wiedergeben. Es muss aber nicht immer gleich eine vollständige Balanced Scorecard sein. Wichtig ist allein die Fähigkeit eines Cockpits, eine ganzheitliche Beurteilung der Erfolgslage einer Vertriebsmannschaft oder eines Geschäftsfeldes zu ermöglichen. Abb. 412 nennt detaillierte Anforderungen an Vertriebscockpits.

ANFORDERUNGEN AN VERTRIEBLICHE COCKPITS / DASHBOARDS		
Individualisierbarkeit • Steuerung per Zugriffsrechte • Anpassung an Benutzerbedürfnisse • Individuelle Layouts • Integration in Unternehmens-CI	**Darstellung** • übersichtlich • strukturiert • Veränderungen in der Detaillierung möglich	**Kommunikation** • Kommentarfunktion • Web-Basierung, eMail • Net-Working • Kollaborationsfunktion
Analysefunktionalität • Drill-Down / Drill-up / Drill-Through • Slice & Dice • Trendberechnungen, Simulationen • Benchmarking • Diverse Filter • Reporting		**Flexibilität** • bezüglich Schnittstellen • bezüglich Darstellung und Visualisierung • Unterstützung unterschiedlicher Anwendungsbereiche • Branchenunabhängigkeit • Kennzahlendefinition
Visualisierung • Ampelfunktion / Signalfarbeneinsatz • Tachodarstellung • Diverse Diagrammformen • Komplexe Grafiken, z.B. Trapezdiagramme • Trendliniendiagramme		**Benutzerfreundlichkeit** • Intuitive Bedienung • Übersichtliche Gestaltung • Portalfähigkeit • Knowledge-Management • Assistentenfunktionen
Managementfunktionalität • BSC-Integration • Monitoring von Prozessen • Unterstützung bei der Umsetzung von Visionen und Strategien	**Service** • Beratung • Training, Mitarbeiterschulung • Implementierung • Support / Help Desk	**Technische Anforderungen** • Internet-/Intranetfähigkeit • Unterstützung gängiger Betriebssysteme und Hardware • Ausreichende Schnittstellen • Real-Time-Daten

(in Anlehnung an Diemer 2002, S. 25)

Abb. 412: Anforderungen an vertriebliche Cockpits / Dashboards

Im folgenden werden keine Beraterkonzepte aufgezeigt. Anliegen dieses Abschnitts ist es vielmehr, darzustellen, welche Arten von Cockpits für die Vertriebssteuerung zur Verfügung stehen. Zunächst sollte den Kundenbetreuern oder einem Vertriebsteam ein umfassender Sachstand über erreichte Marktziele und noch freie Potenziale geboten werden. Im oberen Teil der Abb. 413 ist ein Mitarbeiter-Cockpit aus *mySAP CRM* dargestellt. Der Verkaufsmitarbeiter hat Umsatzplanung, Kundenprioritäten nach Kundenstatus, Marktanteile der Hauptprodukte, Übersicht über Wettbewerber und Kunden-Loyalitätsraten (Customer Retention) im Blick. Das Cockpit (als Internet-Portal) lässt sich flexibel an die Mitarbeiterbedürfnisse anpassen. Daten können aus unterschiedlichen Applikationen entstammen, die im Rahmen von *SAP* integriert werden.

Im unteren Teil zeigt die Abb. 413 ein *Sales Dashboard* der *Siebel GmbH*. Im Cockpit ist die Verkaufszyklus-Analyse der Abb. 111 (Sales Funnel) erweitert worden. Über den Verkaufstrichter hinaus erhält der Mitarbeiter jetzt weiterführende Informationen über seine Verkaufstätigkeit, inklusive Umsatzhochrechnung und vor allem Ergebnisanalyse.

Cockpits sind darüber hinaus Instrumente zur Effizienzsteigerung im Vertrieb. Das obere Cockpit der Abb. 414 dient der Vertriebsleitung und den Key Accountern dazu, ihre Besuchstätigkeit prioritätengerechter zu steuern. Ausgewertet werden im vorliegenden Fall die Besuche bei den Einkaufszentralen des Handels. Der Ausweis des Umsatzdurchschnitts erfolgt im typischen Cockpit-Outfit in Tachometerform mit farblichen Warnmarkierungen.

Die sog. Ampelfunktion dominiert den mittleren Teil der Abb. 414. Ähnlich wie beim Cockpit von *eworks* vertritt *die SAS Institute GmbH* eine ganzheitliche Steuerungskonzeption. Der *Strategic Vision Compass* ist im Sinne der **Balanced Scorecard** (BSC) aufgebaut, mit dem Ausweis des Erfolgsstatus im *Finanz-, Kunden-, Prozess-* und *Lieferbereich*. Der Zeiger signalisiert die Zielerreichung (Ziel = 100). Man erkennt, dass im Bereich Kunden und Markt die von der BSC vorgegebenen Ziele noch nicht erreicht sind. Der Doppelklick auf den Cockpit-Tacho führt in die Detailauswertungen. Der untere Teil der Abb. 414 zeigt die erste Oberflächenebene. Dort sind die zentralen Kennziffern der BSC in den vier Dimensionen mit ihren Zielerfüllungen ausgewiesen. Nach Doppelklick ist der Bereich *Kunden&Markt* weiter aufgeblättert. Drei von vier Kennziffern im Kundenbereich liegen unter der Zielmarke 100 Prozent. Weitere Klicks auf die Detailkennzahlen führen dann auf die Scoring-Ebene.

Schwab (SAS) betont die Bedeutung der BSC für die Vertriebssteuerung (vgl. *Schwab* 2002, S. 381–396):

(1) Ist in einer Unternehmung noch keine unternehmensweite BSC vorhanden, dann kann eine CRM-Scorecard als geschlossenes Steuerungssystem für CRM gestaltet werden.

(2) Ist bereits eine Unternehmens-Scorecard implementiert, dann lassen sich die Planungs- und Controllinggrößen der kundenorientierten Geschäftsprozesse in diese übergeordnete Scorecard einbringen.

Wir haben immer wieder betont, dass CRM sowohl die Kundenorientierung, wie auch die Ertragskraft steigern soll. Ein spezielles CRM-Cockpit sollte ferner die drei großen Integrationsbereiche Vertrieb, Marketing und Service abbilden. In diesem Sinne bildet in der Abb. 415 ein Business Performance (bzw. BI) Cockpit von *Applix* den Abschluss.

- Die **Umsatzdarstellung** erfolgt nach Monaten, Quartalen und Jahren, jeweils mit *Ist*, *Forecast* und *Plan*.
- Aus dem **Opportunity-Management** wird ein Überblick über Hauptprojekte und eine sog. *Rolling Pipeline*, wiederum unterteilt nach *Ist*, *Forecast* und *Plan*, eingespielt.
- Im Marketingbereich steht eine Effizienzanalyse (im Cockpit als *Effectiveness* bezeichnet) im Vordergrund. Ausgewiesen werden Erfolgskennzahlen für das **Kampagnen-Management**.

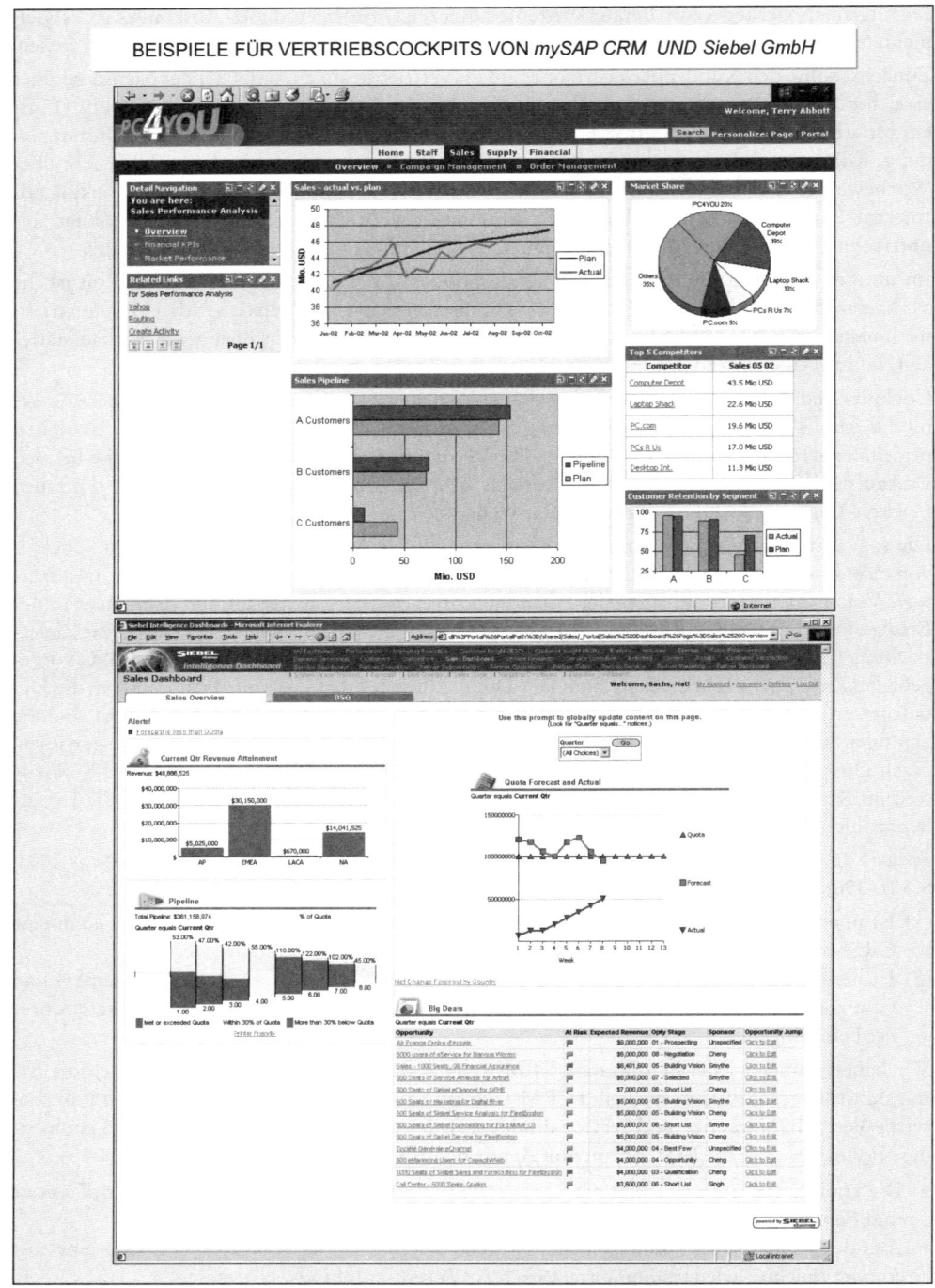

Abb. 413: Typische verkäuferorientierte Cockpits /
mySAP CRM der SAP AG und Siebel Intelligence Dashboard der Siebel GmbH

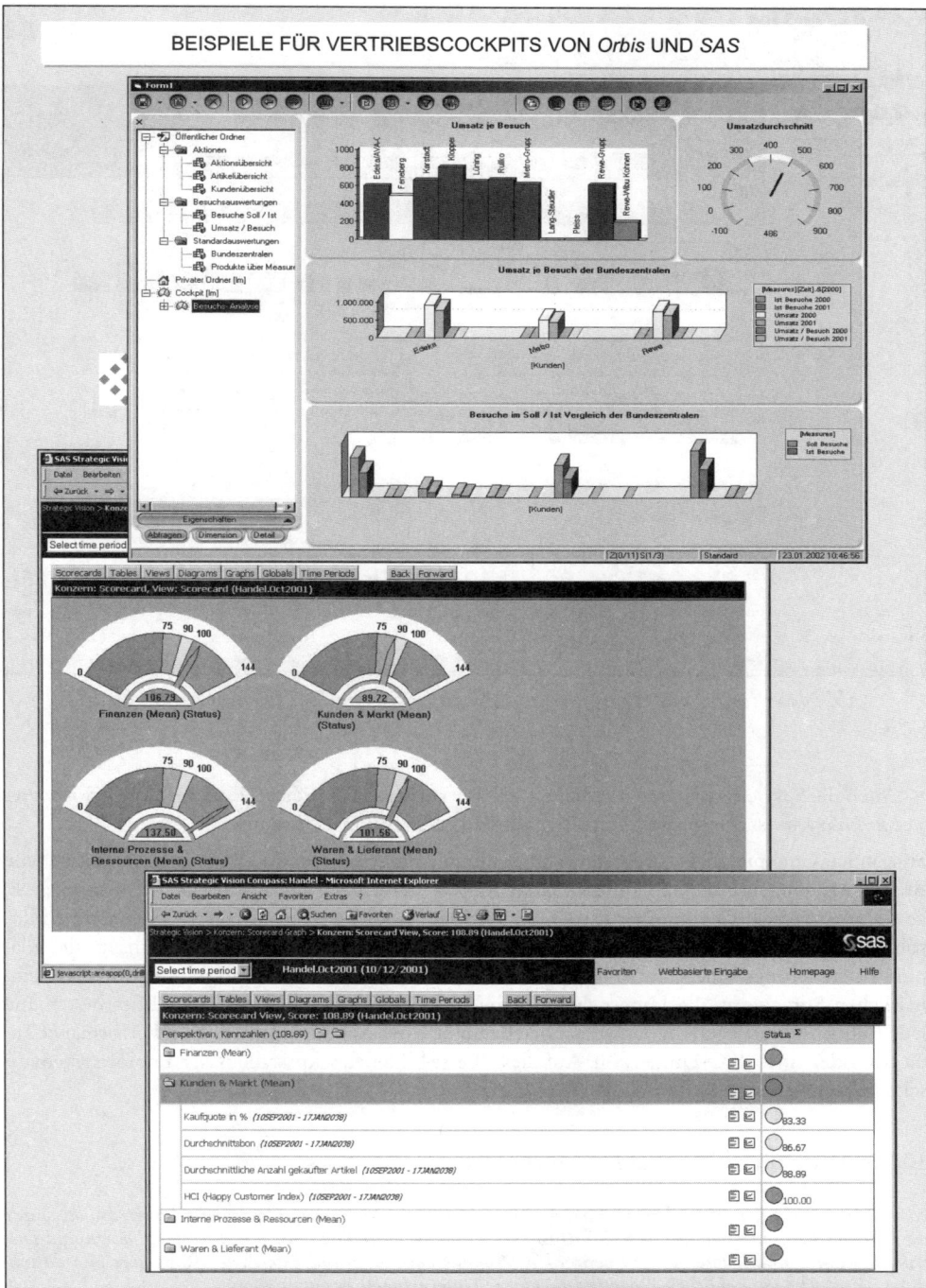

Abb. 414: Typische effizienzorientierte Cockpits /
iControl von Orbis AG und Strategic Vision Compass von SAS Institute GmbH

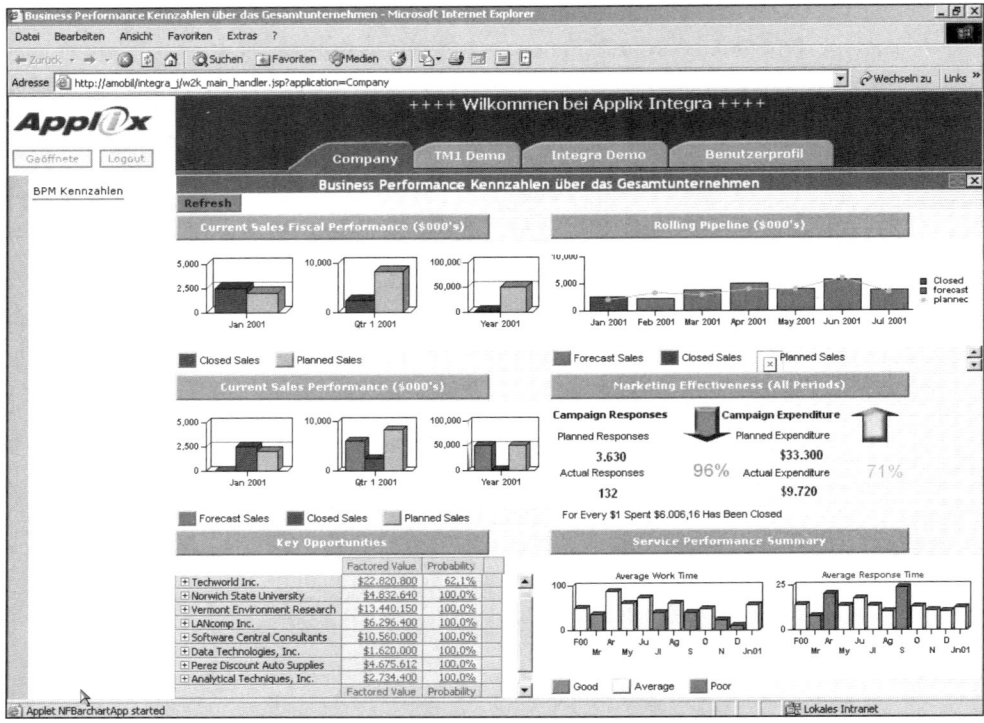

Abb. 415: Ein Business Performance Cockpit im System INTEGRA / Applix GmbH

- Auch die Serviceaktivitäten werden effizienzorientiert ausgewertet. Eine *Service Performance Summary* weist durchschnittliche Antwort- und Reaktionszeiten aus.

So können Cockpits in Vertriebssteuerungssysteme integriert sein oder Analyseinstrumente von Business Intelligence bilden. Auf die Darstellung weiterer Beispiele aus der letzten Gruppe, z.B. von *MicroStrategy, Cognos* oder *Hyperion,* wird hier verzichtet. Sie alle verwirklichen die Philosophie, die das Cockpit-Konzept ausmacht. Durch den unternehmensweiten Einsatz des Planungs-, Steuerungs- und Controllinginstruments können Vision und Marktstrategie in einer einheitlichen Sprache in alle Unternehmensbereiche transportiert werden. Jeder Mitarbeiter und jede Führungskraft versteht dann das Gleiche unter einer Kennzahl, einem Key Performance Indicator oder einer BSC-Dimension. Auf diese Weise bilden Cockpits die Basis für eine systematische marktorientierte Unternehmensführung.

10.9.5. Benchmarking und Frühwarnung

Als XEROX 1979 feststellte, dass ein Konkurrent zu Preisen unter eigenen Herstellungskosten anbot, wurde die Idee des Benchmarking geboren. XEROX führte Vergleichsstudien hinsichtlich Kosten, Design und Distribution durch und leitete aus den vermuteten Konkurrenzwerten radikale Ziele ab. Es geht also darum, durch Vergleiche mit ähnlichen Prozessen das eigene Unternehmen zu optimieren.

a.) Zielsetzungen

Wie kann der Vertrieb im Rahmen von Planung, Controlling und Sales Intelligence permanente Verbesserungen oder sogar Bestleistungen erreichen? Eine Möglichkeit besteht darin, das Konzept des **industriellen Benchmarking** für die operative Vertriebsarbeit zu nutzen. Benchmarking hat durch einen Wettbewerbsvergleich von Automobilwerken von *Womack/Jones/Roos* weltweite Anerkennung erlangt (vgl. *Womack/Jones/Roos* 1992). Die Vergleichsstudie hat enorme Leistungsrückstände der westlichen Automobilproduzenten gegenüber Japan aufgezeigt und dadurch einen Reengineeringprozess ungeheuren Ausmaßes angeschoben. Die aktuellen Erfolge der deutschen Automobilindustrie werden als Konsequenz aus dieser weltweiten Vergleichsstudie angesehen.

> ➡ **Benchmarking** bedeutet, die eigenen Leistungen in ausgewählten Leistungsbereichen gegen einen definierten Standard zu vergleichen und diesen Standard zu übertreffen.
>
> ➡ Im klassischen Sinne geht es darum, sich mit dem **Besten** (dem Branchen- oder Industrieführer) oder gegenüber einem **definierten Standard** (z.B. Branchendurchschnitt oder eigene Bestleistung) zu messen. **Benchmarking bedeutet also ein permanentes Streben nach Spitzenleistungen.**
>
> ➡ Es ist Aufgabe des Controlling, die Ursachen für Vorsprünge oder Rückstände gegenüber dem Standard aufzudecken und entsprechende Sicherungs- oder Aufholmaßnahmen zu definieren.
>
> ➡ **Vertriebsbenchmarking** grenzt diese Konzeption auf Leistungsgrößen (Performance-Maßstäbe) ein, die vom Vertrieb unmittelbar beeinflusst werden können.

Für den Vertrieb ist zunächst die Frage wichtig, an **welchem Standard** man sich messen will und kann. Immerhin ist die klassische Benchmark-Idee dadurch ins Stocken geraten, dass sich die Ausrichtung an einem Besten nicht so einfach realisieren lässt, wie dies im Fall der relativ transparenten Automobilindustrie möglich war. Welcher Marktführer lässt sich schon gerne in die Karten schauen?

Ein weiteres Manko des Benchmarking liegt in der Praxis in einer **fehlenden Regelmäßigkeit**. Benchmarking macht nur bei regelmäßiger Leistungsüberprüfung Sinn. Hierzu mangelt es oft auf Managementebene an Konsequenz. Vom mittleren Management wird Benchmarking oft aus Sorge vor Durchleuchtung und permanentem Leistungsdruck torpediert. Soll also ein Vertriebs-Benchmarking eine **Chance auf Erfolg** haben, dann sollte die Konzeption nach folgenden Leitlinien entwickelt werden:

(1) **Die Gestaltung und die Durchführung sollte in den Händen des Vertriebs bzw. des Vertriebscontrolling liegen.** Über Schwachstellen kann man erst einmal im eigenen Kreis sprechen, ehe Informationen an die zentralen Stäbe bzw. an das Management dringen.

(2) Aus diesem Grund ist es naheliegend, ein Benchmarking im CRM/CAS-System zu verankern, in dem sich ohnehin alle Leistungsresultate des Verkaufs niederschlagen.

(3) Keinesfalls ist die Ausrichtung an einem Branchenführer notwendig oder empfehlenswert. Vielmehr sollte es Aufgabe aller Kollegen mit Kundenkontakt sein, ein Gespür für Branchenstandards und Branchentrends zu entwickeln.

(4) Mit Hilfe eines Vertriebscontrolling sollte es gelingen, diesen Standard mindestens zu erreichen bzw. signifikant zu verbessern.

(5) Benchmarks sollten auch für eine proaktive Vertriebssteuerung genutzt werden. Eine interessante Variante liegt dahingehend darin, das Kennzahlensystem als **Frühwarn-Instrument** zu

nutzen. Die Benchmark-Werte bewegen sich dann im Rahmen definierter **Alarmschwellen**. Aus der täglichen Vielzahl der Markt- und Kundendaten erhalten die Führungskräfte im Vertrieb auf Knopfdruck Meldungen, in welchen Marktbereichen oder bei welchen Kunden oder Vorgängen Gefahr im Verzug ist.

Sofort stellt sich die Frage, welche Kennzahlen als Benchmark- oder Frühwarnindikatoren geeignet sind.

b.) Auswahl von geeigneten Kennzahlen für die Benchmarks

Als bewährte Kennziffern zur Leistungsbeurteilung des Vertriebsbereichs können unterschieden werden:

(1) Kennziffern zur Beobachtung von Kundenstrukturen,
(2) Kennziffern zur Erfolgsbewertung der Außendiensttätigkeit,
(3) Kennziffern zur Optimierung von Prozessen, insbesondere im Servicebereich, und
(4) Kennziffern zur Feinsteuerung durch Planung und Controlling.

Anzuraten ist, in ein Kennzahlensystem nicht nur harte, d.h. unmittelbar messbare Leistungskennziffern aufzunehmen, sondern auch **weiche Leistungsgrößen** zu berücksichtigen. *Koinecke* schlägt in diesem Sinne sogar ein **Kundenzufriedenheitsbenchmarking** vor (vgl. *Koinecke/Koinecke* 1996, S. 120–125).

Die Kennziffern können als **mögliche Frühwarn- bzw- Benchmarkparameter** mit den einzelnen Modulen eines klassischen CRM-Systems verknüpft werden; entsprechend Abb. 416. Umfangreiche Kennziffernsysteme, meist aus der Interessenlage des Controllings heraus definiert, sind an anderer Stelle zu finden (vgl. *Becker* 2001, *Preißler* 2000, S. 138–139; *Graumann* 1997, *Horváth* 1994, S. 554–568; *Reichmann* 1997, S. 399–403; S. 184–212; *Piontek* 1998, S. 300–312; *Weis* 1995, S. 354–362).

Wichtig ist es, die Datenströme kontinuierlich zu filtern und flexibel nach verschiedenen Problemstellungen auszuwerten. Die Vertriebsleitung legt die Benchmark- bzw. Frühwarn-Vorgabewerte fest, das System gibt Warnmeldungen und analysiert die Benchmark-Abweichungen in standardisierten Reports (z.B. Crystal) und Grafiken. Je qualifiziertere branchenübliche Standardvorgaben aus Wettbewerbs- oder Industrievergleichen eingebracht werden, desto besser wird sich das eigene Vertriebsbenchmarking der Ursprungsidee des Ansatzes annähern: Dem Lernen vom Besten.

c.) Integration in die Vertriebssteuerung

Ein Serienteilehersteller bat um Erstellung eines Frühwarn- und Benchmark-Moduls im Rahmen seiner bereits laufenden CAS-Vertriebssteuerung. Es war vorrangiges Ziel der Geschäftsführung, die Außendiensttätigkeit zukünftig besser zu steuern und Kundenprozesse zu beschleunigen. Das Management gab folgende Vorgaben:

(1) Alle Mitarbeiter sollen das Benchmark-Modul leicht verstehen.
(2) In der ersten Ausbaustufe soll es vor allem Daten der Kundenstrukturen und der Außendiensttätigkeit wiedergeben.
(3) Im Zeitalter von CRM ist die Bestimmung zentraler kundenbezogener Prozesse und danach deren Erfolgsmessung wichtig.
(4) Kosten- und Ergebniswerte brauchen (noch) nicht aufgenommen werden. Im Vordergrund sollen vielmehr Kundeninformationen stehen.

Abb. 416: Verbindung von Benchmark-Modulen mit einer CRM/CAS-Vertriebssteuerung

(5) Das System soll automatisch Meldungen abgeben, wenn Vorgabeparameter unterschritten sind.

(6) Außerdem soll das Modul auf Knopfdruck Auswertungen und Auflistungen der Problemfälle liefern.

(7) Die Benchmark-Berechnungen sollen über beliebige Vorselektionen laufen können (Prinzip: standardisierte Auswertungen für flexible Untersuchungsobjekte). Dadurch soll das Benchmarking flexibel an wechselnde Problemstellungen und Sonderanalysen angepaßt werden können.

(8) Das Kennziffernsystem soll vor allem **Frühwarnfunktionen** ausüben.

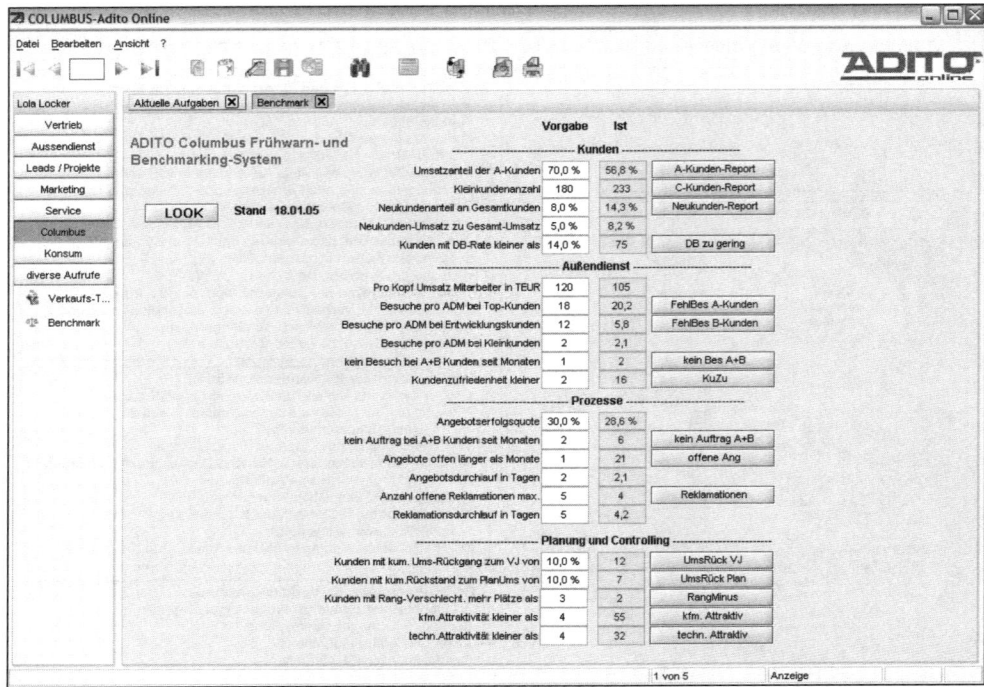

Abb. 417: Frühwarnung und Benchmarking /
System ADITO-columbus der ADITO Software GmbH

Abb. 417 liefert die Lösung der Aufgabenstellung mit Hilfe von *ADITO*. Folgende Bearbeitungsschritte fallen an:

(1) Zunächst hat die Vertriebsleitung die Benchmark- und Frühwarn-Vorgabewerte festzulegen.

(2) Das System erstellt und speichert bei jedem Abruf die aktuellen Ist-Werte.

(3) Diese Ist-Werte stellen entweder Benchmark-Kennziffern dar oder die Anzahl von Fällen (meistens Kunden), die außerhalb der Vorgabewerte liegen (die Problemfälle).

(4) Die Buttons auf der rechten Seite rufen diverse Auflistungen oder Spezialauswertungen zu den Ist-Werten ab.

(5) Die Berechnungen können auch auf der Grundlage von Vorselektionen erfolgen (nach Spezialistensuche) und dann gesondert abgespeichert werden.

Schwierigkeiten bereitet der Praxis vor allem die Erfassung der Durchlaufzeiten. Ein CRM/CAS-Kennziffernsystem bietet in dieser Form folgende Vorteile:

(1) Alle wichtigen Kundenvorgänge sind vernetzt. Der Leistungsstand (Performance) des Gesamtvertriebs wird transparent.

(2) Die Vertriebsmannschaft erkennt im Benchmarking den Erfolg der eigenen Arbeit.

(3) Der Vertrieb löst sich vom „Gängelband des Controlling". Man ist für sein eigenes Werkzeug verantwortlich und kann sich (wenn es die Geschäftsführung zulässt) auch die eigenen Zielvorgaben geben.

(4) Die Leistungsplanung der Vertriebsführungskräfte lässt sich gut integrieren (s. noch einmal Abb. 48).

(5) Mit Hilfe parametrisierbarer Masken sind flexible Anpassungen möglich.

(6) Das Benchmark-Modul im Rahmen des CRM/CAS-Systems wird vom Außendienst nicht als Mehrarbeit empfunden, da nach Festlegung von Kennziffern und Alarmgrenzen auch keine Arbeit mehr anfällt.

Auf Seiten der Mitarbeiter muss die Bereitschaft zu kontinuierlichen Verbesserungen geweckt werden. Für eine geplante Einführung eines Benchmark-Systems können folgende Empfehlungen gegeben werden:

(1) Wenn bereits eine CRM/CAS-Vertriebssteuerung eingesetzt wird, dann ist die Erweiterung um ein Frühwarn-/Benchmark-Modul zu empfehlen.

(2) Diese Erweiterung hat unter den primären Zielsetzungen zu erfolgen, für eine hohe Marktpräsenz zu sorgen und die kundenbezogenen Prozesse zu verbessern.

(3) Ein Benchmark-Modul sollte speziell zur Frühwarnung genutzt werden. Denn nicht immer brauchen und können Kennziffern Spitzenleistungen anvisieren.

(4) Der Anwender sollte aber die ursprüngliche Benchmark-Idee nicht aus den Augen verlieren. Man kann sich an der Verbandsarbeit oder am Informationsaustausch mit gleichgesinnten Unternehmen beteiligen, um im Unternehmensquervergleich seine eigene Position besser zu erkennen. Gute Erfahrungen liegen diesbezüglich beim *ZVEI* vor (Marktorientiertes Benchmarking der *FG Steckverbinder* sowie *Schalter/Geräteschutzsicherungen*).

(5) Letztlich kann ein Benchmark-Modul dabei helfen, die Leistungsfähigkeit der eigenen Vertriebssteuerungssoftware zu überprüfen und zu verbessern.

Benchmarking hat die deutsche Automobilindustrie ab Mitte der 90er Jahre wieder auf den Weltmaßstab zurückgeführt. Diese Philosophie der permanenten Leistungsüberprüfung und -verbesserung kann gut in die Vertriebssteuerung aller Branchen und Betriebsgrößen eingebracht werden, um bei Kundenprozessen Spitze zu sein. Darum sollte es letztlich bei allen Maßnahmen der Vertriebssteuerung gehen – um ein Streben nach mehr Umsatz, Ergebnis, Marktanteil und Kundenzufriedenheit. Und darum, dass die Mitarbeiter im Vertrieb wissen, wo sie im Wettbewerbsvergleich stehen und sich verbessern können.

11. Schlussgedanken

11.1. Schlussgedanken Ende 2000: Der fünfte Planet

„Als er auf dem Planeten ankam, grüßte er den Laternenanzünder ehrerbietig. „Guten Tag, warum hast du deine Laterne eben ausgelöscht?" „Ich habe die Weisung", antwortete der Anzünder. „Guten Tag."
„Was ist das, die Weisung?" „Die Weisung, meine Laterne auszulöschen. Guten Abend."
Und er zündete sie wieder an. „Aber warum hast du sie soeben wieder angezündet?" „Das ist die Weisung",
antwortete der Anzünder. „Ich verstehe nicht", sagte der kleine Prinz. „Da ist nichts zu verstehen", sagte der Anzünder.
„Die Weisung ist eben die Weisung. Guten Tag." Und er löschte die Laterne wieder aus.
Dann trocknete er sich die Stirn mit einem rotkarierten Taschentuch. „Ich tue da einen schrecklichen Dienst.
Früher ging es vernünftig zu. Ich löschte am Morgen aus und zündete am Abend an. Den Rest des Tages hatte ich zum Ausruhn und den Rest der Nacht zum Schlafen …". „Und seit damals wurde die Weisung geändert?" „Die Weisung wurde nicht geändert", sagte der Anzünder. „Das ist ja das Trauerspiel! Der Planet hat sich von Jahr zu Jahr schneller und schneller gedreht, und die Weisung ist die gleiche geblieben!"
(Antoine de Saint-Exupéry, Der Kleine Prinz, 1956, S. 48–50)

Es sieht fast so aus, als würden wir ein Stück dieses fünften Planeten aus der Welt des kleinen Prinzen in der Wirtschaftsgegenwart wiederfinden. Der Feststellung, dass die Produktlebenszyklen und die Zyklen des Käuferverhaltens immer schneller ablaufen, wird kaum jemand widersprechen. Die Vehemenz, mit der z.B. *DaimlerChysler* und *BMW* in die kleineren Wagenklassen vorstoßen, sich z.B. *Krupp* und *Thyssen* zusammengeschlossen haben oder *Wal-Mart* in die europäische Konsumwelt eindringt, sind Ausdruck einer Zeit schneller Veränderungen. In besonders starkem Maße zwingt das Internet die Geschäfts- wie auch die Privatwelt zum Umdenken. Jedoch: In vielen Unternehmen wird in Bezug auf Kundenorientierung und Marktbearbeitung noch nach Weisungen von gestern gearbeitet.

Das mag auch daran liegen, dass die Vertriebsleitungen von dem überwältigenden Themenangebot von *ceBIT, systems, DIMA, salesTECH, CRM-expo* oder *CRM World* verunsichert sind und die Schritte zu einer Neuorientierung ihrer Vertriebskonzeptionen und Vertriebssteuerungen scheuen. Große Anstrengungen werden von den Messe- und Kongressveranstaltern unternommen, um die Zielgruppe der operativen Vertriebsführungskräfte für die Veranstaltungen zu aktivieren, in denen sich die Zukunft des Vertriebs abzeichnet. Fakten sprechen für sich: Nur 18,7 Prozent der Teilnehmer der *salesTECH 2000* waren Vertriebs- und Verkaufsleiter; und gar nur 4,4 Prozent vertraten den Außendienst. Zu viel wird über mangelnde Befähigungen und fehlende Akzeptanz auf Seiten der Verkaufsmitarbeitern gesprochen und zu wenig über die Thematik einer fehlenden Kunden- und Systemorientierung auf Managementebene (mit der Folge veralteter Weisungen).

Es ist eine wahre Geschichte, dass in einem Maschinenbaukonzern mit klangvollem Namen vor Einführung eines CRM-Systems allerhöchste Bedenken hinsichtlich der Akzeptanz durch die Kundenbetreuer bestanden. Heute nutzt der Außendienst das neue System mit großer Begeisterung. Allein die Geschäftsführer haben nicht gelernt, mit dem Instrument umzugehen. Sie sind nicht in der Lage, ihre Führungsinformationen selbst aus dem System abzurufen. Sie verlangen nach Analysen und Reports in Papierform, auf die sie im Verbund der Vertriebstöchter vierzehn Tage warten müssen – wo doch ein Knopfdruck auf den PC genügen würde. Die Mitarbeiter arbeiten weiter nach den alten Weisungen.

Das Problem des Nicht-Schritthaltens betrifft auch den Führungsstil in Marketing und Vertrieb. Es war Aufgabe dieses Buches, einen Baukasten der modernen Methoden und Systeme zur Vertriebsführung aufzuzeigen. Aber diese Methoden werden sich nur dann erfolgreich umsetzen lassen, wenn in den Unternehmen das emotionale Umfeld stimmt. Das gilt auch für die zuarbeitenden Handelspartner, die oft noch selbst an einem unzeitgemäßen Kundenverständnis festhalten und sich neu positionieren müssen. Ebenso sind neue Führungskonzepte für die Betreuung der wachsenden Schar der Homeoffice-Verkäufer angeraten, denen oft die Bindung an das Stammhaus fehlt. Bevor also neue Systeme für die Marktbearbeitung zum Einsatz kommen, sollten gruppendynamische Fragen bereinigt, gemeinsame Marktziele und Wettbewerber definiert und Kundenzielgruppen ausfindig gemacht sein, um die es sich zu bemühen lohnt. Das Thema Kundennutzen darf vor den Türen der Organisation nicht halt machen. Neue Mitarbeiternutzen setzen neue Kräfte frei und machen alte Weisungen überflüssig.

Fazit: Es wird für die Unternehmen in den kommenden Jahren zwar entscheidend sein, mit der Automatisierungswelle mitzuströmen. Mindestens ebenso wichtig ist es aber, neue Kraftfelder aus dem Vertrieb heraus zu entwickeln; sprich Freude an Zielerreichungen, Spaß an der Arbeit, berufssportlicher Ehrgeiz. Von schablonisierten Kundenzufriedenheits- und Kundenbindungskonzepten durch Customer-Care-Center, Internet-Ansprachen oder Club-Programme springt allzu oft kein Funke über. Sie werden bald an ihre Grenzen stoßen. Immer gleichförmigere Produkte, Preise und Kommunikationskampagnen lancieren die Unternehmen in Me-too-Situationen. Wir sollten einsehen, dass Wettbewerbsvorsprünge letztlich doch nur mit Hilfe überlegener Vertriebs- und Servicekonzeptionen zu erringen sind (vgl. *Koinecke/Koinecke* 1996, S. 21).

11.2. Schlussgedanken Ende 2002: Sind wir weitergekommen?

„Es war einmal vor langer, langer Zeit ein Geschäftsbereich namens Marketing der unbestrittene Herrscher im Königreich der Geschäfte. Die Macht und Bedeutung von König Marketing wurde im ganzen Lands gepriesen und gelobt. In den letzten Jahren jedoch wurde König Marketing von den Bereichen Finanzwesen, strategische Planung (ehemals ein treuer Untertan des Königs) und Produktion gestützt. Nun regieren diese Thronräuber im Königreich der Geschäfte, während das Gefolge von König Marketing in untergeordnete Rollen gedrängt wurde. Überall im Land fragen die Untertanen, die König Marketing weiterhin treu ergeben sind: „Was verursachte den Fall des Königs? Wie kann sein früherer Glanz wieder hergestellt werden?"" (Reichheld 1999, S. 49)

Das Eingangszitat ist treffend. Wenn auch hier – wie so oft – nicht deutlich wird, dass das Marketing den Läuferstab schon längst an den Vertrieb übergeben hat. Kundenorientierung wird heute vom Vertrieb und von der IT geprägt und nicht mehr vorrangig vom Marketing. Aber egal, ob Vertrieb oder Marketing das Marktspiel antreiben: Der frühere **Glanz eines Verkaufens in wachsender Wirtschaft** wird nicht mehr erstrahlen. Wir spüren eine Zeitenwende in allen Unternehmensbereichen, die mit dem Kunden zu tun haben. Noch liegt zu viel Nebel über der Strecke. Noch wissen wir z.B. nicht, was das UMTS-Zeitalter wirklich verändern wird und wie die neuen Geschäftsmodelle aussehen, die den Kunden von überall in der Welt mit seinem Auto (Telematics), seinem Schreibtisch und seinem Fernseher vernetzen. Die Auguren versprechen neue Nutzenparadiese. Doch der Fluch eines anstehenden Paradigmenwechsels wird schon in vielen Lebensbereichen sichtbar: **Der Trend zur Automatisierung.**

Fahrkartenschalter der *Deutschen Bahn AG*, Kassenterminals der Banken oder Quick-Check-in-Automaten der *Deutschen Lufthansa* symbolisieren die beunruhigende Entwicklung, **unter dem Deckmantel CRM Menschen durch Maschinen zu ersetzen**. Der Verkäufer wird zu teuer. Kundenbesuche werden angesichts des Verkehrskollapses und der Möglichkeit, Prozesse in das Internet zu übertragen, zunehmend zum Luxus. Wir sollten also jetzt aufpassen, dass die Waage zwischen Kosten- und Kundenorientierung nicht zu Lasten der Kunden und ebenso nicht zu Lasten der Mitarbeiter ausschlägt. Wie sagt es *Reinhold Würth*: *„Wir müssen einen Weg finden, dem Verkäufer die Pflicht zum Hobby zu machen."* (*Würth*, ASW Sonderausgabe 2002, S. 130) Denn was bleibt übrig von engagierten Mitarbeitern und kreativer Arbeitsatmosphäre, wenn Einkäufer das Einkaufen an **eProcurement** delegieren und Kunden ihre Aufträge direkt in die ERP-Systeme der Lieferanten einspeisen und überwachen. **Internetgestütztes Supply Chain Management** wird das große Thema werden. Die Kundenbetreuung hat sich zunehmend logistischen Zielsetzungen zu unterwerfen.

Hoffen wir also darauf, dass unsere Kunden weiter so anspruchsvoll bleiben, dass sie sich dem Zugriff der Automaten und der düsteren Prognose des **Silent Marketing** entziehen. Die Arbeit des persönlichen Verkaufs ist dann durch nichts zu ersetzen.

„Je düsterer die Konjunktur, desto wichtiger der Verkäufer. Kein anderer Bereich beeinflusst das wirtschaftliche Ergebnis eines Unternehmens so direkt wie der Vertrieb."
(Leitl/Rickens, MM 2/2002, S. 145)

11.3. Schlussgedanken Anfang 2005: Der Vertrieb bleibt im Rampenlicht

„Kann ich Ihnen schon einmal einen Kaffee bringen", sagte die Frisöse.
DAS IST SERVICE

„Ich bringe Ihnen schon mal den Kaffee", sagte die Frisöse, *„so wie Sie ihn mögen – mit Milch und ohne Zucker."*
DAS IST CRM

Unverändert stehen Neuorientierungen und Qualitätsverbesserungen im Vertrieb im Vordergrund unternehmerischer Strategien. CRM ist dabei weiterhin das wichtigste Thema. Denn die Konjunktur kommt noch immer nicht richtig in Gang. Wachstumsmärkte sind kaum in Sicht. In den Vertriebsorganisationen werden deshalb bis 2006 noch erhebliche qualitative Umschichtungen ablaufen. Der Trend geht, wie im Buch geschildert, zum intelligenten Vertrieb. Aus Auftragsjägern werden Marktmanager. Aus Marktmanagern werden Wertemanager. So bleibt der Vertrieb im Rampenlicht der marktorientierten Unternehmensführung. Und das Buch schließt mit dem Motto:

Vertrieb gut – alles gut
(gesehen in: *Wirtschaftsverband für Handelsvermittlung und Vertrieb Baden-Württemberg (CDH) – www.cdh-markt.de*)

Literaturverzeichnis

AC Nielsen (1999): Universen ,99, Frankfurt 1999

Ackermann, M. (2001): Prozesse vereinheitlichen, ohne Kundenakzeptanz zu verlieren, in: ASW, Nr. 1, Januar 2001, S. 48–52

Ackerschott, H. (1997): Vertriebssteuerungssysteme: Intelligente Waffe im Wettbewerb, in: salesprofi, Nr. 9, September 1997

Ackerschott, H. (2000): Strategische Vertriebssteuerung, 2. Aufl., Wiesbaden 2000

Ahlbaum, M. (1999): Der richtige Riecher für den Kunden, in: TextilWirtschaft; Nr. 21 v. 27.5.1999

Ahlemeyer-Stubbe, A. (2000): Datamining: Den Kunden kennenlernen, in: acquisa, Nr. 6, Juni 2000, S. 22–24

Ahlert, D. (1993; 1995): Distribution, in: Wittmann, W. u.a. (Hrsg.): Handwörterbuch der Betriebswirtschaft, Teilband 3, 5. Auflage, Stuttgart 1993, Sp. 783–806; in nahezu ähnlicher Form in: Tietz, B.; Köhler, R.; Zentes, J. (Hrsg.): Handwörterbuch des Marketing, 2. Aufl., Stuttgart 1995, Sp. 502–515

Ahlert, D. (1996): Distributionspolitik, 3. Aufl., Stuttgart – Jena 1996

Ahlert, D.; Becker, J.; Knackstedt, R.; Wunderlich, M. (Hrsg.) (2002): Customer Relationship Management im Handel, Berlin u.a. 2002

Albers, S.; Krafft, M. (1999): Globales Vertriebsmanagement – Was machen deutsche Vertriebschefs anders, in: ASW, Nr. 7, Juli 1999, S. 68–72

Albers, S.; Weber, S. (1999): Kundenbindung im Verlagsbereich: Das Beispiel der Bertelsmann Club GmbH, in: Bruhn, M.; Homburg, Ch. (Hrsg.): Handbuch Kundenbindungsmanagement, 2. Aufl., Wiesbaden 1999, S. 481–495

Albers, S.; Clement, M.; Peters, K. (1998): Marketing mit interaktiven Medien – Strategien zum Markterfolg, Frankfurt 1998

Albers, S.; Skiera, B. (1998): Das optimale Verkaufsgebiet – ein Erfolgsfaktor, in: HBM, Nr. 5, Mai 1998, S. 17–24

Albers, S.: Hassmann, V.; Somm, F.; Tomczak, T. (Hrsg.) (2001): Loseblattwerk Verkauf, Wiesbaden 2001 (Gabler Wirtschaftspraxis)

Albers, S. (Hrsg.) (2002): Praxishandbuch Verkaufsaußendienst, Düsseldorf, 2002

Albers, S.; Skiera, B. (2002): Die Verkaufsgebietseinteilung, in: Albers, S. (Hrsg.): Praxishandbuch Verkaufsaußendienst, Düsseldorf 2002, S. 29–56

Allgayer, F. (2004): Tools für bessere Kundenbindung, in: media&marketing, Nr. 7, Juli 2004, S. 15–19

Ammann, P.; Daduna, J.; Schmid, G.; Winkelmann, P. (2000): Verkaufspolitik, in: Pepels, W. (Hrsg.): Distributions- und Verkaufspolitik, Köln 2000, S. 191–280

Anderson, J.C.; Narus, J.A. (1999): Welchen Wert hat Ihr Angebot für den Kunden, in: HBM, Nr. 4/1999, S. 97–107

Andreasen, A.R. (1982): Verbraucherzufriedenheit als Beurteilungsmaßstab für die unternehmerische Marktleistung, in: Hansen, U.; Stauss, B.; Riemer, M. (Hrsg.): Marketing- und Verbraucherpolitik, Stuttgart 1982, S. 182–195

Ansoff, H. I. (1966): Management Strategie, München 1966

Aries, L.A. (1998): Verkaufsoptimierung, Wiesbaden 1998

Auer, U. (2004): Die Jetzt-Wirtschaft wartet nicht, in: Computerwoche, Nr. 9/2004, S. 34–35

AZ Direct Marketing Bertelsmann GmbH (Hrsg.) (1998): Zielgruppen-Handbuch 1998, Gütersloh 1998

Backhaus, K. (2003): Industriegütermarketing, 7. Aufl., München 2003

Backhaus, K. (1998): Von Kunden und Kosten, in: MM, Nr. 6, Juni 1998, S. 138–141

Backhaus, K. (1999): Happy Engineering, in: MM, Nr. 8, August 1999, S. 130–133

Bänsch, A. (1996): Verkaufspsychologie und Verkaufstechnik, 6. Aufl., München – Wien 1996

Bänsch, A. (1998): Käuferverhalten, 8. Aufl., München – Wien 1998

Bänsch, A. (1998): König Kunde, München – Wien 1998

Bailom, F.; Tschemernjak, D.; Matzler, K.; Hinterhuber, H.H. (1998): Durch strikte Kundennähe die Abnehmer begeistern, in: HBM, Nr. 1, 1998, S. 47–56

Bald, M. (1995): Großkunden gewinnen und professionell betreuen, München 1995

Bald, M. (1996): Professionelle Stellenbeschreibungen für Verkauf und Vertrieb, München 1996

Bandorf, R.S. (1998): Zuletzt lacht der Kunde, Zürich 1998

Bange, C.; Keller, P.; Schwetz, W. (2004): Softwarewerkzeuge für analytisches CRM – der Nebel lichtet sich, in: is-Report, Nr. 7+8, Juli/August 2004, S. 42–44

Barth, K.; Wille, K. (2000): Customer Equity – ein prozessorientierter Ansatz zur Kundenbewertung, Diskussionsbeiträge Nr. 276 des Fachbereiches Wirtschaftswissenschaften der Gerhard-Mercator-Universität Duisburg, Duisburg 2000

Barth, K.; Kiefel, J.; Wille, K. (2002): Gefilterte Märkte, Wiesbaden 2002

Bastian, Ch. (2000): Mitarbeiterführung im Vertrieb, in: Reichwald, R.; Bullinger, H.-J. (Hrsg.): Vertriebsmanagement, Stuttgart 2000, S. 295–323

Bauer, N. (2000): 3M-Händler immer up-to-date, in: acquisa, Nr. 8, August 2000, S. 16

Bauer, R.A. (2000): Kundenorientierung durch effektive Strukturen, in: Reichwald, R.; Bullinger, H.-J. (Hrsg.): Vertriebsmanagement, Stuttgart 2000, S. 33–83

Baumann, A. (2000): Projekteinführung – Keine Illusion bei CRM, in: salesprofi, Nr. 5, Mai 2000, S. 34–35

Baur, C. (1999): Kundenorientierung könnte Pflichtfach werden, in: Handelsblatt v. 9./10.4.1999

Becker, B.; Huckemann, M. (2001): Einblick in die Black box Vertrieb, in: acquisa, Nr. 5, Mai 2001, S. 92–95

Becker, C. (1997): Die Kundenschiene, in: MM, Nr. 6, Juni 1997, S. 120–129

Becker, F.G.; Kramarsch, M. (1998): Anreizsysteme der Zukunft, in: Personalwirtschaft, Nr. 4, April 1998, S. 49–51

Becker, J. (2005): Das Marketingkonzept, 3. Aufl., München 2005

Becker, J. (2001): Strategisches Vertriebscontrolling, 2. Aufl., München 2001

Becker, J. (2002): Marketing-Konzeption, 7. Aufl., München 2002

Behle, Ch.; vom Hofe, R. (1998): Das große Handbuch für den Außendienst, Verlag Norbert Müller, München u.a. 1998

Belz, Ch.; Senn, Ch. (1994): Strategische Optionen im Key Account Management – Überlegungen zu einer situativen Gestaltung der Zusammenarbeit mit Schlüsselkunden, in: Tomczak, T.; Belz, Ch. (Hrsg.): Kundennähe realisieren, St. Gallen 1994, S. 159–175

Belz, Ch. unter Mitarbeit von Kuster, K. und Walti, Ch. (1996): Verkaufskompetenz, Thexis, St. Gallen 1996

Belz, Ch. (1996): In Zukunft bestimmen Kundenbeziehungen das Geschäft, in: Schimmel-Schloo, M. (Hrsg.): Zukunft Verkauf, Würzburg 1996, S. 143–160

Belz, Ch. u.a. (1998): Management von Geschäftsbeziehungen, St. Gallen – Wien 1998

Belz, Ch.; Reinhold, M. (1999): Internationaler Vertrieb – Kernkompetenz und Nadelöhr, in: ASW, Nr. 8, August 1999, S. 54–57

Belz, Ch.; Reinhold, M. (1999): Internationales Vertriebsmanagement für Industriegüter, St. Gallen – Wien 1999

Belz, Ch. (2000): Management von persönlichen Beziehungen, in: Knecht, P.; Mecheels, St. (Hrsg.): Erfolgreiches Beziehungsmarketing in der textilen Kette, Frankfurt 2000, S. 243–261

Belz, Ch.; Müllner, M.; Zupancic, D. (2004): Spitzenleistungen im Key Account Management, Frankfurt 2004, St. Gallen 2004

Berg, H. (2004): Neue Portaltechniken bieten nicht nur Vorteile, in: IT-Director, Nr. 12, Dezember 2004, S. 32–34

Berne, E. (1996): Spiele der Erwachsenen, Reinbek bei Hamburg 1996

Berth, R. (1997): Wie Einkäufertypen entscheiden, in: ASW, Nr. 11, November 1997, S. 78–83

Beschnidt, J.; Spies, R. (2002): Die weichen Faktoren dominieren, in: Computerwoche, Nr. 11/2002, S. 74

Betz, R. (1998): Kundenmanagement – Wenn sich Kunden nicht mehr rechnen, in: acquisa, Nr. 3, März 1998, S. 76–78

Beutin, N.; Schuppar, B. (2003): Den Händler richtig unter die Lupe nehmen, in: ASW, Nr. 3, März 2003, S. 60–62

Beutin, N.; Fürst, A.; Finkel, B. (2003): Kundenorientierung: Wie systematisch pflegt der Autohandel seine Kunden, in: ASW, Nr. 9, September 2003, S. 52–55)

Bhatia, A. (1999): A Roadmap to Implementation of Customer Relationship Management, www. ITtoolbox.com, Stand 2.12.1999

Biesel, H. H. (2002): Beschwerden behandeln ist Chefsache, in: salesBusiness, Nr. 6, Juni 2002, S. 22–25

Biesel, H. H. (2002): Kundenmanagement im Multi-Channel-Vertrieb, Wiesbaden 2002

Birker, K. (1999): Verkaufsgesprächsführung, in: Pepels, W. (Hrsg.): Business-to-Business-Marketing, Neuwied – Kriftel 1999, S. 312–328

Blache, R.; Hahn, J. (2002): Die Jagd nach Top-Kunden, in: acquisa, Nr. 10, Oktober 2002, S. 32–36

Blake, R.R.; Mouton, J.S. (1979): Besser verkaufen durch Grid, Düsseldorf – Wien 1979

Blanchard, K.; Bowles, S. (1994): Wie man Kunden begeistert, Reinbek bei Hamburg 1994

Blettner, K.; Knopp, P.; Schmidt, A.G. (1998): Strukturwandel in der Warendistribution: Wettbewerbsposition und Entwicklungsperspektiven für die Handelsvertretung (Kurzfassung des Gutachtens), Köln 1998

Böing, E.; Barzen, D. (1992): Kunden-Portfolios im Praktiker-Test, Teil 1 in: ASW, Nr. 2, Februar 1992, S. 85–89; Teil 2 in: ASW, Nr. 3, März 1992, S. 102–107

Bonart,Th. (1999): Industrieller Vertrieb, Wiesbaden 1999

Borden, N. H.: The Concept of the Marketing, Mix, in: Schwartz, G. (Hrsg.): Science in Marketing, New York u.a.1965, S. 386–397

Braun, W.H. (1996): Neue Trainingskonzepte sind nötig, in: Schimmel-Schloo, M. (Hrsg.): Zukunft Verkauf, Würzburg 1996, S. 85–104

Brendel, M. (2002): CRM für den Mittelstand, Wiesbaden 2002

Bröckermann, R. (1999): Personalwirtschaft im Business-to-Business-Marketing, in: Pepels, W. (Hrsg.): Handbuch Business-to-Business-Marketing, Neuwied – Kriftel 1999, S. 589–609

Bruck, S. (2002): CRM: Mehr als die Summe seiner Teile, in: acquisa, Nr. 3, März 2002, S. 32–34

Bruhn, M.; Meffert, H. (Hrsg.) (1998): Handbuch Dienstleistungsmanagement, Wiesbaden 1998

Bruhn, M.; Murmann, B. (1998): Das Nationale Kundenbarometer, Wiesbaden 1998

Bruhn, M.; Homburg, Ch. (Hrsg.) (1999): Handbuch Kundenbindungsmanagement, Grundlagen – Konzepte – Erfahrungen, 2. Aufl., Wiesbaden 1999

Bruhn, M.; Homburg, Ch. (1999): Thesen zum Kundenbindungsmanagement, in: ASW, Nr. 5, Mai 1999, S. 74

Bruhn, M. (2001): Relationship Marketing, München 2001

Bruhn, M.; Homburg, Ch. (Hrsg.) (2004): Gabler Lexikon Marketing, 2. Aufl., Wiesbaden 2004

Bubik, R. (1996): Geschichte der Marketing-Theorie, Frankfurt am Main u.a. 1996

Bullinger, H.-J.; Stanke, A. (1999): KundenManagement – Kundenorientierung konsequent gestalten, Arbeitspapier des Fraunhofer Institut für Arbeitswissenschaft und Organisation, Stuttgart 1999

Bunk, B. (2000): Multi Channel Management: Wie Marketing neue Absatzkanäle erschließt, in: ASW, Nr. 7, Juli 2000, S. 34–38

Burghard, W.; Kleinaltenkamp, M. (1996): Standardisierung und Individualisierung – Gestaltung der Schnittstelle zum Kunden, in: Kleinaltenkamp, M.; Fließ, S.; Jacob, F. (Hrsg.) (1996): Customer Integration, Wiesbaden 1996, S. 163–176

Bußmann, W.F. (1995): Lean Selling, 2. Aufl., Landsberg am Lech 1995

Bußmann, W.F.; Rutschke, K. (1996): Team-Selling – Gemeinsam zu neuen Vertriebserfolgen, Landsberg am Lech 1996

Bußmann, W.F.; Honert, M. (2002): Potenziale: Wie der Vertrieb Erträge steigert, in: ASW, Nr. 12, Dezember 2002, S. 28–32

Buzzel, R. D.; Gale, B.T. (1989): Das PIMS-Programm, Wiesbaden 1989

Campillo-Lundbeck, S. (2003): Verlässliches Planen in unsicheren Zeiten, in: acquisa, Nr. 11, November 2003, S. 18–22

CAS-Report, 1998/99, 1999 sowie CRM-Report 2000: s. unter Salesprofi

CDH-Forschungsverband für den Handelsvertreter- und Maklerberuf (Hrsg.) (1998): Ergebnisse der CDH-Statistik 1998 – Sonderdruck 1998

Clemens, M. (2002): Konfigurator bildet Verkäuferwissen ab, in: Computerwoche Extra, Nr. 4 v. 31.5.2002, S. 18–19

Clement, M.; Peters, K.; Preiss, F.J. (1998): Electronic Commerce, in: Albers, S.; Clement, M.; Peters, K. (Hrsg.): Marketing mit interaktiven Medien, Frankfurt 1998, S. 49–64

Close, W.; Ferrara, C.; Galvin, J.; Hagemeyer, D.; Eisenfeld, B.; Maoz, M. (2001): CRM at Work – Eight Characteristics of CRM Winners, Internet Paper of Gartner Group 2001 (Ref. AV–13–4791)

Cornelsen, J. (2000): Kundenwertanalysen im Beziehungsmarketing, Nürnberg 2000

Creusen, U. (1999): Kundenbindung im Handel: Das Beispiel der OBI Bau- und Heimwerkermärkte, in: Bruhn, M.; Homburg, Ch. (Hrsg.): Handbuch Kundenbindungsmanagement, 2. Aufl., Wiesbaden 1999, S. 607–617

CRM-Expertenrat: Gieske, R.; Krafft, M.; Martin, W.; Schwetz, W.; Winkelmann, P. (2002): Jahresgutachten des CRM-Expertenrates 2003, Würzburg 2002

CRM-Expertenrat: Krafft, M.; Martin, W.; Schwetz, W.; Winkelmann, P. (2003): Jahresgutachten des CRM-Expertenrates 2004, Würzburg 2003

CRM-Expertenrat: Borchardt, F.; Krafft, M.; Martin, W.; Schwetz, W.; Winkelmann, P. (2004): Jahresgutachten des CRM-Expertenrates 2005, Würzburg 2004

Czech-Winkelmann, S. (2003): Vertrieb, Berlin 2003

Dannenberg, H. (1997): Alte Feinde, in: MM, Nr. 2, Februar 1997, S. 76–81

Dannenberg, H. (1997): Vertriebsmarketing: Wie Strategien laufen lernen, Neuwied u.a. 1997

Dannenberg, H. (2002): Neukundensuche, in: Pepels, W. (Hrsg.): Handbuch Vertrieb, München – Wien 2002, S. 31–48

Daniel, H. (1998): Auswirkungen des Einsatzes von Software für Marketing und Vertrieb auf die Unternehmensorganisation, in: Hannig, U. (Hrsg.): Managementinformationssysteme in Marketing und Vertrieb, Stuttgart 1998, S. 133–140

Debus, Th. (2000): Erfolgsfaktoren für CRM-Projekte: Der Kunde steht im Mittelpunkt, in: IT Management, Nr. 4, April 2000, S. 64–74

Dehr, G.; Donath, P. (1999): Vertriebs-Management, München – Wien 1999

Delto, A. (1998): Kundeninformationen professionell nutzen mit Customer Relationship Management, in: Hannig, U. (Hrsg.): Management-Informationssysteme in Marketing und Vertrieb, Stuttgart 1998, S. 83–102

Deppermann, K.-P.; Marzian, S. (1998): Win-Win, das Ziel aller Vertriebsprozesse, in: ASW, Sondernummer Oktober 1998, S. 142–146

Deutsche Telekom (1999): digits, das Magazin der Deutschen Telekom, Nr. 3, 1999, S. 6

DFV e.V. (Hrsg.) (1999): Jahrbuch Franchising 1999/2000, Frankfurt am Main 1999

Dickie, R.J. (1998): Think Sales Reengineering is Expensive? Consider the costs of not doing it!, White Paper/Towards Sales 2000 Series der Insight Technology Group, Boulder, Colorado (Kontakt: JimDickie@aol.com)

Dierks, C.; Völtz, H. (1999): Neue Wege in der Hersteller-Handels-Kommunikation – Das Handels-Extra Net, in: Hermanns, A.; Sauter, M. (Hrsg.): Management-Handbuch Electronic Commerce, München 1999, S. 325–336

Dietz, W. (1997): Das Handbuch für das Automobilmarketing, 3. Aufl., Wiesbaden 1997

Dietz, W. (2002): Automobilvertrieb – Wie die Hersteller auf die neue GVO reagieren müssen, in: ASW, Nr. 9, September 2002, S. 52–55

Diller, H. (1996): KAMQUAL – Beziehungserfolge realisieren, in: ASW, Sondernummer Oktober 1996, S. 174–187

Diller, H.; Müller, M. (1998): Kundenbindungsmanagement, in: Meyer, A. (Hrsg.): Handbuch Dienstleistungsmanagement, Bd. II, Stuttgart 1998, S. 1220–1240

Diemer, J. (2002): CRM-Cockpits als Hebel zur Optimierung der Markt- und Kundenbetreuung, Diplomarbeit an der FH Landshut, Landshut 2002

Doerig, H.-U. (1996): Univeralbank – Banktypus der Zukunft, Bern u.a. 1996

Dombrowski, I. (2000): eBusiness – Vernetzt mit dem Kunden, in: salesprofi, Nr. 1, Januar 2000, S. 42–45

Dresselhaus, D. (1999): Kundenbindung in der Automobilbranche: Das Kundenbindungssystem der Dr. Ing. h.c. Porsche AG, in: Bruhn, M.; Homburg, Ch. (Hrsg.): Handbuch Kundenbindungsmanagement, 2.Aufl., Wiesbaden 1999, S. 655–674

Drosten, M.; Knüwer, Th. (1997): Kundenzufriedenheit: Knackpunkte und Konzepte – Vom Alptraum ins Traumland, in: ASW, Nr. 2, Februar 1997, S. 30–37

Drosten, M. (1999): Der Markenauftritt muss ständig neu erfunden werden; Interview mit G. Schmid, Vorstandsvorsitzender der MobilCom, in: ASW, Nr. 8, August 1999, S. 18–21

Drosten, M. (2000): Wieviele Vertriebswege braucht der Bankenmarkt; Interview mit Th. Haltrop, Vorstand der Deutschen Bank 24 AG, in: ASW, Nr. 8, August 2000, S. 8–10

Drunk, G.; Schulz, St. (1999): Investitionsgütervertrieb: Fitness-Programm für mehr Gewinn, in: ASW, Nr. 10, Oktober 1999, S. 68–72

Dudenhöffer, F. (1997): Neues Design für Beziehungsnetze, in: ASW, Sondernummer Oktober 1997, S. 122–130

Dudenhöffer, F. (1998): Abschied vom Massenmarketing, Düsseldorf – München 1998

Dünisch, P. (1999): Aktuelle Rechtsentwicklung im Franchising, in: DFV e.V. (Hrsg.): Jahrbuch Franchising 1999/2000, Frankfurt am Main 1999, S. 30–36

Duffner, A.; Henn, H. (2001): CRM – verstehen, nutzen, anwenden, Wiesbaden 2001

Dunst, K.- H. (1979), Portfolio Management – Konzeption für die strategische Unternehmensplanung, Berlin – New York, 1979

Dunst, K.-H. (1979): Portfolio-Management für die strategische Unternehmensplanung, in: IO, Nr. 11, November 1979, S. 474–477

Eck, K. (2002): mBusiness: Die Hoffnung stirbt zuletzt, in: Computerwoche Nr. 40/2002, S. 36–37

Enders, A. (1998): Erfolgsfaktor ERP-Integration: Insellösungen haben ausgedient, in: salesprofi, Nr. 10, Oktober 1998, S. 49–52

Enders, A.; Fromme, H. (1999): Customer Relationship Management-Software – Der Integration gehört die Zukunft, in: CAS-Report 1999, Wiesbaden 1999, S. 22–26

Enders, A.; Fromme, H.; Roffka, T. (1999): CRM-Erfahrungen bei Kölln-Flocken, in: Customer Relationship Management, acquisa-Messespecial 1999, S. 22–24

Engelhardt, H.; Freiling, E. (1996): Prekäre Kundenbeziehungen, in: ASW, Sondernummer Oktober 1996, S. 145–151

Esser, M.; Steven, K. (1996): Kunden-Beziehungsmanagement: Partner – mehr als ein König, in: ASW, Sondernummer Oktober 1996, S. 198–201

Ewert, D. (2004): Wie viel verdienen Vertriebsmitarbeiter in Osteuropa, in: ASW, Nr. 5, Mai 2004, S. 32–35

Fahlbusch, H. (1998): Total Customer Care bei Schott – Unternehmensveränderung für eine umfassende Kundenzufriedenheit, in: Reinecke, S.; Sipötz, E.; Wiemann, E.-M. (Hrsg.): Total Customer Care, Kundenorientierung auf dem Prüfstand, St. Gallen – Wien 1998, S. 184–200

Faix, L. (1991): Soziale Kompetenz, Wiesbaden 1991

Faßnacht, M. (1999): Relevanz der Kundenzufriedenheit für den Unternehmenserfolg, in: Herrmann; A.; Jasny, R.; Vetter, I. (Hrsg.): Kunden Orientierung von Banken, Frankfurt am Main 1999, S. 309–322

Fehr, B. (1999): Pioniere im Netz, in: MM, Nr. 10, Oktober 1999, S. 274–283

Fehr, B. (1999): Das Geheimnis Six Sigma, in: MM, Nr. 1, November 1999, S. 277–285

Fiesser, G.; Esser, B. (1998): Wege zum Key-Account Erfolgsteam, in: ASW, Nr. 7, Juli 1998, S. 46–51

Fischer, G.; Risch, S. (1996): Wo bitte geht's zum Kunden, diverse Beiträge in: MM, Nr. 7, Juli 1996, S. 164–184

Fischer, M.; Herrmann, A.; Huber, F. (2000): Lohnen sich zufriedene Kunden – Lösungen für ein wertorientiertes Management, in: ASW, Nr. 10, Oktober 2000, S. 88–91

Fischer, O. (1999): Von Emma lernen, in: MM, Nr. 11, November 1999, S. 288–298

Fischer, O. (2000): Kurzer Prozess, in: MM, Nr. 2, Februar 2000, S. 162–167

Fließ, S. (1995): Industrielles Kaufverhalten, in: Kleinaltenkamp, M.; Plinke, W. (Hrsg.): Technischer Vertrieb, Berlin u.a. 1995, S. 287–395

Fließ, S.; Jacob, F. (1996): Customer Integration – Was ändert sich im Marketing, in: Kleinaltenkamp, M.; Fließ, S.; Jacob, F. (Hrsg.): Customer Integration, Wiesbaden 1996, S. 25–37

Fösken, S. (2001): Mit Multichannel ran an die Millionen, in: ASW, Nr. 8, August 2001, S. 16–21

Fournier, S.; Dobscha, S.; Mick, D. (1998): Beziehungsmarketing: Des Guten zuviel für Stammkäufer, in: HBM, Nr. 3, 1998, S. 101–109

Fraunhofer Institut – Institut für Arbeitswissenschaft und Organisation (IAO, IAT) (2000): Vertriebswege heute, Studie zum Mehrkanalvertriebssystem, Stuttgart 1997

Freter, H.W. (1992): Kunden-Portfolio-Analyse – Aussagewert für das Investitionsgütermarketing, Arbeitspapier, Siegen 1992

Fuchs, H.J. (1998): Netzwerke und Szenen: Wie man in Kundennetzwerken Empfehlungsgeschäfte stimuliert, in: Belz, Ch. u.a. (Hrsg.): Management von Geschäftsbeziehungen, Wien – Frankfurt 1998, S. 135–142

Gale, B.T. (1994): Managing Customer Value – creating Quality & Service that Customers can see, New York 1994

Garbe, M. (2000): Mobile Zielgruppen im Visier, in: ASW, Nr. 11, November 2000, S. 110–112

Geffroy, E.K. (1995): Clienting – Kundenerfolge auf Abruf, Landsberg am Lech 1995

Geffroy, E.K.; Seiwert, L.J. (1996): Zeitmanagement für Verkäufer, Landsberg am Lech 1996

Geffroy, E.K. (1996): Clienting definiert den Verkäuferberuf neu, in: Schimmel-Schloo, M. (Hrsg.): Zukunft Verkauf, Würzburg 1996, S. 105–118

Geffroy, E.K. (1997): Verkaufserfolge auf Abruf, Landsberg am Lech 1997

Gemünden, J.; Walter, A. (1995): Der Beziehungspromotor, in: ZfB, Nr. 9, 1995, S. 971–986

Gentsch, P.; Veth, C.; Schnitzer, H.D.; Roth, M.; Mandzak, P.; Bange, C. (2001): Web-Personalisierung und Web-Mining für eCRM – 12 Software-Lösungen im Vergleich, Studie des Business Application Research Center, Würzburg 2001

Georgi, D. (2000): Entwicklung von Kundenbeziehungen, Wiesbaden 2000

Gerth, M. (2000): Finanz-Computing – Verkaufskontrolle nach Maß, in: Consult Magazin, Skandia-Journal, Nr. 2, 2000, S. 18–19

Godefroid, P. (1999): Vertriebsmanagement, in: Pepels, W. (Hrsg.): Handbuch Business-to-Business-Marketing, Neuwied – Kriftel 1999, S. 273–292

Godefroid, P. (2003): Business-to-Business-Marketing, 3. Auflage, Ludwigshafen 2003

Goehrmann, K.E. (1984): Verkaufsmanagement, Stuttgart u.a. 1984

Gohr, St. (2004): Qualität hat ihren Preis, in: acquisa, Nr. 9, September 2004, S. 40–43

Göpfert, O.; Howaldt, K. (2000): Wieviel Wert steckt in der Differenzierung, in: ASW, Nr. 10, Oktober 1999, S. 98–101

Goldmann, H.M.: (Kunden), Wie man Kunden gewinnt, 11. Aufl., Essen 1986/Berlin 1994

Goleman, D. (1999): Emotionale Intelligenz, München 1999 (DTV)

Gottwald, M. (2000): Software zur Auftragsabwicklung: Elf Produkte im Vergleich – Unverzichtbares Herzstück, in: is report, Nr. 7, Juli 2000, S. 37–41

Gottwald, M. (2004): Software für das Service-Management – Die Wiederentdeckung des Kunden, in: is-Report, Nr. 10, Oktober 2004, S. 42–45

Graumann, J. (1997): Der Verkaufsleiter als Vertriebscontroller, München 1997

Gronwald, S.; Rust, H.; Schmalholz, C.G. (1999): Von draußen nach oben, in: MM, Nr. 8, August 1999, S. 136–150

Große-Oetringhaus, W.F. (1994): Value Marketing – Steigerung des Geschäftserfolges durch Erhöhung von Kundenwerten, in: Tomczak, T.; Belz, Ch. (Hrsg.): Kundennähe realisieren, St. Gallen 1994, S. 55–79

Gruner, K.E. (1997): Kundeneinbindung in den Produktionsinnovationsprozess, München 1997

Gündling, Ch. (1997): Maximale Kundenorientierung, 2. Aufl., Stuttgart 1997

Günter, B.; Kuhl, M. (1995): Beschaffungspolitik industrieller Nachfrager, in: Kleinaltenkamp, M.; Plinke, W. (Hrsg.): Technischer Vertrieb, Berlin u.a. 1995, S. S. 399–464

Günter, B.; Huber, O. (1996): Beschwerdemanagement als Instrument der Customer Integration, in: Kleinaltenkamp, M.; Fließ, S.; Jacob, F. (Hrsg.): Customer Integration – Von der Kundenorientierung zur Kundenintegration, Wiesbaden 1996, S. 245–257

Günter, B.: (1997), Beschwerdemanagement in: Simon, H.; Homburg, Ch. (Hrsg.): Kundenzufriedenheit, Konzepte – Methoden – Erfahrungen, 2. Aufl., Wiesbaden 1997, S. 280–295

Günter, B.; Helm, S. (Hrsg.) (2003): Kundenwert, 2. Aufl., Wiesbaden 2003

Gummesson, E. (1997): Relationship-Marketing, Landsberg am Lech, 1997

Gutenberg, E. (1983): Grundlagen der Betriebswirtschaftslehre, Band 1: Die Produktion, 24. Aufl., Berlin – Heidelberg – New York – Tokyo, 1983

Gutenberg, E. (1984): Grundlagen der Betriebswirtschaftslehre, Band 2: Der Absatz, 17. Aufl., Berlin – Heidelberg – New York – Tokyo 1984

Hagen von, H. (2002): Data Warehouse hilft Hochöfen steuern, in: Computerwoche Extra, Nr. 3 v. 3.5.2002, S. 20

Hahn, D. (1996): PuK – Planungs- und Kontrollrechnung, 5. Aufl., Wiesbaden 1986; 6. Aufl. 1996

Hallensleben, J. (1997): Markenvertrieb virtuell – wer nutzt die neue Ubiquität, in: ASW, Sondernummer Oktober 1997, S. 179–184

Hallensleben, J. (1999): Kundenbindung bei generischen Produkten, in: ASW, Nr. 10, Oktober 1999, S. 52–56

Haller, S. (1997): Handels-Marketing, Ludwigshafen 1997

Hanel, U.; Kabst, R.; Mayrhofer, W.; Weber, W. (1999): Personalmanagement in Europa – Ein Vergleich auf der Basis empirischer Daten, in: Personal, Nr. 1, Januar 1999, S. 30–36

Hannig, U. (Hrsg.) (1998): Management-Informationssysteme in Marketing und Vertrieb, Stuttgart 1998

Hansen, U.; Stauss, B.; Riember, M. (Hrsg.) (1982): Marketing und Verbraucherpolitik, Stuttgart 1982

Hanser, P.: (1998), Vertriebsorganisationen noch nicht in Bestform, in: ASW, Nr. 10, Oktober 1997, S. 34–42

Hanser, P.; Hartmann, R.; Puhlmann, M. (1998): Vertriebsplattformen – Internationale Struktur: Global lokal, in: ASW, Nr. 10, Oktober 1998, S. 58–61

Hanser, P. (1999): „Netz"bindung für den Handel, in: ASW, Nr. 9, September 1999, S. 54–56

Harms, V. (1999): Kundendienstmanagement, Herne – Berlin 1999

Harnischfeger, U. (1996): Umziehen in ein House of Relations, in: ASW, Sondernummer Oktober 1996, S. 14–23

Harris, Th. A. (1983): Ich bin o.k., Du bist o.k., Reinbek bei Hamburg 1983

Harter, G.; Rupp, Ch. (2002): CRM: Ohne Metriken ein teures Abenteuer, in: Computerwoche, Nr. 28/2002, S. 32

Hartmann, M. (1996): Topmanager – Rekrutierung einer Elite, Frankfurt am Main – New York 1996

Hassmann, V. (1998): Key Account-Modell bei ABB – Beziehungen flexibel managen, in: salesprofi, Nr. 10, Oktober 1998, S. 14–22

Hassmann, V. (1999): Direktvertrieb – Weiter auf dem Vormasch, in: salesprofi, Nr. 6, Juni 1999, S. 24–25

Hassmann, V. (1999): Besuchsplanung – Knappe Zeit optimal einsetzen, in: salesprofi, Nr. 7, Juli 1999, S. 20–23

Hassmann, V. (1999): Kundenbindungssysteme – Kundenkarten richtig einsetzen, in: salesprofi, Nr. 7, Juli 1999, S. 50–53

Hassmann, V. (2000): Außendienststeuerung – Kontrolle über alle Verkaufszyklen, in: salesprofi, Nr. 12, Dezember 2000, S. 44–46

Hassmann, V. (2002): Controlling und Verkauf verzahnen, in: salesBusiness, Nr. 2, Februar 2002, S. 22–25

Hassmann, V. (2002): Vertrieb und Marketing in einem Boot, in: salesBusiness, Nr. 5, Mai 2002, S. 25–27

Hassmann, V. (2002): Teure Verkaufszeit richtig einsetzen, in: salesBusiness, Nr. 8, August 2002, S. 36–38

Hassmann, V. (2004): Vom Maschinenbauer zum Servicemanager, in: salesBusiness, Nr. 10, Oktober 2004, S. 16–18

Haucke, M.(1998): Strategischer Vertrieb – Die Zukunft des Verkaufs, in: ASW, Nr. 4, April 1998, S. 32

Haug-Grimm, St. (2002): CRM bringt Vertrieb auf Trab, in: acquisa, Nr. 6, Juni 2002, S. 42–43

Hauschildt, J. (1997): Innovationsmanagement, 2. Aufl., München 1997

Hauschildt, J.; Grün, O. (Hrsg.) (1993): Ergebnisse empirischer betriebswirtschaftlicher Forschung – zu einer Realtheorie der Unternehmung, Stuttgart 1993

Heinemann, G.; (Dynamisierung), Dynamisierung im Absatzkanal – ECR, ein Allheilmittel?, in: ASW, Sondernummer Oktober 1997, S. 186–191

Heijkers, M. (2003): Ohne Datenhygiene kein CRM, in: Computerwoche, Nr. 41/2003, S. 40

Helm, S.; Günter, B. (2003): Kundenwert – eine Einführung in die theoretischen und praktischen Herausforderungen der Bewertung von Kundenbeziehungen, in: Günter, B.; Helm, S. (Hrsg.) (2003): Kundenwert, 2. Aufl., Wiesbaden 2003, S. 3–41

Helmke, St.; Uebel, M.; Dangelmeier, W. (Hrsg.): Effektives Customer Relationship Management, 2. Aufl., Wiesbaden 2002

Henkel, N. (2000): Cognos-Portal „Upfront" ohne Aufpreis, in: Client/Server Magazin, Nr. 4, April 2000, S. 41

Henn, H. (2001): Gesucht: E = CRM, in: CRMprofi, Nr. 2, Februar 2001, S. 39–41

Hermanns, A.; Sauter, M. (Hrsg.) (2001): Management-Handbuch Electronic Commerce, 2. Auflage, München 2001

Hermanns, A.; Sauter, M. (1999): Electronic Commerce – Grundlagen, Potentiale, Marktteilnehmer und Transaktionen, in: Hermanns, A.; Sauter, M. (Hrsg.): Management-Handbuch Electronic Commerce, München 1999, S. 13–29

Hermes, V. (2004): Marketing versus Vertrieb – Grabenkämpfe an der Kundenfront, in: ASW, Nr. 6, Juni 2004, S. 112–114

Herrmann, A.; Jasny, R.; Vetter, I. (Hrsg.) (1999): Kunden Orientierung von Banken – Strategien für Kundennähe und effektives Beziehungsmanagement, Frankfurt 1999

Herrmann, A.; Johnson, M.D. (1999): Die Kundenzufriedenheit als Bestimmungsfaktor der Kundenbindung, in: ZfbF, Nr. 6/1999, S. 579–597

Herrmann, A.; Huber, F.; Braunstein, Ch. (2000): Kundenzufriedenheit garantiert nicht immer mehr Gewinn, in: HBM, Nr. 1, 2000, S. 45–55

Hess, O. (1999): Internet, Electronic Data Interchange (EDI) und SAP/R3 – Synergien und Abgrenzungen im Rahmen des Electronic Commerce, in: Hermanns, S.; Sauter, M. (Hrsg.) (1999): Management Handbuch Electronic Commerce, München 1999, S. 185–196

Hessler, A. (1999): Mystery Shopping – Was falsch läuft im Verkaufsgespräch, in: ASW, Nr. 11, November 1999, S. 60–62

Hessler, A. (2000): Internet-Marktplatz: Wie sich die Beziehung Kunde – Lieferant ändert, in: ASW, Nr. 5, Mai 2000, S. 38–41

Heydt, von der A. (1999): Efficient Customer Response, 2. Aufl., Frankfurt 1999

Hildebrand, K. (1998): Vertriebsmanagement mit SAP R/3, in: Hannig, U. (Hrsg.): Managementinformationssysteme in Marketing und Vertrieb, Stuttgart 1998, S. 123–131

Hinterhuber, H.H. (1971): Strategische Unternehmensführung, Berlin – New York 1977

Hinterhuber, H.H.; Matzler, K. (Hrsg.) (2002): Kundenorientierte Unternehmensführung, 3. Auflage, Wiesbaden 2002

Hirn, W.; Scholtys, F. (2004): Jeder für sich, in: MM, Nr. 2, Februar 2004, S. 16–17

Hofbauer, G.; Bauer, Ch. (2004): Integriertes Beschaffungsmarketing, München 2004

Hofbauer, G.; Hellwig, C. (2005): Professionelles Vertriebsmanagement, Erlangen 2005

Hoffmann, K.; Linden, F.A. (1999): Headhunter, in: MM, Nr. 5, Mai 1999, S. 244–263

Holbrook, M.B. (1994): The nature of customer value: an axiology of services in the consumption experience, in: Rust, R.T.; Oliver, R.L. (Hrsg.): Service Quality – new directions in theory and practice, Thousand Oaks, CA 1994, S. 21–71

Holland, H. (2004): Direktmarketing, 2. Aufl., München 2004

Homburg, Ch. (1995): Kundennähe von Industriegütern – Konzeption, Erfolgsauswirkungen – Determinanten, Wiesbaden 1995

Homburg, Ch. (1996): Weiche Wende, in: MM, Nr. 1, Januar 1996, S. 144–151

Homburg, Ch.; Werner, H. (1996): Ein Messsystem für Kundenzufriedenheit, in: ASW, Nr. 11, November 1996, S. 92–100

Homburg, Ch.; Daum, D.: Auf der Suche nach entgangenen Erlösen, in: ASW, Nr. 10, Oktober 1997, S. 96–101

Homburg, Ch.; Rudolph, B. (1997): Theoretische Perspektiven zur Kundenzufriedenheit, in: Simon, H.; Homburg, Ch. (Hrsg.): Kundenzufriedenheit, 1997, S. 33–51

Homburg, Ch.; Werner, H. (1998): Kundenorientierung mit System – Mit Customer Orientation Management zu profitablem Wachstum, Frankfurt u.a. 1998

Homburg, Ch.; Faßnacht, M. (1998): Kundennähe, Kundenzufriedenheit und Kundenbindung bei Dienstleistungsunternehmen, in: Bruhn, M.; Meffert, H. (Hrsg.): Handbuch Dienstleistungsmanagement, Wiesbaden 1998, S. 405–428

Homburg; Ch.; Schäfer, H. (1999): Ehemalige Kunden systematisch zurückgewinnen, in: FAZ v. 15.2.1999, S. 29

Homburg, Ch.; Bruhn, M. (1999): Kundenbindungsmanagement – Eine Einführung in die theoretischen und praktischen Probleme, in: Bruhn, M.; Homburg, Ch. (Hrsg.): Handbuch Kundenbindungsmanagement, 2. Auflage, Wiesbaden 1999, S. 3–35

Homburg, Ch.; Giering, A.; Hentschel, F. (1999): Der Zusammenhang zwischen Kundenzufriedenheit und Kundenbindung, in: Bruhn, M.; Homburg, Ch. (Hrsg.): Handbuch Kundenbindungsmanagement, Grundlagen – Konzepte – Erfahrungen, 2. Aufl., Wiesbaden 1999, S. 80–112

Homburg, Ch.; Faßnacht, M.; Werner, H. (1999): Operationalisierung von Kundenzufriedenheit und Kundenbindung, in: Bruhn, M.; Homburg, Ch. (Hrsg.) (1999): Handbuch Kundenbindungsmanagement, Grundlagen – Konzepte – Erfahrungen, 2. Aufl., Wiesbaden 1999, S. 391–410

Homburg, Ch.; Giering, A. (2000): Kundenzufriedenheit: Ein Garant für Kundenloyalität?, in: ASW, Nr. 1–2, Januar 2000, S. 82–91

Homburg, Ch.; Schäfer, H.; Scholl, M. (2002): Wie viele Absatzkanäle kann sich ein Unternehmen leisten, in: ASW, Nr. 3, März 2002, S. 38–41

Homburg, Ch.; Scholl, M.; Stephan, H. (2003): Mehrkanal-Vertrieb – Andocken an den Markt, in: ASW, Nr. 9, September 2003, S. 26–29

Homburg, Ch. (Hrsg.) (2004): Perspektiven der marktorientierten Unternehmensführung, Wiesbaden 2004

Homburg, Ch.; Schäfer, H. (2004): Profitabilität durch Cross-Selling: Kundenpotenziale professionell erschließen, in: Homburg, Ch. (Hrsg.) (2004): Perspektiven der marktorientierten Unternehmensführung, Wiesbaden 2004, S. 311–328

Homburg, Ch.; Jensen, O.; Fürst, A. (2004): Key-Account-Management – Lieber früh auditieren als zu spät reparieren, in: ASW, Nr. 12, Dezember 2004, S. 52–58

Homburg, Ch.; Fürst, A. (2004): Complaint Management Excellence: Leitfaden für professionelles Beschwerdemanagement, in: Homburg, Ch. (Hrsg.) (2004): Perspektiven der marktorientierten Unternehmensführung, Wiesbaden 2004, S. 329–370

Hoppen, D. (1999): Vertriebsmanagement, München – Wien

Horn, Ch.; Kölmel, B.; Ried, Ch. (Hrsg.) (2003): CRM im Mittelstand, 2. Auflage, ohne Verlagsangabe, 2003 (ISBN 3–00–010892–0)

Horstmann, R. (1998): Führt Kundenzufriedenheit zur Kundenbindung, in: ASW, Nr. 9, September 1998, S. 90–94

Horváth, P. (2003): Controlling, 9. Aufl., München 2003

Howaldt, K.; Reineke, B. (2002): Die letzten Transparenzbastionen werden aufgebrochen, in: ASW, Nr. 10, Oktober 2002, S. 48–49

Huckemann, M.; Bußmann, W.F.; Dannenberg, H.; Hundgeburth, M. (2000): VerkaufsProzess Management, Neuwied-Kriftel 2000

Hurwitz Group (Hrsg.) (2001): Hurwitz Report – Ten Pillars for World Class Business Process Management, Framingham 2001

Howells, J. (2000): Teams meistern Projekte per Portal, in: Client/Server Magazin, Nr. 1–2, Januar-Februar 2000, S. 50

Hüllenkremer (1998): CAS im Investitionsgüterverkauf – Das Produkt entsteht beim Kunden, in: salesprofi, Nr. 3, März 1998, S. 16–17

Iacocca, L.; Novak, W. (1987): Iacocca – Eine amerikanische Karriere, Frankfurt/Main – Berlin 1987

Kamiske, G.F.; Brauer, J.-P. (1995): Qualitätsmanagement von A bis Z, München – Wien 1995

Kamiske, G.F. (Hrsg.) (1994): Die hohe Schule des Total Quality Management, Berlin – Heidelberg 1994

Kano, N. (1984): Attractive Quality and Must-be-Quality, in: Journal of the Japanese Society for Quality Control, Nr. 4, April 1984, S. 39–48

Kaplan, R.; Norton, D. (1997): Balanced Scorecard, Stuttgart 1997

Kappe, F. (2000): Business Portale, in: Client/Server Magazin, Nr. 4, April 2000, S. 23–24

Karg, D. (2003): Lufthansa Passage startet CRM-Sstem, in: Compterwoche, Nr. 41/2003, S. 42–43

Kappeller, W. (1999): Kundenwertmodelle – Was Wert hat, darf auch teuer sein, in: acquisa, Nr. 11, November 1999, S. 30–32

Kellner, H. (2002): Kundentypen, in: Pepels, W. (Hrsg.): Handbuch Vertrieb, München – Wien 2002, S. 173–185

Kempf, St. (1998): Die Zufriedenheitsanalyse der Commerzbank – Kundenbindung durch das Customer Care-Programm, in: Reinecke, S.; Sipötz, E.; Wiemann, E.-M. (Hrsg.): Total Customer Care – Kundenorientierung auf dem Prüfstand, St. Gallen – Wien 1998, S. 72–97

Kenneweg, R.; Reh, E. (1998): Adressqualifizierung Online – Saubere Daten in Sekunden, in: salesprofi, Nr. 10, Oktober 1998, S. 34–37

Kieliszek, K. (1994): Computer Aided Selling – unternehmenstypologische Marktanalyse, Wiesbaden 1994

Kippes, St. (2001): Professionelles Immobilienmarketing, München 2001

Klebert, S. (1999): Die Selektion von Schlüsselkunden, in: ASW, Nr. 4, April 1999, S. 44–46

Kleinaltenkamp, M.; Plinke, W. (Hrsg.) (1995): Technischer Vertrieb, Heidelberg – New York 1995

Kleinaltenkamp, M. (1995): Gestaltung der Distributionsleistung, in: Kleinaltenkamp, M.; Plinke, W. (Hrsg.): Technischer Vertrieb, Heidelberg – New York 1995, S. 745–784

Kleinaltenkamp, M.; Fließ, S.; Jakob, F. (Hrsg.) (1996): Customer Integration – von der Kundenorientierung zur Kundenintegration, Wiesbaden 1996

Kleinaltenkamp, M. (1996): Customer Integration – Kundenintegration als Leitbild für das Business-to-Business-Marketing, in: Kleinaltenkamp, M.; Fließ, S.; Jakob, F. (Hrsg.): Customer Integration – von der Kundenorientierung zur Kundenintegration, Wiesbaden 1996, S. 13–24

Kleinaltenkamp, M; Plinke, W. (Hrsg.) (1997): Geschäftsbeziehungsmanagement, Berlin u.a. 1997

Kleinaltenkamp, M.; Rieker, St. A. (1997): Kundenorientierte Organisation, in: Kleinaltenkamp, M; Plinke, W. (Hrsg.): Geschäftsbeziehungsmanagement, Berlin u.a. 1997, S. 161–216

Kleinaltenkamp, M. (1998): Konkurrenz Internet, in: ASW, Nr. 6, Juni 1998, S. 108

Knecht, P.; Mecheels, St. (Hrsg.) (2000): Erfolgreiches Beziehungsmarketing in der textilen Kette, Frankfurt 2000

Knuepffer, G. (2000): Web-Pioniere: B-to-B-Unternehmen entdecken das Netz, in: acquisa, Nr. 1, Januar 2000, S. 17–21

Knürr (1998): Geschäftsbericht Knürr-Mechanik für die Elektronik AG, 1998

Köhler, R.; Habann, F.; Hahne, H. (1999): Marketingabsolventen – Was die Praxis jetzt fordert, in: ASW, Nr. 1, Januar 1999, S. 48–54

König, A. (2004): Raus aus der Imagefalle, in: acquisa, Nr. 9, September 2004, S. 48–49

Köster, M. (2002): Kein Bedarf an CRM?, in: CRMprofi, Nr. 2+3, Februar/März 2002, S. 6–9

Köther, U. (1998): We care about our Customer – Das Kundenzufriedenheitsprogramm der Citibank Privatkunden AG, in: Reinecke, S.; Sipötz, E.; Wiemann, E.-M. (Hrsg.): Total Customer Care, St. Gallen – Wien 1998, S. 54–71

Köthner, D. (2004): Portale potenzieren Produktivitäten in: is-Report Nr. 12, Dezember 2004, S. 36–39

Koopmann, F. (1999): Trends im Workflow-Markt – Richtungswechsel in zwei Fronten, in: Client/Server Magazin, Nr. 9, September 1999, S. 16–21 sowie S. 48–50

Koreimann, D.S. (1999): Management, 7. Aufl., München – Wien 1999

Kortus-Schultes, D. (1998): Wertschöpfungsorientiertes Marketing, Köln 1998

Kotler, P. (1982): Marketing-Management, 4. Aufl., Stuttgart 1982

Kotler, P.; Bliemel, F. (1995): Marketing-Management, 8. Aufl., Stuttgart 1995

Kotler, P.; Bliemel, F. (2001): Marketing-Management, 10. Aufl., Stuttgart 2001

Kotler, P. (1999): Marketing – Märkte schaffen, erobern und beherrschen, München 1999

Kracklauer, A.; Wagemann, B.; Voigt, M. (2004): Multichannel-Management in der Konsumgüterwirtschaft, in: Merx, O.; Bachem, Ch. (Hrsg.): Multichannel-Marketing-Handbuch, Berlin – Heidelberg u.a., 2004, S. 125–142

Krafft, M. (1996): Ist das Vertriebsmanagement wirklich effektiv?, in: ASW, Nr. 10, Oktober 1996, S. 44–50

Krafft, M.; Marzian, S. (1998): Die VDI-Studie „Kundenzufriedenheit und Kundenwert", in: VDI-Gesellschaft Entwicklung, Konstruktion, Vertrieb (Hrsg.): Vertriebspraxis 1998, Berlin u.a. 1998, S. 121–133

Krafft, M. (1999): Der Kunde im Fokus: Kundennähe, Kundenzufriedenheit, Kundenbindung – und Kundenwert? in: DBW, Nr. 4, Juli/August 1999, S. 511–530

Krafft, M.; Kainer, H.; Marzian, S.H.; Schwarz, P.; Wille, K. (2000): VIP Vertriebs-Informations-Panel 2000, Koblenz 2000

Krafft, M. (2000): Vernetzte Vertriebsteams im Kommen, Kommentar in acquisa, Nr. 6, Juni 2000, S. 12

Krafft, M.; Frenzen, H. (2001): Erfolgsfaktoren für Vertriebsteams, Studie des Zentrums für Unternehmensführung (ZFU) an der wissen. Hochschule für Unternehmensführung (WHO), Vallendar 2001

Krafft, M. (2001): Kundenbindung und Kundenwert, Heidelberg 2001

Krafft, M.; Frenzen, H.; Jeck, M.S. (2002): Anreizsysteme – wie Vertriebsteams entlohnt werden, in: ASW, Nr. 9, September 2002, S. 40–44

Krah, E.-S. (1998): Kundenorientierte Vergütungssysteme: Wer sich engagiert, der kassiert, in: salesprofi, Nr. 10, Oktober 1998, S. 28–30

Krah, E.-S. (1999): Kundenrückgewinnung – So retten Sie Ihren Umsatz, in: salesprofi, Nr. 7, Juli 1999, S. 16–18, Bericht über die Customer Recovery Studie des IMU Mannheim, Prof. Homburg

Krah, E.-S. (2000): Studie Investitionsgütervertrieb – Große Defizite im Verkauf, in: salesprofi, Nr. 1, Januar 2000, S. 16–19

Krah, E.-S. (2000): Kundenbindung – Prima Prämie, in: salesprofi, Nr. 2, Februar 2000, S. 56–58

Krah, E.-S. (2001): Mehrumsätze mit guten Kunden, in: salesBusiness, Nr. 8, August 2001, S. 8–11

Krampe, I. (1998): Kampagnenmanagement – Kundenbeziehungen im Direktmarketing effektiv steuern, in: Hannig, U. (Hrsg.): Managementinformationssysteme in Marketing und Vertrieb, Stuttgart 1998, S. 221–229

Kreutzer, R.T. (1990): Die Basis für den Dialog, in: ASW, Nr. 4, April 1990, S. 104–113

Kreutzer, R.T. (2004): Status und weitere Entwicklung der Kundenbindung in Deutschland, in: DDV (Hrsg.): Who's who im Direktmarketing, 2005, Wiesbaden 2004, S. 26–29

Krumb, U. (1999): Computer Aided Selling: Systeme zur Vertriebs- und Außendienststeuerung, München 1999

Krumb, U. (2002): Kundenbeziehungen erfolgreich managen, Frankfurt 2002

Kulzer, R. (1999): Das Internet schafft den Vertriebsmann nicht ab, Interview mit Th. M. Siebel, in: ASW, user Mai 1999, S. 10

Leitl, M.; Rickens, Ch. (2002): Überleben im Sturm, in: MM, Nr. 2, Februar 2002, S. 145–152

Leitzmann, C.-J.; Conrady, A. (2001): Kampagnenmanagement, in: Direkt Marketing, Nr. 2, Februar 2001, S. 8–11

Lenfers, H. (1994): Das Tridem-Verkaufskonzept, Freiburg i. Br. 1994

Linden, F.A. (1997): Wachsen im Netz, in: ASW, Nr. 7, Juli 1997, S. 102–113

Linden, F.A. (1998): Volles Rohr, in: MM, Nr. 10, Oktober 1998, S. 240–255

Lingenfelder, M. (Hrsg.) (1999): 100 Jahre Betriebswirtschaftslehre in Deutschland – 1898–1998, München 1999

Link, J.; Hildebrand, V.G. (1993): Database Marketing und Computer Aided Selling – Strategische Wettbewerbsvorteile durch neue informationstechnologische Systemkonzeptionen, München 1993

Link, J.; Hildebrand, V.G. (1994): Auf dem Weg zum Standard, in: ASW, Nr. 12, Dezember 1994, S. 78–87

Link, J.; Brändli, D.; Schleuning, Ch.; Kehl, R.E. (Hrsg.) (1997): Handbuch des Database Marketing, Ettlingen 1997

Link, J.; Hildebrand, V.G. (1997): Grundlagen des Database Marketing, in: Link, J. u.a. (Hrsg.): Handbuch des Database Marketing, Ettlingen 1997, S. 13–36

Link, J.; Hildebrand, V.G. (1998): Der Einsatz kundenorientierter Informationssysteme in deutschen Unternehmen, in: Hannig, U. (Hrsg.): Managementinformationssysteme in Marketing und Vertrieb, Stuttgart 1998, S. 17–32

Lodish, L.M. (1975): Sales Territory Alignment to maximize Profits, in: Journal of Marketing Research, Nr. 12, 1975, S. 30–36

Longerich, D. (2003): CRM ist eine Unternehmensphilosophie, Interview mit Jürgen Baier, Direktor Microsoft Business Solution Deutschland, in: IT-Director Nr. 11, November 2003, S. 24–30

Longerich, D. (2004): Banken müssen sich den Lifetime Value ihrer Kunden ansehen, in: IT-Director, Nr. 5, Mai 2004, S. 25–27

Ludewig, M. (1999): Workflow-Systeme – So läuft ihr Vertrieb rund, in: salesprofi, Nr. 11, November 1999, S. 28–31

Lübcke, D.; Petersen, R. (Hrsg.) (1996): Business-to-Business-Marketing, Stuttgart 1996

Lübcke, D. (1996): Aktuelle Strategien im Marketing – Clubs als Krönung der Kundenbindung, in: Lübcke, D.; Petersen, R. (Hrsg.): Business-to-Business Marketing, Stuttgart 1996

Mai, C. (2004): Auf festen Grund gebaut, in: is-Report, Nr. 6, Juni 2004, S. 44–48

Manschwetus, U.; Rumler, A. (Hrsg.) (2002): Strategisches Internetmarketing, Wiesbaden 2002

Markus, M.J.; Benjamin, R.I. (1997): Heilsbringer Informationstechnik? Die Menschen entscheiden, nicht Systeme, in: HBM, Nr. 3/1997, S. 87–98

Martin, W. (2000): Neuer Blickwinkel auf die Kundenbeziehung, in: acquisa, Nr. 4, April 2000, S. 76–79

Martin, W. (2000): Das Closed Loop, in: IT-Director, Nr. 10, Oktober 2000, S. 16

Marzian, S. (1997): Wege zu mehr Vertriebseffizienz, in: acquisa, Nr. 7, Juli 1997, S. 52–54

Marzian, S.; Deppermann, K.-P. (1998): Win-Win, das Ziel aller Vertriebsprozesse, in: ASW, Sondernummer Oktober 1998, S. 142–144

Marzian, S. (1999): Der Vertrieb ist tot … es lebe das Market-Engineering!, in: ASW, Nr. 10, Oktober 1999, S. 74–76

Marzian, S.; Smidt, W. (2002): Vom Vertriebsingenieur zum Market-Ing. – Kunden gewinnen mit System, 2. Auflage, Berlin – Heidelberg, 2002

Marzian, S.; Smidt, W. (2004): Neues Wachstum mit Value Production, Teil 3/Strategisches Controlling, Controller Praxis – Mai 2004; Konzeptpapier im WEKA Verlag

Mauch, W. (1990): Bessere Kundenkontakte dank Sales Cycle, in: Thexis, Nr. 1, 1990, S. 15–18

McCarthy, J. (1960): Basic Marketing: A Managerial Approach, Homewood Illinois 1960

McDonald, St. (1996): Wenn zuviel Kundennähe zur Abhängigkeit führt, in: Harvard Business Manager, Nr. 2, Februar 1996, S. 95–103

Meffert, H. (1991): Marktorientierte Unternehmensführung und Direct Marketing, in: Dallmer, H. (Hrsg.): Handbuch Direct Marketing, 6. Aufl., Wiesbaden 1991, S. 31–49

Meffert, H. (1994): Marketing-Management, Wiesbaden 1994

Meffert, H. (1995): Marketing, in: Tietz, B.; Köhler, R.; Zentes, J. (Hrsg.): Handwörterbuch des Marketing, 2. Auflage, Stuttgart 1995, Sp. 1472–1490

Meffert, H.; Bruhn, M. (1997): Dienstleistungsmarketing, 2. Aufl., Wiesbaden 1997

Meffert, H. (1998): Marketing – Grundlagen marktorientierter Unternehmensführung, 8. Aufl., Wiesbaden 1998

Meister, U.; Meister, H. (1998): Kundenzufriedenheit im Dienstleistungsbereich, 2. Aufl., München – Wien 1998

Meister, U.; Meister, H. (2002): Kundenzufriedenheit messen und managen, München – Wien 2002

Mercuri Goldmann International (Hrsg.) (o. Datum): News Marketing – Vertrieb – Management, Meerbusch ohne Datum

Merx, O.; Bachem, Ch. (Hrsg.) (2004): Multichannel-Marketing-Handbuch, Berlin – Heidelberg u.a., 2004

Meyer, A.; Dornach, F. (1997): Das Deutsche Kundenbarometer – Qualität und Zufriedenheit, in: Simon, H.; Homburg, C. (Hrsg.): Kundenzufriedenheit, 2. Aufl., Wiesbaden 1997, S. 163–184

Meyer, A. (1998) (Hrsg.): Handbuch Dienstleistungsmanagement, Bd. I und II, Stuttgart 1998

Meyer, A.; Dullinger, F. (1998): Methoden zur Planung und Kontrolle von Leistungsprogrammen, in: Meyer, A. (Hrsg.): Handbuch Dienstleistungsmanagement, Bd. I, Stuttgart 1998, S. 766–782

Meyer, A.; Dornach, F. (1998): Branchenübergreifende Kundenbarometer – Anforderungen der Marketingpraxis, in: Marktforschung & Mittelstand, Nr. 4, April 1998, S. 145–150

Meyer, A. (1999): Kundenwert-Berechnungen, zit. in: acquisa, Nr. 3, März 1999, S. 17

Meyer, A. (2000): Reverse Economy – alle Macht dem Kunden, Kurzkommentar in acquisa, Nr. 6, Juni 2000, S. 18

Meyer, H.H.; Schurz, H. (2001): Die letzte Chance in der Kundenbetreuung, in: acquisa, Nr. 5, Mai 2001, S. 40–42

Michalski, S. (2002): Kundenabwanderungs- und Kundenrückgewinnungsprozesse, Wiesbaden 2002

Miedl, A.; Gerlach, A. (2004): Wie Telekom Austria die Kundenbeziehungen systematisch optimiert, in: ASW, Nr. 3, März 2004, S. 44

Miller, B.; Heiman, St.E. mit Tad Tuleja (1992): Schlüsselkunden-Management, Landsberg am Lech, 1992

Miller, B. (1998): Kundeninformationen – So bleiben Sie mit Kunden in Kontakt, in: acquisa, Nr. 6, Juni 1998, S. 80–83

Minten, M. (2004): Vergütungssysteme – Bessere Leistung – mehr Geld, in: salesBusiness, Nr. 10, Oktober 2004, S. 9–15

Moll, D. (1999): Schnittstellen-Management – Beziehungen verbessern, in: Creditreform, Nr. 10, Oktober 1999, S. 12–13

Mühlberger, A.B. (1998): Mehr Umsatz, zufriedene Kunden, stolze Verkäufer – erfolgreiches CAS-Projekt bei der Hilti AG, Schaan, in: salesprofi, Nr. 10, Oktober 1998, S. 54–57

Mülder, W.; Weis, H. Ch. (1996): Computergestütztes Marketing, Ludwigshafen 1996

Müller, J. (1999): Was den Kunden bindet, in: TextilWirtschaft, Nr. 21 v. 27.5.1999, S. 40–43

Müller, K. (2002): Was macht eigentlich der CRM-Manager – CRM zwischen Technik und Marketing, in: Computerwoche, Nr. 26/2002, S. 40

Müller, E.; Preissner, A. (1999): SAP – Besser spät als nie, in: MM, Nr. 11, November 1999, S. 61–73

Müller-Hagedorn, L. (1993): Handelsmarketing, Stuttgart u.a. 1993

Müller-Hagedorn, L. (1998): Der Handel, Stuttgart 1998

Muhr, Ch. (2000): Geographische Informationssysteme – Sehen, worauf es ankommt, in: salesprofi, Nr. 2, Februar 2000, S. 29–32

Mummert & Partner; F.A.Z.-Institut 2004): Managementkompass Vertriebssteuerung, Hamburg – Frankfurt 2004

Niederdrenk, R. (1996): Key-Account-Manager sind in ihrer Arbeit oft auf sich alleine gestellt, in: Blick durch die Wirtschaft v. 15.4.1996, S. 9

Niemann, F. (2004): eCommerce in Deutschland blüht, in: Computerwoche Nr. 22/2004, S. 10–11

Nieschlag, R.; Dichtl, E.; Hörschgen, H. (1997): Marketing – ein entscheidungstheoretischer Ansatz, 18. Aufl., Berlin 1997

Nitsche, M.; Reuscher, D.; Klaholz, U. (1999): Micromarketing – Nutzen Sie jedes Kunden-Potenzial, in: salesprofi, Nr. 8, August 1999, S. 41–45

Oberparleitner, K. (1930): Funktionen und Risikenlehre des Warenhandels, Berlin 1930

Oess, A. (1994): Total Quality Management – die ganzheitliche Qualitätsstrategie, Wiesbaden 1994

Oehme, W. (2001): Handels-Marketing, 3. Auflage, München 2001

Oggenfuss, Ch.W.; Lacher, R. (1994): Neue Wege der Kundenpflege – „Retention Marketing", in: Spies, St.; Fisseler, D. (Hrsg.): Produkte mit Profil, Wiesbaden 1994

Ottomeier, M. (2002): SAPs CRM-Umsatz ist nicht überprüfbar, Interview mit Tom Siebel, in: Computerwoche, Nr. 48/2002, S. 12–13

o.V. (1996): Die große Kluft, in: Blick durch die Wirtschaft v. 17.6.1996, S. 9

o.V. (1996): Auch ohne Adresse ans Ziel, in: ASW, Nr. 10, Oktober 1996, S. 112–114

o.V. (1997): Tools für Marktforscher – Ist der zufriedene Kunden wirklich zufrieden?, in: Markt und Mittelstand, Nr. 1, Januar 1997, S. 38–39

o.V. (1997): Kundenerfolgsrechnung tut not, in: PM-Beratungsbrief, Nr. 442 v. 27.1.1997, S. 1

o.V. (1997): Call Center boomen, in: PM-Beratungsbrief, Nr. 442 v. 27.1.1997, S. 6

o.V. (1997): Welcher Service dem Kunden wichtig ist, in: BdW v. 23.5.1997, S. 1

o.V. (1997): Die besten Methoden, Kunden zu klassifizieren, in: acquisa, Nr. 7, Juli 1997, S. 55–57

o.V. (1997): Der Trend geht zu Bonussystemen, in: VAA Nachrichten, Nr. 11, November 1997, S. 1–2

o.V. (1997): Sechs neue Berufe ab 1998, in: Landshuter Zeitung v. 30.12.1997, S. 35

o.V. (1998): Auf der Suche nach der ultima ratio, in: ASW, Nr. 1, Januar 1998, S. 98

o.V. (1998): Mehr Zeit für das Wesentliche, in: ASW, Nr. 3, März 1998, S. 104–105

o.V. (1998): Wenig Innovatives, in: ASW, Nr. 3, März 1998, S. 22

o.V. (1998): Effektivere Call Center, in: PM-Beratungsbrief, Nr. 476 v. 25.5.1998, S. 3

o.V. (1998): Konkurrenz Internet, in: ASW, Nr. 6, Juni 1998, S. 108

o.V. (1998): Emotionen auch im Business, in: PM-Beratungsbrief, Nr. 479 v. 6.7.1998, S. 1

o.V. (1998): Management der Kundenzufriedenheit, in: PM-Beratungsbrief, Nr. 479 v. 6.7.1998, S. 3

o.V. (1998): Daten zur Budgetplanung, in: ASW, Nr. 7, Juli 1998, S. 90

o.V. (1998): Servicewüste Deutschland, in: Landshuter Zeitung v. 7.9.1998

o.V. (1998): Entscheider im Lebensmitteleinzelhandel, PM-Beratungsbrief, Nr. 489 v. 23.11.1998, S. 4

o.V. (1999): Erst die Philosophie, dann das Programm, in: M@rketplus, Microsoft-Magazin, Nr. 1, Januar 1999, S. 8–12

o.V. (1999): Neue Chancen durch Vertriebssoftware, in: acquisa, Nr. 3, März 1999, S. 54–60

o.V. (1999): Eine durchgängige Sicht auf den Kunden, in: ASW, user Mai 1999, S. 33

o.V. (1999): Leonberger: Mehr Vertriebspower, in: salesprofi, Nr. 8, August 1999, S. 21

o.V. (1999): CRM – Vertrieb hat die Nase vorn, in: salesprofi, Nr. 8, August 1999, S. 32

o.V. (1999): Messen sind in der Rolle des Innovators, in: ASW, Nr. 8, August 1999, S. 102–103

o.V. (1999): Bayer/Hoechst: Vertriebsunterstützung über Produktdatenbank – In 4 1/2 Monaten von Null auf Hundert, in: Client/Server Magazin, Nr. 10, Oktober 1999, S. 88–89

o.V. (1999): Kunde zurückgewonnen – Gewinn verloren? In: PM-Beratungsbrief, Nr. 513 v. 8.11.1999, S. 1

o.V. (1999): Erfolgsfaktor Verkaufsgebiet, in: Verkaufsleiterservice, Nr. 681 v. 20.11.1999, S. 1–2

o.V. (1999): Kundenwertmodelle: Zeigen Sie dem Kunden, was Ihr Angebot wert ist, in: Verkaufsleiter Service, Nr. 676 v. 11.9.1999, S. 1–2

o.V. (2000): Alter Wein in neuen Schläuchen, in: M@rketplus, Microsoft-Magazin, Nr. 1, Januar 2000, S. 22–23

o.V. (2000): Vertriebs-Außendienstinformationssystem – den Kunden im Visier, in: asw user Magazin, Nr. 1/2000, S. 14–15

o.V. (2000): Vertriebstrends 2005 – Goldene Zukunft für Verkäufer, in: salesprofi, Nr. 2, Februar 2000, S. 8–13

o.V. (2000): Strategien für Sieger – verschiedene Beispiele für neue Geschäftsmodelle im Internet-Vertrieb, in: MM, Nr. 2, Februar 2000, S. 142–161 (verschiedene Beiträge)

o.V. (2000): eCommerce – Von der Einbahnstraße zur Interaktion, in: acquisa, Nr. 4, April 2000, S. 58–59

o.V. (2000): Kundenservice: Vom Call Center zum Solution Center, in: Verkaufsleiter Service, Nr. 691 v. 29.4.2000, 2000, S. 1–2

o.V. (2000): Heute Außendienstler – morgen Call-Center-Agent, in: acquisa, Nr. 5, Mai 2000, S. 50–53

o.V. (2000): Kundenmanagement – Bestimmen Sie den Lebenszyklus Ihrer Kunden, in: Verkaufsleiter Service Nr. 693, v. 27.5.2000, S. 4 in Anlehnung an Servmark 1999, Stauss/Bond, Thexis 2/2000

o.V. (2000): Vertriebs-Außendienstinformationssystem – den Kunden im Visier, Bayer Vital GmH & Co.KG, in: ASW-user, Nr. 1, Mai 2000, S. 14–15

o.V. (2000): Exchanges im Portal, in: Client/Server Magazin, Nr. 5, Mai 2000, S. 62

o.V. (2000): Das große Chaos, in: Informationweek Nr. 14 v. 2.6.2000, S. 30–39

o.V. (2000): Selly gegen Sales Reps – Kontakthinweis in ASW, Nr. 7, Juli 2000, S. 27

o.V. (2000): Volksbank : Direktvertrieb extra, in: salesprofi, Nr. 7, Juli 2000, S. 25

o.V. (2002): Mehrkanalvertrieb – Viele Wege führen zum Kunden, in: salesBusiness, Nr. 1, Januar 2002, S. 24–26

o.V. (2002): Service mit Verwöhn-Aroma, in: Service Today, Nr. 3, März 2002, S. 16–17

o.V. (2002): Nimm zwei: CRM und ERP im Paket, in: acquisa, Nr. 3, März 2002, S. 62–64

o.V. (2002): CRM – mehr Wille als Wirklichkeit, in: Computerwoche, Nr. 21/2002, S. 32

o.V. (2002): CRM versus ERP, in: acquisa, Nr. 6, Juni 2002, S. 38–41

o.V. (2002): Nach dem Boom ist vor dem Boom, in: ASW, Nr. 6, Juni 2002, S. 7

o.V. (2002): Die Anwender wollen Best of Breed, Interview mit Ray Lane, in: Computerwoche, Nr. 27/2002, S. 10–11

o.V. (2002): CRM à la VW: Eine Basis für alle, in: Computerwoche, Nr. 27/2002, S. 32

o.V. (2002): Customer Relationship Management bringt die Softwarebranche auf Trab, in: Computerwoche, Nr. 29/2002, S. 29

o.V. (2002): Microsoft-CRM für den Mittelstand, in: Computerwoche, Nr. 29/2002, S. 4

o.V. (2002): CRM für Banken – hiergeblieben, in: CRMprofi, Nr. 6+7, Juni/Juli 2002, S. 8–11

o.V. (2002): VW kündigt 8500 Händlern wegen neuer EU-Vorgaben, in: Landshuter Zeitung v. 3.9.2002

o.V. (2002): Siebel stellt Prozesse in den Vordergrund, in: Computerwoche, Nr. 32/2002, S. 9

o.V. (2002): SAP erhält Millionenauftrag von Ford und Caterpillar, in: Computerwoche, Nr. 32/2002, S. 5

o.V. (2002): Business Intelligence im Trend, in: Computerwoche, Nr. 39/2002, S. 6

o.V. (2002): Vertriebs-Tools haken bei der Einführung, in: ComputerZeitung, Nr. 44/2002, S. 16

o.V. (2002): Gartner ruft das Real Time Enterprise aus, in: Computerwoche, Nr. 46/2002, S. 12–13

o.V. (2003): E-Business ist in den Konzernen Alltag, in: Computerwoche, Nr. 6/2003, S. 30–31

o.V. (2003): Versicherungen verschlafen Absatzchancen, in: acquisa, Nr. 7, Juli 2003, S. 38–39

o.V. (2004): CRM-Implementierungen – und sie lohnen sich doch, in: Computerwoche Nr. 9/2004, S. 29

o.V. (2004): Covisint – ein 500-Millionen-Dollar-Flop, in: Computerwoche Nr. 15/2004, S. 28–29

o.V. (2004): Bei Portalen entscheiden die Details, in: Computerwoche Nr. 19/2004, S. 16–17

o.V. (2004): Durchwachsene Noten für Microsoft CRM, in: Computerwoche, Nr. 27/2004, S. 23

Pälike, F. (1999): Global in Action – wo der Spaß aufhört, Interview mit R. Mayr, Stihl AG, in: ASW, Sondernummer Oktober 1999, S. 94–97

Panhans, T. (2004): Anleitung für effizientes Networking, in: acquisa, Nr. 6, Juni 2004, S. 56–58

Payne, A.; Rapp, R. (Hrsg.) (2003): Handbuch Relationship Marketing, 2. Aufl., München 2003

Pepels, W. (1998): Marketing, 2. Aufl., München – Wien 1998

Pepels, W. (Hrsg.) (1998): Absatzpolitik, Wiesbaden 1998

Pepels, W. (1998): Der Indirektabsatz, in: Pepels, W. (Hrsg.): Absatzpolitik, Wiesbaden 1998, S. 103–130

Pepels, W. (Hrsg.) (1999): Business-to-Business Marketing, Handbuch für Vertrieb, Technik, Service, Neuwied – Kriftel 1999

Pepels, W. (Hrsg.) (1999): Distributions- und Verkaufspolitik, Köln 1999

Pepels, W. (Hrsg.) (2002): Handbuch Vertrieb, München – Wien 2002

Pepels, W. (2002): Stellenwert des Vertriebs in Literatur und Praxis, in: Pepels, W. (Hrsg.): Handbuch Vertrieb, München – Wien 2002, S. 3–10

Peters, Th., J.; Waterman jr., R.H. (1986): Auf der Suche nach Spitzenleistungen, Landsberg am Lech 1986

Petersen, R. (1996): Beziehungsmarketing und Clubmarketing im Business-to-Business-Bereich, in: Lübcke, D.; Petersen, R. (Hrsg.) (1996): Business-to-Business-Marketing, Stuttgart 1996, S. 27–40

Pieske, R. (1993): Besser entscheiden mit Offer-Screening, in: ASW, Sondernummer Oktober 1993, S. 206–213

Pickens, J.W. (1989): Erfolgsstrategien für offensive Verkäufer, Wiesbaden 1989

Pinczolits, K. (1998): Der Schlagzahlmanager, Frankfurt – New York 1998

Pinczolits, K. (2003): Der befreite Vertrieb, Frankfurt – New York 2003

Piontek, J. (1995): Distributionscontrolling, München – Wien 1995

Piontek, J. (1998): Die Absatzkontrolle, in: Pepels, W. (Hrsg.): Absatzpolitik, München 1998, S. 275–317

Plehwe, K. (2001): CRM muß Chefsache werden, in: acquisa, Nr. 4, April 2001, S. 22–23

Plesser, F.J.; Schönhals, F.R. (2002): Vertriebskompetenz – Kundenbetreuer in Marketing-Verantwortung, in: ASW, Nr. 4, april 2002, S. 32–36

Plinke, W.; Rese, M. (1995): Analyse der Erfolgsquellen, in: Kleinaltenkamp, M.; Plinke, W. (Hrsg.): Technischer Vertrieb, Heidelberg-New York 1995, S. 597–660

Plinke, W. (1996): Kundenorientierung als Voraussetzung der Customer Integration, in: Kleinaltenkamp, M.; Fließ, S.; Jakob, F. (Hrsg.): Customer Integration – von der Kundenorientierung zur Kundenintegration, Wiesbaden 1996, S. 41–56

Plinke, W. (1997): Bedeutende Kunden, in: Kleinaltenkamp, M; Plinke, W. (Hrsg.): Geschäftsbeziehungsmanagement, Berlin u.a. 1997, S. 113–159

Ploss, D. (2002): Kundenbindung ist teuer? Denkste, in: Online-Marketing-Praxis, Nr. 2, Februar 2002, S. 10

Pörner, R. (1999): Kundenzufriedenheitsermittlung im Business-to-Business-Bereich, in: Pepels, W. (Hrsg.): Business-to-Business Marketing, Neuwied – Kriftel 1999, S. 527–547

Porter, M.E. (1992): Wettbewerbsstrategie, Frankfurt 1992

Poth, L.G.; Poth, G.S. (1986): Marketing, Grundlagen und Fallstudien, München 1986

Potreck, A. (1997): Entwicklung und Implementierung eines Vertriebsinformationssystems im Elektromaschinenbau, in: Link, J.; Brändli, D.; Schleuning, Ch.; Kehl, R.E. (Hrsg.) (1997): Handbuch Database Marketing, Ettlingen 1997, S. 739–757

Povh, G. (2004): Kundenwertmanagement mit System, in: acquisa Trendbook CRM 2004, Würzburg 2004, S. 50–51

Pracht, S. (2005): Der Vertrieb gewinnt, acquisa, Nr. 1, Januar 2005, S. 14–18

Preißler, P.R. (1996): Verbesserung des Kosten-Nutzen-Verhältnisses im Absatzbereich, Eschborn 1996

Preißler, P.R. (2000): Controlling, 12. Aufl., München – Wien 2000

Preißner, A. (1997): Marketing Praxis für Manager – Was Sie vom Erfolg der anderen lernen können, Frankfurt am Main 1997

Preißner, A. (1999): Warten auf online.de, in: MM, Nr. 3, März 1999, S. 188–196

Preißner, A. (1998): Die Absatzplanung, in: Pepels, W. (Hrsg.): Absatzpolitik, Wiesbaden 1998, S. 241–271

Preißner, A. (2000): Marketing- und Vertriebssteuerung, München – Wien 2000

Preß, B. (1997): Kaufverhalten in Geschäftsbeziehungen, in: Kleinaltenkamp, M; Plinke, W. (Hrsg.): Geschäftsbeziehungsmanagement, Berlin u.a. 1997, S. 65–111

Raddatz, Th. (2002): Verhandlungsstrategien – Gute Verhandler fragen nach, in: salesBusiness, Nr. 9, September 2002, S. 46–47

Ramme, I. (2002): Kundenzufriedenheit und Kundenbindung, in: Pepels, W. (Hrsg.): Handbuch Vertrieb, München – Wien 2002, S. 437–452

Randlkofer, F.; Zehetbauer, R. (1997): Phasenmodell für das Business-to-Business, in: ASW, Nr. 3, März 1997, S. 50–54

Rapp, R. (2001): Customer Relationship Management, 2. Aufl., Frankfurt 2001

Rapp, R.; Storbacke, K.; Kaario, K. (2002): Strategisches Account Management, Wiesbaden 2002

Reckert, K. (1999): Konsequenter Fokus auf die Konsumgüterindustrie, Interview mit Stefan Joneck, Geschäftsführer der CAS AG, in: Client/Server, Nr. 6, Juni 1999 (hier: Sonderdruck ohne Seitenzahl)

Reichheld, F.F. (1997): Lernen Sie von abtrünnigen Kunden was Sie falsch machen, in: HBM, Nr. 2/1997, S. 57–68

Reichheld, F.F. (1997): Der Loyalitäts-Effekt, Frankfurt – New York 1997

Reichheld, F.F.; Sasser, E.W. (1999): Zero-Migration: Dienstleister im Sog der Qualitätsrevolution, in: Bruhn, M.; Homburg, Ch. (Hrsg.): Handbuch Kundenbindungsmanagement, Grundlagen – Konzepte – Erfahrungen, 2. Aufl., Wiesbaden 1999, S. 134–150

Reichheld, F.F. (1999): Loyalität und die Renaissance des Marketing, in: Payne, A.; Rapp, R. (Hrsg.): Handbuch Relationship Marketing, München 1999, S. 49–67. Nachdruck des Aufsatzes: Loyality and the Renaissance of Marketing, in: Marketing Management, 2 (4) 1994, S. 49–67

Reichmann, Th. Controlling mit Kennzahlen und Managementberichten, 6. Aufl., München 2000; 5. Aufl., München 1997

Reichwald, R.; Bastian, Ch.; Lohse, Ch. (2000): Vertriebsmanagement im Wandel – neue Anforderungen an die Gestaltung der Kundenschnittstelle, in: Reichwald, R.; Bullinger, H.-J. (Hrsg.): Vertriebsmanagement, Stuttgart 2000, S. 3–31

Reichwald, R.; Bullinger, H.-J. (Hrsg.) (2000): Vertriebsmanagement, Stuttgart 2000

Reinecke, S.; Sipötz, E.; Wiemann, E.-M. (Hrsg.) (1998): Total Customer Care, Kundenorientierung auf dem Prüfstand, St. Gallen – Wien 1998

Reinelt, F. (2002): Business Intelligence im Vertrieb – Geschäftsdaten in Erfolgspotenziale verwandeln, in: salesBusiness, Nr. 9, September 2002, S. 32–35

Reith, M. (2001): Warum CRM im BtoC anders funktioniert, in: acquisa, Nr. 3, März 2001, S. 32–34

Reitz, U. (2000): Den Otto-Katalog gibt es noch lange, Interview der Welt am Sonntag mit Michael Otto, Welt am Sonntag, v. 26.3.2000, S. 55

Rentzsch, H.-P. (1995): Welches sind die Erfolgsfaktoren für die Vertriebssteuerung, in: VDI (Hrsg.): Besondere Vertriebserfolge durch systematische Marktbearbeitung, Berlin 1995, S. 97–115

Rentzsch, H.-P. (1999): Beziehungsmanagement – Nach dem Auftrag dran bleiben, in: salesprofi, Nr. 7, Juli 1999, S. 56–59

Rentzsch, H.-P. (2001): Kundenorientiert verkaufen im Technischen Vertrieb, 2. Auflage, Wiesbaden 2001

Richter, U.; Brand, F.-J. (1999): Direktmarketing – Geführter Kundenkontakt, in: ASW, Nr. 12, Dezember 1999, S. 66–68

Rickes, S.; Hassell J. von (2004): Qualitätsoffensive im Vertrieb, in: salesBusiness, Nr. 7/8, Juli-August 2004, S. 16–19

Rieke, H.; Stein, I. (1998): Electronic Commerce – den Nutzer in die Wertschöpfungskette integrieren, in: ASW, Nr. 4, April 1998, S. 53–56

Ritter, U. (1998): Das Management von Kundenbeziehungen, unveröffentlichtes Manuskript, Internes Papier von Siebel, München 1998

Roll, O. (1996): Marketing im Internet, München 1996

Romhardt, K. (2001): Wissen ist machbar, München 2001

Roth, S. (2002): CRM sorgt für himmlischen Service, in: acquisa, Nr. 9, September 2002, S. 42–44

Roth, S. (2004): Menschenkenntnis auf einen Klick, in: acquisa, Nr. 7, Juli 2004, S. 50–52

Ruher, J. (1998): Die drei von der Baustelle/die großen Vier für Firmensoftware, in: MM, Nr. 4, April 1998, S. 114–126

Rust, R.T.; Oliver, R.L. (Hrsg.) (1994): Service Quality – new directions in theory and practice, Thousand Oaks CA, 1994

Rust, R.T.; Zeithaml, V. A.; Lemon, K.N. (2000): Driving Customer Equity, New York u.a. 2000

Sabel, H. (1999): Geschichte des Marketing in Deutschland, in: Lingenfelder (Hrsg.): 100 Jahre Betriebswirtschaftslehre in Deutschland 1898–1989, München 1999, S. 169–180

Saint-Exupéry, A. de (1956): Der Kleine Prinz, Düsseldorf 1956

salesprofi (Hrsg.) (1998): CAS-Report 1998/99, Wiesbaden 1998

salesprofi (Hrsg.) (1999): CAS-Report 1999, Wiesbaden 1999

salesprofi (Hrsg.) (2000): CRM-Report 2000, Wiesbaden 2000

salesBusiness (Hrsg.) (2001): CRM-Report 2002, Wiesbaden 2001

salesBusiness (Hrsg.) (2002): CRM-Report 2002, Wiesbaden 2002

Sauerbrey, C. (1999): Customer Recovery, Management Studie an der FH Hannover, Hannover 1999

Sauerbrey, Ch.; Henning, R. (2000): Kunden-Rückgewinnung, München 2000

Schaffry, A. (2003): Auch der Mittelstand braucht CRM, in: Horn, Ch.; Kölmel, B.; Ried, Ch. (Hrsg.): CRM im Mittelstand, 2. Auflage, ohne Verlagsangabe, 2003 (ISBN 3–00–010892–0), S. 20–40

Scharioth, J. (1996): Tri:M als Voraussetzung für ein erfolgreiches Kundenbindungsmanagement, in: Lübcke, D.; Petersen, R. (Hrsg): Business-to-Business-Marketing, Stuttgart 1996, S. 41–52

Scharioth, J. (1997): Kundenbindungsmanagement – eine Tri:M-Fallstudie, Manuskript 1997

Scharioth, J.; Pirner, P. (1999): TRI:M – Messung der Kundenbindung im Dienste des Stakeholdermanagements, in: Herrmann, A.; Jasny, R.; Vetter, I. (Hrsg.): Kunden Orientierung von Banken – Strategien für Kundennähe und effektives Beziehungsmanagement, Frankfurt 1999, S. 323–347

Scharioth, J. (1999): Der Lebenszyklus von Qualitätselementen als Herausforderung für die Kundenbindung und das Stakeholdermanagement, in: Payne, A.; Rapp, R. (Hrsg.): Handbuch Relationship Marketing, München 1999, S. 151–163

Scharioth, J. (2000): Messungen von Kunden- und Mitarbeiterbeziehungen, in: Knecht, P.; Mecheels, St. (Hrsg.): Erfolgreiches Beziehungsmarketing in der textilen Kette, Frankfurt 2000, S. 2263–275

Scharnbacher, K.; Kiefer, G. (1998): Kundenzufriedenheit – Analyse, Messbarkeit und Zertifizierung, 2. Aufl., München – Wien 1998

Schauenburg, J. (1999): Kundennutzenanalyse – ein neues Verfahren zur Bestimmung und Verbesserung der Wettbewerbsfähigkeit von Industriegütern, Frankfurt am Main u.a. 1999

Scheepers, H. (1999): Vergütungstrends im Vertrieb – Wo Sie richtig Kasse machen, in: salesprofi, Nr. 9, September 1999, S. 18–21

Scheer, A.W.; Jost, W. (Hrsg.) (2002): ARIS in der Praxis, Berlin u.a. 2002

Scheitlin, V. (1995): So verkaufen Sie professionell, Landsberg am Lech 1995

Schemuth, J. (1996): Möglichkeiten und Grenzen der Bestimmung des Wertes eines Kunden für ein Unternehmen der Automobilindustrie, München 1996

Schimmel-Schloo, M. (1994): Computerunterstützung und neue Techniken für den organisierten Umsatzerfolg, Würzburg 1994

Schimmel-Schloo, M. (Hrsg.) (1996): Zukunft Verkauf – Neue Wege für Ihren Erfolg, Würzburg 1996

Schimmel-Schloo, M. (1998): Auf diese Zahlen können sie bauen, in: acquisa, Nr. 1, Januar 1998, S. 13–19

Schimmel-Schloo, M. (1999): Unternehmen entdecken den Kunden, in: acquisa, Nr. 10, Oktober 1999, S. 88–95

Schimmel-Schloo, M. (1999): CRM in Deutschland – die Realität, in: acquisa-Messespecial 1999, S. 20

Schimmel-Schloo, M. (2001): Die Berater machen das große Geschäft, in: acquisa, Nr. 11, November 2001, S. 50–51

Schimmel-Schloo, M. (2002): Pro Monat elf ganze Vertriebstage mehr, in: acquisa Nr. 5, Mai 2002, S. 44–48

Schinzer, H.; Bange, C.; Mertens, H. (1999): Data Warehouse und Data Mining, 2. Aufl., München 1999

Schmengler, J. (1999): Bedeutung der Nachkaufphase für die Kundenbindung, in: Pepels, W. (Hrsg.): Business-to-Business Marketing, Neuwied – Kriftel 1999, S. 548–566

Schmidt, S. (1999): Kundenrückgewinnung – Jeder Vierte kommt zurück, in: salesprofi, Nr. 11, November 1999, S. 18–20

Schmitz, A. (2002): Fallstudie Union Investment – Ende der Monolithen, Sonderdruck aus Chief Information Officer (CIO) vom März 2002

Schneider, D. (1992): Investition und Finanzierung, 4. Aufl., Opladen 1986

Schneider, A. (2001): Cross-Selling noch unterentwickelt, in: acquisa, Nr. 4, April 2001, S. 24–26

Schrank, R.; Litschke, M. (2002) BtoB-Markt – Rationale Verhandlungen statt Preispoker, in: ASW, Nr. 9, September 2002, S. 46–51

Schütz, P. (2002): Die tausend Tode der Effizienz, in: ASW Sonderausgabe zum Deutschen Marketing-Tag 2002, S. 32–55

Schütz, P. (2003): Grabenkriege im Management, Bielefeld 2003

Schuler,R.R. (2004): So kommt CRM richtig in Schwung, in: IT-Director, Nr. 5, Mai 2004, S. 48–49

Schulz von Thun, F. (1993): Miteinander Reden I, Störungen und Klärungen, Landsberg am Lech 1993

Schulz, D. (2002): Zusammenarbeit von Verkauf und Service – die Synergien nutzen, in: salesBusiness, Nr. 12, Dezember 2002, S. 24–26

Schulze, H.S. (1999): Erhöhung der Dienstleistungsqualität durch transaktionsanalytische orientierte Personalschulungen, in: Bruhn, M.; Stauss, B. (Hrsg.): Dienstleistungsqualität, 3. Aufl., Wiesbaden 1999, S. 261–285

Schulze, H.S. (2002): Beziehungsmanagement – Vertrieb als persönlicher Kontakt zwischen Menschen, in: Pepels, W. (Hrsg.): Handbuch Vertrieb, München – Wien 2002, S. 137–158

Schulze, J. (2002): CRM erfolgreich einführen, Berlin – Heidelberg – New York 2002

Schumacher, J.; Meyer, M. (2004): Customer Relationship Management, Berlin – Heidelberg 2004

Schwab, W. (2002): Die CRM-Scorecard – Strategische Steuerung und Analyse kundenorientierter Geschäftsprozesse, in: Ahlert, D.; Becker, J.; Knackstedt, R.; Wunderlich, M. (Hrsg.): Customer Relationship Management im Handel, Berlin u.a. 2002, S. 381–396

Schwarz, T. (2000): Permission-Marketing macht Kunden süchtig, in: acquisa, Nr. 8, August 2000, S. 44–46

Schwarzer, U. (1997): Ich habe keine Feinde, Interview mit Bill Gates: in MM, Nr. 12, Dezember 1997, S. 122–130

Schwetz, W. (1997): CAS für jede Gelegenheit, in: acquisa, Nr. 3, März 1997, S. 58–63

Schwetz, W. (1998): CAS-Markttrends – Vorstoss in neue Dimensionen, in: salesprofi, Nr. 10, Oktober 1998, S. 44–48

Schwetz, W. (1998): Leistungsspektrum moderner CAS-Systeme – Totale Integration aller Kundendaten, in: CAS-Report 1998/99, Wiesbaden 1998, S. 6–11

Schwetz, W. (1998): CAS-Softwareauswahl – Step by Step zum richtigen System, in: salesprofi (Hrsg.): CAS-Report 1998/99, Wiesbaden 1998, S. 28–30

Schwetz, W.; Mühlberger, A.B. (1999): Vertriebs-, Marketing- und Service-Automation, in: salesprofi (Hrsg.): CAS-Report 1999, Wiesbaden 1999, S. 4–7

Schwetz, W. (1999): Einführung von Kundenmanagement-Systemen – Die Lehren aus den Flops, in: salesprofi (Hrsg.): CAS-Report 1999, Wiesbaden 1999, S. 8–14

Schwetz, W. (1999): Geomarketing – Die dritte Dimension im Vertrieb, in: salesprofi, Nr. 8, August 1999, S. 36–40

Schwetz, W. (1999): CRM-Markt weiter heiß umkämpft, in: acquisa-Messespecial 1999, S. 16–18

Schwetz, W. (2000): Customer Relationship Management, Wiesbaden 2000

Schwetz, W. (2002): CRM-Markt in der Konsolidierung – Die Gewinner und Verlierer im Jahr 2001, in: salesBusiness (Hrsg.): CRM-Report 2002, Wiesbaden 2002, S. 6–9

Schwetz, W. (2002): Produktauswahl mit System, in: Computerwoche, Nr. 11/2002, S. 70–71

Schwetz, W. (2002): Softwaretrends im deutschen CRM-Markt, in: acquisa, Sonderheft zur CRM-expo 2002, S. 10

Schwetz, W. (2002): Marktspiegel CRM 2002: 125 CRM-Systeme im Überblick mit über 500 Bewertungskriterien pro System, 12. Auflage, Karlsruhe 2002

Schwetz, W. (2003): Bestandskundenpflege geht vor, in: salesBusiness, Nr. 9, September 2003, S. 22–25

Seibel, N. (2000): Der Arbeitsmarkt für Vertriebsführungskräfte, Studienarbeit an der FH Landshut im WS 1999/2000

Seiler, A. (1992): Marketing, 2. Aufl., Zürich – Wiesbaden 1992

Senn, Ch. (1997): Key Account Management für Investitionsgüter, Wien 1997

Sexauer, H.J. (2002): Entwicklungslinien des Customer Relationship Management (CRM): in: WiSt, Heft 4, April 2002, S. 218–222

Sexl, St. (2000): Business Portale – One stop shopping für Entscheider, in: Client/Server Magazin, Nr. 4, April 2000, S. 34–35

Sidow, H.D. (2002): Key Account Management, 7. Aufl., Landsberg am Lech 2002

Siebel, Th. M.; Malone, M.S. (1996): Virtual Selling New York u.a. 1996

Siebel, Th. M.; Malone, M.S. (1998): Die Informationsrevolution im Vertrieb, Wiesbaden 1998

Siebel (2000): Siebel CRM-Führer zur CeBIT 2000, insbes. Mehrkanalstrategien, Beilage zum MM, Nr. 2, Februar 2000, S. 69–77)

Siebel/IBM (2002): Neue Wege zum integrierten kundenorientierten Unternehmen – ein Spezialbericht von IBM und Siebel, 2002 (erstellt von Carol Hildebrand, USA)

Siebel (Hrsg.) (2003): Best Practices im Customer Relationship Management, Ismaning 2003

Simon, H.; Homburg, Ch. (Hrsg.) (1997): Kundenzufriedenheit, Konzepte – Methoden – Erfahrungen, 2. Aufl., Wiesbaden 1997

Simon, H. (2001), E-Frontation, in: MM, Nr. 9, August 2001, S. 100

Skaupy, W. (1995): Franchising: Handbuch für die Betriebs- und Rechtspraxis, 2. Aufl., München 1995

Smidt, W.; Marzian, S.H. (2001): Brennpunkt Kundenwert – Mit dem Customer Equity Kundenpotenziale erhellen, erweitern und ausschöpfen, Berlin – Heidelberg u.a. 2001

Sneed, H. (2002): EAI räumt im Unternehmen auf, in: Computerwoche, Nr. 39/2002, S. 40–41

Soliman; Justur; Arena (1997): Wie Hersteller ihren Vertrieb auf Kundengruppen ausrichten, in: HBM, Nr. 2, Februar 1997, S. 19–30

Specht, G. (1998): Distributionsmanagement, 3. Aufl., Stuttgart – Berlin – Köln 1998

Spies, St.; Fisseler, D. (Hrsg.) (1994): Produkte im Profil, Wiesbaden 1994

Sprenger, R. K. (1992): Mythos Motivation, 2. Aufl., Frankfurt – New York 1992

Stahl, H. K. (1997): Die Qualität der Kundenbeziehung in: IO, Nr. 9, September 1997, S. 30–35

Stahl, H.K. (2002): Kundenloyalität kritisch betrachtet, in: Hinterhuber, H.H.; Matzler, K. (Hrsg.): Kundenorientierte Unternehmensführung, 3. Auflage, Wiesbaden 2002, S. 99–115

Stanke, A.; Ulbricht, B. (1996): Team-Organisation: Kundenorientierung durch geballte Kompetenz, in: ASW, Nr. 5, Mai 1996, S. 58–62

Staufenbiel, J.E. (Hrsg.): Berufsplanung für den Management-Nachwuchs, 22. Auflage START 2002

Stauss, B.; Seidel, W. (1998): Beschwerdemanagement, 2. Aufl., München 1998

Stauss, B.; Neuhaus, P. (2002): Das Qualitative Zufriedenheitsmodell (QZM), in: Hinterhuber, H.H.; Matzler, K. (Hrsg.): Kundenorientierte Unternehmensführung, 3. Auflage, Wiesbaden 2002S. 83–45

Stauss, Bernd; Schöler, Andreas (2004): Beschwerdemanagement Excellence, Wiesbaden 2003

Steindorf, D.; Riehle, A.; Franke, H. (1999): Kundenbindung im Gesundheitsmarkt: Das Beispiel der Roche Diagnostics GmbH, in: Bruhn, M.; Homburg, Ch. (Hrsg.): Handbuch Kundenbindungsmanagement, Wiesbaden 1999, S. 675–688

Stender, M.; The, Tek-Seng; Rack, Hans-Peter (2000): Von Computer Aides Selling bis Internet, in: Reichwald, R.; Bullinger, H.-J. (Hrsg.): Vertriebsmanagement, Stuttgart 2000, S. 89–128

Stickler, W. (2001): Die Asse im Verhandlungspoker, in: salesBusiness, Nr. 10, Oktober 2001, S. 68–71

Stippel, P. (1996): Interview mit Dr. Zetsche, in: ASW, Nr. 5, Mail 1996, S. 18

Stolz R.W. (1997): Strategisches Vertriebsmanagement, Heidelberg 1997

Stubbe, F.J.; Hassmann, V. (2001): Trendstudie Sales Management – Spot an für den Vertrieb, in: salesBusiness, Nr. 3, März 2001, S. 24–28

Stubert, F.J.; Hassmann, V. (2001): Spot an für den Vertrieb, in: salesBusiness, Nr. 3, März 2001, S. 24–28

Süchting, J. (1995): Finanzmanagement, 6. Aufl., Wiesbaden 1995

Sümmerer, Th. (1999): Von Beate Uhse lernen, heißt siegen lernen, in: Textilwirtschaft, Nr. 46 v. 18.11.1999

Tatje, J. (1998): Jetzt umsatteln, in: Konstruktionspraxis, Nr. 4, 1998, S. 18–19

Tatje, J. (2001): CRM in der Fertigungsindustrie – Mehr Umsatz mit korrektem Angebot, in: salesBusiness, Nr. 7, Juli 2001, S. 36–38

Tewes, M. (2003): Der Kundenwert im Marketing, Wiesbaden 2003

Thieme, J.; Ceyp, M. (1998): Planungsstufen eines Call Centers, in: ASW, Nr. 5, Mai 1998, S. 88–94

Tietz, B.; Köhler, R.; Zentes, J. (Hrsg.) (1995): Handwörterbuch des Marketing, 2. Aufl., Stuttgart 1995

Töpfer, A.; Mehdorn, H. (1995): Total Quality Management – Anforderungen und Umsetzung im Unternehmen, Neuwied – Kriftel – Berlin 1995

Tomczak, T.; Belz, Ch. (Hrsg.) (1994): Kundennähe realisieren, St. Gallen 1994

Tomczak, T. (1994): Relationship-Marketing – Grundzüge eines Modells zum Management von Kundenbeziehungen, in: Tomczak, T.; Belz, Ch. (Hrsg.): Kundennähe realisieren, St. Gallen 1994, S. 193–215

Tomczak, T.; Rudolph, T.; Roosdorp, A. (Hrsg.) (1996): Positionierung – Kernentscheidung des Management, St. Gallen 1996

Tomczak, T.; Roosdorp, A. (1996): Positionierung – neue Herausforderungen verlangen neue Ansätze, in: Tomczak, T.; Rudolph, T.; Roosdorp, A. (Hrsg.): Positionierung – Kernentscheidung des Management, St. Gallen 1996, S. 26–42

Troczynski, P. (1996): Der klassische Außendienst wird nicht überleben, in: Schimmel-Schloo, M. (Hrsg.): Zukunft Verkauf, Würzburg 1996, S. 161–176

VDI-Gesellschaft Entwicklung Konstruktion Vertrieb (Hrsg.) (1994): Anforderungsprofil für Vertriebsingenieure – Empfehlungen der VDI-Gesellschaft Entwicklung Konstruktion Vertrieb – Fachbereich Technischer Vertrieb – zur Aus- und Weiterbildung von Vertriebsingenieuren, Berlin 1994

VDI-Gesellschaft Entwicklung Konstruktion Vertrieb (Hrsg.) (1995): Besondere Vertriebserfolge durch systematische Marktbearbeitung, Berlin 1995

VDI-Gesellschaft Entwicklung Konstruktion Vertrieb (Hrsg.) (1998): Vertriebspraxis 1998, Berlin u.a. 1998

Vergossen, H. (2004): Marketing-Kommunikation, Ludwigshafen 2004

Vogt, O.J. (1998): Relationship Management bei IBM, in: Belz, Ch. u.a.: Management von Geschäftsbeziehungen, St. Gallen – Wien 1998, S. 169–182

Volkmer, R; Reiter, E.-M.; Andreas, K. (1999): Moderne Mitarbeiterführung in Sanitätsfachbetrieben, in: Orthopädie-Technik, Nr. 9, September 1999, S. 712–719

von Oettinger, B. (Hrsg.) (1995): Das Boston Consulting Group Strategie Buch, Düsseldorf 1995

Vossebein, U. (2000): Marketing, Intensivtraining, 2. Auflage, Wiesbaden 2000

Wäscher, D. (2000): Erfolgsreserve Controlling, in: salesprofi, Nr. 5, Mai 2000, S. 8–12

Wagner, H. (1998): Die Wiederentdeckung des Verkäufers, München 1998

Wagner, P. (2002): Kundenorientierung, 2. Auflage, Renningen-Malmsheim 2002

Wald, M. W. (2001): Dann klappt's auch mit dem Handel, in: Sonderheft Customer Relationship Management der Fachzeitschrift acquisa 2001, S. 40–42

Wald, M. W. (2002): Externes Coaching für CRM-Projekte, in: CRM-Report 2002, Wiesbaden 2002, S. 10–13

Walder, K. (2001): Neue Wege im anspruchsvollen Business Service, in: Service Today, Nr. 6, Juni 2001, S. 23–24

Weber, J.; Schäffer, U. (ohne Jahrgang): Balanced Scorecard, WHU Koblenz

Weber, Th. (2000): Marktplätze für die Mode, in: Textilwirtschaft Nr. 32, v. 10.8.2000, S. 64–66

Webster, F. E. jr.; Wind, Y. (1972): A General Mode of Buying Behavior, in: Journal of Marketing, April 1972, S. 12–14

Webster, F. E. jr.; Wind, Y. (1972): Organizational Buying Behavior, Englewood Cliffs. 1972

Weeser-Krell, L. (1998): Leserbrief in ASW, Nr. 4, April 1998, S. 123

Wehrli, H.P.; Wirtz, B.W. (1996): Relationship Marketing – Auf welchem Niveau bewegt sich Europa, in: ASW, Sondernummer Oktober 1996, S. 26

Wehrmeister, D. (2001): Customer Relationship Management, Köln 2001

Weinhold-Stünzi, H. (1996): Marktobjekte optimal positionieren, in: Tomczak, T.; Rudolph, Th.; Roosdorp, A. (Hrsg.): Positionierung – Kernentscheidung des Marketing, St. Gallen 1996, S. 44–55

Weis, H. Ch. (1995): Verkauf, 4. Auflage, Ludwigshafen 1995

Weis, H. Ch. (1995): Persönlicher Verkauf, in: Tietz, B.; Köhler, R.; Zentes, J. (Hrsg.): Handwörterbuch des Marketing, 2. Aufl., Stuttgart 1995, Sp. 1979–1990

Weis, H. Ch. (1997): Marketing, 10. Auflage, Ludwigshafen 1997

Weis, H. Ch. (1998): Verkaufsgesprächsführung, 3. Aufl., Ludwigshafen 1998

Werner, H.; Sailer, M. (1999): Kundenzufriedenheitsmessung für Automobilzulieferer – Wegweiser für die Zukunft, in: Technischer Vertrieb, Nr. 2, Februar 1999, S. 21–25

Wessling, H. (2002): Network Relationship Management, Wiesbaden 2002

Westermann, H. (1992): Wie Anfragen differenziert bewertet werden, in: ASW, Nr. 8, August 1992, S. 64–68

Wieder, M. (2002): Kundenbindungsinstrumente im Handel – Erfolgspotenziale und Umsetzungsvoraussetzungen, in: Hinterhuber, H.H.; Matzler, K. (Hrsg.): Kundenorientierte Unternehmensführung, 3. Auflage, Wiesbaden 2002, S. 431–447

Wiedmann, K.-P.; Buckler, F.; Siemon, N. (2004): Erfolge mit ganzheitlichem Kundenmanagement, in: Bankmagazin, Nr. 5, Mai 2004, S. 48–50

Wiencke, W.; Koke, D. (1999): Call Center Praxis, 2. Aufl., Stuttgart

Wilde, K.D.; Frielitz, H.; Hippner, H.; Martin, S. (2000): CRM-2000: Aufklärung tut Not, in: ASW, Nr. 7, Juli 2000, S. 100–104

Wilde, K.D.; Hippner, H. (2000): CRM 2000, Customer Relationship Management – So binden Sie Ihre Kunden, Studie der Absatzwirtschaft, Düsseldorf 2000

Wildemann, H. (1992): Entwicklungsstrategien für Zulieferunternehmen, in: ZfB, Nr. 4, 1992, S. 391–413

Wildemann, H. (2004): Wachstum durch Kundenbindung, in:salesBusiness, Nr. 1–2; Januar/Februar 2004, S. 18–21

Willer, E. (1998): Preispolitik in einem Mehrkanal-Vertriebssystem, in: Meyer, A. (Hrsg.): Handbuch Dienstleistungsmanagement, Bd. I, Stuttgart 1998, S. 321–325

Winkelmann, P. (1997): Mit Kundenportfolios schneller zu den wichtigen Kunden, in: acquisa, Nr. 7, Juli 1997, S. 58–62

Winkelmann, P. (1997): Des einen Freud, des anderen Leid – Ergebnisbericht einer Praxisbefragung zu computergestützten Besuchsberichten; Studie an der Landshut 1997

Winkelmann, P. (1998): Verkaufssoftware – Endlich Durchblick im Vertrieb, in: acquisa, Nr. 2, Februar 1998, S. 36–41

Winkelmann, P. (1998): Computergestützte Besuchsberichte – Des einen Freud, des anderen Leid?, in ASW, Nr. 2, Februar 1998, S. 82

Winkelmann, P. (1998): Vertriebssteuerung – Der lange Marsch zum Durchbruch, in: ASW, Nr. 3, März 1998, S. 70–73

Winkelmann, P. (1998): Drei Plattformen für CAS-Programme, Gastkommentar in acquisa, Nr. 6, Juni 1998, S. 45

Winkelmann, P. (1999b): Operative Marktsegmentierung mit Hilfe von Kundenportfolios, in: Pepels, W. (Hrsg.): Handbuch Business-to-Business-Marketing, Neuwied – Kriftel 1999, S. 112–129

Winkelmann, P. (1999): Innovatives Außendienst-Management, Verkaufen mit Biss und Methode, Verlag Norbert Müller, München – Zürich – Dallas 1999 (ISBN 3–89486–147–9)

Winkelmann, P. (1999): Benchmarking und CAS/CRM – Perfektes Frühwarn-System, in: salesprofi, Nr. 6, Juni 1999, S. 40–44

Winkelmann, P. (1999): Der Vertrieb als Wissensspeicher im Unternehmen, in: ASW, Sondernummer Oktober 1999, S. 168–170

Winkelmann, P. (1999): Vertrieb und Controlling – wie Hund und Katze, Kommentar in acquisa, Nr. 11, November 1999, S. 68

Winkelmann, P. (1999): CRM ist Sache des Vertriebs, in: salesprofi, Nr. 11, November 1999, S. 32–34

Winkelmann, P. (2000): Beschwerdemanagement – Verkaufen ohne Glatteis, Gastkommentar in salesprofi, Nr. 1, Januar 2000, S. 7

Winkelmann, P. (2000): Wird das Internet auch Ihren Vertrieb erobern – Wie Sie Ihre Vertriebssteuerung mit E-Commerce verbinden, VLS-Beilage Nr. 684 im Vertriebsleiter Service, Januar 2000, S. 1–4

Winkelmann, P.; Seibel, N. (2000): Führungskräfte – Verkaufsjobs schlagen Marketingjobs – Stellenmarkt für Führungskräfte in Marketing und Vertrieb, in: ASW, Nr. 3, März 2000, S. 70

Winkelmann, P. (2000): Customer Relationship Management – Den Wettbewerb im Blick behalten, in: CRM-Report 2000, Wiesbaden 2000, S. 10–14

Winkelmann, P. ; zusammen mit Ammann, P.; Daduna, J.; Schmid, G. (2000b): Verkaufspolitik, Kapitel 11 bis 13, in: Pepels, W. (Hrsg.): Distributions- und Verkaufspolitik, Köln 2000, S. 191–280

Winkelmann, P. (2000): CRM-Studie: Kein Grund zur Panik, Entgegnung auf die Studie der META Group, in: salesprofi, Nr. 5, Mai 2000, S. 36–37

Winkelmann, P. (2000): CRM braucht keine Trittbrettfahrer, Interview mit Martina Schimmel-Schloo, in: acquisa, Nr. 7, Juli 2000, S. 20–21

Winkelmann, P. (2001): Projekt CRM: CRM-Einführungen als Management-Aufgabe, in: Albers, S.: Hassmann, V.; Somm, F.; Tomczak, T. (Hrsg.): Loseblattwerk Verkauf, Ergänzungslieferung 6, 2001, S. 63–78

Winkelmann, P. (2001): CRM meets communication, in: acquisa, Nr. 12, Dezember 2001, S. 8

Winkelmann, P. (2002): Ist Ihr Unternehmen reif für CRM, in: Computerwoche, Nr. 11/2002, S. 78

Winkelmann, P; Thalhammer, M. (2002): Kundenbetreuung bleibt Kernkompetenz – Stellenmarkt für Führungskräfte in Marketing und Vertrieb, in: salesBusiness, Nr. 5, Mai 2002, S. 60–61

Winkelmann, P. (2002): Sag mir, wo die Freunde sind, in: acquisa, Nr. 11, November 2002, S. 90

Winkelmann, P. (2002): Vertriebsautomatisierung, Stand und Ausblick, in: Pepels, W. (Hrsg.): Handbuch Vertrieb, München – Wien 2002, S. 87–116

Winkelmann, P.; Heck, M. (2002): Trends im eBusiness, in: Manschwetus, U.; Rumler, A. (Hrsg.): Strategisches Internetmarketing, Wiesbaden 2002, S. 3–28

Winkelmann, P. (2002): You've got to move, in: Staufenbiel Newsletter für Berufseinstieg & Karriere, Ausgabe Wintersemester 2002/03, S. 22

Winkelmann, P. (2002): Mittelstands-CRM – Warum und wie mittelständische Unternehmen den Weg zum integrierten Kundenmanagement gehen, in: Jahresgutachten 2003 des CRM-Expertenrats, Würzburg 2003, S. 70–86

Winkelmann, P. (2003): Marketing und Vertrieb, 4. Aufl., München – Wien 2003

Winkelmann, P.; Funke, B. (2004): Licht am Ende des Tunnels – Stellenmarkt für Führungskräfte in Marketing und Vertrieb, in: salesBusiness, Nr. 3, März 2004, S. 48–50

Winkelmann, P. (2004): Kundenwerte sind veränderbar, in: acquisa, Nr. 4, April 2004, S. 34–36

Winkelmann, P. (2004): Renaissance des Vertriebs, in: acquisa, Nr. 6, Juni 2004, S. 82

Winkelmann, P. (2004): Der Umsatzjäger wird zum Marktmanager, in: acquisa, Nr. 10, Oktober 2004, S. 50–52

Winkelmann, P. (2004): Think Tank Vertriebsmanagement, in: Mummert Consulting; FAZ Institut für Management (Hrsg.): Managementkompass Vertriebssteuerung, Hamburg – Frankfurt 2004, S. 10–14

Winkelmann, P.; Gepperth, H. (2005): Augen auf und durch – Stellenmarkt für Führungskräfte in Marketing und Vertrieb, in: salesBusiness, Nr. 1/2, Januar/Februar 2005, S. 28–30

Winzeck, H.-J. (1996): Kooperatives Handelsmarketing – Der gemeinsame Weg zum Kunden, in: Lübcke, D.; Petersen, R. (Hrsg.): Business-to-Business-Marketing, Stuttgart 1996, S. 79–83

Wippermann, E. (1996): Nach der Be-drück-ung nun die Be-zieh-ung, in: ASW, Sondernummer Oktober 1996, S. 88–89

Wirtz, B. W. (2002): So binden Sie Ihre Kunden auf den richtigen Kanälen, in: ASW, Nr. 4, April 2002, S. 48–53

Wischnewski, E. (1994): Modernes Verkaufsmanagement, Braunschweig – Wiesbaden 1994

Witt, J. (1996): Prozessorientiertes Verkaufsmanagement, Wiesbaden 1996

Witte, E. (1973): Organisation für Innovationsentscheidungen, Göttingen 1973

Witte, E. (1974): Empirische Forschung in der Betriebswirtschaftslehre, in: Grochla, E.; Wittmann, W. (Hrsg.): Handwörterbuch der Betriebswirtschaftslehre, 4. Aufl., Stuttgart 1974, Sp. 1263–1282

Wittmann, W. u.a. (Hrsg.) (1993): Handwörterbuch der Betriebswirtschaft, Teilband 3, 5. Auflage, Stuttgart 1993

Wolf, C. (1998): Videokonferenzsysteme – Konferieren vom Schreibtisch aus, in: acquisa, Nr. 6, Juni 1998, S. 32–34

Wollenschneider, J. (2002): Ordnung im Datengewirr, in: is-Report, Nr. 9, September 2002, S. 40–41

Wolter, F.H. (1978): Steuerung und Kontrolle des Außendienst, Gernsbach 1978

Wolters, H. (1999): Geht die Konzentration in der globalen Automobilindustrie weiter – Konsequenzen für Zulieferunternehmen, in: Technischer Vertrieb, Nr. 2, April 1999, S. 17–20

Womack, J.P.; Jones, D.T.; Roos, D. (1992): Die zweite Revolution in der Autoindustrie, Frankfurt – New York 1992 (dtsch. Übersetzung)

Woratschek, H. (1998): Positionierung – Analysemethoden, Entscheidungen, Umsetzung, in: Meyer, A. (Hrsg.): Handbuch Dienstleistungsmanagement, Band I, Stuttgart 1998, S. 695–710

Wüpping, J. (2000): Maßgeschneidert von der Stange, in: IT Management, Nr. 4, Februar 2000, S. 78–85

Würth, R. (2002): Konjunkturgerede ist irrelevant, in: ASW, Sonderausgabe 2002, S. 130

Wüthrich, H.A.; Philipp, A.F. (1999): Virtuelle Unternehmen – Leitbild digitale Geschäftsabwicklung, in: Hermanns, A.; Sauter, M. (Hrsg.): Management-Handbuch Electronic Commerce, München 1999, S. 49–60

Zahn, E. (1979): Außendienst-Berichtssysteme aufbauen und verkaufswirksam nutzen, Zürich 1979

Zahn, E.; Pawlowitz, N. (1996): Verkaufsinnendienst – 6 Wege zur mehr Verkaufsorientierung, in: acquisa, Nr. 5, Mai 1998, S. 12–16

Zeithaml, V.A.; Parasuraman, A.; Berry, L.L. (1992): Qualitätsservice, Frankfurt – New York 1992

Zetsche, D. (1996): Wohin steuert Mercedes, in: ASW, Nr. 5, Mai 1996, S. 14–18

Zoller, A. (1998): Customer Focus – Total Customer Care bei ABB Schweiz, in: Reinecke, S.; Sipötz, E.; Wiemann, E.-M.: Total Customer Care, St. Gallen -Wien 1998, S. 26–53

Yanker, R.; Roland, J.; Lawver, T.; Randery, T. (2000), McKinsey Marketing Practice, Nr. 10/2000

Vertriebsrelevante Web-Adressen

(Die Web-Adressen der in diesem Buch dargestellten Anbieter von CRM/CAS-Systemen finden Sie gesondert auf S. VIII–X)

www.2-gether.de
www.absatzwirtschaft.de
www.acquisa.de
www.acquisa-crm-expo.de
www.amazon.de
www.arcplan.de
www.ars-pr.de
www.az-direct.com
www.backweb.com
www.bayern-innovativ.de
www.business-village.de
www.callcenterpresse.de
www.cdh.de
www.ceo-ag.de
www.cgi.de
www.client-server-magazin.de
www.cognos.com
www.competence-site.de
www.computerwoche.de
www.covisint.com
www.crm-expert-site.de
www.crm-expertenrat.de
www.crm-expo.com
www.crm-portal.de
www.crm-scan.de
www.crmforum.de
www.crm-portal.de
www.ctp.com
www.ddv.de
www.deutsche-leasing.de
www.dl.com
www.direktportal.de
www.fh-landshut.de
www.gartnergroup.com

www.hewsongroup.com
www.hyperion.de
www.ibm.com
www.igrafx.de
www.icomedia.com
www.itara.de
www.it-director.de
www.ITtoolbox.com
www.kienbaum.de
www.kundenmonitor.de
www.mercedes.de
www.metagroup.de
www.naujoks-collegen.de
www.organice.de
www.oxygon.de
www.pinczolits.at
www.poeschl-tobacco.com
www.sbs.de
www.salesbusiness.de
www.schober.de
www.schwetz.de
www.shopping24.de
www.synergetics-mic.com
www.team4.de
www.vaillant.de
www.vertriebs-experts.de
www.vertriebssteuerung.de
www.vitria.com
www.vocatus.de
www.vwgroupsupply.com
www.wiwi-online.de
www.wuerth.de
www.zhwin.ch

Stichwortverzeichnis

Becker
Marketing-Konzeption

Grundlagen des zielstrategischen und operativen
Marketing-Managements
Von Prof. Dr. Jochen Becker
7., überarbeitete und ergänzte Auflage. 2002
XXI, 976 Seiten. Gebunden € 49,50
ISBN 3-8006-2724-8

Das Standardwerk des konzeptionellen Marketing

behandelt konsequent, vollständig und differenziert alle Marktingentscheidungen entlang der konzeptionellen Kette:

- Marketingziele,
- Marketingstrategien,
- Marketingmix,

und zwar einschließlich des gesamten Marketinginstrumentariums. Die Neuauflage berücksichtigt alle wichtigen aktuellen Themen des Marketing (u.a. Internet-Marketing und E-Commerce, Kundenzufriedenheit und Kundenbindung, Beziehungsmarketing bzw. Customer Relationship Management).

Dieses in Wissenschaft und Praxis bewährte Lehr- und Handbuch basiert auf fundierten Analysen und beschreibt die einzelnen Handlungsschritte im Marketing anhand

- zahlreicher und teilweise bebilderter Erfolgsbeispiele
- aus ganz verschiedenen Unternehmen und Branchen.

Aus der Presse:

„Wer sich sehr vertiefend mit der Thematik befassen möchte, dem sei dieses anspruchsvolle Buch empfohlen."

(planung & analyse, 5/98, zur Vorauflage

„Die zahlreichen Fall- und Erfolgsbeispiele aus unterschiedlichen Unternehmen, Märkten und Branchen stellen einen engen Bezug zur Praxis her. Das Buch ist folglich nicht nur ein Standard-Lehr- und -Nachschlagewerk für den Akademiker, sondern auch für den Praktiker."

(Thexis, 2/99, zur Vorauflage)

Bestellen Sie bei Ihrem Buchhändler oder bei:
Verlag Vahlen, 80801 München · Fax: 089/38189-402
www.vahlen.de · E-Mail: bestellung@vahlen.de

Bruhn
Unternehmens- und
Marketingkommunikation

Handbuch für integriertes Kommunikationsmanagement
Von Prof. Dr. Manfred Bruhn, Basel
2005. Rund 1500 Seiten. Gebunden € 79,–
ISBN 3-8006-3145-8
(Erscheint im Juni 2005)

Der Kommunikationswettbewerb hat sich verschärft und stellt Unternehmen immer wieder vor zahlreiche neue und komplexe Problemstellungen. Unternehmen können nur durch eine konsequente Integration der Instrumente ihres Kommunikationsmix die erforderlichen Wahrnehmungs- und Erinnerungswirkungen bei ihren Zielgruppen erreichen.

Ziel von Unternehmen hat es heute in der Öffentlichkeit und den Absatzmärkten zu sein, eine gelungene Kombination von Instrumenten der Unternehmens- und Marketingkommunikation einzusetzen und diese im Sinne einer Integrierten Kommunikation abzustimmen. Da sich in den nächsten Jahren die Wirkungskraft der Mediawerbung gravierend verändern wird, sind vor allem die klassischen Kommunikationsinstrumente gefordert, sich auf die Veränderungen einzustellen und eine verstärkte Vernetzung im Rahmen der Unternehmens- und Marketingkommunikation anzustreben.

Daher bedarf es eines strategischen Managementprozesses für eine Integrierte Kommunikation. Dieser umfassende Ansatz der Integrierten Kommunikation ist darauf ausgerichtet, sämtliche internen und externen Kommunikationsinstrumente in inhaltlicher, formaler und zeitlicher Hinsicht miteinander zu vernetzen, um aus den vielfältigen Kommunikationsquellen einen einheitlichen Unternehmensauftritt zu formen.

Das Handbuch richtet sich an Studierende und Praktiker gleichermaßen. Es dient als Nachschlagewerk, um theorie- und praxisorientiert eine Übersicht zu den vielfältigen Themen der Kommunikation zu geben. Zahlreiche Studien, Unternehmensbeispiele und Inserts unterstützen dieses Anliegen.

Bestellen Sie bei Ihrem Buchhändler oder bei:
Verlag Vahlen, 80801 München · Fax: 089/38189-402
www.vahlen.de · E-Mail: bestellung@vahlen.de

Holland
Direkt-Marketing

Von Prof. Dr. Heinrich Holland, Mainz
**2. Auflage. 2004.
XV, 410 Seiten. Gebunden € 59,–**
ISBN 3-8006-3026-5

„... ein äußerst aktuelles Standardwerk ..."

Das Direktmarketing hat eine rasante Entwicklung mit beträchtlichen Zuwachsraten erlebt. Mehr und mehr Unternehmen aus den unterschiedlichsten Branchen haben es in ihr Marketing-Instrumentarium übernommen und damit bewirkt, dass das Direktmarketing gerade in Deutschland neben den USA besonders weit entwickelt ist.

Dem direkten Marketing wird von zahlreichen Unternehmen bereits eine größere Bedeutung zugemessen als dem „klassischen" und in der amerikanischen Literatur kursiert der Ausspruch „in ten years all marketing will be direct-marketing". Das Direktmarketing wird sicherlich das klassische Marketing nicht verdrängen, aber es ergänzt das Instrumentarium und führt zu Umschichtungen der Budgets.

„Es gibt nur wenige Autoren, die das immer komplexer werdende Fachgebiet Direct Marketing über viele Jahre in seiner Dynamik begleitet und kompetent, didaktisch klar strukturiert haben. Heinrich Holland gehört dazu. Dieses Buch behandelt konsequent die Grundlagen, aber auch die aktuellen Erscheinungsformen in ihrer theoretischen und praktischen Anwendung."

Prof. Dr. Heinz Dallmer, Vorsitzender der Geschäftsführung Dataworld der arvato direct services Bertelsmann, Professor der Universität der Künste, Berlin

„Pragmatisch ausgerichtet und mit zahlreichen Beispielen ergänzt, ist das Buch Basis und Wegweiser für Anwender der modernen one-to-one-Kommunikation und ein zuverlässiger Helfer für alle Branchen."

Heinz Fischer, Ehrenpräsident des Deutscher Direktmarketing Verband (DDV) und der Federation of European Directmarketing (FEDMA)

Bestellen Sie bei Ihrem Buchhändler oder bei:
Verlag Vahlen, 80801 München · Fax: 089/38189-402
www.vahlen.de · E-Mail: bestellung@vahlen.de

Schimansky
Der Wert der Marke

Markenbewertungsverfahren für ein
erfolgreiches Markenmanagement
Herausgegeben von Prof. Alexander Schimansky,
Hochschule der Künste, Berlin
2004. 768 Seiten. Gebunden € 98,–
ISBN 3-8006-2984-4

Markenanalyse und Marken-bewertung erstmals im Überblick!

Erfolgreiche Markenführung ist mehr denn je
zum Überlebensfaktor für Unternehmen geworden. Eine wichtige Voraussetzung für
gewinnbringende Markenstrategien bildet das
fundierte Verständnis von der eigenen Marke.
Dieses Buch gibt erstmals einen detaillierten
Überblick über relevante Ansätze zur Marken-
analyse und Markenbewertung. Alle namhaften
Verfahren im deutschsprachigen Raum, die in
den letzten 15 Jahren entwickelt worden sind,
werden ausführlich vorgestellt. Ziel ist es,
sowohl Charakteristika als auch Gemeinsamkeiten und Unterschiede von Markenbewer-
tungsansätzen darzustellen, um einen Eindruck
über die Qualität und Möglichkeiten der zum
Teil sehr verschiedenen Verfahren zu vermitteln.

Zudem wird über Ergebnisse aus einer eigenen
empirischen Studie zur Bedeutung von Marken-
bewertungsansätzen in der heutigen Marketingpraxis berichtet. Ein Einblick in die
bewegte Vergangenheit der Markenführung
von Prof. Geldmacher und ein Ausblick auf die
Zukunft der Markenwert-Entwicklung von Prof.
Herbst runden das Werk ab.

Dieses hochwertig aufgemachte Buch ist ein
Muss für Markendenker und -lenker. Besonders
Entscheider in Profit- aber auch in Nonprofit-
Unternehmen, die nach neuen Lösungswegen
für aktuelle Markenprobleme suchen, werden
von diesem Buch profitieren.

Bestellen Sie bei Ihrem Buchhändler oder bei:
Verlag Vahlen, 80801 München · Fax: 089/38189-402
www.vahlen.de · E-Mail: bestellung@vahlen.de

Pförtsch/Schmid
B2B-Markenmanagement

Von Prof. Dr. Waldemar Pförtsch und
Dr. Michael Schmid, Pforzheim
2005. XVI, 605 Seiten. Gebunden € 49,–
ISBN 3-8006-3144-X

In diesem Werk sind zum ersten Mal alle wesentlichen B2B-Marken-Konzepte und neueste Einsichten zum Markenmanagement zusammenfassend dargestellt und mit aktuellen Fallbeispielen beschrieben.

Strategische Markenaufladung und operative Markenkommunikation

- B2B – Grundlagen und Herausforderungen
- Strategische Parameter der Markenaufladung im B2B-Sektor
- Operative Parameter der Markenkommunikation im B2B-Sektor
- Dienstleistungen, Dienstleistungsmarken und B2B-Dienstleistungen
- Integrierte Kommunikation

Branchenanwendungen und Unternehmensbeispiele

- Accenture • DaimlerChrysler Management Consulting • Porsche Consulting • Hako • Festo • Randstad Deutschland • POI • MBtech Group • Bosch • ZF Friedrichshafen • KUKA Roboter • TRUMPF • Schroff • Siemens • Intel • Lernimpulse aus der Praxis für die Praxis • Die Zukunft des B2B-Markenmanagement

Prof. Dr. Waldemar A. Pförtsch lehrt und forscht im Bereich International Business und B2B Marketing an der Hochschule Pforzheim und an der University of Illinois at Chicago (UIC).

Dr. Michael Schmid ist selbständiger Unternehmensberater in den Bereichen Research, Training und Coaching.

Bestellen Sie bei Ihrem Buchhändler oder bei:
Verlag Vahlen, 80801 München · Fax: 089/38189-402
www.vahlen.de · E-Mail: bestellung@vahlen.de